PHOTOMASK
TECHNOLOGY

포토마스크 기술

Syed Rizvi 편저 · 장인배 역

반도체의 집적기술은 이제 곧 나노미터를 넘어 피코미터의 수준을 넘보게 될 것이며, 이는 포토마스크에 새겨진 패턴을 축소하여 노광하는 소위 리소그래피 기술을 기반으로 하고 있다. 이 책은 반도체 분야뿐만 아니라 LCD 분야에 종사하는 노광기술 전문 엔지니어들의 포토마스크에 대한 이해를 높이기 위해서 저술되었다. 비록 이 책의 많은 부분들이 광학식 마스크와 그 지원기술에 대해서 다루고 있지만, 극자외선 노광(EUVL)을 포함한 차세대 리소그래피용 마스크에 대해서도 설명하고 있다.

씨아이알

머리말

저자는 2000년에 텍사스 인스트루먼트 사의 Dr. Robert Doering 박사와 함께 Marcel Dekker 사에서 출간된 『반도체 제조기술 핸드북』이라는 책을 편집하는 영예를 얻었다. 그 책은 반도체 제조기술(SMT) 종사자와 개발자들의 참고서적으로 사용하는 것을 목적으로 하고 있다. 나는 그 책이 본래의 목적으로 사용되는 것을 보게 되어 기쁜 마음이다. 그 책은 당시의 기술수준에 대한 단원들과 반도체 기술의 의미와 기초에 대한 단원들이 잘 배합되어 있었다.

그 책은 35개 단원들로 구성되어 반도체 기술의 광범위한 스펙트럼을 포함하고 있었기 때문에 각 단원들의 내용이 간결하고, 특정 주제에 대한 심도깊은 논의가 어려웠다. 특정 주제가 당대 기술수준의 원동력으로 작용하는 경우에, 다루고자 하는 내용의 양과 내용의 간결성 사이의 균형을 맞추는 일은 매우 어려운 작업이다. 2004년 현재 앞서의 저술에서 논의했던 중요한 주제들에 대한 보충이 필요하게 되었다.

지속적으로 축소되는 형상들의 크기는 아직도 칩 제조기술 진보의 척도로 사용되고 있다. 여기에는 리소그래피 노광 시스템과 포토마스크가 핵심 요소로 작용하고 있다. 오늘날 산업계는 100nm와 65nm 노드를 구현하기 위해서 노력하고 있다.❖ 현재의 4× 또는 5× 노광 시스템을 사용하는 경우 웨이퍼 상에서 필요로 하는 크기보다 마스크 상의 형상들의 크기는 배율에 비례해서 더 큰 반면에, 현대적인 마스크의 레지스트와 세리프 형상들은 훨씬 더 작아야 하며, 특정한 경우 심지어는 동일한 크기는 아니더라도, 웨이퍼 상의 가장 작은 형상들과 유사한 크기까지 극도로 작은 형상을 필요로 하기도 한다. 이런 난제를 해결하기 위해서는, 반도체 기술의 광범위한 스펙트럼을 다루었던 이전의 책에서 단 하나의 단원만으로는 수록할 수 없었던 마스크 제조에 대한 광범위한 내용을 산업체에 제공해줄 필요가 있다. 『포토마스크 기술』은

❖ 2015년 현재 삼성전자는 14nm 핀펫 공정을 구현하였다. - 역자 주

이런 노력의 산물이다.

과거 10년간 마스크 제조기술은 매우 정교한 기술로 발전하게 되었다. 이 책은 마스크 제작자에게 매우 큰 가치를 갖는 책이 될 것이다. 더욱이 이 책은 마스크 사용자들과 칩 제조의 다른 분야에 종사하는 사람들에게도 유용하며, 이 기술의 복잡성을 이해하고 최종적인 칩의 기능과 사양을 희생시키지 않으면서도 마스크 제한조건들을 최적화하기 위해서 그들의 설계와 공정 전문기술을 사용할 수 있도록 도와준다.

백만 달러짜리 마스크 세트도 먼 미래의 일이 아니며, 이 마스크를 사용하여 얻을 수 있는 이득은 마스크의 개발과 그 사용방안에 대한 혁신 등의 기술적 진보를 통해서 극대화할 수 있다.

저자의 견해로는 이 책이 산업계가 이런 목적과 목표에 도달할 수 있도록 도와줄 것이다.

YOSHIO NISHI

Stanford University

Stanford, Ateq 사 CA

역자 서문

광학식 리소그래피 방법을 사용해서 반도체 디바이스를 생산한 지 반세기가 지나면서 어느덧 10나노미터 단위의 선폭으로 반도체를 생산하기에 이르렀고, 집적도의 증가에 따라서 노광용 광원은 기존의 가시광선 영역의 파장대역에서 자외선을 거쳐서 극자외선◆과 e-빔의 사용가능성을 타진하게 되었다. 웨이퍼 상에서 미세 선폭을 구현하기 위해서 다양한 레티클 패턴 분해능강화기법들이 개발되었으며, 이제는 투과식 포토마스크를 넘어서 반사식 포토마스크에 대한 타당성을 검토하고 있다. 반도체 산업 분야의 이런 빠른 발전은 포토마스크를 비롯한 관련 장비의 급격한 기술발전을 필요로 하며, 이를 위해서는 관련 산업 분야에 종사하는 고급 엔지니어들이 최신 자료를 접할 수 있어야 하지만 언어의 장벽과 우리나라의 척박한 출판환경이 양질의 전문서적을 접할 기회를 근원적으로 차단하고 있다는 점을 항상 안타깝게 생각하고 있다.

반도체 산업에 종사하는 많은 엔지니어들은 우리나라가 세계 1위의 메모리 반도체 생산국이라는 자부심을 가지고 일하고 있지만, 대부분의 공정장비와 포토마스크를 전적으로 수입에 의존하고 있다. 이러한 현실을 안타까운 마음으로 지켜보고 있던 차에, 포토마스크는 반도체와 LCD 생산에 필수 요소임에도 불구하고 관련된 서적과 자료가 의외로 부족하다는 것을 발견하고는 우리나라의 반도체 기반산업 발전에 조금이라도 도움을 주기 위해서 이 책의 번역을 시작하게 되었다.

이 책은 2006년 11월 말에 번역을 시작하여 총 14개월이 소요되었다. 교육과 연구, 그리고 수많은 기업체 자문들을 소화해내면서 아침 시간과 주말을 빌려 짬짬이 작업을 하다 보니,

---

◆ 2015년 Intel 사는 ASML 사에 극자외선 리소그래피 장비 10대를 주문하였다. 이제 머지않아 13.5mm 극자외선을 이용한 반도체 생산이 시작될 것으로 기대된다. - 역자 주

계획보다 좀 늦게 작업이 완료되어 스스로의 나태함을 질책해보지만 그래도 번역과 편집, 교정, 그래픽 등 모든 작업을 혼자만의 힘으로 했다는 성취감은 매우 크다. 하지만 이 책에서 다루고 있는 다양한 분야들 모두를 잘 알 수는 없기에, 번역과정에서 용어나 문맥의 오역이 많을 수 있다. 이에 대해서는 독자 여러분들의 양해를 구하는 바이다.

이 책은 총 31개 장으로 구성되어 있으며, 세계적인 포토마스크 관련 전문가들이 공동으로 집필하였다. 이 책의 번역을 시작하면서 공동 저자들을 살펴보니, 중국(또는 대만)이나 일본 분들이 다수 포함되어 있는 반면에 우리나라 분들은 한 분도 참여하지 못하고 있다는 현실이 메모리 반도체 세계 1위 생산국의 자부심 뒷면에 가려진 반도체 기반산업의 척박한 현주소를 보여주는 듯하여 참담한 마음이었다. 모쪼록 이 번역서가 젊고 진취적인 엔지니어들이 우리 반도체 산업을 발전시키는 데에 조금이나마 도움이 되기를 바라며, 이 책을 세상에 내보낸다.

마지막으로 학부 개론서를 제외하고는 출판을 꺼리는 척박한 출판환경 하에서 전문서적의 출판을 결심해준 씨아이알 출판사의 결단에 큰 감사를 드리는 바이다.

2015년 12월
강원대학교 메카트로닉스 공학과
장 인 배

서 문

 과거에 마이크로리소그래피라고 불렸고, 이제는 나노리소그래피라고 부르는, 포토리소그래피는 반도체 기술의 진보를 이루어준 핵심 구동력들 중 하나임에는 의문의 여지가 없다. 반도체 산업은 초창기 이래로, 칩의 가장 작은 영역 내에 최대한 많은 숫자의 장치들을 집어넣기 위해서 형상크기를 더 작게 만들려고 노력해왔다. 포토리소그래피가 기여한 분야가 바로 이 형상 소형화이며, 이 분야에서 마스크 제조기술의 진보가 제구실을 하였다.

 마스크라는 용어는 포토마스크의 약어로서, 포토마스크라는 용어가 그 기능을 더 잘 설명해준다. 그런데 사용상의 편이성 때문에 반도체 업계에서는 마스크라는 용어를 더 자주 사용한다. 마스크라는 용어를 반도체 업계와 아무런 연관이 없는 분야에서 사용되는 마스크라고 생각할 수 있기 때문에 반도체 산업의 범주 밖에서는 포토마스크라는 용어의 사용을 더 선호한다.

 반도체 기술의 전반에 대해서 소개하는 많은 책들이 집필되었다. 일부 책들은 포토리소그래피를 포함하는 반도체 기술의 특정한 영역에 초점을 맞추고 있다. 그런데 포토리소그래피 자체도 광학, 레지스트, 패턴 전사, 그리고 포토마스크(또는 간단히 마스크) 등과 같은 다양한 분야들로 구성되어 있다. 이런 다양한 주제들을 모두 다루고 있는 책들은 여러 종류가 있지만, 포토마스크에 대해서만 다루는 책은 거의 없다.

 현대적인 포토마스크의 정교함과 복잡성을 생각할 때, 포토마스크 기술만을 위한 책을 산업계에 제공할 필요가 있게 되었다. 이 책은 그 수요에 대한 답이다.

 이 책은 기존의 포토마스크 제조 전문가들뿐만 아니라 첨단 마스크 기술과 관련된 연구개발 관련자들을 위해서 저술되었다. 비록 이 책의 많은 부분들이 광학식 마스크와 그 지원기술들에 대해서 다루고 있지만, 몇몇 단원들은 *차세대 리소그래피*(NGL)용으로 개발 중인 마스크에 대해서 할애되어 있다. 차세대 리소그래피를 구성하고 있는 네 가지 주제들은 극자외선 리소그래피(EUVL), 전자투사 리소그래피(EPL), 이온투사 리소그래피(IPL), 그리고 X-선 리소그래피(XRL) 등으로, 이 책에서는 이들에 대해서 다루고 있다. 몇몇 절과 단원은 매우 기초적인 내용으로, 마스크 기술에 대한 초심자를 위한 것이다. 마스크 제조 공정 흐름의 단계들에 의거하여 단원 순서를 배치하기 위해서 세심한 노력이 수행되었다. 그런데 마스크 제조의 복잡성과 다양성 때문에 이런 원칙에 따른 절대적인 단원 배치가 항상 가능하지는 못했다.

1장에서는 독자에게 차세대 리소그래피를 위한 다양한 유형의 마스크 후보군들에 대한 개요들을 포함하여, 현재 마스크 기술에 대한 전반적인 개괄을 설명해준다. 이 단원은 완벽하게 독립적인 단원으로서, 세부적으로 깊숙이 들어가지 않고 마스크에 대한 개략적인 지식을 얻고 싶은 모든 이들에게 도움을 준다. 마스크 제조 분야의 제조 관리자와 전문가들은 이 단원으로부터 그들이 직접 또는 간접적으로 다루었던 마스크 기술들에 대해서 진정한 평가를 내릴 수 있을 것이다.

이 장에서 다루는 관련 주제들은 주제별로 분류되어 주 단원들로 묶여 있다.

II단원 마스크 묘화는 2장에서 5장까지 구성되어 있다. 이 단원은 묘화를 수행하는 장비와 데이터 준비를 위한 소프트웨어에 대해서 다루고 있으며, 장비가 무엇을 어떻게 묘화작업을 수행하는가에 대해서 설명한다. 현재 시장에는 두 가지 유형의 묘화장비인 전자빔(e-빔)과 레이저가 있다.

e-빔 묘화장비는 다양한 묘화방식이 기계에 적용되면서 30년 이상의 기간 동안 발전해왔으며, 이들의 사용은 패턴의 복잡성과 생산성에 의해서 지배를 받는다. 레이저 묘화기는 비교적 새로운 기술에 속하며, 현재에 와서야 특히 생산성이 중요한 인자인 분야에서 널리 사용되기 시작하고 있다. 데이터 준비에 대해서 다루는 2장 이후의 3개 장에서는 e-빔과 레이저 묘화기에 대한 상세한 내용을 깊숙하게 논의하기 전에 다양한 묘화기에 대해서 일반적인 개괄을 살펴본다.

6장에서 8장까지는 광학식 마스크에 대해서 집중적으로 다루고 있다. 이 단원들에서는 개괄적인 설명 이후에 기존의 광학식 마스크와 첨단 광학식 마스크에 대해서 살펴본다. 6장에서는 초창기 2″×2″ 에멀션 마스크에서부터 오늘날의 6″×6″ 및 9″×9″ 위상천이 마스크(PSM) 및 광학근접보정(OPC) 마스크 등의 다양한 단계별 마스크들에 대해서 살펴본다.

IV단원 차세대 리소그래피(NGL) 마스크는 (9장에서 13장까지의)다섯 장으로 구성되어 있다. 차세대 리소그래피 마스크에 대한 요약을 하고 있는 9장에서는 차세대 리소그래피에 대해서 훨씬 상세히 논의되어 있는 후속 4개 장들의 내용을 개략적으로 설명하고 있다.

V단원 마스크 공정, 소재 및 펠리클은 14장에서 19장까지의 장들로 구성되어 있다. 이 장들

에서는 마스크 소재, 마스크 공정, 그리고 마스크 제작의 최종단계인 마스크의 펠리클 설치 등과 관련된 내용들을 다루고 있다. VI장 마스크 계측, 검사, 평가 및 수리 단원은 20장에서 30장까지의 장들로 구성되어 있다. 임계치수(CD) 계측과 마스크 검사 등의 주제들은 원리, 이론 및 정의 등 더 광범위한 기본 지식들을 필요로 하기 때문에 이 단원의 주제들 중 일부는 두 개 또는 그 이상의 장들로 이루어져 있다.

마지막이나 소홀히 할 수는 없는 31장은 모델링과 시뮬레이션(M&S)에 대한 내용이다. 초창기에 모델링과 시뮬레이션은 마스크 사용자나 공급자가 특별한 관심을 기울이지 않았던 분야이다. 10년 전만 하여도 모델링과 시뮬레이션은 디바이스 설계와 제조 엔지니어링 분야에서만 가치가 있는 장비로 여겨졌다. 오늘날에는 모델링과 시뮬레이션이 마스크 제조기술 전반에서 통합적인 부분으로 간주되고 있다.

이 책의 각 장들은 독립적으로 저술되어 내용상에 약간의 중복이 있을 수도 있다. 특히 관련된 주제를 다루는 여러 장들에 대한 개괄에서는 중복적인 설명이 있다. 그런데 이런 중복들은 독자들로 하여금 다차원적인 시각을 제공해주므로, 다른 방법으로는 구현하기 어려운 주제들에 대해서 독자들로 하여금 다차원적이고 더 가치 있는 통찰력을 제공해준다. 개괄을 다루는 단원들은 세세한 내용까지 깊숙하게 들어가지 않으면서도 개괄적인 개념을 얻고 싶은 독자들에게 특히 가치가 있다.

SYED A. RIZVI

편저자 소개

이 책의 편저자인 Syed Rizvi는 반도체 업계에서 40년 이상의 경력을 쌓은 베테랑이다. 그는 텍사스 인스트루먼트, MOSTEK(현재 STM 전자), 그리고 포토닉스사 등에 재직하였으며, SEMATECH 및 SRC(반도체 연구조합) 등과 같은 컨소시엄에도 참여하였다. Rizvi는 또한 1990년대 후반에 창업을 지원한 SemiconBay라는 인터넷 회사의 교육 및 연수, 웹 캐스트 등을 지원하였다. 현재 그는 실리콘 밸리의 나노테크놀로지 교육 컨설팅 서비스사의 소유주이자 사장이다. 이 회사의 미션은 하이테크 업계가 현재의 마이크로 전자 수준에서 차세대 지능형 칩과 장치들을 위해서 분자전자(molectronics)와 스핀트로닉스(spintronics) 등의 첨단과학 및 기술을 생체기술 및 과학과 통합시켜주는, 나노기술 수준으로 원활히 전환될 수 있도록 지원하기 위해서 교육과 훈련을 수행하는 것이다.

Syed Rizvi는 다양한 책들의 공동저자이며, 계측 및 마이크로리소그래피 분야에서 전 세계적으로 수많은 논문들을 발표하였다. 그는 Panta 대학(인도)에서 학사를 Larachieogkr(파키스탄)에서 원자물리학 석사를, 그리고 보스턴 소재의 노스이스턴 대학(매사추세츠)에서 고체상 물리학으로 석사학위를 받았다.

하이테크 분야 관련 경력과 더불어서 Rizvi는 동물 및 사회 협회(IAS) 위원으로 활동하면서 이 행성에 사는 동물들의 도덕적, 법적 지위를 향상시키는 데 노력하고 있다. 그는 채식주의자이다.

감사의 글

이 책은 전 세계 47명의 저자들에 의해서 저술된 31개 장으로 구성되어 있다. 바쁜 일정에도 불구하고 맡은 단원을 집필하기 위해서 시간을 할애해준 이들 모두에게 개인적으로 감사를 드린다. 이들의 많은 시간을 필요로 하는 노력이 없었으면 이 책을 출간할 수 없었을 것이다.

이 책은 내가 예전에 저술하여 Dr. Yoshio Nishi와 Dr. Robert Doering이 편집하고 Marcel Dekker에 의해서 출간된 『반도체 제조기술 핸드북』이라는 책의 마스크 제조라는 단원을 확장한 것이다. 이 장을 저술하도록 나를 초청해서, 동일한 주제로 이 새로운 책을 저술할 수 있도록 만들어준 편집자들에게 깊은 감사를 드린다. 물론, 이 책을 쓰도록 기회를 만들어준 Marcel Dekker 사에도 감사를 드리는 바이다. 이들의 확신 없이는 이 책을 완성시키기 위한 첫걸음을 시작할 수 없었을 것이다. Marcel Dekker 사가 이 책을 출간할 수 있도록 영예를 허락해준 Taylor & Francis 사에도 특별한 감사를 드린다.

『포토마스크 기술』을 준비하는 과정에서 수많은 전문가들과 예전의 동료 및 상사들로부터 유용한 많은 논의와 비평, 그리고 건설적인 정보들을 얻을 수 있었다.

Marcel Dekker 사로부터 이 책을 집필하도록 의뢰를 받은 직후에 나는 Dr. Robert Doering 과 이러한 규모의 책을 편집하기 위한 그의 경험에 대해서 논의를 하였다. Dr. Doering이 제공해준 정보는 이 책의 집필을 수락하기 위한 결심을 하는 데에 절대적인 도움이 되었다.

「전자 뉴스」지의 전 편집자인 Jeff Dorsch는 이 책의 초기 개요와 제안서를 준비하는 과정에서 도움을 주었다. 나는 Jeff의 도움에 많은 감사를 드린다.

이 책의 구조를 기획하는 데 매우 큰 도움을 준, 포토마스크 학회에 제출된 논문의 매뉴얼을 제공해준 John Duff와 John Skinner에게도 감사를 드린다.

예전에 나의 상관이며, 예전 책에서 내가 집필한 단원의 공동 저자인 Douglas Van Den

Broeke는 이 책의 소재들을 발굴하는 과정에서 많은 아이디어를 제공해주었다. 그의 조언과 정보들에 대해서 깊은 감사를 드린다.

나는 또한 작업과정에서 컴퓨터가 고장 나거나 소프트웨어가 말썽을 부릴 때, 항상 나를 도와준 소프트웨어 엔지니어인 나의 조카 Saeed Raghib에게도 감사를 드린다.

앞서 언급하였듯이, 이 책의 저술에는 47명의 저자들이 기여를 하였다. 이들은 전 세계에서 엄선한 최적임자들이었다. 많은 이들이 저자를 추천해주고, 유망한 저자들과의 접촉을 도와주었다. Bill Almond, Nagesh Avadhany, Heinrich Becker, Hans Buhre, Manoj Chacko, Giang Dao, Paul DePesa, Ben Eynon, Toshiro Itani, Vishnu Kamat, Shinatro Kawata, Hartmut Kirsch, Kenich Kosugi, Susan Lippincott, Tom Novak, Leif Odselius, Osamu Okabashi, Buno Patti, Jim Pouquette, Srinivas Raghvendra, Wolfgang Staud, Yoshio Tanaka, Hideo Yohihar 등이다. 이들 모두에게 감사를 드리며, 또한 이름이 거명되지 않은 분들에게는 사과를 드린다.

이 책에 각별한 관심을 기울여준 수많은 친구들과 동료들을 일일이 열거하지는 못하지만, 이들의 지속적인 격려가 이 책을 끝마치는 데에 큰 힘이 되었다. 이들에게 양해를 구한다. 나의 친구와 동료들은 Shahzad Akbar, Farid Askari, Cathy Baker, Mike Barr, Ron Bracken, Chris Constantine, Noel Corcoran, Grace Dai, Roxann Engelstad, Bernard Fay, Manny Ferreira, Pat Gabella, Michael Guillorn, Cecil Hale, Maqsood Haque, Dan Herr, Asim Husain, Nishrin Kachwala, Ismail Kashkoush, Birol Kuyel, David Lee, Chris Mack, Dan Meisburger, Kent Moriya, Kent Nakagawa, Diane Nguyen, Mark Osborne, Tarun Parikh, Kristine Perham, John Petersen, Paul Petric, Jean Shahan, Bill Waller, Jim Wiley, Stanley Wolf 등이다.

이 책의 서문 집필을 수락해주신 Dr Yoshio Nishi에게 깊은 경의를 표하며, 이 서문은 『포토마스크 기술』의 머리글로서 큰 가치를 갖는다.

필요한 때에 관심을 기울여주지 못한 나를 이해해주는 내 일곱 마리의 고양이에게 특별히 고마운 마음이 든다. 세 대의 노트북 컴퓨터와 한 대의 데스크톱 컴퓨터만으로는 결코 이들의 놀이터가 충분치 못했었다. 이들 중에는 특정 시간에 작업을 하려면 키보드 위에 드러누워 버리는 놈들도 있었다. 머릿속의 많은 생각들을 기억하면서 이들을 방해하지 않으려고 이 컴퓨터에서 저 컴퓨터로 옮겨 다니는 것은 전적으로 동질감과 배려의 문제일 뿐이었다.

SYED A. RIZVI

저자 명단

Paul J.M. van Adrichem Synopsys, Mountain View, California, USA

Ebru Apak NANOmetrics, Inc., Milpitas, California, USA

Sergey Babin Abeam Technologies, Castro Valley, California, USA

Min Bai Department of Electrical Engineering, Stanford University, Stanford, California, USA

Joerg Butschke Institute for Microelectronics Stuttgart, Stuttgart, Germany

Dachen Chu Department of Electrical Engineering, Stanford University, Stanford, California, USA

Andreas Erdmann Fraunhofer-Institute of Integrated Systems and Device Technology, Erlangen, Germany

Shirley Hemar Mask Inspection Division, Applied Materials, Santa Clara, California, USA

Richard Heuser Micro Lithography, Inc., Sunnyvale, California, USA

Ray J. Hoobler NANOmetrics, Inc., Milpitas, California, USA

Christian K. Kalus SIGMA-C, Muchen, Germany

Frank-Michael Kamm Infineon Technologies, Dresden, Germany

Kurt R. Kimmel IBM Microelectronics Division, Albany Nanotech Facility, Albany, New York, USA

Hal Kusunose Lasertec Corporation, Yokohama, Japan

Randall Lee FEI Company, Peabody, Massachusetts, USA

Michael Lercel IBM Microelectronics, Hopewell Junction, New York, USA

Florian Letzkus Institute for Microelectronics Stuttgart, Stuttgart, Germany

Vladimir Liberman Lincoln Laboratory, Massachusetts Institute of Technology, Lexington, Massachusetts, USA

Hans Loeschner IMS Nanofabrication GmbH, Vienna, Austria

Takayoshi Matsuyama Lasertec Corporation, Kohoku-ku, Yokohama, Japan

Wilhelm Maurer Mentor Graphics Corporation, San Jose, California, USA

David Medeiros IBM Corp. T.J. Watson Research Center, Yorktown Heights, New York, USA

A. Meyyappan AtometX, Santa Barbara, California, USA

Sylvain Muckenhirn AtometX, Montgeron, France

Masatoshi Oda NTT-AT Nanofabrication Corporation, Kanagawa Prefecture, Japan

Shane Palmer Lithography External Research, Texas Instruments Inc., Dallas, Texas, USA

Fabian Pease Department of Electrical Engineering, Stanford University, Stanford, California, USA

Michael T. Postek National Institute of Standards and Technology, Metrology Gaithersburg, Maryland, USA

James Potzick National Institute of Standards and Technology, Gaithersburg, Maryland, USA

Benjamen Rathsack Texas Instruments Inc., Dallas, Texas, USA

Syed A. Rizvi Nanotechnology Education and Consulting Services, San Jose, California, USA

Anja Rosenbusch Mask Inspection Division, Applied Materials, Santa Clara, California, USA

Christer Rydberg Micronic Laser Systems AB, Tay, Sweden

Norio Saitou Hitachi High-Technologies Corporation, Tokyo, Japan

Hisatak Sano Dai Nippon Printing Co. Ltd, Chiba-ken, Japan

Frank Schellenberg Mentor Graphics Corporation, San Jose, California, USA

Michael T. Takac Hitachi Global Storage Technologies, San Jose, California, USA

Ching-Bore Wang Micro Lithography, Inc., Sunnyvale, California, USA

C. Grant Willson University, Departments of Chemistry and Biochemistry and Chemical Engineering, Austin, Texas, USA

Masaki Yamabe Semiconductor Leading Edge Technologies, Inc., Ibaraki-ken, Japan

Pei-yang Yan Intel Corporation, Santa Clara, California, USA

Yung-Tsai Yen Micro Lithography, Inc., Sunnyvale, California, USA

Makoto Yonezawa Lasertec Corporation, Yokohama, Japan

Hideo Yoshihara NTT-AT Nanofabrication Corporation, Kanagawa Prefecture, Japan

Nobuyuki Yoshioka SELETE, Ibaraki-ken, Japan

Andrew G. Zanzal Photronics, Brookfield, Connecticut, USA

Axel Zibold Carl Zeiss Microelectronic Systems GmbH, Jena, Germany

이 책에 대해서

반도체 업계 앞에 놓인 도전과제는 칩 위의 가장 작은 면적 위에 최대한 많은 기능들을 집어 넣을 수 있도록 더욱더 작은 형상을 만드는 것이다. 2004년 현재의 기술수준은 90nm 이하의 형상을 제작하는 것이며,❖ 이제는 나노리소그래피라고 부르는 마이크로리소그래피 분야가 매우 중요한 역할을 수행한다. 마이크로리소그래피 분야의 발전에서 심하게 의존하고 있는 분야들 중 하나는 마스크 기술의 진보이다. 진보된 마스크 제작 기술은 복잡하며, 도전적이고, 이 경향은 지속되고 있다. 마스크 기술에 대한 서적의 출간이 시의적절한 이유는 수없이 많으며, 산업체의 수요를 충족시켜 줄 것이다.

- 마스크 시장은 작년 동안 14% 성장하여 24억 불 규모가 되었으며, 이는 마이크로 및 나노 리소그래피 분야 세계 시장의 20%에 달한다.
- 첨단기술 마스크 세트의 가격은 내년쯤 백만 불에 이를 것으로 계획되어 있다.
- 머지않아 광학식 리소그래피 기법의 사용이 기술 및 경제적인 타당성을 상실하고 나면 산업계는 차세대 리소그래피(NGL)와의 갈림길에 도달하게 될 것이다.
- 마스크 기술만을 주제로 하여 전문서적이 출간된 예가 아직까지 없었다.

『포토마스크 기술』은 마스크 기술 전반을 하나의 책에 집약하는 광범위한 작업이다. 이 책은 국제적으로 학계, 관계, 국가실험실, 그리고 컨소시엄 등을 대표하는 명망 있는 47명의 저자들에 의해서 집필된 31개 장으로 구성되었다. 관련된 주제를 다루는 장 들은 주 단원들 속에서 소개를 위한 장 뒤에 배치되었다. 따라서 이 책은 세밀한 내용 없이 마스크 기술의

❖ 2015년 현재의 기술수준은 14nm이며 머지않아 10nm 미만으로 줄어들 것이다. ─역자 주

특정한 분야에 대한 개요만을 알고 싶은 사람들뿐만 아니라 마스크 기술의 특정 분야에 대한 심도깊은 지식을 필요로 하는 사람들에게도 매우 유용하다.

CONTENTS

PHOTOMASK
TECHNOLOGY

제1편

서 론

제1장

마스크 제조의 소개

Andrew G. Zanzal

1.1 서 언

마스크를 가장 간단하게 정의한다면 기층소재 상에 패턴 형상이 성형된 패턴 전사체라고 말할 수 있다. 패턴이 성형된 표면을 전사하여 패턴 영상을 수광 기층 상에 형성하며, 궁극적으로는 전자, 전자기계 또는 기계장치로 제작한다. 대부분의 경우 가공형상 전사용 기층은 패턴 전사용 변환매체(보통 빛)에 대해서 고도의 투명성을 갖는 반면에 마스크 기층상의 패턴 매질은 변환매체에 대해서 덜 투명하거나 불투명하다. 전송된 영상은 1:1 또는 축소용 렌즈를 통과하거나, 직접 투사되어 수광 기층 상에 프린트된다(그림 1.1). 반도체 산업계에서 과거 25~30년간 사용되어 왔던 전형적인 마스크는 유리나 용융 실리카 상에 박막(80~100nm) 크롬을 입히는 방식을 사용해왔다. 크롬의 식각에 저항성을 갖는 포토레지스트라고 알려진 감광성 소재를 코팅하여 크롬의 패턴 형상을 제작한다. 선택적 에너지 감광 후에 감광성 수지막을 화학적으로 현상하면, 원치 않는 크롬을 제거하기 위해서 식각액이 가해질 공동부분이 남는다.

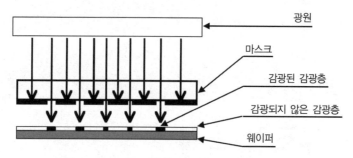

그림 1.1 마스크를 사용한 웨이퍼 감광방법의 개략도

마스크는 전통적인 프린팅 및 리소그래피에 기반을 두고 있다. 이 책에서 마스크는 앞서 논의한 것처럼 마이크로 전자 또는 그와 유사한 마이크로 장치들의 제조에 사용되는 패턴 전사체를 의미한다. 이런 분야에서는 또한 마스크를 일반적으로 포토마스크나 레티클(패턴 원판)이라고 부른다. 전통적으로 마스크나 포토마스크는 광학적 축소 없이 단 한 번의 감광을 통해서 프린트할 수 있는, 반도체 웨이퍼 전체의 한 층에 대한 완벽한 패턴을 가지고 있는 패턴 전사체였다. 레티클 역시 한 층의 패턴 데이터를 가지고 있지만, 웨이퍼의 작은 부분만에 대한 것이다. 축소 또는 축소 없이 웨이퍼의 작은 부분 상에 레티클 영상을 투사할 수 있다(그림 1.2). 레티클 패턴을 사용해서 웨이퍼의 여러 위치에 프린트 작업을 수행하기 위해서 감광을 통해서 이 단일 영상을 생성한 다음, 스테이지 상에서 웨이퍼를 이동시킨 다음 다시 영상을 프린트한다. 반도체와 관련 산업 분야는 다년간에 걸쳐서 거의 레티클을 사용하게 되었지만 레티클, 포토마스크, 그리고 마스크라는 용어를 혼용함으로써 전통적인 구분이 희미해졌다.

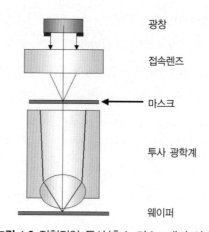

그림 1.2 전형적인 투사/축소 리소그래피 시스템

패턴 전사체 부문에서 마스크는 다양한 방법으로 사용될 수 있다. 이들은 광대역이나 단일 파장 광(방사)원과 함께 사용할 수 있다. 이들은 투과 및 반사 기층을 가질 수 있다. 투과성 매체의 경우 패턴 매체는 완벽한 불투명이거나 부분 투과성을 가질 수 있고, 반사 마스크의 경우 광 흡수성을 갖는다. 노광파장의 위상을 변화시키기 위해서 기층과 매질을 이런 방식으로 가공 및 처리할 수 있다. 기층은 연속매질이나 불연속 박막 맴브레인으로 만들어진다. 마스크는 직접접촉 방식으로 사용하거나 펠리클(일종의 보호막)이라고 알려진 입자가 없는 국소배기 환경에서 사용된다. 이 분야와 여타 옵션들에 대해서는 다음 장에서 살펴보기로 한다.

오늘날 사용되는 가장 일반적인 마스크는 용융 실리카 기층 상에 스퍼터된 크롬을 영상 매체로 사용한다. 크롬은 노광파장(일반적으로 248nm 또는 193nm)에 대해서 고도로 불투명한 반면에 용융 실리카는 고도로 투명하다. 마스크는 대부분의 경우 반복노광 방식으로 다중 필드를 프린트하는 도구로 사용된다. 마스크는 매질이 코팅된 표면에 부착된 펠리클이 사용된다. 펠리클은 금속 프레임에 의해서 장력을 받는 투명한 맴브레인으로 접착제를 사용해서 마스크에 접착된다. 이 펠리클은 불순물 입자들이 마스크 패턴을 오염시키는 것을 막아주며, 프린팅 초점평면으로부터 적절한 거리 이내에 이러한 입자들이 침범하는 것을 막아준다. 이 단락에서 묘사된 마스크는 이진강도 마스크(BIM) 또는 유리상 크롬(COG)이라고 부른다.

1.2 마스크 제조방법

1960년대 이래로 마스크의 제작에 다양한 방법이 사용되었으며, 그들 중 일부에 대해서는 이 장의 후반부에서 역사적 동향을 살펴보기로 한다. 그런데 이 절에서 설명되는 공정순서는 오늘날 이진강도 마스크(BIM)의 생산에 사용되는 전형적인 공정이다. 이 공정의 상세한 내용은 보통, 업체가 소유권을 가지고 있기 때문에 세밀한 사안들은 이 단원에서 생략되어 있다. 오늘날 사용되고 있거나 앞으로 계획되어 있는, 더욱더 복잡한 마스크들을 생산하기 위한 더 복잡한 공정순서들에 대해서는 다음 장에 설명되어 있다.

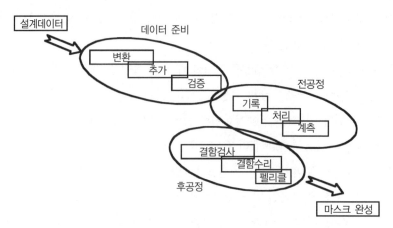

그림 1.3 단순화된 마스크 제조공정 흐름도

오늘날의 마스크 패턴들은 컴퓨터 자동설계(CAD) 시스템에 탑재되어 있는 전기적 설계자동화(EDA) 소프트웨어 도구들을 사용해서 생성한다. 이 조작은 거의 대부분이 마스크 영역 밖에서 수행되기 때문에 설계 작업의 결과물은 마스크 제조의 시작에 불과하다. 제작공정은 제조작업에 따라서 데이터 준비, 전공정(FEOL), 후공정(BEOL)과 같이 세 개의 큰 범주로 나눌수 있다. 그림 1.3은 고도로 단순화된 공정 흐름도이며, 사용된 일반적인 단계들을 개략적으로 보여주고 있다. 실제의 공정은 흐름도 내의 많은 단계들에 대한 루프나 반복을 포함할 수 있다는 점을 명심해야 한다.

1.2.1 데이터 준비

일단 회로설계자로부터 마스크 데이터 파일들을 받고 나면, 데이터 준비과정은 세 개의 큰 공정단계들로 이루어진다. 이 공정단계들은 크게 변환, 추가 및 검증 등으로 분류할 수 있다.

1.2.1.1 변환

회로설계자로부터 마스크 데이터를 받으면 직접 전공정(FEOL) 단계로 넘기거나 몇 번의 데이터 파일 조작단계를 수행할 수도 있다. 이 조작들에는 데이터의 입력 포맷에서부터 전공정(FEOL)에서 사용되는 마스크 묘화장치에서 사용할 수 있는 포맷으로 변환하는 공정이 포함된다. 일반적으로 이 변환공정을 분할이라고 부르며, 마스크 공정과 원하는 최종 웨이퍼 결과물 사이의 분할크기상의 차이를 선형적으로 보상하기 위한 추가적인 편향공정을 포함할 수도,

포함하지 않을 수도 있다. 진보된 마스크는 국부적인 패턴 특성에 기초하여 보상이 수행되는 차등편향을 필요로 하기도 한다. 변환공정에는 마스크 묘화를 위한 데이터 준비와 더불어서, 완성된 마스크를 검사하기 위한 데이터파일도 포함된다.

1.2.1.2 추가

데이터 준비단계에서는 또한 광학근접보정(OPC) 기능의 추가와 함께 기계식 판독을 위한 바코드, 사람이 식별할 수 있는 라벨, 정렬마크, 그리고 검사용 셀 등의 표준 마스크 패턴의 추가가 포함된다. 또한 이 단계에는 다중 마스크 파일들을 마스크 상의 어느 곳에 위치시켜야 하는가를 마스크 묘화 작업자에게 지시하기 위한 잡덱(job deck)이라고 알려진 일련의 지령들을 포함하고 있다.

1.2.1.3 검증

프로젝트의 복잡성과 수요자의 요구조건을 기반으로 하는 난이도의 변화에 따라서 자동 및 수동 방식의 검증이 수행된다. 이 단계는 전공정(FEOL)과 후공정(BEOL) 내의 더 비싼 공정들을 순환시키기 위해서 다시 제작해야만 하는 마스크의 숫자를 최소화시키기 위해서 수행된다. 이 공정들 중 일부는 분할 데이터와 입력파일 사이의 자동비교 과정과 함께, 마스크 제조장비의 수요자에 의한 국지적 또는 원격 스크린 감시가 포함된다. 많은 검증공정들에 대한 자동화가 과거 수년간에 걸쳐서 뚜렷한 추세이다.

1.2.2 전공정

전공정은 마스크 묘화단계, 화학적 처리공정 및 계측공정 등이 포함된다. 계측 또는 측정공정은 공정 흐름 내에 투입되어 최종 결과물을 확실하게 보장해주고, 마스크상의 작업 수행을 통해서 불필요한 비용이 추가되는 것을 피하기 위해서 공정 흐름 내에서 가능한 한 빨리 결함을 감지하게 해준다.

1.2.2.1 마스크 묘화

오늘날의 마스크는 일반적으로 두 가지 유형의 묘화장치 중 하나를 사용해서 묘화한다. 전자빔(e-빔) 묘화장치는 간섭계 제어방식의 스테이지를 사용해서 전자의 투사위치를 조절하면서 초점이 맞춰진 전자의 흐름을 마스크 기층 상에 정교하게 인도한다. 레이저 묘화장치는 본질적으로는 앞서와 동일한 기능을 수행하지만, 음으로 충전된 전자 대신에 레이저에서 생성된 광양자 에너지를 사용한다. 이 전자나 광양자들을 기층 표면으로 전달하기 위한 광학 및 기계적 방식들은 사실상 산업계에서 사용되는 모든 묘화장치들마다 명확한 차이를 갖고 있다. 이러한 차이는 다음 장에서 논의할 예정이다.

1.2.2.2 프로세스

크롬 표면상의 코팅과 반응시키기 위해서 마스크 묘화장치를 사용해서 기층 표면으로 에너지를 조사한다. 일반적으로 레지스트(방식제)라고 부르는 코팅은 e-빔이나 레이저 노광에 민감하게 반응하도록 처리된 것이다. 레지스트는 설계된 광학적 파장 방사에 노출되면 분자단위에서 교차결합되는 화학적 폴리머이다.

1.2.2.2.1 현상

국지적으로 교차결합된 분자들은 묘화과정 후의 처리단계에 따라서 화학적 현상액에 대해서 민감하거나 둔감하게 반응하게 된다. 현상단계에서 노광된 레지스트를 제거한다면 이를 양화처리라고 부르며, 노광된 레지스트만 남는다면 음화처리라고 부른다.

1.2.2.2.2 식각

현상이 끝나면 나면 마스크를 식각단계로 이동시킨다. 이 처리공정에서는 마스크 상에 레지스트에 의해서 덮여져 있지 않은 표면들이 식각용 화학제에 노출된다. 레지스트는 식각공정에 견딜 수 있도록 설계되었으며, 식각용 화학제에 대해서 최소한 하부에 위치한 크롬의 제거비율에 비해서 더 견딜 수 있다. 액체(습식)나 플라스마(건식) 화학 작용제를 사용해서 식각을 수행할 수 있다. 식각을 통해서 원치 않는 부위의 크롬을 제거하고 나면, 마스크에서 남아 있는 레지스트들을 모두 벗겨낸다.

1.2.2.2.3 계측

제조공정 전반에 걸쳐서 마스크에 대해 측정을 수행하지만, 현상 후와 식각 후의 단계에서 가장 엄밀하게 시행한다. 현상공정이 원하는 최종 임계치수에 비해서 과다 또는 과소하게 촬영되지 않았는가를 확인하기 위해서 임계치수(CD)들에 대한 현상 후 측정이 수행된다. 많은 경우 반복적인 현상공정을 통해서 사양에 맞는 최종 임계치수를 구현할 가능성을 높일 수 있다. 반복적 식각공정 역시 사용되지만 일반적이지는 않다. 일단 샘플이 식각 후의 임계치수에 대한 원하는 최종 결과물 범위 내에 들어오게 되면, 일반적으로 수요자 시방에 따른 샘플링을 통해서 사양이 충족됨을 보증한다. 자주 사용되는 또 다른 유형의 계측은 가늠잡기 계측 또는 위치계측 방법이다. 이 계측방법은 마스크의 요소들이 여타의 수요자−검증용 특징에 대해서 상대적으로 의도한 장소에 위치하는가를 확인하기 위해서 사용된다.

1.2.3 후공정

후공정(BEOL)은 출고되는 마스크의 품질을 보증하고, 사용자에게 전달되는 과정과 마스크의 사용수명 기간 동안 입자들로부터 마스크를 보호하기 위해서 일반적으로 수행된다. 이 단계는 결함검사, 결함수리, 그리고 펠리클 도포 등을 포함하고 있다. 각각의 검사와 수리과정 전후에 세척 사이클이 수행되며, 펠리클 도포 직전에 엄중한 최종세척이 시행되기 때문에 세척공정의 영향을 무시하거나 과소평가하지 말아야 한다.

1.2.3.1 결함검사

마스크 표면을 스캔하면서 지속적으로 물리적인 마스크 형상을 기준 영상과 비교하는, 자동 장비를 사용해서 마스크에 대한 결함검사를 시행한다. 미리 지정된 한계 내의 마스크와 기준영상 사이의 차이에 따라서 결함 가능위치를 경고해주며, 그 위치를 기록하여 차후에 검사요원에 의해서 재검증 및 분류한다. 기준 영상은 다이 간 검사에서와 같이 마스크의 다른 영역들에서와 동일한 패턴으로 만들거나 또는 데이터 준비단계의 변환과정에서 준비된 디지털 표식을 의도적으로 마스크 영상 위에 표시할 수도 있다.

1.2.3.2 결함수리

프린트되기에 충분한 크기의 결함이 발견되면 이를 수리해야 한다. 리소그래피 시뮬레이션을 통한 프린트 가능성에 대한 평가는 실무적으로는 널리 받아들여지지 않고 있으므로, 산업현장에서는 감지된 모든 결함을 수리하는 경향이다. 수리는 집속 이온빔이나 원자작용력현미경(AFM)을 사용한 나노 가공기술 등을 사용하는 진보된 마스크 국소 수리도구 상에서 수행된다. 레이저 장비를 사용해서 더 낡은 마스크들도 여전히 수리한다.

1.2.3.3 펠리클 도포

엄중한 최종 세척과 검사를 통해서 오염입자나 화학적 얼룩이 없다고 확인이 되면, 마스크 표면을 마스크의 배송 및 마스크의 가용수명 기간 동안 후속적인 오염으로부터 마스크를 보호하기 위해서 펠리클을 부착한다. 펠리클 하부 영역에 펠리클 도포과정에서 결함과 오염물이 유입되지 않았는가를 확인하기 위해서 반사 및 투과검사를 통해서 마스크를 검사한다.

1.3 마스크 기술의 역사

반도체 웨이퍼를 프린트하기 위해 마스크를 사용한 것은 이 산업이 형성되기 시작하던 초창기로 거슬러 올라간다. 수십 년 전부터, 마스크 산업은 반도체를 생산하는 고객들의 수요를 충족시켜주기 위해서 지속적으로 제품을 변형시켜 왔다. 일반적으로 웨이퍼 리소그래피 기술의 개발에 의해서 마스크 제품의 변화가 유발되었다. 산업계는 1× 투사를 통한 접촉식 1× 리소그래피에서부터 축사 리소그래피로 진보해왔다. 1999년에 시작된 가장 최근의 시대에는 마스크와 마스크를 지원하는 리소그래피 공정을 통해서 프린트되는 선폭이 이들의 프린트에 사용되는 빛의 파장에 비해서 훨씬 더 작은, 파장이하의 영역으로 들어서게 되었다.

1.3.1 접촉 프린트 시대

반도체 산업의 초창기에 마스크는 거의 접촉 프린트 방식으로만 사용되었다. 이 방식으로 사용되는 마스크는 웨이퍼와 밀착된 후에 자외선 광원에 노출된다. 밀착과정에서 마스크 상에 결함 영역이 웨이퍼 상에 프린트될 우려가 있다. 마스크 소재의 열 안정성과 시각에 의존하거나 또는 수동방식을 사용해야만 하는 정렬방식 등에 의해서 유발되는 이전 층들과의 정렬에도 문제가 있다.

이 시기에 사용되었던 최초의 마스크는 사실상 우리가 오늘날 알고 있는 강체 유리 기층이 아니라, 루비리스(rubylith)라고 부르는 소재나 사진용 필름이었다. 루비리스는 투명한 폴리머 기층 상에 빛을 차단하는 적색 필름이 적층된 폴리머 기반의 2층 소재이다. 루비리스 소재는 그래픽 아트에 광범위하게 사용되어 왔으며 접촉 프린트 시기에 새로운 반도체 산업에 쉽게 적용되었다. 단단한 투명층에 손상을 주지 않으면서 연한 적색 층을 칼로 잘라낼 수 있다. 절단 후에 원하지 않는 적색 영역을 벗겨내면 투명한 영역과 불투명한 영역으로 이루어진 마스크가 만들어진다. 루비리스 소재를 사용해서 등배나 축사하여 직접 웨이퍼 상에 프린트하거나 필름에 전사할 수 있다. 이 방법은 생산수량에 관계없이 장점이 많지 않았지만, 초기 R&D 단계에서는 개념의 규명을 위한 적절한 방안이었다.

그림 1.4 루비리스 도판 절단작업 광경(Photograph courtesy of Intel Corp)

마스크의 정밀도를 높이고 제조수량을 증가시키기 위해서 산업계는 루비리스를 계속 사용하면서도 소재 내에 회로를 고배율(보통 200배)로 절단하는 기법을 개발했다. 회로의 결과적인 표현방식을 도판이라고 불렀다. 이 도판은 유리 기층상의 에멀션에 축사(보통 20:1)되어 10× 레티클이 만들어진다. 그 당시의 계측기술은 강철 자와 루페를 사용해서 루비리스 형상크기를 측정하는 정도였다. 이 시기 동안 루비리스가 부착되는 효과적인 발광테이블을 갖춘 좌표독취기라고 부르는 장비(그림 1.4)의 개발을 통해서 루비리스 절단 정밀도와 오차율은 크게 진보했다. 이 장비는 절단 길이와 방향을 정밀하게 인도하는 좌표를 지정해주는, X 및 Y 방향으로의 기계식 멈춤장치를 갖추고 있다. 좌표독취기의 후기 버전은 더 복잡한 도판을 만들기 위한 정밀한 절단을 위해서 원시적인 컴퓨터의 수치제어를 사용하였다.

마스크 영상을 사진용 에멀션이 코팅된 유리 기층상에 동시에 원하는 최종 크기로 축사하는 포토리피터라고 부르는 장비에서는 사진 축사 도판을 사용해서 생산한 10× 레티클이 사용되었다. 이 카메라는 노광 후 다음 위치로 이동하며 마스크가 완성될 때까지 이 공정을 되풀이한다. 또한 이 포토리피터는 옮겨 찍기 카메라로 알려지게 되었으며, 오늘날 대부분의 반도체 제조기법에서 사용되는 웨이퍼 스테퍼의 선조가 되었다. 포토리피터에서 만들어진 마스크는 마스크 원판이 되며 이로부터 많은 복제가 만들어진다.

이 시기에 마스크 소재는 초기의 루비리스나 사진용 에멀션을 사용하는 마일러 기반 필름에서 사진용 에멀션이 입혀진 소다라임 유리 기층으로 바뀌게 되었다. 처음에 사용되었던 웨이퍼 접촉 프린트 방식에서는 마스크 수명이 짧았으며, 대량생산 라인을 지원하기 위해서 다량의 복제 마스크를 제작했다. 그런데 에멀션 코팅은 상대적으로 연하며 접촉 프린팅에 대해서 장기간 견딜 수 없었다. 프린트를 시행할 때마다 마스크에 결함이 추가되었으며, 때로는 단지 몇 장의 웨이퍼 프린트 후에 못쓰게 되어 버리기도 하였다.

이 결함문제를 해결하기 위해서 산업계는 점차로 적절한 광학적 성질들을 갖추고 반복적으로 세척이 가능한 스퍼터 또는 증기증착 된 금속 필름으로 이루어진, 소위 경질표면 소재로 옮겨가게 되었다. 비록 시간이 지남에 따라서 결함이 늘어나는 것을 완벽하게 방지할 수는 없지만, 경질표면 포토마스크는 에멀션 마스크에 비해서 접촉 프린트 공정에 의해 손상을 덜 입으며 입자를 세척할 수 있었다. 산업계가 선정한 두 가지 필름은 산화철과 크롬이었다. 산화철은 가시광 파장에 대해서는 투명하지만 노광용 파장에 대해서는 불투명하므로, 사용자가 이를 관통해서 관찰하면서 이전의 층들과 정렬을 맞출 수 있다는 이점을 가지고 있다. 산화철의 단점은 소재의 가공성이 나빠서 과도한 결함이 발생하기 쉬웠고, 가공결과도 불균일하였기 때문에 반도체 사양의 빠른 진보는 이 소재의 가용성을 앞질러버렸다. 크롬은 훨씬 더 균일한 결과를 제공해주며 오늘날까지도 마스크 제조의 주 소재로 남아 있다.

그림 1.5 Mann 3000 도형발생기(Photo courtesy of the University of Notre Dame)

1960년대에서 1970년대 초반까지의 시기 동안 가장 중요한 기술적 발전은 경질표면 포토마스크의 개발과 정착이었다. 하지만 더 중요한 사안은 광학 도형발생기라고 부르는 장비의 개발이었다(그림 1.5). 데이비드 만(David Mann) 주식회사나 Electromask 등과 같은 회사들에 의해서 개발된 이런 부류의 장비들은 에멀션 유리 기층상에 10× 레티클을 직접 생성할 수 있으므로, 도판을 제작하는 수단으로서 루비리스를 효과적으로 대체시켜주었다. 이 장비는 기층을 X 및 Y 방향으로 이동시킬 수 있는 컴퓨터 제어 스테이지를 갖추고 있다. 광학 경로상의 개구부에는 다양한 높이 및 폭을 갖는 가변형상 슬릿을 사용할 수 있다. 광학계와 개구부는 터릿에 장착되어 0.1° 증분으로 회전시킬 수 있어 기울인 형상도 구현할 수 있다. 이런 장비는 1960년대 후반에 등장하였으며, 첨단 소자의 복잡성이 조작자의 루비리스 절단능력을 넘어서게 된 1970년대 중반에 들어 완전히 범용화되었다. 이런 장비들은 산업계로 하여금 루비리스에 의해서 유발되었던, 물리적인 마스크 용량 한계와 그에 따른 검증의 한계를 넘어설 수 있게 해주었다.

1.3.2 1× 투사 시대

1970년대 중반 더 긴 수명을 갖는 마스크에 대한 수요가 산업계에서 뚜렷이 나타나게 되었다. 생산라인에서 다량의 접촉식 프린트 마스크를 사용하는 것은 관리가 어려울 뿐만 아니라 더 심각한 점은 접촉 프린트 시 마스크 상의 결함이 웨이퍼 상에 프린트됨에 따른 수율손실과 웨이퍼와의 접촉이 마스크를 손상시킨다는 것이다. 이 시기에 퍼킨-엘머(Perkin-Elmer) 주식회사는 Micralign 투사정렬장치를 개발하였으며, 이 개발을 통해서 오늘날까지도 계속되고 있는 마스크 제조사업의 몇 가지 심대한 변화를 촉발시켰으며, 이들 중 많은 부분이 후속 장들에서 논의될 예정이다.

Micralign은 마스크 영상을 웨이퍼 상에 투사하기 위해서 반사경과 렌즈 시스템을 사용함으로써 접촉 프린트 방식을 배제하였다. 마스크는 결코 웨이퍼와 접촉하지 않으므로, 접촉 프린트에 따르는 결함문제를 없앨 수 있었다. Micralign의 또 다른 특징은 특수하게 설계 및 설치된 정렬 마스크를 사용함으로써, 이전에 프린트된 층과 자동적으로 정렬을 맞출 수 있는 기능이다.

이 시기에 산업계에서는 기층소재의 몇 가지 변화가 일어났다. 마스크를 자주 세척하지 않아도 되기 때문에 이들은 다수의 웨이퍼 노광에 사용되면서 마스크 평면상에서의 온도상승이 초래되었다. 시간이 경과함에 따라서 소다라임 유리의 열 특성이 정렬문제를 유발하였으며, 그에 따라서 산업계는 열팽창계수가 낮은 유리 기층소재로 옮겨갈 수밖에 없었다. 산업계는 열 특성이 실리콘 웨이퍼와 유사한 붕규산염 유리를 사용하게 되었다. 1× 투사 시대 말기에 웨이퍼 노광파장은 365nm에 근접하게 되어, 붕규산염 유리보다 더 높은 투과특성을 갖는 기층이 필요하게 되었다. 산업계는 193nm까지 매우 높은 투과특성과 현저한 열 안정성을 갖는 합성 석영이나 용융 실리카로 전환하였다. 용융 실리카는 오늘날까지도 첨단 마스크 기술의 기층으로 선정되는 소재이다.

이 시기에 일어난 기술적 진보에는 자동화된 결함검사, 레이저 수리 및 펠리클 보호 등이 포함된다. 최초의 자동화된 결함검사장비가 1978년에 출현하였다. KLA 인스트루먼트에 의해서 개발된 KLA 100 장비(그림 1.6)는 동일해야만 하는 포토마스크상의 인접 필드에 대한 스캐닝과 비교를 통해서 결함을 검사한다. 검사된 두 필드 사이의 불일치성이 감지되면, 장비 조작자에 의한 후속적인 검토 및 분류를 위해서 그 위치가 기록 및 저장된다. 이 자동화는 조작자가 온종일 현미경을 통해서 마스크를 스캐닝하면서 결함을 세어야만 하는 지루한 시각적 검사방법을 대체해준다. 지루함을 줄여준다는 이점 외에도 표본검사를 100% 검사로 대체해주며, 결함저감시험의 결과를 빠르게 수집해주기 때문에 공정개선의 도구로 사용될 수 있다.

그림 1.6 KLA 101 다이 간 자동 결함감지 시스템(Photo courtesy of KLA-Tencor)

물론 결함의 감지는 이야기의 절반에 불과하다. 수리장비의 사용을 통해서만이 결함이 없는 마스크에 대한 요구를 적절한 수율로 구현할 수 있다. 최초의 레이저 수리장비는 Quantronix와 Florod 등과 같은 회사에 의해서 1970년대 후반에 출시되었다. 이 시스템들은 원하지 않는 크롬 반점들을 마스크에서 제거하기 위해서 레이저 펄스를 사용했다. 레이저 버전은 레이저의 도움을 받는 화학적 증기증착을 통해서 크롬 내의 공동을 수리하는 능력도 갖추고 있다. 비록 현재의 시각으로 본다면 원시적이지만, 이 장비들은 산업계에 빠르게 보급되었으며 오늘날에도 저급 마스크의 제작에 계속해서 사용되고 있다.

일단 결함을 발견해서 수리하고 나면 결함이 없거나 소수인 조건을 유지하는 것이 그다음 관심사가 된다. 또다시 산업체는 펠리클(일종의 보호막)이라고 부르는 하드웨어를 마스크에 덧붙이는 방법을 개발함으로써 이에 화답하였다. 펠리클은 본질적으로 금속 프레임에 의해서 인장을 받고 있는 얇고 투명한 맴브레인이다. 그 목적은 마스크의 표면을 티끌들이 침입하지 못하도록 효과적으로 밀봉하는 것이다. 프레임의 높이는 맴브레인 표면에 내려앉은 티끌들이 노광 시스템의 초점평면에서 벗어나도록 설계되므로, 티끌들이 웨이퍼 표면에 프린트되는 것을 막아준다. Advanced Semiconductor Products(ASP), 미쓰이(Mitsui), 그리고 Micro Lithography Incorporated(MLI) 등과 같은 회사들은 1980년대 전반에 펠리클을 상업적으로 도입하였다. 펠리클은 포토마스크의 일부분으로 자리 잡게 되었으며, 오늘날의 마스크들은 펠리클 없이는 거의 사용되지 않는다.

이 시기에 소자의 복잡성이 지속적으로 증가하여 1× 투사 마스크 제작용 10× 레티클을 만들기 위해서 사용되었던 광학도형 발생기가 집적도의 증가를 따라잡을 수 없는 상황에 이르게 되었다. 곧이어 도형 발생 파일들을 수십만 회 노출시키고, 레티클의 노광에만 48시간이 소요되었다. 이 개발을 지원하기 위해서는 이 레티클을 묘화하는 더 빠른 방법이 필요하게 되었다. 그 해답은 e-빔 묘화장치를 개발하는 것으로 벨연구소에서 창안되었고 1970년대 후반에 Etec 주식회사에 의해서 상용화되었다(그림 1.7). 전자빔 가공방식 노광기(MEBES)라고 이름을 붙인, 이 장비는 포토리피터용 레티클 상에 광학도형 발생기가 낼 수 있는 것보다 훨씬 빠른 속도의 묘화능력을 구현하였다. 이 장비의 더 좋은 점은 포토리피터 레티클 제작용보다 훨씬 높은 수준으로 설계되었으며, 데이터 파일로부터 1× 마스크를 직접 제작하는 데에 사용할 수 있다는 것이다. 이를 통해서 포토리피터의 렌즈 영역에 구애를 받지 않을 뿐만 아니라 필요하다면 반복 형태를 갖지 않는, 다이 크기의 마스크를 제작할 수 있게 되었다. 초기 전자빔 가공방식 노광기(MEBES)의 분해능과 유연성, 그리고 그 후속장비들이 거의 1990년대 중반까지 산업계서 플랫폼으로 사용되었다. 이 장비들이 첨단 소자의 1× 마스크를 제작할 수 있기 때문에 이들의 본질적인 능력은 산업체 내부자들이 마스크 제작자들의 휴일 또는 5× 휴일이라고도 부르는 다음 시대의 도래에 기여하였다.

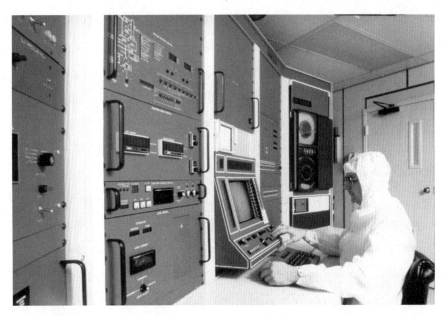

그림 1.7 MEBES-III 콘솔에 앉은 작업자(Photo courtesy of Photonics Inc.)

1.3.3 웨이퍼 스테퍼 시대

1× 투사 시기의 후반을 통해서 반도체 업계는 빠른 속도로 GCA, 니콘 및 캐논 등과 같은 회사의 웨이퍼 스테퍼를 리소그래피 공정에 적용하게 되었다. 웨이퍼 스테퍼를 적용하게 된 이유 중 대부분은 1× 투사 정렬장치를 사용해서는 1μm 및 그 이하 영역의 프린트가 어렵기 때문이었다. 축사 스테퍼의 경우 이 치수를 구현하면서도 광폭 공정시창의 적용이 가능하고 높은 수율을 얻을 수 있었다. 또 다른 장점은 1× 마스크 생산에 적용하던 시절임에도 현존하는 마스크 제조기반상에서 무결함 마스크를 손쉽게 구현할 수 있다는 점이다. 초창기 웨이퍼 스테퍼는 10× 장비였으므로, 리소그래피를 지원하기 위한 레티클은 분해능과 임계치수(CD) 제어의 관점에서 제조하기가 10배나 손쉬웠다. 나중에 웨이퍼 스테퍼가 5×까지 변해도 1×에서부터 확대 배율의 변화에 따른 사양기준의 여유는 여전히 많이 남아 있었다. 주어진 가공설비들은 사용자가 필요로 하는 것보다 훨씬 더 정밀했기에 마스크 업계는 공정시간의 절감, 결함저감, 마스크 데이터 취급 및 전송방법 개선, 그리고 품질개선 시스템의 구현 등을 포함하는 사업의 서비스 측면에 주안점을 두었다.

비록 소위 휴일이라고 부르는 기간 동안에도 마스크 산업계의 인수합병과 전용장비의 쟁탈전은 치열했다. 1× 광학식 마스크의 제조에 일반적으로 2주가 소요되었던 주기시간은 정상적인 경우 3~4일, 지급인 경우 24시간으로 단축되었다. 마스크의 주문 시, 더 이상 자기 테이프를 마스크 제조업체에 배송할 필요 없이 전용 전화선을 사용했으며 나중에는 인터넷을 통해서 전송하는 것으로 변화되었다. 수요자의 성원에 힘입어 마스크 제조업체들은 ISO 9000과 같은 통계학적 공정제어와 품질관리 시스템을 채용하게 되었다.

산업계는 또한 공급자 기반으로 새로운 혁신을 이루었으며, 이들 중 많은 부분들에 대해서 나중에 상세히 다룰 예정이다. 나중에 Micronic Laser Systems가 된 Ateq 사와 같은 회사의 높은 생산성을 갖는 레이저 마스크 묘화장치는, 가장 기술적으로 진보적인 요구조건을 수용했기 때문에 많은 전자빔 가공방식 노광기(MEBES)를 대체하였다. KLA 사는 마스크를 데이터 파일과 비교하여 반복 패턴이 없는 마스크상의 결함을 감지할 수 있는 검사 시스템을 소개하였다. 위치 정확도를 계측하기 위해서 니콘(Nikon) 및 라이카(Leica) 사의 간섭계를 기반으로 하는 계측장비가 개발되었으며, 마스크 제조업체로 하여금 서로 다른 마스크 묘화장치에서 만들어진 마스크들을 성공적으로 매칭시킬 수 있는 능력을 부여해주었다. 세이코 인스트루먼트나 마이크론(Micron)과 같은 회사에서 제작된 이온빔 수리장비의 경우에는 레이저 수리 시스템을 갖추고 있었다. 이 장비들은 마스크에 손상을 훨씬 덜 입히며, 미소한 결함들을 훨씬 정밀하게 수리할 수 있었다.

앞에서 논의한 것처럼 5× 휴일이 결코 진정한 휴일이 아니었지만 이 시기는 산업계로 하여금 납기 문제, 후공정(BEOL) 검사와 계측, 품질관리 시스템의 구현, 그리고 신설합병 등과 같은 문제들에 관심을 가질 수 있는 기회를 제공해주었다. 이 시대의 말기(대략 1994년)에는 인수합병 등으로 인해 세계적으로 상업적 마스크 공급업체들의 숫자가 줄어들었으며, 4대 메이저 업체들과 대 여섯 개의 군소업체들로 정리되었다. 1990년대 후반 산업계가 파장이하 시대로 들어감에 따라서 적절한 자본투자를 유치하기 위한 임계질량에 도달하기 위해서 이러한 선도 업체들의 팽창이 이루어졌다.

1.3.4 파장이하 시대

현재 마스크 업계는 파장이하의 시대에 들어와 있으며, 최소한 21세기 초반 10년간은 이 영역 내에 머물러 있을 것이다. 이 시대는 사용자가 웨이퍼 노광 시스템에 사용하는 상대적인 파장 길이와 웨이퍼 상에 프린트되는 형상크기의 비교를 통해서 정의된다. 웨이퍼 스테퍼가 도입된 후 수년간, 스테퍼의 노광파장은 초기의 436nm에서 365nm, 248nm로 꾸준히 감소하여 오늘날에는 193nm 노광 시스템이 사용되고 있다. 일단 형상크기가 파장 길이 이하로 내려감에 따라서 리소그래피 장비가 웨이퍼의 특성을 구현하기 위한 형상화 기능을 갖출 필요가 생겼다. 이 기법들 중 일부는 특수한 포토레지스트나 무광코팅 등과 같이 스테퍼의 웨이퍼 측에 적용할 수 있는 반면에, 다른 측면에서는 비축(off axis) 또는 쌍극성 광원과 같이 스테퍼의 광원에 적용할 수 있다. 웨이퍼 상에 프린트된 형상을 개선하기 위해서 레티클 평면에서 마스크의 패턴을 변형시킬 수 있다. 분해능강화기법(RET)이라고 통칭하는 이러한 레티클 처리에서는 빛의 위상을 천이시키기 위해서 다양한 기법[위상천이 마스크(PSM)와 광학근접보정(OPC), 다음 장에서 상세히 논의]이 사용되며, 축사과정에서 특징 형상의 손실을 보정하기 위해서 많은 기법들이 사용된다.

반도체 산업계에서는 큰 어려움 없이 365nm 스테퍼로의 전환이 이루어졌기 때문에 436nm 에서 분해능강화기법(RET)은 거의 필요치 않았다. 북미지역에서 248nm 파장을 사용하기 이전에 365nm와 함께 분해능강화기법(RET)이 최첨단 반도체를 구현하기 위한 수단으로서 사용되었다. 반면에 일본에서는 365nm에서 분해능강화기법(RET)이 웨이퍼 스테퍼의 가용수명을 연장시키기 위한 수단으로서 오랜 기간 동안 사용되었다. 248nm 노광 시스템의 도입과 후속 193nm 시스템의 실용화 지연에 따라서 분해능강화기법(RET)은 첨단 반도체 소자용 마스크의 거의 모든 임계 층에서 필수적인 요구조건이 되었다.

반도체 업계의 단기 로드맵에 따르면 193nm와 결과적으로는 157nm가 최소한 현재 10년간 사용될 파장대역✦이므로, 레티클이 리소그래피 공정에서 가장 중요한 부분이 되었으며, 앞으로도 그럴 것이다. 2007년에는 선폭이 거의 파장 길이의 1/3에 이르며, 마스크의 집적도와 복잡성은 더욱 증가할 것으로 예상된다. 현재와 장래에 예상되는 도전적인 마스크를 제조하기 위한 신뢰성 높고 가격경쟁력을 갖춘 방법은 엄청난 R&D 투자와 수억 달러 이상이 소요되는 장비들을 필요로 한다. 다수의 소규모 독립적인 전문 마스크 제조업체*들의 글로벌 합병을 이끌어낸 주로 Photonics와 듀폰(Dupont) 포토마스크와 같은 업체들, 그리고 부수적으로는 다이니폰과 토판 등과 같은 업체들에 의한, 통찰력 있는 경영의 혜택을 산업계들이 누린다는 것은 명확하다. 이와 같이 더 큰 조직들이 진보된 마스크 기술에 필요한 재원을 조달하기가 더 용이하다.

파장이하 시대의 마스크 제조는 매우 다양한 분해능강화기법(RET)을 구현하기 위해서 마스크 제조업체가 다양한 제품을 공급할 수 있어야 하며, 일련의 광범위한 핵심기술과 새로운

✦ 2015년 현재 193nm가 주 광원으로 사용되고 있다. 하지만 157nm 광원의 사용계획은 현재 취소되었고 곧장 13.5nm 극자외선으로 넘어갈 것으로 기대된다. ─역자 주
* 이 장을 쓰는 동안 Toppan에 의한 듀폰 포토마스크 사의 인수계획이 발표되었다. ─저자 주

장비들 역시 필요하다는 것을 추측할 수 있다. 진보된 임계층 마스크용 묘화장치는 현재 대부분이 가변형상 빔과 벡터 스캐닝 위치결정 시스템을 갖춘 고전압 e-빔 시스템으로 구성된다. 마스크 전체를 스캔했던, 초기 래스터 스캔 시스템과는 달리, 이 시스템들은 마스크상의 노광이 필요한 부분만을 겨냥하고 묘화한다. 복잡한 소프트웨어와 알고리즘을 사용해서 노광의 크기, 형상 및 에너지를 조절한다. 적절한 마스크에 대해서 고도로 엄밀한 광학근접보정(OPC)을 구현하기 위해서는 형상제어가 필수적이다. 이런 장비의 속도를 높이기 위해서 화학적으로 증폭된 양성 및 음성 레지스트들이 광범위하게 사용된다. 이와 같이 새로운 고전압 벡터 스캔 가변형상 e-빔에 대해서는 다음 장에서 보다 상세하게 논의할 예정이다. 마스크 제조업체들은 또한 다중레벨 노광에 필요한 위상천이를 위해서 정밀한 광학적 성질을 갖춘 새로운 소재와 이전 시대에 사용했던 방법들과는 다른 새로운 식각기술을 사용하는 시대로 접어들게 되었다. 그 어느 때보다도 더 복잡한 분해능강화기법(RET)을 사용하며, 이를 견실하게 구현하기 위해서는 새로운 소재와 더불어서 리소그래피 장비와 공정, 지식과 경쟁, 시뮬레이션 등이 절대적이라는 점을 마스크 개발조직들이 더 깊이 인식하게 되었다. 오늘날의 반도체 경제에서 마스크는 더 이상 부품이 아니라 전체 시스템의 통합된 부분으로 인식되고 있다.

1.4 마스크의 미래

193nm 파장 또는 아마도 157nm 파장 이후의 리소그래피에 대한 생산성이 아직 규명되지 못했기 때문에 2010년 이후의 미래에 마스크 제조가 발전할 방향은 분명치 않다. 광학방식 이후의 시대를 위한 리소그래피 시스템 개발에서 선택의 폭은 많은 후보기술 중에서 매우 제한되기 때문에 개발에 많은 노력이 필요하다는 점은 확실하지만, 폐기되었다고 생각했던 방식이 다음 번 고찰단계에서 다시 살아나는 것은 자주 있는 일이다. 광학 이후 또는 차세대 리소그래피(NGL) 방식에는 극자외선(EUV), 전자빔 투사 리소그래피(EPL), 이온빔 투사 리소그래피(IPL), 근접 X-선 리소그래피(PXL), 나노임프린트, 그리고 직접묘화 등을 거론할 수 있다. 마지막 방법을 제외하고는 다른 모든 기법들은 오늘날에 사용되는 마스크와는 많은 점에서 근본적으로 다르며, 나노임프린트(최근에 선택 가능한 방법으로 추가되었다)를 제외한 다른 모든 방법들에 대해서는 다음 장에서 상세하게 논의할 예정이다. 비록 극자외선(EUV)과 전자빔 투사 리소그래피(EPL) 기술에 지속적으로 많은 노력을 투자하고 있지만, 각각의 기술세계를 지탱하는 저변에는 함정들이 숨어 있다. 비록 광학식 리소그래피가 그랬던 것처럼 이 기술

들이 지배적이 될 것이라고 속단하기에는 너무 이르지만, 연결구멍들을 위한 근접 X-선 리소그래피(PXL)나 전자빔 투사 리소그래피(EPL)처럼, 가장 적합한 분야에서 최소한 짜 맞춤 방식으로 적용될 것이라는 점을 예상하는 것은 어렵지 않다.

마스크를 사용치 않는 직접묘화 리소그래피 후보기술로 나타났지만, 생산성과 균일성 문제 때문에 이 기술은 ASIC 소자와 같이 소량생산 분야로 국한될 것이다. 마스크가 처음으로 사용되었던 때부터 지금까지 본질적으로 가지고 있는 장점은 엄청난 수량의 소자들을 동시에 노광할 수 있으며, 이를 웨이퍼마다 반복하여 수행할 수 있다는 것이다. 반도체 산업은 경제성을 갖춘 대안이 나타나기 전까지는 이 방법을 계속 사용할 것이다.

PHOTOMASK
TECHNOLOGY

제2편

마스크 묘화

제2장

데이터 준비

Paul J.M. van Adrichem and Christian K. Kalus

2.1 서 언

집적회로(IC) 설계가 성공적으로 완료되고 나면 집적회로의 생산단계를 시작할 수 있다. 집적회로의 생산을 가능케 하기 위해서는 웨이퍼의 포토리소그래피 이미지를 전사하기 위한 마스크가 필요하다. 일반적인 순서를 살펴본 다음에 이 분야에서 관찰할 수 있는 경향들에 대해서 살펴본다. 최종적인 마스크 상에서 마스크 데이터의 품질효과에 대해서는 다른 절에서 논의한다.

마스크 묘화장비는 입력 데이터를 필요로 하며, 이 입력 데이터의 포맷은 일반적으로 디자인 공정에서 나온 포맷과는 동일하지 않다. 설계 레이아웃 출력 포맷은 일반적으로 기계에 의존적인 포맷이 아니라 호환 포맷을 사용한다. 마스크 데이터 준비(MDP) 단계의 목적은 이 호환 포맷을 기계에 의존적인 포맷으로 변환시키는 것이다. 다양한 마스크 묘화장비들이 있으며, 이 장비들 중 대부분은 자체적인 포맷을 가지고 있다. 더욱이 마스크 검사장비와 마스크 측정장비들 역시 마스크 데이터에 의존적인 셋업파일을 필요로 한다.

단지 설계 데이터보다는 더 많은 데이터들을 마스크 상에 묘화할 필요가 있다. 실제 집적회로들 사이의 공간은 이들을 개별적인 다이들로 분할하는 웨이퍼 절단을 위해서 사용된다. 웨이퍼 펩

(FAB)들은 일반적으로 이 절단선 영역에 웨이퍼 공정을 모니터하기 위한 테스트 패턴을 삽입하므로, 이 절단 라인 패턴들을 마스크 상에 생성 및 묘화할 필요가 있으며, 더욱이 이전의 웨이퍼 영상화 단계에 대해 상대적으로 패턴들을 정렬시키기 위해서 웨이퍼상의 정렬 패턴이 필요하다.

일반적으로 디자인 데이터들의 변환과는 별개로 이 절단 라인에는 정렬 패턴, 바코드 및 여타의 패턴들을 생성할 필요가 있다. 이 마스크 패턴 합성은 일반적으로 *프레임 생성*이라고 부르며 소위 마스크 *잡덱*이 만들어진다.

호환 포맷으로부터 기계에 의존적인 데이터 또는 분할을 통한 변환과정에서, 설계 데이터로부터 웨이퍼상의 영상으로의 전체적인 영상 전달과정 중의 어딘가에서 발생되는 수많은 계통오차(systematic error)들에 대해서 데이터를 보상할 수 있다. 이 오차들은 묘화공정, 마스크 현상 및 식각공정, 그리고 웨이퍼 영상화 공정 등에서 발생되는 왜곡에 의해서 유발될 수 있다. 계통오차에 대한 데이터의 보상이 최근 들어 많은 관심을 받고 있다. 최종 마스크의 품질을 향상시키기 위해서는 데이터 조작시간의 증가와 데이터 양의 증가를 댓가로 치뤄야만 한다.

2.2 마스크 데이터 준비 순서

비록 마스크 데이터 준비(MDP)에 어떤 것들이 포함되는가에 대한 공식적인 정의는 없으며 서로 다른 설명들이 존재하지만, 이를 집적회로 설계와 마스크 제작 사이의 데이터 링크라고 간주할 수 있다. 일반적으로 설계규칙검사(DRC)와 레이아웃과 설계도 비교(LVS)가 성공적으로 수행되면 과정이 종료되는 칩설계가 완료되고 나면, 필요한 모든 검증과 측정용 표식을 포함하고 있는 하나 또는 그 이상의 마스크를 제조할 수 있는 데이터를 생성해야 한다. 최신기술 공정에서 사용되는 마스크의 총 숫자는 30개를 가볍게 넘는다.

그림 2.1에서는 집적회로 설계 후에 마스크 데이터의 총체적인 흐름을 보여주고 있다. 일부의 경우 항상 이 단계들을 구분할 수는 없으며 때로는 하나의 단계로 합쳐진다. 이런 경우 이론보다는 경험에 의존하여 전체적인 마스크 데이터 준비(MDP) 작업을 분할한다.

마스크 데이터 준비(MDP)에 사용되는 대부분의 입력 데이터들은 특정 레이아웃 호환 포맷으로 표현된다. 출력 파일은 특정 층에 사용되는 마스크 묘화장비 전용의 기계 의존적 포맷이다. 각각의 기계마다 그 능력이 다를 뿐만 아니라, 각 층마다 필요한 사양도 다르기 때문에 한 세트의 마스크들 모두를 동일한 장비로 묘화하는 일은 결코 없다. 따라서 마스크의 각 층마다 서로 다른 포맷을 생성해야 할 필요가 있다.

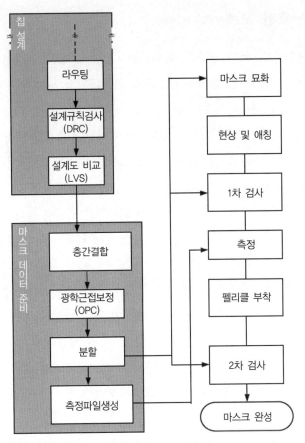

그림 2.1 단순화된 데이터 준비와 마스크 제조공정. 때로는 이 데이터 흐름도의 일부 단계들이 서로 결합되거나, 일부 단계들의 순서가 뒤바뀔 수도 있다.

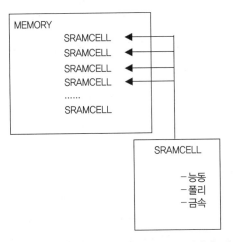

그림 2.2 GDS2 포맷은 셀의 정의와 다른 셀들의 셀 배치 정보를 갖고 있어서, 레이아웃 도안 시 계층적 구조를 사용한다.

2.2.1 레이아웃 호환 포맷

IC 레이아웃을 생성하기 위해서는 일반적으로 전용 CAD 환경이 사용된다. 이런 설계단계에서의 출력은 IC의 레이아웃이며, 일반적으로 특정 레이아웃 호환 포맷을 사용해서 작성된다. 이 포맷은 레이아웃들을 사각형과 다각형 등의 기하학적 요소들로 나타낸다.

1970년대 중반, 칼마 사는 칼마 스트림 포맷으로 알려진 표준 GDS2 스트림 포맷으로 만들어진 데이터를 송출하는 Graphic Design System II(GDS2)라는 CAD 시스템을 판매했다[1]. 이것은 오늘날 일반적인 IC 레이아웃 도안과 호환을 위한 *실질적* 산업표준으로 사용되고 있다. GDS2 포맷은 2진 파일포맷이므로, 텍스트 에디터로는 직접 로딩이 불가능하다. GDS2 포맷을 (FTP를 통해서) 전송할 때에는 2진파일 전송모드를 선택해야만 하며, 그렇지 않은 경우에는 파일이 완전히 손상되어 버린다.

GDS2 포맷의 특징은 레이아웃 도안 시 *계층* 구조를 사용할 수 있다는 점이다. GDS2에서는 셀을 나타내기 위해서 개별적인 모든 사각형과 다각형들을 표시하는 대신에, 그림 2.2에서와 같이 여타의 셀들에서 단일 레퍼런스나 어레이 레퍼런스를 사용해서 이 셀을 인용할 수가 있다. 이 셀들은 단일 장치나 그 일부분 또는 NAND 게이트, 메모리 셀 등과 같은 기능적 셀들로 이루어질 수 있다. 이 기능은 메모리와 같이 고도의 반복성을 갖는 설계에서 명확한 장점을 갖는다.

2002년에 SEMI에 의해서 개방 아트워크 시스템 호환 표준(OASIS)라는 이름의 새로운 IC용 레이아웃 호환 포맷이 제안되었다[2]. 이 포맷은 GDS2 스트림 포맷의 대체를 목적으로 하고 있다. 이 포맷의 주목적은 레이아웃 도안 파일을 더 콤팩트하게 만들며, GDS2 포맷의 여타 단점들을 극복하는 데에 있다. 이 두 가지 포맷은 많은 유사성을 가지고 있다. 두 포맷 모두 계층, 서로 다른 레이어 및 데이터 유형들을 다룰 수 있다. OASIS가 GDS2에 비해서 갖고 있는 가장 큰 차이점들은 다음과 같다.

- OASIS는 훨씬 더 콤팩트하므로 파일 사이즈가 작다.
- OASIS 포맷은 장래에 포맷의 확장을 위한 여유가 넉넉하다.

이 두 가지 포맷과는 별개로 매우 특수한 용도로 몇몇 별개의 포맷들이 가끔씩 사용되고 있다. 디자인 레이아웃의 대부분은 여전히 전체적인 데이터 준비과정에서의 기본 입력 포맷이며, 앞에서 정의되었던 GDS2 스트림 포맷을 사용해서 하나의 패키지에서 다른 쪽으로 전환된다.

2.2.2 부울 마스크 연산

마스크 데이터 준비(MDP) 과정에서 구분할 수 있는 첫 번째 단계는 물리적인 마스크 데이터를 얻기 위해서 다수의 레이어(layer)들을 조합 및 조작하는 작업이다. 더 진보된 공정의 경우 이 레이어들을 추출하는 단계에서 수행하는 작업이 더 까다로워지는 경향이 있다. 또한 비휘발성 메모리처럼 내장형 프로세스 옵션을 포함하고 있는 공정의 경우에는 표준화된 공정보다 더 많은 레이어들이 사용되는 경향이 있다.

이러한 레이어 추출작업에는 일반적으로 다음 항목들이 포함된다.

- 레이어들 사이의 부울 대수 AND, OR, MINUS 및 XOR 등과 같은 2진수 패턴 연산자
- 형상면적, 크기, 형태 등과 같은 특정 원칙을 기반으로 설계 데이터를 선정한다. 때로는 이를 단일체 패턴 연산자라고 부른다. 데이터의 사이즈 변환 역시 단일체 패턴 연산자로 간주한다.

직접 설계하는 대신에 마스크 데이터를 추출하는 데에는 다양한 이유가 있다. 한 가지 이유는 추출된 레이어에 대한 검사가 어려울 수 있으므로, 마스크 데이터의 단순한 검사와 추출을 선호한다. 일부의 경우 마스크 데이터 레이어들이 서로 보완적인 관계를 가지고 있을 수 있으며, 동일한 설계 레이어를 사용해서 두 개의 마스크 레이어들을 만들 수도 있다. 많은 경우 이전 공정을 기반으로 새로운 공정이 만들어지므로, 이러한 레이어 추출과정에서 새로운 스크래치파일을 만들기보다는 이전 것을 이어받거나 연장하여 사용하게 된다. 항상 가능한 한 많은 설계방법들과 공정들을 그대로 유지하는 것을 선호한다. 스크래치 파일로부터 다시 설계하는 대신에, 이전에 설계된 셀과 블록들을 재사용하는 것을 선호한다. 이런 설계를 창조하는 것은 복잡하고도 많은 시간이 소요되는 공정이라는 점을 인식해야만 한다. 여기에는 매우 많은 비용이 소요되며, 이러한 셀들은 이런 투자를 절감해줄 수 있다. 다시 말해서 레이어 추출 단계는 설계와 설계 빌딩블록의 재사용을 가능케 해준다. 또한 재설계를 피하기 위해서 기존의 회로설계를 다른(즉, 새로운) 공정으로 전송해야만 할 때, 레이어 추출이 매우 유용하다.

주어진 어떤 레이어에 대한 조작과 어떤 레이아웃 상세도에 대해서 미소한 노치, 스파이크, 가는 선 또는 공간 등이 생성될 수 있다. 마스크의 제작에서 이런 미소 형상들은 적절치 못하다. 그런데 만약 마스크 제작공정에서 이런 형상들을 해결하지 못한다면, 마스크 검사단계는 매우 많은 문제들을 일으킬 것이며, 심지어는 마스크 제작비용을 상승시키고 수율을 낮출 수도

있다. 일반적으로 만약 이런 미소한 형상들을 회피할 수 있다면, 마스크 검사과정을 생략할 수도 있다. 데이터의 미소한 대형화와 그에 이은 소형화를 통해서, 이런 미소한 간극이나 스파이크 등을 제거할 수 있다. 그림 2.3에서와 같이 이런 조작과정에서는 공통적으로 조직통합을 수행한다. 조직통합 작업은 레이어 추출단계에서 아주 일반적으로 사용된다. 대형화 및 소형화의 양을 세심하게 선정하지 않으면 데이터가 손상을 입을 우려가 있다는 점은 명확하다.

　일반적으로 비직교성 모서리들을 지나치기 쉬우며 따라서 가장 많은 문제가 야기되는 영역이다.

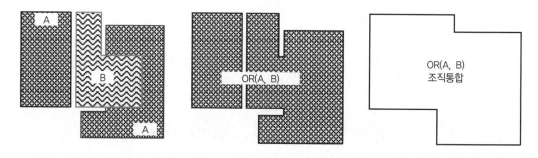

그림 2.3 이 사례에서 레이어 A와 레이어 B 사이의 OR 논리는 마스크 검사에서 추출할 수 없을 정도로 작은 간극을 생성한다. 미소한 대형화 및 소형화를 통해서 데이터를 정리할 수 있다.

2.2.3 광학근접보정(OPC)과 위상천이 마스크(PSM)의 적용

　레이어 추출이 완료되면 한 배 또는 그 이상의 분해능강화기법(RET)을 사용해서 레이어들 중 일부를 광학근사효과(OPE)에 대해서 보정한다. 개발된 수많은 분해능강화기법들 중에서 다음 방법들이 가장 일반적으로 사용된다.

- 광학근접보정(OPC)
- 분해능 이하 보조형상
- 회색조 위상천이 마스크(PSM)
- 점묘식 위상천이 마스크(PSM)

　분해능강화기법(RET)의 상세한 기술적 내용들에 대해서는 8장을 참조하기 바란다. 이 절에서는 광학근접보정(OPC)이 마스크 데이터 준비(MDP)에 끼치는 영향에 대해서만 살펴보기로 한다.

소수의 교점을 갖는 직선 데이터 요소들로 구성된 광학근접보정(OPC) 단계의 결과물들은 수많은 교점과 선분들로 이루어진 데이터로 변환된다. 이런 교점과 굴곡들이 추가됨으로서, 데이터양의 어마어마한 증가가 초래된다(그림 2.4 참조). 광학근접보정(OPC) 인자들의 적극성에 따라서는 파일 사이즈가 10배 증가하는 것도 결코 드믄 일이 아니다. 광학근접보정(OPC)의 수행과정에서 일반적으로 다수의 레이어들을 입력으로 사용한다. 예를 들면 다결정 실리콘 마스크 데이터에 광학근접보정(OPC)을 적용할 때, 게이트 영역(폴리 데이터와 능동 데이터의 AND 논리)은 남아 있는 폴리 데이터와는 다른 광학근접보정(OPC) 데이터를 받을 수도 있다. 이는 두 폴리 영역에 대해서 서로 다른 기준과 사양이 적용되었기 때문이다.

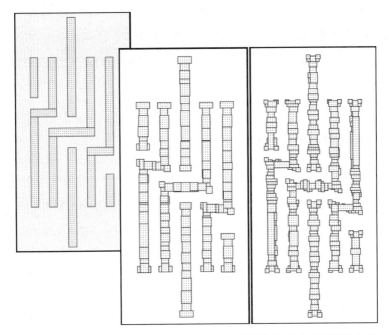

그림 2.4 광학근접보정(OPC)의 효용성을 증대와 더불어 교점의 엄청난 증가가 관찰된다. 이 과정에서 이미 용량이 큰 파일의 파일 사이즈가 더욱 증가된다는 것은 명백하다. 배경 영상은 어떠한 광학근접보정(OPC)도 적용되지 않은 경우의 기준 영상이다.

단일 마스크를 구축하기 위해서 많은 층들이 필요하기 때문에 위상천이 마스크(PSM)는 복잡성을 증가시킨다. 그러므로 이는 분해능강화기법(RET) 보정단계에 다수의 입력 레이어를 필요로 할 뿐만 아니라 이와 동시에 다중 출력 레이어를 생성한다. 위상천이 마스크(PSM)에서는 거의 항상 광학근접보정(OPC) 단계가 수반되므로, 이들 두 출력 레이어들에 대해서도 마찬가지로 광학근접보정(OPC)이 수행된다.

광학근접보정(OPC) 도구에 비교적 복잡하고 거의 항상 반복 작업이 수반되는 알고리즘이 추가되기 때문에 광학근접보정(OPC)의 작업시간은 아주 오래 걸린다. 때로는 여기에 소요되는 시간이 실제적인 묘화와 검사시간보다 오래 걸릴 수도 있다. 다음 기법들이 하드웨어 및 소프트웨어적인 광학근접보정(OPC) 작업시간을 감소시킨다.

- 병렬처리(분산처리와 멀티쓰레딩)
- 광학근접보정(OPC) 작업의 간소화
- 데이터 내에서 기존의 계층을 사용하거나 새로운 계층을 만들어낸다.

광학근접보정(OPC) 작업의 가속화를 위해서는 도구와 데이터에 대한 지식이 필요하다. 모든 접근방식들이 모든 광학근접보정(OPC) 도구들에 동일하게 잘 적용되는 것은 아니다. 또한 광학근접보정(OPC) 작업에 계층구조의 적용 가능성 여부는 광학근접보정(OPC) 도구와 데이터 모두에 의존한다.

2.2.4 마스크 데이터의 생성

광학근접보정(OPC)이 수행되고 나면, 마스크 묘화장비와 검사장비가 읽어 들일 수 있는 포맷으로 데이터를 생성할 필요가 있다. 이 포맷들은 전혀 표준화되어 있지 않으며, 기본적으로 모든 묘화장비들이 자신만의 포맷을 가지고 있다. 그 이유는 부분적으로 이 장비들은 작동방식이 서로 크게 다르기 때문이다. 일반적으로 해당 장비들의 작동방식에 따라서 이런 포맷의 데이터 편성방식이 결정된다. 또한 분할 단계에서 다음과 같은 방법을 사용해서 데이터의 조작을 시행할 수도 있다.

- 크기조정
- 데이터의 사이즈 조절
- 데이터의 회전
- 패턴 반사
- 색상반전

크기조정은 노광 시스템의 렌즈 내에서 축사계수의 보상을 위해서 사용될 수도 있다. 주로 두 가지 이유에서 데이터의 크기조정이 필요하다. 이는 마스크 공정의 편향보정과 웨이퍼 공정의 편향보정 때문이다. 부울 연산 과정에서도 크기조정 작업이 수행될 수 있다.

마스크의 묘화작업은 마스크의 윗면인 크롬 측에서 수행되며, 마스크의 노광은 크롬 측 하부에서 수행되기 때문에 패턴 반사가 필요하다. 그림 2.5에서는 가장 일반적인 단일층 작업의 사례를 보여주고 있다.

광학근접보정(OPC)이 거대한 파일들을 생성한다는 사실에 입각한다면, 분할 장비는 이런 거대한 파일을 다룰 수 있어야만 하며, 많은 경우 작업시간이 가장 중요한 고려사항이다.

분할 단계에서는 마스크 묘화나 공정단계에서 발생할 수 있는 전자빔 근사효과 또는 여타의 계통오차의 보정을 위해서 데이터를 수정한다. 전자빔 근사효과에 대한 상세한 내용은 2.6절에서 논의되어 있다. 이런 보상은 마스크 묘화의 계통오차를 보정하기 위해서 수행되므로, 검사장비에서 사용되는 데이터는 포맷의 차이와는 별개로 묘화용 데이터와는 근본적으로 다를 수밖에 없다.

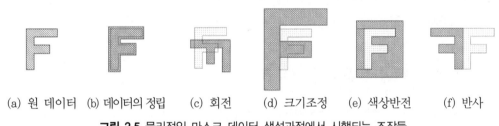

(a) 원 데이터 (b) 데이터의 정립 (c) 회전 (d) 크기조정 (e) 색상반전 (f) 반사

그림 2.5 물리적인 마스크 데이터 생성과정에서 시행되는 조작들

2.2.5 마스크 주문정보의 전달

물리적인 마스크 데이터가 생성되면, 일반적으로 마스크 제작을 담당하는 또 다른 그룹으로 데이터가 전달된다. 마스크 데이터와 함께 추가적인 주문정보 및 지침 등이 전달된다. 이 정보들 속에는 패턴의 파일명과 품질규격 등의 납품정보도 포함될 수 있다. 이런 주문정보에 대한 오인을 피하기 위해서 표준이 개발되었다. SEMI-P10[3] 전자주문 포맷에는 특정 주문 내에 나열되어야만 하는 잘 정의된 키워드들이 포함되어 있다. 이 SEMI-P10 주문에는 마스크상의 패턴 배치 파일 이외의 레이아웃 정보를 포함하고 있지 않다. SEMI-P10은 이러한 주문 파일의 규정된 포맷 때문에 자동화된 주문 처리에 적합하다.

2.2.6 측정 셋업파일의 생성

데이터 준비의 마지막 단계는 측정 셋업파일의 생성이다. 최근 몇 년 동안 마스크 표면상의 측정 위치수의 빠른 증가가 관찰되어 왔다. 고급 마스크의 경우 100개소 이상의 측정은 드문 일이 아니다. 이토록 많은 숫자의 측정위치들 때문에 단지 장비에 설치된 현미경을 통한 관찰만으로 모두 인도하는 것이 불가능하게 되었다.

마스크 상에서 시행되는 측정에는 주로 두 가지 유형이 있다.

- 치수제어 측정은 일반적으로 임계치수(CD) 제어 측정이라고 알려져 있다.
- 배치 정확도 또는 레지스트레이션 측정

측정 셋업파일의 생성과 함께 수동, 자동 및 그 조합으로 측정할 필요가 있는 형상들의 위치를 파악할 수 있다. 이 작업의 결과물은 마스크에 따라서 측정장비에 로딩될 수 있는 장비지향적 셋업파일이다. 일반적으로 이런 측정 셋업파일은 단지, 좌표 값과 측정명령만을 담고 있는 텍스트파일이다. 때로는 이 셋업파일이 실제 측적 직전에 위치 정렬을 위해 사용되는 영상을 포함하고 있을 수도 있다.

2.2.7 마스크 데이터 준비의 소유권

이 절에서는 마스크 데이터 준비(MDP) 공정에 대해서 상세히 다루고 있다. 하지만 어떤 그룹들이 일반적으로 이 단계를 수행하는가를 지정하는 것은 아니다. 사실 접근 방법에 많은 차이가 관찰된다. 어떤 경우에는 광학근접보정(OPC) 단계에 단 하나의 그룹만이 관여하는 반면에, 또 다른 경우에는 이 장에서 설명하는 거의 모든 공정 대부분을 단일 그룹이 책임지기도 한다. 단순한 역사적 사실들이나 회사의 조직체계 등과는 별개로, 특정한 업무를 특정 그룹에 배정할 때에는 일반적으로 다음과 같은 사안들에 대해서 고려한다.

- 데이터의 완벽성
- 마스크 데이터의 품질
- 사이클 시간
- 마스크 가격과 묘화시간
- 묘화장비에 따른 유연성

외주업체를 통해서 마스크를 제작할 때에는 납품 장소를 어디로 정할 것인가가 더 중요해진다. 공정 전체를 고려하며, 한 가지 측면에 집착하지 않고, 앞서 나열한 리스트들로부터 관련된 모든 사안들을 검토하는 것이 중요하다.

2.3 잡덱의 개념

마스크 상의 패턴들이 항상 독특한 것은 아니다. 사실 대부분의 경우 마스크 상에서 마스크 패턴들은 독립적으로 또는 배열을 이루어 여러 차례 사용된다. 이런 반복횟수가 충분히 많고, 이 패턴들의 데이터양이 비교적 크다면, 그림 2.6에서 설명하고 있는 잡덱의 주요 개념인 일종의 계층구조를 만들 가치가 있다. 잡덱 파일은 패턴 파일을 한 번 또는 그 이상 인용하여, 단일 좌표점 또는 배열방식으로 정보를 배치한다는 개념에 불과하다. 서로 다른 묘화장치들을 위한 잡덱 포맷은 동일하지 않다. 다음에서는 전자빔 가공방식 노광기 잡덱의 사례를 보여주고 있다.

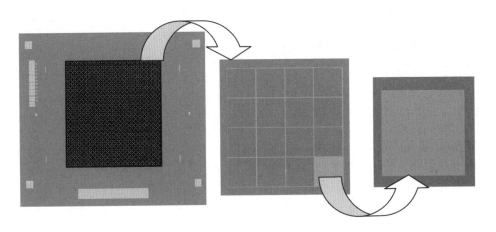

그림 2.6 대부분의 마스크에서 패턴이 한 번 이상 사용된다. 이는 계층구조 사용의 가능성을 열어주며, 데이터의 관점에서 마스크 전체를 나타내는 더 콤팩트하고 효율적인 방안이다.

```
SLICE EDIT,17, $TED/DEMO.JB
* JOBDECK WRITTEN BY CATS: (NULL) AT WED NOV 07 15: 32: 05 2002
*!
*!GROUP COMMANDS
*!
SCALE 0.25
*!
*!ALPHA, RETICLE, REPEAT AND SIZING COMMANDS
*!
*!OPTION COMMANDS
OPTION AA+0.25
*!
*!TITLE AND ORIENT COMMANDS
*!
*!
*!
*!CHIP AND ROWS COMMANDS
*!
CHIP N1,
$ (A, BIRD$$$-$$-50)
ROWS 24200/62700,6,6000
ROWS 32200/44700,6,6000
ROWS 32200/86700,4,6000
ROWS 120200/44700,11,6000
ROWS 128200/62700,6,6000
*!
CHIP N2,
$ (A, BIRDREV-$$-50)
ROWS 32200/80700
ROWS 60200/77700
ROWS 80200/38700
ROWS 80200,2,8000/56700,5,6000
ROWS 80200/116700
ROWS 112200/74700
*!
END
```

　패턴의 배치와는 별개로 잡덱은 패턴 데이터의 반사와 크기조정, 보정계수, 빔 셋업 매개변수, 하위필드나 스캔필드 배치정보 등과 같은, 마스크 묘화장비를 위한 다양한 매개변수와 명령들도 포함하고 있다.

　잡덱의 과정에서 패턴을 묘화하는 묘화장비의 경우 서로에 영향을 끼치지 않으면서 개별적인 패턴을 묘화할 수 있다고 가정한다. 예를 들면 패턴의 묘화를 위해서 e-빔을 사용할 때에는

하나의 패턴을 묘화하면서 묘화공정에서 산란된 전자들이 인접 패턴 영역에 도달하여 패턴 엄밀성 오차를 유발하게 된다.

최적의 잡텍을 셋업하기 위해서는 마스크 묘화 시 사용되는 묘화장비에 대한 지식이 필요하다는 것은 명확하다. 더욱이 잘못된 위치에 놓인 잡텍은 묘화시간을 지연시킬 뿐만 아니라 패턴 엄밀성에 영향을 끼쳐 마스크 품질을 저하시킨다.

잡텍에서 서로 다른 패턴들을 다시 병합시키는 또 다른 그룹의 묘화장비가 있다. 잡텍에서 더 효율적인 데이터 표현상의 이점을 지속적으로 누리기 위해서 마스크상의 실제 묘화과정에서 이러한 국지적이고 일시적인 평활화 공정이 일반적으로 시행된다.

잡텍 내에서 분해능은 패턴 파일들마다 서로 다를 수 있기 때문에 잡텍의 실제 묘화과정에서 그리드 스내핑이 약간 발생할 수 있다. 일부 장비들은 고정된 스폿 사이즈를 가지고 있으므로, 단일 패턴의 묘화시조차도 스내핑이 발생할 수 있다. 엄밀성의 측면에서 매우 엄격한 사양을 갖고 있는 마스크의 경우, 이 스내핑이 총 오차할당 중에서 큰 부분을 차지할 수 있다.

2.4 마스크 묘화의 원리

마스크의 품질을 최적화시키기 위해서는 묘화장비에 대한 사전지식이 필요하다. 실제 데이터 포맷과의 차이는 별개로 하더라도, 서로 다른 마스크 묘화 시스템들에서 사용되는 노광 시스템들 사이에는 큰 차이가 있다. 또한 실제 데이터 포맷과는 별개로, 한 가지 묘화장비에 대해서 최적화된 데이터가 다른 장비에 대해서는 전혀 들어맞지 않을 수도 있다. 웨이퍼에 대한 전체적인 영상 처리에서 전체적인 마스크 품질이 매우 결정적인 인자로 작용하기 때문에 마스크 품질에 대한 중요도가 증가하고 있다. 임계 데이터들의 세부항목에 대한 지식은 특정 묘화장비와/또는 묘화기법에 도움이 될 수 있다.

관찰이 가능한 묘화장비들 간의 가장 큰 차이점 중 하나는 실제 노광 시 레이저 또는 e-빔 중 어느 것을 사용하는 가이다. e-빔은 훨씬 파장 길이가 짧으며 레이저에서와 같이 근원적인 파장 길이의 한계가 없다는 점에서 명백한 장점을 가지고 있다. 그런데 e-빔 시스템은 진공시스템 내에서 작동해야만 하므로, 더 복잡한 시스템이 구축된다.

이 절에서는 다양한 마스크 묘화 시스템에 사용되는 서로 다른 묘화기법들에 대해서 논의하고 있다.

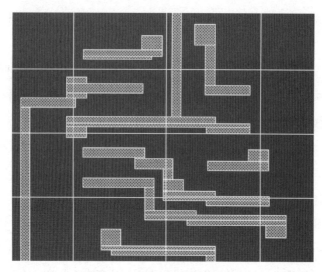

그림 2.7 래스터 스캐닝 마스크 묘화장비용 데이터는 블록으로 분할된다. 소위 스캔필드에 의해서 패턴이 분할되므로, 패턴은 서로 다른 스캔필드들 속에 기록된다. 이 때문에 선폭 변화가 초래될 수도 있다.

2.4.1 래스터 스캐닝 묘화의 원리

래스터 스캐닝 마스크 묘화장비는 마스크 영역 전체를 스캔하면서 TV의 작동원리와 유사하게 빔을 켜고 꺼서 영상을 픽셀 패턴으로 만든다.

이 패턴은 픽셀로 변환되므로, 데이터가 블록으로 분할되는 방식에 따라서 최종적인 픽셀의 형태가 영향을 받지 않는다. 그러므로 패턴들을 조각내는 방법이 마스크의 품질에 영향을 끼치지 않는다. 선폭 조절이나 임계치수 조절의 관점에서 마스크의 품질은 전적으로 속도와 빔 스위치의 재현성 등과 같은 기계의 특성에 의존한다.

대부분의 래스터 스캐닝 장비들에서 스테이지 이동과 빔 편향의 조합을 통해서 마스크 전면에 대한 묘화가 이루어지므로, 래스터 스캐닝 원리를 사용해서는 작은 사각형 블록의 데이터가 묘화된다. 일반적으로 이 사각형 블록들을 스캔필드 또는 주-필드라고 부른다. 그림 2.7에서는 스캔필드로 분할된 데이터의 사례를 보여주고 있다. 이 스캔필드들이 실제 데이터들과 겹쳐지는 방식은 장비들마다 서로 다르다. 일부 시스템에서는 스캔필드의 위치를 조절할 수 있는 반면에, 다른 경우에는 하드웨어에 의해서 결정된다. 스캔필드의 경계면 상의 정 위치에 패턴을 위치시킬 수도 있다. 이 경우 패턴은 두 개의 서로 다른 스캔필드로 분할된 두 개의 개별적인 부분들로 묘화되므로 나중에 분리되어 버린다. 이는 선폭의 정확도(임계치수 조절)와 같은 패턴의 엄밀성을 필요로 하며, 스캔필드 접합 정확도에 심하게 의존한다. 따라서 중요한 형상들이 스캔필드 경계면을 가로지르지 않도록 배치하는 것을 원하게 된다. 비록 마스크 묘화에서 이 방법이 마스크의 품질을 개선하기 위한 현실적인 접근방식이 될 수는 없지만, 특정 경우에 대해서는 유용할 수도 있다.

래스터 스캐닝 접근방법을 사용하는 경우의 묘화시간을 살펴보면, 픽셀 크기가 가장 큰 영향을 끼치는 인자이다. 래스터 스캔에서 픽셀의 크기는 빔 크기를 정의하는 방식과는 다르다는 점을 명심해야 한다.

2.4.2 벡터 스캐닝 묘화의 원리

벡터 스캐닝 묘화장비는 래스터 스캐닝 장비와 매우 유사하다. 마스크 묘화영역 전체를 여전히 사각형 스캔필드로 분할한다. 하지만 여기에서는 스캔필드 영역 전체에 대한 래스터 스캐닝을 수행하는 대신에, 실제 데이터 블록들(사각형과 사다리꼴)만이 노광된다.

최종적인 마스크 묘화과정도 여전히 픽셀을 사용하여 수행된다. 래스터 스캐닝 원리와 유사하게 스캔필드 내에서 데이터를 분할하는 방법은 최종적인 픽셀 할당에 영향을 끼치지 않으며, 따라서 선폭 조절도 영향을 받지 않는다. 스캔필드 접합의 관점에서는 벡터 스캐닝과 래스터 스캐닝 기법은 동일한 스캔필드 접합방식을 사용한다.

래스터 스캐닝 장비에 비해서 벡터 스캐닝 장비는 일반적으로 픽셀 크기 감소하여도 묘화시간이 크게 증가하지 않는다. 래스터 스캐닝 장비의 묘화시간은 픽셀 크기에 반비례하는 반면에, 벡터 장비의 묘화시간은 묘화영역의 면적에 비례하며 픽셀 크기에 반비례한다. 벡터 스캐닝 장비의 스캐닝 특성 때문에 데이터를 분할하는 방식은 묘화와 마스크 제작공정이 완료된 후의 최종 결과물에 거의 영향을 끼치지 못한다.

2.4.3 가변형상 빔 묘화의 원리

가변형상 장비는 최종적인 데이터 요소들이 마스크 상에 노광되는 방식에 있어서 벡터 스캐닝 장비와는 다르다. 벡터 스캐닝과 래스터 스캐닝 장비는 요소를 스캐닝 하는 반면에, 가변형상 장비는 한 번의 노출을 통해서 데이터 전체를 노광할 수 있다. 이런 요소 블록들은 일반적으로 사각형과 삼각형 또는 사다리꼴이다. 전체적인 데이터 패턴은 이들 요소 블록으로 분할해준다. 이 원리를 사용하는 장비들의 성능은 데이터들이 어떻게 편제되고 분할되는가에 따라서 차이를 보이게 된다. 예를 들면 (사각형 및 사다리꼴)요소 데이터 블록들의 숫자와 묘화시간은 일반적으로 정비례한다.

데이터를 분할하는 방법은 묘화시간뿐만 아니라 치수 정확도에도 영향을 끼친다. 요소 블록의 크기는 특정한 비선형성을 갖고 있으며, 임계치수의 불균일성에 부정적 영향을 끼칠 수 있다. 이러한 비선형성 문제 때문에 이런 유형의 마스크 묘화장비를 사용할 때에는 좁은 영역에 대한 노광을 피해야만 한다.

2.5 마스크 기술의 경향

마이크로 전자공학 산업 전반이 빠르게 변하는 것과 마찬가지로 마스크 제조 산업도 빠르게 변하고 있다. 이 마이크로 전자공학 산업의 발전이 마스크 산업의 트렌드를 주도하며, 따라서 마스크 데이터 준비(MDP) 또는 분할 업계도 이 영향을 받고 있다[3]. 분할이라는 용어는 마스크 상에 프린트할 수 있도록 데이터를 평활화시켜서 단일 데이터 단위(대부분 사각형)로 기록하는 공정에 유래한다.

마이크로 전자기술 개발의 초창기에 웨이퍼 상으로의 패턴 전사는 마스크와 웨이퍼의 물리적 접촉을 통해서 이루어졌다(1× 마스크). 따라서 이 1× 마스크 상의 영상은 웨이퍼상의 것과 동일한 치수를 갖는다. 웨이퍼 스테퍼의 도입과 더불어서 패턴 전사에 축사 렌즈가 도입되었으며, 그에 따라서 마스크 상의 패턴은 축소되었다.

웨이퍼 스테퍼의 관점에서는 공식적으로 마스크 대신에 레티클이라는 용어를 사용한다. 그런데 작업장에서는 레티클과 마스크 모두에 대해서 일반적으로 마스크라고 부른다. 따라서 이 책에서는 단순히 관습을 따르기로 한다.

웨이퍼 스테퍼의 도입은 이 시스템에서 사용되는 렌즈 때문에 마스크 형상의 확대를 초래하였다. 일반적인 배율은 4× 및 5×이나, 2.5×와 10×도 사용된다. 축사 시스템 도입의 결과들 중 하나는 축사 성질에 의해서 최종적으로 프린트된 웨이퍼 영상에 마스크 결함이 끼치는 영향이 감소되었다는 점이다. 이 결과 마스크는 훌륭한 상품이 되었으며, 납기와 단가만이 문제가 되었다. 그런데 그 이후 고품질 반도체 장치들에서의 지속적인 형상크기 감소는 동일한 공간 내에서의 웨이퍼 오차할당의 여지를 축소시켰다. 웨이퍼 오차할당의 감소에 의해서 마스크의 오차할당도 함께 줄어들게 되었다. 더 진보된 공정의 경우 마스크 오차가 이미 총 오차할당 중 많은 부분을 차지하고 있으며, 마스크 제조기술 능력의 한계를 넘나들고 있다. 이러한 기술적 도전은 품질등급의 증가와 더불어서 마스크 제조비용의 급격한 증가를 초래하였다.

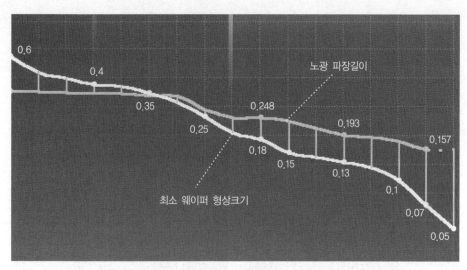

0.6
0.4
노광 파장길이
0.35
0.248
0.193
0.25
0.157
0.18
0.15
0.13
최소 웨이퍼 형상크기
0.1
0.07
0.05

그림 2.8 파장 길이보다 짧은 치수를 갖는 형상을 프린트하면 영상 왜곡(OPE)이 발생하므로 이를 보정할 필요가 있다.

마스크 오차할당의 축소와는 별개로 광학근접보정(OPC)은 마스크 제조와 마스크 데이터 준비(MDP) 과정 모두에 대해서 또 다른 중요한 도전과제이다. 광학근접보정(OPC)의 분해능 강화에 대해서는 8장에서 상세하게 다루고 있다. 웨이퍼 상에 프린트되는 형상의 크기가 그림 2.8에서와 같이 파장 길이보다 작아지게 되면서 광학근접보정(OPC)의 필요성이 대두되었다. 이는 노광과정에서 모서리 라운딩과 여타 영상왜곡을 초래한다. 일반적으로 이 왜곡을 광학근사효과(OPE)라고 부른다. 이 효과는 모델을 통해서 용이하게 예측할 수 있으므로, 광학근사효과(OPE)에 대해서 데이터를 보정하는 것이 가능하며, 이를 본질적으로 광학근접보정(OPC)이라고 부른다. 광학근접보정(OPC)은 설계와 분할 사이의 데이터 조작과정이다. 그림 2.9에서는 광학근접보정(OPC) 작업의 일례를 보여주고 있다. 모서리의 숫자를 증가시키면 마스크 제작과 특히 마스크 검사가 더 복잡해진다. 데이터 준비의 관점에서는 이 광학근접보정(OPC) 작업이 데이터양을 급격하게 증가시키는 원인이 된다. 보정의 정도와 그에 따른 모서리와 들쭉날쭉한 형상의 숫자는 명백히, 광학근사효과(OPE)의 심각성을 판단하는 척도이며, 노광파장 길이와 프린트되는 형상크기 사이의 비율의 함수로 나타낸다. 마스크 데이터 준비(MDP) 과정에서 광학근접보정(OPC)은 다음과 같은 결과를 초래한다.

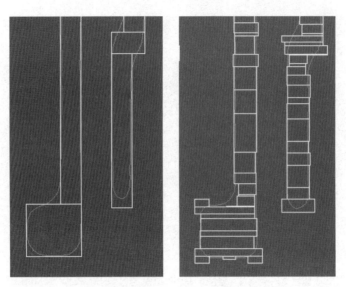

그림 2.9 광학근접보정(OPC)은 들쭉날쭉한 형상을 많이 수반하므로 마스크 제조와 데이터 처리의 어려움을 증가시킨다.

- 패턴 복잡성의 증가
- 데이터양의 증가
- 마스크 제조성에 대한 판단을 어렵게 한다.

　다른 방식의 분해능강화기법(RET)에서는 위상천이가 다르게 발생하므로, 데이터 준비공정을 복잡하게 만든다. 이 방법들은 마스크 상의 단일 구조를 만들기 위해서 다중 데이터 파일을 필요로 할 때도 있다.

　과거에 전자빔 가공방식 노광기의 포맷이 마스크 데이터의 실질적 표준이었다. 이 장비들은 레이저나 e-빔을 사용해서 패턴 데이터를 래스터 스캔하였다. 마스크 내의 오차들은 배치오차와 기계의 스위치속도 한계에 의해서 유발되었다. 특정한 다각형이나 일련의 다각형들을 분할할 때에는 전자빔 가공방식 노광기가 출력으로 사용하는 특유의 형태가 존재한다. 가변형상빔(VSB)을 사용하는 마스크 묘화장비의 경우 분할 이후의 결과물은 다르게 보일수도 있다. 사각형과 사다리꼴로 이루어진 특정한 형상이 다른 것들보다 더 정확한 결과를 만들어낼 수 있다. 이런 분할품질은 데이터뿐만 아니라 묘화장비에도 의존한다. 마스크 품질은 웨이퍼 영상 공정에서 중요한 역할을 하기 때문에 분할의 품질은 최종적인 웨이퍼 영상 품질에 직접적으로 영향을 끼친다.

2.6 분할 데이터의 패턴 정밀성과 품질

앞서 언급한 것처럼 마스크의 일반적인 품질은 최종적인 웨이퍼 영상 엄밀성에 큰 영향을 끼친다. 첨단공정의 경우 마스크 오차가 최종적인 웨이퍼 영상 오차에 끼치는 영향에 대한 관심이 증가되고 있다. 패턴의 엄밀성에 영향을 끼치는 모든 인자들 중에서 가장 중요한 것들은 다음과 같다.

- 일반적으로 임계치수 조절이라고 부르는 선폭 조절
- 패턴 배치 정밀도

마스크 데이터를 준비하고 배치하는 방법이 이러한 인자들과 그에 따른 마스크 품질에 영향을 끼칠 수 있다. 이 절에서는 일반적으로 마스크 품질에 영향을 끼칠 수 있는 마스크 데이터 준비(MDP) 항목들에 대해서 논의한다.

2.6.1 그리드 스내핑

마스크 품질에 심대한 영향을 끼치는, 가장 중요한 마스크 데이터 준비(MDP 또는 분할) 인자들은 그리드와 그리드 라운딩(그리드 스내핑)이다. 그리드 스내핑에 의해서 원래 설계된 선폭과의 차이가 유발될 수 있으며 심지어는 마스크를 물리적으로 묘화하기 전에 임계치수 오차를 유발한다. 그리드 스내핑은 데이터 준비와 마스크 묘화의 다양한 단계들에서 발생할 수 있다.

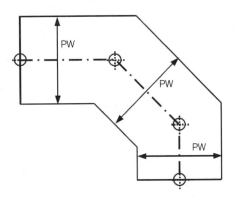

그림 2.10 경로에 대한 기본적인 정의는 일련의 중심선 좌표계들과 경로 폭(PW)들로 구성된다.

처음부터 입력 데이터 자체에 그리드를 벗어나는 점들이 포함되어 있을 수 있다. 많은 경우 마스크 데이터 준비(MDP) 과정의 시작점인 GDS2 데이터는 궁극적으로 다각형과 경로에 대한 정의들로 구성되어 있다. 다각형의 좌표점들이 모두 특정 그리드 상에 위치한다면, 이 그리드를 최종적인 분할 그리드로 사용함으로써 그리드 스내핑을 손쉽게 피할 수 있다. *경로에 대한 정의는 일련의 중심선 좌표들과 특정한 선폭으로 구성된다.* 이런 구조에서 그리드 스내핑을 피하기 위해서는 중심선 좌표들이 그리드 상에 위치해야 할 뿐만 아니라, 경로의 폭이 그리드 두 개의 등배(또는 경로 폭의 절반이 그리드의 등배)이어야만 한다. 이런 조건들을 통해서 어떤 구조물을 특정 그리드 상에 위치시킬 수 있다. 그런데 만일 경로 상에 비직교성 영역이 존재한다면, 이 기울어진 영역 근방은 결코 그리드와 정확히 일치되지 못한다(그림 2.10). 다시 말해서 GDS2 내의 비직교성 경로에 대한 정의의 경우 비직교성 모서리 부근에서는 그리드 스내핑이 필연적으로 발생한다.

마스크 묘화장비가 고정된 주소 단위를 가지고 있으며 데이터가 이 그리드에 대해서 분할되지 않았거나 이 그리드의 등배가 아닌 경우에, 마스크 묘화과정에서 명확치 않은 원인에 의한 그리드 스내핑이 발생할 수도 있다.

데이터 조작과정에서 때로는 데이터 영역의 미소한 크기조절이 시행된다. 비직교성 모서리에 대해서 이런 크기조절을 수행하는 경우에는 그리드를 벗어나는 상황이 발생할 수도 있기 때문에 세심한 주의가 필요하다. 어떠한 경우에도 그리드 스냅 또는 라운딩 특성을 조절해야 한다. 일반적으로 그리드 스내핑은 독자적으로 또는 크기조절과 결합되어 마스크 데이터 준비(MDP) 과정에서 가장 큰 오차의 원인으로 작용한다.

사선이 다수의 스캔필드를 가로지르는 경우가 있을 수 있다. 이런 경우 대부분의 포맷들은 스캔필드 경계에서 이 사선이 분할 그리드 상에 위치해야만 한다. 이 그리드 스내핑에 의해서 직선이 거의 180°의 각도로 경계에서 연결되는 분리된 선들로 변질되는 결과를 낳는다. 만약 이런 선들을 포함한 데이터에 대한 여러 번의 재입력 및 재분할을 수행해야 한다면 스캔필드 경계에서의 배치와 관련된 데이터들에 대해서 세심한 주의를 기울여야 한다.

2.6.2 데이터 분할의 함수인 선폭 정확도

다양한 방식을 사용하여 입력 데이터를 요소 블록으로 분할할 수 있다. 다시 말한다면, 이런 포맷에서는 여러 가지 방식을 사용해서 입력 데이터를 분할한다. 장비의 묘화방식에 따라서 분할방식의 차이는 실제 선폭 정확도의 차이를 유발할 수도 있다. 만약 사각형이 두 개의 요소로 분할된다면, 데이터가 분리된 경우와는 총 선폭 오차가 다를 수 있다(그림 2.11 참조). 마스크 상의 선폭 오차의 관점에서 실제로 발생하는 차이는 여러 원인에 의존한다. 만약 마지막에 데이터가 래스터 스캔 된다면, 전혀 차이가 없을 것이다. 최고의 데이터 구조를 구현하기 위해서는 마스크 묘화장비와 데이터에 대한 충분한 이해가 필요하다. 원래 설계의도를 파악한다면 어떻게 분할하는가에 따라서도 차이를 만들어낼 수 있다. 만약 특정한 형상을 분할하는 것이 선폭 정확도에 부정적인 영향을 끼친다는 것을 알고 있다면, 가장 민감한 영역 밖으로 분할 선을 위치시키려 할 것이다. 때로는 데이터가 없는 곳을 노광하고 음영 레지스트를 사용하는 것이 선폭 조절에 유리한 경우도 있다. 만약 선을 둘러싼 주변을 프린트하여 선을 형성한다면, 최종적인 선폭 조절은 선 자체를 프린트하는 것과는 다를 것이다. 음영 레지스트를 사용하기 위해서는 정렬용 키, 바코드, 텍스트 등의 모든 데이터를 역전시켜야 한다는 점에 유의해야 한다.

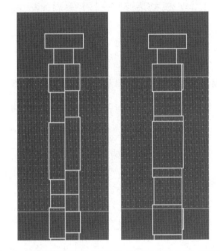

그림 2.11 입력 데이터에 대한 서로 다른 방식의 분할은 묘화된 마스크 상에 서로 다른 선폭 오차를 유발할 수 있다.

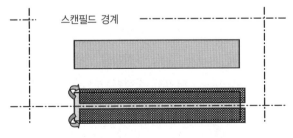

그림 2.12 스캔필드가 데이터 구조를 가로지르는 경우 이 구조가 분할되어 두 개의 개별적인 패턴으로 묘화될 수도 있다. 이러한 데이터의 분할은 구조의 치수 조절에 부정적인 형향을 끼치게 된다.

2.6.3 스캔필드 접합

거의 대부분의 묘화장비들에서 총 노광면적은 일반적으로 스캔필드라고 부르는 사각형들로 나누어진다. 스캔필드의 크기는 수 마이크로미터에서 수천 마이크로미터까지 다양하다. 이 스캔필드를 사용하는 대부분의 포맷들은 스테이지의 이송과 빔 회절의 조합을 통해서 전체 노광면적을 포함할 수 있다. 스테이지는 마스크를 이동시켜서 올바른 스캔필드를 노광영역에 위치시키며, 빔 회절을 통해서 스캔필드의 내용들을 묘화한다.

만약 데이터 구조가 스캔필드 경계 상에 정확히 위치한다면, 그림 2.12에서와 같이 이 구조를 별개의 두 단계를 통해서 묘화할 수 있다. 스캔필드 접합은 많은 마스크 묘화장비에서 문제를 유발한다. 주어진 사양에 대해서 일반적으로 장비의 위치결정 정확도의 함수인 유발오차에 스캔필드 접합의 의존도를 판단하기 위해서는 측정값들을 분석해야만 한다. 스캔필드 접합이 최종적인 패턴의 엄밀성에 끼치는 영향을 감소시키기 위해서 사용할 수 있는 측정방법에는 다음과 같은 것들이 포함된다.

- 스캔필드들이 서로 겹쳐서 겹침 양과 같거나 작은 크기의 형상이 분리되는 것을 피할 수 있다. 부분적으로 겹침 영역에 위치한 형상은 인접 스캔필드 내에서 완벽하게 묘화된다.
- 스캔필드가 서로 겹쳐지는 경우 겹침 영역에서는 50%만 노광하여 형상을 묘화할 수 있다. 인접 스캔필드의 묘화 시에 이 형상에 대해서 다시 50%의 노광을 시행한다. 이 방법은 스캔필드 접합성을 개선해주지만, 스캔필드 간의 상대적인 위치결정 정확도를 개선해주지는 못한다.
- 임계영역 밖에 스캔필드를 위치시킴으로써, 스캔필드 접합이 끼치는 영향도 함께 회피한다. 마스크 묘화 시 이 방법을 항상 사용할 수는 없지만, 작은 패턴의 묘화 시 이 방법은 스캔필드 접합문제를 극복할 수 있는 간단하고도 유용한 기술이다.

일부 묘화장비에서는 스캔필드의 크기가 고정되어 전혀 변경이 불가능한 반면에, 여타의 포맷들에서는 크기와 위치 모두를 조작할 수 있다.

일부 스캔 레이저 마스크 묘화장비들은 마스크 전체를 한쪽 끝에서 다른 쪽 끝까지 스캐닝한다. 이런 노광기법을 사용하는 경우 스캔필드 접합은 개별적인 스트립들 사이의 경계에서만 발생된다.

2.6.4 비직교 모서리의 근사

앞서 논의한 바와 같이 비직교성 경로 조각들이 인접한 경사 모서리들과 그리드 스내핑을 유발할 수 있다. 또한 마스크 데이터 포맷의 변환과정에서 경사 모서리의 또 다른 변형이 발생될 수 있다. 이러한 변형은 장비에 심하게 의존적이며, 따라서 데이터 포맷에 의존적이다. 일부 장비들에서는 비직교성 모서리들을 단순히 픽셀로 근사화시킨다(그림 2.13) 만약 이 픽셀 크기가 크다면, 마스크 프린트 과정에서 발견될 수 있을 정도로 이 단계가 큰 영향을 끼친다. 더 작은 픽셀들을 사용함으로써, 이 문제를 해결할 수 있지만 일반적으로 더 작은 크기의 픽셀을 사용함에 따라서 묘화시간을 희생시켜야 한다.

일부 가변형상 묘화장비들에서는 직교와 45° 모서리만을 묘화할 수 있다. 45°가 아닌 형상의 경우 모서리는 45° 조각과 직교성 조각들을 조합하여 경사 모서리와 가능한 한 유사하도록 근사화시킬 수 있다.

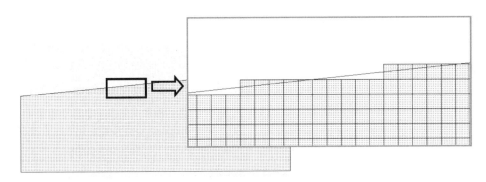

그림 2.13 일부 마스크 묘화장비에서는 경사선을 근사화시킨다. 계단의 크기는 시스템의 픽셀 크기와 동일하다.

2.6.5 레이저 근접효과

실제 노광에는 레이저나 e-빔이 사용된다. 이 노광방법들 모두 단점을 가지고 있으며 그에 따라서 최종적임 패턴의 엄밀성이 영향을 받는다. 레이저의 주요 단점들 중 하나는 광학적 분해능이 제한된다는 것이다(그림 2.14). 400~200nm의 범위를 갖는 레이저 파장을 마스크의 노광에 사용한다. 파장 길이보다 작거나 동일한 차수를 갖는 형상들은 마스크 묘화과정에서 어느 정도 변형된다. 이러한 영상 변형들 중 가장 대표적인 현상은 모서리 라운딩이다. 마스크 데이터의 모서리 라운딩은 웨이퍼에서 발생되는 모서리 라운딩 현상과 유사하다. 마스크 배율의 경우 마스크 상의 모든 치수들이 이 양보다 커야만 한다.

이와 같은 마스크상의 광학적 근접성을 보상하기 위해 취할 수 있는 방안들 중 하나는 웨이퍼 상의 광학근접보정과 유사한 방식을 사용하는 것이다. 예를 들면 모서리 형상의 엄밀성을 개선하기 위해서 묘화작업 전에 세리프❖를 사용해서 마스크 데이터를 보정하는 것이다. 당연히 마스크 검사과정에서는 보정되지 않은 정상적인 데이터를 사용해야 한다.

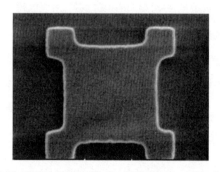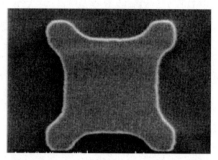

그림 2.14 레이저 분해능 한계는 전형적으로 e-빔 마스크에 비해서 더 두드러진 모서리 라운딩을 유발한다.

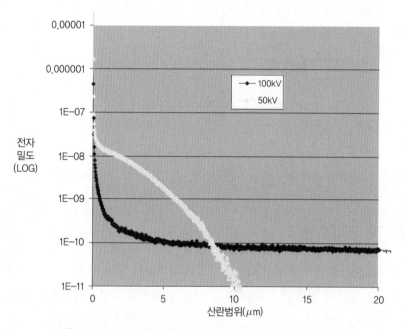

그림 2.15 e-빔 산란특성은 초기 운동에너지에 강하게 의존한다.

❖ 세리프(Serif): 활자나 문양의 끝을 돌출시킨 형상−역자 주

2.6.6 전자빔 근접효과

마스크 묘화에 e-빔을 사용하면 묘화공정 자체는 더 이상 분해능에 제한을 받지 않게 된다. 그런데 e-빔을 생성하기 위해 사용되는 높은 가속전압이 전자들에 높은 운동에너지를 부가하므로, 전자들은 레지스트 및 그 아래에 위치한 소재의 원자들과 함께 산란된다. 이 현상은 일반적으로 e-빔 근접효과라고 알려져 있다[4]. 입사표면에서 전자가 도달할 수 있는 깊이는 초기 운동에너지에 강하게 의존하며, 따라서 가속전압에 심하게 지배를 받는다. 또한 전자가 주사되는 필름적층 전체의 조성은 분산영역에 영향을 끼친다. 그림 2.15에서 도시된 것과 같이 50~100kV의 가속전압에 대해서 근접범위는 수십 마이크로미터 내외이다.

e-빔 근접은 두 가우시안 함수의 가중 합으로 모델링할 수 있다.

$$f(r) = \frac{1}{\pi(1+\eta)}\left\{\frac{1}{\alpha^2}\exp\left(-\frac{r^2}{\alpha^2}\right) + \frac{\eta}{\beta^2}\exp\left(-\frac{r^2}{\beta^2}\right)\right\}$$

이 근접함수에서 가우시안 곡선 중 하나는 상대적으로 좁고 높으며, 소위 전방산란을 모델링한 것인 반면에 두 번째 것은 낮으며, 훨씬 넓은 영역을 차지하며, 후방산란되는 전자를 모델링한 것이다. 가중치 η는 0에서 1 사이의 값을 가지며, 두 가우시안 곡선 사이의 비율을 결정한다.

이 대신으로는 경험적으로 결정된 근접함수가 사용된다. 이 함수들은 일반적인 측정이나 몬테카를로 전자궤적 시뮬레이터를 사용해서 결정할 수 있다.

레지스트 층 내로 조사되는 실제 조사량은 데이터를 포함한 근접함수의 합성곱을 사용하여 계산할 수 있다.

$$d(x,y) = f(r) \otimes p(x,y)$$

이 함수를 선회시키면 e-빔 근사 데이터에 대한 보정이 가능하다. e-빔 근접보정(EBPC) 과정에서 합성곱식은 일반적으로 푸리에 변환을 사용해서 주파수 영역에서의 곱셈 연산을 통해서 해석할 수 있다[5]. e-빔 근사 데이터를 보정하는 가장 일반적인 방법은 그림 2.16에 도시된 것처럼 후방산란에 의한 조사량 변화를 보상하기 위해서 실제 묘화 시 사용하는 조사량을 변화시키는 것이다. 높은 패턴 밀도를 갖는 영역은 상대적으로 낮은 조사량이 부가되며, 상대적으로 더 고립되고 작은 형상들은 비교적 높은 조사량이 부가된다. 대안으로는 e-빔 근사효과를 보상하기 위해서 형상의 모서리들을 수정할 수도 있다.

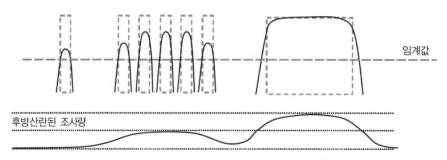

임계값

후방산란된 조사량

그림 2.16 후방산란은 유효 조사량을 패턴 밀도의 함수로 만든다. 고립된 작은 선에 대한 보정조사는 작은 선들의 어레이나 광폭 선에 대한 과도조사를 유발한다.

e-빔 근접보정(EBPC)은 CPU-집약적인 작업이다. 더욱이 출력 파일 크기의 증가가 필연적으로 수반된다. e-빔 근사효과가 미치는 범위가 상대적으로 길기 때문에 상대적으로 많은 양의 데이터들에 대해서 고려해야만 한다. 예를 들면 패턴들을 결합시키기 위해서 잡덱이 사용된 경우처럼 비록 e-빔 근사영역 이내에 위치한 데이터 패턴들의 경우라도, 서로 다른 파일에 물리적으로 저장된 것이라면 동일하게 적용된다. e-빔 근접보정(EBPC)을 하나의 파일에 적용할 때, 여타 패턴 데이터들의 존재를 고려해야만 한다. 파일들 간의 상호작용을 다루는 가장 간단한 방법은 비록 파일 크기의 증가를 초래한다고 할지라도, 단순히 이들을 하나로 합치는 것이다. 조사량 조절의 또 다른 약점은 비록 기계에 따라서 끼치는 영향이 다르겠지만, 조사량 가변 폭이 큰 경우 묘화공정이 느려질 수 있다는 점이다. CPU 소요시간을 줄이기 위해서는 레이아웃 내의 계층을 사용하는 것이다[6, 7]. 전자가 입계를 통과하면서 산란된다는 사실에도 불구하고 계층을 사용하는 방법들이 개발되어 왔다.

근접보정을 적용하는 덜 계산적인 방법은 두 번째 경로 통과 시 묘화되는 배경조사를 통해서 후방산란 전자들을 보상하는 것이다. 이 기법은 GHOST라고 알려져 있다[8]. 이 방법에서는 초점이 맞춰지지 않은 빔을 사용해서 묘화작업을 수행하는, 두 번째 묘화 경로에서 반전된 묘화 데이터를 사용한다. 이 광폭 빔은 첫 번째 묘화 경로 상에서 후방산란된 조사량의 반대 값을 갖는 조사량에 해당하는 반전 영상을 조사한다. 그러므로 GHOST 기법은 패턴 밀도의 반전 값에 비례하는 추가적인 배경조사를 통해서 후방산란된 전자의 영향을 보상한다. 이 기법의 약점은 두 번째 묘화과정을 필요로 한다는 점이다.

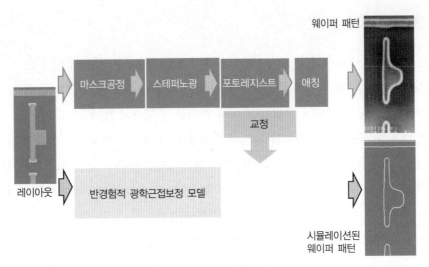

그림 2.17 광학근접보정은 반경험적 공정 모델을 사용한다. 마스크 제작공정은 이 교정과정의 일부분이며 일단 교정하고 나면 변경할 수 없다.

2.6.7 광학근접보정(OPC) 모델의 교정

마스크 데이터에 대해 광학근접보정(OPC)을 적용할 때, 보정을 적용하고 나중에 보정에 대한 검증을 위해서 광학근접보정모델이 일반적으로 사용된다. 이런 광학근접보정 모델들은 일반적으로 반경험적이다. 즉 모델이 수학적인 모델과 더불어서 모델 교정이라고 부르는 조절 메커니즘이 가미된 모델을 기반으로 한다[9]. 이런 모델 교정 과정에서 시험 패턴들을 프린트하고 측정한다. 모델 교정의 목적은 그림 2.17에서 도시된 것과 같이 웨이퍼 전체에 대한 패턴 공정상의 거동을 포착하기 위한 것이다. 시험 패턴을 웨이퍼 상에 전사하기 위해서 마스크가 사용되므로 모서리 라운딩과 근접효과 등, 마스크 상의 계통오차가 교정공정을 통해서 포착된다. 마스크 형상 엄밀성에 영향을 끼치는 마스크 공정 내의 어떠한 변화도 모델의 정확도에 영향을 끼친다. 따라서 마스크 공정 내에서의 이러한 변화는 변화 자체가 마스크 패턴의 엄밀성을 개선시켜준다고 할지라도 광학근접보정의 정확도를 훼손한다.

웨이퍼 스테퍼에서 일반적으로 사용하는 축사렌즈 때문에 웨이퍼 상에서 총체적인 모서리 라운딩에 마스크 모서리 라운딩이 끼치는 영향은 일반적으로 미미하다. 하지만 모든 유형의 마스크와 특히 광학근접보정을 통해서 교정된 층에 대해서는 마스크 제작공정 내에서의 어떠한 변경도 세심한 주의를 필요로 한다.

2.6.8 부하효과의 보정

엄격한 임계치수(CD) 사양을 충족시키기 위해서 모든 계통오차들에 대해서 연속적인 조사를 수행하여야 한다. 과거에는 상대적인 크기가 작기 때문에 무시했었던 형상들이 임계치수에 끼치는 영향들에 대한 조사와 모델링을 통해 보정을 수행하고 있다.

패턴 엄밀성의 개선과 공정제어를 위해서 건식 식각이 마스크 제작에 도입되어 왔다. 건식 식각에서 발생되는 현상들 중 하나는 식각율이 식각 플라스마에 노출된 식각 가능한 표면의 양에 의존한다는 것이다. 식각할 소재가 많을수록 더 많은 식각 플라스마가 소요되며, 따라서 식각율의 저하, 즉 식각의 부하효과가 발생된다[10-13].

이 건식 식각의 부하효과에 대해서 관찰한 결과 선폭이 패턴 밀도의 함수로 변화하였다. 이 영향은 e-빔 근접효과와 필적할 만하지만, 일반적으로 범위는 훨씬 크다. 이 식각의 부하효과를 묘사하기 위해서 일반적으로 사용되는 커널 함수는 2차원 가우시안 분포를 갖는다.

$$k_\beta = \frac{1}{\pi\beta^2}e^{-r^2/\beta^2}$$

데이터와 커널 함수 사이의 합성곱은 편향 매개변수를 도출해낸다.

$$b = b_0 - c\{k_\beta(r) \otimes p(x,y)\}$$

식각 부하효과에 대해서 데이터의 사전보정을 위해서 이 편향 매개변수를 사용할 수 있다. 보정량은 전형적으로 20nm 이하이다. 이 보정은 광학근접보정 이후와 e-빔 근접보정(EBPC) 또는 레이저 근접보정 이전에 수행된다.

2.7 마스크 데이터 처리 실행시간

과거의 공정 개발과정에서 마스크 데이터 처리의 복잡성이 급격하게 증가되었다. 복잡성이 증가한 이유는 다음과 같이 몇 가지 이유가 있다.

- 분해능강화기법(RET)의 도입
- 더욱더 복잡해지는 레이어 조합(부울 대수)
- 공정당 마스크 수의 증가
- 서로 다른 마스크 묘화장비
- 형상크기의 감소에 따른 데이터양의 증가
- e-빔 근접보정(EBPC)
- 체계적인 공정변화를 위한 여타의 보정작업

이 모든 개별적 항목들이 데이터양 증가와 그림 2.18에서와 같이 마스크 데이터 처리(MDP) 시간의 어마어마한 증가를 초래한다. 현재 설계규칙검사(DRC)로부터 데이터 묘화에 이르기까지 소요되는 총 변환시간이 때로는 마스크 제작에 소요되는 총 시간을 초과하기도 한다. 반면에 마스크 제작과 데이터 프로세싱을 포함하여, 최종 마스크를 위한 총 작동시간의 요구조건이 점점 더 가혹해져서 마스크 데이터 처리(MDP)에 할애할 수 있는 시간이 줄어들게 되었다. 이 절에서는 총 마스크 데이터 처리(MDP) 시간을 가속하기 위한 여러 가지 기법과 방안들에 대해서 논의해본다. 이 기법들이 얼마나 유용한가는 소프트웨어 패키지와 데이터 자체에 심하게 의존한다.

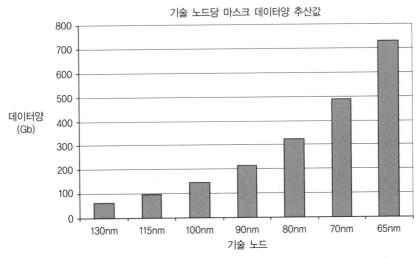

그림 2.18 마스크 데이터양은 기술 노드의 진보에 대해서 지수 함수적으로 증가한다. 출처: ITRS 로드맵[3]

마스크 데이터 처리(MDP) 시간을 줄이는 여러 가지 방법이 있지만 가장 명확한 방법은 더 빠른 컴퓨터를 사용하는 것이다. 데이터 조작을 위한 흐름을 최적화시킴으로써 작동시간을 줄일 수 있다. 어떤 연산이 다른 것보다 근원적으로 빠르다. 대용량 임시파일이 생성되고, 어떤 부울 연산을 사용해서 또 다른 대용량 파일과 결합하기 위해서 다시 입력된다면 이런 부울 연산은 CPU 소요시간의 측면에서 매우 중요하다.

저속 연산을 회피하도록 데이터 조작 흐름을 설정할 수 있다면 총 처리시간을 가속시킬 수 있다.

병렬처리는 데이터 처리시간을 가속시키는 또 다른 방법이다. 이를 구현할 수 있는 방법이 몇 가지 있다. 그중 하나는 단일 기기에 다수의 CPU를 내장하는 것이다. 또 다른 접근방법은 단순히 전체 업무를 분할하여 클러스터 내의 다수의 기기에 부과하는 방법이다. 이 두 가지 방법의 조합조차도 가능하다[14, 15].

서로 다른 데이터 처리장비들 내의 구성방식은 서로 크게 다를 수 있으며 또한 일부 데이터 조작단계들은 다른 방법보다는 병렬화에 더 적합할 수도 있다. 병렬처리를 통한 성능개선은 고도로 장비, 기계 및 데이터에 의존적이라는 점은 명확하다.

셀들이 다수가 배치되는 것처럼 데이터 내에 많은 반복이 있다면, 데이터를 계층적 방법으로 다루는 것이 유리하므로 데이터의 계층구조를 고려치 않고 레이아웃 전체를 스캐닝 하는 것보다 셀 단위로 스캐닝이 수행된다. 계층적 데이터 조작방법이 유리한가의 여부는 많은 조건들에 의존한다. 장비 자체와는 별개로 데이터 파일 내에서 계층구조가 차지하는 양이 큰 영향을 끼친다는 점은 명확하다. 더욱이 데이터 파일 내에는 많은 계층구조가 존재할 수 있지만 이 계층구조 들이 항상 유용한 것은 아니다. 예를 들면 비록 명확하기는 하지만 셀들이 다른 데이터와 겹쳐져 있다면, 동일한 셀들로 취급할 수 없다.

광학식이나 e-빔에 대한 근접효과 보정에서 보정량은 주변조건의 함수이다. 따라서 만약 하나의 셀이 두 개의 서로 다른 환경 하에 놓여있다면 계층적 보정이 항상 가능하지는 않거나, 최소한 계층구조를 수정할 필요가 있다. 근접보정은 데이터 내에서 계측량을 감소시키는 경향이 있다. e-빔은 근접효과의 범위가 훨씬 크기 때문에 계층구조의 축소는 계층적 e-빔 근접보정(EBPC)에서 훨씬 나쁘게 작용하므로, e-빔 근접보정(EBPC)에서는 계층적 접근법이 별 도움이 되지 못한다.

□ 참고문헌 □

1. http://www.vsi.org/resources/techdocs/contech/gdsii.pdf.

2. http://www.semi.org.

3. 2001 International Technology Roadmap for Semiconductors, http://public.itrs.net.

4. T.H.P. Chang, Proximity effect in electron beam lithography, *J. Vac. Sci. Technol. B.,* 12, 1271-1275 (1975).

5. H. Eisenmann, T. Waas, and H. Hartmann, PROXECCO - proximity effect correction by convolution, *J. Vac. Sci. Technol. B.,* 11 (6), 2741-2745 (1993).

6. A. Rosenbusch, C.K. Kalus, H. Endo, Y. Kimura, and A. Endo, On the way to the 1 gigabit: demonstration of e-beam proximity effect correction for mask making, *Proc. SPIE,* 3236 (1998).

7. C.K. Kalus, W. Röbl, U. Schnitker, and M. Simecek, Generic hierarchical engine for mask data preparation, *Proc. SPIE,* 4754 (2002).

8. M. Gesley and M.A. McCord, 100 kV GHOST electron beam proximity correction on tungsten x-ray masks, *J. Vac. Sci. Technol. B.,* 12 (6), 3478-3482 (1994).

9. S.P. Wu et al., Process calibration with 2D semi-empirical resist modeling: capturing both linewidth variations and line-end shortenings, vol. 3678-34.

10. H.J. Kwon, D.S. Min, P.J. Jang, B.S. Chang, B.Y. Choi, K.H. Park, and S.H. Jeong, Dry etching of Cr layer and its loading effect, in: H. Kawahira (ed.), *Photomask and Next-Generation Lithography Mask Technology VIII, Proc. SPIE,* 4409, 382-389 (2001).

11. J.Y. Lee, S.Y. Cho, C.H. Kim, S.W. Lee, S.W. Choi, W.S. Han, and J.M. Sohn, Analysis of dry etch loading effect in mask fabrication, in: G.T. Dao and B.J. Grenon (eds.), *21st Annual BACUS Symposium on Photomask Technology, Proc. SPIE,* 4562, 609-615 (2002).

12. Y. Granik, Correction for etch proximity: new models and applications, in: C.J. Progler (ed.), *Optical Microlithography XIV, Proc. SPIE,* 4346, 98-112 (2001).

13. H.J. Kwon, D.S. Min, P.J. Jang, B.S. Chang, B.Y. Choi, and S.H. Jeong, Loading effect parameters at dry etcher system and their analysis at mask-to-mask loading and within-mask loading, in: G.T. Dao and B. Grenon (eds.), *21st Annual BACUS Symposium on Photomask Technology, Proc. SPIE,* 4562, 79-87 (2002).

14. G.M. Amdahl, Validity of single-processor approach to achieving large-scale computing capability, in *Proceedings of AFIPS Conference,* Reston, VA, 1967, pp. 483-485.

15. Gustafson, J.L., Reevaluating Amdahl's law, *Commun. ACM,* 31 (5), 532-533 (1988).

제3장

마스크 묘화장치: 개괄

Sergey Babin

3.1 서 언

이 장에서는 오늘날 사용되는 마스크 묘화장비에 대해서 개괄적으로 살펴본다. 이 장에서는 또한 초기 개발단계에 와 있는 마스크 묘화장비의 기술들에 대해서도 다루고 있다. 일반적으로 사용되는 시스템에 대한 보다 상세한 특징과 설명은 이 책의 3장과 4장에서 논의되어 있다.

현대적인 마스크제작 시스템에서는 포토마스크 상에 패턴을 생성하기 위해서 집속 전자빔 (focused electron beam) 또는 레이저 빔을 사용하고 있다. 마스크 묘화장치는 빔의 숫자, 빔의 형상, 에너지 또는 파장, 그리고 묘화방식 등 다양한 면에서 서로 다를 수 있다. 서로 다른 시스템들의 기본 작동원리들에 대해서 구분하며, 이들을 정확도와 처리속도의 측면에서 서로 비교해본다.

반도체 제조 초창기에는 확대된 패턴을 손으로 그려서 포토마스크를 제작하였다. 패턴 영상은 원하는 크기로 축사하였으며 이를 에멀션 유리판에 전사하여 포토마스크로 사용하였다. 나중에 컴퓨터 기술의 발전과 더불어서 컴퓨터 제어공정이 제도를 대신하였다. 불투명 폴리머 필름 위에서 패턴을 절단하기 위해서 컴퓨터로 제어되는 칼날을 사용했다. 그런 다음 핀셋으로 불필요한 필름조각을 벗겨내었다. 광학식 카메라를 사용해서 이 대형 패턴을 축사하면 원하는 크기의 패턴을 에멀션 판에 전사할 수 있다.

크롬 층을 사용한 마스크가 에멀션 마스크보다 웨이퍼와의 접촉 프린트 과정에서 덜 손상을 받기 때문에 에멀션 패턴은 나중에 크롬 층으로 대체되었다. 접촉식 웨이퍼 프린트 방법은 스테퍼가 개발되기 이전부터 반도체 제조에 사용되어 왔다. 에멀션 마스크에 비해서 크롬 마스크를 사용하면서 마스크에 손상이 발생할 때까지, 훨씬 더 많은 수량의 웨이퍼를 생산할 수 있었다. 시간이 지남에 따라서 에멀션 패턴을 사용하는 중간단계를 거치지 않고 크롬에 직접 패턴을 생성하는 기술이 개발되었다.

광학 및 전자빔(e-빔) 마스크 가공기가 사용되기 시작하면서 절단방식의 마스크 제조공정을 대체하게 되었다. 광선을 사용해서 묘화할 때, 수은등에서 발생된 빛이 투과되는 크기와 형상은 컴퓨터 제어를 통해서 기계적으로 조절되는 개구부 블레이드에 의해서 만들어진다. 플레이트 상의 올바른 위치에 원하는 형상이 노광되도록 움직임이 개구부 블레이드와 동기화되어 있는 스테이지에 마스크 모재를 거치한다. 근래에 들어 더 높은 에너지 밀도를 갖고 기계적으로 제어되는 광학 시스템보다 더 정확한 패턴 생성이 가능한 레이저 빔 시스템이 개발되었다.

1970년대 후반에 전자빔 가공방식 노광기(MEBES®) 시스템이 제작되면서 전자 빔 리소그래피(EBL)가 마스크 제작에 사용되기 시작했다. 이 시스템들은 원래 AT&T에서 개발되었다. 집속 전자빔이 전자 민감성 폴리머의 원하는 영역에 조사되면 필요한 패턴이 생성된다. 수십 년간 전자빔 시스템의 독특한 성질들-손쉽게 프로그램 되는 컴퓨터 제어방식, 높은 정확도, 비교적 높은 생산성 등-때문에 이 시스템들은 주요 마스크 제조를 위한 핵심 장비의 위치를 차지해왔다.

마스크 제작은 더 작은 형상, 더 많은 형상들을 마스크 상에 배치, 더 높은 정확도로 제조 등과 같은 마이크로 전자 산업의 일반적인 수요에 따라서 조종되었다. 무어의 법칙에 따르면, 마이크로 회로상의 트랜지스터 집적도는 2년마다 두 배로 증가한다. 이러한 경향을 충족시키기 위해서 새로운 마스크 제작원리들이 발명되고, 점차로 발전하여 새로운 마스크 제작기술이 나오게 된다.

유일한 예외는 1980년 후반으로 마스크 제작기술 산업이 몇 년간의 개발수요 중단을 맞게 되었다. 그 이유는 1:10 배율을 갖는 웨이퍼 스테퍼를 상업적으로 적용했기 때문이었다. 이 배율의 마스크는 1:1 또는 1:5 배율의 마스크보다 제작하기가 훨씬 쉬웠다. 더 큰 패턴 덕에 형상크기나 마스크 상의 결함에 대한 공차가 더 많이 허용되었다. 마스크 제작용 장비의 요건이 낮아지게 되어 장비 제작업체들은 폐업위기에 몰렸다.

마스크 패턴 발생기의 핵심 요소들은 데이터 경로, 제어용 전자장비, 정밀한 스테이지, 그리고 빔 전달 시스템(e-빔 칼럼 또는 레이저 빔 시스템) 등이다. 여기서는 묘화방법과 이것이 시스템 성능에 끼치는 영향에 대해서 살펴보기로 한다. 그리고 다양한 시스템들의 비교평가를 수행한다. 마스크 패턴 발생기의 두 가지 주요 인자들인 묘화된 패턴의 정확도와 시스템 생산성에 대해서는 상세히 살펴보기로 한다.

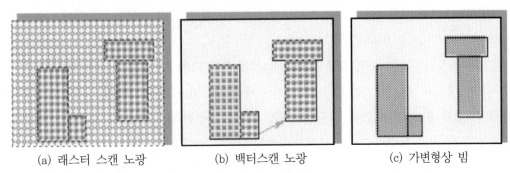

| (a) 래스터 스캔 노광 | (b) 백터스캔 노광 | (c) 가변형상 빔 |

그림 3.1 래스터 스캔, 벡터 스캔 및 가변형상 노광 시스템의 특징. 래스터 묘화를 위해서는 500회의 플래시, 벡터 스캔을 위해서는 132회, 그리고 가변형상에서는 4회의 플래시가 필요하다.

3.2 래스터 스캔 시스템

MEBES® 및 Exara® 등(둘 다 응용소재 업체인 Etec Systems 사의 제품)과 같은 래스터 스캔 시스템들은 패턴 묘화를 위해서 단일 가우시안 빔을 사용한다. e-빔은 TV 스크린 상에서 빔이 움직이는 것과 같은 래스터 방식으로 마스크 모재 위를 이동한다. 이 시스템은 그림 3.1(a)에서와 같이 프로그램에 의해서 노광 또는 차단할 부분을 선택적으로 조절한다.

래스터 e-빔 시스템에서 빔은 단선으로 반복 스캔되는 반면에 마스크 모재를 고정한 스테이지는 빔 아래에서 연속적으로 움직인다. 그러므로 형상 스트립은 래스터 스캔된 선들로 이루어진다. 이 스트립들이 마스크 패턴을 형성한다.

원리의 단순성 때문에 이 시스템은 많은 장점들을 가지고 있다. 교정 및 시험 작업이 1차원적이기 때문에 이 시스템은 손쉽게 교정 및 시험할 수 있다. 스캔 비선형성 등과 같은 오차들을 높은 정밀도로 교정할 수 있다. 주사선이 비교적 길어져도(~1mm) 여전히 높은 정밀도를 갖는다. 시스템을 위한 데이터 준비도 비교적 쉽다. 평범한 비트맵 포맷을 사용해서 각 스캔 내 패턴 형상의 테두리를 나타낼 수 있다. 전자빔 가공방식 노광기(MEBES®) 데이터 포맷이라고 부르는 이 포맷이 산업표준들 중 하나로 자리 잡게 되었다.

래스터 시스템의 생산성은 블랭킹✦ 주파수와 빔 어드레스 크기 등에 의존한다. 총체적인 생성에 소요되는 목표 묘화시간은 최고의 품질로 마스크당 6시간이다. 두 빔 스폿 사이의 거리 인 어드레스 크기는 패턴 설계그리드에 의존한다. 패턴에서 필요로 하는 정확도가 높아질수록 더 작은 어드레스 크기가 필요하다. 여러 세대의 래스터 시스템을 거치면서 블랭킹 주파수와 빔 전류의 증가와 더불어서 어드레스 크기가 감소해왔다. 현대적인 상용 시스템에서 블랭킹 속도는 전형적으로 320MHz이다.

블랭킹 속도의 증가가 어떤 점에 이르러서는 기술적인 도전이 된다. 10nm 이하의 어드레스 그리드에 대해서 생산성 조건을 충족시키기 위해서 래스터 기법을 그레이 스케일 다중통과 묘화기법으로 수정하게 되었다. 그레이 스케일 묘화를 사용하면서 빔의 어드레스 크기를 줄이 지 않고도 더 작은 패턴의 그리드 크기가 구현되었다[1]. 빔에 의해서 조사량의 일부만이 형상 테두리 근처에 전달된다. 이 때문에 형상의 경계는 빔 어드레스 크기의 일부분만큼 편이 된다. 게다가 다중통과 묘화를 사용하면, 4회 통과 묘화과정 동안 각 통과를 어드레스 크기의 절반만큼 이동시킬 수 있어 생산성의 저하 없이 최소 그리드 크기를 더욱더 감소시킬 수 있다.

모서리 거스름을 개선하고 가공 가능한 그리드 크기를 더욱 감소시키기 위해서 빔의 픽셀당 편향기법이 개발되었다. 단일 픽셀에 대한 노광기간 동안 형상의 모서리 방향과 같이 빔을 원하는 방향으로 편향시킬 수 있다. 픽셀당 편향은 애초에 단일 픽셀에 대해서 노광하는 동안 빔이 움직임에 따라서 스캔하는 방향으로 발생되는 빔의 번짐을 줄이기 위해서 개발되었다. 비록 노광시간이 3ns에 불과할 정도로 짧지만, 빔은 현저한 거리를 이동하면서 수 나노미터의 테두리 번짐을 발생시킨다. 픽셀당 편향을 역행시켜서 노광기간 동안 빔의 위치를 고정시킴으 로써 그리드 크기를 줄일 수 있다.

래스터 시스템의 생산성은 레지스트의 민감도에 영향을 받지 않는다. 일반적으로 가우시안 빔 시스템은 적절한 레지스트 민감도에 대해서 충분한 전류를 공급할 수 있다. 모든 전류는 스폿 속으로 전해진다. 이것이 매 플래시마다 빔 전류가 최대 크기의 플래시에 분산되며 그 중 일부만이 사용되는 가변형상 빔(VSB)이나 셀 투사 시스템과는 다른 점이다.

생산성 역시 패턴에 무관하다. 패턴이 차지하고 있는 영역에 무관하게 빔은 마스크 전체 영역을 훑고 지난다.

✦ 블랭킹(blanking): 노광용 광선의 깜빡임 - 역자 주

3.3 벡터 스캔 시스템

벡터 스캔 기법을 사용하는 시스템은 패턴 형상들 사이의 면적에 대한 불필요한 스캔을 피하기 위해서 설계되었다. 빔은 형상의 테두리에서부터 묘화를 시작한다. 스캐닝은 형상의 경계선 이내에서만 시행된다[2]. 노광이 완료되면 그림 3.1(b)에서와 같이 빔은 차단되며 다음 형상의 테두리까지 곧바로 이동한 후, 공정이 재개된다.

단일 형상의 묘화를 위해서는 빔의 차단이 필요치 않다. 그러므로 스캐닝 속도는 매우 높다. AT&T와 Lepton Inc.에서 개발된 상용 전자빔 노광장치(EBES)의 경우 500MHz의 묘화속도가 사용되었다. 이 방법은 패턴이 산재된 경우에 생산성의 측면에서 장점을 갖는다. 그런데 패턴 밀도가 비교적 높은 경우 이런 장점은 크게 감소된다. 생산성과 정확도의 측면에서 벡터 스캔 시스템과 여타 시스템들 간의 상세한 비교는 다음 절에서 수행된다.

벡터 스캔 시스템이 R&D에서 널리 사용되는 반면에 마스크 제작에 일반적으로 사용되지는 않는다. 벡터 스캔 시스템의 사례는 라이카 마이크로시스템 사의 VB-6와 Jeol의 JBX-9300 등이다.

3.4 가변형상 빔 시스템

앞서 논의했던 시스템들은 초점이 맞춰진 작은 스폿을 사용해서 스캔함으로써 노출해야 하는 패턴 형상을 채웠다. 가변형상 빔 시스템(VBS)은 가우시안 스폿보다 크기가 큰, 형상을 갖춘 빔을 만들어서 마스크 전체 또는 형상의 중요한 부분을 한 번에 노광한다.

형상화된 빔의 개념은 IBM에서 처음으로 개발되었다[3]. 이 시스템에서 광원에서 나온 빔은 최초로 사각형 개구부를 통과하면서 사각형상의 빔으로 만들어진다. 이 빔은 두 번째 사각형 개구부를 통과한다. 이들 두 개구부 사이에서는 빔을 x 및 y 축으로 움직이기 위해서 편향장치가 사용되므로, 빔의 일부분이 두 번째 개구부에 의해서 가로막히게 된다. 이를 통해서 그림 3.1(c)에서와 같이 필요한 형상과 크기의 빔을 간단히 만들 수 있다.

일단 빔 크기와 형상이 만들어지고 나면, 마스크 모재상의 원하는 위치에 빔을 보내기 위해서 가변형상 빔 시스템 내에서는 두 단계의 빔 제어방법이 사용된다.

- 별도의 편향기에 의해서 서브필드 내에 빔이 위치한다. 서브필드의 크기는 전형적으로 24~80μm이다.
- 일반적으로 마그네틱 방식인 서브필드 편향기를 사용해서 서브필드 자체를 주 필드 내에 위치시킨다. 주 필드의 크기는 약 1~2mm이다.

그러므로 시스템 교정을 위해서는 각각이 2차원인 3단계의 편향이 필요하다.

가변형상 빔 시스템에서 스테이지는 주 필드에 따라서 연속 또는 단속묘화 모드로 움직일 수 있다. 연속이송 스테이지는 경상비가 낮기 때문에 더 높은 생산성을 갖는다.

가변형상 빔의 경우 맨해튼형 패턴의 묘화가 용이한 반면에, 대각선 형상의 묘화를 위해서는 형상을 사각형으로 분해할 필요가 있다. 사각형의 최소 사이즈는 패턴의 테두리 허용 거칠기와 유사한 수준이다. 이 문제로 인해서 시스템 생산성이 현저히 저하될 수 있다. 형상들 중 3%가 대각선인 패턴의 묘화에 대각선이 없는 경우보다 두 배의 시간이 소요된다. 더욱이 광학근접보정(OPC)이 시행된 마스크는 엄청난 숫자의 소형 사각형들을 묘화할 필요가 있으므로, 이 또한 시스템의 속도를 저하시킨다. 가변형상 빔 시스템을 사용해서 첨단 설계된 하나의 마스크를 묘화하는 데에 20~30시간이 소요되는 것이 결코 드물지 않다.

가변형상 빔(VSB) 시스템에서 정체시간을 매 플래시마다 조절할 수 있다. 이를 통해서 각 플래시마다 조사량을 변화시킴으로써 근사효과를 보정할 수 있다. 근접보정을 위한 조사는 기하학적 수정방식의 보정과는 달리 데이터양을 증가시키지 않는다. 래스터 시스템에서 사용되었던 GHOST 보정과 비교해서, 조사량 보정과 형상보정 방식 모두 영상의 대비를 더 높여주는 효과가 있다.

벡터 시스템과 관련된 문제들 중 하나는 레지스트의 가열이다. 국부적인 노광영역의 온도 증가는 레지스트의 민감도를 변화시키며 임계치수의 왜곡을 초래한다. 20~100kV 에너지 하에서 가변형상 빔(VSB) 내의 서브필드 영역은 열전달 영역과 유사하므로, 국부 영역 내에서 고온이 발생될 수 있다. 레지스트 가열은 가변형상 빔 시스템의 생산성이 제한되는 주요 이유들 중 하나이다.

가변형상 빔 시스템의 사례로는 IBM에서 개발된 EL-4, NuFl(이전에 도시바의 자회사)의 EBM-4000, Jeol의 JBX-9000, Etec Systems의 AEBEL, 히타치의 HL-7000, 그리고 라이카 마이크로시스템 사의 SB-350 등이다.

3.5 래스터-형상 시스템

Etec Systems 사에 의해서 가변형상 빔과 래스터 시스템의 원리를 결합시킨 시스템이 개발되었다[4]. 가변형상 빔의 경우처럼 여기서는 두 개의 개구부와 그 사이에 위치한 편향기를 사용해서 빔을 성형한다. 그리고 빔은 스테이지 이동과 직각 방향으로 편향된다. 블랭킹과 빔 성형은 묘화할 패턴에 따라서 수행된다. 이 방식에서 빔은 여전히 영역에 무관하게 패턴 전체를 스쳐 지나야 하지만, 가우시안 빔을 사용하는 래스터 시스템과는 달리, 이 경우에는 한 번의 노출을 통해서 더 많은 픽셀들을 노광시킬 수 있다. 따라서 래스터 형상 시스템의 생산성은 기존 래스터 시스템에 비해서 현저히 높아진다. 속도 증가의 척도는 N/F로, N은 최대 크기를 갖는 단일 가변형상 빔 시스템의 픽셀 수, F는 주파수 인자로, 래스터 시스템에 비해서 래스터 형상 시스템이 빔 블랭킹속도를 얼마나 낮출 수 있는가를 나타낸다. 최대 빔 크기는 마스크 상의 최소 형상크기와 유사해야만 한다. 이것이 한계가 존재하지 않는 가변형상 빔 시스템과는 다른 점이다.

래스터 시스템의 교정은 가변형상 빔 시스템에 비해서 상대적으로 단순하다−여기서는 하나의 좌표계에 대한 편향과 서브필드의 편향을 제외한다. 추가적인 모든 편향 스텝은 나중에서 논의할 버팅오차를 초래한다.

래스터 형상 시스템은 가변형상 빔 시스템에 비해서 레지스트 가열의 측면에서 또 다른 커다란 장점을 가지고 있다. 스캔이 길기 때문에 e−빔이 인접위치를 다시 지나기까지 열이 확산할 시간이 있으므로 가변형상 빔에 비해서 국부 온도가 낮게 유지된다.

3.6 셀-투영 시스템

셀 투영 시스템은 한 번의 노광 시 여러 패턴 형상들을 사용한다는 점을 제외하고는 가변형상 빔 시스템과 유사하다[5]. DRAM과 같은 패턴에서 패턴 요소들은 수백만 번 반복된다. 다중 반복 요소들을 그룹으로 묶을 수 있다. 개구부를 이 그룹의 패턴을 갖는 스텐실 마스크로 제작한다. 광폭 e−빔이 셀 패턴을 통과해 지나면 그에 따른 형상의 e−빔이 만들어진다. 패턴의 다중 요소들을 한 번의 노출로 노광시킬 수 있다.

묘화과정에서의 선택을 통해서 다수의 다양한 그룹들을 하나 또는 동일한 개구부로 제작할 수 있다. 이 방식을 통해서 패턴의 특정 요소들에 대한 노광이 가속화된다. 사실 마스크 패턴에는 비반복적 형상들이 넓은 면적을 차지한다. 이들은 가변형상 빔 시스템에서 사용하는 것과 정확히 같은 방법을 사용하는 시스템으로 묘화된다. 그런데 다량의 빔 전류가 전체 면적에 대해서 가해지므로, 가변형상 빔 모드에서 묘화속도는 현저하게 늦어진다. 생산성 측면에서는 특정한 패턴에 국한해서만 장점을 갖는다. 이 시스템은 널리 사용되지 않는다. 이들 중 일부는 메모리 장치의 프로토타입을 웨이퍼에 직접묘화할 때에 사용된다.

여기서 레지스트 가열은 심각한 문제가 될 가능성이 있다. 블록 내에서 조사량과 형상의 수정 없이 단일 블록으로 노광되는 영역이 대략 $5 \times 5 \mu$m이므로, 근사효과 보정은 저급에서만 가능하다.

3.7 e-빔 시스템의 새로운 개념들

현재까지 논의된 시스템들과 더불어서 개발의 초기단계에 있는 다양한 시스템들이 마스크 제작과 직접묘화 부분에서 장래의 기술적 진보를 약속하고 있다. 나중에 설명할 몇 가지 개념들은 최근에 개발되었다. 이들 중에서 다중 빔이 관심을 받는다. 기존 e-빔 시스템에서 빔의 총 전류와 그에 따른 생산성은 빔의 번짐을 유발하여 분해능과 임계치수 조절특성 저하를 유발하는, 빔 경로 내에서의 확률론적인 쿨롱 작용에 의해서 제한된다. 이 문제를 극복하는 유일한 방법은 공통의 교차점을 갖지 않는 다중 빔을 만들어서 이를 조절하는 것이다. 다중 빔 시스템은 개별적으로 어드레스 된 평행 빔들을 사용해서 패턴을 묘화한다는 장점을 가지고 있다. 이런 묘화방식을 통해서 단일 빔 시스템에 비해서 생산성을 현저히 증가시킬 수 있다.

3.7.1 마이크로 칼럼

마이크로 칼럼 시스템의 개념은 IBM에서 발명되었으며 나중에 Etec Systems에서 개발되었다[6]. 이 시스템은 각각이 인접하여 배치된 쇼트키 필드 이미터를 갖는 칼럼 어레이들로 구성된다. 패턴은 병렬로 묘화된다. 각 칼럼은 래스터 모드로 작동하며 약 100μm 폭의 스트립으로 형성된 빔을 편향시킨다. 칼럼들 사이의 거리는 2cm로 제작되었다. 이 개념은 마이크로 칼럼을 웨이퍼 전 영역에 배치할 수 있을 정도로 스케일을 크게 할 수 있다.

정전 렌즈, 개구부 및 편향기 등을 마이크로 머시닝 기술로 제작한다. 1~2kV의 낮은 전압에서 작동하도록 마이크로 칼럼이 설계된다. 레지스트는 상부 영상 층과 하부 버퍼 층으로 이루어진 이중층 레지스트를 사용한다.

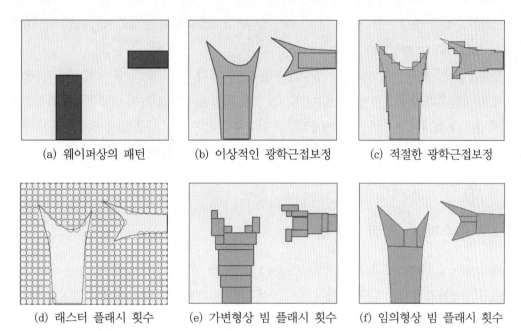

(a) 웨이퍼상의 패턴   (b) 이상적인 광학근접보정   (c) 적절한 광학근접보정

(d) 래스터 플래시 횟수   (e) 가변형상 빔 플래시 횟수   (f) 임의형상 빔 플래시 횟수

그림 3.2 웨이퍼상의 패턴(a)과 광학근접보정 후의 그에 따른 이상적인 형상(b) 및 적절한 형상(c). 이를 마스크에 프린트하기 위한 임의형상 빔 시스템은 여타 시스템들에 비해서 플래시 횟수가 현저히 작다(d)~(f): 래스터 플래시는 500회, 가변형상 빔은 21회, 그리고 임의형상 빔은 8회이다. 또한 임의형상 빔을 사용한 패턴의 정확도는 이상적인 광학근접보정 형상을 제작할 수 있다는 능력과 함께 여타에 비해서 훨씬 높다.

3.7.2 임의형상 빔 시스템

가변형상 빔 시스템은 대각선이나 다중 광학근접보정(OPC) 형상을 갖는 패턴의 묘화 시 생산성 측면에서의 장점을 잃어버린다. 임의형상 빔(ASB)의 개념은 사각형이나 삼각형 등으로 형상이 제약을 받지 않는 임의형상으로 만들어진 빔을 사용한다. 복잡한 패턴의 묘화 시 임의형상 플래시를 통해서 노광빈도를 낮추어 묘화시간을 줄일 수 있다.

이 개념이 그림 3.2에서 설명되어 있다. 원래 설계된 패턴[그림 3.2(a)]을 웨이퍼 상에 제대로 프린트하기 위해서는 광학근접보정을 사용해서 수정해야만 한다. 마스크 묘화장비는 이상적인 광학근접보정 형상을 프린트할 수 없기 때문에 보정 패턴의 이상적인 형상[그림 3.2(b)]은 일반적으로 단순화된 맨해튼형 다각형으로 대체[그림 3.2(c)]된다. 단순화된 형상들로 분할하여 노광하는 작업은 다수의 노광을 필요로 한다. 그러므로 프린트에는 오랜 시간이 소요된다. 가변형상 빔 시스템[그림 3.2(d)], 래스터 형상 시스템[그림 3.2(e)] 및 임의형상 빔(ASB) 시스템[그림 3.2(f)] 등에서의 분할사례가 도시되어 있다. 임의형상 빔 시스템에서 패턴을 프린트하기 위한 플래시 수가 현저히 줄어들며, 광학근접보정 패턴의 정확도 역시 이상적인 형태에 근접할 정도로 개선된다.

임의형상 빔(ASB) 시스템의 빔 형상화 모듈은 네 개의 개구부를 사용하며, 각각은 광폭빔을 특정한 각도와 위치에서 절단한다[7]. 빔 형상화 모듈 내의 전기적 편향장치는 가변형상 빔의 경우와 유사하다. 개구부는 원형이거나 다각형이다. 이 시스템은 짧은 편향영역 내에서 낮은 광차를 확보하기 위해서 빔 형상 편향장치나 개구부 조립체 내에서 자기장을 사용할 수 있다.

3.7.3 래스터 다중 빔 시스템

래스터 다중 빔 시스템을 제작하기 위한 Etec Systems 사의 접근방법에서는 광음극판 위에 패턴을 생성하기 위해서 다중 레이저 빔이 사용되었다[8]. 이들은 레이저 패턴 발생기에서와 유사한 방법을 사용하여 래스터 모드에서 스캔하였다. 광 음극에 의해서 발생된 전자는 레지스트 평면상의 소조사선 어레이를 형성하기 위해서 집속, 가속 및 축사된다.

이 시스템은 다중 레이저 빔을 사용함으로써 빠른 패턴 생성의 장점을 갖고 있으며, 동시에 e-빔에서 구현할 수 있는 높은 정확도와 분해능을 갖는다. 이 시스템에서 정확도는 빛의 회절에 의해서 제한받지 않는다.

이 시스템의 레이저 패턴 발생 양상과 데이터 경로는 상용 ALTA® 레이저 패턴 발생기를 사용할 수 있다.

3.7.4 다중 칼럼 셀 리소그래피 시스템

Advantest 사에서 개발 중인 다중 칼럼 셀 시스템에서는 병렬묘화를 위해서 가변형상 빔(VSB)이 채용되었다[9]. 각 빔은 여섯 개의 전자기 렌즈에 의해서 성형된다. 빔의 숫자에 따라서 개구부 어레이마다 렌즈가 설치된다. 빔 간 거리는 25mm이며, 현재 버전에서 빔의 숫자는 16개이다. 칼럼간의 간섭을 방지하기 위해서 정전전극들 사이에는 실드가 사용된다.

3.7.5 분산형 가변형상 빔

IBM에서 창출된 개념에서는 분산형 가변형상 빔(DiVa)이 사용된다[10]. 이 시스템은 다중 빔을 형성하기 위해서 평면형 음극이나 광 이미터를 사용한다. 이 빔들은 성형용 개구부나 편향기를 사용해서 원하는 크기로 개별 성형된다. 공통으로 사용되는 균일한 축 방향 자기장이 모든 빔의 영상을 1:1의 배율로 모재에 전송해준다. 성형된 모든 빔들은 평행하게 편향되는 반면에 차단은 개별적으로 시행된다.

3.7.6 다중 칼럼 다중 빔 시스템

Ion Diagnostics사에 의해서 개발된 시스템은 다중 칼럼 방식과 다중 빔을 결합한 소위 M×M 방식이다[11]. 이 시스템은 웨이퍼나 마스크상의 전체 면적을 포괄하는 숫자의 칼럼들을 사용한다. 각 칼럼에서 다중 빔들은 동시에 묘화작업을 수행한다. 이 방법에서 생산성은 웨이퍼 크기와는 무관하다. 300mm 웨이퍼를 120초 이내에 묘화하기 위해서 각각이 32개의 빔을 갖고 있는 201개의 칼럼들로 구성된 설계가 제안되었다. 빔의 전송을 위해서 미세 가공된 냉전계 이미터 어레이와 집속렌즈들이 사용된다.

3.7.7 다중공동 픽셀 단위 분해능강화

MAPPER Lithography, BV 사에 의해서 다중공동 픽셀 단위 분해능강화(MAPPER)의 개념이 개발되었다. 이 방식은 시간당 최대 20개의 웨이퍼를 직접묘화할 수 있는 높은 속도를 목표로 하고 있다[12]. 이 대규모 병렬 전자빔 리소그래피(EBL)는 13000개의 빔을 사용한다. 모든 빔들은 하나의 공통 편향기를 사용해서 웨이퍼 상에 주사된다. 빔들 각각은 개별 데이터스트림에 따라서 독자적으로 차단된다. e-빔들은 가우시안 분포를 갖고 있으며 각각은 좁은 줄무늬 형태로 패턴을 묘화시켜서 전체적인 칩 패턴을 형성한다.

빔 집속과 차단을 위한 서브시스템들은 마이크로 머시닝 가공기법을 사용해서 제작된다. 래스터화된 패턴 데이터들을 각 채널에 공급하기 위해서 현대적인 고속 데이터 전송 시스템들이 사용된다.

3.7.8 정전기적으로 집속된 디지털 e-빔 어레이 리소그래피

정전기적으로 집속된 디지털 e-빔 어레이 리소그래피(DEAL)는 오크릿지 국립 연구소에서 개발 중에 있다[13]. 이 방법은 웨이퍼 상에 구현된 논리와 제어회로들 속에 접근 가능한 필드 방사 어레이들을 집속해 넣는 것이다. 전자 방사장치로 탄소 나노파이버가 사용된다. 미리 제조된 레이어들을 적층하여 정전기 집속렌즈, 차단기 및 가속전극 등을 이미터와 함께 동일한 웨이퍼 상에 집속시킨다. 설계목표는 1cm^{2}의 면적에 3백만 개의 빔을 구현하는 것이며, 이를 통해서 시간당 수십 개의 웨이퍼를 마스크 없이 묘화할 수 있을 것이다.

3.8 e-빔 마스크 묘화 시스템의 비교평가

마스크 제작기법의 발전단계에서 래스터 스캔 시스템이 처음으로 개발되었으며, 벡터 스캔 시스템이 그 뒤를 이었다. 그리고 가변형상 빔과 셀 투영 시스템이 뒤따랐다. 하여간 1990년대 후반까지 20년간은 전자빔 가공방식 노광기(MEBES) 시스템이 핵심 마스크들을 제작하기 위한 주 제작 장비로 사용되었다. 이 분야의 많은 전문가들의 입장에서는 명백한 장점을 갖고 있는 가변형상 및 셀 투영 시스템이 그토록 오랜 기간 동안 래스터 스캔 시스템과 심한 경쟁을 치루지 않았는가에 대해서 설명하기 어려운 것이 사실이다.

다음 절들에서는 정확도와 생산성의 측면에서 각 시스템들의 주요 개념들을 논의해본다.

3.8.1 정확도

3.8.1.1 빔 테두리

래스터 스캔 시스템에 비해서 고전압 가변형상 빔(VSB) 시스템의 주요 장점은 날카로운 테두리선을 갖는 전자빔을 만들 수 있다는 점이다. 테두리 번짐은 임계치수 변화에 직접적인 영향을 준다.

래스터 시스템은 원리상 빔 테두리 번짐 양과 비슷한 수준의 세밀한 빔을 사용할 수 있다. 그런데 이드레스 크기도 그에 따라시 감소되어야만 하므로, 이는 비현실적으로 긴 묘화시간을 초래한다. 예를 들면 VB-6(라이카 마이크로시스템)와 같이 폭이 좁은 빔을 사용하는 벡터 스캔 시스템은 이례적으로 고품질 패턴을 묘화할 수 있다. 그런데 생산성이 낮기 때문에 마스크 제작에는 사용치 않는다.

다중통과 묘화에 기인한 모든 종류의 오차를 평균화시킴으로써 래스터 시스템의 높은 정확도가 확보된다. (래스터 형상 및 가변형상)벡터 스캔 시스템에서도 다중통과 기법을 사용할 수 있다. 그런데 벡터묘화에 기인한 정착시간과 같은 부수적인 인자들 때문에 묘화시간의 현저한 증가가 초래된다.

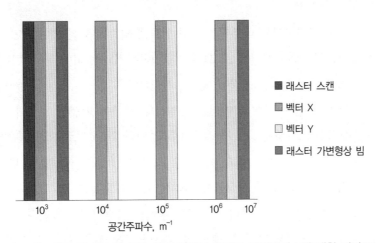

그림 3.3 래스터 스캔, 벡터 및 래스터 형상 기법 등에서 다양한 공간주파수에 대한 버팅오차들. 가변형상 빔 리소그래피의 경우 주 필드, 부 필드, (존재한다면) 서브 부 필드와 플래시 레벨 상에서 버팅이 발생한다. 래스터 스캔의 경우 스트라이프의 버팅만이 중요성을 갖는다.

3.8.1.2 버팅오차

패턴 형상이 서브필드나 스트라이프 등의 경계선상에서 나뉘는 영역에서 버팅오차가 발생된다.

래스터 스캔 시스템에서는 스트라이프의 버팅에 해당하는 주파수에서 오차가 발생될 수 있다. 오차는 한 방향으로 발생된다. 벡터 스캔 시스템에서 버팅오차는 일정한 값으로 발생한다.

- 주 필드에서는 1~2mm
- 부 필드에서는 24~80μm
- 서브 부 필드에서는 일부의 경우 2~5μm
- 가변형상 빔 플래시의 경우 약 0.5μm이며, 선 테두리 거칠기에 추가된다.

벡터 시스템에서 모든 오차들은 2차원적으로 발생된다.

그림 3.3에서는 공간주파수의 함수로 버팅오차를 도시하고 있다. 래스터 시스템은 버팅오차에 훨씬 덜 영향을 받는다. 또한 래스터 스캔 시스템들은 벡터 시스템보다 스캔에 관계된 모든 오차에 대해서 교정 및 보정이 용이하다. 다중통과 묘화의 경우 스트라이프와 서브필드를 겹침으로서 버팅오차를 감소시킬 수 있다.

3.8.1.3 근접효과 보정

전자 산란에 기인한 근접효과는 국부적인 패턴 밀도에 의존적인 임계치수(CD) 변화를 초래한다. 래스터 시스템에서 많은 시간을 소모하는 데이터 준비과정 없이 근접보정을 시행할 수 있다. GHOST 기법을 사용할 때, 초점이 맞춰지지 않은 e-빔을 사용해서 추가적인 묘화를 수행한다. 이 통과 시 사용된 묘화 데이터는 동일하나 색상이 반전된 것이다. 이를 통해서 패턴 전체에 후방산란된 조사량을 고르게 만들어준다. 만약 4회통과로 묘화가 수행되면, 근접 보정을 위해서 한 번 더 통과해야 하고, 이는 총 노출시간의 20%에 해당된다.

벡터 스캔 시스템은 묘화된 모든 형상들에 대해서 조사량 보정을 사용한다. 조사량 보정은 일반적으로 GHOST 보정보다 정교하며 공간영상 대비를 감소시키지 않는다. 그런데 방법에 따라서 묘화해야 하는 형상의 숫자의 열 배 이상 증가와 그에 따른 묘화시간의 증가가 초래될 수 있다.

3.8.1.4 레지스트 가열

레지스트 가열은 오차할당의 주요 원인들 중 하나이다. 레지스트 내의 국부적인 온도상승에 따라서 이 효과가 일어나며, 레지스트 민감도의 변화와 그에 따른 임계치수 변화를 초래한다. 특히 고전압 및 중간전압 가변형상 빔 시스템($> 10keV$)이 이 문제를 겪는다. 50keV인 경우 전형적으로 열이 축적되는 영역은 $30 \sim 100 \mu m$ 정도로, 대략 가변형상 빔 시스템에서 서브필드 영역에 해당된다. AEBLE® 시스템은 $10 \sim 100 A/cm^2$의 빔 전류밀도 하에서 묘화가 가능하다. 그런데 레지스트 가열 때문에 최솟값으로 사용된다. 가열 때문에 역사적으로 최대 플래시 크기는 초기 시스템의 경우 $10 \mu m$에서 $5 \mu m$과 $2.5 \mu m$을 거쳐서 $1 \mu m$으로 감소되어 왔다. 다중통과 묘화 역시 가열의 저감에 도움이 된다. 이 방법들 모두는 시스템의 생산성을 저감시킨다. 화학적으로 증폭된 양성 레지스트는 높은 민감도와 열에 대한 비교적 낮은 응답성 때문에 레지스트 가열 시 장점을 갖는다. 가열에 대한 보정방법은 아직까지 개발된 것이 없다.

래스터 시스템에서는 이 문제가 열 배 이상 줄어든다. 이는 스캔시간이 길기 때문이다. 스캔

기간 동안 열이 방출될 시간이 충분하다.

3.8.1.5 포깅, 충전, 모재가열

이 영향들은 특정 묘화기법보다는 서브시스템의 특정 방식에 기인한다. 포깅은 대물렌즈 바닥에서 발생되는 전자들에 의하여 레지스트에 가해지는 추가방사효과이다. 이들은 3세대 전자이다. 주 전자는 마스크로부터 후방산란전자를 생성한다. 이들이 대물렌즈의 바닥에 도달하면 레지스트로 되돌아오는 새로운 전자를 생성하며 수 밀리미터의 영역에 걸쳐서 원치 않는 추가적인 노광이 발생된다. 레지스트 충전은 주로 레지스트의 성질과 전자 에너지의 함수이다. 모재 가열에 기인한 위치선정 오차는 스테이지상의 레티클 장착에 크게 의존한다.

3.8.2 생산성

래스터 스캔과 래스터 형상 시스템의 생산성은 묘화할 패턴과 무관하다. 패턴의 묘화시간은 어드레스 크기의 함수일 뿐이다. 과거의 경향에 따르면 아무리 새로운 세대의 마스크일지라도 래스터 시스템의 묘화 시간을 6시간 이내로 유지해야만 했었다.

벡터 스캔, 가변형상 및 셀 투영과 같은 벡터 방식을 사용하는 시스템의 생산성은 패턴과 묘화와 관련된 오버헤드(즉, 추가시간)들에 크게 의존한다.

3.8.2.1 정착시간

묘화에 따른 오버헤드들에는 후속 플래시까지의 정착시간, 서브필드들 사이 및 주 필드들 사이의 이송에 소요되는 정착시간 등이 있다. 플래시는 새로운 모든 패턴 형상들 사이의 서로 다른 간격을 이동해야 하는 반면에, 빔의 정확한 위치결정을 위해서 정착시간이 필요하다. 래스터 스캔과 래스터 형상 시스템에서는 반복성이 심하고 이동거리가 짧기 때문에 정착시간이 짧다. 여타의 시스템에서는 상황이 다르다. 벡터 스캔 시스템의 경우 정착시간은 정지시간에 비해서 훨씬 길다. 만약 플래시 횟수가 충분히 많다면, 래스터 스캔 시스템이 벡터 스캔 시스템에 비해서 우수한 성능을 가질 것이다.

그리고 만약 시스템이 교정시간, 마스크 모재의 설치시간, 데이터 처리속도에 의해서 제한을 받는다면, 데이터 전송시간 등 역시 오버헤드에 속한다. 이러한 오버헤드 시간들은 대략적으로 시스템마다 일정한 값을 갖고 있다. 벡터 스캔 시스템에서 묘화시간은 패턴 성형에 사용되는

e-빔 플래시 횟수의 함수이다. 플래시 횟수는 패턴마다 크게 다르다. 가변형상 빔 시스템의 경우 접촉 층은 1시간 이내에 묘화할 수 있는 반면에 내부 접촉 층의 묘화에는 30시간이 소요된다.

3.8.2.2 대각선

중요한 인자들 중 하나는 패턴을 플래시들로 분해하는 것이다. 패턴의 대각선을 근사화시키기 위해서 일반적으로 사각형 플래시가 사용된다. 가변형상 빔 시스템의 경우 이 때문에 엄청난 횟수의 플래시가 발생된다. 만약 패턴의 13%가 대각선이라면, 플래시 횟수는 두 배가 되어 버린다.

광학근접보정(OPC)과 같은 작은 형상들은 시스템이 더 작은 크기의 플래시를 사용하도록 만들며, 플래시 횟수와 묘화시간의 현저한 증가를 초래한다. 가변형상 빔, 래스터 형상 및 임의형상 빔 시스템에서의 데이터 분할의 예가 그림 3.2.(d)-(f)에 도시되어 있다.

래스터 스캔과 형상 스캔 시스템의 경우에는 대각선이 문제가 되지 않는다. 임의형상 빔 시스템의 경우에도 마찬가지로 중요한 문제가 유발되지 않는다.

3.8.2.3 빔 전류한계

묘화시간은 레지스트 민감도에도 의존한다. 빔의 총 전류는 시스템 내에 가해지는 최대 플래시 영역 전체에 고르게 분산된다. 가변형상 빔의 경우 노광된 가변형상은 최대 허용 노광 크기의 일부분일 뿐이다. 그러므로 이런 시스템의 경우 전류의 활용도가 떨어지게 된다. 이는 불규칙한 형상을 묘화하는 셀 투영 시스템에서 더 악화된다. 셀 투영 시스템의 경우 최대 플래시 면적은 가변형상 빔의 경우보다 훨씬 크므로, 셀 투영 시스템이 메모리 층과 같이 규칙적인 형상을 묘화하는 경우를 제외하고는, 셀 투영 시스템의 생산성은 가변형상 빔의 경우에 비해서 낮다.

래스터 스캔과 벡터 스캔 시스템의 경우 빔을 단일 가우시안 스폿으로 투사하기 때문에 전류 한계는 문제가 되지 않는다.

그림 3.4에서는 다양한 패턴 점유율에 대해서 빔 전류밀도의 함수로 가변형상 빔의 생산성을 나타내고 있다. 특정한 묘화시간과 대각선의 숫자가 가정되었다. 빔 전류가 높은 경우 묘화시간은 오버헤드 시간에 근접하게 된다. 빔 전류가 낮은 경우 대부분의 시간이 실제적인 레지스트 노출에 할애된다.

나중에 논의하겠지만 레이저 시스템의 생산성은 일반적으로 e-빔 시스템보다 높다. 그런데

e-빔 시스템을 사용한 마스크의 품질은 레이저 시스템을 사용한 경우보다 일반적으로 높다. 최근 현장에서는 고품질 마스크의 소량생산을 위해서 e-빔 시스템을 사용하며, 저품질 마스크의 대량생산을 위해서 레이저 시스템을 사용한다.

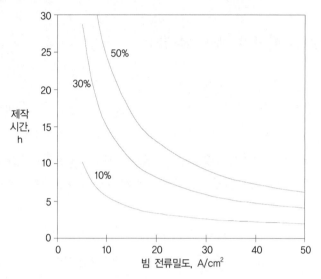

그림 3.4 빔 전류밀도와 패턴 점유율의 함수로 나타낸 가변형상 시스템의 묘화시간. 대각선의 백분율로 나타낸 묘화면적과 레지스트 민감도는 고정되었다. 래스터 스캔과 래스터 형상 시스템에서 묘화시간은 이 파라미터들에 의존하지 않으며 첨단 마스크의 경우 약 6시간이 소요된다.

3.9 레이저 패턴 발생기

지난 수십 년간 마스크의 제조에 e-빔 묘화기가 광범위하게 사용되어 왔지만, 생산성이 항상 문제시되어 왔다. 1990년대 중반에 레이저 패턴 발생기(LPG)가 소개되었다. 현재 이들은 세계적으로 마스크 제작 장비로 널리 사용되고 있다.

레이저 패턴 발생기(LPG)는 단일 또는 다중 레이저 빔을 사용하며 마스크 상에 패턴을 묘화하기 위해서 래스터 메커니즘을 사용한다. 이러한 관점에서 이들은 e-빔 래스터 스캔 시스템과 유사하지만 e-빔 시스템과는 달리 레이저 패턴 발생기는 작동을 위해서 진공을 필요로 하지 않는다. 더욱이 전자 빔 리소그래피(EBL)와 관련된 근접보정과 전하를 방전하기 위한 모재 접지 등이 필요치 않다. 레이저 패턴 발생기(LPG)용 마스크 제조공정은 원래 웨이퍼 생산을 위해서 개발된 고분해능, 고대비 포토레지스트의 발달에 의해서 도움을 받았다.

일반적으로 e-빔 시스템에 비해서 레이저 시스템의 생산성과 신뢰성이 더 높으며, 장비가격이 낮은 반면에 e-빔 시스템이 더 높은 분해능을 제공한다. 또한 디스플레이 산업이나 특수 분야 등에서 더 큰 크기의 포토마스크를 생산하기 위해서 레이저 패턴 발생기가 사용될 수 있다.

3.9.1 래스터 스캔 레이저 패턴 발생기

레이저 패턴 발생기는 연속파장 레이저 빔을 사용하며 스테이지가 일정한 속도로 움직이며 빔은 스테이지 이동방향과 직각으로 주사된다. 회전 다각형 반사경이나 음향광학편이기(AOD)를 통해서 스캐닝이 수행된다. 따라서 주사각도는 마스크 모재 상에서 공간 변위로 변환되며 패턴 스트라이프가 묘화된다. 음향광학편이기를 통해 라디오 주파수를 변화시킴으로써 빔의 변조를 조절한다. 전자빔 리소그래피(EBL)와 유사하게, 스트라이프들을 줄맞춰 생성함으로써 전체적인 마스크 패턴을 생성한다.

레이저 단일 빔 시스템의 사례들로는 마이크로닉 레이저 시스템 사의 LPG와 하이델 베르크 인스트루먼트 DWL 시스템 등이 있다. 다중 빔 레이저 패턴 발생기의 사례로는 ALTA, Etec Systems 사의 커스텀 광학 레티클 조각기(CORE), 그리고 마이크로닉 레이저 시스템 사의 Omega 등이 있다. 개별 차단이 가능한 다섯 개의 병렬 레이저 빔이 Omega에서 사용된다. 음향광학변조기(AOM)에서는 디지털 및 아날로그 변조를 결합시켜서 미세한 어드레스 그리드를 갖는 묘화장치를 구현하였다. Omega에서는 모든 빔에 음향광학편이(AOD)를 사용한다. GDS2 파일로부터의 직접묘화를 포함하는 데이터 경로의 유연성과 실시간 보정기능이 Omega 시스템의 매력적인 기능이다.

Etec Systems 사의 커스텀 광학 레티클 조각기용 레이저 패턴 발생기에서는 여덟 개의 빔을 병렬로 사용하였다. 이 시스템은 나중에 더 많은 숫자의 빔을 사용하는 ALTA™ 시스템으로 재설계 되었으며, 24면 다각형 회전반사경에 의한 편향으로 빔이 브러시처럼 스캐닝하도록 만든다. 4회통과 및 8회통과 묘화기법이 사용된다. 계통오차를 평균화시키기 위해서 각 통과시마다 다각형의 서로 다른 면과 렌즈 필드의 서로 다른 영역에 의해서 형상이 프린트된다. 다중통과 과정에서 각 픽셀들은 그레이 레벨로 노출될 뿐만 아니라 묘화 그리드가 오프셋 되므로, 세밀한 패턴 어드레스 그리드와 테두리 배치가 가능해진다. 더 낮은 임계치수 관리를 위해서 습도 보상형 집속 시스템은 묘화기간 동안 포토레지스트의 습도를 일정한 수준으로 유지시켜준다. 포토마스크의 전형적인 묘화시간은 2시간이다. 마스크 제조업계에서는 마스크 제작에 ALTA™ 시스템이 가장 널리 사용된다.

신세대 레이저 패턴 발생기(LPG)의 레이저 광원은 더 높은 분해능에 대한 수요를 충족시키기 위해서 점차로 더 단파장을 갖는 광원으로 대체되고 있다. 래스터 레이저 패턴 발생기 구조에서는 연속파장 레이저를 사용하기 때문에 광학식 스테퍼용으로 개발된 전형적인 펄스 형 (1~10kHz) 엑시머 레이저는 레이저 패턴 발생기에 사용할 수 없다. 레이저 패턴 발생기 전용의 목적으로 더 짧은 파장을 갖는 레이저가 개발되고 있다.

더 짧은 파장을 사용함으로써 분해능의 현저한 개선이 이루어졌다. 예를 들면 363.8nm의 파장을 갖는 아르곤-이온 자외선(UV) 레이저가 ALTA 3500™에서 사용되었으며, 이를 통해서 마스크 모재에 270nm의 반치전폭의 직경을 갖는 가우시안 스폿이 만들어졌다. ALTA 4000™에서 원자외선(DUV) 257nm 빔을 사용하는 아르곤-이온 레이저를 통해서 최종적인 스폿 크기를 50% 감소시켰다. 이는 마스크 상에 1/4 마이크로미터 이하의 형상이나 세리프를 묘화하기에 충분할 정도로 작은 크기이다.

3.9.2 매트릭스 노광 레이저 패턴 발생기

마이크로닉 레이저 시스템 사에 의해서 새로운 노광방식이 개발되고 있다[15]. 이 Sigma 시스템에서 패턴 발생기기(SLM)는 마이크로 반사경 어레이를 기반으로 한다. 각 반사경들은 개별적으로 기울기를 변화시키면서 패턴 데이터에 따라서 빔을 변조시킨다. 산란된 빛은 개구부에 의해서 차단된다. 하나의 반사경 블록은 백만 개의 빔을 동시에 변조시킬 수 있다. 이 패턴 발생기기(SLM)는 실제적으로 마이크로 스테퍼 내의 컴퓨터로 제어되는 레티클의 역할을 수행한다. 원자외선(DUV) 레이저 광은 패턴 발생기기에 의해서 반사되며 수많은 개구부를 갖는 대물렌즈를 통해서 마스크 모재에 집속된다.

이 시스템은 펄스화된 레이저 광원을 사용한다. 패턴 발생기기는 레이저 펄스 사이의 지연 기간 동안 새로운 패턴 데이터를 로딩한다. 어레이들의 노광 시점은 연속적으로 이동하는 스테이지와 연동된다.

이 시스템은 매우 높은 생산성을 구현할 가능성이 있다. 또한 원리상으로 매트릭스 노광방식의 레이저 패턴 발생기는 광학식 스테퍼와 유사하기 때문에 광학식 스테퍼를 위해서 개발된 기술들 중 일부를 사용하여 높은 분해능을 구현할 수도 있다. 광학근접보정에서와 같은 분해능 강화기법, 고출력 펄스형 단파장 레이저 광원, 그리고 레지스트 기술 등 웨이퍼 스테퍼에서 개발된 기술들이 이러한 유형의 마스크 묘화 시스템에 직접 적용될 수도 있다.

❏ 참고문헌 ❏

1. A. Murray, F. Abboud, F. Raymond, and C. Berglund, *J. Vac. Sci. Technol. B.,* 11 (6) 2391 (1993).

2. M.G.R. Thomson, R. Liu, R.J. Collier, H.T. Carroll, E.T. Doherty, and R.G. Murray, *J. Vac. Sci. Technol. B.,* 5 (1) 53 (1987).

3. H.C. Pfeiffer, *J. Vac. Sci. Technol.,* 15 (3) 887 (1978); also H.C. Pfeiffer, *IEEE Trans. Electron Devices,* ED-26 (4) 663 (1979).

4. Y. Nakayama, S. Okazaki, N. Saitou, and H. Wakabayashi, *J. Vac. Sci. Technol. B.,* 8 (6) 1836(1990); also *J. Vac. Sci. Technol. B.,* 10, 2759 (1992).

5. L.H. Veneklasen, H.M. Kao, S.A. Rishton, S. Winter, V. Boegli, T. Newman, G. Bertuccelli, G. Howard, P. Le, Z. Tan, and R. Lozes, *J. Vac. Sci. Technol. B.,* 19 (6) 2455 (2001).

6. L.P. Muray, J.P. Spallas, C. Stebler, K. Lee, M. Mankos, Y. Hsu, M. Gmur, and T.H.P. Chang, *J. Vac. Sci. Technol. B.,* 18 (6) 3099 (2000).

7. S. Babin, *J. Vac. Sci. Technol. B.* 22(6) 2004 (to be published).

8. S.T. Coyle, D. Holmgren, X. Chen, T. Thomas, A. Sagle, J. Maldonado, B. Shamoun, P. Allen, and M. Gesley, *J. Vac. Sci. Technol. B.,* 20 (6) 2657. (2002)

9. A. Yamada and T. Yabe, *J. Vac. Sci. Technol. B.,* 21 (6) 2680 (2003).

10. T.R. Groves and R.A. Kendall, *J. Vac. Sci. Technol. B.,* 16 (6), 3168 (1998); also D.S. Pickard, C. Campbell, T. Crane, L.J. Cruz-Rivera, A. Davenport, W.D. Meisburger, R.F.W. Pease, T.R. Groves, *J. Vac. Sci. Technol. B.,* 20 (6) 2662 (2002).

11. E. Yin, A. Brodie, F.C. Tsai, G.X. Guo, and N.W. Parker, *J. Vac. Sci. Technol. B.,* 18 (6) 3126 (2000).

12. P. Kruit; High throughput electron lithography with the MAPPER concept, *J. Vac. Sci. Technol. B.,* 16 (6) 3177 (1998).

13. L.R. Baylor, D.H. Lowndes, M.L. Simpson, C.E. Thomas, M.A. Guillorn, V.I. Merkulov, J.H. Whealton, E.D. Ellis, D.K. Hensley, and A.V. Melechko, *J. Vac. Sci. Technol. B.,* 20 (6) 2646 (2002).

14. M. Bohan, C. Hamaker, and W. Montgomery, *Proc. SPIE,* 4562, 16 (2001).

15. T. Sandstrom and N. Eriksson, *Proc. SPIE,* 4889, 157 (2002).

제4장

e-빔 마스크 묘화장치

Norio Saitou

4.1 서 언

4.1.1 리소그래피 시스템에서 e-빔의 역할

전자빔(e-빔)은 전자기 또는 정전식 렌즈를 사용해서 손쉽게 나노미터 단위의 직경으로 집속시킬 수 있으며, 전자기 또는 정전식 편향기로 방향을 조절할 수 있다. 따라서 e-빔은 대규모 집적회로(LSI)의 패턴을 레지스트에 매우 높은 정밀도로 전사할 수 있다. 집속된 e-빔을 생성하는 도구들은 다년간 반도체 업계에서 중요한 역할을 하고 있다.

e-빔 리소그래피(EBL)가 반도체 장치 제조에서 수행하는 역할을 그림 4.1에서 설명하고 있다. 컴퓨터 원용설계(CAD) 시스템을 사용해서 LSI의 초기 패턴 데이터가 만들어진다. CAD 데이터는 e-빔 리소그래피 데이터로 변환되며, e-빔 리소그래피 시스템이 최종적인 패턴을 생산한다. e-빔 리소그래피는 두 가지 방법으로 사용된다. (1) 마스크 묘화, 기존 광학식 리소그래피 시스템의 핵심 인자이다. 그리고 (2) 반도체 기층 상에 직접묘화, 마스크를 때로는 레티클이라고 부른다. 이 책에서는 마스크라는 단어를 사용한다. 현재 집적회로 제조에서 광학식 리소그래피가 주류를 이루고 있다. 이런 경우 유리판 상에 입혀진 크롬 층 내에 기록되어 있는

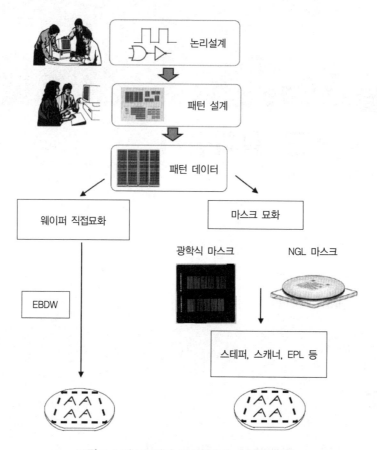

그림 4.1 리소그래피 시스템에서 e-빔의 역할

회로 패턴은 포토마스크라고 부른다. 마스크에 단파장 광원이 조사되면 영상이 웨이퍼 상에 투영된다. 마스크 영상은 전형적으로 4분의 1로 축소되므로 훨씬 손쉽게 정교한 마스크 패턴을 만들수 있다. 그런데 광학식 리소그래피 방식이 근본적인 한계에 접근해가고 있다. 광학식 리소그래피의 사용을 연장하기 위해서는 파장을 점차로 줄여가야 한다. 엑시머 레이저 ArF(λ =193nm)와 F_2(λ =157nm)를 사용하는 광학식 리소그래피 방법이 현재 개발 중에 있다. 여기서 사용되는 마스크는 훨씬 작은 패턴을 필요로 한다. 그리고 일부 차세대 리소그래피(NGL)에서는 유리판 대신에 박막 맴브레인 마스크가 사용된다. 차세대 리소그래피(NGL)의 후보로는 극자외선(EUV), 전자투사 리소그래피(EPL), 근접 X-선 리소그래피(PXL), 근접 전자 리소그래피(PEL) 등이 있다. 이들 차세대 리소그래피 기술들은 높은 정밀도의 마스크를 필요로 하며 e-빔은 이러한 마스크를 제작할 수 있는 유일한 방안으로 간주되고 있다.

표 4.1 진보된 광학식 마스크의 요구조건(2002년 12월 4일 일본의 도쿄 국제포럼인 2002 업데이트 컨퍼런스에서 발표된 반도체 분야 국제기술 로드맵[1] 참조)

생산 연도	2002 115nm	2003 100nm	2004 90nm	2005 80nm	2006 70nm	2007 65nm
마스크 최소 영상 크기(nm)	300	260	212	180	160	140
마스크 OPC 형상크기(nm), 투명	230	200	180	160	140	130
마스크 OPC 형상크기(nm), 불투명	150	130	106	90	80	70
영상배치(nm, 다중점)	24	21	19	17	15	14
임계치수 균일성(nm)						
독립선(MPU 게이트) 이진수	6.1	5.1	4.2	3.7	3.4	2.5
독립선(MPU 게이트) ALT	8.5	7.2	5.9	5.1	4.8	4
접촉/경유	6.9	6.1	5.3	4.8	4.3	3.2
선형성	17.5	15.2	13.7	12.2	10.6	9.9

4.1.2 마스크 기술의 로드맵

반도체 소자의 최소 형상크기는 최근 들어 격감하고 있다. 소형화는 리소그래피 기술의 발전에 의해서 지원을 받고 있다. 마스크 제작은 리소그래피 분야에서 가장 도전적인 기술들 중 하나이다. 2002년 12월 4일 일본의 도쿄 국제포럼인 2002 업데이트 컨퍼런스에서 반도체 분야 국제기술 로드맵(ITRS) 신규 버전이 발표되었다. 여기서 발표된 진보된 광학식 마스크에 대한 요구조건이 표 4.1에 정리되어 있다. 광학근접보정(OPC)을 위한 패턴 크기는 90nm 노드 및 그 이하의 경우(심지어는 4× 마스크의 경우)에 주 패턴 크기와 거의 동일한 수준으로 접근하고 있다. 예를 들면 90nm 노드의 경우 2004년에 마스크의 최소 패턴에 대한 요구조건이 106nm 이었다. 영상배치(IP)와 임계치수(CD)에 대한 정확도 요구조건은 웨이퍼 레벨에서의 요구조건과 거의 동일하다. 예를 들면 90nm 노드의 경우 마스크의 영상배치와 임계치수 요구조건은 각각 19nm와 4.2nm이었다. 즉, 영상배치는 노드 값의 1/5, 임계치수는 노드 값의 1/20에 달한다.

마스크의 정확도를 더 높이기 위해서는 마스크 묘화장치, 마스크 모재, 레지스트 및 현상 및 식각기술 등의 고른 발전이 필요하다. 이 장에서는 과거, 현재 및 미래의 e-빔 마스크 묘화 장치에 대해서 상세하게 살펴보기로 한다.

4.2 e-빔 묘화장치의 개발역사

4.2.1 발전사

e-빔 리소그래피(EBL) 시스템은 스캐닝 방법, 스테이지 이동방식 및 빔 형상 등에 따라서 다양한 시스템 구조를 가지고 있다. 생산성과 정확도 향상을 위해서 빔 형상, 스캐닝 방법, 그리고 스테이지 이동방식 등의 조합을 통해서 다양한 시스템이 구성되었다. e-빔 시스템의 생산성과 정확도는 과거 35년간 비약적으로 발전되어 왔다. 소자들의 치수 축소와 그에 따른 패턴 어드레스 단위의 감소에도 불구하고 묘화속도를 유지하기 위해서 시스템이 더욱더 복잡해지고 있다. 그림 4.2에 도시되어 있는 e-빔 시스템의 발전사에서 개략적으로 설명하고 있는 것처럼 빔 형상과 스테이지 이동 분야에 특히 많은 발전이 있었다.

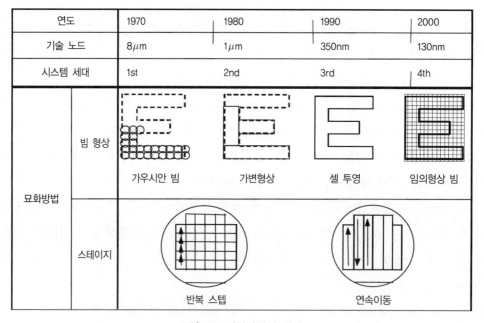

그림 4.2 장비발전의 역사

1965년에 집적회로의 패턴묘화를 위해서 주사전자현미경이 사용되었다[2, 3]. 그 이후로 많은 연구그룹들이 e-빔 리소그래피(EBL) 시스템을 개발하고 있다. 주사전자현미경을 기반으로 하는 e-빔 시스템의 1세대[4, 5]가 1970년대에 출현했다. 빔은 포인트 형상이고 스테이지가 편향장 속에서 한 번씩 움직였기 때문에 반복 스텝 모드라고 불렀다. 포인트 형상인 빔의 전류밀도가 가우시안 분포를 가지고 있기 때문에 이를 가우시안 빔이라고 부르기도 했다. 이 시기는 LSI의 여명기로서 LSI의 최소 형상크기는 수 마이크로미터 내외였다.

1980년대에 들어서 LSI의 최소 크기가 $1\mu m$ 이하로 줄어들게 되었다. 생산성을 향상시키기 위해서 스테이지 이동방식이 반복 스텝에서 연속이동 모드로 전환되었다. 그리고 1970년대에 사용되었던 점 형상의 빔은 가변형상 빔(VSB)으로 대체되었다[6-9].

1990년대에 들어서 최소 크기가 $0.35\mu m$에 도달했다. 그리고 기술적 한계를 뛰어넘기 위해서 셀 투영[10-12], 블록 노광[13] 및 문자 투영[14] 등과 같이 더 복잡한 투영방법들이 출현했다. 투영 빔의 개념이 그림 4.3에 도시되어 있으며 여기서 빔은 영상 형태를 갖는 개구부에 의해서 성형된다. 투영 빔은 진보된 형태의 성형 빔이라고 간주할 수 있다. 투영 시스템은 원래 높은 생산성을 구현하기 위해서 개발되었으며, 정확한 임계치수를 갖는 불투명한 패턴을 생성할 수 있을 것으로 기대되었다.

2000년 이후 다양한 유형의 다중 빔 시스템들이 연구되었다[15-17]. 그런데 이런 새로운 기술들이 완성되기 위해서는 더 많은 시간이 필요하다.

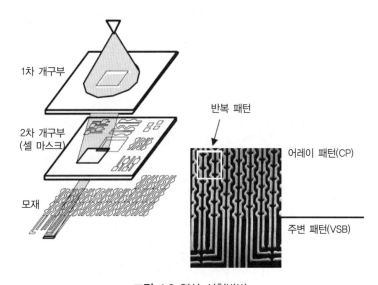

그림 4.3 영상 성형방법

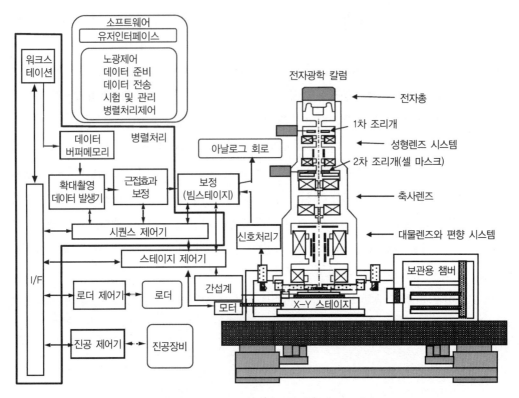

그림 4.4 e-빔 리소그래피 시스템의 구조 사례

그림 4.5 마스크 묘화용 e-빔 시스템의 사례

4.2.2 시스템 사례

e-빔 리소그래피 시스템의 구조 사례가 그림 4.4에 도시되어 있다. 그림 4.5에서는 클린룸 내에 설치되어 있는 전자광학 칼럼의 사진을 보여주고 있다. 이 시스템은 4개의 하위 시스템으로 구성된다. (1) 전자광학 칼럼, (2) 기계 시스템, (3) 제어전자회로, (4) 소프트웨어.

1. 전자광학 칼럼은 고분해능 집속 e-빔을 생성하여 이를 기층 위로 편향시킨다. 칼럼은 전자총, 조사 광학계, 빔 성형용 광학계 그리고 편향장치를 포함한 일련의 집속 및 대물렌즈 등으로 구성된다. 칼럼은 $10^{-6} \sim 10^{-8}$ Pa의 고진공을 유지해야만 한다.

2. 기계 시스템은 마스크 스테이지와 로딩 시스템으로 구성된다. 스테이지는 진공 하에서 레이저 간섭계의 측정 하에서 움직인다. 고정밀 $X-Y$ 스테이지는 테이블 구조물에 가하는 뒤틀림이 작다. 마스크 온도변화를 줄이고 더 낮은 위치결정 정확도를 확보하기 위해서 마스크 로더 유닛의 온도를 안정화시킨다.

3. 워크스테이션이 기계 시스템을 포함한 모든 시스템을 제어한다. 제어회로는 스테이지가 연속적으로 이동하는 동안 스테이지 위치로부터 마스크의 기준위치를 추출하여 노광 빔을 조준하기 위해서 전자광학 칼럼 내부에 설치된 편향기를 구동한다. 높은 생산성을 구현하기 위해서 엄청난 양의 노광 데이터와 근접효과 보정(PEC)을 위한 데이터를 동시에 처리하기 위한 병렬처리 기능을 갖추고 있다.

4. 소프트웨어는 데이터 준비, 노광제어, 그리고 전반적인 자가진단과 관리 등을 수행한다. 데이터 준비를 위한 소프트웨어는 데이터 변환을 관리한다. 노광제어는 e-빔 리소그래피 시스템을 위한 핵심 제어 프로그램이다. 이 프로그램은 e-빔 데이터를 사용해서 패턴을 모재 상에 전사시켜준다. e-빔 데이터는 작업관리 프로그램, e-빔 시스템 제어 프로그램, 그리고 데이터 라이브러리 관리 프로그램 등으로 구성되어 있다. 워크스테이션으로부터 제공받은 계층적 데이터는 촬영 데이터로 분할된다. 그리고 근접효과 보정(PEC) 시스템이 노광되는 패턴의 영역밀도에 따라서 촬영시간을 조절한다. 세 번째 소프트웨어 구조는 시스템 평가와 관리 프로그램이다.

e-빔 리소그래피(EBL) 시스템은 매우 규모가 크고 복잡하기 때문에 시스템 작동방식의 선정과 각 하위 시스템의 최적화는 설계과정에서 매우 중요하다. 4.3절에서는 e-빔 리소그래피 시스템의 구조와 특징들에 대해서 논의한다.

4.3 시스템의 구조와 특징

이 절에서는 시스템의 구조와 스테이지, 스캐닝 메커니즘, 가속전압, 측정 메커니즘 등과 관련된 다양한 특징들을 살펴보며, 생산성, 분해능 및 정확도라는 세 가지 경쟁항목들의 상관관계와 상호 절충방안 등에 대해서도 다루고 있다.

4.3.1 스테이지 이동과 스캐닝 모드

스테이지 이동과 스캐닝 모드는 상호 연관관계를 가지고 있으며 다음의 두 하위 절들에서 이에 대해서 논의되어 있다.

4.3.1.1 스테이지 이동

e-빔 리소그래피 시스템에서는 고도로 정확한 빔 편향장치가 필요하다. 편향기의 스캐닝 필드 크기는 광학적 수차와 편향한계 때문에 일반적으로 수 제곱 밀리미터 이하의 크기를 갖는다. 스테이지 이동 없이는 마스크와 같은 모재 표면 전체에 패턴을 전사할 수 없다.

그림 4.2에서는 두 가지 스테이지 이동방법을 설명하고 있다. 첫 번째 방법은 반복 스텝 (S&R)법이다. 스테이지가 다음 번 필드로 이동한 후에 정지하면 묘화작업이 시작된다. 반복 스텝 방법은 스테이지 이동시간 동안 패턴 전사를 수행할 수 없기 때문에 시간손실이 발생된다. 두 번째 방법은 스테이지 연속이동 방법으로, 스테이지가 한 방향으로 움직이는 동안 묘화 작업이 수행된다. 이 방법은 반복 스텝 방법에 비해서 필드 크기가 더 작기 때문에 편향 수차 문제가 덜 심각하다. 연속이동 방법은 기계적 오버헤드 시간이 반복 스텝 방법에 비해서 짧기 때문에 생산성 향상에 도움이 된다. 그런데 필드 크기의 감소에 따라서 접합되는 필드의 양이 증가하기 때문에 필드 접합오차 문제가 심각하다. 연속이동 스테이지는 제어 및 스테이지 기계 적인 관점에서 매우 복잡하지만, 편향 필드가 반복 스텝 방법에 비해서 더 작기 때문에 전자광학 칼럼의 설계는 단순하다.

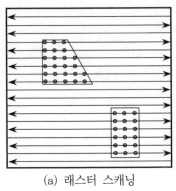
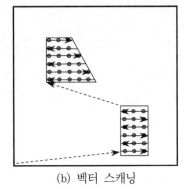

(a) 래스터 스캐닝   (b) 벡터 스캐닝

그림 4.6 빔 스캐닝 방법

4.3.1.2 스캐닝 모드

e-빔은 두 가지 서로 다른 방법으로 스캔된다. (a) 래스터 스캔 모드와 (b) 벡터 스캔 모드이다. 두 방법들이 그림 4.6에 도시되어 있다.

래스터 스캐닝 방법에서는 편향기가 필드 전체를 스캔한다. 패턴이 없는 영역에서는 e-빔이 차단되며 패턴이 있는 영역에서만 개방된다. 래스터 스캐닝 방법은 시스템의 구조를 단순화할 수 있다는 장점을 가지고 있다. 래스터 스캐닝에서는 모재 표면을 균일하게 스캔하기 때문에 패턴 묘화시간은 패턴의 복잡성에 영향을 받지 않는다. 래스터 스캐닝 방법에서 빔 촬영시간은 일정하기 때문에 광범위한 레지스트 민감도에 대해서 적용하기는 어렵다. 이 래스터 스캐닝 방법은 일반적으로 연속이동 스테이지와 결합하여 사용한다. 필드 크기가 작기 때문에 전자광학계의 설계는 비교적 수월하다. 많은 숫자의 스트라이프들을 접합시켜야 하기 때문에 스테이지 이동을 정확하게 제어해야만 한다.

벡터 스캐닝 방법에서는 편향기가 패턴 영역만을 스캐닝한다. 빔 촬영시간을 임의로 가변시킬 수 있기 때문에 광범위한 레지스트 민감도에 대해서 적용이 가능하다. 같은 이유 때문에 이 방법은 근접효과 보정(PEC)에서 장점을 갖는다. 벡터 스캐닝 방법은 또한 패턴이 없는 영역을 스캔할 필요가 없기 때문에 묘화시간을 단축시키는 장점을 갖는다. 그런데 생산성을 높이기 위해서는 필드 크기를 넓혀야만 한다. 편향 왜곡을 최소화하면서 이를 정확히 보정하는 것이 벡터 스캐닝 방식의 전자광학계 설계의 핵심 주제이다.

두 가지 유형의 스캐닝 모드들 모두 포인트 형상 빔에서 사용할 수 있다. 그런데 성형 빔의 경우에는 일반적으로 벡터 스캐닝 방법이 사용된다.

4.3.2 가속전압

가속전압 V는 세심하게 선정되어야만 한다. 레지스트의 민감도와 전류밀도가 가속전압에 의존하기 때문에 시스템의 가속전압은 생산성과 관련되어 있다. 가속전압은 또한 쿨롱효과와 근접효과 때문에 e-빔 시스템의 분해능, 임계치수(CD) 정확도, 영상배치(IP) 정확도 등과도 관련이 있다.

4.3.2.1 쿨롱효과

공간충전효과는 빔 테두리의 선명도를 훼손시키는 현상이다. 전자들 사이의 쿨롱 작용력 때문에 발생되는 빔의 번짐은 $IL/V^{3/2}$에 비례하며 여기서 I는 빔 전류, L은 광학 경로길이다 [18]. 빔 전류의 증가는 생산성 증대에 기여하지만, 빔의 분해능을 감소시킨다. 가변형상 빔 (VSB) 시스템에서 전류는 패턴을 묘화하는 동안 촬영상태를 변화시키므로 각 촬영 시마다 빔의 분해능이 달라질 우려가 있다. 엄밀하게 말해서 매 촬영 시마다 초점 위치를 변화시켜야 만 한다. 매 촬영 시마다 빠르게 초점위치를 변화시키기 위해서는 e-빔 시스템이 복잡해지기 때문에 대부분의 가변형상 빔 시스템에서는 높은 가속도 전압을 사용하며, 최대 전류 한계값은 정확도에 의해서 제한을 받게 된다. 그런데 셀 투영 시스템은 일반적으로 셀들을 반복해서 촬영하기 때문에 초점 조절에 소요되는 시간을 무시할 수 있으므로, 각각의 셀 패턴에 대한 초점 조절이 가능하다.

4.3.2.2 레지스트 민감도와 전류밀도

레지스트의 민감도는 대략적으로 V에 반비례하기 때문에 가속전압을 낮추면 생산성이 향상될 것처럼 보인다. 그런데 휘도는 V에 비례하기 때문에 가속전압이 높아야 높은 전류밀도가 얻어진다. 비록 V에 비례해서 빔 전류가 증가하지만, 쿨롱효과에 따른 빔 번짐은 최종적으로 동일한 노출시간에 대해서 $V^{1/2}$에 비례해서 감소한다. 극도로 민감하며 화학적으로 증폭된 레지스트(CAR)가 최근에 사용되고 있다. 따라서 생산성의 측면에서 더 높은 가속도 전압을 사용할 수 있게 되었다.

4.3.2.3 근접효과

입사된 e-빔은 전자산란에 의해서 소재 내에서 분산된다. 몬테카를로 방법이 e-빔 리소그래피에서의 산란효과를 모사하는 데에 매우 효과적인 것으로 판명되었다[19]. Si 모재 내에서 전자 산란에 대한 시뮬레이션 결과의 사례가 그림 4.7에 도시되어 있다. 이 시뮬레이션에서 100개의 전자가 표면의 한 점으로 투사되었으며, 이 전자들의 궤적이 $x-y$ 평면상에 투영되어 있다. 이 그림에 따르면 표적 내에서 빔의 산란이 e-빔 리소그래피의 분해능을 제한하고 있다는 것을 알 수 있다. 전자의 투과깊이는 5, 10, 30 및 50kV에 대해서 각각 0.7, 2, 10 및 20μm이다. 투과깊이는 $V^{3/2}$에 비례하여 증가한다.

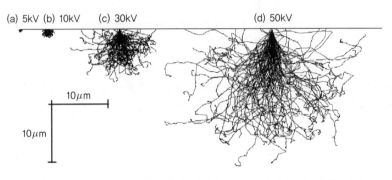

(a) 5kV (b) 10kV   (c) 30kV   (d) 50kV

10μm

10μm

그림 4.7 Si 모재 내에서 e-빔의 궤적에 대한 컴퓨터 시뮬레이션 결과

10kV 또는 이보다 낮은 전압에서는 표면에서 전자들의 측면방향 전개가 투과깊이와 거의 같다는 점이 명확하다. 30kV 이상에서는 측면방향 전개가 무시할 만큼 작아진다. 이 상태는 레지스트의 두께가 0.3~0.4μm인 레지스트가 코팅된 마스크의 경우에도 거의 동일하다. e-빔의 산란현상은 일반적으로 두 가지 효과로 나누어진다. 그림 4.8에 도시되어 있는 것처럼 그중 하나는 전방산란 효과이며 다른 하나는 후방산란 효과이다.

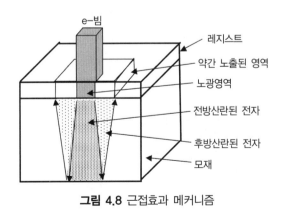

e-빔

레지스트

약간 노출된 영역

노광영역

전방산란된 전자

후방산란된 전자

모재

그림 4.8 근접효과 메커니즘

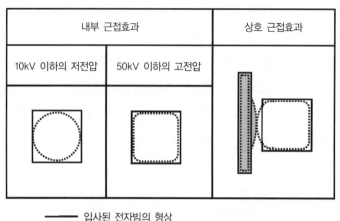

내부 근접효과		상호 근접효과
10kV 이하의 저전압	50kV 이하의 고전압	

——— 입사된 전자빔의 형상

············· 하부에서 노광된 레지스트의 패턴 형상

그림 4.9 일반적인 마스크 묘화 시 발생되는 근접효과. 내부 근접효과는 저전압으로 서브 마이크로미터의 구멍 패턴을 묘화하는 경우에 발생한다. 상호 근접효과는 높은 가속전압에서 심각한 문제를 일으킨다.

고전압 상태에서는 전방산란이 비교적 작다. 이 때문에 내부 근접효과가 발생된다. 그림 4.9에서와 같이 서브마이크로미터 크기의 고립된 패턴에 대해서 높은 가속전압을 사용할 때에 일반적으로 빔 형상에 대한 패턴의 엄밀성이 향상된다.

후방산란은 그림 4.9에서와 같이 패턴 간의 상호 근접효과를 유발한다. 후방산란 효과는 가속전압이 높을수록 더 커진다.

10kV 이하의 가속전압은 레지스트 내에서의 충전을 유발하여 위치 정확도를 저하시킨다. 이를 막기 위해서는 박막 레지스트 공정이 필요하지만, 박막 레지스트는 결함 문제를 가지고 있다. 100nm 노드의 경우 가장 적합한 가속전압은 대부분의 상용 e-빔 마스크 묘화장비에서 사용하는 것과 마찬가지로 50kV 정도이다.

산란현상은 e-빔 패턴묘화장치에서 근접효과를 유발한다. 마스크 내에서 패턴이 서로 인접해 있는 경우에, 이 현상은 패턴에 심각한 영향을 끼칠 수 있다. 근접효과의 보정방법에 대해서는 이 장의 4.6.2절에서 다루기로 한다.

4.3.3 프로브 성형 시스템과 빔 형상

다음의 두 소절들에서는 포인트 빔과 성형 빔에 대해서 논의하기로 한다.

4.3.3.1 포인트 빔 시스템

초창기 e-빔 리소그래피 시스템은 전자총의 영상 소스가 시편 상에서 선명한 원형으로 집속되는 스캐닝 e-빔 전자현미경 기술을 기반으로 하고 있다. 이를 일반적으로 포인트 빔이라고 부르며, 가우시안 강도분포를 가지고 있다. 전형적인 광학 칼럼이 그림 4.10(a)에 도시되어 있다. 두 번째와 세 번째 렌즈의 조합을 통해서 줌 렌즈 시스템이 구성되며, 이를 통해서 초점의 변화 없이 빔의 직경을 조절할 수 있다.

현재까지 많은 포인트 빔 시스템들이 개발되었다[20-22]. 그런데 4.4.1절에서 언급한 것처럼 고휘도 전자총을 사용해도 포인트 빔 시스템의 생산성은 여전히 낮다. 포인트 빔 시스템을 사용해서 성형 빔 시스템보다 높은 생산성을 구현하기 위해서는 다중 빔 시스템을 사용해야 하며, 이를 위해서는 시간이 필요하다. 현재 포인트 빔 시스템은 고분해능이 필요한 경우에 사용되고 있다.

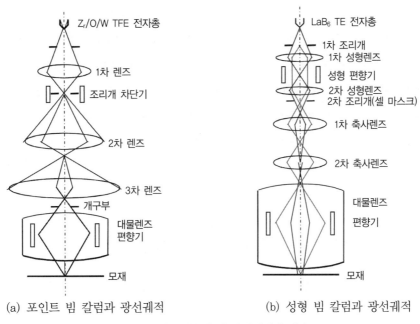

(a) 포인트 빔 칼럼과 광선궤적   (b) 성형 빔 칼럼과 광선궤적

그림 4.10 전자광학계 및 광선궤적의 개략도

4.3.3.2 가변형상 빔과 셀 투영

두 번째 e-빔 리소그래피 시대 동안 가변형상 빔 기법이 개발되었다. 그림 4.2에서는 스폿 빔을 사용하면 다수의 촬영이 필요한 반면에, 가변형상 빔을 사용하면 어떻게 네 번의 촬영을 통해서 어떻게 문자 E를 전사하는가를 보여주고 있다. 이 장치의 프로브 성형용 광학 칼럼이 그림 4.10(b)에 도시되어 있다. 이 방법에서는 빔 성형 렌즈 시스템이 필요하다. 두 개의 사각형 개구부를 통과시킴으로써, 다양한 크기의 사각형 빔이 만들어진다. 전자총에서 방사된 e-빔은 1차 사각형 개구부에 조사된다. 가변형상 빔의 전류밀도는 콘덴서 렌즈 시스템에 의해서 변화된 조사조건에 의해서 결정된다. 1차 개구부에 의한 영상은 두 개의 투영렌즈에 의해서 2차 개구부에 집속된다. 형상 편향기는 두 개구부의 겹침 양을 변화시켜준다. 두 개의 축사렌즈와 대물렌즈를 통해서 겹쳐진 영상은 1/25에서 1/100까지 축사되며, 기층 상에 초점이 맞춰진다. 패턴 데이터에 따라서 임의의 길이와 폭을 갖는 빔 스폿을 단속적인 촬영기법을 사용해서 최종적으로 기층 상에 투영한다.

3세대에서는 두 번째 스텐실 마스크를 통해서 다양한 단위 셀 패턴들이 만들어진다. 다양한 셀 빔들을 성형하기에 적합한 패턴들이 중앙 사각형 개구부 주위에 배열된다. 1차 개구부에 의해서 미리 성형된 사각형 빔이 단위 셀 위로 편향되며, 사각형 빔에 의해서 셀이 완벽하게 덮여진다. 최종적인 e-빔은 단위 셀의 복잡한 형상을 갖게 된다. 가변형상 빔과 셀 패턴들 모두는 두 개의 축사렌즈와 하나의 대물렌즈 시스템을 통해서 1/25에서 1/100 크기로 축사된다. 셀들을 포함한 두 번째 개구부 전체는 기존의 웨이퍼 제작공정을 사용해서 박판 실리콘 스텐실 구조로 제작된다[23]. 셀 마스크는 4× 광학 마스크나 1× 근접 X-선 마스크에 비해서 훨씬 높은 정확도를 필요로 한다.

4.3.4 분해능, 정확도 및 생산성 사이의 상관관계

e-빔 시스템의 중요한 특성들에는 분해능, 정확도 및 생산성의 세 가지 인자들이 있다. 여기서 정확도는 모재 단위길이당 전사위치의 정확도로 정의된다. 그림 4.11에서는 세 가지 유형의 e-빔 시스템에 대해서 세 가지 인자들에 대한 강점을 3차원적으로 나타내고 있다. 첫 번째인 R&D 시스템 (a)는 10nm 수준의 고분해능을 가지고 있다. 두 번째인 마스크 효과 시스템 (b)는 정확도가 강하다. 반면에 세 번째인 직접묘화 시스템 (c)는 다른 둘에 비해서 생산성이 월등하다. 이 인자들에 의해서 정의된 사면체의 체적을 시스템이 가지고 있는 성능으로 간주할 수 있다. 이들 세 개의 사면체 체적은 서로 거의 동일하다는 점에 유의해야 한다. 따라서 시스템의

성능계수는 그 시대나 시스템 제조업체의 기술수준에 대한 척도라고 간주할 수 있다. 과거 30년 동안 이 성능계수는 거의 1000배 증가해왔으며, 지속적으로 증가하고 있다.

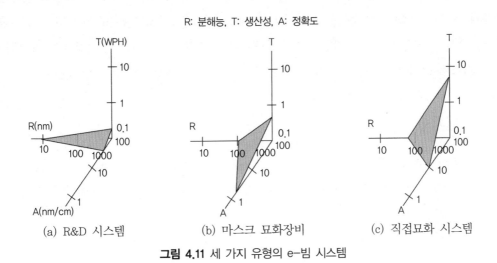

그림 4.11 세 가지 유형의 e-빔 시스템

이 시스템들은 용도에 따라서 그들만의 시장을 확보하고 있다. 나노미터의 분해능을 갖는 첫 번째 유형의 시스템은 R&D에 적합하며, 높은 영상배치 정확도를 갖는 두 번째 유형은 마스크 제작에 유용한 반면에, 세 번째 유형의 시스템은 생산성이 지속적으로 핵심 이슈인 웨이퍼 직접묘화 부문에서 큰 기여를 할 수 있다. 첫 번째 시스템에서는 열 필드 방사(TFE) 전자총과 포인트 빔 방법이 주로 사용된다. 두 번째 시스템에서는 열이온관 LaB_6 전자총[열이온관 방사 (TE)]와 가변형상 빔 방법이 주로 사용된다. 마스크 묘화 시스템 (b)는 현재 직접묘화 시스템 (c)와 거의 동일한 분해능 및 정확도를 갖게 되었다. 따라서 시스템 (c)의 생산성은 시스템 (b)의 생산성과 거의 동일한 수준에 이르게 되었다.

4.4 생산성과 분해능 관련기술

e-빔 리소그래피 시스템이 30여 년 전에 처음으로 개발된 이후로, 개발역사 내내 어떻게 하면 더 높은 분해능과 생산성을 구현할 수 있을까에 개발의 초점이 맞춰졌다. 10^{-10}A 수준인 주사전자현미경의 빔 전류 수준에 비해서, e-빔 리소그래피 시스템은 적절한 생산성을 구현하

기 위해서 10^{-6}A 수준의 빔 전류를 필요로 한다. 분해능 또는 e-빔 리소그래피 시스템의 빔 번짐은 최소 패턴 크기의 1/3 내외이다. 일반적으로 이 값은 주사전자현미경에 비해서 그리 높지 않다. 예를 들면 90nm 노드용 e-빔 리소그래피 시스템은 30~40nm 이내의 빔 번짐을 요구하고 있다. 시스템 설계문제는 어떻게 하면 빔 번짐을 이 수준으로 유지하면서 더 큰 전류를 흘리는가이다. 생산성 향상을 위한 주 이슈들로는 (1) 전자총의 개발, (2) 빔 성형기술, (3) 대물 렌즈 시스템 그리고 (4) 빔 편향기술 등이 있다. 이들에 대해서 차례로 논의해본다.

4.4.1 전자총

e-빔 리소그래피(EBL) 시스템에서는 두 가지 유형의 전자총이 사용된다. 그중 하나는 열이 온관 방사(TE) 음극이며, 다른 하나는 열 필드 방사(TFE) 음극이다. 이들 두 음극이 표 4.2에 비교되어 있다.

이들의 가장 큰 차이점은 작동방식, 진공조건, 그리고 온도 등이다. 현재 사용되고 있는 열 필드 방사(TFE) 음극은 쇼트키 장벽의 높이를 낮춰주는 Zr/O로 덮여 있는 텅스텐 바늘로 이루 어져 있어, 1800K 내외의 온도에서 작동한다. 열 필드 방사 Zr/O/W[24]는 10^{-7}Pa 이상의 진공 도에서 작동한다. 반면에 열이온관 LaB$_6$ 음극[25, 26]은 10^{-5}Pa 이상의 진공도에서 작동한다.

표 4.2 전자 공급 장치의 비교

특징	음극	
	열이온관 방사 LaB$_6$	열 필드 방사 Zr/O/W–TFE
작동 진공도	$\leq 10^{-5}$Pa	$\leq 10^{-7}$Pa
작동 온도	1900K	1800K
에너지 확산	2.5eV	1.5eV
휘도 B(50keV)	5×10^5A/cm^2 sr	5×10^7A/cm^2 sr
가상 소스 크기 d	$10 \mu m$	$0.05 \mu m$
방사 반각 θ	3mrad	10mrad
최대 빔 전류 $I_{max} = \pi/2 \cdot B(d\theta)^2$	$7 \mu A$	~200nA
$5 \mu m$ 사각형 빔 최대전류밀도	30A/cm^2	1A/cm^2
적용분야	성형 빔 시스템	포인트 빔 시스템

휘도 B, 가상 소스크기 d, 그리고 방사반각 θ 등은 두 음극에서 서로 다른 값을 가지고 있다. LaB$_6$의 휘도는 50keV에서 5×10^5A/cm^2 로서, 이는 Zr/O/W의 1%에 불과하다. 그런데 LaB$_6$의 가상 소스 크기는 10μm로서, 이는 Zr/O/W에 비해서 100배의 크기를 갖는다. LaB$_6$의

방사반각 θ는 3mrad인 반면에 Zr/O/W는 10mrad의 값을 갖고 있다. d와 θ의 곱인 방사력 ε는 LaB_6가 Zr/O/W에 비해서 60배나 더 큰 값을 갖는다. 음극에서의 최대 빔 전류 값은 빔 크기가 큰 경우 $B(d\theta)^2$에 비례한다. 따라서 LaB_6 음극은 성형 빔의 경우에 효과적이다.

단일 빔 시스템에서 어떻게 하면 작은 스폿크기와 큰 빔 전류를 얻을 수 있는가가 문제이다. 빔 직경과 전류 사이의 상관관계를 계산해보자. 빔 직경은 광원 크기, 렌즈의 구면수차, 색수차, 그리고 회절수차 등에 의해서 영향을 받는다. 열이온관 방사(TE)의 경우 교차수차와 구면수차가 직경을 결정하는 가장 큰 인자들이다. 열이온관 방사(TE)의 빔 전류는 $B\alpha^2$와 교차 영상 면적의 곱으로 여기서 B는 휘도, α는 기층 상에서 빔의 반각이다. 열 필드 방사(TFE)의 경우 광원은 비정상적으로 작다. 직경을 결정하는 주요 인자들은 구면수차와 회절이다. 빔 전류는 $\pi\alpha_E^2$와 $dI/d\Omega$의 곱으로, 여기서 α_E는 전자총으로부터의 방사반각이며, $dI/d\Omega$는 각 방사 전류이다. 계산결과는 그림 4.12에 도시되어 있다. 이 도표에서 약 5nm의 최소 스폿 직경은 $1.2\lambda/\alpha$의 회절수차로부터 얻어진다. 이 도표에 따르면, 빔 직경이 큰 영역에서 열이온관 방사의 경우 전류는 $d_b^{8/3}$에 비례하며, 열 필드 방사(TFE)의 경우에 전류는 $d_b^{2/3}$에 비례한다. 빔 직경이 작은 영역에서 열 필드 방사는 큰 빔 전류를 송출할 수 있다. 교차점의 직경은 대략적으로 100nm 내외의 크기를 갖는다. 이는 열이온관 방사가 가변형상 빔(VSB)과 같은 면적형태의 빔에 더 유리하며, 열 필드 방사는 소형 스폿 빔에 더 효과적임을 의미한다.

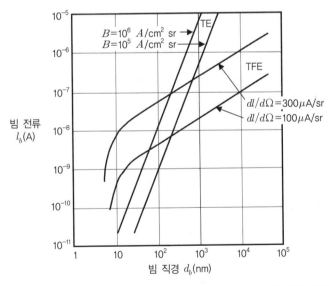

그림 4.12 빔 직경과 열이온관 방사(TE) 및 열 필드 반사(TFE)의 빔 전류 사이의 상관관계

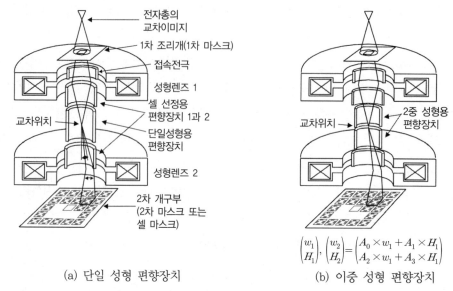

전자총의
교차이미지

1차 조리개(1차 마스크)

접속전극

성형렌즈 1

셀 선정용
편향장치 1과 2

교차위치

단일성형용
편향장치

성형렌즈 2

2차 개구부
(2차 마스크 또는
셀 마스크)

2중 성형용
편향장치

교차위치

$$\binom{w_1}{H_1}, \binom{w_2}{H_2} = \binom{A_0 \times w_1 + A_1 \times H_1}{A_2 \times w_1 + A_3 \times H_1}$$

(a) 단일 성형 편향장치   (b) 이중 성형 편향장치

그림 4.13 빔 성형용 렌즈 시스템

4.4.2 빔 성형 렌즈 시스템

많은 경우에 빔 성형용 렌즈 시스템을 필요로 한다. 이 시스템은 그림 4.10(b)에서 보여주고 있다. 이 절에서는 가변형상 빔(VSB)과 CP 빔용 빔 성형 렌즈를 소개한다. 이 렌즈 시스템의 기능은 편향장치를 사용해서 1차 개구부 영상을 2차 개구부로 전송하는 것이다. 이 시스템의 사례가 그림 4.13(a)[27]에 도시되어 있다. 여기서는 21개의 셀 패턴을 가지고 있다.

이 렌즈 시스템은 1차 마스크 개구부, 1차 성형 렌즈, 집속용 전극, 한 쌍의 셀 선정용 편향장치, 단일 성형용 편향장치, 2차 성형 렌즈, 그리고 2차 마스크 개구부 등으로 구성된다. 쌍으로 이루어진 선정용 편향장치의 편향중심은 단일성형용 편향장치의 편향중심과 일치한다. 1차 성형용 렌즈 위에 위치한 교차점을 통과한 e-빔은 1차 마스크 개구부에 비춰진다. 교차점은 편향중심에 초점이 맞춰진다. 1차 마스크 개구부의 영상은 1×의 배율을 갖는 1차 및 2차 성형용 렌즈를 통해서 2차 마스크 개구부 상에 집속된다. 빔 편향을 통해서 1차 영상과 2차 영상이 겹쳐지는 부분을 변화시킬 수 있다. 교차 영상은 성형용 편향장치의 중심위치에 놓이므로, 빔 크기가 변해도 전류밀도를 일정하게 유지시킬 수 있다.

정전 4중 전극으로 만들어진 단일 성형용 편향장치를 사용해서 2차 마스크의 중심에서 사각형 개구부와의 중첩을 통해서 가변형상 빔을 만든다. 반면에 만약 한 쌍의 선택용 편향장치가 첫 번째 영상을 두 번째 개구부 중심 주변의 패턴으로 이동시킨다면, 셀 형상의 빔을 만들

수 있다. 이 한 쌍의 셀 선택용 편향장치는 정전 8중 전극이다. 중첩된 영상은 축사렌즈와 대물렌즈를 통해서 대략 1/25 내외로 축소된다. 만약 성형된 빔의 최대 크기가 시편 상에서 $5\mu m^2$이라면 2차 마스크 개구부의 크기는 $125\mu m^2$이 된다.

셀 선택과 성형용 편향장치들은 범용으로 제작된 것이 아니다. 셀 선택용 편향장치는 큰 편향거리를 필요로 하며, 성형용 편향장치는 고속 편향을 필요로 한다. 이것이 두 종류의 독립적이고 분리된 편향장치가 필요한 이유이며, 이들은 공통의 편향중심을 가져야만 한다. 편향용 성형장치의 정착시간은 100ns이며, 편향거리는 $125\mu m$이다. 셀 선택용 편향장치는 수 마이크로초의 정착시간을 갖고 있으며 편향거리는 $300\mu m$이다.

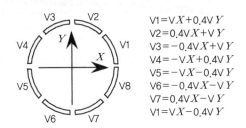

그림 4.14 여덟 개의 전극에 부가되는 전압

셀 내에서 빔의 전류밀도를 균일하게 유지하기 위해서는 셀 선택 편향장치에 의한 광학수차가 작아야만 한다. 정전식 4중 전극에 비해서 수차가 작기 때문에 정전식 8중 전극 편향장치가 사용된다. 중심축 주변으로 균일한 전기장을 만들기 위해서 여덟 개의 전극에 가해지는 전압은 그림 4.14에 제시되어 있다. 셀 선택 편향장치에 의한 교차수차 δ값은 식 (4.1)에 주어져 있다.

$$\delta = C_s\{\alpha^3 + \alpha^2\beta(2e^{i\theta} + e^{-i\theta}) + \alpha\beta^2(2 + e^{2i\theta} + \beta^3)\} \tag{4.1}$$

여기서, C_s는 2차 성형용 렌즈의 구면수차, α는 (2차 마스크상의 편향거리에 해당하는)편향각도, β는 (셀 크기에 해당되는)빔 반각, 그리고 θ는 중심축 주변의 각도이다. 첫 번째 항은 교차위치의 편이 항이며, 한 쌍의 편향장치를 사용해서 보정할 수 있다. 두 번째 항은 필드 곡률과 난시이다. 세 번째와 네 번째 항들은 중심축의 비대칭수차와 구면수차이다. 이 두 가지 수차는 보정하기가 어렵다.

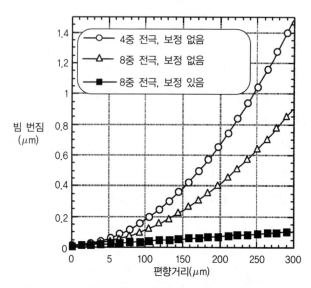

그림 4.15 교차점 내에서 발생되는 수차들. 성형용 편향장치의 중심에서의 교차직경은 대략 10μm이다. 전류밀도의 균일성은 이 수차 값에 의존한다.

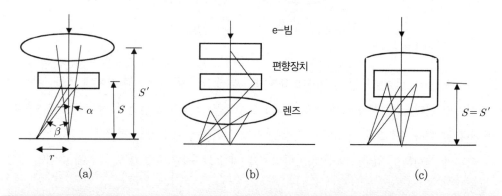

	필드	분해능	특징
(a) 후위편향	크다	낮다	작업거리가 멀기 때문에 축상에서의 수차가 크다.
(b) 전위편향	작다	높다	이탈 축 수차가 크다.
(c) 렌즈 내 편향	크다	높다	편향수차와 이탈 축 수차가 상쇄된다.

그림 4.16 편향장치를 갖춘 세 가지 유형의 대물렌즈

두 번째 항은 편향거리의 제곱에 비례하기 때문에 심각하게 고려해야만 한다. 필드곡률은 전극의 집속을 통해서 동적으로 보정할 수 있다. 난시 역시 한 쌍의 8중 전극 편향장치에 보정 전압을 중첩시킴으로써 보정이 가능하다. 시뮬레이션 결과가 그림 4.15에 도시되어 있다. 이 보정함수를 사용해서 수차를 $0.1\mu m$까지 줄일 수 있으며 이 값은 약 $10\mu m$인 교차직경에 비해서 무시할 정도로 작은 값이다. 이는 65nm 마스크 묘화에 적합한 값이다.

4.4.3 대물렌즈 시스템

렌즈와 편향장치로 구성된 대물렌즈 시스템은 생산성, 정확도 및 분해능과 관련된 가장 중요한 하위 시스템들 중 하나이다. 과거에 주사현미경에서 사용되었던 편향기법이 e-빔 리소그래피 시스템에 적용되었다. 그림 4.16(a)와 (b)에서는 최종렌즈의 전, 후단에 배치된 편향장치를 보여주고 있다. 후위편향장치 (a)는 초점거리가 길기 때문에 분해능이 낮다. 전위편향장치 (b)는 축 이탈 편차가 크기 때문에 필드가 작다. e-빔 리소그래피에서는 높은 정확도와 높은 생산성을 구현하기 위해서 고분해능과 큰 필드를 만들기 위한 대물렌즈 시스템이 필요하다. Pfeiffer[28]에 의해서 개발된 렌즈 내 편향장치가 이런 모순적인 요구조건을 충족시킬 수 있는 것으로 판명되었다. 렌즈와 편향 장을 중첩함으로써, 그림 4.16(c)에서와 같이 편향장치의 임계 편향수차 중 일부와 그에 따른 렌즈의 축 이탈 편차를 서로 보상할 수 있다. 예를 들면 색상 편향오차는 그림 4.17에 도시된 것과 같이 마주보고 있는 렌즈들의 분산에 의해서 보상된다. 편향장치에 의해서 고에너지 전자들보다 더 편향된 저에너지 전자들[그림 4.17(a)]이 렌즈 필드에 의해서 더 많이 되돌아오기 때문에 색수차가 보상된다. 그림 4.17(b)의 사례에서 대물렌즈 시스템은 렌즈 하나와 편향장치 하나로 구성된다. 오늘날 편향수차를 최소화시키기 위해서 e-빔 리소그래피 시스템용으로 더 복잡한 대물렌즈 시스템이 설계된다. 이 시스템들에서는 다음에 나열된 다양한 수차들을 보상하기 위해서 복수의 렌즈와 편향장치들이 사용된다.

대물렌즈 시스템에서의 수차는 빔 집중 반각 α와 편향거리 r의 다항식[29]으로 표현된다. 홀수 항은 대칭으로만 나타난다. 편향각도 β에 따른 편향거리는 그림 4.16(b)에 도시되어 있다. 광학수차 이론에 따르면 3차 이상의 항들은 무시할 정도로 작은 값을 갖는다. 수차 δ값은 식 (4.2)에서와 같이 주어진다.

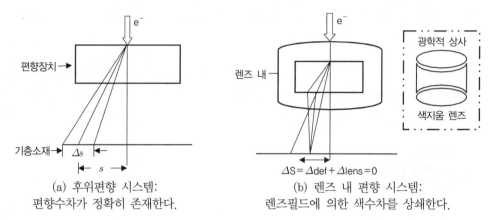

| (a) 후위편향 시스템:
편향수차가 정확히 존재한다. | (b) 렌즈 내 편향 시스템:
렌즈필드에 의한 색수차를 상쇄한다. |

그림 4.17 색수차와 편향 시스템

$$\delta = C_{ac}\alpha \Delta V/ V + C_{tc}r\Delta V/ V + C_s\alpha^3 r + C_k\alpha^2 r + C_a\alpha r^2 + C_f\alpha r^2 + C_d r^3 \qquad (4.2)$$

여기서, ΔV는 e 빔의 에너지 확산, V는 가속 에너지, 그리고 각 계수들은 다음과 같다. C_{ac}는 축 방향 색수차 계수, C_{tc}는 편향에 의한 색수차 계수, C_s는 구면수차 계수, C_k는 편향에 의한 코마(비대칭 수차의 일종), C_a는 편향에 의한 난시, C_f는 필드 곡률, C_d는 편향 왜곡 등이다.

이 계수들은 렌즈 내 시스템의 중첩된 장들을 적분하여 산출할 수 있다[30]. 렌즈 설계에서 적절한 렌즈와 편향장치의 구조를 우선적으로 가정해야 한다. 그리고 컴퓨터 시뮬레이션을 통해서 전기 및 자기장을 계산하고, 이 필드들을 사용해서 수차 계수들을 계산해낸다. 색수차와 랜딩각도 등을 보상하기 위해서 렌즈 형상과 강도 등의 인자들이 최적화된다. 다양한 e-빔 리소그래피 시스템들에서 다양한 시스템이 설계 및 사용되고 있다. 다수의 광학요소들이 사용된다면, 이론적으로는 색수차가 작고 수직으로 랜딩하며, 집중각도가 큰 대물렌즈 시스템을 생산하는 것이 가능하다. 고분해능과 높은 전류밀도를 구현하기 위해서 4단 편향 요크를 사용하는 사례가 보고되었다[31]. 그런데 제조공정에서의 오차가 또 다른 수차를 유발하기 때문에 현실적인 관점에서는 광학요소의 숫자를 가능한 한 줄여야만 한다. 편향장치는 제조과정에서 가장 중요하다. 두 개의 렌즈와 두 개의 편향장치를 사용하는 시스템의 사례가 그림 4.18에 도시되어 있다. 여기서 ϕ는 직경, L은 편향장치의 길이이다. 이 시스템에서 산출된 총 수차를 편향장치가 하나인 시스템과 비교하였다[33]. 2mm 필드의 모서리에서 편향수차는 35nm로, 중심위치에서와 거의 동일한 값을 가지며, 이는 편향기가 하나인 시스템에 비해서 35%가 감소된 값이다.

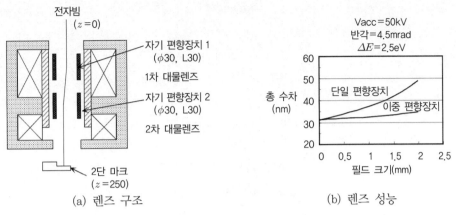

(a) 렌즈 구조   (b) 렌즈 성능

그림 4.18 렌즈와 편향기가 각각 두 개씩인 대물렌즈의 구조와 성능

4.4.4 다중 스테이지 편향구조

가장 최근의 시스템들은 높은 정밀도와 고속 편향을 동시에 구현하기 위해서 다중 스테이지 편향구조를 사용한다. 그 이유는 회로의 관점에서 하나의 편향장치를 사용해서 고속으로 필드 전체를 스캔하는 것은 어렵기 때문이다. 스캔필드는 그림 4.19에서와 같이 2단 편향 시스템 내의 서브필드들로 나누어진다. 고정밀 편향장치는 서브필드들 사이의 빔을 스캔하며 고속 편향장치는 서브필드 내에서 빔을 스캔한다. 일부 시스템들은 3단 편향구조를 채용하고 있다 [12]. 여기서 서브필드는 여러 개의 마이크로 필드 또는 서브-서브필드들로 나누어진다.

e-빔을 편향시키기 위해서 전자기력과 정전기력 모두를 사용할 수 있다. 전자기력은 편향장치 코일에서 생성되며, 정전기력은 편향판에서 생성된다. 전자기 편향의 장점은 (1) 코일을 진공영역 밖에 설치할 수 있으며 (2) 코일의 권선수를 증가시키면 편향거리를 증가시킬 수 있고 (3) 색 편향수차의 양이 정전기에 비해서 절반이다. 전자기 편향의 단점으로는 히스테리시스와 와전류에 의해서 영향을 받는다는 점이다. 비록 정전기 편향장치가 높은 스캐닝속도를 가지고 있지만, 편향판을 진공영역 내에 설치해야만 한다. e-빔은 전극판 표면의 오염과 회로 자체 내에서 유발되는 노이즈 등에 의해서 영향을 받는 경향이 있다. 예전에는 전자기 편향 시스템이 거의 모든 e-빔 시스템에서 널리 사용되었으나, 최근의 100nm 이하 급 마스크 묘화기에서는 진공기술과 아날로그 회로기술이 개발되어 정전기술이 사용되고 있다.

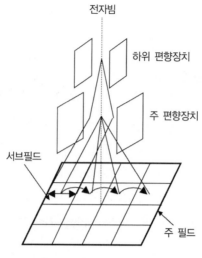

전자빔

하위 편향장치

주 편향장치

서브필드

주 필드

그림 4.19 다중 스테이지 편향구조

4.4.5 디지털-아날로그 변환기

　편향회로는 디지털-아날로그 변환기(DAC)와 출력 증폭기로 이루어져 있다. 이제는 빔 위치 결정 어드레스 단위를 1nm까지 줄일 필요가 있기 때문에 최하위비트(LSB)는 1nm이다. 필요한 생산성을 얻기 위해서는 편향 필드의 크기가 1mm 내외가 되어야만 한다. 이런 이유로 그림 4.20에서와 같이 비트수가 20비트에 이를 정도로 엄청난 분해능의 증가가 수반된다. 그림에서는 최하위비트(LSB)가 1nm인 경우에, 디지털-아날로그 변환기(DAC)의 필드 크기와 비트수 사이의 상관관계를 보여주고 있다. 게다가 ±0.5 LSB 수준의 선형성이 요구되고 있다. 회로 때문에 소비해야만 하는 시간을 최소화하는 것이 매우 중요하다. 극도로 높은 속도는 근원적으로 고분해능에 부정적인 영향을 끼친다. 그러므로 대부분의 e-빔 리소그래피 시스템들에서는 다중편향 구조가 채용되고 있다. e-빔 리소그래피 시스템에서는 주 편향장치, 하위편향장치, 성형용 편향장치, 그리고 셀 선정용 편향장치 등과 같이 여러 종류의 편향회로들이 필요하다. 다양한 고속 디지털-아날로그 변환장치들이 상용화되어 있다. 그런데 e-빔 리소그래피(EBL) 시스템이 필요로 하는 사양은 아주 판이하기 때문에 이런 디지털-아날로그 변환장치(DAC)들을 사용할 수 없다. 상용 전자회로들의 비트수는 8~10비트 내외이며 출력전압은 0~1V 이다. e-빔 리소그래피에서 사용되는 디지털-아날로그 변환장치의 특성은 (a) 하위편향장치의 경우에서조차도 12~14비트의 큰 비트수가 사용되며 (2) ±10V 이상의 쌍극성 전압이 출력되고 (3) 정착시간이 짧다. 이런 요구조건을 충족시킬 수 있는 상용 디지털-아날로그 변환기는 존재하지 않는다. 사용할 수 있는 디지털-아날로그 변환기들이 표 4.3에 요약되어 있으며 이를 통해서 현재 기술수준을 알 수 있다[34].

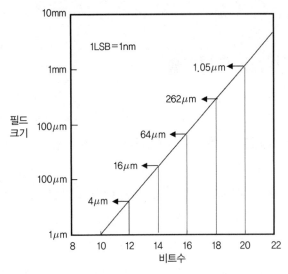

그림 4.20 편향거리와 디지털-아날로그 변환기의 비트수 사이의 상관관계

표 4.3 디지털-아날로그 변환기의 필요사양

비트수	출력전압(V)	선형성	정착시간	용도/부하(PF)
14비트	±30	<±0.5LSB[a]	50ns	성형용 편향장치/~10
16비트	±30	<±0.5LSB	50ns	하위 편향장치/~10
18비트	±125	<±0.5LSB	500ns	
20비트	±320	<±0.5LSB	$10\mu s$	주 편향장치/~100

* [a] LSB: 최하위비트

가변형상 빔(VSB) 시스템의 경우에 묘화속도 향상의 걸림돌 중 하나는 정착시간이다. 현재의 기술수준에서 빔 촬영 사이의 정착시간은 약 100ns이다. 130nm 마스크의 전형적인 촬영횟수는 대략 10G회이다. 4회통과 묘화장비에서 소요되는 총 정착시간은 4000초에 달한다. 이 시간은 $10\mu C/cm^2$의 레지스트 민감도와 $10A/cm^2$의 전류밀도 하에서 레지스트 노광시간인 10,000초보다 짧다. 그런데 70nm 마스크의 경우 광학근접보정(OPC) 때문에 촬영횟수는 100~200G회로 증가한다. 총 정착시간은 40,000~80,000초, 즉 11~22시간을 초과한다. 이는 레지스트 노광시간에 비해서 4~8배 긴 시간이다. 정착시간을 10ns 내외로 줄이기 위해서

는 디지털−아날로그 변환기에 사용되는 트랜지스터 자체와 조립 및 패키징 방법 등이 개발되어야만 한다. e−빔 리소그래피 시스템에 대한 산업계의 요구가 증가하고 있으며 협업을 통해서 초고속 디지털−아날로그 변환기 회로가 개발되어야만 한다.

4.5 영상배치 정확도 관련기술

90nm 노드 마스크의 영상배치(IP) 요건은 19nm이다. $6in^2(150mm^2)$과 같은 넓은 면적의 마스크판 상에서 19nm 이내로 영상배치를 관리한다는 것은 e−빔 리소그래피 시스템에서 매우 어려운 일인 것처럼 보인다. 게다가 e−빔 리소그래피 시스템에는 다양한 영상배치오차 원인들이 있다. 모재 자체의 오차, 측정도구 오차 및 지원방법상의 오차 등이 있다. 이들에 대해서 표 4.4에서 요약하고 있다. 이토록 미소한 영상배치 한도 때문에 오차분석에서 특별한 주의가 필요하다. 차세대 리소그래피(NGL) 스텐실 마스크와 같은 박막 마스크 모재의 경우 영상배치 정확도는 맴브레인 응력조절, 깊은 홈 식각, 스텐실 패턴의 왜곡, 깊거나 대면적인 실리콘 식각 등과 같은 특별한 인자들에 의해서 영향을 받는다. 기계적인 클램핑과 중력에 의해서 마스크 지지구조에 변형이 발생된다. 마스크 묘화장치와 영상배치 측정장비 지지방법 사이의 차이가 영상배치오차를 생성한다.

최근 대부분의 e−빔 리소그래피 시스템들의 설계에서 1nm 또는 그 이하의 최소 어드레스 단위를 채용하고 있다. 이러한 관점에서 볼 때에는 영상배치오차는 아무런 문제가 되지 않는다. e−빔 리소그래피에서 영상배치오차는 기본적으로 e−빔과 기층소재 사이의 상대적인 위치 변화에 기인하여 발생된다. 위치변화는 (1) 전자광학계 편향왜곡의 잔류 보정오차 (2) 스테이지와 챔버 기계장치 (3) 온도 불균일 (4) 외력에 의한 마스크 변형 (5) 전자광학 칼럼 내부의 자기장 요동 등에 의해서 발생된다. 여기서는 (1)과 (4)번 항목의 기술에 대해서 논의한다. (5)번 항목 관련기술에 대해서는 다른 문헌[35]에서 논의된 바 있다.

표 4.4 영상배치오차에 영향을 끼치는 인자들과 그 저감방법

공정	인자	방법
e-빔 묘화장치	묘화 정확도	대물렌즈 시스템 개선 스테이지 구조개선 온도 평형
모재	모재 편평도 Cr 인장력	마스크 편평도 모재 편평도 개선 저응력 모재 필름 코팅조건
측정방법	기준점과 측정공정의 편차	스테퍼 방법의 도입
측정도구	측정 정확도 카세트 클램핑	왜곡보정 장비관리 온도환경 조절 마스크 클램핑 방법

4.5.1 스테이지와 챔버 관련기술

기계 시스템은 진공영역 내부의 시편 스테이지와 챔버 기계장치 등으로 구성되어 있다. 기계 시스템은 e-빔 리소그래피 시스템의 성능과 가격의 측면에서 매우 중요한 하위 시스템이다. x 및 y 방향의 스테이지 위치는 레이저 간섭계를 사용해서 1nm 이하의 단위로 측정된다. 그런데 측정된 위치 정밀도를 저하시키는 다양한 원인들이 존재한다.

4.5.1.1 스테이지와 묘화 챔버 소재

기계 시스템의 제작에는 제한된 소재들만이 사용 가능하다. e-빔은 움직이는 자성소재에 의한 자기장 변화에 의해서 편향될 수 있기 때문에 비자성 소재만을 사용해야 한다. 스테이지 역시 고진공 속에 놓이기 때문에 가스누출이 없는 소재로 제작해야만 한다. 연속묘화 모드에서 스테이지는 대물렌즈에서 방사되는 기생 자기장 속에서 이동하므로, 스테이지 내에서 생성되는 와동전류[36]의 생성을 막기 위해서 상부 스테이지 소재로 도전체를 사용할 수 없다[37]. 반면에 입사되는 e-빔에 의한 충전을 막기 위해서 스테이지 표면은 도전성 소재로 제작해야만 한다. 일부 시스템에서는 상부 스테이지로 금속물질이 코팅된 세라믹이 사용된다[38].

시스템의 온도를 0.0001°C 이내로 일정하게 유지한다고 하여도, 기계 시스템을 강철 소재로 제작한다면 약 100nm 내외의 팽창 및 수축이 일어난다. 이는 온도의 변화가 영상배치 정확도를 저하시킬 수 있음을 보여준다. 최신 e-빔 리소그래피 시스템에서 사용되는 묘화용 챔버

는 철과 니켈의 합금과 같이 열팽창계수가 작은 소재로 제작한다[39]. 이 합금의 열팽창계수는 스테인리스강에 비해서 열팽창계수가 1/10에 불과하다. 이 소재는 기생 자기장의 차단효과를 가지고 있다.

4.5.1.2 챔버 구조

e-빔 리소그래피 시스템의 핵심 구조는 전자광학 칼럼과 진공챔버로 이루어져 있다. 진공펌프의 작동, 밸브의 개폐에 따른 충격력, 바닥진동 및 스테이지 이동 등에 의해서 기계적인 진동이 유입된다. 기계적인 진동은 진동원으로부터 칼럼 구조물로 전달된다. 진동원은 고유모드에 의해서 가진된다. 이 모드는 빔과 기반 사이의 상대적인 변위를 생성하므로 기층소재 상에 빔 위치오차가 유발된다. 진동은 많은 경우 과도적으로 발생되기 때문에 그 영향을 저감시키는 것은 어렵다. 이런 구조물의 고유주파수와 모드들을 규명하기 위해서 칼럼과 챔버의 기하학적 구조와 소재 등을 가정하여, 시스템의 모달 해석을 수행한다.

전형적인 고유모드들이 그림 4.21에 도시되어 있다. 첫 번째 모드는 X 및 Y 방향으로의 칼럼 흔들림이다. 두 번째 모드는 Z 방향으로의 칼럼 수직진동이다. 그리고 세 번째 모드는 칼럼의 X 또는 Y축에 대한 피칭과 회전이다. 두 번째 모드를 제외하고는 이 모드들이 빔의 광학경로에 영향을 끼칠 수 있다. 기계적 진동이 구조물로 전달되면 구조물은 자신의 고유주파수로 가진된다. 이 순간에 기층소재 상에 빔 위치결정 오차가 유발된다. 비록 구조물의 진폭과 감쇄시간이 각각의 주파수마다 서로 다르다고 할지라도, 실제의 빔 진동은 각각의 빔 진동 성분들이 혼합된 것이다.

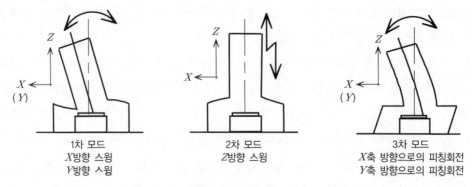

그림 4.21 전자광학 칼럼의 전형적인 고유모드들

e-빔 리소그래피 구조물을 견고하게 제작함으로써 오차의 영향을 저감시킬 수 있다. 다양한 구조물들의 조합에 대한 모달 해석을 통해서 최적의 구조물이 결정되었다[40, 41]. 첫 번째는 스테이지 챔버의 상판두께를 최적화시키는 것이다. 두 번째는 사각형, 리브, 반경방향 리브 및 대구경 실린더 등과 같은 리브 구조를 바닥과 칼럼에 적용하는 것이다.

구조물을 견고하게 만들수록 시스템은 무겁고 거대해진다. 따라서 잔류 기계진동에 대한 실시간 보정방법 역시 필요하다[42].

4.5.1.3 스테이지 구조

기존의 $X-Y$ 스테이지는 베이스, X-테이블 및 Y-테이블을 포함하는 3단 스테이지 구조를 갖고 있다. 구동력이 X 테이블 및 Y 테이블에 직접 가해지면서 스테이지 변형이 유발된다. Y 스테이지의 변형은 진공 내에서 스테이지 위치측정을 위한 막대형 반사경에 영향을 끼친다. 상부 테이블의 영향들이 그림 4.22에 도시되어 있다. 따라서 스테이지 위치측정에는 20~30nm 의 오차가 포함되어 있다. 이 왜곡을 피하기 위해서는 Y-테이블 위에 상부 테이블이 추가되어 변형이 막대형 반사경에 영향을 끼치지 못하도록 만들어야 한다[43]. 이를 통해서 변형량을 10nm 이하로 줄일 수 있다.

고정밀 e-빔 리소그래피 시스템의 경우에 앞으로 기계 시스템이 더 중요한 역할을 하게 될 것이다. 진공 내에서 공기 베어링을 사용함으로써 기계적인 접촉이 없는 스테이지가 개발될 것이다. ❖

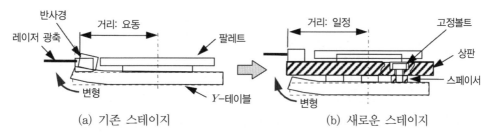

(a) 기존 스테이지　　　　　　　　　　　(b) 새로운 스테이지

그림 4.22 $X-Y$ 스테이지 구조. 기존의 $X-Y$ 스테이지는 베이스, X-테이블 및 Y-테이블의 3단 구조로 이루어져 있다. 새로운 스테이지에서는 상부 테이블이 추가되어 변형이 막대형 반사경에 영향을 끼치지 못하게 되었다[43].

❖ 2015년 현재 다양한 초정밀 자기부상 테이블이 개발되어 진공을 포함한 다양한 환경하에서 사용되고 있다. - 역자 주

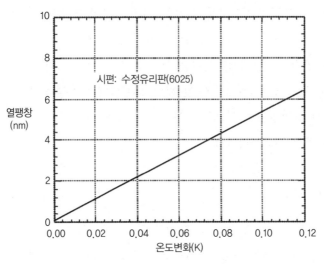

그림 4.23 온도변화에 따른 열팽창

4.5.2 온도평형

e-빔 시스템에서 온도조절은 매우 중요하다[44]. 수정유리의 열팽창계수는 $0.35 \times 10^{-6} m/°C$ 로 매우 작은 값을 갖는다. 그런데 그림 4.23에서와 같이 6in 유리판의 온도가 0.1°C 상승한다면 5.3nm만큼 팽창하게 된다. 내부온도의 변화를 방지하기 위해서 e-빔 리소그래피 시스템은 일반적으로 온도가 일정하게 유지되는 보조챔버 내부에 설치된다. 수냉 방식과 같은 액체유동 방식을 사용하는 온도조절 시스템이 대물렌즈, 스테이지, 묘화용 챔버, 그리고 로더 유닛 등에 사용된다. 따라서 마스크 내의 온도변화는 주로 (1) 판과 스테이지 사이의 초기 온도차이 (2) e-빔 노광에 따른 가열 (3) 스테이지 운동에 따른 마찰열 그리고 (4) 고속배기 과정에서의 단열팽창 등에 의해서 유발된다. 만약 묘화 직전의 마스크 온도가 스테이지 온도와 크게 다르다면, 일반적으로 온도 평형이 이루어질 때까지 기다렸다가 패턴 묘화를 시작한다. 이러한 인자들 때문에 발생되는 온도상승이나 강하를 보상하기 위해서 일부 e-빔 리소그래피 시스템에서는 보관용 챔버 내에 히터를 설치한다. 따라서 시편의 온도는 ±0.01°C 이내로 조절된다.

4.5.3 마스크 편평도

기계적 클램핑과 중력 등에 의해서 마스크 지지 장치에 변형이 발생된다[45, 46]. 일반적으로 마스크 판은 3점 내지는 4점에서 지지된다. 두께가 6.4mm인 150mm² 크기의 6025 수정 마스크의 무게는 150g이다. 만약 마스크가 3점으로 지지된다면, 중력 때문에 마스크 표면은 약 $0.2\mu m$만큼 처지게 된다. 만약 이 오목한 마스크를 사용해서 패턴을 묘화한다면, 편평화 이후의 영상배치오차는 약 26nm에 달하게 된다. 만약 높이 차이를 미리 알고 있다면, 이 오차를 보정할 수 있다[47]. 많은 차세대 마스크들이 맴브레인이나 스텐실 구조를 가지고 있다. 따라서 클램핑 작용력에 의해서 표면 변형이 손쉽게 발생한다. 차세대 리소그래피용 마스크의 경우 장비들 사이의 카세트 관리가 매우 중요해진다.

4.5.4 중첩 묘화

e-빔 리소그래피에서 필드 크기는 일반적으로 칩 크기보다 작기 때문에 접합을 피할 수 없다. 비록 접합오차가 주로 영상배치오차에 기인하지만, 패턴이 하위필드의 경계선상에 위치하는 경우에는 임계치수 오차를 유발하기도 한다. 영상배치 정확도는 편향 왜곡오차, 스테이지 이동과 바닥진동 등에 기인한 광학 칼럼의 진동, 충전에 따른 빔 드리프트 등등의 다양한 인자들에 영향을 받는다. 높은 영상배치 정확도를 구현하기 위해서는 이러한 오차들을 최소화시키도록 설계된 시스템이 필수적이다. 여기서는 높은 정확도로 필드와 하위필드를 접합하기 위한 또 다른 방안들이 논의되어 있다.

e-빔 묘화과정에서 임의오차를 줄이기 위해서는 다중노광이 매우 효과적인 방법이라는 것이 밝혀졌다. 원래 이 방법은 빔 전류의 명멸잡음 효과를 저감하기 위해서 시도되었던 방법이다. 이 실험에서는 20회의 중첩이 시도되었으며, 임계치수(CD) 정확도가 개선되었음이 증명되었다[48]. 반-필드 스테이지 이동과 결합된 네 개의 장들의 중첩노광이 필드 접합오차를 줄이고 영상배치 정확도를 개선해준다는 것이 규명되었다[49]. 1993년 Ojki 등[50]은 다중노광이 통계적으로 필드 접합의 번짐을 유발한다는 것을 발견하였다. 이 실험에서 이음매가 없는 필드 간 접합을 특정한 수준의 편향 값까지 팽창하도록 필드와 하위필드의 크기를 변화시켜서 최선의 결과를 얻었다. 이 원리는 그림 4.24에 도시되어 있는데 여기서 주 필드와 하위필드의 경계가 변한다. 이 예에서 주 필드와 하위필드의 경계들은 동일한 CAD 데이터로부터 복제된 두 개의 서로 다른 e-빔 패턴 데이터로 이루어진다. 이 실험에서는 주 필드와 각각 (500,25), (700,28), (900,18) 및 $(1000,25)\mu m$ 크기인 하위필드 조합을 위한 네 세트의 e-빔 데이터들이 동일한 칩에 대해서 마련되었다. 설명을 단순화시키기 위해서 필드 크기는 일반적으로 서브필드 크기의 정수배인 것으로 가정한다. 이 실험을 통해서 접합 정확도는 기존의 노광방법에 비해서 두 배 정도 향상되었다. 실제적으로는 이음매가 완벽히 제거된 접합을 얻을 수는 없었

다. 필드와 서브필드의 크기는 거의 동일했다. 서브필드의 위치는 필드 내에서 편향되었다. 이런 경우에조차도 다중묘화를 통해서 기존의 단일노광에서 얻은 결과보다 접합 정확도가 60~70% 향상되었다.

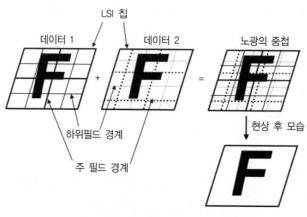

데이터 1
LSI 칩
데이터 2
노광의 중첩
하위필드 경계
주 필드 경계
현상 후 모습

그림 4.24 다중노광의 원리

이 방법에서 각 노광 시 조사량은 단순히 최적 조사량을 다중노광 횟수로 나누어 결정한다. 이 방법의 단점들 중 하나는 묘화시간의 증가이다. 또 다른 단점은 필드 경계가 서로 일치하지 않도록 여러 세트의 묘화 데이터를 마련해야 한다는 점이다. 그런데 가장 상용화된 시스템들이 다중노광 기법을 채용하고 있다[51-53].

4.6 임계치수 정확도 관련기술

2004년 당시 90nm 노드의 경우 마스크의 임계치수(CD)에 대한 요구조건은 고립된 선의 경우 4.2nm, 그리고 선형성은 13.7nm이었다. $6in^2(150mm^2)$의 넓은 면적을 갖는 마스크 판 상에서 임계치수를 이처럼 작은 값으로 유지하는 것은 e-빔 리소그래피 시스템에서 매우 어려운 일인 것처럼 보인다.

대부분의 e-빔 마스크 묘화장치들은 50kV의 높은 가속전압을 사용한다. 가속전압의 증가에 따라서 레지스트의 민감도는 낮아지게 된다. 화학적으로 증폭된 레지스트(CAR)는 일반적으로 e-빔에 대해서 높은 민감도를 갖는다. 화학적으로 증폭된 레지스트(CAR)는 노출 후 베이킹이 필요한데 여기서는 온도의 균일성이 매우 중요하며, 마스크 내에서의 공정조절이 점점 더 어려워진다. 이 책에서는 이에 대해서 15장에서 논의되어 있다. 15장에서는 빔 리소그래피에 의해서 유발되는 임계치수 오차 인자들에 대해서 논의할 예정이다.

e-빔 리소그래피 시스템에 기인한 임계치수 오차인자들은 다음과 같다. (1) 빔 크기 보정오차 (2) 기층소재 내에서의 전자 산란효과 (3) 광학 칼럼 내에서의 전자 다중산란 (4) 접합오차 등이다. 기층소재 내에서의 전자산란은 근접효과를 유발한다. 근접효과는 임계치수의 균일성과 선형성을 악화시킨다. 광학 칼럼 내에서의 전자 다중산란은 마스크 내에서의 균일성에 영향을 끼친다. 여기서는 (1)항에서 (3)항까지에 관련된 기술들에 대해서 논의한다. 접합오차는 4.5.4절에서 논의되어 있다.

4.6.1 빔 성형함수

가변형상 빔(VSB)을 사용하는 경우에 임계치수 오차는 빔 촬영 접합오차에 의해서 발생된다. 이것은 빔 회전오차와 빔 크기오차에 의해서 유발된다. 성형된 빔은 Be 또는 Si 판 위의 미세한 중금속 입자로부터 후방산란된 전자들[54] 또는 작은 구멍을 통해서 전달된 전자들[55]을 사용해서 관찰할 수 있다. 이 신호를 사용해서 회전각 및 크기를 측정할 수 있다[56]. 성형된 빔이 회전할 때, 빔 주사에 의해 얻어진 빔 프로파일은 측면 테두리에서 기울어진다. 개구부 회전각이 조절되어 측면 모서리의 선 프로파일이 균일해진다. 첫 번째 및 두 번째 성형용 개구부의 회전은 $1\mu m^2$의 크기를 갖는 빔의 경우에 ±1nm 이내로 조절할 수 있다.

100nm 이하로 패턴 묘화 시 사각형 빔 방식은 두 가지 문제가 명확히 나타난다. 그중 하나는 경사 패턴의 묘화이다. 기울어진 패턴은 다수의 작은 사각형 패턴들로 나누어야만 한다. 경사 패턴이 계단형상으로 변환되므로, 임계치수 정확도가 저하된다. 더욱이 이는 생산성을 저하시킨다. 또 다른 문제는 빔 크기 내에서 전류밀도의 균일성이 변한다는 점이다. 두 편향중심을 기계적으로 일치시키는 것은 어렵다. 전류밀도의 변화와 가변형상 빔 내의 불균일성은 두 개의 성형용 편향중심의 폭과 높이가 서로 일치하지 않아서 발생되는 것이다.

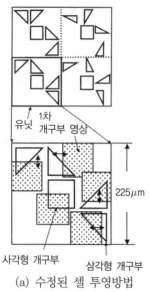

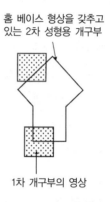

홈 베이스 형상을 갖추고
있는 2차 성형용 개구부

1차 개구부의 영상

(a) 수정된 셀 투영방법   (b) 홈 베이스 개구부 투영방법

그림 4.25 빔을 삼각형으로 성형하기 위한 두 번째 마스크

4.6.1.1 삼각형 빔

경사진 패턴의 윤곽성형을 위해서 경사 성형 빔의 한 가지 예인 삼각형으로 성형된 빔이 사용되었다[57, 58]. 이를 통해서 Hattor; 등[57]은 성공적으로 테두리 거칠기를 개선하였다. 이 방법에서는 두 번째 마스크로 홈 베이스 형상의 개구부를 사용하였다. 이 방법은 그림 4.25(b)에서와 같이 45° 패턴에만 적용되기 때문에 패턴의 유연성은 제한되었다.

또 다른 삼각형 빔 방법은 셀 투영방법을 변형시킨 것이다[59]. 사각형 및 삼각형 개구부가 두 번째 마스크에 존재하며, e-빔은 이 개구부들에 의해서 성형된다. 여기서 사용되는 전자광학 칼럼은 그림 4.10(b)에 도시되어 있다. 두 번째 마스크의 영상은 1/25배 축사되며 기층소재 상에 투영된다. 그림 4.25(a)에서는 두 번째 마스크의 예를 보여주고 있다. 이 마스크는 네 개의 유닛으로 구성되어 있다. 각 유닛은 하나의 사각형 개구부와 네 개의 회전된 삼각형 개구부를 갖추고 있다. 30°, 45° 및 60°의 각도를 갖는 삼각형이 마련되어 있으며 기층소재 상에 투영될 수 있다. 이 각도를 갖는 경사진 패턴들은 윤곽성형이 가능하다. 여타의 각도를 갖는 삼각형들은 적절한 각도를 갖는 개구부를 사용해서 윤곽을 만든다. 사각형의 길이는 마스크 상에서 62.5μm이다. 따라서 기층소재 상에서 최대 빔 크기는 2.5μm이 된다. 이런 빔 성형방법은 셀 개구부가 첫 번째 개구부 영상에 의해서 완전히 덮이는 셀 투영 방법과는 다르다. 삼각형 빔을 성형하기 위해서 e-빔은 성형용 편향장치에 의해서 편향되며, 두 번째 마스크의 삼각형 개구부에 부분적으로 조사된다. 기층소재 상에서 $2.5\mu m$ 빔이 조사되는 경우 셀 선정을 위한 편향거리에 비해서 편향거리가 작기 때문에 빔의 번짐과 성형된 빔의 왜곡은 무시할 정도로 작다.

4.6.1.2 이중 성형 편향기

빔 크기를 조절할 수 있는 능력은 선폭이나 임계치수의 정확도 측면에서 큰 영향력을 갖는다. 가변형상 빔 시스템에서는 원하는 크기의 e-빔을 발생시키기 위해서 성형용 편향장치가 사용되었다. 빔 크기가 변해도 전류밀도를 일정한 값으로 유지시키기 위해서 4.4.2절에서 논의되었던 것과 같이 1차 투영 렌즈는 성형용 편향장치의 중심위치에서 교차 영상을 형성한다. 성형용 렌즈 시스템 내에서 유발되는 수차를 줄이기 위해서 한 쌍의 성형용 정전식 4중 전극 편향 장치가 사용되어 왔다[60]. 전통적인 성형용 편향장치는 하나의 정전식 4중 전극을 사용했다. 편향장치의 수직방향 중심에 위치한 전자광학 교차점이 원래 있어야 할 위치보다 약간 벗어나면, 두 번째 마스크 개구부 하부에서 e-빔의 경로는 축선보다 훨씬 많이 벗어나게 된다. 따라서 두 번째 투영 렌즈 내의 자기장 축 이탈에 의해서 수차가 발생하게 된다. 반면에 이중 성형용 편향장치는 그림 4.13(b)에서 도시된 것과 같이 한 쌍의 편향장치들이 수직방향으로 배치되어 있다. 여기서는 첫 번째와 두 번째 편향장치에 부가되는 전압을 변화시켜서 교차위치를 조절할 수 있으며 e-빔 경로를 고정시킬 수 있다. 두 번째 편향장치에 부가되는 전압(w_2, H_2)은 첫 번째 편향장치에 부가되는 전압(w_1, H_1)과 약간 다르다. 그 상관관계가 그림 4.13(b)에 도시되어 있다.

4.6.2 근접효과의 보정

4.3.2.3절에서 논의했던 것과 같이 레지스트와 기층소재 내에서 산란된 전자에 의해서 근접효과가 발생된다. 그림 4.7과 4.8에서 도시하고 있는 것처럼 산란된 전자는 의도했던 노광영역 밖의 레지스트들 중 일부를 노광시킨다. 이 전자들은 기층소재 상에 성형되는 $2\mu m$ 이하크기를 갖는 패턴의 임계치수의 균일성과 임계치수 선형성을 훼손시킨다. 주입된 에너지의 분포는 이중 가우시안 식으로 잘 알려진 식 (4.3)으로 주어진다. 첫 번째 항은 레지스트 내에서의 전방산란을 나타내고 두 번째 항은 기층소재로부터의 후방산란을 나타낸다.

$$f(r) = \frac{1}{1+\eta} \left\{ \frac{1}{\beta_f^2} \exp\left(-\frac{r^2}{\beta_f^2}\right) + \frac{\eta}{\beta_b^2} \exp\left(-\frac{r^2}{\beta_b^2}\right) \right\} \qquad (4.3)$$

여기서 r은 입사위치로부터의 거리, β_f는 전방산란 범위, β_b는 후방산란 범위, 그리고 η는 전방산란 에너지에 대한 후방산란 에너지의 비율이다. 전방 및 후방산란된 전자들 모두 근접효과에 기여한다. 근접효과는 조사량 보정, 성형보정, 배경조사를 통한 균일화, 그리고 다중층 레지스트 기법 등을 통해서 보정할 수 있다. 이 방법들은 표 4.5에 요약되어 있다.

표 4.5 근접효과 보정(PEC) 방법들

방법	원리	특징
조사량 보정	모든 패턴들에 대해서 조사되는 광량을 보정하여 누적된 에너지를 일정하게 만든다.	계산시간이 길다. 고속연산 하드웨어의 최근 개발에 따라서 연산시간 단축
형상 수정	모든 패턴의 형상크기를 보정하여 누적된 에너지를 일정하게 만든다.	계산시간이 길다.
GHOST 노출	반전 패턴의 흐릿한 빔을 투사하여 패턴이 없는 영역의 조사량을 균일화시킨다.	정상노광과 반전노광의 시행에 따른 생산성 저하 공정 허용범위 축소
다중층 레지스트	경량소재로 이루어진 두꺼운 바닥 층이 기층소재로부터 후방산란된 전자들을 흡수한다.	공정비용 상승

4.6.2.1 조사량 보정기법

패턴 노광에 따라 주입된 에너지는 패턴에 대해서 식 (4.3)을 적분하여 구할 수 있다. 이 결과는 오차함수의 조합으로 표현할 수 있다. 이 효과의 보정에는 일반적으로 많은 시간이 소요되는 계산이 필요하다. 효율적인 연산을 위해서 다양한 알고리즘이 개발되었다. 이들 중 하나는 Psrikh가 개발한 패턴 분할방법[61]으로 다음에 요약되어 있다.

1. 주어진 패턴에 대해서 근접효과 보정이 시도된다.
2. 패턴의 품질은 패턴 전체에 걸쳐서 다수의 샘플 위치들에 대해서 평가된다.
3. 만약 특정 샘플링 점들에서 패턴 품질이 어떤 판정기준을 충족시키지 못한다면 이 점들과 인접 영역들을 형상의 나머지 부분들로부터 하위 분할시킨다.

4. 이 분할된 패턴에 대해서 근접효과 보정이 다시 시행된다.

5. 품질기준이 만족될 때까지 이 과정이 반복된다.

모든 인접패턴들은 서로 상호작용을 한다. 이 계산방법에서는 실제 LSI 패턴의 경우 조합의 숫자가 엄청나게 많아지며 계산시간도 너무 길어진다.

고에너지 e-빔은 보정과정을 단순화시킨다. 50kV 전자들에 대한 전방 및 후방산란 범위인 β_f와 β_b는 실리콘 기층소재의 경우에 각각 $0.05\mu m$와 $10\mu m$이다. 이에 따르면 전방산란은 무시할 정도로 작으며, 약 $5\mu m$의 작은 범위 내에서 후방산란의 영향은 대략적으로 일정하다. 만약 패턴의 크기가 β_b보다 충분히 작다면, 패턴의 세밀한 부분은 부정확해지는 반면에 포괄적인 정보는 적합하다. 단순한 접근방법들로는 패턴-면적밀도 기법[62]과 대표형상 기법[63] 등이 있다.

패턴-면적밀도기법의 원리는 그림 4.26에 도시되어 있다. 두 개의 패턴-면적 밀도영역인 α_1과 α_2를 가정해보자. α_1 영역에 조사된 광량은 D_1, α_2 영역에 조사된 광량은 D_2이다. 인접한 패턴으로부터 후방산란된 전자들에 의해서 누적된 조사량은 각각 $D_{b1} = \alpha_1\eta D_1$과 $D_{b2} = \alpha_2\eta D_2$이다. 노광위치에서 누적된 총 조사량은 주입된 조사량과 후방산란된 조사량의 합이 된다. 만약 그림 4.26에서와 같이 평균 조사량 E_m이 모든 패턴 영역 밀도에 대해서 일정해진다면, 다음의 관계식이 만족될 것이다.

$$E_m = D_{b1} + D_1/2 = D_{b2} + D_2/2 \qquad (4.4)$$

이 방정식으로부터, 패턴 밀도 α인 위치에서 노광된 조사량 D는 다음의 관계식을 만족시켜야만 한다.

$$D = D_0/(1 + 2\alpha\eta) \qquad (4.5)$$

여기서 D_0는 패턴 밀도에 무관한 상수로 패턴 밀도가 영인, 즉 고립된 선 패턴의 경우의 조사량이다.

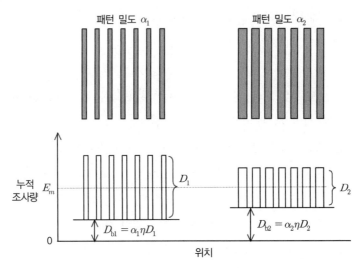

$$E_m = D_{b1} + D_1/2 = D_{b2} + D_2/2 \rightarrow D = D_0/(1+2\alpha\eta),$$
$$D_0 \text{는 패턴 밀도가 0인 경우의 조사량}$$

그림 4.26 최적 조사량의 결정

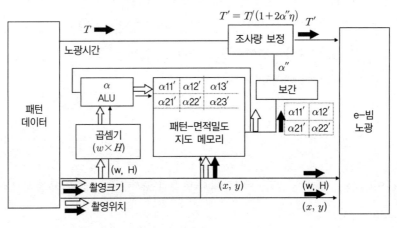

그림 4.27 보정용 하드웨어의 구조

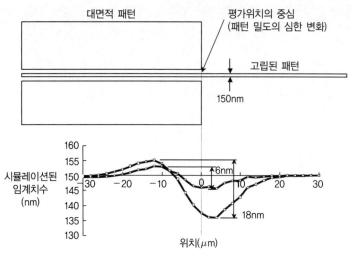

그림 4.28 근접효과의 개선

이 기법은 면적-밀도 지도 메모리, 고속 곱셈기와 연산기 및 논리 유닛 등으로 이루어진 하드웨어에 의해서 구현된다. 이 하드웨어와 데이터 흐름도가 그림 4.27에 도시되어 있다. 우선 가상노광이 시행된다. LSI 패턴들은 후방산란된 에너지가 일정한, 고정된 크기의 메시들로 분할된다. 그리고 각각의 작은 영역들에 대해서 패턴 면적밀도가 계산된다. 2차원적으로 면적밀도를 고르게 만든 다음, 이 데이터들을 지도 메모리에 저장한다. 기층소재 상에 실제로 노광시키기 위해서 패턴 밀도가 α인 영역에 대한 각 촬영시간 T는 식 (4.6)에 따라서 T_0로부터 수정된다. T_0는 패턴 밀도가 영인, 즉 고립된 패턴에 대한 촬영시간이다. 이 보정은 노광기간 동안 시행되므로 생산성이 저하된다.

$$T' = T_0 / (1 + 2\alpha\eta) \tag{4.6}$$

이 간단한 방법에서는 그림 4.28에 도시된 것처럼 패턴 밀도의 심한 변화에 의해서 오차가 발생된다. 임계치수가 150nm로 설계된 선형 패턴에 대한 시뮬레이션 결과, 앞서의 1차 보정에 의해서 임계치수는 18nm의 범위를 갖게 된다. 이 오차는 넓은 면적을 갖는 패턴의 끝단에서 패턴 밀도의 급격한 변화에 의한 것으로 간주된다. 이런 오차를 줄이기 위해서 고차보정 방법이 개발되었다[64]. 앞서의 경우에 보정된 촬영시간 $T'(x)$는 패턴 밀도 α에 따라서 촬영시간이 조절되는 경우에, $Q_1(x) = \alpha(x)$라면 식 (4.11)을 사용해서 계산할 수 있다. 새로운 근접효과 보정의 경우 Q_1은 근사식을 사용한 2차 보정을 위한 식 (4.7)–(4.11)을 사용해서 구할 수 있다.

$$Q_0(x) = \int f(x - x')\alpha(x')dx' \tag{4.7}$$

$$Q_{11}(x) = \alpha(x)/(1 + 2\eta Q_0(x)) \tag{4.8}$$

$$Q_{12}(x) = \int f(x - x')Q_{11}(x')dx' \tag{4.9}$$

$$Q_1(x) = (1 + 2\eta Q_0(x))Q_{12}(x) \tag{4.10}$$

$$T'(x) = T_0/(1 + 2\eta Q_1(x)) \tag{4.11}$$

새로운 조사량 지도 $Q_1(x)$를 구하기 위해서는, 위의 조사량 지도 $Q_0(x)$로부터 중간지도 1인 $Q_{11}(x)$와 중간지도 2인 $Q_{12}(x)$를 연속적으로 계산한다. 이 계산들은 디지털 신호처리장치(DSP)에 의해서 제어되는 하드웨어 회로를 사용해서 처리된다. 이 새로운 근접효과 보정 방법을 사용함에 따른 가장 큰 이점은 식 (4.6)을 통해서 기존 방법을 사용하는 기본 하드웨어 플랫폼을 사용할 수 있다는 점이다. 스트라이프 노광과 하위필드 재구성 공정에서의 근접효과 보정 지도 준비를 위한 병렬처리 기능 때문에 일단 스트라이프 노광이 시작되고 나면, 이 새로운 근접효과 보정 조사지도의 준비에는 오버헤드 시간이 필요치 않으며, 높은 생산성이 유지된다. 그림 4.28에 따르면, 이 방법을 통해서 급작스러운 패턴 밀도의 변화에 기인한 오차가 18nm에서 6nm로 저감되었다.

4.6.2.2 형상수정 기법

패턴 형상 수정방법[65]에서는 레지스트 내에 현상된 형상이 설계된 치수를 갖도록 노광되는 형상의 치수에 대한 계산을 시도한다. 필요한 형상 수정 값을 계산하기 위해서는 조사량 보정의 경우에서와 거의 동일한 수준의 긴 연산시간이 필요하다. 필요한 형상변화량은 패턴 내에서의 최소 형상치수의 수분의 일 정도로 미소하다. 그 결과 미세한 어드레스 간극이 필요하며, 최소 크기의 형상조차도 작은 빔으로 여러 번 스캔해야만 한다. 비록 이 방법이 덜 일반적이지만, 조사량 보정방법을 적용할 수 없는 전자빔 투사 리소그래피(EPL) 마스크 분야에서 주목을 받고 있다[66].

4.6.2.3 GHOST 기법

이 방법은 배경조사의 균일화를 기반으로 하여 Owen과 Rissman에 의해서 제안되었다[67]. 이 방법에서는 패턴이 없는 영역의 조사량을 균일화시키기 위해서 초점이 흐려진 빔을 사용해서 반전 패턴을 노출시킨다. 이 방법은 복잡한 계산을 필요로 하지 않기 때문에 래스터 스캐닝 시스템에서 사용될 수 있다. 그런데 벡터 스캐닝 시스템에서는 반전 패턴을 생성하는 것이 용이치 않다. 이 방법의 단점들 중 하나는 2차 노광이 필요하다는 점으로, 생산성을 저하시킨다. 공정 여유 폭의 축소도 이 방법이 갖는 단점들 중의 하나이다.

4.6.2.4 다중층 레지스트 기법

이 방법은 공정기법의 일종이다[68]. 박막으로 이루어진 최상층 아래에 원자번호가 낮은 물질로 만들어진 비교적 두꺼운 층이 존재한다. e-빔은 상부 층에 노광된다. 두 번째 층은 최상층의 레지스트에 대한 근접효과를 현저히 감소시켜준다. 또한 오랜 시간과 많은 비용이 소요되는 연산이 필요치 않다. 유일한 문제는 공정비용과 시간이 크게 증가한다는 점이다. 따라서 이 방법은 나노미터 소자의 개발과 같은 특수한 용도에 사용된다.

4.6.3 광학 칼럼 내에서의 다중산란 효과

후방산란된 전자들은 x-선 맴브레인 마스크 전체에 걸쳐서 심각한 조사량 변동을 유발하며 선폭 정확도를 떨어트린다는 점이 지적되어 왔다[69]. 또한 다중산란된 전자들이 일반적인 마스크에 동일한 영향을 끼친다는 점도 지적되었다[70]. 최초의 실험장치가 그림 4.29에 도시되어 있다. 입사된 전자들은 레지스트로 코팅된 Si 웨이퍼 상에 집속된다. 대물렌즈 아래에서 세 가지 전자산란 소재들이 시험되었다. 구리, 알루미늄 및 탄소판 위에 $0.6\mu m$의 PMMA❖가 코팅된 웨이퍼를 대물렌즈의 하부평면에 설치한 다음 웨이퍼 상의 한 점에 전자들을 직접 조사하였다. 조사량은 $5cm^2$에 조사된 노광량에 해당된다. PMMA 레지스트를 현상한 후에 간섭 패턴을 관찰하였다. 이 실험에서 노광된 영역은 약 15mm의 반경을 갖는 범위였다. 그림 4.30(a), (b) 및 (c)에 도시되어 있는 간섭 패턴들은 각각 구리, 알루미늄, 그리고 탄소판에 해당된다. 레지스트 두께에 대한 측정 결과 구리판의 경우에 가장 많은 양의 레지스트가 제거되었다. 탄소판의 경우가 제거량이 가장 작았다. 그림 4.30(d)에서는 탄소 케이지 실험의 결과

❖ PMMA: 폴리메틸 메타크릴레이트(polymethyl methacrulate), 일종의 아크릴 수지-역자 주

를 보여주고 있다. 여기서, 동일한 양의 전자가 웨이퍼 중심에 위치한 작은 탄소 케이지 내로 방사되었으며, 산란소재로는 구리판이 사용되었다. 후방산란된 전자들을 완벽하게 포집하였으며 레지스트 두께 감소는 관찰되지 않았다.

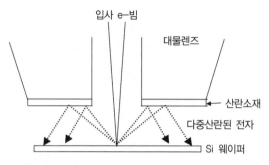

그림 4.29 다중산란된 전자를 측정하기 위한 실험장치

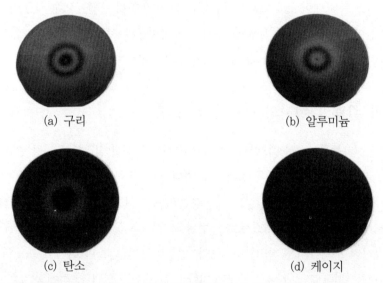

그림 4.30 다중산란된 전자에 의해서 노광된 잔류 레지스트의 간섭 패턴: 웨이퍼 직경은 75mm[70]

근접효과와는 달리 이 전자들은 레지스트 내에 넓은 범위의 배경노광을 일으키므로, 이를 포깅전자라고 부른다. 구멍과 같이 밀도가 낮은 패턴의 경우에는 이 영향이 크지 않다. 그런데 패턴 밀도가 증가하면 이 영향에 의한 전체적인 임계치수 변화가 십 분의 수 나노미터에 달하게 된다. 이는 최소 형상크기가 100nm 내외인 경우에 심각한 영향을 끼친다. 포깅효과에 의한 선폭 정확도 감소를 저감시킬 수 있는 방법이 두 가지 있다. 그중 하나는 산란이 없는 구조를

적용하는 것이고 다른 하나는 패턴 밀도에 따라서 조사량을 보정하는 것이다. 대부분의 최근 e-빔 리소그래피 시스템들에서는 이들 두 방법을 조합해서 사용하고 있다.

4.6.3.1 반사 방지판

반사 방지판 소재를 원자번호가 작은 소재로 선정하면 다중산란되는 전자를 줄일 수 있다. 후방산란 계수가 작기 때문에 탄소나 베릴륨 등이 제안되었으며, 거친 표면과 같이 표면에서 산란이 없는 구조가 채용된다. 최근 들어 그림 4.31에서와 같이 벌집형상을 갖춘 평행 구멍 어레이 구조와 같은 더 효과적인 구조가 제안되었다[71]. 반사율은 평면구조에 비해서 42%에 불과하다. 포깅전자 흡수재는 전체적인 임계치수 불균일성을 10nm까지 낮춰준다.

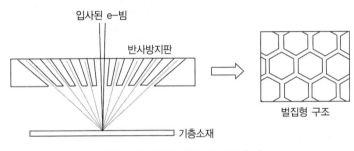

그림 4.31 반사 방지판의 구조[71]

4.6.3.2 포깅효과의 보정

포깅전자 노광효과의 보정을 위한 시스템[72, 73]이 현재 사용되는 거의 모든 e-빔 리소그래피 시스템에 장착되어 있다. 포깅전자에 의한 잔류조사 오차는 노광면적 계산을 통해서 유도할 수 있으며 이 조사량 보정은 근접효과 보정(PEC)과 함께 수행된다. 표준 빔에 의해서 유발되는 포깅에 대한 실제 측정을 통해서, 포깅효과 보정(FEC) 테이블이 만들어졌다. 그리고 주어진 마스크 패턴으로부터 노광면적 지도가 계산되었다. 이를 이용하여 포깅효과 분포 지도가 도출되었다. 묘화기간 동안 균일한 패턴 조사를 위해서 패턴 노광시간이 수정되었다. 이 과정은 근접효과 보정에서와 유사하다. 포깅 분포가 넓고도 단순하기 때문에 보정된 셀의 크기는 1mm 내외의 크기를 가질 정도로 크다. 근접효과 보정의 경우 50kV e-빔을 사용하면 셀 크기가 2μm까지 작아질 필요가 있다.

e-빔 리소그래피 시스템과 더불어서 레지스트 공정으로부터도 임계치수 오차가 발생된다.

패턴의 크기나 면적은 각각의 마스크마다 서로 다르다. 레지스트 현상과 식각공정에서 패턴에 의존적인 부하효과가 유발된다. 부하효과는 전반적인 임계치수 균일성 오차를 유발한다. 부하효과는 또한 이 포깅효과 보정(FEC) 시스템을 사용해서 보정한다. 이 보정방법을 사용함으로써 6025 마스크에서 6nm의 전체적인 임계치수 정확도가 구현된다.

4.7 데이터 준비

데이터 준비과정에 대해서는 이 책의 2장에서 논의되어 있다. 여기서는 데이터 준비의 주요 기능들과 주요 문제점들에 대해서 논의한다.

e-빔 시스템에서의 데이터 흐름이 그림 4.32에 도시되어 있다. 패턴 데이터는 CAD 시스템의 출력으로 GDS2, STREAM, CALMA 등과 같은 다양한 유형의 포맷들 중 하나로 표현되어 있다. 이들은 e-빔 데이터와 검사용 데이터로 변환된다. 각 시스템의 데이터 포맷은 서로 다르다. 데이터 변환 소프트웨어의 주요 기능은 기본 패턴의 분해, 중첩 소거, 크기변환, 근접효과 보정, 반영패턴의 준비, 명암 반전 등등이다. 변환공정이 너무도 복잡하고 데이터양이 너무 크기 때문에 초고속 처리장치가 필요하다. 많은 숫자의 LSI 패턴을 빠르게 처리하기 위해서 일반적으로 계층적 연산시스템[74]이 구축된다.

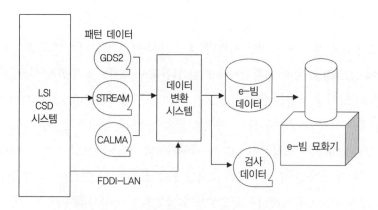

그림 4.32 e-빔 리소그래피 시스템에서 데이터 흐름

130nm 노드 세대 이후 광학식 리소그래피의 수명을 연장시키기 위해서 다양한 분해능강화 기술들이 개발되었다. 광 파장 길이의 감소와 더불어서 위상천이 기술과 광학근접효과 보정기

술이 개발되었다. 위상천이 기술은 일반적으로 패턴 데이터양의 증가를 수반하며, 마스크의 숫자가 두 배로 증가한다. 광학근접효과는 노광된 패턴이 원래의 마스크 패턴으로부터 변형되는 현상이다. 이 효과는 미소한 편향 패턴을 원래의 패턴에 더함으로써 보정할 수 있다. 광학근접보정 때문에 데이터양은 지수 함수적으로 증가한다. 예를 들면 2nm의 그리드 크기를 보정하기 위해서는 광학근접보정 패턴 데이터가 없는 경우에 비해서 20배나 큰 데이터가 필요하다.

이토록 큰 용량의 데이터를 저장 및 전송하는 것은 마스크 묘화 시스템에서 심각한 문제이다. 이런 문제를 회피하기 위해서 CATS 중간 파일을 적용하고 저장영역 네트워크(SAN) 데이터 처리구조를 사용[60]함으로써 노광에 소요되는 총 시간을 이전에 비해서 약 40% 절감한 것으로 알려져 있다. 저장역역 네트워크(SAN) 구조는 시스템 내에서 고속전송을 가능케 해준다. 기존의 마스크 묘화장치에서는 데이터 처리와 노광을 시작하기 전에 거대한 기계어 포맷 데이터를 전송 및 복제하는 작업을 완료할 때까지 사용자는 기다려야만 했다. 기존 시스템의 경우, 일단 거대한 용량의 기계어 포맷 데이터가 입력되면 전송과 연산처리 일체가 중단되며, 사용자는 도면의 처리가 완료될 때까지 기다려야만 했다. 반면에 그림 4.33에 도시된 시스템 내에서 PC 클러스터는 병렬처리를 통해서 데이터를 변환시키며 처리된 데이터를 1Gbps의 속도로 시스템에 전송해준다. 시스템은 노광작업을 수행하면서 동시에 데이터를 전송 및 처리할 수도 있다. 이는 시스템이 거의 무한한 용량의 패턴 데이터를 처리할 수 있음을 의미한다. 저장역역 네트워크(SAN) 구조는 파이버 채널 기술을 사용하며, 1Gbps의 데이터 전송속도를 갖고 있다.

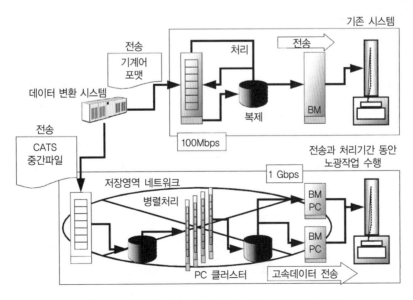

그림 4.33 SAN 데이터 처리구조와 기존 시스템의 개략도

표 4.6 90nm 노드용 상용 e-빔 마스크 묘화 시스템

	제조업체			
	히타치 Hitechnologies	New Flare Technology	JEOL	ETEC
최근 시스템	HL-7000M	EBM-4000	JBX-3030MV	MEBES RSB
묘화방법				
전자총	LaB_6	LaB_6	LaB_6	Zr/W/TFE
빔 형상	VSBCP	VSB(삼각형)	VSB(삼각형)	VSB
주사방법	벡터	벡터	벡터	래스터
스테이지 운동	연속방식	연속방식	반복 스텝	연속방식
다중노광	2-4회 통과	4회통과	2회통과	4회통과
가속(kV)	50	50	50	50
어드레스 유닛(nm)	1	1.25/1	1	1
최대 마스크 크기(in^2)	178	230	178	152
성능				
국부 임계치수(nm)	$3.7(3\sigma)$	$3.7(3\sigma)$	$8(3\sigma)$	$4(3\sigma)$
임계치수 선형성(nm)	6.6(p-p)	−	15(p-p)	14(범위)
포괄적 영상배치(nm)	$11(3\sigma)$	$8.6(3\sigma)$	12(최대)	$12(3\sigma)$
출처	PMJ 2003[a]	EIPBN2003[b]	PMJ2003	발표예정

* [a] PMJ2003: 요코하마에서 개최된 Photomask Japan 2003에서 발표
 [b] EIPBN2003: 탬파에서 개최된 EIPBN 2003에서 발표

4.8 상용 시스템

표 4.6에서는 2003년 당시 각 제조사들의 최신 상용 모델에 대한 사양들을 보여주고 있다. 세 가지 시스템들은 벡터 스캐닝 방식이고 하나는 래스터 스캐닝 방식이다. 모든 시스템들에서 가속전압은 50kV가 되었다. 모든 시스템들에서 어드레스 단위는 이전의 10~20nm에서 1nm로 낮아졌다. 모든 시스템들은 성형 빔 방식을 채용하였다. 전자빔 가공방식 노광기를 제외한 대부분의 전자총들은 열이온 방식의 LaB_6 음극을 사용하며 최대 빔 크기는 수μm^2이다. 그런데 전자빔 가공방식 노광기 시스템은 열 필드 방사 Zr/W/TFE를 사용하며 최대 빔 크기는 $1/4\mu m^2$에 이를 정도로 작다. 발표된 임계치수 정확도와 영상배치 정확도는 각각 5nm 및 12nm 이내이다. 하지만 동일한 조건에서 구해진 값들이 아니고, 레지스트 공정이 서로 다르기 때문에 이러한 성능 값들은 단지 참고자료로 간주해야만 한다.

4.9 요 약

  e-빔 리소그래피가 마스크 제작에 더욱더 핵심적인 역할을 맡게 되었다. 현재의 상용 e-빔 리소그래피 시스템들은 90nm 노드 생산요건을 충족시키고 있으며 65nm 노드가 개발 중인 것으로 발표되었다. 차세대 시스템의 목표는 45nm 노드의 요구조건들을 충족시키는 것으로, 임계치수와 영상배치 정확도, 그리고 생산성은 믿을 수 없는 값을 가지고 있다. 반도체분야 국제기술 로드맵에 따르면 개발방향의 앞에 장벽이 존재하며, 해결방안을 아직 모르고 있다. 필요한 사양들을 구현하기 위해서는 전자광학, 기계시스템, 전자제어 시스템, 그리고 데이터 처리 등의 분야에서 수많은 기술적 도전을 극복해야만 한다. 전자광학 요소들에는 전자총, 성형용 렌즈 시스템, 그리고 대물렌즈 등이 있다. 이들이 e-빔 리소그래피 시스템의 가격을 더욱더 상승시킬 것이다. 현재는 단일 빔 시스템을 사용하고 있지만, 장래에는 다중 빔 시스템이 개발될 것이다. 전자빔 묘화기에서 온도편차, 진동 또는 전자 노이즈가 없는 이상적인 환경을 구축하기 위해서는 기계 시스템이 매우 중요해진다. 차세대 리소그래피용으로 사용되는 깨지기 쉬운 맴브레인이나 스텐실 마스크 등을 취급하기 위해서는 새로운 장착 및 고정 시스템이 필요하다. 데이터의 경우 가장 중요한 문제는 지수함수 적으로 증가하고 있는 데이터 용량을 취급하는 문제이다.

  이러한 도전과제들이 한계에 다다르고 있는 것으로 보인다. 공정과 연계해서 해결방안을 개발할 필요가 있다.

□ 참고문헌 □

1. International Technology Roadmap for Semiconductors, 2002 Update Conference, Dec. 4, 2002, Tokyo International Forum, Japan.

2. R.K. Matta, D. Green, and M.W. Larkns, The use of the scanning electron microscope in the fabrication of an integrated circuit, in: *ECS Spring Meeting, Extended Abstracts of Electrothermics and Metallurgy Div.*, vol. 3, No. 1, 1965, pp. 32-33.

3. Y. Tarui, S. Denda, H. Baba, S. Miyauchi, and K. Tanaka, An electron beam exposure system for integrate circuits, *J. Electro Commun. Soc.*, 51-C (2), 74-81 (1968) (in Japanese).

4. D.R. Heriotte, R.J. Collier, D.S. Alles, and J.W. Stafford, EBES: a practical electron lithographic system, *IEEE Trans. Electron Device*, ED-22, 385-392 (1975).

5. B. Liebman, Quality assurance procedures for MEBES, *J. Vac. Sci. Technol.*, 15 (3), 913-916 (1978).

6. E. Goto, T. Soma, and M. Idesawa, Design of a variable aperture projection and scanning system for electron beam, *J. Vac. Sci. Technol.*, 15 (3; May/June), 883-886 (1978).

7. H.C. Pfeiffer, Variable spot shaping for electron-beam lithography, *J. Vac. Sci. Technol.*, 15 (3; May/June), 887-890 (1978).

8. M.G.R. Thomson, R.J. Collier, and D.R. Herriott, Double-aperture method for producing variably shaped writing spots for electron lithography, *J. Vac. Sci. Technol.*, 15 (3; May/June), 891-895 (1978).

9. M. Fujinami, T. Matsuda, T. Takamoto, H. Yoda, T. Ishiga, N. Saitou, and T. Komoda, Variably shaped electron beam lithography system EB55: 1. System design, *J. Vac. Sci. Technol.*, 19(4; Nov./Dec.), 941-945 (1981).

10. Y. Nakayama, S. Okazaki, N. Saitou, and H. Wakabayashi, Electron beam cell projection lithography: a new high-throughput electron beam direct-writing technology using a special tailored Si aperture, *J. Vac. Sci. Technol. B.*, 8 (6; Nov./Dec.) 1836-1840 (1990).

11. N. Saitou, S. Okazaki, T. Matsuzaka, Y. Nakayama, and M. Okumura, EB cell projection lithography, in: *JJAP Series 4, Proceedings of the International MicroProcess Conference 1990*, 1990, pp. 44-47.

12. Y. Sakitani, H. Yoda, T. Todokoro, Y. Shibata, T. Yamazaki, K. Ohbitsu, N. Saitou, S. Moriyama, S. Okazaki, G. Matsuoka, F. Murai, and M. Okumura, Electron-beam cell projection lithography system, *J. Vac. Sci. Technol. B.*, 10 (6; Nov./Dec.), 2759-2763 (1992).

13. N. Yasutake, Y. Takahashi, Y. Oae, A. Yamada, J. Kai, H. Yasuda, and K. Kawashima, 'NOWEL-2' Variable-shaped electron beam lithography system for 0.1 mm patterns with refocusing and eddy current compensation, *Jpn. J. Appl. Phys.*, 31, 4241-4247 (1992).

14. K. Hattori, R. Yoshikawa, H. Wada, H. Kusakabe, T. Yamaguchi, S. Magoshi, A. Miyagaki, S. Yamasaki, T. Takigawa, M. Kanoh, S. Nishimura, H. Housai, and S. Hashimoto, Electron beam direct writing system EX-8D employing character projection exposure method, J. Vac. Sci. Technol. B., 11 (6), 2346-2351 (1993).

15. T.H.P. Chang, M.G.R. Thomson, E. Kratschmer, H.S. Kim, M.L. Yu, K.Y. Lee, S. Rishton, and S. Zolgharnain, Electron-beam microcolumns for lithography and related applications, *J. Vac. Sci. Technol. B.,* 14 (6), 3774-3781 (1996).

16. H. Yasuda, S. Arai, J. Kai, Y. Ooae, T. Abe, S. Maruyama, and T. Kiuchi, Multielectron beam blanking aperture array system SYNAPSE-2000, *J. Vac. Sci. Technol. B.,* 14 (6), 3813-3820 (1996).

17. M. Muraki and S Gotoh, New concept for high-throughput multi electron beam direct write system, *J. Vac. Sci. Technol. B.,* 18 (6), 3061-3066 (2000).

18. A.V. Crewe, Some space charge effects in electron probe devices, *Optik,* 52, 337-346 (1978).

19. N. Saitou, Monte Carlo simulation for the energy dissipation profiles of 5-20 keV electrons in layered structures, Jpn. *J. Appl. Phys.,* 12 (6), 941-942 (1973).

20. N. Saiotu, S. Hosoki, M. Okumura, T. Matsuzaka, G. Matsuoka, and M. Ohyama, Electron optical column for high speed nanometric lithography, *Microelectronic Eng.* 5, 123-131 (1986).

21. F. Abboud, D. Alexander, T. Coreman, A. Cook, L. Gasiorek, R. Naber, F. Raymond, and C. Sauer, Evaluation of the MEBES 4500 reticle writer to commercial requirements of 250nm design rule IC devices, *Proc. SPIE,* 2793, 438-451 (1996).

22. H. Takemura, H. Ohki, and M. Isobe, 100 kV high resolution e-beam lithography system, JBX-9300FS, *Proc. SPIE,* 4754, 690-696 (2002).

23. H. Satoh, Y. Nakayama, N. Saitou, and T. Kagami, Silicon shaping mask for electron-beam cell projection lithography, *Proc. SPIE,* 2254, 122-132 (1994).

24. L.W. Swanson and N.A. Martin, *J. Appl. Phys.,* 46, 2029 (1975).

25. A.N. Broers, *J. Vac. Sci. Technol.,* 16 (6), 1692 (1979).

26. N. Saitou, S. Ozasa, and T. Komoda, Variably shaped electron beam lithography system, EB55: II Electron optics, *J. Vac. Sci. Technol.,* 19 (4), 1087-1093 (1981).

27. ASET Annual report, Research Report in the Fiscal Year 1996, vol. 1, 1998, pp. 22-55 (in Japanese).

28. H.C. Pfeiffer, New imaging and deflection concept for probe-forming micro fabrication systems, *J. Vac. Sci. Technol.,* 12 (6; May/June), 1170-1173 (1975).

29. E. Munro, Calculation of the optical properties of combined magnetic lenses and deflection system with superimposed fields, *Optik,* 39, 450-466 (1974).

30. H.C. Chu and E. Munro, Numerical analysis of electron beam lithography system. Part III: Calculation of the optical properties of electron focusing systems and dual-channel deflection systems with combined magnetic and electrostatic fields, *Optik*, 61, 121-145 (1982).

31. Y. Takahashi, A. Yamada, Y. oae, H. Yasuda, and K. Kawashima, Electron beam lithography system with new correction techniques, *J. Vac. Sci. Technol. B.*, 10 (6), 2794-2798 (1992).

32. H. Ohta, Y. Sohda, and N. Saitou, Design and evaluation of an electron objective lens system with two lenses and two deflectors, *Jpn. J. Appl. Phys.*, 41, 4127-4131 (2002).

33. Y. Sohda, N. Saitou, H. Itoh, and H. Todokoro, An objective lens system for e-beam cell projection lithography, *Microelectronic Eng.*, 23, 73-76 (1994).

34. H. Furukawa, H. Ikehata, and T. Kikuchi, High performance analogue circuits of e-beam systems, in: *Abstract of 4th International Workshop on High Throughput Charged Particle Lithography*, p-5, 2000.

35. H. Ohta, Y. Someda, Y. Sohda, N. Saitou, S. Katoh, and H. Itoh, Double shielded objective lens for electron beam lithography system, *Proc. SPIE*, 3997, 667-675 (2000).

36. R. Spehr, Eddy currents in a wafer moving in the magnetic field on an electron lens, Microelectronic Eng., 9, 263-266 (1989).

37. H. Tsuyuzaki, N. Shimazu, and M. Fujinami, High speed flat guide ceramic stage for electron beam lithography system, *J. Vac. Sci. Technol. B.*, 4 (1), 280-284 (1986).

38. N. Saitou, Electron beam lithography - present and future, Int. *J. Jpn. Soc. Prec. Eng.*, 30, 107 (1996).

39. Y. Hattori et al., Solution for 100nm -EBM-4000-, *Proc. SPIE*, 4754, 697-704 (2002).

40. H. Matsukura, T. Tsutaoka, and K. Nakajima, Reduction in beam positioning error by modification of dynamic responses in electron beam direct writing system, *J. Vac. Sci. Technol. B.*, 8 (6; Nov./Dec.), 1863-1866 (1990).

41. H. Ohta, T. Matsuzaka, N. Saitou, K. Kawasaki, T. Kohno, and M. Hoga, Stitching error analysis in an electron beam lithography system: column vibration effect, *Jpn. J. Appl. Phys.*, 32, 6044-6048 (1993).

42. H. Tsuji, H. Ohta, H. Satoh, K. Nagata, and N. Saitou, Correcting method for mechanical vibration in electron beam lithography system, *Proc. SPIE*, 3096, 104-115 (1997).

43. T. Nakahara, K. Mizuno, S. Asai, Y. Kadowaki, K. Kawasaki, and H. Satoh, Advanced e-beam reticle writing system for next generation reticle fabrication, *Proc. SPIE*, 4066, 594-604 (2000).

44. H. Ohta, T. Matsuzaka, N. Saitou, K. Kawasaki, K. Nakamura, T. Kohno, and M. Hoga, Error analysis in EBL system - thermal effects on positioning accuracy, *Jpn. J. Appl. Phys.*, 31, 4253-4256 (1992).

45. R. Hirano, K. Matsui, S. Yoshitake, Y. Takahashi, S. Tamamushi, Y. Ogawa, and T. Tojo, Reticle flexure influence on pattern positioning accuracy for reticle writing, *Proc. SPIE*, 2512, 235-241 (1995).

46. S. Yoshitake, K. Matsuki, S. Yamasaki, R. Hirano, S. Tamamushi, Y. Ogawa, and T. Tojo, Analysis of pattern shift error for mask clamping measured by Nikon XY-3I, *Proc. SPIE*, 2512, 242-252 (1995).

47. T. Komagata, H. Takemura, N. Gotoh, and K. Tanaka, Development of EB lithography system for next generation photomasks, *Proc. SPIE*, 2512, 190-196 (1995).

48. K. Iwadate and T. Matsuda, Mask pattern fabrication by e-beam multiple exposure, in: *Extended Abstracts of 35th Spring Meeting of Japan Society of Applied Physics and Related Societies*, 30p-H-8, 1988 (in Japanese).

49. M. Asaumi and T. Yamao, Fine pattern fabrication by e-beam multiple exposures, in: *Extended Abstracts of 35th Spring Meeting of Japan Society of Applied Physics and Related Societies*, 30p-K-7, 1989 (in Japanese).

50. S. Ohki, T. Matsuda, H. Yoshihara, X-ray mask pattern accuracy improvement by superimposing multiple exposure using different field sizes, *Jpn. J. Apply. Phys.*, 5933-5940 (1993).

51. T. Tojo et al., Advanced electron beam writing system EX-11 for next-generation mask fabrication, *Proc. SPIE*, 3748, 416-425 (1999).

52. T. Komagata, Y. Nakagawa, N. Gotoh, and K. Tanaka, Performance of improved e-beam lithography system JBX-9000MV, *Proc. SPIE*, 4409, 248-257 (2001).

53. A. Fujii et al., Advanced e-beam reticle writing system for next generation reticle fabrication, *Proc. SPIE*, 4409, 258-269 (2001).

54. M. Nakasuji and H. Wada, *Abstract of Microcircuit Engineering Conference*, Cambridge, 1978.

55. Y. Someda, Y. Sohda, H. Satoh, N. Saitou, A new detection method for the 2-dimensional beam shape, *Proc. SPIE*, 3997, 676-684 (2000).

56. K. Suzuki, S. Matsui, and Y. Ochiai (eds.), *Sub-Half-Micron Lithography for ULSIs*, Cambridge University Press, Cambridge, 2000, pp. 136-137.

57. K. Hattori, O. Ikenaga, H. Wada, S. Tamamushi, E. Nishimura, N. Ikeda, Y. Katoh, H. Kusakabe, R. Yoshikawa, and T. Takigawa, Triangular shaped beam technique in EB exposure system EX-7 for ULSI pattern formation, *Jpn. J. Appl. Phys.*, 28, 2065-2069 (1989).

58. H.C. Pfeiffer, D.E. Davis, W.A. Enichen, M.S. Gordon, T.R. Groves, J.G. Hartley, R. J. Quickle, J.D. Rockrohr, W. Stickel, and E.V. Wever, EL-4, A new generation electron-beam lithography system, *J. Vac. Sci. Technol. B.*, 11 (6), 2332-2341 (1993).

59. Y. Someda, Y. Sohda, and N. Saitou, Triangular-variable-shaped beams using the cell projection method, *J. Vac. Sci. Technol. B.*, 14 (6; Nov./Dec.), 3742-3746 (1996).

60. M. Tanaka et al., Technological capability and future enhanced performance of HL-7000M, in: *The*

Proceedings of Photomask and Next Generation Lithography Mask Technology, Proc. SPIE, 5130, 287-296 (2003).

61. M. Parikh and D.E. Schreiber, Recent development in proximity effect correction techniques, in: *Proceedings of the Symposium on Electron and Ion Beam Science and Technology, Ninth International Conference 1980,* 1980, pp. 304-313.

62. F. Murai, H. Yoda, S. Okazaki, N. Saitou, Y. Sakitani, Fast proximity effect correction method using a pattern area density map, *J. Vac. Sci. Technol. B.,* 10 (6; Nov./Dec.), 3072-3076 (1992).

63. T. Abe, S. Yamasaki, R. Yoshikawa, and T. Takigawa, II Representative figure method for proximity effect correction, *Jpn. J. Appl. Phys.,* 30 (3B), L528-L531 (1991).

64. A. Fujii et al., Advanced e-beam reticle writing system for next generation reticle fabrication, *Proc. SPIE,* 4409, 258-269 (2001).

65. N.D. Wittels and C. Youngman, Proximity effect correction in electron-beam lithography, in: *Proceedings of the Symposium on Electron and Ion Beam Science and Technology, 8th Conference,* 361, 1978.

66. M. Osawa, K. Takahashi, M. Sato, H. Arimoto, K. Ogino, H. Hosino, and Y. Machida, Proximity effect correction using pattern shape modification and area density map for electron-beam projection lithography, *J. Vac. Sci. Technol. B.,* 19 (6; Nov./Dec.), 2483-2487 (2001).

67. G. Owen and P. Rissman, Proximity effect correction for electron beam lithography by equalization of background dose, *J. Appl. Phys.,* 54 (6), 3573-3581 (1983).

68. J.B. Kruger, P. Rissman, M.S. Chang, Silicon transfer layer for multilayer resist systems, *J. Vac. Sci. Technol.,* 19 (4), 1320-1324 (1981).

69. K.K. Christenson, R.G. Viswantan, and F.J. Hohn, x-ray mask fogging by electrons backscattered beneath the membrane, *J. Vac. Sci. Technol. B.,* 8 (6), 1618-1623 (1990).

70. N. Saitou, T. Iwasaki, and F. Murai, Multiple scattered e-beam effect in electron beam lithography, *Proc. SPIE,* 1465, 185-191 (1991).

71. M. Ogasawara et al., Reduction of long range fogging effect in a high acceleration voltage electron beam mask writing system, *J. Vac. Sci. Technol. B.,* 17 (6), 1618-1623 (1999).

72. T. Komagata, Y. Nakagawa, N. Gotoh, and K. Tanaka, Performance of improved e-beam lithography system JBX-9000MVII, *Proc. SPIE,* 4409, 248-257 (2001).

73. Y. Hattori, et al., Solution for 100nm -EBM-4000-, *Proc. SPIE,* 4754, 697-703 (2002).

74. K. Koyama, O. Ikenaga, T. Abe, R. Yoshikawa, and T. Takigawa, Integrated data conversion for the electron beam exposure system EX-8, *J. Vac. Sci. Technol. B.,* 6 (6), 2061-2065 (1988).

제5장

레이저 마스크 묘화장치

Christer Rydberg

5.1 레이저 패턴 발생장치

이 장에서는 광 또는 더 정확하게는 레이저를 사용한 노광방식에 기반을 둔 포토마스크 패턴 발생장치와 관련된 기술과 원리들에 대해서 논의한다. 레이저 패턴 발생장치에는 두 가지 핵심 그룹들이 있다―래스터 스캔 장비와 패턴 발생장치(SLM)이다. 일반적인 소개에 뒤이어서 레이저 패턴 발생장치의 하위 시스템들에 대해서 살펴보기로 한다. 두 가지 그룹의 패턴 발생장치들의 영상 생성 특성들에 대해서 논의한 다음에 앞으로의 전망에 대해서 살펴보면서 이 장을 마무리하겠다.

5.1.1 포토마스크의 제작

포토마스크의 제작은 데이터베이스 파일(CAD 파일)에서 정의되어 있는 2차원 기하학적 패턴을 식각된 영상으로 전사하는 것이다. 식각된 영상은 대부분의 경우 박막 크롬 필름이나 여타의 불투명한 소재로 만들어지지만, 위상천이 마스크의 경우에는 투명한 소재에 영상을 식각할 수도 있다.

마스크 제조업체들은 2진수로 이루어진 2차원 기하학적 패턴을 광민감성 소재(포토레지스트)상에 노광시키기 위해서 레이저 패턴발생장치를 사용한다. 화학물질에 입사된 광자는 포토레지스트 내에서 변환되어 잠재영상을 만든다. 이 잠재영상을 현상하여 레지스트 상에 3차원 양각 영상을 생성한다. 포토레지스트가 부분적으로 덮여 있는 크롬을 식각하여 크롬 상에 2차원 영상을 전사한다.

패턴 발생장치의 특징을 검증하기 위해서는 대부분의 경우 광분포, 즉 공간영상을 분석하면 충분하다. 많은 연구들이 포토레지스트 필름 깊이방향으로의 초점변화, 포토레지스트 내에서의 정재파, 노광에 따른 포토레지스트의 투과율 변화 등과 같은 잠재영상에 관련된 효과들을 고려하고 있다.

포토레지스트 벽면의 구배는 공간영상의 경사도에 의존한다. 레지스트 감도가 높기 때문에 경사진 포토레지스트 벽면조차도 최종적인 포토마스크상의 날카로운 테두리를 생성해준다. 그럼에도 불구하고 공정의 변동에 덜 민감하고 최종적인 영상 내에서 크롬 모서리들의 통계학적인 편차를 감소시켜주므로, 공간영상 내의 급경사를 갖는 포토레지스트 벽면이 중요하다. 더욱이 레지스트의 민감도 때문에 테두리에 위치하지 않은 공간영상 내의 세밀하게 조사된 구조가 크롬 필름내의 영상에 나타나지 않을 수도 있다(그림 5.1).

테두리를 올바른 위치에 위치시키기 위해서는 몇 가지 인자들을 조절해야만 한다. 공간영상 내의 복사조도가 위치마다 임의로 변동하는 것이 허용되지 않는다. 시스템은 안정적으로 빛을 조사해야만 한다. 초점이 맞춰지지 않은 시스템은 기울기가 작은 공간영상을 생성하므로 시스템을 공정의 변화에 민감하게 만든다. 더욱이 공간영상의 왜곡은 테두리의 위치도 변화시킨다.

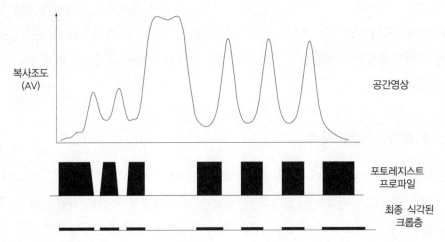

그림 5.1 상단 그림: 공간영상-복사조도의 분포. 중간 그림: 노광 및 처리 후의 포토레지스트 프로파일. 하단 그림: 최종 포토마스크 상의 불투명 층(보통 크롬)

5.1.2 역 사

초창기 레이저 패턴 발생장치들에서는 포토마스크 표면상을 움직이는 단일초점 레이저 빔을 사용하여 포토마스크의 노광을 수행했다. 벨연구소와 마이크로닉 레이저 시스템 사는 1970년대의 초기 장비들을 개발했다[1, 2]. 항상 더 작은 크기의 형상을 만들려는 경향은 더 작은 크기로 집속된 스폿을 낳았다. 스폿 크기의 감소는 동일한 면적의 프린트에 소요되는 노광시간이 증가함을 의미한다. 시스템 내에서 생산성의 저하를 보상하기 위해서 다중 빔을 사용하여 패턴의 다른 부분을 동시에 묘화하는 방안이 도입되었다. 빔의 직교운동을 생성하기 위해서 음향광학 편향장치(AOD)를 사용하며 16개의 빔으로 동시에 묘화작업을 수행하는 그 당시에는 매우 진보된 형태의 패턴 발생장치가 TRE Semiconductor Equipment Corporation에 의해서 제작되었다[3]. TRE 시스템은 최초의 래스터 스캔형 패턴 발생장치였다. 오늘날 대부분의 레이저 패턴 발생장치가 이 유형을 사용하고 있다. 이 기술은 나중에 텍사스 인스트루먼트, 하이델베르크, 그리고 ATEQ 및 나중에 Etec Systems가 된 Applied Materials 사 등에 의해서 더욱 발전되었다[4]. 래스터 스캔 기술을 상용 마스크 시장에 적용한 최초의 상용 시스템은 Etec Systems Inc. 사의 CORE$^{(TM)}$이었다.

일부 현대적인 레이저를 기반으로 하는 포토마스크 묘화용 플랫폼들은 스테퍼 스캐너라는 리소그래피 노광장비를 기반으로 하고 있다. 리소그래피 노광장비는 포토마스크의 영상을 웨이퍼 상에 투영하기 위해서 사용되며, 투영 시 영상을 4배만큼 축사시킨다. 동일한 포토마스크를 여러 번 노광시켜서 웨이퍼 상의 영상을 제작한다. 포토마스크를 제작하기 위한 패턴 발생장치에서도 동일한 영상 처리공정이 사용되지만, 고정된 포토마스크 영상을 웨이퍼에 사용하는 대신에 동적인 마스크인 패턴 발생장치(SLM)를 사용하는 방식이 포토마스크에 적용된다. 이 방식을 사용한 프린트 방법에서는 다수의 개별적인 스탬프들로 전체 영상이 만들어진다. 동적으로 변화하는 스탬프를 만들기 위해서는 다양한 기술들을 사용할 수 있다. 간단한 동적 배열법들 중 하나는 그림 5.2에 도시되어 있는 Silicon Light Machines 사의 격자형 광 밸브(GLV$^{(TM)}$) 방식이다[5]. GLV$_{(TM)}$는 스캐닝 운동과 조합하여 사용할 수 있는, 반사 리본으로 이루어진 1차원 패턴 발생기 배열방법이다. 이 장치는 이미 그래픽 아트 산업 분야에서 컴퓨터-판 오프셋 리소그래피를 위해 아그파와 다이니폰 스크린(DNS) 등이 사용하고 있었다. 더욱이 GLV$^{(TM)}$의 높은 변조능력 때문에 단순한 1차원 어레이 구조를 구현할 수 있다. 여타의 동적 마스크들로는 그림 5.3에 도시된 것과 같이 텍사스 인스트루먼트 사가 프로젝터에 사용했던 디지털 광처리장치(DLP)와 NimbleGen 사의 유전자 칩의 직접묘화장치 등이 있다[6, 7]. 디지털 광처리장치(DLP)는 마이크로 반사경 장치로, 반사경 각각을 피벗시킴으로써 빛을 반사시킨다. 동적 패턴 발생장치(SLM)를 사용해서 최초로 개발된 포토마스크 묘화 시스템은 마이크로닉 레이저 시스템 사의 시그마 시리즈 제품들이다. 시그마 시스템들은 그림 5.4에 도시된 것처럼 패턴 발생장치(SLM)와 프라운호퍼 IMS와 IPMS 연구소에 의해서 개발된 회절모드로 작동하는 피벗 마이크로 반사경을 사용한다[8, 9].

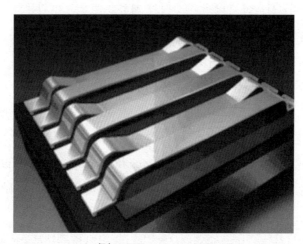

그림 5.2 Silicon Light Machines 사의 GLV$^{(TM)}$. 리본들을 굽혀서 회절된 필드, 즉 동적 격자 내에서 위상변화를 일으킨다.

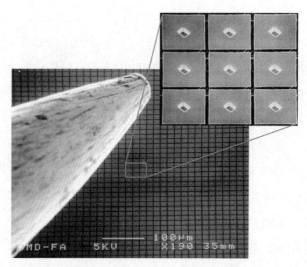

그림 5.3 텍사스 인스트루먼트 사에 의해서 제작된 디지털 광처리장치(DLP). 각각의 마이크로 반사경들은 개별적으로 구동되며 조사된 영상을 반사한다. 프로젝터와 NimbleGen 사의 유전자 칩 직접묘화에도 사용된다. 칩의 미세한 크기를 비교해 보여주기 위해서 바늘 끝단과 함께 사진을 찍었다.

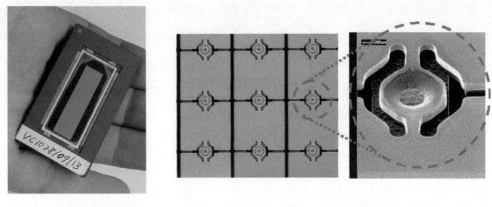

그림 5.4 프라운호퍼 IMS와 IPMS 연구소에 의해서 개발된 패턴 발생장치(SLM) 칩. 각 마이크로 반사경들은 중심축 주변에서 개별적으로 기울여지거나 피벗된다. 반사경들은 부분적으로 간섭된 장을 회절방식으로 조절한다. Micronic Laser Systems 사는 시그마 포토마스크 패턴 발생장치에서 이 장치를 사용하였다.

5.1.3 현재의 경향

지금까지 반도체 업계는 단일 칩에 집적된 트랜지스터의 숫자는 시간에 따라서 지수함수적으로 증가한다는 무어의 법칙에 따라왔다[10]. 이러한 발전의 많은 부분은 점점 더 작은 영상 형상을 만들 수 있는 리소그래피 노광장비(스테퍼 또는 스캐너)의 성능 개선과 분해능 증가에 기인한다. 현재의 경향은 영상 형상의 크기 감소가 리소그래피 장비 내에서의 분해능 증가를 넘어서는 단계에 와 있다. 이에 따라서 리소그래피 노광 시스템이 장비 성능이 회절에 의해서 제한을 받게 되는 분해능 한계에 근접하여 작동해야만 하게 되었다. 광학 시스템에서 회절은 정보의 손실을 유발하며 영상을 완벽하게 전달하지 못하게 만든다. 영상 손실은 필연적이나 포토마스크에서 어느 정도 보상할 수 있다. 분해능 이하 보조형상(SRAF), 위상천이 마스크(PSM), 그리고 광학근접보정(OPC) 등의 분해능강화기법(RET) 도입을 통해서 더 높은 수준의 포토마스크를 만들 수 있다. 더욱이 패턴 데이터에 분해능 이하 보조형상(SRAF)과 광학근접보정(OPC)을 추가하면 데이터 용량이 현저히 증가하므로, 데이터 경로를 그에 따라서 구성해야 하므로 패턴 발생장치의 가격이 높아진다.

포토마스크와 웨이퍼 사이의 배율이 4배이므로 포토마스크 패턴 발생장치에서 필요한 분해능 요건은 스테퍼에서보다 4배 크다. 그런데 진보된 포토마스크의 경우에는 분해능강화기법이 포토마스크와 웨이퍼 사이의 단순한 배율관계를 복잡하게 만들기 때문에 이런 상관관계가 적용되지 않는다.

마스크 오차 강화계수(MEEF) 또는 어떤 문헌에서는 마스크 오차계수(MEF)라고 부르는 인자는 포토마스크 상의 오차가 스테퍼와 같은 노광장비에 투사되었을 때, 오차가 어떻게 발생되는가를 미터 단위로 나타낸 값이다[11, 12]. 마스크 오차 강화계수(MEEF)는 웨이퍼 레벨에서의 선폭 오차를 포토마스크 레벨에서의 선폭 오차와 노광장비의 증폭률을 곱한 값으로 나누어서 구한다. 일부의 경우 포토마스크에 대한 통계적 성질들에 대한 요건을 심하게 적용하면 마스크 오차 강화계수(MEEF)가 5~10까지 높아질 수도 있다.

5.2 레이저 패턴 발생장치의 구성요소들

모든 레이저 패턴 발생장치들은 동일한 기본요소들, 레이저 광원, 영상 성형 시스템, 초점조절 시스템, 그리고 간섭계에 의해서 제어되는 $X-Y$ 스테이지 등으로 구성된다(그림 5.5). 모든 오염과 온도에 민감한 요소들은 항온챔버 내에 밀봉된다. 데이터 경로, 초점조절 메커니즘, $X-Y$ 스테이지, 그리고 항온챔버 등의 기능은 모든 영상 생성장치의 구조들이 서로 유사하며 이 장에서 논의할 예정이다.

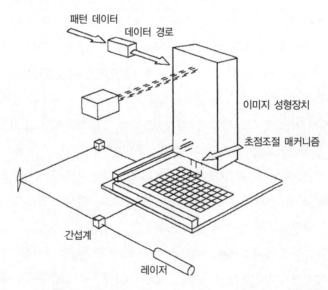

그림 5.5 레이저 패턴 발생장치의 구성요소들. 데이터 경로, 레이저, 영상 성형 메커니즘, 초점조절 메커니즘, 그리고 간섭계로 조절되는 $X-Y$ 스테이지 등으로 구성되어 있다. 주변 환경에 민감한 요소들은 항온챔버 속에 밀봉된다.

5.2.1 데이터경로

데이터 경로는 일반적으로 계층적 구조의 벡터 포맷으로 만들어진, 전처리된 CAD 데이터를 받아들인다. 일반적으로 그레이 스케일 비트맵을 사용해서 이 데이터를 래스터화시킨다. 때로는 점유영역 알고리즘을 사용해서 비트맵을 래스터화시킨다. 부분적으로 형상에 걸쳐있는 픽셀들은 점유영역에 비례하여 회색 값이 할당된다.

5.2.1.1 어드레스 그리드

높은 생산성을 갖는 레이저 패턴 발생장치에서는 픽셀 그리드보다 높은 정확도로 테두리를 배치할 필요가 있다. 이는 그레이 스케일 다중노광 기법을 사용해서 구현할 수 있다.

패턴 발생장치에는 세 가지 그리드가 공존한다. 패턴 데이터는 가상 데이터 그리드나 설계 그리드로 표시된다. 픽셀들은 픽셀 그리드 상에 위치한다. 어드레스 그리드는 다중노광과 그레이 스케일 등의 기법을 통해서 확장된 픽셀 그리드이다. 어드레스 그리드는 테두리 배치 분해능을 제한하며, 데이터 내의 테두리들은 어드레스 그리드에 의해서 둥글려지는데 이를 그리드 스내핑이라 한다. 예를 들면 10nm 어드레스 그리드를 갖는 패턴 발생장치는 505nm 폭의 직선을 프린트할 수 없다. 왜냐하면 이 선은 자동적으로 500nm 또는 510nm 폭의 직선으로 근사화되어 버리기 때문이다.

5.2.1.2 다중노광기법

다중노광 또는 다중통과 묘화는 확률적 임의오차 및 계통오차 모두의 측면에서 민감도를 저하시킨다[13]. 통계학적으로 동일한 패턴에 대한 연속적 다중노광은 영상화 공정 내에서의 노이즈를 평균화시킨다.

데이터를 픽셀로 분할하기 전에 픽셀 그리드의 배치에 오프셋을 부가할 수 있다. 만약 각 노출 사이의 픽셀 중 일부분에 대해서만 오프셋 된 상태로 다중노광이 수행되었다면 어드레스 그리드가 확대된다. 더욱이 만약 스트라이프 경계의 위치가 각 노광 시마다 변한다면 접합의 계통오차가 끼치는 영향이 줄어들게 된다.

5.2.2 초점조절

초점조절 메커니즘은 포토마스크와 대물렌즈 사이의 거리를 일정하게 유지하는 것을 목표로 삼고 있다. 포토마스크의 형상은 이상적인 평면과는 차이가 있으며, 초점조절 메커니즘은 포토마스크 표면까지의 거리를 일정하게 보상 및 유지할 수 있어야만 한다.

렌즈와 포토마스크 사이의 거리를 측정하기 위해서 사용되는 원리는 공기유동 측정방식이다. 측정용 관체가 포토마스크에 인접하여 설치되어 있고, 관체 내에 설치된 작은 노즐을 통과하는 공기유동을 측정한다. 이 유동은 관체와 포토마스크 사이의 거리의 함수이다. 대기압을 소거하기 위해서 기준 측정값이 사용된다. 기준 관체는 기준 표면에 대해서 일정한 거리로 설치된다. 전기적으로 조절되는 압전소자나 자기 코일을 사용해서 렌즈와 기층소재 사이의 거리를 기계적으로 조절한다.

5.2.3 항온챔버

패턴 발생장치는 환경변수들이 조절 및 모니터링되는 항온챔버 속에 설치된다. 항온챔버 내의 공기는 패턴 발생장치 내부로 오염물질이 유입되지 않도록 대기압보다 약간 높은 압력으로 조절된 가능한 한 층류에 근접한 흐름이 유지된다. 공기를 항온챔버로 공급하기 전에 필터와 온도조절 장치로 이루어진 환경조절 모듈을 통과한다.

5.3 래스터-스캔 레이저 패턴 발생장치

래스터 스캔 패턴 발생장치는 포토마스크 분야의 진정한 일꾼이다. 기술은 완숙되어 있으며, 안정되고 빠른 것으로 알려져 있다. 이 장에서는 영상 생성 기술에 대해서 설명하고, 두 가지 주 제품군인 Etec Systems Inc.의 ALTA$^{(TM)}$ 시리즈와 Micronic Laser Systems 사의 Omega$^{(TM)}$ 시리즈가 서로 어떻게 다른가에 대해서도 논의할 예정이다[14, 15].

5.3.1 구 조

래스터 스캔 패턴 발생장치는 가우시안 형상에 근접한 하나 또는 다수의 레이저 빔을 사용해서 패턴을 묘화한다. 빔은 패턴 데이터에 따라서 진폭을 조절하면서 마스크 표면상을 스캔한다. 패턴의 묘화시간은 본질적으로 패턴의 면적에 비례하며 복잡성이나 패턴상의 형상 숫자 등에는 영향을 받지 않는다. 데이터 처리능력에 의해서 설정되는 한계 이상에서는 패턴 영역과 묘화시간 사이의 상관관계가 무너져 버린다. 패턴 발생장치의 데이터 처리능력은 이 한계 값 이하에서 시스템이 작동할 때를 기준으로 설계된다.

그림 5.6과 5.7에서 설명하는 것처럼 두 가지 유형의 패턴 발생장치들은 다음과 같은 핵심 요소들로 구성되어 있다. 레이저, 빔 분할기, 변조기, 빔의 교차 주사운동을 만들어내는 회전 다각형 또는 음향광학 편향장치(AOD), 축사렌즈와 $X-Y$ 스테이지 등이다.

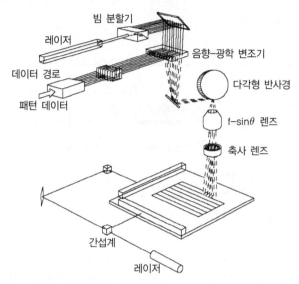

그림 5.6 응용소재 업체인 Etec Systems Inc.의 ALTA 래스터 스캔 장비

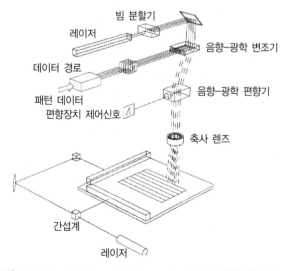

그림 5.7 Micronic Laser Systems AB 사의 오메가 래스터 스캔

여러 부위의 패턴들을 병렬로 묘화함으로써 생산성을 증가시키기 위해서 빔 분할장치는 레이저로부터의 빛을 다수의 빔으로 분할시켜준다. 각각의 빔들은 음향광학변조기(AOM)를 통해서 개별적으로 진폭이 조절된다. 이 변조 값은 데이터 경로를 통한 입력에 의해서 제어된다. 노광영역은 일정한 폭의 스트라이프들로 분할된다. 스트라이프 또는 스캔 스트라이프의 폭은 전형적으로 수백 마이크로미터 내외이다. 동시에 집속된 스폿은 $X-Y$ 스테이지의 이동방향에 대해서 직각 방향으로 스캔된다. 회전 다각형 반사경 또는 음향광학편이기(AOD)는 스폿의 교차 스캐닝 운동을 만들어낸다(그림 5.8)

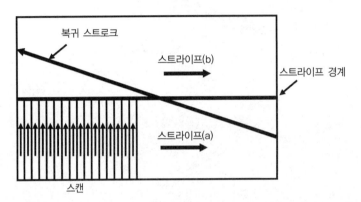

그림 5.8 래스터 스캔 묘화원리. $X-Y$ 스테이지는 포토마스크를 이동시키면서 편향장치로 서로 인접한 위치에 교차스캔을 시행함으로써 스트라이프를 생성한다. 스트라이프(a) 내의 마지막 스캔에 대한 노광이 시행되고 나면 $X-Y$ 스테이지는 복귀 스트로크를 시행한 다음에 스트라이프(b)의 처음스캔에 대한 노광을 개시한다.

스폿은 스캔 방향으로 연속적으로 움직이며, 스트라이프 방향으로 불연속적인 스캔들이 추가된다. 스트라이프의 끝단에 도달한 후, 다음 스트라이프에 대한 작업을 시작하기 전에, $X-Y$ 스테이지는 스캔 방향으로 한 단위만큼 위치를 증가시키며, 스트라이프 방향에 대해서는 시작점으로 복귀한다.

포토마스크의 이동에 따른 미소한 속도벡터 성분 때문에 $X-Y$ 스테이지 운동과는 직각으로 위치한 하나의 스캔은 포토마스크 상에서 수직으로 끝나지 않는다. 직각에 대한 미소한 각도편차는 방위각만큼 주사선을 미소하게 기울여서 보상할 수 있다.

5.3.2 공간영상 생성

다중 빔 시스템의 경우 다수의 빔들이 서로 분리되며, 해당 필드들은 서로 간섭을 일으키지 않는다. 영상은 서로 간섭한다. 따라서 두 함수 사이의 합성곱 연산을 사용해서 그림 5.11에 도시되어 있는 공간영상, $I(x,y)$에 대한 1차 근삿값을 산출할 수 있다.

$$I(x,y) = g(x,y) \otimes I_{\mathrm{spot}}(x,y)$$

여기서 $\otimes$는 합성곱 연산을 나타낸다.

그림 5.10에 도시되어 있는 첫 번째 함수 $g(x,y)$는 스폿 중심에서 조사되는 좌표 값에 대한 Dirac 응답을 나타내며, 데이터 경로의 출력에 따라서 각 점들에서의 그레이 스케일 강도 값이 결정된다. 그림 5.9에 도시되어 있는 두 번째 함수인 $I_{\mathrm{spot}}(x,y)$는 스폿 복사조도 분포 값으로 가우시안 분포에 근접한다.

그림 5.10에서 $g(x,y)$는 교차를 나타낸다. $g(x,y)$와 그림 5.9에서의 스폿 복사조도 분포 $I_{\mathrm{spot}}(x,y)$의 합성곱 연산을 통해서 그림 5.11에 도시되어 있는 공간영상이 만들어진다.

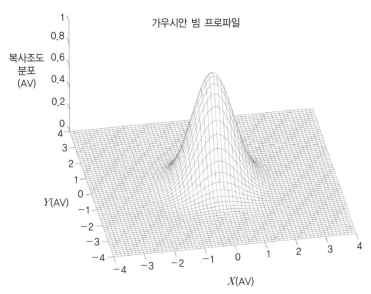

그림 5.9 집속된 스폿 $I_{\mathrm{spot}}(x,y)$의 복사조도 분포. 이 분포는 형태상 가우시안으로 1차 근사되었다.

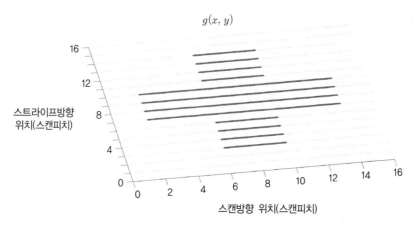

그림 5.10 함수 $g(x,y)$는 Dirac 응답에 스폿 중심에서 조사되는 좌표 값에 대한 그레이 스케일 값을 곱하여 구한다. 이 교차사례에서 점선은 그레이 스케일 값이 0(복사조도가 없음)인 위치를 나타내며 실선은 그레이 스케일 값이 1(복사조도 최대)인 위치를 나타낸다.

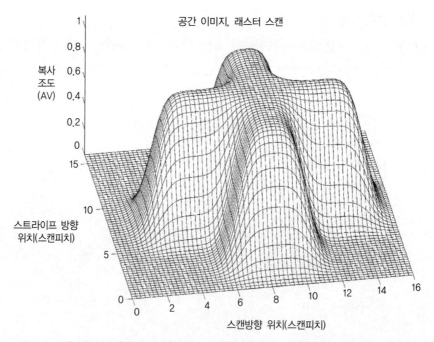

그림 5.11 래스터 스캔 패턴 묘화장비를 사용해서 교차 노광시킨 공간영상의 시뮬레이션 결과. 공간영상은 $g(x,y)$(그림 5.10에 도시)와 $I_{\text{spot}}(x,y)$(그림 5.9에 도시)의 합성곱을 통해서 계산된다.

5.3.3 스캔선 분리

스폿의 크기와 인접한 두 스캔선 사이의 분리 사이의 비율은 영상 품질을 결정하는 중요한 인자이다. 주어진 스폿 크기에 비해서 스캔선의 분리간격이 크면 통계적 민감도 변화, 그레이 레벨의 거동특성 불량, 그리고 극단적인 경우에는 스트라이프 방향으로의 테두리 거칢이나 형상파손 등과 같은 현상이 발생될 수 있다. 반면에 스캔선의 분리간격이 작으면 생산성 저하가 초래된다.

특정 장비에서 두 개의 인접한 스캔선들 사이의 거리는 일반적으로 고정된다. 이는 다수의 빔들 사이의 거리가 고정되어 있기 때문이며, 가변피치 장비의 경우에는 방위각 조절이 가능해야만 한다. 그런데 시장에 출시된 다중 빔 패턴 발생장치들 중에는 두 스캔선 사이의 분리거리를 사용자가 임의로 조절할 수 있도록 만든 제품이 있다.

5.3.4 스트라이프 경계

테두리의 왜곡과 스트라이프 경계에서의 영상 형상 교차를 접합오차 또는 버팅오차라고 부른다. 접합오차를 최소화시키기 위해서 다양한 기법들이 다중노광 기법들과 조합하여 사용된다.

두 개의 인접한 스트라이프들을 부드럽게 혼합시켜서, 스캔선 길이의 몇 퍼센트 정도를 인접 스트라이프와 중첩한다[16]. 중첩영역 내에서 스캔선의 끝 지점을 다음 번 스트라이프의 스캔 시작위치와 혼합하면, 전체적인 복사조도를 일정하게 유지시키면서도 모든 스캔선들의 오르내림을 매끈한 함수형태로 조절할 수 있다.

접합오차를 줄이기 위한 또 다른 기법은 연속되는 스캔선들에 대해서 스트라이프 경계위치에서 스트라이프들을 그림 5.12에서 도시하는 것처럼 도브테일 형태로 교차시키는 것이다[17].

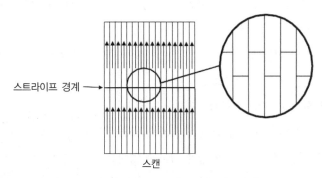

그림 5.12 스트라이프들을 도브테일 방식으로 연결해서 경계위치를 서로 교차시킴

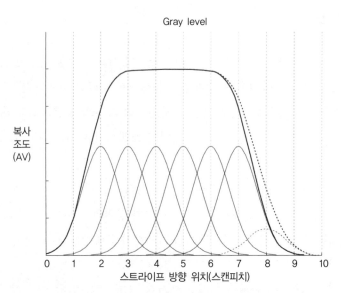

Gray level

복사
조도
(AV)

0 1 2 3 4 5 6 7 8 9 10
스트라이프 방향 위치(스캔피치)

그림 5.13 그레이스케일을 사용하여 스트라이프 방향으로 절단된 공간영상의 형상을 보여주고 있다. 형상의 우측
테두리(8번)에서의 스캔 진폭을 변화시키면, 스캔들 사이의 간격보다 작은 치수로 형상의 테두리 위치를
이동시킬 수 있다. 하지만 그 효과는 비선형적이므로 개별 프로세스 조건에 따라서 교정해야만 한다.

5.3.5 그레이 스케일 변환

스캔의 광도를 그레이 레벨 강도라고 부르는 켜짐과 꺼짐의 중간 레벨로 만들어서 주 형상의
테두리를 주사선 간격의 일부만큼 시프트시킬 수 있다[18].

그림 5.13에서 설명된 것은 스트라이프 방향으로 절단된 공간영상의 형상이다. 개별적인
스캔선에 따른 공간영상과 이들의 총합이 도시되어 있다. 이 특정 형상의 경우 스캔선 번호
2~7번은 켜짐 상태로 조절되어 있다. 합쳐진 신호 중 스캔선 번호 8번은 켜짐과 꺼짐의 중간
값으로 조절되어 있으며, 형상의 테두리는 주사선 분리에 필요한 것보다 작은 크기를 사용해서
나타낼 수 있다. 이 방법은 어드레스 그리드 분해능을 증가시키기 위해서 사용된다. 그 영향은
비선형적이며 조견표를 사용해서 원하는 테두리 변위를 그레이 스케일 값으로 변환시킬 수
있다. 더욱이 테두리 변위는 복사조도와 공정에 의존하므로 각각의 조사량과 공정을 정하기
위해서는 조견표를 만들어야 한다[19].

강도조절을 사용하는 경우의 바람직하지 못한 영향들 중 하나는, 완전한 스캔 강도로 패턴
형상의 테두리를 만들어낼 때보다 중간 값의 그레이 스케일을 사용할 때 공간영상의 테두리에서
에너지 변화율이 작다는 점이다. 변화율이 심하지 않다는 것은 공정 폭의 손실이 발생된다는
것과 같은 의미를 갖는다. 모든 형상의 테두리들이 동일한 공정 폭을 갖도록 만들려면 다중통과

묘화방식을 도입해야 하며, 형상 테두리들은 각 통과 시마다 서로 다른 그레이 레벨로 성형된다.

그 이외에 보조 편향장치와 같이 어드레스 그리드 문제를 해결하기 위한 또 다른 접근방식이 있지만, 고품질 패턴 발생장치에서는 사용되지 않는다.

5.3.6 음향광학

음향광학 요소들은 래스터 스캔 영상 성형방식에서 빔을 조절하기 위한 핵심 장치이다. 래스터 스캔 패턴 발생장치에서 사용되는 음향광학 장치들은 압전 음향 변환기를 장착한 수정체로 이루어져 있다. 변환장치는 전기신호를 받아 수정체 내에서 초음파를 만들어낸다. 이 음파는 수정체 내에서 분자들을 평형상태로부터 여기시킴으로써 기계적인 응력을 생성한다. 이 응력은 주기적으로 굴절률의 국부적인 변화, 즉 이동체적 회절격자를 생성한다.

소위 브래그(Bragg) 조건은 수정체 속으로 투사된 빛과 초음파 및 1차 회절광 사이의 상관관계를 나타낸다. 브래그 조건 하에서 수정체 내의 음향 노드에서 굴절된 빛은 그림 5.14에서와 같이 특정한 순서에 따라서 건설적으로 높은 효율을 만들어내도록 작용한다.

다음 조건 하에서 브래그 조건이 성립된다.

$$\sin(\theta) = \frac{\lambda_{\text{light}}}{2 \cdot \lambda_{\text{sound}}}$$

브래그 각도는 위의 조건식에서 보다시피 작은 각도이다. 참고문헌 [20, 21]에서는 이에 대해서 상세히 다루고 있다.

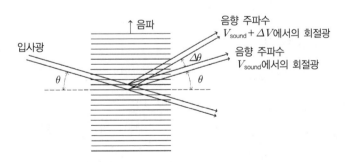

그림 5.14 음향광학 장치의 작동원리. 음파에 의해서 빛은 수정체 내의 주기적 구조에 회절된다. 음파의 진폭을 조절해서 회절광과 회절되지 않은 광 사이의 상대적인 복사조도를 조절할 수 있다. 음파의 주파수를 변화시켜서 회절광의 각도를 변화시킬 수 있다.

5.3.7 빔 변조

래스터 스캔 패턴발생장치에서 빔의 진폭조절은 음향광학변조기(AOM) 내에서 수행된다. 음향광학변조기(AOM)는 브래그 각도와 적절한 음향진폭 수준 하에서 작동하는 음향광학 장치이다. 1차 회절광은 음파의 강도에 비례한다. 만약 음향 진폭이 너무 높다면, 포화가 발생되며 음향광학변조기(AOM)는 스위치로 작용한다. 기층소재를 노광하기 위해서 1차 또는 0차 회절 광을 사용할 수 있다.

5.3.8 빔 스캔

빔의 스캔운동을 구현하기 위해서 두 가지 중요한 물리적 원리들이 사용된다. 회전 반사경 다각형과 음향광학편이(AOD)이다.

주로 사용되는 기법은 고속으로 회전하는 다각형 반사경을 사용하는 것이다. 전형적으로 스캔운동을 만들어내기 위해서 24면체 다각형 반사경이 사용된다. 이 기법은 매우 긴 스캔길이를 가지고 있으며 전체 스캔영역에 대해서 안정적인 조사가 가능하다.

음향광학편이(AOD) 장치는 브래그(Bragg) 조건에 근접하여 작동하는 음향광학 장치이다. 여기서 초음파는 1차 회절광의 각도를 변화시키기 위해서 주파수를 변조시킨다. 음향광학편이기에서 비선형성은 전기적으로 보상할 수 있으며 선형적으로 거동하는 광학 시스템을 만들어낼 수 있다. 각도변화는 주파수에 대해서 선형함수가 아니지만, 압전 음향 변환기에 비선형 신호를 공급하여 이를 보상할 수 있으며 시스템의 거동을 선형화할 수 있다. 더욱이 음향강도 조절을 통해서 주파수 의존성 회절효율에 기인한 회절광의 강도변화를 보상할 수도 있다. 음향광학편이에 의해서 회절된 각도는 비교적 작다.

5.3.9 포토마스크상의 빔 집속

빔의 선명도는 모서리, 가는 선 및 미소 접촉구멍 등과 같은 형상을 전사할 때 중요한 항목이다. 이것은 물리적인 기본성질로서 포토마스크 상에 빔을 집속할 수 있는 영역을 제한한다[22, 23]. 회절은 영상을 훼손시키며 분해능을 제한한다. 제한조건들은 영상화 시스템용 렌즈 시스템의 설계와 사용하는 빛의 파장이다.

5.3.10 다중 빔 기법

역사적으로 생산성을 증가시키기 위해서 다중 빔 패턴 발생장치가 도입되었다. 오늘날 다중 빔을 사용하는 패턴 발생장치가 표준으로 간주되고 있다. 다중 빔 묘화에서 각 빔들은 개별적으로 변조되며, 모든 빔들은 스캐닝 메커니즘을 공유한다. 빔은 병렬로 스캔되며 스트라이프 방향에 대해서 서로 분리된다. 포토마스크 상의 두 개의 스폿 사이에 패턴의 간섭을 피하기 위해서 빔 분리거리가 유지된다.

ALTA 4000$^{(TM)}$에서 32개의 빔들은 각각 16개씩의 빔으로 이루어진 두 개의 하위그룹으로 나뉜다[24]. 각각의 그룹 내에서 빔 간 간격은 두 인접 스캔선 사이의 분리거리의 6배이다. 두 개의 그룹들은 스캔선 그리드 분리거리의 9배 떨어져 있다. $X-Y$ 스테이지는 32개 빔들 모두에 대해서 각 스캔선 집단의 시작점들 사이의 스캔선그리드의 32배에 해당하는 거리를 움직인다. 전체 시스템은 모든 패턴을 채워주는 브러시처럼 작동한다.

다중 빔을 사용하면 추가적인 오차원들이 유입되며 교정의 필요성이 증가한다. 주의가 필요한 발생 가능한 오차의 원인들은 예를 들면 빔들 사이의 강도변화, 분리오차, 그리고 빔 형상의 변동 등이다.

두 가지 유형의 빔 분할장치가 고성능 패턴 발생장치에 사용되는데 이들 중 일부는 반사표면을 사용하며, 일부는 회절 광학 요소(DOE)를 사용한다.

그림 5.15에서는 동일한 강도의 빔을 만들기 위해서 사용되는 부분적 반사표면의 개략도를 보여주고 있다[25]. 각 반사장치는 광 강도의 절반은 반사시키고 나머지 반은 투과시키도록 코팅되어 있으며, 장치의 배면에는 전반사 층이 설치된다. 이 방법을 통해서 각 방향별로 빔의 숫자가 배가된다.

회절 광학 요소(DOE)는 회절을 통해서 빔을 수정할 수 있도록 처리된 표면을 갖춘 장치이다. 입사광이 다수의 불연속적인 방향들로 회절되도록 표면형상이 식각되어 있다. 표면형상은 빔의 숫자와 생성된 각각의 빔들의 각도분할을 조절해준다.

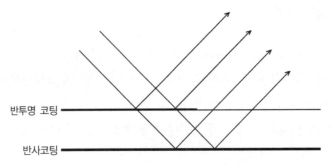

반투명 코팅

반사코팅

그림 5.15 빔 분할장치의 구조. 빔 분할장치는 반사 때마다 빔의 숫자를 배가시킬 수 있도록 다수의 반사경들이 정렬되어 있다.

5.3.11 영상 생성과 스테이지의 동기화

스트라이프 노광기간 동안 $X-Y$ 스테이지는 이상적인 노광위치로 포토마스크를 이동시키기 위해서 노력한다. 몇 가지 요인들 때문에 간섭계로 측정한 위치와는 여전히 확률적인 편차가 존재한다. 모든 패턴 발생장치들은 이러한 편차를 보정할 수 있다.

$X-Y$ 스테이지의 속도편차는 스트라이프 방향으로의 위치편차를 유발한다. 회전 다각형 반사경을 장착하고 있는 패턴 발생장치의 경우 각운동량이 크기 때문에 정속회전 이외에 어떤 것도 허용되지 않는다. $X-Y$ 스테이지를 제어하는 서보는 다각형 반사경의 회전과 동기화되어 있다. 압전 전극 위에 장착되어 있는 반사경이 스트라이프 방향으로의 빔 위치를 변화시킴으로써 반사경 회전에 대한 $X-Y$ 스테이지의 상대적인 운동 편차를 보상해준다. 음향광학편이(AOD)에서는 기계적 이동부가 없으며, $X-Y$ 스테이지가 정 위치에 도착하면 곧장 스캔을 시작할 수 있다.

$X-Y$ 스테이지 역시 이동방향에 대해서 직각으로 확률적 편차를 갖고 있다. 반사 다각형을 사용하는 래스터 스캔 장비는 변조기로 공급되는 데이터의 시점을 조절하며, 데이터 흐름의 지연을 통해서 스캔 방향으로 패턴을 이동시킨다. 음향광학편이(AOD)를 사용하는 래스터 스캔 패턴 발생장치는 편향장치로 공급되는 주파수 함수를 조절할 수 있다. 주파수 함수를 오프셋시켜서 스캔 길이방향으로의 위치를 조절할 수 있다.

5.4 패턴 발생기 영상의 생성

이 장에서는 패턴 발생기 방식의 레이저 패턴 발생장치에 대해서 소개하겠다. 패턴 발생기 방식의 패턴 발생장치는 스테퍼나 스캐너와 같이 리소그래피 노광장치에서 사용하는 것과 동일한 영상화 구조를 기반으로 하고 있다. 모든 실제적 용도에 대해서, 패턴 발생기 방식 패턴발생장치들은 프로그램이 가능한 마스크를 사용하는 리소그래피 노광장치로 간주할 수 있다. 이러한 이유 때문에 리소그래피 노광장치에 대해서도 소개되어 있다.

5.4.1 리소그래피 노광장비, 스테퍼

스테퍼는 포토마스크 영상을 실리콘 웨이퍼와 같은 기층소재 상에 노광시켜준다. 포토마스크 영상은 일반적으로 4배만큼 축사된다. 포토마스크의 영상을 웨이퍼 상에 수차례 노광시켜서 기층소재 상에 차례로 동일한 복제영상을 전사한다. 이 방법은 동일한 요소의 대량생산에 적합하다(그림 5.16 참조).

포토마스크의 제작에 이와 동일한 영상화 공정을 사용할 방도는 없을까? 포토마스크를 묘화하기 위해서는 임의적인 영상을 생성할 수 있는 마스크가 필요하다. 패턴 발생기(SLM)라고 부르는 프로그램이 가능한 마스크가 존재하고 있으며, 이 장의 후반부에서 논의할 예정이다.

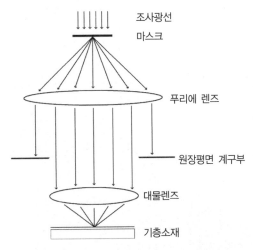

그림 5.16 스테퍼나 스캐너와 같은 리소그래피 노광장비. 대부분의 경우 조사 광선은 노광할 특정한 패턴에 적합한 부분결합 간섭이 일어나도록 설치된다. 조사 광선은 마스크에서 회절되며 푸리에 렌즈에 의해서 집속된다. 그리고 대물렌즈가 마스크 영상을 기층소재 상에 생성해준다.

5.4.1.1 영상화

리소그래피 노광장비에서 조사 광선은 포토마스크에 의해서 회절된다. 투사 리소그래피에서 회절된 빛은 프라운호퍼 영역 또는 원시야(far field) 영역으로 전파된다(그림 5.17). 볼록 렌즈의 초점위치에서도 원시야가 형성될 수 있다[27]. 공간결합장의 경우 복사광의 분포는 필드 절댓값의 자승에 비례한다.

원시야 내의 필드는 포토마스크 노광 직후의 필드에 대한 간단한 푸리에 변환을 통해서 계산할 수 있다. 이를 기반으로 하면 원시야 영역에서의 회절광 거동에 대해서 간단히 해석할 수 있다(그림 5.18).

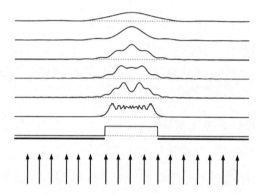

그림 5.17 서로 다른 거리에 위치한 슬릿에 의한 회절 패턴. 근접(프렌즈넬) 영역과 원시야(프라운호퍼) 영역에서의 강도를 모두 보여주고 있다.

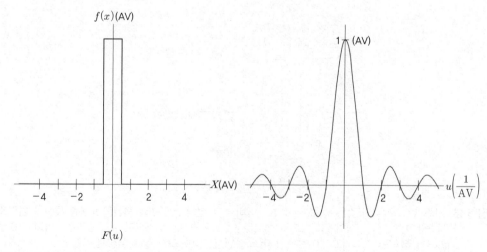

그림 5.18 푸리에 변환 쌍. 구형파에 대한 푸리에 변환을 수행하면 정현함수들의 합으로 분해할 수 있다.

5.4.1.2 개구수

대물렌즈의 한계 때문에 푸리에 스펙트럼 내의 정보들 중 일부가 손실된다. 작은 형상의 패턴이 분산각도가 더 큰 회절 패턴을 생성하기 때문에 이 손실은 형상의 크기가 작은 패턴에서 더 심하게 발생된다. 회절에 따른 정보손실을 정량화하기 위해서 개구수(NA)를 사용한다. 개구수(NA)는 광학 시스템에 의존하며 원 마스크의 얼마나 많은 정보가 광학 시스템에 의해서 영상으로 전달되는가의 척도로 사용된다. 개구수(NA)는 영상평면 최대 반각의 사인 값에 영상이 생성되는 매질의 굴절률을 곱한 값으로 정의된다. 일반적으로 영상화는 대기 중에서 수행되지만, 액침식 리소그래피의 경우에는 높은 개구수를 구현하기 위해서 렌즈와 기층소재 사이에 굴절률이 높은 액체를 집어넣는다.

$$NA = n_{ambient} \sin(\alpha_{out})$$

기하학적 제한조건 때문에 $\sin(\alpha_{out})$은 1보다 커질 수 없다(그림 5.19).

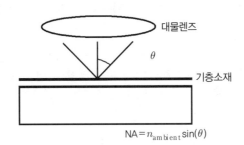

$$NA = n_{ambient} \sin(\theta)$$

그림 5.19 개구수(NA)의 정의: 최대 반각의 사인 값과 대기매질 굴절률의 곱

시스템의 개구수(NA)는 시스템의 확대에 따른 마스크 평면 내에서 패턴의 회절과 관련이 있다. 대물렌즈는 축사를 통해서 포토마스크 상의 영상을 축소시켜준다. 대물렌즈는 렌즈의 개구수를 축사율로 나눈 값에 따라 포토마스크에 의해 회절된 각도만을 수용할 수 있다.

$$\eta_{air} \sin(\alpha_{acceptance\ angle}) = \frac{NA}{demagnification}$$

각도 θ가 큰 경우 빛을 스칼라 양으로 취급하는 것은 옳지 못하며, 편광효과를 고려한 벡터로 취급해야만 한다[28]. 입사평면과 평행한 방향에 대해서 큰 각도로 편광화시키기 위해서는 벡터 합이 필요하므로 스칼라 취급방법은 맞지 않다. 이에 대해서는 Wierner의 실험[29]을 참조하기 바란다.

주기적 패턴은 불연속 원시야 회절 패턴을 생성한다(그림 5.20 참조). 기층소재 상에 영상을 만들어내기 위해서는 제한용 개구부가 최소한 두 개의 불연속 명령을 수용할 수 있어야만 한다. 이는 주기적 구조물에 대한 시스템의 기본적인 분해능 한계를 결정한다.

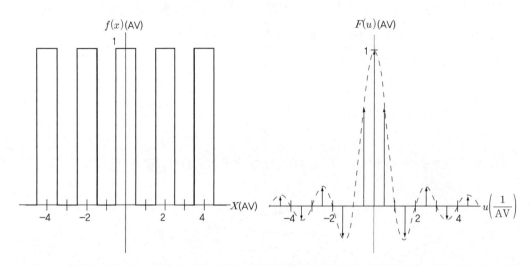

그림 5.20 푸리에 변환 쌍. 무한히 긴 구형파 함수가 불연속적으로 생성된다. 수학적으로는 이를 사인파 포락선으로 구성된 Dirac 펄스로 나타낼 수 있다.

5.4.1.3 조명

서로 다른 조명 조건들이 존재한다. 광원의 필드가 마스크 표면상의 모든 점들에서 완벽하게 연계되어 있는 경우에, 수직 입사파를 사용해서 마스크에 조사할 수 있다. 이를 공간간섭 조명 또는 간단히 간섭 조명이라고 부른다. 비간섭 조명은 반대의 의미를 갖는다. 마스크상의 두 개의 분리된 조명은 연관이 없다. 부분적으로 간섭이 일어나는 조명의 경우 두 점에서 필드의 연관성은 두 점들 사이의 거리에 의존한다. 부분적으로 간섭되는 조명을 만드는 방법 중 하나는 비간섭성 광원의 분산각도, 즉 조명 개구부의 크기와 형상을 사용하는 것이다[30]. 이는 제르니커 이론을 사용하면 수학적으로 관찰할 수 있다[27, 30].

서로 다른 조명조건은 최종적인 영상에 서로 다른 영향을 끼친다. 비간섭성 조명은 간섭성 조명보다 좁은 간격으로 주기적인 패턴을 프린트할 수 있다. 그런데 몇 가지 조명조건에 대한 공간영상의 대비를 살펴보면 각각의 조명조건에 따라서 서로 다른 종류의 형상들이 만들어진다는 것을 알 수 있다(그림 5.21).

분해능에 대한 레일레이(Rayleigh) 조건은 다음과 같이 정의된다.

$$D = k_1 \frac{\lambda}{\text{NA}}$$

여기서 D는 형상의 폭, k_1은 조명이나 포토레지스트와 같은 많은 인자들에 의해서 결정되는 인자이다[31]. 조명조건을 분석하기 위해서 레일레이 공식을 주기적 패턴에 적용하면 완전히 비간섭적인 조명을 사용해서 구현할 수 있는 최소 k_1값은 0.25이다. 간섭 조명의 경우 k_1은 0.5이고 분해능은 앞서의 절반이 된다. 주기적인 패턴에 대한 이론적인 분해능 한계는 $k_1 = 0.25$이다. 이는 비축 조명이나 위상천이 포토마스크를 사용해서 구현할 수 있다.

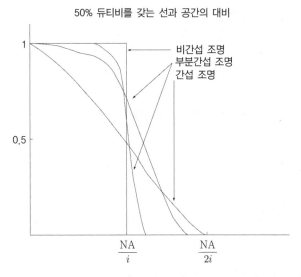

그림 5.21 서로 다른 조명조건에 따른 주기의 역함수로 표시된 대비

5.4.1.4 영상 내에서의 회절효과

이상적인 회절이 물체의 축소영상을 생성하는, 수차 없는 렌즈 시스템과 같은, 광학 시스템의 구현에 제약이 된다. 영상에 회절이 끼치는 영향은 시스템의 제한된 개구부를 통과하는 이상적인 영상의 프라운호퍼 회절 패턴을 휘감는다[32].

원시야와 포토마스크상의 영상 모두에 대해서 파면을 나타내는 함수는 마스크에서 파면에 대한 일련의 변환을 통해서 구할 수 있다. 개구수가 작은 경우 스칼라 광 모델을 사용할 수 있으며 변환과정이 단순화된다. 이 장의 나머지 부분들에서도 동일한 원리가 적용되므로, 개구수가 작은 경우에 유효한 스칼라 근사가 사용된다.

간섭 조명의 경우 복소함수 $G_0(x,y)$가 마스크에서 회절된 직후의 파면을 나타낸다고 하자. 원시야에서의 파면은 $B(u,v) = F\{G_0(x,y)\}$로, 여기서 연산자 F는 푸리에 변환을 의미한다.

$$F\{G_0(x,y)\} = \iint_{-\infty}^{\infty} G_0(x,y) \cdot e^{-i \cdot 2 \cdot \pi(u \cdot x + u \cdot y)} dxdy$$

그리고 u 및 v는 원시야에서의 공간주파수 좌표이다. 대물렌즈는 마스크의 공간정보를 저역통과 시키며, 필터는 개구부 함수로 나타낼 수 있다.

$$H(u,v) = \begin{cases} 1, & \sqrt{u^2+v^2} \leq \dfrac{NA}{\lambda} \\ 0, & \sqrt{u^2+v^2} > \dfrac{NA}{\lambda} \end{cases}$$

개구부 함수 $H(u,v)$의 반경은 총 영상 시스템의 회절한계와 같다. 이 한계 값은 대물렌즈에 의해서 결정된다.

다음 식은 기층소재의 파면을 나타낸다.

$$G_1(x,y) = F^{-1}\{H(u,v)F\{G_0(x,y)\}\}$$

여기서 연산자 F^{-1}은 푸리에 변환의 역수를 나타낸다.

$$F^{-1}\{K(u,v)\} = \iint_{-\infty}^{\infty} K(u,v) \cdot e^{i \cdot 2 \cdot \pi(u \cdot x + v \cdot y)} dudv$$

합성곱이론을 적용하면 포토마스크 상의 필드는 시스템의 점 분산함수(PSF)의 합성곱으로 표현할 수 있다.

$$G_1(x,y) = F^{-1}\{H(u,v)F\{G_0(x,y)\}\} = F^{-1}\{H(u,v)\} \otimes G_0(x,y)$$
$$= \mathrm{PSF}(x,y) \otimes G_0(x,y) \tag{5.1}$$

원형 개구부에 대해서 $F^{-1}\{H(u,v)\}$를 계산하면

$$\mathrm{PSF} = F^{-1}\{H(u,v)\} = \frac{\mathrm{NA}}{\lambda} J_0\left(2\pi \frac{\mathrm{NA}}{\lambda}r\right)/r$$

여기서 J_1은 1형 0차 베셀함수이며,

$$r = \sqrt{x^2 + y^2}$$

이고, 그에 따른 점 분산함수가 그림 5.22에 도시되어 있다.

따라서 공간영상 또는 복사조도의 분포는 필드 절댓값의 제곱에 비례한다.

$$I(x,y) = |G_1(x,y)|^2 = |F^{-1}\{H(u,v) \otimes G_0(x,y)|^2$$

부분적인 비간섭 조명 조건의 경우 상황은 약간 더 복잡하다. 앞서 언급한 것과 같이 마스크에 조사된 비간섭 조명의 각도분산을 이용하여 부분적인 간섭 조명을 만들 수 있다. 한 번에 하나의 미소면적 요소를 관찰하면, 각 면적요소를 수직축으로부터 $(u^{\mathrm{T}}, v^{\mathrm{T}})$만큼의 각도 오프셋을 갖는 간섭 조명으로 취급할 수 있다.

$$G_1(x,y) = F^{-1}\{H(u,v)F\{G^0(x,y) \cdot e^{-i \cdot 2 \cdot \pi(u^{\mathrm{T}} \cdot x + v^{\mathrm{T}} \cdot y)}\}\}$$
$$= \mathrm{PSF}(x,y) \otimes G_0(x,y) \cdot e^{-i \cdot 2 \cdot \pi(u^{\mathrm{T}} \cdot x + v^{\mathrm{T}} \cdot y)}$$

공간영상은 다음 식에 비례한다.

$$I(x,y) = |G_1(x,y)|^2$$

$$= \iint S(u,v) \cdot |PSF(x,y) \otimes G_0(x,y) \cdot e^{-i \cdot 2\pi(u^T \cdot x + v^T \cdot y)}|^2 du^T dv^T \quad (5.2)$$

여기서 $S(u,v)$는 조명을 나타낸다. 원형 디스크에 의해서 생성된 부분간섭 조명의 경우:

$$S(u,v) = \begin{cases} \dfrac{1}{\pi(\sigma \cdot NA/\lambda)^2} & \text{if } \sqrt{u^2 + v^2} \leq \sigma \cdot NA/\lambda \\ 0, \text{ otherwise} \end{cases}$$

여기서 σ는 시스템의 충진 계수이다.

간섭 조명의 경우 $S(u,v) = \delta(u,v)$이며 식 (5.1)과 (5.2)는 같아진다.

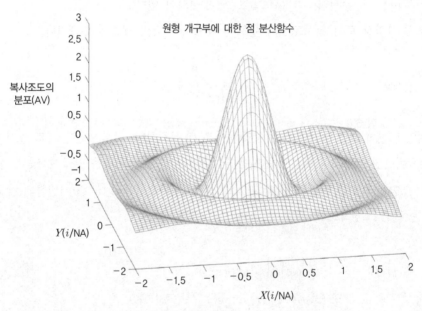

그림 5.22 점 분산함수(PSF)는 점 노광에 따른 영상평면 내의 장으로 정의된다. 원형 개구부를 사용하는 광학 시스템의 경우 점 분산함수는 1차 베셀함수이다.

5.4.2 프로그램이 가능한 마스크-패턴 발생기(SLM)

공간광변조 개념은 스테퍼에서 정적 포토마스크를 프로그램이 가능한 마스크로 대체할 수 있게 해주었다. 높은 재생률, 픽셀 간의 낮은 누화, 높은 대비, 그레이 스케일 변환, 그리고 시간에 따른 안정성 등과 같은 성질들이 충족된다면 동적인 패턴 발생기를 포토마스크 묘화용 스테퍼 시스템에서 사용할 수 있다. 동일한 원리를 포토마스크를 전혀 사용하지 않고 웨이퍼 상에 직접 노광시키는 직접묘화 시스템과 같은 곳에 사용할 가능성이 있다.

패턴 발생기는 진폭, 위상각 또는 편광 등의 조절을 통해서 광 필드를 조절할 수 있는 장치이다. 그 사례로는 전기장이 액체를 통과하는 편광을 조절하는 LCD가 있다. 현실적으로 LCD는 재생률이 낮아 생산성이 떨어지기 때문에 패턴 발생장치에서 패턴 발생기기의 현실적인 대안이 되지 못한다.

미세가공방식의 공간광변조장치가 더 현실적이다. 진폭변조 패턴 발생기장치의 사례로는 텍사스 인스트루먼트 사의 디지털 마이크로 반사경(DMD) 구조가 있다. 이 장치에서 기울어진 반사경은 빛을 개구부에서부터 투영용 광학계 쪽으로 빛을 편향시킨다. 사진 품질 향상을 위해서 필요한 그레이 스케일 변환은 시간변조를 통해서 구현할 수 있다. NimbleGen 사는 이 장치를 유전자 칩의 직접묘화에 사용하고 있다.

공간광변조(SLM)의 흥미로운 유형은 간섭효과를 사용하는 위상천이 공간광변조이다. 이것의 핵심 개념은 영역을 점유하고 있는 셀들이 조명 필드의 위상각도를 조절하는 것이다. 셀들 간의 간섭이나 셀 자체 내에서의 간섭은 특정한 방향의 빛을 소거해준다. 간섭현상을 사용함에 따라서 조명 필드 상에 특정한 제약조건이 발생된다. 여기서는 비간섭 조명을 사용할 수 없으며, 부분간섭 조명을 사용하는 경우 간섭을 일으키려고 하는 영역 전체에서 약간의 상호영향이 존재한다. 조명과 투영 광학계의 설계와 정렬은 디지털 마이크로 반사경(DMD)의 경우보다 더 섬세하지만, 그 대가로 얻어지는 영상은 리소그래피 노광장비에서 물리적 레티클을 사용해서 구현한 영상과 동등한 품질을 갖는다.

위상변조 방식 공간광변조(SLM)의 사례로는 점탄성 층의 표면에 정착시킨 반사필름이 있다 [33]. 정전력에 의해서 반사필름은 아래로 굽어지며, 변형을 발생시켜서 제어위치 상에서 매끈한 반사표면을 형성한다. 표면의 변형 때문에 경로길이 차이가 변하며 상쇄간섭이 일어난다. 이 장치를 사용해서 직접묘화장비가 제작되었다[34].

5.4.2.1 피스톤 마이크로 반사경

또 다른 위상 변조식 공간광변조의 사례는 그림 5.23에 도시된 것과 같은 피스톤 배열이다. 피스톤 배열에서 2차원 매트릭스 형태로 배열된 각 반사경들은 어떤 메커니즘에 의해서 개별

적으로 높이가 조절된다. 이 배열을 통해서 각 개별적인 반사경들의 평균 위상각 변화를 조절
할 수 있다. 반사경이 아래로 움직임에 따른 반사경 상에서의 평균 파면변화에 대해서 복소평
면 상에서 설명할 수 있다(그림 5.24).

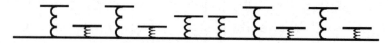

그림 5.23 피스톤 반사경 형태의 공간광변조기. $\lambda/2$만큼의 반사경 변위에 의해서 2π의 위상변화

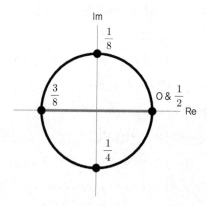

그림 5.24 하나의 피스톤 형 반사경에 의한 평균 파면변화. 숫자는 조사된 광원의 파장 길이에 대한 피스톤의
상대적 변위량을 나타낸다. 두 개의 반사경이 공액 복소수 형태로 작동하면 실수축 상에서는 평균
정규화 필드 변화가 발생된다.

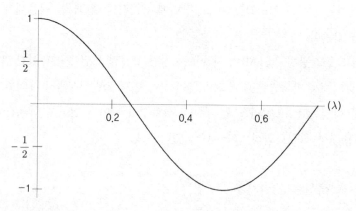

그림 5.25 공액 복소수 쌍으로 작동하는 두 개의 피스톤에 의한 파면의 평균변화. 이 그림은 반사경의 복소평면
을 나타낸다.

전송용 마스크를 모사하기 위해서 양의 실수 값만이 사용된다. 두 개의 반사경들이 쌍으로 움직이며, 매 두 번째 반사경들을 조명 파장 길이의 절반에서 첫 번째 반사경 변위를 뺀 만큼 이동시키는 방식을 통해서 이를 구현할 수 있다. 두 개의 인접한 반사경들이 공액 복소수 쌍을 만들며 그 합은 실수이다(그림 5.25).

영상 내에서 노광되어야 하는 영역에 해당되는 반사경은 교란되지 않으며, 노광되지 말아야 하는 영역은 예를 들면 복소수 진폭 0-i와 0+i와 같이 반사경이 교번운동을 한다. 교번되는 반사경은 거울방향으로 에너지를 송출하지 않으며, 에너지는 회절순서에 따라서 분포된다. 공간 스펙트럼 내에서 회절순서의 배치는 반사경 피치 각도에 반비례한다. 만약 반사경의 피치가 충분히 작다면 회절순서는 대물렌즈에 의해서 집중되지 않는다.

피스톤 반사경 방식과 쌍으로 작동하는 두 개의 반사경을 사용하는 데이터 경로의 경우 켜짐과 꺼짐 사이의 어떠한 실수 중간 값에 대해서도 모사가 가능하다. 심지어는 그림 5.25의 3/8의 경우와 같이 위상각이 180° 어긋난 필드도 구현할 수 있다. 그런데 피스톤 반사경의 본질적 성질 때문에 발생되는 강한 위상각 효과로 인하여 개별적인 반사경들을 매우 작게 만들지 않는다면 초점을 통과하는 구조물에 영향을 받기 쉽다.

5.4.2.2 피벗 마이크로 반사경

중심축 주변을 피벗 운동하는 반사경으로 이루어진 배열이 그림 5.26에 도시되어 있다. 이 장치의 장점은 모든 피벗 값들에 대해서 위상각이 일정하게 유지되므로 안정된 영상특성을 갖는다는 점이다. 80°의 필드 위상천이가 발생되는 실수축 음의방향 일부까지 도달할 수 있다는 점에 유의해야 한다(그림 5.27, 5.28). 위상천이가 발생된 빛의 강도는 위상천이가 일어나지 않은 빛에 비해서 최대 4.7%에 불과하다[36]. 희석된 위상천이 마스크에서와 동일한 원리에 따라서 테두리 세밀도를 개선하는 데에 이를 사용할 수 있다.

약한 위상천이와 강한 위상천이 모두에 대해서 적합하도록 피벗 반사경의 작동원리를 맞추어서, 더 큰 음의 각도를 만들어낼 수 있도록 피벗 반사경을 수정할 수 있다[42].

그림 5.26 패턴 발생기 반사경의 유형. 마이크로 반사경을 $\lambda/4$만큼 변위시켜서 반사경의 작동범위에 대해서 0에서 2π 사이의 선형 위상 차이, 즉 필드 감광을 만들어낸다.

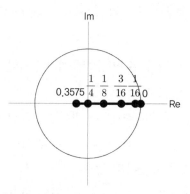

그림 5.27 피벗 반사경 하나의 작동범위에 대한 파면 복소수 진폭의 평균 변화율. 숫자는 조사된 광원의 파장 길이에 대한 반사경 선단부위의 변위량을 나타낸다. 실수축에 대해서는 그림 5.28 참조

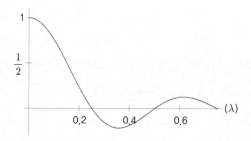

그림 5.28 파장 길이에 대한 반사경 선단부 변위량의 비율의 함수로 나타낸 피벗 반사경 하나의 파면 평균 변화량. 변화량은 모든 경사변위에 대해서 실수 값이다. 이 그림은 반사경의 복소평면을 나타낸다.

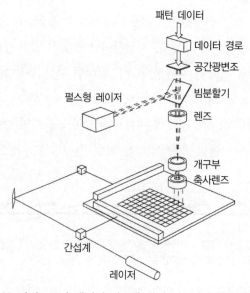

그림 5.29 마이크로닉 레이저 시스템 사의 시그마 공간광변조 장비

5.4.3 구 조

공간광변조(SLM) 구조를 포토마스크 생산에 사용하는 유일한 상용 패턴발생장치는 그림 5.29에 도시된 것과 같은 마이크로닉 레이저 시스템 사의 시그마 제품군들이다[37].

시그마 제품군은 피벗 반사경 방식의 공간광변조 구조를 사용한다. Sigma7300$^{\text{(TM)}}$이라는 특정한 제품구조에서 공간광변조장치는 각각이 $16\times16\mu\text{m}$의 크기를 갖는 2048×542개의 마이크로 반사경을 장착하고 있으며, 포토마스크 상에 $80\times80\text{nm}$ 크기의 영상을 투영한다. 이 장치는 거울 면 반사방식이 아니라 회절모드로 작동하며, 완전히 켜진 상태에서 완전히 꺼진 상태까지 가기 위해서 반사경을 파장 길이의 1/4(248nm 광원의 경우 62nm)만큼 변형시켜야만 한다. 미세한 어드레스 그리드를 구현하기 위해서 반사경의 그리드는 켜짐과 꺼짐 사이에 63개의 중간단계를 갖도록 구동된다. 펄스형 엑시머 레이저가 사용되며 공간광변조는 부분간섭 조명을 사용한다.

패턴은 공간광변조 칩에서 전달되는 수백만 개의 영상들을 서로 접합시킨다. 촬영과 접합공정은 초당 2000회의 비율로 진행된다. 묘화기간 동안 $X-Y$ 스테이지는 스트라이프 방향으로 연속적으로 움직인다(그림 5.30).

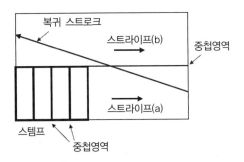

그림. 5.30 시스마 공간광변조기의 묘화원리. $X-Y$ 스테이지는 포토마스크를 이동시키며 정위치에서 엑시머 레이저는 차례로 스탬프를 찍어서 스트라이프를 생성한다. 스트라이프 (a) 내의 최후 스탬프를 노광한 다음에 $X-Y$ 스테이지는 복귀 스트로크를 수행하며 스트라이프 (b)의 최초 스탬프 노광을 시작한다.

프로그램이 가능한 마스크는 노광시킬 데이터를 로딩한다. 스테이지가 정위치를 지나갈 때, 레이저는 펄스를 발생시키며 정보 내용을 포토마스크 상의 프로그램이 가능한 마스크에 투영한다. 영상을 고정화시키기 위해서 레이저 펄스는 20ns 내외의 충분히 짧은 기간 동안만 작동한다. 패턴은 동일한 폭의 여러 개의 스트라이프들로 나누어진다. 스트라이프 방향으로의 스탬프들은 각각의 스트라이프를 노광시키는 반면에, $X-Y$ 스테이지는 연속적으로 움직인다. 경계에서 패턴 품질을 확보하기 위해서 인접한 스탬프들과 인접한 스트라이프들은 모두 약간씩 서로 겹쳐져서 인쇄된다. 스탬프 내에서 영상 처리공정은 부분적으로 간섭되어 있으나, 스탬프들은 서로 간섭되지 않으므로, 완벽한 위치에 프린트되는 영상일지라도, 테두리 불연속성을 희석시키기 위해서 중첩시킬 필요가 있다.

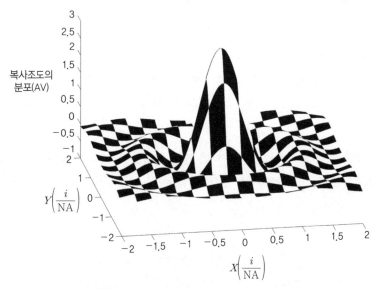

그림 5.31 개별적인 반사경에 의해서 표시되는 시그마의 점 분산함수. 개별 반사경들의 투영영상은 시스템의 분해능보다 작다. 따라서 반사경의 내부구조가 해결되지 못하였다.

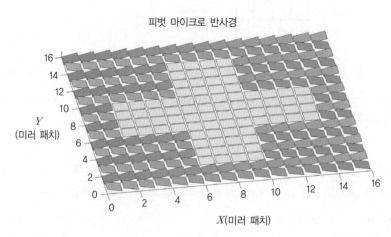

그림 5.32 열 교번방식 레이아웃으로 배열된 마이크로 반사경을 사용한 피벗형 공간광변조기. 이 공간광변조기는 십자형상을 노광시킬 수 있도록 배열되어 있다.

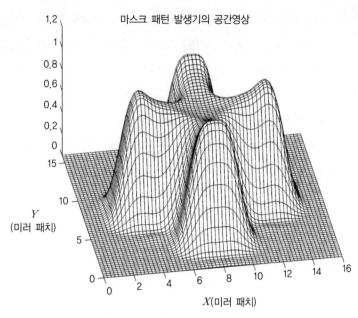

그림 5.33 공간광변조방식 피벗 반사경과 부분간섭 조명을 사용한 패턴 발생기로 노광된 십자형 공간영상의 시뮬레이션 결과. 래스터 스캔 패턴발생장치의 결과인 그림 5.11과 비교

5.4.4 공간영상의 생성

시그마 패턴발생장치의 영상 시스템은 스테퍼의 영상 시스템과 매우 유사하다. 광학계는 공간광변조 영상을 저역통과 필터링하며, 반사경의 피치가 광학영상 시스템의 분해능보다 작기 때문에 공간광변조 장치의 개별적 반사경 구조가 해결되지 않았다.

공간광변조에 의해서 기층소재 상에 투영된 공간영상은 부분간섭 조명에 대해서 식 (5.2)를 사용해서 계산할 수 있다. 하나의 사례로서 그림 5.32에서는 십자가 형상을 노광시키기 위한 공간광변조 장치를 보여주고 있다. 점 분산함수(PSF)는 공간광변조 평면 내에 존재하는 무한히 작은 점광원에 의해서 생성되는 기층소재에서의 필드로 정의된다. 투영된 반사경들의 점 분산함수(PSF)에 대한 크기를 나타내기 위해서 흑색과 백색을 교대로 표시해서 보여주고 있다. 점 분산함수(PSF)를 식 (5.2)에 따른 공간광변조 평면에서의 파면과 합성곱을 만들고 부분 간섭 조명을 사용하면 그림 5.33에 도시되어 있는 공간영상이 얻어진다.

5.4.5 패턴 발생기 칩

마이크로 반사경 패턴 발생기 모듈은 마이크로 가공기술(MEMS)과 상보성 금속 산화막 반도체(CMOS) 공정을 사용해서 제작된다. 최초의 전자 칩은 표준 CMOS 공정을 통해서 만들어 졌다. MEMS 공정을 통해서 유연 힌지를 갖춘 개별 반사경 매트릭스가 전자회로 상단에 제작 되었다. 마이크로 반사경, 힌지구조, 그리고 지지대 등은 알루미늄 합금으로 제작되었다.

반사경 매트릭스 하부에는 개별 반사경들의 어드레스 시스템이 위치한다. 각각의 반사경들 은 트랜지스터들이 설치되어 있으며 TFT 디스플레이처럼 매트릭스 구조 내에서 접근이 가능 하다. 이를 통해서 반사경을 약간 기울일 수 있는 정전기력이 생성된다. 각각의 마이크로 반사 경들에 작동하는 피벗 각도는 수 마이크로 라디안의 범위이다.

5.4.6 교 정

반사경들은 개별적으로 교정할 필요가 있다. 노출광선에 민감한 CCD 카메라가 마스크 모재 상의 영상과 등가위치 내의 광 경로 내에 위치한다. 공간광변조 반사경들은 미리 알고 있는 전압과 순서에 따라서 구동되며 카메라는 응답을 측정한다. 교정함수는 묘화기간 동안 픽셀단 위를 기반으로 그레이 스케일 데이터에 의한 실시간 보정을 위해서 각각의 반사경에 대해서 구해진다.

5.4.7 위상변조방식 패턴 발생기와 전송용 마스크의 차이

스테퍼에서 사용되는 고정투사방식 크롬 마스크의 투영방식과 피벗 마이크로 반사경 형태 의 패턴 발생기 사이의 차이는 작다. 투사방식 포토마스크에 비해서 두 가지 점에서 패턴 발생 기 방식이 다르다.

첫 번째 효과는 공간광변조 방식은 빛을 픽셀처럼 조절하는 개별적인 셀들을 사용한다는 점과 관련되어 있다. 래스터화 공정은 벡터 패턴 데이터를 그레이 스케일 비트맵으로 변환시켜 준다. 여타의 래스터화 시스템들처럼, 영상 품질을 약간 저하시키는 필터 공정이 사용된다. 위치를 이동시킨 다중통과 묘화방법을 사용해서 이 효과를 저감시킬 수 있으며 균일한 영상으 로 매끄럽게 만들 수 있다. 또한 패턴의 엄밀성을 증가시키기 위해서 데이터 경로 내의 비트맵 에 대한 사전 필터링을 수행할 수도 있다.

또 다른 공정상의 차이점은 공간광변조 셀의 유한한 크기 때문에 발생한다. 피벗방식의 공 간광변조에서 피벗각도가 가해진 반사경은 노광시키고 싶지 않은 영역을 나타낸다. 여전히 피벗 반사경과 점 분산함수(PSF) 간의 합성곱 연산은 미소한 잉여 값을 남긴다. 적절한 반사경 크기에 대해서 잉여 값은 기울지 않은 반사경에 의한 필드보다 수십 배 작다. 잉여 값의 크기는 또한 반사경의 레이아웃에도 의존한다. 레이아웃의 장점은 매 두 번째 줄의 반사경들은 다른 방향으로 피벗된다는 점이다. 교차 배열된 반사경의 레이아웃이 그림 5.32에 도시되어 있다.

5.5 현재 생산성과 전망

반도체 시장에는 레이저 마스크 묘화장치를 공급하는 두 개의 주류업체들이 있다. 두 업체들은 I-라인 공정에 알맞은 파장을 사용하는 래스터 스캔 방식의 제품을 공급하고 있다(표 5.1). 파장 길이에 따라서 사용할 수 있는 구조가 달라진다. Etec Systems 사는 꾸준히 래스터 스캔 개념으로 제품을 만드는 반면에, 마이크로닉 레이저 시스템 사는 마이크로 반사경을 사용하는 패턴 발생기 구조를 도입하였다.

표 5.1 현재 제품들

	ALTA 3900	Omega 6600	ALTA 4000	Sigma 7300
제조업체	응용소재 업체인 Etec	마이크로닉 레이저 시스템	응용소재 업체인 Etec	마이크로닉 레이저 시스템
영상화 시스템	회전 다각형을 사용한 래스터 스캔	AOD를 사용한 래스터 스캔	회전 다각형을 사용한 래스터 스캔	피벗 마이크로 반사경을 사용한 공간광변조기
레이저	363.8nm의 연속파장 Ar-ION 레이저	413nm의 연속파장 Kr-ION 레이저	363.8nm의 주파수 배가된 연속파장 Ar-ION 레이저	248nm의 펄스형 KrF 레이저
평행관계	32빔	5빔	32빔	2048×512 마이크로반사경
노광	4	1 또는 2	4	4
포토레지스트	표준 I-라인	표준 I-라인	화학적으로 증폭된 레지스트	화학적으로 증폭된 레지스트

5.5.1 전 망

무어의 법칙을 고수하며, 낮은 k_1 값을 사용하는 영상화에 따라서 포토마스크의 집속용량을 증가시키기 위해서 어떻게 하면 광학 패턴 발생장치를 개선할 것인가? 래스터 스캔과 패턴 발생기 영상의 기본 개념들이 파장의 감소와 개구수(NA)의 증가에 따라 개선될 것이라고 예상하는 것이 타당하다. 또한 지금은 생소한 몇 가지 기술들을 통해서 더 많은 개선의 여지가 남아 있다. 장래에 포토마스크 제조 분야의 주류 중 일부가 될 가능성이 있는 사례들에는 다음과 같은 것들이 있다. 액침 리소그래피, 비축조명, 종방향편광, 동공변조 필터링 그리고 여러 종류의 진보된 파면공학기술들이 장래의 마스크 제조업체들의 손에 달려 있다[38-41].

□ 참고문헌 □

1. F.L. Howland and K.M. Poole, Overview of new mask-making system, *Bell System Technical Journal*, 49 (9), 1997-2009 (1970).

2. G. Westerberg, Device for Generating Masks for Microcircuits, United States Patent, 3 903 536, Sept. 2, 1975.

3. D.B. MacDonald, M. Nagler, C. Vanpeski, and T.R. Whitney, 160 MPX/SEC laser pattern generator for mask and reticle production, *Proceedings of the Society of Photo-Optical Instrumentation Engineers*, 470, 212-220 (1984).

4. P.A. Warkentin and J.A. Schoeffel, Scanning laser technology applied to high speed reticle writing, *Proc. SPIE*, 633, 286-291 (1986).

5. O. Solgaard, F.S.A. Sandejas, and D.M. Bloom, Deformable grating optical modulator, *Optics Letters USA*, 17 (9; 1 May), 688-690 (1992).

6. R.J. Gove, V. Markandey, S.W. Marshall, D.B. Doherty, G. Sextro, and M. DuVal, High definition display system based on digital micromirror device, in: *Signal Processing of HDTV, VI, Proceedings of the International Workshop on HDTV '94, 1995*, pp. 89-97.

7. S. Singh-Gasson, R.D. Green, Y.J. Yue, C. Nelson, F. Blattner, M.R. Sussman, and F. Cerrina, Maskless fabrication of light-directed oligonucleotide microarrays using a digital micromirror array, *Nature Biotechnology*, 17, 974-978 (1999).

8. H. Lakner, P. Durr, U. Dauderstaedt, W. Doleschal, and J. Amelung, Design and fabrication of micromirror arrays for UV lithography, *Proc. SPIE*, 4561, 255-264 (2001).

9. P. Durr, A. Gehner, U. Dauderstadt, Micromirror spatial light modulators, in: *Proceedings of the 3rd International Conference on Micro Opto Electro Mechanical Systems (Optical MEMS), MOEMS 99, 1999*, pp. 60-65.

10. G.E. Moore, Cramming more components onto integrated circuits, *Electronics*, 38 (8; Apr.), 114-117 (1965)

11. J. van Schoot, J. Finders, K. van Ingen Schenau, M. Klaassen, and C. Buijk, Mask error factor: causes and implications for process latitude, *Proc. SPIE*, 3679 (pt. 1/2), 250-260 (1999).

12. A.K. Wong, R.A. Ferguson, and S.M. Mansfield, The mask error factor in optical lithography, *IEEE Transactions on Semiconductor Manufacturing* 13 (2; May), 235-242 (2000).

13. H.C. Hamaker, G.A. Burns, and P.D. Buck, Optimizing the use of multipass printing to minimize printing errors in advanced laser reticle writing systems, in: *15th Annual Symposium on Photomask*

Technology and Management, Proc. SPIE, 2621, 319-328 (1995).

14. M.J. Bohan, H.C. Hamaker, and W. Montgomery, Implementation and characterization of a DUV raster-scanned mask pattern generation system, *Proc. SPIE,* 4562, 16-37 (2002).

15. P. Liden, T. Vikholm, L. Kjellberg, M. Bjuggren, K. Edgren, J. Larson, S. Haddleton, and P. Askebjer, CD performance of a new high-resolution laser pattern generator, *Proc. SPIE,* 3873 (pt. 1/2), 28-35 (1999).

16. A. Thuren and T. Sandström, Method and Apparatus for the Production of a Structure by Focused Laser Radiation on a Photosensitively Coated Surface, United States Patent, 5,6635,976, Jun. 3, 1997.

17. P.C. Allen, M.J. Jolley, R.L. Teitzel, M. Rieger, M. Bohan, and T. Thomas, Laser Pattern Generation Apparatus, United States Patent 5,386,221, Jan. 31, 1995.

18. A. Murray, F. Abboud, F. Raymond, and C.N. Berglund, Feasibility study of new graybeam writing strategies for raster scan mask generation, *Journal of Vacuum Science and Technology B.* (Microelectronics Processing and Phenomena), 11 (6; Nov./Dec.), 2390-2396 (1993).

19. C.A. Mack, Impact of graybeam method of virtual address reduction on image quality, *Proc. SPIE,* 4562, 537-544 (2002).

20. A. Yariv, *Quantum Electronics,* 3rd ed., John Wiley & Sons, Inc., New York, 1988, pp. 327-338. 21. A. Korpel, *Acousto-Optics,* 2nd ed., Marcel Dekker, Inc., New York, 1997.

22. P. Kuttner, Image quality of optical systems for truncated Gaussian laser beams, *Optical Engineering* 25 (1; Jan.), 180-183 (1986).

23. H. Haskal, Laser recording with truncated Gaussian beams, *Applied Optics,* 18 (13; July), 2143 (1979).

24. M.J. Bohan, H.C. Hamaker, and W. Montgomery, Implementation and characterization of a DUV raster-scanned mask pattern generation system, *Proc. SPIE,* 4562. pp. 16-37 (3/2002).

25. P.C. Allen, P.A. Warkentin, Beam Splitting Apparatus, United States Patent, 4,797,696 Jan. 10, 1989.

26. J. Turunen and F. Wyrowski, *Diffractive Optics for Industrial and Commercial Applications,* Akademie Verlag GmbH, Berlin, 1997.

27. J.W. Goodman, *Introduction to Fourier Optics,* 2nd ed., McGraw-Hill, New York, 1996 (Chapter 5.2).

28. M. Born, E. Wolf, *Principles of Optics,* 7th ed., Cambridge University Press, Cambridge, 1999 (Chapter 8).

29. O. Wierner, *Ann. d. Physik.,* 40, 203 (1890).

30. M. Born and E. Wolf, *Principles of Optics,* 7th ed., Cambridge University press, Cambridge, 1999 (Chapter 10.4.2).

31. Lord Rayleigh, *Philosophical Magazine* 5 (8), 261 (1879).

32. J.W. Goodman, *Introduction to Fourier Optics,* 2nd ed., McGraw-Hill, New York, 1996 (Chapter 5.3).

33. H. Kiick, W. Doleschal, A. Gehner, W. Grundke, R. Melcher, J. Paufler, R. Seltmann, and G. Zimmer,

Deformable micromirror devices as phase modulating high resolution light valves, in: *Sensors and Actuators, Proceedings of Transducers '95 and Eurosensors IX,* 1995.

34. R. Seltmann, W. Doleschal, A. Gehner, H. Kück, R. Melcher, J. Paufler, G. Zimmer, New system for fast submicron optical direct writing, *Microelectronic Engineering,* 30 (1-4; Jan.), 123-127 (1996).

35. Y. Shroff, Y.J. Chen, and W.G. Oldham, Optical analysis of mirror based pattern generation, *Proc. SPIE,* 5037, 70 (2003).

36. T. Sandstrom and N. Eriksson, Resolution extensions in the Sigma7000 imaging pattern generator, *Proc. SPIE,* 4889 (2002).

37. U. Ljungblad, T. Sandstrom, H. Buhre, P. Duerr, and H. Lakner, New architecture for laser pattern generators for 130nm and beyond, *Proc. SPIE,* 4186, 16-21 (2001).

38. M. Switkes, M. Rothschild, R.R. Kunz, S. -Y. Baek, D. Cole, and M. Yeung, Immersion lithography: beyond the 65nm node with optics, *Microlithography World,* 12 (2; May) (2003).

39. B.J. Lin, Off-axis illumination-working principles and comparison with alternating phase-shifting masks, *Proc. SPIE,* 1927 (pt. 1), 89-100 (1993).

40. Eric S. Wu, Balu Santhanam, S.R.J. Brueck, Grating analysis of frequency parsing strategies for imaging interferometric lithography, *Proc. SPIE,* 5040, 1276-1289 (2003).

41. R. von Bunau, G. Owen, and R.F.W. Pease, Depth of focus enhancement in optical lithography, *Journal of Vacuum Science and Technology B.,* 10 (6; Nov./Dec.), 3047-3054 (1992).

42. U. Ljungblad, H. Martinsson, T. Sandström. Phase Shifted Addressing using a Spatial Light Modulator. Micro and Nano Engineering International Conference. 2004

PHOTOMASK
TECHNOLOGY

제3편

광학식 마스크

제6장

광학식 마스크: 개괄

Nobuyuki Yoshioka

이 장의 목표는 독자들로 하여금 두 가지 별개의 분류에 따라서 광학식 마스크에 대한 일반적인 정보를 제공하는 것이다.

1. 성숙된 기술을 사용한 광학식 마스크
2. 진보된 기술을 사용한 광학식 마스크

여기서 성숙된 기술은 제조라인에서 잘 구축되어 있는 것들이며, 저급 마스크의 대량생산을 위해서 사용된다. 반면에 진보된 기술은 혁신이 필요한 고급 첨단 마스크의 생산에 사용되며 저급제품에 비해서 생산비가 훨씬 비싸다. 오늘날 산업계를 가로막고 있는 가장 큰 도전을 가격 경쟁력을 유지하면서 고급 마스크를 제작하는 것이다. 이 책의 다음 장에서는 다양한 유형의 진보된 광학식 마스크에 대해서 다시 상세하게 논의할 예정이다. 그런데 진보된 마스크로 이끄는 발전단계를 평가하기 위해서 8장에서는 다양한 유형의 진보된 광학식 마스크에 대해서 다루고 있으며, 진보된 마스크에 대해서 논의하는 단원에 앞서서 성숙된 기술에 대한 단원이 배치되어 있다.

광학식 마스크의 성질과 구조는 마스크가 사용되는 광학식 리소그래피의 유형에 의해서 결정된다. 그리고 따라서 이런 유형의 마스크들이 사용되는 다양한 유형의 리소그래피 기법들에 대해서 간략하게 논의하는 것이 독자들에게 도움이 될 것이다.

6.1 광학식 리소그래피

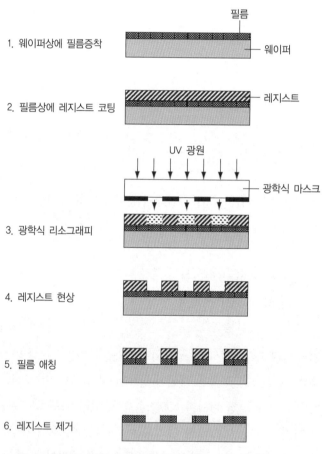

그림 6.1 광학식 리소그래피를 사용한 반도체 회로 패턴 생성공정

광학식 리소그래피는 반도체 칩의 제조에서 중요한 공정단계이다. 이 공정은 그림 6.1에 도시된 것과 같이 반도체 웨이퍼 상에 회로 패턴을 형성하기 위해서 자외선(UV) 광원을 사용한다. 광학식 리소그래피 공정의 첫 번째 단계는 반도체 웨이퍼 상에 이미 존재하고 있는 필름

(예를 들면 산화물이나 질화물 등)에 포토레지스트라고 부르는 빛에 민감한 물질을 코팅하는 것이다. 그다음 단계는 패턴이 입혀진 마스크를 사용해서 레지스트를 노광하는 것이다. 레지스트의 노광에 사용되는 빛의 파장은 UV(436nm)에서 원자외선(DUV, 157nm)까지 다양하다. 그리고 마스크 패턴을 레지스트 필름에 재생시키기 위해서 현상공정이 수행된다. 레지스트가 덮고 있지 않은 필름부위에 대한 식각을 통해서 이 패턴은 웨이퍼 상에 이미 존재하고 있는 필름에 전사된다. 마지막으로 원래 마스크 패턴을 복제한 식각된 패턴을 웨이퍼위에 남기고 모든 레지스트들은 제거된다.

광학식 리소그래피는 마스크 패턴을 웨이퍼 상에 영상화하기 위해서 사용되는 노광기술의 유형에 따라서 분류할 수 있다. 여기에는 다음의 소절들에서 소개할 접촉/근접방식과 투영방식 등이 있다.

6.1.1 접촉/근접식 리소그래피

그림 6.2에서는 접촉식 및 근접식 리소그래피 노광방법을 보여주고 있다. 접촉식 노광방법은 반도체 제조의 초창기부터 사용되어 왔다[1]. 접촉 모드에서 마스크는 레지스트가 코팅된 웨이퍼와 실제적으로 접촉을 이루며 따라서 접촉 모드라고 부른다. 그런데 이 방법은 마스크에 손상을 입혀서 웨이퍼 상에 결함을 전사한다. 이 문제를 해결하기 위해서 웨이퍼와 마스크 사이에 (수 마이크로미터 수준의)매우 좁은 간극을 유지하는 방법이 개발되었다. 이 방법은 비접촉 모드 또는 근접모드라고 부른다. 현재 산업계에서는 후자가 더 일반적으로 사용되고 있다. 그런데 이 근접방법은 형상의 테두리에서 발생되는 빛의 회절 때문에 비교적 열악한 분해능을 나타낸다.

두 가지 방식의 노광(접촉 및 근접)에서 마스크 패턴의 크기는 웨이퍼 상에 필요한 것과 동일한 크기로 설계된다. 이 방식의 영상화를 1×(또는 1:1)리소그래피라고 부른다.

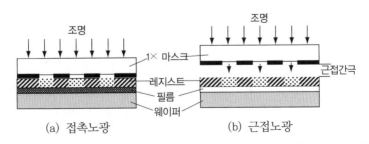

그림 6.2 1× 마스크를 사용하는 접촉노광과 근접노광을 통한 광학식 리소그래피

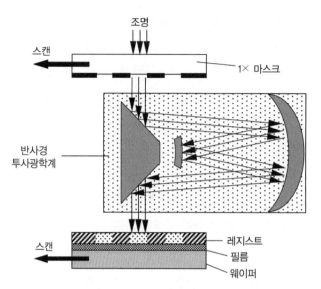

그림 6.3 1× 배율 마스크 투사방법을 사용한 광학식 리소그래피

6.1.2 투사 리소그래피

높은 분해능과 긴 마스크수명 모두를 구현하기 위해서 나중에 투사노광기술이 개발되었다. 투사노광에서 마스크 패턴들은 반사경과 렌즈로 이루어진 일련의 투사광학계를 통해서 웨이퍼 상에 전사된다. 그림 6.3에서는 마스크 형상과 웨이퍼 형상이 동일한 크기를 갖는, 1× 마스크를 통한 1:1 투영을 보여주고 있다[2]. 1× 마스크로 인하여 마스크 상에서 형상공차 값은 웨이퍼에서와 동일한 수준으로 관리한다. 마스크 형상에서의 리소그래피 공차는 마스크 제조공정의 용량에 강하게 의존하며 1:1 투사광학계에서는 심각한 제약조건으로 작용한다.

축사–투사광학계를 도입함에 따라서 그림 6.4에서와 같은 문제가 발생된다[3]. 이 방법에서는 웨이퍼 상에 프린트하기 위해서 더 큰 형상을 갖고 있는 마스크(예를 들면 2×, 5×, 심지어는 10× 배율)가 사용된다. 마스크상의 작은 오차들은 웨이퍼에 프린트하면서 보이지 않을 정도의 작은 점으로 축사되어 버리기 때문에 더 큰 형상이 사용하기 용이하다. 축사–투사방법은 $1\mu m$ 이하 노드의 LSI 제조에 광범위하게 사용되고 있다.

더 작아지고 항상 축소되기만 하는 형상에 따르는 문제를 해결하기 위해서 산업계는 점점 더 짧은 파장을 사용하여 왔다. 그림 6.5에서는 리소그래피와 노광 파장의 변화추세를 보여주고 있다.

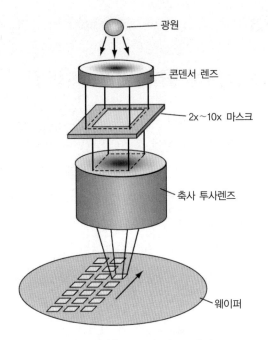

그림 6.4 축사 투영 리소그래피

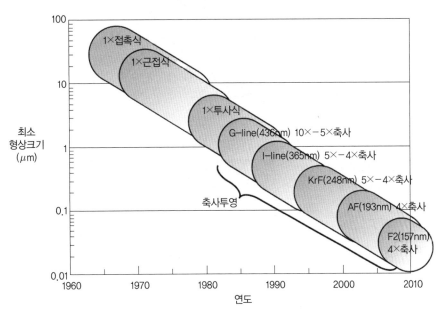

그림 6.5 리소그래피 기술의 경향과 노광파장

6.2 광학식 마스크

6.2.1 광학식 리소그래피에서 광학식 마스크의 기능

축사 광학계에서 사용되는 6인치 광학식 마스크의 개략적인 구조가 그림 6.6에 도시되어 있다. 광학식 마스크는 유리(수정) 모재 상에 크롬(Cr) 패턴을 입혀서 제작한다. 패턴을 오염과 이물질들로부터 보호하기 위해서 그림에서와 같이 마스크에는 펠리클이 입혀진다. 마스크 상에 원래의 패턴을 전사하는 것은 극히 중요하며 엄청난 정확도와 무결점을 필요로 한다.

마스크 기술은 책과 신문출판을 위한 초기 프린트기술을 정교하게 발전시킨 것처럼 보일수도 있다. 최종적인 반도체 제품은 원 마스크의 품질에 심하게 의존하며, 따라서 마스크 제작은 반도체 제조에서 핵심기술 중 하나로 간주된다.

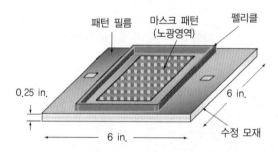

그림 6.6 포토마스크의 개략적인 구조(6인치 축사 마스크: 레티클)

표 6.1 노광방식에 따른 광학식 마스크의 유형

노광방식	접촉프린팅	근접프린팅	투사 1×	투사 축사
마스크 확대	1×	1×	1×	2×~10×
기층크기	2″~4″	2″~4″	5″~7″	5″~6″
기층소재	HTE	HTE	LTE	QZ
	MTE	MTE	QZ	
펠리클	없음	없음	있음	있음
패턴 유형	2진수	2진수	2진수	2진수 / PSM
패턴 소재	에멀션 Cr	에멀션 Cr	Cr	Cr / Cr/QZ
				MoSiON 등

* HTE: 고열팽창계수
  MTE: 중간 열팽창계수
  LTE: 저열팽창계수
  QZ: 합성수정

6.2.2 광학식 마스크의 분류

표 6.1에서와 같이 광학식 마스크는 사용되는 노광의 유형에 따라서 분류할 수 있다. 접촉 및 근접노광의 경우 1× 마스크가 사용된다. 유리판의 크기는 웨이퍼 크기에 해당된다. 1× 마스크는 1× 투사 시스템에도 사용된다. 현재 모든 투사인쇄의 경우에 패턴의 오염을 방지하기 위해서 펠리클이 사용된다.

일반적으로 1× 마스크용 유리 모재의 크기와 두께는 각각 2~7in와 0.06~0.15in이다. 축사 투영 노광 시스템의 경우 유리모재의 크기와 두께는 각각 5 및 6in²과 0.09 및 0.25in이다. 마스크의 배율은 노광 시스템의 축사 광학계에 따라서 2×, 2.5×, 4× 및 5× 등이 선정된다. 축사 노광 시스템에 사용되는 광학식 마스크를 레티클이라고 부른다.

6.2.3 광학식 마스크의 분해능강화기법

크기가 지속적으로 감소하는 형상을 생산하기 위한 도전에 당면해서 파장 길이의 단축, 광학계의 개선뿐만 아니라 마스크 설계 혁신 등을 통해서 산업계는 다양한 리소그래피 분야에서 현저한 발전을 이루었다.

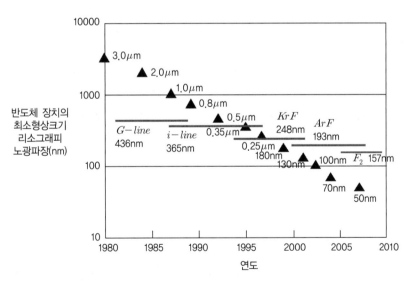

그림 6.7 반도체 장치의 최소 형상크기와 리소그래피의 노광파장[Numerical Technology 사(현재 Synopsys Inc.)의 자료]

더 작은 형상을 구현하기 위해서 항상 더 짧은 파장을 사용한 미소형상 프린트를 시도해왔다. 그림 6.7에서는 최소 형상크기와 노광파장 사이의 상관관계를 보여주고 있다[4]. 이 그림은 또한 최소 형상크기가 노광파장보다 짧아지는 지점이 있음을 보여주고 있다. 이 영역을 파장이하 리소그래피라고 부르며 광학계의 개선과, 일반적으로 분해능강화기법(RET)이라고 부르는 마스크 설계의 혁신을 필요로 한다.

마스크 설계에서 두 가지 분야의 개선은 위상천이 마스크(PSM)와 광학근접보정(OPC)이다.

그림 6.8에서는 전형적인 위상천이 마스크(PSM)를 보여주고 있다. 위상천이 마스크의 패턴들은 SiO_2와 같은 천이성 소재를 사용해서 만든다. 천이 패턴들은 노출광선에 대해서 180°의 천이각도를 일으킨다. 분해능은 천이기를 통과한 빛과 천이기를 통과하지 못한 빛의 간섭을 통해서 강화된다. 교번식 위상천이 마스크(Alt. PSM)는 이 원리를 사용한다. 희석식 위상천이 마스크(Att. PSM)는 MoSiON[7]과 CrON[8] 등의 투명한 천이소재를 사용하여 제작한다. 투명한 천이장치는 차단되지 않은 빛에 비해서 180° 위상이 천이된 소량의 빛만을 통과시키므로, 형상에 날카로운 테두리를 생성하며 분해능을 강화해준다.

광학근접보정을 사용하는 마스크는 광학근접효과에 의해서 발생되는 패턴 형상 변화를 보정하기 위해서 사용된다[9]. 보정 패턴의 추가를 통해서 보정이 수행된다. 그림 6.9에서는 광학근접보정 패턴들과 이론적 성능을 보여주고 있다. 위상천이 마스크와 광학근접보정 기술은 이 책의 뒤쪽 단원들에 논의되어 있다.

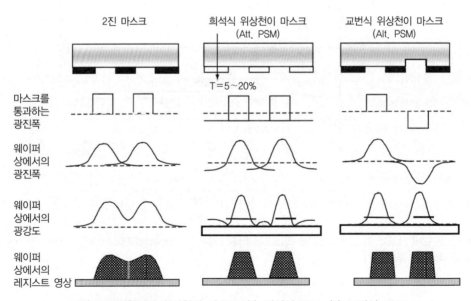

그림 6.8 전형적인 위상천이 마스크: (1) 희석식 PSM, (2) 교번식 PSM

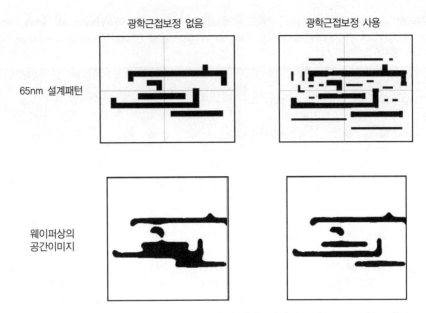

그림 6.9 리소그래피 시뮬레이션으로 구한 광학근접보정의 성능(시뮬레이션 조건: 157nm 리소그래피: NA=0.85)

6.2.4 마스크 소재

6.2.4.1 유리 기층소재

광학식 마스크에 사용되는 유리 기층소재의 유형들이 표 6.2에 요약되어 있다. 소다라임과 같은 고열팽창계수(HTE) 유리가 초창기 반도체 제조의 접촉노광에 사용되어 왔다. 저열팽창계수(LTE) 유리는 근접노광과 1× 투사노광의 중첩정확도 개선을 위해서 개발되었다. 그런데 그림 6.10에 도시된 것처럼 저열팽창계수 유리는 짧은 파장에서의 투과율 저하문제 때문에 400nm 이하의 파장에 대해서는 사용할 수 없다. 그러므로 단파장 리소그래피에 대해서 높은 투과율을 갖는 수정유리가 마스크 기층소재에 사용된다. 합성 수정유리는 200nm까지의 짧은 파장의 빛을 투과시킬 수 있다. 193nm 및 153nm 리소그래피의 경우 짧은 파장을 천이시키기 위한 새로운 기술이 수정유리 제조에 적용되었다[10, 11].

표 6.2 광학식 마스크에 사용되는 유리 기층소재의 성질(I. Tanabe, Y. Takahana, M. Hoga, Introduction of Photomask Technologies, 1996, Printed in Japan, 표 1.1, p.15를 수정. 데이터 소유는 아사히 유리, 호야)

유리소재		HTE		MTE		LTE		ULTE
		소다라임 AS	화이트크라운 AW	Bobsilicate AX	비알칼리 NA-40	규산알루미늄 AL	LE-30	합성수정 QZ
조성	SiO_2	72.5	70	72	55	62.5	59.5	100
	Al_2O_3	2	0.5	5	14	14.5	15	–
	B_2O_3	–	–	9	–	4.5	6	–
	RO	12	13.5	7	29.5	17	17.5	–
	R_2O	13.3	15.7	6.8	–	1.5	2	–
열 특성	열팽창계수 (50~200°C)($\times10^{-7}$/°C)	81	93	49	41	37	37	6
	연화온도(°C)	740	708	790	904	900	909	1600
	유리전이온도(°C)	562	521	558	–	673	688	–
	아닐링 온도(°C)	554	533	571	721	685	699	1120
굴절계수(436nm에서 Nd)		1.52	1.52	1.50	1.56	1.53	1.53	1.46
기계적 성질	비중	2.49	2.56	2.41	2.87	2.54	2.57	2.20
	영계수(kg/mm^2)	7300	7200	7050	9130	8450	8510	7340
	전단계수(kg/mm^2)	3020	2900	3000	3700	3470	3470	3160
	푸아송 비	0.21	0.23	0.18	0.23	0.22	0.20	0.16
	Knoop 경도(kg/mm^2)	540	530	650	665	640	630	650
질량손실(증류수 95°C 40시간)(mg/cm^2)		0.016	–	0.003	0.064	0.046	0.054	0.001
질량손실(0.01N HNO_3 95°C 20시간)(mg/cm^2)		0.002	0.003	0.001	0.040	0.030	0.059	0.000
질량손실(5% NAOH 80°C 1시간)(mg/cm^2)		0.042	0.057	0.009	0.085	0.100	0.126	0.032
전기적 성질	벌크 저항(Ω/cm)	7.7	9.6	8.0	16.0	10.6	10.6	12.5
	유전율상수(1MHz, R.T.)	7.5	7.1	5.9	–	6.1	–	4.0

* HTE(고열팽창계수)
 MTE(중간 열팽창계수)
 LTE(저열팽창계수)
 ULTE(극저 열팽창계수)
 AS, AW, AX, AL: 아사히 유리(AW, AX, AL은 2003년 당시 상업적 사용이 불가능)
 LE-30, NA-40: 호야

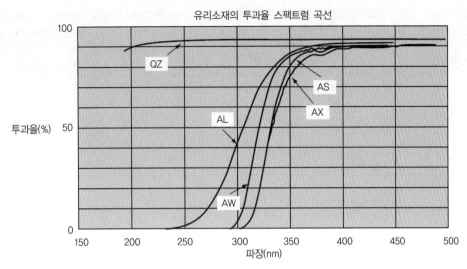

유리소재의 투과율 스팩트럼 곡선

그림 6.10 광학식 마스크 유리 기층소재의 투과율 스펙트럼. AS, AW, AX, AL: 아사히 유리(AW, AX, AL은 2003년 당시 상업적 사용이 불가능), QZ: 합성수정(I. Tanabe, Y. Takahana, M. Hoga, Introduction of Photomask Technologies, 1996, Printed in Japan, 그림 1.5, p.16의 그림을 수정. 데이터 소유는 아사히 유리)

6.2.4.2 패턴 필름 소재

마스크 패턴 소재의 유형들이 표 6.3에 요약되어 있다[7, 8, 12~16]. 에멀션 마스크는 1960년대 초기에 실리콘 웨이퍼 노광에 처음으로 사용된 마스크였다. 에멀션 마스크는 흑백사진의 반전영상이 유리 기층상에 인화된 것이다. 이들은 웨이퍼 상에 프린트할 회로들을 나타내는 패턴을 포함하고 있다. Cr은 에멀션에 비해서 화학 기계적 강도가 크기 때문에 나중에 유리에 Cr을 입힌(CoG) 소재가 에멀션 마스크뿐만 아니라 에멀션 레티클들을 대체하게 되었다. 현재 기술상 Cr은 2진 마스크와 교번 위상천이 마스크 등에서 꾸준히 사용되고 있다. 희석식 천이장치의 경우 MoSiON과 CrON 등의 단일층 필름이 개발되었다. 이들 천이장치들의 위상과 투과율은 n 및 k(굴절률의 실수와 허수부분)에 의존하며, 필름 처리공정의 조건을 사용해서 조절할 수 있다.

표 6.3 마스크 패턴 소재의 성질들(이 테이블은 ULVAC 코팅회사와 코니카의 자료를 사용해서 작성되었음)

마스크 패턴 유형	2진수			Att. PSM				Alt. PSM	
	에멀션	경질마스크		I-라인 (365nm)	KrF (248nm)	ArF (193nm)	F2 (157nm)	천이기 추가	천이기 식각
		보통두께	박막						
소재	할로겐 화은	Cr MoSi	Cr	MoSiON CrON	MoSiON CrF	MoSiON CrF ZrSiON	명암 SiON TaSiON ZrSiON	천이기 SOG Cr	수정 Cr
두께	4~6μm (현상 후)	100~ 100nm	550nm, 700nm	소재와 파장길이에 따라 다름					
광학 특성 — 광학밀도	3.5 이상 (텅스텐 광원)	450nm에서 대략 3.0 436nm에서	248nm에서 대략 3.0 248nm에서	− −	− −	− −	− −		
광학 특성 — 굴절률 투과율 위상값	7~10% − −	10~15%	10~15%	4,6,8% 180°	3,6% 175°	6%	6%		
식각 특성 — 습식[1] 건식[2]	− −	습식 식각조건에 따라 1.7~2.7nm/s 건식 식각조건에 따라 0.4~0.9nm/s		적용불가 건식 식각조건에 따라서 대략 1nm/s					

* [1] 식각액: 세륨질화암모니아$(NH_4)_2Ce(NO_3)_6$ 165gr
  (20°C) Perchbric Acid HCD_4 42ml
  증류수 H_2O
  총 1,000ml
[2] 식각가스: Cr 소재에 대해서 $Cl_2/O_2 = 4/1$

6.2.5 마스크 제조공정

6.2.5.1 마스크 공정 흐름

그림 6.11에서는 1× 마스크, 축사 마스크 및 위상천이 마스크의 제조공정 흐름도를 보여주고 있다.

접촉노광과 근접노광에 사용되는 1× 마스크의 경우 마스크는 앞서 논의했던 것과 같이 원판 레티클과 포토리피터를 사용해서 제작한다. 마스크상의 이 패턴들은 레티클이라고 부르는 또 다른 마스크에 있는 더 큰 패턴들을 전사하여 제작한다. 이 전사를 위해서는, 더 작은 영상 어레이를 유리 기층소재상의 원하는 영역에 노광하여 최종 마스크(포토마스크라고도 부른다)를 제작할 수 있는, 10× 축사 광학계 시스템을 필요로 한다. 이 작업에서는 어레이 영역 전체에 걸쳐서 반복적으로 일련의 노광과 이동 작업을 수행한다. 이 광학 시스템들을 포토리피터라고 부른다. 레티클 자체의 제작에는 다양한 유형의 기법이 필요하다. 초창기에는 일련의 다양한 형상의 개구부들을 통해서 빛을 조사하여 레티클의 광민감성 표면을 노광하여 레티클 상의 패턴을 만들었다. 이 형상들은 다양한 크기와 구조의 사각형 및 삼각형들로 구성되어 있으며, 회로나 장치의 외형을 나타내는 원하는 패턴을 구성하게 된다. 이 시스템들을 패턴발생장치라고 부른다. 나중에 e-빔 기술의 진보에 따라서 패턴 발생장치는 e-빔 묘화장치로 대체되었다. 현재 레티클 또는 축사광학계용 마스크는 e-빔 또는 레이저 묘화기를 사용한 직접묘화 방식으로 제작된다. 교번방식과 같은 위상천이 마스크는 천이 패턴과 Cr 패턴을 형성하기 위해서 두 번의 노광공정을 필요로 한다.

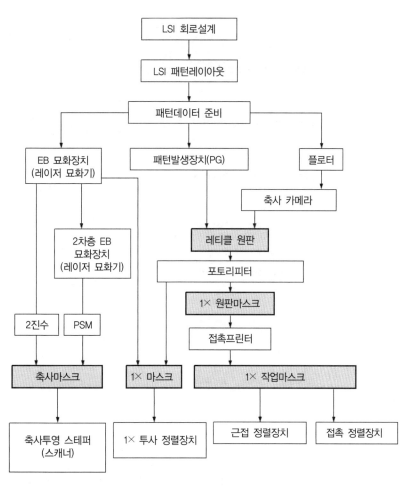

그림 6.11 1× 마스크, 축사마스크 및 위상천이 마스크의 제조공정 흐름도(I. Tanabe, Y. Takahana, M. Hoga, Introduction of Photomask Technologies, 1996, Printed in Japan, 그림 1.8, p.19의 그림을 수정

6.2.5.2 공정기술

광학식 마스크의 제작에 필요한 공정기술들이 그림 6.12에 요약되어 있다. 여기서 첫 번째 단계는 e-빔을 사용하여 마스크 모재 상에 코팅되어 있는 레지스트 필름에 노광을 수행하는 것이다. 마스크 노광을 위한 설계에 따라서 이 노광과정이 수행된다. 이 단계에 뒤이어서 레지스트 필름을 현상하여 레지스트 상에 원하는 패턴을 생성한다. 다음으로 레지스트에 형성된 구멍들을 통해서 노광되어 있는 Cr 필름을 습식이나 건식(플라스마) 공정을 통해서 식각해낸다. 마지막으로 현상되지 않은 레지스트들도 제거하고 나면 유리 기층소재 상에 Cr 패턴만 남아서 최종 마스크(또는 레티클)가 완성된다.

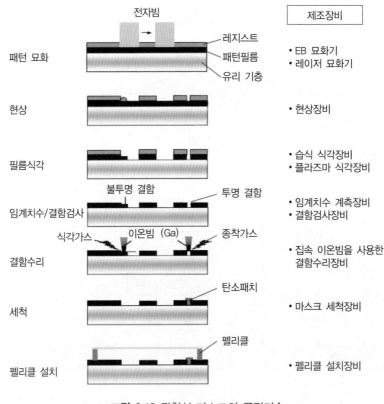

그림 6.12 광학식 마스크의 공정기술

다음으로는 결함검사와 측정 등을 통해서 마스크의 품질을 검사한다. 결함에는 경질결함과 연질결함이 있다. 경질결함은 청결해야 하는 영역에 Cr이 남아 있거나, Cr이 잔류해야 하는 영역의 Cr이 제거된 경우이다. 두 경우 모두 결함의 크기가 작다면 결함의 수리가 가능하다.

수리작업에는 집속 이온빔(FIB)이나 레이저 수리장비 등과 같은 장비들이 사용된다. 집속 이온빔을 사용하는 수리의 경우 불투명한 결함은 집속 이온빔을 사용한 국부식각을 통해서 수리하며, 투명한 결함의 경우에는 집속 이온빔을 사용한 증착을 통해서 탄소막을 부착한다[17]. 연질결함에는 판상의 이물질이나 이전 공정에서의 얼룩이나 잔류물질 등과 같은 오염이다. 이들은 판에 대한 후속 세척을 통해서 제거할 수 있다.

계측분야에서 마스크들은 임계치수(CD)라고 알려져 있는 임계형상크기의 측정을 수행하며, 레이아웃 상의 올바른 위치에 형상들이 놓여있는가도 검사한다. 이 작업은 영상배치계측(IP)이라고 부른다.

마스크의 품질에 대한 더 많은 사항들에 대해서는 6.3절에서 상세히 다루고 있다.

6.2.6 펠리클

마스크의 청결도를 검사했다고 하여도 여전히 오염의 위험이 남아 있으며, 따라서 펠리클을 사용해서 마스크 표면을 보호해야만 한다[18, 19]. 그림 6.13에서는 펠리클이 장착된 마스크의 구조를 보여주고 있다. 노출광선에 대해서 투명한 펠리클 필름은 그림 6.13에서와 같이 6.3mm 두께의 프레임에 의해서 인장력이 가해진다. 필름의 표면은 영상화 광학경로 내의 초점위치에서 벗어나 있기 때문에 필름 상에 존재하는 입자들은 웨이퍼에 프린트되지 않는다. 펠리클 필름은 노출광선에 대한 높은 투명도와 기계적 강도, 그리고 청결도 등의 성질을 충족시켜야 한다. 펠리클 필름의 소재는 표 6.4에 요약되어 있다[20, 21]. 니트로셀룰로오스를 기반으로 하는 필름이 365nm 리소그래피까지는 펠리클 필름으로 사용되어 왔다. 최근 248nm와 그 이상의 리소그래피에서는 비정질 불화폴리머가 사용된다.

6.3nm

펠리클 필름
펠리클 프레임
접착
패턴 필름
유리 기층

그림 6.13 펠리클이 장착된 마스크 구조(6인치 레티클)

표 6.4 펠리클용 소재(미쓰이 화학과 아사히 유리)

펠리클 유형	니트로셀룰로오스		불화폴리머
필름구조	단일층	양면AR (AR / AR)	단일층
필름소재	니트로셀룰로오스(NC)	AR/MC/AR • MC: 수정된 셀룰로오스 • AR: 불화폴리머	비정질불화폴리머
노광파장	G-라인(436nm)	G-라인(436nm) I-라인(365nm)	KrF(248nm) ArF(193nm)
필름두께	$0.87\mu m@436nm$	$1.2\mu m@436nm$ $1.2\mu m@365nm$	$0.82\mu m@248nm$ $0.83\mu m@193nm$
투명도 특성	>99% (투과율(%), G-line, 파장)	>99% (투과율(%), I-line, G-line, 파장)	>98% (투과율(%), ArF, 파장)

6.3 광학식 마스크의 품질

그림 6.14에서는 희석식 위상천이 마스크(Att. PSM)의 품질인자들을 보여주고 있다. 여기에는 임계치수(CD), 영상배치(IP) 및 결함 등이 있다. 게다가 이 그림에서는 2진 마스크에서 고려치 않았던 위상오차와 투명도 등이 제시되어 있다. 다음의 방법들을 사용해서 품질인자들을 보증받을 수 있다.

표 6.5에서는 품질인자들의 경향을 보여주고 있다. 사양을 충족시키기 위해서 고품질 마스크에 대한 가용성을 확보하기 위한 공정과 장비들에 대한 현저한 개선이 수행되었다.

6.3.1과 6.3.4에서는 품질인자에 대해서 더 상세하게 소개되어 있다.

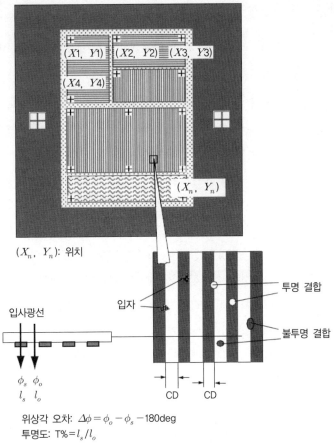

(X_n, Y_n): 위치

ϕ_s ϕ_o
l_s l_o

위상각 오차: $\Delta\phi = \phi_o - \phi_s - 180\text{deg}$
투명도: $T\% = l_s / l_o$

그림 6.14 마스크 품질인자들

표 6.5 축사투영 리소그래피에서 품질인자의 경향(I. Tanabe, Y. Takahana, M. Hoga, Introduction of Photomask Technologies, 1996, Printed in Japan, 표 3.1, p.80의 데이터를 사용해서 작성했음, 데이터 소유는 아사히 유리와 ITRS[22])

설계 노드(μm)	2	1.3	0.8	0.5	0.3	0.2	0.15	0.13 (130nm)	0.09 (90nm)	0.065 (65nm)	0.045 (45nm)
배율	5×	←	←	←	←	4×	←	←	←	←	
패턴 임계치수(μm)	±0.4	±0.25	±0.15	±0.10	±0.05	±0.025	±0.016	±0.010	±0.007	±0.005	±0.003
패턴 배치(μm)	±0.5	±0.3	±0.2	±0.12	±0.07	±0.05	±0.03	±0.025	±0.019	±0.014	±0.011
패턴 결함(μm)	3.0	2.0	1.2	0.8	0.5	0.2	0.12	0.10	0.07	0.05	0.035

6.3.1 임계치수

마스크 상에서의 임계치수는 중요한 인자이며 웨이퍼 상에의 임계치수에 영향을 끼친다. 임계치수는 묘화, 현상 및 식각 등과 같은 패턴화 공정에 의존하므로, 이러한 공정들의 관리와 마스크 제조에 사용되는 장비상태 등에 의해서 조절된다. 더욱이 임계치수를 개선하기 위해서는 고성능 공정기술과 장비가 필수적이다. 더욱이 임계치수가 사양을 충족시키도록 만들기 위해서는 임계치수 측정 역시 중요하다. 임계치수 측정장비의 유형들은 표 6.6에 요약되어 있다. 임계치수의 측정에는 광학식, 전자빔 방식, 그리고 기계식 등이 있다. 광학식은 투과방식뿐만 아니라 반사방식도 가능하며, 일반적으로 임계치수 측정에 사용된다. 그림 6.15에서는 투과식 측정 시스템의 광학계를 개략적으로 보여주고 있다(라이카 LWM 240)[23]. 마스크를 통과하는 240nm 파장의 빛을 사용한 영상측정을 통해서 임계치수 값을 수집한다. 더욱이 웨이퍼 상에 영상 프린트성질을 사용해서 측정을 수행하는 공간영상 모니터 시스템이 개발되었다[24]. 최근 들어 저에너지 임계치수 주사전자현미경(CD-SEM)을 사용해서 광학근접보정(OPC)과 같은 매우 미소한 패턴의 측정이 수행되고 있다[25]. 기계적 방법으로는 원자 현미경(AFM)을 사용하여 마스크 패턴의 3차원 형상을 측정하는 임계치수 측정 시스템이 개발되었다[26].

표 6.6 임계치수 측정장비의 분류

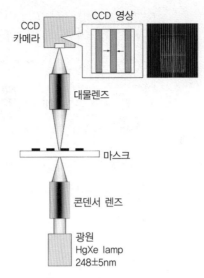

그림 6.15 패턴 임계치수 측정 시스템(Leica Semiconductor Systems K. K.)

6.3.2 영상배치

영상배치오차는 설계 값으로부터 형상위치의 천이 값으로 정의된다. 영상배치오차는 묘화 과정에서의 오차와 기층소재의 변형 등과 같은 인자들에 의해서 유발된다. 그러므로 배치오차는 묘화장치와 기층소재 사이의 위치 조절을 통해서 최소화시킬 수 있다. 그림 6.14에 도시된 것과 같이 패턴 칩 내에 설치되어 있는 각 십자 표시들의 위치를 측정하여 배치측정을 수행한다. 표식들의 위치는 그림 6.16에 도시되어 있는 배치측정 시스템을 사용해서 측정한다[27]. 시스템은 레이저 간섭계가 장착된 고정밀 스테이지를 사용하여 배치오차를 감지한다.

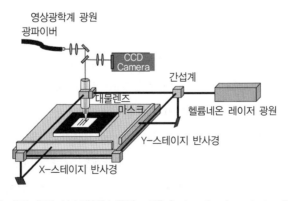

그림 6.16 패턴 배치 측정 시스템(단순화된 그림) (Leica Semiconductor Systems K. K.)

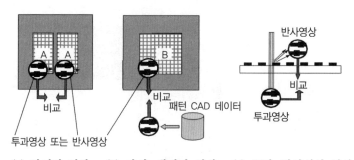

(a) 다이간 검사　　(b) 다이-데이터 검사　　(c) 투과-반사영상 검사

그림 6.17 결함검사장비들의 검사방법

6.3.3 결 함

마스크상의 결함은 웨이퍼상의 결함을 초래하므로 마스크 상에는 결함이 없어야만 한다. 반도체 제조의 초창기에는 결함검사를 위해서 시각적인 방법이 사용되었다. 오늘날의 기술 수준에서는 결함검사장비를 사용해서 결함품질을 검사한다. 그림 6.17에서는 마스크 패턴 결함검사장비의 검사방법을 보여주고 있다. 초기 검사장비에서는 투과된 빛에 의해서 형성된 영상을 사용해서 두 칩 사이의 차이를 비교하는 방법을 사용했다[28]. 나중의 검사 시스템들은 칩 패턴을 설계된 레이아웃과 비교했다[29]. 더욱이 Cr 형상 위에 존재하는 입자는 투사광선으로 감지할 수 없기 때문에 이를 감지하기 위해서 반사광을 사용하는 검사 시스템도 개발되었다 [30]. 이상적으로는 훌륭한 검사 시스템은 반사뿐만 아니라 투과방식도 갖추고 있어야 하며, 광학계는 마스크 영역에서 불투명뿐만 아니라 투명한 결함도 감지할 수 있어야 한다. 이를 통해서 100% 무결함 마스크를 보장할 수 있다.

6.3.4 위상과 투과율 측정

위상천이 마스크의 경우 위상각 오차는 마스크 품질을 보증하는 핵심 인자이다. 위상각 오차는 180°의 지정된 위상각도로부터의 위상각 편차로 정의된다. 희석식 위상천이 마스크(Att. PSM)의 경우 천이기의 투과율도 중요한 인자들 중 하나이다. 천이기의 위상각도 오차와 투과율을 측정하기 위해서 위상각도와 투과율 측정 시스템이 개발되었다[31, 32]. 그림 6.18에서는 레이저텍 사의 위상각도 및 투과율 측정 시스템의 광학계를 개략적으로 보여주고 있다. 레이저텍 사의 시스템은 위상천이 마스크의 실용화에 핵심적인 역할을 하였으며 365nm, 248nm 및 193nm와 같은 모든 세대의 리소그래피에 광범위하게 사용되고 있다.

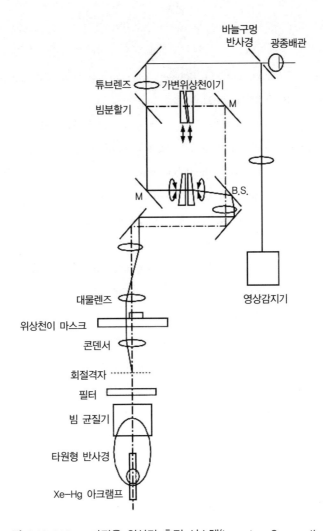

바늘구멍 반사경

광종배관

튜브렌즈

가변위상천이기

빔분할기

M

M

B.S.

영상감지기

대물렌즈

위상천이 마스크

콘덴서

회절격자

필터

빔 균질기

타원형 반사경

Xe-Hg 아크램프

그림 6.18 248nm 파장용 위상각 측정 시스템(Lasertec Corporation)

□ 참고문헌 □

1. L.F. Thompson, C.G. Willson, and M.J. Bowden, *Introduction to Microlithography*, 2nd ed., ACS Professional Reference Book, 1994, pp. 21-30.

2. D.A. Markle, A new projection printer, *Solid State Technol.*, 17 (6), 50-53 (1974).

3. J. Roussel, Step-and-repeat wafer imaging, *Solid State Technol.*, 21 (5), 67-71 (1978).

4. Figure (Subwavelength Gap) opened to the Public from Numerical Technologies (at present, Synopsys Inc.) in Seminar report: Advanced Lithography. Semiconductor European, March 25, 1999.

5. M.D. Levenson, N.S. Viswanathan, and R.A. Simpson, Improving resolution in photolithography with a phase-shifting mask, *IEEE Trans. Electron Devices,* ED-29, 1828-1836 (1982).

6. T. Terasawa, N. Hasegawa, H. Fukuda, and S. Katagiri, Imaging characteristics of multi-phaseshifting and halftone phase-shifting masks, *Jpn. J. Appl. Phys.*, 30, 2991-2997 (1991).

7. N. Yoshioka, J. Miyazaki, H. Kusunose, K. Hosono, M. Nakajima, H. Morimoto, Y. Watakabe, and K. Tsukamoto, Practical attenuated phase-shifting mask with a single-layer absorptive of MoSiO and MoSiON for ULSI fabrication, in: *International Electron Devices Meeting 93,* 1993, pp. 653-656.

8. M. Nakajima, N. Yoshioka, J. Miyazaki, H. Kusunose, K. Hosono, H. Morimoto, W. Wakamiya, K. Murayama, Y. Watakabe, and K. Tsukamoto, Attenuated phase-shifting mask with a singlelayer absorptive of CrO, CrON, MoSiO and MoSiON, *Proc. SPIE,* 2197, 111-121 (1994).

9. F.M. Schellenberg, H. Zhang, and J. Morrow, SEMATECH J111 project: OPC validation, *Proc. SPIE,* 3334, 892-911 (1998).

10. M. Takeuchi, Y. Shibano, and S. Kusama, Properties of our developing next generation photomask substrate, *Proc. SPIE,* 3748, 41-51 (1999).

11. Y. Ikuta, S. Kikugawa, T. Kawahara, H. Mishiro, N. Shimodaira, H. Arishima, and S. Yoshizawa, New silica glass for 157nm lithography, *Proc. SPIE,* 3873, 386-391 (1999).

12. Y. Watakabe, S. Matsuda, A. Shigetomi, M. Hirosue, T. Kato, and H. Nakata, High performance very large scale integrated photomask with a silicide film, *J. Vac. Sci. Technol. B.*, 4 (4; Jul./Aug.), 841-844 (1986).

13. H. Mohri, M. Takahashi, K. Mikami, H. Miyashita, N. Hayashi, and H. Sano, Chromium-based attenuated phase shifter for DUV exposure, *Proc. SPIE,* 2322, 288-298 (1994).

14. T. Matsuo, K. Ohkubo, T. Haraguchi, and K. Ueyama, Zr-based film for attenuated phase shift mask, *Proc. SPIE,* 3096, 354-361 (1997).

15. T. Motonaga, M. Ohtsuki, Y. Kinase, H. Nakagawa, T. Yokoyama, H. Mohri, J. Fujikawa, and N.

Hayashi, The development of bilayer TaSiOx-HTPSM, *Proc. SPIE,* 4409, 155-163 (2001).

16. O. Nozawa, Y. Shioya, H. Mitsui, T. Suzuki, Y. Ohkubo, M. Ushida, S. Yusa, T. Nishimura, K. Noguchi, S. Sasaki, H. Mohri, and N. Hayashi, Development of attenuating PSM shifter for F2 and high transmission ArF lithography, *Proc. SPIE,* 5130, 39-50 (2003).

17. K. Hiruta, S. Kubo, H. Morimoto, A. Yasaka, R. Hagiwara, T. Adachi, Y. Morikawa, K. Iwase, and N. Hayashi, Advanced FIB mask repair technology for ArF lithography, *Proc. SPIE,* 4066, 523-530 (2000).

18. V. Shea, and W.J. Wojicik, Pellicle Cover for Projection Printing System, U.S. Patent 4131363, Dec. 26, 1978.

19. T.A. Brunner, C.P. Ausschnitt, and D.L. Duly, Pellicle mask projection for 1: 1 projection lithography, *Solid State Technol.,* May, 135-143 (1983).

20. S. Shigematsu, H. Matsuzaki, N. Nakayama, and H. Mase, Development of pellicle for use with ArF excimer laser, *Proc. SPIE,* 3115, 93-103 (1997).

21. M. Nakamura, M. Unoki, K. Aosaki, and S. Yokotsuka, New low K dielectric fluoropolymer suitable for interlayer insulation materials, in: *International Conference on Multichip Modules (ICMCM)'92 Proceedings,* 1992, pp. 264-269.

22. International Technology Roadmap for Semiconductors, 2001 edition, Dec. 2001, pp. 241-257.

23. G. Schlüter, G. Scheuring, J. Helbing, S. Lehnigk, and H.-J. Brück, First results from a new 248nm CD measurement system for future mask and reticle generation, *Proc. SPIE,* 4349, 73-77 (2001).

24. R.A. Budd, J. Staples, and D. Dove, A new mask evaluation tool, the microlithography simulation microscope Aerial Image Measurement System, *Proc. SPIE,* 2197, 530 (1994).

25. I. Santo, M. Ataka, K. Takahashi, and N. Anazawa, Calibration and long-term stability evaluation of photo mask CD-SEM utilizing JQA standard, *Proc. SPIE,* 4889, 328-336 (2002).

26. Y. Tanaka, Y. Itou, N. Yoshioka, K. Matsuyama, and D. Dawson, Application of atomic force microscope to 65nm node photomask, in: *Digest of Papers, Photomask Japan 2004,* 2004, 139-140.

27. C. Bläing, Pattern Placement Metrology for Mask Making, Technical Programs on SEMICON Europe in March 1998.

28. P. Sandland, Automatic inspection of mask defects, Proc. SPIE, 100, 26-35 (1977).

29. I.A. Cruttwell, A fully automated pattern inspection system for reticles and masks, *Proc. SPIE,* 394, 223-227 (1983).

30. F. Kalk, D. Mentzer, and A. Vacca, Photomask production integration of KLA STARlight 300 system, *Proc. SPIE,* 2621, 112-121 (1995).

31. H. Kusunose, A. Nakae, J. Miyazaki, N. Yoshioka, H. Morimoto, K. Murayama, and K. Tsukamoto,

Phase measurement system with transmitted UV light for phase-shifting mask inspection, *Proc. SPIE*, 2254, 294-301 (1994).

32. H. Takizawa, H. Kusunose, N. Awamura, T. Ode, and D. Awamura, Transmittance measurement with interferometer system, *Proc. SPIE*, 2793, 489-496 (1996).

Syed A. Rizvi

7.1 서 언

이 장에서는 8장에서 다룰 예정인 *진보된 광학식 마스크*에 대해서는 제외한다. 진보된 광학식 마스크의 개발을 이끌어온 혁신과 기술들을 완전히 이해하기 위해서는 재래식 광학식 마스크의 이면에 어떤 기술들이 사용되며 어떤 혁신이 일어났는가에 대해서 알아야만 한다.

광학식 마스크에 대해서 일반적으로 살펴보았던 6장에서와는 달리, 이 장에서는 재래식 광학식 마스크에 대해서만 살펴보고, 8장에서는 진보된 광학식 마스크 기술에 대해서 상세하게 살펴볼 예정이다.

이 책의 1장에서는 모든 유형의 마스크들에 대해서 개략적으로 살펴보았다. 모든 유형의 마스크라는 말의 이면에는 반도체 산업 내에서 일어나고 있는 마스크의 발전에 대한 지식이 필요하다는 것이 내포되어 있다.

반도체 업계가 태동기였던 1960년대 초기의 마스크는 에멀션 패턴이 입혀진 유리판으로 사진기술의 초창기에 사용되었던 흑백 음화와 크게 다르지 않았었다. 노광기간 동안 마스크와 웨이퍼가 밀착될 때 크롬 소재는 손상을 덜 입기 때문에 나중에는 유리판 위의 에멀션 패턴이 유리(CoG)판상의 크롬 패턴으로 대체되었다.

빈도는 줄었지만 웨이퍼 상에서 접촉식 프린트는 여전히 마스크에 손상을 입히기 때문에 CoG 마스크가 제시된 사양을 충족시키지 못할 정도로 마스크 품질에 대한 요구조건이 점점 더 엄격해지게 되었다.

마스크 손상에 대한 해결책은 근접 프린트라고도 알려져 있는 비접촉 방식으로, 마스크를 웨이퍼에 근접시키지만, 둘 사이에 실제적인 접촉은 일어나지 않는다. 이 방법은 마스크 형상을 웨이퍼에 전사하는 일종의 그림자 성형방법으로, 마스크의 수명과 분해능을 서로 맞바꿔야 한다. 더 높은 분해능에 대한 지속적인 요구 때문에 이 방법은 오래 지속되지 못하였다.

다음 단계는 마스크 전체의 영상을 웨이퍼 상에 일종의 1:1 광학계를 사용하여 투사하는 방법으로, 마스크를 웨이퍼에 접촉시키지 않고도 원하는 분해능을 얻을 수 있었다. 초창기 시스템들은 일련의 렌즈들로 구성된 회절 광학계를 사용했으나, 마스크 전체 영상을 투사해야만 하고, 그 당시에는 구현할 수 없었던 고분해능을 갖는 대구경의 거의 완벽한 렌즈를 필요로 했다. 실제로는 이런 유형의 장비가 단지 몇 대만 제작되었고, 이들의 사용은 극히 제한적이었다. 퍼킨-엘머 사가 마스크 전체를 웨이퍼에 영상화시킬 수 있으며, 필요한 분해능을 구현할 수 있는 최초의 전반사 스캐닝반사경 광학계를 도입한 이후에야 1:1 투사 프린트가 실현되었다. 반사경의 사용을 통해서 렌즈 광학계에서 발생되는 색수차도 제거할 수 있었다. 스캐닝 반사경 기술은 웨이퍼 스테퍼가 반도체 생산에 도입될 때까지 거의 10여 년간 사용되었다. 웨이퍼 스테퍼 기술은 본질적으로 오늘날 마스크 제작에 일상적으로 사용되고 있는, 완전히 성숙된 마스크 스테퍼 기술의 연장선상에 있다.

마스크는 레티클 축사영상을 마스크 영역 전체에 대해서 스텝 이동하면서 노광하여 제작한 다이 어레이로 이루어져 있다. 전형적으로 레티클 영상을 웨이퍼상의 다이에 전사하는 비율은 10:1이다. 웨이퍼 스테퍼의 경우에도 10:1의 축사비율이 상당기간 동안 사용되었다. 현재의 기술에서는 대부분의 기계들이 스테핑뿐만 아니라 스캐닝도 사용하며, 영상전사 메커니즘은 5:1과 4:1 축사비율을 사용한다.

광학식 리소그래피의 발전은 광학식 마스크의 설계와 구조도 변화시켰다. 비록 에멀션 마스크에서 크롬 마스크로의 전환이 마스크 구조의 현저한 변화로 비춰질지 모르겠지만, 마스크 제조 분야에서 가장 근본적인 변화는 이 책에서 진보된 광학식 마스크라고 부르는, 위상천이 마스크(PSM)와 광학근접보정(OPC)의 도입에서 비롯되었다. 이 기법들을 사용하지 않는 마스크들을 재래식 마스크라고 부르며, 이런 유형들에 대해서 이 장에서 다루고 있다.

광학식 마스크 이후에는 차세대 리소그래피라고 부르는 다양한 비리소그래피 기법을 사용하는 수많은 비광학식 마스크들이 태동되고 있다.

비록 많은 칩 제조업체들이 진보된 광학식 마스크에 초점을 맞추고 있지만, 광학근접보정이나 위상천이를 사용하지 않는 마스크들도 저급제품에서 꾸준히 사용되고 있으며, 이들이 마스크 시장의 가장 큰 부분을 차지하고 있다. 이 마스크들은 진보된 마스크가 태동한 기반으로 간주되어야 하며, 저자는 재래식 마스크라고 이름을 붙였다.

7.2 광학식 마스크의 분류

마스크들은 수많은 방법들로 분류할 수 있으며 가장 일반적인 분류법이 그림 7.1에 도시되어 있다. 광학식 마스크의 분류법에 대해서는 아래에서 논의되어 있다.

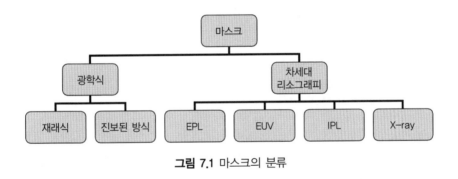

그림 7.1 마스크의 분류

7.2.1 재래식 광학식 마스크

이것은 기본적인 마스크 구조이며 유리상 크롬(CoG) 마스크로 만들어졌기 때문에 일반적인 마스크이다. 유리상 크롬(CoG) 마스크는 두 가지 유형이 있다. 이들은 유리상 크롬(CoG) 배경을 사용하는 광 필드 마스크와 형상이 마스크 전체에 입혀져 있는 크롬 필름 내에 식각되는 암 필드 마스크이다.

7.2.2 진보된 광학식 마스크

광학근접보정을 사용하는 마스크는 산업계가 더 작은 형상 쪽으로 이동하게 되면서 발생하게 된 회절효과에 오프셋을 가하기 위해서 일부 매우 미소한 형상(세리프, 스캐터링 바, 보조형상 등)들을 기존의 형상들에 추가한다는 점을 제외하고는 본질적으로 앞서 설명했던 CoG 마스크와 동일하다. 따라서 원리상으로는 광학근접보정 마스크는 제작과정에서 더 세밀하고 높은 정밀도를 필요로 한다는 점을 제외하고는 기존의 마스크 공정과 별반 다를 게 없다.

위상천이 마스크의 구조는 유리상 크롬(CoG) 마스크와 동일하거나, 유리 위에 여타의 위상 천이 소재(MoSi 등)를 입힌 것이다. 프린트 과정에서 위상천이를 유발시키기 위해서 단순히 형상을 유리에 식각한 위상천이 마스크도 있다. 이 마스크들은 크롬이나 여타의 위상천이 소재 를 사용하지 않는다. 그런데 나중에 8장에서 논의하겠지만, 이 마스크들의 제작공정에서 크롬 필름이 사용될 수도 있다.

7.3 재래식 마스크의 제작

다른 모든 유형의 광학식 마스크의 제조에서 재래식 마스크의 제조에 사용되는 기본 단계들 이 사용되므로 재래식 마스크는 모든 광학식 마스크의 기반이 된다.

7.3.1 원 소재

마스크 제조에 사용되는 원소재로는 포토레지스트 또는 간단히 레지스트라고 알려진 광민 감성 또는 전자빔 민감성 소재 필름과 크롬 필름이 코팅된 유리판이 계속 사용되고 있다. 최종 적으로 만들어진 소재를 마스크 모재라고 부른다.

7.3.2 마스크 묘화

모재 상에 코팅된 레지스트의 종류에 따라서 마스크 모재를 전자빔 묘화기나 레이저 묘화기 에 설치한다. 빔을 스캔 및 조작하여 원판을 현상하면 레지스트 필름 상에 원하는 패턴이 성형 되도록 레지스트를 선택적으로 노광한다.

7.3.3 마스크 처리공정

현상: 양성 레지스트의 경우 노광된 레지스트를 용해시키는 화학물질을 사용하며, 음성 레 지스트의 경우에는 노광되지 않은 레지스트를 용해시키는 화학물질을 사용해서 노광된 원판을 현상한다. 두 경우 모두 현상작업 후에는 레지스트 패턴을 볼 수 있다. 크롬 표면에 형성된

레지스트 패턴에서 크롬이 노광된 부분을 다음 단계에서 식각한다.

식각: 다음 공정으로는 원판에 대한 식각공정을 수행하며, 여기서 노광된 크롬을 식각해내면 유리표면이 노광된다. 노광되지 않은 크롬은 레지스트 하부에 보호되어 있다. 식각공정은 습식 화학제나 건식 플라스마 공정을 통해서 수행된다.

레지스트 제거와 최종 세척: 다음으로 마지막 단계에서 레지스트를 제거한 다음 원판에 대한 세척을 수행한다. 레지스트는 습식 화학물질로 제거할 수 있을 뿐만 아니라 건식 공정에서는 산소 플라스마를 사용해서 제거할 수 있다.

7.3.4 마스크 품질검사

7.3.4.1 마스크 검사와 수리

일단 마스크를 세척하고 나면 검사와 수리공정을 시작할 준비가 된 것이다. 수없이 많은 종류의 검사에 사용할 수 있는 장비들이 출시되어 있다. 불투명 결함의 수리에 사용되는 기계는 고출력 레이저로 결함을 단순히 태워버리는 반면에 투명 결함의 경우에는 갈륨이나 갈륨과 성질이 유사한 소재를 사용한 점 증착을 통해서 수리한다.

7.3.4.2 계측

마스크를 인증하기 전에 측정해야만 하는 두 가지 중요한 인자들은 임계치수(CD)라고 알려져 있는 미리 지정된 중요형상의 크기와 영상배치(IP) 측정이라고 부르는 형상위치이다.

임계치수 계측의 경우 시장에 다양한 시스템들이 출시되어 있지만, 이들 중 극히 일부만이 영상배치를 측정할 수 있다. 라이카 IPRO는 그들 중 하나이다.

박막측정 역시 중요하며 전형적으로 마스크 모재 제조공정의 초기에 크롬과 레지스트의 두께의 측정에 사용된다.

7.3.5 펠리클

마스크 제조공정의 최종단계는 마스크 표면에 내려앉아서 마스크를 오염시킬 수 있는 대기 중 입자들로부터 마스크 표면을 보호하기 위해서 마스크 상에 펠리클을 설치하는 것이다.

7.4 일반의견

여기서 논의하는 내용들은 재래식 광학식 마스크의 제조방법과 일반적인 공정에 관한 것들이다. 최첨단 광학식 마스크를 제작할 때에는 공정이 달라질 수 있으며, 이에 대해서는 8장에서 논의되어 있다. 이 장의 기본적인 내용을 근간으로 8장이 구성되어 있다.

제8장

진보된 광학식 마스크

Wilhelm Maurer and Frank Schellenberg

리소그래피 기술자들은 무어의 법칙에 따라서 지속적으로 더 작은 크기의 형상을 추구함에 따라서 리소그래피 패턴 전사공정의 모든 요소들은 극한까지 몰리고 있다. 노광장비들은 가능한 한 짧은 파장을 사용하며 렌즈들은 NA＝1.0 한계에 근접하고 있다. 레지스트의 대비와 필수적인 성질들이 지속적으로 향상되고 있다. 게다가 마스크를 통과하는 빛의 파면조절을 통해서 마스크상의 패턴을 조작하는 분해능강화기법(RET)이 개발되었다. 이를 통해서 리소그래피 시스템의 분해능 한계에 점점 더 근접하는 대용량 처리가 가능해졌다. 이런 연유로 마스크 제조업체들은 이 새로운 기법들과 이들이 마스크 제조에 끼치는 영향에 대해서 배워야 할 필요가 있다.

8.1 분해능강화기법

130여 년 전에 에른스트 아베(Ernst Abbe)는 적절히 제작된 영상 시스템(그의 경우 현미경)의 분해능 한계는 대물렌즈의 개구수와 만약 빛이 영상/물체평면에 수직으로 조사된다면, 조사광의 파장에만 의존한다는 이론을 정립했다[1]. 리소그래피 영상 시스템에서 아베가 정의한 광학적 분해능 인자에 대한 최소 분해형상의 비율은 과거 10여 년간 광범위하게 사용되어 왔다 [2]. 이 비율을 일반적으로 k_1 계수라고 부르며 다음과 같이 정의된다.

$$k_1 = 최소\ 형상/광학적\ 분해능 = 최소\ 형상/(\lambda/NA)$$

최소 형상의 경우 최소피치의 절반이 프린트되며, 광학적 분해능은 λ를 영상 렌즈의 개구수인 NA값으로 나눈 것이다.

따라서 노광장비가 제공할 수 있는 광학적 분해능보다 더 작은 형상을 프린트하고자 하는 지속적인 요구는 k_1 값의 지속적인 감소로 나타낼 수 있다. 표 8.1에서는 1990년 이후 반도체 제조에서의 이러한 감소추세를 보여주고 있다[3].

리소그래피 노광장비(비록 오늘날 대부분이 스텝 및 스캔 작동을 하지만 일반적으로 스테퍼라고 부른다)에서 사용되는 기본적인 광학적 개념의 경우 k_1 값은 일반적으로 0.25가 이론적 한계인 것으로 인식되고 있다[4]. 이 이하의 값에서는 스테퍼 렌즈에서 생성되는 빛이 영상필드 상에서 아무런 강도변화(공간영상)도 나타내지 못하며, 전체 영상은 단지 최소한의 형상만을 포함하게 된다.

이 한계에 접근하면 공간영상은 대비와 마스크 영상에 대해 상대적인 엄밀성에 따라서 급격하게 감소한다. 첫 번째 영향에 대응하기 위해서 다양한 분해능강화기법들이 개발되었으며, 광범위한 연구와 개발노력의 주제가 되고 있다[5]. 전자를 사용한 영상에서 근접효과가 발생하는 것과 마찬가지로 광학적 근접효과라고 부르는 후자의 영향을 보상하기 위해서 광학적 근접 보정(OPC)이 개발되었다[6].

k_1 값이 낮은 패턴 전사공정의 엄밀성 부족에 대한 특별한 측면 중 하나는 선형성 역시 절충된다는 점이다. 마스크 치수의 미소한 변화는 웨이퍼 상에서의 심각한 변화로 증폭될 수도 있다. 이는 마스크 제조에 심대한 영향을 끼치는 또 다른 인자를 유발한다. 이는 마스크 오차를 증가시키는 것처럼 보이기 때문에 마스크 오차 강화계수(MEEF)라고 부른다[7].

표 8.1 반도체 장치의 세대별 k_1값

장치의 세대 (반 피치 nm)	노광파장 (nm)	스테퍼 렌즈의 개구수	k_1
500	365	0.5	0.68
250	248	0.5	0.5
200	248	0.6	0.48
180	248	0.63	0.46
140	248	0.75	0.42
110	193	0.75	0.43
90	193	0.85	0.40
70	157	0.75	0.33
50	157	0.85	0.27

$$\mathrm{MEEF} = \delta(\mathrm{wafer\ |\ width})/\delta(\mathrm{mask\ |\ width}) \tag{8.1}$$

이상적인 공정의 경우 마스크 오차 강화인자(MEEF)는 1.0이다. 명백히 마스크 오차 강화인자가 증가되는 공정을 도입하면 공정 전반의 조절을 위한 마스크 사양에 심각한 제약조건으로 작용한다. 그리고 마스크 오차 강화인자가 1 이하로 감소되는 공정은 마스크 오차에 강한 내성을 갖는다. 특정한 위상천이 마스크(PSM)가 마스크 오차 강화인자(MEEF)를 1 이하로 감소시킬 수 있으며 일부의 경우에는 $k_1 = 0.25$에 이르기도 한다. 이는 리소그래피 시스템의 유효분해능을 배가시킬 수 있다.

일부 분해능강화기법(RET)은 마스크 제조에 아무런 영향을 끼치지 못한다. 특이하며 널리 사용되고 있는 사례 중 하나는 비축 조명이다[8]. 여기서 레티클에 조사되는 빛의 각도가 조절되며, 영상 시스템 내에서 특정한 회절차수가 강화된다. 이를 일반적으로 리소그래피 시스템에서 구현된 분해능강화기법이라고 간주하며, 이는 마스크 제조서적의 관점을 넘어선다.

마스크 제조에 영향을 끼치는 분해능강화기법(RET)과 광학근접보정(OPC) 기법은 세 가지 범주로 분류할 수 있다.

- 마스크 기층소재의 식각이 필요한 분해능강화기법
- 크롬이 도금된 수정 이외의 다른 마스크 기층소재를 사용하는 분해능강화기법
- 마스크 제조 시 더 높은 분해능을 필요로 하는 분해능강화기법

앞의 두 그룹들은 위상천이 마스크(PSM)를 사용하는데, 첫 번째 그룹의 경우에는 교번식 위상천이 마스크(Alt. PSM)가 주로 사용되며, 두 번째 그룹에서는 반투명 위상천이 마스크 (HT. PSM)가 주로 사용된다.

비록 대다수의 위상천이 기법들이 월등한 리소그래피 영상을 구현해왔지만, 반투명 위상천이 마스크(HT. PSM)만이 집적회로의 대량생산을 실현하였다. 그 이유는 위상천이 마스크가 사용자에게 최소한의 오버헤드만을 부가하기 때문이다. 모든 위상각 조절기법들이 마스크 층 제작에 포함된다. 이를 통해서 특정 기능의 기술적인 이점뿐만 아니라 그것이 가지고 있는 파급효과도 고려하는 것이 얼마나 중요한가를 알 수 있다. 따라서 다음부터는 특정 위상천이 마스크 기능들 각각에 대해서 핵심 문제들을 고찰해보기로 한다. 그런데 위상천이 마스크 기능을 추가하기 위해서 소요되는 비용에 대한 소모적인 논쟁은 논의대상에서 제외하기로 한다.

분해능 이하 보조형상(SRAF)[9, 10]과 광학근접보정(OPC)은 세 번째 그룹에서 가장 일반적인 두 가지 기법들이다. 분해능강화기법을 사용하든 사용하지 않든 k_1값이 작게 프린트하기 위해서는 광학근접보정이 필요하다. 주어진 분해능강화기법(RET)이 허용하는 한도 내에서 k_1값이 작을수록 광학근접보정 기법이 더 적극적으로 사용되어야 한다.

위상천이 마스크와 (항상 광학근접보정에 수반되는)비축조명 등과 같이 서로 다른 분해능강화기법들을 조합하는 것은 이 기법의 사용 시에 일상적인 일이다. 또한 이 마스크들의 사양은 매우 엄격하기 때문에 마스크 제조장비들을 용량 한계에 근접하여 사용할 수밖에 없다.

8.2 교번식 위상천이 마스크

8.2.1 역사와 기본기능

위상천이 마스크(PSM)는 일반적인 유리상 크롬(CoG) 마스크에서처럼 투사광선의 강도분포를 변화시킬 뿐만 아니라 마스크의 일부 위치에서 투사된 광선의 위상을 (의도적으로) 변화시킨다. 영상의 위상각 변환에 대한 기초 원리는 새로운 것이 아니다. 위상이 천이된 인접한 개구부를 통과한 빛에 대한 레일레이의 실험이 19세기 말에 보고되었으며[11], 1910년 Lummer가 기록[12]했던 아베의 강의에서조차도, 위상천이 마스크에 의해서 예견되는 영상이 상세하게 기록되어 있다. 피사체의 위상각 차이를 최종 영상의 진폭차이로 변환시킴으로써 구현할 수 있는 월등한 영상 품질(인간의 눈은 위상차를 감지할 수 없다)은 위상대비 현미경에서 거의 한 세기 동안 널리 사용되어 왔으며 위상각 홀로그램이 가장 효율적인 유형의 홀로그램인 것으로 오랜 기간 동안 알려져 왔다.

1970년대 중반 Hänsel에 의한 홀로그램 저장장치 프로젝트를 통해서 현대적인 위상천이 마스크와 본질적으로 동일한 원리의 진폭과 위상이 결합된 마스크가 창안되었다[13]. 그런데 리소그래피에서 분해능 개선을 위해서 위상천이를 적용하는 방안은 원래 MIT의 Hank Smith[14]와 니콘의 M. Shibuya[15]에 의해서 제안되었으며, 1980년대에 IBM의 M.D. Levenson[16, 17]에 의해서 최초로 실현되었다. Levenson은 일반적인 마스크에 PMMA를 과도한 두께로 코팅한 후에 전자빔 노광을 통해서 패턴을 생성하여 최초의 리소그래피 위상각 마스크를 제작하였다. 그의 논문에서는 또한 위상각 마스크를 사용한 영상화에 대한 이론을 기술하였으며, 이것은 오늘날 리소그래피 분야에서 가장 많이 인용되는 논문이 되었다.

그 이후로 무수히 많은 종류의 위상천이 마스크 방식들이 제안되었다. 이들에 대해서는 일반적으로 ProLith[18], Solid[19] 또는 EM Suite[20] 등과 같은 공정 모델링 툴을 사용한 시뮬레이션을 통해서 개념적인 평가를 수행한다. 현재 이들 중 대부분은 추가적으로 TEMPEST에서 최초로 도입한 마스크 형태학에 대한 더 세밀한 모델링이 가능하다[21]. 비록 영상특성에 대한 모델링이 다양한 광학근접보정과 위상천이 마스크에서 예상되는 성능을 비교 및 평가하기 위한 가장 일반적인 방법이기는 하지만, 시뮬레이션에 대해서는 이 책의 다른 부분에서 다루기로 한다.

교번식 위상천이 마스크(Alt. PSM, 교번식 개구부 PSM이라고도 부른다)는 어두운 형상을 정의하는 두 개의 밝은 형상들 사이의 위상을 180° 변환시킴으로써, 좁고 어두운 형상의 공정 윈도우를 개선시켜준다. 그림 8.1에서는 교번식 위상천이 마스크의 기본 작동원리를 보여주고 있다.

두 개의 시창으로 투과된 빛은 180°의 위상 차이를 가지고 있으므로, 전이위치에서 전기장의 부호가 바뀌게 된다. 광 강도는 전기장의 제곱값을 갖는다. 영의 제곱은 여전히 영이므로, 전이위치에서의 강도는 전이위치의 폭이 얼마나 좁은가에 관계없이 여전히 영이다. 교번식 위상천이 마스크와는 달리 유리상 크롬(CoG) 마스크의 두 개의 시창에 의한 최소 광 강도는 시창 사이에 위치한 어두운 형상의 폭이 감소함에 따라서 증가한다. 그림 8.2에서는 교번식 위상천이 마스크와 유리상 크롬(CoG) 마스크의 거동을 비교하여 보여주고 있다.

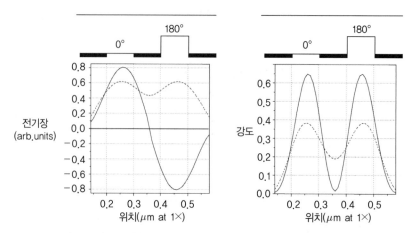

그림 8.1 100nm 크롬 선에 의해서 분할된 100nm 선폭의 두 개의 시창을 갖는 포토마스크에 대한 공간영상 시뮬레이션. 만약 하나의 시창을 투과한 빛이 다른 시창을 통과한 빛과 180°의 위상차를 갖는다면(실선), 전기장(좌)의 부호가 바뀌며 대비(우)는 위상 차이가 없는 경우(점선)보다 훨씬 높아진다. 시뮬레이션은 193nm, 0.75NA, 그리고 간섭계수(σ)는 0.3에 대해서 수행

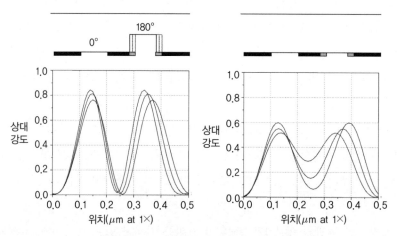

그림 8.2 두 개의 120nm 시창 사이에 위치한 세 가지 어두운 형상의 폭(120, 100 및 80nm) 프린트 시 교번식 위상천이 마스크(좌)와 표준 크롬 마스크(우)의 강도분포 비교. 공간영상 시뮬레이션은 193nm, 0.75NA, 그리고 간섭계수(σ)는 0.3에 대해서 수행

    그림 8.3에서는 위상천이 마스크의 가장 큰 장점에 대해서 설명하고 있다. 교번식 위상천이 마스크에서 반대 위상을 갖는 두 시창 사이에 위치한 어두운 형상의 폭이 감소함에 따라서 마스크상의 형상 폭이 아무리 작다고 하여도, 프린트된 형상이 차지하는 폭은 영상화 시스템에 의해서 지정된 일정한 값으로 수렴해간다. 이는 본질적으로 마스크 오차 강화인자(MEEF)가 0의 값 쪽으로 인도되고 있음을 의미한다. 그런데 이와 유사한 크기에 대해서 유리상 크롬

(CoG) 마스크의 경우에는, 마스크 상에서 형상 폭의 미소한 편차가 프린트된 영상에서는 특정한 최소 분해능 치수가 될 때까지 현저한 폭 변화로 증폭되어 파괴적 영상파괴가 발생된다. 이토록 마스크 오차 강화인자가 큰 공정-현재 90nm 공정은 마스크 오차 강화인자 값이 5로 증가할 때까지 존속해야만 한다.-의 경우에는 더 엄격한 마스크 사양이 필요하다(비용 상승과 생산성 저하가 초래된다).

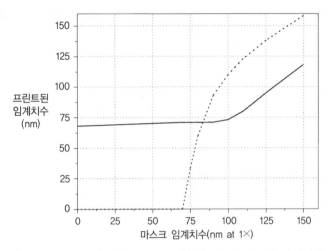

그림 8.3 형상 폭의 함수로 나타낸 두 개의 150nm 시창 사이에 위치한 어두운 마스크 형상의 프린트된 선폭. 마스크 형상 폭이 감소함에 따라서 프린트된 선폭은 위상대비 없이 빠르게 감소(점선)하지만, 위상대비에 따라 일정한 선폭(실선)에 수렴하게 된다. 시뮬레이션은 193nm, 0.75NA, 그리고 간섭계수(σ)는 0.3에 대해서 수행

마스크 오차 강화인자 값이 작기 때문에 마이크로프로세서의 게이트 레벨 프린트가 교번식 위상천이 마스크의 최초의 본격적인 적용대상이 되었다[22]. 능동 게이트 구조의 폭(=유효 트랜지스터 길이) 변화는 프로세서의 최대 클록속도를 제한하는 주요 인자들 중 하나이다.

8.2.2 교번식 위상천이 마스크의 제작

최초의 교번식 위상천이 마스크는 유리상 크롬(CoG) 마스크에 투명한 e-빔 레지스트를 코팅하여 제작하며, 투명한 레지스트의 적절한 두께에 의해서 180° 위상천이가 발생된다. 위상천이가 필요한 시창위치에만 소재를 잔류시키기 위해서 e-빔 노광이 사용되었다. 이는 위상마스크를 제조하는 데에 처음으로 사용되었던 기술이다[16]. 그런데 이 공정을 통해서 만들어진 교번식 위상천이 마스크는 무결점 마스크를 생산하기 위한 가혹한 세척공정에 견딜 수 없었다.

(유리 위에 코팅된)여타의 다양한 소재들에 대해서 평가가 수행되었다. 오늘날 거의 모든 교번식 위상천이 마스크들은 표준 유리상 크롬(CoG) 마스크의 수정 기층을 선택적으로 식각하여 제작한다[23]. 그림 8.4에서는 최신의 교번식 위상천이 마스크 제조사례를 보여주고 있다.

교번식 위상천이 마스크는 최소한 두 개의 리소그래피 패턴화 단계를 필요로 한다. 그림 8.4에 도시되어 있듯이, 일반적으로 첫 번째 단계에서는 모든 마스크 시창들을 정의하고 두 번째 단계에서는 수정소재의 식각을 통해서 위상천이 형상구조를 생성한다. 식각단계에서 실제 마스크처럼 작용하는 첫 번째 고분해능 노광을 통해서 크롬 패턴을 성형하므로, 이 방법과 크롬과 수정 사이의 선택성이 고도로 최적화된 식각공정을 사용해서 정렬과 분해능의 측면에서 두 번째 단계의 요구조건들을 근원적으로 해결할 수 있다. 이 경우 180°의 위상 차이를 갖는 마스크 시창들을 성형하기 위해서 훨씬 염가인 레이저 묘화장비를 사용할 수 있다.

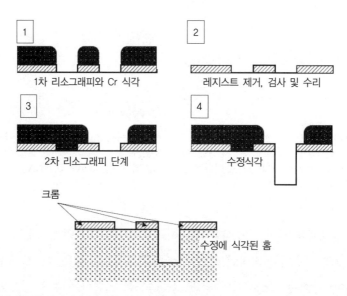

그림 8.4 크롬 내에 위상천이장치가 설치된 교번식 위상천이 마스크의 제작. 일반적인 180° 위상천이를 위해서 수정에 식각하는 깊이는 $\lambda/(2(n-1))$로서, n은 수정의 굴절계수이다.

교번식 위상천이 마스크에 의해서 프린트된 영상은 마스크상의 형상 폭뿐만 아니라, 식각된 틈새의 위상이나 상세한 구조 등의 여타 마스크 인자들에 의해서 세밀하게 결정된다. 따라서 교번식 위상천이 마스크의 측정과 평가를 위한 가장 올바른 방법은 사용될 장비에 장착된 마스크를 사용해서 웨이퍼에 노광을 시행하고 프린트된 영상을 측정하는 것이다. 하나의 마스크 제작실에서 수요자가 원하는 모든 장비들과 공정들을 보유하는 것은 불가능하며, 웨이퍼 제조

시 이런 방침 역시 너무 많은 노력을 필요하다는 점이 명확하다. 게다가 프린트된 영상의 평가를 통해서는 단지 최종적인 영향만을 알 수 있으며, 프린트된 영상의 어떤 인자들이 사양에서 벗어났는가를 제시해줄 뿐이다. 따라서 마스크 제작실에서는 최종적으로 사용이 가능한 마스크를 공급하기 위해서 단지 프린트된 영상의 품질을 결정하는 모든 마스크 인자들을 측정 및 조절할 수 있을 뿐이다.

이런 인자들 중 가장 중요한 것은 인접한 시창들 사이의 위상천이 값이라는 점은 명확하다. 만약 위상천이가 일반적으로 등방성을 갖는 마스크 모재(수정)에 대한 식각을 통해서 구현된다면, 매우 어려운 위상천이 값 측정 대신에 훨씬 더 쉬운 식각 깊이 측정으로 대체할 수 있다. 원자현미경(AFM)이 여기에 필요한 정밀도를 제공해준다. 임계치수의 측정을 위해서 마스크 상의 여러 위치에서 위상측정을 수행해야만 하며, 측정 결과의 평균값과 균일성이라는 두 가지 인자를 관리해야 한다. 시뮬레이션과 실험을 통해서 필요 사양들이 결정된다. 평균값과 공칭값(보통 180°) 모두 ±1°이며, 3σ의 균일성이 보고되었는데, 이는 현재의 90nm기술에 대해서 충분한 값이다[24].

교정을 위해서는 위상측정과 더불어서 형상 폭의 측정에도 세심한 주의가 필요하다. 마스크 제작에 전형적으로 사용되는 임계치수 계측장비(광학식 장비 또는 SEM)의 응답은 측정 대상물의 실제 토폴로지에 의존한다. 교번식 위상천이 마스크를 사용해서 웨이퍼 상에 프린트한 형상의 폭은 마스크의 실제 3차원 형상에 크게 의존한다는 점이 가장 중요하다. 어떤 교정표준도 사용할 수 없기 때문에 임계치수 계측장비의 측정 결과를 실제 형상크기에 대해서 보정하기 위해서 마스크 단면에 대한 고분해능 주사전자현미경(SEM) 영상이 사용된다.

동일한 표식을 사용해서 마스크의 토폴로지─특히 식각된 테두리의 실제 토폴로지─의 충분한 조절과 사양관리가 필요하다. 교번식 위상천이 마스크가 있어야만 최종적으로 마스크 제작실의 표준생산품목들에 대한 생산준비가 완료되므로, 마스크 제조업체들은 이 인자들에 대해서 중요하게 간주하며 표준화 노력에 주의를 기울인다.

비록 이들에 대한 개별적인 측정을 통해서 위상천이 마스크가 올바로 제작되었음을 확인할 수 있지만, 마스크 전체 영역에 대해서 엄청난 분해능으로 측정하는 것은 현실적으로 불가능하다. 따라서 마스크 검사과정이 필요하며, 발견된 모든 결함들은 납품 전에 수리해야만 한다. 위상 마스크의 경우 위상천이 구조를 추가함에 따라서 다양한 결함이 발생할 수 있게 되므로, 이 과정이 유리상 크롬(CoG) 마스크의 검사 및 수리과정보다 어려워졌다. 유리상 크롬(CoG) 마스크에서 일반적으로 발생되는 결함들(이 책의 다른 부분에서 논의되어 있음)과 더불어서, 교번식 위상천이 마스크에서는 최소한 두 가지의 결함유형이 더 존재한다. 수정 돌기와 수정

함몰이다[25]. 대부분의 경우 이들 두 가지 결함은 위상천이각도가 180°인 높이를 기준으로 하여 임의높이/깊이의 돌기와 함몰에 대해서 더 세분한다.

형상 폭에 대해서 앞서 언급한 바와 같이 결함검사장비의 검사용 현미경 상에서 동일한 크기로 나타나는 수정 돌기와 수정 함몰들을 주사전자현미경(SEM)으로 측정하면 서로 다른 크기를 갖고 있을 수도 있으며, 특히 이 마스크를 사용해서 프린트 작업을 수행하면 전혀 다른 크기의 영상이 만들어질 수도 있다. 따라서 교번식 위상천이 마스크 상에서 유효 결함 크기의 평가는, 리소그래피 노광장비의 영상화공정을 시뮬레이션 해주는 현미경인, 공간영상 측정 시스템(AIMS)의 핵심 적용분야이다[26]. 최근에 결함의 감지를 위해서 광학식 공간영상 측정 시스템(AIMS)을 사용하는 결함검사장비가 제작되었다[27]. 이 장비는 다이 간 검사모드로만 사용이 가능하므로, 마스크 상에 두 개의 동일한 칩이 있어야만 한다. 이 장비를 생산에 도입하며, 이를 다이 간 데이터베이스 검사 분야까지 확대하는 것은 매우 흥미로운 사안이다. 후자의 경우에는 쾌속 영상 시뮬레이션이라는 추가적인 노력을 필요로 한다.

(충분히 식각되지 않아서)과도한 수정으로 인한 결함은—적어도 논리상으로는—이온빔을 사용한 식각이나 원자작용력현미경(AFM) 원리를 기반으로 하는 기계식 수리장비를 사용해서 수리할 수 있다. 수정 함몰에 따른 결함의 수리가 시도되고는 있지만, 성공적인 결과를 얻지 못하고 있다. 따라서 수정의 함몰에 따른 결함의 발생을 피하기 위한 제조방법은 수율 손실과 감당하지 못할 정도의 생산성 저하를 피하는 길 뿐이다.

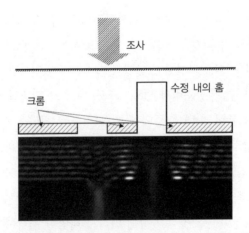

그림 8.5 빛이 80nm의 폭을 갖고 80nm만큼 분리된 두 개의 개구부가 설치된 교번식 위상천이 마스크를 통과했을 때의 2차원 강도($|E|^2$)플롯. λ =193nm이며 수직 입사된 경우의 공간영상 시뮬레이션 결과

교번식 위상천이 마스크의 경우에 제조공정상에서 가장 진보된 분야는 위상평형 방식을 사용하고 있다[28]. 앞서 논의한 바와 같이 180°의 공칭 위상각 차이와 동일한 물리적 크기(SEM, 임계치수 측정장비 또는 AFM으로 측정)를 갖고 있더라도 두 개의 마스크 시창들은 대부분의 경우 웨이퍼 상에 동일한 크기로 프린트되지 않는다. 그림 8.5에서 명확하게 보여주고 있는 것처럼 홈에 의해서 투영된 전자기장은 두 개의 크롬 형상들 사이의 시창을 통해서 투영된 전자기장과는 전혀 다르다.

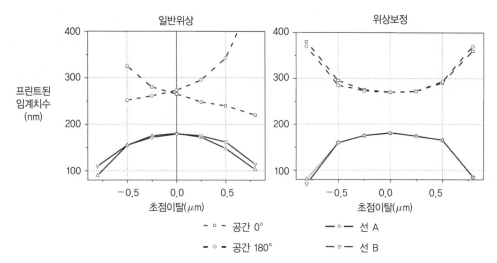

그림 8.6 강도 불안정의 사례. (좌) 교번식 위상천이 마스크로 프린트된 공간 폭(점선)은 식각 깊이가 일반적인 180°이며, 강도불안정을 보정하기 위해서 개구부를 편향시킨 경우에조차도 초점이탈에 의해 0°와 180° 개구부를 통과한 경우 대해서 현저히 다르다. (우) 이를 보정하기 위해서 식각깊이와 측면 벽의 구조를 최적화시킨다. 개구부 사이의 어두운 형상의 폭(실선)은 영향을 받지 않으며, 최적화를 시킬 필요가 없다. [U. Griesinger, R. Pforr, J. Knobloch, C. Friedrich, Proc. SPIE, 3873, 359-369 (1999).]

그림 8.6에서는 웨이퍼 상에서의 인쇄결과를 보여주고 있다. 편향기법을 사용하여 시창 크기를 동일하게 조절하며 최고의 초점상태에서 공정 윈도우의 중앙을 통과하도록 프린트가 시행된다고 하더라도, 인쇄된 크기는 노광장비의 서로 다른 초점이탈 세팅에 따라서 다양한 거동을 나타낸다. 그림 8.6의 좌측 그림에서는 이런 상관관계를 보여주고 있다.

시뮬레이션 상에서 두 시창 사이의 위상 차이가 180°라고 가정함으로써, 두 개의 시창에 의해서 프린트된 영상들의 거동을 유사하게 묘사할 수 있다. 마치 마스크 토폴로지에 의해서 위상 차이가 생성되는 것처럼 이것은 유효 위상각도에 따라서 변화한다. 더 많은 연구를 통해서 이 유효 위상각도는 형상 폭이나 형상 피치 등과 같은 마스크 기하학의 함수라는 것이 밝혀졌다.

그림 8.6의 우측에 도시된 것과 같이 주어진 마스크 기하학에 대한 시뮬레이션과 공정개발의
협력관계를 통해서, 크롬 아래에 위치한 수정에 대한 과소 식각을 통해서 위상각 테두리의 최적
화된 기울기와 기하학적 형태를 최적화시키며, 마스크 시창 전체영역에 대해서 초점이탈 기법
을 사용하여 수정을 추가적으로 식각하면 거의 완벽한 위상각도 평형을 실현할 수 있다[29].
비록 임의의 형상에 대해서 평형화된 위상각을 최소화시키기 위해서 동일한 매개변수들을 사용
할 수 있지만, 이러한 노력은 리소그래피 공정에서 추가적인 오차할당을 필요로 한다[30].

교번식 위상천이 마스크에 대한 대안은 위상각 토포그래피를 수정 상에 우선적으로 식각한
다음, 모든 마스크 구조상에 일정한 두께로 크롬을 증착하는 것이다. 마스크 상에서 어두운
부분과 투명한 부분을 정의하기 위해서 패턴화를 수행하면, 모든 위상각 테두리들은 크롬으로
덮여 있게 된다. 이는 소위 위상 phirst 방법이라고 부르는 시뮬레이션과 실험을 통해서 규명
되었으며, 위상각도 불평형이 훨씬 작다[31]. 하지만 이 방식이 모든 임의의 형태에 대해서
적용되는가의 여부에 대해서는 규명이 필요하다.

8.2.3 교번식 위상천이 마스크의 레이아웃 고려사항들: 위상충돌 등

마스크 제조업체들은 데이터 관리방식에서 또 다른 도전에 직면하고 있다. 교번식 위상천이
마스크는 첫 번째, 개구부의 패턴화와 두 번째, 어떤 개구부 위상을 천이시킬 것인가를 정의하
기 위해서 일반적으로 두 번의 패턴화가 필요하다. 일부 위상천이 방식들은 최소한 네 번의
묘화단계를 필요로 하며, 이 때문에 묘화공정이 훨씬 더 비싸진다[32].

위상천이 마스크의 경우에는 기존의 특정한 회로구조들을 위상배치의 요건에 손쉽게 적용
할 수 없기 때문에 레이아웃 변환이 필요하다. 사실 임의의 레이아웃을 갖는 모든 미소형상들
사이에 180°의 위상천이를 부가하는 것은 불가능하다. 간단한 T−구조물의 사례가 그림 8.7에
도시되어 있다.

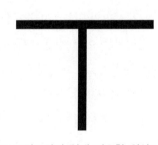

그림 8.7 충분한 공정 윈도우를 갖고 프린트하기 위해 필요한 위상보조를 갖춘 폭의 선들로 이루어진 T의
레이아웃

만약 T-구조물 내의 모든 선들이 프린트 과정에서 위상각도의 지원을 필요로 할 정도로 충분히 작다면, 이를 수용할 수 있는 간단한 위상할당 방법은 존재하지 않는다. 이는 소위 위상충돌의 좋은 사례이다[33]. 이 문제에 대한 가장 간단한 해결방안은 어떤 구조도 위상충돌을 일으키지 않도록, 프린트할 레이아웃을 교번식 위상천이 마스크로 국한시키는 것이다. 예를 들면 마스크 제조에 사용하기 전에 각각의 레이아웃들에 대한 적절한 설계원칙을 사용한 설계원칙 검사를 통해서 이를 구현할 수 있다.

또 다른 방안은 T의 중심을 제외한 거의 모든 형상들에 대해서 위상 차이를 만들어내는 위상구조를 배열하고, 추가적인 위상변환에 의해서 유발되는 원치 않는 암영을 노광시켜 없애기 위해서 일반적으로 트림 마스크라고 부르는 또 다른 마스크를 사용해서 2차 노광을 수행하는 것이다[34]. 그림 8.8에서는 이 방법을 보여주고 있다. 두 마스크들에 대해서 레이아웃과 데이터를 세밀하게 비교하기 위한 데이터 처리공정은 관리가 필요한 추가적인 작업이며, 이를 올바르게 수행하기 위한 알고리즘은 단순한 것이 아니다. 2중 노광과 관련된 위상할당을 위한 자동화된 소프트웨어 패키지들이 이 문제에 대한 가장 일반적인 해결방안이다. 그럼에도 불구하고, 두 마스크를 사용한 노광 시 마스크 치수나 중첩 정밀도의 미소한 변화가 T의 중심에서 프린트 오류를 유발할 수 있다.

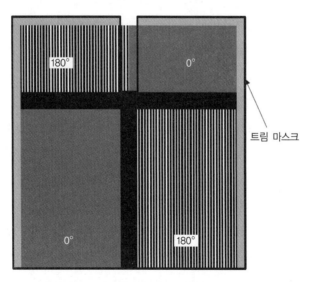

그림 8.8 그림 8.7의 T 중심에서 일어나는 위상충돌에 대한 해결방안. 위상보조를 통해서 모든 선들을 프린트하기 위해서 T 위에 0°/180° 위상변환을 통해서 어두운 선이 만들어진다. 이 선은 트림 마스크라고 부르는 2차 노광을 통해서 제거한다.

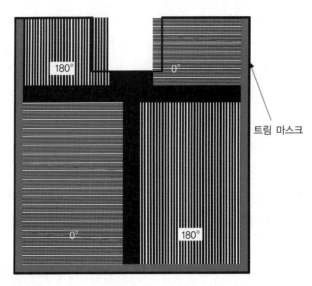

트림 마스크

그림 8.9 위상보조가 필요 없는 폭에 비해서 T 중심부의 선폭을 증가시켜서 그림 8.7의 T 중심에서 일어나는 위상충돌을 해결. 이 방식은 트림 마스크의 선폭과 배치 정확도 조건을 현저하게 완화해준다.

이러한 위험을 최소화시키기 위해서 원래의 레이아웃을 위상충돌 없이 프린트할 수 있는 레이아웃으로 변환시켜주는, 세 번째 대안이 개발되었다[35]. T-구조물의 경우 그림 8.9에 도시되어 있는 것처럼 위상변환을 위한 공간을 확보하기 위해서 T의 중심을 일정한 길이만큼 확장시키고, 트림 마스크를 사용한 노광 시 이를 다시 노광시켜서 없애버린다. 이 방법과 여타 유사한 방법들에서 T의 확장된 부분은 트림 마스크에 의해서 윤곽이 결정된다.

몇 년 전부터 일반적으로 사용되기 시작한 네 번째 방법에서는 트림 마스크를 사용한 2차 노광이 사용되지 않는다. 이를 위해서 원치 않는 180° 위상변화를 180°의 경우처럼 직접 프린트되지 않는 미소한 높이의 부분적인 위상변화로 분할시키기 위해서 다중위상영역을 생성시킨다[32, 36]. 이 방법은 그림 8.10에 도시되어 있으며, 위상충돌 문제를 해결하기 위해서 초기에 제안되었던 해결책이었다. 이 방법은 사이에 넓은 개방공간이 있는 극소수의 점들에 대해서 위상천이를 시켜야 하는 레이아웃에만 적용할 수 있다[37].

비록 두 번째와 세 번째 방법이 매우 유사한 결과를 낳지만 제조를 고려한 설계라고 부르는 전반적인 방식에 끼치는 영향은 서로 현격하게 다르다. 그런데 이들 사이의 절충은 일반적으로 이중노광 스테퍼의 구매가격과 마스크 제조비용에 대한 평가를 통해서 결정되며, 이는 이 장의 범주를 넘어선다. 최신 IC들의 피치 간격 축소에 따라서 부분 천이기법에 필요한 다중묘화단계의 비용이 상승되어, 이 기법을 사용하기가 어렵게 되었다.

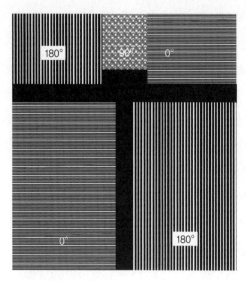

그림 8.10 부분 천이기구를 사용해서 그림 8.7의 T 중심에서 일어나는 위상충돌을 해결. 중간위상 영역을 통해서 트림 마스크의 필요성이 없어진다.

8.2.4 교번식 위상천이 마스크의 특수한 경우

프린트된 영상의 대비를 개선하기 위해서 위상을 창조적으로 사용하기 위한 다양한 모든 가능성들 중에서 요새 많이 논의되고 있거나, 매우 특수한 경우에 사용되고 있는 몇 가지 방법을 추려내본다.

8.1.1절에 따르면 크롬을 사용하지 않는 제한된 폭의 180° 위상변환은 리소그래피 셋업과 두 위상영역의 형상(주로 폭)에만 의존한다. 이를 소위 *무크롬 위상천이 마스크(CL PSM*, 때로는 위상 테두리 위상천이 마스크로도 알려져 있다)라고 부르며, 가장 작은 게이트들을 사용해서 트랜지스터를 만들기 위해서 과도식각방법과 함께 사용된다. 현재까지의 최고기록은 248nm 스테퍼와 0.75NA 렌즈를 사용해서 9nm 크기의 게이트를 제조한 것이다[38]. 모든 최소 크기의 형상들을 동일한 폭으로 프린트하기 위해서는 위상영역의 크기가 동일해야만 한다. 이 제약조건과 더불어 트림 노광에 의한 2차 위상변환(위상영역이 닫힌 루프에만 적용된다)을 제거해야만 하는 제약 때문에 무크롬 위상천이 마스크는 매우 특수한 경우에만 적용된다. 이런 특수한 경우에 대한 성능적 우수성은 매우 매력이 있다. 그런데 GaAs 트랜지스터를 제조하기 위해서 이 기법을 사용한 최초의 상용 위상천이 마스크가 1991년에 사용되었다[39].

다중의 조밀한 위상모서리를 갖춘 완벽하게 투명한 영역이 효과적으로 빛을 큰 각도로 회절시킬 수 있다. 만약 테두리들 사이의 간격이 스테퍼에 대해서 파장/2NA보다 작다면, 모든 투사광선들이 렌즈 동공으로부터 회절되어 버리며, 어떤 빛도 웨이퍼에 도달하지 못하기 때문에 이 영역은 비록 투명하지만 불투명한 것처럼 프린트된다. 비록 천이용 셔터도 함께 사용되지만 조밀한 위상 테두리를 사용해서 어두운 영역을 만들어내기 위한 이런 기법을 무크롬 위상천이 마스크라고 부른다. 모든 위상 레이아웃들에 대해서 불투명한 영역을 변환시키기 위해서 필요한 추가적인 복잡성과 결함에 의해서 이 영역에 빛이 유출되기 쉬운 성질 등으로 인하여, 이런 방식의 위상천이 기법은 비교적 매력적이지 못한 방법이 되었다.

(스테퍼 렌즈의 파장/2NA보다 좁은)인접한 두 개의 위상변환만을 사용해서 단일직선을 만들어내는 이 기법은 특정한 용도를 갖고 있음이 발견되었다. 기존의 조명이나, 교번식 위상천이 마스크가 최대의 이점을 살리기 위해서 필요한 고도의 간섭성을 갖는 광원을 사용하는 경우에조차도 두 개의 인접한 위상 테두리에 의해서 형성된 단일의 어두운 직선이 유용한 공정 윈도우를 갖고 있지 못하지만, 동일한 마스크 형태에 비축 조명을 조사하면 높은 대비를 갖는 어두운 선이 프린트된다. 만약 두 위상 테두리들 사이의 거리가 증가한다면, 낮은 마스크 오차 강화계수(MEEF)를 갖는 리소그래피 패턴을 전사하면서 프린트된 선폭이 서서히 증가된다(8.1절 참조). 소위 무크롬 위상 리소그래피(CPL)[42] 마스크라고 부르는 이러한 거동이 그림 8.11에 도시되어 있다.

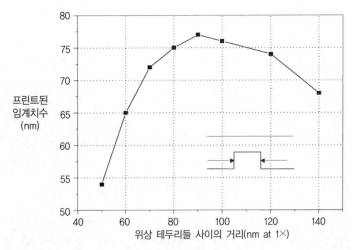

그림 8.11 두 개의 무크롬 위상 테두리들 사이의 거리의 함수로 표시된 프린트된 임계치수(=마스크 임계치수). λ=193nm, NA=0.75, 환상조명(σ=0.8~0.9)에 대한 공간영상 시뮬레이션

두 개의 위상 테두리 사이가 일정한 거리를 넘어서면, 프린트된 선의 폭은 다시 감소되며, 공간영상의 대비는 현격하게 줄어든다[43]. 더 넓은 폭을 갖는 선을 프린트하기 위해서는,

분해능 이하 보조형상(SRAF)이나 크롬을 마스크에 추가해야만 하며, 림 위상천이 마스크(rim PSM: 두 위상 테두리 사이에 크롬이 추가된 경우)나 소위 CL 위상천이 마스크(CL PSM: 두 위상 테두리 바깥쪽에 크롬이 추가된 경우) 등이 사용된다. 이러한 위상천이 마스크들의 일반적인 특징은 위상 테두리, 크롬 및 비축조명 등이며, PCO.PSM이라는 용어가 탄생했다. 그림 8.12에서는 PCO.PSM의 서로 다른 옵션들을 보여주고 있다.

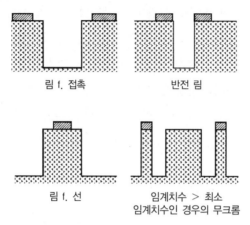

림 f. 접촉   반전 림

림 f. 선   임계치수 > 최소
임계치수인 경우의 무크롬

그림 8.12 PCO.PSM의 옵션들 모든 도면들은 수정과 크롬 내로 식각한 것이다. 전형적인 수정의 식각깊이는 180°의 위상천이를 일으키는 공칭 값인 $\lambda/(2(n-1))$로, n은 수정의 회절계수이다.

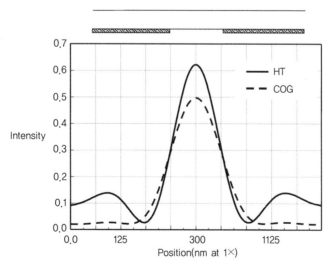

그림 8.13 λ =193nm, NA=0.75인 경우에 대해서 시뮬레이션 된 크롬(점선)과 반투명 위상천이 마스크 (HT.PSM: 실선) 내의 125nm 접촉구멍에 의한 영상. 반투명 위상천이 마스크(HT.PSM)는 더 높은 대비를 갖지만 측면로브(이차적인 강도 최댓값)도 크다.

8.3 반투명 위상천이 마스크

8.3.1 기본기능

지금까지 논의했던 모든 위상 마스크 기법들은 마스크의 개구부를 정의하는 데이터와 위상천이를 정의하는 데이터의 두 세트로 이루어진 레이아웃 데이터를 필요로 한다. 이는 레이아웃과 교번식 위상천이 마스크의 취급을 복잡하게 만들며 비용을 증가시킨다.

그런데 복잡한 데이터 분석 없이도 위상천이의 장점들 중 일부를 구현할 수 있다. 반투명 위상천이 마스크(HT.PSM)는 완전히 불투명하지 않아서 일부의 빛을 투과시키는 희석 층을 사용한다. 이 투과된 빛은 레지스트를 실제로 노광시킬 수 있을 만큼 밝지는 않지만, 투명한 개구부를 통과한 빛에 비해서 180° 위상이 천이되어 형상의 테두리에서 간섭을 일으킨다. 간섭은 교차점에서 강도를 0으로 만들어주면서 대비를 증가시킨다. 이 방법은 원래 X−선 리소그래피를 위해서 제안된 기법이었으나 광학식 리소그래퍼에도 재빨리 적용되었다[44]. 주요 메커니즘은 그림 8.13에서 설명되어 있다.

위상천이 효과는 마스크에 사용된 반투명 소재의 광학적 성질에 전적으로 의존하기 때문에 교번식 위상천이 마스크(alt. PSM)에서 일어나는 데이터 분석과 수정 식각이 필요 없다. 이 때문에 이 방법이 위상천이에 가장 널리 사용된다.

8.3.2 반투명 위상천이 마스크의 제작

반투명 위상천이 마스크(HT.PSM)는 다양한 소재로 제작되어 왔으며, 대부분은 위상과 투과성을 독립적으로 조절할 수 있는 3중 혼합물(예를 들면 규화금속/질화물)이 사용된다. 비록 MoSiON 필름도 사용이 가능하지만 가장 일반적인 소재는 몰리브덴과 실리콘이 함께 증착된 층(MoSi)이다[45]. 다양한 크롬 산화물들의 혼합물들 역시 I−라인 반투명 위상천이 마스크 (HT. PSM)의 소재로 사용되어 왔다[46]. I−라인 스테퍼에 사용하기 위한 4% 및 8%와 원자외선(DUV: 248nm 및 193nm)을 위한 6%의 투과율을 갖는 마스크 모재를 상업적으로 사용할 수 있다. 소재 조성과 비율의 조절을 통해서 광학적 성질의 조절이 가능하며 4%~20% 사이의 임의의 투과율을 갖는 실험용 모재가 생산되고 있다. 이제는 마스크 제작실에서 원하는 사양의 충족을 보증해주기에 적합한 소재로 만들어진 마스크 모재를 구입할 수 있다. 이러한 상업적 가용성 덕분에 반투명 위상천이 마스크(HT.PSM)의 제작이 현저하게 단순화되었다.

반투명 위상천이 마스크(HT.PSM)는 일반적인 유리상 크롬(CoG) 마스크와 매우 유사한 공정으로 제작된다. 레지스트의 노광과 현상 후에 습식이나 건식 식각을 통해서 흡수층 내에 레지스트 패턴을 전사한다. 반투명 위상천이 마스크(HT.PSM)의 경우 건식 식각이 훨씬 더 일반적으로 사용된다. 실제적으로는 유리상 크롬(CoG)마스크와 반투명 위상천이 마스크(HT.PSM) 소재 사이의 모든 오염을 피하기 위해서 전용 식각액이 사용되며, 최적의 수율을 위한 공정의 조절을 위해서 서로 다른 플라스마 세팅과 식각법이 사용될 수도 있다.

그런데 추가적인 노력 없이 반투명 위상천이 마스크(HT.PSM)를 사용할 수는 없다. 동일한 마스크에서 인접 노광의 중첩을 통해서 웨이퍼 상에 절단선(단일 다이를 얻기 위해서 절단하는 칩들 사이의 선)이 생성되므로, 절단선의 형상은 100% 불투명 소재를 사용해서 만들어진다. 따라서 반투명 위상천이 마스크(HT.PSM) 모재는 반투명 소재만으로 제작되어서는 안 되며, 추가적으로 최상층에 불투명한 크롬이 추가되어야 한다. 마스크를 제작하기 위해서는 두 번의 묘화단계가 사용된다. 첫 번째는 크롬 패턴단계이며, 후속적인 건식 식각단계를 통해서 MiSi 필름 내에 패턴이 전사된다. 그런 다음, 절단 선은 남기면서도 칩 상의 활성영역 내의 크롬을 제거하기 위해서 두 번째 묘화단계가 시행되어야만 한다. 전형적으로 이 방법은 상대적으로 낮은 분해능을 갖는 공정을 사용해서 수행할 수 있으며, 반투명 소재 내의 패턴 정의공정의 중첩에 비해서 비교적 여유 있는 사양을 갖는다. 따라서 교번식 위상천이 마스크(alt. PSM)에서 필요로 하는 높은 사양을 갖는 고가의 다중묘화 단계보다 빠르고 값싸다.

불행히도 반투명 필름의 투과율은 파장에 크게 의존한다. 193nm 스테퍼에 사용하기 위해서 조절된 MoSi 반투명 위상천이 마스크(HT.PSM) 소재에 대한 값들이 표 8.2에 제시되어 있다[47].

표 8.2 193nm 반투명 위상천이 마스크(HT.PSM) 모재의 전형적인 투과값[47]

파장(nm)	투과율(%)
193	6.0
248	26.1
365	53.2
436	56.8
633	63.3

만약 주사전자현미경(SEM)이나 반투명 위상천이 마스크(HT.PSM) 제작용 리소그래피에서 사용된 것과 동일한 파장의 광학장비를 사용해서 형상의 폭을 측정한다면 마스크 계측에서 문제가 발생되지 않는다. 후자의 경우 어쨌든 계측장비를 주사전자현미경(SEM)과 교정해야 하며, 노광파장과 크게 다르지 않은 파장을 사용하는 계측장비들도 사용할 수 있다.

반투명 필름 투과율의 파장 의존성은 마스크 검사에서 더 큰 문제를 일으킨다. 비록 반투명 소재를 193nm에서 6%로 조절할 수 있지만, 마스크 결함검사에 사용되는 파장(365nm 또는 248nm)에서는 투과율이 50% 이상이 된다. 따라서 특히 앞서 논의했던 것처럼 마스크 상에 완벽하게 불투명한 영역이 존재하는 경우에는 검사공정의 대비와 신뢰성이 문제가 된다. 그런데 마스크 검사장비에 대해서 세련된 광학적 설치(예를 들면 빛의 투과와 반사의 결합)와/또는 고도로 세련된 결함감지 알고리즘을 통해서, 검사 시 영상의 대비에 대한 이런 손실을 보상할 수 있다.

과도한 반투명 소재에 의한 반투명 위상천이 마스크(HT.PSM) 상의 결함은 크롬의 제거를 위해서 개발되었던 것과 동일한 방법을 사용해서 제거할 수 있다. 반투명 소재가 손실된 결함은 이온을 사용하여 반투명 소재와 동일한 투과율을 갖는 소재(대부분 탄소)를 증착해서 수리할 수 있다. 그런데 대부분의 경우 증착된 소재는 완벽한 180° 위상천이를 일으키지 않는다. 이는 어두운 영역 내의 비교적 작은 결함에 대해서는 수용할 수 있다. 하지만 커다란 결함이나 조밀한 패턴이 존재하는 영역 내의 결함은 수리가 불가능하다. 따라서 마스크 제작 공정은 반투명 소재가 손실되는 결함을 피하도록 최적화되어 있다. 반투명 소재 내의 구멍에 대한 마스크 모재의 사양은 엄격하게 관리된다.

최종적인 마스크 세척공정은 반투명 소재뿐만 아니라 마스크 수리를 위해서 증착된 소재에 대해서도 유해하지 않도록 조절되어야만 한다. 이런 미소한 차이와 2차적인 저분해능 노광에도 불구하고, 반투명 위상천이 마스크(HT.PSM)는 일반적인 유리상 크롬(CoG) 마스크 제작공정과 매우 유사한 공정을 통해서 제작된다. 이것이 반투명 위상천이 마스크(HT.PSM)가 그토록 광범위하게 사용되는 가장 중요한 이유들 중 하나이다.

8.3.3 고투과성 반투명 위상천이 마스크와 3색 위상천이 마스크(3 tone.PSM)

(최고 25%의)높은 투과율을 갖는 반투명 위상천이 마스크(HT.PSM)는 더 넓은 리소그래피 공정 윈도우를 제공해준다[48]. 이는 특정한 리소그래피 분야에서 매우 유용하며, 이 분야는 꾸준히 연구가 진행되고 있는 분야이다. 그런데 이러한 이점들은 소위 측면로브의 강도증가를 수반한다. 이들은 웨이퍼 상에 간섭 패턴을 만들며, 특히 접촉구멍과 같은 밝은 형상이 측면로브들이 중첩될 정도로 인접한 경우에, 레지스트의 노광한계치를 넘어서기에 충분한 강도에 이를 수도 있다. 특정한 마스크 편향 값과 조사조건 하에서는 단지 6%의 투과율을 갖는 반투명 위상천이 마스크(HT.PSM)를 사용하는 경우에조차도 측면로브의 프린트가 발생할 수 있다.

그림 8.14에서는 이런 상태의 사례를 보여주고 있다.

측면로브의 프린트를 억제할 수 있는 방안들 중 하나는 측면 로브가 프린트될 것으로 예상되는 위치의 반투명 소재 상에 크롬 패치를 남겨두는 것이다. 이런 반투명 위상천이 마스크(HT.PSM)는 (활성영역 내에서)광학적 투과율이 3단계를 갖고 있으므로 일반적으로 3색 위상천이 마스크(3 tone.PSM)라고 부른다. 이런 배치에 대한 공간영상 강도 시뮬레이션의 사례가 그림 8.15에 도시되어 있다.

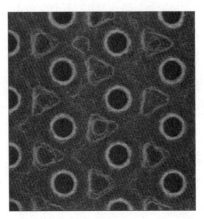

그림 8.14 웨이퍼의 주사전자현미경(SEM) 영상은 일반적인 공정 세팅을 사용하는 반투명 위상천이 마스크(HT.PSM)에서 접촉층의 프린트를 초래한다. 레지스트에는 측면로브의 영향이 선명하게 나타난다. (Courtesy of R. Pforr, Infineon Technologies, Dresden.)

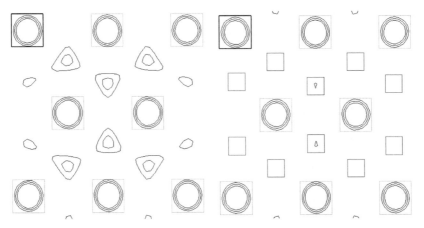

그림 8.15 반투명 위상천이 마스크(HT.PSM)(좌)와 3색 위상천이 마스크(3tone.PSM)를 사용해서 접촉노광을 시행한 150nm 어레이의 공간영상 시뮬레이션 결과. 우측 레이아웃에서의 크롬 스폿은 접촉의 공정 윈도우에 영향을 끼치지 않으면서도(서로 다른 강도 레벨 사이의 거리들로도 확인할 수 있다) 거의 모든 측면로브를 억제한다. 시뮬레이션은 193nm, 0.75NA 그리고 간섭계수(σ)는 0.30이다.

8.4 분해능 이하 보조형상

8.4.1 기본원리와 적용

널리 사용되는 원칙을 기반으로 하는 분해능강화기법(RET)은 추가적인 분해능 이하 보조형상(SRAF)을 활용한다. 때로는 (비록 산란이 아니라 회절현상을 이용하지만) 산란막대라고 부르는 이 기법은 리소그래피 시스템의 영상화 분해능보다 작은 형상을 마스크 레이아웃에 추가시킬 수 있다. 이런 형상을 이용해서 제작한 마스크는 형상의 엄밀성과 공정 윈도우를 개선시킬 수 있는 독특한 회절특성을 갖는다. 분해능 이하의 크기를 갖는 이런 형상들은 마스크 내 여타 패턴에 비해 (최소한 30% 이상) 현저히 작기 때문에 마스크 제조업체들의 기술적 도전분야일 뿐 아니라 제조 및 검사장비의 능력을 압박하고 있다.

대부분의 리소그래피 공정들은 (적절히) 조밀한 패턴들에 대해서 최적화되어 있으며, 고립된 형상들은 때때로 초점심도가 불충분하다는 문제를 겪는다. 특히 널리 사용되는 분해능강화기법(RET)들 중 하나인 비축 조명은 특정한 피치를 갖는 형상들의 프린트를 강화시켜준다[49]. 이런 장점들을 고립된 형상에 까지 확장시키기 위해서 분해능 이하 보조형상(SRAF)이 개발되었다[9]. 이 형상들은 공간영상 내에서 조밀한 형상들과 인접한 고립된 레이아웃 형상을 함께 만들어내기에 충분할 정도로 크지만, 그들 스스로는 프린트되지 않을 정도로 충분히 작다. 이들을 의도적으로 고립된 형상 주변에 배치하면, 이들은 조밀한 형상들처럼 빛을 산란시켜서, 조밀한 영상과 고립된 영상의 특성을 매칭시켜준다[10]. 조밀한 공정 윈도우를 강화하기 위해서 설계된 광학적 시스템에서 이 기법은 고립된 형상도 마찬가지로 강화시켜준다.

그림 8.16에서는 분해능 이하 보조형상(SRAF)을 추가하기 전과 후의 전형적인 레이아웃을 보여주고 있다. 그림 8.17에서는 비축조명 사용 시, 분해능 이하 보조형상을 사용하는 고립된 선과 사용하지 않는 고립된 선의 공간영상에 따른 영상화 특성을 보여주고 있다. 분해능 이하 보조형상(SRAF)에 의해서 레지스트 경계의 경사각이 증가한 점에 유의해야 한다.

분해능 이하 보조형상(SRAF)은 (게이트 레벨과 같은) 명시야 마스크나 (접촉레벨과 같은) 암시야 마스크와 유리상 크롬(CoG) 마스크 및 위상천이 마스크(PSM) 모두에 적용된다. 사실 초창기 위상천이에서는 패턴의 엄밀성과 초점의 심도를 증가시키기 위해서 위상이 천이된 분해능 이하 보조형상(SRAF)을 사용했다[50, 51]. 분해능 이하 보조형상(SRAF)은 반투명 위상천이 마스크(HT.PSM)에 일상적으로 사용된다. 고투과율 반투명 위상천이 마스크(HT.PSM)와 위상 테두리, 크롬 및 비축조명을 사용하는 위상천이 마스크(PCO.PSM)의 경우 임의의 레이아웃을 프린트하기 위해서는 특히 분해능 이하 보조형상이 필요하다.

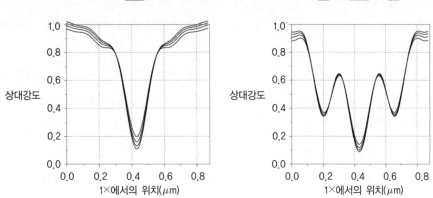

그림 8.16 변초점 하에서 고립된 120nm 직선에 대해서 분해능 이하 보조형상(SRAF)을 사용하지 않은 경우(좌)와 사용한 경우(우)의 강도분포에 대한 공간영상 시뮬레이션 결과. 프린트 문턱값(0.25~0.32) 주변에서의 변화는 분해능 이하 보조형상(SRAF)을 사용한 경우에 현저히 낮으므로 공정 윈도우가 월등하다는 것을 알 수 있다.

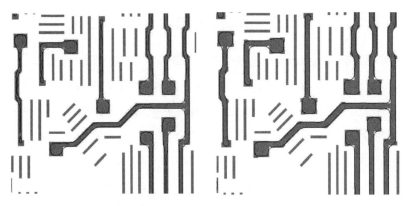

그림 8.17 분해능 이하 보조형상(SRAF)을 사용한 광학근접보정(OPC) 이전(좌)과 이후(우)의 레이아웃. 프린트된 영상에 따르면 분해능 이하 보조형상만으로는 완벽한 보정을 구현할 수 없다.

분해능 이하 보조형상(SRAF)은 간단한 원리에 의해서 적용이 가능하지만, 분해능 이하 보조형상(SRAF)의 적용은 사실 비교적 복잡하다. 서로 다른 2차원 레이아웃 상태에 대해서는 다양한 배치방법이 존재하며, 일부의 경우에는 둘 또는 그 이상의 분해능 이하 보조형상을 사용하는 것이 유용하다고 알려져 있다. 비록 분해능 이하 보조형상(SRAF)이 고립된 구조에 대해서 광학적으로 조밀한 인접형상을 구현해주지만, 형상 폭의 경우에는 서로 다른 인접형상의 영향(소위 근접효과)을 보상하기 위한 매우 유용한 방법은 아니다. 전형적인 마스크 데이터 흐름에 대해서, 분해능 이하 보조형상은 처음으로 이것이 필요할 정도로 작고 고립된 모든 형상들에 적용되었고, 근접효과가 보상되었다(이 기법의 후반 단계들에 대해서는 다음 절에서 논의되어 있다). 분해능 이하 보조형상(SRAF)을 위한 대부분의 데이터 준비공정들 역시 상반된 원칙을 사용해서 분해능 이하 보조형상을 삽입함에 따라서 유발되는 모순들을 해결하기 위해서 청소단계를 필요로 한다.

주어진 세트의 레이아웃에 대해서 주어진 리소그래피 장비 세트와 공정을 사용할 때, 최적의 비축 조명 조건의 선정과 더불어서, 분해능 이하 보조형상의 크기와 배치를 어떻게 동시에 최적화시킬 것인가에 대한 원칙은 이 책의 범주를 넘어선다. 이런 모든 인자들이 모두 상호 연관되어 있으며, 비록 측정과 조절이 어렵지만 마스크 인자들은 전체 시스템에 대해서 결정적인 요인들이다. 따라서 마스크 공정의 어떠한 변화도 위험을 안고 있으므로, 인자들 간의 미묘한 균형관계들에 따라서 원치 않는 리소그래피 성능이 도출될 우려가 있다. 매우 특수한 경우를 제외하고는 비축조명과 분해능 이하 보조형상(SRAF)을 사용하는 리소그래피는 일반 마스크를 사용하는 경우보다 사양 조건이 더 엄격하다.

8.4.2 분해능 이하 보조형상(SRAF)의 제작 및 계측문제

분해능 이하 보조형상(SRAF)을 사용해서 마스크를 제작할 때, 가장 큰 기술적 도전은 마스크 제작공정의 분해능 요구조건이 크게 증가한다는 것이다. 대략적으로 k1< 0.4인 공정의 경우에 분해능 이하 보조형상의 크기는 마스크의 최소 형상보다 약 40% 더 작다. 따라서 분해능 이하 보조형상(SRAF) 마스크를 제작하기 위해서는 모든 제작공정이 근본적으로 한 세대 뛰어 올라야만 한다. k1 값이 감소할수록 프린트성이 훨씬 빠르게 감소하기 때문에 k1값을 감소시키려는 경향은 분해능 이하 보조형상의 측면에서 분해능 요건을 어느 정도 완화시켜준다.

마스크상의 형상들이 작아짐에 따라서 일반적으로 공칭 값에 대한 선폭의 계통편차가 나타난다. 특히 마스크 전체와 마스크들 사이에 대해서 형상의 폭을 일정하게 관리하기 위해서 특수한 측정방법을 도입하지 않는 경우에, 이와 같은 형상 폭의 비선형성은 분해능 이하 보조형상(SRAF)의 마스크 적용 가능성 측면에서 핵심 문제가 될 수 있다. 마스크 제작에서 특히 하나의 마스크 내에서 서로 다른 크기의 분해능 이하 보조형상을 사용하는 경우에, 분해능 이하 보조형상(SRAF)의 폭을 측정 및 지정하도록 강력히 권고한다. 이 측정에서 선폭 측정장비가 비선형성을 갖고 있을 가능성에 대해서도 고려해야만 한다.

마스크 검사와 수리의 측면에서도 물론, 분해능 이하 보조형상(SRAF)의 사용에 따른 마스크 공정 분해능 요구조건의 증가가 문제가 된다. 분해능 이하 보조형상(SRAF)은 예전에 널리 사용되었던 일련의 선폭 측정을 통해서 마스크 결함을 감지하는 방식의 사용을 불가능하게 만든다. 하지만 높은 민감도 세팅 하에서 분해능 이하 보조형상을 사용한 마스크를 오류 없이 검사할 수 있을 정도로 기존의 결함감지 알고리즘이 크게 발전하게 되었다.

이온 빔 마스크 수리장비는 영상화와 수리를 위해서 마스크 구조내로 현저한 양의 Ga 이온을 조사한다. 이 조사량은 크롬의 전자적 음극성을 변화시키기에 충분할 만큼 많기 때문에 더 이상 연마작용을 일으키는 특정한 세척 공정에 견딜 수 없다. 비록 형상의 작은 부분만이 수리되는 큰 크롬 형상들에서는 문제가 되지 않지만, 분해능 이하 보조형상(SRAF)은 너무도 작아서 수리된 자국들이 세척에 의해서 떨어져 나간다. 분해능 이하 보조형상의 크기와 배치가 중요하며 분해능 이하 보조형상의 증착을 통한 수리는 극도로 어렵기 때문에 대부분의 경우 마스크를 다시 묘화한다.

8.5 광학근접효과 보정

8.5.1 기본원리와 광학근접보정 방법

앞 절에서 이미 언급했듯이, k1값이 작은 리소그래피의 경우에 가장 중요한 문제는 패턴 전사공정의 비선형성이다. 선형적 패턴 전사는 프린트된 영상내의 모든 형상들이 마스크상의 형상들과 상호 균형을 이루면서 단지 스테퍼 렌즈의 측사비율에 따라서 일정한 비율로 축사되고 공정 편향에 의해서 일정한 양만큼 편향되었음을 의미한다.

전자빔 리소그래피에 의해서 프린트된 형상들은 레지스트와 기층소재 내에서의 전자산란에 기인하여 왜곡된다는 것은 오래전부터 알려져 왔다. 형상이 작을수록 상대적으로 조사량 중 많은 부분을 잃어버린다. 하지만 인접한 두 형상의 경우에는, 하나의 형상에 의해서 산란되는 전자들 중 일부가 다른 형상의 조사에 기여하기 때문에 조사량을 많이 잃어버리지 않는다. 이런 이유로 이런 형상을 e-빔 근접효과라고 부른다[52]. 이 효과를 사용해서 패턴이 교대로 나타나는 데이터를 미리 보상해주는 방법은 이 현상이 처음으로 발견된 이후 계속 사용되고 있으며, 이제는 e-빔 노광공정의 표준들 중 일부로 자리 잡게 되었다. 이 e-빔 효과에 대해서는 여타의 문헌들에서도 잘 설명되어 있으며, 이 책의 20장에서 논의되어 있다.

이런 근접효과와 유사한 현상이 광학식 리소그래피에서도 관찰된다. 빛의 회절은 광학식 리소그래피를 사용한 패턴 전사공정에서 비선형성의 주요 원인이므로, 이 효과를 보통 광학근접효과라고 부른다[53, 54]. 따라서 광학식 리소그래피를 사용한 패턴 전사의 비선형성에 대한 레이아웃 데이터 보정을 광학근접보정(OPC)이라고 부른다.

처음에는 주로 광학적 현상에 대한 보정이 수행되었다. 그런데 광학근접보정(OPC) 방법은 오래지 않아 레지스트 공정과 심지어는 식각효과까지도 포함하여 일반화되어 버렸다. 마스크 제작상의 결함도 역시 보정효과에 포함될 수 있다. 이런 이유로 광학근접보정(OPC)은 광학 및 공정보정을 나타내는 일반적인 용어가 되어 버렸다[55]. 사용된 모델의 유형에 따라서 광학근접보정(OPC)은 원리에 입각한 광학근접보정과 (거동모델을 사용하는 경우)모델에 입각한 광학근접보정 등으로 구분한다.

두 경우 모두 광학근접보정의 첫 번째 단계는 웨이퍼 상에서의 영향을 평가하기 위해서 시험 패턴을 사용해서 마스크를 프린트하고 웨이퍼 결과물을 측정하는 것이다. 그런 다음 공정거동 묘사방법의 교정과 공정의 비선형성을 나타내기 위해서 이를 이용한다. 이 묘사방법이 공정의 모델이 된다. 이 모델은 단지 (고립된 선보다 20nm 작게 군집된 선들을 프린트한다와 같이) 몇 가지로 이루어진 단순한 것에서부터, 영상화 공정을 세밀하게 묘사하는 매우 세련된 시뮬레이션 모델에 이르기까지 다양하게 구축할 수 있다. 이는 파장, 개구수(NA) 및 조명조건 등만을 사용하는 공간영상과 같이 단순한 시뮬레이션에서부터 레지스트 내에서 빛의 전파에 대한 벡터적 표현, 렌즈의 수차를 묘사하기 위한 매개변수들, 그리고 레지스트 공정을 위한 다양한 확산 모델들을 사용하는 훨씬 복잡한 것까지 다양하다.

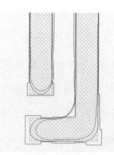

그림 8.18 광학근접보정의 원리: 레이아웃을 조절하기 위해서 정상적인 어두운 형상(음영 영역)의 테두리가 (직선형) 조각들로 분할되어 있다. 이상적으로는 조절된 레이아웃의 프린트된 영상(매끈한 선)은 미리 정의된 공차 이내에서의 정상적인 형상 외곽에 해당된다.

또한 자체적인 보정을 위해서 두 가지 접근방식이 존재한다. 보정은 (모든 군집된 선들을 고립된 선에 비해서 20nm 크게 만든다와 같은)원칙 모델과 시뮬레이션 모델 모두에 대한 반전이나, 마스크 형상을 대칭적으로 이동시켜서 만든 시험 보정을 사용하며, 각 이동을 통해서 프린트된 영상이 정규영상에 비해서 얼마나 멀어지는가를 시뮬레이션을 통해서 검사하는 반복적 공정 모두를 사용한다. 시험용 제안들과 시뮬레이션 엔진 자체도 시험용 패턴의 측정을 통해서 교정해야만 한다. 이런 접근방식들의 결과가 그림 8.18에 도시되어 있다.

마스크 제작에 매우 중요한 광학근접보정(OPC)의 또 다른 측면은 광학근접보정 이후의 마스크 패턴 분할이다. 가장 단순한 원칙은 패턴 테두리의 기존 형상들을 단순히 천이시키는 것이다. 그런데 이를 통해서는 긴 선에 인접한 급작스런 형상변화를 보정할 수 없다. 따라서 오랜 기간에 걸쳐서 어떻게 마스크 패턴을 분할할 것인가에 대해서 비교적 세련된 원칙을 갖고 있는 광학근접보정(OPC) 도구들이 개발되었다. 그림 8.19에서는 일부 기능들이 도시되어 있다[56].

분할 정도는 공정 묘사의 복잡성(간단한 원칙이나 복잡한 시뮬레이션)과는 별개라는 점을 명심해야 한다. 그런데 모델 기반의 광학근접보정을 사용한 복잡하게 분할된 레이아웃의 사용이 제안되면서 분할의 복잡성이 함께 증가하여서, 점차로 원칙 기반의 광학근접보정에서 모델 기반의 광학근접보정으로 전환되었다.

공정 보정은 프린트 기술에서 새로운 것이 아니다. 수 세기 전부터 눈의 영상화 시스템에 시각적인 선명성을 증대시키기 위해서 문자의 모서리에 세리프를 덧붙이면 고도의 공간주파수 테두리가 생성된다는 점을 활용하였으며, 오늘날 가장 널리 사용되는 활자체가 되었다. 광학 근접보정의 원칙들 중 하나도 모서리에 세리프를 덧붙이는 것이다[57-59]. 이를 통해서 모서리의 엄밀성이 확실히 증가된다. 그런데 조밀한 패턴 영역에서 이 방식은 원치 않는 연결과 단락을 생성할 수 있으므로 이를 추천하지는 않는다. 그 이외의 단순하고 전통적인 광학근접보정 원칙으로는 작게 프린트될 것으로 예견되는 형상을 더 크게 만드는 편향기법 등의 특수한 방법이 있다[60, 61]. 개별적인 원리들을 사용하는 좀 더 복잡한 방식들도 개발되었다[62].

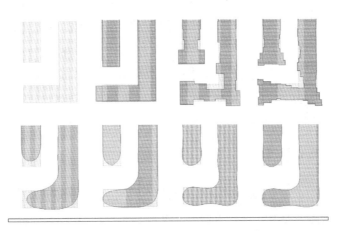

그림 8.19 서로 다른 광학근접보정(OPC) 옵션에 의해서 서로 다른 보정 품질과 마스크 복잡성 요구조건 등이 만들어진다. [Adapted from C. Dolainsky, W. Maurer, Proc. SPIE, 3501, 774-480 (1997).]

모델을 기반으로 하는 광학근접보정 이후의 이론적인 연구들이 20여 년간 수행되었으며, 비선형 2차원 영상이론까지 확장된 것은 자연스러운 일이다[57, 63]. 그런데 현대적인 집적회로에서 접하게 되는 복잡성에 따른 레이아웃 문제를 해결하기 위한 능력은 매우 빠르고 용량이 큰 컴퓨터가 개발되기 이전에는 불가능했으며, 모델을 기반으로 하는 소프트웨어[64, 65]를 일반적으로 사용할 수 있게 된 것은 1994년 이후에 불과하다. 하지만 생산에 모델을 기반으로 하는 광학근접보정을 적용하게 된 것은 훨씬 뒤의 일이다. 이 변화를 이끌어낸 핵심 요인은 복잡한 레이아웃에 대해서 원칙기반 광학근접보정을 적용하기 위해서 필요로 하는, 고도로 복잡한 원칙을 개발하고 이를 관리하는 것이 불가능하기 때문이었다.

광학근접보정을 위한 데이터 조작은 보정된 레이아웃을 만들기 위해서 엄청난 데이터를 준비해야만 하는 매우 복잡하고 세련된 작업이다. 보정과 분할에서 모델링 원칙들과 더불어서, 광학근접보정 소프트웨어 도구들 역시 레이아웃의 계층을 어떻게 다루는 가에 따라서 광학근접보정 도구들도 달라진다. 이는 특히 마스크 제작실로 전달되는 파일의 크기와 결과적으로 마스크 묘화에 필요한 데이터 준비에 소요되는 시간과 노력에 영향을 끼친다. 소프트웨어를 광학근접보정 도구와 여타 데이터 조작에 사용되는 계층 취급성이 월등한 도구들로 바꿈으로써 파일 크기가 10배 이상 줄어든다.

최적의 프린트 영상을 만들어내기 위해서는 두 개의 마스크 상의 형상들을 동시에 보정할 필요가 있기 때문에 교번식 위상천이 마스크(Alt. PSM, 8.2.3절 참조) 중 일부 유형에서 필요로 하는 이중노광 기법은 광학근접보정에 많은 가능성을 열어주었다. 모든 마스크 형상이 프린트된 형상에 끼치는 영향에 대한 매트릭스를 기반으로 하는 매트릭스 광학근접보정(OPC)이라고 부르는 방법이 이런 복잡한 상황을 타개하기 위해서 개발되었다[66].

비록 당연한 사실이지만 다시 지적할 점은 광학근접보정은 패턴 전사 공정에서 예측 가능한 계통오차만을 보정할 수 있다는 것이다. 비계통오차, 공정의 임의적 변동—특히 계측 과정뿐만 아니라 공정 드리프트의 누적과정에서 발생하는—시간에 따른 오차들은 광학근접보정을 통해서 보정할 수 없다.

8.5.2 제조와 계측문제

공정 안정성은 마스크 제작용 광학근접보정(OPC)에서 가장 중요한 요건이다. 마스크 제작에서 요구되는 광학근접보정의 핵심 요건은 공정 안정성이다. 특히 높은 마스크 오차 강화계수(MEEF)를 갖는 공정의 경우 광학근접보정 모델을 만들기 위해서 사용된 마스크들과 실제 생산된 마스크 사이의 미소한 차이가 광학근접보정의 이점을 근원적으로 없애버릴 정도의 큰 위험을 안고 있다.

만약 선정된 광학근접보정(OPC) 옵션이 고도로 분할된 형상을 포함하고 있다면, 마스크 공정은 이 분할들을 실질적으로 재생하기에 충분한 정도의 분해능을 갖춰야만 한다. 그렇지 않다면 데이터 용량의 증가와 그에 따른 마스크 묘화시간의 증가가 허비된다. 이제 가장 중요한 의문은 진정한 재생을 어떻게 정의하는가이다. 임계치수(CD)에 대한 사양(임계치수란 임계치수의 균일성 및 선형성을 의미한다)은 광학근접보정의 예상 정확도를 반영할 필요가 있다는 점은 명확하다. 이와 같은 1차원적인 마스크 사양(긴 직선=1차원적 구조)들과 더불어서 측정을 통해서 2차원적 매개변수들을 지정 및 관리할 필요가 있다. 현재까지 이를 위한 핵심 기법은 마스크 제조업자와 사용자 모두가 이 목적으로 사용하는 것을 동의한, 시험용 구조에 대한 측정 및 평가(때로는 주사전자현미경(SEM) 사진을 사용한 시각적 검사)이다.

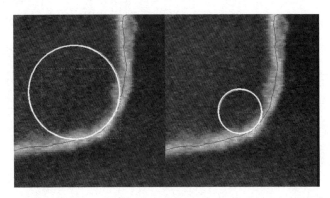

그림 8.20 레지스트에 프린트된 동일한 형상의 서로 다른 부분들에 대해서 맞춰진 원을 사용한 모서리 라운딩 측정. 얼마나 많은 모서리 외곽을 사용해서 근사화시키는가에 따라서 서로 다른 모서리 반경이 추출 될 수 있다.

광학근접보정을 위한 마스크의 가용성을 지정하기 위한 2차원적 매개변수들 중 하나는 모서리 라운딩이다. 이 매개변수에 대한 직관적 정의는 단순하다. 모서리에 대한 고 분해는 영상에 원을 맞추고, 그 원의 반경을 구하는 것이다. 그런데 세밀한 평가에 따르면 마스크 구조상의 모서리는 하나 이상의 공정에 의해서 라운드가 만들어지므로, 그림 8.20에서처럼 하나 이상의 모서리 반경을 찾아낼 수 있다[67]. 리소그래피에 의해 프린트된 영상은 (파장을 렌즈의 NA로 나눈)면적에 의해서 평균화되므로 면적은 중요한 매개변수이다. 따라서 직선 모서리에 대한 면적 손실을 측정하여 모서리 라운딩을 평가하는 것이 타당한 것으로 생각된다.

분해능 이하 보조형상(SRAF)에서와 마찬가지로 고도의 형상 분할을 사용한 광학근접보정에 의해서 만들어진 미소한 마스크 형상은 마스크 검사에서 문제가 된다. 정규 형상과 마스크 상의 형상들 사이의 차이가 주어진 하나의 마스크에 대해서 일정하며, 감지해야 하는 최소 결함크기에 비해서 충분히 작다면 마스크 검사도구들에서 사용되는 현대적인 알고리즘들은 이 문제를 해결할 수 있다.

8.6 분해능강화기법(RET)의 전망

여기서 논의했던 교번식 위상천이 마스크(Alt. PSM), 반투명 위상천이 마스크(HT.PSM), 분해능 이하 보조형상(SRAF), 그리고 광학근접보정(OPC) 등이 마스크의 분해능을 강화시키기 위한 주요 기법들이었으며, 특히 250nm 이하의 공정용 마스크 제작을 통한, 집적회로의 대량생산을 위한 광학식 리소그래피에 비교적 널리 적용되었다. 더 작은 치수로 집적회로의 세대가 변함에 따라서 다양한 분해능강화기법(RET)을 사용해서 더 많은 마스크 레이어를 제작해야만 한다(130nm 세대의 경우 분해능강화기법 중 일부를 적용하기 위해서는 여덟 개의 마스크가 필요하다). 앞서 논의했던 기존의 세 가지 방법들의 다양한 변형이 있음을 설명한 바 있다. 마스크 형상이 두 개 또는 그 이상의 투사광선 강도 레벨을 갖는 픽셀들의 임의패턴만으로 구성되는, 픽셀화 기법과 같은 일부 기법은 마스크 제작을 완벽하게 변화시킬 가능성이 있다.

리소그래피 패턴 전사 기법에 대해서는 앞에서 세밀하게 논의하였으며 근시야 홀로그래피를 위한 마스크도 비교적 이와 유사한 특성을 갖는다.

마스크 모재의 양면에 묘화된 두 개의 마스크 패턴을 동시에 노광시키는 방법도 있다. 만약 실용화된다면, 이 분해능강화기법은 마스크 제작을 위한 설치 및 취급공정을 근원적으로 변화시킬 것이 분명하다.

광학식 리소그래피가 너무 복잡하고 비싸지게 됨에 따라서-그리고 분해능강화기법(RET)도 또 다른 이유로 작용해서, 차세대 리소그래피(NGL)가 다음 단계로 사용될 것으로 많은 사람들이 생각하고 있다. 그런데 현재 거의 차세대 리소그래피(NGL) 기법으로 취급되고 있는, 극자외선(EUV) 리소그래피에 대한 더욱 세밀한 평가에 따르면 이 패턴 전사 기법 역시 광학근접보정(OPC)에서 사용되었던 것과 유사한 기법으로 보정해야만 하는, 계통적 비선형성이 발생하기 때문에, 30nm와 그 이하의 형상을 프린트하기에 충분한 공정 윈도우를 확보하기 위해서 이미 위상천이 마스크(PSM)가 제안되었다.

이온투사 리소그래피나 X-선 기법 등과 같은 여타의 차세대 리소그래피(NGL) 기법들은 박막 마스크 기법을 사용한다. 이 마스크들은 형상밀도에 의존적인 계통적 왜곡을 일으키며 광학근접보정(OPC)에서 개발되었던 기법들을 사용해서 이를 시뮬레이션 및 보정할 수 있다.

따라서 분해능강화기법이 절대적이라고 말하는 것은 전혀 과장이 아니다. 과거 분해능강화기법(RET)의 요구조건을 맞추기 위해서 마스크 제조가 엄청난 수용능력을 갖추게 되었다. 리소그래피 기법이 사용되는 한은 이러한 유연성이 계속 필요할 것이라는 점은 명확하다.

□ 참고문헌 □

1. E. Abbe, Beiträge zur Theorie des Mikroskops und der mikroskopischen Wahrnehmung, *Archiv für Mikroskopische Anatomie,* 9, 413-468 (1873).

2. B.J. Lin, Where is the lost resolution? *Proc. SPIE,* 633, 44-50 (1986).

3. The International Technology Roadmap for Semiconductors, Lithography Module, http: //public.itrs.net/.

4. C. Mack, The natural resolution, *Microlithography World,* 8 (1), 10-11 (1998).

5. A.K.K. Wong, *Resolution Enhancement Techniques in Optical Lithography,* SPIE Press, Bellingham, WA, 2001.

6. A.K.K. Wong, *Resolution Enhancement Techniques in Optical Lithography,* SPIE Press, Bellingham, WA, 2001, pp. 91-115.

7. W. Maurer, K. Satoh, D. Samuels, and T. Fischer, Pattern transfer at k1 ¼ 0.5: get 0.25 um lithography ready for manufacturing, *Proc. SPIE,* 2726,113-124 (1996).

8. A.K.K. Wong, *Resolution Enhancement Techniques in Optical Lithography,* SPIE Press, Bellingham, WA, 2001, pp. 71-90.

9. J.F. Chen and J.A. Matthews, Mask for Photolithography, U.S. Patent #5,242,770, issued September7, 1993.

10. J. Garofalo, C. Biddick, R.L. Kostelak, and S. Vaidya, Mask assisted off-axis illumination technique for random logic, *J. Vac. Sci. Technol. B.,* 11, 2651-2658 (1993).

11. Lord Rayleigh, On the theory of optical instruments, with special reference to the microscope, *Philos. Mag.,* 42, 167-195 (1896).

12. O. Lummer and F. Reich, Die Lehre von der Bildentstehung im Mikroskop von Ernst Abbe, Friedrich Vieweg und Sohn, Braunschweig, Germany, 1910.

13. H. Häsel and W. Polack, Verfahren zur Herstellung einer Phasenmaske Amplitudenstruktur, DDR Patent #26 50 817, issued November 17, 1977.

14. D.C. Flanders, A.M. Hawryluk, and H.I. Smith, Spatial period division - a new technique for exposing submicrometer-linewidth periodic and quasiperiodic patterns, *J. Vac. Sci. Technol.,* 16, 1949-1952 (1979).

15. M. Shibuya, Projection Master for Transmitted Illumination, Japanese Patent Publication No. Showa 57-62052, published April 14, 1982, and Japanese Patent Showa 62-50811, issued October 27, 1987.

16. M.D. Levenson, N.S. Viswanathan, and R.A. Simpson, Improving resolution in photolithography with a phase-shifting mask, *IEEE Trans. Electron Devices,* ED-29, 1828-1836 (1982).

17. M.D. Levenson, D.S. Goodman, S. Lindsey, P.W. Bayer, and H.A.E. Santini, The phase-shifting mask II: imaging simulations and submicrometer resist exposures, *IEEE Trans. Electron Devices,* ED-31, 753-763 (1984).

18. Prolith is offered by KLA-Tencor, http: //www.kla-tencor.com.

19. Solid is offered by Sigma-C, http: //www.sigma-c.de/.

20. EM Suite is offered by Panoramic Technology, http: //panoramictech.com/.

21. TEMPEST was originally developed at UC Berkeley, http: //www.eecs.berkeley.edu/ ~neureuth/.

22. C. Spence, M. Plat, E. Sahouria, N. Cobb, and F.M. Schellenberg, Integration of optical proximity correction strategies in strong phase shifter design for poly-gate layer, *Proc. SPIE,* 3873, 277-287 (1999).

23. C. Pierrat, A. Wong, and S. Vaidya, Phase-shifting mask topography effects on lithographic image quality, in: *International Electron Devices Meeting (IEDM),* Technical Digest, San Francisco, 1992, pp. 53-56.

24. C. Brooks, M. Buie, N. Waheed, P. Martin, P. Walsh, and G. Evans, Process monitoring of etched fused silica phase shift reticles, *Proc. SPIE,* 4889, 25-31 (2002).

25. L. Liebmann, S. Mansfield, A. Wong, J. Smolinski, S. Peng, K. Kimmel, M. Rudzinski, J. Wiley, and L. Zurbrick, High resolution ultraviolet defect inspection of darkfield alternate phase reticles, *Proc. SPIE,* 3873, 148-161 (1999).

26. The AIMS tool is offered by Carl Zeiss, http: //www.zeiss.de.

27. S. Hemar and A. Rosenbush, Inspecting alternating phase shift masks by matching stepper conditions, in: *Proceedings of the 19th European Mask Conference on Mask Technology for Integrated Circuits and Micro-Components,* Sonthofen, 2003, pp. 173-178.

28. G. Wojcik, J. Mould Jr., R. Ferguson, R. Martino, and K.K. Low, Some image modeling issues for I-line, 5phase shifting masks, *Proc. SPIE,* 2197, 455-465 (1994).

29. U. Griesinger, R. Pforr, J. Knobloch, and C. Friedrich, Transmission & phase balancing of alternating phase shifting masks (5) - theoretical & experimental results, *Proc. SPIE,* 3873, 359-369 (1999).

30. W. Maurer, C. Friedrich, L. Mader, and J. Thiele, Proximity effects of alternating phase shift masks, *Proc. SPIE,* 3873, 344-349 (1999).

31. M.D. Levenson, J.S. Petersen, D.G. Gerold, and C.A. Mack, Phase phirst! An improved strong-PSM paradigm, *Proc. SPIE,* 4186, 395-404 (2000).

32. J. Nistler, G. Hughes, A. Muray, and J. Wiley, Issues associated with the commercialization of phase shift masks, *Proc. SPIE,* 1604, 236-264 (1991).

33. L. Liebmann, I. Graur, W. Liepold, J. Oberschmidt, D. O'Grady, and D. Rigaill, Alternating phase

shifted mask for logic gate levels, design and mask manufacturing, *Proc. SPIE,* 3679, 27-37 (1999).

34. H. Jinbo and Y. Yamashita, Improvement of phase-shifter edge line mask method, *Jpn. J. Appl. Phys.,* 30, 2998-3003 (1991).

35. L. Liebmann, J. Lund, F.L. Heng, and I. Graur, Enabling alternating phase shifted mask designs for a full logic gate level, *J. Microlith. Microfab. Microsyst.,* 1, 31-42 (2002).

36. T. Terasawa, N. Hasegawa, H. Fukuda, and S. Katagiri, Imaging characteristics of multi-phase shifting and halftone phase shifting masks, *Jpn. J. Appl. Phys.,* 30, 2991-2997 (1991).

37. G. Galan, F. Lalanne, P. Schiavone, and J.M. Temerson, Application of alternating type phase shift mask to polysilicon level for random logic circuits, *Jpn. J. Appl. Phys.,* 33, 6779-6784 (1994).

38. M. Fritze, B. Tyrrell, D.K. Astolfi, D. Yost, P. Davis, B. Wheeler, R. Mallen, J. Jarmolowicz, S.G. Cann, H.Y. Liu, M. Ma, D.Y. Chan, P.D. Rhyins, C. Carney, J.E. Ferri, and B.A. Blachowicz, 100-nm node lithography with KrF? *Proc. SPIE,* 4346, 191-204 (2001).

39. K. Inokuchi, T. Saito, H. Jinbo, Y. Yamashita, and Y. Sano, Sub-quarter micron gate fabrication process using phase-shifting mask for microwave GaAs devices, *Jpn. J. Appl. Phys.,* 30, 3818-3821 (1991).

40. K. Toh, G. Dao, R. Singh, and H. Gaw, Chromeless phase shifting masks: a new approach to phase shifting masks, *Proc. SPIE,* 1496, 27-53 (1990).

41. H. Watanabe, Y. Todokoro, Y. Hirai, and M. Inoue, Transparent phase shifting mask with multistage phase shifter and comb shaped shifter, *Proc. SPIE,* 1463, 101-110 (1991).

42. D. Van Den Broeke, J.F. Chen, T. Laidig, S. Hsu, K. Wampler, R. Socha, and J. Petersen, Complex 2D pattern lithography at lambda/4 resolution using chromeless phase lithography (CPL), *Proc. SPIE,* 4691, 196-214 (2002).

43. A Torres and W. Maurer, Alternatives to alternating phase shift masks for 65 nm, *Proc. SPIE,* 4889, 540-550 (2002).

44. Y.C. Ku, E. Anderson, M. Schattenburg, and H.I. Smith, Use of a pi-phase shifting x-ray mask to increase the intensity slope at feature edges, *J. Vac. Sci. Technol. B.,* 6, 150-153 (1988).

45. HT.PSM blanks are provided by Hoya, www.hoya.com.

46. F.D. Kalk, R.H. French, H.U. Alpay, and G. Hughes, Attenuated phase shifting photomasks fabricated from Cr-based embedded shifter blanks, *Proc. SPIE,* 2254, 64-70 (1994).

47. M. Ushida, H. Kobayashi, and K. Ueno, Photomask blank quality and functionality improvement challenges for the 130 nm node and below, *Yield Management Solutions,* 3, 47-50 (2000).

48. R. Socha, W. Conley, X. Shi, M. Dusa, J. Petersen, F. Chen, K. Wampler, T. Laidig, and R. Caldwell, Resolution enhancement with high-transmission attenuating phase-shift masks, *Proc. SPIE,* 3748,

290-314 (1999).

49. R. Socha, M.V. Dusa, L. Capodieci, J. Finders, J.F. Chen, D.G. Flagello, and K.D. Cummings, Forbidden Pitches for 130 nm lithography and below, *Proc. SPIE,* 4000, 1140-1155 (2000).

50. M. Prouty and A. Neureuther, Optical imaging with phase shifting masks, *Proc. SPIE,* 470, 228-232 (1984).

51. T. Terasawa, N. Hasegawa, T. Kurosaki, and T. Tanaka, 0.3 micron optical lithography using a phase shifting mask, *Proc. SPIE,* 1088, 25-33 (1989).

52. W. Moreau, *Semiconductor Lithography: Principles, Practices, and Materials,* Plenum Press, New York, 1988, pp. 437-446.

53. A.E. Rosenbluth, D. Goodman, and B.J. Lin, A critical examination of submicron optical lithography using simulated projection images, *J. Vac. Sci. Technol. B.,* 1, 1190-1195 (1983).

54. P. Chien and M. Chen, Proximity effects in submicron lithography, *Proc. SPIE,* 772, 35-40 (1987).

55. C. Dolainsky and W. Maurer, Application of a simple resist model to fast optical proximity correction, *Proc. SPIE,* 3501, 774-480 (1997).

56. W. Maurer, C. Dolainsky, T. Waas, and H. Hartmann, *Proximity Correction in Optical Lithography by OPTISSIMO,* GMM Fachbericht 21, VDE Verlag, Berlin, Offenbach, 1997, pp. 161-167.

57. B.E.A. Saleh and S. Sayegh, Reduction of errors of microphotographic reproductions by optimal corrections of original masks, *Opt. Eng.,* 20, 781-784 (1981).

58. T. Ito, M. Tanuma, Y. Morooka, and K. Kadota, Photo-projection image distortion correction for a 1 mm pattern process, *Denshi Tsushin Gakkai Ronbunshi,* J68-C, 325-332 (1985) [translated in Electronics and Communications in Japan Part II: Electronics, 69, 30-38 (1986)].

59. A. Starikov, Use of a single size square serif for variable print bias compensation in microphotography: method, design, and practice, *Proc. SPIE,* 1088, 34-46 (1989).

60. Y. Nissan-Cohen, P. Frank, E.W. Balch, B. Thompson, K. Polasko, and D.M. Brown, Variable proximity corrections for submicron optical lithographic masks, in: *1987 Symposium on VLSI Technology: Digest of Technical Papers,* Karuizawa, Japan, 1987, pp. 13-14.

61. N. Shamma, F. Sporon-Fieder, and E. Lin, A method for the correction of proximity effects in optical projection lithography, in: *Interface'91, Proceedings of the 1991 KTI Microelectronics Seminar, San Jose, CA,* 1991, pp. 145-156.

62. O. Otto, J. Garofalo, K.K. Low, C.M. Yuan, R. Henderson, C. Pierrat, R. Kostelak, S. Vaidya, and P.K. Vasudev, Automated optical proximity correction: a rules-based approach, *Proc. SPIE,* 2197, 278-293 (1994).

63. B.E.A. Saleh and K. Nashold, Image construction: optimum amplitude and phase masks in lithography, *Appl. Opt.*, 24, 1432-1437 (1985).

64. M. Rieger and J. Stirniman, Using behavior modeling for proximity correction, *Proc. SPIE*, 2197, 371-376 (1994).

65. N. Cobb, A. Zakhor, and E. Miloslavsky, Mathematical and CAD framework for proximity correction, *Proc. SPIE*, 2726, 208-222 (1996).

66. N. Cobb and Y. Granik, Model-based OPC using the MEEF matrix, *Proc. SPIE*, 4889, 1281-1292 (2002).

67. W. Maurer, V. Wiaux, R. Jonckheere, V. Philipsen, T. Hoffmann, S. Verhaegen, K. Ronse, J. England, and W. Howard, OPC aware mask and wafer metrology, *Proc. SPIE*, 4764, 175-181 (2002).

PHOTOMASK
TECHNOLOGY

제4편

NGL 마스크

포토마스크 기술

제9장

차세대 리소그래피(NGL) 마스크: 개괄

Kurt R. Kimmel and Michael Lercel

9.1 서 언

오늘날 마이크로 리소그래피라고 정의된, 오랫동안 사용되고 있는 광학 투사기술을 대체하기 위한 대안으로 개발되고 있는 다양한 신생기술 및 주목을 받고 있는 리소그래피 기술들을 한데 묶어 부르기 위해서 수십 년 전에 이미 차세대 리소그래피(NGL)라는 용어가 반도체 업계에서 사용되기 시작하였다. 어떠한 차세대 리소그래피(NGL) 기술들의 개발도 가장 노련한 전문가들의 예상보다 훨씬 뒤처지고 있다. 영상을 제공하기 위한 광학식 리소그래피 기술들에 대한 소요비용의 평가는 수많은 기술집약적 벤처 회사들을 놀라게 하고 희망을 꺾어 버렸다. 어떠한 차세대 리소그래피(NGL) 기술이라도 미래에 대해서 말하다 보면 한 대 때리고 싶어진다는 것이 산업계의 오래된 조크이다. 광학식 리소그래피의 시대가 궁극적으로는 막을 내릴 것이라는 점을 산업계가 수십 년 전부터 예견하고, 아직도 열리지 않는 차세대 리소그래피(NGL) 시대를 꾸준히 쫓고 있다.

궁극적으로 과학의 우주적 법칙에 지배를 받게 될 것이며, 기술적 가능성만을 살펴본다면 광학식 리소그래피는 최종적인 한계에 봉착하게 될 것이라는 점은 명확하다. 비리소그래피 관련분야(설계, 소재, 처리공정 등)에서의 발전을 통해서 마이크로 전자 분야가 훨씬 발전하게 되어서 하나 또는 그 이상의 차세대 리소그래피(NGL) 기술을 사용할 필요성을 없애줌으로써 광학식 리소그래피의 가용성이 연장되는, 또 다른 사업사례가 나타나지 않을까라는 산업계의 의문은 시의 적절한 것이다. 또는 리소그래피가 한계에 도달하기 전에 비리소그래피 방식의 마이크로 전자 공학적 제조와 관련된 인자들이 리소그래피의 기술적 계약을 압도하게 될지도 모른다. 물론 언제 어디서 광학식 리소그래피가 종말을 고할지에 대한 이런 모든 평가들은 기술(능력)과 경영(재정) 사이의 비교를 통해 결정이 내려진다.

시기나 경영적 관점과는 무관하게 차세대 리소그래피(NGL) 기술에 대한 전반적인 도전이 지체되고 있다. 다음의 네 개의 단원들에서는 이와 무관하게 광학식 리소그래피의 특정한 실패를 가정하면서 최근과 오늘날 개발되고 있는 주요 차세대 리소그래피(NGL) 기술들에 대해서 논의하고 있다. 이 책에서 지칭하는 차세대 리소그래피(NGL)에는 전자빔 투사 리소그래피(EPL), 극자외선 리소그래피(EUV~13.5nm 파장), 이온 투사 리소그래피(IPL), 근접 X-선 리소그래피(PXL~1nm 파장) 등이 포함된다. 저에너지 전자빔 투사 리소그래피(LEEPL)와 임프린트 리소그래피(a.k.a. 스텝-플래시) 등에 대해서 이 단원에서 언급하고는 있지만 이 책의 뒷부분에서는 다루지 않는다.

차세대 리소그래피(NGL)에 대해서 이야기할 때, 현재 개발 중인 또 다른 주요 리소그래피 기술인 전자나 양성자를 사용해서 기저부에 직접묘화를 수행하는 방법에 대해서도 언급하는 것이 적절하다. 이 방법들을 통칭하여 무마스크 리소그래피(또는 ML2)라고 부르며, 명확한 이유 때문에 이 책에서는 이를 다루고 있지 않다.

전반적인 영상화 기법의 관점에서 차세대 리소그래피(NGL)와 광학적 기법이 가지고 있는 차이는 마스크 소재와 구조가 근본적으로 다르다는 점이다. 지속적으로 축소되는 영상 크기에 대한 요구조건과 독성 문제를 유발할 우려가 있는 일부 가스나 새로운 결함 등급을 필요로 하는 단일층 등의 문제를 해결하기 위해서 세련되고 값비싼 해결책이 강구되고 있다. 제조 후 공정에서 마스크 결함으로부터 보호하기 위한 중요한 마스크 부속품인 펠리클은 어떠한 차세대 리소그래피(NGL) 기술에도 사용할 수 없다. 분해능, 임계치수(CD)의 관리 및 영상배치오차 등과 같은 더욱더 근본적인 기능적 문제들에 대해서 초점을 맞춰보면 이런 사소해 보이는 요소들을 배제함에 따른 영향들이 충분히 고려되지 못하고 있음을 알 수 있다. 마스크 구조와 조명, 각각에 의해 만들어지는 새로운 대비, 민감도 및 근접상태 등에 기인하여, 레지스트에 대한 새로운 패턴 전사방식을 창출해낸다. 표 9.1에서는 차세대 리소그래피(NGL) 기술과 마스크의 물리적 인자들에 대한 주요한 차이점들을 요약해놓았다. 이들 마스크 유형들에 대한 관련항목과 인자들에 대해서는 후속 단원들에서 논의되어 있다.

표 9.1 주요 차세대 리소그래피(NGL) 마스크들의 특징 요약

	EPL	EUV	IPL	PXL	LEEPL	임프린트
파장	100keV전자	13.5nm	75keVHe+이온	~1nm	2keV 전자	적용불가
유형	투과	반사	투과	투과	투과	몰드
기층소재	실리콘	수정	실리콘	실리콘	실리콘	수정
모재	맴브레인	반사경	맴브레인	맴브레인	맴브레인	수정
구조	지주사용	버퍼흡수재	단일 필드	단일 필드	지주사용	기층만 사용
흡수소재	Si 맴브레인	TaN	Si 맴브레인	TaSi 합금	Si 흡수재	폴리머필터
투과소재	구멍 또는 SiN+C 극박막 맴브레인	MoSi 반사재 적층	맴브레인내구멍	SiC 또는 C (다이아몬드) 맴브레인	맴브레인내구멍	수정 기층소재
배율	4×	4×	4×	1×	1×	1×
문제 1	왜곡	모재결함	왜곡	1× 분해능	1× 분해능	1× 분해능
문제 2	필드 접합	편평도	이온 손상	왜곡	왜곡	마스크 왜곡
문제 3	결함보호	결함보호	결함보호	결함보호	결함보호	결함보호

비록 차세대 리소그래피(NGL) 기술들이 웨이퍼 노광에 현저히 서로 다른 유형의 광원을 사용하지만, 기본적인 특징들 중 일부를 공유하고 있다. 노광 에너지는 광학식 리소그래피 공정에서 사용되는 것들보다 훨씬 높으며(대략 수 eV) 물질의 결합에너지보다 크기 때문에 약간의 감쇠나 빔 형상의 변화 없이는 방사노광 에너지가 고체 물질을 통과할 수 없다. 그러므로 모든 형식의 마스크들은 투과를 위해서 근본적으로 서로 다른 접근방법을 필요로 한다. 여기에는 박막, 반사표면 또는 스텐실 마스크의 사용 등이 포함된다. 이 때문에 편평도, 필름 응력, 마스크 왜곡, 그리고 균일성 등의 측면에서 새로운 도전이 필요하다. 그런데 노광 에너지의 증가는 흡수소재에 부정적인 영향을 끼친다. 패턴 층은 (두께와 노광 에너지에 의해서 정의되는)충분한 흡수 또는 산란특성을 가져야만 하는 반면에, 마스크에 패턴 전사를 방해하는 높은 종횡비를 피하기 위해서 충분히 얇게 만들어야 한다. 흡수 방사광의 산란 역시 마스크 상에 열의 누적을 유발하며 이를 분산시켜야만 한다.

게다가 노광 에너지가 증가하고 빔의 개구수(NA)가 감소함에 따라서 초점 평면상에 유기 결합 보호층(펠리클)을 사용할 수 없게 된다. 이에 따라서 모든 차세대 리소그래피(NGL) 기술들은 레티클 결함보호 방법에서 도전에 직면하고 있다. 레티클에서 결함을 배제시키고 이들이 다시 들러붙지 않도록 보호하는 새로운 방법이 필요하다.

나노임프린트 리소그래피는 고 노광에너지의 측면에서 하나의 대안이 된다. 그런데 레티클 보호의 측면에도 동일한 문제가 적용되며, 거의 완벽한 영상전자 특성으로 인하여 거의 완벽하

게 결함이 프린트되어 버린다.

다음의 절 들에서는 여섯 가지의 차세대 리소그래피(NGL) 기술들에 대해서 간략하게 소개하고 있으며, 그중 앞의 네 절들에 대해서는 이 책의 후속 단원들에서 더 상세하게 다루고 있다.

9.2 전자투사 리소그래피

전자투사 리소그래피(EPL)는 광원으로 전자를 사용함에 따라서 극도로 짧은 유효파장에 의해 유발되는 근본적인 분해능 상의 이점을 가지고 있다. 하전입자를 사용하기 때문에 빔을 적절히 회절시켜서 글로벌 스케일의 왜곡을 보정할 기회를 만들 수도 있다. 연약하고 인장을 받는 맴브레인 기층소재와 관통형태의 마스크 구조는 근원적으로 변형되기 쉽기 때문에 이것은 전자투사 리소그래피(EPL)의 결정적인 장점으로 작용한다. 일본과 유럽에서의 최근 연구에 따르면, 마스크 투과영역이 극도로 얇은(~20nm) 맴브레인을 사용하여 구멍 뚫린 구조에 의해서 유발되는 소위 도넛 문제에 의한 변형을 줄이는 데에 도움이 되는, 연속형 맴브레인 마스크 구조를 개발하였다. 도넛문제는 모든 스텐실 기술에서 존재하며 불투명한 소재가 존재하는 섬 영역에서 패턴이 만들어진다. 스텐실 마스크 구조에서 완벽하게 연결이 없는 섬 구조는 물리적으로 만들 수 없다. 그 해결방안은 문제가 되는 패턴을 합체하면 원하는 섬이 만들어지는 두 개의 보상 패턴으로 분할하는 것이다. 섬이나 그와 유사한 패턴을 포함하고 있는 모든 단일층을 만들기 위해서 두 개의 마스크가 필요하기 때문에 이 방식은 심각한 단점을 갖고 있다.

전자투사 리소그래피(EPL)의 개발은 상용화를 추진하고 있는 일본의 니콘사에서 집중적으로 수행하고 있다. 전자투사 리소그래피(EPL) 마스크 기술은 일본 및 여타의 근접 X−선 리소그래피(PXL) 지원기관들에서 수행되고 있는 광범위한 맴브레인 마스크 개발의 덕을 보고 있다.

이 기술의 핵심 이슈는 평면 내 패턴 왜곡의 관리, 마스크 검사, 필드 간 접합, 그리고 결함보호 포토마스크의 제조 등이다.

9.3 극자외선(EUV) 리소그래피[*]

극자외선 리소그래피(EUVL)는 원래 1× 투사 리소그래피의 대안인 4×축사방법으로 개발되었으며, 소프트 X-선 반사 리소그래피라고 불렸다. 나중에 의미상으로는 덜 정확하지만 1× 마스크 구조를 사용함에 따라서 호응을 잃게 된, 근접 X-선 리소그래피(PXL)와 구분하여 마케팅 하기 위해서 극자외선으로 이름을 변경하였다. 최근의 몇 년 동안 극자외선 리소그래피(EUVL)의 중요도가 높아져서 대부분의 기술들 중에서 가장 중요한 차세대 리소그래피(NGL) 기술로 자리 잡게 되었으며, 심지어 International SEMATECH는 이 기술에 대한 방대한 자료들을 수집하기 위해서 2001년에 극자외선 리소그래피(EUVL) 심포지엄을 개최하기도 했다.

이 기술의 핵심 이슈는 다음과 같다. 복잡한 다중층 반사 마스크 모재를 적절한 가격에 제작하는 방안, 마스크 결함수리, 결함 보호용 포토마스크의 제작, 적절한 스캐너 생산성을 구현하기 위해서 충분한 양성자 동력의 확보, 그리고 마스크를 포함한 광 경로의 오염 등이다.

9.4 이온빔 투사 리소그래피

하전입자 기술이 패턴 왜곡의 조절기능을 갖고 있지만 부수적인 마스크 문제를 유발한다는 점의 대안으로 이온빔 투사 리소그래피(IPL)가 제안되었다. 이온은 적절한 질량과 에너지를 갖고 있으며 시간이 지남에 따라서 마스크를 물리적으로 손상시킨다. 이온을 흡수하기 위해서 마스크의 상층부에 방전 층으로 작용하는 탄소 버퍼 층을 만들어서 이 문제를 해결할 수 있으며, 추가적으로 열 발산능력이 향상된다. 비록 마스크는 4×의 배율을 가지고 있지만 구멍이 뚫린 스텐실 방식이므로 앞서 9.2절에서 논의한 것처럼 평면 내 왜곡과 도넛 문제가 발생하기 쉽다. 전반적으로 이 기술의 상용화를 위해서 자원과 지원을 집중시키지 않고 있으며, 특정한 수요를 충족시키기 위한 백업 또는 가능한 대안으로서 이 기술을 지속적으로 개발하고 있다.

이 기술과 관련된 핵심 이슈들로는 맴브레인 구조에 대한 평면 내 패턴왜곡의 조절, 침투 이온에 의한 손상, 그리고 결함 방지 포토마스크의 제작 등이다.

---

[*] 2015년 현재 Zeiss 사는 AIMS® EUV를 상용화하였으며 ASML에서는 양산용 EUVL 노광기를 수주하였다. - 역자 주

9.5 근접 X-선 리소그래피

근접 X-선 리소그래피(PXL)는 차세대 리소그래피(NGL) 분야에서 가장 긴 역사를 갖고 있으며, 1990년대 중반 이 분야에 대해서 일본과 미국이 공격적으로 경쟁하면서 개발 인력과 관심이 최고조에 달했었다. 비록 다중 칩 제조가 시연되었지만 1× 배율 마스크를 사용해서 동시제조가 수행되고, 광학식 기법의 꾸준한 확대로 인하여 X-선은 마이크로 전자 산업계의 본류에서 배제되었다. 원래 맴브레인들은 실리콘으로, 흡수재는 맴브레인 상의 레지스트 몰드 내에 금으로 패턴을 도금하였다. 이 구조는 시간이 지남에 따라 발전하여 탄화규소를 거쳐서 더 전통적인 식각공정을 사용해서 패턴이 생성된 탄탈 규화물을 사용하는 다이아몬드 맴브레인으로 변화되었다. 전자빔을 사용해서 검사가 수행되며 집속 이온빔을 사용해서 수리한다. 이 기술은 X-선 조준 플라스마 포인트 광원과 수직으로 배치된 마스크 노광 스테이지를 사용하는 JAMR-SAL을 통해 상업적으로 사용이 가능하다. 마스크들이 상업적으로 생산되고 있지는 않지만, 세계적으로 다양한 경로를 통해서 제한된 수량을 구할 수 있다.

이 기술의 핵심 이슈들은 다음과 같다. 1× 마스크 제조를 위한 분해능 요구조건, 흡수재+맴브레인을 위한 평면 내 패턴 왜곡의 밸런스와 조절, 그리고 결함 방지 포토마스크의 제작 등이다.

9.6 저에너지 전자빔 투사 리소그래피

저에너지 전자빔 투사 리소그래피(LEEPL)는 전자투사 리소그래피(EPL)의 변종으로 저에너지, 1× 배율 투사 시스템을 위해서 필요한 훨씬 단순한 전자광학 칼럼 설계만을 필요로 한다는 장점을 가지고 있다. 이 방법은 노광 시스템의 비용을 획기적으로 절감시켜주지만, 마스크 상에 새로운 문제를 유발한다. 더욱이 1× 마스크는 전자투사 리소그래피(EPL)에서 사용되는 4× 마스크에 비해서 훨씬 제작이 더 어렵다. 전자들은 매우 미약한 에너지를 가지고 있기 때문에 충분한 대비를 얻기 위해서 마스크는 구멍 뚫린 구조를 가져야만 하며, 결과적으로는 전자투사 리소그래피(EPL)용 연속체 맴브레인 구조는 타당성이 없다. 그런데 저에너지 전자들은 편향되기 쉬우므로 패턴 왜곡의 보정이 훨씬 용이하다. 저에너지 전자빔 투사 리소그래피(LEEPL)의 개발은 일본에 집중되어 있으며 전자투사 리소그래피(EPL)에서 사용되는 기술에 예속되어 있다.

이 기술의 핵심 이슈들은 다음과 같다. 1× 마스크 제조를 위한 분해능 요구조건, 구멍 뚫린 마스크 구조를 위한 평면 내 패턴 왜곡의 조절, 필드 간 접합, 그리고 결함 방지 포토마스크의 제작 등이다.

9.7 나노임프린트 리소그래피

나노임프린트 리소그래피에서는 템플리트로부터 웨이퍼 표면상의 전달물질로 직접적인 물리력의 전달을 통해서 패턴이 전사된다. 이러한 이유로 나노임프린트는 방사성 노광방법과는 본질적으로 다르다. 분해능과 패턴 엄밀성은 마스크(또는 템플리트)에 의해서 거의 전적으로 결정된다. 수 나노미터 크기의 분해능은 가공할 만한 장점을 가지고 있지만, 마스크상의 결함이나 흠도 웨이퍼 표면에 충실하게 전사된다는 문제가 있다. 그러므로 마스크는 패턴의 1× 버전이며 영상크기, 패턴 왜곡, 그리고 결함의 엄밀한 관리가 필요하다.

이 기술의 핵심 이슈들은 다음과 같다. 1× 마스크의 패턴제작, 마스크 상의 결함관리와 수리, 그리고 레벨 간 중첩 등이다.

9.8 요 약

어떤 NGL 기술도 압도적인 매력을 갖고 있지 못하며, 각각은 그 자체만의 독특한 장점과 문제들을 가지고 있다는 점은 명확하다. 기본적인 수준에서 기술적인 요구조건들은 개발, 실현 및 관리기술에 소요되는 비용에 대한 경영적 제약조건들과 균형을 이뤄야만 한다. 리소그래피가 마이크로 전자산업 전체의 비용구조를 결정하는 가장 중요한 인자가 되었으므로, 제조업체들은 경영적 비용 민감도의 측면에서 최적화된 영상화 방안을 선정하게 되었다.

예를 들면 마스크의 활용, 즉 마스크의 수명기간당 노광되는 웨이퍼나 칩의 수인 마스크 활용도 등에 따라서 근본적인 경영 전략이 달라진다. 마이크로프로세서나 메모리 등과 같이 활용도가 높은 제조공정은 마스크 가격이 높지만 분해능과 기술 진보성이 높은 기술의 활용에 대해 강한 정당성을 부여해준다. 극자외선 리소그래피(EUVL)는 임계 레벨의 경우에 가장 잘 들어맞는 반면에 주문생산, 비교적 수량이 작거나 수명이 짧은 제품 등의 경우에는 전자투사 리소그래피(EPL)나 심지어는 적절한 레벨의 무마스크 리소그래피(ML2)가 가장 적합하다.

어떠한 경우에도 그들의 영상에 소요되는 비용을 기술적 수요와 맞춰 최적화시켜야 하며, 이는 상용화된 하나 이상의 영상화 기법을 찾을 수 있음을 의미한다. 모든 경우에 대해서 평가하는 것은 위험성이 높으며 매우 어렵다. 이런 징후는 개발 중인 차세대 리소그래피(NGL) 기술들에 광범위하게 반영되고 있으며 각각에 전폭적인 투자가 이뤄지고 있다. 특정 영상화 기법 내에서 일반적으로 마스크 가격은 장비 보유가격을 결정하는 핵심 인자이다. 이는 대부분의 리소그래피 장비 개발업체들이 실제적으로는 왜 마스크 하위요소 기술들에 의해서 움직이는가를 설명해준다.

하나의 차세대 리소그래피(NGL) 기술 개발에 소요되는 비용이 막대하기 때문에 둘 또는 그 이상의 기술을 완성하는 것은 불가능할 수도 있다. 마이크로 전자부품 제조업자의 핵심 목표와 그들의 리소그래피 전략은 광학식 리소그래피가 산업체 요구조건을 충족시켜주는 한도까지 이런 모험적인 차세대 리소그래피(NGL)의 사용을 늦추는 것이다.

제10장

포토마스크 기술

전자빔 투사 리소그래피용 마스크

Hisatak Sano, Shane Palmer, and Masaki Yamabe

10.1 서 언

전자빔 투사 리소그래피(EPL)에서 전자의 흐름이 마스크에 조사된 후에 렌즈 시스템에 의해서 영상화되어 표면상에서 패턴이 생성된다. 마스크에서는 패턴 간의 대비를 만들어내기 위해서 마스크상의 투명하거나 투과성 형상영역을 복제하는 저산란 영역과, 동일한 마스크상의 불투명하거나 흡수성 형상을 복제하는 고산란 영역을 사용한다.

광학식 리소그래피에서와 마찬가지로 전자빔 투사 리소그래피에서의 영상화 시스템은 마스크 패턴의 축사 또는 축소방안을 포함할 수도 있다. 저에너지 전자빔 근접투사 리소그래피(LEPEL™)를 포함하여, 근접 전자 리소그래피(PEL) 시스템의 경우 영상화할 마스크 형상은 1:1의 배율로 패턴화된다. 다양한 축 함침 렌즈들(PREVAIL™)을 사용하는 투사 축소노광이나 각도제한 투사 전자 리소그래피(SCALPEL™) 시스템을 사용하는 산란기법 등과 같은 여타의 방법들은 패턴의 영상화를 위해서 4:1 축사 마스크를 사용해서 작동한다. 전자투사 리소그래피(EPL)의 또 다른 부류로 간주할 수 있는, 문자 또는 셀 투사(CP) 장비들은 전형적으로 훨씬 큰 축사비율, 예를 들면 10:1을 사용하며 영상평면 상의 훨씬 작은 영역에서 작동한다. 셀 투사(CP) 장비에 사용되는 마스크들은 예외 없이 스텐실형 마스크, 즉 패턴을 정의하는 형상들은 완벽하게 없애거나 제거하는 마스크를 사용한다. 스텐실 마스크를 사용한 결과 중 하나는 마스크 상에 정의할 수 있는 형상의 유형들에 제약이 있다는 점이다. 예를 들면 도넛 형상은 보상용 마스크 없이는 만들 수 없다. 이러한 제약조건을 극복하기 위해서 전자투사 리소그래피 (EPL)에서 사용되는 또 다른 유형의 마스크는 (전자의 흐름에 대해서)투명한 영역을 위해서는 저산란 박막소재를 사용하며 마스크상의 불투명한 형상을 정의하기 위해서 고산란(흡수) 영역을 사용하는 맴브레인 마스크이다. 다음 절에서는 문자투사 마스크에 대해서 논의한다.

10.2 문자투사 리소그래피용 마스크

모든 문자(또는 셀) 투사(CP) 리소그래피 장비들은 실리콘(Si) 박막 맴브레인 상에 투각된 스텐실 구조를 기반으로 하는 구멍이 뚫린 마스크를 사용한다. 문자투사 장비들은 직접묘화 가변형상 e-빔 시스템에서 파생된 것들이다. 문자투사 리소그래피(CPL)에서는 고도로 반복적인 패턴들을 포함하고 있는 개구부들에 대한 균일한 전자빔 흐름을 사용한 노광을 통해서 독특한 형상과 패턴이 형성되며, 묘화표면(마스크나 웨이퍼) 상에 단일 문자가 프린트된다. 그림 10.10에서는 가변형상 빔 기법과 문자투사 기법 사이의 차이를 설명하고 있다[1]. 문자투사 기법에서는 생산성을 높이기 위해서 한 번의 촬영을 통해서 (문자라고 정의한)다수의 형상들을 프린트한다. 표 10.1에서는 현재 사용되고 있거나 개발 중인 세 가지 서로 다른 문자투사(CP) 장비들의 요구조건들과 그와 관련된 마스크 기술들을 요약하고 있다[2-4]. 이 장비들 각각은 문자투사(CP) 기능뿐만 아니라, 무마스크 패턴 생성 능력도 가지고 있으며 소량생산과 시제제 작에도 사용이 가능하다. 도시바 문자투사(CP) 장비는 개발 중에 있다. 문자투사(CP) 개구부 마스크용 기층소재로는 전형적으로 절연층 위에 실리콘이 입혀진(SOI) 웨이퍼를 사용한다. 마스크 제조 시에 식각 한계영역으로서 매입 산화층(BOX)이 사용된다. 히타치 하이테크놀로지 사와 ADVANTEST 사에 의해서 제작된 시스템은 각각 25:1 및 60:1의 고배율 확대를 사용하며, 이는 스텐실 마스크의 패턴화(묘화와 식각)를 크게 단순화시켜준다. 그림 10.2에서는 (a) 히타치 반투명(HT) 장비와 (b) ADVANTEST 장비에서 사용되는 문자투사(CP) 마스크의 사진을 보여주고 있다.

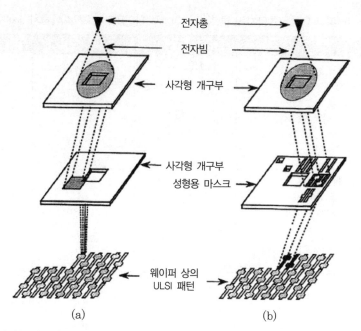

전자총

전자빔

사각형 개구부

사각형 개구부
성형용 마스크

웨이퍼 상의
ULSI 패턴

(a)   (b)

그림 10.1 (a) 가변형상 빔 기법과 (b) 문자투사기법 사이의 원리 비교. [S. Satoh, Y. Nakayama, N. Saitou, and T. Kagami, Proc. SPIE, 2254, 122–132(1994)]

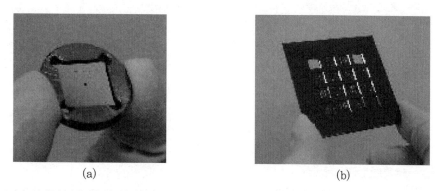

(a)   (b)

그림 10.2 (a) 히타치 반투명(HT) 장비와 (b) ADVANTEST 장비용 문자투사(CP) 개구부 마스크의 사진. 히타치 반투명(HT) 장비용 마스크는 홀더에 설치되어 있다. (Courtesy of Toppan Printing Co., Ltd., Tokyo, Japan)

표 10.1 CP 리소그래피의 요건들(히타치 반투명(HT): 히타치 하이테크놀로지스) [출처: Refs. [2-4]]

	히타치 HT[2]	ADVANTEST[3]	도시바[4]
기계유형	H900D	F5112	–
가속전압(kV)	50	50	5
배율	25	60	10
웨이퍼상의 노출영역(μm×μm)	5×5	5×5	5×5
CP 개구부 마스크			
문자 면적(μm×μm)	125×125	300×300	50×50
블록당 문자의 수	21	100	400
마스크당 블록의 수	25	16	10-15
마스크 크기(mm×mm)	11×11-13×13	50×50	5×10
스텐실 맴브레인 소재	Si	Si	Si
스텐실 맴브레인 두께(μm)	15-20	20	0.5-2.0

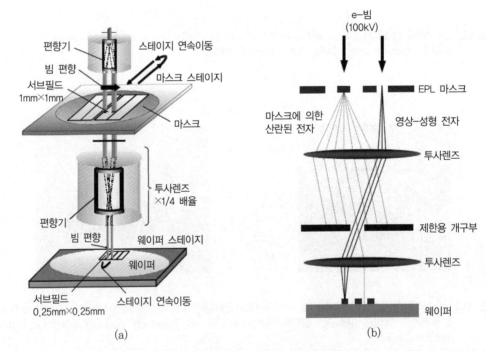

그림 10.3 (a) PREVAIL 칼럼을 사용한 e-빔 스테퍼 노광[S. Kawata, N. Katakura, S. Takahashi, and K. Uchikawa, J. Vac. Sci. Technol. B., 17, 2864-2867(1999)]과 (b) 초점 형성원리

10.3 전자빔 투사 리소그래피용 마스크

전자빔 스테퍼의 노광방법이 그림 10.3(a)에서 개략적으로 설명되어 있다[5]. 이 시스템에서 마스크는 y-축에 평행하게 움직이는 반면에 빔은 20개의 서브필드(SF)들을 노광하기 위해서 x-축을 (한 스텝씩)가로지르면서 주사된다. 서브필드들은 (4×의 수축비율로)축사되며 전체 노광용 필드를 생성하기 위해서 정교한 편향에 의해서 서로 접합된다. 그림 10.3(b)에서는 중앙에 위치한 제한된 개구부가 맴브레인에 의해서 산란되는 전자들을 방출하며, 산란되지 않은 전자들은 통과시켜 영상을 만들어내는, 전자투사 리소그래피(EPL) 장비 내의 스텐실 맴브레인에 의한 대비 형성 이론을 설명해주고 있다. 그림 10.4(a)의 좌측 그림은 42×102 맴브레인의 두 개의 배열을 사용해서 200mm 웨이퍼로부터 만들어낸 전자투사 리소그래피(EPL) 마스크를 보여주고 있다. 각 맴브레인의 면적은 1.13×1.13mm이다. 니콘 사에 의해서 제안된 현재의 전자투사 리소그래피(EPL) 시스템에서 어레이 내의 최외곽 맴브레인들은 정렬용 마스크로 남겨두고 40×100 맴브레인 영역만을 주 패턴을 위해서 사용한다. 이 시스템은 또한 1/4 배율의 축사노광을 사용하므로 비보상 마스크의 20×25mm 필드 크기에 상당한다. 만약 패턴 성형을 위해서 보상 마스크가 필요하다면, 최대 칩 크기는 10×25mm 또는 20×12.5mm가 된다. 그림 10.4(b)에서는 웨이퍼 상에 원하는 패턴을 성형하기 위해서 어떻게 인접 맴브레인들을 합체시키는지를 보여주고 있다. 현재 다수의 마스크 공급업체들이 70nm 패턴 설계방식을 사용하는 200mm형 마스크를 공급할 수 있다. 그림 10.5에서는 Selete(Semiconductor Leading Edge Technologies, Inc.) 사에 의해서 설계된 70nm 방식 시스템 온 칩(SoC) 장치인, 애너하임[6-8] 패턴의 사진을 보여주고 있다. 그림 10.5에서는 애너하임 패턴을 사용하는 CPU, 논리회로, DRAM 및 SRAM 장치 등을 패턴화하기 위해서 필요한 보상 마스크 세트의 10×12.5mm 필드 게이트 레벨의 (a) 정면과 (b) 후면을 보여주고 있다[8]. 또한 표 10.2에서는 반도체 분야 국제기술 로드맵[9]에서 정의된 전자투사 리소그래피(EPL) 요건의 최근 리스트를 보여주고 있다. 전자투사 리소그래피(EPL) 마스크의 가장 큰 난관은 영상배치(IP) 정확도 요건으로서, 65nm 노드의 경우 <10nm이다.

10.3.1 마스크 구조, 소재 및 공정

이 절에서는 두 가지 유형의 마스크 구조와 스텐실 및 연속체 맴브레인 전자투사 리소그래피(EPL) 마스크를 제작하는 데에 사용되는 공정에 대해서 설명한다.

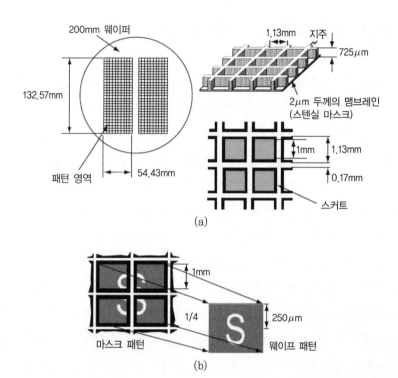

(a)

(b)

그림 10.4 (a) 스텐실 마스크의 200mm 웨이퍼 포맷과 (b) 노광 시 마스크 패턴의 서브필드 접합에 대한 설명

(a)   (b)

그림 10.5 마스크 전체의 (a) 전면과 (b) 후면. 애너하임 마스크 패턴은 Selete Inc.,에 의해서 설계되었다. [From H. Fujita, T. Takigawa, M. Ishikawa, Y. Aritsuka, S. Yusa, M. Hoga, and H. Sano, Proc. SPIE, 5256, 826–833 (2003).]

10.3.1.1 스텐실 맴브레인

스텐실(맴브레인)형 마스크의 시제품 제작 시 선호되는 소재는 저응력 $1.5 \sim 2.0 \mu m$ 두께의 실리콘 맴브레인이다. 이것은 스스로를 지지할 만큼 강하며 $1.13 \times 1.13mm$ 이상의 사각 영역까지 확장이 가능하고, 제한용 개구부에서 전자를 효과적으로 산란해준다. (표 10.2에 도시

된)65nm 노드용 95nm 크기의 최소 형상에 대해서, 개구부의 종횡 비율은 대략 15에서 20에 달한다. 이런 개구부 역시 제작이 가능하다.

두 가지 방법으로 실리콘 맴브레인을 제작할 수 있다. 한 가지 방법은 절연층 위에 실리콘이 입혀진(SOI) 웨이퍼를 사용하는 것이고, 다른 하나는 스퍼터링을 사용해서 증착하는 것이다 [6]. 마스크 제작에 사용되는 두 가지 공정은 그림 10.6에서와 같이 웨이퍼 흐름공정과 맴브레인 흐름공정이 있다. 두 공정 모두 절연층 위에 실리콘이 입혀진(SOI) 웨이퍼나 Si/식각 차단 층/Si 웨이퍼를 사용한다. 전자투사 리소그래피(EPL) 마스크를 제작하기 위해서는 두 가지 패턴화 단계가 필요하다. 예를 들면 맴브레인 흐름공정[그림 10.6(b)]의 경우 마스크 지주를 만들기 위해서 패턴을 만든 후 맴브레인 표면에 프린트된 레이아웃을 성형하기 위해서 2차 패턴을 성형한다. 일반적으로 두 번째 단계를 마스크 모재의 패턴 성형이라고 부른다. 결과적으로 전자투사 리소그래피(EPL) 마스크 공정은 광학식 마스크 공정과 유사하며 마스크 공급업자들은 공정시간을 훨씬 단축시키기 위해서 전처리 된 마스크 모재를 사용한다.

시작용 기층소재로 절연층 위에 실리콘이 입혀진(SOI) 웨이퍼를 사용하는 경우 매입 산화층 (BOX) 두께 요건을 충족시키기 위해서 지주 성형을 위한 건식 식각이 수행된다. 현재의 공정 하에서 건식 식각 과정에서 맴브레인을 적절히 보호하기 위해서는 이 두께가 $0.8\mu m$ 이상이 되어야만 한다. 매입 산화층(BOX)이 강한 압축성 내부응력(250~300MPa)을 갖고 있기 때문에 이 공정단계를 거치고 난 실리콘 맴브레인은 절연층 위에 실리콘이 입혀진(SOI) 웨이퍼 제조방법과 매입 산화층(BOX) 두께에 따라서 수 메가 파스칼 내외의 약한 압축응력을 받는다. 맴브레인을 평평하게 유지하기 위해서는 적절한 인장응력이 맴브레인에 가해져야만 한다. 그런데 큰 인장응력은 큰 영상배치(IP) 오차를 유발하는 경향이 있다. 그러므로 표 10.2에서와 같이 영상배치(IP) 요건을 충족시킬 수 있도록 최대 인장응력이 결정된다. 65nm 노드의 경우 필름의 최대 인장응력은 5MPa 미만이 되어야만 한다[10]. 실제의 경우 인장응력을 조절하기 위해서 실리콘(Si) 원자보다 훨씬 직경이 작은 붕소(B)나 인(P)을 필름 속으로 도핑한다. 내부 응력과 붕소 도핑 농도 사이의 관계는 검사한 소재[11-13]의 접합공정에 의존하며, 5MPa의 응력은 $4~5\times10^{18}$원자/cm^3인 것으로 보고되었다[11]. 도핑시료의 유형과 도핑방법이 내부응력에 끼치는 영향이 조사되었다[12]. 그림 10.7에서와 같이 인(P)이 붕소(B)보다 더 넓은 격자 농도를 갖고 있으며, 열 확산방법이 이온주입 방법보다 침투깊이의 균일성 측면에서 월등하다는 것이 밝혀졌다.

표 10.2 전자투사 리소그래피(EPL) 마스크 요건

생산 연도	2006	2007	2010
노드(nm)	70	65	45
배율	4	4	4
DRAM 1/2 피치(nm)용 마스크의 영상크기	280	260	180
마스크의 최소 영상크기(nm)	112	98	70
서브필드 내에서 영상배치(nm, 다중점)의 비선형오차	11	10	7
임계치수의 균일성(nm, 3σ)			
고립된 선(MPU 게이트, nm)	4.5	4	2.5
조밀한 선(DRAM 1/2피치, nm)	11.5	10.5	7.5
접촉/편향	13	11.5	8
선형성(nm)	11	10	7
목표에 대한 임계치수 평균(nm)	6	5.5	4
패턴 모서리 라운딩(nm)	45	40	28
결함크기(nm)	55	50	35
패턴 측벽각도(도)	90	90	90
패턴 측벽각도 공차(+도)	0.2	0.2	0.2
산란/스텐실 LER(3σ, nm)	5	4	3
최대 마스크 저항(Ωcm)		20	
기층소재 성형계수	10	직경 200mm	두께 0.725mm
마스크 기층소재 편평도(μm,p-v)	10	5	
하위필드 내에서의 마스크 편평도(μm,p-v)	11	1	

* 출처: 반도체 산업협회, 반도체 국제기술 로드맵: 2002 업데이트, Austin TX, International Sematech, 2002, http://public.itrs.net

　식각 차단을 위해서 사용되어 왔던 또 다른 방법은 질화크롬(CrN_x)층과 함께 스퍼터된 실리콘(Si)의 이중층을 사용하는 것이다. 이 공정은 낮은 내부응력(0~10MPa)을 갖는 필름의 제작에 매우 뛰어난 성질을 갖고 있음이 보고되고 있다[6, 14]. 이 공정 흐름은 기본적으로 그림 10.6에서와 동일하지만 매입 산화층(BOX) 식각 차단 층이 CrN_x로 대체된다. CrN_x의 성질에 대해서는 10.5.1절에서 논의할 예정이다.

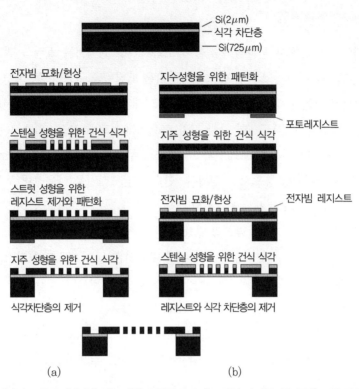

그림 10.6 (a) 웨이퍼 흐름공정과 (b) 맴브레인 흐름공정의 대표적인 단계들. 두 공정 모두 절연층 위에 실리콘이 입혀진(SOI) 웨이퍼나 Si/식각 차단 층/Si 웨이퍼를 사용하여 시작한다.

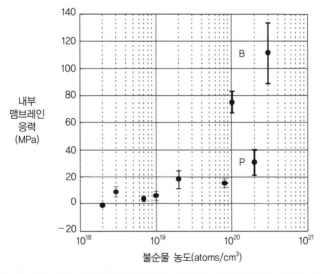

그림 10.7 내부응력과 열 확산 법에 기인한 절연층 위에 실리콘이 입혀진(SOI) 웨이퍼 실리콘(Si) 맴브레인의 붕소나 인 불순물 농도와 내부응력 사이의 관계

10.3.1.2 연속체 맴브레인

e-빔 스테퍼와 스캐너에서 전자빔 번짐을 최소화시키기 위해서는 스텐실 맴브레인 구조를 가장 선호한다. 그런데 하나의 스텐실 마스크로는 많은 패턴들을 구현할 수 없으며 보상 마스크의 복잡성을 피하기 위해서 각도제한 투사 전자 리소그래피(SCALPEL)와 같은 시스템에서 연속체 맴브레인이 채용되었다. 각도제한 투사 전자 리소그래피(SCALPEL) 마스크는 100~150nm 두께의 저응력 질화규소(SiN_x) 맴브레인과 25~50nm 두께의 텅스텐(W)과 5nm 두께의 크롬(Cr)으로 만들어진 바이메탈 층으로 구성된다. 연속체 맴브레인을 사용하면 보상분할이 필요 없어진다. 그런데 이 구조와 소재는 낮은 대비, 낮은 빔 투과성, 그리고 맴브레인 내부에서의 플라즈몬 커플링에 의한 2차 색상 피크의 발생에 따른 번짐 등의 단점을 가지고 있다. 적절한 맴브레인용 소재를 탐색하는 과정에서, 야마시타 등[15]은 다이아몬드형 탄소(DLC) 필름이 60nm 이하의 두께에서조차도 지지용 맴브레인으로 사용할 수 있으며, 600nm 이상의 두께에서는 산란용 필름으로 사용할 수 있는 뛰어난 후보라는 것을 발견하였다. 이들은 DLC/식각차단층/DLC의 3중층을 LOTUS[Light On The Ultimate(EPL) System]에 사용할 것을 추천하였다. 600nm 두께의 다이아몬드형 탄소(DLC) 산란장치, 15nm 두께의 CrN_x 식각 차단 층, 그리고 30nm 두께의 지지용 맴브레인으로 구성된 맴브레인 구조가 개발되었다[16]. 그림 10.8에서는 (a) 도넛형 산란 패턴들과 (b) 이 구조의 단면에 대한 주사전자현미경(SEM) 사진을 보여주고 있다. 이 적층들은 스퍼터 증착된 100nm 두께의 CrN_x 식각 차단층과 725nm 두께의 Si 기층소재로 구성되며, CrN_x 층은 Si 후방식각을 막아주는 식각 차단의 역할을 수행한다. 이런 유형의 마스크를 초박형 맴브레인(UTM) 마스크라고 부르기도 한다. 무손실 전자 개구부의 투과도는 두께 44, 23 및 17nm 두께의 맴브레인 샘플에 대해서 각각 41%, 62% 및 70%인 것으로 측정되었다. 야마시타 등에 의한 전자투사 리소그래피(EPL) 마스크들의 구조와 성능 비교 결과가 표 10.3에 제시되어 있다[15].

또 다른 유형의 초박형 맴브레인(UTM) 마스크들도 제안되었는데[10], 여기에는 3중층 초박형 맴브레인(UTM) 마스크와 복층 초박형 맴브레인(UTM) 마스크 등이 포함되어 있다. 이 초박형 맴브레인(UTM) 마스크들을 보통 SiN-C-UTM 마스크 또는 C-UTM 마스크라고 부른다. 그림 10.9에서는 구현 가능한 세 가지 유형의 마스크들에 대해서 전형적인 마스크 제작공정을 보여주고 있다. 두 초박형 맴브레인(UTM) 마스크의 지주 성형과정은 그림 10.6(a)에서 설명된 웨이퍼 흐름공정과 유사하다. SiN-C-UTM 마스크는 전형적으로 1500nm 두께, 붕소주입, Si 적층(5MPa 내부응력), 45nm 두께 Si_3N_4 층(100MPa), 그리고 5nm 두께 탄소층(-240MPa,

즉 압축성) 등으로 구성된다. C-UTM 마스크를 만들기 위해서는, Si_3N_4 층을 제거했을 때, 고립된 Si 산란층을 지지하는 초박형 탄소 맴브레인이 필요하다. 이 경우 탄소 맴브레인은 20~40nm 두께가 되어야만 한다. 몇몇 그룹들이 SiN-C-UTM과 C-UTM 마스크를 성공적으로 제작한 것으로 보고되고 있다. 그림 10.10에서는 그림 10.9에 도시된 마스크들의 주사전자현미경(SEM) 사진과 단면도를 보여주고 있다.

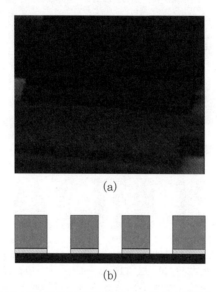

(a)

(b)

그림 10.8 연속체 다이아몬드형 탄소(DLC) 맴브레인 마스크의 사진과 단면도: (a) 44nm 두께의 다이아몬드형 탄소(DLC) 맴브레인에 의해서 지지되는 600nm 두께의 도넛형 산란패턴과 (b) 다이아몬드형 탄소(DLC) 산란층, CrN$_x$ 식각 차단층 및 다이아몬드형 탄소(DLC) 맴브레인(최상층) 적층구조 [I. Amemiya, H. Yamashita, S. Nakatsuka, M. Tsukahara, O. Nagarekawa, J. Vac. Sci. Technol. B., 21, 3032-3036 (2003).]

표 10.3 전자투사 리소그래피(EPL) 시스템용 마스크 구조 비교

비교요소	LOTUS	SACLOEL	스텐실
마스크 유형	DLC 맴브레인	SiN 맴브레인	Si 스텐실
구조	DLC/CrN$_x$/DLC	W/Cr/SiN	Si/개구부
맴브레인 두께	15-35nm	100-150nm	–
빔 투과율	50-70%	30-40%	100%
마스크에 의한 에너지 확산	대략 20-22eV	대략 22eV	0eV
산란층 두께	300-600nm	30-50nm	$2\mu m$
마스크 분할	불필요	불필요	필요

* 출처: H. Yamashita, I. Amemiya, E. Nomura, K. Nakajima, and H. Nozue, J. Vac. Sci. Technol. B., 18, 3237-3241 (2002), 저자에 의해서 수정되었음

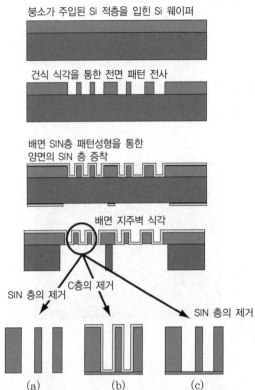

붕소가 주입된 Si 적층을 입힌 Si 웨이퍼

건식 식각을 통한 전면 패턴 전사

배면 SIN층 패턴성형을 통한
양면의 SIN 층 증착

배면 지주벽 식각

SIN 층의 제거   C층의 제거

SIN 층의 제거

(a)   (b)   (c)

그림 10.9 세 가지 가능한 유형의 전자투사 리소그래피(EPL) 마스크 제조공정: (a) Si 스텐실 마스크, (b) SiN–C–UTM(초박형 맴브레인)마스크, 그리고 (c) C–UTM 마스크. [Courtesy of Team Nanotec GmbH, Villingen–Schwenningen, Germany. Modified from P. Reu, C.–F. Chen, R. Engelstad, E. Lovell, T. Bayer, J. Greshner, S. Kalt, H. Weiss, O. Wood II, and R. Mackay, J. Vac. Sci. Technol. B., 20, 3053–3057 (2002).]

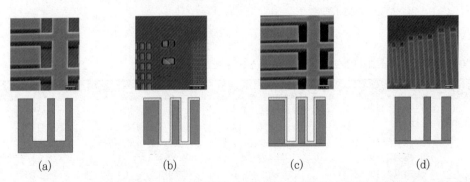

(a)   (b)   (c)   (d)

그림 10.10 그림 10.9에서 설명했던 공정단계를 거친 후의 기층소재에 대한 주사전자현미경(SEM) 사진과 단면도: (a) 건식 식각을 사용한 전면 패턴 전사, (b) 후면을 통한 지주 벽 식각, (c) SiN+C–UTM(초박형 맴브레인)마스크, 그리고 (d) C–UTM 마스크 (Courtesy of Team Nanotec GmbH, Villingen–Schwenningen, Germany.)

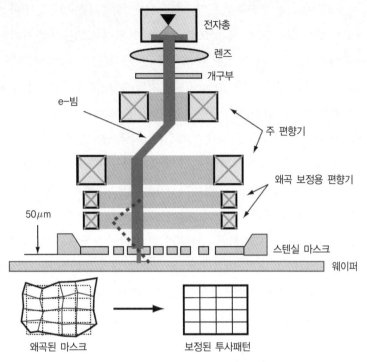

그림 10.11 근접 전자빔 리소그래피(PEL 또는 LEEPL)의 원리는 전자빔 편향을 통해서 왜곡된 마스크 패턴의
보정능력을 보여준다.

그림 10.12 저에너지 전자빔 투사 리소그래피(LEEPL) 마스크의 Sic 맴브레인 패턴: (a) 50nm L/S 패턴과
(b) 70nm 논리패턴(Courtesy of LEEPL Corp., Mitaka, Japan)

10.4 근접 전자 리소그래피용 마스크

그림 10.11에서는 웨이퍼의 30-50μm 상부에 위치한 마스크로, 크기가 40mm×40mm인 노
출필드에 2-20μA의 2-kV e-빔을 주사하는 근접 노광장비인 저에너지 전자빔 투사 리소그래

피(LEEPL)의 기본 작동원리를 보여주고 있다. 왜곡보상 편향장치를 사용해서 마스크의 왜곡이 웨이퍼 상의 영상에 전사되는 것을 부분적으로 보정할 수 있다. 그림 10.12의 주사전자현미경 (SEM) 사진에서는 (a) 50nm L&S의 스텐실 형상과 (b) 탄화규소(SiC) 맴브레인 상에 형성된 70nm 논리패턴을 보여주고 있다. 그림 10.13에서는 저에너지 전자빔 투사 리소그래피(LEEPL) 마스크의 세 가지 유형인 (a) 미국표준기술연구소(NIST)형 포맷[17], (b)와 (c) 200mm 웨이퍼 포맷[18], 그리고 (d) 6025 포맷[19]을 보여주고 있다. 미국표준기술연구소(NIST)형 포맷에서 100mm 직경의 웨이퍼가 125mm 직경의 금속 프레임에 접합된다[17]. 200mm 웨이퍼 포맷에서 200mm 웨이퍼는 프레임 접착 없이 사용된다. 6025 포맷의 경우 포토마스크-e-빔 묘화기와 호환이 가능하도록 만들기 위해서 200mm 웨이퍼는 세라믹 또는 Si 프레임에 절단 및 접착된다. 각각의 포맷들은 그림 10.13에서와 같이 다양한 유형의 노광 필드(또는 창)들을 사용할 수 있다. 이들은 (a) 하나의 대면적 창(30×30mm), (b) 9개의 대면적 창(24×24mm), (c)와 (d) 지주에 지지되는 보상 스텐실 마스크(COSMOS) 유형 1이라고 부르는 다중 소면적 창 (1.55×1.55mm)(아래에서 설명) 등이다.

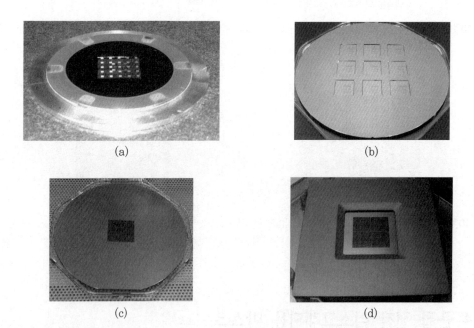

(a)　　　　　　　　　　　　(b)

(c)　　　　　　　　　　　　(d)

그림 10.13 저에너지 전자빔 투사 리소그래피(LEEPL) 마스크 포맷: (a) 미국표준기술연구소(NIST)형 포맷, (b) 200mm 웨이퍼 포맷, (c) 200mm 웨이퍼 포맷, 그리고 (d) 6025 포맷(배면).[Courtesy of (a) NTT Advanced Technology Corp., Atsugi, Japan (b) HOYA Corp., Tokyo, Japan (c) Toppan Printing Co., Ltd., Tokyo, Japan and (d) Dai Nippon Printing Co., Ltd., Tokyo, Japan]

저에너지 전자빔 투사 리소그래피(LEEPL) 마스크상의 형상들은 웨이퍼 상에 성형될 패턴, 즉 50-70nm 폭 패턴의 1× 배율이므로, 제조공정 때문에 스텐실 맴브레인의 두께는 1000nm 이하로 제한된다. 중력에 의한 처짐 증가 때문에 이런 박막 맴브레인의 최대 크기가 제한된다. 이런 고려사항 때문에 수십 개의 작은 맴브레인들(또는 시창)로 이루어진 구조가 도출되었다. 그림 10.14에서는 지주에 지지되는 보상 스텐실 마스크(COSMOS)라는 명칭의 구조를 보여주고 있다[20]. 그림 10.14에서와 같이 두 가지 유형의 지주에 지지되는 보상 스텐실 마스크(COSMOS)가 있는데, (a) 1형과 (b) 2형은 배면 Si 식각에 각각 건식과 습식 식각을 사용하도록 설계되었다. 두 구조 모두에서 백색과 회색 부분들은 각각 맴브레인과 지주에 해당된다. 2형의 지주는 습식 식각을 위해서 넓은 구조를 갖는다. 지주들은 보상 위치에 놓이기 때문에 (a)와 (b) 내의 굵은 선들에 의해서 둘러싸인 네 개의 사분면에 대한 다중노광을 통해서 하나의 완벽한 패턴이 만들어진다. 그림 10.14(c)와 (d)에서는 지주에 지지되는 보상 스텐실 마스크(COSMOS) 1형의 전체 영상과 그 중심영역을 각각 보여주고 있다.

저에너지 전자빔 투사 리소그래피(LEEPL) 마스크용 스텐실 맴브레인 소재는 Si[18], SiC 및 도핑하지 않은 다이아몬드[17], 그리고 붕소가 주입된 다이아몬드 중에서 선택한다. 다이아몬드 내에 붕소를 주입하는 목적은 적절한 전기 전도도를 부여하기 위한 것이다. 유한요소 모델에 대한 시뮬레이션을 통해서, 평면 내 왜곡을 무시할 만한 수준으로 유지하기 위해서는 5MPa 이하로 맴브레인의 내부응력을 유지하는 것이 필요하다는 것이 밝혀졌다[20].

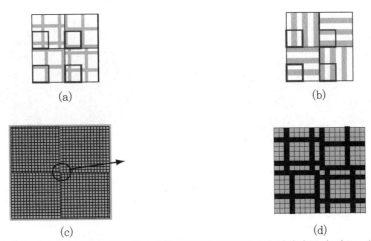

(a)   (b)

(c)   (d)

그림 10.14 지주에 지지되는 보상 스텐실 마스크(COSMOS) 형 저에너지 전자빔 투사 리소그래피(LEEPL) 마스크: (a) COSMOS 1형, (b) COSMOS 2형, (c) 32×32 시창이 있는 COSMOS 1형, (d)(c)의 중심부 확대도는 지주(굵은 선)와 단위 셀(좁은 실선으로 정의됨)을 보여준다. [From K. Koike, S. Omori, K. Iwase, I. Ashida, and S. Moriya, Proc. SPIE, 4754, 837-846 (2002)]

10.5 마스크 제작

이 절에서는 주로 전자투사 리소그래피(EPL) 마스크의 맴브레인 흐름과 Si 배면의 건식 식각 공정에 대해서 논의한다.

10.5.1 모재의 제조

전자투사 리소그래피(EPL) 마스크 제작의 난점들 중 하나는 그림 10.4에 도시되어 있는 지주의 수율을 높이는 것이다. 넓은 면적의 웨이퍼를 깊숙하게($725\mu m$) 식각해야 하므로, 보쉬(Bosch) 공정[21, 22]이라고 알려진 시간다중 플라스마 식각공정과 같은 특수한 식각공정이 필요하다. 이 공정에서는 SF_6/O_2 플라스마 식각과 C_4F_8 플라스마 증착이 교대로 수행된다.

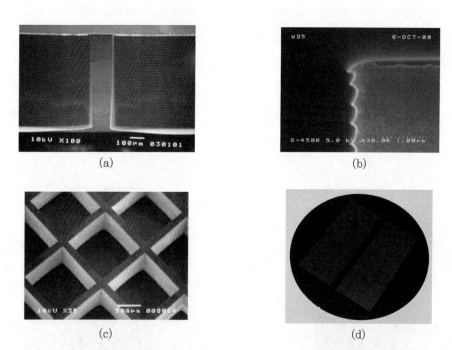

그림 10.15 마스크 모재의 형상: (a) 지주의 단면도 (b) 지주 상부의 확대도, 굴곡이 보임, (c) 성형된 지주 (d) 완성된 마스크 모재 [H. Fujita, T. Takigawa, M. Ishikawa, Y. Aritsuka, S. Yusa, M. Hoga, and H. Sano, Proc. SPIE, 5256, 826–833 (2003).]

식각 차단층의 경우 SOI 웨이퍼 상의 $0.8\sim1.0\mu m$ 두께의 매입 산화층(BOX)(SiO_2)이나 Si/CrN$_x$/Si 내에 $0.35\mu m$ 두께의 CrN_x 층이 사용된다. $25\sim30\mu m$ 두께의 레지스트 층은 식각

용 마스크로 잘 작용하지만, SiO_2나 금속 층 마스크들도 사용할 수 있다. 모든 하위필드에 대해서 선명한 맴브레인을 얻기 위해서는 낮은 식각 불균일성[(max-min)/(2×mean)]과 높은 선택성 또는 식각비(Si/식각 차단층)를 구현해야만 한다. $1\mu m$ 두께를 가지고 있는 매입 산화층(BOX)의 경우 식각 불균일성의 목표 값은 8% 이하이며, 선택성은 300보다 커야만 한다. 몇 가지 성공적인 식각공정이 보고된 바 있다[7, 8]. 그림 10.15에서는 성형된 지주의 주사전자현미경(SEM) 영상과 모재 전체의 사진을 보여주고 있다. 레지스트의 회화(ashing), 불화수소산 완충액 내에서 습식 식각을 통한 SiO_2층의 제거, 세척 및 검사를 통해서 모재를 만든다. SOI 웨이퍼의 높은 압축성 내부응력(-250MPa)은 몇 가지 문제를 야기한다.

전자투사 리소그래피(EPL) 마스크 지주를 제조하는 성공적인 또 다른 방법은 식각 차단층으로 스퍼터된 저응력(±10MPa) CrN_x 필름을 사용하는 것이다[6]. CrN_x 필름은 1000~2000의 뛰어난 식각 선택성(Si/CrN_x)을 갖고 있으므로, 건식 식각의 불균일성에 따른 요건들을 줄여준다. 불소 플라스마의 높은 선택성 때문에 CrN_x 층은 Si 틈새 식각 시 식각 차단층으로 남아 있을 수 있다.

10.5.2 패턴화

박막 맴브레인 소재는 e-빔 패턴화 공정에서 수정 위의 후막 크롬 마스크보다 명확한 장점을 가지고 있다. 레지스트 하부, 즉 박막 맴브레인에서 산란원자의 수가 작기 때문에 주 전자와 2차 전자에 의해서 유발되는 근접효과가 감소된다. 이는 레지스트 내에서의 패턴 개선과 영상 번짐의 감소와 분해능의 전반적인 향상을 초래한다[7]. 스텐실 마스크의 e-빔 묘화에 200~300nm 두께의 화학적으로 증폭된 양화 및 음화 레지스트가 사용되어 왔다. 그 사례가 그림 10.16(a)에 도시되어 있다. 맴브레인 마스크 모재와 관련된 문제들이 보고되었다[23]. 현재 사용되고 있는 포토마스크 묘화장비인 JEOL JBX-9000MVII와 웨이퍼 묘화장비인 ADVANTEST F5112M은 200mm 웨이퍼 포맷을 수용할 수 있다. 65nm 노드 전자투사 리소그래피(EPL) 마스크용 200mm 웨이퍼 포맷과 저에너지 전자빔 투사 리소그래피(LEEPL) 마스크의 90nm 노드 응용을 위해서는 차세대 e-빔 묘화장비가 필요하다.

저에너지 전자빔 투사 리소그래피(LEEPL) 마스크의 경우 패턴화 영역이 작기 때문에 포토마스크의 제작을 위한 e-빔 묘화장비에는 6025 포맷이 하나의 대안이 될 수 있다[19].

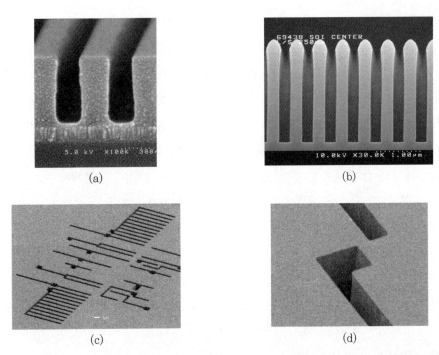

(a)

(b)

(c)

(d)

그림 10.16 스텐실 마스크 구조의 주사전자현미경(SEM) 영상. (a) 300nm 두께의 레지스트 단면 (b) 건식 식각된 200nm 선의 단면과 간극, Si의 상부와 측면에 부동태 층이 보인다. (c) 스텐실 Si 구조, 그리고 (d) Si 스텐실 구조의 확대도. 마스크 패턴은 일본 쓰쿠바 소재의 Selete Inc.에 의해서 설계되었다. [H. Fujita, T. Takigawa, M. Ishikawa, Y. Aritsuka, S. Yusa, M. Hoga, and H. Sano, Proc. SPIE, 5256, 826–833 (2003).]

10.5.3 틈새식각

실리콘 웨이퍼 공정과 보쉬 공정에서 사용되고 있는 두 틈새식각공정 모두 맴브레인 산란(또는 흡수) 소재에 대해서 개구부의 성형에 적합한 것으로 보고되고 있다. 보쉬 공정은 이전의 이온빔 리소그래피 제조공정[24]과 여타의 마스크 선도연구 및 개발 분야에서 보고된 바 있다. 반면에 IC 웨이퍼에서 사용된 틈새식각공정은 식각과 부동태 막 동시공정에 기반을 두고 있다. 일반적으로 사용되는 가스의 사례들 중 하나는 HBr/SF_4이다. 그림 10.16(b)-(d)에서는 이런 틈새식각공정을 통해서 성형된 스텐실 Si 구조를 보여주고 있다[8]. 또 다른 사례에서는 SF_6를 사용하는 고밀도 플라스마를 주 식각용 가스로 사용하며, CHF_3를 패턴의 측벽각도 조절을 위한 보조 가스로 사용하는 반응성 이온식각(RIE)을 사용해서 틈새를 성형한다[6]. 이런 공정을 사용해서 70nm 설계원칙 하에서 완전한 전자투사 리소그래피(EPL) 마스크를 제작하였다고 보고되었다[6-8]. 그림 10.5와 그림 10.16(c) 및 (d)에서는 애너하임 패턴 레이아웃을 갖춘 시험용 마스크 전체와 일부분을 보여주고 있다[8].

연속 다이아몬드형 탄소(DLC) 맴브레인 마스크 모재의 경우 600nm 두께 다이아몬드형 탄소(DLC) 산란용 적층, 15nm 두께 CrN$_x$ 식각 차단층, 그리고 30nm 두께 다이아몬드형 탄소(DLC) 지지 맴브레인 등은 가공할 필름 적층을 나타낸다. 다이아몬드형 탄소(DLC) 산란층은 산소 반응성 이온식각(RIE)으로 쉽게 식각할 수 있으며 CrN$_x$ 차단층에 대해 고도의 선택성을 갖고 있다[16]. 레지스트는 산소 반응성 이온식각(RIE)에 대해서 내성이 없으므로 레지스트 층과 다이아몬드형 탄소(DLC) 층 사이에 중간층의 삽입이 필요하다. 그림 10.17에 도시된 것처럼 애너하임 레이아웃의 비보상 70nm 원칙 시스템 온 칩(SoC) 장치 패턴을 사용해서 후막 스텐실 마스크에서처럼 30nm 두께의 연속 다이아몬드형 탄소(DLC) 맴브레인 마스크를 성공적으로 제조할 수 있다[16].

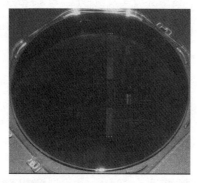

그림 10.17 비보상 70nm 원칙 원칙 시스템 온 칩(SoC) 장치패턴을 사용하는 200mm 연속체 다이아몬드형 탄소(DLC) 맴브레인 전자투사 리소그래피(EPL) 마스크의 사진. 두 개의 칩들이 마스트의 좌측과 우측에 위치한다. [I. Amemiya, H. Yamashita, S. Nakatsuka, M. Tsukahara, and O. Nagarekawa, J. Vac. Sci. Technol. B., 21, 3032-3036 (2003).]

10.6 세 척

포토마스크나 웨이퍼에서 사용한 방법과 유사한 세척방법을 전자투사 리소그래피(EPL) 마스크에 적용할 수 있다. 그런데 전자투사 리소그래피(EPL) 마스크의 세척 시에는 몇 가지 점들을 고려해야만 한다. (1) 스텐실 맴브레인은 특히 형상이 성형되고 나면 깨지기 쉽다. (2) 스텐실 패턴은 종횡비가 큰 형상이다. (3) 지주 구조는 액체나 기체의 원활한 흐름을 방해한다. 그러므로 물리적으로 조심해서 다뤄야만 한다. 액체 속에서 전자투사 리소그래피(EPL) 마스크를 빠르게 직각 방향으로 움직이거나 브러시를 사용해서 문지르는 것은 허용되지 않는다.

10.6.1 습식 세척

액체 속에서 초음파를 사용하는 것은 동력이 작은 경우에만 허용된다. 기존 세척용 화학용제인 황산/과산화수소 혼합물(SPM)과 수산화암모늄/물/과산화수소(SC1)에 대한 전자투사리소그래피(EPL) 마스크의 내구성이 보고되었다[26]. 과산화수소 혼합물(SPM)은 유기성 막을 제거하는 동안 실리콘 표면을 산화시키는 반면에 과산화수소(SC1)는 실리콘 표면을 동시에 식각 및 산화시킴으로써, 입자들을 깎아냄으로써, 오염물질을 효과적으로 제거해준다. 과산화수소(SC1) 수조에서 25W의 낮은 동력으로 초음파를 가한다. (최대 10회의) 다중 세척은 붕소가 주입된 Si와 붕소 및 게르마늄이 주입된 Si 맴브레인의 영상배치(IP)와 영상크기에 영향을 끼치지 않는다. 초음파 진동이 세척에 끼치는 영향 역시 그림 10.18에서와 같이 보고되었다[12]. 그림 10.18(a)와 (b)에서 300W 동력, 알칼리성 계면활성제 세척액, pH 12, 5분의 조건 하에서 초음파 세척을 통해서 Al_2O_3 입자가 제거되었다. 마스크를 탈이온수에서 이소프로필 알코올과 질소 증기 속으로 서서히 꺼내는 마란고니(Marangoni)❖ 건조가 마스크상의 종횡비가 높은 3차원 구조에 물의 표면장력이 끼치는 파괴적인 영향을 저감하는 데에 유용한 것으로 판명되었다[27].

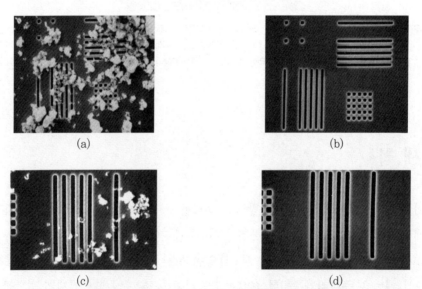

       (a)   (b)

       (c)   (d)

그림 10.18 초음파 및 에어로졸 세척방법의 영향. Al_2O_3로 오염된 샘플의 초음파세척 전(a)과 후(b), 그리고 에어로졸 세척 전(c)과 후(d)의 주사전자현미경(SEM) 사진. [N. Katakura, S. Takahashi, M. Okada, S. Shimizu, and S. Kawata, Proc. SPIE, 4562, 893–901 (2002).]

❖ 마란고니(Marngoni): 계면교란 – 역자 주

10.6.2 건식 세척

e-빔 마스크에는 펠리클과 같은 보호막이 없기 때문에 이동과 보관 중에 마스크에 입자가 부착되는 경향이 있다. 노광을 시행하기 전에 입자를 제거할 필요가 있다. 건식 에어로졸 세척 기법은 노광 전 세척기법의 후보들 중 하나이다.[12] 에어로졸은 진공 챔버 내에서 N_2 캐리어 가스와 함께 마스크 표면에 분사된다. 그림 10.18(c)와 (d)에서는 에어로졸 세척의 결과, 전자 투사 리소그래피(EPL) 마스크의 표면과 관통구멍 패턴 내부에 있는 $0.1\mu m$ Al_2O_3입자가 효과 적으로 제거된 것을 보여주고 있다. Selete 사도 N_2 에어로졸을 사용해서 유사한 결과를 보고 했다. 또 다른 방법은 플라스마 기계적 활성화와 오염입자 가진(PLASMAX) 공정을 사용하는 건식 세척기법[28]으로 하전된 플라스마에 의해서 유발된 맴브레인의 기계적 진동이 세척작용 을 한다.

10.7 계 측

전자투사 리소그래피(EPL) 마스크의 두 가지 품질보증 항목은 영상배치(IP)와 임계치수 (CD)이다. 기존의 이진 광학식 마스크와는 달리 스텐실 마스크의 임계치수 요구조건은 경사도 와 측벽 거칠기 등과 같은 식각된 임계치수의 공차에 의해서 영향을 받는다.

10.7.1 영상배치

마스크에서 영상배치 오차나 기록오차 등은 패턴 전체의 설계위치와 실제위치 사이의 차이 로 정의된다. 실제의 경우 그리드를 만들기 위해서 영상배치(IP) 마크라고 부르는 특수한 표식 을 삽입하며, 라이카 LMS IPRO와 같은 영상배치(IP) 계측용 장비를 사용해서 이 표식의 x 및 y 좌표 값을 측정한다. 만약 근접전자 리소그래피(PEL) 마스크에서처럼 패턴 전체가 하나 의 마스크 노광필드 내에 위치한다면 이 방법을 적용할 수 있다. 반면에 전자투사 리소그래피 (EPL) 마스크의 경우 패턴들은 약 8000개의 하위필드(SF)에 걸쳐서 위치되어 있다. 그러므로 영상배치는 각각의 하위필드에 대해서 정의된다. 예를 들면 하나의 하위필드에 대한 영상배치 오차를 측정해왔다[7]. 그런데 모든 하위필드 내의 영상배치오차를 측정하는 것은 현실적으로 불가능하다. 하위필드의 크기가 작다는(1.0mm×1.0mm) 점을 고려한다면, 특별히 준비된 검사용 마스크를 사용한 영상배치오차 측정값이 사양범위 내에 있다면, 영상배치는 사양범위 내에서 잘 관리되고 있다고 가정한다. 마스크가 전반적인 변형을 일으킬 수도 있기 때문에 변형 측정용 표식이 지주 상에 설치되어 이들 중 인접한 두 개를 이들 사이의 하위필드에 대한 정렬용 마스크로 사용한다. 이 표식들을 측정하여 기본 데이터로 사용한다. 노광장비는 이 좌표정보를 빔 위치의 조절에 사용한다.

(e-빔 묘화와 영상배치 측정을 포함하여)마스크 제조과정 전반에 걸쳐서 반복적이고 동일한 고정이 잘 적용되고 있으며, 전자투사 리소그래피(EPL) 노광장비는 영상배치의 왜곡을 최소화시키기 위해서 중요하다[29]. e-빔 묘화장비와 영상배치 계측장비를 위한 고정방식은 노광장비에서 사용되는 것과 유사하다.

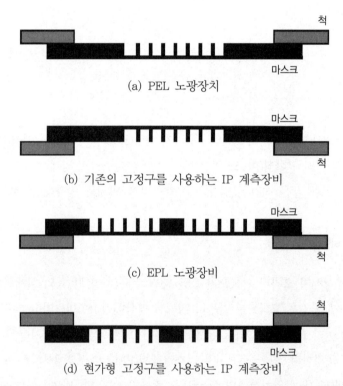

(a) PEL 노광장치

(b) 기존의 고정구를 사용하는 IP 계측장비

(c) EPL 노광장비

(d) 현가형 고정구를 사용하는 IP 계측장비

그림 10.19 근접전자 리소그래피(PEL) 및 전자투사 리소그래피(EPL) 노광장비와 영상배치(IP) 계측장비에서 마스크와 고정구 배치구조의 개략도: (a) 근접전자 리소그래피(PEL) 노광장비 (b) 기존의 고정구를 사용하는 영상배치(IP) 계측장비 (c) 전자투사 리소그래피(EPL) 노광장비 (d) 현가형 고정구를 사용하는 영상배치(IP) 계측장비 [Modified from H. Yamamoto, T. Aoyama, N. Hirayanagi, and K. Suzuki, Proc. SPIE, 5037, 991-998 (2003).]

근접전자 리소그래피(PEL) 마스크에 비해서 전자투사 리소그래피(EPL) 마스크의 영상배치 측정에는 한 가지 문제가 있다. 그림 10.19에서는 근접전자 리소그래피(PEL) 및 전자투사 리소그래피(EPL) 노광장비와 영상배치(IP) 계측장비에서 사용되는 마스크와 척의 구조를 보여주고 있다. 현재 사용되는 영상배치(IP) 계측장비의 가장 큰 제약은 시편의 상부만을 측정할 수 있다는 것이다. 근접전자 리소그래피(PEL)의 경우 비록 노광장비에서 마스크는 뒤집혀 장착되지만, 노광장비[그림 10.19(a)]와 기존의 척을 사용하는 영상배치(IP) 계측장비[그림 10.19(b)] 모두에서 마스크는 배면이 고정된다. 그러므로 적절한 중력보정이 수행되어야만 한다[30]. 그런데 전자투사 리소그래피(EPL)의 경우 마스크는 노광장비에서 맴브레인 측이 뒤집혀서 고정된다[그림 10.19(c)]. 만약 기존의 척을 사용하는 영상배치(IP) 측정장비를 사용한다면, 마스크는 배면이 위로 향하도록 고정해야 한다. 노광장비에서 영상배치 측정과 마스크 영상 왜곡 사이의 차이는 고정방법의 변화를 통해서 마스크를 굽혀서 표면 상태를 변화시키는 방식으로 교정할 수 있다. 그런데 그림 10.19(d)에서와 같이 맴브레인 표면을 위로하여 마스크를 고정하는 현가형 척은 중력보정 이후에 보정효과를 높이는 데 효과적이다[31].

10.7.2 임계치수

일반적으로 반사모드로 작동되는 임계치수의 측정을 위해서 설계된 주사전자현미경(간단히 CD-SEM)이 목표 임계치수가 1000nm 이하인 포토마스크의 임계치수 측정을 위해서 일반적으로 사용된다. 65nm 노드의 e-빔 마스크에는 광학식 방법을 사용할 수 없으므로, 전자투사 리소그래피(EPL) 마스크[7]와 근접전자 리소그래피(PEL) 마스크[27]의 임계치수 측정에도 이 방법이 사용된다. 그런데 e-빔 스텐실 마스크 개구부의 임계치수 측정에 투과전자에 의해서 촬영된 영상을 사용하는 것이 바람직하다. 최근 투과모드뿐만 아니라 반사모드로도 사용할 수 있는 이중모드 임계치수-주사전자현미경(CD-SEM)이 개발 및 평가되었다[32]. 일반적인 주사전자현미경(SEM) 유닛에 덧붙여서 전자투영 스테이지의 뒷면에 개구부와 감지기 스테이지를 갖추고 있다. 이들의 성능이 규명되어 있다. 편향전압 없는 5.5 kV의 가속전압과 10pA의 전류 값을 전형적인 측정조건으로 사용한다. 이 가속전압 하에서는 어떠한 소재의 박막($0.4\mu m$) 근접전자 리소그래피(PEL) 마스크 흡수재라도 완벽한 흡수재로 작용한다. 투과모드에서 단기간 반복도와 장기간 반복도는 각각 1.4 및 1.2nm(3σ)이다. 그러므로 투과모드에서의 임계치수 측정이 스텐실 마스크에 적합하다고 결론지을 수 있다. 이와 같은 이중모드 임계치수-주사전자현미경(CD-SEM)을 전자투사 리소그래피(EPL) 마스크에 성공적으로 적용하였다[8].

10.8 검사와 수리

10.8.1 결함의 프린트 성질

적절한 노광조건 하에서 다양한 마스크 결함의 프린트 가능성을 알아내는 것은 검사와 수리 기준을 결정하기 매우 중요하다. 마스크 상에 다양한 유형과 크기의 결함이 존재하는 니콘의 실험용 전자투사 리소그래피(EPL) 칼럼을 사용해서 노광시험이 수행되었다[33]. 마스크상의 일반적인 400nm 선들과 함께 프로그램 된 결함에 대한 음화 레지스트의 영상이 비교되어 있다. 그림 10.20에서는 결함의 프린트 특성 측정 결과, 즉 산란된 선과 과다크기 구멍의 테두리 침입에 대한 두 가지 사례를 보여주고 있다. 이 책에서 사용하는 용어는 참고문헌[33]에서 사용되는 것과 다르다는 점에 유의하여야 한다. 테두리 침입은 마스크 상에서 100~250nm 내외의 범위에서 동일한 폭과 높이를 나타낸다[그림 10.20(a)]. 그림 10.20(b)의 두 개의 실선 은 예상 곡선(점선)에 대한 프린트 특성의 결과를 보여주고 있다. 만약 100nm의 주 레지스트 영상크기에 대해서 10%의 변동이 허용된다면, 프린트된 형상크기에 대해서 10nm가 허용된 다. 그림 10.20(b)에 따르면 최대 허용 결함크기는 100~110nm이다. 과다크기 구멍[그림 10.20(c) 및 (d)]의 경우 프린트된 형상은 점선위치까지 근접하게 된다. 이는 노광의 엄밀성은 과다크기 구멍에 대해서 뛰어나다는 것을 의미한다. 그러므로 마스크 상에서 허용 가능한 과다 크기는 40%로, 이 경우에는 40nm가 된다. 표 10.4에서는 70nm 노드의 선과 구멍에 대한 허용 결함크기를 제시하며, 결함의 프린트 결과를 요약해 보여주고 있다.

저에너지 전자빔 투사 리소그래피(LEEPL) β-장비를 사용한 근접전자 리소그래피(PEL) 마스크에 대한 앞서와 유사한 평가에 따르면, 100nm 간격을 갖고 있는 테두리와 150nm 직경 의 접촉구멍의 침투에 대해서 임계 결함크기는 각각 14.5 및 22.8nm 임이 밝혀졌다[27, 34].

10.8.2 결함검사

10.8.2.1 영상전송에 의한 결함감지

포토마스크의 경우 패턴의 결함을 감지하기 위해서 빛에 의해서 전송된 영상을 사용한다. e-빔 스텐실 마스크의 경우에도 역시 결함을 감지하기 위해서는 결함에 의해서 전송된 영상을 얻는 것이 필수적이다.

10.8.2.2 결함의 광학적 감지

검사 시스템으로 광학식 현미경을 사용하는 개념이 고찰되었다[35]. 극자외선(248nm) 광원을 사용해서 얻어진 400nm 선과 간극의 선명한 전송영상은 개구부 내측의 입자에 의한 오염을 보여주었다. 그런데 257, 193 및 157nm 광원을 사용한 시뮬레이션 결과에 따르면, 80nm 접촉구멍의 결함의 전송검사에 충분치 못하다는 결과가 나왔다[36]. 그러므로 광학 현미경을 기반으로 하는 검사 시스템의 타당성을 얻기 위해서는 더 많은 개발이 필요하다.

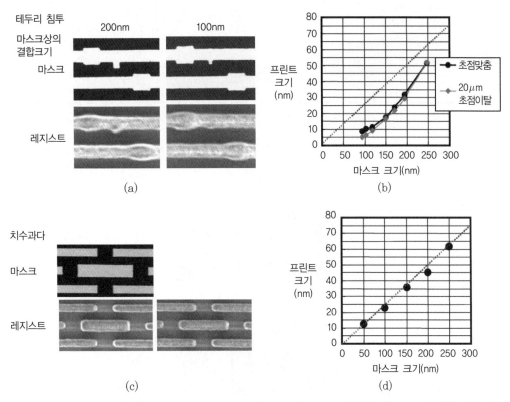

그림 10.20 프린트 성능 검사결과: (a) 선상에 테두리 침투에 대한 마스크 영상(어두운 부분: 산란층)과 레지스트 영상(밝은 부분), (b) 테두리 침투의 프린트 크기와 마스크 크기 사이의 상관관계, (c) 과다크기의 구멍에 대한 마스크와 레지스트 영상, 그리고 (d) 과다크기의 구멍에 대한 프린트 크기와 마스크 크기 사이의 상관관계. [Modified from Y. Tomo, Y. Kojima, S. Shimizu, M. Watanabe, H. Jakenaka, H. Yamashita, T. Iwasaki, K. Jakahashi, and M. Yamabe, Proc. SPIE, 4688, 786–797 (2002).]

표 10.4 결함의 프린트성질에 대한 요약

결함의 유형	허용 결함크기[a](nm)	
	선	구멍
핀형 점	–	–
핀형 구멍	140	100
테두리 확장	110	40
테두리 침투	70	120
모서리 확장	100	20
모서리 침투	100	80
	28	12
과다크기	28	12
신장(elongation)	28	28
잘림(truncation)	28	28
위치오차(부분)	28	–
위치오차(전체)	28	28
테두리 확장(대각선)	120	–
테두리 침투(대각선)	110	–

* [a] 결함크기: 검사 시스템이 감지해야만 하는 최소 크기: ±10%의 임계치수 변화 원칙에 의해서 결정(70nm 노드의 경우 7nm)
* 출처: J. Yamamoto, Y. Tomo, S. Shimizu, T. Iwasaki, and M. Yamabe, Proc. SPIE, 5037, 972–982 (2003), 일부 수정

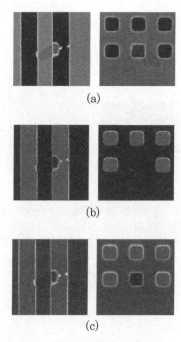

그림 10.21 이중모드 주사전자현미경(SEM)상에 전사된 (a) 2차 전자영상, (b) 전송전자영상, (c) 복합영상 (Courtesy of HOLON Co. Ltd., Tokyo, Japan)

10.8.2.3 결함의 전자빔 감지

이중모드 주사전자현미경(SEM)을 사용해서 전송된 전자를 사용한 결함의 감지가 수행되었다[37]. 그림 10.21에서는 이중모드 주사전자현미경(SEM) 상에 전사된 (a) (반사모드에서)2차전자 (b) (전송모드에서) 전송전자, 그리고 (c) 선과 간극, 그리고 접촉구멍에 대한 두 가지 영상의 복합영상 등을 보여주고 있다. 그림 10.21 (a)에서 선상의 오염은 너무도 얇아서 그 아래에 위치한 선의 테두리가 선명하게 보인다. e-빔 영상은 검사목적에는 충분한 분해능을 갖고 있다.

표 10.5 마스크 검사 시스템의 목표 사양(Courtesy of Selete Inc., Tsukuba, Japan)

마스크	4× 스텐실, 1×스텐실 및 여타 스텐실들	
스캐닝	스테이지 스캐닝과 e-빔 스캐닝	
정렬	광학식 및 e-빔	
마스크 장착	팰릿	
검사모드	다이와 데이터베이스	
화소크기	50nm	30nm
가속전압	5kV	5kV
EO 확대	240×	400×
마스크상의 선길이	166μm	100μm
생산성	4.6시간(80cm^2)	2.5시간(21cm^2)

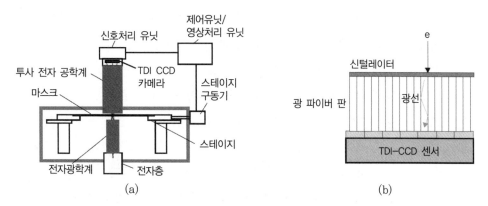

(a)　　　　　　　　　　　　　　(b)

그림 10.22 e-빔 결함검사 시스템의 개념: (a) 시스템의 개략도 (b) 시간지연 통합(TDI)-CCD 카메라의 구조 (Courtesy of Selete Inc., Tsukuba, Japan)

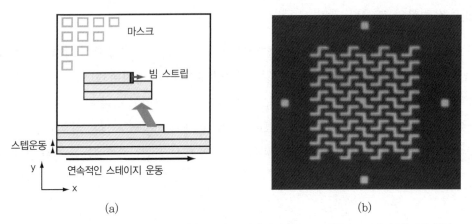

(a)　　　　　　　　　　　　　　　　(b)

그림 10.23 e-빔 결함검사 시스템의 성능: (a) e-빔 주사방법, (b) 30nm 화소 모드에서 감지된 영상. 160nm 폭의 형상 중앙에 하나의 결함이 존재한다. (Courtesy of Selete Inc., Tsukuba, Japan)

10.8.2.4 전자빔 검사

받아들일 수 있는 생산성과 지정된 결함의 100% 감지능력이 필요하기 때문에 결함감지 능력은 검사 시스템의 필요조건이지 충분조건은 아니다. 이중모드 주사전자현미경(SEM)을 기반으로 하는 시스템은 현실적인 지속시간 내에 마스크 영역 전체를 수용하기에는 영상 획득률이 너무 낮기 때문에 받아들일 수 있는 생산성을 내지 못한다. 65nm 이하의 설계원칙을 사용하는 e-빔 마스크 상의 결함을 감지하기 위해서 전송전자 영상과 광학적 신호획득의 조합을 기반으로 하는, e-빔 스캐너라고 부르는 새로운 검사 시스템이 개발되고 있다[38]. 표 10.5에서는 이 시스템의 목표 사양을 보여주고 있으며, 그림 10.22에서는 전자영상 카메라 시스템의 개념과 구조를 보여주고 있다. 5kV의 가속전압을 갖는 e-빔이 전자광학계를 통해서 e-빔 마스크에 집속된다. 마스크를 통과한 후에, 투사 전자광학계(EO)를 통해서 다중선 시간지연 통합(TDI)-CCD 카메라 상에 확대 및 집속된다. 실제로 전송된 전자의 강도 프로파일은 그림 10.22(b)에서와 같이 신틸레이터판, 광파이버 판, 그리고 시간지연 통합(TDI)-CCD 센서로 이루어진 시간지연 통합(TDI)-CCD 카메라에 의해서 광학신호로 변환된다. CCD 센서의 화소 크기는 $12\mu m$이므로, 50 및 30nm의 분해능을 확보하기 위해서는 각각 240 및 400배의 전자광학(EO) 확대가 필요하다. 그림 10.23(a)에서는 스테이지의 연속 및 단속운동에 따른 e-빔 스트립의 주사운동을 보여주고 있다. 100kHz에서 전하 전송비율이 주사속도와 그에 따른 생산성을 결정한다. 시스템은 배율만 바꾸면 스텐실 전자투사 리소그래피(EPL) 마스크와 근접 전자 리소그래피(PEL) 마스크 모두를 검사할 수 있다. 그림 10.23(b)에서는 시스템이 감지한 영상을 보여주고 있는데, 형상 중앙에 위치한 미리 준비된 결함이 명확하게 보인다. 화소 크기는 30nm이며 형상은 160nm 폭을 갖고 있다. 연속체 맴브레인은 거의 모든 입사 전자를 차단하므로 이 시스템을 연속체 맴브레인 마스크의 검사에는 사용할 수 없다. 그러므로 연속체 맴브레인 마스크를 위해서 새로운 검사 시스템을 개발해야만 한다.

10.8.3 입자검사

또 다른 유형의 검사 시스템은 입자 감지기로, 입자에 의해서 산란되는 빛을 감지하여 모재나 마스크 상에 존재하는 (보통 입자라고 부르는) 외래물질을 검출하는 장비이다. 하지만 맴브레인 뒷면이나 지주 벽에 부착된 입자들을 검출하는 방안은 아직 해결되지 않았다.

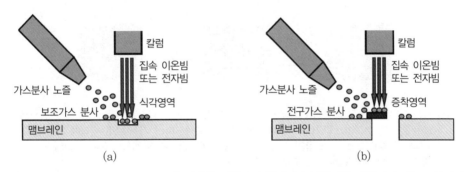

그림 10.24 집속 이온빔(FIB) 또는 e-빔을 사용한 결함수리 원리: (a) 불투명한 결함의 수리(FIB 식각의 경우 보조가스를 사용하거나 사용하지 않음) (b) 증착을 사용한 투명한 결함의 수리

10.8.4 수 리

검사 시스템이나 입자 검출기에 의해서 불균일한 형상이 검출되고, 수리해야만 하는 결함으로 분류되면, 세 가지 유형의 수리방법이 사용된다. 만약 결함이 마스크 표면상에 남아 있는 입자나 잔류물질이라면 세척이 최선의 방안이 된다. 만약 결함이 과도한 크기의 형상(즉, 불투명한 결함)이라면 이를 제거해야만 한다. 만약 결함이 채워 넣어야만 하는 공동(즉, 투명한 결함)이라면 이를 메워야만 한다. 포토마스크 상의 불투명 하거나 투명한 결함을 수리하기 위해서 집속 이온빔(FIB)이 사용되어 왔다. 이 기법은 e-빔 스텐실 마스크 상의 결함을 수리하는 데에도 유용한 것으로 판명되었다[39-41]. 집속 e-빔을 기반으로 하는 방법이 포토마스크와 근접전자 리소그래피(PEL) 마스크의 수리를 위해서 최근에 개발되었다[41, 42]. 그런데 e-빔 스텐실 마스크는 3차원 구조를 갖고 있기 때문에 포토마스크에 비해서 결함 수리에 기술

적인 어려움이 발생된다. 그림 10.24에서는 e-빔 스텐실 마스크 상에 존재하는 불투명하거나 투명한 결함에 대한 집속 이온빔(FIB)이나 e-빔을 사용한 수리의 원리를 보여주고 있다.

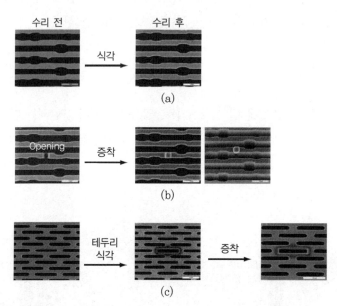

그림 10.25 집속 이온빔(FIB)을 사용한 전자투사 리소그래피(EPL) 마스크의 결함수리: (a) 식각을 사용한 불투명한 결함의 수리 (b) 증착을 사용한 투명한 결함의 수리 (c) 가스 보조 식각에 이은 증착을 통한 불투명한 결함(과소한 크기)의 수리. 마스크 상에서 패턴 간의 간극은 800nm이다. (Courtesy of SII Nano Technology Inc., Chiba, Japan)

10.8.4.1 집속 이온빔(FIB) 수리

집속 이온빔(FIB) 수리의 타당성을 연구하기 위해서 실험용 집속 이온빔(FIB) 시스템이 구축되었다[43]. 5nm의 영상 분해능을 갖는 30keV Ga^+ 이온을 사용하는 세밀한 가우시안 성형 빔이 사용되었다. 집속 이온빔(FIB) 자체는 Si 스퍼터링처럼 맴브레인 소재의 식각 능력이 있기 때문에 그림 10.25(a)의 불투명한 결함의 경우 집속 이온빔(FIB) 만이 사용되었다. 그런데 식각 영역에 보조용 가스 분자들이 공급되면, 이들이 식각을 가속화시켜준다. 이들은 또한 거의 수직인 형상, 즉 89° 이상의 측벽각도를 형성하도록 도와준다(이를 사용치 않으면 87°이었다). 투명한 결함의 경우 결함을 메우기 위해서 다이아몬드형 탄소를 증착하는데 여기는, 특수한 탄화수소 전구 가스 분자들이 증착 영역에 공급되며 휘발성 탄화수소 분자에 조사된 이온 빔에 의해서 분해되어 탄소분자가 증착된다. 그림 10.25에서는 전자투사 리소그래피(EPL) 마스크 패턴(밝은 부분)의 수리 전과 후의 주사 이온 현미경(SIM) 사진을 보여주고 있다. (a)에는 돌출부위가 식각에 의해서 제거되었으며 (b)에서는 증착에 의해서 개구부가 메워졌고 (c)에서는 증착이 식각보다 테두리를 더 명확히 만들어주기 때문에 과소한 크기의 슬롯을 일차로 식각을 사용해서 확장시킨 후, 증착을 통해서 성형하였다. 그런데 (b)에서 증착은 예정된 간극 위로 브리지를 만들어주며, 증착으로는 간극면을 생장시키기가 어렵기 때문에 맴브레인만큼 두껍지 않다. 더 두꺼운 브리지를 만들기 위해서 혁신적인 기법이 사용되었다[39]. 그림 10.26에서는 미리 식각된 슬롯 패턴 상에 증착된, 좁지만 높은 브리지가 $1.0\mu m$ 폭의 간극을 가로지르고 있는, 주사 이온 현미경(SIM) 영상을 보여주고 있다. 우선 집속 이온빔(FIB) 식각을 사용해서 두 슬롯을 성형한다. 다음으로 집속 이온빔(FIB) 증착을 통해서 식각된 슬롯의 바닥에서부터 브리지를 성형한다. 집속 이온빔(FIB) 수리방법은 또한 70nm 노드 근접전자 리소그래피(PEL) 마스크의 불투명 및 투명한 결함 수리에도 성공적으로 적용된다.

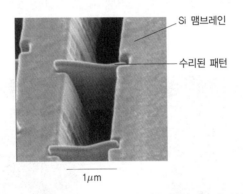

그림 10.26 미리 식각된 슬롯 패턴상의 증착에 대한 주사 이온 현미경(SIM) 영상. [S. Shimizu, S. Kawata, and T. Kaito, Proc. SPIE, 3997, 560-567 (2000).]

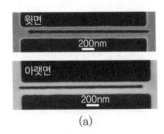 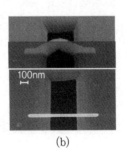

(a)   (b)

그림 10.27 수리능력을 보여주기 위해서 e-빔으로 시행된 식각 및 증착: (a) LEEPL Corp., Mitaka, Japan과 NTT Advanced Technology Corp., Atsugi, Japan 등에서 공급받은 300nm 두께 SiC 스텐실 근접전자 리소그래피(PEL) 마스크를 사용한 40nm 폭, $2\mu m$ 길이의 슬릿 식각 (b) Si 맴브레인 간극을 가로지르는 폭 50nm의 Pt/C 브리지 증착

10.8.4.2 e-빔 수리

GEMINI 칼럼을 장착한 고분해능 주사전자현미경과 가변압력 시스템을 기반으로 실험용 e-빔 마스크 수리 시스템이 제작되었다[42]. 이 장치는 Schottky TFE 총을 갖추고 있다. 공정에 적당한 가속전압은 15~50pA의 전류 하에서 약 1.0kV이다. 최소 스폿크기는 3nm 이하이다. Pt/C 증착을 위한 전구물질로 백금을 함유한 유기금속이 선정되었다. 그림 10.27에서는 e-빔 수리의 두 가지 사례를 보여주고 있다. (a)에서는 300nm 두께의 탄화규소 근접전자 리소그래피(PEL) 스텐실 마스크 내의 200nm 폭을 갖는 막대를 관통하여 40nm 폭, $2\mu m$ 길이의 슬릿이 식각되어 있다. (b)에서는 Si 맴브레인 간극을 가로질러 Pt/C 브리지가 증착되어 있다. 45nm 두께의 Pt/C 증착에서 전자투사 리소그래피(EPL)의 100kV 전자는 충분한 산란대비와 근접전자 리소그래피(PEL)의 2kV 전자에 대해서 100%의 감쇄를 나타냈다. 저압 공정이 전하보상에 효과적인 것으로 밝혀졌다. 그런데 e-빔 수리의 가능성은 아직 완전히 밝혀지지 않았다.

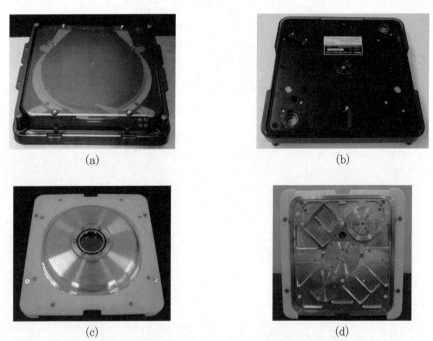

(a)　　　　　　　　　　　(b)

(c)　　　　　　　　　　　(d)

그림 10.28 표준 기계식 인터페이스(SMIF) 통의 사진들: (a) 니콘사의 e-빔 스테퍼에 사용되는 대기압 표준 기계식 인터페이스(SMIF) 통의 윗면 (b) 아랫면 (c) 저에너지 전자빔 투사 리소그래피(LEEPL) 노광장비에 사용되는 진공 표준 기계식 인터페이스(SMIF) 청정 진공 시스템(CAVS) 통의 윗면과 (d) 아랫면 [(a) and (b): K. Suzuki, Proc. SPIE, 4754, 775–789 (2002), (c) and (d): courtesy of LEEPL Corp., Mitaka, Japan]

10.9 청정용기

e-빔 마스크의 경우 마스크 표면을 입자들로부터 보호해주는 펠리클이 없다. 그러므로 e-빔 마스크의 표면을 운반이나 보관 중에 입자들에 의한 오염으로부터 어떻게 보호하는가가 중요한 문제이다. 해결방안들 중 하나는 e-빔 마스크 각각을 청정용기 속에 보관하며, 노광장비의 전송 또는 로드독 챔버와 같은 청정영역 내에서 용기를 개방하는 것이다. 이미 웨이퍼와 포토마스크의 취급에 표준 기계식 인터페이스(SMIF) 통이라고 부르는 용기를 사용해왔다. 그러므로 e-빔 마스크에 표준 기계식 인터페이스(SMIF) 통을 사용하는 것은 당연하다. 니콘 사는 마스크 면을 아래로 향한 채로 전자투사 리소그래피(EPL) 마스크를 보관하기 위해서 200mm 표준 기계식 인터페이스(SMIF) 통을 약간 변형시킨 e-빔 스테퍼용 마스크 용기를 제안하였다[44]. 그림 10.28(a)와 (b)에서는 전자투사 리소그래피(EPL) 마스크 모재를 수납하는 대기압 표준 기계식 인터페이스(SMIF) 통의 전면과 후면사진을 보여주고 있다. 마스크는 대기압 하에서 보관된다.

반면에 근접전자 리소그래피(PEL)에서는 원래 자기헤드 제작용으로 TDK Corp.에서 개발되었던, 청정 진공 시스템(CAVS) 통이라고 이름 붙은 진공 표준 기계식 인터페이스(SMIF) 통을 사용하는 방안을 채용했다[45]. 청정 진공 시스템(CAVS) 통의 내부는 저압(100-1000Pa)으로 유지된다. 통 내부의 진공을 파괴하지 않고 통을 개방할 수 있는 특수한 개방장치를 사용해야만 한다. 그림 10.28(c)와 (d)에서는 이 통의 전면과 후면 사진을 보여주고 있다.

10.10 데이터 준비

전자투사 리소그래피(EPL) 마스크와 근접전자 리소그래피(PEL) 마스크는 특수한 데이터 준비가 필요하다.

10.10.1 전자투사 리소그래피(EPL) 마스크용 데이터의 준비

세 개의 전자 설계 자동화 공급업체들에 의해서 몇 가지 데이터 변환 시스템이 개발되었다 [46-48]. 그림 10.29에서는 스텐실 e-빔 마스크용 데이터 변환 시스템의 공정 흐름을 보여주고 있다. (1) 하위필드로 분할 (2) 보상마스크로 분할 (3) e-빔 근접보정(EBPC 또는 PEC)

(4) 패턴 접합을 위한 조절 (5) e-빔 노광장비를 위한 매개변수 생성 (6) 정렬 마스크를 사용한 마스크 영상의 생성 (7) 필요한 데이터 파일의 출력. 변환 시스템에서는 계층적 GDS2 포맷 파일을 입력 데이터로 사용한다. 일차로 파일 구조를 평활화시킨 다음 모든 패턴을 하위필드로 분할하는데, 하위필드는 $1000\times1000\mu m$의 기본영역을 갖고 있으며, 전형적으로 $10\mu m$ 폭을 갖는 흐릿한 경계영역이라고 부르는 버퍼 층에 둘러싸여 있다. 하위필드들은 레이아웃 라이브 러리 파일 내에서 독립적인 셀들로 취급된다. 다음으로 패턴들은 두 개의 보상 마스크들로 분할(보상적 분할 또는 분리)된다. 스텐실 마스크는 도넛 형상의 패턴(개구부)을 만들 수 없으 므로 이런 패턴은 분할해야만 한다. 긴 선, 간극 및 넓은 개구부와 같은 특정한 패턴들도 구조 적으로 매우 취약하여, 제조공정에서 파열되는 경향이 있다. 그러므로 미리 정의된 원칙에 입각하여 이들을 분할해야만 한다. 그리고 접합을 위한 근접효과 보정(PEC)이나 패턴 수정을 수행해야만 하는데, 100keV 전자에 대해서 후방산란된 전자의 유효반경은 약 $50\mu m$이므로 근접효과 보정(PEC)은 레지스트 노광 시 후방산란된 전자들에 의한 영향을 보정하는 데에 사용된다. 마스크 편향법이 일반적으로 사용된다[49]. 패턴이 조밀한 경우 후방산란된 전자에 의한 조사량이 높다. 그러므로 조밀한 패턴의 간극 폭은 더 작게, 즉 음의 편향이 되도록 보정 해야만 한다. 접합 경계면에서 형상 조절은 레지스트 영상의 불일치를 저감시키는 데에 유용하 다. 이를 위해서 다양한 방법들이 제안되었다[25, 47, 48, 50]. 공간전하 효과를 고려하여 노광장비에 대해서 각 하위필드들의 동적인 보정계수들을 계산[51]하여 데이터 파일을 생성한 다. 마스크 영상의 생성과 정렬용 표식 등이 수반된다. 마지막으로 처리된 데이터 파일을 GDS2 포맷이나 e-빔 포맷으로 출력한다[47]. 검사장비용 데이터 파일 역시 사용할 수 있다.

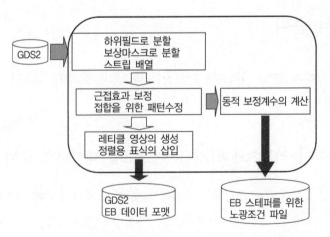

그림 10.29 전자투사 리소그래피(EPL) 마스크용 데이터 변환 흐름도

10.10.2 보상분할

보상분할에는 몇 가지 방법이 있다. 첫 번째 방법은 패턴이 구조적으로 안정해야만 한다는 것이다. 굽힘 모멘트 원리는 구조적 안정성을 판별하는 유용한 원칙이다[52]. 두 번째 두 개의 마스크들이 거의 동일한 패턴 밀도와 전반적인 균일성을 가져야만 한다[29]. 세 번째 두 마스크 패턴들 사이를 연결하는 점들의 숫자를 최소화시켜야만 한다. 그런데 이 원칙은 그리 강력하지 않다. 네 번째, 예를 들면 게이트 선과 같이 패턴 형상이 민감한 부분의 접합은 피해야만 한다. 보상분할에 대해서 사례를 들어 살펴보기로 하자. 만약 네 개의 O 형상 열로 패턴이 구성되어 있다면, 다양한 패턴의 보상분할 방법이 있을 것이며 그들 중 네 가지가 그림 10.30에 도시되어 있다. 4번에 도시된 외팔보 형태의 형상들이 굽힘 모멘트 원칙을 만족할 정도로 충분히 짧다면, 모든 분할방법들이 첫 번째 원칙을 만족시킨다. 두 번째 요건은 2번~4번이 만족시키고 있는 반면에 1번은 가장 단순하지만, 요건을 충족시키지 못한다. 만약 세 번째 원칙을 적용한다면 2번보다는 3번과 4번이 유리하다. 이 경우에는 네 번째 원칙을 적용치 않았다. 비록 세 개의 공급업체들이 제공하는 각각의 소프트웨어 시스템들이 이 노광방법에 대해서 잘 작동한다고 하더라도, 하위필드 분할과 보상분할 방법을 최적화시키기 위해서는 노광장비와 마스크에 대해서 더 많은 실험이 필요하다[41]. 그림 10.31에서는 게이트 층에 대한 보상 마스크의 주사전자현미경(SEM) 사진을 보여주고 있다[53]. 변환시간과 출력 파일 크기의 저감을 위한 노력이 수행되고 있다. PC 클러스터를 사용한 병렬처리 기법은 변환시간의 절감을 위해서 이미 사용되고 있는 방법이다[46-48]. 하위필드 분할 이후에 계층적 데이터 구조의 재구성도 또 하나의 유용한 방법이다[46, 53]. 그림 10.32에서는 니콘사의 e-빔 스테퍼인 NSR-EB1을 사용한 보상분할과 노광의 결과를 보여주고 있다[48]. 원래의 패턴은 두 개[그림 10.32(b)의 어두운 부분과 밝은 부분]로 분할되었다. 그리고 니콘 e-빔 스테퍼를 사용해서 웨이퍼 상에 이 패턴들을 사용한 보상 마스크를 노광시켰다. 그림 10.32(b)의 레지스트 영상에 대한 주사전자현미경(SEM) 사진은 성공적인 노광 결과를 보여주고 있다.

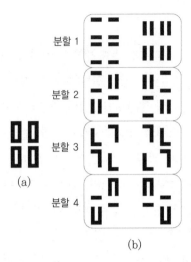

그림 10.30 보상 패턴의 분할 사례: (a) 원래의 패턴을 (b) 서로 다른 방법들로 보상 패턴으로 분할

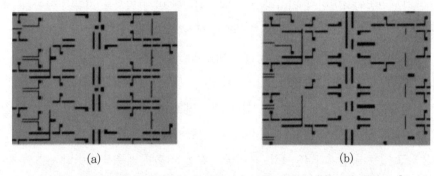

그림 10.31 보상 패턴 쌍의 주사전자현미경(SEM) 영상: (a) 보상 패턴 A, (b) 보상 패턴 B. [H. Yamashita, K. Takahashi, I. Amemiya, K. Takeuchi, H. Masaoka, H. Takenaka, and M. Yamabe, J. Vac. Sci. Technol. B., 20, 3015–3020 (2002).]

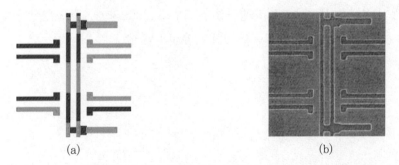

그림 10.32 보상분할과 노광 결과: (a) 패턴을 A(흑색 부분)와 B(회색 부분) 마스크로 분할 (b) 노광마스크 A 및 B로 획득한 레지스트 영상 [H. Yamashita, I. Amemiya, K. Takeuchi, H. Masaoka, K. Takahashi, A. Ikeda, Y. Kurioki, and M. Yamabe, J. Vac. Sci. Technol. B., 21, 2645–2649 (2003).]

10.10.3 근접전자 리소그래피(PEL) 마스크용 데이터의 준비

지주에 지지되는 보상 스텐실 마스크(COSMOS) 1형의 경우 근접전자 리소그래피(PEL) 마스크는 하나 또는 다수의 노광 필드를 가지고 있다. 지주에 지지되는 보상 스텐실 마스크(COSMOS) 1형을 사용하는 경우 원래의 패턴은 공정 필드의 어레이로 분할된다. 그리고 각 필드 내의 패턴들은 앞 절에서 언급되었던 원칙들에 입각하여 그림 10.14에서와 같이 마스크상의 2-4개의 하위필드들로 분할된다. 특정한 데이터 변환 시스템들만이 이를 제대로 취급할 수 있다[54, 55]. 스텐실 맴브레인의 내부응력에 의해서 유발된 영상배치(IP) 오차의 보정을 위해서 이 시스템은 패턴 밀도를 기반으로 영상배치오차를 미리 보정해준다. 이 보정 역시 전자투사 리소그래피(EPL) 마스크에 적용할 수 있다.

10.11 요 약

e-빔 투사 리소그래피와 근접 전자 리소그래피는 수년 내로 반도체 장비의 생산에 적용될 것으로 기대되고 있다. 이를 위한 마스크들이 개발 중에 있으며, 이 책의 내용 역시 마스크 제작기술의 진보에 따라서 수정되어야만 한다.

☐ 참고문헌 ☐

1. H. Satoh, Y. Nakayama, N. Saitou, and T. Kagami, Silicon shaping mask for electron-beam cell projection lithography, *Proc. SPIE,* 2254, 122-132 (1994).

2. Y. Shoda, H. Ohta, F. Murai, J. Yamamoto, H. Kawano, H. Satoh, and H. Itoh, Recent progress in cell-projection electron-beam lithography, *Microelectronic Eng.,* 67/68, 78-86 (2003).

3. A. Yamada and T. Yabe, Correction deviations in the shape of projected images in electron beam block exposure column, *J. Vac. Sci. Technol. B.,* 21, 2680-2685 (2003).

4. T. Nakasugi, A. Ando, R. Inanami, N. Sasaki, T. Ota, O. Nagano, Y. Yamazaki, K. Sugihara, I. Mori, M. Miyoshi, K. Okumura, and A. Miura, Maskless lithography: a low-energy electronbeam direct writing system with a common CP-aperture and the recent progress, *Proc. SPIE,* 5037, 1051-1058 (2003).

5. S. Kawata, N. Katakura, S. Takahashi, and K. Uchikawa, Stencil reticle development for electron beam projection system, *J. Vac. Sci. Technol. B.,* 17, 2864-2867 (1999).

6. I. Amemiya, H. Yamashita, S. Nakatsuka, I. Kimura, M. Tsukahara, S. Yasumatsu, and O. Nagarekawa, Fabrication of complete 8 in. stencil mask for electron projection lithography, *J. Vac. Sci. Technol. B.,* 20, 3010-3014 (2002).

7. H. Sugimura, H. Eguchi, T. Yoshii, and A. Tamura, 200-mm EPL stencil mask fabrication by using SOI substrate, *Proc. SPIE,* 5130, 925-933 (2003).

8. H. Fujita, T. Takigawa, M. Ishikawa, Y. Aritsuka, S. Yusa, M. Hoga, and H. Sano, 200-mm EPL stencil mask fabrication and metrology, *Proc. SPIE,* 5256, 826-833 (2003).

9. Semiconductor Industry Association, International Technology Roadmap for Semiconductors: 2002 Update, Austin TX, International Sematech, 2002, http: //public.itrs.net.

10. P. Reu, C.-F. Chen, R. Engelstad, E. Lovell, T. Bayer, J. Greshner, S. Kalt, H. Weiss, O. Wood II, and R. Mackay, Electron projection lithography mask format layer stress measurement and simulation of pattern transfer distortion, *J. Vac. Sci. Technol. B.,* 20, 3053-3057 (2002).

11. F.-M. Kamm, A. Ehrmann, H. Schafer, W. Pamler, R. Kasmaire, J. Butschke, R. Springender, E. Haugeneder, and H. Loschner, Influence of silicon on insulator wafer stress properties on placement accuracy of stencil masks, *Jpn. J. Appl. Phys. Part 1,* 41, 4146-4149 (2002).

12. N. Katakura, S. Takahashi, M. Okada, S. Shimizu, and S. Kawata, EPL reticle technology, *Proc. SPIE,* 4562, 893-901 (2002).

13. H. Eguchi, T. Kurosu, T. Yoshii, H. Sugimura, K. Itoh, and A. Tamura, Low-stress stencil masks using a doping method, *Proc. SPIE,* 5256, 871-879 (2003).

14. I. Amemiya, H. Yamashita, S. Nakatsuka, T. Sakurai, I. Kimura, M. Tsukahara, and O. Nagarekawa, Stencil mask technology for electron-beam projection lithography, *Jpn. J. Appl. Phys.* Part 1, 42, 3811-3815 (2003).

15. H. Yamashita, I. Amemiya, E. Nomura, K. Nakajima, and H. Nozue, High-performance membrane mask for electron projection lithography, *J. Vac. Sci. Technol. B.,* 18, 3237-3241 (2000).

16. I. Amemiya, H. Yamashita, S. Nakatsuka, M. Tsukahara, and O. Nagarekawa, Fabrication of continuous DLC membrane mask for electron projection lithography, *J. Vac. Sci. Technol. B.,* 21, 3032-3036 (2003).

17. K. Kurihara, H. Iriguchi, A. Motoyoshi, T. Tabata, S. Takahashi, K. Iwamoto, I. Okada, H. Yoshihara, and H. Noguchi, Stencil masks for electron-beam projection lithography, *Proc. SPIE,* 4409, 726-733 (2001).

18. K. Yotsui, G. Suzuki, and A. Tamura, LEEPL mask fabrication using SOI substrates, *Proc. SPIE,* 5130, 942-950 (2003).

19. Y. Aritsuka, Y. Iimura, M. Hoga, and H. Sano, Development of LEEPL 6025 format mask blanks, *Proc. SPIE,* 5130, 951-957 (2003).

20. K. Koike, S. Omori, K. Iwase, I. Ashida, and S. Moriya, New mask format for low energy electron beam proximity projection lithography, *Proc. SPIE,* 4754, 837-846 (2002).

21. I. Johnson, H. Ashraf, J. Bhardwaj, J. Hopkins, A. Hynes, G. Nicholls, S. McAuley, and S. Hall, Etching 200mm diameter SCALPEL masks with the ASE process, *Proc. SPIE,* 3997, 184-193 (2000).

22. W. Dauksher, S. Clemens, D. Resnick, K. Smith, P. Mangat, S. Rauf, P. Ventzek, H. Ashraf, L. Lee, S. Hall, I. Johnston, J. Hopkins, A. Chambers, and J. Bhardwaj, Modeling and development of a deep silicon etch process for 200mm electron projection lithography mask fabrication, *J. Vac. Sci. Technol. B.,* 19, 2921-2925 (2001).

23. C. Magg, M. Lercel, M. Lawliss, R. Kwong, W. Huang, and M. Angelopoulos, Evaluation of an advanced chemically amplified resist for next generation lithography mask fabrication, *Proc. SPIE,* 4186, 707-716 (2001).

24. A. Ehrmann, S. Huber, R. Kaesmaier, A. Oelmann, T. Struck, R. Springer, J. Butschke, F. Letzkus, K. Kragler, H. Loeschner, and I. Rangelow, Stencil mask technology for ion beam lithography, *Proc. SPIE,* 3546, 194-205 (1998).

25. H. Sano, K. Morimoto, Y. Aritsuka, and H. Fujita, Impact of deformation of the edges of two complementary patterns on electron beam projection lithography mask making, *Proc. SPIE,* 4757, 799-804 (2002).

26. C. Thiel, L. Kindt, and M. Lawliss, Image placement distortions in EPL masks, *Proc. SPIE*, 4889, 1133-1142 (2002).

27. S. Omori, K. Iwase, K. Amai, Y. Watanabe, S. Nohama, S. Nohdo, S. Moriya, T. Kitagawa, K. Yotsui, G. Suzuki, and A. Tamura, Litho-and-mask concurrent approach to the critical issues for proximity electron lithography, *Proc. SPIE*, 5256, 132-142 (2003).

28. J. Festa, A. November, D. Bennett, R. Kasica, B. Bailey, and M. Blakey, Cleaning of SCALPEL next-generation lithography masks using PLASMAX, a revolutionary dry cleaning technology, *Proc. SPIE*, 3873, 916-926 (1999).

29. O. Wood II, P. Reu, R. Engelstad, E. Lovell, M. Lercel, C. Thiel, M. Lawliss, and R. Mackay, Reduction of image placement errors in EPL masks, *Proc. SPIE*, 5037, 521-530 (2003).

30. S. Omori, K. Iwase, Y. Watanabe, K. Amai, T. Sasaki, S. Nohama, I. Ashida, S. Moriya, and T. Kitagawa, On-site use of 1stencil mask: control over image placement and dimension, *Proc. SPIE*, 5130, 958-969 (2003).

31. H. Yamamoto, T. Aoyama, N. Hirayanagi, and K. Suzuki, Distortion management strategy for EPL reticle, *Proc. SPIE*, 5037, 991-998 (2003).

32. M. Ishikawa, H. Fujita, M. Hoga, and H. Sano, Evaluation of a transmission CD-SEM for EB stencil masks, *Proc. SPIE*, 5130, 898-906 (2003).

33. Y. Tomo, Y. Kojima, S. Shimizu, M. Watanabe, H. Jakenaka, H. Yamashita, T. Iwasaki, K. Jakahashi, and M. Yamabe, Defect printability analysis on electron projection lithography with diamond stencil reticle, *Proc. SPIE*, 4688, 786-797 (2002).

34. S. Nohama, S. Omori, K. Iwase, Y. Watanabe, K. Amai, T. Sasaki, S. Moriya, and T. Kitagawa, State-of-the-art performance of stencil mask for LEEPL, *Proc. SPIE*, 5130, 970-978 (2003).

35. M. Okada, N. Katakura, and S. Kawata, Stencil reticle inspection using a deep ultraviolet microscope, *J. Vac. Sci. Technol. B.*, 20, 3025-3028 (2002).

36. J. Welsh, M. McCallum, and M. Okada, Optical inspection of EPL stencil masks, *Proc. SPIE*, 5037, 999-1008 (2003).

37. T. Okagawa, K. Matsuoka, Y. Kojima, A. Yoshida, S. Matsui, I. Santo, N. Anazwa, and T. Kaito, Inspection of stencil mask using transmission electron for character projection electron beam lithography, *Microelectronic Eng.*, 46, 279-282 (1999).

38. J. Yamamoto, T. Iwasaki, M. Yamabe, N. Anazawa, S. Maruyama, and K. Tsuta, EPL stencil mask defect inspection system using a transmission electron beam, *Proc. SPIE*, 5037, 531-537 (2003).

39. S. Shimizu, S. Kawata, and T. Kaito, Repair method on silicon stencil reticles for EB projection

lithography, *Proc. SPIE*, 3997, 560-567 (2000).

40. M. Okada, S. Shimizu, S. Kawata, and T. Kaito, Stencil reticle repair for electron beam projection lithography, *J. Vac. Sci. Technol. B.*, 18, 3254-3258 (2000).

41. O. Wood II, W. Trybula, M. Lercel, C. Thiel, M. Lawliss, K. Edinger, A. Stanishevsky, S. Shimizu, and S. Kawata, Benchmarking stencil reticles for electron projection lithography, *J. Vac. Sci. Technol. B.*, 21, 3072-3077 (2003).

42. V. Boegli, H. Koops, M. Budach, K. Edinger, O. Hoinkis, B. Weyrauch, R. Becker, R. Schmidt, A. Kaya, A. Reinhardt, S. Braeuer, H. Honold, J. Bihr, J. Greiser, and M. Eisenmann, Electronbeam induced processes and their applicability to mask repair, *Proc. SPIE*, 4889, 283-292 (2002).

43. Y. Yamamoto, M. Hasuda, H. Suzuki, M. Sato, O. Takaoka, H. Matsw N. Matsumoto, K. Iwasaki, R. Hagiwara, K. Suzuki, Y. Ikku, K. Aita, T. Kaito, Y. Adachi, and Y. Yasaka, FIB mask repair technology for electron projection lithography, *Proc. SPIE*, 5446, 348-356 (2004).

44. K. Suzuki, EPL technology development, *Proc. SPIE*, 4754, 775-789 (2002).

45. A. Yoshida, H. Kasahara, A. Higuchi, H. Nozue, A. Ando, and N. Shimazu, Performance of the beta-tool for low energy electron-bream proximity-projection lithography (LEEPL), *Proc. SPIE*, 5037, 599-610 (2003).

46. K. Kato, K. Nishizawa, T. Haruki, and T. Inoue, EPL data conversion system EPLON, *Proc. SPIE*, 5130, 916-924 (2003).

47. M. Shoji and N. Horiuchi, EPL data conversion, *Proc. SPIE*, 5130, 907-915 (2003).

48. H. Yamashita, I. Amemiya, K. Takeuchi, H. Masaoka, K. Takahashi, A. Ikeda, Y. Kurioki, and M. Yamabe, Complementary exposure of 70nm SoC devices in electron projection lithography, *J. Vac. Sci. Technol. B.*, 21, 2645-2649 (2003).

49. K. Ogino, H. Hoshino, Y. Maeda, M. Osawa, H. Arimoto, K. Takahashi, and H. Yamashita, High-speed proximity effect correction system for electron-beam projection lithography by cluster processing, *Jpn. J. Appl. Phys. Part 1*, 42, 3827-3832 (2002).

50. T. Fujiwara, T. Irita, S. Shimizu, H. Yamamoto, and K. Suzuki, High accurate CD control at stitching region for electron beam projection lithography, *Proc. SPIE*, 4343, 727-735 (2001).

51. K. Okamoto, K. Kamijo, S. Kojima, H. Minami, and T. Okino, New data post-processing for e-beam projection lithography, *Proc. SPIE*, 4343, 88-94 (2001).

52. H. Yamashita, K. Takeuchi, and H. Masaoka, Mask split algorithm for stencil mask in electron projection lithography, *J. Vac. Sci. Technol. B.*, 19, 2478-2482 (2001).

53. H. Yamashita, K. Takahashi, I. Amemiya, K. Takeuchi, H. Masaoka, H. Takenaka, and M. Yamabe,

Complementary mask pattern split for 8 in. stencil masks in electron projection lithography, *J. Vac. Sci. Technol. B.*, 20, 3015-3020 (2002).

54. M. Shoji and N. Horiuchi, LEEPL data conversion system, *Proc. SPIE*, 5130, 934-941 (2003).

55. I. Ashida, S. Omori, and H. Ohnuma, Data processing for LEEPL mask: splitting and placement correction, *Proc. SPIE*, 4754, 847-856 (2002).

제11장

포토마스크 기술

극자외선 리소그래피용 마스크

Pei-yang Yan

11.1 개 괄

11~14nm의 짧은 노광파장을 사용함으로써 극자외선 리소그래피(EUVL)는 광학식 리소그래피의 영역을 32nm까지 넓혀주었다. 기존의 광학식 리소그래피와 극자외선리소그래피(EUVL)의 차이 중 하나는 극자외선 파장의 강한 소재 흡수특성이다. 이 때문에 극자외선 광 경로를 진공환경으로 만들어야 하고, 리소그래피 장비를 모두 반사광학계로 구축하며, 마스크를 반사성 모재로 제작해야 한다. 이러한 요구조건들이 극자외선 리소그래피(EUVL) 기술과 마스크 제조업체의 어려움을 대변해준다.

극자외선 리소그래피(EUVL) 마스크의 제작은 여타의 차세대 리소그래피(NGL) 기술들과 마찬가지로 몇 가지 커다란 난제를 안고 있다. 마스크 모재의 거의 모든 제작단계들마다 가장 어려운 문제들이 존재하고 있다. 여기에는 마스크 기층소재용 저열팽창계수 소재(LTEM)의 개발, 50nm 이상의 결함이 존재하지 않는 기층소재의 무결함 폴리싱, 표면조도의 평균 제곱근(RMS) 값이 0.15nm 이하인 기층소재, 산과 골 사이 편평도가 30nm 이하인 기층소재, 크기가 30nm인 결함의 밀도가 $0.003/cm^2$ 이하가 되도록 모재에 증착된 반사 다중층(ML), 다중층(ML) 검사, 다중층 무손상 결함수리 등이 포함된다. 일단 마스크가 제조되고 난 후에 마스크의 취급도 또 다른 기술적 난제이다. 모든 고체 소재가 극자외선(EUV) 빛을 흡수하므로, 극자외선 리소그래피(EUVL) 마스크에는 펠리클을 사용할 수 없다. 그러므로 운반과 노광과정에서 오염에 대한 보호가 매우 중요하다. 마스크 취급과정에는 새로운 소재의 선정, 마스크 취급용 로봇과 캐리어를 위한 새로운 설계, 마스크 보관과 운반과정에서의 입자 침투를 능동적으로 보호하는 방안, 웨이퍼 제조과정에서 마스크 국부 또는 전체에 대한 세척, 스캐너 장비 내부에서의 현장검사 등과 같은 다양한 사안들이 포함된다.

현재의 투과성 마스크 기법과 대비하여 극자외선 리소그래피(EUVL) 마스크의 반사특성 때문에 마스크 기층소재와 모재의 제조공정에서는 몇 가지 추가적인 단계와 엄중한 사양들이 요구된다. 새로운 공정이나 엄중한 사양 등으로 인하여, 현재의 광학식 마스크 모재를 위한 생산체제로는 극자외선 리소그래피(EUVL) 마스크 모재를 공급할 수 없다. 이 기술은 새롭고 개선된 제조장비를 필요로 한다. 그러므로 극자외선 리소그래피(EUVL) 모재를 제조하기 위한 생산체제의 구축은 극자외선 리소그래피(EUVL) 기술의 성공에 절대적인 중요성을 갖는다.

마스크 포맷, 기층소재, 기층 다듬질과 같은 극자외선 리소그래피(EUVL) 마스크 사양과 다중층(ML), 버퍼층, 흡수층 등은 여타의 모든 기존 표준들 중에서 첫 번째 표준 그룹에 속한다. 극자외선 리소그래피(EUVL) 마스크 기층소재에 대한 사양인 SEMI P37-1102 표준과 흡수 필름 적층 및 극자외선 리소그래피(EUVL) 마스크 모재상의 다중층에 대한 사양들이 각각 2001년과 2002년에 제정되었다. 마스크 기층소재에 대한 표준에서 중요한 측면들 중 하나는 마스크 포맷이다. SEMI P37-1102 표준에서는 극자외선 리소그래피(EUVL) 마스크의 포맷을 1/4in 두께에 $6 \times 6in^2$의 크기로 규정하고 있다. 이는 현재의 광학식 마스크 모재 포맷과 일치한다. 동일한 포맷을 사용함에 따라서 현재의 마스크 제조 생산시설에 최소한의 영향을 끼치면서 현재의 마스크 패턴화 기술을 극자외선 리소그래피(EUVL) 마스크 패턴화까지 사용할 수 있게 되었다.

과거 몇 년간 극자외선 리소그래피(EUVL) 마스크 개발에서 다양한 분야에서 많은 발전이 있었다. LE$^{(TM)}$의 경우 마스크 모재 기층의 저열팽창계수 소재(LTEM)의 조성 불균일성을 획기적으로 감소시켰다[1]. 마스크 기층 표면의 다듬질 조도를 0.15nm 이하로 낮춘 사례도 보고되었다[2]. 표준 폴리싱 기술은 마스크 모재의 편평도를 500~200nm 수준으로 개선시켜주었다. 이온 빔 성형(IBF)이나 자기유변 다듬질(MRF)과 같은 추가적인 표면 다듬질 기법을 사용해서, 수정 및 저열팽창계수 소재(LTEM) 상에서 100nm 이하의 기층소재 편평도를 실현하였다[3, 4]. 90nm 입자크기에 대해서 다중층(ML)에 추가적인 결함을 유발하지 않는 다중층(ML) 증착이 보고되었다[5]. 그런데 100nm 폴리스틸렌 라텍스(PSL) 구체와 등가 크기, 즉 동일한 검사조건 하에서 검출된 결함이 폴리스틸렌 라텍스(PSL)와 동일한 크기인 조건 대해서 0.05결함/cm^2 이하의 결함수준을 일상적으로 실현하는 것은 훨씬 더 어렵다는 것이 규명되었다. 이를 위해서는 증착기술이나 증착장비 설계 분야에서 기술적인 해결이 필요하며, 궁극적으로 다중층 모재의 결함 밀도를 30nm 결함크기에 대해서 0.003/cm^2까지 실현하기 위해서는 다년간의 지속적인 산업적 노력이 필요하다.

다음의 절들에서는 극자외선 리소그래피(EUVL) 마스크 제조단계, 이들의 한계, 다양한 사양들, 그리고 극자외선 리소그래피(EUVL) 마스크 제조가 지연되는 이유 등을 소개 및 논의할 예정이다.

11.2 극자외선 리소그래피(EUVL) 마스크 모재의 제조

극자외선 리소그래피(EUVL) 마스크의 제조공정은 마스크 모재의 제조와 마스크 패턴화로 구성된다. 극자외선 리소그래피(EUVL) 반사 마스크의 개략적인 제조공정 흐름도가 그림 11.1에 도시되어 있다. 그림 11.1에 따르면, [X-선과 전자빔(e-빔) 리소그래피 마스크에서 사용되는 맴브레인과는 달리] 극자외선 리소그래피(EUVL) 마스크 모재의 제조는 강체 저열팽창계수(LTE) 기층소재에서 시작되며 기층소재의 폴리싱, 전면의 고반사 다중층(ML) 간섭 코팅, 버퍼층 코팅(필요 할 수도, 필요 없을 수도 있다), 흡수층 코팅, 무반사 덮개층 코팅, 그리고 배면 도전층 코팅 등이 뒤따른다.* 모재 제조 이후의 극자외선 리소그래피(EUVL) 마스크 패턴화 과정은 현재의 광학식 마스크 패턴화 공정과 매우 유사한 단계를 따른다. 기존 버퍼층의 경우 흡수재를 제거한 다음 추가적인 버퍼층 식각, 패턴 검사, 그리고 버퍼층 결함수리 등이 필요하다.

SEMI P37-1102 표준에 따르면, 극자외선 리소그래피(EUVL) 마스크 포맷은 예를 들면 1/4in 두께의 6in^2 크기를 갖는 현재의 일반적인 광학식 마스크와 동일하다. 이 포맷은 마스크 제조업체들이 기존의 광학식 마스크 생산 장비들을 극자외선 리소그래피(EUVL) 마스크 사양조건에 맞추어 제한적으로 수정하여 사용하며, 소수의 극자외선(EUV) 전용장비를 추가하여 극자외선 리소그래피(EUVL) 마스크를 제조할 수 있도록 해준다. 극자외선 리소그래피(EUVL) 마스크 사양을 충족시키기 위해서 수정할 필요가 있는 마스크 제조장비 들에는 e-빔 패턴화 장비, 가늠 잡기 계측장비, 그리고 편평도 계측장비 등이다. 이 장비들은 정전기 척(e-척)이나 진공

---

* 배면 전도층의 증착 순서는 결정되지 않았다.-저자 주

척 등을 장착해야 한다(11.2.1.2 참조). 새로운 극자외선 리소그래피(EUVL)-전용 마스크 제조장비에는 다중층(ML) 증착장비, 기층소재 및 다중층(ML) 모재의 결함검사장비, e-빔 수리장비, 극자외선 리소그래피(EUVL) 공간영상 측정 시스템(AIMS), 극자외선(EUV) 반사계 등이 포함된다.

11.2.1과 11.2.2에서는 마스크 기층소재 제조와 마스크 패턴화를 위한 단계와 요구조건들에 대해서 상세히 논의한다.

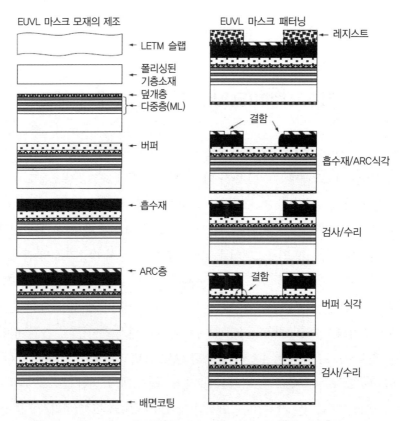

그림 11.1 극자외선 리소그래피(EUVL) 마스크 제조공정의 개략적인 흐름도

11.2.1 극자외선 리소그래피(EUVL) 마스크 기층소재의 제조

극자외선 리소그래피(EUVL) 마스크 기층소재에 대한 SEMI P37-1102 표준에 따르면, 극자외선 리소그래피(EUVL) 마스크 기층소재는 ULE™나 Zerodur®와 같이 열팽창의 평균값과 공간 편찻값 모두가 낮은 저열팽창계수 소재(LTEM)로 만들어진다. 기층소재의 표면 다듬질은

주로 표면조도, 표면 편평도 및 표면결함의 숫자도 세 가지 관점에서 평가된다. 몇 가지 극자외선 리소그래피(EUVL)만의 문제 때문에 야기된 기존의 수정소재 이외의 특수한 기층소재 재료의 필요성과 추가적인 엄격한 표면 다듬질 요구조건 등에 대해서 다음 절 들에서 논의할 예정이다.

11.2.1.1 소재 요구조건

극자외선 리소그래피(EUVL) 마스크 기층소재에 대한 저열팽창계수 소재(LTEM) 요건은 극자외선(EUV) 노광과정에서 마스크 가열문제에 대한 것이다. 극자외선 리소그래피(EUVL) 마스크에 의한 극자외선(EUV) 광 흡수는 마스크 흡수층과 노출된 다중층(ML) 내에서의 광 흡수의 두 가지 부분으로 구성된다. 마스크 흡수영역 위로 입사된 빛은 마스크에 의해서 거의 100% 흡수된다. 다중층(ML) 소재의 흡수성 때문에 반사영역이나 노출된 다중층(ML)영역 위로 입사되는 극자외선(EUV)의 거의 30%도 흡수된다. 마스크 내로 흡수된 광 에너지는 열에너지로 변환되며 마스크 온도의 상승을 유발한다. 마스크 온도변화는 마스크 변형을 유발하며, 이는 또다시 웨이퍼 프린트 시 패턴 배치오차를 일으킨다. 주어진 온도변화에 대한 실제 마스크의 변형은 마스크 기층소재의 소재특성, 더 정확히 말해서는 기층소재의 열팽창계수(CTE)에 의존한다. 시뮬레이션 연구에 따르면 마스크 주변 경계조건이 동일할 때, 프린트된 웨이퍼 상에 유발된 패턴 배치오차는 핀 척을 사용하는 경우에 ULE^{TM} 기층소재에 비해서 Si 웨이퍼 마스크 기층소재의 경우 36배나 크며, 평면형 척을 사용하는 경우에는 15배나 크다. Si와 ULE^{TM} 마스크 기층소재 사이의 배치오차 차이는 Si의 열팽창계수가 백배 이상 크기 때문에 나타난 결과이다(ULE^{TM}는 0.02ppm/°C인 반면에 Si는 2.5ppm/°C이다)[6]. SEMI P37-1102 표준에 따르면 극자외선 리소그래피(EUVL) 마스크 기층소재의 열팽창계수는 총 공간편차를 6ppb/°C 이내로 유지하면서 0±5ppm/°C 에서부터 네 가지 상이한 등급의 소재에 대해서는 공간편차를 10ppb/°C 이내로 유지하면서 ±30ppb/°C의 범위를 갖도록 규정하고 있다.

극자외선 리소그래피(EUVL) 마스크 기층소재용으로 상용화가 가능한 두 가지 저열팽창계수 소재(LTEM)로는 ULE^{TM}와 Zerodur$^®$가 있다. ULE^{TM} 소재는 약 7.5mol%의 티타니아(TiO_2)를 함유한 비정질 실리카(SiO_2)유리이다. 만약 티타니아 함량을 ~10mol% 내외로 유지한다면, Ti 원자는 Si 원자와 치환되어 분리된 상을 형성하는 대신에 고체 용액을 형성한다. 현재 사용할 수 있는 프리미엄 등급의 ULE^{TM} 소재는 ±10ppb/°C 내외의 평균 열팽창계수(CTE)를 갖는다. Zerodur$^®$ 소재는 약 75%의 결정상과 25%의 유리상을 갖는 2상 소재이다.

결정상의 열팽창계수는 음이며 유리상의 열팽창계수는 양의 값을 갖는다. 전체적인 열팽창계수는 제조과정에서의 열처리를 통해서 0 또는 0에 근접한 값으로 조절할 수 있다. 현재 사용가능한 Zerodur® 소재는 평균 ±15ppb/℃의 평균 열팽창계수를 갖고 있으며, 공간편차는 약 12ppb/℃이다.

11.2.1.2 표면 편평도 요구조건

웨이퍼 프린트 시 극자외선 리소그래피(EUVL) 마스크 기층소재의 편평도 편차에 의해서 유발된 오차의 가장 중요한 고려사항은 평면 내 왜곡(IPD)이다. 극자외선 리소그래피(EUVL) 마스크 기층소재의 편평도에 대해서 부가된 웨이퍼의 평면 내 왜곡(IPD) 요구조건은 현재 광학식 마스크 기층소재의 편평도 요건을 주도하는 변초점 요건을 상회한다.

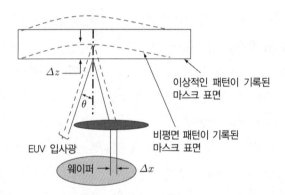

그림 11.2 마스크 비평면 또는 평면 외 왜곡(OPD)에 의해서 유발된 극자외선 리소그래피(EUVL) 내의 웨이퍼 IPD에 대한 설명

반사 마스크가 비 전기적 노광장비 설계와 결합되기 때문에 웨이퍼 프린트 시 마스크 편평도 편차에 의해서 유발된 평면 내 왜곡(IPD)은 극자외선 리소그래피(EUVL)에서 독특하게 나타난다. 이 영향은 그림 11.2에서 설명되어 있다. 극자외선(EUV) 광선이 마스크의 법선방향에 대해서 θ의 입사각으로 마스크에 입사되면, 마스크 두께방향에 대한 편평도 편차 Δz 또는 마스크 평면 외 왜곡(OPD)에 의해서 웨이퍼에 발생되는 위치 천이량 Δx 또는 평면 내 왜곡(IPD)은 식 (11.1)에 제시된 것처럼 기하광학을 사용해서 간단하게 나타낼 수 있다.

$$\Delta x = \frac{\Delta z \times \tan(\theta)}{M} \tag{11.1}$$

여기서 M은 EUVL 스캐너의 축사비율이다. 마스크 상에서 5°의 입사각을 갖는 4× 축사 스캐너의 경우, 식 (11.1)에 제시되어 있는 마스크 평면 외 왜곡(OPD)에 의해서 웨이퍼 상에 유발된 평면 내 왜곡(IPD)은 다음과 같이 단순화된다.

$$\Delta x \cong 0.023 \Delta z \qquad\qquad\qquad (11.2)$$

마스크에 50nm의 비편평도가 존재하는 경우 그에 따라서 웨이퍼에는 약 1.15nm의 평면 내 왜곡이 발생된다. 현행 SEMI P37-1102 규정에서는 최고품질의 마스크 기층소재에 대해서 142mm^{2}의 마스크 품질평가 영역 내에서 극자외선 리소그래피(EUVL) 마스크 기층소재의 산과 골 사이 편평도 최댓값을 30nm로 규정하고 있다.

최종적인 마스크의 평면 외 왜곡(OPD)을 결정짓는 특징들은 기층소재의 편평도 편차, 마스크 기층소재의 두께편차, 다중층(ML), 버퍼층 및 흡수층 응력에 의한 마스크 변형 등이다. 마스크 비편평도에 의한 웨이퍼의 평면 내 왜곡(IPD)을 저감시키기 위해서는 앞서 언급했던 기여 인자들에 대해서 논의할 필요가 있다.

배치 폴리싱이나 단일시료 폴리싱과 같은 현재의 포괄적인 마스크 모재 폴리싱 기법을 사용해서 폴리싱 다듬질 수준을 현행의 500nm 편평도 수준에서 200nm나 심지어는 100nm 편평도 수준까지 낮출 수 있다. 그런데 30nm 수준의 산과 골 사이 편평도 목표에 이르기에는 충분치 못하다. 30nm 편평도 수준에 이르는 길을 개척하기 위해서는 표면성형기법과 같은 표면 국부적인 편평도 보정이 필요할 수도 있다.

극자외선 리소그래피(EUVL) 마스크 기층소재의 다듬질에서 국부적인 편평도 보정을 구현한 두 가지 표면성형기법이 있다[3]. 그중 하나는 자기유변 다듬질(MRF) 기법이며, 다른 하나는 이온 빔 성형(IBF) 기법이다. 두 기법 모두 광학식 렌즈 제작 분야에서 많은 적용사례를 가지고 있다. 이러한 표면의 편평도 편차 보정공정은 일단, 모재 표면의 완벽한 시간지배 스펙트럼 또는 고정밀 간섭계를 사용한 모재 표면의 편평도 편차 매핑을 필요로 한다. 보정할 편평도 편차의 위치와 양을 결정하기 위해서 측정된 시간지배 스펙트럼을 자기유변 다듬질(MRF)이나 이온 빔 성형(IBF) 장비와 같은 보정 시스템으로 피드백시킨다. 원하는 편평도를 구현하기 위해서는 수차례의 측정과 보정을 반복할 수도 있다. 모재 하나당 한 시간에서 수 시간이 소요될 정도로, 두 계측방법 모두 현재는 매우 생산성이 떨어진다. 현장계측과 배치샘플 보정 등을 사용하는 공정개선을 통해서 생산성을 높일 수 있다. 이러한 성형기법의 또 다른 단점은 국부적인 표면조도가 수 옹스트롬 정도 증가한다는 점이다. 이정도의 거칠기는 SEMI

P37-1102 표준에서 정한 0.15nm RMS의 허용수준을 넘어서는 크기이다. 이러한 국부적인 조도를 낮추기 위해서 추가적인 폴리싱이 필요할 수도 있다. 기층소재 표면의 조도가 반사도에 끼치는 영향과 그 사양들에 대해서는 다음 절에서 논의한다.

11.2.1.3 표면 거칠기 요구조건

극자외선 리소그래피(EUVL) 마스크 기층소재의 표면 조도는 전형적으로 공간주파수에 따라서 분류된다. 기층소재의 높은 공간주파수 조도(HSFR)는 극자외선(EUV) 광원을 넓은 각도로 산란시켜서 광학 시스템에서 벗어나게 만든다. 이는 실제적으로 마스크의 반사도를 낮춘다. 투사렌즈 내에서 빛을 산란시키는 조도를 중앙-공간주파수 조도(MSFR)라고 부른다. 중앙-공간주파수 영역 내의 조도를 표면경사도 오차로 취급하기도 한다. 중앙-공간주파수 조도(MSFR)는 두 가지 측면에서 영향을 끼친다. 첫 번째로 변초점과 커플링된 장주기 마스크 경사도 오차는 웨이퍼 평면상에서 영상배치오차를 생성한다. 두 번째로 분해능 한계 근처의 규모를 갖는 경사도 오차는 웨이퍼 프린트 시 선 테두리 조도(LER)에 영향을 끼친다. 마스크 경사도 오차로부터 야기된 선 테두리 조도(LER)는 영상의 초점이 벗어나게 되면 더 악화된다[7]. Guillikson[7]에 따르면, 0.25-NA 카메라의 경우 중앙-공간주파수 조도(MSFR) 및 높은 공간주파수 조도(HSFR)를 위한 주파수 대역은 각각 $10^6/nm < f < 0.004/nm$와 $0.004/nm < f < 0.02/nm$이 되어야 한다.

거친 기층소재 표면을 평활화시키기 위한 다중층(ML) 평활화는 마스크 기층소재의 높은 공간주파수 조도(HSFR)를 줄이는 데에 효과적이다. 그런데 현재 사용되고 있는 평활화 공정은 중앙-공간주파수 조도(MSFR)나 경사도 오차에 대해서는 그리 효과적이지 못하다(11.2.2.4절 참조). 그러므로 기층소재의 폴리싱 단계에서 중앙-공간주파수 조도(MSFR)를 저감시키는 노력이 필요하다.

SEMI P37-1102 표준에서는 극자외선 리소그래피(EUVL) 기층소재 전면의 표면 경사도 오차가 1.0mrad 이하로, 그리고 기층소재 전면의 높은 공간주파수 조도(HSFR)는 0.15nm RMS 이하가 되도록 규정하고 있다.

11.2.1.4 표면결함 요구조건

기층소재의 표면에 나타나는 마스크 기층소재의 결함들이 궁극적으로 마스크 프린트에 영향을 끼친다. 극자외선(EUV) 빛이 마스크 기층소재를 관통하지 않기 때문에 기층소재의 불균일성이나 기층소재 내부의 결함들은 마스크 성능에 영향을 끼치지 않는다. 그런데 소재의 열팽창계수(CTE) 불균일이 기층소재의 폴리싱 품질에 관련되어 있음이 발견되었다. 최근에 밝혀진 바로는 열팽창계수(CTE) 불균일성과 저열팽창계수 소재(LTEM) 내의 결함이 더 큰 표면조도나, 표면상에 일련의 평행한 긁힘 자국이 발생되는 줄자국과 같은 결함을 유발할 수 있는 것으로 밝혀졌다[8, 9].

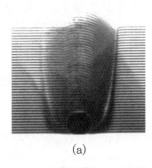
(a)

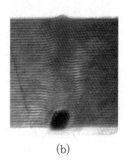
(b)

그림 11.3 60nm Au 구체를 핵종으로 하여 (a) 비직교 입사 및 (b) 직교 입사 증착된 Mo/Si 다중층(ML)의 투과전자현미경(TEM) 단면영상. 직교입사의 경우 훨씬 평탄화가 잘 되고 있음을 알 수 있다. 참고문헌 10.

다중층(ML) 증착과정에서 기층소재 표면의 결함이나 입자들이 다중층 적층에 의해서 덮이게 된다. 증착 기법과 공정(예를 들면 이온 빔 입사각, 이온빔에 의한 2차 증착 등)에 따라서 기층소재의 결함은 다중층에 의해서 길이 및 폭 방향으로 증폭되거나 축소(평활화)된다. 서로 다른 증폭조건에 따른 기층소재 결함의 증폭과 축소 사례가 그림 11.3(a) 및 (b)에 도시되어 있으며, 이들은 각각 60nm Au 구체를 핵종으로 하여 비직교 입사 및 직교 입사된 다중층(ML) 증착 층의 투과전자현미경(TEM) 단면영상이다[10].

142mm^{2}의 마스크 품질관리 영역에 대한 극자외선 리소그래피(EUVL) 마스크 기층소재 전면의 표면결함 요구조건은 SEMI P37-1102 표준에 의해서 규정되어 있다. 여기서, 최상품 기층소재는 1nm 이상의 깊이를 갖는 긁힘이 없이 매끈하며, 50nm 폴리스틸렌 라텍스(PSL)에 상당하는 크기 이상의 국부적인 광산란이 없어야 한다. 국부적인 산란은 입자나 구멍과 같은 임의의 고립된 형상에 의해서 유발될 수 있다. 기층소재의 결함크기에 대한 기준이 SEMI P37-1102 표준에 의해서 정의되었을 때, 기층소재상의 미소한 결함에 대한 다중층(ML) 평활화의 영향도 고려되었다. SEMI P37-1102 표준에서는 50nm 이하의 국지적인 산란광에 대한 총 허용 값을 정의하고 있지 않다. 이는 사용자와 공급자 사이에서 양해되어야 할 요건에 불과하다.

11.2.2 극자외선 리소그래피(EUVL) 다중층(ML) 모재의 제조

극자외선 리소그래피(EUVL) 파장에 대해서 마스크 모재에 반사특성을 부여하기 위해서 마스크 기층소재의 최상층에서 다중층(ML) 간섭 코팅이 필요하다. 이 다중층(ML)은 서로 다른 회절계수 값을 갖는 두 가지 소재 층을 번갈아 증착하여 성형한다. 전형적으로 전자밀도의 차이를 극대화시키기 위해서 이들 두 가지 소재들은 원자번호가 높은 물질과 낮은 물질을 사용한다. 게다가 이들 두 가지 소재들은 낮은 극자외선(EUV) 광선 흡수특성을 갖는다. 극자외선 리소그래피(EUVL) 마스크용으로 널리 사용되는 두 가지 다중층(ML) 코팅소재는 실리콘(Si)과 몰리브덴(Mo)이다. 회절계수의 차이가 상대적으로 크기 때문에 Si와 Mo 쌍이 사용된다. Si층은 흡수성이 작아서 스페이서로 작용한다. Mo 층은 높은 흡수성을 갖고 산란을 일으킨다. 다중층(ML) 증착공정은 비교적 매끈하면서도 조성이 명확하게 구분되는 계면을 갖는 매우 안정적인 다중층 구조를 생성한다. Mo와 Si 층의 두께는 흡수의 최소화와 산란의 극대화를 일으키도록 정해진다. 일련의 산란 피크를 유발하는 다중층 쌍의 주기는 수정된 브래그(Bragg)의 법칙을 만족시킨다[11].

$$m\lambda = 2d\cos\theta \sqrt{1 - \frac{2\overline{\delta}}{1-\cos^2\theta}} \tag{11.3}$$

여기서 m은 정수, d는 다중층 쌍의 주기 또는 d-간극, λ는 극자외선(EUV) 파장, θ는 마스크 수직면에 대한 빛의 입사각, 그리고 $\overline{\delta}$는 δn의 가중 값을 갖는 이중층이며, 회절계수가 n일 때, δn은 1-n으로 정의된다.

극자외선(EUV) 마스크 모재를 위한 13.4nm 두께의 Mo/Si 다중층 적층은 전형적으로 81개의 박막 층을 가지고 있다. Mo와 Si 이중층 40쌍과 덮개층으로 구성된다. 약 6.9nm 두께의 이중층은 약 2.8nm 두께의 Mo 층과 약 4.1nm 두께의 Si 층으로 만들어진다. 계산된 다중층(ML) 반사특성 대비 다중층 쌍의 숫자를 도시하고 있는 그림 11.4에서 보듯이 이런 설계를 갖는 다중층(ML)의 반사특성은 약 40~50쌍을 사용할 때 최댓값을 갖는다. 그림 11.4에 따르면, 40층 이하의 다중층(ML) 쌍에서는 반사율이 낮아짐을 알 수 있다. 40층 이상의 다중층(ML) 쌍을 적층하여도 반사율은 약 1% 정도 증가할 뿐이다. 그런데 더 많은 다중층을 증착하면 증착 생산성이 영향을 받으며 증착시간이 길어짐에 따라서 다중층 결함밀도가 증가될 우려가 있다. 그림 11.5에서는 4.2nm 두께의 실리콘 덮개층과 40쌍의 Mo/Si 다중층의 단면 투과전자현미경(TEM) 사진을 보여주고 있다. 개별적인 층들이 매끄럽고 이종 소재간의 경계가 뚜렷하며 층간 두께 변화가 0.01nm 이하로 유지될 때에 최적의 다중층(ML) 광학특성이 얻어진다. 이론적 계산결과에 따르면 40쌍의 Mo/Si 다중층(ML)에서 최대 반사율은 약 75% 내외이다. 현실적으로는 다중층(ML) 반사도는 이론적인 최댓값보다 몇 퍼센트 정도 낮게 나온다. 현재 구현된 최대 반사도는 약 70~71% 정도이다[12]. 제조공정상에서 최대 반사도를 결정짓는 핵심 인자는 Mo와 Si 계면에서의 내부 확산과 기층소재의 조도이다.

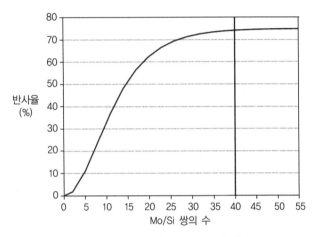

그림 11.4 13.4nm 하에서 Mo/Si 쌍의 숫자에 따른 극자외선 리소그래피(EUVL) 마스크 모재의 반사율 시뮬레이션 결과

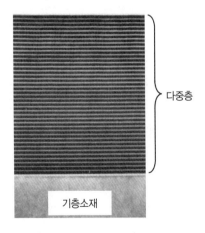

그림 11.5 40쌍의 Mo/Si 층으로 이루어진 다중층 마스크 모재의 투과전자현미경(TEM) 단면영상

그림 11.6에서는 다중층(ML) 모재의 극자외선(EUV) 스펙트럼의 시뮬레이션 및 실험결과를 보여주고 있다. 시뮬레이션 및 실험결과 모두 Mo와 Si의 두께가 각각 2.8nm 및 4.2nm인 40쌍의 Mo/Si 다중층을 기반으로 하고 있다. 시뮬레이션에서 Mo와 Si 계면은 매끄럽고 원자 수준의 경계층, 즉 Mo-Si 계면에 규소몰리브덴이 존재하지 않는다고 가정하였다. 시뮬레이션 및 실험 모두에서 다중층에 대한 빛의 입사각도는 5°이다. 실험적으로 얻어진 다중층 스펙트럼의 반치전폭(FWHM) 대역폭과 최대 반사율을 이론적인 값과 비교해보면 계면에서 규화물 생성과 기층소재의 표면조도가 원인임을 알 수 있다.

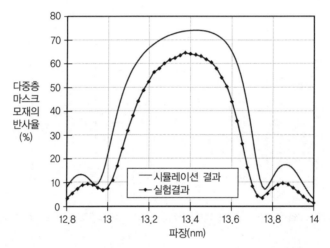

그림 11.6 40쌍의 Mo/Si 다중층으로 이루어진 극자외선 리소그래피(EUVL) 다중층(ML) 마스크 스펙트럼의 시뮬레이션 및 측정 결과

극자외선 리소그래피(EUVL) 마스크 모재 제조의 가장 큰 걸림돌은 결함저감이다. 다중층 (ML) 증착 이전에 기층소재 표면에 존재하는 어떠한 결함들이나 다중층(ML) 증착과정에서 모재위로 떨어지는 입자들이 원래의 결함크기, 다중층 적층 과정에서의 결함위치, 그리고 증착방법 등에 따라서는 웨이퍼 프린트 과정에서 프린트될 수 있는 결함이 나타날 수 있다. 60% 이상의 수율로 결함이 없는 다중층을 생산하기 위해서는 프린트될 수 있는 크기의 모든 결함들의 밀도를 $0.003/cm^2$ 이하로 낮춰야 한다.

다중층(ML) 결함을 저감하기 위한 노력에는 극도로 청결한 다중층 증착용 기층소재의 생산, 극도로 청결한 이온 빔 스퍼터링 시스템과 공정의 개발, 그리고 미소한 다중층(ML) 결함을 감지할 수 있는 검사용 계측방법 개발 등이 있다. 특정한 다중층 결함의 수리방법이 제안된 바 있다[13, 14](11.2.2.7 참조). 수리된 다중층의 성능은 수정된 결함의 크기와 다중층 내에서 결함의 위치에 의존한다. 극자외선 리소그래피(EUVL)를 실현하기 위해서는 무결점(회로의 임계영역에 결함이 발생될 확률이 거의 없을 정도로 결함밀도가 매우 낮은) 모재가 절실히 필요하다.

11.2.2.1 다중층(ML) 증착공정과 장비

마그네트론 스퍼터링[15-17]과 이온빔 스퍼터링[18] 등의 기법을 사용해서, 극자외선 리소그래피(EUVL) 광학계와 $6in^2$ 극자외선 리소그래피(EUVL) 마스크 모재에 대한 다중층(ML) 증착 공정이 시도되었다. 마그네트론 스퍼터링은 극자외선 리소그래피(EUVL) 광학계 증착에 널리 사용되어 왔다. 이 방법은 이온빔 스퍼터링 증착 시스템에 비해서 생산성이 높다. 이 방법은 막 두께 조절이 용이할 뿐만 아니라, 기층소재의 표면조도가 0.15nm RMS 이하인 경우 극자외선(EUV) 반사특성이 높다. 그런데 결함수준은 비교적 높다. 과거에는 마그네트론 스퍼터링 장비에서 결함저감을 위한 노력을 별로 하지 않았었다. 이는 결함 영상이 초점영역 밖에 맺히기 때문에 극자외선(EUV) 광학계가 결함에 덜 민감하기 때문이었다. 그런데 마스크상의 결함은 노광용 영상화 공정에서 초점 상에 위치한다. 극자외선 리소그래피(EUVL) 마스크 모재를 위한 무결점 증착공정이 매우 중요하게 되었다. 과거 몇 년간 표준 기계식 인터페이스(SMIF)를 사용하여 완전 자동화된 청결한 이온빔 증착 시스템을 개발하려는 노력과 발전이 있었다. 부수적인 이온빔 식각의 도움을 받은 경우와 받지 않은 경우에 대해서, 이온빔 스퍼터링 증착 시스템을 사용한 고립된 범프형 결함의 평탄화 기법과 다중층(ML) 기층소재의 높은 공간주파수 조도(HSFR)가 제시되었다[10, 19, 20]. 광학계나 마스크 기층소재가 높은 공간주파수 조도(HSFR)를 갖고 있을 때, 표면조도의 평탄화 능력 때문에 다중층(ML)에서 생성된 이온빔 스퍼터링의 최대 반사도는 마그네트론 스퍼터링 시스템에 비해서 더 높게 나타난다.

명확한 다중층(ML) 계면을 구현하기 위해서는 증착온도를 150℃ 이하로 유지할 필요가 있다[11.2.2.5]. 온도가 높아지면 다중층(ML) 계면의 확산과 계면에서의 규화물 생성이 촉진된다. 어떠한 계면 혼합도 다중층(ML) 반사도 저하를 초래한다. 화학적 증기증착(CVD)과 같이 고온이 필요한 증착기법들에서는 온도 제한조건이 적용되지 않는다.

다중층(ML) 증착과정에서 다중층 코팅의 균일성 역시 엄격하게 관리되어야만 한다. 다중층 코팅의 불균일성은 조사량 조절과 관련된 노력을 소모하게 만든다. 다중층(ML) 반사 균일성에는 최대 반사도 균일성과 중심파장 균일성이 포함된다. 다중층(ML) 최대 반사도 균일성은 다중층 표면오염에 의한 국부적인 편차, Mo와 Si 층 두께의 비율, 기층소재 조도, Mo/Si 계면의 조도, Mo/Si 계면 층의 폭, Mo 및 Si 막의 두께, 그리고 다중층 주기 등에 의해서 영향을 받는다. 이러한 인자들 중에서 Mo와 Si 층간의 두께 비율과 다중층(ML) 주기편차 역시 중심파장 균일성에 영향을 끼친다.

SEMI P38-1103 표준에서 최상품 모재의 피크 반사도 최대 편차는 0.5%로, 그리고 최상품 모재의 중심파장 최대 편차는 0.06nm로 지정되어 있다.

11.2.2.2 다중층(ML) 계면의 처리

다중층(ML) 증착공정에서 Mo와 Si 층의 계면은 일반적으로 선명하게 구분되지 않는다. 금속은 Si 속으로 확산되면서 금속 규화물을 형성한다. 그 결과 매우 얇은 규화몰리브덴 층이 계면에 생성된다. 다중층(ML) 계면의 규화물 생성은 모재가 높은 온도로 유지되는 동안 계속 진행된다. Mo/Si 계면에서의 규화몰리브덴 생성은 다중층(ML) 반사도 극대화를 방해하는 주요 원인이다. 이는 또한 고온에서 수행되는 마스크 패턴화 공정의 제약조건으로 작용한다. 규화 몰리브덴 경계층의 두께는 Xe 가스를 사용하는 저압 마그네트론 스퍼터링 시스템을 사용하여 줄일 수 있다[12]. 그러나 이것만으로는 다중층의 빈약한 열 안정성 문제를 해결할 수 없다. 경계층 두께를 줄이기 위한 또 다른 노력은 Si와 Mo 사이에 적절한 확산 차단막을 삽입하는 것이다. Mo/Si 내에 확산 차단막을 삽입한 최초의 성공사례는 Mo 위의 Si와 Si 위의 Mo 사이에 얇은 탄소층을 삽입하여 구현하였다[21]. 이러한 다중층(ML)은 열 안정성이 증가 되지만, 표준 Mo-Si 다중층에 비해서 반사도가 향상되지 않는다. 최근 들어 50쌍의 이중층으로 13.5nm 파장에 대해서 70%의 반사율을 갖는, 계면 처리된 Mo-Si 다중층(ML)이 만들어졌다. 이 새로운 다중층에서는 Mo와 Si 층들의 사이를 탄화붕소(B_4C) 박막 층으로 분리하였다 [17]. Mo-Si 계면 상에 B_4C를 증착하면 계면에서 규화몰리브덴의 생성이 저감된다. Mo 위의 Si에 대해서 0.4nm 두께의 B_4C 층과 Mo 위의 Si에 대해서는 0.25nm 두께의 B_4C 층이 가장 좋은 결과를 보였다. 그 결과 계면 처리된 다중층이 표준 다중층에 비해서 Mo-Si 계면이 더 명확하게 되었다.

Mo와 Si 사이의 내부확산 차단을 위해서 B_4C를 첨가하면 상온에서 금속의 내부확산을 막아줄 뿐만 아니라 고온에서 금속의 내부확산 방지, 즉 다중층 열 안정성 개선에도 도움이 된다[22].

아직도 극자외선 리소그래피(EUVL) 마스크 모재의 제조에 어떤 다중층(ML) 처리공정이 필요한지는 불분명하다. 차단막 삽입에 의한 이득은 증착공정의 복잡성 증가라는 부담을 발생 시킨다.

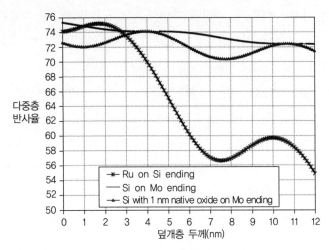

그림 11.7 13.4nm 하에서 극자외선 리소그래피(EUVL) 다중층 마스크 모재의 피크 반사율과 Si 덮개층, 1nm 두께의 자생 SiO_2층이 존재하는 Si 덮개층, 그리고 Ru 덮개층 두께 사이의 관계, 참고문헌 42.

11.2.2.3 덮개층

  다중층(ML) 적층의 최상층 또는 다듬질 층을 덮개층이라고 부른다. 이상적인 덮개층은 일단 다중층 적층설계에 적용이 가능해야만 한다. 즉, 덮개층의 증착 이후에도 다중층 반사의 현저한 저하가 발생치 않아야 한다. 일반적으로 이를 위해서는 덮개층 소재가 비교적 낮은 극자외선(EUV) 광 흡수특성을 가져야 한다. 두 번째로는 덮개층이 마스크 제조공정과 어울릴 수 있어야 한다. 예를 들면 마스크 프린팅, 수리, 세척 및 노광과정동안 덮개층은 다중층의 보호층으로 작용해야만 한다. 불행히도 거의 모든 고체물질들이 극자외선(EUV) 빛을 흡수하기 때문에 첫 번째 조건을 충족시키기 위해서는 얇은 덮개층을 사용해야만 한다. 흡수층과 버퍼층의 식각, 수리 및 세척 등의 공정에서 다중층 적층의 손상을 방지하는 두 번째 조건을 충족시키기 위해서는 두꺼운 덮개층이 필요하다. 덮개층으로 사용 가능한 두 가지 소재는 Si와 Ru이다. Si는 13.4nm 극자외선(EUV) 파장에 대해서 가장 투명한 고체물질이다. Si를 덮개층으로 사용하는 것은 (Si가 다중층 조성에 사용되는 소재들 중 하나이기 때문에) 코팅 공정을 단순화시켜 줄 뿐만 아니라 극자외선(EUV) 흡수특성이 낮기 때문에 덮개층의 두께를 두껍게 만들 수 있다. 그런데 특히 극자외선(EUV) 노광 시 소량의 H_2O 증기가 존재한다면 Si는 쉽게 산화된다. 산화물은 Si에 비해서 극자외선(EUV) 광원에 대해서 불투명하기 때문에 Si 상부에 추가적인 산화물은 모재의 반사율을 저감시킨다. Ru는 Si처럼 쉽게 산화되지 않는다. Ru는 다중층(ML)의 조성이 아니기 때문에 Ru를 덮개층으로 사용하기 위해서는 추가적인 스퍼터링 공정이 필요하다. 게다가 Ru는 극자외선(EUV) 파장에 대해서 Si보다 불투명하다. 다중층(ML) 반사율에 Ru 흡수특성이 끼치는 영향을 최소화시키기 위해서는 2.5nm 이하 두께로 Ru 덮개층을 입혀야 한다. 표준 Mo/Si 다중층(ML) 위에 Ru 덮개층을 입히려면 Si와 Ru 층 사이의 내부확산을 막기 위한 차단막이 필요하다[17, 23]. 그림 11.7에서는 표준 40쌍의 Mo/Si 다중층 위에 입혀진 Si 덮개층, 1nm 두께의 자생 SiO_2층이 존재하는 Si 덮개층, 그리고 Ru 덮개층들의 다중층 반사율 시뮬레이션 결과를 덮개층 두께의 함수로 나타내고 있다. 모든 경우에 대해서 Si와 금속 사이의 내부확산에 의한 영향은 모델링에 포함시키지 않았다. Ru 덮개층의 경우 Ru 덮개층의 두께가 2.5nm 이상이 되면, 다중층(ML) 반사율은 덮개층 두께의 증가에 따라서 현저히 저하된다. Ru의 경우 공정의 요구조건과 성능(반사율)이 상충되지 않도록 덮개층 두께를 선정할 필요가 있다.

11.2.2.4 다중층(ML) 평탄화

다중층(ML) 평탄화란 각 층의 증착과정에서 기층소재 표면의 결함을 평탄화 하여 미소한 기층소재 표면의 결함과 기층소재 표면의 조도가 끼치는 영향을 완화시키는 다중층 증착공정을 말한다. 그 결과 증착공정과 초기 표면결함 크기 또는 표면조도에 따라서 다중층 상부의 10, 20, 심지어는 30개 층들이 기층소재의 결함에 의한 영향을 받지 않게 된다. 기층소재 결함과 기층소재의 표면조도가 전반적인 다중층 반사율 또는 수율에 끼치는 영향이 저감된다.

기층소재 결함의 전파는 기층소재 결함의 유형(예를 들면 돌출이나 함몰), 증착장비, 그리고 공정조건 등에 강하게 의존한다. 예를 들면 돌출 결함과 함몰 결함들은 일반적으로 동일한 증착조건에 의해서 동시에 평탄화되지 않는다. 높은 공간주파수 조도(HSFR)를 평탄화시키기 위해서 더 높은 증착 에너지를 가하면 표면상에서 원자의 운동을 증가시켜 평탄화가 촉진되며, 따라서 기층소재의 조도를 평탄화시키는 방향으로 원자들이 이동하게 된다. 그런데 더 높은 이온 에너지는 다중층 증착과정에서 Mo/Si 계면의 혼합을 촉진시켜서 다중층 반사율의 저하를 유발하게 된다. 이온 빔 입사각도 역시 반사율 균일성과 기층소재 결함 평탄화 등과 같은 다중층 품질에 중요한 영향을 끼친다. 경사각을 사용한 이온빔 증착은 일반적으로 증착 균일성을 향상시킨다. 그런데 결함 주변에서의 그림자 효과 때문에 경사각 입사 이온빔 증착은 기층소재 돌출결함의 평탄화에 대한 효용성이 떨어진다[그림 11.3(a) 참조].

최근의 다중층 기층소재 돌출결함 평탄화 연구에 따르면 2차 이온빔 식각이나 폴리싱을 통해서 기층소재 표면의 결함과 조도 모두를 평탄화시킬 수 있음을 보여주었다[19, 24]. 2차

이온 빔 폴리싱은 증착과정에서 Si층만을 폴리싱하는 경우에 더 효과적이다. 50nm 직경의 코팅되지 않은 Au 구체와 이온의 도움을 받아 Mo/Si를 코팅한 50nm 직경의 Au 구체 및 이온의 도움을 받지 않고 Mo/Si를 코팅한 50nm 직경의 Au 구체에 의한 표면형상 단면을 원자현미경으로 측정한 결과를 그림 11.8에 도시하고 있다. 그림에 따르면, 이온의 도움을 받은 공정에서는 50nm 직경의 기층소재 입자가 약 1nm 높이로 평탄화되어 아무런 해도 끼치지 않게 되었다[24]. 다중층 증착공정에서 2차 이온 폴리싱의 도움을 받으면, 기층소재 결함 평탄화 효과는 주 이온빔 증착의 입사각도에 덜 민감하게 된다. 결함 평탄화 효과를 손상시키지 않으면서 경사진 입사각도 하에서 더 균일한 반사율 을 갖는 필름을 얻을 수 있다. 그런데 2차 이온 빔 보조 증착을 사용하면 최대 반사율이 약 1% 정도 감소된다는 것이 발견되었다. 극자외선(EUV) 빛의 흡수량은 2차 Ar 이온빔 보조 증착과 2차 이온빔 충격에 기인하여 발생할 가능성이 있는 층간혼합에 의해서 다중층 내부에 삽입된 부가적인 Ar 원자에 의하여 결정되며, 피크 반사율 감소를 초래한다. Kr이나 Xe와 같이 더 무거운 이온들은 다중층(ML) 속으로 덜 침투하며 따라서 다중층 반사율에 덜 영향을 끼친다.

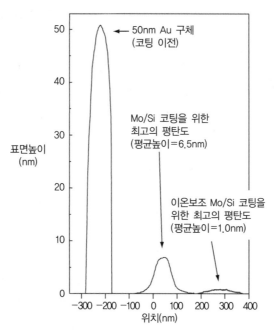

그림 11.8 직경 50nm인 코팅되지 않은 Au 구체와 이온보조 및 이온보조 없이 Mo/Si 코팅이 된 Au 구체에 대하여 원자현미경으로 측정된 표면 형상의 단면도(Courtesy of Paul Mirkarimi, Lawrence Livermore National Laboratory.)

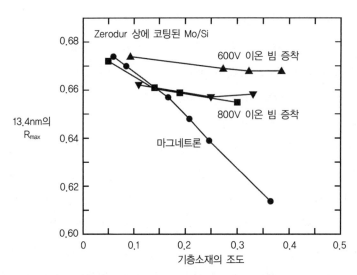

그림 11.9 추가적인 폴리싱 없이 600V 및 800V의 이온 에너지로 이온 빔 증착(IBD)에 의해 생성된 서로 다른 조도를 갖는 기층소재 상에 코팅된 Mo/Si 다중층의 피크 반사율

서로 다른 증착기법과 인자들에 대해서 최대 다중층 반사율 대비 기층소재 표면조도 선도가 그림 11.9에 도시되어 있다[19]. 비교적 낮은 600V 전압 하에서 수행되는 이온빔 증착의 경우 최대 반사율이 기층소재 표면조도에 의존하는 비율은 약 0.5% 정도이다. 800V 이온빔 증착의 경우 최대 반사율이 기층소재의 표면조도에 의존하는 비율은 1%보다 약간 크다. 그런데 마그네트론 스퍼터링 증착의 경우 최대 반사율은 기층소재 표면조도의 함수로 선형적으로 감소한다. 600V 이온빔 증착의 경우 증착기법과 인자들이 최적화된 경우 0.4nm RMS인 기층소재 표면 조도는 다중층(ML) 모재의 최대 반사율에 약 0.5% 이상 영향을 끼치지 않는다.

11.2.2.5 다중층(ML) 열 안정성

다중층(ML)에 온도상승이 일어나는 경우 다중층 열 안정성은 다중층의 반사율 안정성에 영향을 끼친다. 고온에서의 다중층(ML) 반사율 변화에는 두 가지 측면이 있다. (1) 다중층 최대 반사율 저하, (2) 단파장 쪽으로의 중심파장 천이현상이다. 고온에서의 이러한 다중층 변화의 주 메커니즘은 규화몰리브덴 계면 층의 형성에 따른 것이다. 이 규화몰리브덴 계면 층은 원래의 최적화된 Mo/Si 이중층 설계인 흡수율 최소화와 산란율 최대화 원칙을 무력화시키는 경향이 있다. 이에 따라서 다중층의 반사율은 감소된다. 규화 몰리브덴은 또한 Mo 및 Si 층에 비해서 체적이 작다. 그 결과 다중층 주기(d-간극)가 감소되어 단파장 방향으로의 다중층 중심주파수 천이가 초래된다. 최대 반사율이 단파장 측으로 천이됨에 따라서 스펙트럼 대역 차단이 필요한 파장영역 쪽으로 천이되면서 필요한 파장에서의 반사율이 현저하게 저하된다.

Mo/Si 다중층(ML)의 경우 150°C의 온도에서조차도 규화물이 형성된다. 저온에서 다중층 계면에 형성되는 규화물의 양은 가열시간에 의존한다. 예를 들면 400°C 이상의 고온에서는 수초에서 수분의 가열에 의해서 완벽한 다중층 규화물이 형성될 수 있다. 그림 11.10에서는 서로 다른 온도와 시간 동안의 쾌속 열처리 공정(RTP)을 거친 후의 표준 40쌍 Mo/Si 다중층(ML)의 반사스펙트럼을 실험적으로 구한 결과를 보여주고 있다. 또한 이 결과를 가열이 없는 다중층에서의 값과 비교해 보여주고 있다. 그림 11.10에 따르면, 표준 Mo/Si 다중층의 경우 180°C에서 200초의 쾌속 열처리 공정에 의해서 다중층 반사 스펙트럼이 단파장 쪽으로 1Å만큼 천이된다. 이 경우 최대 반사율 강하는 최소화된다. 내부확산 차단층이 없는 표준 Mo/Si 다중층의 경우 마스크 처리온도를 150°C 이하로 유지할 것이 권장된다.

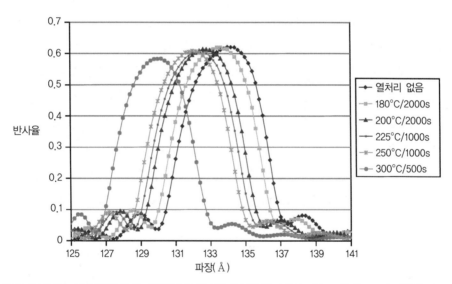

그림 11.10 온도(쾌속 열 풀림처리)와 가열시간의 함수로 표시된 극자외선 리소그래피(EUVL) 다중층 마스크 모재의 반사율 스펙트럼. 규화에 의한 체적수축이나 다중층 d-간극 축소에 기인하여 중심대역은 항상 단파장 쪽으로 천이된다.

11.2.2.6 다중층(ML) 응력조절

11.2.1.2절에서 매우 평평한 극자외선 리소그래피(EUVL) 마스크 기층소재의 필요성과 요구

조건들에 대해서 논의한 바 있다. 이 마스크 편평도 요구조건은 최종적으로 다듬질 된 마스크에도 동일하게 적용되며, 예를 들면 마스크 기층소재의 편평도 오차와 더불어서 마스크 배면 도전성 금속층, 다중층, 버퍼층, 흡수층 증착, 그리고 마스크 패터닝 공정 등의 공정 중에 유발되는 마스크 평면 외 왜곡(OPD)들이 프린트된 마스크 패턴의 기록특성에 동일하게 영향을 끼친다. 주어진 평평한 마스크 기층소재에 대해서 최종적인 마스크 편평도 오차의 원인은 마스크 배면 코팅, 다중층, 버퍼 및 흡수층 등의 응력에 기인한다. 예를 들면 전형적인 고반사율 극자외선 리소그래피(EUVL) Mo/Si 다중층 반사경에 누적된 응력은 −400MPa에 달한다. 음의 부호는 응력이 압축력임을 의미한다. 다중층(ML) 응력은 모든 Mo 층들에 의한 300MPa 규모의 인장응력과 모든 Si 층들에 의한 −1300MPa 규모의 압축응력의 조합에 의하여 발생된다[25]. Mo층의 두께 조절을 통한 다중층 조성 변화, 증착조건의 조절, 다중층 응력 저감, 증착공정중의 풀림처리, 증착공정 후의 풀림처리, 간극 층을 사용한 보상 등 다양한 방법을 사용해서 다중층의 응력을 저감시키려는 연구가 다양하게 시도되었다. 하지만 이러한 기법들 중 대부분은 다중층 반사율을 희생시키면서 다중층 응력을 저감시켜준다. 예를 들면 Mo 조성을 변화시켜 Mo/Si 다중층 응력을 영으로 만들기 위해서는 다중층의 반사율을 33%나 저하시키게 된다. 증착공정 도중이나 이후의 풀림처리는 계면에서의 규화물 형성을 촉진시켜서 반사율 저하를 유발한다. 간극 층을 사용한 보상, 즉 충분한 크기의 응력과 뒤틀린 다중층과 반대방향으로의 부호를 갖는 간극 층을 다중층 하부에 설치하면 간극 층이 기층소재처럼 매끈하면서도 다중층의 반사율을 저하시키지 않는다. 그런데 간극 층을 추가시키기 위한 부가적인 단계는 마스크 모재 제조공정을 복잡하게 할 뿐만 아니라 모재에 더 많은 결함을 증가시킬 가능성이 있다. 다중층 응력과 더불어서, 버퍼층과 흡수층에 의한 응력의 조합이 압축 또는 인장응력인가에 따라서 다중층 응력을 증가시키거나 부분적으로 상쇄시킨다. 마스크 패턴작업 이후에 식각된 영역이 식각되지 않은 영역에 비해서 일부 응력이 해지될 수가 있다. 이러한 불균일 응력해지에 의해서 국부적인 마스크 왜곡이 유발된다. 응력이 균일한 버퍼, 흡수층, 그리고 다중층 등을 사용하여도 다중층을 건드리지 않은 상태로 버퍼와 흡수층을 식각하면 세 가지 필름의 적층 사이에서 응력의 평형이 깨지게 된다.

그러므로 마스크 왜곡을 조절하기 위한 최선의 방안은 각각의 단일 요소가 왜곡에 끼치는 영향을 조절하는 것이다. 즉, 기층소재의 편평도를 우선적으로 구현하며 다음으로 다중층, 버퍼층, 흡수층, 그리고 배면 코팅 등을 각각 거의 영의 응력으로 만들어야 한다.

다중층, 버퍼 및 흡수층에 의한 마스크 잔류응력을 조절하기 위한 몇 가지 방안이 존재한다. 주된 접근방법은 마스크를 평탄화시키기 위한 노광장비 내에서 e−척을 사용하는 것이다. 노광장비 내에서 e-척을 구현하기 위해서는 e-빔 묘화기간 동안과 마스크 평탄도 측정기간 동안 유사한 체결력을 마스크에 가해야 한다. 또 다른 방안으로는 주어진 필름응력에 대해서 가능하다면 버퍼와 흡수층 두께를 줄이는 것이다. 흡수층 식각 선택도와 수리 식각 선택도 등 버퍼층의 패턴화 성능이 개선되면 버퍼층 두께를 줄일 수 있다. 흡수필름의 두께는 주로 흡수층 소재의 흡수특성에 의해서 주로 지배를 받는다. 흡수성이 높은 소재는 더 얇은 흡수층을 가능케 해준다. 주어진 필름 응력에 대해서 더 두꺼운 마스크 기층소재는 마스크 뒤틀림을 줄이는 데에 도움이 된다. 그런데 이를 위해서는 마스크 포맷의 변화가 뒤따라야 한다.

11.2.2.7 다중층(ML) 결함수리와 완화

기층소재 결함이나 다중층 증착공정에서의 입자에 의해서 다중층(ML)의 위상결함이 발생할 수 있다. 다중층 결함은 일반적으로 위상과 진폭오차 성분들을 함유한다. 위상오차가 마스크 프린트 시 지배적인 영향을 갖고 있는 경우 이 결함을 위상결함이라고 부른다. 위상오차가 지배적인 영향을 끼치는 경우에 이 결함을 진폭결함이라고 부른다. 위상결함은 일반적으로 기층소재의 결함이나 초기 증착단계에서 유입된 입자에 의해서 유발된다. 다중층의 바닥에서 이러한 결함이 전파되어 다중층의 전부 또는 대부분에 영향을 미친다. 진폭결함은 다중층의 최상층에만 영향을 끼친다. 공간영상 측정 시스템(AIMS)과 같은 고분해능 화학선 마스크 검사용 현미경을 사용해서 위상 및 진폭결함을 더 세밀하게 구분할 수 있다. 위상결함의 경우, 대물렌즈의 개구수(NA)에 의해서 만들어지는 초점 상에서 공간영상 측정 시스템(AIMS)의 영상이 충분히 높은 대비 반전을 나타내므로, 대물렌즈 동공 바깥쪽에서 산란되는 광선의 양은 무시할 수 있다. 진폭결함의 경우 공간영상 측정 시스템(AIMS) 영상은 초점을 통해서 대칭적으로 번짐을 보인다. 초점관통이 다중층 위상 및 진폭결함에 끼치는 영향에 대한 공간영상 시뮬레이션 결과가 그림 11.11에 도시되어 있다[13]. 위상 및 진폭결함에 대한 다중층 결함수리가 제한적으로 시도되었다[13, 14]. 다중층 중앙에 묻혀있는 결함의 경우 위상 및 진폭 결함 모두 마스크 프린팅에 영향을 끼친다. 이런 경함을 수리할 손쉬운 방법은 존재하지 않는다. 결함을 덮기 위해 패턴을 갖는 흡수층을 정렬시켜 다중층 결함을 완화시키는 방법을 사용할 수도 있다. 그런데 다중층 결함이 다수인 경우 모든 결함을 동시에 덮는 것이 불가능하다. 또 다른 다중층 결함 완화 방안은 광학근접보정(OPC) 보상방법으로, 다중층 결함을 보상하기 위해서 인접 흡수패턴을 수정하는 것이다[26]. 다중층 수리를 위한 모든 방법들의 경우 다중층을 무결점 수준으로 완벽하게 복원하는 것은 불가능한 것으로 보인다. 다중층 수리는 단순히 결함을 프린트 가능한 수준으로 감소시키는 것이다. 다중층 수리기법과 완화기법의 세부사항들은 다음의 네 절에서 다룰 예정이다.

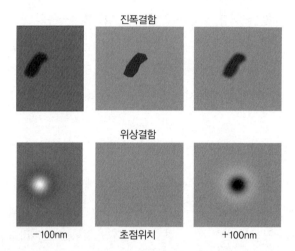

그림 11.11 결함 특성화에 사용할 수 있는 위상 및 진폭결함의 서로 다른 초점관통 시 거동특성에 대한 설명

11.2.2.7.1 다중층 위상결함의 수리

마스크 기층소재 상에서 다중층과 작용하는 어떠한 함몰이나 돌출도 무결점 영역에서의 다중층과의 차이를 나타낸다. 결함 상부에서와 결함이 없는 위치에서 다중층의 위상 차이는 원래 결함의 높이와 관계되어 있다. 다중층이 정합되어 있다면, 위상과 결함높이 사이의 관계는 다음 식을 사용하여 산출할 수 있다.

$$\phi = \frac{4\pi}{\lambda} d \cos\theta \qquad\qquad (11.4)$$

여기서 λ는 노광파장, d는 기층소재의 결함높이, 그리고 θ는 마스크 법선에 대한 입사광의 각도이다. 이런 결함은 위상결함에 해당된다. 실제 다중층 증착공정에서 다중층이 결함을 덮으면 일반적으로 가우시안 형상을 만들어낸다. 다중층 결함의 영향은 원래의 기층소재 결함높이와 형상에 덜 의존적이지만, 다중층 상부에 나타나는 전파된 결함의 물리적인 크기에는 더 의존적이다. 결함의 단면산란은 결함의 수직 및 측면방향 크기에 비례하므로 이를 이해할 수 있다.

다중층 위상결함은 다중층 적층의 바닥에서 시작되거나 바닥을 향하기 때문에 표준 결함제거 기법을 적용할 수 없다. 결함 영역과 무결함 영역에서의 다중층 부정합은 수 나노미터의 크기이므로, 국부적인 가열을 통해서 결함 영역에서의 다중층 주기를 줄여서 다중층 부정합 또는 다중층 결함의 영향을 줄이는 것이 타당하다[14]. 국부가열은 Mo/Si 계면에서의 규화물 형성을 촉진하며, 가열되지 않은 Mo/Si 다중층 영역에 비해 체적이 작다. 각 주기마다 약간의 축소를 통해서 다중층 전체를 통해서 (40쌍의 다중층 적층의 경우)약 40배의 주기감소를 만들 수 있다. 다중층 결함의 높이가 감소하면, 그림 11.12에서 도시된 것과 같이 결함 영역과 무결 함 영역의 높이차이도 줄어든다. $400\mu m$ 반경의 고전류 e-빔을 사용하여 코팅 반사율의 현저 한 저하 없이 나노미터 단위의 깊이변화를 조절할 수 있음이 규명되었다[14]. 이러한 유형의 결함수리 방법의 단점은 초기 다중층(ML) 결함높이가 수 나노미터 이하여야 한다는 점이다. 더 높은 결함일수록 더 큰 d-간극 축소가 일어나며, 이는 더 많은 규화물이 생성됨을 의미한 다. 11.2.2.5에서 논의된 것과 같은 다중층 계면에서의 규화물 생성은 다중층 피크 반사율을 저하시키며, 중심대역을 단파장 쪽으로 이동시킨다. 원래 설계된 파장의 다중층 반사율은 피 크 반사율 저하와 중심대역 천이의 영향이 조합되어 수용할 수 없는 수준까지 저하된다.

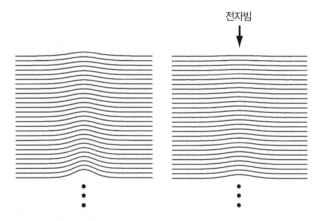

그림 11.12 극자외선 리소그래피(EUVL) 마스크 위상결함의 수리방법에 대한 도식적인 설명: Mo/Si 다중층 내부에 e-빔에 의해서 규화물이 생성되면 수축이 발생하여 다중층 상부에서 결함높이가 감소된다. 참고문헌 14

11.2.2.7.2 다중층 진폭결함의 수리

제안된 방법은 다중층의 최상부 근처에 매립된 입자나 다중층 상부 10~20층 사이에 위치하 는 모든 손상들과 같은 불투명한 얼룩들을 집속 이온빔(FIB) 또는 e-빔을 사용하여 물리적으 로 제거하여 다중층의 진폭결함을 수리하는 방법이다. 그런 다음 식각된 영역은 국부증착을 통해서 얇은 덮개층으로 메운다. 이 공정을 통해서 그림 11.13에서와 같이 얇은 분화구가 남게된다[13]. 불투명한 얼룩과 함께 다중층 상부의 여러 층들이 제거된 후에도 국부적으로 수리된 영역에 잔류하는 다중층 쌍들은 여전히 많다는 것이 이 수리방법의 기초이론이다. 다중층이 50~60개의 이중층으로 이루어진 경우에, 다중층 상부의 20쌍을 제거한다 하여도 1%의 반사율이 변할 뿐이라는 것이 규명된 바 있다(그림 11.4 참조). 원래의 다중층 쌍의 숫자와 반사율 허용 편차가 주어진다면, 이 기법을 사용해서 제거할 수 있는 진폭결함의 깊이 한계를 구할 수 있다. 다중층 쌍만을 제거하는 경우에 반사율 저하와 함께, 반사표면의 미소영역을 제거함에 따라서 발생되는 위상천이가 반사율에 끼치는 영향도 고려해야 한다. 수리과정에서 다중층 일부를 제거함에 따라 발생되는 원치 않는 영향을 최소화시키기 위해서는 그림 11.13에 도시된 것과 같이 분화구 프로파일의 경사가 매우 작은 값을 유지하도록 세심하게 조절해야 한다.

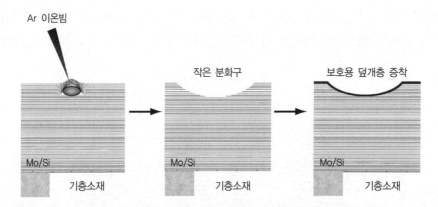

그림 11.13 집속 이온빔(FIB)을 이용한 진폭결함 수리방법의 모식도. 결함을 제거한 다음에는 다중층에 작은 분화구가 남겨진다. 참고문헌 13.

계산결과, 대물렌즈 동공 외곽에서 산란되는 빛의 양이 매우 작기 때문에 측면 경사도가 낮은 분화구는 경사도가 급격한 분화구에 비해서 잘 프린트되지 않는다는 것이 밝혀졌다[13]. 분화구 위상구조의 지배적 인자는 초점이탈 효과로 얕은 분화구에서는 무시할 정도이다. 실제로 노광된 Mo와 Si 경계는 산화되며 수리된 영역 내에서 반사율 저하가 유발된다. 수리 후 산화를 방지하기 위해서 즉석에서 비활성 덮개층을 국부 이온빔으로 증착하는 방안이 제안되어 연구가 시행되었다[13]. 알맞은 덮개층 소재와 소재 증착두께는 수리영역에서 반사율 변화를 조절하는 데에 필수적인 인자이다.

11.2.2.7.3 다중층 결함보상

흡수재 형상에 대한 광학근접보정(OPC)을 통한 극자외선(EUV) 다중층 결함의 완화방안이 연구 및 시연되었다[26]. 이 방법의 개념은 광학식 마스크에서 사용되었던 것과 유사하다. 원하는 패턴 엄밀성이 결함에 의해서 손상 받으면, 왜곡을 보정하기 위해서 마스크 형상에 대한 수정이 시행된다. 결함보정의 간단한 사례로 직선구조 근처에 위치한 어두운 다중층 결함을 그림 11.14에서 도시하고 있다. 이 다중층 결함에 의해서 웨이퍼 프린트 시 결함위치 근처에서 국부적인 선폭증가가 유발된다. 대형 결함의 경우에는 직선 간 연결이 발생할 수도 있다. 이 다중층 결함에 의한 영향을 보정하기 위해서는 결함 근처에 위치한 마스크 직선의 선폭을 조절할 필요가 있다. 보정된 영역은 더 좁게 프린트되도록 만드는 반면에, 인접한 다중층 결함은 더 넓게 프린트되도록 만든다. 총체적인 영향의 결과로 흡수재 보정이 적절하게 시행되면 결함 영역에서도 선폭의 변화가 발생하지 않는다. 이 결함보정 방법은 진폭이 지배적인 다중층 결함에 더 적용하기 용이하다. 순수한 다중층 위상결함은 초점이탈을 사용하는 이 방법으로는 잘 보상되지 않는다.

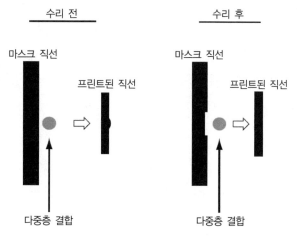

그림 11.14 광학근접방식 다중층 결함보정의 모식도. 이 수리공정에서 다중층 결함의 패턴화 효과를 보정하기 위해서 흡수재 영역이 제거된다.

이 결함보상 기법을 실용화시키기 위해서는 우선적으로 결함위치를 찾기 위한 마스크 결함에 대한 화학선 검사나 공간영상 측정 시스템(AIMS)이 필요하다. 적절한 흡수재 보정량과 보정위치 등을 결정하기 위해서는 공간영상 측정 시스템(AIMS)을 사용해서 결함의 영향을 판정해야 한다.

11.2.2.7.4 흡수재 패턴 메움을 통한 마스크 결함완화

제한된 다중층 결함을 메우기 위해 흡수재 패턴을 사용하는 것은 타당하다. 특히 이것은 대부분의 마스크 영역이 흡수재 패턴으로 메워진 접촉층 마스크와 같은 암시야 마스크의 경우에 잘 적용된다. 이 방법을 구현하기 위해서는 다음 사항들이 필요하다. (1) 다중층 상부에 표준 정렬마크 위치 (2) 다중층 결함검사장비를 통한 결함크기와 위치 검출 (3) 다중층 결함에 마스크 데이터를 매칭시켜서 다중층 결함들이 최대한 마스크 흡수재에 의해 메워지도록 마스크 패턴 이동시켜 보정 (4) e-빔 패턴화 과정 중에 e-빔 정렬 유지이다.

이 방법의 효용성은 모든 다중층 결함들의 위치와 마스크 명시야 및 암시야와 같은 마스크 유형 등에 의존한다. 일반적으로 매우 제한된 결함들만이 동시에 완화 및 메울 수 있다.

11.2.3 버퍼층, 적층된 흡수층, 그리고 후방 전도층

다중층 제조 이후에 버퍼층, 흡수층, 비반사코팅(ARC)층, 그리고 배면 도전층 등이 다중층의 상부에 연속적으로 증착된다. 흡수층의 식각과 수리과정에서 다중층을 보호하기 위해서 버퍼층이 사용된다. 만약 다중층 덮개에 대한 흡수재의 식각과 수리가 충분히 높은 식각 선택성을 갖고 있다면 버퍼층을 사용할 필요가 없다. 마스크 결함을 광학적으로 검사하기 위해서 비반사코팅(ARC) 층이 필요하다. 흡수층과 비반사코팅(ARC)층을 한데 묶어 흡수재 적층이라고 부른다. SEMI P38-1103 표준에 따르면 e-척과 연관된 모든 공정기간 동안 e-척에 체결력을 가하기 위해서 다중층 모재 배면의 금속 코팅이 필요하다.

11.2.3.1 버퍼층

흡수재의 식각과 수리과정에서 다중층(ML)을 효과적으로 보호하기 위해서는 버퍼층이 다음과 같은 특성을 가져야 한다. (1) 핀 구멍 결함이 없음 (2) 흡수재 식각과 수리용 식각에 대한 높은 식각 선택도 (3) 버퍼층 제거 공정 중에 다중층 덮개층에 대한 높은 식각 선택도 (4) 대형 버퍼 결함을 수리 없이 사용할 수 있을 정도로 비교적 낮은 극자외선(EUV) 흡수성 (5) 다중 마스크 세척공정에 의해서 언더컷이 발생하지 않을 정도로 양호한 화학적 세정 내구성이다.

마스크에 유발되는 응력을 최소화시키기 위해서 버퍼층을 저응력 상태로 증착할 필요가 있다. SEMI P38-1103 표준에서는 버퍼층의 필름응력이 200MPa 이하가 되도록 규정하고 있다. 필름 내의 어떠한 응력도 마스크 평탄도 왜곡을 유발하며, 웨이퍼 프린트 시 패턴 평면 내 왜곡(IPD)에 전사된다. e-척의 사용이 전반적인 마스크 평탄도를 크게 향상해준다고 할지라도 필름 응력을 우선적으로 최소화시키는 것이 바람직하다.

몇 가지 버퍼층 후보 소재들이 시험되었다. 이들은 산화규소(SiO_2), 질화규소(SiON), 탄소(C), 크롬(Cr), 그리고 루테늄(Ru) 등이다[27-33]. 버퍼층 요건에 대해서 각 버퍼소재들은 서로 다른 성능상의 장점과 단점들을 가지고 있다.

버퍼층에 대한 명확한 요건들 역시 다중층 덮개층 소재에 의존한다. 만약 다중층 덮개가 마스크 패턴화 및 수리과정에서의 흡수재 식각에 대해서 높은 저항이나 선택성을 갖고 있다면, 버퍼층이 궁극적으로 제거될 우려가 있다(11.3.2 참조).

11.2.3.2 적층된 흡수층

전형적인 극자외선 리소그래피(EUVL) 마스크 흡수재 적층은 마스크 노광 시 극자외선(EUV) 빛을 흡수하는 금속과 비반사코팅(ARC)층으로 구성된다. 비반사코팅(ARC)층의 비반사 기능은 전형적인 결함검사 파장으로 사용되는 원자외선(DUV) 파장에 대해서 흡수재 적층의 상부에서 빛의 반사를 줄이는 것이다. 반사성 극자외선(EUV) 마스크의 경우 검사영상의 대비는 반사영역과 흡수영역 사이에서 반사된 빛에 의존한다. 일반적으로 금속 흡수재는 150nm~250nm의 원자외선(DUV) 파장범위에 대해서 비교적 높은 반사율을 갖고 있다. 흡수층에서의 높은 원자외선(DUV) 반사율 때문에 원자외선(DUV) 광학검사장비의 대비가 낮아진다. 마스크 광학식 검사의 필요성에 부응하기 위해서는 원자외선(DUV) 반사율이 낮은 비반사코팅(ARC)이 필요하다. 흡수층에서의 극자외선(EUV) 빛(13.4nm)에 대한 반사율은 전형적으로 0.2%만큼 저하되지만 마스크 노광 시 이를 고려할 필요가 없다. 비반사코팅(ARC)의 필요성은 마스크 검사방법에 의존한다. 원자외선(DUV) 광학식 검사 시스템은 일반적으로 비반사코팅(ARC)층을 필요로 하는 반면, e-빔 기반의 검사 시스템이나 화학선(at-파장) 검사 시스템은 비반사코팅(ARC)층을 필요로 하지 않는다(11.3.3 참조).

비반사코팅(ARC)층용 소재는 검사파장에 대한 반사율이 낮아야 할 뿐만 아니라 다음과 같은 특정한 마스크 제조요건들을 충족시켜야만 한다. (1) 무편향 식각으로도 쉽게 식각되며, 임계치수(CD) 조절이 양호해야 한다. (2)이 식각단계에서 비반사코팅(ARC)과 흡수 패턴을 경질 마스크 식각에서처럼 사용하기 때문에 버퍼 식각공정 중에 높은 식각 선택도 또는 저항률이 필요하다. 비반사코팅(ARC)층의 두께 감소는 최소 반사율 대역을 천이시켜서 검사파장 대역에서의 반사율을 증가시키기 때문에 식각과정에서 소재의 제거가 일어나지 않아야 한다.

(3) 결함율이 낮아야 한다. (4) 마스크 패턴화 공정을 단순화시키기 위해서 흡수층 식각에 사용한 것과 동일한 공정을 사용해서 비반사코팅(ARC)층을 식각할 수 있기를 원한다. (5) 다중 마스크 세척공정 중에 비반사코팅(ARC)소재의 손실이 일어나지 않을 정도로 양호한 화학적 세정 내구성을 갖춰야 한다.

AlCu, Ti, TiN, Ta, TaN, 그리고 Cr 등과 같이 다양한 극자외선 리소그래피(EUVL) 마스크 흡수재들이 검토되었다[27, 28, 30, 33-37]. 그 결과에 따르면 TaN과 Cr이 평가된 여타의 소재들에 비해서 더 낮은 성질을 갖고 있다. 그림 11.5에서는 13.5nm 파장에 대한 극자외선 (EUV) 흡수특성을 Cr 및 TaN 흡수재 필름 두께의 함수로 도시하고 있다. 이에 따르면, TaN은 Cr에 비해서 극자외선(EUV) 파장에 대해서 약간 더 어둡다. Cr 흡수재는 광학식 노광분야에서 여러 세대에 걸쳐서 적용되어 왔다. Cr 마스크 흡수재가 극자외선(EUV) 노광공정으로 확대되면 마스크 기술의 기간산업에 끼치는 영향을 최소화시킬 수 있다. 그런데 광학식 마스크에 사용되는 현행 Cr 흡수재는 편향식각이나 식각 부하효과 등이 더 큰 것으로 알려져 있다. 이러한 단점들이 Cr 흡수재를 극자외선 리소그래피(EUVL) 분야에까지 확대하여 적용하는 것을 막고 있다. TaN은 현재 마스크 기술에서는 사용되고 있지 않은 새로운 필름이다. 그런데 Ta를 기반으로 하는 금속 화합물은 예전에 X-선 마스크 기술에서 검토되었던 바가 있다. 극자외선 리소그래피(EUVL) 마스크 제조와 프린트에서 이 소재의 성능은 공정단계들이나 성능적 측면에서 Cr 흡수재와 비교할 만하다.

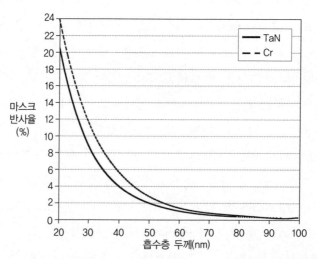

그림 11.15 TaN과 Cr 흡수재의 두께에 따른 13.4nm 파장에 대해서 정규화된 극자외선 리소그래피(EUVL) 다중층 마스크 모재의 반사율. 70nm 이상의 두께를 갖는 TaN과 Cr 흡수재의 경우 흡수재 영역 내에서의 반사율은 1% 이하로 저하된다.

11.2.3.3 배면 도전성 코팅

SEMI P38-1103 표준에서는 극자외선 리소그래피(EUVL) 마스크 모재의 배면 도전성 코팅에 대해서 규정하고 있다. 모재 배면의 전도성은 다양한 공정단계에서 사용되는 e-척을 위해서 필요하다. 노광장비에서 사용되는 극자외선 리소그래피(EUVL) 마스크는 필연적으로 평면 내 왜곡(IDP)과 평면 외 왜곡(OPD)을 사용한다. 이들은 웨이퍼 평면 내 왜곡(IDP) 변형의 두 가지 핵심 오차원인이다. 마스크 기층소재가 30nm의 편평도 요구조건을 맞췄다고 하더라도, 버퍼와 흡수재 박막은 200MPa 이하의 응력 조건을 충족시켜야 한다. 마스크 모재의 응력, 버퍼와 흡수재의 잔류응력, 그리고 e-빔 묘화와 웨이퍼 노광과정에서 마스크 마운팅의 불일치 때문에 마스크의 평면 내 왜곡(IPD)과 평면 외 왜곡(OPD) 모두 여전히 큰 값을 갖는다. e-빔 묘화, 편평도 계측, 그리고 웨이퍼 노광과 같은 특정 공정에서 마스크 모재를 일정하게 마운팅 한다면 마스크 패턴 평면 내 왜곡(IPD)의 주 원인을 제거할 수 있다. 노광장비 내에서 마스크 마운팅도 동시에 마스크를 평탄화시켜주지 않는다면 마스크 평면 외 왜곡(OPD)의 원인은 여전히 존재한다. 전통적인 광학식 마스크 마운팅 기법은 이 요건 때문에 적용할 수 없다. 극자외선 리소그래피(EUVL) 마스크는 반사방식 마스크이므로 노광장비 내에서 마스크를 평탄화시키기 위해서 마스크 배면을 고정하는 것이 적합하다. 극자외선 리소그래피(EUVL) 마스크는 공기에 의한 빛의 흡수를 막기 위해서 진공 중에서 노광이 수행되기 때문에 노광장비 내에서 전통적인 진공 척을 사용할 수 없다. 대안들 중 하나는 e-척을 사용하는 것이다. e-척을 사용해서 마스크를 효과적으로 평탄화시키기 위해서는 도전성 배면을 갖는 마스크가 요구된다. 극자외선 리소그래피(EUVL) 마스크 배면에 사용되는 도전성 소재의 성질에 대해서는 SEMI P38-1103 표준에서 규정되어 있지 않다. 이 사안에 대해서는 모재 제조업체와 사용자 사이의 양해사안이다.

이 단계까지 오면 극자외선 리소그래피(EUVL) 마스크 모재의 제조가 완료된다. 여기에는 다음과 같은 단계들로 구성된다. 기층소재의 준비, 기층소재 폴리싱, 다중층 증착, 다중층 수리, 버퍼층(필요할 수도, 필요치 않을 수도 있다), 흡수층 적층, 그리고 배면 도전층 증착 등이다.

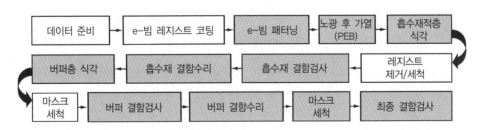

그림 11.16 상세한 극자외선 리소그래피(EUVL) 마스크 패턴화 플로 차트. 회색 블록은 극자외선 리소그래피(EUVL) 전용 모듈이거나 극자외선 리소그래피(EUVL) 전용 사양에 맞추기 위해서 수정이 필요한 모듈이다.

11.3 극자외선 리소그래피(EUVL) 마스크 패턴화

극자외선 리소그래피(EUVL) 마스크 패턴화는 기존의 광학식 마스크 제조에서와 매우 유사한 단계들로 구성되어 있으며, 예를 들면 버퍼층을 위한 추가적인 식각단계와 같은 극자외선 리소그래피(EUVL)에 특화된 단계가 추가된다. 그런데 극자외선 리소그래피(EUVL) 마스크 패턴화 요구조건들을 맞추기 위해서는 몇 가지 극자외선 리소그래피(EUVL) 마스크 패턴화 공정과 기존 광학식 마스크 제조에서 사용되는 것과 유사한 장비들을 수정할 필요가 있다. 그림 11.16에서는 극자외선 리소그래피(EUVL) 마스크 패턴화 공정의 개략적인 흐름도를 보여주고 있다. 이 흐름도에서는 임계치수(CD)와 기록 계측단계가 생략되어 있다. 공정 흐름도에서 음영색이 입혀진 박스들은 기존의 광학식 마스크 패턴화 공정과 비교해서 수정이 필요한 공정이나 장비들을 나타내고 있다. 다음의 몇 절들에서는 극자외선 리소그래피(EUVL) 마스크에 특화된 공정단계들과 요구조건들에 대해서 더 상세하게 논의할 예정이다. 기존의 광학식 마스크에서와 유사하며 극자외선 리소그래피(EUVL)에 특화되지 않은 단계나 요구조건들에 대해서는 논의하지 않는다.

11.3.1 e-빔 레지스트 패턴화

극자외선 리소그래피(EUVL) 마스크 e-빔 레지스트 패턴화는 기존의 광학식 마스크에서와 유사하다. 그런데 마스크 왜곡이나 편평도 요구조건을 충족시키기 위해서는 e-빔 패턴화 장비와 웨이퍼 노광장비 내에서 마스크를 고정시키기 위해서 e-척의 사용이 강력하게 요구된다. 만약 전기적으로 고정된 상태에서 마스크가 기록된다면, 스캐너 노광 시스템 내의 유사한 e-척에 마스크가 다시 고정될 때에도 마스크 노광 시 유발되는 응력에 의한 패턴 왜곡이 최소화된다.

32nm와 그 이하세대의 노드에서 필요한 고분해능 레지스트 패턴화를 구현하기 위해서는, 50keV 또는 그 이상의 전압을 갖는 e-빔 패턴화 장비들과 화학적으로 증폭된 레지스트를 사용하는 것이 바람직하다. 레지스트 패턴화에서의 또 다른 극자외선 리소그래피(EUVL)에 특화된 제한조건은 레지스트 사전노광 베이킹 온도로서, 고온에서는 다중층의 열 불안정성이 존재하므로 150°C 이하로 조절할 필요가 있다.

11.3.2 적층된 흡수층의 식각

마스크 임계치수(CD)를 엄격하게 조절하기 위해서는 건식 식각방법을 사용해서 극자외선 리소그래피(EUVL) 마스크 흡수층을 식각할 필요가 있다. 식각의 화학반응과 식각공정은 흡수 적층 소재의 종류에 의존한다. 만약 Cr 흡수재와 $C_rO_xN_y$ 비반사코팅(ARC)이 사용된다면, 특히 버퍼층이 SiO_2라면, 식각공정은 오늘날 사용되는 광학식 마스크 흡수재 식각공정과 유사해진 다. 오늘날 광학식 마스크 패턴화에 사용되는 Cr의 건식 식각은 Cl_2와 O_2 가스를 조합하여 사용 한다. 수정 기층소재에 대한 Cr 식각의 선택성은 전형적으로 20보다 크다. SiO_2 버퍼층을 갖춘 극자외선 리소그래피(EUVL) 마스크의 Cr 흡수층의 경우 20보다 큰 식각 선택도가 시연되었다 [36]. 동일한 공정을 사용하면서 버퍼층 소재를 SiO_2에서 C나 Ru와 같은 다른 소재로 바꾸면 선택도와 식각 프로파일은 영향을 받게 된다. 이런 경우 공정을 다시 최적화시켜야만 한다.

TaN 흡수재의 경우 전형적인 건식 식각용 화학물질은 Cl_2이다. Cl_2 화학물질을 사용한 TaN 식각은 SiO_2 버퍼층에 대해서 20보다 큰 식각 선택도를 갖고 있음이 규명되었다[37].

TaN 흡수재를 위한 몇 가지 비반사코팅(ARC)층용 소재들이 검토되었다[33, 38-41]. 이들 중 일부는 비반사 효과가 매우 양호하여 원자외선(DUV) 검사 대비도를 30%에서 최대 90%까 지 향상시켜주었다. 비반사코팅(ARC)층의 가장 진보적인 측면은 흡수층에 사용되었던 것과 동일한 식각용 화학물질을 사용하여 식각이 가능하며, 경질 식각용 마스크로 비반사코팅 층과 흡수층이 사용될 때에 버퍼층 식각에 견딜 수 있다는 점이다. 버퍼층 식각과정에서 비반사코팅 (ARC)층의 두께 감소는 주어진 파장에 대한 원자외선(DUV) 검사 대비에 영향을 끼칠 수 있다. 만약 극자외선 리소그래피(EUVL) 마스크 패턴화 공정에서 버퍼층을 완전히 없앨 수 있다면, 경질마스크의 식각에 비반사코팅층이 필요 없다.

최근의 연구에 따르면 덮개로 Ru를 사용한 다중층 위에 충진된 TaN/ARC 흡수재 적층은 100:1의 식각 선택도를 갖고 있다[42]. 그 결과 공정 내에서 버퍼층을 제거할 수 있다.

11.3.3 흡수층 결함검사

마스크 검사를 통해서 전형적으로 흡수재 결함(경질결함)을 발견할 수 있을 뿐만 아니라, 예를 들면 세척액 잔류물, 레지스트 잔류물 등과 같은 모든 오염물질(연질결함)들을 검출할 수 있다. 극자외선(EUV) 빛을 조사하는 경우 유기 잔류물과 같이 가시광선이나 원자외선 (DUV)에 투명한 많은 소재들이 부분적으로 또는 완전히 불투명하게 나타난다. 의문점은 어떤 경우에 극자외선(EUV) 마스크에 대한 화학선 방식의 검사가 필요하냐는 점이다. 이 의문에 대한 답은 발현 가능한 모든 유형의 연질결함들에 대해서 광학식과 화학선 방식으로 시험해보거나 또는 실제 생산라인 내에서 시험된 마스크를 사용하는 것이다. 현재로는 두 경우 모두 현실적이지 못하다. 극자외선(EUV) 광원을 사용한 검사와 원자외선(DUV) 광원을 사용한 검사조건 하에서 특정한 연질결함의 검출특성을 이해하기 위한 노력은 극히 제한적으로만 수행되었을 뿐이다. 광학식 검사 시스템이나 e-빔 검사 시스템을 사용해서 매우 높은 대비 하에서 얇은 산화물 결함에 대한 신호를 검출한 사례가 있다[38]. 광학식이나 e-빔 검사방법에 의해서 검출할 수 없는 특정한 연질결함을 화학선 방법으로 검출할 수 있음을 입증하는 명확한 데이터가 수집되지 못하였다. 일반적으로 e-빔 검사장비는 매우 생산성이 낮기 때문에 검사용 파장을 감소시켜서 분해능을 향상시킨 광학식 검사장비가 극자외선 리소그래피(EUVL) 마스크 검사용 장비의 주류가 되었다.

광학식 마스크 검사 시스템에서 결함감지 민감도는 주로 검사용 파장과 마스크상의 패턴이 있는 영역과 없는 영역 사이의 신호 대비에 주로 의존한다. 그림 11.17(a)에 도시된 것처럼 검사용 빛은 투명한 영역(수정)을 투과하는 반면 어두운 영역(크롬)에서는 막히기 때문에 투과형 광학식 마스크의 경우 검사 대비도는 매우 높다(> 90%). 극자외선 리소그래피(EUVL) 반사형 마스크의 경우 190nm~250nm의 검사용 파장대역에 대해서 투명한 영역(다중층 영역)의 반사도는 약 60% 내외이다. 그림 11.17(b)에서 설명하는 것과 같이 광 신호의 대비도는 흡수층 비반사코팅(ARC)의 어두운 정도에 의해서 주로 결정된다. 흡수재 적층에서 검사광의 반사율이 높은 경우 그림 11.17(b)에서와 같이 검사된 영상의 대비가 낮아질 뿐만 아니라 반사영역(다중층 영역)에서 반사된 빔 I_T와 흡수영역에서 반사된 빔 I_a 사이의 간섭에 의한 원치 않는 광 신호가 수반된다. 이 신호들은 전형적으로 예를 들면 추가적인 밝은 스파이크 신호가 어두운 선 영역에서 발생하는, 소위 테두리 링 효과를 유발한다[40]. 테두리 링 효과는 마스크 결함검사성능을 현저하게 저하시킨다. 극자외선 리소그래피(EUVL) 마스크 검사 대비도가 70%에 달하면 테두리 링 효과는 무시해도 된다. 투과형 마스크 검사에 사용되는 검사 알고리즘을 극자외선 리소그래피(EUVL) 마스크 검사에도 확장시켜 적용할 수 있다[41].

흡수재 비반사코팅(ARC)이 더 반사적이면, 버퍼층, 예를 들면 SiO_2나 C의 두께 역시 검사 대비도에 중요한 역할을 한다. 왜냐하면 버퍼층이 얇기 때문에 버퍼층에서 검사광의 흡수는 완벽하지 못하기 때문이다. 버퍼영역 내에서 반사광의 강도는 버퍼층 두께를 사용해서 조절할 수 있다(박막 필름 간섭효과). 그 결과 버퍼층의 두께가 검사파장에 대해서 최적화되지 않는다면 검사 민감도는 크게 영향을 받는다.

극자외선 리소그래피(EUVL) 마스크와 관련된 모든 문제들과 더불어서, 프린트 가능한 결함의 크기는 극자외선 리소그래피(EUVL) 기술세대에 들어서면서 32nm 노드 세대에서 25nm까지 줄어들 정도로 훨씬 작아지게 되었다. 분해능 요구조건을 충족시키기 위해서는 마스크 결함 검사장비의 검사 민감도를 크게 강화할 필요가 있다. 이를 위해서는 더 짧은 파장의 검사 시스템과 새로운 데이터 분석 알고리즘의 개발이 필요하다.

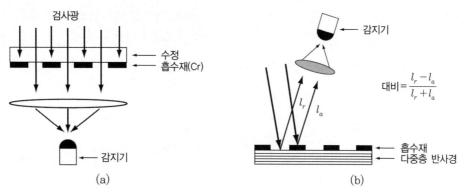

그림 11.17 (a) 투과식 마스크와 (b) 반사식 마스크에 대한 광학식 검사방법에 대한 설명

11.3.4 흡수층 결함수리

흡수재 패턴화 과정에서 두 가지 유형의 흡수재 결함이 존재할 수 있다. 이들은 흡수재 과다 결함(투명한 영역에 원치 않는 흡수재 잔류)과 부족 결함(필요한 위치의 흡수재 손실)이다. 두 결함 모두 그 크기에 따라서 다음 공정단계로 넘어가기 전에 수리할 필요가 있다.

극자외선 리소그래피(EUVL) 마스크 결함수리에서 가장 난제는 버퍼층이 사용되지 않는 경우에 버퍼층 또는 흡수층 하부의 다중층(ML) 적층의 손상이나 오염을 피하는 것이다. 비록 다중층 중 몇 개를 잃는다 해도 다중층(ML) 반사율은 크게 영향을 받지 않지만, Mo 층이 노광된 결과는 나머지 제조공정 내내 영향을 끼치게 된다. 예를 들면 Mo 층에 비해서 노광된 몰리브덴에서 생성된 산화몰리브덴은 더 많은 극자외선(EUV) 빛을 흡수한다. 노광된 Mo는 또한 마스크 패턴화 공정에서 사용되는 다중 화학적 세척에 더 손상을 받기 쉽다. 반사형 마스크에서는 빛이 오염된 영역을 두 번 지나치기 때문에 수리에 의해서 유발되는 다중층 모재의 오염은 기존의 투과형 광학식 마스크에 비해서 반사 마스크에서 더 심한 영향을 받는다. 마스크 패턴화 과정에서 다중층과 흡수층 사이에 버퍼층이 필요한 이유는 부분적으로 극자외선 리소그래피(EUVL) 마스크 흡수층의 수리가 필요하기 때문이다.

현재 광학식 마스크의 수리에는 레이저 수리와 집속 이온빔(FIB) 수리방법이 사용되고 있다. 두 가지 수리장비 모두 흡수재 과다 결함을 식각하거나 흡수재 부족 결함을 충진할 수 있다. 그런데 극자외선 리소그래피(EUVL) 마스크 수리의 경우 레이저 수리장비는 공간 분해능 때문에 제한을 받는다. 진보된 펨토 초 펄스형 레이저 수리장비에서조차도, 분해능은 광학적 회절에 의해서 제한을 받는다. 원자외선(DUV) 광학계의 분해능은 약 100nm까지밖에 낮출 수 없다. 극자외선 리소그래피(EUVL) 마스크 수리용 집속 이온빔(FIB)의 경우 다중층에 주입되는 갈륨(Ga) 이온이 제한인자가 된다. Ga 이온 주입은 다중층 반사율을 두 가지 측면에서 즉 다중층 계면 혼합과 극자외선(EUV) 빛의 직접흡수를 통해서 저하시킨다. 그림 11.18에서는 세 가지 서로 다른 버퍼에 대한 다중층 반사율을 Ga 이온빔 전압의 함수로 나타내고 있다.

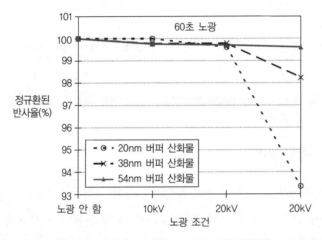

그림 11.18 세 가지 서로 다른 버퍼 산화물 층 두께에 대하여 갈륨 빔을 사용한 60초간의 노광에 의한 극자외선 리소그래피(EUVL) 다중층 마스크 모재의 반사율의 집속 이온빔(FIB) 작동전압 변화에 따른 변화

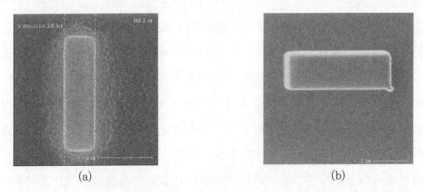

그림 11.19 (a) 집속 이온빔(FIB)을 사용해 증착된 W와 (b) e-빔을 사용해 증착된 Pt의 주사전자현미경(SEM) 사진에 따르면 e-빔 증착 시 확연한 차이가 나타남을 알 수 있다. 참고문헌 45.

다중층(ML)이 (식각 없이)60초 동안 갈륨이온 빔에 노광된 경우의 SiO_2 두께가 제시되어 있다. 여기서 갈륨 이온 주입이 다중층 반사율에 끼치는 영향이 명확하게 제시되고 있다[43]. 다중층을 완벽하게 보호하기 위해서는, 버퍼층이 이온이 투사되는 범위와 주어진 이온빔 전압에 의해 수리과정에서 손실되는 두께를 더한 만큼의 두께를 가져야만 한다. 예를 들면 30-kV Ga 이온이 다중층에 도달하는 것을 방지하기 위해서는 70nm 두께의 SiO_2가 필요하다[44].

Ga 이온빔 대신에 전자빔을 극자외선 리소그래피(EUVL) 마스크 결함수리에 사용하는 방안이 검토되었다[45]. e-빔은 32nm 기술 노드에서 필요로 하는 높은 영상분해능을 제공해준다. 결함식각공정에서 적절한 기체 화학물질이 표면에 존재하면 화학적 반응이 유발된다. 그 결과 기층소재 하부에는 아무런 또는 지극히 작은 영향만이 가해진다.

무마스크 직접묘화 리소그래피와 같이 나노 구조물을 만들기 위해서 e-빔에 의해서 유발되는 직접증착기법이 오래 동안 연구되어 왔다. 이런 구조를 만들어내는 메커니즘은 e-빔에 의해서 표면상에서 해리된 탄화수소가 흡수되면서 탄소원자가 증착되는 것이다. 이와 유사한 메커니즘을 기반으로 하여, 만약 처리공정이 기층소재 원자들과 반응하여 휘발성 물질을 생성할 수 있는 자유기 또는 자유이온과 같은 것들을 생성할 수 있다면 금속의 제거도 역시 가능하다. 전자의 도움을 받는 소재 제거방법은 소재의 물리적 스퍼터링을 사용하지 않는 상대적으로 순수한 화학적 공정이다. 이 공정은 기층소재에 매우 높은 식각 선택성을 부여할 가능성을 가지고 있다. e-빔을 사용하는 Si, Si_xN_y, SiO_2, PMMA 및 GaAs 등의 식각이 보고되었다 [46-49]. 극자외선 리소그래피(EUVL) 마스크의 흡수재 부족 결함에 대한 e-빔 수리사례에서는 e-빔을 사용한 백금(Pt) 증착을 사용해서 매우 선명한 증착 경계를 구현하였다[45]. 즉, 집속 이온빔(FIB) 증착 시 일반적으로 발생하는 소재 확산이 발생하지 않았다. 그림 11.19에서는 e-빔에 의해서 증착된 Pt와 집속 이온빔(FIB)에 의해서 증착된 텅스텐(W)에 대한 주사전자 현미경(SEM) 사진을 비교해 보여주고 있다. 집속 이온빔(FIB) 증착에 의한 증착 경계면에서의 소재 확산 현상을 선명하게 볼 수 있다[그림 11.19(a)]. TaN 흡수재 제거의 경우 e-빔을 사용한 XeF_2 가스 식각이 시연되었다[45]. 그림 11.20에서는 SiO_2 버퍼층 위의 TaN 극자외선 (EUV) 흡수층을 100nm만큼 e-빔으로 식각한 원자작용력현미경(AFM) 영상을 보여주고 있다. 이 경우 기저부 산화물 손실은 약 2nm 정도이다. 버퍼 SiO_2 층에 대한 평균 식각 선택도는 약 20:1 정도이다. e-빔 수리기술은 극자외선(EUV) 마스크에서 필요로 하는 분해능, 테두리 배치 정밀도, 그리고 무결함 수리방법 등을 구현해줄 수 있을 것으로 기대된다.

그림 11.20 1keV의 XeF₂를 사용해서 식각한 TaN 흡수층 패턴의 3차원 원자작용력현미경(AFM) 영상을 보여주고 있다. 식각이 끝난 위치의 표면에 대한 원자작용력현미경(AFM) 측정 결과 약 2nm 표면조도를 나타낼 정도로 매끄럽다. 참고문헌 45.

11.3.5 버퍼층 식각

버퍼층의 식각은 기존의 투과형 광학식 마스크와는 달리 극자외선 리소그래피(EUVL) 마스크 제조를 위해 추가된 식각단계이다. 버퍼 식각공정에서 레지스트 대신에 패턴이 입혀진 흡수 소재 적층이 식각용 경질 마스크로 사용된다. 버퍼 식각과 경질 마스크 사이의 식각 선택도가 매우 높으면, 마스크 임계치수(CD)는 주로 흡수재 적층의 식각에 의해서 결정된다. 버퍼 식각 공정의 최적화를 위해서는 다중층 덮개에 대한 높은 식각 선택도에 초점을 맞출 필요가 있다. 얇은 버퍼층의 경우 버퍼층에 대한 습식 식각 역시 적용 가능하다.

사용된 버퍼소재에 따라서 버퍼층에 대한 건식 식각을 위한 화학물질이 결정된다. SiO_2 버퍼소재의 경우 F_2 화학물질이 일반적으로 사용된다. Cr 버퍼의 경우 식각용 화학물질은 Cr 흡수재 식각에서와 동일하다. 이 경우 흡수층 소재로는 TaN과 같이 약간 다른 소재를 사용해야 한다. C 버퍼의 경우 O_2 플라스마를 사용할 수 있다. Ru 버퍼층은 Cl_2와 O_2를 조합하여 식각할 수 있다.

11.3.6 버퍼층 결함검사와 수리

버퍼층 결함검사는 흡수층 결함검사에서와는 다른 요구조건과 한계를 갖고 있다. 일반적으로 버퍼층은 얇고 버퍼층 소재는 극자외선(EUV) 파장에 대한 흡수성이 떨어지기 때문에 허용된 버퍼층 결함크기는 흡수층 결함에 비해서 훨씬 크다. 흡수층 결함의 검출성은 흡수층 결함 영역과 선명한 다중층 영역 사이의 대비 차이에 의해서 주로 결정되기 때문에 검사 알고리즘은 흡수층 결함에서와 다를 수 있다. 버퍼층 결함의 경우 얇은 버퍼층 결함과 선명한 다중층 영역 사이의 대비는 낮다. 따라서 결함검사는 결함의 테두리 감지나 위상감지 등을 기반으로 할 필요가 있다.

흡수재 수리의 경우와 유사하게 e-빔 수리장비를 사용해서 버퍼층을 수리할 수 있다. 이 공정의 핵심은 다중층 덮개에 대한 높은 식각 선택도를 갖는 화학물질을 개발하는 것이다. 버퍼층 결함수리의 또 다른 방안은 원자작용력현미경(AFM) 선단부에 의한 물리적 제거방식을 사용하는 원자작용력현미경(AFM) 기반의 수리방법이다.

그림 11.21 저열팽창계수 소재(LETM) 기층소재를 사용해서 Virtual National Laboratory에서 기술시험장치 (ETS)용으로 제작된 최초의 극자외선 리소그래피(EUVL) 마스크

그림 11.21에서는 극자외선(EUV) 기술시험장치(ETS)에서 사용되었던 최초의 완벽한 극자외선 리소그래피(EUVL) 마스크의 사진을 보여주고 있다. 이 마스크는 초저팽창(ULE) 기층소재, Cr 흡수재, 그리고 SiO_2 버퍼층 등을 사용하였다.

11.3.7 마스크 세척

흡수층 식각 이후와 흡수층 결함수리 이후의 마스크 세척은 다중층(ML)을 노광시킬 때의 버퍼층 식각 이후의 마스크 세척에 비해서 요구조건이 덜 엄격하다. 다중층(ML)이 노광된 이후에 세척의 결과로 발생되는 핀 구멍의 생성이나 반사율 저하와 같은 다중층(ML) 손상은 적용 가능한 모든 극자외선 리소그래피(EUVL) 마스크 세척기법들 모두에서 고려해야만 하는 중요한 측면이 되었다. 32nm 기술 노드의 최종적인 극자외선 리소그래피(EUVL) 마스크 세척 시 요구되는 조건들을 요약하면 다음과 같다.

1. 30nm 이상의 크기를 갖는 모든 입자들에 대한 제거능력을 가져야 한다.
2. 유기 오염물질의 제거능력을 가져야 한다.
3. 흡수재 비반사코팅의 반사율이 1% 이상 변하지 말아야 한다.
4. 마스크 임계치수(CD)나 마스크 선 테두리 조도(LER)가 변하지 말아야 한다.
5. 다중층(ML)의 반사율이 변하지 말아야 한다.
6. 환경안전 기준을 충족시켜야 한다.

극자외선 리소그래피(EUVL) 마스크는 펠리클 보호 장치가 없기 때문에 마스크 세척을 자주 수행해야 한다. 이 경우 앞서 언급했던 요구조건들 역시 다중 마스크 세척 시에도 적용되어야 한다.

현행 광학식 마스크 세척 기술은 극자외선 리소그래피(EUVL) 마스크 세척의 요건들을 충족 시키지 못한다. 현행 Cr 흡수재를 사용하는 광학식 마스크에서조차도, 다중 세척은 핀 구멍을 생성하며 Cr 비반사코팅을 퇴화시킨다. 제거 가능한 입자의 크기역시 극자외선 리소그래피 (EUVL) 마스크 기술에서 필요로 하는 것보다 여전히 훨씬 크다. 극자외선 리소그래피(EUVL) 마스크를 위해서 새로운 세척기술이 필요하다는 점은 명확하다.

11.4 극자외선 리소그래피(EUVL) 마스크의 보호

극자외선 리소그래피(EUVL) 마스크 펠리클의 투명도 부족 때문에 극자외선 리소그래피 (EUVL) 마스크는 펠리클 없이 취급해야만 한다. 따라서 최종적인 마스크 세척 이후에 마스크 를 청결하게 관리하는 것은 매우 어려운 일이다. 마스크 취급과정에는 마스크 고정, 운반 장치 내의 보관, 운반, 운반 장치로부터의 분리, 진공 로드록에 적재, 마스크 주사용 스테이지에 적재 및 설치, 노광 및 주사장치에서 제거, 그리고 적재 장치로 복귀 등이 포함된다.

마스크 고정 시 고려사항에는 마스크 고정을 위한 접촉영역, 치구 설계, 치구 소재, 마스크 접촉영역 소재선정, 그리고 로봇 취급 장치 설계 등이 포함된다. 마스크와 접촉하는 치구는 어떠한 입자도 발생시키지 않아야 한다. 만약 접촉점이 마스크의 배면에 위치한다면, 마스크 배면 코팅 소재 역시 마스크 취급요건들을 충족시켜야 할 필요가 있다. 마스크 취급 및 저장장 치의 설계에는 치구설계에서와 유사한 관점들, 즉 소재의 고찰, 마스크와 취급 장치 사이의 접촉, 그리고 취급을 위한 인터페이스 등을 고려해야 한다. 마스크 취급 및 보관을 위해 능동적인 보호방안이 필요한가에 대해서 현재로는 판단이 어렵다. 마스크 취급 및 보관 장치에 대한 요구조건은 마스크 보관과 운반 시 마스크에 어떠한 입자도 발생하지 않아야 한다는 것이다.

극자외선 리소그래피(EUVL) 마스크 취급에 대한 요구조건들을 충족시키면 웨이퍼 수율이 직접적으로 영향을 받는다. 극자외선 리소그래피(EUVL) 마스크 취급은 극자외선 리소그래피(EUVL)에서 위험이 큰 분야들 중 하나이다.

11.5 새로운 극자외선 리소그래피(EUVL) 전용 마스크 처리장비

비록 극자외선 리소그래피(EUVL) 마스크가 기존의 광학식 마스크와 동일한 마스크 포맷을 가지고 있다고 하더라도 극자외선 리소그래피(EUVL) 마스크의 가공요건들을 충족시키기 위해서는 기존 마스크 가공장비 구조를 많이 수정할 필요가 있다. 수정이 필요한 대부분의 장비 구조들은 극자외선 리소그래피(EUVL) 마스크 편평도나 마스크 기록 조건 등에 기인한다. 수정이 필요한 가공장비들은 다음과 같다. (1) 흡수필름 증착장비는 TaN과 같은 새로운 흡수소재와 버퍼층 소재를 위한 새로운 증착표적을 사용할 수 있어야 한다. (2) e-빔 패턴화 장비는 e-척을 사용할 수 있어야 한다. e-척의 사용목적은 스캐너 시스템에서 동일한 방식으로 마스크를 고정하면 마스크 굴곡에 의한 어떠한 패턴 왜곡도 제거될 수 있도록 e-빔 묘화과정 중에 마스크 모재를 평탄화시키기 위해서이다. (3) 기록 계측장비는 e-척이나 진공 척과 함께 사용할 필요가 있다. 마스크 기록 계측장비의 체결력은 e-빔 패턴화 장비 및 스캐너 마스크 스테이지에서와 동일한 힘으로 맞춰야 한다. (4) 흡수재와 버퍼층 결함검사장비의 경우, 현행 검사장비는 반사모드에서 신호를 검출할 수 있다. 그런데 얇은 버퍼층 결함에 대한 테두리 대비 감지를 포함하여 극자외선 리소그래피(EUVL) 반사 마스크 결함 감지를 위한 새로운 알고리즘을 개발해야 한다. (5) 편평도 계측장비. 이 장비는 마스크 모재를 위한 e-척 또는 진공 척, 그리고 다듬질이 끝난 마스크 모재의 편평도를 측정할 수 있어야 한다. 체결력은 스캐너 마스크 스테이지에서와 동일하게 조절되어야 한다. 기층소재 편평도 측정을 위해서는 전면 편평도, 배면 편평도, 그리고 기층소재 두께 편차 등을 동시에 측정할 수 있어야 한다. 이 측정에는 e-척 또는 진공척이 필요 없다. 나노미터 단위 이하의 편평도 측정 정밀도 향상과 같은 장비의 부가성능 개선 역시 극자외선 리소그래피(EUVL) 마스크 용도에서 필요로 한다.

현행 마스크 가공장비 세트에 추가하여 일부 극자외선 리소그래피(EUVL) 전용 장비들도 필요하다. 이들에 대해서는 11.5.1~11.5.5에서 논의할 예정이다.

11.5.1 다중층(ML) 증착장비

결함밀도가 낮은 다중층(ML) 극자외선 리소그래피(EUVL) 마스크 모재 증착은 극자외선 리소그래피(EUVL) 마스크 기술 성공의 핵심 인자이다. 다중층 결함밀도를 낮추기 위해서는 많은 공정장비들의 청결도를 확보하는 것이 필수적이다. 이런 요소들에는 기층소재용 로봇 취급시스템, 이온광원, Mo 및 Si 스퍼터링 표적, 이동 스테이지, 증착 챔버 등이 포함된다. 장비 역시 높은 필름밀도, 정밀한 인터페이스 조절, 낮은 필름응력, 양호한 필름 균일성, 그리고 반복성 등이 갖춰진 상태에서 다중층 필름을 증착할 수 있어야 한다. 다중층 계면 차단막이나 Si 이외의 덮개층을 사용하는 경우에는 두 개 이상의 표적이 필요하다. 현행 이온 빔 다중층 증착장비 역시 다중층 평탄화를 위한 저 동력 식각과 같은 전위 용도를 위해서 보조 이온광원을 갖추고 있다.

11.5.2 모재 검사장비

극자외선 리소그래피(EUVL) 마스크 모재의 제조를 위해서는 다중층(ML) 증착 이전에 기층소재의 결함검사가 필요하다. 전형적인 마스크 기층소재 결함에는 함몰, 돌출 또는 다양한 긁힘 등이 있다. 11.2.2.7에서 논의한 바와 같이 50nm 규모의 매우 작은 기층소재 결함도 극자외선 리소그래피(EUVL)에서 프린트되는 결함으로 작용할 수 있다. 다중층(ML) 결함의 경우 다중층 상부에서 발현된 돌출부의 높이가 수 나노미터에 불과한 함침 된 다중층 결함도 극자외선 리소그래피(EUVL)에서 프린트된다. 극자외선 리소그래피(EUVL) 마스크 기층소재 결함에 대한 검사장비의 민감도는 32nm 기술세대의 경우 50nm 폴리스틸렌 라텍스(PSL) 등가크기 이하여야 하며, 다중층 결함의 경우에는 돌출부 높이가 수 나노미터 이하로 유지되면서 30nm 폴리스틸렌 라텍스(PSL) 등가크기 이하여야 한다[50]. 극자외선 리소그래피(EUVL) 마스크 용도의 이처럼 엄격한 검사 민감도 요건 때문에 광학식 마스크 모재 검사에 사용되는 현행 광학식 검사장비는 이 사양을 충족시킬 수 없다. 48nm 파장을 사용하는 다중 빔 공초점 검사 시스템을 사용해서 다중층 모재상의 60nm 폴리스틸렌 라텍스(PSL) 등가크기의 검사 민감도를 구현하였다[50]. 30nm 및 그 이하의 결함검사 민감도를 충족시키기 위해서는 지속적인 장비개발이 필요하다.

11.5.3 극자외선 리소그래피(EUVL) 마스크 반사계

극자외선 리소그래피(EUVL) 마스크 반사계는 노광장비 파장대역을 중심으로 마스크 반사 스펙트럼을 측정한다. 측정을 통해서 극자외선 리소그래피(EUVL) 모재의 최대 반사율, 마스크 반사율 스펙트럼의 반치전폭(FWHM), 그리고 마스크 스펙트럼의 중심 파장대역 등이 구해진다. 마스크 제조공정 중에, 모재의 제조단계에서 다중층(ML) 모재의 평가와 마스크 패턴화 이후의 마스크 평가를 위해서 극자외선 리소그래피(EUVL) 반사계가 사용된다. 마스크 모재의 반사율 균일성과 중심대역 균일성은 기층소재 표면조도, 다중층 증착 불균일성, 그리고 다중층 두께조절 등에 의해서 영향을 받을 수도 있다. 버퍼를 사용하지 않는 경우와 마스크 패턴화 공정 중에 고온을 거치는 경우에는, 완성된 마스크의 반사율 균일성과 중심 파장대역 값이 버퍼식각이나 흡수층 식각에 의해서 영향을 받을 수 있다. 잔류하는 버퍼소재나 식각에 의해서 유발된 다중층(ML) 덮개층의 손상은 마스크 반사율 불균일을 초래한다. 덮개층 표면의 산화 또는 마스크 다중세척 역시 불균일한 덮개층 필름의 변화나 손실을 유발할 수 있으며, 마스크 반사율 불균일이 초래된다.

11.5.4 e-빔 수리장비

e-빔 마스크 수리장비는 마스크 표면에서 화학적 반응을 유발하기 위해서 잘 집속된 e-빔을 사용한다(11.3.4절 참조). 이 방법은 다음과 같은 장점이 있다. (1) 마스크 모재에는 손상이 작거나 없다. (2) 식각은 (물리적 스퍼터링이 없이)완전히 화학적이므로, 다중층 모재는 높은 수리 선택도를 갖는다. (3) 표면 충전은 집속 이온빔(FIB)에 비해서 비교적 낮기 때문에 높은 공간 분해능을 갖는다. (4) e-빔 시스템(칼럼이 CD-SEM과 유사하다)을 구현하기 위한 인프라가 현재 구축되어 있다. 극자외선 리소그래피(EUVL) 마스크용 e-빔 수리장비는 소재 증착과 식각 모두에 적용할 수 있을 것으로 기대된다.

11.5.5 극자외선 공간영상 측정 시스템

공간영상 측정 시스템(AIMS)은 마스크 결함검사를 위해서 사용되는 화학선 방식의 현미경이다. 이 용도에 대해서 공간영상 측정 시스템(AIMS)은 실제 리소그래피 투사 시스템에서와 매우 유사한 조건 하에서 결함 영상을 제공해준다. 이 방식에서 공간영상 측정 시스템(AIMS)에 의해서 투영된 영역 영상은 본질적으로 리소그래피 시스템에서 얻어진 영역 영상과 유사하다. 마스크 결함의 존재 하에서 공간영상의 대비, 변화율, 그리고 초점통과 거동 등을 분석함으로써 (적절한 레지스트 모델을 사용해서) 리소그래피 시스템 내에서 마스크 결함의 프린트 가능성을 평가할 수 있다. 극자외선 리소그래피(EUVL) 마스크의 경우 공간영상 측정 시스템(AIMS)은 최종 마스크 검사과정에서 경질결함이나 오염물질을 찾아내는 데에 매우 유용할 뿐만 아니라, 다중층 모재 검사 이후에 다중층 결함의 프린트 가능성을 검사하고 결정하는 핵심 검사단계로 사용된다. 다중층 결함 직접수리나 다중층 결함 보상을 위한 흡수재 광학근접보정(OPC) 등과 같은 다양한 결함 저감 기법들에서 공간영상 측정 시스템(AIMS) 검사는 필수적으로 사용된다. 극자외선을 이용한 공간영상측정 장비는 극자외선 리소그래피(EUVL) 스캐너와 유사한 모든 반사방식의 다중층 광학계 설계를 필요로 하므로 극자외선을 이용한 공간영상측정의 제작에는 가시광선 또는 원자외선 공간영상 측정 시스템(AIMS)으로부터 취한 새로운 기술들을 사용한다. 영역판 설계와 같은 여타의 공간영상 측정 시스템(AIMS) 장비 설계는 크롬에 의한 수차문제를 해결해야 한다.

11.6 극자외선 리소그래피(EUVL) 반사 마스크의 성능

극자외선 리소그래피(EUVL) 마스크는 경사 입사광을 사용하는 반사 마스크이다. 이로 인하여 투과식 마스크에 비해서 극자외선 리소그래피 마스크의 프린트 성능이 영향을 받는 두 가지 인자들이 제시되어 있다. 그중 하나는 그림자 효과로 마스크 프린트 편향과 마스크 패턴 위치의 전반적인 편향을 초래한다. 두 번째는 Bossung 공정 윈도우(상이한 조사량에 대한 임계치수 세트 대비 초점이탈 곡선)의 경사와 초점 편향이다.

11.6.1 마스크 그림자 효과

극자외선 리소그래피(EUVL) 내에서 마스크 그림자 효과는 경사진 조명과 반사 마스크, 그리고 마스크 형상의 조합에 영향을 받는다. 마스크 그림자 효과는 프린트된 임계치수의 편향(임계치수 그림자 효과라고 부른다)과 전반적인 패턴 위치 천이를 초래한다. 극자외선 리소그래피(EUVL) 마스크 임계치수의 그림자 효과에 대한 개략적인 그림이 그림 11.22에 도시되어 있다. 프린트된 선과 간격에 대한 기하학적 계산과 전반적인 위치천이 형상이 그림 11.22에 도시되어 있으며 식 (11.5)-(11.7)에서 제시되어 있다.

$$\text{space } CD(\text{printed}) - CD(\text{desired}) - (2d \times \tan\theta) \times M \tag{11.5}$$

$$\text{line } CD(\text{printed}) - CD(\text{designed}) + (2d \times \tan\theta) \times M \tag{11.6}$$

$$\Delta \text{center} = d \times M \times \tan\theta \tag{11.7}$$

여기서 임계치수(CD)와 패턴 중심위치 천이 값은 웨이퍼 평면에서 측정하며, M은 극자외선 리소그래피(EUVL) 스캐너의 축사비율, d는 버퍼와 흡수재 적층의 높이, 그리고 θ는 마스크 수직방향에 대한 빛의 입사각이다.

식 (11.5)와 (11.6)에 따르면 설계된 임계치수(CD)에 비해서 마스크 공간형상은 더 작게 프린트되며 선 형상은 더 크게 프린트된다. 그 차이는 마스크 수직방향에 대한 빛의 입사각도와 (버퍼층이 존재한다면 이 두께도 포함하여)마스크 흡수층 두께에 의해서 결정된다.

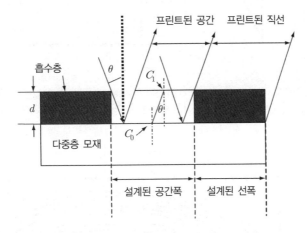

그림 11.22 극자외선 리소그래피(EUVL) 마스크의 그림자 효과에 대한 광 기하학적 모식도: 프린트된 공간 임계치수(CD)는 설계된 임계치수보다 넓으며 프린트된 직선의 임계치수는 설계 값보다 작다. 형상의 중심위치 역시 C_o에서 C_1으로 이동한다.

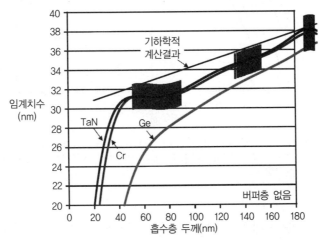

그림 11.23 버퍼층이 없는 TaN, Cr 및 Ge 흡수층에 대한 광 기하학적 계산과 2차원 마스크 EM 모델 시뮬레이션을 기초로 흡수층 높이의 함수로 표시된 프린트된 임계치수. 참고문헌 51.

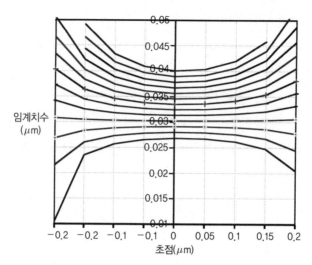

그림 11.24 30nm(1×) 밀도의 직선에 대해 시뮬레이션된 Bossung 곡선. 마스크는 버퍼층 없는 100nm TaN 흡수층을 갖고 있다. 여타의 시뮬레이션 변수들은 다음과 같다. λ=13.4nm, NA=0.25, 부분 기여도=0.7 참고문헌 51.

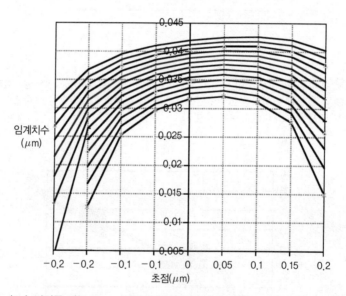

그림 11.25 200nm(1×) 피치를 갖는 30nm 직선에 대해 시뮬레이션 된 Bossung 곡선. 마스크는 버퍼층 없는 100nm TaN 흡수층을 갖고 있다. 여타의 시뮬레이션 변수들은 그림 11.23에서와 동일한 값들을 사용하였다. 참고문헌 51.

그림 11.23에서는 (버퍼층이 없는 경우) 세 가지 서로 다른 소재인 TaN, Cr 및 Ge에 의해서 30nm 간격의 선들에 대하여 계산된 극자외선 리소그래피(EUVL) 임계치수의 그림자 효과

를 보여주고 있다. 또한 그 결과를 기하학적 계산결과와 비교하여 놓았다. 그림 11.23에서 도시되어 있는 마스크 임계치수 그림자 효과는 흡수층 높이에 대한 선의 임계치수 변화를 보여 주고 있다. 정규화된 영역 영상 강도 레벨에 대한 30% 문턱값을 사용하여 선 임계치수가 결정 된다. 그림 11.23에 도시된 바에 따르면, 주어진 흡수층 높이에 대해서 프린트된 임계치수는 마스크 흡수층 소재에 의존한다. 더 정확히 말하면 임계치수는 소재의 반사계수 n과 k에 의존 하는 반면에, 기하학적 광학계의 예측에 따르면, 임계치수 그림자 효과는 흡수층 소재의 광학 적 성질에 의존하지 않는다. TaN과 Cr은 Ge에 비해서 Δn값이 더 크다(Δn은 소재의 반사계 수의 실수부와 진공의 실수부 사이의 차이이다). TaN과 Cr 및 Ge의 k 값은 서로 유사하다. 그림 11.23의 세 곡선들을 비교하면 TaN과 Cr의 임계치수(CD) 그림자 효과는 Ge보다 크다는 것을 알 수 있다. 흡수층의 두께가 증가함에 따라서 서로 다른 소재의 임계치수 차이는 더 작아지게 된다.

버퍼층이 사용된 경우 임계치수 그림자 효과는 버퍼층 소재의 성질에 의해서 더 많이 조절된 다[51]. 얇은 흡수재 영역 내에서 동일한 흡수층에 대해서 버퍼가 있는 경우와 없는 경우 사이 의 임계치수 차이는 버퍼의 n과 k값, 그리고 흡수층 소재와 직접적으로 관련되어 있다.

극자외선 리소그래피(EUVL) 마스크에서 프린팅 편향은 마스크 설계를 통해서 보정할 수 있을 것으로 예상된다. 패턴 증착의 천이 효과는 총체적으로 발생되기 때문에 문제가 되지 않는다.

11.6.2 Bossung 공정 윈도우 경사와 초점 천이

극자외선 리소그래피(EUVL) 마스크에서 Bossung 곡선의 비대칭성과 초점 천이 효과에 대 해서는 앞서 논의된 바 있다[51-53]. 주어진 형태를 갖는 극자외선 리소그래피(EUVL) 마스크 의 경우 넓은 간격으로 놓인 선의 Bossung 곡선은 기울어지며, 최적의 초점은 천이된다. 이 초점 천이가 피치에 의존적이라는 것이 발견되었다. 주기적인 직선들에서 단일 직선까지 피치 간격이 증가함에 따라서 초점은 천이된다. 주기적인 직선과 단일 직선 사이에서 시뮬레이션을 통해서 관찰된 최대 초점 편차는 TaN 흡수층의 경우 40nm에 달한다. 그림 11.24와 11.25에서 TaN 흡수층에 대해서 30nm 선폭의 조밀한 직선과 단일 직선에 대한 Bossung 곡선이 각각 제시되어 있다. 계산에는 버퍼층이 사용되지 않았다. 두 경우 모두 흡수층의 두께는 100nm이 다. 그림 11.24에 따르면 주기적인 직선에서조차도 작은 초점 천이가 존재한다. 단일 직선과 조밀한 직선 사이의 최대 초점천이 차이는 약 40nm이다. 피치 간격에 의존적인 초점 천이는 서로 다른 피치간격에 대한 스캐너 초점조절을 통해서는 조절이 불가능하다. 그러므로 전체적인 리소그래피 공정 윈도우에 큰 영향을 끼친다.

단일 직선과 조밀한 직선 사이의 초점 천이량은 버퍼와 흡수층 소재의 n과 k값에 의존한다는 것이 발견되었다[51]. 흡수층 소재와 진공 사이의 반사계수의 실수부 차이값(Δn)은 반사율 계수의 허수부(k)에 비해서 더 중요한 역할을 수행한다. 예를 들면 Ge와 같이 Δn 값이 작은 소재는 예를 들면, TaN이나 Cr과 같이 Δn값이 더 큰 소재를 사용하는 경우에 비해서 초점 천이와 Bossung 곡선의 경사가 더 작다.

버퍼층이 사용되는 경우 초점 천이와 Bossung 곡선 경사 효과는 버퍼층 소재의 광학적 성질들에 의해서 조절된다. 버퍼층/다중층(ML)과 버퍼층/흡수층의 테두리나 계면에도 빛의 회절이 발생한다. 비교적 Δn값이 큰 버퍼층이 사용되는 경우 초점 천이와 Bossung 곡선 경사효과는 흡수층 소재의 광학적 성질에 무관하게 증가한다[51].

이런 효과의 주원인은 흡수층 구조물의 테두리, 모서리 및 교점과 같은 비평면형 기하학적 형상이 존재하기 때문이다. 근접 장 회절을 고려한 정교한 2차원 주파수 영역에서의 전자기 극자외선 리소그래피(EM EUVL) 마스크 해석용 소프트웨어를 사용한 시뮬레이션에 따르면, 마스크 상층면 전기장의 진폭이나 위상은 구형파가 아니다. 마스크 테두리에서 회절된 전기장은 다중층 반사경에 의해서 반사된 빛과 간섭을 일으킨다. 그러므로 마스크 테두리에서의 전기장 분포는 마스크 테두리에서 회절된 빛과 반사성 기층소재에 의해서 반사된 빛이 조합되어 만들어진다. 그 결과 마스크 테두리에서 전기장의 진폭과 위상은 날카롭게 잘라지지 않는다. 그 대신에 흡수층 암흑영역까지 연장된 전이영역을 갖는다. 마스크 테두리에서의 이러한 진폭과 위상오차는 피치 간격이 큰 직선들에 대한 Bossung 곡선의 비대칭성을 유발한다[53].

시뮬레이션을 통해서 극자외선 리소그래피(EUVL)의 경우 명시야 마스크에 비해서 암시야 마스크는 몇 가지 성능상의 이점이 있다는 것이 밝혀졌다[54]. 암시야 마스크는 조밀한 공간영역 영상과 단일 공간영역 영상 사이에 Bossung 곡선 경사나 초점천이 효과가 없다는 점이 장점으로 꼽힌다. 암시야 마스크의 성능상의 장점은 공정마진이나 임계치수 조절을 용이하게 해준다. 그런데 암시야 다중 마스크를 구현하기 위해서는 높은 대비와 높은 분해능을 갖는 음화색조 레지스트를 개발해야 한다.

11.7 극자외선 리소그래피(EUVL) 위상천이 마스크

11.7.1 감쇠식 위상천이 마스크

현행 광학 감쇠식 위상천이 마스크는 Cr 흡수층을 주어진 조건 하에서 위상각과 감쇠 요건을 충족시킬 수 있도록 합성된 다른 소재로 대체하여 제작한다. 이런 방식으로 제작된 감쇠식 위상천이 마스크를 매립식 위상천이 마스크(EPSM)라고 부른다. 이와 같은 매립식 위상천이 마스크(EPSM)는 흡수층 소재가 다르고, 상이한 식각공정이 필요하다는 점을 제외하고는 기존의 광학식 마스크와 매우 유사하다. 극자외선(13.4nm) 방사 하에서 위상각과 원하는 흡수특성을 만족시키는 단일 소재를 선정하는 것은 특히 다양한 용도에 사용하기 위해서 광범위한 감쇠 특성이 필요한 경우에 매우 어렵다. 이러한 어려움은 주로 13.4nm 파장에 대한 흡수재의 높은 흡수특성과 흡수소재와 진공 사이의 굴절률 실수부의 매우 미소한 차이에 기인한다. 이 굴절률 차이는 감쇠영역과 반사영역 사이의 위상 차이를 결정한다.

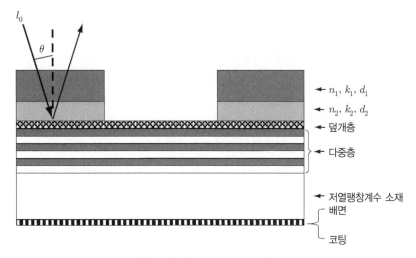

그림 11.26 2소재 극자외선 리소그래피용 매립식 위상천이 마스크(EUVL EPSM) 구조의 개략도. 두 박막의 반사율과 두께는 각각 n_1, k_1, d_1과 n_2, k_2, d_2이다.

그런데 네 개의 광학 매개변수와 두 가지 두께의 선정과 최적화를 통해서 극자외선 리소그래피(EUVL)용 감쇠식 위상천이 마스크(PSM)에서 원하는 위상각과 흡수특성을 얻기 위해서는 두 가지 소재를 사용하는 것이 타당하다. 두 가지 소재를 사용한 감쇠식 위상천이 마스크의 개략도가 그림 11.26에 도시되어 있다. 주어진 두께에 대해서 감쇠된 극자외선 리소그래피 (EUVL) 마스크는 흡수계수 k(소재 굴절률의 허수부)와 필름두께 d에 의해서 지배된다. 다중층을 일주한 다음에 흡수영역에서 극자외선(EUV) 빔의 감쇠량의 1차 근삿값이 식 (11.8)에 주어져 있다.

$$I \cong I_0 \left| \left\{ - \left(\frac{2\pi}{\lambda} \right) \left(\frac{1k_1 d_1}{\cos\theta} + \frac{2k_2 d_2}{\cos\theta} \right) \right\} \right|^2 \qquad (11.8)$$

여기서 I_0는 극자외선(EUV) 입사광의 강도, I는 흡수영역(일주 반사)에서 반사된 극자외선 (EUV) 빛의 강도, λ는 극자외선(EUV) 빛의 파장, k_1과 k_2는 필름 1과 2의 굴절계수의 허수부, d_1과 d_2는 필름 1과 2의 두께, 그리고 θ는 마스크 법선에 대한 입사광의 각도이다.

필름 두께와 흡수층 소재와 진공 사이의 굴절계수 차이의 실수부가 흡수층에 의해서 유발되는 위상천이를 지배한다. π 크기의 위상천이를 갖는 감쇠식 위상천이 마스크는 식 (11.9)를 만족시킨다.

$$\left| \frac{2\pi}{\lambda} \left(\frac{2\Delta n_1 d_1}{\cos\theta} + \frac{2\Delta n_2 d_2}{\cos\theta} \right) \right| = \pi \qquad (11.9)$$

여기서 $\Delta n_1 = 1 - n_1$으로, n_1은 필름 1의 굴절률의 실수부이다. $\Delta n_2 = 1 - n_2$로, n_2는 필름 2의 굴절률의 실수부이다. 굴절률의 실수부를 거의 일치시켰기 때문에 식 (11.8)과 (11.9) 모두에서 박막으로부터 박막 경계로 반사된 빛과 박막으로부터 진공으로 반사된 빛은 무시되었다.

식 (11.8)과 (11.9)를 d_1과 d_2에 대해서 풀면:

$$d_1 = \cos\theta \left(\frac{-\lambda \Delta n_1 \ln \dfrac{I}{I_0}}{8\pi} + \frac{\lambda \alpha_1}{4} \right) \div (\Delta n_1 \alpha_2 - \Delta n_2 \alpha_1) \qquad (11.10)$$

$$d_2 = \cos\theta \left(\frac{-\lambda \Delta n_2 \ln \dfrac{I}{I_0}}{8\pi} + \frac{\lambda \alpha_2}{4} \right) \div (\Delta n_2 \alpha_1 - \Delta n_1 \alpha_2) \qquad (11.11)$$

d가 적절한 두께를 갖는다면, 주어진 감쇠값 I/I_0에 대해서, 양의 d값을 갖고 굴절률이 식 (11.10)과 (11.11)을 만족시키는 어떠한 필름 조합도 사용할 수 있다. 이와 같이 두 개의 필름을 사용하는 방법은 흡수층/버퍼 극자외선 리소그래피(EUVL) 마스크 공정에서도 적용된다. 극자외선 리소그래피(EUVL) 감쇠식 위상천이 마스크의 경우 최상층은 흡수층으로, 그 아래층은 버퍼층으로 간주할 수 있다. 감쇠, 위상 및 공정 요건들을 충족시키기 위해서는 필름 선정에서 공정 적합성, 두 필름에 대한 식각 선택도, 최소 수리 버퍼층 두께를 만족시키는 적절한 필름두께 등을 고려할 필요가 있다.

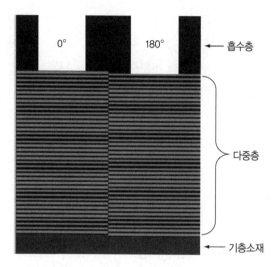

그림 11.27 극자외선 리소그래피용 교번식 위상천이 마스크(EUVL APSM) 구조의 개략도. 이 교번식 위상천이 마스크(APSM) 구조에서는 최소 스텝($m = 0$)이 사용되었다. 두 반사경 영역에 의해서 별개로 반사된 빛들은 180°의 위상각도 차이를 갖는다. 참고문헌 55.

11.7.2 교번식 위상천이 마스크

극자외선 리소그래피(EUVL)용 교번식 위상천이 마스크(APSM)의 제조는 위상 스텝을 생성하기 위해서 마스크 패턴화 단계에서 수정을 식각하는 투과형 교번식 위상천이 마스크(APSM)와는 다르다. 극자외선 리소그래피용 교번식 위상천이 마스크(EUVL APSM)의 경우 Mo/Si 다중층 증착공정 다음에, 마스크 기층소재에 180° 위상 스텝이 생성된다. 이 공정은 마스크 모재 제조의 매우 초기단계부터 시작된다. 이 위상 스텝은 기층소재의 직접식각을 통하거나 박막을 증착한 다음에 박막 층의 패턴화 통해서 생성한다. 박막 층 증착의 장점은 박막증착 두께의 조절과 기층소재의 박막식각 선택도를 통해서 스텝을 조절할 수 있다는 점이다. 극자외선 리소그래피용 교번식 위상천이 마스크(EUVL APSM)의 개략적인 구조가 그림 11.27에 도시되어 있다. θ는 마스크 법선에 대한 입사각이며, m=0, 1, 2, …일 때, $[\lambda/(4\cos\theta)](2m+1)$에 의해서 결정되는 위상 스텝의 최소 몇 차수들은 극자외선 리소그래피용 교번식 위상천이 마스크(EUVL APSM) 제조과정에서 만들어낼 수 있다. λ=13.4nm이고 θ=5°인 경우 180°의 위상천이를 만들기 위해서 필요한 가장 작은 위상 스텝은 $\lambda/(4\cos\theta)$ 또는 약 3.36nm이다. 대부분의 경우 박막 품질이나 평탄도는 필름두께의 증가에 따라서 증가한다. 다시 말해서 최소 스텝을 사용하는 것은 공정의 관점에서 이상적이지 못하다. 인접 영역에서 180°의 유효 위상차를 갖는(즉, 180° 또는 180° 더하기 360°의 배수 값을 갖는), 서로 다른 위상 스텝 높이를 갖는 극자외선 리소그래피용 교번식 위상천이 마스크(EUVL APSM)에 대한 시뮬레이션이 수행되었다[55]. 극자외선 리소그래피용 교번식 위상천이 마스크(EUVL APSM)의 경우 최소 스텝에 대해서 인접한 두 직선의 위치와 임계치수 변화에 의해서 유발되는 영상 불안정효과는 비교적 작으며 무시할 정도라는 것이 밝혀졌다. 스텝 높이가 증가함에 따라서 영상 불안정효과 역시 증가한다. 23.54nm(m=3)의 스텝 높이에 대해서, 영상 불안정에 의해서 유발된 0° 및 180° 위상영역에서의 간극차이는 25nm 주기를 갖는 직선의 경우 약 1.5nm이다. 패턴피치가 증가함에 따라서 영상 불안정 효과는 감소한다.

11.8 극자외선 리소그래피(EUVL) 마스크의 SEMI 표준

4종의 극자외선 리소그래피(EUVL) 마스크 표준이 제안되어 있다. 이들은 (1) 기층소재 표준-극자외선 리소그래피(EUVL) 마스크 기층소재에 대한 사양이다. 이 표준은 승인 및 공포되었다(SEMI P37-1102). (2) 다중층(ML)과 흡수재 적층표준-극자외선 리소그래피(EUVL) 마스크 모재상의 흡수필름 적층과 다중층에 대한 사양들이다. 이 표준은 승인 및 공포되었다(SEMI P38-1103). (3) 고정(chucking) 표준-극자외선 리소그래피(EUVL) 마스크용 설치요건과 정력기준위치 등에 대한 사양들이다. 이 표준은 승인 및 공포되었다(SEMI P40-1103). (4) 레티클 운반 장치 표준이다. 이 표준은 아직도 정의단계에 있다(SEMI-3553).

감사의 글
유용한 많은 토론과 이 장의 여러 단락들에 대한 감수를 해주신 Paul Mirkarimi와 Eric Gullickson에게 감사를 드린다. 이 책의 편저자인 Syed Rizvi 역시 이 장에 유용한 많은 내용들을 제시해준 데 대해서 깊은 감사를 드린다.

□ 참고문헌 □

1. K. Heckle, K. Hrdina, B. Ackerman, and D. Navan, Development of mask materials for EUVL, *Proc. SPIE*, 4889, 1113-1120 (2002).

2. K.L. Blaedel, S.D. Hector, J.S. Taylor, P.Y. Yan, A. Ramamoorthy, and P.D. Brooker, Vendor capability for uncoated low-CTE mask substrates for EUVL, *Proc. SPIE*, 4688, 767-778 (2002).

3. F. Ruggeberg, T. Leutbecher, S. Kirchner, H. Sauerbrei, K. Walter, F. Lenzen, and L. Aschke, Flatness correction of polished quartz glass substrates, in: *The Second International Symposium on Extreme Ultraviolet Lithography,* Antwerp, Germany, Oct. 2003.

4. C. Walton, M. Johnson, J. Taylor, D.W. Pettibone, and P.K. Seidel, Progress in EUV mask manufacture to meet P37/P38 specifications, in: *The Second International Symposium on Extreme Ultraviolet Lithography,* Antwerp, Germany, Oct. 2003.

5. J.A. Folta, J.C. Davidson, C.C. Larson, C.C. Walton, and P.A. Kearney, Advances in low-defect multilayers for EUVL mask blanks, *Proc. SPIE*, 4688, 173-181 (2002).

6. S.E. Gianoulakis, A.K. Ray-Chaudhuri, Thermal management of EUV lithography masks using low expansion glass substrates, *Proc. SPIE*, 3676, 598 (1999).

7. E. Gullikson, in: *The first International Symposium on Extreme Ultraviolet Lithography,* Dallas, Texas, Oct. 2002.

8. K. Hrdina, B.Z. Hanson, P.M. Fenn, and R. Sabia, Characterization and characteristics of a ULE Glass Tailored for the EUVL Needs, *Proc. SPIE*, 4688, 454-461 (2002).

9. I. Mitra, J. Alkemper, U. Nolte, A. Englel, R. Muller, S. Ritter, H. Hack, K. Megges, H. Kohlmann, W. Pannhorst, M. Davis, L. Aschke, and K. Knapp, Improved materials meeting the demands for EUVL substrates, *Proc. SPIE*, 5037, 219-226 (2003).

10. P.B. Mirkarimi and D.G. Sterns, Investigating the growth of localized defects in thin film using gold nanospheres, *Appl. Phys.* Lett., 77 (14), 2243-2245 (2000).

11. D. Attwood, *Soft X-rays and Extreme Ultraviolet Radiation*, Cambridge University Press, Cambridge, 2000, p. 101.

12. M. Shriaishi, N. Kandaka, and K. Murakami, Mo/Si multilayers deposited by low-pressure rotary magnet cathode sputtering for extreme ultraviolet lithography, *Proc. SPIE*, 5037, 249-256 (2003).

13. A. Batty, P.B. Mirkarimi, D.G. Stearns, D. Sweeney, and H. Chapman, EUVL mask blank repair, *Proc. SPIE*, 4688, 385-394 (2002).

14. P.B. Mirkarimi, D.G. Stearns, and S.L. Baker, Method for repairing Mo/Si multilayer thin film phase

defects in reticles for extreme ultraviolet lithography, *J. Appl. Phys.*, 91, 81-89 (2002).

15. T.W. Barbee Jr., S. Mrowka, and M.C. Hettrick, Molybdenum-silicon multilayer mirrors for the extreme ultraviolet, *Appl. Opt.*, 24, 883-886 (1985).

16. D.G. Stearns, R.S. Rosen, and S.P. Vernon, Fabrication of high-reflectance Mo-Si multilayer mirrors by planar-magnetron sputtering, *J. Vac. Sci. Technol.*, A9 (5), 2662-2669 (1991).

17. S. Bajt, J. Alameda, T. Barbee Jr., W.M. Clift, J.A. Folta, B. Kaufmann, and E. Spiller, Improved reflectance and stability of Mo/Si multilayers, *Opt. Eng.*, 41, 1797-1804 (2002).

18. P.A. Kearney, C.E. Moore, S.I. Tan, S.P. Vernon, and R.A. Levesque, Mask blanks for extreme ultraviolet lithography: ion beam sputter deposition of low defect density Mo/Si multilayers, *J. Vac. Sci. Technol. B.*, 15, 2452-2454 (1997).

19. E. Spiller, S. Baker, P. Mirkarimi, V. Sperry, E. Gullikson, and D. Sterns, High performance Mo/Si multilayer coatings for EUV lithography using ion beam deposition, *App. Opt.*, 42 (19), 4049-4068 (2003).

20. P.B. Mirkarimi, E.A. Spiller, D.G. Sterns, V. Sperry, and S.L. Baker, An ion-assisted Mo-Si Deposition process for planarization reticle substrates for extreme ultraviolet lithography, *IEEE J. Quantum Electron.*, 37, 1514-1516 (2001).

21. H. Takenaka and T. Kawamura, Thermal stability of Mo/C/Si/C multilayer soft x-ray mirrors, *J. Electron Spectrosc. Relat. Phenom.*, 80, 381-384 (1996).

22. S. Bajt, Private conversation.

23. S. Bajt, H. Chapman, N. Nguyen, J. Alameda, J. Robinson, M. Malinowski, E. Gullikson, A. Aquila, C. Tarrio, and S. Grantham, Design and performance of capping layers for EUV multilayer mirrors, *Proc. SPIE*, 5037, 236-248 (2003).

24. P.B. Mirkarimi, E.A. Spiller, S.L. Baker, and V. Sperry, Developing a viable multilayer coating process for extreme ultraviolet lithography reticles, *J. Microlithography, Microfabrication, Microsystems*, Vol 3, 139-145 (2004).

25. P. Mirkarimi, Stress, reflectance, and temporal stability of sputtering deposited Mo/Si and Mo/Be multilayer films for extreme ultraviolet lithography, *Opt. Eng.*, 38, 1246-1259 (1999).

26. A.K. Ray-Chaudhuri, G. Cardinale, A. Fisher, P.Y. Yan, and D. Sweeney, Method for compensation of extreme-ultraviolet multilayer defects, *J. Vac. Sci. Technol. B.*, 17, 3024-3028 (1999).

27. H.J. Voorma, E. Louis, N.B. Koster, F. Bijkerk, Fabrication and analysis of extreme ultraviolet reflection masks with patterned W/C absorber bilayers, *J. Vac. Sci. Technol. B.*, 15 (2), 293-298 (1997).

28. P.Y. Yan, G. Zhang, P. Kofron, J. Chow, A. Stivers, E. Tejnil, G. Cardinale, and P. Kearney, EUV mask

patterning approaches, *Proc. SPIE,* 3676, 309-313 (1999).

29. E. Hoshino, T. Ogawa, M. Takahashi, H. Hoko, H. Yamanashi, N. Hirano, A. Chiba, M. Ito, and S. Okazaki, Process scheme for removing buffer layer on multilayer of EUVL mask, *Proc. SPIE,* 4066, 124-130 (2000).

30. P. Mangat, S. Hector, S. Rose, G. Cardinale, E. Tejnil, and A. Stivers, EUV mask fabrication with Cr absorber, *Proc. SPIE,* 3997, 76-82 (2000).

31. J. Wassib, K. Smith, P.J.S. Mangat, and S. Hector, An infinitely selective repair buffer for EUVL reticles, *Proc. SPIE,* 4343, 402-408 (2001).

32. B.T. Lee, E. Hoshino, M. Takahashi, H. Yamanashi, H. Hoko, N. Hirano, A. Chiba, M. Ito, T. Ogawa, and S. Okazake, EUV mask patterning using Ru buffer layer, *Proc. SPIE,* 4343, 746-753 (2001).

33. T. Shoki, M. Hosoya, T. Kinoshita, H. Kobayashi, Y. Usui, R. Ohkubo, S. Ishibashi, and O. Nagarekawa, Process development of 6-inch EUV mask with TaBN absorber, *Proc. SPIE,* 4754, 857-864 (2002).

34. P.Y. Yan, G. Zhang, P. Kofron, J. Powers, M. Tran, T. Liang, A. Stivers, and F.C. Lo, EUV mask absorber characterization and selection, *Proc. SPIE,* 4066, 116-123 (2000).

35. M. Takahashi, T. Ogawa, H. Hoko, H. Yamanashi, N. Hirano, A. Chiba, M. Ito, and S. Okazaki, Smooth, low-stress, sputtered tantalum and tantalum alloy films for the absorber material for reflective-type EUVL, *Proc. SPIE,* 3997, 484-495 (2000).

36. G. Zhang, P.Y. Yan, and T. Liang, Cr Absrober Mask for Extreme Ultraviolet Lithography, *Proc. SPIE,* 4186, 774-780 (2000).

37. P.Y. Yan, G. Zhang, A. Ma, and T. Liang, TaN EUV mask fabrication and characterization, *Proc. SPIE,* 4343, 409-414 (2001).

38. T. Liang, A.R. Stivers, P.Y. Yan, E. Tenjil, and G. Zhang, Enhanced optical inspectability of patterned EUVL mask, *Proc. SPIE,* 4562, 288-296 (2001).

39. J.R. Wasson, S.-I. Han, N.V. Edwards, E. Weisbrod, W.J. Dauksher, P.J.S. Mangat, and D. Pettibone, Integration of anti-reflection coatings on EUVL absorber stacks, *Proc. SPIE,* 4889, 382-388 (2002).

40. N. Bareket, S. Biellak, D. Pettibone, and S. Stokowski, Next generation lithography mask inspection, *Proc. SPIE,* 4066, 514-522 (2000).

41. D. Pettibone, A. Veldman, T. Liang, A. Stivers, P. Mangat, B. Lu, S. Hector, J. Wasson, K. Blaedel, E. Fishch, and D. Walker, Inspection of EUV reticles, *Proc. SPIE,* 4688, 363-374 (2002).

42. P.Y. Yan, G. Zhang, S. Chegwidden, P. Mirkarimi, and E. Spiller, EUVL mask with Ru ML capping, *Proc. SPIE,* 5256, 1281-1286, (2003).

43. P.Y. Yan, S.P. Yan, G. Zhang, P. Keaney, J. Richards, P. Kofron, and J. Chow, EUV mask absorber repair

with focused ion beam, *Proc. SPIE,* 3546, 206 (1998).

44. T. Liang, A. Stivers, R. Livengood, P.Y. Yan, G. Zhang, and F.C. Lo, Progress in EUV mask repair using focused ion beam, *J. Vac. Sci. Technol. B.,* 18 (6), 3216 (2000).

45. T. Liang and A. Stivers, Damage-free mask repair using electron beam induced chemical reactions, *Proc. SPIE,* 4688, 375-384 (2002).

46. J.W. Coburn and H.F. Whinters, Ion- and electron-assisted gas-surface chemistry - an important effect in plasma etching, *J. Appl. Phys.,* 50 (5), 3189-3196 (1979).

47. S. Matsui, T. Ichihashi, and M. Mito, Electron beam induced selective etching and deposition technology, *J. Vac. Sci. Technol. B.,* 7 (5), 1182-1190 (1989).

48. K. Nakamae, H. Tanimoto, T. Takase, H. Fujioka, and K. Ura, *J. Phys. D.: Appl. Phys.,* 25, 1681 (1992).

49. D. Winkler, H. Zimmermann, M. Mangerich, and B. Traunner, E-beam probe station with integrated tool for electron beam induced etching, *Microelectronic Eng.,* 31, 141-147 (1996).

50. A. Stivers, T. Liang, M. Penn, B. Lieberman, G. Shelden, J. Folta, C. Larson, P. Mirkarimi, C. Walton, E. Gullikson, and M. Yi, Evaluation of the capability of a multi-beam confocal inspection system for inspection of EUVL mask blanks, *Proc. SPIE,* 4889, 408-417 (2002).

51. P.Y. Yan, The impact of EUVL mask buffer and absorber material properties on mask quality and performance, *Proc. SPIE,* 4688, 150-160 (2002).

52. C. Krautschik, M. Ito, I. Nishiyama, and K. Otaki, The impact of the EUV mask phase response on the asymmetry of Bossung curves as predicted by rigorous EUV mask simulations, *Proc. SPIE,* 4343, 392-401 (2001).

53. P.Y. Yan, Understanding Bossung curve asymmetry and focus shift effect in EUV lithography, *Proc. SPIE,* 4562, 279-287 (2001).

54. P.Y. Yan, Study of dark field EUVL mask for 45 nm technology node poly layer printing, *Proc. SPIE,* 4889, 1106 (2002).

55. P.Y. Yan, EUVL alternating phase shift mask imaging evaluation, *Proc. SPIE,* 4889, 1099-1105 (2002).

제12장

이온투사 리소그래피용 마스크

포토마스크 기술

Syed A. Rizvi, Frank-Michael Kamm, Joerg Butschke, Florian Letzkus, Hans Loeschner

12.1 개 괄

이온투사 리소그래피(IPL)는 차세대 리소그래피(NGL)라고 칭하는 광학식 이후 리소그래피 공법의 주요 후보군으로 간주되어 왔다. 전자에 비해서 이온의 질량이 크기 때문에 드 브로이 (de Broglie) 파장은 전자에 비해서 현저히 작아서 개구수(NA)가 극도로 작은 리소그래피 시스템을 설계할 수 있다. 그 결과 전자를 기반으로 하는 투사기법에 비해서 이온투사 리소그래피(IPL)를 사용하면 훨씬 넓은 노광 필드를 구현할 수 있다[1]. 예로서 100keV의 가속전압을 갖는 헬륨 이온은 $\lambda_{100keV\ He}$ = 5×10^{-5}nm의 드 브로이(de Broglie) 파장을 갖고 있다. 개구수 (NA)가 10^{-5}인 경우 ±λ/NA^2=±500μm의 초점심도(DOF)에 대해서 이온-광학 분해능의 회절 한계값 R=(1/2)λ/NA = 2.5nm이다. 그런데 이온투사 리소그래피(IPL) 장비의 실제 분해능과 유효 초점심도(DOF)는 전자렌즈 오차(기하학 및 색수차)와 주로 이온 광학 시스템의 빔 교차점에서 발생되는 이온 간의 확률적 쿨롱 작용 등에 의해서 제한을 받는다. 실제의 경우 소형필드를 사용하는 10× 축사 실험장비에서는 50nm의 분해능을 얻은 반면에 12.5×12.5mm^2 크기의 영상필드에 대해 4× 축사장비를 사용해서는 필드의 일부에서 50nm 이하의 분해능을 갖지만, 필드 전체에 대해서는 75nm의 선 및 공간분해능을 얻었다.

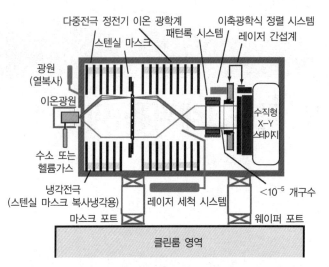

그림 12.1 이온투사 리소그래피의 원리(IPL 화이트 페이퍼, 1999)

이온투사 리소그래피(IPL) 시스템은 자외선(UV)과 원자외선(DUV) 광원을 사용하는 기존의 스테퍼들과 유사한 작동방식을 사용한다. 4× 축사율을 갖는 장비의 개략도가 그림 12.1에 도시되어 있다. 이 장비는 이온광원, 다중전극 정전 이온 광학계, 자동 취급 장비를 갖춘 마스크 유닛, 패턴-록 시스템, 비축 광학식 웨이퍼 정렬 시스템, 그리고 수직형 $x-y$ 웨이퍼 스테이지 등으로 구성되어 있다. 스테퍼는 수평형태의 구조를 갖고 있으며 웨이퍼는 수직방향으로 고정된다. 수직방향으로 설치된 스텐실 마스크는 수평방향으로 설치된 것에 비해서 중력 처짐에 의한 변형이 적다. 또한 마스크와 웨이퍼의 입자에 의한 오염도 저감된다. 이온빔 노광과정에서 마스크 온도를 안정적으로 유지하기 위해서 시스템에는 냉각식 전극이 장착된다[2].

전자에 비해서 이온이 갖고 있는 또 다른 중요한 장점은 물질과의 강력한 상호작용이다. 이 작용은 미소한 노광 조사량(주어진 빔 전류에 대해서 더 짧은 노광시간)에 대해서도 극도로 빠른 레지스트 반응을 구현해주며, 따라서 생산성을 향상시켜준다. 리소그래피 로드맵의 핵심 원동력들 중 하나는 비용절감이기 때문에 산업용 시스템에서 생산성은 큰 중요도를 갖는다. 그런데 하나의 레지스트 픽셀을 노광하는 소수의 이온들의 통계학적인 요동에 의해서 레지스트 반응속도와 그에 따른 생산성의 한계가 결정된다. 산탄잡음이라고 부르는 이 요동은 국부적인 조사량 변화에 해당되며, 선 테두리 조도(LER)의 증가를 유발한다. 이 값이 실질적으로 사용할 수 있는 레지스트 민감도의 기본 하한값을 결정한다[3].

이온의 물질과의 큰 반응성은 마스크 구조에 큰 영향을 끼친다. 157nm의 짧은 파장대역까지도 투명한 소재를 찾을 수 있는 광학식 마스크에서의 경우와는 달리, 이온은 매우 얇은 박막 소재에 의해서조차도 차단되거나 심하게 산란된다. 그 결과 이온투사 리소그래피(IPL)를 위해서는 노광될 패턴 형상의 개구부(스텐실)가 있는 얇은 자주형 맴브레인으로 이루어진 스텐실 마스크를 사용해야 한다. 건식 식각에 의해서 만들어지는 패턴은 전형적으로 구현할 수 있는 최대 종횡 비율에 의해서 제한되므로 맴브레인은 얇아야만 한다. 사례로, 웨이퍼 상의 50nm 선폭의 직선(4× 축사율의 마스크에서 200nm 직선에 해당)의 경우 2~3μm 두께의 맴브레인이 필요하다. 직경 126mm에 두께 2μm인 실리콘 결정으로 만들어진 대형 맴브레인이 성공적으로 제작되었으며, 산업용으로 취급하기에 충분한 기계적 안정성을 갖추었다.

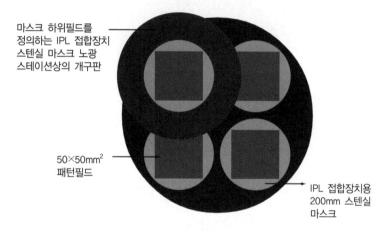

그림 12.2 이온투사 리소그래피(IPL) 접합 장치 내에서의 마스크 사용사례(IPL 화이트 페이퍼, 1999)

    그런데 수 나노미터 규모의 패턴 치수에 대해서 크고 얇은 맴브레인의 기계적 성질은 배치와 중첩에 대해서 극심한 도전을 직면하고 있다. 전자를 사용하는 경우와는 달리 연속체 마스크나 기계적으로 안정적인 맴브레인 층들을 사용할 수 없다. 따라서 관통형 스텐실에서는 기계적인 응력-이완 효과에 의한 마스크 패턴의 국부적인 왜곡이 유발된다. 이 때문에 국부적인 응력과 패턴 왜곡을 정확하게 조절하기 위해서 마스크 제조공정 중에 매우 세심한 주의가 필요하다. 게다가 관통형 스텐실은 고립된 섬 모양의 패턴(소위 도넛형 패턴)을 지지할 수 없기 때문에 두 개의 보상형 마스크가 필요하게 된다. 이 방법에서 패턴은 도넛 구조가 없고 두 마스크에 형상이 분배된 두 개의 보상 영역으로 나뉜다. 그 외에도 그림 12.2에서와 같이 보상 패턴 필드들을 스텐실 마스크 상에 배치하는 방법이 있다. 이 경우 50mm×50mm 크기를 갖는 네 개의 필드들을 사용해 200mm 스텐실 마스크를 노광시키는 IPL 접합 모드에 의해서 웨이퍼가 노광된다[2]. 원래의 패턴은 보상 패턴의 조각들을 사용한 후속 노광공정을 통해서 웨이퍼 상에 재현된다. 그 결과 2중노광으로 인하여 시스템의 생산성은 저하된다. 그런데 도넛이나 사선 등을 포함한 복잡한 패턴들을 4중 정전식 스텝 노광(ESE) 기법과 단일 스텐실 마스크의 조합을 통해서 만들어낼 수 있음이 증명되었다. 이런 스텐실 마스크를 정전식 스텝 노광(ESE) 마스크 라고 부른다[1]. 이 기법을 사용하면 보상용 마스크의 사용을 피할 수 있다. 그런데 4중노광으로 인하여 패턴의 크기가 절반으로 감소되므로, 결과적으로는 4× 마스크 대신에 2× 마스크가 필요하게 된다.

그림 12.3 200mm 스텐실 마스크[29]

200mm 스텐실 마스크가 제작된 바 있지만(그림 12.3), 대부분의 작업은 150mm 스텐실 마스크 포맷을 사용하여 수행되었다.

이온투사 리소그래피(IPL)는 100nm 이하급 투사 리소그래피 기법에 불과할 뿐으로, 노광과 정에서 마스크는 기계적으로 움직이지 않는다. 그러므로 적절히 주사되는 레이저 빔을 사용한 국부가열 등을 사용해서 마스크 패턴의 현장 왜곡보상을 시도할 수도 있다[4].

이 장에서는 이온투사 리소그래피(IPL)-스텐실 마스크의 제작과 활용에 대해서 간략하게 살펴볼 예정이다. 12.2절에서는 제작공정을 다루며 12.3절에서는 배치정확도를 지배하는 인 자들에 대해서 논한다. 12.4절에서는 스텐실 마스크 계측을 위한 장비와 기법에 대해서 살펴보 며, 12.5절에서는 결함검사와 수리에 대해서 소개한다. 12.6절에서는 세척기법을, 그리고 12.7절에서는 스텐실 마스크의 안정성 문제에 대해서 다루고 있다.

12.2 스텐실 마스크의 제작

다른 모든 충전된 입자를 사용하는 리소그래피 기법에서와 같이 맴브레인 기반의 스텐실 마스크를 제작하여 생산에 사용하는 것은 기존의 광학식 방법과는 큰 차이가 있다. 형상계수를 갖는 웨이퍼 기반의 마스크 기법과 표준 광학식 마스크에서와는 다른 소재를 도입하기 위해서는 마스크 제작업체들이 새로운 장비와 공정 인프라, 그리고 그에 따른 재정적 투자가 필요하다. 그런 이유로 이온투사 리소그래피(IPL) 스텐실 마스크 기법에서는 절연층 위에 실리콘이 입혀진(SOI) 웨이퍼를 마스크 모재로 사용함으로써 가능한 한 기존의 웨이퍼 처리 인프라를 많이 사용하도록 노력하고 있다[5]. 비록 아직도 장비와 공정들을 웨이퍼 제조에서 마스크 제조공정으로 이동시켜야 하지만 소재뿐만 아니라 공정들에 대해서도 반도체 업계에서 모르고 있지 않다. 그럼에도 불구하고 얇고 깨지기 쉬운 맴브레인을 취급해야 하고, 상대적으로 열악한 기계적 안정성 때문에 패턴 배치오차가 발생되므로, 이런 유형의 마스크를 생산 환경에 적용하기 위해서는 심각한 장애들이 존재하고 있다.

충전된 입자를 사용하는 전형적인 스텐실 마스크는 기계적인 안정성을 향상시키기 위한 하나의 벌크 층과 패턴 정보를 전사하는 하나의 맴브레인 층을 포함하여 3개 층이 적층되어 만들어진다. 이 층들의 사이는 맴브레인의 윤곽 및 맴브레인 패턴에 대한 별개의 공정을 가능케 해주는 식각 차단층에 의해서 분할된다. 충전된 입자를 사용한 리소그래피 목적으로 다양한 적층구조들이 제안되었지만, 기존의 공정 인프라에 가장 적합한 소재는 절연층 위에 실리콘이 입혀진(SOI) 웨이퍼로 약 $675\mu m$ 두께의 벌크 실리콘 층과 $0.3\mu m$ 두께의 식각 차단층, 그리고 $2\sim3\mu m$ 두께의 Si 맴브레인 층으로 구성되어 있다. 절연층 위에 실리콘이 입혀진(SOI) 웨이퍼는 진보된 장치들에 상업적으로 사용할 수 있으며 웨이퍼 접합방법이나 산소이온 증착 등을 통해서 제작할 수 있다. 비록 이 소재는 다량을 즉각적으로 사용할 수 있지만, 특히 응력 균일성과 같은 이온투사 리소그래피(IPL) 마스크의 요구조건들은 장치용에 비해서 엄격하다(12.3절 참조). 이런 이유로 스텐실 마스크 용도를 충족시키기 위해서는 기존의 절연층 위에 실리콘이 입혀진(SOI) 웨이퍼의 생산 공정을 수정할 필요가 있다.

이온투사 리소그래피(IPL) 마스크의 일반적인 생산흐름도가 그림 12.4에 블록선도로 도시되어 있다. 데이터 처리단계에서는 패턴 분할 소프트웨어를 사용해서 원래 설계 패턴을 가공한다. 이 소프트웨어는 패턴 분할 공정을 수행하며, 특정한 패턴 분할 원칙에 입각하여 설계를 검사한다. 모든 도넛형 형상들뿐만 아니라 국부적인 기계적 안정성을 악화시킬 수 있는 길이가 긴 직선들도 두 개의 보상 층들로 나뉜다. 뒤이은 마스크 패턴화 공정에서 이 층들은 두 개의 분할된 보상 마스크들이나 하나의 스텐실 마스크에 분할된 하위필드들로 전사된다. 적절한 이중노광을 통해서 패턴에 대한 두 개의 보상 부위들이 중첩되어 원래의 패턴을 재생한다. 보상 패턴의 중첩오차에 의한 국부적인 임계치수 오차가 끼치는 영향을 최소화시키기 위해서 분할된 패턴들에도 직선 끝단 구조가 적용된다. 이 직선끝단 형상을 버팅 구조라고 부르며, 전형적으로 패턴 임계치수의 1.5배 크기로 사각형이나 삼각형의 형상을 갖는다. 이들은 첨단 광학식 포토마스크에서 사용하는 광학근접보정(OPC) 구조를 충전된 입자를 사용하는 기법에서 적용한 것이다. 그런데 주 형상크기가 웨이퍼 스케일에서의 임계치수와 이미 근접해 있는 진보된 광학근접보정(OPC) 패턴과 비교해서, 이 광학근접보정 방식의 패턴 보정은 광학식의 경우에 비해서 임계치수 절댓값(웨이퍼 규모 임계치수에 비해 약 2×)이나 임계치수 공차도 광학식에 비해서 훨씬 느슨하다. 정전식 스텝 노광(ESE) 원리의 경우 대칭성 저감을 위한 데이터 처리가 수행되어야만 하며, 웨이퍼 스케일에서의 임계치수에 비해서 마스크 임계치수를 약 2×만큼 축소시켜야 한다.

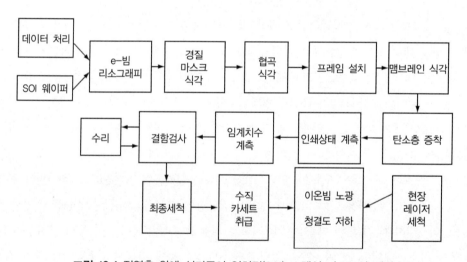

그림 12.4 절연층 위에 실리콘이 입혀진(SOI) 스텐실 마스크의 제작

적절한 웨이퍼 척을 사용하는 상용 마스크 전자빔(e-빔) 묘화기를 사용하여 데이터 준비공정을 통해서 처리된 설계 패턴을 마스크 모재에 전사한다. 일반적으로 두 개의 마스크 제조공정을 사용할 수 있다. 궁극적인 맴브레인 선명도를 갖는 패턴을 전사하기 위해서 벌크의 절연층 위에 실리콘이 입혀진(SOI) 웨이퍼를 사용하는 웨이퍼 흐름공정 또는 이전에 제작된 맴브레인 상에서 e-빔 묘화와 패턴 전사가 수행되는 맴브레인 흐름공정 등이다. 후자의 경우 e-빔

노광에 의해서 패턴이 정의되기 전에 맴브레인 식각과정에서 응력해소가 일어나기 때문에 공정에 의해서 유발되는 왜곡이 더 작다는 장점이 있다. 그런데 맴브레인 흐름공정은 취성 맴브레인을 모든 장비들 속에서 다루어야만 하므로 맴브레인에 손상이 가해질 위험성이 높아서 공정 수율 저하가 초래된다. 이런 이유로 이온투사 리소그래피(IPL)-스텐실 마스크 제조에는 웨이퍼 흐름공정이 선호되며, 공정에 의해서 유발되는 배치오차(다음 절 참조)를 보정해야 하지만 맴브레인을 취급해야만 하는 단계가 줄어든다는 장점이 있다.

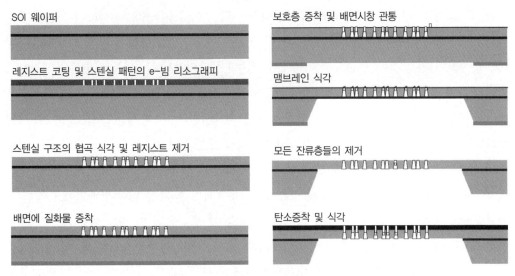

SOI 웨이퍼

레지스트 코팅 및 스텐실 패턴의 e-빔 리소그래피

스텐실 구조의 협곡 식각 및 레지스트 제거

배면에 질화물 증착

보호층 증착 및 배면시창 관통

맴브레인 식각

모든 잔류층들의 제거

탄소증착 및 식각

그림 12.5 절연층 위에 실리콘이 입혀진(SOI) 웨이퍼의 처리공정

상세한 공정 흐름이 그림 12.5에 도시되어 있다. Si-맴브레인 층의 기계적 응력을 조절하는 이온증착 단계부터 공정이 시작된다. 일반적으로 충분한 기계적 안정성을 부여하기 위해서는 미소한 인장응력이 필요하다. 맴브레인을 평탄화시키기 위해서는 이 응력이 충분히 커야 하지만 공정에 의해서 유발되는 왜곡을 최소화시키기 위해서는 충분히 작아야만 한다. 전형적인 맴브레인 응력 값은 4~5MPa이다. 레지스트가 도포된 절연층 위에 실리콘이 입혀진(SOI) 웨이퍼의 상부에서는 e-빔 묘화기를 통해서 50mm×50mm 크기의 마스크 패턴이 만들어진다. 최근 들어서는 대부분의 경우 높은 민감도를 갖춘 화학적으로 증폭된 레지스트들을 사용하며, 이에 따라서 e-빔 묘화시간이 최소화되었다. 반응성 이온 건식 식각공정을 통해서 레지스트 마스크 패턴이 Si-층에 전사되며 가스단속 식각기법이 사용되고 있다. 이 기법은 종횡비가 20:1 이상인 높은 이방성을 갖는 스텐실 형상을 가능케 해주며, 레지스트 마스크 하부에 대해

서는 충분한 선택성을 갖고 있다[6]. 가스단속 기법의 기존적인 개념은 Si 부동층과 식각 스텝들을 명확하게 순서에 따라서 분리한다는 것이다. 부동화 전구물질들로는 SF_6와 C_4F_8 등이 있다. 최초의 부동화 전구가스가 플라스마에 의해서 해리되어 테프론 형태의 측벽 폴리머를 형성하면서 마스크와 Si 표면에 증착된다. 후속적인 식각과정을 통해서 주로 틈새의 바닥위치에서 이온의 충격에 의해 이 폴리머 필름이 제거되며, 틈새의 측벽에서는 가공이 이루어지지 않는다. 결과적으로 불소 화합물은 틈새의 바닥에 위치한 Si만을 공격하여 식각할 수 있게된다. 이러한 방향성은 측면 식각에 비해서 수직 식각 비율을 증가시켜준다. 이 두 단계에 대한 개별적인 매개변수 조절을 통해서 부동화와 식각 사이클을 교대로 시행하여 스텐실 프로파일의 이방성을 훌륭하게 조절할 수 있다. 틈새 프로파일의 형상 때문에 이온 광학계에 대한 특수한 수요가 있는 것이다. 틈새의 측벽에서 이온이 산란되면서 일어나는 영향들을 저감하기 위해서 측벽 각도가 90°보다 큰 후퇴형상 프로파일이 사용된다. 산란된 이온들은 영역 영상을 흐리게 만들며, 결과적으로 분해능과 영상 대비를 저하시킨다. 이 문제는 그림 12.6에 도시된 후퇴형상 틈새의 주사전자현미경(SEM) 단면영상에서 도시된 것처럼 개구부를 약간 뒤로 기울여 설계함으로써 해결할 수 있다. Si 틈새에 대한 식각공정 이후에 남아 있는 레지스트 층을 벗겨낸 다음, 플라스마 화학기상 증착(PECVD)을 통해서 Si_3N_4층을 웨이퍼 배면에 증착한다. 배면 리소그래피와 건식 식각단계를 통해서 Si_3N_4층 내에 관통된 Si 창을 만들 수 있다. 이 창은 최종적인 Si 맴브레인의 크기를 정의해준다. 나중에 화학기상증착(CVD)을 통한 산화층이 Si 층과 스텐실 개구부 상부에 증착되어 맴브레인 식각공정 동안 보호 층으로 작용한다. 이 맴브레인은 웨이퍼 배면의 노광된 Si 영역에 대해서 SiO_2 식각 차단층까지 2단계의 습식 화학적 식각을 통해서 제작된다. 식각공정 중에 맴브레인 층의 손상을 피하기 위해서 이 묻혀 있는 산화층은 핀 구멍이 없어야만 한다.

첫 번째 맴브레인 식각단계는 절연층 위에 실리콘이 입혀진(SOI) 웨이퍼의 전면이 KOH 식각용액에 대해서 기계적으로 밀봉된 스테인리스 강 식각 셀 내에서 수행되어 왔다. 이 단계는 식각된 웨이퍼를 제거하기에 안전할 정도로 충분히 단단한 $25\mu m$ 두께의 예비 Si 맴브레인에 대해서 수행된다. 두 번째 단계는 미리 식각된 절연층 위에 실리콘이 입혀진(SOI) 웨이퍼를 단일 웨이퍼 운반 장치에 고정한 상태에서 식각 셀 외부에서 TMAH✜ 용액을 사용해서 수행된다. 이 장치는 맴브레인 식각과정 동안 아무런 힘도 가하지 않는 무응력 취급이 가능하여, 이 맴브레인 식각공정 동안 높은 반복성과 수율을 가능케 해준다. 1단계와 2단계에 식각용

✜ TMAH: tetramethylammonium hydroxide-역자 주

화학물질을 바꾸는 이유는 함몰되어 있는 SiO₂와 CVD 산화층에 대한 TMAH 용액의 높은 선택도 때문이다.

산화물 층의 압축응력 때문에 Si 식각의 최종 단계에서 맴브레인이 구겨진다[(그림 12.7(a)]. 배면 질화물과 양면의 산화층을 제거한 다음에는 인장응력이 맴브레인을 지배하게 되어 마스크 시스템 전체를 안정화시키면서 평평한 Si 맴브레인이 만들어진다[(그림 12.7(b)].

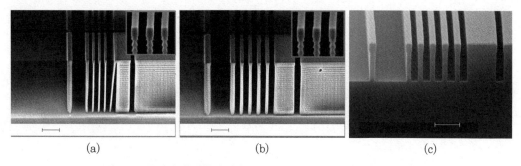

(a)   (b)   (c)

그림 12.6 틈새의 후퇴형상: (a) 175mm (b) 250mm (c) 틈새 프로파일

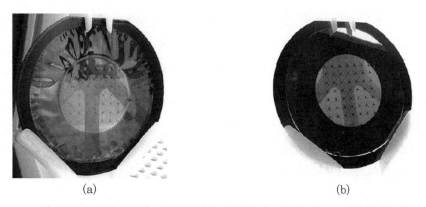

(a)   (b)

그림 12.7 질화 및 산화층의 식각 전(a)과 후(b)의 스텐실 마스크 배면형상[29]

최종 공정단계에서 탄소 보호 층이 맴브레인의 최상부에 증착되어 노광과정에서 이온주입에 대해 Si 맴브레인을 보호한다. 여타의 충전된 입자를 사용한 리소그래피 기법들에서는 전자를 사용하므로 이온투사 리소그래피(IPL)에서 주입이 끼치는 영향은 특수하다. 비록 고에너지 전자가 원자 격자에 대해서 국부적인 손상(변형 등)을 유발할 수도 있지만, 맴브레인의 전기적 접촉을 통해서 추가적인 전하를 제거할 수 있으며, 격자 내부로 추가적인 원자가 유입되지는

않는다. 반면에 큰 질량을 갖는 이온들은 결정 격자구조에 큰 손상을 입힐 뿐만 아니라, 결정격자구조 내로 파고들어가 자리를 잡아버린다. 이런 주입에 의해서 맴브레인 층의 응력이 변하며 패턴 배치오차가 유발된다. 이런 이유 때문에 노광과정에서 전체적인 응력변화를 저감하기 위해서 보호 층이 사용되어야만 한다. 이런 목적을 충족시키기 위해서는 He-이온 주입과 He-원자 사이의 재결합에 따른 유출확산 사이의 동적 평형이 이루어져야만 한다. 비정질 탄소가 이런 목적의 층으로 사용될 주 후보이다[7]. 탄소는 아르곤과 질소를 사용하는 직접방식 반응성 스퍼터 공정을 통해서 증착된다. 이 기법을 통해서 낮은 압축응력이나 심지어는 인장응력을 갖는 탄소층을 증착할 수 있다. 현재까지 개발된 탄소 필름은 낮은 내부응력, 높은 열 방출성, 그리고 환경(질소나 아르곤환경)에 대한 안정성 등과 같이 보호 층이 필요로 하는 거의 대부분의 요건들을 충족시키고 있다[8, 9]. 그런데 응력 균일성, 응력 반복성 및 평형 주입량 등과 같은 인자들에 대해서는 더 많은 개선이 필요하다.

12.3 패턴 배치와 공정에 의해서 유발된 왜곡

표준 광학식 마스크에 비해서 스텐실 마스크의 기계적 안정성이 떨어지기 때문에 패턴 배치 문제와 응력에 의한 왜곡 등은 충전된 입자를 사용하는 리소그래피에서 가장 중요한 문제들로 대두되고 있다. 이온투사 리소그래피(IPL)는 중간~대량생산을 위해 높은 생산성을 목표로 하고 있으므로, 웨이퍼 상에 50×50mm^{2}의 넓은 패턴 영역을 선택하고 있다. 이 레이아웃은 전형적으로 벌크 소재의 안정화 지주에 의해서 분리되는 작은 하위필드를 사용하는, 전자를 기반으로 하는 기술과는 다르다. 이 마스크 개념은 소재의 안정성을 향상시켜주지만 이 시스템의 생산성은 현저하게 떨어진다. 반면에 이온투사 리소그래피(IPL) 마스크의 넓은 패턴 영역은 더 높은 수준까지 정교한 패턴 배치 조절을 가능케 해준다. 126mm인 맴브레인 전체직경은 실제 패턴 영역에 비해서 훨씬 크기 때문에 이는 더욱 중요하다. 이온투사 리소그래피(IPL) 마스크는 이온-광학 영상 시스템의 능동적인 부분이라는 점이 이토록 넓은 맴브레인 영역을 가능케 해준다. 따라서 벌크 웨이퍼 링에 의한 전기 전위의 어떠한 왜곡도 영상의 이온-광학 왜곡을 초래한다. 이런 이유 때문에 웨이퍼 링은 패턴 영역으로부터 특정한 최소거리를 유지해야만 하며, 그에 따라서 맴브레인은 커져야만 한다.

전체적인 영상배치(IP)오차를 지배는 네 가지 주요 인자들이 있다. e-빔 묘화기의 위치오차, 공정에 의해서 유발되는 왜곡, 패턴에 의해서 유발되는 왜곡, 그리고 마운팅에 의해서 유발되는 왜곡 등이다. 후자는 전형적으로 장비 중첩할당 과정에서 고려되며, 만약 마스크 마운팅이 충분히 세심하게 수행되지 않는다면 매우 큰(수백 나노미터) 값을 갖게 된다. e-빔 묘화기의 위치오차는 빔 편향장치의 오차나 노이즈에 기인하며, 이는 이온투사 리소그래피(IPL) 기술에만 국한된 것이 아니기 때문에 이 장에서는 논의하지 않는다. 사용되는 e-빔 묘화기의 능력에 따라서 이 값은 10~15nm(3σ 오차)에 달한다. 나머지 두 가지 영향인 공정 및 패턴에 의해서 유발되는 왜곡은 스텐실 마스크 기법에만 국한된 것이므로 이 장에서 더 상세하게 논의한다. 비록 이들은 표준 광학식 마스크에서도 나타나지만, 벌크 유리소재의 강성 때문에 최소한 저응력 흡수소재를 사용한다면, 이들이 마스크의 총 배치오차 할당에 끼치는 영향은 미미하다.

12.3.1 공정에 의해 유발된 왜곡

공정에 의해서 유발되는 왜곡은 마스크 전체 시스템의 층 응력이나 강성변화에 기인한다. 전자는 레지스트 층과 같이 응력이 가해진 층이 추가 또는 제거되거나, 혹은 맴브레인의 전체적인 응력 변화 등에 관계가 있다. 후자의 경우는 맴브레인 식각단계에서 다량의 벌크 소재가 제거되면서 마스크의 총 응력이 줄어들 때 발생된다. 총 배치오차는 e-빔 묘화단계와 스스로 지탱하고 있는 상태의 맴브레인의 상부가 보호 층으로 마무리 된 마스크 사이의 패턴 위치 차이로 정의된다. 이는 맴브레인 하부의 벌크 Si층을 제거한 다음에 초기응력이 가해져 있는 맴브레인의 응력해지에 의해서 주로 발생한다.

앞서 언급한 것처럼 맴브레인의 초기응력은 붕소이온을 사용한 이온주입과 소재에 대한 후속 풀림처리에 의해서 가해진다. 풀림단계 도중에 주입된 이온은 격자 간 위치에서 격자 속으로 이동하며, 결정격자의 일부로 편입된다. 이들의 원자반경이 실리콘 원자에 비해서 작기 때문에 분포된 격자는 뒤틀리면서 인장응력을 생성한다. 주입량과 발생응력 사이의 선형적인 차이가 관찰되며 이론적으로도 예측이 가능하다[10].

주입 후에 맴브레인은 수축에 의해서 탄성 에너지를 얻게 되어, 초기응력이 가해진 Si 상부 층은 웨이퍼 테두리 쪽이 위로 치켜 올라가는 형태로 휜다. 추가된 에너지가 벌크 웨이퍼 부분의 뒤틀림에 필요한 탄성 에너지와 평형상태에 이르면 변형이 중단된다. 맴브레인 영력내의 모든 벌크 소재를 제거함에 따라서 맴브레인 식각과정에서 벌크 층의 강성은 현저히 감소하며, 추가적인 맴브레인 수축에 의해서 총 탄성에너지는 더 감소하여 웨이퍼 링의 심각한 변형이 초래된다. 추가적인 맴브레인 수축에 의해서 벌크 웨이퍼 링은 내측으로 기울어진다. 그런데 맴브레인 영역은 바깥쪽 방향으로 방사상으로 뒤틀린다. 이런 역전현상은 패턴 영역 내에서 관통된 스텐실의 패턴화에 따른 맴브레인의 강성감소에 기인한다. 두께가 $3\mu m$이며 맴브레인 응력이 4MPa인 Si 맴브레인의 경우 이 때문에 150nm 3σ의 패턴 왜곡이 발생한다. 맴브레인이 원형형상이기 때문에 이 왜곡은 축대칭 형태를 갖고 있으며, 따라서 배율보정을 통해서 보상할 수 있다. 그런데 웨이퍼 평판, 즉 축대칭이 아닌 형상의 절연층 위에 실리콘이 입혀진 (SOI) 웨이퍼를 사용하는 경우나 맴브레인의 초기응력이 균일하지 않은 경우에는 배율보정만으로 충분치 않다.

결론적으로 무응력 맴브레인이 패턴 배치의 관점에서는 최적의 선택이다. 그런데 무응력 맴브레인은 기계적으로 불안정하다. 응력-경화 현상 때문에 평면응력이 수직방향에 강성을 부여해준다. 그러므로 맴브레인을 안정화시키기 위해서는 미소한 인장응력이 필요하다. e-빔 묘화과정에서 결과적인 배치오차를 계산하여 보상해야만 한다. 따라서 안정성 때문에 이온투사 리소그래피(IPL) 스텐실 마스크 개발에서 응력과 관련된 왜곡을 완벽하게 제거하는 것보다는 필요한 정밀도 수준에서 이를 예측, 조절 및 보상하여야 한다. 그 결과 응력과 관련된 왜곡의 조절을 위해서는 맴브레인 절대응력뿐만 아니라 국부응력의 균일성 조절이 핵심 주제가 된다.

12.3.2 패턴에 의해 유발된 왜곡

앞서 논의한 것과 같이 공정에 의해서 유발된 왜곡은 맴브레인을 생성할 때, 벌크 웨이퍼 부분의 강성변화에 기인한다. 게다가 패턴 선명도에 의해서 맴브레인 강성이 변하여, 구성요소에 추가적인 왜곡을 초래한다. 관통된 스텐실이 만들어지면 맴브레인의 국부적인 변형이 일어나며 내부응력이 저감된다. 패턴 밀도는 전형적으로 패턴 영역 전체에 걸쳐서 불균일하므로, 결과적인 왜곡 역시 심한 불균일성을 갖는다. 그 결과 배율보정과 같은 단순한 방사상 보정을 통해서 이러한 왜곡을 보상할 수 없으며 패턴마다 서로 다른 양상을 나타낸다. 이런 유형의 왜곡은 미리 계산해놓고 e-빔 묘화과정이나 또는 설계단계에서 미리 원래의 설계 패턴을 이동시켜 보정해야만 한다.

유한요소 모델링을 통해서 기계적인 뒤틀림을 산출하는 수학적인 방법이 제안되었다[11]. 이 방법은 뒤틀림을 산출하기 위한 서로 다른 방정식들을 풀기 위해서 직접 수치해법을 사용한다. 거시적인 웨이퍼 규모에서 공정에 의해서 유발되는 뒤틀림을 예측하는 데에 이 방법을 사용할 수 있지만, 패턴에 의해서 유발되는 왜곡에 이 방법을 적용할 수는 없다. 이는 패턴의 복잡성과 수십에서 100nm 내외인 길이특성에 기인한다. 이런 요소크기에 대한 유한요소 메시를 사용해서 전체 패턴 영역에 대해 시뮬레이션을 수행하기 위해서는 상상을 초월하는 계산용량이 필요하다. 이런 이유 때문에 패턴에 의해서 유발되는 맴브레인 왜곡을 웨이퍼 규모에서 제대로 묘사하기 위해서 대안적인 방법이 적용되어야만 한다.

가장 전망이 밝은 방법은 국부적인 맴브레인 응력을 적절한 길이스케일에 대해서 평균화하고 그에 해당되는 유한요소들에 등가 강성을 부여하는 것이다. 예를 들면 미소한 메시를 갖는 패턴의 주기적인 단위 셀에 대해서 변형을 계산하고, 이 단위 셀을 동일한 기계적 응답특성을 갖는 단일 유한요소로 치환함으로써 이 등가강성 값을 산출할 수 있다. 그런데 이 방법은 주기적인 패턴들에만 적용할 수 있다. 비주기적 패턴의 경우 공동 비율, 즉 관통영역의 비율에 대한 분석을 통해서 등가 강성을 근사적으로 예측하는 또 다른 방법을 사용해야 한다. 등가강성 기법의 주요 난점은 기계적인 성질들이 평균화되며 필요한 정밀도로 발생된 왜곡을 표현할 수 있는 적절한 길이규모를 찾아내는 일이다. 이 길이규모는 전형적으로 패턴 밀도의 변화율에 의존하며 따라서 개별적인 패턴에 의존한다. 게다가 이방성의 영향을 고려해야만 하며, 적절함 매개변수를 사용해서 이들을 특성화시킬 필요가 있다[11].

12.3.3 왜곡의 조절

모든 왜곡들을 완벽하게 통제할 수 없기 때문에 잔류 왜곡의 조절과 보상을 위한 방법이 개발되어야만 한다. 왜곡의 주원인이 내부응력이므로, 이 응력을 절댓값 기준으로 조절해야 할 뿐만 아니라 국부적인 균일성에 대해서도 정교하게 조절해야만 한다. 결과적인 맴브레인 응력을 결정하는 두 가지 주원인들은 다음과 같다. 절연층 위에 실리콘이 입혀진(SOI) 웨이퍼의 초기응력과 맴브레인 응력조절을 위한 이온주입이다. 전자는 주로 절연층 위에 실리콘이 입혀진(SOI) 웨이퍼 제조공정에서 논의[28]되는 반면에 후자는 마스크 제조공정의 일부분이다. 4~5MPa에 달하는 최종적인 맴브레인 응력은 미소한 왜곡이 잔류하는 기계적으로 안정화된 맴브레인의 경우에 최적의 선택이다. 이 경우 웨이퍼 전면에서의 균일성은 0.1MPa 이내로 조절되어야 하며, 이를 통해서 10nm의 패턴 왜곡이 초래된다.

절연층 위에 실리콘이 입혀진(SOI) 웨이퍼들은 여러 가지 방법을 사용해서 제작할 수 있다. 전통적인 방법은 산화된 실리콘 웨이퍼를 또 다른 웨이퍼에 접합하며, 기계적 또는 화학적인 방법을 사용해서 이를 얇게 만드는 것이다[12]. 더 세련된 기법은 두 층을 분리하기 위해서 수소 원자를 주입하는 방법을 사용한다[13]. 접합방법의 대안으로서 산소 이온의 주입은 매립된 산화물 층을 생성하는 데에 즉각적으로 사용할 수 있다[14]. Si 결정격자는 주입공정에서 심각하게 손상을 받기 때문에 후속적으로 풀림공정을 수행해야만 한다. 그런 다음 결정생장을 통해서 상부 실리콘 층의 두께를 증가시킨다. 이 비접합 소재의 장점은 접합식 웨이퍼에 비해서 응력 균일성이 증가된다는 점이다. 이는 국부적인 마스크 휨, 입자 또는 오염물 층들이 접합공정의 균일성을 저하시킨다는 사실에 기인하며, 따라서 풀림 및 상온까지의 냉각 이후에 초기 층 응력이 유발된다. 반면에 비접합 웨이퍼의 경우 입자들은 이온 주입공정을 가로막아 매립된 산화물 층에 핀 구멍을 생성한다. 이 핀 구멍들은 나중에 맴브레인을 생성하면서 수행될 벌크 실리콘 식각단계에서 맴브레인 층에 손상을 입힐 수 있다. 그런데 비접합 웨이퍼에서의 응력 균일성 향상은 스텐실 마스크의 활용에 큰 이점을 가져다준다. 특정한 제조공정에 따라서 붕소이온 주입 이전에조차도 맴브레인 층이 초기응력을 가질 수 있다[28]. 최종적인 맴브레인 응력 조절 시에 이 오프셋을 고려해야만 한다.

최적화된 응력 균일성을 갖춘 소재를 선정한 다음에는, 맴브레인 응력조절 단계에서 웨이퍼 전면에 균일한 주입이 되도록 만드는 것이 중요하다. 주입된 이온량의 변화는 국부적인 응력편차를 유발하며 따라서 뒤틀림 양의 예측에 오차를 생성한다. 실제의 경우 그림 12.8에 도시된 맴브레인 조절을 통해서 필요한 응력 균일도인 0.1MPa를 구현할 수 있다. 이 그림에서는 주입된 절연층 위에 실리콘이 입혀진(SOI) 웨이퍼의 절연층과 실리콘층에 대한 국부적인 응력분포를 보여주고 있다. 이 분포는 층의 제거전과 후의 국부적인 곡률측정을 통해서 측정되었으며, 해당 응력 값을 Stoney 방정식을 사용해서 산출하였다.

적절한 양의 붕소 이온을 주입하여 맴브레인 응력을 조절할 때, 공정 및 패턴에 의해서 유발된 왜곡들도 보정해야만 한다. 방사상 요소들과 같은 왜곡들은 이온 광학계를 사용해서 보상할 수 있으며, 여타의 왜곡은 설계 패턴의 이동을 통해서 제거해야만 한다. 이때 필요한 이동량은 웨이퍼 전체형상에 대한 유한요소(FE) 모델링을 통해서 산출할 수 있다. 총 패턴 이동량을 결정하기 위해서는, 절연층 위에 실리콘이 입혀진(SOI) 웨이퍼 모재상의 e-빔 노광단계에서와 탄소 보호 층이 코팅되어 응력이 부가되며 스스로 지탱하고 있는 최종 상태의 맴브레인 사이의 변형량 차이가 계산되어야만 한다. 유한요소 모델과 패턴 밀도가 낮은 맴브레인의 경우에 계산된 변형량의 사례가 그림 12.9에 도시되어 있다.

특수한 전처리 소프트웨어를 사용하여 설계위치가 이동되었다. 앞서 언급한 것과 같이 패턴이 입혀진 맴브레인의 경우에는 등가강성 모델을 사용해야만 한다. 맴브레인 층의 초기응력분포를 모델에 대입하면 예측 값의 정확도에 직접적인 영향을 끼치므로, 이 응력분포는 웨이퍼 전체와 웨이퍼들 사이에서 균일하거나 또는 이를 미리 측정해야만 한다. 대부분의 정밀한 응력 측정 방법들이 파괴적이기 때문에 후자의 경우는 현실적으로 실현이 어렵다.

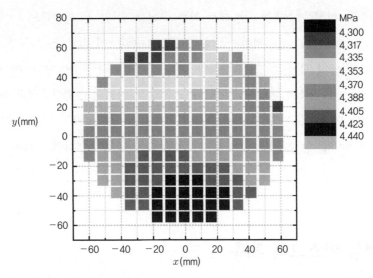

그림 12.8 국부적인 맴브레인 응력분포에 따르면 맴브레인 영역 전체에 걸쳐서 0.1MPa 이내로 응력이 균일하게 분포되어 있다[28].

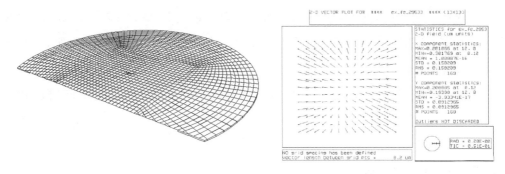

그림 12.9 외부 벌크 웨이퍼 링과 얇은 맴브레인에 대한 유한요소 모델의 단면도(좌). 이 모델을 사용해서 공정에 의해서 유발되는 왜곡을 산출할 수 있다(우).

앞서 논의한 방법을 통해서 패턴이 입혀진 맴브레인의 왜곡을 산출할 수 있다. 그런데 이온투사 리소그래피(IPL) 장비 내에서 맴브레인의 왜곡된 상태를 노광기간 동안 일정하게 유지하는 것이 중요하다. 노광된 입자들이 가시화된다는 점이 실제적인 노광공정에서 전자에 비해 이온이 갖는 커다란 차이점이다. 전자와는 달리 이온들은 스텐실 마스크 속으로 주입되면서 맴브레인 응력을 지속적으로 변화시킨다. 이런 이유 때문에 보호 층이 그 하부에 위치한 맴브레인을 이온 주입에 대해서 보호해야만 하며, 부가적으로 이온 노광공정 동안 자기 층의 응력이 변하지 않아야 한다. 주입된 이온과 재결합된 원자의 가스방출 사이에 동적인 평형이 형성되는 탄소와 같은 비정질 소재를 사용해서 이를 구현할 수 있다. 전형적으로 이 평형상태는 주입량의 특정한 문턱값을 넘어서야 도달하게 된다. 주입량이 작은 경우 보호 층의 응력이 변한다. 패턴 보정량의 계산 시, 이 추가적인 응력 변화를 고려해야만 한다. 배치오차를 최소화시키기 위해서는 초기응력 변화뿐만 아니라 보호 층의 최종적인 평형응력도 재현성이 있어야 한다. 게다가 현실적인 이유 때문에 부가적인 시간을 단축시키기 위해서 주입 문턱값을 가능한 한 작게 해야만 한다. 보호 층의 증착공정과 소재 성질들은 그에 따라서 최적화해야만 한다.

12.4 스텐실 마스크의 계측

앞서 논의된 전공정과 더불어 마스크 계측, 검사, 수리 및 세척과 같은 후공정들도 마찬가지로 스텐실 마스크가 요구하는 성질 및 요건들을 충족시켜야 한다. 그러므로 다음의 세 절들에서 이 문제에 대해서 논의하기로 한다. 반도체 용도의 이온투사 리소그래피–스텐실 마스크에 대한 실제적인 작업은 2001년 후반에 종료되었으며, 이 절에서 제시하는 결과는 개발의 비교적 초기단계에 대한 것들이다.

이 절에서는 이온투사 리소그래피(IPL) 마스크에 대한 두 가지 범주의 계측을 소개하고 있다.

1. 영상배치(IP)에 대한 계측
2. 임계치수(CD)에 대한 계측

12.4.1 측정용 장비

오늘날 기존 마스크의 계측에는 광학, 주사전자현미경(SEM), 그리고 원자작용력현미경(AFM)과 같은 기법들이 사용되고 있다. 이들 모두는 이온 투사 리소그래피에 동일하게 적용되고 있다.

광학식 장비들은 시장에 많이 나와 있으며 새로운 장비들이 지속적으로 개발되고 있다. 이런 장비들 중에는 임계치수 계측용 MuTec2010/LWM과 영상배치 계측용 LMS IPRO™ 등이 있다. 그런데 LMS IPRO™는 임계치수 계측에도 사용되고 있다.

비 광학적 측정기법인 주사전자현미경(SEM)은 웨이퍼 제조에 일상적으로 사용되고 있으며,

이온빔 노출과정 중에 충전을 피하기 위해서 이온투사 리소그래피 마스크는 적절한 전기 전도성을 갖고 있기 때문에 이온투사 리소그래피 마스크에도 적용이 가능하다.

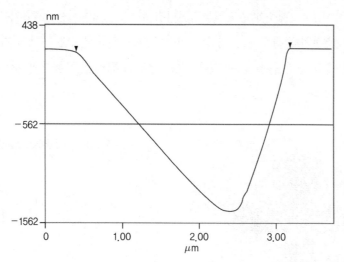

그림 12.10 실리콘 마스크 공간구조에 대한 원자작용력현미경(AFM) 측정 결과. 임계치수가 삼각형으로 표시되어 있다. 그림은 사각형 개구부의 외형과 더불어서 편향된 측정용 탐침의 쐐기 형상을 보여주고 있다.

그림 12.11 시험용 마스크: (a) 원형 (b) 사각형

디지털 장비에서 출발한 원자작용력현미경(AFM) 역시 이온투사 리소그래피(IPL) 마스크의 임계치수(CD) 측정에 사용할 수 있는 비 광학적 방법이다. 그림 12.10에서는 이 장비의 적용사례를 보여주고 있다. 이 시스템은 표준 탐침을 사용하여 사각형상의 틈새를 스캔하였으며, 왜곡된 사각형태의 신호를 송출하였다. 그림에서 도시되어 있는 삼각형상에 의해서 표시된 위치들에 대한 측정신호로부터 임계치수 값을 구하였다. 이 위치들은 스텐실 개구부의 상부

모서리에 해당된다. 따라서 스텐실 개구부 모서리의 형상은 측정 결과의 정확도에 결정적인 영향을 끼친다. 또한 탐침의 형상은 측정의 정확도에 강한 영향을 끼치므로, 탐침의 완벽성을 확보하기 위해서 세심한 주의를 기울여야 한다.

맴브레인 식각 이후의 계측에 원자작용력현미경(AFM)을 사용하는 것이 매우 중요한 것으로 간주되고 있다. 측정의 정확도는 틈새 상부의 형상에도 의존하지만, 모서리가 매우 날카롭다면 매우 정확한 측정 결과를 얻을 수 있다. 다른 형태의 탐침을 사용하면 개구부 측벽에 대한 정보도 얻을 수 있다.

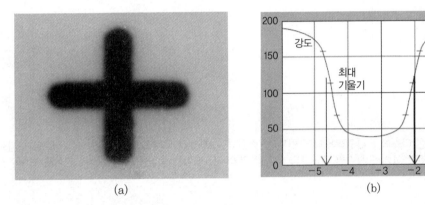

(a) (b)

그림 12.12 (a) 시험용 영상 (b) 강도 프로파일

12.4.2 시험용 마스크

앞서 계측에 사용된 스텐실 마스크는 150mm 절연층 위에 실리콘이 입혀진(SOI) 웨이퍼를 사용해서 120mm 직경의 맴브레인에 제작한 것이다(그림 12.11). 마스크 중심에 위치한 60mm×60mm 크기의 패턴 영역에는 $50\mu m$ 간격으로 $50\mu m \times 50\mu m$ 크기의 사각형 구멍이 배치되어 25%의 개방영역을 갖고 있다. $0.5 \sim 2\mu m$ 범위의 크기를 갖는 사각형 구멍들로 이루어진 일련의 시험 설계들이 패턴 영역의 네 귀퉁이에 배치되어 있다. 최소 $0.7\mu m$ 의 선폭으로 구성된 5mm×5mm 크기의 또 다른 표준 설계 세트가 패턴 영역 네 귀퉁이의 중심에 배치되어 있다.

게다가 시험 마스크는 13×13개의 길이 $10\mu m$, 폭 $1\mu m$인 십자형상도 갖추고 있다.

12.4.3 측정방법

그런데 기존의 측정장비들은 다음에서 논의하는 것과 같은 비표준 마스크를 장착할 수 있도록 설계되어 있지 않다. 이런 장비들을 사용해서 측정을 수행하기 위해서는 시험용 마스크를 수정 판 위에 설치하여야 한다. 측정을 수행함에 있어 당면한 문제로는, 온도 안정성(22°C)을 유지하기 위해서 측정 시스템 내에서 흐르는 공기유동에 의해서 시험용 마스크를 구성하고 있는 맴브레인 기층의 진동이 유발될 수 있다는 점이다. 이 진동은 측정과정에서 기기의 자동 초점기능의 사용을 어렵게 만든다. 첨단 TV 초점기법을 채용하여 이 문제를 해결하였다. TV 시스템은 초점평면 근처의 임의 위치에 대해서 $10\mu m$의 z-영역에 대한 일련의 영상을 취한다. 맴브레인이 진동하기 때문에 동일한 z-위치에서 취득한 영상들의 스텐실 맴브레인 표면에서 물체평면까지의 거리가 서로 다르며, 이는 초점거리의 차이를 유발한다. 이는 측정오차를 증가시킨다. 그림 12.12(b)에서와 같이 강도를 측면방향 위치(x 또는 y)에 대해서 표시하여 그림 12.12(a)의 각 영상들을 분석하였으며, 강도 프로파일의 최대변화율이 계산되었다. 게다가 최대강도의 50%가 되는 측면방향 위치도 기록되었다. 선정된 z-영역에 대해서 선정된 모든 영상들에 대해서 이 값들이 구해졌다. 그리고 그림 12.13에서와 같이 최대 변화율을 z-위치의 함수로 나타내었다. 초점은 최대 변화율이 발생하는 z-위치로 정의되었으며, 따라서 선명도의 최댓값이 초점위치를 나타내 준다. 그다음 단계는 구조의 측면방향 위치를 찾아내는 일이다. 테두리의 측면방향 위치(좌측 및 우측 테두리)가 z에 대해서 표시되어 있다. 양쪽에 대해서 회귀곡선이 계산되었으며, z-초점과 함께 구해진 회귀곡선들의 교차점 사이 중간위치가 원하는 위치 값이다(그림 12.14).

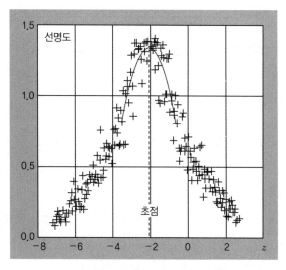

그림 12.13 z-위치에 따른 최대 기울기

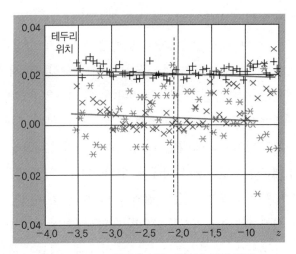

그림 12.14 z-위치에 따른 테두리 위치 변화

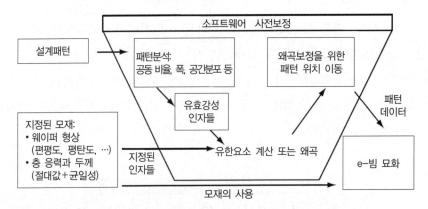

그림 12.15 소프트웨어 사전보정과 배치조절의 개념

12.4.4 영상배치(IP)의 계측

기존의 마스크에서와 같이 영상배치는 이온투사 리소그래피(IPL)-스텐실 마스크에서도 중요한 인자이다. 과거에 영상배치(IP)는 선주문 맴브레인 마스크의 묘화와 선주문 마스크로부터의 피드백을 기반으로 한 데이터 보정을 통해서 조절되었다.

영상배치(IP)에 영향을 끼치는 핵심 인자는 마스크 맴브레인상의 응력으로 이에 대한 조절과 최소화가 필요하다. 이를 수행할 방안들 중 하나는 묘화를 시작하기 전에 발생 가능한 왜곡에 대한 패턴분석에 기초하여 데이터를 보정하는 것이다.

그림 12.15의 흐름도를 통해서 영상배치오차를 최소화시키기 위한 보정방법이 설명되어 있

다. 소프트웨어를 사용해서 마스크 레이아웃 패턴을 분석하고, 패턴이 성형된 스텐실 맴브레인 영역에 대한 등가강성 대비를 구하기 위한 매개변수를 산출한다. 이 일련의 상수 값들은 유한요소 계산의 입력 값으로 사용된다. 여타의 매개변수 세트들은 모재 사양에 의해서 결정된다. 웨이퍼 형상 값들[크기, 두께, 편평도, 말림 등], 층 응력, 그리고 실리콘, 산화규소, 질화규소 및 레지스트 등의 두께 값들은 유한요소 계산의 기본 변수들이다. 이 절의 목적은 유한요소 해석을 사용하여 모델링할 필요가 없는 공차 값들을 찾아내는 것이다. 만약 이것이 불가능하다면 절연층 위에 실리콘이 입혀진(SOI) 웨이퍼 모재의 말림율과 같은, 더 많은 기본 입력 데이터들을 계산에 사용해야 한다.

12.4.4.1 영상배치(IP) 계측의 반복도

앞서 언급했던 측정으로부터 구해진 스텐실 마스크의 반복도는 크롬마스크에서의 값과 대략적으로 유사한 것으로 밝혀졌다. 영상배치 측정에 따른 반복도 그래프가 그림 12.16에 도시되어 있다. 여기서는 열 개의 완벽한 측정 사이클이 수행되었다. 각 측정위치마다 표시된 십자선의 x 및 y 방향 길이는 각 측정위치의 x 및 y 방향 영역을 표시한다.

개별적인 측정위치별로 3σ 최댓값들과 모든 측정위치에 대한 평균값의 3σ가 표시되어 있다. x 및 y 방향으로의 3σ 최댓값은 4nm, 3nm인 반면에 x 및 y 방향으로의 3σ 평균값은 각각 2nm이다.

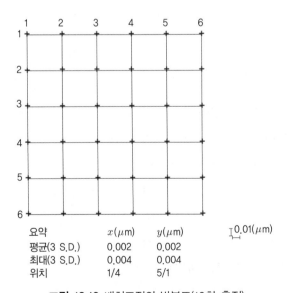

요약	$x(\mu m)$	$y(\mu m)$
평균(3 S.D.)	0.002	0.002
최대(3 S.D.)	0.004	0.004
위치	1/4	5/1

그림 12.16 배치조절의 반복도(10회 측정)

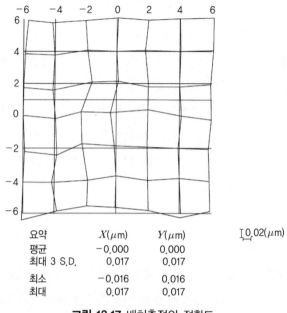

요약	$X(\mu m)$	$Y(\mu m)$
평균	−0.000	0.000
최대 3 S.D.	0.017	0.017
최소	−0.016	0.016
최대	0.017	0.017

$\underline{\text{I}}\,0.02(\mu m)$

그림 12.17 배치측정의 정확도

12.4.4.2 영상배치(IP) 계측의 정확도

여기서 정확도는 마스크를 90° 회전시키기 전과 후에 측정된 값의 3σ 최댓값으로 정의된다. 비율조정과 각도보정을 수행한 다음에 이 값들을 계산한다. 스텐실 맴브레인의 경우 계측장비의 사양이 25nm인 반면에 3σ 최댓값 정확도 계산결과는 24nm이다. 계산결과는 그림 12.17에 도시되어 있다.

12.4.5 임계치수(CD)의 계측

임계치수(CD) 측정의 경우 반사뿐만 아니라 투과모드의 측정에도 성공적으로 MueTec 장비가 사용되고 있다. 반사모드에서의 반복도는 투과모드에 비해서 훨씬 양호한 것으로 평가되었다. 이 두 모드를 통한 측정 결과는 서로 다른 것으로 판명되었다.

투과모드에서 입사광은 높은 종횡비를 통과하며, 측정 결과는 틈새 전체의 정보에 의해서 영향을 받는 반면에, 반사모드에서 장비는 실리콘 개구부 최상층의 가장 좁은 끝단을 읽을 뿐이다. 이는 두 모드를 사용해서 측정한 결과 사이에 차이가 발생하는 이유가 될 수 있다. 더욱이 투과신호의 변화된 강도 프로파일과 강도저하 역시 투과모드가 상대적으로 낮은 반복도를 갖는 원인이 된다.

12.4.5.1 임계치수의 반복도

150nm 두께 층의 경우 MueTec 2010을 사용한 반사측정에서의 3σ 임계치수 반복도는 x 방향에 대해서 22nm, y 방향에 대해서 18nm인 것으로 판명되었다. 클린룸 공기유동이 완벽하게 제거되지 않았기 때문에 맴브레인이 진동하여 이런 측정 결과가 얻어졌다. 진동이 전혀 없는 경우에는 훨씬 좋은 결과를 얻을 수 있다[4]. 맴브레인 진동이 전혀 없는 경우에 라이카 LMS IPRO를 사용한 반복도 측정 결과의 3σ 값은 3nm이다[15].

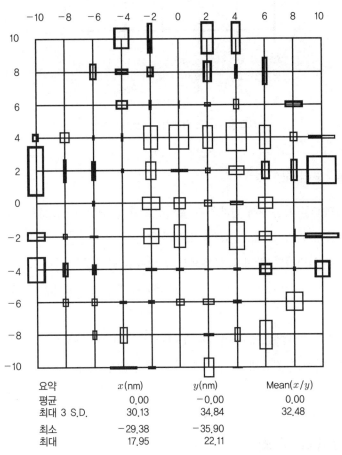

요약	x(nm)	y(nm)	Mean(x/y)
평균	0.00	−0.00	0.00
최대 3 S.D.	30.13	34.84	32.48
최소	−29.38	−35.90	
최대	17.95	22.11	

그림 12.18 5.5×5.5cm²의 필드에 대해 1μm의 공칭 폭을 갖는 스텐실 단면상에서 LMS IPRO를 사용하여 측정한 임계치수 균일성

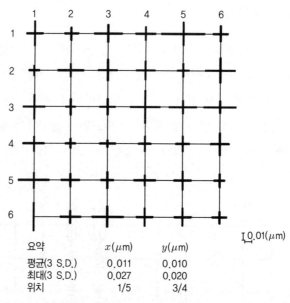

요약	$x(\mu m)$	$y(\mu m)$
평균(3 S.D.)	0.011	0.010
최대(3 S.D.)	0.027	0.020
위치	1/5	3/4

그림 12.19 임계치수 균일성 측정

12.4.5.2 임계치수의 균일성

라이카 LMS IPRO를 사용해서 임계치수 균일성도 측정하였으며, LMS IPRO를 사용한 임계치수 균일성 측정 결과가 그림 12.18에 도시되어 있다.

12.4.3절에서 논의되었던 방법을 사용해서 임계치수 균일성의 반복도를 측정하였다. 측정 결과는 그림 12.19에 도시되어 있다. x 및 y 방향에 대한 3σ 최댓값 측정 결과는 각각 27 및 20nm이다.

이 결과는 명백히 크롬마스크에 미치지 못하지만 이 편차는 측정기간 동안 제거하지 못한 공기유동에 의한 마스크 진동과 관련되어 있을 가능성이 있다.

12.5 결함검사와 수리

이온투사 리소그래피(IPL)-스텐실 마스크의 결함검사에는 광학식뿐만 아니라 e-빔 검사장비도 사용할 수 있다. 광학식 검사장비는 현행 광학식 마스크 제조공정에서 널리 사용되고 있다. 대부분의 경우 원자외선 리소그래피용 마스크 검사에는 청색 또는 중간-자외선 빛이 사용된다. 이는 첨단 마스크의 검사에는 비화학선 광원이 사용된다는 것을 의미한다. 비화학선 광학식 검사기법은 또한 이온투사 리소그래피 분야에도 확대하여 사용할 수 있다. 그런데 명심할 점은 이온투사에 의한 영상은 광학식 영상의 성질과는 서로 다르며, 따라서 두 방식의 결함 프린트 특성 역시 서로 다를 수 있다. e-빔을 사용하는 경우 마스크 검사에 투과 및 2차 전자에 의한 영상을 사용할 수 있다.

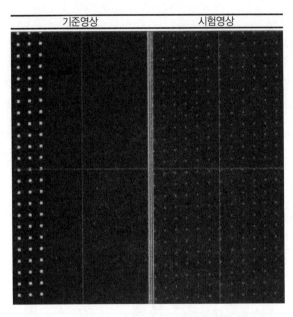

그림 12.20 공칭치수 0.25μm인 접촉구멍의 영상

12.5.1 광학식 검사장비

488nm 파장의 광원을 사용하는 KLA-Tencor 351을 사용해서 광학식 검사가 수행되었다. 스텐실 마스크의 접촉구멍과 선 또는 간극 패턴들에 대한 검사가 수행되었다. 다양한 결함 유형과 형상을 갖는 프로그램 된 결함을 갖춘 시험용 마스크를 사용해서 검사능력을 분석하였다. 이 결과를 사용해서 잠재된 광학적 결함을 검사할 수 있는가에 대해 시뮬레이션을 수행하였다. 게이트 어레이, 접촉구멍, 그리고 사각형 블록의 필드들로 형상이 이루어진 정상적인 스텐실 마스크의 경우 검사가 가능한 것으로 판정되었다. 0.25μm~0.5μm의 형상크기를 갖는 구조뿐만 아니라, 원형 접촉구멍에 대해서도 검사가 매우 결정적이라는 것이 밝혀졌다(그림 12.20). 더 깊은 연구를 수행하기 위해서 특수한 시험용 마스크가 설계되었다. 이 마스크는

돌출, 함몰, 모서리결함, 과소 및 과대크기의 접촉구멍, 접촉구멍의 위치오차, x 및 y 방향으로의 임계치수 변화, 그리고 핀 구멍 등과 같은 다양한 크기의 13개의 서로 다른 결함유형들을 가지고 있다.

그림 12.21에서는 프로그램 된 함몰과 핀 구멍에 대한 검사결과를 보여주고 있다. 시험용 마스크상의 추가적인 결함역시 성공적으로 검출되었다. 그림 12.22에서는 사각형 접촉구멍과 과도한 크기의 임계치수에 대해서 도시되어 있다.

12.5.2 e-빔 검사장비

e-빔 투과검사는 현재 개발된 결함검사 기술들 중에서 가장 화학선 기법에 근접한 것처럼 보인다.

HOLON ESPA T-600 검사장비를 사용해서 e-빔 검사가 수행되었다[16]. 서로 다른 크기와 형상을 갖는 패턴에 대한 검사가 성공적으로 수행되었다. 그림 12.23에 따르면, 고속 e-빔 검사장비로 사용하는 경우에 규소 틈새 속에 위치한 결함의 경우 2차 전자 신호의 대비가 현저히 떨어짐을 알 수 있다. 그런데 검사 매개변수들의 최적화를 통해서 이 신호들을 스텐실 마스크 검사에 사용할 수 있다.

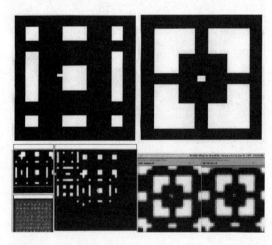

그림 12.21 함몰(좌)과 핀 구멍(우)의 설계와 KLA-Tencor 351을 사용한 측정 결과

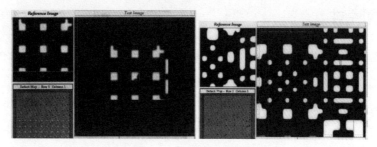

그림 12.22 사각형 개구부 돌출(좌)과 임계치수 과다 영역(우)에 대한 KLA-Tencor 351을 사용한 검사결과

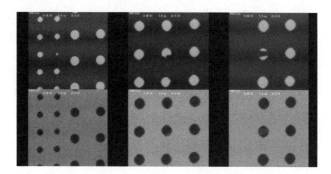

그림 12.23 Holon ESPA T-600을 사용한 검사

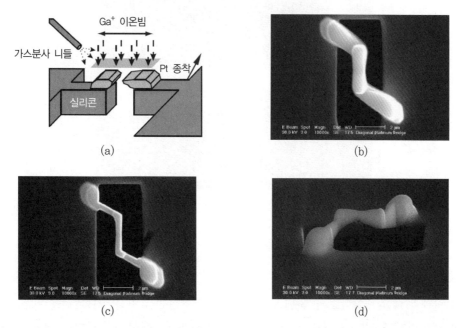

그림 12.24 (a) 스텐실 마스크의 집속 이온빔(FIB) 수리원리 (b) 350pA Ga$^+$ 이온빔을 사용한 지그재그식 백금 브리지 증착 (c)와 (d) 11pA 빔을 사용한 0.4μm 선폭의 다듬질(IPL 화이트 페이퍼 1999)

12.5.3 결함수리

집속 이온빔(FIB) 기법은 이온투사 리소그래피(IPL) 스텐실 마스크의 수리를 위한 해결책이 될 가능성이 있다. 이 마스크들에는 두 가지 유형의 결함이 존재한다. 이들은 원치 않는 소재를 제거해야 하는 불투명 결함과, 새로운 소재를 붙이거나 생장시켜야 하는 소재의 손실에 의해서 유발되는 투명 결함이다. 두 가지 유형의 결함 모두 이온빔을 사용하는 식각과 증착기법을 사용해서 수리할 수 있다[17].

이 방법에서 결함 근처에 가스를 주입하고 빔에 의한 화학반응을 유발시킬 수 있다. 가스의 유형에 따라서 탄소와 수소를 식각할 수 있으며, 텅스텐이나 백금과 같은 Z 값이 큰 소재를 증착할 수 있다.

스텐실 마스크 핀 구멍 수리와 개구부 수정기법의 작업원리가 그림 12.24(a)에 도시되어 있다. 이온빔에 의해서 유발되는 증착은 부수적으로 측면 성장을 유발할 수 있으므로, 적절한 속도로 스텐실 개구부상에 이온빔을 이동시키면서 브리지를 만들 수도 있다. 몇 가지 증착과 다듬질 공정을 사용해서 그림 12.24(b)-(d)에서와 같이 스텐실 마스크 개구부 내에 복잡한 패턴을 구현할 수 있다.

그림 12.25 $2.5\mu m$ 두께의 실리콘 맴브레인 내에 9pA, 30keV Ga^+ 이온빔을 사용해서, 장방형으로 이동하면서 슬롯을 가로질러 증착한 백금 브리지

30 keV Ga^+ 이온빔과 $7mA/cm^2$의 전류밀도를 사용해서 23nm/s의 생장비율로 $0.5{\sim}3.0\mu m$ 폭의 간극에 백금을 생장시킬 수 있다. 이 방법으로 증착시킨 브리지는 과도증착 및 재증착된 소재를 깎아내기 위해서 저전류 집속 이온빔을 사용한 다듬질이 필요하다.

그림 12.25에 도시된 것처럼 독창적인 집속 이온빔(FIB) 증착기법을 통해서 후처리 작업 없이 브리지를 만들 수 있다[17]. 브리지의 선단부 쪽으로 스캔 영역을 진행시킨다. 이 경우 영역 당 최소 증착시간은 10nm/s인 수평 생장비율에 의존한다. 이 브리지의 경우 증착 후 다듬질이 필요 없다.

저에너지 이온(≤ 10keV)은 $0.1\mu m$ 두께의 박막 층에 의해서도 차단되므로, 스텐실 마스크 개구부를 완벽하게 충진할 필요가 없다.

이온투사 리소그래피(IPL) 패턴 전사는 집속 이온빔(FIB)을 사용한 증착에 따른 평면 외 소재에 둔감하다. 더욱이 그림 12.24의 사례에서 발생하는 맴브레인 소재 내로의 밀링에도 견딜 수 있다.

또한 집속 이온빔을 사용한 스텐실 마스크 수리에 갈륨 이온을 사용해도 녹 발생 문제가 일어나지 않는다.

이온밀링 및 증착의 또 다른 사례가 그림 12.26에 도시되어 있다. 여기서는 마이크론 사의 집속 이온빔(FIB) 장비를 사용해서 카본 코팅된 실리콘 맴브레인에 대해서 스텐실 마스크의 수리가 수행되었다. C/Si 맴브레인 내측으로의 집속 이온빔 밀링과 슬릿 경계에서 시작되는 집속 이온빔을 사용한 증착의 주사전자현미경(SEM) 영상을 보여주고 있다.

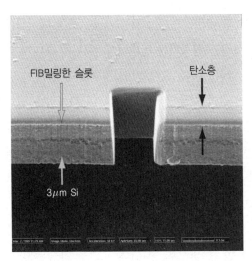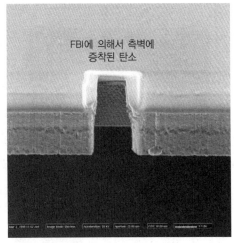

그림 12.26 탄소가 코팅된 실리콘 맴브레인의 집속 이온빔(FIB) 수리(IPL 화이트 페이퍼 1999)

12.6 이온투사 리소그래피(IPL) 마스크의 세척

청결한 이온투사 리소그래피(IPL) 마스크를 사용하기 위해서 두 가지 방법이 시도되고 있다.
첫 번째 방안은 차단으로서 마스크를 처음부터 청결하게 관리하기 위해서 세심한 주의를
기울여야 함을 의미한다. 그런데 스텐실 마스크의 근본적 작동원리 때문에 펠리클을 사용할
수는 없다.

그런데 라인 상에서 사용 기간 동안 마스크를 청결하게 유지시키기 위한 또 다른 방법이 있다.
그중 하나는 스텐실 마스크의 양측에 보호막을 설치하고 수직으로 고정한 채로 마스크를 취급
하는 것이다. 스텐실 개구부를 관통해서 이온이 노출되는 기간 동안만 보호막이 열린다. 더욱이
국소환경과 표준 기계식 인터페이스(SMIF) 박스 등과 같이 웨이퍼용 장치에 사용되는 기법을
사용해서 마스크 오염을 방지해야 한다.

그런데 외부에서 유입된 입자들에 의해서 오염된 마스크를 세척하기 위한 다양한 기법들이
존재한다. 세척작업 중 하나는 탄소층 증착 이전에 실리콘 표면을 세척하는 작업이다. 여기서
는 Huang 또는 피라냐 세척법과 같은 표준 실리콘 웨이퍼 세척기법을 적용할 수 있다. 탄소증
착 이후에도 마스크를 세척할 수는 있지만, 표면에 손상이 발생하지 않도록 세심한 주의와
탄소층에 대한 세밀한 검사가 필요하다.

건식 레이저 세척과 액상 필름 레이저 세척 등의 기법도 있다. 건식 레이저 세척 메커니즘은
소재가 짧은 레이저 펄스를 흡수하면 빠르게 열팽창을 일으키는 원리이다. 엑시머 레이저 펄스
는 전형적으로 15~25nm의 펄스 간극을 갖고 있다. 비록 이에 의한 열팽창의 진폭이 단지
수 나노미터에 불과하다고 하더라도, 시간간격이 짧기 때문에 작은 입자들의 접착력을 넘어서
기에 충분한 힘을 생성할 수 있는 높은 가속도를 발생시켜준다. 그림 12.27에서는 레이저 세척
을 통해서 200nm 입자들을 제거한 결과를 보여주고 있다[18]. 더 작은 입자들의 제거와 더불
어서, 탄소가 증착된 실리콘 스텐실 마스크의 폭이 좁은 틈새 속에 위치한 입자를 제거하는
데에 적합한 진보되고 창의적인 레이저 세척방법에 집중하는 개발계획이 있었다.

액상 필름 레이저 세척방법에서 레이저를 조사하기 전에 세척할 표면에 얇은 액상 필름을
입힌다. 이 얇은 액상 필름은 물 필름 등을 사용할 수 있으며, 시편의 표면을 가습된 공기의
흐름으로부터 차단시켜준다. 만약 엑시머 레이저가 실리콘에 흡수되는 것처럼 레이저 방사광
이 세척할 시료에 강하게 흡수된다면, 흡수된 방사광은 시료의 얇은 표면층을 가열하게 되며,
열은 액체 필름으로 전달된다. 이 열전달은 액체 필름 내에서 강한 과열과 고압을 유발하기에
충분한 속도를 갖는다. 후속적으로 액체 필름은 스팀 제트로 변하면서 폭발하여 표면에서 떨어

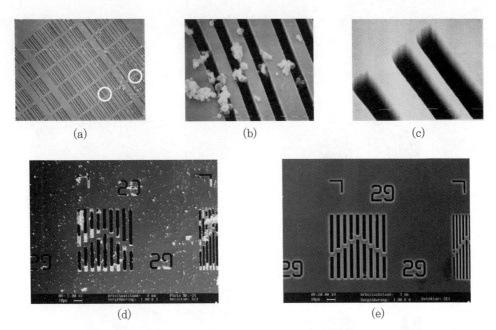

(a)   (b)   (c)

(d)   (e)

그림 12.27 0.2~2μm 직경의 Al$_2$O$_3$ particles에 의해서 오염된 실리콘 스텐실 마스크의 레이저 세척. (a)-(c) 4회의 KrF-레이저(248nm) 펄스. 조사된 스폿 면적은 0.5×0.5mm^2 350mJ/cm^2 강도의 건식 레이저 세척 4회 펄스를 조사한 다음에 입자 제거가 관찰되었다. 펄스는 수초 간격으로 조사되었다. 주사전자현미경(SEM) 기준선은 각각 10μm과 1μm이다. (d)와 (e)에서는 690mJ/cm^{2}의 KrF 레이저(248nm) 펄스 1회를 조사한 결과이다(IPL 화이트 페이퍼 1999).

나간다[18]. 사례로 그림 12.28에서는 3μm 두께의 실리콘 스텐실 마스크 맴브레인 내의 틈새 속에 놓인 폴리스티렌 구체(500nm)의 세척 전 모습을 보여주고 있다. 이 특정한 마스크 맴브레인의 패턴은 제대로 맴브레인을 관통하여 식각되지 못하였으므로, 바닥 쪽에 날카로운 지주 형상을 갖는 틈새 형상을 나타내고 있다. 틈새의 깊이는 2~2.5μm인 것으로 추정된다. 입자형태의 오염물질이 표면, 측벽 및 틈새의 바닥에서도 발견되고 있다. 440mJ/cm^2 강도의 XeCl 레이저(308nm) 펄스를 하나를 사용해서 액상 필름 세척이 수행되었다. 광선이 조사된 영역은 그림 12.28에서와 같이 완벽하게 깨끗해졌다. 세척공정을 통해서 500nm 크기의 폴리스티렌 구체가 표면, 틈새의 측벽뿐만 아니라 틈새의 거친 바닥면에서도 제거되었다.

세척은 임계치수(CD)나 영상배치(IP)에 영향을 끼치지 않는다.

스텐실 마스크의 미소면적(14mm×14mm)에 대해서 LMS-IPRO를 사용해서 세척전과 세척후의 배치측정을 수행하였다. 최초의 레이저 세척 시, 맴브레인 필드의 절반에 1Hz의 주기로 225mJ/cm^2 강도의 50XeCl 레이저를 조사하였다. 두 번째 LMS-IPRO 측정에서는 패턴 배치의 어떠한 변화도 감지하지 못했다. 동일한 맴브레인에 대한 두 번째 레이저 세척에서는 300mJ/cm^2

강도의 1700XeCl 레이저를 맴브레인 필드 전체에 조사하였다. LMS-IPRO를 사용한 세 번째 측정에서도 패턴 배치의 어떠한 변화도 감지하지 못했다.

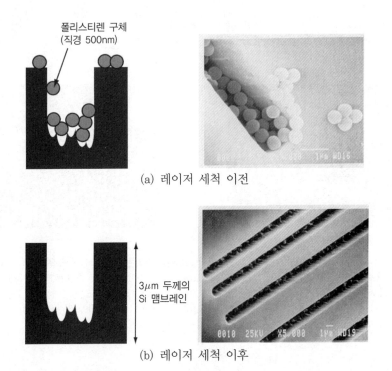

폴리스티렌 구체
(직경 500nm)

(a) 레이저 세척 이전

3μm 두께의
Si 맴브레인

(b) 레이저 세척 이후

그림 12.28 액상 필름 레이저 세척: (a) 500nm 폴리스티렌 구체에 의해서 오염된 2~2.5μm 깊이의 Si 틈새, (b) 440mJ/cm² 강도의 XeCl(308nm) 레이저 펄스 1회 조사를 통해서 액상 필름 레이저 세척으로 모든 입자들을 제거하였다(IPL 화이트 페이퍼 1999).

12.7 마스크 안정성과 접합 오차

마스크의 안정성과 접합오차는 이온투사 리소그래피(IPL) 마스크의 두 가지 핵심오차로, 적절히 취급하지 않는다면 어레이 왜곡과 형상위치 오차를 초래할 수 있다.

12.7.1 마스크 안정성

헬륨이온 빔을 스텐실 마스크에 조사하면 온도가 현저히(수도 내외) 상승하면서 어레이 왜곡과 형상위치 오차를 초래한다. 따라서 마스크 레벨에서 누적되는 열은 마스크 냉각 메커니즘을 도입하여 조절해야 한다. 그러나 마스크 맴브레인이 크고 얇기 때문에 전도에 의해서 누적된 열을 제거하는 것은 적절치 못하다. 그대신에 마스크의 복사냉각을 사용해서 마스크 온도를 일정하게(상온으로) 유지하는 기법을 사용한다. 이온빔에 의해서 스텐실 마스크로 유입되는 동력밀도가 mW/cm² 단위의 수준(IPL 베타 장비에서는 2mW/cm²로, 그리고 생산 장비에서는 12mW/cm²로 계획되어 있다)에 불과하기 때문에 복사냉각이 유효하다. 따라서 맴브레인의 열 방사계수가 유효 복사냉각의 중요 매개변수이다. 그림 12.29에서는 탄소가 코팅된 실리콘 맴브레인의 탄소층 두께에 따른 열방사율 측정 결과를 도시하고 있다[19]. 그림에 따르면 적절히 처리된 실리콘 맴브레인 상에 0.5μm 두께로 코팅된 탄소층의 복사계수는 ≈0.6이다. 복사냉각은 스텐실 마스크의 방사율이 0.4가 되도록 설계되었다. 그러므로 10keV 헬륨 이온을 완벽하게 차단할 수 있는 0.1~0.2μm 두께의 더 얇은 탄소층을 사용할 수 있다.

그림 12.2에서는 200mm 스텐실 마스크를 사용하는 생산 장비를 예상하여 그려놓은 이온투사 리소그래피(IPL) 접합 장치의 이온빔 조사 원리를 보여주고 있다. 단 하나만의 하위필드가 조사될 수 있도록 고정된 조리개판이 설치되어 있다. 조리개판과 스텐실 마스크는 동일한 온도(상온)이며, 동일한 열방사율을 갖고 있다. 이온빔이 조사되는 조리개판과 스텐실 마스크 맴브레인 영역은 이온빔에 의해서 가열된다. 냉각된 렌즈전극은 더 높은 온도를 갖는 마스크 요소들로부터 복사열을 흡수하여 마스크 영역을 냉각시킨다. 만약 이온빔을 끄면, 마스크의 온도를 일정하게 유지하기 위해서 외부 복사열원을 마스크에 조사한다.

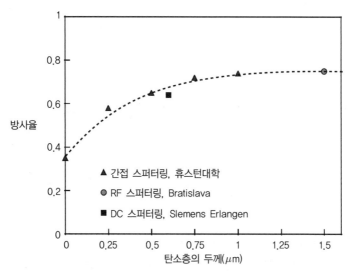

그림 12.29 탄소층의 두께가 C/Si 맴브레인의 방사율에 끼치는 영향(8~14μm 파장에 대해서 측정) (IPL 화이트 페이퍼)

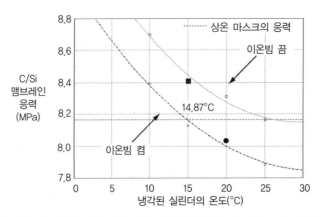

그림 12.30 헬륨 이온빔이 있을 때와 없을 때에 실린더형 원추의 온도에 따른 C/Si 맴브레인의 응력변화(IPL 화이트 페이퍼 1999)

마스크 온도를 안정화시키기 위해서 콘덴서 전극의 온도를 최적화할 수 있다는 아이디어에 기초한 복사냉각은 이론 및 실험적으로 검증이 되었다[20]. 텍사스의 휴스턴 대학에서 복사냉각에 대한 실험적 연구가 수행되었다[21]. 탄소가 코팅된 실리콘 맴브레인에 $2.15mW/cm^2$의 동력밀도를 갖는 10keV 헬륨이온 빔이 조사되었다. C/Si 맴브레인에서 적당한 거리에 온도가 조절되는 원추 형상을 배치하여 이온투사 리소그래피 공정 개발 장비에 사용되는 콘덴서의 기하학적 형상을 시뮬레이션하였다. 그림 12.30에서는 실험결과를 보여주고 있다. 냉각된 실린더가 상온에 비해서 약 10°C 낮은 경우에, 이온빔에 의해서 가열된 마스크의 응력은 원래 마스크의 상온(25°C)에서의 값과 동일하다. 이 결과는 IMS-비엔나의 해석모델과 정확히 일치한다[21].

위스콘신 대학에서 스텐실 마스크 복사냉각에 대한 정교한 유한요소 모델링이 수행되었다[22].

그림 12.31에서는 가상적인 시스템 구조와 IBM 탈론 마스크 레이아웃을 4× 레티클 크기로 확대한 스텐실 마스크 구조를 보여주고 있다. 이 그림에서 콘덴서 시스템의 1번 전극은 광원에 가깝게 위치하고 있으며, 6번 전극은 마스크 바로 위에 위치한다. IMS-비엔나의 해석에 따르면, 냉각전극이 마스크에서 멀리 떨어져 있을 때에, 즉 이온광원에 근접해 있을 때, 균일성이 최적화된다. 이는 유한요소 시뮬레이션을 통해서 규명되었다. 1번과 2번 전극을 냉각시킨다. 그림 12.31에서는 스텐실 마스크에 $1.6mW/cm^2$의 동력이 부가될 때에 마스크 맴브레인에 발생되는 온도변화가 계산되어 있다. 복사냉각을 사용하면 그 차이가 0.14K로 줄어든다. 확대보정을 수행치 않는 경우에조차도 이 온도 차이는 스텐실 마스크에서 2.3nm의 배치오차를 유발할 뿐이다.

이온투사 리소그래피 장비에서 스텐실 마스크에 가해지는 동력부하를 $12mW/cm^2$까지 높일 계획이다. 이에 따라서 냉각된 전극의 온도는 상온보다 현저히 낮아진다. 계산결과 냉각온도는 −50℃가 적합하며, 별 큰 어려움 없이 이를 구현할 수 있다. 이러한 복사냉각을 통해서, 열에 의해서 유발되는 배치오차의 영향을 현저히 줄일 수 있다.

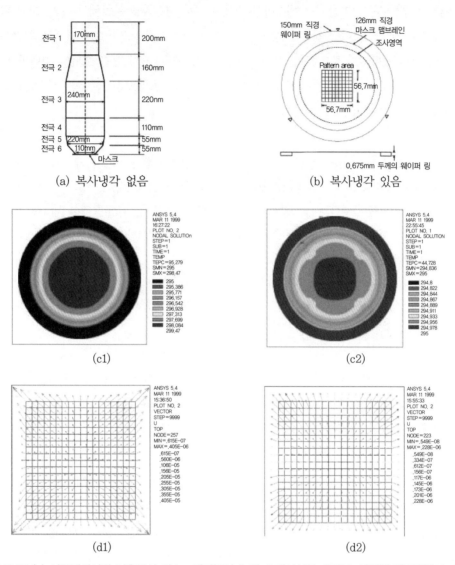

(a) 복사냉각 없음   (b) 복사냉각 있음

(c1)   (c2)

(d1)   (d2)

그림 12.31 (a) 시뮬레이션된 이온투사 리소그래피(IPL) 노광 스테이션의 개략도, 냉각된 렌즈전극과 마스크 시스템뿐만 아니라 서로 다른 전극들의 열방사율과 온도도 보여주고 있다. (b) 56.7mm의 마스크 설계영역을 갖는 수정된 IBM Tylon 마스크 레이아웃을 사용한, 유한요소 시뮬레이션에 사용된 이온 투사 리소그래피(IPL) 스텐실 마스크의 외형. (c) 마스크 맴브레인을 가로지르는 온도특성. (c1) 전 극1과 2는 295K로 고정되어 있다. 최대 온도 차이는 3.47K이다. (c2) 전극1과 2가 278.8K로 냉각되 었다. 온도 차이는 0.14K로 줄어들었다. (d) 맴브레인 패턴 영역의 평면 내 왜곡(IPD) 벡터지도. (d1) 전극1과 2는 295K로 고정되어 있다. 최대 변위벡터는 40.5nm이다. (d2) 전극1과 2가 278.8K 로 냉각되었다. 최대 변위벡터는 2.3nm이다. 확대보정은 시행치 않았다. (IPL 화이트 페이퍼, 1999)

12.7.2 패턴 접합이 임계치수에 끼치는 영향

정전식 스텝 노광(ESE) 마스크 대신에 보상형 스텐실 마스크를 사용할 때에는 도넛 또는 좁고 매우 긴 개구부 등의 문제를 해결하기 위해서 일부 패턴들을 분할해야 하며, 보강 없이는 응력이 발생하게 된다. 이런 경우 보상 마스크 쌍인 A와 B 마스크를 연속적으로 노광시켜서 두 패턴이 서로 접합되도록 만든다. 이들 두 보상 마스크 사이의 겹침 오차는 패턴이 분할된 위치에서의 임계치수 오차를 초래한다. 이런 분할에 따른 임계치수 불균일성은 다음 조건을 충족시킴으로써 극복 또는 최소화시킬 수 있다.

- 보상마스크인 A와 B 쌍이 동일한 패턴 밀도 분포를 가져야 한다. 이에 따라서 패턴 밀도의 불균일에 의한 평면 내 왜곡(IPD) 오차가 최소화된다.
- A와 B 마스크를 동일한 e-빔 묘화기에서 연속해서 기록한다. 이를 통해서 (마운팅 오차를 제외한) 계통오차가 두 마스크에서 동일하게 된다. 결과적으로 e-빔 묘화기의 계통오차와 마운팅 오차만을 고려하면 된다.
- 이온투사 리소그래피 시스템에서 마스크 A와 B를 노광시킬 때, 스테이지 상에 웨이퍼가 정지해 있어야 한다. 이를 통해서 기술적인 문제에 의해서 유발되는 웨이퍼 왜곡을 고려할 필요가 없어진다.

텍사스의 휴스턴 대학에서 보상 패턴들에 대한 접합노광에 대한 이론 및 실험적 연구가 수행되었다[23]. aiss/pdf 솔루션을 사용해서 개발된 소프트웨어를 사용해서 별개의 시뮬레이션이 수행되었다[24]. 이 연구들의 결과에 따르면 두 시뮬레이션 결과가 서로 매우 일치하고 있다.

보상 패턴들의 접합은 스텐실 마스크 개구부의 형상, 이온-광학계의 번짐, 그리고 레지스트 현상 등에 의존한다. 완벽한 사각형 스텐실 마스크 개구부와 번짐 없는 시스템을 가정할 때, 두 개의 보상 패턴 A와 B 사이의 길이방향 변위는 (노광영역의 이중조사에 의한) 초점 번짐이 생기거나 완전히 망쳐버린다. 더욱이 측면방향 변위에 의해서 날카로운 계단형 직선 패턴이 만들어질 수도 있다. 그런데 번짐 비율 또는 임계치수 값이 0.9인, 실제적인 이온투사 리소그래피 시스템의 경우 이중노광 영역을 임계치수의 측면 길이보다 낮게 제한할 가능성이 있다. 따라서 레지스트 현상 이후에 매우 작으며 허용할 수준의 선폭변화를 구현할 수 있다.

100nm 임계치수 접합에 대한 ProBeam3D/IPL을 사용한 시뮬레이션 결과가 그림 12.32에 도시되어 있다. 이 그림에서는 75keV 헬륨이온을 노광에 사용했으며, 60nm 반치전폭(FWHM) 번짐, 그리고 $\gamma = 5$ 의 대비를 갖는 폴리메타크릴산메틸(PMMA)형 레지스트를 사용해서 현상

된 선폭 대비 길이방향 변위를 보여주고 있다. 모든 시뮬레이션에 대해서 레지스트 두께는 400nm로 가정하였다. 빔 번짐이 존재하는 경우에 예상했던 것처럼 스텐실 마스크 개구부가 완벽하게 사각형이거나 원형인 경우에는 영향이 거의 없다. 결과적인 변화율은 대략적으로 $\Delta CD/\Delta LD = 35nm/30nm = 1.2$이다.

이 변화율은 레지스트의 대비를 높임으로서 감소시킬 수 있다. 선 끝단 구조를 사용함으로써 변화율을 더 저감시킬 수 있다.

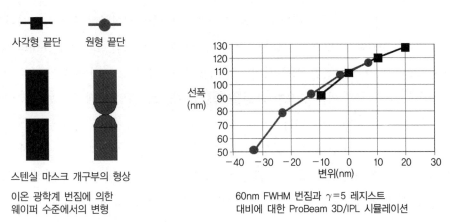

그림 12.32 100nm 임계치수를 갖는 스텐실 마스크 접합에 대한 ProBeam3D/IPL 시뮬레이션: 스텐실 마스크 개구부 형상과 길이방향 오프셋에 끼치는 영향(IPL 화이트 페이퍼 1999)

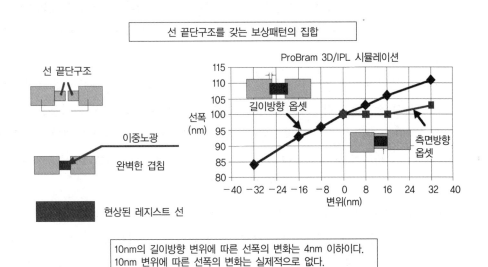

그림 12.33 100nm 직선 보상용 스텐실 마스크에 대한 ProBeam3D/IPL 시뮬레이션: 선 끝단 구조의 영향. γ=10의 대비를 갖는 폴리메타크릴산메틸(PMMA)형 레지스트에 75keV He$^{+ \, ion}$을 노광시킴

그림 12.33에서는 100nm 임계치수를 갖는 직선의 75keV 헬륨이온 빔 노광에 대해서 60nm의 번짐과 $\gamma = 10$의 대비를 갖는 폴리메타크릴산메틸(PMMA)형 레지스트와 선 끝단 구조(2×CD폭)를 사용한 스텐실 마스크 개구부를 가정하여 수행한 ProBeam3D/IPL 시뮬레이션의 결과를 보여주고 있다. 그림에 따르면, 길이방향 변위에 대해서 $\Delta CD / \Delta LD = 20nm/50nm = 0.4$의 변화율을 보이고 있다. 측면방향 변위의 경우 임계치수 조절에는 아무런 영향도 끼치지 않는다. 그림에 따르면, 선 끝단 구조 역시 두 개의 보상 패턴이 접합되는 위치에서의 임계치수 값에 대해서 중요한 역할을 한다.

실험 및 시뮬레이션 연구의 결과에 따르면, 임계치수 변화와 길이방향 변위오차 사이의 비율을 0.45까지 낮출 수 있으므로, 보상마스크에 의한 9.6nm의 겹침 오차는 4.3nm의 임계치수 변화를 초래한다. 이는 번짐 또는 임계치수 비율이 0.9이며, 고대비 레지스트($\gamma = 10$)를 사용한 경우의 결과이다. 이는 중요한 패턴을 접합할 때, ±10%의 임계치수 변화폭 내에서 프린트가 가능하다는 것을 의미한다.

온도를 제어함으로써 마스크의 안정성을 유지할 수 있다. 냉각 메커니즘을 구비한 마스크 정렬장치는 이온빔에 노광되는 동안 스텐실 마스크에 의해서 생성되는 열을 확산시켜줄 수 있다. 이온빔을 껐을 때에는 스위치 구조가 마스크 온도 안정성을 유지시키기 위해서 열 복사 광원을 켜준다.

2.5μm 두께 실리콘 맴브레인의 열 방사율이 평가되었다(8~14μm 파장을 사용해서 측정이 수행되었다). n형 측 맴브레인의 방사율은 0.3이며, p형 측은 0.2이다. 0.5μm 두께의 탄소코팅을 사용하면 3μm 두께 Si 맴브레인의 복사냉각 능력은 열 방사율이 0.65에 이를 정도로 현저히 향상된다[19].

맴브레인에 복사냉각과 이온빔이나 열복사(광)원에 의한 가열을 받는 경우에 마스크의 온도 변화는 없다. 열복사 광원의 동력을 줄이는 동안 이온빔을 켜면 마스크는 항상 정상상태 조건을 유지하며 웨이퍼 노광기간 동안도 지속된다. 마스크 맴브레인과 마스크 프레임이 동일한 온도라면 열전도가 발생하지 않는다. 조밀한 패턴(금속)과 한적한 패턴(접촉)의 스텐실 마스크에 대해서 마스크 온도는 궁극적으로 동일하다.

실리콘 표면 속으로의 이온주입은 결정 매트릭스를 변화시킨다는 것은 잘 알려져 있다. 따라서 수차례의 노광 이후에는 장력을 받고 있던 Si 맴브레인이 구겨진다. 앞서 언급한 것과 같이 이 문제는 저응력 탄소층을 스퍼터링 하여 해결할 수 있다. 증착공정 이후에 C/Si 계면을 관통하지만 Si 표면에는 도달하지 않을 정도로 높은 에너지를 갖는 헬륨이온 빔을 탄소층에 노광시킨다. 이런 처리공정을 통해서 (밀도가 조밀한 탄소의 60%에 불과한)다공성 비정질 탄소구조를 얻는다. 이 탄소층은 질소나 아르곤대기 하에서 저장시 안정하다. 탄소층 내에서 이온을 차단할 수 있는 저이온 에너지를 사용해서 이런 탄소층을 노광시키면, 헬륨 이온빔의 조사량이 매우 높은 경우에조차도 안정적인 응력상태를 구현할 수 있다[6-8].

스텐실 마스크의 왜곡을 보정하기 위해서 불균일한 방법으로 스텐실 마스크에 대한 열복사 (광)를 조절할 수 있으며, 이를 통해서 왜곡이 없는 영상을 웨이퍼에 전사할 수 있다(현장 내 측정을 통해서 이를 구현할 수 있다)[4]. 이 개념에 대한 이론적 모델링이 수행되었으며, 2001년 8월에 국제 SEMATECH에 의해서 조직된 5차 차세대 리소그래피(NGL) 워크숍에서 발표되었다.

12.8 요약 및 결어

이온의 물리적인 성질 때문에 이온투사 리소그래피(IPL)는 전자빔 리소그래피에 비해서 개구수(NA) 또는 초점심도, 필드크기, 그리고 레지스트 민감도 등에서 몇 가지 기술적인 장점을 가지고 있다. 그런데 마스크 맴브레인 속으로의 주입과 그에 따른 노광과정에서의 응력변화와 같은 이온의 성질에 기인한 몇 가지 기술적 문제가 남아 있다. 이들의 영향은 이 기술의 적용 가능성을 근원적으로 제한하지는 않지만, 이온투사 리소그래피를 산업적으로 사용할 수 있게 되기 전까지 해결할 필요가 있다.

국제 SEMATECH가 광학식 리소그래피의 추가적 개발에 집중하고 차세대 리소그래피 기술의 핵심으로 극자외선(EUV)을 지원하기로 결정하였기 때문에 이온투사 리소그래피에 대한 연구는 2001년 말에 중단되었다. 2002년 초에 패턴화된 자성매체에 대한 이온투사 직접 구조화(IPDS) 연구가 추가적으로 수행되었다[1, 25]. IMS-비엔나는 전자를 사용한 투사방식 무마스크 리소그래피[1, 26]와 이온을 사용한 집속 이온 다중 빔 투사장비[27] 등을 사용하여 200×의 축사율을 갖는 대형필드 충전입자 광학계에 대한 후속연구에 집중하고 있다.

□ 참고문헌 □

1. H. Loeschner, G. Stengl, H. Buschbeck, A. Chalupka, G. Lammer, E. Platzgummer, H. Vonach, P.W.H. de Jager, R. Kaesmaier, A. Ehrmann, S. Hirscher, A. Wolter, A. Dietzel, R. Berger, H. Grimm, B.D. Terris, W.H. Bruenger, G. Gross, O. Fortagne, D. Adam, M. Böm, H. Eichhorn, R. Springer, J. Butschke, F. Letzkus, P. Ruchhoeft, and J.C. Wolfe, Large-field particle beam optics for projection and proximity printing and for maskless lithography, *JM3-J. Microlithography, Microfabrication Microsystems*, 2 (1; Jan.), 34-48 (2003).

2. R. Kaesmaier and H. Loeschner, *Proc. SPIE*, 3997, 19-33 (2000).

3. S. Eder-Kapl, H. Loeschner, M. Zeininger, O. Kirch, G.P. Patsis, V. Constantoudis, and E. Gogolides, MNE'2003, Cambridge, 22-25 Sept., 2003, t.b.p. in *Microelectronics Eng.*, 2004.

4. E. Haugeneder, A. Chalupka, T. Lammer, H. Loeschner, F.-M. Kamm, T. Struck, A. Ehrmann, R. Kaesmaier, A. Wolter, J. Butschke, M. Irmscher, F. Letzkus, and R. Springer, *Proc. SPIE*, 4764, 23-31 (2002).

5. J. Butschke, A. Ehrmann, B. Höfflinger, M. Irmscher, R. Kämaier, F. Letzkus, H. Löchner, J. Mathuni, C. Reuter, C. Schomburg, and R. Springer, *Microelectronic Eng.*, 46, 473-476 (1999).

6. F. Letzkus, J. Butschke, B. Höfflinger, M. Irmscher, C. Reuter, R. Springer, A. Ehrmann, and J. Mathuni, *Microelectronic Eng.*, 53, 609-612 (2000).

7. J.R. Wasson, J.L. Torres, H.R. Rampersad, J.C. Wolfe, P. Ruchhoeft, M. Herbordt, and H. Löchner, *J. Vac. Sci. Technol. B.*, 15, 2214-2217 (1997).

8. P. Ruchhoeft, J.C. Wolfe, J. Wasson, J. Torres, H. Wu, H. Nounu, N. Liu, M.D. Morgan, and R.C. Tiberio, *J. Vac. Sci. Technol. B.*, 16, 3599-3601 (1998).

9. P. Hudek, P. Hrküt, M. Drzˇik, I. Kosticˇ, M. Belov, J. Torres, J. Wasson, J.C. Wolfe, A. Degen, I.W. Rangelow, J. Voigt, J. Butschke, F. Letzkus, R. Springer, A. Ehrmann, R. Kaesmaier, K. Kragler, J. Mathuni, E. Haugeneder, and H. Löchner, *J. Vac. Sci. Technol. B.*, 17, 3127-3131 (1999).

10. H. Holloway and S.L. McCarthy, *J. Appl. Phys.*, 73 (1), 103-111 (1993).

11. R. Tejeda, G. Frisque, R. Engelstad, E. Lovell, E. Haugeneder, and H. Löchner, *Microelectronic Eng.*, 46, 485-488 (1999).

12. J.B. Lasky, *Appl. Phys. Lett.*, 48, 48-78 (1986).

13. M. Bruel, *Electronic Lett.*, 31 (14), 1201-1205 (1995).

14. A.J. Auberton-Herve, B. Aspar, and J.L. Pelloie, *Nato Advanced Research Workshop*, Kluwer Academic Publishers, Dordrecht, 1995, pp. 3-14.

15. A. Ehrmann, T. Struck, E. Haugeneder, H. Loeschner, J. Butschke, F. Letzkus, M. Irmscher, and R.

Springer, *Proc. SPIE,* 3997, 385-394 (2000).

16. I. Santo, N. Anazawa, T. Okagawa, and S. Matsui, *Symposium on Charged Particle Optics,* Tsukuba, Japan, 29-30 Oct., 1998, 132nd Committee on Electron and Ion Beam Science and Technology, Japan Society for the Promotion of Science, Tokyo, 1998, pp. 119-122 (in Japanese).

17. A.J. DeMarco and J. Melngailis, *J. Vac. Sci. Technol. B.,* 17, 3154-3157 (1999).

18. W. Zapka, R. Lilischkis, and H.P. Zappe, *EMC-1999: The 16th European Mask Conference on Mask Technology for Integrated Circuits and Micro-Components,* Munich, German, 15-16 Nov., 1999 (VDE/VDI), Published in Proc. SPIE, 3996, 92-96 (2000).

19. D. Braun, R. Gajic, F. Kuchar, R. Korntner, E. Haugeneder, H. Loeschner, J. Butschke, F. Letzkus, and R. Springer, *J. Vac. Sci. Technol. B.,* 21, 123-126 (2003).

20. H.F. Glavish, G. Stengl, H. Loeschner, A. Chalupka, US Patent 4,916,322.

21. J.L. Torres, H.N. Nounu, J.R. Wasson, J.C. Wolfe, J. Lutz, E. Haugeneder, H. Löchner, G. Stengl, and R. Kaesmaier, *J. Vac. Sci. Technol. B.,* 18, 3207-3209 (2000).

22. B. Kim, R. Engelstad, E. Lovell, A. Chalupka, E. Haugeneder, G. Lammer, H. Löchner, J. Lutz, and G. Stengl, *J. Vac. Sci. Technol. B.,* 16, 3602-3605 (1998).

23. R. Kaesmaier, H. Löchner, G. Stengl, J.C. Wolfe, and P. Ruchhoeft, *J. Vac. Sci. Technol. B.,* 17, 3091-3097 (1999).

24. H. Hartmann, A. Petraschenko, S. Schunk, R. Steinmetz, E. Haugeneder, and H. Loeschner, *Proc. SPIE,* 3996, 105-107 (2000).

25. A. Dietzel, R. Berger, H. Loeschner, E. Platzgummer, G. Stengl, W.H. Bruenger, and F. Letzkus, *Advanced Materials,* 15 (14), 1152-1155 (2003).

26. C. Brandstäter, H. Loeschner, C. Brandstäter, H. Loeschner, G. Stengl, G. Lammer, H. Buschbeck, E. Platzgummer, H.-J. Döing, T. Elster, and O. Fortagne, *SPIE Microlithography - Emerging Lithographic Technologies* VIII, 24-26 Feb., 2004, Santa Clara, California, USA, t.b.p. in Proc. SPIE, 5374 (2004).

27. H. Loeschner, E.J. Fantner, R. Korntner, E. Platzgummer, G. Stengl, M. Zeininger, J.E.E. Baglin, R. Berger, W.H. Bruenger, A. Dietzel, M.-I. Baraton, and L. Merhari, *MRS (Materials Research Society) 2002 Fall Meeting, Boston, USA,* 2-6 Dec., 2002, *Published in Proc. MRS,* 739, 3-12 (2003).

28. F.-M. Kamm, A. Ehrmann, H. Schaefer, W. Pamler, R. Kaesmaier, J. Butschke, R. Springer, E. Haugeneder, and H. Loeschner, *Jpn. J. Appl. Phys., Part 1,* 41 (6B), 4146-4149 (2002).

29. J. Butschke, Die SOI Scheibe der Mikroelektronik als neue Prozessbasis für nanostrukturierte Silizium Membranmasken, Thesis (URN: urn: nbn: de: bsz: 93-opus-13633; URL: http: //elib.uni-stuttgart.de/opus/volltexte/2003/1363/).

제13장

근접 X-선 리소그래피용 마스크

Masatoshi Oda and Hideo Yoshihara

근접 X-선 리소그래피(PXL)는 웨이퍼에 마스크 패턴을 완벽하게 전사하기 위해서 소프트 X-선을 사용하는 기술로서, 30년 전에 제안되었다[1]. 비록 이 기술이 제안된 직후에 근접 X-선 리소그래피(PXL)가 100nm 이하의 패턴을 생성하기에 충분한 분해능을 가진 것으로 확인되었지만[2], X-선 광원이 너무 약하고 마스크 제조가 너무나도 어렵기 때문에 오랜 기간 동안 산업현장에서 사용할 수 없었다. 소형 싱크로트론 방사(SR) 링의 개발은 산업계에 실제로 사용하기에 충분한 강도를 갖는 X-선을 생성할 수 있는 X-선 광원을 제공해주었다. 개선된 마스크 제조기술과 더불어 싱크로트론 방사(SR) 링 덕분에 100nm 이하 패턴 제조에서 근접 X-선 리소그래피(PXL)가 가장 전망이 밝은 기술이 되었다. 여기서는 X-선 마스크 기술에 대해서 소개하고 있다.

13.1 근접 X-선 리소그래피(PXL) 시스템

근접 X-선 리소그래피(PXL) 시스템은 X-선 광원, 마스크, 그리고 스테퍼 등으로 구성되어 있으며, 0.5~1.5nm 내외의 파장을 갖는 소프트 X-선을 사용한다. 투명도가 더 높으면 레지스트 민감도와 마스크 대비가 너무 낮아지기 때문에 이보다 더 짧은 파장의 X-선은 적합하지 않다. 반면에 이보다 더 긴 파장의 X-선은 회절의 증가로 인하여 패턴 분해능을 저하시킨다.

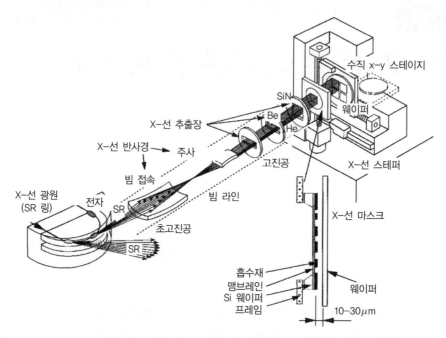

그림 13.1 싱크로트론 방사(SR) 리소그래피 시스템의 개략도

그림 13.1에서는 싱크로트론 방사(SR) 링을 사용하는 근접 X-선 리소그래피(PXL) 시스템을 보여주고 있다. 이 싱크로트론 방사(SR) 리소그래피 시스템에서 싱크로트론 방사(SR) 링에서 방사된 X-선은 빔 경로를 따라서 마스크로 유도된다. 마스크 뒤에 수십 마이크로미터의 좁은 간격을 두고 레지스트가 코팅된 웨이퍼가 설치된다.

근접 X-선 리소그래피(PXL)에서는 마스크 패턴과 동일한 크기의 웨이퍼 패턴을 복제하는 것을 목적으로 하고 있다. 따라서 마스크 패턴들은 정확한 크기를 가지고 있어야만 하며, 모든 형상들은 설계된 레이아웃에 따라서 올바른 위치에 있어야만 한다.

더욱이 소프트 X-선의 투과율을 극대화시키기 위해서 기층소재가 충분히 얇아야 한다. 반면에 흡수재는 X-선이 웨이퍼데 도달하지 않도록 충분히 두꺼워야 한다. 가장 큰 문제는 이토록 얇은 맴브레인 상에 어떻게 높은 정밀도로 흡수재 패턴을 생성하느냐이다.

13.2 X-선 마스크의 구조

X-선 마스크는 구조상 포토마스크와는 확연히 다르다. X-선 마스크는 그림 13.2에 도시된 것과 같이 프레임에 설치되어 있는 Si 웨이퍼에 의해서 지지되는 맴브레인 상에 성형된 흡수재 패턴으로 이루어진다. 맴브레인은 포토마스크의 유리 기판에 해당된다. 마스크를 손쉽고 안전하게 취급하기 위해서 필요한 프레임은 파이렉스 유리나 SiC와 같은 고강성 소재로 만들어진다.

맴브레인을 평평하게 유지하기 위해서는 인장응력을 가해야 한다. 의도적으로 부가한 것은 아니지만, 흡수재 패턴 역시 응력을 갖고 있다. 이 응력들은 그림 13.3에서와 같이 마스크를 변형시킨다. 이 변형량은 X-선 마스크의 정확도에 영향을 끼치지 않을 정도로 매우 작아야만 한다. Si 웨이퍼가 맴브레인 응력에 의해서 변형되지 않도록 유지하기 위해서는 2mm 두께의 Si 웨이퍼가 필요하다. 맴브레인을 변형시키지 않으려면 흡수층 응력 역시 작은 값을 유지해야 한다.

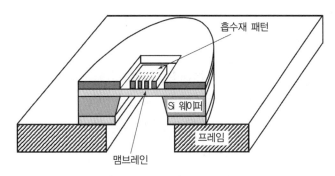

그림 13.2 X-선 마스크의 개략도

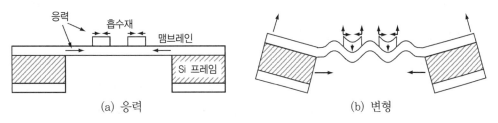

그림 13.3 맴브레인 및 흡수재의 응력과 응력에 의해서 유발되는 마스크 변형

13.2.1 맴브레인

맴브레인이 갖춰야만 하는 필수요건들은 다음과 같다. (a) 소프트 X-선에 대한 높은 투명도 (b) 양호한 평탄도, (c) 양호한 편평도, (d) 높은 치수 안정성, (e) 높은 기계적 강도, (f) 높은 화학적 내성, (g) 높은 광학적 투명도, (h) 제조의 용이성 등이다. 높은 X-선 투명도를 구현하기 위해서는 X-선 흡수계수가 작은 경량 소재로 맴브레인을 만들어야만 한다. 최근에 사용하고 있는 맴브레인 소재들로는 Si, SiN, SiC와 다이아몬드 등이 있다(표 13.1). 이들 소재와 더불어서 마일러와 같은 유기박막들 역시 검토되고 있다. 그런데 유기박막은 치수 및 열 안정성과 관련된 문제를 안고 있다.

표 13.1 맴브레인 소재의 성질들

	영계수(GPa)	열팽창계수(deg^{-1})	밀도(g/cm^3)
Si	160	3.7×10^{-6}	2.33
SiN	160	2.1×10^{-6}	3.18
SiC	460	4.6×10^{-6}	3.21
다이아몬드	1050	3.5×10^{-6}	3.52

저압 화학기상증착(CVD)을 사용해서 SiN[4] 및 SiC[5]의 증착이 수행되는 반면에, 다이아몬드 증착은 전형적으로 마이크로파 플라스마 화학기상증착(CVD)을 사용해서 수행된다[6]. SiN 박막의 응력은 그림 13.4에 도시된 것처럼 저압 화학기상증착(CVD) 공정의 온도와 가스 유동비율을 조절함으로써 손쉽게 제어할 수 있다[4]. 인장응력이 낮은 박막은 고온이나 NH$_3$ 유량비가 높은 상태에서 증착된다. SiC와 다이아몬드의 응력 역시 증착조건의 조절을 통해서 제어할 수 있다. SiN은 비정질이므로, 박막 표면은 증착 이후에 매우 평탄하다. 반면에 SiC[7]와 다이아몬드[6]는 다결정체이므로, 결정체 입자들 때문에 표면이 거칠다. 이 거칠기는 증착 후 폴리싱에 의해서 제거할 수 있다.

그림 13.5에서는 Ta 흡수재 응력에 의해서 유발되는 SiN, SiC 및 다이아몬드 맴브레인의 변형을 보여주고 있다. 상부 좌측 영역에서 흡수재 패턴에 약 30MPa의 압축응력이 발생되므로 맴브레인이 변형된다. 이 변형은 맴브레인의 영(Young) 계수가 증가함에 따라서 감소하며, 다이아몬드 맴브레인의 경우에 변형이 최소화된다. 그러므로 영계수는 고도로 정교한 마스크의 경우에 매우 중요한 인자이다.

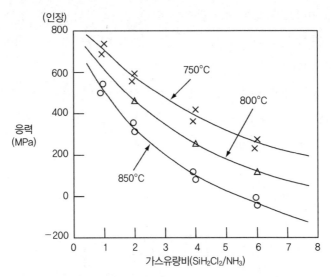

그림 13.4 저압 화학기상증착(CVD)의 SiN 응력과 증착조건

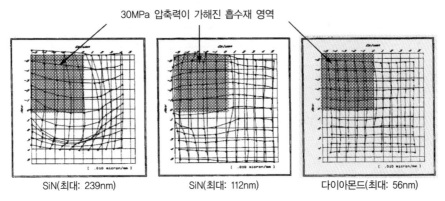

SiN(최대: 239nm)   SiN(최대: 112nm)   다이아몬드(최대: 56nm)

그림 13.5 흡수재 응력에 의해서 유발되는 맴브레인 소재와 변형

고도로 정교한 광학식 정렬의 경우 높은 광학적 투명도가 필요하다. 그림 13.6에서는 400~800nm 대역의 파장에 대한 다이아몬드 맴브레인의 투명도를 보여주고 있다. 표면에서 반사되는 빛의 간섭에 의해서, 투명도는 파장에 따라서 주기적으로 변한다. SiO_2와 같은 비반사 소재를 맴브레인의 양측에 증착하면 500~800nm 사이의 모든 파장에 대해서 투명도를 80%까지 향상시킬 수 있다.

맴브레인은 X-선에 대해서 충분한 내구성을 가져야만 한다. 증착용 가스에 의해서 맴브레인에 수소 원자가 유입되면, 응력과 투명도는 X-선 노광에 의해서 변화한다[8]. 양호한 필름 품질을 갖춘 SiC와 다이아몬드의 X-선 내구성이 양호한 것으로 보고된 바 있다.

표 13.1의 Si를 기반으로 하는 소재들과는 달리, 다이아몬드는 Si 성분이 없기 때문에 0.7nm 근처에서 X-선 흡수 테두리를 갖고 있지 않다. 따라서 0.7nm 이하의 파장을 갖는 X-선을 사용할 수 있다.

최근 들어 이런 짧은 파장을 갖는 X-선을 사용해서 1나노미터 이하의 크기를 갖는 패턴을 복제할 수 있는 것으로 보고되었다. 더 짧은 파장의 X-선을 사용하는 근접 X-선 리소그래피 (PXL)를 2세대 근접 X-선 리소그래피(PXL)라고 부른다[9].

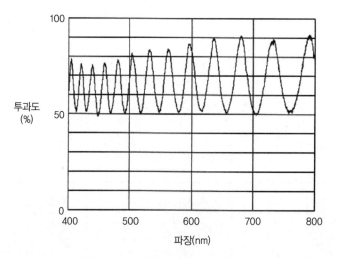

그림 13.6 다이아몬드 맴브레인의 광학적 투명도

13.2.2 흡수재

흡수재가 필요로 하는 성질들은 다음과 같다. (a) 높은 흡수계수, (b) 높은 응력 조절성, (c) 100nm 이하 크기의 패턴화 성능, (d) 화학 및 방사선에 대한 높은 내구성, (e) 제조의 용이성이다. 높은 흡수계수에 대한 요구조건은 고밀도 중금속을 흡수재로 사용하면 충족시킬 수 있다. Au는 X-선 흡수계수가 크고, 미세한 패턴을 손쉽게 성형할 수 있기 때문에 X-선 마스크 개발의 처음 단계부터 Au가 흡수재로 사용되어 왔다[10]. 최근에 Ta[11], W[12], 그리고 이들의 화합물[13, 14]들이 흡수소재로 사용되어 왔으며, 건식 식각을 통해서 이들의 패턴을 성형할 수 있다[11-14]. 이 소재들은 0.5~1.5nm 대역의 X-선 파장에 대해서 대략적으로 금과 동일한 흡수계수를 가지고 있다. 흡수소재의 물리적 성질들은 표 13.2에 요약되어 있다.

표 13.2 흡수재의 성질

	영계수(GPa)	열팽창계수(1/°C)	밀도(g/cm³)
Au	88	1.5×10^{-5}	19.3
Ta	190	6.5×10^{-6}	16.7
W	410	4.6×10^{-6}	19.3
WTi, TaBN	–	–	15–16

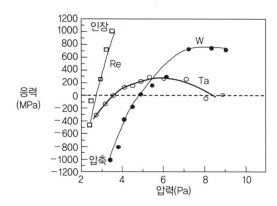

그림 13.7 스퍼터링 과정 동안의 필름 응력과 가스압력

맴브레인 변형을 유발하지 않도록 하기 위해서는 흡수재의 응력이 작아야만 한다(그림 13.3). 일반적으로 스퍼터링에 의해서 증착된 박막 내의 응력은 증착과정에서의 압력에 의해서 조절할 수 있다. 그림 13.7에서는 박막(Ta, W 및 Re) 응력의 압력에 대한 의존성을 보여주고 있다. 각 소재에 대해서, 압력이 증가함에 따라서 압축에서 인장으로 응력이 변한다. Ta의 경우 인장응력은 압력에 따라서 저감되며, 약 8.5MPa 내외에서 0이 된다. W와 Re의 응력 역시 고압영역에서 0에 근접한다. 그런데 고압 하에서 증착된 무응력 Ta 박막은 저압에서 증착된 박막에 비해서 밀도가 낮다. 따라서 저압 영역은 Ta 흡수재 박막의 증착 시 사용된다. 그림 13.7에서 Ta의 경우 무응력 점에서 응력-압력 곡선의 기울기는 Re나 W보다 작으며, 따라서 Ta 박막 내의 응력을 더 세밀하게 조절할 수 있다.

응력을 더욱 정밀하게 제어하기 위해서 증착 이후에 풀림을 수행한다. Ta 박막 내의 응력은 그림 13.8에서 도시하는 것처럼 풀림처리에 의해서 압축영역으로 천이된다. 스퍼터링으로 증착한 Ta 박막은 원주형입자들을 함유한다. 입자 경계면을 따라가면서 박막 표면으로부터 확산된 산소는 Ta 박막의 산화를 유발하며, 응력을 압축성으로 만든다. 적절한 시간 동안 풀림처리를 시행한 후에 인장용 박막을 증착해서 무응력 Ta 박막을 만들 수 있다.

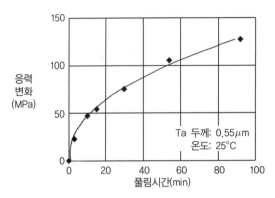

그림 13.8 공기 중에서의 풀림처리에 의한 Ta 박막의 응력변화

Ta 또는 W 혼합물 내의 응력은 비정질 구조를 더 안정적으로 만들어준다. 이 박막들은 스퍼터링에 의해서 증착될 수 있으며, Ta 박막에서와 동일한 방법으로 응력을 조절할 수 있다. 그런데 Ta와는 반대로 풀림처리에 의해서 응력은 압축성에서 인장성으로 변하게 된다[13].

13.3 제 조

X-선 마스크 제조의 핵심 분야들은 다음과 같다. 이들은 (1) 생산 공정, (b) e-빔 묘화, (3) 건식 식각, (4) 프레임 접합 등이며, 다음에 설명되어 있다.

13.3.1 마스크 생산 공정

X-선 마스크의 생산에는 두 가지 공정이 있다. 하나는 맴브레인 공정으로 배면식각 이후에 흡수재 패턴화가 수행된다[그림 13.9(a)]. 또 다른 방법으로는 흡수재 패턴을 배면식각 이전에 생성하는 웨이퍼 공정이다[그림 13.9(b)]. 웨이퍼 공정에서는 맴브레인의 파손이 발생되지 않는다. 그런데 배면식각 과정에서 큰 패턴 천이가 발생되기 때문에 패턴 배치의 정확도 개선이 어렵다. 맴브레인 공정에서는 장비들이 맴브레인이 성형된 웨이퍼를 취급하기 위한 특수한 기능을 갖춰야만 하지만, 높은 패턴 배치 정확도를 구현할 수 있다. 맴브레인 공정을 통해서 고도로 정교한 마스크를 만들 수 있기 때문에 최근 들어서는 이 방식이 선호되고 있다.

그림 13.9(a)에 도시된 것처럼 $2\mu\text{m}$ 두께의 SiC 또는 다이아몬드 필름이 4인치 Si 웨이퍼 위에 증착된다. 스퍼터링을 통해서 20nm 두께의 Ru 박막이 맴브레인 위에 증착된다. 그런

다음 전자 사이클론 공진(ECR) 스퍼터링을 통해서 Ru 윗면에 Ta 박막이 증착된다. 계속해서 전자 사이클론 공진(ECR) 플라스마 화학기상증착(CVD) 기법을 사용해서 Ta 위에 SiO_2가 증착된다. Ru 박막은 Ta의 응력을 안정화시켜주며[15], Ta 식각용 마스크로서 SiO_2가 사용된다. 이 필름들을 증착한 다음에 KOH 수용액을 사용해서 배면식각을 수행한다. e-빔 묘화기(EB)를 사용해서 맴브레인 상에 레지스트 패턴들을 성형하며, 반응성 이온식각을 통해서 SiO_2 박막을 식각한다. 다음 단계로 SiO_2를 마스크로 하여 Ta 박막을 식각한다. 마지막으로 Si 웨이퍼를 유리 프레임에 접착한다. 그림 13.9(b)에 도시된 웨이퍼 공정에서는 이와 유사한 증착 및 패턴화 기법을 통해서 X-선 마스크가 제조된다.

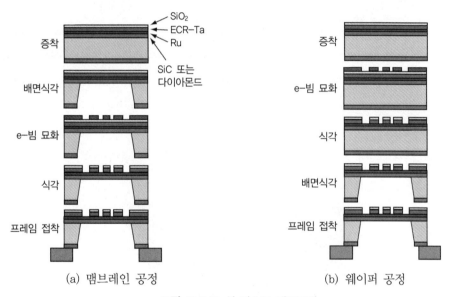

(a) 맴브레인 공정   (b) 웨이퍼 공정

그림 13.9 X-선 마스크 제조공정

　　고도로 정교한 X-선 마스크를 생산하기 위해서 좌표위치의 왜곡과 변형에 대한 사전해석기법(PAT)[16]이라고 알려진 방법이나 또는 제품기반 에뮬레이션(PSE)[17] 등을 사용해서 패턴 위치 천이를 보정할 수 있다. 이 방법에서는 우선 패턴 위치의 천이량에 대한 정보를 얻기 위해서 선주문 마스크를 제작한다. 다음으로 e-빔 묘화공정을 통해서 패턴 위치 천이를 보상할 수 있도록 패턴의 윤곽이 성형된 작업용 마스크를 생산한다. 만약 패턴의 위치 천이가 충분히 재현성을 갖는다면 고도로 정교한 마스크를 생산할 수 있다. 일본전신전화(NTT)는 이 방법을 사용해서 25nm 이하의 형상 배치 정확도를 갖는 X-선 마스크를 생산하였다[18].

맴브레인 공정은 높은 정확도로 박막 맴브레인 상에 레지스트 패턴을 성형하기 위한 e-빔 묘화, 맴브레인상의 흡수재 박막식각, 그리고 프레임 접착 등의 세 가지 핵심 작업으로 구성된다.

13.3.2 e-빔 묘화

e-빔 묘화는 중금속 흡수재를 지지하는 얇은 맴브레인 위에서 수행되어야만 한다. 흡수재로부터 산란된 전자들은 레지스트 패턴의 형성에 강한 영향을 끼친다. 그러므로 100keV의 가속 전압을 갖는 e-빔 묘화장치가 개발되었으며, 이는 기존의 30keV 시스템보다 훨씬 강한 것이다(그림 13.10)[19]. 이 e-빔 묘화기는 50nm 폭의 레지스트 패턴을 성형할 수 있다. 뛰어난 빔 선명도와 레지스트 박막 내에서의 작은 전방산란 덕분에 높은 분해능이 구현되었다. 높은 가속도전압 때문에 대부분의 전자들이 맴브레인을 통과한다. 흡수재의 후방으로 산란되는 소수의 전자들은 넓게 퍼진다. 그러므로 근접효과는 매우 작다. 이 묘화기를 사용해서 (4-Gbits DRAM보다 더 복잡한)LSI 패턴과 같이 매우 복잡하고 세밀한 패턴들조차도 큰 여유를 갖고 성형할 수 있다[14].

e-빔 묘화장치의 마스크 고정 장치는 세심하게 설계되어야 한다. 고정 장치의 표면은 맴브레인을 관통한 전자들이 후방으로 산란되지 않도록 제작해야만 한다[20].

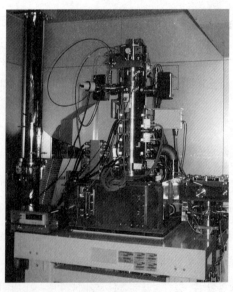

그림 13.10 100keV의 가속도 전압을 갖는 e-빔 묘화기를 사용해서 50nm 선폭의 레지스트 패턴을 성형하였다.

13.3.3 건식 식각

X-선 마스크에서 패턴 폭 정밀도는 패턴 배치 정확도만큼 양호해야만 한다. 흡수재 패턴은 0.3μm보다 두껍기 때문에 식각 시스템은 5 이상의 종횡비를 갖는 정교한 패턴을 성형할 수 있어야 한다. 금속의 식각을 위한 몇 가지 건식 식각 시스템이 있다. 여기서는 전자 사이클론 공진(ECR) 이온스팀 식각[21]이 도입되었다(그림 13.11). 이 시스템에서 식각용 가스는 전자 사이클론 공진(ECR) 방전에 의해서 저압챔버 내부에서 효과적으로 분해되며 식각 표면으로 입사되는 이온 에너지는 100eV 이하로 조절된다. 그러므로 높은 선택도를 구현할 수 있다. 주 식각용 가스는 Ta 및 Ta 합성물질의 경우 C_{12}이며, W 합성물질에 대해서는 SF_6가 사용된다.

일반적으로 금속의 식각은 기층소재의 온도에 강하게 의존한다. 그러므로 흡수재 식각과정에서 맴브레인의 온도조절은 매우 중요하다. 이런 식각 시스템의 경우에는 헬륨 냉각이 매우 도움이 된다.

더욱이 이와 같이 미세한 패턴을 식각하기 위해서는 패턴 선폭의 감소에 따른 식각비율의 감소를 의미하는 마이크로 부하효과를 고려해야만 한다.

그림 13.12에서는 전자 사이클론 공진(ECR) 시스템에 의해서 식각된 Ta 패턴을 보여주고 있다. 70nm 선폭의 패턴이 선명하게 생성되었다.

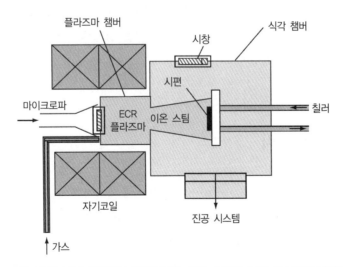

그림 13.11 전자 사이클론 공진(ECR) 이온 스트림 식각 시스템의 개략도

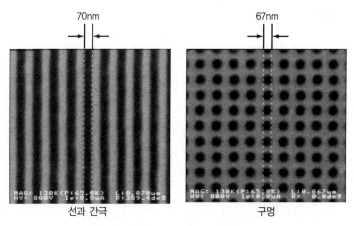

그림 13.12 70nm 선폭의 Ta 흡수재 패턴

13.3.4 프레임 접착

맴브레인은 프레임 접착에 의해서 변형될 수도 있다. 이 문제를 해결하기 위한 두 가지 방안
이 있다. 그중 하나는 웨이퍼를 변형시키지 않는 접착방법을 사용하는 것이다. 이를 위해서
단일위치 접착방법[22]이 개발되었다. 이 방법에서는 웨이퍼상의 매우 작은 면적을 프레임에
접착하며, 이 영역만이 프레임 표면과 접촉한다. 이 방법은 접착이 마지막 단계가 되는 마스크
공정에서 유용하다. 또 다른 방법은 흡수재의 패턴화 수행하기 전에 접착을 수행하는 것이다.
이 공정에서는 패턴화 과정에서 웨이퍼가 떨어지지 않을 정도로 매우 강한 접착이 필요하다.
이를 위해서 양극 접착이 개발되었다[23].

13.4 결함검사와 수리

결함검사와 수리는 LSI 공정용 X-선 마스크의 생산에 결정적인 요건이다. 이를 위해서 주
사전자빔 시스템이 검토되어 왔다. 절연체인 SiN 또는 다이아몬드 맴브레인의 경우 충전문제
때문에 결함의 직접검사가 어렵다. 따라서 마스크 결함은 마스크 패턴을 웨이퍼상의 레지스트
패턴으로 복제한 다음에 검사한다[24]. SiC 맴브레인은 낮은 전도도를 가지고 있기 때문에
결함을 직접 검사할 수 있다. X-선 마스크 내의 결함을 수리하기 위해서 집속 이온빔 수리
시스템에 대한 연구가 수행되었다[25, 26]. 이 시스템은 10nm 이하의 스폿 직경을 갖는 Ga

이온빔을 사용한다. 투명 결함은 이온빔에 의해 유도되는 Ta 증착을 사용해서 수리하며, 불투명 결함은 이온 밀링이나 가스 보조 식각을 사용해서 수리한다. 그림 13.13에서는 Ta 흡수재 마스크에 시행된 수리 사례를 보여주고 있다.

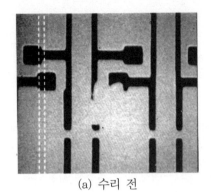 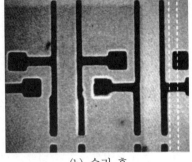

(a) 수리 전   (b) 수리 후

그림 13.13 집속 이온빔 시스템으로 수리한 Ta 흡수재 패턴

그림 13.14 X-선 마스크

13.5 LSI 제조용 X-선 마스크

X-선 리소그래피를 사용해서 다양한 LSI와 소자들이 생산되었다. IBM은 0.5μm LSI 패턴을 갖는 X-선 마스크[27]와 0.25μm LSI 패턴을 갖는 X-선 마스크[28]를 개발하였다. 미쓰비시 전자는 1989년에 1-Gbit DRAM 패턴용 마스크를 개발하였다[29]. NEC는 1994년에 LSI 마스크를 보고하였다[30]. 일본전신전화(NTT)는 200nm[31]와 100nm[32] 크기의 LSI 패턴을 갖는 X-선 마스크를 개발하였다. 일본전신전화(NTT)와 Association of Super-Advanced Electronics

Technologies(ASET)는 1999년에 25nm의 위치 정밀도를 갖는 100nm LSI 패턴 마스크를 개발하였다[33]. 이들 연구를 통해서 X-선 리소그래피의 유용성이 완벽하게 증명되었다.

13.6 요 약

X-선 마스크는 얇은 맴브레인과 흡수재 패턴을 핵심 요소로 하여 만들어진다. 맴브레인은 Si, SiN, SiC 또는 다이아몬드 박막으로 만들어지며, Ta 및 W 또는 이들의 혼합물을 흡수재로 사용한다. 이 박막들의 응력조절은 마스크 제조에 결정적인 영향을 끼친다. 중금속 위에 패턴을 기록하기 위해서는 높은 가속전압을 사용하는 e-빔 묘화기가 필요하다. 흡수재 필름 패턴을 성형하기 전에 후방식각을 수행한 후에 왜곡을 보정하는 맴브레인 공정을 사용해서 고도로 정교한 마스크를 제조할 수 있다. 주사전자빔 시스템과 집속 이온빔 시스템을 사용해서 결함의 검사와 수리가 가능하다. 고도로 정교한 X-선 마스크가 제조되었으며 X-선 리소그래피의 유용성이 검증되었다.

□ 참고문헌 □

1. D.L. Spears and H.I. Smith, High-resolution pattern replication using soft x-rays, *Electron. Lett.*, 8, 102-104 (1972).

2. R. Feder, E. Spiller, and J. Topalian, Replication of 0.1-mm geometries with x-ray lithography, *J. Vac. Sci. Technol.*, 12, 1332-1335 (1975).

3. T. Hosokawa, T. Kitayama, T. hayasaka, S. Ido, Y. Uno, A. Shibayama, J. Nakata, and K. Nishimura, NTT superconducting storage ring-Super-ALIS, *Rev. Sci. Instrum.*, 60, 1783- 1786 (1989).

4. M. Sekimoto, H. Yoshihara, and T. Ohkubo, Silicon nitride single-layer x-ray mask, *J. Vac. Sci.Technol.*, 21, 1017 (1982).

5. M. Yamada, M. Nakaishi, J. Kudou, T. Eshita, and Y. Furumura, An x-ray mask using Ta and heteroepitaxially grown SiC, *Microelectron. Eng.*, 88, 135-138 (1989).

6. H. Windischmann and G.F. Epps, Properties of diamond membranes for x-ray lithography, *J. Appl. Phys.*, 68, 5665-5673 (1990).

7. K. Yamashiro, M. Sugawara, H. Nagasawa, and Y. Yamaguchi, Smoothing roughness of SiC membrane surface for x-ray masks, *Jpn. J. Appl. Phys.*, 30, 3078-3082 (1991).

8. W.A. Johnson, R.A. Levy, D.J. Resnick, T.E. Saunders, A.W. Yanof, H. Betz, H. Huber, and H. Oertel, Radiation damage effects in boron nitride mask membranes subjected to x-ray exposures, *J. Vac. Sci. Technol. B.*, 5, 257-261 (1987).

9. T. Kitayama, K. Itoga, Y. Watanabe, and S. Uzawa, Proposal for a 50nm proximity x-ray lithography system and extension to 35nm by resist material selection, *J. Vac. Sci. Technol. B.*, 18, 2950-2954 (2000).

10. H.I. Smith, D.L. Spears, S.E. Bernacki, x-ray lithography: a complementary technique to electron beam lithography, *J. Vac. Sci. Technol.*, 10, 913-917 (1973).

11. H. Sekimoto, A. Ozawa, T. Ohkubo, and H. Yoshihara, *A High Contrast Submicron x-ray Mask with Ta Absorber Patterns*, Extended Abstracts of the 16th (1984 International) Conference on Solid State Devices and Materials, Kobe, 1984, pp. 23-26.

12. R.R. Kola, G.K. Celler, J. Frackoviak, C.W. Jurgensen, and L.E. Trimble, Stable low-stress tungsten absorber technology for sub-half-micron x-ray lithography, *J. Vac. Sci. Technol. B.*, 9, 3301-3304 (1991).

13. K. Marumoto, H. Yabe, S. Aya, K. Kise, and Y. Matsui, Total evaluation of W-Ti absorber for X-ray mask, *Proc. SPIE*, 2194, 221-230 (1994).

14. S. Tsuboi, Y. Tanaka, T. Iwamoto, H. Sumitani, and Y. Nakayama, Recent progress in 1x-ray mask technology: feasibility study using ASET-NIST format TaXN x-ray masks with 100nm rule 4 Gbit

dynamic random access memory test patterns, *J. Vac. Sci. Technol. B.,* 19, 2416-2422 (2001).

15. M. Shimada, T. Tsuchizawa, S. Uchiyama, T. Ohkubo, S. Itabashi, I. Okada, T. Ono, and M. Oda, Development of highly accurate x-ray mask with high-density patterns, *Jpn. J. Appl. Phys.,* 38, 7071-7075 (1999).

16. S. Uchiyama, S. Ohki, A. Ozawa, M. Oda, T. Matsuda, and T. Morosawa, Improving x-ray mask pattern placement accuracy by correcting process distortion in electron beam writing, *Jpn. J. Appl. Phys.,* 34, 6743-6747 (1995).

17. D. Pusito, M. Struns, and M. Lawliss, Overlay enhancement with product-specific emulation in electron-beam lithography tools, *J. Vac. Sci. Technol. B.,* 12, 3436-3439 (1994).

18. M. Oda, M. Shimada, T. Tsuchizawa, S. Uchiyama, I. Okada, and H. Yoshihara, Progress in x-ray mask technology at NTT, *J. Vac. Sci. Technol. B.,* 17, 3402-3406 (1999).

19. S. Ohki, T. Watanabe, Y. Takeda, T. Morosawa, K. Saito, T. Kunioka, J. Kato, A. Shimizu, T. Matsuda, S. Tsuboi, H. Aoyama, H. Watanabe, and Y. Nakayama, Patterning performance of EB-X3 x-ray mask writer, *J. Vac. Sci. Technol. B.,* 18, 3084-3088 (2000).

20. K.K. Christenson, R.G. Viswanathan, and F.J. Hohn, x-ray mask fogging by electrons backscattered beneath the membrane, *J. Vac. Sci. Technol. B.,* 8, 1618-1623 (1990).

21. T. Tsuchizawa, H. Iriguchi, C. Takahashi, M. Shimada, S. Uchiyama, and M. Oda, Electron cyclotron resonance plasma etching of a-Ta for x-ray mask absorber using chlorine and fluoride gas mixture, *Jpn. J. Appl. Phys.,* 39, 6914-6918 (2000).

22. M. Oda, T. Ohkubo, and H. Yoshihara, One-point wafer bonding for highly accurate x-ray masks, *Proc. SPIE,* 2512, 152-159 (1995).

23. J. Trube, J. Chlebek, J. Grimm, H.-L. Huber, B. Lochel, and H. Stauch, Investigation of process latitude for quality improvement in x-ray lithography mask fabrication, *J. Vac. Sci. Technol. B.,* 8, 1600-1603 (1990).

24. M. Sekimoto, H. Tsuyozaki, I. Okada, A. Shibayama, and T. Matsuda, x-ray mask inspection using replicated resist patterns, *Jpn. J. Appl. Phys.,* 33, 6913-6918 (1994).

25. I. Okada, Y. Saitoh, T. Ohkubo, M. Sekimoto, and T. Matsuda, Repairing x-ray masks with Ta absorbers using focused ion beams, *Proc. SPIE,* 2512, 172-177 (1995).

26. A. Wangner, J.P. Levin, J.L. Maner, P.G. Blauner, S.J. Kirch, and P. Longo, x-ray mask repair with focused ion beams, *J. Vac. Sci. Technol. B.,* 8, 1557-1564 (1990).

27. R. Viswanathan, R.E. Acosta, D. Seeger, H. Voelker, A. Wilson, I. Babich, J. Maldonado, J. Warlaumont, O. Vladimirsky, F. Hohn, D. Crockatt, and R. Fair, Fully scaled 0.5 mm metal- oxide semiconductor

circuits by synchrotron x-ray lithography: mask fabrication and characterization, *J. Vac. Sci. Technol. B.*, 6, 2196-2201 (1988).

28. R. Viswanathan, D. Seeger, A. Bright, T. Bucelot, A. Pomerene, K. Petrillo, P. Blauner, P. Agnello, J. Warlaumont, J. Conway, and D. Patel, Fabrication of high performance 512Kb SRAMs in 0.25mm CMOS technology using x-ray lithography, *Microelectron. Eng.*, 23, 247-252 (1994).

29. N. Yoshioka, N. Ishio, N. Fujiwara, T. Eimori, Y. Watakabe, K. Kodama, T. Miyachi, and H. Izawa, Fabrication of 1-Mbit DRAMs by using x-ray lithography, *Proc. SPIE*, 1089, 210-218 (1989).

30. K. Fujii, T. Yoshihara, Y. Tanaka, K. Suzuki, T. Nakajima, T. Miyatake, E. Orita, and K. Ito, Applicability test for synchrotron radiation x-ray lithography in 64-Mb dynamic random access memory fabrication processes, *J. Vac. Sci. Technol. B.*, 12, 3949-3953 (1994).

31. K. Deguchi, K. Miyoshi, H. Ban, T. Matsuda, T. Ohno, and Y. Kado, Fabrication of 0.2 mm large scale integrated circuits using synchrotron radiation x-ray lithography, *J. Vac. Sci. Technol. B.*, 13, 3040-3045 (1995).

32. M. Oda, S. Uchiyama, T. Watanabe, K. Komatsu, and T. Matsuda, x-ray mask fabrication technology for 0.1mm very large scale integrated circuits, *J. Vac. Sci. Technol. B.*, 14, 4366-4370 (1996).

33. H. Aoyama, T. Taguchi, Y. Matsui, M. Fukuda, K. Deguchi, H. Morita, M. Oda, T. Matsuda, F. Kumasaka, Y. Iba, and K. Horiuchi, Overlay evaluation of proximity x-ray lithography in 100nm device fabrication, *J. Vac. Sci. Technol. B.*, 18, 2961-2965 (2000).

제5편

마스크 공정,
소재 및 펠리클

제14장

포토마스크 기술

마스크 기층소재

Syed A. Rizvi

14.1 서 언

마이크로 리소그래피와 마스크 설계의 발전에 따라서 마스크 기층소재 역시 많은 변천을
거치게 되었다.

반도체 산업의 초창기 시절에는 마스크 기층소재(소위 마스크 모재)는 보통 2in×2in 크기를
사용했었다. 그 이후로 마스크 크기가 증가하고 있으며 현재의 표준크기는 6in×6in이다. 기층
소재의 두께는 0.060in에서부터 점차로 증가하여 현재 0.25in에 달한다. 오늘날 사용되고 있
는 0.25in 두께, 6in×6in 크기의 기층소재를 6025 기판이라고 부른다. 여러 인자들 중에서
기층소재 크기를 증가시키는 주 원동력은 칩 크기의 증가와 스텝/스캔 노광 시스템의 발전이
다. 9in×9in 이상의 크기를 갖는 기층소재 역시 제작되었지만, 제조장비들의 취급과 개조에
관련된 어려움과 비용의 문제 때문에 이들의 사용이 확대되지 못하였다. 오늘날의 노광 시스템
은 두 이송축 중 한쪽이 더 긴 마스크를 수용할 수 있으며 이는 6in×9in 형상의 사용을 가능케
해주지만, 취급의 어려움 때문에 직사각형 기층소재의 사용은 현실성이 없다.

기층소재는 기본적으로 크롬을 기반으로 하는 박막이 스퍼터된 유리판에 포토레지스트를
코팅하여 사용한다. 크롬 박막은 바닥에서 상층부로 올라가면서 조성이 변한다. 박막 바닥

부분은 크롬이 유리 표면에 잘 붙어있도록 하기위한 접착제의 역할을 수행한다. 박막의 상층부는 노광 사이클 동안 발생할 수 있는 불필요한 반사를 줄이기 위한 비반사(AR) 코팅으로 작용한다.

14.2 소 재

14.2.1 유 리

기층소재의 구조를 고려한다면 기층소재의 크기만이 중요한 인자는 아니다. 유리 기판 역시 일련의 변형을 거치면서 모든 기층소재의 기반으로 사용되고 있다. 이 기판은 구조 및 기층소재의 기능 측면에서 중요한 역할을 한다.

초창기에는 소다라임을 표준소재로 사용했지만 결함이 작은 화이트 크라운이라고 알려진 고품질 소재로 대체되었다. 나중에 노광과정에서의 열팽창이 문제가 되면서 화이트 크라운은 열팽창계수(CTE)가 작은 붕규소 유리로 대체되었다. 용융 실리카(또는 수정)의 열팽창계수는 붕규소 유리보다도 더 작기 때문에 그다음 단계로 용융 실리카가 도입되었다. 용융 실리카는 열팽창계수가 낮을 뿐만 아니라, 현재 표준으로 사용되는 자외선(UV) 파장인 365nm에 대해서도 양호한 투과율을 갖고 있다. 소재의 투명도는 산업계가 365nm에서 248nm 및 심지어는 193nm의 조명으로 이동함에 따라서 더 큰 중요성을 갖게 되었다.

머지않아 사용될 더 짧은 파장인 157nm에 대해서, 76%의 투과율을 갖는 F_2가 도핑된 용융 실리카 소재가 소개되었다[1, 2].

용융 실리카는 오랜 기간 동안 첨단기술용 소재로 사용되었지만 장기간 193nm 노광에 사용되면 색중심과 압축이 발생하는 것으로 밝혀졌다. 색중심의 형성은 약 400nm 파장의 저준위 형광을 유발하며, 압축은 굴절률의 미소한 변화를 유발한다. 그런데 이러한 변화는 노광 시스템의 광학계에 영향을 끼칠 수 있지만, 여기에 관련되는 에너지는 매우 작기 때문에 포토마스크에는 아무런 해를 끼치지 않는다[3].

마스크 모재 공급업체인 Schott-Lithotec사는 현재의 요구조건을 충족시키기 위해서 열팽창계수가 0인 Zerodur®라고 알려진 원자외선(DUV)용 모재를 소개했다[4].

임계치수 균일성이 10nm 미만인 경우에 영향을 끼치는 모재와 관련된 특성들에는 여러 종류가 있다.

기판의 편평도는 <1.0μm이어야 한다. 일부 기판의 사양은 0.5μm까지의 값을 요구받기도 한다.

14.2.2 크롬 박막

현재 유리판 위에 입혀진 흡수재는 Cr, N_2, O_2 및 여타 요소들로 구성된 크롬 혼합물이다. 박막의 조성은 서로 다른 목적을 수행하기 위해서 바닥부터 상층까지 변한다. 바닥 층은 크롬의 유리 부착성을 증가시키기 위한 접착제로서 작용한다. 상부 층은 시스템 내부에서 발생할 수 있는 불필요한 반사를 최소화시키기 위한 비반사코팅으로 작용한다.

박막의 상부와 하부 층은 불투명 박막으로 작용하는 매우 소량의 크롬소재로 만들어진다. 이 박막의 전형적인 두께는 100nm로 광학밀도는 3.0이며, 이는 0.1%(또는 그 이하)의 투과율에 해당된다.

비반사 특성의 경우 3층의 파브리-페로 구조를 기반으로 하는 코팅을 사용해서 1% 미만의 반사율을 구현한 것으로 보고되었다[5].

크롬 층 두께가 작을수록(50~73nm) 성능이 개선되며 양호한 결과를 얻을 수 있다[5].

14.2.3 규화 몰리브덴($MoSiO_xN_y$) 박막

Mo Si 박막이라고 일반적으로 알려져 있는 규화몰리브덴($MoSiO_xN_y$)은 초기에 용융 실리카의 접착성을 개선하기 위해서 사용되었다[1]. 현재 MoSi는 내장형 희석식 위상천이 마스크(EAPSM) 구조의 핵심적 역할을 수행한다. 이 내장형 희석식 위상천이 마스크(EAPSM)는 앞으로 몇 세대 동안은 계속해서 사용될 것이다.

MoSi 박막은 유리와 크롬 박막 사이에 삽입된다. MoSi는 벗겨지는 특성을 갖고 있어서, 기층소재 처리공정 도중에 다시 증착해야 하므로 수율 손실이 유발된다. 이는 또한 노광 내구성과 박막 세척 시의 화학적 내구성 문제도 가지고 있다.

MoSi와 더불어서 TaN/Si_xN_y, TiN/Si_xN_y, 그리고 $CrAlO_xN_y$ 등과 같은 훌륭한 후보물질들도 고찰되고 있다[5].

현재 박막의 현황은 다음과 같다. 크롬 및 내장형 희석식 위상천이 마스크(EAPSM)용 소재들에 대해서 표 14.1에서 요약되어 있다[5].

표 14.1 기층소재 박막의 현황[5]

특성	2진 마스크용 흡수재		EAPSM 박막용 소재	
	요건 완전충족	요건 부분충족	요건완전충족	요건 부분충족
광학밀도 3>	◎		◎	
노출파장에서 180±5° 위상천이				
반사율 <15%		◎		◎
투과율 5~25%				◎
e-빔 묘화도중 충전방지를 위한 높은 전도율	◎			
낮은 거칠기, 핀 구멍, 입자 없음	◎			◎
식각의 용이성		◎		◎
화학적 저항성(접착불량 방지, 세척 시 광학성질 불변)	◎			
균일성(두께, 투과율, 굴절률)	◎		◎	

14.3 기층소재가 임계치수(CD) 균일성과 영상배치에 끼치는 영향

굴절률, 투과율, 복굴절 등과 같은 광학적 성질의 측면에서 유리의 균일성은 임계치수 균일성에 직접적으로 영향을 끼친다[5, 6]. 코닝에 의해서 개발된 소재는 1nm/cm 미만의 복굴절 특성과 4ppm 미만의 굴절률 균일성을 갖고 있다.

크롬과 여타 위상관련 박막들의 유리에 대한 불균일성 역시 임계치수 균일성에 똑같이 영향을 끼친다.

현재 사용되는 기판들은 과거의 것들보다 훨씬 두껍지만 크기 증가에 따라서 노광 시스템에 설치 시 처짐과 뒤틀림 현상은 여전히 발생한다. 이 조건 하에서 기판에 발생되는 부식은 영상배치(IP) 오차에 직접적인 영향을 끼친다. $0.62\mu m$의 변형이 40nm의 영상배치(IP) 오차를 유발한다[3].

영상배치 역시 유리의 열팽창계수에 영향을 받는다. 용융 실리카에서조차도 0.08°C의 온도 변화가 영상배치 허용 공차의 10% 변화를 유발할 수도 있다[3]. 기판 편평도를 $1.0\mu m$ 이하로 유지할 필요가 있다. 일부 기판의 경우에는 $0.5\mu m$의 낮은 값을 요구하기도 한다. 허용값 이상의 편평도 오차는 임계치수 균일성과 영상배치에 영향을 끼칠 수도 있다.

코팅된 박막이 유리에 일부 응력을 가할 수도 있으며 패턴 성형 후에 유리를 굽혀서 영상배치오차를 유발할 수 있는 응력을 해지시켜야 한다.

□ 참고문헌 □

1. J.G. Skinner, Photomask Fabrication for Today and Tomorrow, Short Course 122, SPIE Education Service Program, 2001.

2. Asahi Glass Brochure/Website/Photomask Substrate.

3. P. Rai-Choudhury, *Handbook of Microlithography, Micromachining and Microfabrication*, vol. 1, SPIE Press, 1997, pp. 377-474. Ballingham, Washington, USA.

4. Schott Lithotec Brochure: Mask Blanks, IC Advanced Packaging.

5. R. Walton, Photo blanks for advanced lithography, *Solid State Technol.,* October, 2003.

6. B.B Wang, Residual birefringence in photomask substrates, *J. Microlith., Microfab., Miscrosyst.,* 1 (1), 43-48 (2002).

제15장

마스크 제조용 레지스트

Benjamen Rathsack, David Medeiros, and C. Grant Willson

15.1 서 언

마스크 제조에 사용되는 레지스트 소재들은 더 높은 분해능과 복잡한 보조형상의 생성에 대한 요구에 의해서 새로운 도약을 시도하고 있다. 이 단원에서는 마스크 제조용 레지스트 개발의 간략한 역사와 포토마스크 패턴화가 당면하고 있는 가장 직접적인 도전과제에 대해서 논의한다.

15.2 포토마스크용 레지스트의 요구조건들

포토마스크는 전자빔(e-빔)과 레이저 리소그래피 공정을 사용해서 제조된다. 90nm 및 65nm 노드의 고분해능 포토마스크 생산에는 50kV e-빔 리소그래피가 사용된다[1, 2]. 직접 묘화와 임프린트를 위해서 100kV를 사용하는 고전압 e-빔 시스템은 최소 20nm의 형상을 인쇄한다[3]. 가속전압의 증가는 분해능을 향상시키지만 레지스트의 민감도를 저하시키며[4] 레지스트 가열을 증가시킨다[5, 6]. 빔 전류의 증가에 따라서 레지스트 가열역시 증가하며,

근접 선폭 오차를 생성한다. 레지스트 민감도(조사량)와 빔 전류문제는 e-빔 마스크 묘화장비의 생산성을 제한한다. EBM-4000(50kV)과 같이 $20A/cm^2$의 전류밀도를 사용하는 e-빔 장비로 100nm 노드의 레티클을 7시간 내외의 시간 이내에 묘화하기 위해서는 $5\mu C/cm^2$의 레지스트 민감도가 필요하다[2]. 높은 가속도 전압을 사용하는 e-빔 시스템으로의 전환은 더 높은 조사 민감도와 낮은 온도 민감도, 낮은 노광기체 방출, 장기간 노광 후 지연 안정성, 건식 식각 저항성, 그리고 크롬 기층소재와의 친화성 등을 갖춘 새로운 레지스트 시스템의 평가와 개발을 견인하였다.

레이저 포토마스크 리소그래피는 레이저 광원을 동시에 묘화를 수행하는 다중 빔으로 분할하여 e-빔보다 높은 생산성(묘화시간 4시간)을 구현하였다. Etec Systems에 의해서 생산된 ALTA 장비는 노광영역의 일주를 위해서 32개의 빔을 사용한다[7]. ALTA3700 레이저 포토마스크 묘화기는 $0.5\mu m$ 크기의 레지스트 형상 영상화를 위해서 연속파장형 363.4nm 아르곤이온 레이저를 사용한다[8]. 투명도와 표백성 광학적 특성 때문에 이 시스템에서는 2성분 다이아조나프타퀴논(DNQ)-노볼락 수지를 기반으로 하는 비화학 증폭(NCA) 레지스트가 사용된다. 노광 파장을 363nm에서 257nm로 줄임으로서 더 높은 분해능을 갖는 레이저 리소그래피 시스템을 구현하였다[9]. 원자외선(DUV)까지 파장을 줄임에 따라서 248nm 웨이퍼 리소그래피에서 일반적으로 사용되는 새로운 비화학 증폭(NCA) 레지스트 소재[10]와 화학 증폭형 레지스트(CAR)에 대한 평가가 수행되었다[11, 12]. 펄스형 249nm 레이저를 사용해서 픽셀 단위의 노광을 조절하는 마이크로 미러 장치(패턴 발생기기)를 사용하여 마이크로 스테퍼와 유사한 기능을 수행하는 새로운 원자외선(DUV) 레이저 포토마스크 장비가 개발되었다[13, 14]. 원자외선 노광파장으로의 전환은 적절한 광학적 투명도, 노광 후 지연 안정성, 건식 식각 저항성, 그리고 크롬 기층소재와의 친화성 등을 갖춘 레지스트 소재의 개발을 촉진시켰다.

포토마스크와 IC 제조공정에서의 포토레지스트 영상화 공정은 그림 15.1에서와 같이 서로 유사하다. 포토레지스트는 비반사성 수정 기층소재 위에 스핀 코팅된다. 수정 기층소재의 표면 치수는 6in×6in이며 두께는 0.25in이다. 포토마스크 위의 불투명 박막 층은 전형적으로 크롬으로, 마스크를 통과하는 빛의 투과를 막는 기계적으로 강한 층을 만들어준다. 마스크의 반사도를 최소화시키기 위해서 크롬층 위에 이방성 산질화물 층을 생장시킨다.

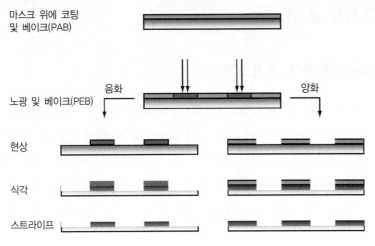

그림 15.1 포토마스크용 양화 및 음화 포토레지스트 공정

포토마스크의 모재는 레지스트로 코팅되어 있으며 솔벤트를 제거하기 위해서 처리 후 가열 (PAB)이 시행된다. 전자나 레이저 빔을 사용해서 연속적으로 포토레지스트 내에 회로 패턴의 개별적인 형상들을 직접 노광시킨다. 모든 형상들을 포토마스크에 직접 프린트하기 위해서는 여러 시간이 소요되는 반면에 투사 리소그래피 장비를 사용해서 포토마스크의 영상을 노광시 키는 데에는 단지 수 초가 소요될 뿐이다.

화학 증폭형 레지스트(CAR)는 산 기반의 해제반응을 조정하기 위한 노광 후 가열(PEB)을 통해서, 수용성 기질 속에서 박막이 용해성을 갖도록 만든다. 공기-레지스트 간 및 레지스트- 기층소재 경계에서의 반사에 의한 정재파 간섭효과에 의해서 박막 내에서 광 반응성 화합물 (PAC)의 농도변화를 확산시키기 위해서 광학 레지스트 역시 노광 후 가열을 시행한다. 비록 크롬 표면에서의 반사가 작다고 하더라도, 현대적인 레지스트의 높은 대비는 최대 공정효율을 구현하기 위해서 노광 후 가열(PEB)을 필요로 한다[15]. 광학식 포토레지스트는 수용성 기반 의 현상액($0.26N$ 테트라메틸 암모늄: TMAH)을 사용해서 가장 일반적으로 현상되는 반면에, 대부분의 분열기반 e-빔 레지스트들은 유기용매를 사용해서 현상된다. 현상된 형상들은 습식 또는 건식(Cl_2/O_2 가스) 식각을 통해서 크롬 층 속으로 식각된다. 잔류 포토레지스트들은 황산 과 과산화수소 혼합물을 사용하거나 산소 회화를 통해서 벗겨낸다. 포토마스크는 전형적으로 결함을 방지하기 위해서 여러 번 세척 및 검사하며, 마스크 위의 무결점 영상평면을 유지하기 위해서 패턴 형상 위에 펠리클을 덮는다.

15.3 레지스트 소재

15.3.1 비화학 증폭형 레지스트

초창기 포토마스크 용으로 비화학 증폭(NCA) 레지스트가 사용되었다. 비화학 증폭(NCA) 레지스트는 다음의 절들에서 기능에 따라서 분류되어 있다. 체인 분열이 일어나는 양화색조 레지스트, 용해 억제제를 용해성 물질로 변환시키는 양화색조 레지스트, 그리고 교차결합을 기반으로 하는 음화색조 레지스트 등이다. 이 레지스트 소재들은 포토마스크 제조를 위한 분해 능, 민감도, 식각 저항성, 그리고 화학적 안정성 등을 구현하기 위해서 발전하였다.

15.3.1.1 체인 분열 기반의 양화색조 레지스트

대부분의 초창기 양화색조 e-빔 레지스트들은 폴리머 체인 분열을 기반으로 하였다. 폴리머 체인 분열은 e-빔 노광을 통한 방사선에 의해서 폴리머 체인의 분자량을 줄이며, 이는 유기용 매 내에서 폴리머의 용해성을 증가시킨다. 노광 및 노광되지 않은 폴리머 사이의 용해도 차이 는 영상화에 필요한 용해도 대비를 결정한다. 체인 분열 레지스트의 노광 민감도는 흡수된 단위 조사량(100eV)에 대한 분열 수를 나타내는 소재 매개변수 $G(s)$로 정량화한다. 전형적인 분열효율 $G(s)$는 폴리메타크릴산메틸(PMMA)과 같은 저민감도 레지스트의 경우 1.3에서부터 폴리(부텐-1-술폰기)(PBS)와 같은 고민감도 폴리머의 경우 10에 달한다[16].

최초의 양화색조, 분열기반 레지스트들 중 하나는 그림 15.2에 도시되어 있는 폴리메타크릴 산메틸이다. 폴리머 체인 분열은 주 체인의 탄소와 카르보닐 결합의 방사선 분해에 의해서 촉발되는 것으로 판명되었다[17, 18]. 그에 따른 제3의 기는 주 체인을 분해하기 위해서 빠르게 재배열하여 휘발성 물질을 생성한다. 주 체인 분열은 폴리머의 분자량을 저감시키며, 따라서 메틸 이소부틸 케톤: 이소프로판올(1:3 비율)과 같은 유기 현상액 속에서의 용해도가 증가된 다. 레지스트의 민감도를 증가시키기 위해서 노광된 에너지와 폴리머 분자량에 따른 폴리메타 크릴산메틸(PMMA)의 용해성에 대한 세심한 연구가 수행되었다[19, 20].

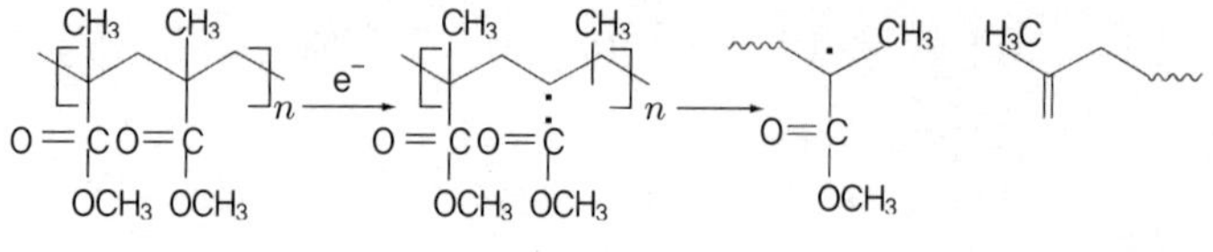

그림 15.2 폴리메타크릴산메틸은 e-빔 노광에 의해서 분열반응을 일으킨다.

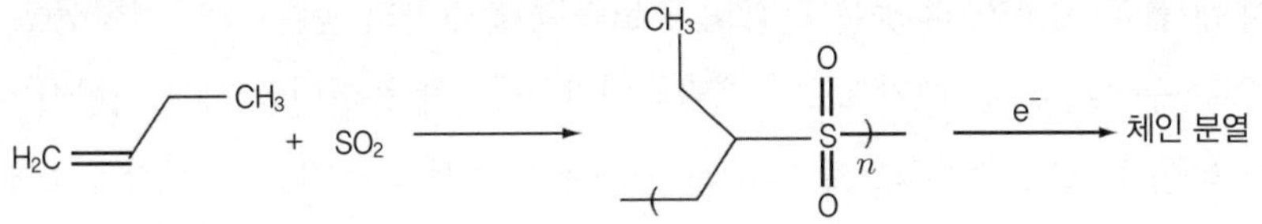

그림 15.3 PBS는 e-빔 노광에 의해서 분열반응을 일으킨다.

민감도와 리소그래피 성능이 개선된 폴리메타크릴산메틸(PMMA)과 유사한 소재를 만들기 위한 연구가 1960년대부터 수행되었다. 10kV에서 $10\mu C/cm^2$을 사용하여 분열효율 G(s)를 1.3에서 4.5로 개선시킨, 메틸 메타크릴 산, 메타크릴산, 그리고 무수 메타크릴산 등으로 이루어진 3량체가 개발되었다. 더욱이 할로겐과 같은 높은 전자흡인기 족들이, 아크릴산 성분의 알파 위치에서 방사분해에 따른 주 체인기의 안정화에 도움을 주기 위해 도입되었다. 도레이(Toray)에 의해서 만들어진 EBR-9는 할로겐화된 메타크릴산 단일 또는 공중합체로부터 개발된 레지스트들의 사례이다. 고전압 장비를 사용해서 폴리메타크릴산메틸(PMMA) 레지스트로 10nm까지의 높은 분해능을 구현할 수 있다는 것이 밝혀졌지만[21], 10kV에서 생산성을 맞추기 위해서 필요로 하는 $1\sim2\mu C/cm^2$의 노광량 요건을 충족시키기 위해서는 여전히 어려움이 있다.

이와 같은 엄격한 노광 요구조건은 폴리부텐-1-술폰기(PBS)를 기반으로 하는 양화색조 레지스트를 통해서 최종적으로 구현되었다[22]. 폴리부텐-1-술폰기(PBS)는 매우 높은 민감도[G(s)=10]를 가지고 있으며, 10kV에서 $1\mu C/cm^2$ 이하의 형상 영상화가 가능하다. 폴리부텐-1-술폰기(PBS)는 이산화황과 1-부텐이 반복되는 공중합체로 그림 15.3에서와 같이 탄소와 황 결합 사이의 주 체인 분열이 일어난다. 온도 의존성 반응에 의해서 이산화황과 유기 부산물들이 생성된다[23]. 30% 메틸-프로필 케톤과 70% 메틸-이소아밀 케톤으로 이루어진 유기용매 혼합물이 폴리부텐-1-술폰기(PBS) 레지스트 현상에 일반적으로 사용된다. 폴리부텐-1-술폰기(PBS)의 용해도는 놀라울 정도로 습도에 의존적이다.

폴리부텐-1-술폰기(PBS)는 1980년대와 1990년대 중반 사이에 상용 e-빔 레지스트용으로 가장 광범위하게 사용되어 왔다. 폴리부텐-1-술폰기(PBS)는 약 500nm까지의 범위에 대해서 훌륭한 노광관용도와 선형성을 갖는 것으로 밝혀졌다[24, 25]. 1996년에 폴리부텐-1-술폰기(PBS)가 코팅된 마스크 모재 중 52%가 호야(Hoya)에서 선적되었다. 불행히도 폴리부텐-1-술폰기(PBS)와 폴리메타크릴산메틸(PMMA) 모두 크롬 식각을 위해서 사용되는 할로겐 기반의 건식 식각에 대한 저항성이 취약하다. 따라서 이들의 사용은 본질적으로 큰 편향 값이 포함되는 습식 식각에 한정된다. 이런 편향은 언더컷에 의한 것으로 더 낮은 건식 식각 저항성을 갖춘 레지스트의 필요성을 증대시켰다.

1980년대에 폴리(술폰기)의 높은 민감도와 노볼락 폴리머의 높은 식각 저항성을 결합한 두 가지 성분으로 구성된 e-빔 레지스트가 개발되었다. 노볼락 폴리머의 식각 저항성은 탄소대비 수소비율이 높은 링들이 주기적으로 배치된 구조에 의해서 만들어진다. 벨연구소에서는 그림 15.4에 도시된 것과 같은 구조를 갖는 노볼락 폴리머와 폴리(2메틸1펜텐)(PMPS)[26]의 위상 공존형 조합으로 혼합된 NPR이라는 레지스트를 개발하였다. IBM은 m-크레졸 노볼락과 특수 한 폴리(술폰기) 코폴리머를 기반으로 하는 술폰기/노볼락 시스템(SNS)이 부르는 유사한 플랫 폼을 개발하였다[27, 28]. 페놀 기반의 노볼락 폴리머가 함유되어 유기 현상액 대신에 수용성 기반의 현상액을 사용할 수 있게 되었으며, 뛰어난 식각 저항성을 갖게 되었다. 폴리(술폰기) 코폴리머는 이 시스템에서 용해 억제와 감광제의 두 가지 역할을 수행한다. 폴리(술폰기)의 분해를 통해 이산화황과 휘발성 유기물이 생성되며, 더 이상 노볼락의 용해를 저지하지 못한 다. 비록 노볼락의 사용이 식각 저항성을 증가시켜주지만 술폰기/노볼락 시스템(SNS)형의 레 지스트는 가스를 방출하며 폴리부텐-1-술폰기(PBS)보다 높은 노광 조사량($5{\sim}10\mu C/cm^2$)을 필요로 한다.

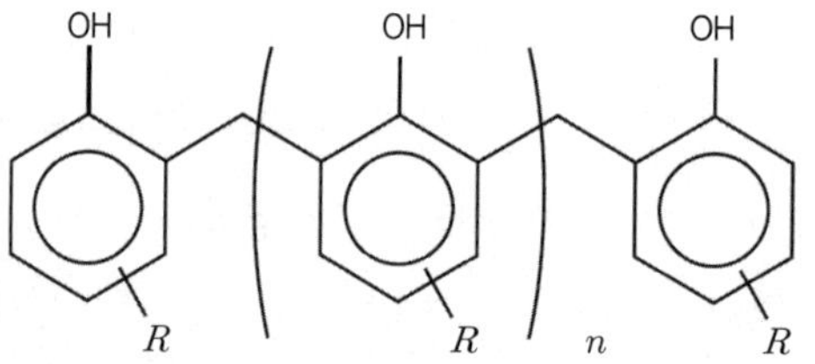

그림 15.4 노볼락 폴리머는 건식 식각에 대해서 높은 저항성을 갖는 주기적 링을 보유하고 있다. 감광제는 폴리2메틸1펜텐(PMPS)을 기반으로 하고 있다.

1990년대에 총 노광 조사량을 증가시키기 위해서 각 통과 시마다의 부분 노광을 사용하는 MEBES 4500과 같은 다중통과 e-빔 노광장비가 개발되었다. 이 장비를 통해서 비록 민감도는 낮지만 건식 식각 저항성이 더 낮은 레지스트 소재를 사용할 수 있게 되었다[29]. 이 다중통과 장비는 폴리(메틸-클로로아크릴레이트-코-메틸스티렌)를 기반으로 하는 새로운 양화색조 레지스트의 사용을 가능케 해주었다. 그림 15.5에 도시된 것과 같이 아크릴산의 할로겐화는 민감도를 변화시키며, 순환적 스티렌 성분은 식각 저항성을 변화시킨다. Dai Nippon 사는 180nm 노드에서 포토마스크 제조에 광범위하게 사용되었던 화학물질들을 기반으로 하여 ZEP 7000이라고 부르는 상용 레지스트를 개발하였다. ZEP 7000은 10kV에서 $8\mu C/cm^2$ 내외를 필요로 하며, 포토마스크 제조를 위한 건식 식각에 대한 저항성을 갖고 있다[30].

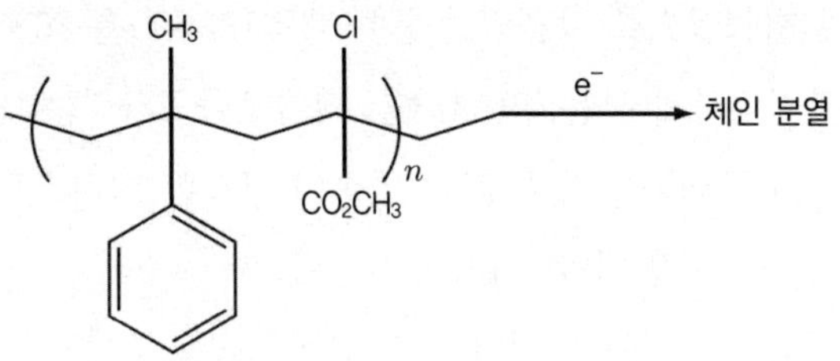

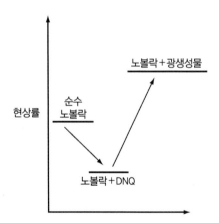

그림 15.5 다이니폰 사에 의해서 상용화된 ZEP 7000은 폴리(메틸−클로로아크릴레이트−코−메틸스티렌)를 기반으로 하고 있으며, 민감도와 식각 저항성의 측변에서 균형을 이루고 있다.

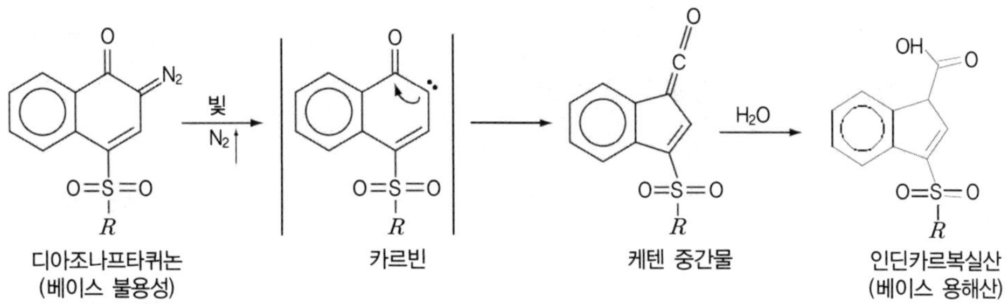

디아조나프타퀴논
(베이스 불용성)

빛
N₂↑

카르빈

H₂O

케텐 중간물

인딘카르복실산
(베이스 용해산)

그림 15.6 디아조나프타퀴논(DNQ) 광반응성화합물(PAC)의 광반응 특성

현상률

순수
노볼락

노볼락+DNQ

노볼락+광생성물

그림 15.7 노광에 따른 디아조나프타퀴논(DNQ)−노볼락 포토레지스트의 용해성 응답특성

15.3.1.2 용해억제 기반의 양화색조 레지스트

광학식 및 투사식 리소그래피(435~365nm 파장)를 지원하기 위해서 2성분 디아조나프타퀴논(DNQ)−노볼락 레지스트가 광범위하게 개발되었다. 이 소재들의 민감도가 낮기 때문에 e−

빔 용(AZ-5206)으로는 제한적으로 사용되었지만 TOK IP3600은 363.4nm 레이저 포토마스크 리소그래피용으로 광범위하게 사용되었다[31]. 디아조나프타퀴논(DNQ)-노볼락 레지스트는 레티클 생산 시 500nm 분해능을 구현할 수 있으며 고대비 레지스트를 사용하면 분해능을 300nm까지 낮출 수 있음이 규명되었다[15].

디아조나프타퀴논(DNQ)은 노볼락 폴리머 레진의 용해도를 억제하는 광반응성 화합물(PAC)이다. 그림 15.6에 도시된 메커니즘을 통해서 디아조나프타퀴논(DNQ) 발색단 화합물은 노광에 의해서 베이스 불용성 화합물에서 베이스 용해성 인딘카르복실 산으로 변환된다[32]. 카르빈은 볼프 재배열을 통해서 케텐 중간물을 형성하는 것으로 추정된다. 물의 존재 하에서 케텐은 베이스 용해성 인딘카르복실 산을 형성한다. 디아조나프타퀴논(DNQ)에서 베이스 용해성 생성물로의 변환을 완성시키기 위해 물이 필요하므로 생산용 레이저 묘화장치의 집속하위 시스템에서 가습공기를 사용해야 한다[33].

노볼락은 전형적으로 포름알데히드와 옥살산 촉매의 35~40% 수용성 용액인 메타-및 파라-크레졸 혼합물로부터 합성된다. 노볼락 폴리머를 형성하기 위해서 포름알데히드는 크레졸 상에 두 개의 오르토 및 하나의 파라위치에 메틸렌 링크를 생성한다. 노볼락 억제제의 효율은 디아조나프타퀴논(DNQ)에 대한 술폰산 치환기[34]의 작용과 노볼락 레진 내의 오르토-오르토 결합의 수[35]와 관련을 갖고 있다. 디아조나프타퀴논(DNQ)은 페놀산 폴리머 내의 술폰산 링크와 수산기 그룹 사이의 수소결합에 기인하여 노볼락 내에서 수산기 그룹의 탈수소화 가능성을 줄여준다.

디아조나프타퀴논(DNQ)-노볼락 레지스트의 대비는 그림 15.7에 도시된 것과 같이 노볼락 내에서 노광된 디아조나프타퀴논(DNQ) 분자와 노광되지 않은 분자 사이의 영향으로부터 유도된다. 디아조나프타퀴논(DNQ)은 수용성 베이스 내에서 노볼락 레진의 용해율을 급격하게 낮춘다. 노광된 디아조나프타퀴논(DNQ)의 카르복실산 광 생성물은 수용성 베이스 내에서 순수한 노볼락 레진의 용해율에 대한 현상비율을 실질적으로 증가시켜준다. 노광에 의한 디아조나프타퀴논(DNQ)-노볼락 포토레지스트의 용해성 전환은 비선형적인 현상의 응답을 만들어내며, 가우시안 형상의 공간영상으로부터 직각형상의 단면제조를 가능케 해준다.

원자외선(DUV)(248~257nm) 노광에 의해 탈색되면서도 디아조나프타퀴논(DNQ)처럼 노볼락을 억제시켜주는 광반응성 화합물(PAC)도 개발되었다. 술폰기 링크를 사용해서 노볼락 억제와 노광에 대한 높은 용해 대비도를 갖춘 3-기능성 디아조피페리디온 광반응성 화합물(PAC)이 합성되었다[36]. 257nm 레이저를 사용해서 500nm 형상크기의 디아조피페리디온-노볼락 레지스트를 생성하였다. 이러한 유형을 갖는 레지스트의 분해능은 원자외선(DUV) 내에서 노볼락의 높은 흡수특성에 의해서 제한된다. 원자외선(DUV) 내에서 투명하고 디아조피페다인을 기반으로 한 광반응성 화합물(PAC)에 의해서 억제되는 폴리머를 개발하기 위한 연구는 계속되고 있다.

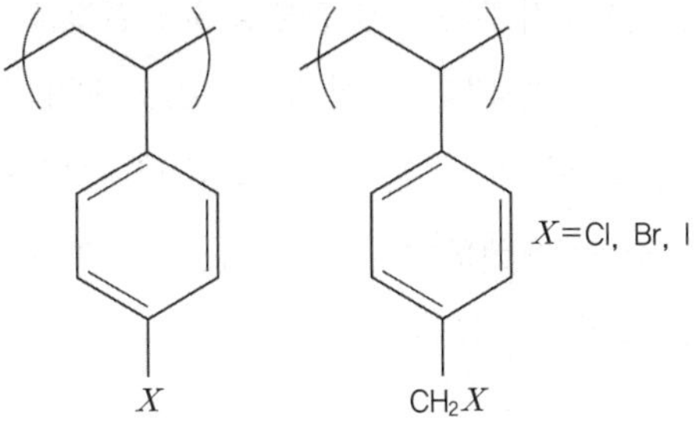

그림 15.8 수소 파라-치환된 유사체들은 음화색조 폴리스티렌 레지스트의 민감도를 증가시켜준다.

15.3.1.3 교차결합 기반의 음화색조

초창기 음화색조 e-빔 레지스트들은 에폭시와 스티렌 기반의 반족을 기반으로 하였다. COP라고 부르는 일반적인 에폭시 기반의 레지스트들은 벨연구소에서 개발된 글리시딜 메타크릴레이트와 에틸 아크릴레이트의 공중합체를 기반으로 하고 있다[37]. COP 레지스트 상에서 에폭시 치환기는 방사에 의해서 촉발되는 교차 링크 반응과정에서 체인 간 링크를 형성하며 레지스트를 불용성으로 만든다. 방사에 의해서 촉발되는 반응은 물이나 일부 억제제에 의해서 중단될 때까지 연쇄반응을 통해서 전파된다. 연쇄반응의 전파는 높은 노광 민감도를 가져다준다. 그런데 노광이 중단된 후에도 반응의 전파는 계속되어, 임계치수(CD)가 암반응이라고 부르는 노광 후 지연에 의존하게 된다. COP 레지스트는 레지스트 팽창, 열악한 크롬 식각 저항성, 그리고 암부식 효과 등으로 인하여 더 이상 생산에 널리 사용되지 않는다.

폴리(클로로메틸스티렌)와 같은 폴리스티렌 유도체로부터 음화색조 e-빔 레지스트도 개발되었다. 그림 15.8에 도시된 것처럼 링 상의 파라-치환위치에 할로겐이나 할로메틸 그룹들을 추가하여 폴리스티렌의 노광 민감도를 증가시켜 왔다[38]. 자유기를 생성하기 위해서 탄소-할로겐 결합의 분리를 유발하는 방사를 사용하는 방안이 제안되었다. 자유기는 암부식 효과를 유발하는 연쇄반응의 전파 없이 교차 링크를 유발한다. 동일한 분산도 하에서 스티렌 기반 레지스트의 대비는 고분자 폴리머의 사용을 통해서 증가되어 왔다. 비록 폴리스티렌 기반의 레지스트가 암부식 효과 없이, 높은 대비를 갖추고 있지만 유기용매 개발에 기인한 레지스트 팽창문제는 생산 공정에 적용을 제한하고 있다.

수소실세스퀴옥산(HSQ)은 높은 분해능을 갖춘 음화색조 레지스트로 사용할 수 있는 무기산화물이다. 도우 코닝 사는 주로 유리에 스핀용으로 사용하는 용도로 수소실세스퀴옥산(HSQ)을 FOx(유동성 산화물)라는 제품명으로 상용화시켰다. 수소실세스퀴옥산(HSQ)의 화학적 구조는 그림 15.9에 도시된 것처럼 분자 테두리에 반응성 SiH 결합을 보유하고 있는 이산화규소 네트워크를 기반으로 하고 있다. 열[39]과 e-빔 노광[40]은 SiH 결합을 분리시켜 SiO 교차 링크 네트워크의 생성을 가능케 해주며, 이는 표준 TMAH나 KOH 현상액에 불용성이다. SiH와 교차 링크된 SiO 반족 사이의 용해도 차이 또는 용해도 대비는 음화색조 레지스트로서 수소실세스퀴옥산(HSQ)의 기능을 부여해준다.

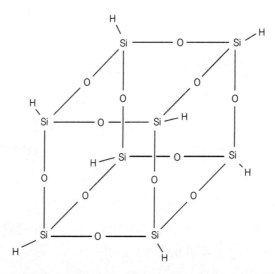

그림 15.9 수소실세스퀴옥산(HSQ)은 노광에 의해서 불용성 네트워크나 음화색조 레지스트를 형성하는 불용성 산화물이다.

수소실세스퀴옥산(HSQ)은 유기용매 현상을 필요로 하는 여타 음화색조 폴리머 소재들에서 일반적으로 발생되는 팽창현상 없이 높은 분해능과 선폭 조절이 가능한 것으로 규명되었다. 수소실세스퀴옥산(HSQ)은 임프린트 리소그래피 마스크의 경우 30nm 구조의 프린트에 사용되었으며[41], 직접묘화 실리콘의 경우 10~30nm 구조를 프린트하였다[42, 43]. 이러한 용도의 경우 메틸 이소부틸 케톤으로부터 수소실세스퀴옥산(HSQ) 박막 층(50~100nm)이 코팅된다. 수소실세스퀴옥산(HSQ)은 50kV e-빔 전압 하에서 500~1000μC/cm^2 규모의 높은 조사량을 필요로 하기 때문에 박막으로 코팅된다.

이런 높은 조사량 요구조건 때문에 수소실세스퀴옥산(HSQ)을 고전압(50~100kV)과 저전압 (1kV) 용도의 이중층으로 사용하게 되었다[44, 45]. 이중층 레지스트 공정은 전형적으로 경화 건조된 노볼락 수지로 이루어진 두꺼운 전달층 위에 코팅된 얇은 영상화 층으로 이루어진다. 얇은 최상층에서 투영 및 현상이 이루어진다. 그리고 하부에 위치한 노볼락 기반의 필름을 통해서 패턴을 전사시키기 위해서 O_2 반응성 이온식각(RIE)이 사용된다. 레지스트 선들은 900nm 두께의 노볼락 수지 위에 코팅된 140nm 두께의 수소실세스퀴옥산(HSQ) 박막과 $1000\mu C/cm^2$(50kV) 노 광을 사용해서 800nm 높이와 40nm 폭(15:1의 종횡비율)으로 프린트되어 왔다[44]. 분해능은 리소그래피와 고 이방성 식각을 통해서 규명된 종횡비에 의해서 구현된다.

저전압 용도에서도 유사한 수소실세스퀴옥산(HSQ) 이중층 레지스트 기법이 사용되어 왔다. 전형적으로 더 높은 분해능을 구현할 수 있는 더 강한 빔을 생성하기 위해서 더 높은 전압을 사용하는, 새로운 e-빔 노광 시스템이 개발되었다. 그런데 생산성을 증가시키기 위해서 저전 압을 사용하는 다중 빔 e-빔 시스템이 개발되었다. 낮은 전압은 훨씬 넓은 e-빔 분포(전방산 란)를 생성하며, 영상 투과깊이가 매우 낮다. 이 방법은 매우 얇은 레지스트를 필요로 한다. 조밀한 레지스트 선들은 100~400nm 두께의 노볼락 전달 층(1kV 하에서 $44\mu C/cm^2$) 위에 코팅된 24nm 두께의 수소실세스퀴옥산(HSQ) 층을 사용하여 약 30nm까지 영상화시킬 수 있 다[45]. 수소실세스퀴옥산(HSQ)은 현상에 국한되어 아직까지 사용되고 있지만 이 무기물과 고식각 저항성 소재는 높은 분해능을 갖고 있음이 규명되었다.

15.3.2 화학 증폭형 레지스트

회로 집적도와 속도 요구조건의 증가에 따라서 소자 제조에 사용되는 레지스트뿐만 아니라 포토마스크의 프린트에 사용되는 레지스트도 더 높은 분해능을 필요로 한다. 비록 상용 투사 리소그래피에서 사용되는 표준 4배 축사 덕분에 포토마스크 영상화, 낮은 k_1값, 광학근접보정 (OPC)과 같은 상당한 분해능강화기법(RET)을 필요로 하는, 현재 산업계에서 사용하고 있는 반파장이하 영역, 그리고 분해능 이하 보조형상(SRAF) 등에서 분해능 요구조건이 완화되어 있다[46, 47]. 이러한 보조형상들의 임계치수들은 웨이퍼상의 장치형상들과 거의 근사한 크기 이며, 포토마스크 제조에서 매우 높은 분해능의 레지스트에 대한 필요성은 계속 증대되고 있 다. 앞 절에서 논의했던 비증폭 레지스트들 중 대부분이 이러한 고분해능 요건을 충족시킬 수 있지만 이는 높은 조사량 하에서만 가능하기 때문에 묘화시간의 증대와 생산성 저하를 초래 한다. 1980년대 중반 이후 장치 제조업체들이 채용한 경향을 따라서 마스크 제조업체들은 고

민감도, 고분해능 포토마스크 영상화의 해결방안으로 더욱더 화학 증폭형 레지스트(CAR)를 찾게 되었다.

1980년대 초반 IBM의 연구자들에 의해서 최초로 제안되었던[48~50], 화학 증폭형 레지스트(CAR)는 일반적으로 방사에 의한 강산 촉매의 생성에 기반을 두며, 이는 일반적으로 표준 수용성 테트라 메틸 암모늄(TMAH) 용액과 같은 현상액 내에서 레지스트의 중합체 매트릭스의 용해성을 변화시키는 다양한 화학적 전환을 일으킨다. 화학 증폭형 레지스트(CAR)는 양화색조 및 음화색조 모두에서 사용이 가능하며 다양한 영상화 파장(257, 248, 193, 157nm)뿐만 아니라 e-빔, X-선 또는 소프트 X-선(극자외선) 등과 같은 이온화 방사광을 사용할 수 있도록 개발되었다. 그런데 레이저나 e-빔 장비를 사용한 마스크 제작의 검사에 사용할 수 있는 소재는 다양하지만, 수요가 너무 작기 때문에 이 목적을 위해서 충분한 연구투자를 수행하기에는 많은 비용이 소요되므로, 레지스트 제조사들은 이러한 목적을 위해서 특수하게 설계된 비교적 극소수의 소재만을 공급하고 있다. 광학식 레지스트의 적용을 통해서 다양한 고성능 화학 증폭형 레지스트(CAR) 소재들이 출현하였으며, 마스크의 복잡성을 증가시켜 또다시 개구수(NA)가 큰 스테퍼를 사용하여 k_1값이 매우 낮은 리소그래피를 구현할 수 있게 되었다.

15.3.2.1 양화색조 화학 증폭형 레지스트

화학 증폭형 레지스트(CAR) 소재들은 마이크로 전자 형상들의 고생산성 스케일링에 필요한 분해능과 민감도 요구조건들을 충족시킬 수 있으므로, 소자 제조업체들은 1980년대 이후로 이를 사용하기 시작하였다. 상업적으로 사용이 가능한 화학 증폭형 레지스트(CAR)의 대부분은 본질적으로 양화색조이다. 최근 들어 마스크 제조업계들은 이러한 소재의 사용에 대해서 집중하고 있다. 양화색조 레지스트의 기반은 불안정한 방호그룹에 의해서 부분적으로 저지되는 현상인, 방사에 의해서 유발되는 수용성 베이스 용해성의 해제이다. 이 해제는 현상액 내에서 레지스트 노광영역의 용해성을 유발시킨다. 보고된 최초의 화학 증폭형 레지스트(CAR)는 보호된 폴리(p-히드록시스티렌)를 기반으로 하며, 수은 아크등이나 KrF 레이저에 의해서 공급되는 248nm 원자외선(DUV) 방사를 사용하도록 설계되었다[48-50]. 이어서 193nm(ArF)와 157nm(F_2) 방사를 사용하는 양화색조 화학 증폭형 레지스트(CAR)도 개발되었다. 257nm 레이저를 사용하는 경우 보통 KrF 리소그래피용으로 설계된 레지스트는 이처럼 약간 긴 파장에 대해서도 유사한 성능을 나타낸다. 흥미롭게도 이들은 e-빔 노광에 대해서도 가장 적합한 레지스트인 것으로 규명되었다. 파장의 유사성 덕분에 257nm 레이저의 사용에 따른 결과의 예측이 어느 정도 가능하지만, 전자빔 리소그래피(EBL)를 사용한 248nm 화학 증폭형 레지스트(CAR)의 유용성은 매트릭스 감광성을 부여하기 위한 효과적인 원인으로서 PHS 매트릭스의 능력에 크게 기여하는 것으로 보이는 반면에, 193nm 및 157nm 양화색조 화학 증폭형 레지스트(CAR)에 사용되는 부수적인 아크릴산염이나 환형 올레핀은 해제 대신에 체인 분열과 재결합을 겪으며, 조절의 어려움과 소재의 불감성이 초래된다. 다음에서는 레이저나 e-빔 마스크 묘화장비를 사용한 마스크 제작에 사용할 수 있도록 사양이 조절된 양화색조 화학 증폭형 레지스트(CAR) 소재에 대해서 간략하게 살펴보기로 한다.

양화색조 화학 증폭형 레지스트(CAR)에는 두 가지 일반적인 유형이 있으며, 이들은 해제를 가속시키기 위해 노광 후 가열(PEB)을 필요로 하는 것과 노광 후 가열(PEB)을 필요로 하지 않는 것이다. 비록 노광 후 가열을 필요로 하는 일부 레지스트들은 중간 또는 심지어 저활성화 에너지로 분류되는 것이 옳기 때문에 실제적으로 너무 심하게 단순화시켜 분류한 것이기는 하지만, 이 두 가지 부류들은 각각 고활성화 및 저활성화 에너지 레지스트들이다. 상업적으로 사용이 가능한 레지스트들의 대부분은 고활성화 에너지의 부류에 속하며 원래 248nm 포토리소그래피를 사용한 마이크로 전자 패턴화를 위해서 설계된 소재의 부산물이다.

이들 중에서 쉬플리 사의 UV-시리즈를 사용할 수 있다. UV-II HS, UV-6, 그리고 UV-110과 같은 소재들은 e-빔과 257nm 레이저 마스크 묘화에 유용한 것으로 판명되었다. 이 시스템들은 IBM의 이토에 의해서 최초로 설명된, 환경적으로 안정된 화학 증폭형 포토레지스트(ESCAP) 플랫폼을 기반으로 하고 있다[51]. 이 패밀리 또는 레지스트들은 수산기(스티렌)공중합체와 t-부틸 아크릴산염을 함유하고 있으며, t-부틸 에스테르와 해제된 카르복실산 사이의 현격한 용해도 차이로 인하여 노광된 영역과 노광되지 않은 영역 사이에 매우 높은 대비를 나타낸다. 이 레지스트들은 그 이름이 나타내듯이, 노광 후 지연현상을 유발할 수 있는 공기 중 오염물질에 대한 안정성이 현저히 개선되었다. 이는 박막 표면을 관통한 아민이나 여타 오염물질의 유효성을 최소화시키기 위한 담금질 효과의 장점을 취할 수 있도록 이들의 능력을 향상시킨 결과이다. 59keV 마스크 묘화기를 사용해서 조밀한 120nm 형상에 대한 e-빔 방사에 UV-5를 사용한 사례가 보고된 바 있다[52].

역으로 일부 화학 증폭형 레지스트(CAR) 소재들이 e-빔 전용으로 설계된 바 있다. 이 소재들 중 일부는 포토마스크 제조를 위해서 세심한 주의를 기울여왔다. 이런 부류들 중에서 주목할 만한 사례로는 후지-아치에 의해서 개발된 FEP 소재, TOK의 REAP 시리즈, 그리고 클라리언트의 DX 패밀리 레지스트 등이 있다. 예를 들면 최근에 e-빔 노광을 사용하여 90nm 레티클 생산에 사용하는 높은 성능을 갖춘 FEP-171이 보고된 반면에[53], 원자외선(DUV)

레이저 묘화를 위한 클라리언트 사의 DX110P가 최근에 발표되었다[54].

노광 후 가열(PEB)을 필요로 하지 않는 레지스트들 중에서 잘 알려진 사례로는 IBM에서 개발된 KRS 패밀리가 있다. 이 소재들은 부분적으로 보호된 PHS(케탈 차단그룹)를 기반으로 하고 있다. 이들은 수정 마스크 모재의 생산과정에서 발생되는 베이킹 불균일에 대해 독립적인 교차−판 치수 균일성 강화에 따라서 높은 분해능을 나타내는 것으로 보고되었다[54, 55]. 더욱이 소재 최적화를 통해서 생산성이 향상되고 민감도가 강화된 KRS 소재의 추출물들이 개발되었다[56].

15.3.2.2 음화색조 화학 증폭형 레지스트

비화학 증폭(NCA)에서와 같이 대부분의 음화색조 화학 증폭형 레지스트(CAR)들은 교차 링크에 기반을 두고 있다. 그 차이는 교차 링크가 일어나는 배후 메커니즘에 있으며, 그에 따라서 메커니즘의 결과로 성능특성이 발현된다. 화학 증폭형 레지스트(CAR) 소재들 역시 방사에 의해서 유발되는 산의 생성과 그에 따라서 노광된 영역에서의 용해특성을 변화시키는 산 촉매성 화학반응에 기반을 두고 있다. 따라서 음화색조 화학 증폭형 레지스트(CAR)들은 양화색조에서와 유사한 높은 민감도를 나타낸다. 이들 시스템에서 고유의 노광되지 않은 폴리머 박막은 수용성 베이스에 용해성을 갖고 있으며, 산 촉매화 반응은 폴리머 사슬과 폴리머와 합성된 다기능성 교차 링크 제재 사이의 공유결합 형성을 가능케 해준다.

다시 양화색조 화학 증폭형 레지스트(CAR)처럼 248nm 포토리소그래피를 위해서 처음으로 개발된 레지스트 역시 마스크 제조용 e−빔이나 257nm 레이저 레지스트에 대한 수용성을 갖고 있음이 발견되었다. 가장 널리 알려진 소재는 쉬플리 사의 UVN−30과 스미토모 사의 NEB 시리즈이다. 이 소재들은 폴리(p−수산화스티렌)의 산 촉매화 교차 링크를 기반으로 하는 특허를 받은 소재이며, 염소 식각에 대해서 충분한 식각 저항성을 갖고 있다. 예를 들면 NEB−22는 고분해능과 높은 민감도를 갖추고 있는 것으로 모토롤라와 코넬의 연구자들이 보고한 바 있다 [57, 58]. 이들은 양화색조 레지스트에 비해서 이런 색조의 레지스트를 사용하면 묘화시간을 현저히 줄일 수 있기 때문에 넓고 투명한 영역을 갖는 마스크에 특히 효용성을 갖는 고성능 대안으로 이를 제시하였다. 명시야 마스크의 생산을 위해서 필요한 양화색조 레지스트가 묘화시간을 증가시키는 경우 이 소재들은 보상 마스크 세트의 제조에 유용하다.

15.4 레지스트 개발의 장애요인

15.4.1 레지스트-모재 상호작용

15.4.1.1 포토마스크 모재의 성질

포토마스크 모재의 조성은 레지스트와 식각 패턴의 엄밀성에 중요한 역할을 한다. 포토마스크 모재는 불투명 박막이 코팅된 수정으로 제작된다. 불투명 박막은 산화크롬, 크롬, 탄소 및 질소로 구성된 이종 층이다[12]. 산화크롬은 스캐너 내에서 섬광을 줄이며, 마스크 레이저 묘화기에서 섬광을 부분적으로 저감시키기 위해서 기층을 비반사 특성을 갖도록 만든다. 탄소는 원래 습식 식각비율을 조절하거나 늦추기 위해서 사용되었다. 그런데 최근 들어 건식 식각으로 전환되면서 식각조절을 위해서 필요한 탄소농도에 대한 재검토가 필요하게 되었다. 크롬 증착공정에서 캐리어 가스로 질소가 사용된다. 불투명 박막 내에서 각 성분들의 농도는 레지스트와 마스크 모재 사이의 화학 및 물리적인 상호작용에 영향을 끼친다. 따라서 비반사 층은 마스크 패턴화에 중요한 역할을 한다.

15.4.1.2 레지스트 정착

마스크 모재와 레지스트 사이의 상호작용들 중 하나는 레지스트의 정착이다. 레지스트 정착은 일반적으로 화학적 효과[59]와 기층소재와의 반사에 의한 광학적 간섭과 같은 노광효과 등에 기인한다[12]. 화학적으로 유발된 레지스트 정착은 화학 증폭형 레지스트(CAR)를 사용함에 따라서 증가되었다. 산 질화 크롬 박막 내의 질소가 기층소재 표면에서의 아민 생성을 위한 반응경로를 생성해준다고 추측되고 있다. 기층과 레지스트 경계에 위치한 아민은 화학 증폭형 레지스트(CAR)의 노광에 의해서 생성된 산을 중화시킬 수 있다. 산의 중화는 폴리머 해제를 막아주며, 따라서 용해를 통해서 양화색조 레지스트 내의 레지스트 정착을 유도한다. 다른 사람들은 산 질화 크롬의 높은 표면에너지가 불균일 용해특성을 유발하며, 이것이 현상 이후의 정착을 증명해준다고 말한다[56].

화학 증폭형 레지스트(CAR) 내에서 레지스트 정착은 집적회로 제조 시 질화규소 기층소재 상에서 관찰되어 왔다[60, 61]. IC 업계는 유기 하부 비반사코팅(BARC)과 산화물 덮개 증착을 통해서 기층소재를 기반으로 하는 레지스트 정착을 저감시켰다. 두 가지 방법 모두 기층소재와 레지스트 사이의 차단을 위해서 설계되었다. 마스크 업계는 유기 하부 비반사코팅(BARC)을 사용한 차단방법이 e-빔 리소그래피에서 사용하는 포토마스크 기층소재상의 화학적 정착을 저감시킬 수 있음을 규명하였다[62]. 유기 하부 비반사코팅(BARC)의 사용은 무결점 코팅박막 제조능력에 의해서 좌우된다. 포토마스크 상에 산화물 덮개층을 사용하는 것은 마스크 기층소재의 반사특성(섬광)에 영향을 끼치기 때문에 불확실하다. 질소가 레지스트 정착의 저감을 위해 기층소재뿐만 아니라 차단층에 끼치는 영향은 여전히 평가되어야 한다. 마스크 업계 역시 지속적으로 기층소재와 주변의 아민 오염물에 덜 민감한 새로운 화학 증폭형 레지스트(CAR)를 탐색하고 있다.

15.4.2 레지스트 기체방출

노광공정 도중에 휘발성 부산물들이 e-빔 시스템의 칼럼에 증착되거나 레이저 마스크 묘화기의 광학 소자에 코팅될 가능성이 있기 때문에 유기물질의 기체방출에 대해서 최근 들어 세심하게 조사하고 있다. 화학 증폭형 레지스트(CAR) 시스템은 방사에 의해서 유발되는 광산 발생제들의 퇴화를 수반하며 산 분해성 그룹의 해제를 초래하므로-이 두 반응은 휘발성 물질과 일부의 경우 고도로 반응성이 높은 물질을 생성하는 것으로 알려져 있기 때문에 이 현상은 양화색조 화학 증폭형 레지스트(CAR)의 경우에 특히 중요하다. 다양한 연구가 수행되었으며 가장 유명한 MIT-링컨 랩[63]에서는 대부분의 경우 레지스트 노광과정에서 검출된 방출기체들의 주요 원인은 광산 발생제(PAG) 분해에 기인한 것으로 밝혀졌다. 게다가 중합체 매트릭스의 해제그룹을 포함하여 레지스트 성분에 대한 세심한 선정을 통해서 일부의 경우 레지스트 기체방출을 분석기 검출한계 이하로 낮출 수 있음이 규명되었다. 이 분야에 대한 현행 소재연구들 중에서 텍사스 대학의 연구는 해제과정에서 휘발성 물질이 생성되지 않도록 설계된, 질량 보존성 소재와 같은 기체방출이 작은 시스템의 개발에 초점이 맞춰져 있다.

15.4.3 마스크 숍 문제

레지스트 공정을 마스크 제조에 성공적으로 결합시키기 위해서는 적절한 모재보관뿐만 아니라 높은 선폭 조절성능과 낮은 결함율을 구현하기 위한, 균일한 코팅과 베이킹 조건이 필요하다. 전통적으로 공급업자가 모재 위에 레지스트를 코팅하여 패턴화를 위해서 마스크 제조업체에 공급한다. 비화학 증폭(NCA) 레지스트는 코팅 후 장기간 안정성이 좋기 때문에 모재의 전 코팅에 널리 사용되고 있다. 그런데 화학 증폭형 레지스트(CAR)는 아민과 같은 환경적 오염물에 대해 높은 민감도를 갖고 있기 때문에 모재의 전 코팅과 보관이 훨씬 어렵다.

마스크 모재 공급업자들은 10nm 선폭 조절 사양을 10주간 충족시키기 위해서는 화학 증폭형 레지스트(CAR)가 전 코팅된 모재에 대해서 질소가 충진된 용기를 사용하기로 결정하였다 [59]. 가장 안정적인 화학 증폭형 레지스트(CAR)라 하여도 질소충진 없이 일반적인 밀봉상태로 한 달 이상 보관하면 최소한 20nm 이상의 선폭변화가 일어난다. 화학 증폭형 레지스트(CAR)를 사용하여 사전에 레지스트를 코팅한 모재를 사용하기 위해서는 엄격한 선폭관리 요건을 일관되게 충족시킬 수 있도록, 코팅 후 지연 안정성과 모재 보관기법 등에 대한 철저한 고찰이 필요하다.

화학 증폭형 레지스트(CAR) 적용의 어려움에 따라서 마스크 제조업체들은 주문 후 코팅 방식을 고려하게 되었다. 주문 후 코팅 공정에서는 레지스트 두께와 모재 온도 균일성에 대한 관리가 필요하다. 균일한 레지스트 두께를 구현하기 위해서는 모재가 회전하는 동안 배기유동, 회전속도, 그리고 공기유동 조절 등의 균형이 필요하다. 수정의 열전도성이 나쁘기 때문에 두꺼운 수정 모재 표면 전체를 균일한 온도로 굽기가 어렵다. 베이킹 공정의 가열 및 평형주기 동안 더 균일한 베이킹 온도를 구현하기 위해서 다중영역 가열판이 개발되었다. 코팅 후 및 노출 후 베이킹의 균일성은 노광되지 않은 레지스트 박막에 대한 암부식 기법을 사용해서 시험할 수 있다[64]. 베이킹 균일성은 장기간 현상공정 이후의 레지스트 두께 균일성을 통해서 간접적으로 측정된다. 현상 후 잔류하는 레지스트는 베이킹 후 레지스트 박막에 잔류하는 잔류 솔벤트 농도와 관련되어 있다.

마스크 제조업체들이 화학 증폭형 레지스트(CAR)를 사용하기 위해서 모재의 보관과 취급에서 클러스터 툴 세트와 같이 더 통합된 장비뿐만 아니라 표준 기계식 인터페이스(SMIF) 용기를 사용하게 되었다. 결함을 감소시키고 e-빔 및 레이저 빔 마스크 리소그래피에서 시연된 선폭 스케일링을 가능케 하기 위해서는 이와 같은 고도의 통합이 필요하다.

마스크 제조를 위한 진보된 레지스트의 개발은 반도체 업계에 심각한 딜레마를 초래하게 되었다. 마스크 제조는 소자 생산비용의 지속적인 증가요인이므로 레지스트 소재 개발업계에서는 이에 대해서 주의를 기울여야만 한다. 그런데 마스크 제조를 위해서 판매되는 레지스트의 양은 너무도 작기 때문에 개발비용을 보전할 만큼 레지스트가 판매되지 않으므로 사업화가 불가능하다. 따라서 레지스트 공급자는 마스크 레지스트 개발에 재원을 투자할 수도 없으며, 투자해서도 안 된다. 결과적으로 이러한 개발활동은 사용자의 재정적 지원을 필요로 하지만 이는 거의 불가능하다. 현재 Semiconductor Research Corporation(SRC)과 SEMATECH가 이 분야에 대한 소규모의 연구 활동을 지원하고 있다는 점을 말할 수 있음을 기쁘게 생각한다.

□ 참고문헌 □

1. F. Abboud, K. Baik, V. Chakarian, D.M. Cole, R.L. Dean, M.A. Gesley, H. Gillman, W.C. Moore, M. Mueller, R. Naber, T.H. Newman, R. Puri, F. Raymond, and M. Rougieri, *Proc. SPIE*, 4754, 704-715 (2002).

2. Y. Hattori, M. Kiyoshi, A. Ken-ichi, Y. Takayuki, U. Satoshi, M. Taiga, N. Eiji, N. Shimomura, T. Yamashita, N. Yamada, A. Sakai, H. Honda, T. Shimoyama, K. Nakaso, H. Inoue, Y. Onimaru, K. Makiyama, Y. Ogawa, and T. Takigawa, *Proc. SPIE*, 4754, 696-703 (2002).

3. H. Takemura, H. Ohki, and M. Isobe, *Proc. SPIE*, 4754, 689-695 (2002).

4. T.R. Groves, *J. Vac. Sci. Technol. B.*, 14, 3839-3844 (1996).

5. S. Babin, *J. Vac. Sci. Technol. B.*, 21 (1), 135-140 (2003).

6. S. Babin, *J. Vac. Sci. Technol. B.*, 15 (6), 2209-2213 (1997).

7. C.H. Hamaker and P.D. Buck, *Proc. SPIE*, 3236, 42-54 (1997).

8. C.G. Morgante and C.H. Hamaker, *Proc. SPIE*, 4066, 613-623 (2000).

9. M. Bohan, C.H. Hamaker, and W. Montgomery, *Proc. SPIE*, 4562, 16-37 (2002).

10. B.M. Rathsack, P.I. Tattersall, C.E. Tabery, K. Lou, T.B. Stachowiak, D.R. Medeiros, J.A. Albelo, P.Y. Pirogovsky, D.R. McKean, and C.G. Willson, *Proc. SPIE*, 4345, 543-556 (2001).

11. S.E. Fuller, W. Montgomery, J.A. Albelo, W. Rodrigues, and A.H. Buxbaum, *Proc. SPIE*, 4409, 306-311 (2001).

12. B.M. Rathsack, C.E. Tabery, J.A. Albelo, P.D. Buck, and C.G. Willson, *Proc. SPIE*, 4186, 578-588 (2000).

13. T. Sandstrom, T.I. Fillion, U.B. Ljungblad, and M. Rosling, *Proc. SPIE*, 4409, 270-276 (2001).

14. T. Sandstrom and N. Eriksson, *Proc. SPIE*, 4889, 157-167 (2002).

15. B.M. Rathsack, C.E. Tabery, S.A. Scheer, C.L. Henderson, M. Pochkowski, C. Philbin, P.D. Buck, and C.G. Willson, *Proc. SPIE*, 3678, 1215-1226 (1999).

16. C.G. Willson, in: *Introduction to Microlithography*, Second Edition, American Chemical Society, Washington, D.C., 1994 (Chapter 3).

17. W.M. Moreau, *Semiconductor Lithography Principles*, Practices and Materials, First Edition, Plenum Press, New York, 1988.

18. H. Hiroaka, *Macromolecules*, 9, 359 (1976).

19. A. Uhl, J. Bendig, J. Leistner, U. Jagdhold, L. Bauch, and M. Bottcher, *J. Vac. Sci. Technol. B.*, 16 (6), 2968-2973 (1998).

20. D.G. Hasko, S. Yasin, and A. Mumtaz, *J. Vac. Sci. Technol. B.*, 18 (6), 3441-3444 (2000).

21. W. Chen and H. Ahmed, *J. Vac. Sci. Technol. B.,* 11 (6), 2519-2523 (1993).

22. M.F. Bowden, L.F. Thompson, and J.P. Ballantyne, *J. Vac. Sci. Technol.,* 12 (6), 1294-1296 (1975).

23. J. Brown and J. O'Donnell, *Polymer,* 22, 71 (1981).

24. H. Kobayashi, T. Higuchi, K. Asakawa, and Y. Yokoya, *Proc. SPIE,* 3236, 498-510 (1997).

25. W.P. Shen, J. Marra, and D.V.D. Broeke, *Proc. SPIE,* 2884, 48-67 (1996).

26. M. Bowden, L. Thompson, S. Farenholtz, and F. Doerries, *J. Electrochem. Soc.,* 128, 1304 (1981).

27. Y.Y. Cheng, B.D. Grant, L.A. Pederson, and C.G. Willson, International Business Machines Corporation, U.S. Patent 4,398,001, 1983.

28. D.R. Medeiros, A. Aviram, C.R. Guarnieri, W.S. Huang, R. Kwong, C.K. Magg, A.P. Mahorowala, W.M. Moreau, K.E. Petrillo, and M. Angelopoulos, *IBM J. Res. Dev.,* 45 (5), 639-650 (2001).

29. F. Abboud, R. Dean, J. Doering, W. Eckes, M. Gesley, U. Hofmann, T. Mulera, R. Naber, M. Pastor, W. Phillips, J. Raphael, R. Raymond, and C. Sauer, *Proc. SPIE,* 3096, 116 (1997).

30. C. Constantine, D.J. Johnson, R.J. Westerman, T. Coleman, T. Faure, and L. Dubuque, *Proc. SPIE,* 3236, 94-103 (1997).

31. P.D. Buck, A.H. Buxbaum, T.P. Coleman, and L. Tran, *Proc. SPIE,* 3412, 67-78 (1998).

32. R. Dammel, *Diazonaphthoquinone-based Resists,* vol. TT 11, SPIE Optical Engineering Press, 1993.

33. C.H. Hamaker, G.E. Valetin, J. Martyniuk, B.G. Martinez, M. Pochkowski, and L.D. Hodgson, *Proc. SPIE,* 3873, 49-63 (1999).

34. K. Uenishi, Y. Kawabe, T. Kokubo, S. Slater, and A. Blakeney, *Proc. SPIE,* 1466, 102-116 (1991).

35. C.L. McAdams, L.W. Flanagin, C.L. Henderson, A.R. Pawloski, P. Tsiartas, and C.G. Willson, *Proc. SPIE,* 3333, 1171-1179 (1998).

36. B.M. Rathsack, Photoresist Modeling for 365nm and 257nm Laser Photomask Lithography and Multi-analyte Biosensors Indexed through Shape Recognition, Ph.D. dissertation, 2001.

37. C.G. Willson, in: *Introduction to Microlithography,* Second Edition, American Chemical Society, Washington, D.C., 1994 (Chapter 3).

38. Y. Tabata, S. Tagawa, and M. Washio, in: L.F. Thompson, C.G. Willson, and J.M.J. Frechet (Eds.), *Materials for Microlithography,* ACS Symposium Series 266, American Chemical Society, Washington, D.C., 1984, 151-163.

39. Y.K. Siew, G. Sarkar, X. Hu, J. Hui, A. See, and C.T. Chua, *J. Electrochem. Soc.,* 147, 335-339 (2000).

40. H. Namatsu, Y. Takahashi, K. Yamazaki, T. Yamaguchi, M. Nagase, and K. Kurihara, *J. Vac. Sci. Technol. B.,* 16 (1), 69-76 (1998).

41. D.P. Mancini, K.A. Gehoski, E. Ainley, K.J. Nordquist, D.J. Resnick, T.C. Bailey, S.V. Sreenivasan, J.G.

Ekerdt, and C.G. Willson, *J. Vac. Sci. Technol. B.,* 20 (6), 2896-2901 (2002).

42. H. Namatsu, Y. Watanabe, K. Yamazaki, T. Yamaguchi, M. Nagase, Y. Ono, A. Fujiwara, and S. Horiguchi, *J. Vac. Sci. Technol. B.,* 21 (1), 1-5 (2003).

43. Falco C.M.J.M. van Delft, *J. Vac. Sci. Technol. B.,* 20 (6), 2932-2936 (2002).

44. Falco C.M.J.M. van Delft, J.P. Weterings, A.K. van Langen-Suurling, and H. Romijn, *J. Vac. Sci. Technol. B.,* 18 (6), 3419-3423 (2000).

45. A. Jamieson, C.G. Willson, Y. Hsu, and A. Brodie, *Proc. SPIE,* 4690, 1171-1179 (2002).

46. J.F. Chen, T.L. Laidig, K.E. Wampler, R.F. Caldwell, A.R. Naderi, and D.J. Van Den Broeke, *Proc. SPIE,* 3236, 382-396 (1997).

47. W. Maurer and C. Freidrich, *Proc. SPIE,* 3546, 232-241 (1998).

48. H. Ito, C.G. Willson, and J.M.J. Frechet, Digest of Technical Papers of 1982 Symposium on VLSI Technology, 1982, pp. 86-87.

49. H. Ito and C.G. Willson, Technical Papers of SPE Regional Technical Conference on Photopolymers, 1982, pp. 331-353.

50. H. Ito and C.G. Willson, US Patent 4,491,628, 1985.

51. W. Conley, B. Brunsvold, F. Buehrer, R. Dellaguardia, D. Dobuzinsky, T. Farrell, H. Ho, A. Katnani, R. Keller, J. Marsh, P. Muller, R. Nunes, H. Ng, J. Oberschmidt, M. Pike, D. Ryan, T. Cottler-Wagner, R. Schulz, H. Ito, D. Hofer, G. Breyta, D. Fenzel-Alexander, G. Wallraff, J. Opitz, J. Thackeray, G. Barclay, J. Cameron, T. Lindsay, M. Cronin, M. Moynihan, S. Nour, J. Georger, M. Mori, P. Hagerty, R. Sinta, and T. Zydowsky, *Proc. SPIE,* 3049, 282-299 (1997).

52. C.M. Falco, J.M. van Delft, and F.G. Holthuysen, *Microelectron. Eng.,* 46, 383 (1999).

53. J. Butschke, D. Beyer, C. Constantine, P. Dress, P. Hudek, M. Irnscher, C. Koepernik, C. Krauss, J. Plumhoff, and P. Voehringer, *Proc. SPIE,* 5256, 334-354 (2003).

54. H.A. Fosshaug, A. Bajramovic, J. Karlsson, K. Xing, A. Rosendahl, A. Dahlberg, C. Bjoernberg, M. Bjuggren, and T. Sandstrom, *Proc. SPIE,* 5256, 355-365 (2003).

55. W.-S. Huang, R.W. Kwong, W.M. Moreau, M. Chace, K.Y. Lee, C.K. Hu, D. Medeiros, and M. Angelopoulos, *Proc. SPIE,* 3678, 1052-1058 (1999).

56. D.R. Medeiros, *J. Photopolym. Sci. Technol.,* 15, 411-416 (2002).

57. D.R. Medeiros, K.E. Petrillo, J. Bucchignano, M. Angelopoulos, W.-S. Huang, W. Li, W. M. Moreau, R. Lang, R.W. Kwong, C. Magg, and B. Ashe, *Proc. SPIE,* 4562, 552-560 (2002).

58. E. Ainley, K. Nordquist, D.J. Resnick, D.W. Carr, and R.C. Tiberio, *Microelectron. Eng.,* 46, 375-378 (1999).

59. M. Hashimoto, H. Kobayashi, and Y. Yokoya, *Proc. SPIE*, 4186, 561-577 (2000).

60. M. Mori, T. Watanabe, K. Adachi, T. Fukushima, K. Uda, and Y. Sato, *Proc. SPIE*, 2724, 131-138 (1996).

61. J. Chun, C. Bok, and K. Baik, *Proc. SPIE*, 2724, 92-99 (1996).

62. M. Hashimoto, F. Ohta, Y. Yokoya, and H. Kobayashi, *Proc. SPIE*, 4409, 312-323 (2001).

63. R.R. Kunz and D.K. Downs, *J. Vac. Sci. Technol. B.*, 17, 3330 (1999).

64. M. Hashimoto, F. Ohta, Y. Yokoya, and H. Kobayashi, *Proc. SPIE*, 4562, 682-693 (2002).

제16장

레지스트 충전 및 가열

Min Bai, Dachen Chu, and Fabian Pease*

16.1 서 언

전자빔 리소그래피(EBL)가 포토마스크 제조에 도입된 1975년 이후부터 레지스트 충전은 패턴 배치오차에 영향을 끼쳐왔다. 패턴들이 특정한 순서로 배치되어 있을 때, 이전에 노광되었던 영역에 대한 레지스트의 충전이 원치 않는 입사 빔의 변이를 유발한다는 것이 몇 가지 실험을 통해서 보고되었다. 1990년대 초기에 방금 노광된 레지스트의 표면전위를 측정하였다. 그 결과에 따르면 마스크 제조용 전자빔 리소그래피(EBL) 조건에 따라서 많은 경우 그 영향이 측정 가능한 변이를 유발할 수준보다 훨씬 작을 뿐만 아니라, 표면 전위가 양의 값을 갖는다는 것이 밝혀졌다. 결과의 예측이 불가능하며 집속 빔보다는 조사를 통해서 레지스트 노광을 시행하기 때문에 이 실험결과를 단정적으로 받아들일 수는 없다. 1990년대 후반에 Etec 사와 Semiconductor Research Corporation(SRC)은 이 문제를 결론짓기 위해서 충전문제를 검토하기 위한 프로젝트를 지원하였다. 그 직후에 인텔과 SRC는 마스크 제조공정에서 전자빔 리소그래피(EBL) 사용 시 레지스트 가열에 대한 프로젝트를 지원하였다. Etec에 근무하는 직원들이

---

* Fabian Pease는 서언의 작성에 도움을 주었다.

온도상승, 민감도, 그리고 형상 테두리 변이 사이의 상관관계에 대한 데이터를 도출하였다. 그 당시에 이미 시뮬레이터가 준비되어 있었으며 단지 모자라는 부분은 열전도도와 비열뿐이었기 때문에 초기에 이 프로젝트는 중합체 레지스트 박막의 열 특성, 특히 열전도성 측정으로 제한되어 있었다. 나중에 이 프로젝트는 온도상승에 대한 직접 측정 분야까지 범위가 확대되었다.

이 작업을 수행한 두 학생들은 충전문제에 대한 Min Bai와 가열문제에 대한 Dachen Chu이었으며, 이들은 이 장의 저자이다. 이들은 다양한 분야의 사람들로부터 조언을 받았으며 그들의 결과를 Mark McCord와 Neil Berglund에 의해서 1998년에 설립된 Mask Advisory Group에 매 분기마다 보고하였고 포토마스크 제조와 관련된 연구에 대해서 스텐포드 대학 마이크로 구조물 그룹에 조언을 하기 위해서 산업계 대표자들이 선임되었다.

중요한 장점은 집속된 광선 빔에 노광된 직후에 레지스트의 표면전위를 직접적으로 측정하기 위한 켈빈 프로브를 Etec으로부터 대여할 수 있다는 점 이었다. 이를 통해서 앞서 Ingino 등의 측정에서 유일한 결점을 보완할 수 있었다[10]. 1년 이내에 Min Bai는 Dan Pickard와 Corina Tanasa의 도움을 받아서 앞서의 실험결과, 즉 마스크 제조 시 표면전위는 입사 빔의 현저한 편향을 유발할 수준까지 결코 도달하지 못하며 대부분 양의 값을 갖는다는 것을 검증하였다. 그녀는 이 거동을 설명할 수 있는 모델을 개발하였으며, 박막의 두께를 관통하여 노광된 빔이 전도성이 유발되는 영역을 생성하지 못할 정도로 레지스트가 너무 두꺼운 경우를 제외하고는 빔 편향은 정말로 무시할 수 있다는 것을 규명하였다. 그리고 그녀는 다양한 절연성 박막에 대한 전자빔에 의해서 유발된 전도성을 특성화시키기 위한 일련의 실험을 수행하였으며, 박막의 두께가 입사된 전자의 최대범위(표면에 대해 직각방향)보다 크지 않다면, 유발된 전도성이 가장 낮은 박막의 경우에조차도 입사된 빔을 상당한 규모로 편향시키기에 충분한 정도로 충전되지 않는다는 것을 규명하였다.

열 관련 프로젝트의 첫 번째 단계는 레이저 반사기법을 개발한 Ken Goodson 교수(스텐포드 대학 기계과)와 공동으로 중합체 레지스트의 열전도성을 측정하는 것이었다. 레지스트 박막 상층에 위치한 금속 박막의 반사도 저하율을 측정함으로써, 평면 외 전도성을 측정할 수 있었다. 평면 내 전도성을 측정하기 위해서는 다른 기법을 적용해야 했으며, 이 또한 Goodson 교수와 공동으로 수행하였다. 열을 생성하기 위해서 하나의 박막 전극이 사용되었으며, 온도를 측정하기 위해서 인접한 측정용 전극들에서의 전기저항을 측정하였다. 중합체 레지스트 시험결과 평면 내 및 평면 외 열전도성의 차이는 없었다. 이는 중합체 박막의 평면 내 열 전도성은 평면 외 전도성에 비해서 세배나 크다는 이전의 실험들과는 상반된 결과이다. 그런데 생성된 자유 운반자들이 총 열전도도에 큰 영향을 끼칠 수 있기 때문에, e-빔 노광과정에서 열전도성을 측정하는 것이 타당하다. 따라서 노광과정에서의 온도상승을 직접적으로 측정하기 위해서 마이크로미터 및 마이크로미터 이하 크기의 박막열전대(TFTC) 접점을 사용한 새로운 실험이 설계되었다. 이 작업을 통해서 만들어진 열전대는 우리가 아는 한도 내에서는 여타의 어떤 열전대보다도 작고 빠른 응답성을 갖고 있었다.

실험 프로그램과 병행하여 수정된 그린 함수를 사용한 접근법이 개발되었으며, 레지스트가열 시뮬레이션에 사용되었다. 원래의 실험세트를 통해서 측정된 열전도도 값을 사용해서 주어진 빔 노광에 대한 레지스트 온도의 공간응답 및 과도응답을 신속하게 구할 수 있었다. 열전대 실험결과를 통해서 시뮬레이션을 검증하였다. 따라서 전자충돌에 의해서 생성된 자유전자들은 총 열전도도에 거의 영향을 끼치지 못한다는 것을 밝혀냈다. 이 결과 역시 e-빔에 의해서 유발되는 전도도(EBIC)에 대한 Min Bai의 측정과 계산결과가 일치하였다.

이후 모델링은 서로 다른 노광과정을 통한 기록의 결과로 일어나는 온도상승의 분포를 구하는 범위까지 확장되었다. 노광 조사량과 레지스트 두께에 따라서 이 값은 수십 도에 달하게 된다. 현상된 형상의 테두리 배치에 이 온도상승이 끼치는 영향은 레지스트 소재에 의존하지만 임계치수 오차는 $0.1nm/℃$에 불과한 것으로 추정된다.

16.2 전자빔과 고체의 상호작용

16.2.1 에너지와 전하증착

전자가 고체 속으로 유입되면 양전하로 충전된 핵과 음으로 충전된 원자 내 전자에 의해서 산란된다. 1차 전자가 핵에 의해서 산란되면 에너지 교환은 본질적으로 영이다. 이를 탄성산란이라고 부른다. 1차 전자는 또한 원자 전자를 가진하여 X-선이나 오제(Auger) 전자를 생성함으로써 원자를 이온화시킬 수 있으며, 원자가 전자와 충돌하여 2차 전자(SE)를 생성하거나 또는 고체 격자와 상호작용하여 음향양자를 생성할 수 있다. 이들은 모두 비탄성적 산란의 사례로서 1차 전자의 이동방향과 에너지를 모두 변화시킨다. 1차 전자가 모든 에너지를 잃고 고체 내에서 열중성자화되거나 특정 위치에서 시료를 탈출할 때까지 일련의 산란작용이 지속된다. 원자 내 전자들 중 일부가 충분한 모멘텀을 갖고 있는 1차 전자의 비탄성적 산란에 의해서 여기된다면, 이들도 함께 표적소재를 관통하여 이동하면서 에너지 확산에 기여하게 된다.

산란 이벤트의 직접적인 결과로서 전하와 에너지는 노광된 영역에 누적된다. e-빔과 고체 표적 사이의 이러한 상호작용을 시뮬레이션하기 위한 가장 일반적인 방법은 몬테카를로 기법이다. 산란 이벤트를 정의하는 매개변수들에 확률을 할당함으로써, 다수의 전자 궤적들뿐만 아니라 시료 내에서 전하와 에너지의 누적 프로파일도 시뮬레이션할 수 있다. Joy에 의해서 몬테카를로 모델이 완벽하게 구현되었다[1]. 시뮬레이션 사례가 그림 16.1과 16.2에 도시되어 있다.

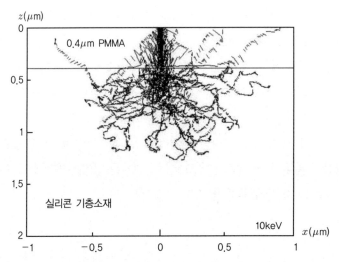

그림 16.1 실리콘 기층소재상의 400nm 폴리메타크릴산메틸(PMMA) 내로 산란되는 100개의 10keV 전자들의 궤적에 대한 몬테카를로 시뮬레이션

레지스트 내에서 비탄성 산란의 두 가지 결과는 레지스트 노광과 자유전자와 정공의 쌍의 생성이다. 이들 자유전자 나르개들은 시료내로 불규칙하게 확산되며 일부는 생성 직후에 서로 재결합하고, 일부는 외부의 장이나 공간전하의 영향을 받아 분리되고, 충분한 에너지를 갖고 표면에 도달하면 전위장벽을 넘어서면서 2차 전자처럼 시료를 탈출해버린다. 레지스트 내에서는 포획된 1차 전자에 의해서 전하분포가 유발되며 자유전자와 정공의 쌍이 생성된다. 표면에서는 2차 전자의 방사에 의해서 유발되는 양전하의 얇은 층이 존재한다. 이 표면충전은 후속 입사전자들의 궤적을 변화시킬 수 있으며 빔 착지위치 오차를 유발한다. 20kV 또는 그 이상의 가속전압을 갖는 전자의 경우 대부분의 에너지는 레지스트와 기층소재 내에서 열로 확산되어 버린다. 레지스트 내에서의 온도상승은 레지스트 민감도를 변화시키며 패턴 형상크기의 변화를 초래한다. 이 장에서는 표면 충전과 레지스트 가열에 대해서 논의한다.

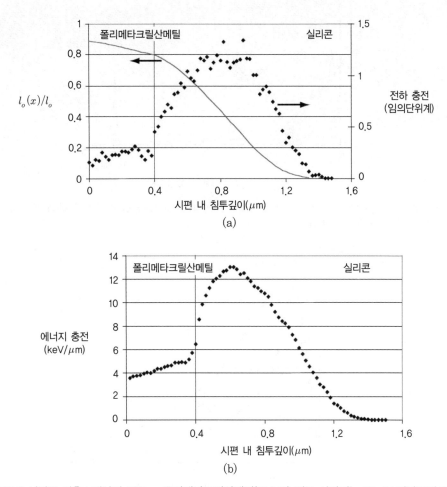

그림 16.2 실리콘 기층소재상의 400nm 폴리메타크릴산메틸(PMMA) 내로 산란되는 10keV 전자들의 몬테카를로 시뮬레이션. (a) 시료 내에서의 전하누적 프로파일과 1차 빔 전류 대비 시료내로의 투과깊이(원래의 1차 빔 전류에 대해서 정규화한 결과) (b) 시료 내에서의 에너지 누적 프로파일

16.2.2 2차 전자방출

시료 표면을 탈출하는 2차 전자의 과정을 2차 방사라고 부른다. 2차 방사 계수 δ는 2차 전자전류 대비 1차 빔 전류의 비율로 정의한다. 시료에서 방사되는 모든 전자의 에너지 스펙트럼은 두 개의 주 피크와 다수의 군소피크들로 이루어진다(그림 16.3). 관례상 50eV에서 1차 빔 에너지 사이의 에너지를 갖는 전자들을 후방산란전자(BSE)들로 분류한다. 50eV 이하의 에너지를 갖는 전자들은 2차 전자로 분류한다[2].

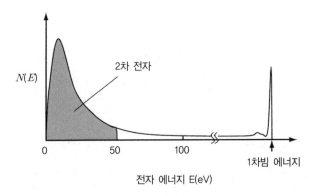

그림 16.3 e-빔 노광 하에서 시료에서 방사된 전자들의 전형적인 스펙트럼. 50eV 미만의 에너지를 갖는 전자들을 2차 전자로 분류한다[2].

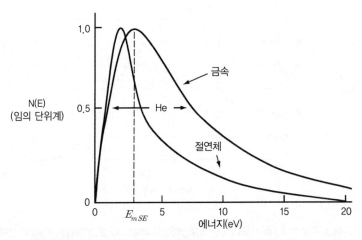

그림 16.4 금속과 절연소재에서 방출되는 2차 전자의 상대적 에너지 분포

2차 전자의 에너지 분포는 전형적으로 소재와 표면조건에 따라서 1~5eV 범위에서 피크를 가지며 3~15eV 사이에서는 절반 폭을 갖는다(그림 16.4)[3]. 2차 전자들은 표면의 가장 얇은 층에서 방사되며, 측정된 평균 탈출 깊이는 금속의 경우 0.5~2nm이며 절연소재의 경우 10~20nm이다[3]. 이들의 에너지가 낮기 때문에 2차 전자들은 시료 표면의 국부 불요파 필드에 민감하다. 시료의 전위가 변화한다면 2차 전자들은 표면과 감지기 사이에서 서로 다른 동력학적 에너지를 얻게 된다. 양의 시료전압은 환원을 유발하는 반면에 음의 시료전압은 2차 전자의 동력학적 에너지 증가를 유발하여 전체적인 2차 전자 스펙트럼은 에너지 축을 따라서 천이되며, 이 값이 실질적으로 2차 전자 전류의 수집을 통해서 측정한 정량적인 전압의 기본값을 형성한다[4].

16.3 레지스트 충전

16.3.1 동력학적 충전 모델

e-빔 노광 이후에 시료상의 표면전위는 충전효과의 핵심 척도이다. 이상적으로는 충전에 의해서 유발되는 빔 편향은 주어진 표면 전위의 공간분포로부터 예측할 수 있다. 표면전위와 빔 편향에 대한 시뮬레이션을 위해서 다양한 이론적 모델들이 구축되었다.

전자빔 리소그래피(EBL) 내에서 시료의 충전에 의해서 유발되는 패턴 편향을 고찰하는 과정에서 e-빔이 특정 영역에 노광을 중단하고 시편의 인접 위치로 이동하였을 때의 표면전위에 대해서 가장 큰 관심을 가졌었다. 그런데 충전과정은 동적인 성질을 가지고 있으며, 공간전하분포와 시료를 가로지르는 전기장은 시간에 따라서 방전된다. 모든 충전 모델들은 고에너지 전자들과 고체 표적 사이의 물리적인 상호작용뿐만 아니라 전도도(EBIC)에 의해서 유발되는 시료 속으로의 전하이동 역시 고려해야만 한다. 여러 연구자들이 동적 충전 모델에 대해서 연구를 수행하였다[5~7]. 이들은 전형적인 전자빔 리소그래피(EBL) 조건 하에서 문제의 정의를 위해 공통적으로 다음과 같은 가정을 전제로 하였다.

1. 시료의 전면은 항상 e-빔 방사에 대해서 플로팅한다. 즉, 개회로 상태이다.
2. 시료내로 유입되는 총 전류를 I_t 라고 가정한다. 전하보존과 전류연속 법칙에 따라서 노광된 시료내의 전류는 어디서나 I_t와 동일한 값을 갖는다.
3. e-빔에 의해서 유발되는 전도도(EBIC)는 본질적으로 절연체인 시료에 국부적인 도전성 채널을 형성하며 포획된 전하의 전달 경로를 형성한다.

그러므로 충전과정을 다음 식으로 타나낼 수 있다.

$$I_\mathrm{t} = I_0(x) + g(x)E(x,t) \cdot A + \epsilon_0\epsilon_\mathrm{r}\frac{\partial E(x,t)}{\partial t} \cdot A \tag{16.1}$$

여기서 $I_0(x)$는 깊이 x에서의 1차 빔 전류이며 $E(x,t)$는 전류, ϵ_r는 유전율 상수, ϵ_0는 자유공간에서의 유전율, $g(x)$는 e-빔에 의해서 유발되는 전도도(EBIC), 그리고 A 는 주사영역이다. 시료가 공급받은 총 전류 I_t는 1차 전류에서 후방산란(I_BS)과 2차 방사(I_SE)에 의한 손실을 차감한 값이다. 식 (16.1)의 두 번째 항은 e-빔에 의해서 유발되는 전도도(EBIC)에 의해서 유발된 누설전류를 나타내며, 세 번째 항은 과도상태에서 시간에 따른 전기장 변화에 기인한 변위전류이다. 시료의 방전이 없는 초기상태에서는 초기조건 $E(x,t) = 0$을 사용해서 선형 미분방정식을 풀어 다음을 구할 수 있다.

$$E(x,t) = \frac{I_t - I_0(x)}{g(x) \cdot A}\left(1 - e^{-\frac{g(x)t}{\epsilon_0 \epsilon_r}}\right) \tag{16.2}$$

기층소재가 접지된 경우(일반적으로 접지함) 다음 식을 얻을 수 있다.

$$V(t) = \int_0^d E(x,t)dx \tag{16.3}$$

여기서 d는 시료의 두께이다.

이 모델은 1차원(수직방향)이며 따라서 조사된 영역의 크기는 레지스트 두께에 비해서 훨씬 크다고 가정한다. 다음에서 보듯이, 표면충전에 의해서 입사되는 빔의 편향을 구할 때에, 이 가정은 유효하다. 따라서 측면방향으로 산란되는 전자들을 무시할 수 있다. 우리는 또한 e-빔에 의해서 유발되는 전도도(EBIC) $g(x)$가 국부적인 동력소실에 비례한다고 가정한다[8].

표면전위 계산사례가 그림 16.5에 도시되어 있다[9]. 이 결과에 다르면 표면전위는 양이나 음의 값을 가질 수 있으며, 레지스트의 두께가 증가할수록 음의 값을 갖는다. 레지스트 박막의 두께가 두꺼울수록 입사되는 1차 전자들 중 높은 비율이 차단되므로 이 결과는 예측할 수 있다. 앞서 언급하였듯이 2차 전자의 방사는 양의 표면전위를 유발한다.

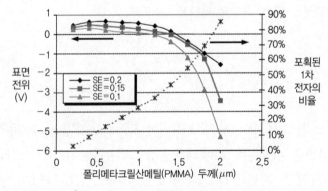

그림 16.5 전류밀도가 104pA/mm²인 10keV e-빔 조사를 받는 실리콘 기층소재상의 서로 다른 두께를 갖는 폴리메타크릴산메틸(PMMA) 레지스트 위의 표면전위 시뮬레이션 결과. 실선은 전압을 표시

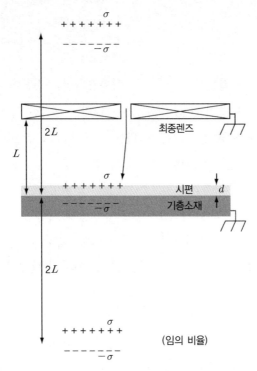

그림 16.6 이중접지 평면의 영상충전 모델. 시료의 두께는 d이며 작업거리는 L이다. 무한한 숫자의 영상 쌍극이 생성되며, 이들 중 일부를 표시하였다. e-빔이 최종렌즈를 통과하여 시편 쪽으로 접근하면서 편향이 일어난다.

16.3.2 입사 빔의 편향

대부분의 전자빔 리소그래피(EBL) 장비에서 정전기 문제를 풀기 위한 공간 경계조건은 두 개의 접지된 평면으로 설정한다(그림 16.6). 마스크 위의 크롬 층 또는 실리콘 웨이퍼의 배면이 접지된 기층소재 시료, 그리고 최종 극편의 바닥이다. 접지된 기층소재는 e-빔의 전하가 누전되어 정상상태인 최종조건에 도달할 수 있도록 해주는 반면에, 접지된 최종렌즈는 시료의 충전에 의해서 유발되는 장의 분포를 적절한 수준으로 제한해준다. 이런 경계조건 하에서 노광된 시료의 국부적으로 충전된 영역에 의해서 유발되는 빔 편향을 예측하기 위해서 1994년에 Ingino 등에 의해서 영상 충전 모델이 제안되었다[10].

표면전위에 의해서 유발되는 전기장은 다음과 같은 충전밀도를 갖는 표면상의 충전 층에 의해서 유발되는 전기장과 같은 크기를 갖는다.

$$\sigma = \frac{\epsilon_{\mathrm{r}} \epsilon_0 V}{d} \qquad (16.4)$$

여기서 ϵ_r은 소재의 비 유전율상수이며 ϵ_0는 자유공간의 유전율이다. 두 개의 접지평면이 존재하기 때문에 일련의 표면충전 영상이 형성되며, 따라서 무한한 숫자의 영상 쌍극들이 생성된다. 그런데 쌍극에 의한 전기장은 r^{-3}에 비례하며, r은 쌍극의 중심과 전자 사이의 거리이므로, 이들은 매우 빠르게 접근하게 된다. 대부분의 경우 쌍극의 1차 항만을 합하여 총 편향값을 계산할 수 있다.

그림 16.7에서는 x축에 대해서 대칭적으로 분포된 충전된 사각형 형상과 z축 방향으로 이동하는 전자의 이상적인 경로를 단순화하여 보여주고 있다. 이상 및 실제적인 착지위치 사이의 거리는 충전 의해서 유발되는 빔 편향이다. 전자는 접지된 극편에서 나오기 때문에 전자의 궤적을 불연속적으로 추적할 수 있다[11]. 그리고 그림 16.8에서는 충전된 영역 테두리에서부터 이상적인 착지위치까지의 거리의 함수로 나타낸 시뮬레이션 된 빔 편향의 몇 가지 사례를 보여주고 있다. $100 \times 100 \mu \mathrm{m}^2$ 사각형에 1V가 가해지면, 10keV 빔은 최악의 경우(이상적인 빔의 착지위치가 사각형의 테두리에 위치한 경우) 3.7nm만큼 편향된다. $1 \times 1\mathrm{mm}^2$의 영역이 충전된 경우 이 오차는 약 35nm로 증가하며, $1 \times 1\mathrm{cm}^2$ 패드는 빔을 최대 140nm만큼 편향시킬 수 있다. 빔이 충전된 영역으로부터 멀어짐에 따라서 빔 편향은 거의 지수함수적으로 감소하게 된다.

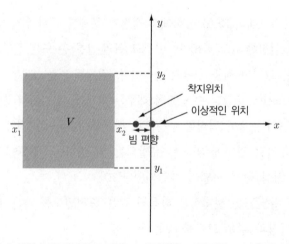

그림 16.7 빔 편향형태에 대한 시뮬레이션의 평면도. 사각형은 표면전위 V로 충전되어 있으며 x–축에 대해서 대칭구조이다. 이상적인 빔 위치와 실제 착지위치 사이의 거리를 계산하려 한다.

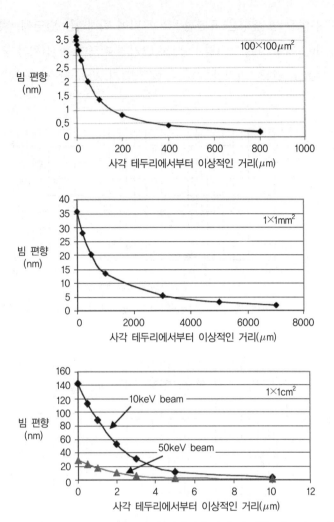

그림 16.8 다양한 크기의 충전된 사각형(그림 16.7)에 의해서 유발된 빔 편향. 패드의 표면전위는 1V이며, 1차 빔 에너지는 10keV, 작업거리는 14mm이며, 시료의 두께는 400nm이다.

작업거리가 고정되어 있을 때 충전된 영역의 크기는 변하게 되며 최악의 경우 10keV 빔이 1V 표면전위에 의해서 편향되는 거리가 그림 16.9에 도시되어 있다. 빔 편향은 사각형의 크기가 증가함에 따라서 거의 선형적으로 증가하며, 그 크기가 작업거리와 비교할 만한 수준이 되면 안정화되기 시작한다. 만약 충전된 영역은 일정하며 작업거리가 변한다면, 그 결과로 나타나는 빔 편향은 작업거리가 충전된 사각형상의 크기와 비교할 수준이 될 때까지 감소하기 시작하지 않을 것이다(그림 16.10). 이는 충전된 영역의 크기가 작업거리에 접근할 때까지 영상충전 쌍극들의 영향이 커지지 않기 때문이다.

충전에 의해서 유발된 빔 편향은 표면전위의 크기에 비례하는 반면에 1차 빔 에너지에는 반비례한다. 그림 16.8에 도시된 것처럼 1×1cm² 크기의 패드에 1V 전위가 충전되면 10keV의 입사 빔을 최대 140nm 편향시키지만 50keV 빔은 단지 28nm만 편향시킨다.

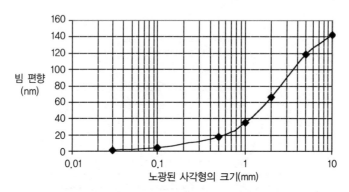

그림 16.9 노광 사각형의 크기에 따른 빔 편향. 표면전위는 1V, 빔 에너지는 10keV이며 작업거리는 5mm이다.

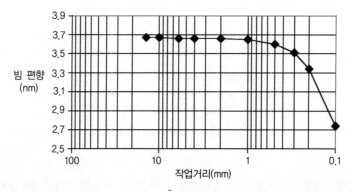

그림 16.10 작업거리에 따른 빔 편향. 100×100μm² 사각형의 표면전위는 1V이며 빔 에너지는 10keV이다.

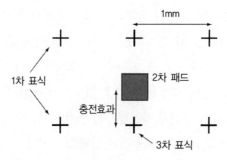

그림 16.11 1차 마스크와 패드에 인접하여 기록된 3차 표식들 사이의 거리를 비교하여 마스크상의 충전된 대면적 패드들이 끼치는 영향을 구하였다[12].

16.3.3 충전효과의 실험적 특성화

e-빔 리소그래피에서 시료 충전에 의하여 유발되는 패턴 편향을 실험적으로 검증하기 위해서는 다양한 방법이 사용된다. 그런데 다른 여러 방법들 모두를 직접적 방식과 간접적 방식의 두 가지 유형으로 일반화시킬 수 있다. 직접방식에서는 노광된 패턴 자체를 분석하여 특정한 노광공정 이후에 발생하는 패턴 왜곡과 편향을 측정한다. 반면에 간접방식에서는 일반적으로 노광된 시료의 표면전위를 측정한다. 사람들은 충전문제의 해결을 위해서 두 가지 방법 모두를 시도해왔다.

e-빔 리소그래피에서 충전의 영향을 연구하려는 최초의 시도는 1990년대에 벨연구소의 Cummings [12]로 거슬러 올라간다. 이들은 고정 스폿 래스터 스캔 직접묘화 방식의 e-빔 리소그래피 시스템인 EBES3 내에서 충전에 의해서 유발되는 패턴 배치오차를 측정하였다. 그림 16.11에서는 이 실험의 기본적인 원리를 설명하고 있다. 이 연구에서는 레지스트 노광을 위해서 20keV e-빔을 사용하였다. 그러나 시험에 사용된 3단 레지스트의 두께는 최대 2.62μm로, 마스크 제조에 사용되었던 전형적인 레지스트 두께(보통 400nm)보다 훨씬 두꺼웠다. 충전에 의해서 유발되는 빔 착지위치 오차는 최대 0.5μm인 것으로 보고되었으나, 결과적인 표면전위의 극성과 크기는 병기되어 있지 않았다.

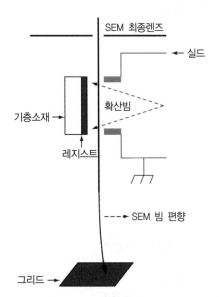

그림 16.12 그리드의 주사전자현미경(SEM) 영상 관찰을 통해서 전자방사에 의한 레지스트의 표면전위를 직접적으로 측정하기 위한 실험. 확산 빔에 의해 레지스트가 충전된다[13].

1995년에 스텐포드의 Liu 등[13]은 노광된 레지스트 시료위의 표면전위를 측정하기 위해서 매우 독창적인 방식을 도입하였다(그림 16.12). 주사전자현미경(SEM)의 e-빔은 서로 인접한 상태에서 평행하게 확산빔에 의해서 이미 노광되었던 레지스트 시료 표면으로 인도된다. 노광된 레지스트의 표면전위는 주사전자현미경(SEM) 빔의 측면방향 편향을 측정하여 구하며, 주사전자현미경의 편향은 그리드 영상의 천이를 관찰하여 측정한다. 실험결과들 중 일부는 예상했던 것처럼 예를 들면 두꺼운 레지스트나 저전자에너지의 경우 음의 충전이 더 심하다는 결과를 얻었다. 레지스트 두께와 전자에너지의 감소에 따라 음의 표면전위는 비선형적으로 증가한다. 놀랍고도 논쟁의 여지가 있는 결과로는 더 얇은 레지스트나 더 높은 전자에너지가 양의 충전을 유발할 수 있다는 점이다. 그런데 저자들은 확산 빔을 레지스트 노광에 한정하여 사용한 반면에 실제 마스크 제조에서는 항상 집속 빔만을 사용한다.

더욱 최근 들어서 Bai 등[14, 15]은 두 개의 독립적인 기법을 사용해서 e-빔 노광과정 또는 이후에 레지스트상의 표면전위를 측정하였다. 집속 이온빔에 의해서 레지스트가 노광된 직후의 표면전위를 관찰하기 위해서 켈빈(Kelvin) 프로브가 사용되었다(그림 16.13)[14]. 노광 이전에 잔류 DC 편향을 제거하는 교정을 위해서 충전되지 않은 시료를 프로브 아래에 위치시킨다. 다음으로 시료를 집속 빔 아래로 이동시킨 다음 측정을 위한 수 제곱 밀리미터 면적에 대해서 원하는 조사량만큼 노광시킨다. 교정된 마이크로미터 구동장치를 사용해서 노광 후 수 초 이내에 노광된 영역을 켈빈 프로브 아래로 이동시킨 다음 표면전위와 그 감소율을 측정한다.

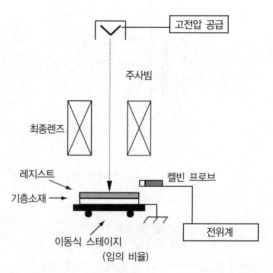

그림 16.13 켈빈 프로브를 사용하여 e-빔에 노광된 레지스트 박막의 표면전위를 측정하기 위한 실험

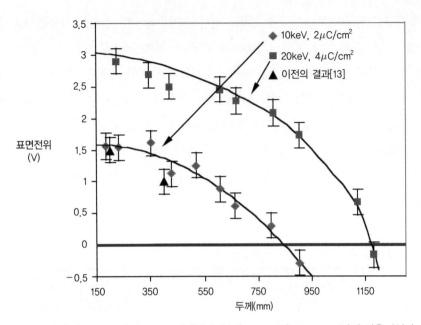

그림 16.14 박막 두께에 따른 PBS 레지스트 표면전위. 노광에 10keV 및 20keV e-빔이 사용되었다. 10keV의 경우 100초간 1.2nA의 빔 전류를 사용해서 $4.2 \times 1.4 mm^2$의 면적을 스캔하였다($2 \mu C/cm^2$). 20keV의 경우 125초간 3nA의 빔 전류를 사용해서 $4.9 \times 1.9 mm^2$의 면적을 스캔하였다($4 \mu C/cm^2$). 이 결과들은 10keV 확산 빔을 사용하여 유사한 조사량을 노광시킨 이전의 측정 결과들과 비교하였다.

폴리부텐-1-술폰기(PBS) 레지스트에 대해서 표면전위의 막 두께 의존성을 고찰하였으며 (실험 I, 표 16.1) 그 결과를 그림 16.14에 도시하였다. 폴리부텐-1-술폰기(PBS) 레지스트 내에서 막 두께에 따른 표면전위의 변화는 Liu 등이 앞서 관찰했던 일반적인 경향을 따르고 있다는 것이 매우 명백하다[13]. 더 얇은 박막과 더 높은 1차 전자 에너지는 더 큰 양의 전위를 유발하며, 10keV와 20keV 노광 하에서 서로 다른 극성을 갖는 표면전위가 관찰되었다. 확산 빔을 사용한 Liu 등의 선행연구에서 저자들은 현저한 조사량의 10keV 전자에 의해서 노광된 폴리부텐-1-술폰기(PBS) 레지스트에 대해서도 고찰을 수행하였다. 10keV 집속 주사 빔과 확산 빔 노광에 의한 표면전위는 서로 매우 일치하고 있다는 것이 밝혀졌다.

폴리부텐-1-술폰기(PBS) 레지스트 내에서의 전형적인 노광 후 표면전위 감소현상이 그림 16.15에 도시되어 있다. 표면전위 감소는 단순한 지수함수 형태를 갖지 않고, 노광 후 즉각적으로 빠르게 감소하며, 한 시간 내외의 시간주기 이후에 전압이 안정화 될 때까지 이 감소는 지속적으로 느려진다. 이 감소거동은 노광 후 레지스트 박막 내에 전도도가 존재하며, 이 전도도 역시 시간에 따라서 감소한다는 것을 의미한다. 이와 유사한 결과가 Yang과 Sessler[16] 및 Weaver 등[17]에 의해서도 보고되었다.

노광 조사량의 변화가 표면전위에 끼치는 영향도 연구되었다. 실험에 사용된 조사량의 범위 (PBS 상에 $1{\sim}4\mu C/cm^2$)에 대해서, 520nm 및 80nm의 두께 모두의 경우 표면전위가 실질적으로 일정하였다(실험 II, 표 16.1, 그림 16.16). 조사량에 무관한 현상에 의거하면 노광과정에서 현저한 전도도(EBIC)가 존재함을 시사한다. e-빔에 의해서 유발되는 전도도(EBIC)에 의해서 생성되는 전류 누출 없는 경우에 레지스트 내의 전하와 그에 따른 표면전위는 입사된 조사량의 증가에 비례하여 증가해야만 한다. 관찰된 표면 전위가 일정하므로, 조사량이 $1\mu C/cm^2$에 도달하기 전에 입사된 e-빔 전류와 전도도에 의해서 유발된 누출전류 사이의 평형이 이루어진다는 것을 알 수 있다.

표 16.1 켈빈 프로브 실험을 위한 다양한 노광조건들

레지스트	빔 에너지 (keV)	전류 (nA)	스캐닝 면적 (mm²)	노출시간 (s)	조사량 (μC/cm²)	두께 (nm)
실험 I						
PBS	10	1.2	4.2×1.4	100	2.0	200−1200
PBS	20	3.0	4.9×1.9	125	4.0	200−1200
실험 II						
PBS	20	3.0	4.9×1.9		1−4	520,800

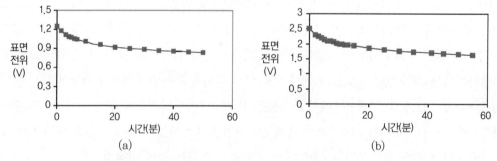

(a) (b)

그림 16.15 노광 후 폴리부텐-1-술폰기(PBS) 표면전위의 감소. (a) 10keV e-빔을 사용해서 520nm 박막에 $2\mu C/cm^2$ 노광 시행 (b) 20keV e-빔을 사용해서 400nm 박막에 $4\mu C/cm^2$ 노광 시행

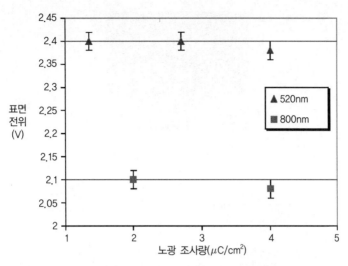

그림 16.16 조사량에 따른 노광 직후 폴리부텐-1-술폰기(PBS) 레지스트의 표면전위 변화양상. e-빔 에너지는 20keV이며 레지스트 두께는 520 및 800nm이다.

정성적으로는 폴리부텐-1-술폰기(PBS)에 대한 실험결과 역시 폴리메타크릴산메틸(PMMA)에 대한 모델링 결과와 매우 일치한다. 표면전위와 레지스트 두께의 경우 실험 데이터(그림 16.14)는 모델링 결과와 동일한 일반적인 경향을 갖고 있다(그림 16.15). 조사량에 무관한 표면전위(그림 16.16)는 시뮬레이션 된 전압의 일시적인 변화와 일치하며, 이는 노광 후에 전위가 재빨리 포화된다는 것을 의미한다. 실험과 모델링 결과 모두는 충전과정에서 전도도가 매우 중요한 역할을 수행한다는 것을 시사하고 있다.

e-빔 리소그래피에서 충전에 의해서 유발되는 패턴 편향을 예측하기 위해서 알아내야만 하는 아마도 가장 중요한 매개변수는 특정 영역에 e-빔 노광이 중단되고 인접 영역에 대한 기록이 시작된 직후의 표면전위이다. 그런데 동적인 충전과정에 대한 이해를 높이기 위해서는 시편에 e-빔 노광이 계속되고 있는 동안 표면전위를 현장에서 측정하는 것이 바람직하다. 이 측정은 시료가 e-빔에 노광되는 동안에 2차 전자 전류를 관찰하기 위한 특수한 2차 전자 수집 장치를 사용해서 수행된다[15]. 2차 전자 스펙트럼은 시편의 전위가 변함에 따라서 에너지 축을 따라서 천이되므로[4], 2차 전자 수집 장치를 사용해서 적분 스펙트럼의 서로 다른 부분들을 검출할 수 있다. 수집된 2차 전자 전류의 변화로부터 노광된 시편의 표면전위 변화를 유추할 수 있다.

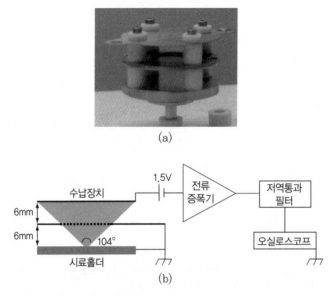

(a)

(b)

그림 16.17 e-빔 노광과정에서 표면전위를 측정하기 위한 2차 전자 현장 수집 실험. (a) 평면형 2차 전자 수집 장치와 에너지 필터 (b) 실험장치의 개략도

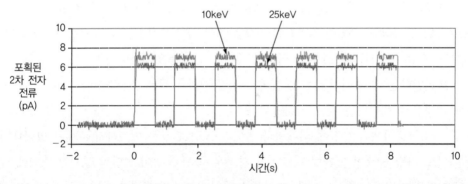

그림 16.18 $0.8\mu m$ 폴리메타크릴산메틸(PMMA) 레지스트가 10 및 25keV e-빔에 노광되었을 때 포집된 2차 전자 신호. 빔 전류는 75pA, 노출영역은 $100 \times 40\mu m^2$, 스캔주기는 1.26s이며, 프레임당 조사량은 $1.2\mu C/cm^2$. 각 프레임당 절반만을 주사하도록 빔이 조절되었기 때문에 2차 전자 신호는 구형파 형태를 보인다.

표 16.2 2차 전자 수집 장치를 사용한 표면전위 현장측정을 위한 폴리메타크릴산메틸(PMMA) 레지스트 박막에 대한 서로 다른 노광조건들

빔 에너지 (keV)	빔 전류 (pA)	주사면적 (μm^2)	주사주기 (s)	프레임당 조사량 ($\mu C/cm^2$)	레지스트 두께 (μm)
10, 25	75	100×40	1.26	1.2	0.4~1
5	80	100×40	1.26	1.28	0.8, 0.63, 0.36

평면형 2차 전자 수집 장치는 세 개의 평행 요소들로 이루어져 있다(그림 16.17). 직경이 25.4mm인 구리판은 시편 고정 장치에서 12mm 떨어져 있다. 구리 격자(64% 개방, $250\mu m$ 간격)는 구리 링에 의해서 당겨져 있으며 수집기와 시편 고정 장치에서 각각 6mm씩 떨어져 있다. 이 3층 구조는 네 개의 세라믹 지주에 의해서 지지되며, 이들은 또한 각 층들을 절연시켜 준다. 격자의 직경은 12.7mm로, 수집 장치의 입사각을 104°로 만들어준다. 상부 구리 수집 장치와 격자에 1mm 직경의 구멍이 가공되어 있으며, 이를 통해서 시편 노광을 위한 e-빔이 인도된다. 측정기간 동안 격자는 항상 접지상태를 유지하며 구리 수집 장치는 수집효율을 높이기 위해서 약간 양극(1.5V)으로 편향시켜 놓는다. 시편에서 방출된 2차 전자는 격자를 관통하여 수집 장치에 도달한다. 2차 전자 수집 장치는 교정되어 있으며, 2차 전자 전류는 기층소재의 전위와 연관성을 갖는다. 실리콘 기층소재 위에 입혀진 폴리메타크릴산메틸(PMMA) 레지스트에 대해서 상이한 조건으로 노광을 수행하였다(표 16.2).

두께가 0.4에서 최대 $1\mu m$인 폴리메타크릴산메틸(PMMA) 레지스트 박막에 10keV 및 25keV e-빔을 조사하는 실험이 수행되었다. 예로서, 그림 16.18에서는 $0.8\mu m$ 폴리메타크릴산메틸(PMMA) 박막에 대한 결과가 제시되어 있다. 최초 e-빔을 켠 이후 수집된 2차 전자 전류 값이 전혀 변하지 않았다는 것은 노광된 시료의 표면전위가 근본적으로 변하지 않았음을 의미한다. 몬테카를로 시뮬레이션[9]에 따르면, 폴리메타크릴산메틸(PMMA) 내에서 10keV 전자빔이 침투하는 깊이는 약 $2.4\mu m$인데 반하여 25keV의 경우에는 $12.5\mu m$로, 시험에 사용된 폴리메타크릴산메틸(PMMA) 박막의 두께보다 훨씬 큰 값을 갖는다. 대부분의 1차 전자들이 도전성 기층까지 도달하여 전도도에 의해서 형성된 도전성 채널을 통해서 포집된 전자들이 누출되며[18, 19], 노광된 박막 내에 잔류하는 전하는 미미하기 때문에 표면전위는 무시할 정도의 수준에 불과하다.

연구는 에너지 영역이 훨씬 낮은 3~5keV 범위까지 확장되었다. 예견했던 바와 마찬가지로 레지스트 박막 두께가 전자 영역에 접근하고, 노광된 전자의 상당 부분이 시료 내에 포집되면, 충전현상이 훨씬 더 명확해진다. 몬테카를로 시뮬레이션[9]에 따르면, 5keV 및 3keV의 경우 폴리메타크릴산메틸(PMMA) 박막 내로 전자가 투과할 수 있는 최대깊이는 각각 $0.7\mu m$ 및 $0.35\mu m$이다. 빔이 부분적으로 또는 완전히 레지스트 내에 흡수되었을 경우에 이 영향을 측정하기 위해서 서로 다른 박막 두께가 선정되었다.

그림 16.19에서는 5keV 노광의 결과를 도시하고 있다. 0.63 및 $0.8\mu m$ 폴리메타크릴산메틸(PMMA) 박막에 포집된 2차 전자전류는 최초스캔 이후에 증가하며 3~4회 차 스캔 프레임 이후에 포화되어, 두 시료 모두에서 음의 표면전위를 형성한다. 그런데 $0.8\mu m$ 폴리메타크릴

산메틸(PMMA)에서 포집된 2차 전자전류 신호는 전하가 축적 및 포화됨에 따라서 매우 불규칙해진다. 이 불규칙성은 아마도 시료상의 음으로 충전된 노광영역과 노광되지 않은 영역 사이의 측면 장에 의한 것으로, 2차 전자 포집장치에서 2차 전자들 중 일부를 전환시키는 것으로 추정된다. 투과되지 않은 e-빔이 폴리메타크릴산메틸(PMMA) 박막을 파괴전압까지 충전시킬 가능성이 있으며[20], 충전된 영역의 공간적으로 불규칙한 파괴는 경사진 2차 전자 신호를 유발할 수 있다. 그런데 $0.36\mu m$ 폴리메타크릴산메틸(PMMA)에서는 노광기간 동안 포집된 2차 전자 전류의 미약한 감소가 관찰되었으며, 이는 미약한 양의 표면전위가 존재함을 의미한다.

2차 전자 전류 측정의 정성적인 검증의 방편으로서 동일한 빔 에너지를 갖지만, 배율이 낮은 경우에 노광 후 충전된 영역에 대한 영상들 중 일부가 그림 16.19에 도시되어 있다. 충전된 영역과 충전되지 않은 기저면 사이의 명암대비를 비교해보면, $0.8\mu m$ 폴리메타크릴산메틸(PMMA) 박막이 음극으로 강하게 충전되어 $100 \times 40\mu m^2$ 패드가 기저면에 비해서 훨씬 밝게 보인다. 이 대비는 $0.63\mu m$ 박막의 경우 훨씬 덜하다. $0.36\mu m$ 박막 사진에서 충전된 패드는 실질적으로 노광되지 않은 기저면보다 훨씬 어두우며, 이는 표면이 양전위를 갖고 있음을 의미한다.

2차 전자 포집장치의 교정을 통해서, 2차 전자 전류 측정으로부터 폴리메타크릴산메틸(PMMA) 박막의 표면전위를 정량적으로 유추할 수 있다. 10keV 및 25keV e-빔은 최대 $1\mu m$ 두께의 폴리메타크릴산메틸(PMMA) 레지스트에 본질적으로 충전을 유발하지 않는다($< 0.2V$). 이는 유사한 실험조건 하에서 수행된 이전의 연구에서 관찰되었던, 충전에 의해서 유발된 패턴변위는 무시할 정도의 수준이라는 결과와 일관성을 갖고 있다[9]. 레지스트의 두께가 전자 도달영역과 비교할 수준에 도달하게 되면 표면전위는 현저히 증가한다. 5keV 노광의 경우 $0.36\mu m$ 폴리메타크릴산메틸(PMMA)의 예상 표면전위는 $\sim 0.3V$, $0.63\mu m$ 폴리메타크릴산메틸(PMMA)은 $\sim -2.5V$인 반면에 $0.8\mu m$ 폴리메타크릴산메틸(PMMA)의 경우에는 $-50V$ 이상의 값을 갖는다. 표면전위 해석의 핵심 결론은 박막의 두께가 레지스트 내에서 전자 도달영역을 넘어서느냐가 매우 중요하다는 점이다. 폴리메타크릴산메틸(PMMA) 레지스트 내의 $\sim 0.7\mu m$ 영역에서 5keV 빔은 0.63 및 $0.8\mu m$ 박막상의 표면전위에서 본질적인 차이를 초래한다. 이러한 관찰을 통해서 노광된 절연소재 내에서 e-빔에 의해서 유발되는 전도도(EBIC)의 중요성을 확인할 수 있다. 또한 이를 통해서 조사 광선에 의해서 유발된 자유 나르개는 레지스트 두께에 비해서는 무시할 정도 크기의 평균 자유 활동거리를 갖고 있다는 것을 알 수 있다.

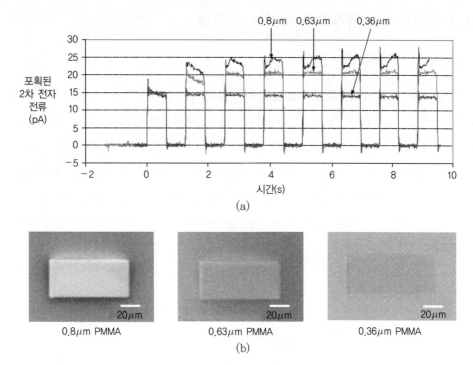

그림 16.19 서로 다른 두께의 폴리메타크릴산메틸(PMMA) 레지스트에 대한 5keV e-빔 노광. 빔 전류는 80pA, 노광영역은 $100 \times 40 \mu m^2$, 스캔 주기는 1.26s이며, 프레임당 조사량은 $1.28 \mu C/cm^2$. (a) 포집된 2차 전자 전류신호 (b) 노광 후 촬영한 저배율 사진

16.4 레지스트 가열

　e-빔 노광과정에서 전자들은 포토마스크의 박막 덮개층과 기층소재에 다량의 에너지를 누적시킨다. 대부분의 에너지는 열로 변환되어 노광과정에서 레지스트의 온도상승을 초래한다. 레지스트 가열은 레지스트의 민감도를 변화시키며, 최종 패턴의 정확도에 영향을 끼친다. 더 높은 분해능과 생산성을 구현하기 위해서는 더 높은 빔 전압과 전류를 사용해야만 한다. 이는 동력밀도의 증가를 유발하며 레지스트 가열온도를 단열한계까지 상승시킨다. 이 절에서는 레지스트 가열에 대한 이론 및 실험적인 연구들을 살펴보며, 온도 변화에 대한 레지스트 민감도 의존성과 그에 따른 임계치수(CD)의 영향 등에 대해서 논의한다.

16.4.1 전자빔 노광과정에서 레지스트 가열

16.4.1.1 온도 시뮬레이션

e-빔 노광과정에서 레지스트의 온도상승을 정확히 모델링하는 것은 레지스트 가열효과를 이해하고 이를 최소화시키기 위해서 매우 중요하다. 노광과정에서 레지스트의 온도상승을 산출하기 위해서 수치 및 해석적 방법이 모두 사용되어 왔다. 유한요소법(FEM)이 수치해석에 주로 사용되었다[21-23]. 그런데 온도계산의 4차원적 특성 때문에 어마어마한 계산용량이 필요하므로, 유한요소법(FEM)을 실제의 경우에 적용하기는 어렵다. 그 대신에 그린 함수모델을 기반으로 하는 레지스트 온도 프로파일의 계산을 위해서 다양한 해석적 방법들이 개발되어 왔다.

레지스트 내에서의 온도발생은 열전달 방정식을 풀어 구할 수 있다.

$$\frac{\partial T(x,y,z,t)}{\partial t} = \alpha \nabla^2 T + \frac{1}{\rho C_{\mathrm{p}}} g(x,y,z,t) \tag{16.5}$$

여기서 T는 온도상승, α는 열 확산계수, ρ는 밀도, 그리고 C_{p}는 비열이다. g는 입사 전자들과 고체 시료 사이의 상호작용에 의해서 생성되는 열원을 나타낸다. 전형적으로 열 발생 항은 몬테카를로 시뮬레이션을 통해서 구해진다[1].

온도 $T(x, y, z, t)$의 일반해는 그린 함수를 사용해서 구할 수 있다[24].

$$T(x,y,z,t) = \int \mathrm{d}t' \iiint \mathrm{d}x' \mathrm{d}y' \mathrm{d}z' \frac{1}{\rho C_{\mathrm{p}}} G(x,y,z,t,x',y',z',t') g(x',y',z',t') \tag{16.6}$$

좌표계 x, y, z 및 t는 온도장을 나타내며, 좌표계 x', y', z', t'는 열원을 나타낸다. 그린 함수 $G(x, y, z, t, x', y', z', t')$는 (x', y', z', t')에서의 단위강도를 갖는 점 열원에 의한 (x, y, z, t)에서의 온도를 나타낸다. 열전달 방정식의 선형특성에 기인하여, 열원 영역에서 그린 함수의 적분을 통해서 온도장을 구할 수 있다.

그린 함수를 풀기 위해서는 경계조건을 정의해야 한다. 다음의 가정들이 레지스트 가열 시뮬레이션에 널리 사용되고 있다(좌표계는 그림 16.20에 도시되어 있다).

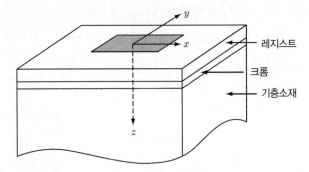

그림 16.20 모델링에 사용된 좌표계. 음영색 영역은 노광된 영역을 나타낸다. 노광 중심을 좌표계의 원점으로 선택하였다.

1. 레지스트 표면에서의 열방사는 무시한다. $z = 0$인 레지스트 표면 상층부는 단열조건, 즉 $\partial T / \partial z = 0$이라고 가정한다.

2. x, y 및 z가 무한대로 증가하면 온도상승은 0이다(포토마스크의 측면방향 크기 및 두께 는 e-빔 노광영역과 기층소재 내로의 e-빔 투과깊이에 비해서 훨씬 크다).

3. 계면에서는 이상적인 열 접촉이 이루어진다. T와 $k(\partial T / \partial z)$는 계면에서 연속적이다.

그린 함수를 x, y 및 z방향에 대해서 분할할 수 있다.

$$G(x, y, z, t, x', y', z', t') = G(x, x', t, t')\, G(y, y', t, t')\, G(z, z', t, t')$$

x 및 y 방향에 대해서, 자유공간 열 확산에 대한 가우시안 해는 다음과 같다.

$$G(x, x', t, t') = \frac{\exp(-(x-x')^2/4\alpha(t-t'))}{\sqrt{4\pi\alpha(t-t')}}$$

$$G(y, y', t, t') = \frac{\exp(-(y-y')^2/4\alpha(t-t'))}{\sqrt{4\pi\alpha(t-t')}} \tag{16.7}$$

어려운 부분은 그린 함수의 z방향을 풀어내는 것이다. 레지스트 가열을 완벽하게 해석하기 위해서는 레지스트 층, 크롬 층, 그리고 수정 기층소재 모두를 고려해야만 한다. 이러한 불균 일 구조에 대해서 그린 함수를 풀어내는 것은 수학적으로 매우 어렵고 복잡하다. 계산에 적용 하기 위해서 여러 종류의 단순화가 시도되었다. 랄프 등[25]은 레지스트와 크롬 층을 무시하고

레지스트 온도는 기층소재의 표면온도와 동일하다고 가정하였다. 아베 등[26]은 레지스트의
바닥 층은 이상적인 열 흡수원과 접촉해 있다고 가정하고, 레지스트 층 내의 열전달만을 고려
하였다. 두 가정 모두 다중층 소재 문제를 단일소재 문제로 단순화시켰다.

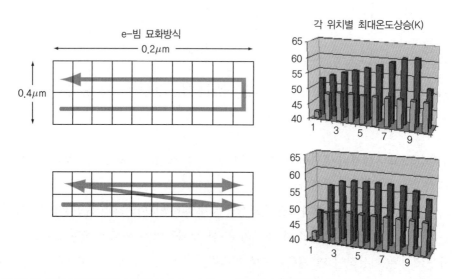

그림 16.21 두 가지 묘화기법을 사용해서 $0.4\mu m \times 2\mu m$ 영역을 노광시켰을 때 각 하위필드의 최대 온도상승.
빔 조건은 전압 50keV, 전류 250A/cm², 조사량 $10\mu C/cm^2$이며 순차노광 사이에는 정지시간을
두지 않았다. 좌측 그림은 두 가지 묘화기법을 설명한다. 위쪽 그림은 경사형 묘화방식이며, 아래
그림은 래스터 묘화방식이다. 노광된 각 사각형들의 최대 온도상승 값들이 우측 그림에 도시되어
있다.

표 16.3 레지스트-가열 계산에 사용된 소재특성

	k(W/cm/K)	$\rho(g/cm)$	$C_p(J/g/K)$
레지스트	0.002	1.2	1.5
크롬	0.63	7.2	0.465
수정	0.014	2.2	0.75

무라이 등[27], 야쓰다 등[28], 그로브스[29]와 같은 많은 연구자들이 이런 단순화된 모델을
레지스트 가열 시뮬레이션에 사용하였다. 그런데 이런 두 가지 상이한 모델들이 매우 다른
결과를 초래할 수 있다. 예를 들면 동일한 빔 조건 하에서 랄프 모델의 경우 14K의 온도상승이
계산된 반면에 아베 모델에서는 750K의 온도상승이 예상되었다[26]. 추 등[30]은 아베와 랄프
모델을 단일화시켜서, 다중층 구조의 그린 함수에 대한 일반해를 개발하였다. 예를 들면
$0.2 \times 0.2 \mu m^2$ 크기의 사각형이 50keV 가속전압과 250A/cm²의 전류밀도를 갖는 e-빔에 의해

서 40ns 동안 노광되었다면 추 모델에서는 42K의 최대 온도상승이 발생할 것으로 예측한다. 계산에 사용된 소재 계수들은 표 16.3에 제시되어 있다. 더 넓은 영역을 노광시키는 경우 다수의 하위필드들이 순차적으로 노광된다. 선행 노광이 후속 노광에 영향을 끼치기 때문에 레지스트 가열은 묘화방법과 순서에 의존한다. 예를 들면 두 가지 서로 다른 묘화방식에서의 레지스트 가열효과가 그림 16.21에 비교되어 있다. 일반화된 그린 함수의 복잡성은 층 숫자가 증가함에 따라서 지수함수 적으로 증가하므로, 기층소재의 상부에 두 개 또는 그 미만의 덮개층을 갖는 구조로 모델링하는 것이 적당하다. 바빈 등[31, 32]은 점근해석공식을 사용하여 다중층 구조 내에서의 레지스트 가열을 계산하기 위한 TEMPTATION이라는 소프트웨어 패키지를 개발하였으나, 수학적인 세부사항들은 공개되지 않았다.

16.4.1.2 실험적 검증

비록 여러 저자들이 서로 다른 모델과 기법을 사용해서 레지스트 가열에 대한 시뮬레이션을 수행했지만, 이 모델들을 검증하기 위한 직접 온도측정은 매우 제한적으로 수행되었다. 이는 충분한 공간 및 시간적 분해능을 갖고 현장에서 온도측정을 수행하기가 매우 어렵기 때문이다. 바빈 등[33]은 과도상태 e-빔에 의해서 알루미나 표면에 유발된 온도상승을 $YBa_2Cu_3O_7$ 초전도 온도계를 사용해서 측정하였다. 그러나 이 측정은 액체질소 온도 하에서 수행되었다. Iranmanesch와 Pease[34]는 e-빔 조사 하에서 정상상태 실리콘 표면온도 프로파일을 측정하기 위해서 박막열전대(TFTC)를 사용하였다. 그런데 두 실험에 사용된 장치의 크기가 비교적 크기 때문에(마이크로미터 규모), 공간분해능의 미비로 인하여 측정과정에서 온도장의 왜곡을 초래할 수 있었다. 추 등[35]은 최소 공간분해능이 100nm인 박막열전대(TFTC)를 제작하였으며(그림 16.22) 상온에서의 정상상태 및 과도상태 레지스트 온도를 측정하기 위해서 이 박막열전대(TFTC)를 사용하였다(그림 16.23). 그림 16.24에 도시된 것처럼 15keV, 150nA 의 e-빔을 $1.7\mu m$ 직경으로 $100\mu s$ 동안 조사하여 수정 기층과 실리콘 기층소재에 대해서 각각 62K 및 18K의 온도상승을 측정하였다. 수정 기층소재에 대해 동일한 e-빔 조건 하에서 5 및 15μ C/cm^2의 전자조사가 각각 25 및 40K의 온도상승을 초래하였다. 이와 같은 직접 온도측정 결과는 다중층 그린함수 모델과 잘 일치하는 것으로 판명되었다.

그림 16.22 100nm의 접점크기를 갖는 Ni/Au 박막열전대(TFTC)의 주사전자현미경(SEM) 영상

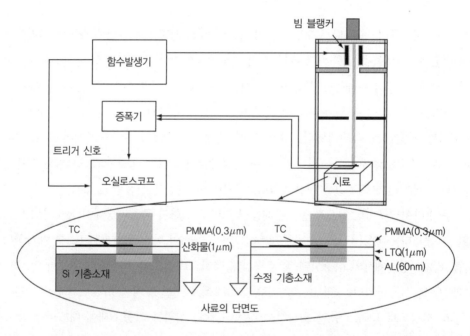

그림 16.23 박막열전대(TFTC)를 사용한 레지스트 가열 측정용 실험장치의 구조. e-빔을 켜고 끄기 위해서 TTL 기준신호가 사용되었다. 결과적인 박막열전대(TFTC) 신호는 증폭 후에 기록되었다. 측정을 위해서 규소와 수정 기층소재 모두의 윗면에 박막열전대(TFTC)가 사용되었다. 단면도에서 시료의 세부구조가 도시되어 있다.

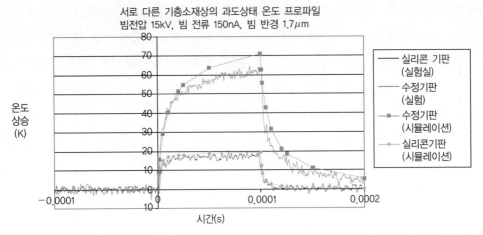

그림 16.24 15kV 가우시안 빔이 조사되는 규소 및 수정 기층소재 위의 레지스트 바닥면(1μm 산화물 층이
박막열전대(TFTC)와 기층소재 사이에 존재한다)에서의 온도 프로파일의 측정 및 계산결과. 빔 전
류는 150nA이며, 빔 반경은 1.7μm이다.

바빈과 쿠즈민[36]도 TEMPTATION 소프트웨어의 시뮬레이션 결과를 검증하기 위해서 간
접방식을 사용하였다. 대면적 레지스트를 균일하게 노광시킨 후 현상부족을 측정하였다. 레지
스트 가열은 레지스트의 민감도를 변화시키기 때문에 노광된 영역의 유효 조사량(유효 흡수에
너지)도 그에 따라서 변화한다. 유효 조사량의 변화는 노광되지 않은 레지스트의 잔류두께
변화와 연관이 있다. 이런 모든 관계들이 선형적이라는 가정 하에서 잔류 레지스트 영상은
노광과정에서 레지스트의 최고온도 프로파일과 유사한 특성을 가져야 한다. 바빈과 쿠즈민
[36]은 레지스트 잔류두께 프로파일과 시뮬레이션 된 온도장 프로파일이 서로 잘 일치함을
확인하였다. 직접 온도측정방식에 비해서 잔류 레지스트 영상방법은 넓은 레지스트 표면의
프로파일을 얻을 수 있다는 장점을 가지고 있는 반면에, 정량적인 온도 값을 측정할 수 없다는
단점도 가지고 있다.

16.4.2 레지스트 국부가열의 영향

서로 다른 레지스트들은 레지스트 가열에 대해서 서로 다른 응답을 나타낸다. 레지스트 민감
도의 온도편차에 대한 의존성은 특성화의 핵심 인자이다. Kratschmer와 Groves[37]는 완전
현상에 필요한 노광 조사량의 정규화된 차이를 측정하여 이 인자들을 정량화시켰다. 네 가지
유형의 레지스트들인 DQN(50kV에서 ~25μC/cm²의 민감도), XPR(50kV에서 ~3μC/cm²의
민감도), PBS(50kV에서 ~7μC/cm²의 민감도), 그리고 XNR(50kV에서 ~3μC/cm²의 민감도)

들에 대한 특성화가 수행되었다. 레지스트 가열에 대해서 DQN형 레지스트가 가장 취약하며, PBS가 가장 강인하다는 것이 밝혀졌다. 야쓰다 등[38]은 온도상승에 따른 폴리메타크릴산메틸(PMMA)의 민감도를 검증하였으며 상이한 온도 하에서 노광된 패턴의 형상을 관찰하였다. 폴리메타크릴산메틸(PMMA)의 경우 유리 전이온도가 발생되는 100과 150K 사이의 온도로 가열할 때 패턴 형상 오차가 가장 심하게 나타난다. 최근 들어 바빈[39]은 폴리메타크릴산메틸(PMMA), PBS, SPR-700, EBR-900, 그리고 UVII-HS 등을 포함하는 일련의 레지스트들에 대해서 온도변화에 대한 레지스트 민감도의 의존성을 특성화시켰다. 주요 결과들이 표 16.4에 제시되어 있다.

표 16.4 레지스트 민감도 변화(%/°C)

레지스트	ΔT 범위	$dD/dT(\%dose/°C)$
PMMA	0–42	0.88
PBS	0–30	0.19
	30–42	0.79
EBR-900	0–24	0.27
	24–35	0.5
SPR-700	0–40	0.18
	40–56	0.37
ZEP-7000	0–110	0.25
	110–138	1.2
VUII-HS	0–30	0.125

* (Courtesy S. Babin.)

16.4.3 묘화방식이 레지스트 가열에 끼치는 영향

바빈[40]은 서로 다른 묘화방식들이 레지스트 가열에 끼치는 영향을 비교하였다. 그의 실험에서 SPR-700과 EBR-900 레지스트(둘 다 50kV에 대해서 ~40μC/cm^{2}의 민감도를 갖고 있다)를 노광시키기 위해서 50kV 가속전압과 95A/cm^{2}의 전류밀도를 갖는 가변형상 빔 시스템이 사용되었다. 비교적 높은(0.2cm^2/s) 생산성을 갖는 단일통과 노광의 경우 래스터 묘화방식에서 13.8%의 유효 조사량 변화가 관찰되었으며, 벡터묘화 방식에서는 130%의 유효 조사량 변화가 관찰되었다. 단일통과 노광을 4회통과 노광으로 대체한 경우에 가열효과는 현저하게 저감된다. 생산성을 4배만큼 저하시킨 대가로, 유효 조사량 변화는 래스터 묘화의 경우 1%, 벡터묘화의 경우 16.8%로 저감된다.

16.4.4 레지스트 가열이 임계치수 변화에 끼치는 영향

레지스트 가열이 마스크 제조에 끼치는 주 영향은 임계치수(CD) 변화이다. Sakyrai 등[41]은 ZEP-700과 두 가지 지정되지 않은 화학 증폭형 레지스트(CAR)에 대해서 서로 다른 노광조건 하에서 레지스트 가열에 따른 임계치수 오차에 대해서 고찰하였다. 화학 증폭형 레지스트의 임계치수 오차는 ZEP-7000의 임계치수 오차에 비해서 더 작고 더 안정적인 것으로 밝혀졌다. 이들의 실험결과에 따르면 전류밀도와 노광크기가 ZEP-7000의 임계치수 오차에 강하게 영향을 끼치는 반면에 화학 증폭형 레지스트(CAR)에 끼치는 영향은 미미하다. Kuwahara 등[42] 역시 기존의 레지스트들에 비해서 화학 증폭형 레지스트는 레지스트 가열에 덜 민감하다는 것을 관찰하였다. 기존 레지스트의 경우 레지스트의 최대 온도상승이 교차 링크 파괴정도를 조절한다. 그러므로 묘화필드 내에서의 온도변화는 민감도의 변화를 초래한다. 화학 증폭형 레지스트의 경우 민감도는 e-빔 방사광의 확산에 의해서 산이 생성되는 노광 후 가열(전형적으로 100~150K)에 의해서 조절된다. 레지스트 가열온도가 노광 후 가열온도보다 낮게 유지되거나 가열의 지속시간이 산 확산에 필요한 시간보다 짧을 경우에, 묘화공정 도중에 산의 확산이 발생하지 않으며, 레지스트 가열이 큰 임계치수 변화를 촉발하지 않는다.

16.4.5 레지스트 가열의 전달방법

다음의 인자들이 레지스트 가열에 기여한다.

1. 노광과정에서 레지스트와 기층소재 속으로 흡수된 총 에너지
2. 노광과정에서 레지스트의 온도에 대한 내성
3. 포토마스크 제조를 위한 묘화방식

적절한 레지스트와 묘화방식의 선정을 통해서 레지스트 가열효과를 최소화시킬 수 있다. 레지스트의 경우 레지스트와 기층소재 속으로 흡수된 총 에너지는 레지스트 민감도에 비례하므로, (조사량이 덜 필요한)민감한 레지스트를 사용하면 온도상승을 직접적으로 줄일 수 있다. 노광 조사량에 대한 레지스트 민감도와 더불어서, 레지스트의 온도편차에 대한 내성 역시 가열효과의 저감에 중요한 역할을 한다. 화학 증폭형 레지스트(CAR)는 노광에 민감할 뿐만 아니라 온도편차에도 내성이 더 크다. 화학 증폭형 레지스트(CAR)의 레지스트 내 온도상승이 노광 후 온도(전형적으로 100~150K)에 비해서 낮은 한도 내에서 화학 증폭형 레지스트를 사용하는

것이 레지스트 가열효과를 최소화시키는 효과적인 방안이다. 레지스트 가열효과는 또한 다중 통과 묘화방식을 선정함으로써 저감시킬 수 있다. 후속노광 사이의 휴지시간이 충분히 길다면 레지스트의 온도상승은 묘화통과 횟수에 반비례하여 줄어든다. Kuwahara 등[42]은 단일통과 묘화를 4회통과 묘화로 변경시킴으로써 묘화필드 내의 $2\mu m$ 선폭의 직선과 간극들에 대한 임계치수 오차가 22nm에서 6nm로 저감되었음을 측정하였다.

16.5 요 약

모델링의 변경과 실험의 결과로, 전형적인 마스크 제조조건(도전성 기층소재 위의 400nm 레지스트에 10keV 이상의 전자 조사) 하에서 e-빔 리소그래피의 경우 레지스트 충전은 이전에 보고된 것보다 훨씬 덜 심각하다는 것이 밝혀졌다. 최근 들어 Dobisz 등[43] 역시 ~25% 이상의 1차 전자들이 레지스트를 관통하여 하부 도전층에 전달된다면, 큰 전하가 쌓이지 못하도록 하기에 도전성 효과가 충분하다고 보고하였다. 게다가 마스크 제조에 사용되는 e-빔 리소그래피 장비들이 고에너지 빔 영역으로 옮겨갔다. 앞서 언급했던 것처럼 전하에 의해서 유발된 빔 편향은 1차 빔 에너지에 반비례한다. 그러므로 레지스트 충전은 마스크 상의 패턴 편향의 관점에서 심각성을 갖지 못한다. 그런데 특히 시편의 절연이 1차 전자 확산깊이보다 더 두꺼운, 직접묘화와 같은 여타의 e-빔 용도에서는 충전이 여전히 중요한 문제가 된다.

레지스트 가열은 포토마스크 제조에서 임계치수 변화에 중요한 영향을 끼친다. 레지스트에 대한 노광 조사량과 열 내성은 선폭변화를 결정한다. 레지스트 내에서 전형적인 최고 온도상승은 수십 도에 달하며 수 나노미터의 임계치수 변화를 유발한다. 열은 누적되는 효과가 있으므로 서로 다른 e-빔 장비들 사이의 묘화방식 차이도 결과에 영향을 끼친다. 실제적으로 적절한 레지스트와 묘화방식의 선정을 통해서 레지스트 가열효과를 최소화시킬 수 있다.

□ 참고문헌 □

1. D.C. Joy, *Monte Carlo Modeling for Electron Microscopy and Microanalysis,* Oxford University Press, New York, 1995.

2. John T.L. Thong, *Electron Beam Testing Technology,* Plenum Press, New York, 1993, 39 pp.

3. H. Seiler, Secondary electron emission in the scanning electron microscope, J. *Appl. Phys.,* 54, R1–R8 (1983).

4. E. Menzel and E. Kubalek, Secondary electron detection systems for quantitative voltage measurements, *Scanning,* 5, 151–171 (1983).

5. B. Gross, G.M. Sessler, and J.E. West, Charge dynamics for electron-irradiated polymer-foil electrets, *J. Appl. Phys.,* 45 (7), 2841–2851 (1974).

6. David A. Berkeley, Computer simulation of charge dynamics in electron-irradiated polymer foils, *J. Appl. Phys.,* 50 (5), 3447–3453 (1979).

7. G.M. Sessler, Charge dynamics in irradiated polymers, *IEEE Trans. Electr. Insul.,* 27 (5), 961–973 (1992).

8. W.H. Sullivan and R.L. Ewing, A method for the routine measurement of dielectric photoconductivity, *IEEE Trans. Nucl. Sci.,* NS-18 (6), 310–317 (1971).

9. M. Bai, Insulator Charging in Electron Beam Lithography, Ph.D. dissertation, Stanford University, Stanford, CA, 2003.

10. J. Ingino, G. Owen, C.N. Berglund, R. Browning, and R.F.W. Pease, Workpiece charging in electron beam lithography, *J. Vac. Sci. Technol. B.,* 12 (3), 1367–1371 (1994).

11. J.J. Hwu, Y.-U. Ko, and D.C. Joy, Computer modeling of charging induced electron beam deflection in electron beam lithography, *Proc. SPIE,* 3998, 239–246 (2000).

12. K.D. Cummings, A study of deposited charge from electron beam lithography, *J. Vac. Sci. Technol. B.,* 8 (6), 1786–1788 (1990).

13. W. Liu, J. Ingino, and R.F.W. Pease, Resist charging in electron beam lithography, *J. Vac. Sci. Technol. B.,* 13 (5), 1979–1983 (1995).

14. M. Bai, R.F.W. Pease, C. Tanasa, M.A. McCord, D.S. Pickard, and D. Meisburger, Charging and discharging of electron beam resist films, *J. Vac. Sci. Technol. B.,* 17 (6), 2893–2896 (1999).

15. M. Bai, W.D. Meisburger, and R.F.W. Pease, Transient measurement of resist charging during electron beam exposure, *J. Vac. Sci. Technol. B.,* 21 (1), 106–111 (2003).

16. G.M. Yang and G.M. Sessler, Radiation-induced conductivity in electron-beam irradiated insulating polymer films, *IEEE Trans. Electr. Insul.,* 21, 843–848 (1992).

17. L. Weaver, J.K. Shultis, and R.E. Faw, Analytic solutions of a model for radiation-induced conductivity in insulators, *J. Appl. Phys.,* 48, 2762–2770 (1977).

18. J.J. Hwu and D.C. Joy, A study of electron beam-induced conductivity in resists, *Scanning,* 21, 264–272 (1999).

19. M. Bai, R.F.W. Pease, and D. Meisburger, Electron beam induced conductivity in PMMA and SiO_2 thin films, *J. Vac. Sci. Technol. B.,* 21 (6), 2638–2644 (2003) (to be published).

20. H. Gong and C.K. Ong, Discharging behavior on insulator surfaces in vacuum: a scanning electron microscopy observation, *J. Phys.: Condens. Matter,* 9, 1631–1636 (1997).

21. N.K. Eib and R.J. Kvitek, Thermal distribution and the effect on resist sensitivity in electronbeam direct write, *J. Vac. Sci. Technol.,* 7 (6), 1502–1506 (1989).

22. K. Nakajima and N. Aizaki, Calculation of a proximity resist heating in variably shaped electron beam lithography, *J. Vac. Sci. Technol. B.,* 10 (6), 2784–1788 (1992).

23. A. Wei, W.A. Beckman, R.L. Engelstad, and J.W. Mitchell, *Finite Element Analysis of Localized Heating in Optical Substrates Due to E-beam Patterning,* 20th Annual BACUS Symposium, 2000.

24. M. Ozisik, *Heat Conduction,* 2nd edition, John Wiley & Sons, New York, 1993 (Chpter 6).

25. H. Ralph, G. Duggan, and R.J. Elliott, *Proceeding of the 10th International Conference on Electron and Ion Beam Science and Technology,* 1982, 219 pp.

26. T. Abe, K. Ohta, H. Wada, and T. Takigawa, The electron-beam column for a high-dose and high-voltage electron-beam exposure system EX-7, *J. Vac. Sci. Technol. B.,* 6 (3), 853–857 (1988).

27. F. Murai, S. Okazaki, N. Saito, M. Dan, The effect of acceleration voltage on linewidth control with a variable-shaped electron beam system, *J. Vac. Sci. Technol. B.,* 5 (1), 105–109 (1987).

28. M. Yasuda, H. Kawata, and K. Murata, Resist heating effect in electron beam lithography, J. Vac. Sci. Technol. B., 12 (3), 1362–1366 (1994).

29. T.R. Groves, Theory of beam-induced substrate heating, *J. Vac. Sci. Technol. B.,* (14), 3839–3844 (1996).

30. D. Chu, R.F.W. Pease, and K. Goodson, Modeling resist heating in mask fabrication using a multilayer Green's function approach, *Proc. SPIE,* 4689, 206 (2002).

31. S. Babin, I.Y. Kuzmin, and G. Sergeev, Advanced model for resist heating effect simulation in electron-beam lithography, *Proc. SPIE,* 2884, 520 (1996).

32. S. Babin, I.Y. Kuzmin, and G. Sergeev, Software tool for temperature simulation in electronbeam lithography: TEMPTATION, *Proc. SPIE,* 3236, 464 (1998).

33. S. Babin, M.E. Gaevski, and S.G. Konnikov, Measurement and simulation of temperature dynamics under electron beam, *J. Vac. Sci. Technol. B.,* 19 (1), 153–157 (2001).

34. A. Iranmanesh and R.F.W. Pease, Temperature profiles in solid targets irradiated with finely focused beams, *J. Vac. Sci. Technol. B.,* 1 (2), 739–743 (1983).

35. D. Chu, D.T. Bilir, K.E. Goodson, and R.F.W. Pease, Submicron thermocouple measurements of electron-beam resist heating, *J. Vac. Sci. Technol. B.,* 20 (6), 3044–3046 (2002).

36. S. Babin and I.Y. Kuzmin, Experimental verification of the TEMPTATION (temperature simulation) software tool, *J. Vac. Sci. Technol. B.,* 16 (6), 3241–3247 (1998.)

37. E. Kratschmer and T.R. Groves, Resist heating effects in 25 and 50 kV e-beam lithography on glass masks, *J. Vac. Sci. Technol. B.,* 8 (6), 1898–1902 (1990).

38. M. Yasuda, H. kawata, K. Murata, K. Hashimoto, Y. Hirai, and N. Nomura, Resist heating effect in electron beam lithography, *J. Vac. Sci. Technol. B.,* 7 (6), 1362–1366 (1994).

39. S. Babin, Measurement of resist response to heating, *J. Vac. Sci. Technol. B.,* 21, 135–140 (2003).

40. S. Babin, Resist heating with different writing strategies for high-throughput mask making, *Microelectron. Eng.,* (53), 341–344 (2000).

41. H. Sakurai, T. Abe, M. Itoh, A. Kumagae, H. Anze, and I. Higashikawa, Resist heating effect on 50-keV EB mask writing, *Proc. SPIE,* 3748, 126–136 (1999).

42. N. Kuwahara, H. Nakagawa, M. Kurihara, N. Hayashi, H. Sano, E. Maruta, T. Takikawa, and S. Noguchi, Primary evaluation of proximity and resist heating effects observed in highacceleration voltage e-beam writing for 180-nm-and-beyond rule reticle fabrication, *Proc. SPIE,* 3748, 115–125 (1999).

43. E.A. Dobisz, R. Bass, S.L. Brandow, M. Chen, and W.J. Dressick, Electroless metal discharge layers for electron beam lithography, *Appl. Phys. Lett.,* 82 (3), 478–480 (2003).

마스크 공정

17.1 마스크공정: 서언

마스크 공정이라는 용어는 레지스트 현상에서부터 최종 세척 이후에 펠리클이 마스크에 장착될 때까지의 모든 단계들을 지칭한다.

기존의 유리상 크롬(CoG) 구조의 경우 마스크 공정은 다음과 같은 기본 단계들을 포함한다.

1. 레이저나 e-빔 노광 후 마스크 현상
2. 패턴 전사: 레지스트 현상을 통해 노광된 크롬의 식각
3. 레지스트 박리
4. 최종세척

유리상 크롬(CoG) 마스크는 2진강도 마스크(BIM)라고 부른다. 많은 경우 (3) 및 (4) 단계는 한 번에 시행한다.

레지스트의 유형에 따라서 공정 도중에 약간의 베이킹 작업이 필요할 경우도 있다. 더 복잡한 구조를 갖는 마스크의 경우에는 앞에서 제시한 공정과의 차이가 일어난다.

제17장 마스크 공정 **465**

전형적으로 유리상 크롬(CoG) 마스크 모재는 마스크 제조업체에 공급하기 전에 공급업체에서 크롬과 레지스트 박막을 코팅한다. 마스크 제조업체에서는 레이저나 e-빔 묘화기를 사용해서 모재에 노광을 시행하며 적절한 현상과정을 통해서 기판 상에 레지스트 패턴을 노광시킨다.

비록 레지스트와 현상액에 대해서는 15장에서 논의한 바 있지만, 주제의 연속성을 유지하기 위해서 지금부터 이 주제에 대한 매우 간략한 고찰을 수행한다.

17.2 레지스트와 현상액

레지스트를 분류하는 원칙들 중 하나는 레지스트가 양화색조 또는 음화색조인가이다.

양화색조 레지스트는 노광된 부분이 현상을 통해 제거되며 노광되지 않은 레지스트가 잔류하는 레지스트이다. 이 단계를 통해서 노광되지 않은 레지스트의 패턴이 나타나게 되며 크롬 박막은 더 이상 레지스트로 덮여 있지 않다. 음화색조 레지스트의 경우 노광되지 않은 부분이 현상을 통해서 제거되며 노광된 레지스트가 잔류하게 된다. 여기서도 역시, 레지스트 패턴과 크롬이 나타나게 된다.

세세한 부분들이 다를 수는 있지만 레지스트가 갖춰야 하는 일련의 사양들이 표 17.1과 17.2에 제시되어 있다[1, 2]. 이 테이블들에 제시되어 있는 값들은 일반적인 레지스트에 대한 것이며 각각의 경우마다 정규 값과의 차이가 발생할 수 있다.

표 17.1 레지스트 소재의 요구 성능[2] (Courtesy of John G. Skinner & Associates)

소재 특성	요구조건
레지스트 용액의 보존기간	>6개월
배치 간 재현성	조성과 분자량 <5%
레지스트 박막코팅의 보존기간	>3개월
레지스트의 열 특성	유리전이온도[a] Tg>80°C, 분해온도 Td>120°C
습식 식각 Cr 화학반응	퇴화 또는 부착실패가 없음
건식 식각 Cr 화학반응	Cl_2O_2 기반 플라스마[b] 내에서 최소 1:1의 선택도
용해도	환경 안정성 스핀코팅 솔벤트와 수용성 현상액
박리특성	상용 아민기반 박리용액 또는 O_2 및 할로겐 기반의 플라스마 내에서의 제거

* [a] Tg는 유리전이온도. 레지스트가 비정질 유리상태에서 고무상태로 변환되는 온도
  [b] 크롬박막의 건식 식각에 사용되는 플라스마는 크롬박막의 조성에 따라 변할 수도 있다.

표 17.2 레지스트 리소그래피 성질의 요구조건들[2](Courtesy of John G. Skinner & Associates)

리소그래피 특성	요구조건
민감도	
e-빔	10keV 하에서 $2.0\mu C/cm^2$
레이저	365nm 파장에서 $100mJ/cm^2$
대비(γ)	벽면 경사도 85°에 대해서 4 이상
분해능	$<0.3\mu m$(광학근접보정 형상에 대해서)

비록 대부분의 마스크 모재들을 공급업체가 미리 코팅한 상태로 공급받지만, 마스크 제조업체가 보유한 장비로 일부 레지스트 코팅을 수행하는 경우가 있다. 이 공정은 스핀코팅이라 부르며, 이 공정에서는 분당 수천회전의 속도로 회전하고 있는 척 위에 설치된 마스크의 표면상에 레지스트를 주입한다. 척이 분당 수천 회전의 속도로 회전하면 레지스트가 펼쳐지면서 마스크 표면 전체에 걸쳐서 균일한 두께의 박막을 형성한다. 전형적인 레지스트 두께 사양은 300~400nm이며 ±3nm의 균일성을 갖는다.

노광을 시행하기 이전에 레지스트에서 솔벤트를 제거하기 위해서 마스크를 구워야 한다.

노광공정 이후에 마스크를 현상하기 위해서 일반적으로 두 가지 기법을 사용한다.

기법들 중 하나는 함침 법으로, 마스크를 화학반응이 일어나는 현상액 탱크 속에 담근다. 이 방법의 장점은 다수의 기판들을 동시에 처리하는 배치공정에 즉각 적용할 수 있다는 점이다. 그런데 이 방법은 마스크를 오염시키기 때문에 추가적인 세척공정이 필요하다는 단점을 가지고 있다.

일반적으로 사용되고 있는 또 다른 공정은 스핀현상으로, 앞서 언급했던 스핀코팅과 유사한 메커니즘을 사용한다. 여기서 기판은 항상 각 사이클을 시작할 때마다 새로운 현상액 속에 담그며 따라서 오염이 발생될 가능성이 줄어든다.

기판 전체에 대한 현상의 균일성은 임계치수 균일성에 영향을 끼칠 수 있다. 따라서 스핀현상의 특징 때문에 기판의 반경방향으로 임계치수 편차가 발생할 가능성이 있다.

임계치수 균일성을 개선하기 위해서 스핀현상 기법에 다양한 수정이 가해졌다. 이들 중에는 단일 스프레이 노즐, 다중스프레이 노즐, 그리고 복합 현상기법 등이 사용된다. 복합 현상기법에서는 기판이 저속으로 회전하며, 노즐(들)을 통해 현상액이 분무된다.

모든 경우 현상액은 스프레이로 적셔지며 스핀을 통해 건조된다. 표 17.3에서는 다양한 기법들이 임계치수 균일성에 끼치는 영향을 보여주고 있다.

표 17.3 6인치 마스크 내에서의 임계치수 균일성[2, 3]

현상방법	3σ(nm)	반경방향 오차(nm)	측면방향 오차(nm)
단일 스프레이 노즐	32	23	12
이중 스프레이 노즐	16	18	10
복합현상	11	7	4
함침	19	11	8

17.3 패턴 전사 : 크롬의 식각

레지스트를 현상하고 나면 다음 단계는 레지스트 패턴을 레지스트 제거를 통해서 드러나게 된 하부 크롬박막에 전사시키는 것이다. 그런데 이 시점에서 기판에서 레지스트가 완벽하게 현상되어 없어졌는가를 검사하는 것이 중요하다. 특정한 유형의 레지스트의 경우 필요한 임계치수가 구현될 때까지 임계치수 측정과 재현상 과정의 반복이 필요 할 수도 있다.

일부의 경우 스컴라고 알려진 레지스트 잔류물이 기구부에 잔류하여 크롬 식각을 방해할 수도 있다. 산소 플라스마에 일순간 노출시키면 이 스컴들을 제거할 수 있다. 이 공정을 스컴 제거라고 부른다.

크롬 식각은 전통적으로 습식 공정의 일부분으로 간주하는 습식 화학물질을 사용해서 수행해왔다. 최근 들어서 수축형상의 공차 요구조건이 엄격해지면서 포토마스크 제조 라인에 건식 식각공정이라고 알려진 다양한 플라스마 식각공정이 도입되었다.

17.3.1 크롬의 습식 식각

습식 식각을 위한 공정 스테이션은 함침 탱크나 스핀 스테이션 등의 현상 스테이션과 유사한 형태를 가지고 있다.

크롬 식각에 일반적으로 사용되는 화학물질들은 세륨계 질산암모늄과 더불어서 과염소산, 아세트산, 질산, 그리고 염산 등을 포함하는 산 종류들이 사용된다[2].

화학물질이 액상이라는 점 때문에 습식 공정은 등방성의 경향이 있으며, 특정한 각도의 언더컷을 유발한다. 그런데 레지스트 외형은 테두리 쪽으로 향하게 되므로 이 언더컷은 경사 효과를 최소화시키는 데에 도움이 된다.

17.3.2 크롬(또는 여타의 바닥소재)의 건식 식각

형상크기가 더 작아지고 크기 공차가 더 엄격해짐에 따라서 산업계는, 비등방성 공정이며 레지스트에서 크롬 박막으로의 영상 전송에서 편향이 매우 작거나 없어야 하는, 건식 식각 방향으로 전환되고 있다. 건식 식각은 또한 최신 설계에서 요구받고 있는 엄격한 공차 요구조건을 충족시킨다.

100nm 기술 노드의 경우 마스크 형상은 400nm 내외일 것이다. 그런데 광학근접보정(OPC)이 사용된다면, 4:1 법칙이 깨지며 이런 경우 마스크 형상은 200nm보다 훨씬 작아진다. 현재 100nm 또는 그 이하의 형상들을 (마스크에서) 필요로 한다.

건식 식각에서는 플라스마(전자, 이온, 그리고 다양한 중성지들의 혼합체)를 사용한다. 오늘날 용어상으로는 건식 식각이 플라스마 식각과 동일한 의미로 사용되고 있다.

17.3.2.1 플라스마 반응기

플라스마 발생 및 사용을 위한 다양한 형태의 플라스마 반응기가 크롬이나 식각해야 하는 임의의 바닥소재를 식각해내기 위해서 사용된다. 식각 시스템의 사례들이 다음에 제시되어 있다.

이온 밀랑: 이온들이 표적 방향으로 가속되며, 이온의 충돌이 어떤 화학반응을 유발하여 크롬 박막을 식각해낸다.

반응성 이온식각(RIE)과 자기력 강화 반응성 이온식각(MERIE): 이 경우 플라스마 내의 반응성 성분이 표적과 화학적으로 반응하여 식각율을 증가시킨다. 크롬 식각용 물질의 조성은 $CH_2Cl_2 + O_2$이다[2].

유도결합 플라스마(ICP): 이것은 저압 고밀도 플라스마이다. 이것은 임계치수 조절과 균일성을 개선시켜준다. 유도결합 플라스마(ICP)는 결함율 저감에도 유용하다.

17.3.2.2 플라스마의 사용 및 처리

유리상 크롬(CoG) 또는 2진 마스크의 경우 크롬 박막만을 식각해야 하나, 위상천이 마스크가 도입됨에 따라서 규화 몰리브덴(MoSiON)과 같은 여타 소재들을 식각할 수 있는 새로운 공정이 개발되었다. 형상을 수정에 식각하는 무크롬 마스크 역시 플라스마를 사용해서 가공한다.

자기력 강화 반응성 이온식각(MERIE)의 사례들 중 하나로, 크롬과 MoSiON에 대한 식각 매개변수는 Cl_2O_2를 사용하는 가스보조 식각(GAE)인 것으로 알려져 있다.

크롬의 경우에 사용하는 성분은 Cl_2O_2를 사용하는 가스보조 식각(GAE)이며, MoSiON에 사용하는 성분은 CF_4/O_2이다. 가스보조 식각(GAE)은 가스보조 식각을 사용하지 않는 경우에 비해서 식각 선택도를 1.8배 증가시켜준다[4].

플라스마 식각에 영향을 끼치는 인자들이 매우 많으며 이들에 대해서 설명할 필요가 있다.

중요한 인자는 크롬 로딩, 즉 마스크 상의 크롬 양으로 레지스트 선택도, 크롬 식각비율, 전반적인 임계치수 균일성, 그리고 마스크 내의 균일성 등 여러 가지 플라스마 식각 응답에 영향을 끼친다[5].

크롬의 건식 식각 과정에서 일정한 양의 크롬이 손실되며 마스크 표면상에 재증착된 폴리머와 파편들이 결함 수를 증가시킨다.

손실된 레지스트는 또한 임계치수 균일성과 식각 편향에 영향을 끼친다. 레지스트 손실 현상은 선택도 저하와 관련이 있다. 따라서 목표는 선택도의 증가를 통해서 이러한 레지스트 손실을 최소화시키는 것이다.

균일성과 식각편향에 대한 임계치수 조절은 표준 화학물질인 $He/Cl_2/O_2$를 사용하는 경우에 상반된 경향을 나타낸다. 산소흐름의 증가는 균일성을 개선시켜주지만, 선택도를 낮춘다.

두 가지 상반된 경향의 제약을 극복하기 위해서는 O_2 유동에 대한 의존성을 낮춘 상태에서 포토레지스트에 대한 선택도를 증가시키는 공정을 개발해야 한다. 이러한 장점을 갖춘 화학물질들이 제안된 바 있다.

수소와 탄소를 함유한 가스들이 대안으로 고려되었다.

제안된 몇 가지 가스들에는 H_2, HCl, 그리고 NH_3 등이 있으며, 선택도를 증가시키기 위한 탄소함유 가스들로는 C_2F_6, CCl_4, C_3F_8, CHF_3, CH_4, 그리고 CF_4-H_2 등이 있다[6].

크롬 시각을 사용한 또 다른 작업의 경우 유도결합 플라스마(ICP) 리액터를 사용해서 마스크 상에 90nm의 형상을 구현한 것으로 보고되었다. 이토록 작은 형상을 구현하기 위해서는 플라스마뿐만 아니라 레지스트의 유형, 공정 및 묘화방식 등과 같은 수많은 공정들의 최적화가 필요하다[7].

플라스마 식각 시스템의 또 다른 메이저 공급업체인 Unaxis 사는 2004년에 65nm 기술 노드를 도입한 4세대 유도결합 플라스마(ICP)를 시장에 소개하였다[8].

앞서 언급했던 것처럼 위상천이 마스크의 경우 수정을 적절한 깊이로 식각할 필요가 있다. 여기서는, 크롬 시창을 뚫어놓은 다음에 유리(수정)를 식각해야 한다. 수정 식각의 경우 식각 저지 층으로 사용할 바닥 층이 없다. 이런 경우에 사용하는 기법은 필요한 깊이만큼의 가공이 보장된 미리 정해진 시간 동안 식각을 시행하는 것이다.

여기서 인용하는 연구의 경우 유도결합 플라스마(ICP) 소스로 CHF_3/CF_4의 가스 조성을 사용한다[9].

17.4 레지스트 박리 및 세척

포토마스크 세척은 크롬 식각 이후에 불필요한 레지스트를 벗겨내는 작업부터 시작된다. 그런데 단순히 레지스트를 박리시키는 것만으로는 완벽하게 청결한 마스크를 얻을 수 없다. 일부는 워터마크처럼 일반적인 것들인 반면에 어떤 것들은 희미하면서도 극도로 크기가 작은 것들에 이르기까지, 다양한 원인으로부터 결함이 나타날 수 있다. 이런 결함들과 여타의 오염물질들은 반데르발스 힘이나 정전기력 등에 의해서 마스크 표면에 부착될 수 있으며, 매우 세련된 기법으로만 감지할 수 있다.

17.4.1 습식 및 건식 식각공정

일반적으로 세척 작업은 특정한 유형의 용액을 사용해서 마스크를 세척하는 습식 공정과 마스크를 세척하기 위해서 플라스마 환경이나 고에너지 양자에 노출시키는 건식 공정으로 분류한다. 비록 건식 공정이 많은 장비에서 사용되기 시작하고 있지만, 현재 대부분의 작업은 습식 공정을 사용하고 있다.

17.4.1.1 습식 공정을 사용한 세척

마스크를 특정한 유형의 액체를 사용해서 처리하는 습식 공정은 본질에 따라서 기계식과 순수한 화학식으로 더 세분할 수 있다.

기계적 처리의 사례로는 특수하게 설계된 브러시나 스펀지 등을 사용해서 마스크를 문지르는 방식인 반면에, 또 다른 방식에서는 오염물들과 화학물질 사이의 반응을 통해서 마스크를 세척하는 화학물질 탱크에 마스크를 담근다.

또한 스프레이의 기계적인 충격뿐만 아니라 화학적인 반응을 사용하여 오염물질을 마스크 표면에서 제거해버리는 고압 스프레이 세척법도 있다.

17.4.1.1.1 습식 공정용 화학물질

대부분의 습식 공정들은 일반적으로 피라냐 세척이라고 알려진, H_2SO_4와 H_2O_2를 4:1의 비율로 섞은 혼합물을 90℃에서 사용하는 방식을 채용하고 있으며, 레지스트와 무거운 유기물들을 제거하는 데에 주로 사용된다. 이것은 산화제로 작용하며 탄화수소를 공격한다[1].

마스크 세척에 사용되는 또 다른 물질로는 H_2O, H_2O_2, 그리고 NH_4OH를 5:1:1의 비율로 섞어 상온에서 사용하는 것으로, RCA 표준 세척-1 또는 간단히 SC-1이라고 부른다. 이 화학물질은 NH_4OH의 용해작용과 H_2O_2의 산화성질을 통해서 마스크 표면의 유기 불순물 자국을 제거하기 위해서 설계되었다. NH_4OH는 또한 많은 금속 오염물질들에 대해서 복합체로 작용한다. 이 경우에 용액내의 과산화물이 표면을 산화시키며, 수산화암모늄은 이 산화물을 용해시킨다. 비록 이러한 표면의 순차적 생장과 식각이 입자의 제거에 도움을 주지만, 원치 않는 기층소재 상의 미세 거칠기를 초래한다. 최근의 연구에 따르면, NH_4OH 농도 비율을 0.01~0.25까지 낮추면 미세 거칠기는 크게 개선되지만, SC-1의 입자제거 효율은 그대로 유지된다[1].

17.4.1.1.2 습식 화학물질의 사용

화학물질을 마스크에 적용하기 위해서는 두 가지 일반적인 방법이 사용된다.

(a) 마스크를 화학물질 탱크에 함침
(b) 마스크를 척에 물려 회전시키면서 화학물질을 분무

함침 탱크의 사용은 마스크 배치공정을 가능케 해주며, 마스크 제조의 초창기부터 실제로 사용되고 있다. 스피닝 공정은 비록 단일마스크 처리기법이며, 배치공정에 비해서 생산성이 떨어지지만 세척결과가 월등하기 때문에 더 자주 사용되고 있다.

습식 세척 이후에 기판들은 최종 린스와 건조공정을 거치게 된다.

초음파 세척이나 메가소닉 세척 등과 같은 새로운 기법들이 매우 널리 사용되게 되었다. 또한 탱크나 스피너 등에서 브러시나 스펀지 등을 사용해서 마스크를 문지르는 기법도 일반적으로 사용된다.

특히 함침 세척 방식의 경우 화학적 세척의 두 가지 중요한 주제들은 재사용 화학물질의 증착과 입자들의 재증착이다.

17.4.1.2 건식 공정을 사용한 세척

건식 세척에서는 주로, 오염물질과 반응하여 부산물을 생성하는 플라스마를 사용하며, 가스유동을 통해서 이를 제거한다. 건식 공정의 또 다른 영역으로는 Radiance Services Company에서 개발한 표면에 영향을 끼치지 않고 표면에 붙잡혀 있는 입자들의 결합을 파괴시키기 위해서 고에너지 양성자를 사용하는, 레이저 보조 세척이라고 알려진 방법이 있다[10, 11]. 또 다른 건식 세척 시스템은 마스크 영역에서 입자들을 씻어내기 위해서 가스유동을 사용한다. 이 공정은 건식이며 물이나 독성 화학물질들을 사용하지 않기 때문에 이 기법의 장점으로는 반도체 시설에서 탈이온수, 화학물질 취급, 그리고 폐기물 처리 시스템 등의 필요성을 저감시켜주는 이점이 있다.

와류의 발생을 피하기 위해서 가스유동 특성을 최적화 시켜야만 하며, 그렇지 못할 경우 입자들의 재증착이 발생할 우려가 있다.

자외선(UV) 방사도 최초 박리공정 이후에 잔류하는 입자들의 결합력을 약화시켜서 마스크에서 레지스트를 박리시키는 데에 도움이 되는 것으로 알려져 있다.

플라스마 기계적 활성화와 오염입자 추출(PLASMAX)이라고 알려진 온라인 현장 건식 세척 공정도 있다. 이 시스템은 Beta Squared와 로스알라모스 국립연구소(LANL)가 공동으로 개발한 것으로 입자를 표면에서 유리시키기 위해서 구형 조화진동 공진을 사용하며, 계속해서 부유, 포획을 거쳐서 진공포트를 통해서 입자들을 이송하므로 입자들이 마스크 표면에 재증착하는 것을 막아준다. 이 기법은 마스크 기층소재를 25초 만에 세척할 수 있다.

이 건식 세척 기법은 노광 시스템에 직접 통합시킬 수 있으며, 현장 마스크 세척공정을 구현할 수 있어 펠리클을 채용하기 어려운 차세대 리소그래피(NGL) 마스크에 매우 유용하다.

17.4.1.3 반건조 공정을 사용한 세척

습식 및 건식 세척공정과 더불어서 반건조 공정으로 분류할 수 있는 공정이 있다.

하나의 경우 일부 액체(물, 이소프로필알콜, 그리고 에탄올) 증기를 사용하여 마스크 상에 액상의 층을 입힌 다음 레이저 빔을 사용해서 입자들을 타격한다. 가열된 물은 스팀으로 변하여 마스크 표면에서 입자들을 부양시키며, 마스크 표면을 가로지르는 가스유동에 의해서 이 입자들은 제거된다[12].

17.4.2 내장형 희석식 위상천이 마스크의 세척

앞서 논의되었던 사항들은 기존 유리상 크롬(CoG) 마스크에 대한 것들이며, 일부 진보된 마스크들은 기존의 마스크와 다른 구조를 갖고 있기 때문에 이들의 세척을 위한 새로운 방법을 꾸준히 개발 및 실현해야 한다. 이러한 사례들 중 하나는 내장형 희석식 위상천이 마스크 (EAPSM)로 이것은 MoSiON을 기반으로 하는 마스크이다. 내장형 희석식 위상천이 마스크 (EAPSM)의 구조는 기존의 유리상크롬(CoG) 마스크와는 현격하게 다르다. MoSiON을 기반으로 하는 마스크에서는 플라스마 식각이 용이하기 때문에 건식 공정이 더 일반적으로 사용되지만, 이 공정 역시 표면상에 폴리머 잔류물들과 플라스마 찌꺼기를 남겨놓기 때문에 이들의 제거 시 MoSiON 박막의 위상과 투과도를 변경시키지 않도록 세심한 주의가 필요하다.

전통적으로 포토레지스트와 이전 공정에서의 유기 잔류물들을 제거하기 위해서 $NH_4OH - H_2O_2$ 혼합물(APM) 이후로 $H_2SO_4-H_2O_2$ 혼합물(SPM)이 사용되어 왔다.

SPM은 여타의 산화용 화학물질들에 비해서 위상과 투과도의 변화를 유발한다. 따라서 SPM을 대체하기 위해서 $H_2SO_4-O_3$ 혼합물(SOM)과 같은 오존을 사용하는 화학물질과 아크리온 사의 오존화된 초순수($DIO3^{®}$) 등이 도입되었다(그림 17.1)[12].

포토레지스트 박리와 같은 무거운 중합체 제거에서 SOM과 DIO3의 효율은 제한되어 있다. 그런데 메가소닉 기술과 결합하면 그림 17.2에서와 같이 레지스트 제거효율이 향상된다[12].

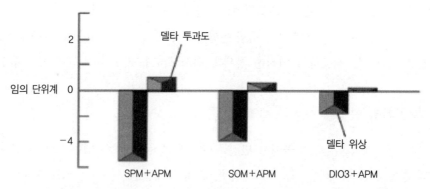

그림 17.1 서로 다른 화학물질들이 내장형 희석식 위상천이 마스크(EAPSM)의 위상과 투과도에 끼치는 영향[11] (Courtesy of Akrion)

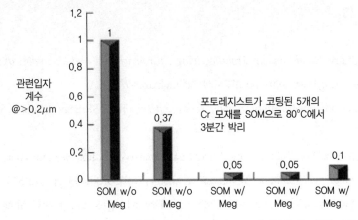

그림 17.2 메가소닉이 SOM 화학물질의 포토레지스트 제거효율에 끼치는 영향

□ 참고문헌 □

1. P. Rai Choudhury, *Handbook of Microlithography, Micromachining and Microfabrication,* vol. 1, SPIE Optical Engineering Press, 1997, pp. 377-474. Bellingham, WA, USA.

2. John G. Skinner, *Photomask Fabrication for Today and Tomorrow,* SPIE Short Course, SC122, 2001,pp. 104-105.

3. Seong-Yong Moon, Won-Tai Ki, Byung-Cheol Cha, Seong-Woon Choi, Hee-Sun Yoon, and Jung- Min Sohn, *19th Annual Symposium on Photomask Technology,* vol. 3873, 1999, pp. 573-576.

4. H. Handa, S. Yamauchi, K. Hosono, and Y. Miyahara, Dry etching technology of Cr films to produce fine pattern reticles under 720nm with ZEP-7000, in: *19th Annual Symposium of Photomask Technology,* vol. 3873, 1999, pp. 98-106.

5. C. Constantine, R. Westremann, and J. Plumhoff, Plasma etch of binary Cr mask, in: *19th Annual Symposium of Photomask Technology,* vol. 3873, 1999, pp. 93-97.

6. M.J. Buie, B. Stoehr, and Y.C. Huang, Chrome etch for < 0.13 micron, in: *21st Annual BACUS Symposium of Photomask Technology,* vol. 4562, 2001, pp. 633-640.

7. M. Mueller, S. Komarov, and K.H. Baik, Dry etching of chrome for photomasks for 100nm technology using CAR, *Photomask Japan,* 350-360 (2002).

8. Unaxis Website: *http: //semiconductors.unaxis.com/en/download/65%20nm%20Dry%20Etch.pdf.*

9. S.A. Anderson, R.B. Anderson, M.J. Buie, M. Chnadrachood, J.S. Clevenger, Y. Lee, N. Sandlin, and J. Ding, Optimization of a 65nm alternating phase shift quartz etch process, in: *23rd Annual BACUS Symposium on Photomask Technology,* 5256, 66-75 (2003).

10. Semiconductor International Website: *http: //www.reed-electronics.com/semiconductor/article/CA163977.*

11. Radiance Services Website: *http: //www.radianceprocess.com/rad.html.*

12. R. Novak, I. Kashkoush, and G.S. Chen, Today's binary and EAPSMs need advanced mask cleaning methods, *Solid State Technol., February,* 45-46 (2004).

Vladmir Liberman

18.1 서 언

과거 15년간 포토리소그래피는 연속파장(CW) 자외선(UV) 수은등 광원에서 원자외선(DUV) 세대(248nm)를 시점으로 하는 단속형 엑시머 레이저를 거쳐서, 최근에는 193nm 파장으로 옮겨가고 있다. 차세대 리소그래피 장비들은 157nm 엑시머 레이저보다 더 짧은 파장을 사용할지도 모른다. 원자외선과 소위 진공 자외선(VUV) 스펙트럼 영역까지의 파장감소는 엄격한 광학적 성질을 갖춘 마스크 소재를 요구하고 있다. 엑시머 레이저의 듀티 주기는 일반적인 10nm 펄스폭의 경우 10^5이며, 따라서 최대 레이저 동력이 매우 높기 때문에 조사된 소재의 피크 온도는 엑시머 레이저의 경우 연속파장을 사용하는 것보다 높을 것으로 예상된다. 최대 동력의 증가는 짧은 파장과 더불어서, 광학식 마스크의 내구성과 순도의 측면에서 전례 없는 요구조건을 만들어냈다. 실제로 193nm 및 157nm 리소그래피 세대의 경우 조사에 따른 수명은 마스크와 펠리클 소재의 사전 선발에서 가장 중요한 인자들 중 하나이다.

이 단원에서는 레이저 조사 하에서 투명도와 내구성에 대한 요구조건을 충족시키는, 248~157nm 리소그래피 세대에 사용되는 마스크와 관련된 광학소재들에 대해서 살펴본다. 모든 자외선 파장들에 대해서 공통적인 논제인 계측 시 고려사항들과 소재의 예상수명 등에 대해서 먼저 논의한다. 다음으로는 공학적인 개선을 위한 도전이 남아 있는 248nm 및 193nm 세대를 위한 마스크 소재에 대한 상황을 살펴본다. 그런 다음 마스크 모재, 펠리클, 흡수소재, 그리고 157nm 리소그래피용 희석식 위상천이 마스크(APSM)❖ 소재에 대해서 논의할 예정이다. 또한 스펙트럼의 진공 자외선(VUV) 영역에서 특히 심각한, 광학에 의해서 유발된 오염과 세척에 관련된 도전에 대해서 살펴보기로 한다.

18.2 계측

마스크 소재에 관련된 자외선(UV) 계측에 대해서 논의함에 있어서, 다음에 대한 광학식 측정을 다룰 예정이다. (1) 예를 들면 157nm 마스크 모재의 지배적 투과성질 등과 같은 벌크 소재의 성질들 (2) 흡수소재 및 희석식 위상천이 마스크(APSM) 소재와 같은 박막 기층소재, 그리고 (3) 펠리클과 같은 자주식 박막 등이다. 이들 각각의 측정과 관련된 문제들에 대해서 간략히 논의할 예정이다. 또한 소재 수명 평가에 필요한 레이저 기반의 투과율 현장측정 방식에 대해서도 논의한다.

18.2.1 벌크 소재

마스크 모재의 평가에서 표면 다듬질이나 표면 오염의 함수여서 본질적이지 않은, 표면손실과는 반대의 개념을 갖고 있는, 소재의 본질적인 특성인 벌크 흡수와 같은 벌크 손실에 주의를 기울여야만 한다. 벌크 소재의 투과도에 대해서 논의할 때, 내부 및 외부 투과도 사이를 구분하는 것이 일반적이다. 외부 투과도는 실험적으로 측정된 양으로 표면반사를 포함하고 있다. 내부 투과도는 외부 투과도에서부터 유추할 수 있으며(아래 참조), 소재 내에서의 비반사 손실을 나타낸다. 길이 l인 시편의 내부 투과도는 다음과 같다.

$$T_{\text{int}} = 10^{-(2\beta + \alpha l)} \tag{18.1}$$

여기서 β는 흡수와 산란을 포함하는 단일표면 손실이며, α는 센티미터 당 내부 표면흡수 계수이다. 6mm 두께의 마스크 모재 까지는 무시할 정도의 수준이므로 식 (18.1)에서는 벌크

❖ 교번식 위상천이 마스크(Alternating Dhase Shift Mask)도 APSM을 약자로 사용하므로 혼동의 우려가 있다. -역자 주

산란의 영향을 무시하였다. 실제로 측정한 외부 투과도로부터 식 (18.1)에 제시되어 있는 내부 투과도를 얻기 위해서는, 다음의 관계식을 사용해야 한다.

$$T_{\text{int}} = T_{\text{ext}} (n+1)^4 / (16n^2) \tag{18.2}$$

여기서 n은 소재의 반사율이다. 용융 실리카의 경우 193nm에서 $n = 1.56$이며, 248nm에서는 $n = 1.51$이다. 157nm에서 사용되는 변형된 용융 실리카의 경우 굴절률은 불소 도핑 양에 의해서 얼마간 변하지만, 1.67을 취한다. 따라서 $T_{\text{int}} = 100\%$를 식 (18.2)에 역으로 대입하면 157nm, 193nm 및 248nm의 파장에 대해서 각각 87.8%, 90.7%, 91.9%의 T_{ext} 값을 얻을 수 있다. 이 값들은 코팅되지 않은 용융 실리카 모재에서 구현할 수 있는 최대 투과도를 나타낸다. 마스크 모재의 실제 투과도는 오염물질을 제거하기 위하여 표면의 적절한 사전세척을 시행한 이후에 분광광도계를 사용해서 측정한다.

18.2.2 기층소재상의 박막

새로운 희석식 위상천이 마스크나 흡수소재를 개발할 때, 소재성분의 광학적 성질들이 자외선 영역에 대해 충분한 정확도로 특성화되지 못하였음을 자주 발견하게 된다. 고도의 정확도와 정밀도를 갖고 근접 자외선 영역에서의 투과/반사도와 타원분광 측정을 수행할 수 있지만, 200nm 이하의 계측에는 특수한 어려움이 발생된다[1]. 이 파장대역에서는 수분과 산소가 강한 흡수재이므로, 계측 시스템이 불활성 기체로 보호되거나 진공 하에서 작동되어야 한다. 대기의 제약은 계측장비의 설계를 복잡하게 만들며, 시편의 운반과 측정에 소요되는 시간을 현저히 증가시킨다. 모든 운반용 시창들, 기밀전구, 그리고 광전자증배관 시창 등은 자외선(UV) 등급의 합성된 용융 실리카로 제작하거나 또는 180nm 이하에서 작동하는 경우에는 불화 마그네슘이나 불화칼슘 등으로 제작해야만 한다. 진공 자외선(VUV)까지의 넓은 파장대역에서 작동하는 편광기인 로션 프리즘의 경우 공기간극을 갖는 불화 마그네슘 요소로 제작된 것을 사용한다.

최근 들어 진공 자외선(VUV) 파장대역을 도입하기 위해서 계측장비 회사들이 많은 진보를 이루었다. 진공 자외선(VUV) 영역에서 박막의 광학적 제한조건을 추출하기 위한 견실한 방법이 타원분광[2, 3]뿐만 아니라 반사/투과[4] 방법을 사용해서도 구현되었다. 일반적으로 반사/투과 방법은 박막 테두리 분석에 의존한다. 따라서 이 기법은 $d_{\min}$ 이상의 박막 두께에 대해서 가장 효과적이다[4].

$$d_{\min} \approx \lambda_{\min}/2n \tag{18.3}$$

여기서 $\lambda_{\min}$은 측정된 스펙트럼의 최저 파장이며, n은 박막의 반사율이다. $n = 1.5$이며 $\lambda_{\min} = 150\text{nm}$인 경우 믿을 만한 모델을 만들 수 있는 최소 두께는 $\approx 50\text{nm}$이다. 이 두께 이하에서는 훨씬 고생스럽지만 분석 방법으로 진공 자외선(VUV) 스펙트럼 타원분광이 선호된다.

18.2.3 자주식 펠리클 박막

지지되지 않은 연질 펠리클(18.4.2절 참조)은 마이크로미터 규모의 두께를 갖는다. 펠리클 두께 d의 영역에서 빛의 간섭성 중첩의 경우 투과율 T_p는 다음과 같이 주어진다.

$$T_\text{p} = \left| \frac{nt_{01}^2 \mathrm{e}^{-\mathrm{i}\delta}}{1 - r_{01}^2 \mathrm{e}^{-2\mathrm{i}\delta}} \right|^2 \tag{18.4}$$

여기서

$$n = n_r - \mathrm{i}k \tag{18.5}$$

는 복소수 굴절률이며,

$$\delta = \frac{2\pi nd}{\lambda} \tag{18.6}$$

$$t_{01} = \frac{2}{n+1} \tag{18.7}$$

$$r_{01} = \frac{1-n}{1+n} \tag{18.8}$$

주어진 펠리클에 대해서 파장의 함수인 투과도는 막 두께와 굴절계수에 의해서 결정되는 최대 위치의 진동이 나타나며, 최대 투과도는 다음과 같이 주어진다.

$$T_{peak} = 100e^{-\alpha d} \tag{18.9}$$

여기서 α는 다음과 같이 정의되는 흡수계수이다.

$$\alpha = \frac{4\pi k}{\lambda} \tag{18.10}$$

최대 투과도 측정 시 분광계의 스펙트럼 분해능 또는 대역폭이 테두리 간격에 비해서 훨씬 작게 설정되어야만 하며, 그렇지 않은 경우 측정된 투과도 프로파일에는 실제의 투과도와 분광 도계 대역이 혼합되어 테두리 대비도의 인위적인 저하가 초래된다. 이 영향은 자외선 스펙트럼 영역에서 특히 크게 나타난다(그림 18.1 참조).

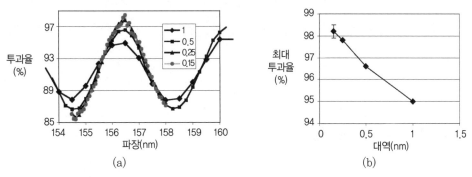

그림 18.1 자주식 펠리클 박막의 측정에 분광도계 슬릿 대역이 끼치는 영향. (a) 다양한 대역 값들에 따른 투과 스펙트럼. 기호들과 병기된 숫자들은 나노미터 단위의 대역폭을 의미한다. (b) 대역폭의 함수로 나타 낸 최대 투과도

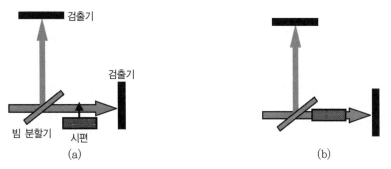

그림 18.2 레이저 기반의 투과율 현장측정 장치의 개략도. (a) 100% 기본 투과율 측정을 위한 측정기 구성도 (b) 시편 투과율 측정을 위한 측정기 구성도

18.2.4 레이저 기반의 소재수명시험

최초의 광학적 성질들과 더불어서 소재들은 엑시머 레이저 방사에 대해서 적절한 조사수명을 갖춰야만 한다. 지정된 대기조건 하에서 소재의 수명시험이 필요하다. 193nm 및 248nm 리소그래피의 경우 공기가 마스크 근처에서의 대기로 사용되는 반면에, 157nm 리소그래피에서는 모든 시험이 질소대기 하에서 수행되어야만 한다. 정확한 레이저 기반의 현장 투과도 측정이 소재 수명평가에 필수적이다. 선호되는 측정방법은 레이저 기반의 방사분석이다(그림 18.2)[1]. 전형적인 계측장치 셋업은 입사광의 반사광을 기준 감지기로 유도하기 위해서 시료 전단에 빔 분할기를 사용한다. 레이저 빔의 대부분은 시료 스테이션의 직 후방에 위치한 시료 감지기로 입사된다. 우선 100% 계측을 위해서 시료를 빔 경로에서 치운 상태에서 시료 대비 기준 감지기의 비율을 구한다. 그런 다음 시료를 빔 속으로 집어넣고 시료 계측을 수행한다. 시료 대비 100% 계측값 사이의 비율이 연구대상 소재의 투과율이다. $0.05mJ/cm^2/pulse$ 이상의 에너지 밀도를 갖는 입사 레이저에 대해서 파이로 전기 감지기는 투과율 측정에 매우 적합하다. 이 범위보다 훨씬 낮은 에너지 밀도에 대해서는 광다이오드를 기반으로 하는 감지기가 이득이 높기 때문에 더 적합하다.

18.3 레이저 수명 요구조건

이 절에서는 레이저 조사를 받는 마스크 소재의 레이저 수명 요구조건에 대해서 평가하고자 한다. 원래 이 계산들은 펠리클에 사용되었던 것들이지만, 이것은 단순히 펠리클에 전달된 누적 조사량을 산출하는 것이므로, 이 수명목표를 다양한 마스크관련 소재들에 대해서 광범위하게 적용할 수 있다[5].

펠리클의 손상은 누적 조사량에 선형적으로 비례한다고 가정하였다. 펠리클에서의 총 조사량 계산을 위한 가장 간단한 방법은 웨이퍼상의 레지스트가 필요로 하는 노광 조사량 E_w으로부터 역산하는 것이다. 매 노광당 레티클 내의 투명한 영역을 통해서 투과되는 조사량 E_r 은 다음과 같다.

$$E_r = \frac{E_w}{M^2 T} \tag{18.11}$$

여기서 M은 투사렌즈의 축사율이며 T는 투과율이다. 펠리클에서의 조사량을 산출하기 위해서 펠리클은 레티클의 원시야에 위치한다고 가정하였다. 5mm의 펠리클-레티클 간극과 4×의 축사율을 갖는 0.8NA 렌즈의 경우 레티클 형상은 디스크 상에서 약 1mm 반경(5×0.8/4)으로 번진다. 만약 레티클 상에서 패턴의 공간변화가 대부분 1mm보다는 훨씬 작다고(즉, 패턴밀도의 장거리 변화가 작다고) 가정한다면, 노광당 펠리클에 전달되는 조사량 E_p는 단순히 다음과 같이 구해진다.

$$E_p = E_r T_R \tag{18.12}$$

여기서 T_R은 레티클의 투과율이다. 비록 빛이 레티클과 펠리클 사이에서 확산되지만, 거리가 충분히 짧기 때문에 조사된 영역의 공간범위는 실질적으로 변하지 않으며, 에너지 밀도의 감소도 무시할 정도의 수준이다. 마지막으로 펠리클을 통과하여 전달된 총 조사량 E_t는 노광당 조사량과 노광된 필드들의 총 숫자의 곱으로 구해진다.

$$E_t = \frac{FWRE_w T_R}{M^2 T} \tag{18.13}$$

여기서 F는 웨이퍼 당 필드의 숫자이며, W는 펠리클 교체 전에 프린트한 웨이퍼의 숫자이다. 식 (18.13)을 사용해서 펠리클이 견뎌야만 하는 총 조사량을 산출할 수 있다. 500mm^2 필드와 300mm 웨이퍼의 경우 필드의 숫자 F는 약 150으로 추정할 수 있다(반도체 국제기술 로드맵). 투과율 T_R이 75%인 비교적 명시야 레티클을 적절한 상한값으로 가정하였다. 렌즈 투과율 T는 30%이며 축사율 M은 4로 가정하였다. 주어진 레티클을 사용해서 프린트해야 하는 웨이퍼의 숫자는 생산제품의 유형에 따라 다르다(ASIC보다는 마이크로프로세서가, 마이크로프로세서보다는 메모리의 프린트 수가 훨씬 많다). 현재의 E_t 목표 값인 5kJ/cm^{2}은 20mJ/cm^{2}의 레지스트 조사량 하에서 10,000장의 웨이퍼를 노광하는 경우에 대한 보수적인 산출 값이다. 레지스트 조사량 10mJ/cm^2 하에서 5,000장의 웨이퍼를 프린트하는 경우 총 조사량은 1.2kJ/cm^{2}이다. 그런데 이 목표 값은 프린트할 제품의 유형에 관련된 입력조건의 가정에 따라서 근본적으로 변할 수 있다.

필요한 수명 시간 동안의 투과율 최대 허용 변화량을 지정하는 것도 중요하다. 이전 세대의 목표 값은 1%였다[6]. 사실, 투과율의 공간변화가 선폭 조절에 큰 영향을 끼치기 때문에 주된 고려사항이다. 실제의 경우 이것은 1mm 이상의 번짐 반경이 발생하는 거리 이상에 대해서 시간변화에 따른 패턴 밀도 변화와 일치한다. 이런 연유에서 1%는 적절한 목표로 남아 있다.

18.4 193nm 및 248nm 광학소재

18.4.1 마스크 모재용 용융 실리카

용융 실리카 마스크 모재에 대한 광학적 요구조건들은 렌즈소재에 비해서 훨씬 약하다. 따라서 6mm 이상의 두께에 대한 소재의 투명도의 보장만이 필요하다. 소재의 수명은 $0.1mJ/cm^2$ 미만의 입사 펄스 에너지 밀도에 대해서 5~10kJ/cm^2 이상의 조사량으로 설정할 필요가 있다. 엑시머 레이저 기반의 리소그래피에 앞서서 용융 실리카의 품질에는 매우 큰 편차가 존재하므로, $10mJ/cm^2/pulse$ 미만의 에너지 밀도로 193nm 레이저를 겨우 수백만 펄스만 조사하여도 일부 소재는 빠르게 손상을 입는다[7]. 그런데 불순물 농도가 ppm 단위 이하인 고순도 자외선 (UV)등급 용융 실리카 소재의 개발 덕분에, 193nm나 그 이상의 파장에 대해 레티클 모재가 일정한 투과율을 갖는 것은 더 이상 기술이 아니라 품질관리의 문제로 변하게 되었다.

248nm 용도의 경우 용융 실리카 모재의 최대 투과율이 단지 반사율 손실에 의해서만 제한되도록 만드는 것(즉, 91.9%)은 즉각 실현할 수 있다. 193nm의 경우 이 손실은 작지만 무시할 수준은 아니다. 193nm에 대해서 $\beta=0.0015/surface$의 품질을 갖는 다수의 샘플에 대한 폴리싱과 관련된 표면손실을 측정하였으며[8][식 (18.1) 참조], 두 개의 표면에 대하여 0.7%의 투과율 손실이 발생하는 것으로 산출되었다. 조사되지 않은 소재의 경우 다양한 등급의 용융 실리카에 대한 반사 흡수율 계수 α는 대부분의 시편에서 0.001~0.005/cm 인 것으로 밝혀졌으며[8], 이는 6mm 두께 모재에 193nm의 레이저를 사용하는 경우 0.1~0.7%의 투과율 손실에 해당된다. 따라서 코팅되지 않은 마스크 모재의 경우 193nm에 대해서 89~90%의 초기 투과율을 구현할 수 있다. $0.1mJ/cm^2/pulse$ 미만의 에너지 밀도를 갖는 193nm 및 248nm 레이저 조사에 대해서 고순도 엑시머 등급 용융 실리카는 수십 kJ/cm^{2}의 조사량에 대해서도 투과율 저하가 발생하지 않아야 한다. 그런데 모재 백화 현상이나/또는 표면세정(18.5.5 참조)과 같은 레이저에 의해서 유발되는 초기 과도현상이 발생할 수도 있다. 두 표면에 대한 총 세정효과는 193nm의 경우 1~2%인 것으로 판명되었다[8]. 모재에서 발생하는 현상인 투과율 백화현상은

1kJ/cm^2 이상의 조사량에서 발생하며, 레티클 두께에 대해서 최대 1%에 달한다. 적합한 소재 선정을 통해서 백화현상을 최소화시킬 수 있다.

18.4.2 193nm용 펠리클

먼지입자들로부터 레티클을 보호하여 제조수율을 향상시키기 위해서 펠리클을 사용하는 방식은 반도체 업계에서 굳건하게 자리 잡고 있다. i-라인(365nm)과 g-라인(436nm) 리소그래피에서는 펠리클 박막으로 니트로셀룰로오스가 널리 사용되어 왔다. 그런데 이 소재는 초기 투명도나 레이저 조사 하에서의 수명 모두 248nm 이하의 파장에 대해서는 적합지 않다. 그러므로 248nm 및 193nm 리소그래피용 펠리클은 전형적으로 플루오르화 탄소 유도물질을 사용한다. 펠리클 박막으로 사용하는 플루오르화 탄소에는 일반적으로 두 가지 유형이 있다. 이들 중 하나는 듀퐁사의 테프론 AF로, 테트라플루오에틸렌과 2,2-bis(트리플루오르메틸: CF$_3$)-4, 5-difluoro-1,3-dioxide의 중합체이다[9]. 또 다른 소재는 아사히 유리에서 제조한 CYTOP으로, 이 소재는 perfluorocyclo-oxy-aliphatic monomer 유닛을 기반으로 한다[10]. 소재들이 처음에는 두께 균일성과 투명도 등의 리소그래피에서 요구하는 엄격한 요건을 충족시키는 것처럼 보이지만, 저강도 193nm 조사광에 노광되었을 때의 퇴화현상에 대해서는 체계적으로 연구할 필요가 있다.

18.4.2.1 수명연구

i-라인 펠리클의 248nm에 대한 장기간 안정성을 대상으로 하여 연구가 수행되었으며, 248nm 조사에 노출되었을 때, 불화폴리머 펠리클들의 뛰어난 내구성을 갖고 있다는 것이 발견되었다[11-13]. MIT 링컨 실험실에서 193nm 펠리클의 퇴화에 대한 체계적인 연구가 수행되었다[14]. 실험은 질소와 공기로 조절된 대기환경 하에서 펠리클 내구성을 비교하였다. 수행된 두 가지 유형의 실험은 생산 환경을 모사하기 위한 조사 수명시험과, 분자단위에서의 광화학적 변화를 겨냥하여 설계된 펠리클 가스방출 연구였다.

조사 수명시험에서 400Hz 펄스반복비율과 0.1mJ/cm^2/pulse의 입사 에너지 밀도를 갖는 레이저가 사용되었다. 이 에너지 밀도 범위에 대해서 수명은 단지 총 조사량, 즉 펄스 수×펄스당 에너지 밀도에만 의존하는 것으로 밝혀졌다. 조사 도중에 자외선(UV)-가시광 분광도계를 사용해서 장외에서 주기적으로 펠리클에 대한 측정을 수행했다. 레이저 조사 하에서 펠리클 소재의 두께와 광학적 성질을 추출하기 위해서 세밀한 간섭 광 분석이 수행되었다. 정규수명

평가를 위해서 마스크 대기를 모사하기 위한 공기유동 하에서 펠리클에 193nm 레이저를 조사하였다. 측정된 투과율 저하와 모델링으로부터, 다음과 같은 펠리클 거동 범위가 관찰되었다 (그림 18.3).

(I) 유도주기는 대략 $3kJ/cm^2$ 의 입사조사량으로 이 기간 동안 투과율의 아무런 변화도 일어나지 않는다.

(II) 초기 펠리클 퇴화는 대부분의 소재에 대해서 $3{\sim}5kJ/cm^2$에서 발생하며, 굴절률의 실수부 저하가 주로 일어난다. 이 범위에서 펠리클의 색상변화가 관찰된다. 이 범위의 대부분 동안 펠리클은 여전히 리소그래피를 수행하기에 적합하다.

(III) 총 입사조사량이 $5{\sim}6kJ/cm^2$인 범위에 대해서 퇴화가 가속화되며, 굴절률과 펠리클의 물리적인 두께의 근원적인 변화가 발생되며 짧은 파장에 대한 흡수율이 증가한다.

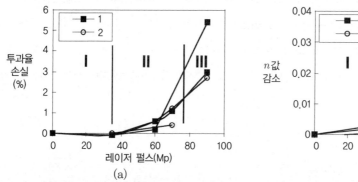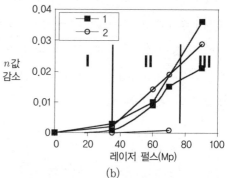

그림 18.3 193nm 펠리클들의 수명시험 결과. (a) 레이저에 의한 193nm 투과율 손실 (b) 레이저에 의한 193nm 굴절률 저하. 1은 193nm 및 248nm 용도로 최적화된 펠리클. 2는 193nm만을 위해서 최적화된 펠리클. 로마자 I, II 및 III은 본문에서 정의되어 있는 손상도를 나타낸다. 모든 노광의 에너지 밀도는 $0.1mJ/cm^2/pulse$이다.

18.4.2.2 대기의 영향

대기가 펠리클의 수명에 끼치는 영향을 시험하기 위해서 연구자들은 공기보다는 건조된 질소(< 10ppm O_2) 하에서 조사량을 비교하였다. 대기에 산소가 존재하면 조사에 의해서 오존이 생성되므로, 오존 농도를 항상 0.15ppm 이하로 유지하기 위해서는 높은 비율의 공기유동 조건을 선택해야만 한다. N_2 대기 하에서의 점 조사에 대해서 훨씬 심각한 퇴화현상이 관찰되었다. 이처럼 현저한 퇴화율 차이를 일으키는 광화학 작용에 대해서 이해하기 위해서 MIT 링컨 실험

실 연구자들은 193nm 레이저 조사 하에서 펠리클에서 방출되는 소량의 가스물질을 측정하기 위해서 분리된 가스 크로마토그래프/질량 분석계 기반의 검출장치를 사용하였다. 이 연구의 결과와 이전의 플루오르화 탄소 광화학작용에 대한 연구에 따르면 두 가지 상이한 경로의 레이저에 의해서 유발되는 변화가 펠리클 내에서 관찰되었다.

(1) 질소대기 하에서의 조사는 산소나 물(수소)과 같은 냉각제가 없는 경우에 긴 수명(수분 이상)을 갖는 라디칼의 생성을 유발한다. 그 결과 라디칼 사이의 상호반응이 개시될 때까지 방사에 의해서 유발되는 라디칼 농도가 증가하여 불포화된 CF=CF 결합이 형성된다. 이 결합에 수반되는 π-전자들이 원자외선 흡수성 증가를 유발시킨다.

(2) 산소 내에서의 조사과정에서 빛에 의해서 생성되는 라디칼들이 빠르게 과산화 그룹으로 변환된다. 과산화 그룹들의 농도가 충분히 높아지면, 과산화-과산화 또는 과산화-플루오르화 탄소의 라디칼 상호작용이 발생하여 유기 과산화물이 생성되며, 산소나 수소가 없는 경우에 생성되는 과불화알켄보다 낮은 흡수특성을 보인다.

18.4.3 193nm 및 248nm용 희석식 위상천이 마스크(APSM) 소재

희석식 위상천이 마스크(APSM)는 분해능강화기법에서 일반적으로 사용되고 있다. 이 기술은 대부분의 경우 접촉수준에서의 프린트에서 사용되지만, 보통 비축 조명과 함께 사용하면 고립된 선과 조밀한 선에도 유용한 것으로 알려져 있다[15~18]. 희석식 위상천이 마스크(APSM)의 형태는 흡수층이 박막(또는 적층)으로 대체되었다는 점을 제외하고는 2진 마스크와 유사하다. 이 박막은 두 가지 기본요건을 충족시켜야만 한다. 5~15% 내외의 소량의 입사광만을 투과시키며 투과된 빛을 반파장만큼 지연시켜야 한다. 그 결과 개방영역의 테두리에서 음의 계면이 발생되며, 영역 영상의 경사도는 예리해진다. 희석용 박막 소재는 입사광을 흡수하도록 설계되었기 때문에 소재의 내구성이 주요 관심사이다. 더욱이 이들의 광학적 성질은 사용하는 파장에 대해서 뿐만 아니라 전형적으로 매우 높은 검사파장에 대해서도 일정하게 유지되어야만 한다. 248nm에서는 희석식 위상천이 마스크(APSM)가 제조에 일반적으로 사용되며, MoSi 소재가 사용된다[19]. 193nm의 경우에 희석식 위상천이 마스크(APSM)는 여전히 평가단계에 있다. 크롬 옥시플루오라이드[20, 21], MoSiON-기반 층[22], 그리고 Si 기반의 합성물질[23] 등이 소재의 대안으로서 제안 및 시험되고 있다. 비화학량 적인 소재들이 레이저에 의해서 유발되는 산화공정 때문에 더 변하기 쉬운 것으로 밝혀졌다[24]. 증착된 박막 내에서 결함밀도를 최소화시키는 것이 중요하다. 예를 들면 증착방법이나 증착 후 풀림방법의 개선을 통해서 크롬 옥시플루오라이드를 기반으로 하는 박막의 내구성이 개선되는 것으로 밝혀졌다 [21].

193nm 및 248nm 리소그래피용 희석식 위상천이 마스크(APSM)의 새로운 제조방법들은 나노미터 규모의 두께를 갖는 질화티타늄 층과 질화물 층을 교대로 쌓은 광학식 규칙격자를 사용하고 있다[25]. 광학적 희석량은 TiN_x 층의 두께를 증가시킴으로써 조절된다. 이 박막의 193nm 방사에 대한 내구성은 총 두께를 동일하게 유지하면서 이중층의 숫자를 1에서 10으로 증가시킴으로써 개선할 수 있다. 더욱이 외부 층이 TiN_x인 다중 적층은 SiN_x을 외부 층으로 사용하는 동일한 적층보다 더 높은 방사경도를 갖는다. 이러한 경향에 따르면 (계면의 숫자를 증가시켜줄 것으로 예상되는)결함밀도보다는 층의 고유한 성질들이 퇴화경향을 지배한다는 것을 시사하고 있다.

18.5 157nm 리소그래피 세대

앞서의 193nm 소재에 대한 논의에서 보았듯이 마스크 소재에 관련된 초기 광학적 성질과 수명은 생산 요구조건에 근접하였거나 이미 충족되어 있다. 그런데 157nm 리소그래피의 경우에는 마스크 업계가 심각한 도전에 직면해 있다. 193nm 이하의 파장에 대해서 충분한 투명도를 갖고 있는 소재의 숫자는 극도로 제한되어 있다. 예를 들면 193nm 용도로 사용되는 기존의 용융 실리카와 193nm용 연질 펠리클은 157nm에서 필요로 하는 초기투명도나 수명 모두를 충족시키지 못한다.

18.5.1 변형된 용융 실리카

최고품질의 193nm 용융 실리카조차도 157nm에 대해서는 충분한 투과율을 갖고 있지 못하다. 157nm를 리소그래피 파장의 후보로서 연구하던 초창기에, 마스크 소재로 용융 실리카를 대체할 소재를 찾는 데에 엄청난 노력이 소모되었다. 불화칼슘이나 불화마그네슘과 같은 수많은 불소화 물질들이 이 파장대역에 대해서 뛰어난 투명도를 갖는다. 그런데 단결정 불소화 소재들은 용융 실리카보다 열배 이상 큰 열팽창계수를 갖고 있다. 이러한 사실 때문에 마스크 기록이나 웨이퍼 노광 시 열에 의한 프린트 형상의 왜곡이 허용할 수 없을 만큼 크게 나타난다

[26, 27]. 더욱이 만일 불소화 소재들이 마스크 모재로 사용된다면 마스크 모재 공급업체와 마스크 제조업체에 의해서 완벽하게 새로운 화학적 공정들이 개발되어야만 한다. 따라서 비록 산업계에서 완벽한 크기의 CF_2 마스크 모재를 제조 및 특성화하기 위한 태스크포스를 설립하였다고는 하지만 용융 실리카에 대한 개선 연구는 계속되고 있다.

1978년에 이미 용융 실리카의 흡수한계에 대한 세밀한 관찰을 기반으로 소재 변형을 통해서 투과율 한계를 넓히는 방안이 제안되었다[28]. 그 해법은 추가적인 투과율 손실을 유발하지 않으면서 소재의 굴절률을 줄이기 위해서 불소를 도핑한 실리카 코어 파이버를 사용한 광통신 업계에서 나왔다. 1993년 Kyote 등[29]은 이 불소도핑 방법이 진공 자외선(VUV) 영역에서 용융 실리카의 투과율을 현저히 증가시킬 수 있음을 규명하였다. 1990년대 후반에 기존의 기법을 발전시켜서 변형된 용융 실리카의 투명도를 개선시켰다[30]. 일반적인 접근방법은 두 단계로 구성된다. OH 반족이 155nm 이상의 파장을 흡수하기 때문에 용융 실리카 내에서 수산화물 농도를 저감시킨다. 그리고 규소원자 내의 공유되지 않은 모든 전자들을 적정(titrate)하기 위해서 유리 네트워크에 불소를 주입한다. 그림 18.4에서는 기존 자외선(UV)등급 용융 실리카와 변형된 용융 실리카의 투과율을 비교하여 보여주고 있다[31]. MIT 링컨 실험실에서 몇 가지 변형된 용융 실리카들에 대한 평가가 수행되었으며, 이들 중 일부는 낮은 초기흡수성뿐만 아니라 펄스 수에 따른 투과율 안정성과 앞서 논의했던 성능들 모두를 충족시켰다. 변형된 용융 실리카의 본질적인 흡수특성은 157nm의 경우 0.02/cm (베이스 10)[31]의 낮은 값을 갖고 있어서, 표면손실이 없다고 가정하면 6mm 두께의 모재에서 85.5%의 투과율을 나타낸다.

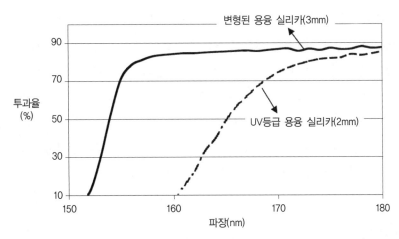

그림 18.4 표준 자외선(UV)등급 용융 실리카와 변형된 용융 실리카 시편의 투과율 비교

18.5.2 157nm 리소그래피용 펠리클 방책

기존의 용융 실리카가 157nm 용도로 적합지 않은 것처럼 기존 193nm용 플루오르화 탄소 펠리클 소재는 레이저 조사에 대해서 충분한 투명도나 필요한 수명을 갖고 있지 않다. 투과율 변화와 더불어서 펠리클로부터의 가스방출은 렌즈환경의 측면에서 허용할 수 없을 정도로 높은 수준이다. 마스크 모재 제조업계에서 이전에 논의되었던 사안과 유사하게 193nm 펠리클에서 라디칼이 이탈한다는 개념은 펠리클 공급업체, 리소그래피 장비 제조업체, 그리고 최종 사용자 모두를 포함하는 인프라에 근원적인 부담을 지워준다. 이전의 산업계 설문[32]에서 거의 참가자의 60%가 157nm 펠리클 기술의 해법으로 연질 펠리클을 선호하였다. 불행히도 현재까지 적절한 레이저 수명을 갖춘 연질 펠리클이 생산되지 못하고 있다. 다음에서는 연질 펠리클의 내구성 문제에 대해서 논의하기로 한다. 또한 경질 펠리클이나 탈착식 펠리클과 같은 여타의 제안된 방안들에 대해서도 살펴보기로 한다.

18.5.2.1 연질 펠리클

테프론 AF와 같은 기존의 플루오르화 탄소 펠리클 소재들은 약 157nm에서 $50\%/\mu m$ 내외의 투명도를 갖는다. MIT 링컨 실험실에서 수행된 방사시험에 따르면 이들의 투과율은 입사레이저의 조사량이 $10J/cm^2$ 규모에 도달하면 급격하게 퇴화되며 최후에는 파손된다(그림 18.5). 과거 2년간 초기 투명도와 레이저 내구성이 더 높은 소재를 개발하기 위한 광범위한 연구가 수행되었다. 표준 테프론 기반의 플루오르화 탄소를 변형시키려는 노력들 중 하나는 CF_2와 CH_2가 길게 연결되는 것을 피하기 위해서 폴리머 줄기에 교차를 촉진시키는 것이다[33]. 이 연구를 통해서 마이크로미터당 98%에 이를 정도로 높은 투명도를 갖는 두께가 최적화된 폴리머가 발표되었다. 이 소재들에 대한 초기 레이저 기반 수명시험 결과는 고무적이며, 수명과 흡수율 사이의 상관관계를 나타내고 있다(그림 18.6). 그런데 소재수명의 증가를 위한 더 많은 노력들의 결과는 흡족지 못하다. 폴리머 조성, 소농도 산소 및 습도환경을 포함하는 시험환경의 영향, 그리고 자주식 박막에 대한 다양한 전처리 등에 따른 레이저 내구성을 검사하기 위한 광범위한 실험들을 통해서 최장 약 $5J/cm^2$의 수명을 구현할 수 있었다[5].

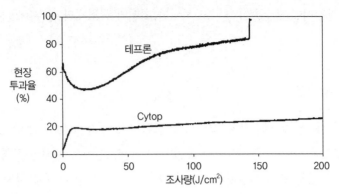

그림 18.5 193nm 용도로 설계된 $1\mu m$ 두께 펠리클이 157nm 레이저에 의해서 유발된 퇴화특성. 펠리클들은 500Hz 0.1mJ/cm²/pulse에 노광되었다. 150J/cm²에서 테프론 AF의 급격한 불연속은 맴브레인의 파단을 나타낸다.

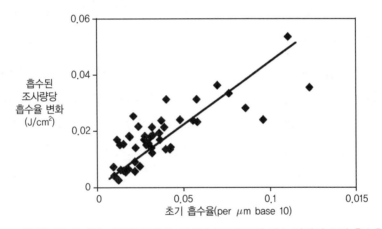

그림 18.6 157nm용 펠리클에 대한 다양한 종류로 개발된 플루오르화 탄소 박막의 초기 흡수율 대비 흡수된 조사량에 따른 흡수율 변화

　　몇 가지 인자들이 157nm에서 연질 펠리클의 수명을 제한한다. 광화학적 분해율은 반응하는 양자효율과 흡수성의 조합에 의해서 결정된다. 세 가지 리소그래피 파장에 대한 폴리머의 광화학 특성에 대한 비교연구에 따르면 파장에 따른 연쇄분열과 교차 링크의 양자 수율은 큰 차이를 보이지 않는다[34]. 그러므로 157nm에서 흡수율의 현저한 저하는 퇴화의 저감을 초래한다는 점은 반가운 일이다. 그런데 반응성 수소가 줄기 속에 끼어드는 것과 같은 폴리머의 화학적 구조변화가 폴리머를 퇴화시키기 위한 새로운 광화학적 통로를 열어줄 수도 있다. 광화학적 수소 추출반응이 탄소-탄소 이중결합을 생성한다는 것이 문헌을 통해서 보고된 바 있다[35]. 게다가 공기로 운반되는 탄화수소가 펠리클 맴브레인 속에 편입되는 것과 같은 부수적인 영향

에 의해서 비록 본질적인 흡수율이 낮다고 하더라도 펠리클 소재의 흡수율이 본질적으로 증가할 수도 있다.

18.5.2.2 경질 펠리클

이 해결방법에서는 불소화된 용융 실리카를 밀리미터 이하 두께로 얇게 만들어 펠리클을 제작한다[36]. 157nm 하에서 광학적 성질과 수명은 18.5.1절에서 논의된 것처럼 이 소재에서는 문제가 되지 않는다. 펠리클은 광학소자가 될 만큼의 충분한 두께를 가지고 있기 때문에 중력, 설치 또는 열응력 등에 의한 왜곡을 최소화시켜야만 한다[37]. 경질 펠리클은 몇 가지 문헌의 주제였으며, 산업체의 태스크포스가 다루어 왔다[32]. 현재 비록 리소그래피 장비 설계가 복잡해지고, 예상 비용도 더 높지만 157nm 리소그래피는 실현 가능한 방안이다.❖

18.5.2.3 여타의 펠리클 방안

마스크 보호를 위한 여타의 방안들은 X-선 또는 극자외선(EUV)과 같이 기존의 펠리클의 적용이 불가능한 차세대 리소그래피 기술에서 영감을 받았다. 예를 들면 마이크로미터 두께의 무기 펠리클은 유기소재에 따른 수명문제를 해결해주지만, 렌즈소재로 작용하지 않을 만큼 펠리클이 충분히 얇아야만 한다[38]. 그런데 파손을 방지하기 위해서는 이런 맴브레인을 잔류응력이 매우 낮게 만들어야만 한다. 여타의 펠리클 보호 개념으로는 열 영동 방법 또는 탈착식 펠리클을 사용하는 방안 등이 있다[39].

18.5.3 흡수용 소재

흡수소재의 두께는 마스크 형상의 종횡 비율을 최소화시키기 위해서 지속적으로 줄어든다. 이와 동시에 3.0의 광학밀도가 2진 마스크의 최소 안전계수로 간주되고 있다. 상용 193nm 및 248nm 흡수재 박막은 반사율 조절을 위해서 크롬과 산 질화크롬 층으로 구성된 경사구조를 채용한다. 이 소재들이 157nm에서 너무나 투명하기 때문에 몇 가지 문제점들이 있다[40]. 예를 들면 193nm에서 157nm로 변하면 크롬 모재의 흡수계수는 약 20% 저하된다[41]. 그런데 193nm를 기반으로 하는 흡수재에 대한 세밀한 측정 결과에 따르면 최소한 동일한 두께를 갖는 157nm의 경우에도 적용할 수 있다[42].

❖ 157nm 광원은 투과율을 비롯한 다양한 기술적 문제를 해결하지 못하여 2015년 현재 개발이 취소되었다. - 역자 주

18.5.4 희석식 위상천이 마스크

18.4.3절에서 논의되었던 193nm 및 248nm에 비해서 157nm 희석식 위상천이 마스크 (APSM) 개발에 대한 연구는 훨씬 작다. TaSiO[43], 산 질화 크롬 알루미늄[44], 그리고 이산화규소 모재에 다양한 산화물과 질화물들로 구성되어 일반적으로 내열소재라고 알려진 복합소재 박막[45]과 같은 소수의 후보 소재들만이 보고되었다. 사용할 수 있는 제한된 데이터들에 따르면 이 소재들은 사용 중에 레이저 방사에 의해서 변질된다[46]. 희석재로 박막 금속 층을 사용하며, 위상조절을 위해서 유리 위에 스핀 된 투명 층을 적층하여 사용하는 이중층 방법도 시도되었다[47]. 이 희석식 위상천이 마스크(APSM) 적층은 희석률과 위상의 조절이 용이하며, 내구성이 좋을 뿐만 아니라 더 높은 파장대역까지의 확장이 가능하다.

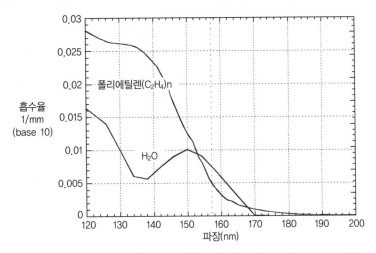

그림 18.7 폴리에틸렌과 응축수분 박막 층의 나노미터당 흡수성(Ref. [48])

18.5.5 오염과 세척

리소그래피 업계에서는 특히 157nm의 짧은 파장대역에서는 마스크가 공기에 의해서 유발되는 오염물질에 마스크가 노광되는 것을 방지하기 위해서 특수한 운반 및 보관방법이 사용되어야만 한다는 것에 공감하고 있다. 레티클에 대한 투과율 균일성 요구조건은 ±0.25%이다. 비교를 위해서 157nm에서는 표면 하나당 물리적으로 흡착된 탄화수소나 물의 단일층 1~2개가 대략적으로 1%의 투과율 저하를 초래한다[48](그림 18.7). 표면상에서의 보호물질과 오염물질의 화학반응의 국부적인 편차 등에 기인하여, 출고 후의 레티클의 경우 이와 동일한 수준의 총 투과율 균일성이 보고된 바 있다[49]. 특수한 운반방법의 가능한 대안으로는 스캐너 빔 라인 속으로 투입하기 전에 자외선(UV)을 기반으로 하는 레티클 전처리를 수행하는 것이다. 산소 하에서 짧은 파장을 조사하는 것이 탄화수소와 물을 기반으로 하는 오염물질들을 제거하는 데에 매우 유용한 것으로 밝혀졌다[50, 51]. 투사광학계 내에서 렌즈요소들의 재오염 가능성을 미연에 방지하기 위하여 분할된 구획 내에 대하여 오프라인 상에서 수행될 수 있는 방법은 완전 건식 공정이다. 소재제거를 위한 반응 메커니즘에 대한 연구가 예전에 진행되었으며[50~52], 폴리머 박막 내에 형성된 자외선(UV)에 의해서 유발되는 라디칼들과 표면과 반응하는 기체상태의 산소분자들 사이에서 휘발성 물질이 생성되는 것으로 밝혀졌다. 기체상 내에서 형성되는 광 유발성 오존들은 반응성을 현저하게 높여준다.

MIT 링컨 연구실에서는 산소를 함유한 대기 내에서 자외선(UV) 램프 조사를 사용해서 레티클 표면에서 탄화수소 오염물질을 제거하는 방안에 대한 세밀한 연구가 수행되었다[53]. 조사 직후에 시편을 진공 자외선(UV) 분광계 속으로 투입하였다. 실험세트들 중 하나에서는 157nm 마스크 모재를 특별한 취급이나 보관공정 없이 운반하였다. 일단 건조한 질소대기 속에 변형된 용융 실리카를 넣으면 수분이 즉각적으로 석출되지만, 탄화수소 잔류물들은 램프로 세정하기 전까지는 표면에 잔류하는 경향이 있음이 밝혀졌다. 이러한 레티클에 대한 램프 기반의 세척 후에는 157nm에서 1% 수준으로 투과율이 회복되는 것이 밝혀졌다.

두 번째 세트의 실험은 강하게 접합된 탄화수소 박막을 사용해서 조절된 수준의 사전오염조건을 만들었다. 이 소재들은 제거가 가능한 탄화수소 오염물질의 화학작용에 대해서는 최악의 시나리오를 제공해준다. 0.1%~10%의 산소농도에 대해서 ~10nm 박막에 대한 세정용 조사가 그림 18.8(a)에 도시되어 있다. ~15%까지는 제거율이 산소농도나 그에 따른 오존농도에 무관하다[54]. 그림 18.8(b)에서는 두 가지 파장에 대한 제거율을 보여주고 있다. 172nm 램프는 $2mW/cm^2$를 조사하며, 수은등은 총 출력이 $30mW/cm^2$로, 185nm 라인에는 $1.5mW/cm^2$을, 그리고 나머지는 254nm 라인에 조사한다. 결과에 따르면 185nm는 254nm에 비해서 흑연화된 박막 내에서 라디칼 생성에 훨씬 더 효과적임을 알 수 있다.

마지막으로 장기간 동안 고농도 산소 내에서 조사를 받은 크롬기반 흡수재 박막의 표면조도와 반사도 변화가 관찰되었다. 이는 마스크 검사과정에서의 플레어 및 관련된 문제들의 증가를 초래하므로 레티클의 램프세정에서 총 노광시간과 산소농도에 대한 제한조건으로 작용한다.

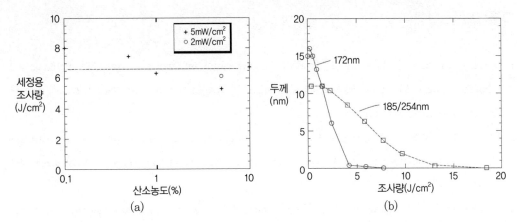

그림 18.8 (a) 172nm 전등을 사용한 경우에, 10nm 두께의 탄화수소 박막을 제거하기 위해서 필요한 산소농도에 따른 세정 조사량. 정규화된 박막 두께는 1% 산소와 두 종류의 파장에 대해서 표면에서의 조사량의 함수로 (b)에 도시되어 있다.

감사의 글

유용한 많은 논의들과 제언을 해준 MIT 링컨 연구실의 동료들에게 감사를 드린다. 또한 연구용 시편과 데이터에 대한 의견을 제공해준 산업체에 재직하는 많은 협력자들에게도 감사를 드린다. 이 작업은 MIT 링컨 실험실과 SEMATECH, 그리고 MIT 링컨 실험실과 인텔 사 사이의 공동연구 및 개발협정에 의해서 지원을 받았다. 의견, 해석, 결론, 그리고 권고들은 저자의 견해일 뿐이며 미국 정부의 입장은 아니다.

□ 참고문헌 □

1. V. Liberman and M. Rothschild, Ultraviolet and vacuum ultraviolet sources and materials for lithography, in: P. Misra and M.A. Dubinskii (eds.), *Ultraviolet Spectroscopy and UV Lasers*, Marcel Dekker, New York, 2002, pp. 1-33.

2. J.N. Hilfiker, B. Sing, R.A. Synowicki, and C.L. Bungay, Optical characterization in the vacuum ultraviolet with variable angle spectroscopic ellipsometry: 157nm and below, *Proc. SPIE*, 3998, 390-398 (2000).

3. P. Boher, J.P. Piel, P. Evrard, and J.P. Stehle, New purged UV spectroscopic ellipsometer to characterize thin films and multilayers at 157 nm, *Proc. SPIE*, 3998, 379-389 (2000).

4. V. Liberman, T.M. Bloomstein, and M. Rothschild, Determination of optical properties of thin films and surfaces in 157-nm lithography, *Proc. SPIE*, 3998, 480-491 (2000).

5. A. Grenville, V. Liberman, M. Rothschild, J.H.C. Sedlacek, R.H. French, R.C. Wheland, X. Zhang, and J. Gordon, Behavior of candidate organic pellicle materials under 157nm laser irradiation, *Proc. SPIE*, 4691, 1644-1653 (2002).

6. D. Cote, K. Andresen, D. Cronin, H. Harrold, M. Himel, J. Kane, J. Lyons, L. Markoya, C. Mason, D. McCafferty, M. McCarthy, G. O'Connor, H. Sewell, and D. Williamson, Micrascan IIIperformance of a third generation, catadioptric step and scan lithographic tool, *Proc. SPIE*, 3051, 806-816 (1997).

7. J.H.C. Sedlacek and M. Rothschild, Optical materials for use with excimer lasers, *Proc. SPIE*, 1835, 80-88 (1993).

8. V. Liberman, M. Rothschild, J.H.C. Sedlacek, R.S. Uttaro, A. Grenville, A.K. Bates, and C. Van Peski, Excimer-laser-induced degradation of fused silica and calcium fluoride for 193-nm lithographic applications, *Opt. Lett.*, 24, 58-60 (1999).

9. P.R. Resnick, The preparation and properties of a new family of amorphous fluoropolymers: Teflon AF, *Proc. MRS*, 167, 105-110 (1990).

10. Y. Fukumitsu M. Kohno. Dust cover superior in transparency for photomask reticle use and process for producing same. U.S. Patent Number 4,657,805.

11. M. Kashiwagi, H. Matsuzaki, and N. Nakayama, Development of deep-UV and excimer pellicle (membrane longevity), *Proc. SPIE*, 2793, 372-386 (1996).

12. W.N. Partlo and W.G. Oldham, Transmission measurements of pellicles for deep-UV lithography, *IEEE Trans. Semicon. Manufact.*, 4, 128-133 (1991).

13. P. Yan and H. Gaw, Lifetime and transmittance stability of pellicles of I-line and KrF excimer laser

lithography, in: *Proceedings of the KTI Microelectronics Seminar,* 1989, p. 261.

14. V. Liberman, R.R. Kunz, M. Rothschild, J.H.C. Sedlacek, R.S. Uttaro, A. Grenville, A.K. Bates, and C. Van Peski, Damage testing of pellicles for 193-nm lithography, *Proc. SPIE,* 3334, 480-495 (1998).

15. M. Fritze, P.W. Wyatt, D.K. Astolfi, P. Davis, A.V. Curtis, D.M. Preble, S.G. Cann, S. Deneault, D. Chan, J.C. Shaw, N.T. Sullivan, R. Brandom, and M.E. Mastovich, Application of attenuated phase-shift masks to sub-0.18-mm logic patterns, *Proc. SPIE,* 4000, 1179-1192 (2001).

16. R.J. Socha, W.E. Conley, X. Shi, M.V. Dusa, J.S. Petersen, F. Chen, K. Wampler, T. Laidig, and R. Caldwell, Resolution enhancement with high-transmission attenuating phase-shift masks, *Proc. SPIE,* 3748, 290-314 (1999).

17. Y.-M. Ham, S.-M. Kim, S.-J. Kim, S.-M. Bae, Y.-D. Kim, and K.-H. Baik, Sub-120-nm technology compatibility of attenuated phase-shift mask in KrF and ArF lithography, *Proc. SPIE,* 4186, 359-371 (2001).

18. C.-M. Wang, S.-J. Lin, C.-H. Lin, Y.-C. Ku, and A. Yen, Printing 0.13-mm contact holes using 193-nm attenuated phase-shifting masks, *Proc. SPIE,* 4186, 275-286 (2001).

19. R. Jonckheere, K. Ronse, O. Popa, and L. Van den Hove, Molybdenum silicide based attenuated phase-shift masks, *J. Vac. Sci. Technol. B.,* 12, 3765-3772 (1994).

20. K. Nakazawa, T. Matsuo, T. Onodera, H. Morimoto, H. Mohri, C. Hatsuta, and N. Hayashi, CrOxFy as a material for attenuated phase-shift masks in ArF lithography, *Proc. SPIE,* 4066, 682-687 (2000).

21. K. Mikami, H. Mohri, H. Miyashita, N. Hayashi, and H. Sano, Development and evaluation of chromium-based attenuated phase shift masks for DUV exposure, *Proc. SPIE,* 2512, 333-342 (1995).

22. S. Kanai, S. Kawada, A. Isao, T. Sasaki, K. Maetoko, and N. Yoshioka, Development of a MoSibased bilayer HT-PSM blank for ArF lithography, *Proc. SPIE,* 4186, 846-852 (2001).

23. S.J. Chey, C.R. Guarnieri, K. Babich, K.R. Pope, D.L. Goldfarb, M. Angelopoulos, K.C. Racette, M.S. Hibbs, M.L. Gibson, and K.R. Kimmel, Novel Si-based composite thin films for 193/157-nm attenuated phase-shift mask (APSM) applications, *Proc. SPIE,* 4346, 798-805 (2001).

24. B.W. Smith, L. Zavyalova, A. Bourov, S. Butt, and C. Fonseca, Investigation into excimer laser radiation damage of deep ultraviolet optical phase masking films, *J. Vac. Sci. Technol. B.,* 15, 2444-2447 (1997).

25. P.F. Carcia, R.H. French, G. Reynolds, G. Hughes, C.C. Torardi, M.H. Reilly, M. Lemon, C.R. Miao, D.J. Jones, L. Wilson, and L. Dieu, Optical superlattices as phase-shift masks for microlithography, *Proc. SPIE,* 3790, 23-35 (1999).

26. T.M. Bloomstein, M. Rothschild, R.R. Kunz, D.E. Hardy, R.B. Goodman, and S.T. Palmacci, Critical issues in 157nm lithography, *J. Vac. Sci. Technol. B.,* 16, 3154-3157 (1998).

27. J. Chang, A. Abdo, B. Kim, T. Bloomstein, R. Engelstad, E. Lovell, W. Beckman, and J. Mitchell, Thermomechanical distortions of advanced optical reticles during exposure, *Proc. SPIE*, 3676, 756-767 (1999).

28. P. Kaminow, B.G. Bagley, and C.G. Olson, Measurements of the absorption edge in fused silica, *Appl. Phys. Lett.*, 32, 98-99 (1978).

29. M. Kyote, Y. Ohoga, S. Ishikawa, and Y. Ishiguro, Characterization of fluorine-doped silica glasses, *J. Mat. Sci.*, 28, 2738-2744 (1993).

30. L. A. Moore C. Smith, Vaccum ultraviolet transmitting silicon oxyfcuoride Cithography glass. U.S. Patent Number 6,242,136.

31. V. Liberman, T.M. Bloomstein, M. Rothschild, J.H.C. Sedlacek, R.S. Uttaro, A.K. Bates, C. Van Peski, and K. Orvek, Materials issues for optical components and photomasks in 157-nm lithography, *J. Vac. Sci. Technol. B.*, 17, 3273-3279 (1999).

32. J. Cullins and E. Muzio, 157-nm photomask handling and infrastructure: requirements and feasibility. *Proc. SPIE*, 4346, 52-60 (2001).

33. Roger H. French, Robert C. Wheland, Weiming Qiu, M.F. Lemon, Edward Zhang, Joseph Gordon, Viacheslav A. Petrov, Victor F. Cherstkov, and Nina I. Delaygina, Novel hydrofluorocarbon polymers for use as pellicles in 157nm semiconductor photolithography, *J. Fluorine Chem.* (to be published). Vol. 122 (2003) pp. 63-80.

34. T.H. Fedynyshyn, R.R. Kunz, R.F. Sinta, R.B Goodman, and S.P. Doran, Polymer photochemistry at three advanced optical wavelengths, in: *Forefront of Lithographic Materials Research, Proceedings of International Conference on Photopolymers*, vol. 12, 2000, pp. 3-16.

35. R.P. Wayne, *Principles and Applications of Photochemistry*, Oxford University Press, Oxford, 1988, pp. 142-145.

36. J. Miyazaki, T. Itani, and H. Morimoto, Requirements for reticle and reticle material for 157nm lithography: requirements for hard pellicle, *Proc. SPIE*, 4186, 415-422 (2001).

37. E.P. Cotte, A.Y. Abdo, R.L. Engelstad, and E. Lovell, Dynamic studies of hard pellicle response during exposure scanning, *J. Vac. Sci. Technol. B.*, 20, 2995-2999 (2002).

38. J.R. Maldonado, S. Cordes, J. Leavey, R. Acosta, F. Doany, M. Angelopoulos, and C. Waskiewicz, Pellicles for X-ray lithography masks, *Proc. SPIE*, 3331, 245-254 (1998).

39. P. Mangat and S. Hector, Review of progress in extreme ultraviolet lithography masks, *J. Vac. Sci. Technol. B.*, 19, 2612-2616 (2001).

40. B.W. Smith, A. Bourov, M. Lassiter, and M. Cangemi, Masking materials for 157nm lithography, *Proc.*

SPIE, 3873, 412-420 (1999).

41. E.D. Palik (ed.), *Handbook of Optical Constants of Solids,* vol. II, Academic Press, San Diego, 1991, pp. 374-384.

42. D.A. Harrison, J.C. Lam, G.G. Li, A.R. Forouhi, and G. Dao, Modeling of optical constants of materials comprising photolithographic masks in the VUV, *Proc. SPIE,* 3873, 844-852 (1999).

43. O. Yamabe, K. Watanabe, and T. Itani, Evaluation of high-transmittance attenuated phase shifting mask for 157-nm lithography, *Jpn. J. Appl. Phys.,* 41, 4042-4045 (2002).

44. S. Kim, E. Choi, H. Kim, J. Son, and K. No, Simulation and characterization of silicon oxynitrofluoride films as a phase-shift mask material for 157-nm optical lithography, *Proc. SPIE,* 4691, 1696-1702 (2002).

45. B.W. Smith, A. Bourov, L. Zavyalova, and M. Cangemi, Design and development of thin film materials for 157-nm and VUV wavelengths: APSM, binary masking, and optical coatings applications, *Proc. SPIE,* 3676, 350-359 (1999).

46. V. Liberman, M. Rothschild, N.N. Efremow Jr., S.T. Palmacci, J.H.C. Sedlacek, and A. Grenville, Long-term laser durability testing of optical coatings and thin films for 157-nm lithography, *Proc. SPIE,* 4691, 568-575 (2002).

47. V. Liberman, M. Rothschild, S.J. Spector, K.E. Krohn, S.C. Cann, and S. Hien, Attenuating phase shifting mask at 157 nm, *Proc. SPIE,* 4691, 561-567 (2002). pp. 957-988.

48. E.D. Palik (ed.), *Handbook of Optical Constants of Solids,* vol. II, Academic Press, San Diego, 1991.

49. J. Zheng, R. Kuse, A. Ramamoorthy, G. Dao, and F. Lo, Impact of surface contamination on transmittance of modified fused silica for 157nm lithography, *Proc. SPIE,* 4186, 767 (2000).

50. J.R. Vig and J.W. Le Bus, UV/ozone cleaning of surfaces, *IEEE Trans. Parts, Hybrids, Packaging,* PHP-12, 365 (1976).

51. M.E. Frink, M.A. Folkman, and L.A. Darnton, Evaluation of the ultraviolet/ozone technique for on-orbit removal of photolyzed molecular contamination from optical surfaces, *Proc. SPIE,* 1754, 286-294 (1992).

52. B. Ranby and J.F. Rabek, Photodegradation, *Photo-oxidation and Photostabilization of Polymers,* John Wiley and Sons, New York, 1975.

53. T.M. Bloomstein, V. Liberman, M. Rothschild, N.N. Efremow Jr., D.E. Hardy, and S.T. Palmacci, UV cleaning of contaminated 157-nm reticles, *Proc. SPIE,* 4346, 669-675 (2001).

54. P. Warneck, *Chemistry of the Atmosphere,* Academic Press, New York, 1988, pp. 100-102.

Yung-Tsai Yen, Ching-Bore Wang, and Richard Heuser

19.1 역 사

펠리클이라는 용어는 막, 박막 또는 맴브레인 등을 의미하는 용어로 사용되고 있다. 1960년대 초기에 펠리클이라고 알려진 금속 프레임 위에 펼쳐진 박막이 광학 계측장비의 빔 분할기로 사용되었다. 이 박막은 두께가 얇아서 광학경로를 천이시키지 않고 빔을 분할할 수 있기 때문에 수많은 계측장비에 사용되어 왔다. 1978년에 IBM 사의 Shea와 Wojcik[1]은 포토마스크 또는 레티클(이 책의 나머지 부분에서는 포토마스크라고 부른다)을 먼지로부터 보호하기 위해서 펠리클을 사용하는 공정에 대한 특허를 출원하였다. 이 장에서 펠리클이라는 단어는 포토마스크를 보호하기 위한 박막 먼지덮개라는 의미로만 사용할 예정이다.

19.2 펠리클 개괄

19.2.1 서 언

펠리클은 두 가지 목적, 즉 다이 수율의 증가와 세정 및 검사 등 전반적인 포토마스크 취급과정을 간략화시키기 위해서 주로 사용된다. 이것은 프레임에 의해서 잡아당겨진 박막으로, 포토마스크를 입자오염으로부터 보호하기 위해서 사용된다. 오늘날 펠리클은 대부분의 IC 제조 업체들의 제조공정에 통합된 요소가 되었으며, 고분해능 투사 포토리소그래피 시스템은 펠리클을 박막 자기검출 헤드, LCD 평판, 미세가공시스템(MEMS) 등의 제조에 사용한다.

19.2.2 펠리클의 사용

프린트 공정 도중에 펠리클 막 위에 높인 어떤 입자들도 웨이퍼 평면상에서 초점 밖에 놓이게 되므로 그림자 번짐만이 남게 되어, 웨이퍼 상에서 포토마스크 영상에 최소한의 영향을 끼치게 된다. 펠리클 보호 없이는 포토마스크 표면에 입자들이 쉽게 유입되어 웨이퍼 상에 왜곡된 영상을 형성하며 칩의 결함을 유발한다. 펠리클이 사용되기 이전에는 매일 포토마스크에 대한 세척 및 검사를 수행해야 했다. 따라서 포토마스크는 환경에 의해서 쉽게 오염되거나, 세척과정에서 손상을 입게 되어 다이수율의 저하와 높은 교체비용을 초래하였다.

광학 투사 시스템에 펠리클을 사용하는 방안이 그림 19.1에서 설명되어 있다. 일단 펠리클이 포토마스크에 제대로 부착되고 나면, 펠리클에 의해서 덮어진 표면은 이후의 외부 입자오염에 대해서 자유로워진다. 따라서 원래 포토마스크의 품질이 보존된다. 이제는 포토마스크의 품질을 보증하기 위해서 펠리클 박막과 포토마스크 표면에 대한 간단한 검사만이 필요하다.

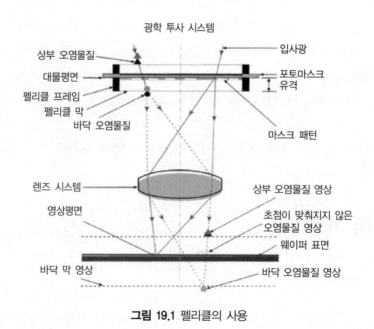

그림 19.1 펠리클의 사용

19.3 광학적 요구조건

19.3.1 막 두께에 따른 투과율

펠리클은 광 투과성과 장기간 투과율 안정성이 좋아야만 한다. 투과율은 막 두께, 막 소재, 그리고 막 위의 비반사코팅(ARC) 등에 의존한다. 투과율 안정성은 광학 시스템에 사용된 소재, 빛의 파장과 강도 등에 의존한다.

박막의 투과율은 막 두께, 빛의 파장과 입사각, 그리고 막의 빛 흡수특성 등에 의존한다. 비흡수성 박막에 수직방향으로 빛이 입사되는 경우에 막의 두께가 광학 반파장, 즉 빛의 반파장을 굴절률로 나눈 값의 정수배일 때, 막의 최대 투과율이 구현된다. 이 값은 $k\lambda/2n$ 으로, $k = 0, 1, 2, \cdots, \lambda$ 는 파장이며, n 은 굴절률이다.

투과율의 최솟값은 막 두께가 투과율 최댓값인 경우보다 광학적 1/4 파장만큼 클 경우에 발생한다. 이 값은 $k\lambda/2n + \lambda/4n$ 이다. 최소 투과율은 $(1-4((n-1)/(n+1))^2)$ 이다. $n = 1.5$ 인 경우 최소 투과율은 0.84이다. 박막의 투과율 스펙트럼으로부터 두께와 굴절률을 산출할 수 있다.

다중파장을 사용하는 프로젝션 얼라이너나 웨이퍼 스테퍼의 경우 막 두께의 선정은 광 강도와 서로 다른 파장에 대한 포토레지스트의 민감도에 의존한다. 막 두께는 일반적으로 일정 두께범위에 대해서 안정적인 투과율을 갖도록 선정된다. 다중파장 시스템의 경우 막 두께 따른 투과율 변화는 비트 패턴을 갖고 있으며 두께가 두꺼우면 일정한 투과율을 갖는다. Ronald S. Hershel은 1981년에 펠리클에 대한 훌륭한 개론서를 출간하였다[2].

예를 들면 g-라인(436nm 파장)에서 사용되는 굴절률이 1.5인 박막의 경우 $\pm0.01\mu$m의 오차범위 내에서 0.72μm의 막 두께가 선정되는 반면에, g-라인에서 i-라인(365nm)까지의 광대역 시스템의 경우에는 $\pm0.2\mu$m의 오차범위 내에서 2.85μm 두께가 선정된다. 광대역 시스템의 경우 포토레지스트의 민감도는 파장 의존성을 갖고 있으므로, 서로 다른 포토레지스트 특성 값들을 갖고 있는 각각의 시스템들마다 서로 다른 최적 두께가 존재한다는 점에 유의하여야 한다.

투과율 개선과 막 두께 편차에 따른 투과율 민감도 저감을 위해서 비반사코팅(ARC)이 도입되었다. 초창기에는 불소화 칼슘과 같은 불소화 금속을 진공 증착하여 사용하였다. 1984년에 Micro Lithography Inc.(MLI)에 의해서 불소화 폴리머를 사용한 비반사코팅이 최초로 사용되었다. 또한 나중에는 다중층 비반사코팅이 도입되었다[3].

서로 다른 막들에 대한 투과율 곡선들이 그림 19.3에 도시되어 있다.

19.3.2 프레임 높이와 입자크기

펠리클 막은 포토마스크로부터 적당한 거리를 유지해서 막 위의 어떠한 입자들도 웨이퍼 상에 음영의 번짐 정도로 나타나야만 한다. 그런데 만약 입자가 충분히 크다면, 음영이 결함을 유발하기에 충분할 정도로 웨이퍼 상에 입사되는 광 강도를 저감시킨다. 그러므로 입자 크기와 막과 포토마스크 표면 사이의 거리, 즉 프레임 높이 또는 유격 사이의 관계를 고려해야 한다. 유격은 예상 최대 입자크기와 공정 내에서 허용되는 최대 광 강도저하에 의존하며, 입자 크기와 저감비율에 비례하고, 개구수와 조명 시스템의 부분 간섭성에 반비례해야 한다. 단일렌즈 시스템에서 불투명 입자의 경우 계수 P를 갖는 불투명입자에 대해서 필요한 최소 유격 D는 다음 식을 통해서 계산된다.

$$D = P(M/\text{NA}/\sigma)[R^{-0.5}-1]/2$$

여기서 M은 축사율, R은 강도저감비율, NA는 웨이퍼 상의 투사 광학계 개구수, 그리고 σ는 조명 시스템의 부분 간섭성이다. 입자영상의 직경은 P/M이며 입자영상으로부터 웨이퍼 상어의 포토마스크 영상까지의 거리는 D/M^2이다. 음영의 직경은 $(2\text{NA} \cdot D/M^2 + P/M)$이다. 축소율과 개구수의 사례가 다음에 제시되어 있다.

- 1973년 최초의 퍼킨 엘머 웨이퍼 얼라이너: $M=1$, NA=0.167
- 1976년 최초의 GCA 스테퍼: $M=10$, NA=0.28
- 2003년 대부분의 현행 스테퍼: $M=4$, NA=0.6
- 2015년 현행 스캐너❖: $M=4$, NA=1.35(액침노광 방식)

조명 시스템의 부분 간섭성 $\sigma = 1$이라고 가정한다면, 다음 사례에서는 웨이퍼 평면상에서의 광 강도저감의 변화에 따른 유격 결정에 사용되는 여러 가지 계산식들을 보여주고 있다.

- $R=4\%$의 강도저감: $D=(M/\text{NA}) \times P \times 2$
- $R=1\%$의 강도저감: $D=(M/\text{NA}) \times P \times 4.5$
- $P=0.1\text{mm}=100\mu\text{m}$의 경우 계산된 유격이 표 19.1에 제시되어 있다.

❖ 현행 스캐너는 ASML 사의 TWINSCAN NXT를 지칭한다. - 역자 주

표 19.1 다양한 웨이퍼 스테퍼와 얼라이너들의 유격

	M	NA	M/NA	D@R=4%(mm)	D@R=1%(mm)
퍼킨 엘머	1	0.167	6.0	1.2	2.7
GCA	10	0.28	36	7.2	16
4:1	4	0.6	7	1.4	3.2

유리 표면에 놓인 입자들의 경우 입자에서 패턴 표면까지의 겉보기 거리는 D/n으로, D는 유리의 두께, n은 유리의 굴절률이다.

실제 시스템의 경우 최소 유격은 조명 시스템의 부분간섭성, 빛의 파장, 그리고 패턴 크기, 즉 회절 패턴 등에도 영향을 받는다. Pei-Yang Yan 등[4]은 1992년에 원자외선 리소그래피용 펠리클 결함의 프린트성에 대한 논문을 출간하였다.

19.3.3 막 두께 따른 초점변화

패턴 측에서의 펠리클 막 두께는 초점심도를 $t/n/M^2$만큼 변화시킬 수 있으며 여기서 n은 펠리클 막의 굴절률, t는 막 두께이다. 막 두께가 $2.85\mu\mathrm{m}$이며 굴절률이 1.5인 펠리클을 사용하는 1:1 광대역 투사 웨이퍼 얼라이너의 경우 $1.90\mu\mathrm{m}$ 만큼 초점심도를 보정하는 반면에, 4:1 스테퍼의 경우 초점심도 변화는 단지 $t/24$만큼에 불과하다. 막 두께가 $1\mu\mathrm{m}$인 경우 이 변화는 단지 $0.04\mu\mathrm{m}$에 불과하다.

19.4 펠리클의 구조

펠리클은 자신의 기능을 제대로 발휘하기 위해서 몇 가지 핵심기능들을 갖추고 있다. 전형적인 펠리클이 그림 19.2에 도시되어 있다.

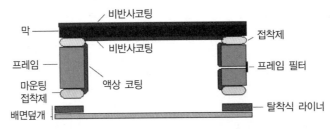

그림 19.2 Micro Lithography, Inc.(MLI) 펠리클의 단면도

19.4.1 막

펠리클 내의 막은 외부 오염, 즉 입자나 증기 배출가스 등이 포토마스크 표면에 도달하는 것을 막기 위한 물리적인 방어 막으로 작용한다. 이와 동시에 이 막을 얇기 때문에 초점과 투과율 왜곡을 최소화시키면서 광 경로를 확보해준다.

19.4.1.1 제조공정

펠리클 막을 생성하기 위해서 함침 코팅, 화학적 증기증착, 그리고 스핀 코팅 등이 사용되어 왔다. 현재 대부분의 펠리클 막들은 스핀코팅 공정을 통해서 생산된다[5, 6]. 2003년에 LCD 포토마스크용으로 582mm×348mm 크기의 펠리클이 스핀코팅 공정을 통해서 생산되었다. 펠리클 막은 적절한 비반사 특성을 갖춘 비반사 소재로 코팅할 수도 있다. 비반사코팅 공정은 낮은 굴절률을 갖는 소재를 사용해서 스핀코팅이나 진공증착 등의 공정을 통해서 이루어진다. 비반사코팅이나 원자외선 막에 사용되는 불소화 폴리머는 저에너지 표면을 생성하며, 펠리클 표면에서 입자들을 제거하기 용이하게 만들어준다.

19.4.1.2 투과율과 소재

투과율은 막 두께, 비반사코팅의 유형, 막 소재의 광 흡수성, 그리고 웨이퍼 얼라이너나 웨이퍼 스테퍼에서 사용되는 빛의 파장 등에 의존한다. 니트로셀룰로오스는 초창기에 사용되었던 막 소재이며, g-라인(436nm)이나 i-라인(365nm) 웨이퍼 스테퍼와 광대역 투사 웨이퍼 얼라이너 등에서 사용할 수 있다. 그런데 이 소재는 350nm 이하에서 흡수가 시작되므로 350nm 이하에서는 사용할 수 없다. 초산셀룰로오스나 초산부티르산셀룰로오스와 같은 에스테르화된 셀룰로오스들은 300nm 이상에서 양호한 투과율을 갖고 있는 반면에, 테프론 AF®(듀폰™)이나 Cytop®(아사히 유리) 등과 같은 과불화 폴리머들은 248nm 및 193nm 스테퍼에 사용할 수 있다. 서로 다른 유형의 막들과 이들의 투과율 곡선들이 각각 표 19.2와 그림 19.3에 도시되어 있다.

표 19.2 MLI 사의 필름 사양

소재[a]	부품번호	두께(μm)	양면 AR코팅	투과율	파장(nm)
NC	100	2.85	×	91%(평균)	350~450
	102	2.85	○	97%(평균)	350~450
	105[b]	2.85	○	99.5%(최소)	380~420
	122[c]	1.40	○	99%(최소)	365, 436
CE	201[c]	1.40	○	99%(최소)	365, 436
FC	603[d]	0.81	×	99%(최소)	248, 365, 436
	703[d]	0.54	×	99%(최소)	193, 248, 365

* [a] NC: 니트로셀룰로오스, CE: 에스테르화 셀룰로오스, FC: 불소화탄소 폴리머
  [b] MLI U.S. Patent #4,759,990
  [c] MLI U.S. Patent #5,339,197
  [d] MLI U.S. Patent #5,772,817

막 소재들은 포토마스크 영상을 웨이퍼 표면에 연속적으로 복제하기 위해서 적절한 균일성, 기계강도, 광학 투과율, 그리고 청결성 등을 갖춰야만 한다. 사양의 측면에서 필요한 몇 가지 특성들이 다음에 열거되어 있다.

투과율 균일성: 대부분의 막이 스핀코팅을 통해서 만들어지므로, 균일성은 펠리클 막의 중심에서 시작하여 테두리 쪽으로 형성된다.

소재강도: 모든 각도로 분사되는 2mm 또는 그 이상의 크기를 갖는 노즐을 사용하는 특정 압력의 질소 또는 공기분사장치에 대해서 막과 접착제가 견딜 수 있어야만 한다. 원자외선 펠리클 막이나 비반사코팅에 사용되는 불소화 폴리머의 경우 막의 표면 에너지가 낮기 때문에 막을 프레임에 접착하기 위한 적절한 접착제를 찾는 것이 매우 어렵다. 그러므로 이런 목적으로 개발된 접착제는 단지 소재강도와 제한된 수명한도 내에서의 접착강도만을 갖출 수 있을 뿐이다. 접착강도, 즉 프레임에 재한 접착제의 접착성은 각각의 펠리클 공급업체별로 일일이 검사해야만 한다.

사용수명: 펠리클의 수명은 펠리클 소재와 웨이퍼 스테퍼나 웨이퍼 얼라이너에 사용되는 광원특성, 즉 광원의 파장, 강도 및 사용된 광 필터 등에 따라서 큰 편차를 갖고 있다. 펠리클 내의 모든 소재성분들은 자외선 빛에 의한 퇴화, 산화에 의한 퇴화, 그리고 가스방출 등에 노출되며 따라서 제한된 수명을 갖는다고 간주해야만 한다.

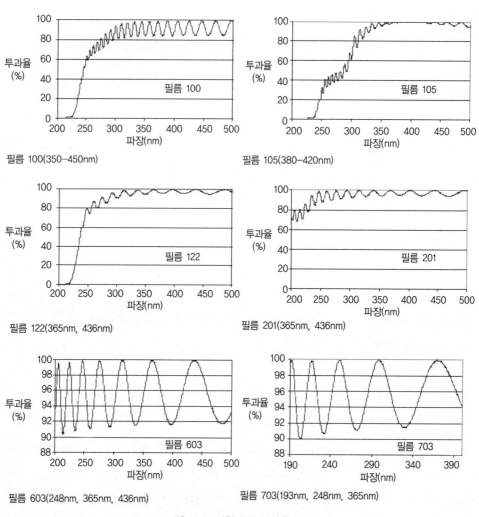

필름 100(350~450nm)

필름 105(380~420nm)

필름 122(365nm, 436nm)

필름 201(365nm, 436nm)

필름 603(248nm, 365nm, 436nm)

필름 703(193nm, 248nm, 365nm)

그림 19.3 전형적인 투과율 곡선

19.4.1.3 비반사(AR) 코팅

펠리클상의 비반사코팅(ARC)은 펠리클 전체의 투과율과 균일성을 향상해준다. 펠리클 상의 비반사코팅은 또한 투과율이 기저 막의 두께변화에 덜 민감하도록 만들어준다. 불소화 칼슘과 같은 무기물을 증착하거나, 불소화 폴리머를 스핀 코팅하여 비반사코팅을 수행할 수 있다. 불소화 폴리머 비반사코팅은 저에너지 표면을 생성해주는 추가적인 장점도 가지고 있으므로 대부분의 무기물 비반사코팅에 비해서 펠리클 표면에서 입자들을 불어내기 쉽다. 248nm 및 193nm용 원자외선 펠리클의 용도로는 과불화 폴리머를 사용하기 때문에 이들 펠리클에는 현재 별도의 비반사코팅을 시행치 않는다.

19.4.2 프레임

프레임은 막을 지지하며 포토마스크 위에 접착된다. 프레임은 기계적으로 단단하고, 평평하며, 안정적이고, 오염물질을 생성하지 않으면서도 검사가 용이해야만 한다. 전형적인 소재로는 흑색 애노다이징 처리가 된 알루미늄 합금을 사용한다.

19.4.2.1 프레임 코팅

현재의 프레임 제작공정은 매우 거칠고 불균일한 표면을 갖는 펠리클 프레임을 생성한다. 그러므로 펠리클 프레임을 매끈한 표면으로 만들기 위해서 코팅이 사용된다. 불균일한 표면에 숨어 있는 입자들이 코팅에 의해서 밀봉되는 반면에, 코팅을 통해서 프레임 표면상의 입자들에 대한 검출이 쉬워진다. 많은 경우 공기에 의해서 전달되는 입자들을 포집하기 위해서 코팅은 접착성 또는 액상소재와 결합하여 사용된다. 펠리클 프레임에 대한 코팅이 없는 경우에는, 입자들이 프레임 도랑 속에 숨어 있다가 결국에 가서는 펠리클 막이나 포토마스크 위로 떨어지게 된다. 코팅이 펠리클에 아무런 부정적 영향을 끼치지 말아야 한다는 점이 매우 중요하다. 예를 들면 막의 투과율 손실을 피하기 위해서 액상 코팅은 자외선 저항성이 있어야만 하며, 포토마스크 표면에서의 응축이나 결정화를 피하기 위해서 기체방출이 최소화되어야 한다. 그림 19.4와 그림 19.5에서는 MLI 펠리클에 코팅이 없는 경우와 코팅이 시행된 경우의 프레임 표면을 보여주고 있다.

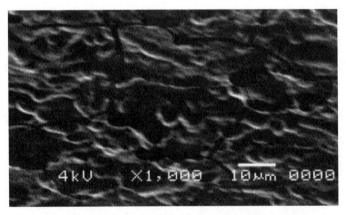

그림 19.4 코팅이 없는 프레임의 주사전자현미경 사진

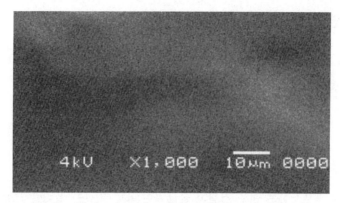

그림 19.5 코팅이 시행된 프레임 표면의 주사전자현미경 사진

19.4.2.2 환기구멍과 필터

항공운송 도중에 펠리클은 심한 압력 차이에 노출되며 펠리클 막 하부의 공기 체적이 팽창하거나 수축한다[7]. 이는 막에 손상을 입히거나 심지어는 파손을 일으킨다. 따라서 항공운송 도중에 펠리클 막 내측과 외측 사이의 공기압력 차이를 균일하게 유지시키기 위해서 펠리클 프레임 내에 환기구멍, 즉 숨구멍이 개발되었다. 1980년대 초반에 인텔 사에 의해서 Ultratech 웨이퍼 스테퍼 레티클을 공장에서 고도가 다른 장소로 운반하기 위한 목적으로 캡 스크루가 장착된 환기구멍이 처음으로 사용되었다. 이후에 Kasunori Imamura의 특허를 통해서 필터가 장착된 환기구멍이 도입되었다[8].

비록 필터가 장착된 환기구멍이 프레임의 내측과 외측 압력을 균일하게 만들어줄 수 있지만, 구멍의 측벽이 압력에 민감한 접착제로 코팅되어 있다고 하더라도, 이 구멍 자체는 항상 입자들을 숨기고 있을 수 있는 가능성을 갖고 있다. 그러므로 항공운송이 필요하거나 고도가 다른 곳에서 사용해야만 하는 경우를 제외하고는 필터가 장착된 환기구멍을 사용하는 것을 추천하지 않는다.

게다가 포토마스크나 레티클을 밀봉해주는 단일층 주조방식의 압력에 민감한 접착제를 사용하면, 빠른 마운팅 공정이 일부 공기를 포획하거나 막의 팽창을 유발한다. 필터를 장착한 환기구멍이 프레임에 설치되면 이런 문제를 해결할 수 있다.

주변 환경으로부터의 기체방출과 포토마스크 용기의 기체방출의 경우 특히 원자외선 포토리소그래피에서는 필터가 펠리클 내부를 외부에 발생 가능한 증기오염과 연결시켜줄 수도 있기 때문에 필터를 장착한 환기구멍이 필요한가를 결정하기 위해서 충분한 기체방출 데이터를 수집해야만 한다.

19.4.3 마운팅 접착제와 개스킷

펠리클을 포토마스크에 부착하기 위해서 마운팅용 접착제나 개스킷이 사용되며, 이것들은 탈착용 라이너와 함께 프레임에 미리 장착된다. 두 가지 서로 다른 유형의 접착제들이 사용되어 왔다 ―기재 접착제와 무기재 접착제이다. 이들의 그림들이 그림 19.6에 도시되어 있다. 기재를 포함한 접착제는 압력에 민감한 아크릴 또는 고무 재질의 접착제 양면에 폴리우레탄 발포제, 비닐 발포제 또는 고체 기재들이 코팅된 것이다. 발포 접착제들은 펠리클 제조의 초창기에 광범위하게 사용되었다. 기재를 사용치 않는 접착제들은 핫멜트, 자외선 응고 또는 에멀션 형태의 압력 민감성 접착제를 사용해서 프레임 상의 정위치에 단일층 전사 테이프나 캐스트를 위치시키기 위해서 프레임에 사용된다. 두 가지 유형의 접착제들 모두 두께는 0.10~0.80mm 내외의 범위이다.

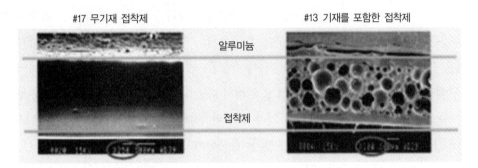

그림 19.6 MLI #17 무기재 접착제와 #13 기재를 포함한 접착제

19.4.4 배면덮개

배면덮개는 1982년 MLI 사에 의해서 최초로 도입되었으며, 현재는 현장에서 널리 사용되고 있다. 배면덮개의 목적은 운반과정에서 펠리클의 내부를 공기에 의해서 운반되는 입자들로부터 밀봉하기 위한 것이다. 이 덮개는 펠리클을 포토마스크에 부착하기 직전에 제거한다.

19.5 검 사

펠리클의 구조 때문에 필름만을 자동으로 검사할 수 있다. 여타의 요소들은 시각적으로 검사해야만 한다. 결함들은 치명적 결함, 기능적 결함 또는 표면적 결함 등으로 분류하며, 적절한 대응방안을 취해야 한다. 기능적 결함은 공급자와 사용자 사이에 잘 정의되어 있는 반면에 표면적 결함은 표준시편과 비교를 수행해야만 한다. 펠리클을 올바르게 검사하기 위해서는 몇 가지 요소들에 대한 주의가 필요하다—펠리클 막의 투과율과 균일성, 막의 입자오염, 프레임, 접착제 및 펠리클의 전반적인 무결점성 등이다.

19.5.1 박막 투과율과 균일성 검사

투과율을 검사하기 위해서는 펠리클 막의 투과율과 균일성 검사용 스펙트럼 분광도계가 사용된다. 배면 기생 광노이즈, 분해능, 즉 슬릿의 대역, 그리고 스펙트럼 분광도계에서 나와 펠리클 속으로 입사되는 측정광의 입사각도 등에 대한 고찰이 필요하다. 비록 때때로 일부 펠리클들이 일부 펠리클 공급업체가 제시하는 사양에 미치지 못한다고 할지라도, 각 펠리클들의 투과율을 개별적으로 측정하기 때문에 투과율에는 일반적으로 아무런 문제가 없다.

투과율 균일성은 전형적으로 녹색 수은등이나 헬륨-네온등과 같은 단색광을 사용해서 측정한다. 단색광의 도움으로 스핀코팅 공정에 의해서 유발되는 막 상의 불균일한 점들을 손쉽게 감지할 수 있다. 마찬가지로 코팅되지 않은 웨이퍼 스테퍼 박막의 코팅 균일성을 검사하기 위해서 MLI에서 제작한 레이저 반사를 이용한 검사장비가 사용되어 왔다. 코팅되지 않은 막의 두께는 투과율이나 스펙트럼 분광도계의 반사 스펙트럼 또는 상용 막 두께 측정용 장비 등을 사용해서 손쉽게 측정할 수 있다.

19.5.2 박막 입자검사

검사와 교정을 위해서 표준 입자가 사용되어야만 한다. 모든 검사장비의 교정을 위해서는 구체적으로 펠리클 표면에 놓여있는 1, 0.5 및 $0.3\mu m$ 크기의 표준 입자들이 사용되어야만 한다. 시각검사에서조차도 정확한 검사를 위해서는 이들 표준이 규칙적으로 조작자에게 제시되어야 한다.

현재 막 오염을 검사하는 데에는 세 가지 방법이 있다. 육안검사, 레이저 스캔, 그리고 비디오카메라 검사이다. 육안검사는 매우 민감하다. MLI는 적절한 조명 하에서 $0.3\mu m$ 크기의 입자도 감지할 수 있음을 발견하였다(펠리클 막 상의 표준 폴리스티렌 비드를 사용해서 교정하였으며, 레이저 주사 장비로 검증하였다). 그런데 육안검사는 본질적으로 정량화가 어렵다. 이 검사공정에는 작업자의 시각 민감도, 초점능력, 검사각도와 위치, 눈에서 막까지의 거리,

입사광 및 배경광 강도, 그리고 배경광에 대한 동공 응답속도 등과 같은 몇 가지 인자들이 검사과정에 게재된다. $1\mu m$ 이하의 입자를 감지할 수 있는 능력은 작업자들 사이에 큰 편차가 있다.

비록 기계를 사용한 검사가 재현성이 없는 결과를 만들 수도 있지만, 막 입자들에 대한 레이저 검사를 사용하여 구현할 수 있는 최고의 재현성은 대략적으로 ±20% 내외이다. 이 한계는 주로 주사선의 겹침과 주사선 안정성 등에 의해서 조절되며, 이들은 스캐닝 광학계의 진동 한계에 의해서 영향을 받는다. 레이저 스캐닝 통해서 $0.3\mu m$ 이하의 입자들도 감지할 수 있다.

적절한 조명 하에서 비디오카메라를 사용하면 $0.3\mu m$ 이하의 입자도 손쉽게 감지할 수 있다. 현재의 고속 컴퓨터 비디오 캡쳐와 처리를 사용한다면, 이 방법은 펠리클 막 위의 입자들을 감지하는 최고의 기법이다.

이 세 가지 방법들 모두 제한을 가지고 있다. 육안검사, 레이저 스캔, 그리고 비디오카메라 검출은 실제 입자크기가 아니라 산란광을 감지한다. 실제의 입자 크기는 실제적으로 산란광이 나타내는 것보다 실제적으로 클 수가 있으며, 때로는 감지된 입자 크기에 비해서 10배 이상 큰 경우도 있다. 게다가 레이저 검출은 레이저 조사각도, 레이저 스폿의 강도분포, 프레임 높이, 그리고 프레임 테두리에서의 광산란 등에 따라서 프레임 테두리에서 2~3mm 떨어진 영역까지로 제한된다.

레이저 스캔과 비디오 검사를 육안검사와 비교해보면, 레이저와 비디오 검사는 기계적인 공정이므로 더 재현성이 높은 결과를 도출하는 반면에, 강한 산란광 하에서의 육안검사는 그리 달갑지 않은 작업환경이다. 그런데 육안검사는 원하는 민감도, 빠른 검사 속도, 프레임 테두리 영역의 검사능력, 그리고 심지어는 최소한 더 큰 입자라면 막의 어느 쪽에 입자가 묻어 있는지를 검출할 수 있는 능력을 가지고 있다.

19.5.3 프레임 검사

프레임은 일반적으로 가공, 샌드 블러스팅 및 흑색 애노다이징처리 등이 시공된다. 현재 이런 펠리클 프레임의 검사에는 투사광 하에서의 육안검사가 사용된다. 그런데 작업자는 기계 가공의 흔적, 샌드 블러스팅에 의한 거친 표면 또는 식각 얼룩이 존재하는 다공성 애노다이징 피막 표면 등으로부터 $3\mu m$이나 그 이상의 크기를 갖는 입자를 구분해낼 수 없다. 그러므로 프레임 표면 불균일과 입자 오염 사이를 구분해내는 것은 매우 어렵다. 게다가 프레임에 의한 강한 배면산란광은 일을 훨씬 더 어렵게 만든다.

현미경 하에서의 프레임 입자 검사가 시도되었지만 성공적이지 못하였다. 현미경 하에서의 관찰시 프레임의 불균일이 훨씬 더 선명하여 입자를 구분하는 것이 훨씬 어려워진다. 그러므로 프레임을 매끈한 표면으로 만들고 자동화 및 육안검사를 가능케 하기 위해서는 프레임의 표면 코팅이 필요하다.

19.5.4 접착제 검사

예전에 사용되었던 발포성 접착제는 측벽에 $50\mu m$ 이상 크기의 구멍을 갖고 있다. 발포소재의 불균일성은 이런 접착제에서 작은 입자들의 검출을 거의 불가능하게 만들어버린다. 청결도를 유지하기 위해서는 엄격한 세척공정이 수행되어야만 한다. 그림 19.6에서 설명되어 있듯이, 현장몰딩, 무기재 접착제를 사용하면 표면을 훨씬 매끈하게 만들어주며, 입자와 접착제 불균일 간의 차이를 쉽게 구분할 수 있게 된다. 그런데 프레임 테두리와 접착제 상의 입자검출은 여전히 어렵다.

19.6 취급과 환경

펠리클은 클린룸 영역 내에서 제작되고, 클린박스 및 백을 사용해서 검사, 보관 및 운송되어야 하며, 포토마스크에 장착되고 나면 포토마스크 박스 속에서 장기간 동안 보관 및 사용되어야 한다. 이런 모든 단계들이 어떤 새로운 입자나 오염을 생성하지 않아야만 한다. 실제로는 많은 취급 및 검사단계들이 펠리클의 청결도를 저하시킬 수 있다. 일반적으로 서로 다른 많은 크기와 형상의 펠리클들이 한 영역 내에서 취급되어야만 하므로, 어려운 작업들에 대한 자동화와 인적 관리만이 유일한 해결방안이다. 검사를 위해서 펠리클을 붙잡고 있는 것만도 어려운 일이며 오염의 원인이 될 수 있다. 펠리클의 취급은 작은 일이 아니다. 펠리클 크기의 표준화는 취급문제들 중 일부를 해결하기 위한 좋은 방안이 될 수도 있다.

19.6.1 정전하의 조절

펠리클 취급과정에서 정전하 조절의 중요성은 아무리 강조해도 지나침이 없다. 펠리클이 막과 같은 플라스틱, 탈착용 라이너, 그리고 배면덮개 등으로 구성된 경우 취급과정에서 정전하가 발생하기 쉽다. 예를 들면 탈착용 라이너를 벗겨 내거나 설치용 접착제로부터 배면덮개를 제거할 때에 2000V의 전기가 발생될 수 있으며, 이를 재빠르게 중화시키지 않는다면, 거의 즉각적으로 주변 환경에서 입자들을 펠리클 위로 흡착시켜 버린다. 또한 운송용 박스, 백, 그리고 보관용 용기 등과 같은 포장소재들은 모두 플라스틱이다. 이런 소재들을 생산라인에서 취급하는 과정에서 정전기가 쉽게 발생되며, 작업영역으로 입자들이 빨려들게 된다. 정전기 방전(ESD)을 저감하고 충전판 모니터를 1000V에서 100V로 낮추기 위해서 최소한 10초를 할애하여 정전기 흡착에 의한 오염을 최소화하기 위해서는 적절한 공기유동 조건 하에서 적절한 정전기 방지 장치들을 사용해야만 한다. 청결하고 적합한 정전기 방전(ESD) 방지대책 없이는, 오염이 발생되고 포토마스크 결함을 초래하여 입고검사, 출고검사과정 또는 심지어는 반복사용 이후에도 검사불합격을 유발한다. 마운팅 장비와 작업테이블에서의 적절한 공기흐름 역시 청결도의 유지에 필요하다.

19.6.2 마운팅

포토마스크 위에 펠리클을 설치하는 것을 마운팅이라고 부른다. 이상적으로는 자동화된 취급 장비를 사용하는 마운팅 장비와 자동화된 검사장비가 이 작업을 수행해야만 한다. 실제의 경우 펠리클 막만이 자동으로 검사된다. 마운팅 작업, 탈착용 라이너 벗김 또는 배면 덮개를 펠리클에서 벗겨내는 작업 등은 정전하의 충전과 오염을 유발할 수 있다. 그러므로 간단한 해결방안은 손쉽게 청결성을 유지할 수 있는 마운팅 장비를 사용하며, 조작자에 의한 시각검사를 통해서 이를 보조하는 것이다. 펠리클을 포토마스크에 마운팅 할 때에는 균일한 작용력이 가해져야만 한다. 마운팅용 치구가 펠리클 프레임 테두리에 손상을 입혀 오염이 발생될 수도 있다. 교차오염이 발생할 우려가 있으므로, 마운팅 장비들은 항상 청결한 상태를 유지해야만 한다. 장비표면의 공기유동이 잘 설계된 강한 정전기 방지 환경을 갖출 것이 요구된다. 비록 전형적으로 마운팅 정확도가 구현되더라도, 다양한 크기의 펠리클들에 대한 펠리클 제조업자와 장비 설계자들 사이의 적절한 대화가 필요하다. Yen[9]은 각 펠리클들을 마운팅 판 위에 얹어서 패키지 전체를 소비자에게 출고하는 공정을 발명하였다. 소비자는 펠리클을 직접 만질 필요가 없으며, 펠리클에 대한 검사를 끝낸 후에 패키지 전체를 간단한 마운팅 장비에 집어넣으면 된다.

19.6.3 세 정

만약 입자들이 펠리클 막 위에 생성되면 이 입자들을 제거하기 위해서 분사방법을 사용할 수 있다. 보다 구체적으로는 필터 및 탈이온화된 공기나 질소를 분사하는 바늘구멍 분사기를 선호한다. 분사는 대형 입자들의 제거에만 효과적이며, 만일 세심하게 사용하지 않는다면 청정영역 내에 작은 입자들을 발생시켜서 오염된 환경을 만들어버릴 수도 있다.

펠리클 공급업체들마다 서로 다른 마운팅용 접착제를 사용하기 때문에 펠리클을 제거한 다음에 포토마스크상의 마운팅용 접착제 잔류물들을 세척하는 작업은 여러 공급업체를 이용하는 분야일수록 어려운 일이 된다. 각각의 공급업체들마다 서로 다른 세척방법이나 용제를 공급한다.

19.7 포토마스크 위에 설치된 펠리클의 장기간 안정성

포토마스크 위에 설치된 펠리클의 장기간 안정성은 포토마스크의 예상 사용수명과 리소그래피 공정의 민감도에 의존한다. 누구나 포토마스크 위에 설치된 펠리클의 수명이 무한하기를 바란다. 불행히도 펠리클과 포토마스크에 사용되는 대부분의 소재들은 제한된 수명을 가지고 있을 뿐이다.

19.7.1 가스방출과 결정화

포토마스크 위에 설치되어 있는 펠리클의 장기간 사용과 보관은 펠리클 설계와 소재선정에서 진정으로 어려운 일이다. 이상적으로는 포토마스크 위에 설치된 펠리클이 외계의 입자들과 증기오염을 완전히 차단하여야 한다. 불행히도 펠리클 내의 유기성분들이 가스방출을 유발하여, 보호해야만 하는 영역을 오히려 오염시킨다. 기체를 방출하기 쉬운 펠리클 구성요소들에는 마운팅용 접착제, 내부 코팅과 접착제, 그리고 잔류 용제, 가소재, 산화방지제, 자외선(UV) 안정제 등과 같은 저분자량 유기화합물 등이 있다. 포토마스크의 크롬 표면은 활성 영역으로 알려져 있으며, 많은 유기 화학물질을 흡수할 수 있다. 스퍼터링에 의해서 만들어진 후에 보호되지 않은 크롬 표면은 포토마스크 보관용기에서 방출된 기체를 흡수할 수 있으며, 단지 1일만 경과하여도 표면에 양화색조 포토레지스트를 코팅할 수 없게 변질되어 버린다. 기체방출과 결정화는 또한 박스나 보관용기가 원인이 될 수도 있으며, 펠리클에 보호되지 않은 영역을 쉽게 오염시켜 버린다. 환경에 의해서 유발되는 방출기체와 증기역시 펠리클을 오염시켜 투과율을 저하시키거나 심지어는 펠리클 하부에 결정을 생성한다[10]. 방출기체나 증기는 필터가 장착된 환기구멍을 통하거나, 막이 얇고 증기 투과율이 높은 경우에는 막을 직접 관통하여 펠리클에 의해서 보호되는 영역으로 유입된다.

예를 들면 1986년에 2,5-디(t-아밀)퀴논 결정이 펠리클에 의해서 보호되는 포토마스크 표면에서 발견되었다. 극단적인 경우 포토마스크 위에 펠리클이 장착된 후 하루 이내에 크롬 패턴의 테두리에 결정이 생성되어 포토마스크를 사용할 수 없게 만들어버린다. 이 결정의 원인은 펠리클 마운팅용 접착제로 사용되는 고무형 양면 압력 민감성 테이프인 3M 447 항산화 안정제의 가스방출에 의한 것으로 판명되었다[11]. 이 항산화 안정제는 2,5-디(t-아밀) 하이드로퀴논이었다. 최근인 2001년에도 패턴 표면에 결정이 생성되었으며 퀴논으로 판명되었다. 이 퀴논은 핫멜트 압력 민감성 접착제 내에서 안정제로 사용되는 항산화물 이량체가 원인이었다.

새로운 모든 펠리클의 품질평가를 위해서 기체방출시험이 수행되어야만 한다. 게다가 펠리클 하부에 위치한 포토마스크 상의 입자생성에 따른 수명시험 역시 실제의 생산 환경 하에서 시행되어야만 한다.

19.7.2 소재 안정성

펠리클에 사용되는 모든 소재들은 자외선(UV) 광원에 의해서 광퇴화를 겪으며, 공기와 방출기체에 의해서 산화 퇴화를 일으킨다. 게다가 막으로부터 잔류용제가 증발하거나 중합체 분자의 재배열, 그리고 습도변화 등에 따라서 막 두께가 변할 수 있다. 막 또는 펠리클은 항상 막의 투과율과 기계적인 강도를 저하시키는 자외선(UV) 광원 방사에 대해서 저항성을 갖도록 선정된다. 그런데 막 접착제, 마운팅 접착제 또는 프레임 코팅 등과 같은 여타의 요소들에 대해서는 엄밀한 검사를 시행할 필요가 없다. 예를 들면 초창기 마운팅용 접착제로 사용했었던 폴리에틸렌 비닐 아세테이트 핫멜트 압력 민감성 접착제는 항산화제가 없어서 6개월 이내에 압력 민감성을 상실한다. 막을 프레임에 장착하기 위해 사용하는 실리콘 접착제는 완전히 경화된 다음 단지 수일 이내에 과불화 폴리머 막에 대한 접착력을 상실한다. 폴리-스티렌-에틸렌-부틸렌-스티렌(SEBS), 폴리-스티렌-이소프렌-스티렌(SIS) 또는 폴리-부틸렌 중합체 등과 같은 핫멜트 압력 민감성 접착제를 사용하는 일부 마운팅 접착제의 경우 항산화제 없이는 원자외선(DUV)에 대한 안정성이나 산화안정성을 갖지 못한다.

앞서 논의한 바와 같이 펠리클과 포토마스크에 사용되는 박스 등의 용기 소재들 중 일부는 플라스틱 내에서 저분자 유기화합물 기체를 방출할 우려가 있기 때문에 기체방출의 측면에서 간추려야만 한다.

기능적 요구조건에 따라서 모든 퇴화가 펠리클이 설치된 포토마스크에서 결함생성을 초래하지는 않는다. 그런데 만약 펠리클이 사용하는 공정에 적합하다면 사용수명이 매우 길어진다.

19.8 펠리클의 미래

차세대 광학식 리소그래피에 157nm가 도입되면서 이 파장대역에 대해서 최적화된 새로운 펠리클 소재가 필요하게 되었다. 현재 네 가지 방안이 고려되고 있다.

19.8.1 연질 펠리클

우선 투명하고 손상 저항성을 갖추고 있는 새로운 플루오르화탄소 기반의 폴리머를 개발해야만 하며, 이들을 매우 얇은 펠리클의 형태로 제작할 수 있는 기계적인 성질을 갖추고 있어야만 한다[12]. MIT 링컨 실험실에서의 초기 연구결과에 따르면 248nm 및 193nm 파장에 사용하고 있는 테프론 AF$^®$과 Cytop$^®$ 등의 상용 플루오르화 폴리머들은 157nm 빛을 조사하면 충분한 기계적 결합성을 잃고 빠르게 파괴되어 버린다. 결과적으로 157nm 리소그래피에서 요구되는 성질을 충족시키는 새로운 플루오르화 폴리머 후보물질을 개발하고 선별하기 위한 광범위한 연구 사업이 시작되었다. 비록 몇 가지 폴리머들이 뛰어난 투과율을 가지고 있지만, 광화학적 변색 때문에 아직도 충분한 수명을 갖지 못한다. 이런 근본적인 문제를 해결하기 위해서 여전히 연구가 필요하다.

19.8.2 경질 펠리클

경질 펠리클[13, 14]은 단순히 프레임 위에 설치된 얇은 수정 유리이다. 불소처리된 용융 실리카는 157nm 공정에 대해서 충분한 수명을 갖는다. 비록 두께 조절과 두께 균일성 확보가 어렵지만 양호한 평행도, 즉 두께 균일성이 구현되었다. 그런데 얇은 용융 실리카라고 하여도 연질막 펠리클에 비해서 수백 배 더 두껍다. 전형적으로 $800\mu m$ 두께인 경질 펠리클은 추가적인 광학요소로 작용하며, 영상화와 오버레이 성능에 영향을 끼친다. 현상액을 사용해서 경질 펠리클의 훌륭한 광학적 균일성과 표면 상태를 구현하였지만, 현저한 광학적 왜곡을 피하도록 펠리클 굽힘을 작은 수준으로 유지하기 위해서는 펠리클 마운팅과 접착제 두께조절에 대한 개선이 필요하다. 펠리클 공동 속을 불활성기체로 채우는 방안 역시 연구대상이다. 157nm 리소그래피는 습도가 매우 낮은 상태에서 시행되므로 정전기 방전(ESD) 문제를 유발한다. 변형을 최소화시키기 위해서는 원형 포토마스크와 원형 펠리클을 사용해야만 한다.

19.8.3 탈착식 또는 덮개식 펠리클

세 번째 대안은 운송 및 보관 시에만 포토마스크의 덮개로서 연질 펠리클을 사용하는 것이다. 펠리클은 노광 직전에 제거하며 노광 이후에는 다시 덮는다[15]. 세 가지 마운팅 방식이 고려 중에 있다. 접착식, 자기식, 그리고 수정된 레티클 캐리어이다. 비록 이 공정은 연구용 라인에서 손쉽게 검증할 수 있지만, 장기간 오염관리와 검사는 여전히 어려우며 이 공정은 생산라인의 비용을 크게 상승시키는 것으로 판명되었다.

19.8.4 무 펠리클

마지막 방법은 펠리클을 사용하지 않는 것이다. 그런데 펠리클을 사용한지 20년이 지나고 나서, IC의 형상크기가 예전보다 (4μm에서 0.1μm으로)훨씬 줄어든 시점에서 무 펠리클이라는 방안은 적용하기 매우 어렵다. 게다가 형상크기가 훨씬 작아졌기 때문에 포토마스크도 오염되기가 훨씬 쉬워졌다. 그러므로 이 방법이 성공하려면 신뢰성 있는 일정한 검사 피드백 시스템이 필요하다.

현재의 묘화기술로 볼 때에는 경질 펠리클이 157nm 레티클에 대해서 충분한 수명과 오염방지 기능을 갖추고 있다. 청결하고 결점이 없는 경질 펠리클의 생산과 변형이나 반복성 변형이 없는 마운팅 방법이 여전히 극복해야 할 과제이다.

□ 참고문헌 □

1. Vincent Shea and Walter J. Wojcik, U.S. Patent 4,131,363, 1978.

2. Ronald S. Hershel, Pellicle protection of integrated circuit masks, *Proc. SPIE*, 275, Semiconductor Micro Lithography VI (1981).

3. Yung-Tsai Yen, U.S. Patent 4,759,990, 1988.

4. Pei-Yang Yan, Michael S. Yeung, and Henry T. Gaw, Printability of pellicle defects in DUV 0.5mm lithography, *Proc. SPIE*, 1604, 106-117 (1992).

5. Ray Winn, U.S. Patent 4,378,953, 1983.

6. Ray Winn, U.S. Patent 4,536,240, 1985.

7. Robert W. Murphy and Rick Boyd, The effect of pressure differentials on pelliclized photomasks, *Proc. SPIE*, 2322, 187-201 (1994).

8. Kasunori Imamura, U.S. Patent 4,833,051, 1989.

9. Yung-Tsai Yen, U.S. Patent 5,168,993, 1992.

10. Naofumi Inoue, Hiroaki Nakagawa, Masahiro Kondou, and Masanori Kitajima, Pellicle vs. influence of clean room environments, *Proc. SPIE*, 2512, 60-73 (1995).

11. Chris Yen and C.B. Wang, Potential Particle Problem from an Adhesive, MLI Technical Publication, 1986.

12. Roger H. French, Rober C. Wheland, Weiming Qiu, M.F. Lemon, Gregory S. Blackman, Xun Zhang, Joe Gordon, Vladimir Liberman, A. Grenville, Roderick R. Kunz, and Mordechai Rothschild, 157-nm pellicles: polymer design for transparency and lifetime, *Proc. SPIE*, 4691, 576-583 (2002).

13. Emily Y. Shu, Fu-Chang Lo, Florence O. Eschbach, Eric P. Cotte, Roxann L. Engelstad, Edward G. Lovell, Kaname Okada, and Shinya Kikugawa, Hard pellicle study for 157-nm lithography, *Proc. SPIE*, 4754, 557-568 (2002).

14. Kaname Okada, K. Ootsuka, I. Ishikawa, Yoshiaki Ikuta, H. Kojima, T. Kawahara, T. Minematsu, H. Mishiro, Shinya Kikugawa, and Y. Sasuga, Development of hard pellicle for 157 nm, *Proc. SPIE*, 4754, 569-577 (2002).

15. Andy Ma, Arun Ramamoorthy, Barry Lieberman, C.B. Wang, Q.R. Bih, Kevin Duong, and Corbin Imai, Removable Pellicle, in: *Sematech Pellicle Risk Assessment Workshop*, September 27, 2001.

제6편

마스크 계측,
검사, 평가 및 수리

제20장

포토마스크 형상계측

James Potzick

20.1 서 언

이 장에서는 포토마스크상의 형상에 대한 크기와 위치계측과 관련된 문제에 대해서 논의한다. 크기는 일반적으로 선폭 또는 임계치수라고 부르며, 또 다른 형상에 대한 위치는 보통 피치라고 부른다. 그림 20.1에서는 수정 기판상의 두 평행한 선들의 단면과의 차이를 설명하고 있다.

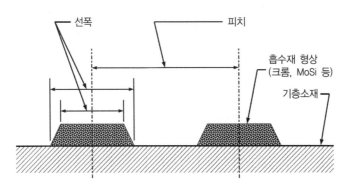

그림 20.1 수정 기판상의 두 평행한 크롬 선의 단면도를 통해서 선폭과 피치의 차이를 설명하고 있다. 이 사례에서는 선폭이 명확하게 정의되지 못함에 유의해야 한다.

여기서 논의되는 개념은 어떤 특정한 계측기에 국한된 것은 아니지만, 특히 주사전자현미경 (SEM)과 투과 및 반사식 현미경, 주사프로브현미경(SPM),❖ 그리고 스캐터로미터 등에 대해서 살펴보기로 한다. 이 개념들 역시 2진 크롬 마스크, 희석식 위상천이 마스크, 경질 위상천이 마스크, 그리고 무크롬 마스크 등뿐만 아니라 분해능 이하 보조형상, 2차원(선과 공간) 및 3차원(접촉구멍 등) 형상 등에도 적용된다. 모든 선폭 측정에서 선 테두리 거칠기의 높은 공간주파수를 평균화하여 지정된 길이의 선분을 평균화한다고 가정한다. 사례와 설명을 단순화시키기 위해서 2진 크롬 형상을 예로 사용한다.

모든 선폭과 배치의 측정은 형상 테두리의 위치로부터 추출되므로 이 단원에서는 선 테두리와 그 위치에 대한 기하학적 정의로부터 논의를 시작한다. 그리고 불확실도 계산의 용어에 대한 실질적 정의를 내린 다음에 형상계측과 측정 불확실도 평가의 경제적인 근거에 대해서 살펴본다. 그다음에는 서로 다른 위치에서의 측정값 비교 시 자주 발생하는 매개변수 오차와 상관오차에 대해서 살펴본 다음, 계측과 모델링을 포토마스크 설계와 웨이퍼 노광공정 최적화에 통합시킨 네오리소그래피 모델에 대해서 논의하고, 마지막으로 마스크 계측공정, 웨이퍼 제조공정, 그리고 실제 마스크의 형상 등에 대한 일반적인 유의사항들을 살펴보기로 한다.

20.2 형상 테두리

그림 20.1에서 도시하고 있는, 크롬 형상의 수직 및 수평구조를 실제 포토마스크에서는 거의 발견할 수 없다. 고분해능 주사전자현미경(SEM) 및 원자작용력현미경(AFM) 영상들에 따르면 대부분의 형상들은 그림 20.2에 도시된 것과 같이 테두리를 정의하기가 곤란한 실제 형상에 더 근접하다. 여기서 아주 중요한 의문이 생긴다. 선폭을 정의하는 테두리는 어디인가?

형상 모델 1 ≈ 실제형상 ≈ 형상 모델 2

그림 20.2 복잡한 크롬 형상을 선폭이 잘 정의된 형상 모델로 표현할 수 있다.

❖ 황산/과산화수소 혼합물(Sulfuric acid/hydrogen Peroxide Mixture)도 SPM을 약자로 사용한다. - 역자 주

계측의 첫 번째 원칙은 측정대상을 정의하는 것이다. 이 문제를 다루기 위한 시도는 SEMI 표준 P35 *마이크로리소그래퍼 계측용 용어*에서 찾을 수 있다[1]. 여기서는 그림 20.2에서와 같이 잘 정의된 선폭, 중심 등을 사용해서 복잡하고 불규칙한 형태를 갖고 있는 실제 크롬 형상을 단순화된 형상 모델(또는 목표 모델)로 나타낸다. 테두리를 정의하기 위한 형상계측과 그 계측결과를 사용하는 웨이퍼 노광 모델과 같은 후속공정에서 이 표현방식을 사용한다.

그림 20.2에서는 선폭 형상 모델에 대한 많은 선택 가능한 방안들 중에서 단지 두 가지만을 보여주고 있다. 첫 번째 모델은 폭이 명확한 사각형 단면을 보여주고 있다. 두 번째에서는 사다리꼴 단면을 사용하는데 이는 선의 실제 형상을 더 잘 나타내지만, 측벽의 각도와 높이가 지정되어야만 하며, 선폭은 더 이상 불확실하지는 않지만 사다리꼴에 대해서 상대적으로 정의되어야만 한다. 측정 결과를 사용해서 선폭을 사다리꼴의 하단, 중간 또는 상단의 값으로 결정하는 데에는 이유가 있어야만 하지만 많은 경우에 이 결정은 완벽하게 임의로 이루어진다.

형상 모델과 측정데이터는 마스크 형상의 웨이퍼 프린트 성능(근접효과, 결함 인쇄가능성 등)을 예측하기 위한 웨이퍼 노광영상 모델에서 사용할 수 있다. *2번 형상 모델*의 장점은 이 형상 모델이 실제 형상을 더 잘 나타내며 더 정확한 모델링 결과를 도출해준다는 점이다. *2번 형상 모델*의 단점은 선폭이 이제는 기판위로의 높이에 의존하게 되었다는 점이다.

SEMI 표준 P35에서는 또한 형상 주변이나 최소한 테두리 주변으로 그림 20.3에서와 같이 경계상자를 그림으로써 기하학적 복잡성을 대체할 것을 제안하고 있다. *선 테두리 경계상자*는 선의 테두리를 둘러싸고 있으므로 측정이 의도하고 있는 테두리가 사각형 내측에 들어올 확률이 충분히 높다. 경계상자 내측에 테두리가 위치할 확률분포는 기댓값과 편차를 가지고 있다. 이상적으로 일정한 사각형 단면을 갖는 매끈한 직선의 경우 경계상자의 내측, 외측 및 평균값은 동일하며, 선 테두리 경계상자의 폭은 0이다. 이 기법의 상세한 내용에 대해서는 SEMI 표준 P35를 참조하기 바란다[1].

보수적으로는 상상할 수 있는 어떠한 목적을 위해서라도 테두리가 이 사각형 내측에 위치한다고 모두가 수긍할 수 있도록 형상 모델의 선 테두리 경계상자 영역을 선정하여야 한다. 이 형상이 상상할 수 있는 모든 용도를 수용하려면, 사각형 내의 어디에 테두리가 위치하는가에 대한 추정이 불가능하게 된다. 이는 사각형의 중심에 기댓값이 위치하는 경우의 테두리 위치에 대한 사각형의 확률분포에 따른 결과이다. 실제의 경우 그림 20.3에서와 같이 크롬의 돌출부가 형상의 어떤 기능과도 연관이 없는 것으로 판단되면 이를 사각형에서 제외할 수도 있다.

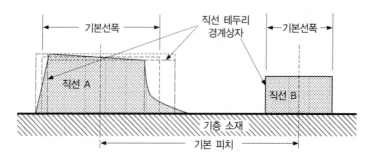

그림 20.3 테두리의 위치와 중심의 경계를 포함하기 위해서 경계상자 속에 형상 모델이 둘러싸일 수 있다.

20.3 마스크 형상 계측 비용과 이득

포토마스크상의 어떠한 형상크기(선폭이나 임계치수)나 배치를 측정하는 데에는 이유가 있어야만 한다. 일반적으로 측정은 많은 경우 경영판단과 관련된 결정을 이끌어낸다. 마스크 제조업자들은 어떻게 기록, 현상 및 식각공정을 조정할 것인가를 결정하기 위해서 몇 가지 핵심 형상들을 측정한다. 또는 마스크를 출고할 것인가 말 것인가를 결정하기 위해서 고객 사양을 충족시키는가를 판정할 수 있도록 형상의 일부 또는 모두를 측정한다. 마스크 사용자들은 마스크를 반입할 것인가 아니면 반송할 것인가를 결정하기 위해서 일부 형상을 측정할 수도 있다.

그런데 이런 모든 측정들은 알지 못하는 오차를 포함하고 있다. 이 오차들을 알 수 없기 때문에(알 수 있다면 이들을 제거할 수 있다), 이들은 확률분포를 사용해서 가장 잘 정량화시킬 수 있다. 따라서 측정 결과는 측정대상이 가질 수 있는 치수의 평균과 편차를 포함하는 확률분포이다. 평균은 측정대상의 기댓값(또는 최고 추정값)이며, 편차의 제곱근은 표준 측정 불확실도를 나타낸다. 총 측정오차는 개별적인 오차들의 합이며, 확률분포의 편차는 개별오차들(이들이 연관되어 있지 않다고 가정한다)의 편차를 합한 값이다. 20.6절 매개변수 오차와 상관오차를 참조하기 바란다.

확률 $P_1 < 1$로, 허용오차 이내에 위치하는 것으로 측정된 형상은 실질적으로 허용오차 이내($1-p_1$의 확률은 제외)인 반면에, 형상이 허용오차를 넘어선 것으로 측정된 확률 P_2는 실질적으로 허용오차를 벗어난다(그림 20.4). 만약 마스크를 고객에게 출고하기 전에 사양에 따라서 측정하였다고 가정하자. 이 마스크는 측정 결과에 따라서 사양 적합 또는 사양 부적합

으로 판정될 것이다. 허용오차 초과 마스크의 출고에 따른 비용은 c_{12}이며, 허용오차 이내의 마스크를 파기한 비용은 c_{21}이다. 허용오차 초과 마스크의 파기비용은 작으며, 허용오차 이내의 마스크를 출고하는 비용은 영이다.

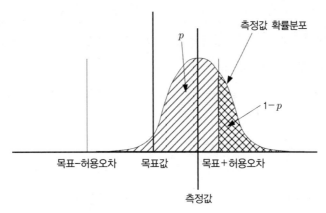

그림 20.4 포토마스크 형상의 지정값(목표)과 허용오차, 그리고 측정 결과의 확률분포. 허용오차 이내의 확률은 p이며 허용오차 이외의 확률은 $(1-p)$이다.

표 20.1 측정 결과는 형상이 사양을 충족시킬 확률 p를 나타낸다. 그리고 형상이 사양 한도를 넘어설 확률은 $1-p$이다. 이 테이블은 p에 따른 마스크의 출고 및 파기 기대비용을 보여주고 있다. 이 테이블은 더 복잡한 경우에 대해서 즉각적으로 일반화시킬 수 있다.

활동	마스크가 실제로 사양을 충족시키는 경우의 활동비용	마스크가 실제로 사양을 충족시키지 못하는 경우의 활동비용	활동 C_i의 기대비용
마스크 출고	c_{11}	c_{12}	$pc_{11} + (1-p)c_{12}$
마스크 파기	c_{21}	c_{22}	$pc_{21} + (1-p)c_{22}$

일반적으로 c_{ij}는 측정 결과 j의 범주(예를 들면 사양 합격 또는 사양 불합격)에 포함되는 부품을 활동 i에 소요되는 비용이며, p_j는 부품이 실제적으로 j의 범주에 들어갈 확률로, 정규화 조건 $\sum p_j = 1$이다. 따라서 활동 i의 *기대*비용은 다음과 같다[2].

$$C_i = \sum c_{ij} p_j$$

앞서 사례의 두 가지 활동에 대해서 표 20.1에서 설명되어 있다. 결과와 무관한 단순측정을 위한 추가적인 비용인 c_0가 추가된다. 많은 제품들의 경우 불량품 선적에 따른 비용인 c_{12}가 여타에 비해서 매우 높다.

따라서 계측에 소요되는 총 기대비용은

$$총\ 기대비용 = C_i + c_0$$

다양한 활동들에 따른 비용 c_{ij}는 경영에 대한 경제적 고찰을 통해서 산출할 수 있으며, 확률 p_j는 계측의 불확실성에 대한 평가로부터 구한다.

확장된 측정 불확실도 U는 그림 20.4에 도시된 측정 확률분포의 표준편차에 정비례한다.

$$U = k\sqrt{\mathrm{var(measurement)}}$$

여기서 k는 필요한 신뢰구간을 표시하는 t-테이블에서 선정한 상수(적용률)이며, $\mathrm{var}(x)$는 x에 대한 (정규 또는 기타)확률분포의 편차이다. 측정 불확실도의 극한에서는

$$U \to \infty, \ \ p \to 0 \ \ \mathrm{and} \ \ C_1 \to c_{12}, \ \ C_2 \to c_{22}$$

그리고 $U \to 0$이면 측정 결과에 따라서 $p \to$ (1 또는 0)이 되며

$$C_1 \to (c_{11} \ \mathrm{or} \ \ c_{12}), \ C_2 \to (c_{21} \ \mathrm{or} \ \ c_{22})$$

즉, 만약 $U \to \infty$ (공정에 대한 측정이나 사전정보가 없는 경우)라면, 형상이 유한한 허용오차 구간 내에 속할 확률은 0이지만(정보는 없지만 불가능하다는 것은 아니다), 만약 $U = 0$이라면, 형상은 명백히 허용오차 구간 내에 있거나 오차가 존재하지 않는다(불확실성이 없다). 만약 부품의 측정값이 목표 값을 나타내지만 $U > 3 \cdot tolerance$라면, (그림 20.4의 확률곡선에서 $-tolerance$와 $+tolerance$ 사이를 포함하는 내측 영역이 외측 영역에 비해서 작기 때문에) 부품이 실제적으로 허용오차 이내에 위치할 확률은 1/2 이하이며, 이 부품이 사양을 충족시킨다고 안전하게 결론지을 수 없다. 실제의 경우 피 측정량의 불확실도는 피 측정량에 대한 사전 지식(이들은 보통 현실적인 범위를 갖고 있다)과 공정 덕분에 비록 측정을 수행하지 않는다고 하여도 항상 유한한 값을 갖는다. 이 사실은 제품의 샘플에 대한 통계학적인 측정을 통한 잔여

측정대상들의 불확실도 추론을 정당화시킨다.

불확실도는 예를 들면 반복측정의 횟수 증가, 계측환경에 대한 더욱 세심한 관리, 더 정교하고 비싼 장비의 구입, 조작자의 숙련도 향상 등과 같이 보통 더 많은 자원을 계측에 투입함으로써 줄일 수 있기 때문에 측정비용은 U 값과 관련이 있다. 따라서 계측비용은 대략적으로 다음과 같이 추산할 수 있다.

$$c_0 \propto 1/U$$

측정의 불확실도는 계측의 비용과 정비례하는 독립변수로 간주할 수 있다.

제조환경 내에서 측정 데이터의 가치는 측정수행에 소요되는 비용을 초과해야만 한다. 마스크 계측의 목적은 어떤 작업이 선정된 작업에 소요되는 총 예상비용 $(C_i + c_0)$을 최소화시킬 수 있는가를 결정하는 것이다. 계측을 기반으로 하는 결정이 심각한 경제적 결과를 초래하므로, 이들의 비용과 확률(그에 따른 측정 불확실도)에 대해서 인식하고 평가하는 것이 매우 중요하다.

두 가지 사례가 제시되어 있다. 상대적인 비용단위 내에서 $c_0 = 1/U$이며, U는 확장된 계측의 불확실도($k = 2$), $c_{11} = 0$, $c_{12} = 1$이라고 가정한다. 이 숫자들은 특정한 상황에 따라서 변환이 가능하다.

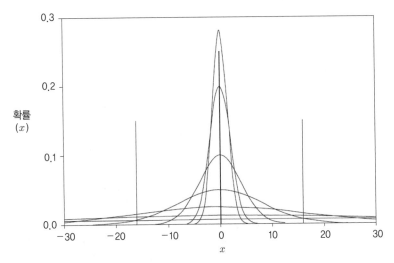

그림 20.5 목표 값을 충족시키는 형상(사례 1)에 대한 서로 다른 측정 불확실도(2.8, 4, 8, 16, 32, 64 및 128nm, 2σ)를 갖는 측정 결과의 확률분포. 두 개의 수직선들은 ±16nm의 허용오차 사례를 나타낸다.

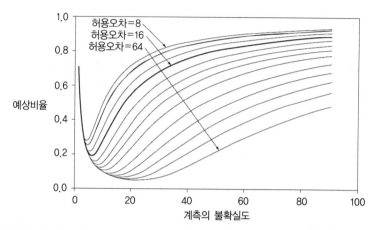

그림 20.6 다양하게 지정된 허용오차(8nm, 9.5, 11.3, 13.5, 16, ..., 64nm)에 대해서 1번 사례에 대해 외관상 양호한 마스크를 출고함에 따른 예상비용. 각 허용오차 곡선들은 서로 다른 측정 불확실도에 따른 최소비용을 나타내고 있다.

  1번 사례에서 마스크 형상이 사양과 정확히 일치하는 것으로 측정되었고, 측정 결과는 그림 20.5의 곡선들 중 하나이다. 이 부품의 출고에 따른 예산비용은 각각의 소비자 지정 허용오차에 대해서 그림 20.6에 도시되어 있다. 임의의 지정된 허용오차에 대해서 예상 비용을 최소화 시킬 수 있는 최적의 측정 불확실도가 존재한다. 이 경우 허용오차가 16nm라면(그림 20.6의 실선), 예상 최대비용은 14nm의 측정 불확실도 2σ에서 발생된다. 측정 불확실도가 증가함에 따라서 형상이 허용오차 이내에 위치할 가능성이 감소하며, 예상비용은 c_{12}에 근접하게 된다.

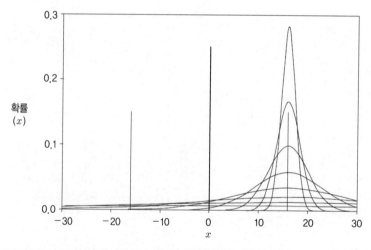

그림 20.7 그림 20.5에 도시되어 있는 동일한 측정 불확실도를 갖고 있으면서 사양보다 측정값이 16nm만큼 천이된 경우의 측정한 결과 확률분포(1번 사례)

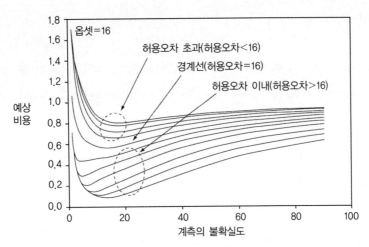

그림 20.8 다양하게 지정된 허용오차에 대한 출고 예상비용(2번 사례). 허용오차가 오프셋과 동일한 경계선에 위치한 경우는 여타 사례들과 구분하여놓았다.

1번 사례의 경우 마스크 형상은 사양보다 16nm만큼 크다(그림 20.7). 그에 따른 예상 비용 곡선은 그림 20.8에 도시되어 있다. 만약 허용오차가 16nm라면 형상은 경계선상에 놓이게 된다. 더 큰 허용오차(형상이 사양 내에 위치)에 따른 예상비용은 그림 20.8의 아래 부분에 위치한다.

비용인자 c_{ij} 는 서로 큰 편차를 갖고 있기 때문에 이 측정들의 불확실도에 대한 이해와 관리 가 중요하다.

20.4 불확실성 계측과 추적성

측정의 불확실성은 ISO(국제 표준협회)에 의해서, 측정 결과에 합리적인 영향을 끼치는 측 정량들의 분산도를 특성화시키는 측정 결과에 대한 매개변수로 정의되어 있다[3].

수학적으로는 ANSI/NCSL Z540-2-1997b[4]에서 정의되어 있는 것처럼 발생가능한 모든 측정오차들의 확률분포 편차의 합에 대한 제곱근에 원하는 신뢰구간에 대해서 선정된 계수를 곱한 값으로서, 이는 본질적으로 ISO에서 정한 *계측의 불확실도 표현에 대한 지침서* [5]와 동일하다.

측정대상 a 에 대한 측정과정을 통해서 표시값 $I(a)$ 와 미지의 오차 $\epsilon(a)$ 가 구해진다.

$$a = I(a) + \epsilon(a)$$

$\epsilon(a)$는 기지의 값이며 두 번째 측정에 의해서 일반적으로 다른 $I(a)$가 구해지므로, 이들 각각의 항들은 편차와 기대치를 갖게 된다. $I(a)$는 n번의 반복측정을 통해서 구할 수 있다. 따라서 기대치와 편차는 다음 식을 통해서 구할 수 있다.

$$< I(a) > = \frac{1}{n} \sum_{i=1}^{n} I_i(a),$$

$$\text{var}(I(a)) = \frac{1}{n-1} \sum_{i=1}^{n} (I_i(a) - < I(a) >)^2$$

오차항 $\epsilon(a)$는 다양한 원인에 의한 오차들인 ϵ_j의 합이다. 본질적으로 이 값들은 알 수 없으며, 이들의 확률분포만을 알거나 예측할 수 있다. 만약 오차 ϵ_j를 정확히 안다면, 이를 제거할 수 있다. 오차의 크기를 알 수 없으므로 확률분포만이 우리가 알 수 있는 모든 것이다. 이 확률분포는 ϵ_j 값들에 대한 활용가능한 모든 정보들을 기반으로 한다.

만약 변수 x(또는 ϵ)이 정규화된 확률분포 $p(x)$를 갖는다면

$$\int_{-\infty}^{\infty} p(x)dx = 1$$

따라서 기대치와 편차는 다음과 같이 주어진다.

$$\langle x \rangle = \int_{-\infty}^{\infty} xp(x)dx,$$

$$var(x) = \int_{-\infty}^{\infty} (x - \langle x \rangle)^2 p(x)dx$$

그러므로 알고 있는 모든 오차들이 제거된다.

$$\langle \epsilon(a) \rangle = 0$$

따라서

$$\langle a \rangle = \langle I(a) \rangle$$

그리고

$$u^2(a) = \mathrm{var}(a) = \mathrm{var}(I(a)) + \mathrm{var}(\epsilon(a))$$

$\sqrt{\mathrm{var}(I(a))}$ 는 측정 결과의 표준편차로 측정의 반복성을 나타낸다. $\langle I(a) \rangle$ 는 참값 a의 최적 추정값이며 $u(a)$는 불확실성이다. 그림 20.4의 (중심극한정리 때문에)확률분포는 일반적으로 표준편차 $u(a)$를 갖는 가우시안 형태이다.

ISO가 제정한 *측정 불확실성의 표현에 대한 지침*의 가장 큰 기여는 아마도 계통오차가 (비록 일반적으로 연속적이더라도)임의오차처럼 확률분포를 가지고 있으며 동일한 방식으로 측정 불확실성에 영향을 끼친다는 것을 인식하게 된 것이다.

필요한 신뢰구간에 대해서 t-테이블로부터 구한 적용률 k를 $u(a)$에 곱하면,

$$U(a) = k \cdot u(a)$$

측정 결과 $\langle I(a) \rangle$에 대해 구해진 구간 $\pm U(a)$는 95%($k = 2$) 또는 99%($k = 3$)의 확률로 참값을 포함하고 있다.

$U(a)$를 확장된 불확실도, $u(a)$는 표준 불확실도라고 부른다. 참값 a를 알 수 없으며(그렇지 않다면 왜 측정하는가?) 연속값에 대한 모든 측정들은 미지의 오차를 가지고 있으므로, 이런 확률적 해석이 최선의 방안이며, 측정대상에 관련된 모든 지식들을 결합시켜준다.

20.5 용 어

측정을 평가 또는 비교할 때에는 잘 정의되고 의미가 일반적으로 이해되는 계측 용어들을 사용하는 것은 매우 중요하다. 다음의 계측 용어들에 대한 정의는 *계측의 기본 및 일반 국제용어*에 대한 ISO 규정[3]에서 발췌하였으며, 전 세계적으로 국가 측정 실험실에서 통용되고 있다.

- (측정)오차: 측정 결과에서 측정대상의 참값을 뺀 값
- 임의오차(random error): 측정 결과에서 반복조건 하에서 동일한 측정대상에 대해 수행된 무한한 숫자의 측정 결과에서 평균을 뺀 값
- 계통오차(systematic error): 반복조건 하에서 동일한 측정대상에 대해 수행된 무한한 숫자의 측정 결과의 평균에서 측정대상의 참값을 뺀 값

측정오차의 크기와 부호는 알 수 없다. 그 대신에 이를 제거할 수는 있다. 오차에 대한 지식은 확률분포를 사용해서 표현된다. 본질적으로 측정의 불확실도는 발생 가능한 모든 오차들에 대한 확률분포의 결합된 폭으로 표현된다[5].

- (정량적) 참값: 제시된 특정한 양에 대한 정의와 일치하는 값
- 추적성: 비록 모두가 가지고 있는 깨지지 않는 비교의 사슬을 통해 불확실성이 확인되었더라도, 국가 또는 국제표준으로 정의된 기준과 연관시킬 수 있는 측정 결과의 성질이나 표준의 값

국가 측정 실험실의 선폭 표준은 미터의 정의에 대해 추적이 가능하다[6].

- 미터: 1/299,792,458초의 시간 동안 진공 속에서 빛이 이동한 거리
- 초: 세슘 133 원자가 두 개의 초미세 준위 사이를 오가며 방사하는 빛의 9,192,631,770주기 시간

세슘 시계를 사용한 미터의 구현은 근본적인 길이표준으로서 명확하게 정의되어 있으며 모든 조건 하에서 모두에게 동일하게 적용된다. 이것은 국가표준으로서 인위성이 없으며, 매우 오랜 기간 동안 무조건적으로 안정하므로 국제적으로 승인을 받았고 범용성을 갖고 있다. 추적이 가능한 길이의 표준을 잃거나 손상된다면, 그 대체품이 동일한 기준에 대해서 추적성을 갖고, 따라서 잃어버린 표준과 직접적인 연관성을 갖춰야 한다.

측정대상에 대한 비교를 수행하면 비록 계측이 불확실성을 내포하고 있다고 하더라도 (인공적인 표준이나 미터의 정의와 같은)지정된 표준에 대해서 추적성을 갖는다. 크던 작던 간에 이 불확실도는 어떤 값을 갖는 반면에, 추적이 불가능한 측정의 불확실도는 알 수 없다. 그러므로 추적이 불가능한 측정은 사용자에게 신뢰성을 주지 못하며 확률 p_j에 대한 아무런 정보도 제공해주지 못한다.

최저 예상비용을 필요로 하는 활동을 찾아내는 것을 돕는 것과 더불어서 측정의 추적성이 바람직한 또 다른 이유가 있다. *국가표준* 또는 *정의된 기본단위*(즉, 미터의 정의)에 대한 추적성도 필요하다.

- 만약 부품의 기능이 치수에 의존적인 경우
- 장기간 안정성에 대한 높은 신뢰수준
- 실험과 이론의 비교
- 원격 제조공장들 사이의 일관된 측정
- 서로 다른 제조업체들 간의 제품 비교
- 업무에 관련된 모든 당사자들이 서로 수용할 수 있는 방법으로 측정값을 비교
- 구매자와 공급자 사이의 차이 해결
- 법적 요구조건(정부기준 또는 ISO 9000 등)의 준수 여부 확인
- 서로 다른 측정기법들 사이의 차이 해소

만약 결함이 충분히 안정적이라면, 공정 모니터링과 같은 일부 제조목적에 대해서 *사내결함*의 추적성이 적절할 수도 있다.

20.6 매개변수 오차와 상관오차

이진 포토마스크에서조차도 선폭을 정확히 측정하는 것은 어려울 수 있다. 이에 대해서는 20.8절 포토마스크 선폭의 참값-네오리소그래피를 참조하기 바란다.

형상의 선폭을 측정하기 위해서 광학식, 전자 또는 주사프로브현미경을 사용할 때, 측정대상 선폭의 축척이 변한 영상이 생성된다. 스캐터로미터는 푸리에 강도 영상을 생성한다. 회절이나 전자 산란 등에 의해서 이 영상들은 물체와 다를 수 있으며, 물체 자체가 아닌 단지 영상만이 직접적으로 측정된다. 측정 공정은 계측장비의 교정된 스케일을 사용해서 대상물의 선폭 영상을 유사한 대상물의 이론적 선폭이나, 인공적인 선폭의 표준에 대한 실제 영상과 비교하는 것이다[7].

선폭은 대상물체의 고유한 성질로서 측정 방법에 무관하다. 그러나 우리는 계측장비[8] 내에서 대상물의 영상만을 측정할 수 있으며, 그리고 영상은 대상물체와 장비에 관련된 매개변수

들 $\{P_i\} \equiv P_1, P_2, P_3, \cdots, P_N$(예를 들면 크롬 두께, 크롬의 복소수 굴절계수인 n과 k, 테두리 거칠기, 조사 파장, 대물렌즈 개구수 NA 등, 표 20.2 참조)에 의존한다. 장비 관련 매개변수들은 대상물체의 본질적인 성질은 아니지만, 여전히 측정영상에 영향을 끼친다. 결과적으로 특정한 조건 하에서 대상물에 대한 계측기의 영상을 예측하는 영상화모델[9] 을 통해서 대상물의 영상을 도출하고, 영상 내에서 대상물의 테두리 위치를 구분해야 한다.(이상적으로는 대상물의 형상을 추출하기 위해서 영상에 대한 반전 모델을 적용할 수도 있지만, 이는 매우 어려우며 반전 모델이 유일 해를 갖지 못할 수도 있다) 대상물체의 테두리 위치를 구분하기 위해서 계측기 영상은 모델링되어야만 하며, 영상의 간극을 측정하기 위해서는 영상 척도를 교정해야 한다.

유사한 영상화 공정을 통해 마스크로부터 웨이퍼에 프린트가 이루어지지만, 노광장비의 매개변수들은 일반적으로 계측장비의 매개변수들과는 서로 다르다(물론 물체관련 매개변수들은 동일하다). 계측 영상으로부터 웨이퍼 영상을 예측하기 위한 영상화 공정의 모델링을 통해서 시험용 웨이퍼의 프린트에 소요되는 경비를 절감할 수 있다[10, 11].

표 20.2 광학계측에 사용되는 매개변수 리스트

대상물 관련 용어	계측기 관련 용어
크롬 테두리 런아웃 크롬 n 크롬 k 기층소재 두께 크롬 두께 형상 근접성	공구에 의해서 유발되는 천이 척도계수 교정 기층소재 온도 기층소재 온도편차 공기온도, 압력, 상대습도 조명파장 조명 개구수 대물 개구수 샘플링 개구부
정렬 관련 용어	데이터 노이즈 필터
시편 코사인 정렬 초점이탈 조명정렬	근접효과 포토미터 선형성 영상모델링 매개변수 간섭계 분해능 포토미터 분해능 레이저 파장 불확실도 레이저 편광 혼합 아베 오차 광학영상의 왜곡 CCD 선형성(x, y, 강도) 영상처리 알고리즘

측정오차 $\epsilon(a)$는 일반적으로 측정 매개변수 $\{\delta P_i\}$의 오차의 항으로 나타낼 수 있다.

$$\epsilon(a) = f(\{\delta P_i\})$$

여기서 $f(\{P_i\})$는 계측공정 모델이며 δP_i는 매개변수 P_i 내의 오차이다. 일반적으로 만약 $y = f(\{\delta P_i\})$라면,

$$\mathrm{var}(y) = \sum_{i=1}^{N}\left(\frac{\partial f}{\partial P_i}\right)^2 \mathrm{var}(\delta P_i) + 2\sum_{i=1}^{N-1}\sum_{j=i+1}^{N} r(\delta P_i, \delta P_j)$$
$$\times \frac{\partial f}{\partial P_i}\frac{\partial f}{\partial P_j} \sqrt{\mathrm{var}(\delta P_i)\mathrm{var}(\delta P_j)} + \cdots$$

여기서 $r(\delta P_i, \delta P_j)$는 이들 두 매개변수들 사이의 상관계수이며, $\cdots$는 고차 항을 의미한다. 일반적으로 $-1 < r(x_i, x_j) < +1$, $r(x_i, x_j) = r(x_j, x_i)$, $r(x_i, x_i) = 1$, 그리고 $r(x_i, -x_i) = -1$이다. 만약 x_i와 x_j가 비상관관계를 가지고 있다면 $r(x_i, x_j) = 0$이다. δP_i를 매개변수 오차라고 부를 수 있으며, $(\partial f/\partial P_i)\sqrt{\mathrm{var}(\delta P_i)}$는 그에 따른 매개변수 불확실도 성분이다. $\{P_i\}$를 매개변수 공간 내에서의 벡터 $\boldsymbol{P}$로, 그리고 매개변수 오차 $\{\delta P_i\}$의 확률분포를 $\boldsymbol{P}$점 주변의 구름 $\delta\boldsymbol{P}$로 간주할 수 있다.

이 구름을 어떤 방향으로 짜내가면서 동일한 대상에 대한 측정값을 두 위치에서 비교할 때, 연관된 매개변수 오차들이 때로는 도움이 될 수도 있다.

만약, 측정 도중에 오차나 측정 매개변수의 섭동량이 서로 독립적이라면, $i \neq j$에 대해서 $r(\delta P_i, \delta P_j) = 0$이며,

$$u^2 = \mathrm{var}(I(a)) + \sum\left(\frac{\partial f}{\partial P_i}\right)^2 \mathrm{var}(\delta P_i)$$

$I(a)$는 임의적이며 $r(I(a), \epsilon(a)) = 0$이기 때문이다.

영상화 모델과 그 입력 매개변수들은 오차를 포함할 수 있으며, 이는 선폭계측 오차를 초래한다. 포토마스크 계측에서 많은 경우 매개변수들은 거의 독립적이어서 $r(\delta P_i, \delta P_j) \approx 0$이며, 그에 따른 선폭 a의 매개변수 불확실도 성분들은 영상화 매개변수 P_i의 섭동량을 모델링하여 $\partial a/\partial P_i$

를 찾고, 매개변수 불확실도 $u(P_i)$를 산정하며, 매개변수 불확실도 성분인 $u(P_i)\partial a/\partial P_i$를 구함으로써 찾아낼 수 있다.

측정 표준과 측정 대상물들의 계측공정에 영향을 끼치는 모든 매개변수들이 정확히 일치하지 않을 수도 있기 때문에 추적이 가능한 선폭 계측은 추적 가능한 선폭 표준을 사용한다고 할지라도 비용이 많이 소요된다. 이 매개변수들은 대상체(측정대상)의 성질들로 여타의 경우에는 중요치 않다. 경제적인 제조공정 관리를 위한 측정 불확실도 조절에 대한 논의는 참고문헌 [8]을 참조하기 바란다.

20.7 불확실도 차이

만약 측정값들을 서로 비교한다면 공통표준에 대해서 이들을 추적할 수 있어야만 한다. 예를 들면 마스크를 사용자에게 발송하기 전에 측정할 것이며, 사용자는 입고 전에 마스크를 측정할 것이다. 이 측정값들이 서로 일치해야 만이 마스크가 사양을 충족시킨다는 것을 구매자와 판매자가 동의할 것이다.

만약 마스크 공급자와 고객 모두가 동일한 마스크상의 형상을 측정한다면, 일반적으로 이들은 서로 다른 결과를 얻게 될 것이다. 이 차이의 어떤 점이 불확실도인가? 그 형상이 사양을 충족시킨다고 이들이 동의할 수 있는 유사성은 무엇인가?

A 위치에서의 측정 결과는

$$a = I(a) + \epsilon(a)$$

그리고 B 위치에서의 측정 결과는

$$b = I(b) + \epsilon(b)$$

그리고

$$\epsilon(a) = f(\{\delta P_i\})$$

이며

$$\epsilon(b) = g(\{\delta Q_i\})$$

이므로

$$u^2(a-b) = \mathrm{var}(a) + \mathrm{var}(b) - 2r(a,\,b)\sqrt{\mathrm{var}(a)\,\mathrm{var}(b)}$$

일반적인 경우에서와 같이 하나의 측정과정에서 사용된 매개변수는 서로 독립적이라고 가정하면:

$$i \neq j \text{에 대해서 } r(P_i,\,P_j) \approx 0 \ \ \text{그리고 } r(Q_i,\,Q_j) \approx 0$$

또한 이들 모두는 임의적이므로, $r(I(a),\,I(b)) = 0$이며

$$\mathrm{var}(a) = \mathrm{var}(I(a)) + \sum\left(\frac{\partial f}{\partial P_i}\right)^2 \mathrm{var}(\delta P_i),$$

$$\mathrm{var}(b) = \mathrm{var}(I(b)) + \sum\left(\frac{\partial g}{\partial Q_i}\right)^2 \mathrm{var}(\delta Q_i)$$

그리고

$$u^2(a-b) = \mathrm{var}(a-b) = \mathrm{var}(a) + \mathrm{var}(b) + \sum\left(\frac{\partial f}{\partial P_i}\right)^2 \mathrm{var}(\delta P_i)$$

$$+ \sum\left(\frac{\partial g}{\partial Q_i}\right)^2 \mathrm{var}(\delta Q_i) - 2\sum_i\sum_j r(P_i,\,Q_j)\frac{\partial f}{\partial P_i}\frac{\partial g}{\partial Q_j}\sqrt{\mathrm{var}(\delta P_i)\mathrm{var}(\delta Q_j)}$$

$$\times \sum \mathrm{var}(\delta R_i)\left(\frac{\partial f}{\partial R_i} - \frac{\partial g}{\partial R_i}\right)^2$$

여기에는 P_i, Q_j, 그리고 R_k와 같은 세 개의 매개변수가 사용되며, R_k는 A 위치와 B 위치에서 동일한 모든 P 및 Q의 값들이다. $P_i = Q_j \equiv R_i$, $r(P_i,\,Q_j) = r(R_i,\,R_i) = 1$인 공통모드

항들에 대해서, 매개변수 항들(Σ을 포함한 항들)은 다음과 같이 주어진다.

일반적인 경우: 동일한 대상물을 두 위치에서 측정하기 때문에 대상물에 대한 모든 매개변수들은 공통모드이다. 공통모드 매개변수에 대해서 $i, j \neq k$인 경우 앞서의 정의에 따라서 $P_k = Q_k \equiv R_k$, $r(P_i, Q_j) = 0$이며, $u^2(a-b)$에 대한 일반식은 다음과 같이 표현된다.

$$u^2(a-b) = \text{var}(I(a)) + \text{var}(I(b)) + \sum_{i \neq k} \left(\frac{\partial f}{\partial P_i} \right)^2 \text{var}(fP_i)$$

$$+ \sum_{i \neq k} \left(\frac{\partial g}{\partial Q_i} \right)^2 \text{var}(\partial Q_i) + \sum_k \text{var}(\delta R_k) \left(\frac{\partial f}{\partial R_k} - \frac{\partial g}{\partial R_k} \right)^2$$

특수한 경우 1: 만약 모든 $P_i = Q_j \equiv R_i$라면, 남아 있는 P나 Q가 없으며

$$u^2(a-b) = \text{var}(I(a)) + \text{var}(I(b)) + \sum \text{var}(\delta R_k) \left(\frac{\partial f}{\partial R_k} - \frac{\partial g}{\partial R_k} \right)^2$$

사례로는 A 위치에서는 투과식 광학현미경을 사용하며 B 위치에서는 반사모드 광학현미경을 사용($f \neq g$)하지만, 파장이나 개구수(NA) 등은 동일한 경우이다.

특수한 경우 2: 만약 $f = g$(동일한 계측장비)라면, $(\partial f / \partial R_i) - (\partial g / \partial R_i) = 0$이며

$$u^2(a-b) = \text{var}(I(a)) + \text{var}(I(b)) + \sum_{i \neq k} \left(\frac{\partial f}{\partial P_i} \right)^2 \text{var}(\delta P_i) + \sum_{i \neq k} \left(\frac{\partial g}{\partial Q_i} \right)^2 \text{var}(\delta Q_i)$$

사례로는 A 위치와 B 위치 모두에서 투과식 광학 현미경을 사용하지만, 파장이나 NA값 등이 서로 다른 경우이다.

특수한 경우 3: 만약 $f = g$이며 모든 $P_i = Q_j$(동일한 계측 매개변수와 동일한 대상물 매개변수)라면

$$u^2(a-b) = \text{var}(I(a)) + \text{var}(I(b))$$

사례로는 A 위치 및 B 위치 모두에서 빔 에너지, 유효 빔 직경, 검출기 민감도와 선형성,

시편 충전제어, 아베오차 등이 동일한 주사전자현미경(SEM)을 사용하는 경우이다. 이런 조건 하에서는 두 위치에서의 측정값 차이의 불확실도는 이들의 반복도에 기인한 복합적인 불확실 도뿐이다. 계측장비가 동일($f = g$이며 모든 $P_i = Q_j$)하며 두 위치 모두에서 대상물이 동일하 므로, 모든 공통모드가 계통오차이며, 이들 서로 다른 측정에 의해서 영향을 받지 않는다.

만약 한 위치에서 광학식 현미경을 사용하고 다른 위치에서는 주사전자현미경(SEM)을 사용 한다면, 명확히 $f \neq g$이며 소수의 계측기 매개변수들만이 공통적이므로 다수의 항들이 포함 되는 일반적인 경우를 사용해야만 한다. 그러므로 광학식 및 주사전자현미경(SEM) 계측 사이 의 일관된 일치성을 얻는 것은 어렵다.

이들 특수한 경우 각각에서

$$u^2(a-b) \leq \operatorname{var}(a) + \operatorname{var}(b)$$

라면, 원래 가져야 할 값보다 작은 경우로 이는 측정이 완전히 보정되지 못한 결과이다. 모든 경우에 대해서 확장된 불확실도는 다음과 같다.

$$U(a-b) = k\sqrt{\operatorname{var}(a-b)}$$

그리고 참값 $a - b = 0$이므로, ($k = 2$라면) $|a - b| > U(a-b)$일 경우가 5%이다. 결과적으 로 특히 $|a - b| > 2 \cdot tolerance$ 라면 A 및 B 위치에서 형상이 사양을 충족시키지 못한다. 이런 불일치를 해결하고 재작업에 따른 비용을 최소화하기 위해서는 측정 불확실도의 역할에 대한 이해가 중요하다.

20.8 포토마스크 선폭의 참값-네오리소그래피

참값에 대한 ISO의 정의를 살펴보면 주어진 특정한 양에 대한 정의와 일치하는 일정한 값이다. 포토마스크 선폭의 정의는 무엇인가? 이는 측정 데이터를 사용하는 용도에 의존한다. 결과 적으로 포토마스크 선폭의 참값은 프린트된 웨이퍼 상에서 관찰된 형상크기를 만들어낸다. 그런데 이 선폭은 마스크 고유의 성질이 아니라 웨이퍼상의 노광, 현상, 그리고 식각 조건 등에 의존하기 때문에 이 정의가 항상 유용한 것은 아니다. 이런 연유로, 크롬 직선의 실제 형상을 기반으로 하는 정의가 항상 선호된다. 만약 3차원 크롬 형상이 직선, 수직, 그리고 평평한 테두리를 가지고 있다면, 이는 아무런 문제가 되지 않을 터이지만, 결코 이런 경우는 없다.

그런데 프린트된 웨이퍼 위에서 필요로 하는 형상크기를 도출하기에 더 낮은 정의조차도 마스크 계측을 리소그래피 공정 설계에 통합함으로써 실현할 수 있다.

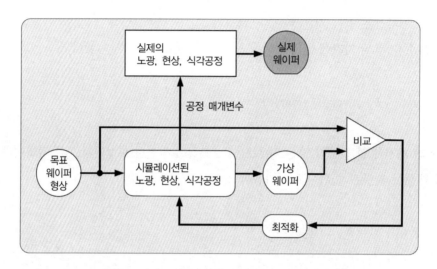

그림 20.9 가상 제조를 통한 리소그래피 공정의 최적화

리소그래피 공정 최적화 루프가 그림 20.9에 도시되어 있으며, 그림의 아래쪽 절반은 가상 웨이퍼 제조 또는 다양한 리소그래피 하위 공정을 시뮬레이션하기 위해서 설계된 일련의 연계 소프트웨어 제품들이다(그림의 위쪽 절반은 실제 제조과정이다). 공정 설계자들은 필요한 수량만큼 가상적으로 웨이퍼를 프린트하면서 노광, 초점이탈, 사후노광 베이킹, 현상시간 등의 공정 매개변수들을(자동 또는 수동으로) 조절할 수 있다. 시뮬레이션 소프트웨어가 완벽할 수는 없으므로 가상 제조 최적화는 리소그래피 매개변수의 훌륭한 초기값이 되지만 여전히 약간의 시험용 웨이퍼 프린트가 필요하다.

마스크 설계와 계측을 이 공정에 통합시켜서 그림 20.10에 도시되어 있는 네오리소그래피 [10, 11] 방법을 도출하였다. 가상 제조는 블록의 상부 좌측이며 포토마스크 매개변수들, 형상크기 및 배치, 보조형상, 위상천이기, 등뿐만 아니라 리소그래피 공정 매개변수들이 여기서 생성된다.

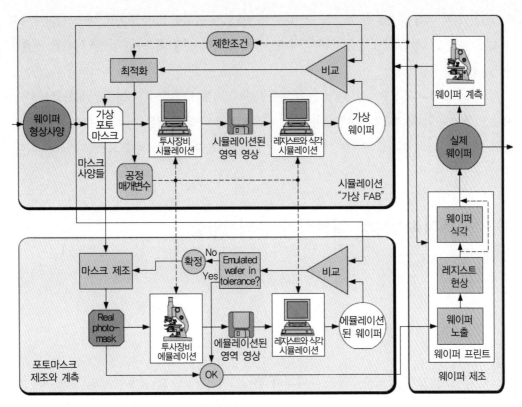

그림 20.10 포토마스크 설계와 계측을 리소그래피 공정 최적화에 통합시킨 네오리소그래피

모든 매개변수 세트들이 그림 하단 좌측의 포토마스크 제조와 계측 블록으로 전달된다. 여기서 실제 마스크가 제조 및 측정된다. 그런데 선호하는 계측장비는 영역 영상 에뮬레이션 노광-파장, 편광, 대물 개구수, 간섭 매개변수, 그리고 조명변조 등이 노광장비에 대해서 매칭되어 있는 투과식 광학현미경이다. 단지 배율만 다르며 포토마스크 주요 형상에 대한 3차원 (관통초점) 영역 영상이 측정된다. 포토마스크 선폭 표준은 여기서 필요치 않으며 정확한 척도 교정만이 필요하다.

이상적으로는 이 영역 영상은 바로 위의 가상 제조블록 내에서 시뮬레이션 된 영역 영상과 일치해야 하지만, 실제 마스크는 시뮬레이션이 어려운 크롬 테두리 외곽형상과 거칠기, 프린트 오차, 그리고 결함 등이 존재한다. 실제 영역 영상을 가상제조에 사용하는 동일한 레지스트와 식각 시뮬레이터에 적용하여, 이런 차이들이 웨이퍼에 끼치는 영향을 확인할 수 있다. 에뮬레이션 된 웨이퍼의 결과들은 웨이퍼 사양과 직접 비교할 수 있다. 결함 프린트 가능성, 마스크 오차 강화인자(MEEF), 그리고 여타의 근접효과들을 에뮬레이션 된 웨이퍼에서 직접 추출할 수 있다. 만약 에뮬레이션 된 형상들 중 일부가 허용오차 범위를 넘어섰다면, 마스크를 폐기하는 대신에 마스크를 사양내로 집어넣기 위해서 리소그래피 공정 매개변수들 중 일부를 조절할 수 있다.

네오리소그래피 구성요소들 중 많은 부분들이 소프트웨어 제품이다. 이들은 하드웨어 대응품에 비해서 구입 및 사용이 저렴하다. 이들 제품의 사용자들이 제품 공급자들에게 리소그래피 공정 시뮬레이터의 정확도와 정보처리 상호운영 가능성을 향상시킬 것을 요구할 필요가 있다.

20.9 선폭계측에서의 일반적인 유의사항들

계측 공정은 다음과 같은 작업으로 나타낼 수 있다.

공정 모델⊕형상 모델 → 출력 모델

이 경우 공정 모델은 계측공정을 나타내며 *형상 모델*은 그림 20.2에 도시된 것들이다. 이 모델들은 그들이 나타내는 복잡한 현상에 대한 추상적 관념으로, 모델링을 추적과 측정이 가능하도록 만들기 위해서는 일반적으로 단순화가 필요하다. 이 계측공정의 출력 모델은 관련된 측정 불확실도가 포함된 계측 결과가 첨부되어 있는 형상 모델이다. 추가적인 계측의 불확실도는 공정과 형상 모델의 사이의 불가피한 차이와 이들 각각의 현실성에 의해서 발생된다. *측정 오차*는 측정 결과와 알 수 없는 참값 사이의 차이이며, *측정 불확실도*는 측정오차들의 편차를 나타내는 신뢰구간으로 표시된다. 측정의 불확실도에는 모델의 부정확성과 더불어서 척도교정, 반복도, 환경인자 등의 성분들이 포함된다. 국제적인 관례상 95%의 신뢰구간(또는 전규분포 오차에 대해서 $k=2$)이 사례로 사용된다. 즉, 측정대상의 참값이 범위 내*(측정 결과±확장된 계측의 불확실도)*에 위치할 확률은 95%이다.

측정공정을 이와 유사한 방법으로 나타낼 수 있다. 특히 만약 이 공정이 웨이퍼 노광이라면, 포토마스크에 대한 것과 동일한 형상 모델을 마스크 계측과 노광공정 모두에 사용할 수 있다.

노광 모델⊕포토마스크 형상 모델 → 웨이퍼 형상 모델

포토마스크 형상 모델의 오차와 불확실도는 노광 모델로 전파되어 제조오차—웨이퍼 형상크기 또는 배치와 목표 값 사이의 차이-가 발생하며, 이는 메조 불확실도(오차의 편차)에 해당된다. 계측 불확실도와 마찬가지로 웨이퍼 형상의 허용오차에는 모델과 그것들의 현실성뿐만 아니라 노광 매개변수와 포토마스크 형상에 대한 허용오차의 영향들 사이의 차이를 포함하여, 마스크 계측의 불확실도가 포함된다. 마스크 오차 강화인자(MEEF)와 여타의 광학적 근접효과들은 특정한 조건 하에서 웨이퍼 형상크기와 배치에 관련된 비선형 편차를 생성하는 포토마스크 형상크기와 배치 편차에 대해서 작용하는, 웨이퍼 *노광 모델*의 훌륭한 사례들이다.

실제의 마이크로리소그래피 형상들은 많은 경우 비정상적인 형상과 거친 테두리를 가지고 있다. 측정해야 하는 형상의 정확한 형태를 알 수도 없으며 알 필요도 없다. *형상 경계상자*의 목적은 꼭대기에서 바닥까지의 외곽선과 자주 관찰되는 직선상의 불균일 등의 테두리의 세밀한 부분들을 고려하기 위한 것이다. 이런 경우 경계상자는 측정대상을 정의하는 데에 도움이 된다. 이런 세밀한 부분들이 알 수 없고, 부적절하거나 고려하기에는 너무 복잡한 경우 경계상자는 단순한 형태의 형상을 나타내 주며 이런 무시된 세밀한 부분들을 측정의 불확실도에 포함시킨다. 알고 있는 테두리 형상과 테두리 불균일이 없는 경우에 대한 이상적인 직선의 경우, 직선 테두리 경계상자의 폭이 영이 될 수도 있다. 경계상자 방법은 마이크로리소그래피에서 자주 마주치게 되는 준 박막 형상에 대한 계측문제를 단순화한다.

측정대상의 정의는 측정이 수행되는 목적에 의존할 수 있으며, 측정오차는 측정대상에 대한 정의에 의존한다. 현재의 목적에 맞으며 명백한 방식으로 측정대상을 지정 또는 정의하는 것은 사용자의 몫이다. 측정에 대한 또 다른 해석은 오차를 유발할 수 있으며, 측정의 불확실도가 무의미해지거나 확인이 불가능해진다. 다시 말해서 형상 테두리 위치, 중앙선, 중심 및 선폭 등의 참값은 해당 측정 결과가 사용되는 목적에 의존한다.

직선 테두리 경계상자 내에서의 테두리 위치에 대한 확률분포와 기댓값들은 ANSI Z540-2에 의해서 결정된다[4]. 이들의 기본값은 직선 테두리 경계상자 내의 모든 위치에 테두리가 균일하게 위치한다고 가정한다. 이 경우 직선 테두리 위치의 기댓값은 직선 테두리 경계상자의 중앙에 위치하며 (95% 신뢰수준 하에서)테두리 위치 불확실도는 *0.577·직선 테두리 경계상자의 폭*이다. 이에 해당하는 선폭 측정의 불확실도 성분은 우측 및 좌측 테두리 위치의 불확실도가 연관되어 있지 않다면 *0.816·직선 테두리 경계상자의 폭*이며, 이들이 거울영상 형태로 연관성을 갖고 있다면(대부분의 근사화 경우) *1.154·직선 테두리 경계상자의 폭*이 된다[5].

대부분의 경우 경계상자의 폭 또는 중심 또는 테두리 위치는 계측장비 내에서의 영상으로부터 측정된다. 이 영상으로부터 경계상자의 폭을 추론하기 위해서는 일반적으로 영상형성 공정에 대한 모델링이 필요하다. 사용할 수 있는 모델링 도구들을 사용해서 계측장비 내의 영상을 모델링할 수 있도록 경계상자가 구성되어야만 한다. 만약 이 영상이 정확하게 모델링되지 않았다면, 추가적인 측정 불확실도가 발생한다[8].

20.10 결 론

포토마스크 선폭에 단일한 숫자를 할당한다는 것은 식각된 금속 직선이 수직이며 매끈한 테두리를 갖고 있다는 것을 의미한다. 포토마스크 직선에 대한 고분해능 영상에 따르면 이는 거의 진실이 아니며, 선폭이라는 용어의 의미를 모호하게 만든다. 실제적인 해법은 각 테두리를 테두리 경계상자 내의 확률분포로 나타내며 선폭 계측 불확실도 내에 두 테두리의 결합된 편차를 포함시키는 것이다. 만약 테두리들이 외곽선이나 언더컷을 가지고 있다면, 테두리 확률분포 보정을 고려해야만 한다.

마스크 계측에는 비용이 소요되지만 잘 설계된 공정의 경우에는 이득이 비용을 초과한다. 실제적으로 생산 환경 내에서 마스크 계측에 투자할 수 있는 자원의 최적 수준을 산출할 수 있지만, 여기에는 계측 불확실도에 대한 이해가 필요하다.

측정의 불확실도는 측정대상의 참값을 포함하는 확률로 지정된, 계측 평균에 대한 신뢰구간의 항으로 표현된다. 특히 확장된 측정 불확실도는 가능한 모든 측정오차들(임의오차와 계통오차)의 확률분포 편차 합의 제곱근에, 가능한 모든 상관관계들을 고려하며, 필요한 신뢰성 구간을 나타내는 계수 값을 곱하여 구한다.

예를 들면 선폭 계측장비의 선형성을 평가하기 위해 포토마스크 선폭 표준을 사용하는 경우 이 상관관계들은 때때로 계측의 불확실도를 줄여준다. 실제적인 접근방법은 계측공정을 모델링하고, 모델 내에서 매개변수 섭동에 의하여 매개변수 불확실도에 의한 영향을 평가하며, 계측 시스템 내에서 이들 매개변수의 불확실도를 산출하고, 이 결과들을 결합하는 것이다. (공급자 및 사용자 위치에서 또는 마스크 상의 서로 다른 위치에서의)계측 결과를 비교해보면, 매개변수들 중 일부는 상호 연관효과를 가지고 있어서 비교의 불확실도를 줄여준다.

크롬 테두리 정의, 결함 프린트 가능성, 근접효과 등과 관련된 많은 문제들은 마스크 형상과 관련된 기하학 대신에 마스크 형상 성능의 측정을 통해서 제거할 수 있다. 네오리소그래피 설계모델은-정보처리의 상호운용 프로세스 시뮬레이션 적용분야들을 피드백 루프로 취합하여서-리소그래피 공정 설계자의 책상 앞에서 웨이퍼의 가상적인 제조를 가능하게 해준다. 설계자는 이 장비를 사용하여 공정 자유도와 생산 성능 사이의 균형을 유지하면서 웨이퍼 상에 원하는 패턴을 만들어내는 (필요하다면 광학근접보정, 위상천이기 등을 포함하여)마스크를 설계하고 (마스크와 매개변수 허용오차를 고려하여)웨이퍼 프린트 매개변수를 설정한다.

마스크 제조 숍도 이 장비를 보유한다. 이들은 동일한 공정 모델과 리소그래퍼 공정 매개변수들을 사용한다. 마스크 숍에서는 마스크를 제조하고, 주요 형상들을 측정하며, (결함 프린트 가능성이나 마스크 오차 강화계수 등의) 마스크 성능을 예측하기 위해서 이 데이터를 사용하여 가상 제조를 수행한다. 이를 사용하여 마스크가 필요한 기능을 수행하는지, 수리할 형상이 있는지, 노광 관련 매개변수의 조절을 통해서 마스크 성능을 사양에 맞출 수 있는지 등에 대해서 마스크 숍에서 결정하게 된다.

정확하고 포괄적인 공정 모델이 지속적으로 복잡성이 증가하고 있는 마스크의 제조와 계측과 관련된 경제적 문제들을 극복하기 위한 필수적인 요소임은 자명하다.

감사의 글

이 장과 관련하여 많은 토론과 아이디어를 제공해준 Drs. Tyler Estler(NIST)와 Robert Larrabee(NIST, 퇴직)에게 감사를 드린다.

□ 참고문헌 □

1. SEMI Standard P35, *Terminology for Microlithography Metrology*, SEMI International Standards, 3081 Zanker Rd., San Jose, California 95134.

2. D.V. Lindley, Making Decisions, second ed., John Wiley & Sons, New York, 1985.

3. *International Vocabulary of Basic and General Terms in Metrology*, ISO, 1993, 60 pp., ISBN 92-67-01075-1.

4. *U.S. Guide to the Expression of Uncertainty in Measurement*, ANSI/NCSL standard Z540-2-1997b.

5. *Guide to the Expression of Uncertainty in Measurement*, ISO, 110 pp., ISBN 92-67-10188-9, 1995.

6. B.N. Taylor, *The International System of Units* (SI), NIST Special Publication 330, 1991.

7. J. Potzick, Accuracy in integrated circuit dimensional measurements, in: *Handbook of Critical Dimension Metrology and Process Control*, vol. TR52, SPIE, Bellinhgam, Washington, September 1993, pp. 120-132 (Chapter 3).

8. J. Potzick, The problem with submicrometer linewidth standards, and a proposed solution, in: *Proceedings of SPIE 26th International Symposium on Microlithography*, vol. 4344-20, 2001.

9. D. Nyyssonen, R. Larrabee, Submicrometer linewidth metrology in the optical microscope, *J. Res. National Bureau Standards*, 92 (3), (1987).

10. J. Potzick, Photomask metrology in the era of neolithography, in: *Proceedings of the 17th Annual BACUS/SPIE Symposium on Photomask Technology and Management*, vol. 3236, Redwood City, California, September 1997, pp. 284-292.

11. J. Potzick, The neolithography consortium, in: *Proceedings of SPIE 25th International Symposium on Microlithography*, vol. 3998-54, 2000.

Bibilography

1. J. Potzick, J.M. Pedulla, M. Stocker, Updated NIST photomask linewidth standard, in: *Proceedings of SPIE 28th International Symposium on Microlithography*, vol. 5038-34, 2003.

2. A. Starikov, et al., Applications of image diagnostics to metrology quality assurance and process control, in: *Proceedings of SPIE 28th International Symposium on Microlithography*, vol. 5042-39, 2003.

3. J. Potzick, Measurement uncertainty and noise in nanometrology, in: *Proceedings of the International Symposium on Laser Metrology for Precision Measurement and Inspection in Industry*, 1999, pp. 5-12 to 5-18, Florianopolis, Brazil.

4. J. Potzick, Accuracy differences among photomask metrology tools and why they matter, in: *Proceedings*

of the 18th Annual BACUS Symposium on Photomask Technology and Management, Redwood City, California, SPIE vol. 3546-37, September 1998, pp. 340-348.

5. J. Potzick, Accuracy and traceability in dimensional measurements, in: *Proceedings of SPIE 23nd International Symposium on Microlithography,* vol. 3332-57, 1998, pp. 471-479.

6. J. Potzick, *Antireflecting-Chromium Linewidth Standard, SRM 473, for Calibration of Optical Microscope Linewidth Measuring Systems,* NIST Special Publication SP-260-129, 1997.

7. R. Silver, J. Potzick, and J. Hu, Metrology with the ultraviolet scanning transmission microscope, in: *Proceedings of the SPIE Symposium on Microlithography,* vol. 2439-46, Santa Clara, California, 1995, pp. 437-445.

8. J. Potzick, Noise averaging and measurement resolution (or a little noise is a good thing), Rev. *Sci. Instrum.,* 70 (4), 2038-2040 (1999).

9. J. Potzick, New NIST-certified small scale pitch standard, in: *1997 Measurement Science Conference,* Pasadena, California, 1997.

10. J. Potzick, Re-evaluation of the accuracy of NIST photomask linewidth standards, in: *Proceedings of the SPIE Symposium on Microlithography,* vol. 2439-20, Santa Clara, California, 1995, pp. 232-242.

11. D. Nyyssonen, in: *Spatial Coherence: The Key to Accurate Optical Metrology,* SPIE Vol. 194, Applications of Optical Coherence, 1979, pp. 34-44.

제21장

포토마스크 기술

광학 임계치수 측정

Ray J. Hoobler

21.1 서 언

현재의 반도체 제조경향에 따르면 칩 레벨의 형상크기는 근시일 내로 $0.1\mu m$(100nm) 이하로 줄어들 것이다.❖ 전자현미경을 기반으로 하는 전통적인 기술들은 일상적으로 마이크로미터 이하 크기를 측정하고 있지만, 이 기술도 궁극적으로는 관심 있는 형상이 영상화에 사용되는 전자기 파장과 동일한 치수에 다다르게 되면, 광학식 현미경과 동일한 한계에 직면하게될 것이다. 이런 수요에 대한 응답으로 새롭고 흥미로운 회절 기반의 광학적 방법이 탄생하였다. 이 기법들은 관심 형상을 직접 영상화시키지 않고 시편 상에 시험용 패턴으로 설치된 주기적 격자구조에 대한 정확한 결합파장 분석(RCWA)에 의존한다.

광학적 기법을 사용해서 중요한 임계치수들을 구하는 것은 몇 가지 이유에서 매력적이다.

- 시편이 가시광선에만 노출된다. 이 방법은 193nm 포토레지스트에 비파괴적이며, 충전효과가 없다.
- 이 기법은 약 40nm까지의 격자구조에 대한 임계치수를 측정할 수 있다.

❖ 2015년 현재 임계치수는 10나노미터에 근접하고 있다. - 역자 주

- 설치에 최소한의 장비들만이 필요하다(고진공, 냉각 또는 전자기장 실드 등이 필요 없다).
- 광학식 박막 계측에서처럼 광학식 임계치수(OCD) 기법은 진보된 공정제어(APC)를 가능케 하는 공정장비에 통합시킬 수 있다.

다양한 형상을 측정할 수 있는 영상화 기술과는 달리 광학식 방법은 격자형태의 시험용 구조물을 필요로 한다. 간단한 격자구조가 그림 21.1에 도시되어 있다. 라운드, 노치, 기초 등과 같은 형상들 역시 필요하다면 모델에 포함시킬 수 있다.

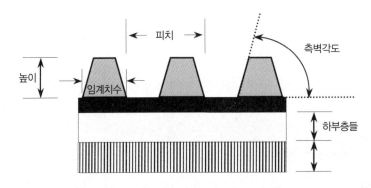

그림 21.1 광학식 임계치수(OCD) 측정에 의해 결정되는 격자 매개변수들

광학식 임계치수(OCD) 기법의 전형적인 시편 요구조건들은 다음과 같다. 표적 구조물들은 조명에 의해서 제한되며 180nm 또는 그 이상의 공칭피치에 대해서 최소한 $50\mu m \times 50\mu m$의 크기를 가져야만 한다. 포토레지스트 구조물의 스텝 높이는 200nm 미만, 선폭은 40nm 미만이어야 한다. 직선은 시험위치의 테두리 까지 뻗어 있어야 한다. 어떤 관점에서는 광학식 임계치수(OCD) 측정을 위한 마스크상의 시험위치에 대한 요구조건은 웨이퍼 레벨에서와 같이 엄격하지는 않다. 웨이퍼 레벨 계측을 위한 최소치수는 디바이스들 사이에 얼마만큼의 공간을 열린 공간으로 설계할 것인가에 의하여 결정된다. 마스크 레벨에서 이 시험위치들은 4배 또는 그 이상의 크기를 갖는다. 최소 선폭과 피치 값 역시 축소되며, 따라서 100nm의 웨이퍼 레벨 직선에 대한 전형적인 마스크 계측은 400nm이다. 이런 큰 치수의 경우 영상화 방법이 여전히 지배적이며, 광학적 회절기법의 필요성이 최소화된다는 점을 의아해 할 것이다. 그런데 광학식 기법의 가장 큰 장점은 공정개발에 큰 도움을 줄 수 있는 프로파일 정보를 제공해준다는 점이다. 전통적인 영상화 방법을 사용하여 단면정보를 취득하는 것은 많은 시간이 소요되며 파괴적 공정이 수반된다.

다음 절에서는 다양한 광학식 기법들에 대해서 논의한다. 21.3절에서는 시험위치의 격자구조에 사용되는 선폭과 프로파일의 계산에 사용되는 정확한 결합파장 분석(RCWA)에 대해서 살펴보기로 한다. 21.4절에서는 마스크를 측정하기 위한 수직입사 타원편광 분석의 이론 및 실험결과에 대해서 논의한다.

21.2 방법론

현재의 광학 기술들 간에는 많은 유사성이 존재하지만, 방법론상의 차이점들이 광학식 임계치수(OCD) 계측에 영향을 끼칠 수 있는 명확한 특징을 나타낸다. 이 방법론들은 스캐터로메트리, 타원편광 분광(SE), 수직입사 분광반사, 그리고 수직입사 타원편광 분광(SE) 등이다. 이 방법들 각각은 집적회로의 능동요소들 내부에 위치한 임계치수 형상들의 정보를 제공해주기 위해서 설계된 주기적인 격자구조로부터 빛이 회절(또는 산란)되어야 한다. 주사전자현미경과는 달리, 이 광학적 기법들은 간접방식이며 사용자가 광학적 성질들과 격자구조를 기반으로 하여 회절된 빛을 모델링하여야 한다. 이 모델들은 주기적인 격자구조에 의한 전자기 파장의 회절량을 계산하기 위한 방법인 정확한 결합파장 분석(RCWA)과 같은 이론을 기반으로 하는 복잡한 해석루틴을 사용한다. 실험방법에 따라서 실험 데이터에 최적화된 스펙트럼 모델이나 또는 미리 생성된 스펙트럼 라이브러리를 검색하여, 표준 비선형 회귀분석 기법을 사용함으로써 실시간 분석이 가능하다.

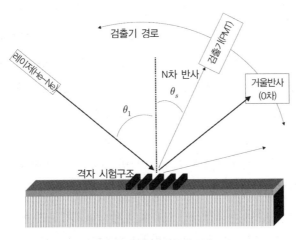

그림 21.2 스캐터로메트리

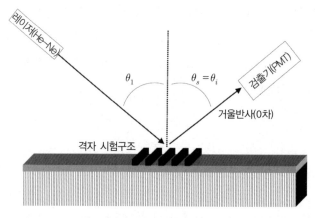

그림 21.3 2θ 스캐터로메트리

21.2.1 스캐터로메트리

스캐터로메트리에서 편광화된 단색광 빔은 입사각 θ에 대해서 격자구조로부터 반사된다. 회절된 빛은 격자구조에 의존하며, 빛이 0차 빔으로부터 얼마나 고차 빔으로 회절되는가를 검사하거나, 입사각도의 함수로 0차 반사의 강도를 측정하여 정보를 얻을 수 있다(그림 21.2와 그림 21.3) 후자의 방법을 일반적으로 각도 2θ 스캐터로메트리라고 부른다.

각도 2θ 스캐터로메트리는 몇 가지 매력적인 특징들을 가지고 있다. 가장 명확한 점은 실험 설계의 단순성이다. 단색광 광원(대부분 헬륨-네온 레이저)과 검출기. 각도 2θ 스캐터로메트리는 임계치수에 대한 선폭과 직선/간극 프로파일 결정뿐만 아니라 프로파일 변화에 대한 정보에 대해서도 효과적인 것으로 판명되었다[1]. 이 기법은 또한 나노미터 이하의 정밀도를 갖고 있다. 각도 2θ 스캐터로메트리는 세밀한 프로파일 정보를 제공할 정도의 민감도가 구현되지 않았으며, 작은 피치를 측정하기 위해서는 간단한 헬륨-네온 레이저로부터 현재 얻을 수 있는 것보다 짧은 파장이 필요하다[2]. 마지막으로 모든 불투명 각도방법들에서와 마찬가지로 정확한 결합파장 분석(RCWA) 방법은 계산용량이 많고 일반적으로 사용자가 실험 데이터와의 비교를 위한 라이브러리를 만들 필요가 있다. 그런데 일단 라이브러리가 확립되고 나면, 최적값을 찾는 데에 소요되는 시간은 비교적 빠르다. 편광화와 위상정보(단일파장 타원편광) 취득이 가능하도록 시스템에 광학요소들을 추가할 수 있으며, 이에 따라서 계측장비의 단순성을 희생하는 대신에 민감도를 증가시킬 수 있다.

이 방법이 확립되는 동안에 분광방법이 광학식 임계치수 계측분야를 지배하였다. 이는 물론 다중각도 측정의 자동화에 필요한 복잡성과 명백한 프로파일 민감도의 부족 때문이다[2]. 타원편광 분광(SE) 역시 박막 측정용 표준장비가 되었으며, 많은 경우 타원편광 분광(SE)방식을 기반으로 하는 기존의 장비를 사용할 수 있다. 진보된 공정제어(APC) 시스템은 기계적 복잡성과 X/Y 스테이지의 필요성 때문에 큰 면적을 차지할 가능성이 있다. 모든 경사각도 측정방법에서와 마찬가지로 z-방향(초점) 위치결정이 매우 중요하다.

21.2.2 타원편광 분광

연구자들과 공정 엔지니어들은 박막의 광학적 성질을 구하기 위해서 일상적으로 타원편광 분광(SE)에 의존하며, 이 기법은 모든 광학적 방법들을 비교하는 표준으로 사용된다. 타원편광 분광(SE)의 장점은 파장의 함수로 편광 상태의 변화를 모니터링 하는 능력으로부터 나온다. 만약 편광화 성질을 알고 있는 빛이 기층소재나 박막 표면에서 반사되면, (표면에 의해서 결정된) s파와 p파의 진폭이 변화하며 위상천이가 발생한다. 이는 다음과 같은 타원편광의 기본방정식으로 표현된다.

$$\rho = \tan\Psi e^{i\Delta}$$

여기서 s파와 p파의 크기비율은 $\tan\Psi$와 Δ에 의해서 주어지는 위상정보에 비례한다. Ψ와 Δ는 타원편광 계측에 의해서 결정되는 매개변수이다[3]. 다수의 파장들에 대한 이들 매개변수 모니터링을 통하여 대부분의 박막측정에서 사용되는 다중각도 측정을 배제할 수 있다. 타원편광 분광(SE)은 대략적으로 집적회로 제조과정에서의 막 두께와 광학적 성질들의 모니터링에 사용된다. 전형적인 실험장치의 개략도가 그림 21.4에 도시되어 있다.

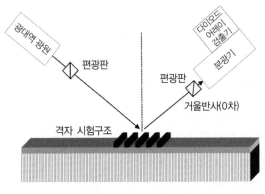

그림 21.4 타원편광 분광법

기존의 하드웨어들 덕분에 타원편광 분광(SE)을 광학 임계치수(OCD) 측정으로 확장시키는 작업이 빠르게 진행되고 있다. 정확한 결합파장 분석(RCWA) 방법을 사용해서, 연구자들은 광범위한 조건에 대해서 프로파일 변화를 모델링할 수 있는 능력을 규명하였으며, 모델링 결과는 임계치수-주사전자현미경(CD-SEM) 측정 결과와 잘 일치하고 있다[4]. 정확도는 역시 나노미터 이하이다. 현재의 해석 방법들은 라이브러리 방법과 실시간 회귀분석 방법으로 나뉘어져 있다. 라이브러리를 기반으로 하는 시스템들이 비교적 높은 속도를 나타내지만, 새로운 라이브러리를 생성하는 데에 소요되는 시간이 사용하는 컴퓨터에 따라서 길어질(6~12시간) 수가 있다. 막 적층의 작은 변화(단일층의 추가)만으로도 라이브러리를 다시 만들 필요가 있다. 최근 들어서 실시간 회귀분석 방법도 소개되었다. 예상한 바대로 이를 위해서는 다수의 프로세서가 장착된 컴퓨터가 필요하며, 이는 시스템의 비용과 복잡성을 증가시킨다.

하드웨어는 박막 계측에 사용되었던 것과 동일하지만 입사광선에 대한 격자구조의 상대적인 초점과 위치가 매우 중요하다. 각도 2θ 스캐터로메트리에서와 마찬가지로 시스템은 넓은 면적을 차지하며, X/Y 스테이지를 필요로 할 가능성이 있다. 고려해야만 하는 실험 매개변수들은 입사각도, 각속도, 웨이퍼 경사각 등이며 이는 장비 간 상호 매칭을 어렵게 만든다.

마지막으로 최근의 연구에 따르면 경사각도(대략 65~75°) 측정이 임계치수의 높이 및 폭과 강한 연관관계를 가질 수 있다. 거의 수직으로 입사되는 타원편광 분광(SE) 측정이 주기적인 격자구조의 분석에는 장점을 가질 수 있다[5].

21.2.3 수직입사 반사율 분광분석(비 편극)

분광반사는 주로 속도 때문에 박막계측에서 가장 일반적으로 사용되는 방법이 되었다. 분광반사는 광학적 성질이 알려진(일반적으로 타원편광 분광측정을 통해 결정) 소재의 막 두께 측정에 신뢰성을 갖고 사용할 수 있다. 반사계의 기계적 설계가 단순하기 때문에 웨이퍼 자체의 크기보다 약간 큰 정도로 만들 수 있어서, 라인 내 모니터링과 진보된 공정제어(APC)에 이상적이다. 이 기법이 등방성 박막의 측정에 대해서 잘 확립되어 있는 반면에, 편광 광원을 사용하지 않기 때문에 이방성 격자구조로부터 수집된 데이터들은 관찰된 반사광들의 횡방향 전기장(TE)과 횡방향 자기장(TM) 성분(p파 및 s파)들의 선형조합을 나타낸다. 이 성분들을 분리할 수 없기 때문에 임계치수-주사전자현미경(CD-SEM) 계측을 통한 추가적인 정보를 사용하지 않고는 임계치수 모니터링에 실제적으로 사용하기가 거의 불가능하다[6].

21.2.4 수직입사 타원편광 분광(편광 반사율)

표준 반사기법과는 달리, 광 경로 상에 편광판을 추가하면 반사광선의 횡방향 전기장(TE)과 횡방향 자기장(TM) 모드를 분리할 수 있다(그림 21.5). 만약 격자구조 내에서 이방성 사례가 발견된다면 이를 선폭의 결정과 복소수 프로파일의 분석을 위한 수단으로 사용할 수 있다[7]. 측정된 반사율은 편광판 투과 축과 시편 격자선 사이의 각도 ϕ에 대한 복소함수이다.

$$R(\phi) = R_{TE}\cos^4(\phi) + R_{TM}\sin^4(\phi) + \sqrt{R_{TE} + R_{TM}}\cos(\Delta)\sin^2(\phi)\cos^2(\phi)$$

여기서 R_{TE}와 R_{TM}은 각각 격자선에 대해서 평행한 편광판과 수직인 편광판의 반사율이다. 임의의 제3 각도에서의 계측이 타원편광 계측과 동일한 결과를 만들 수 있다면, Δ[또는 $\cos(\Delta)$]를 구할 수 있다.

이 구조에서 입사광선의 편광은 시편상의 주기적인 격자구조에 대해서 세팅되며, 서로 다른 데이터 수집모드를 지원한다. 횡방향 전기장(TE) 모드는 입사광선 편광의 전기장이 격자선과 평행한 모드이다. 횡방향 자기장 모드(TM) 모드는 입사광선 편광의 전기장이 격자선과 수직한 모드이다. 측정모드의 선택은 중요한 고려사항이며 시편의 소재와 형상크기에 의존한다. 복잡한 구조의 분석에서 격자구조에 대해서 45°에서의 편광에 대한 반사 데이터를 수집하여 위상 정보를 구할 수 있다.

수직입사 타원편광 분광은 표준 반사계에서 사용하는 단순한 기계구조들 중 대부분을 그대로 유지하고 있다. 추가적인 편광판은 고정되거나 회전한다. 그런데 대부분의 경우 시편이 이동하는 경우 편광판의 회전을 선호한다. 편광판 요소를 추가하여도 통합, 라인 내 모니터링, 그리고 진보된 공정제어(APC) 등에 적합한 시스템을 제작함에 있어서 차지하는 면적에는 아무런 영향을 끼치지 않는다. 표준 반사계에서처럼 장비 간 매칭이 수월하며, 비교적 단순한 광학 정렬과 검출기의 초기 파장교정에 의존한다. 광학적 레이아웃의 개략도와 NANOmetrics 9010 OCD 시스템이 그림 21.6에 도시되어 있다.

대부분의 타원편광 분광(SE)의 적용사례에서와 마찬가지로 분석에 미리 생성된 라이브러리를 사용할 수 있는 반면에, 수직입사는 정확한 결합파장 분석(RCWA) 계산의 복잡성을 고성능 데스크톱 컴퓨터로 대부분의 작업과 분석을 실시간으로 수행하기에 충분할 정도로 크게 줄여 준다. 다량의 가능한 답들을 저장하고 있는 라이브러리와는 달리 실시간 분석에서는 과학자나 공학자가 초기 공칭 값을 입력하여야 한다. 실시간 회귀분석은 또한 공정이 갱신되거나 새로운 공정에 대한 연구나 개발을 수행하는 경우에 수정작업에 큰 유연성을 제공해준다.

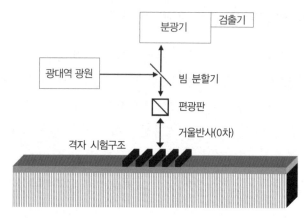

그림 21.5 수직입사 타원편광 분광

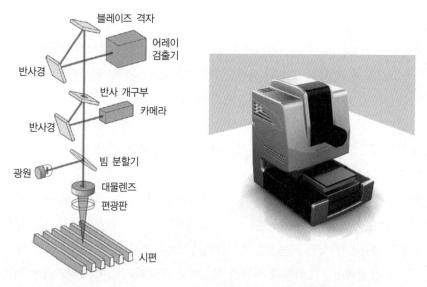

그림 21.6 수직입사 타원편광 분광기의 개략도와 해당 제품의 사진(NANOmetrics, Inc.)

21.3 정확한 결합파장 분석(RCWA)

정확한 결합파장 분석(RCWA)은 주기적인 격자구조에 의한 전자기 파장의 회절을 계산하는 정확한 방법이다. 이에 대한 세부적인 내용은 Moharam 등의 참고문헌[8]을 참조하기 바란다. 여기서는 간략한 개괄만을 살펴보기로 한다.

21.3.1 이론적 고찰

박막의 광학적 측정과 마찬가지로 광학 임계치수(OCD) 측정을 위해서는 정확한 모델이 생성되어야 한다. 이 모델의 매개변수들의 변화에 따라서 계산된 스펙트럼들을 데이터베이스에 저장해놓거나 또는 모델링된 스펙트럼이 샘플 스펙트럼과 일치할 때까지 회귀분석을 사용해서 매개변수를 변화시킨다. 이 과정에서 격자 층은 얇은 적층들로 분할되며, 복소수 유전율 함수 (ϵ)은 격자 간 피치가 D인 격자영역에 대해서 x방향을 따라가면서 $2N+1$개의 조화함수로 이루어진 푸리에 급수로 확장된다.

$$\epsilon(x) = \sum_{j=-N}^{+N} \epsilon_j \cdot \exp\left(i\frac{2\pi j}{D}x\right)$$

N이 무한대로 접근하면 엄밀해가 구해진다. 실제의 경우 조화급수는 격자구조를 형성하는 소재에 의해서 결정되는 숫자까지 줄어든다. 그림 21.7에서는 이 급수를 도식적으로 나타내고 있다.

이 푸리에 급수로부터, E-M 경계조건과 계산된 스펙트럼 하에서 각 층 내의 전기장에 대한 맥스웰 방정식이 해석된다.

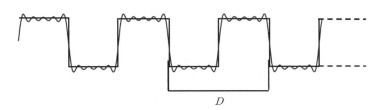

그림 21.7 격자와 N차 푸리에 급수로 재현된 격자의 형상

21.3.2 정확한 결합파장 분석(RCWA) 방법

임계치수에 대한 정확한 결합파장 분석(RCWA)의 적용은 두 가지 방법으로 진행된다. 라이브러리와 실시간 회귀분석이다. 공정 모니터링에 대한 이들의 접근방법이 근본적으로 다르지만, 각각은 정확한 결합파장 분석(RCWA)에서 도출된 동일한 이론을 기반으로 한다. 다음에서 설명하듯이 일반적으로 라이브러리를 사용하도록 요구되는 경사각도의 측정에 대한 정확한

결합파장 분석(RCWA)을 수행하기 위해서는 엄청난 계산이 필요하다. 그런데 다중 프로세서 시스템을 사용하면 실시간 계산을 수행할 수 있다.

21.3.2.1 실시간 회귀분석

박막의 광학계측에서 모든 해석은 실시간으로 수행된다. 즉, 실험과 모델링된 스펙트럼이 서로 가장 잘 들어맞는 조건을 찾아내기 위해서 비선형 회귀분석 알고리즘을 사용하여 스펙트럼과 특정한 매개변수(예를 들면 두께, 굴절률 등)를 구한다. 이 계산들의 연산에 따른 요구조건들은 최소화되어 있으며, 박막측정을 위한 광학 계측장비들은 1970년대 중반부터 사용이 가능하였다. 반면에 정확한 결합파장 분석(RCWA)과 관련된 이론들은 20년 전에 이미 개발되었지만, 엄청난 계산량을 필요로 하였다. 오늘날 까지도 경사각도에 대한 타원편광 분광(SE)의 연산을 측정시간(5~10초) 내로 수행하기 위해서는 여전히 16~32개의 CPU가 필요하다. 수직입사 타원편광 분광(SE)의 경우에는 계산량이 크게 줄어들어, 고성능 데스크톱 컴퓨터(2GHz 이상, 이중 프로세서)를 사용한다면 실시간 분석이 가능하다. 실시간 분석의 가장 큰 장점은 광학 모델에서 층을 추가/삭제/변경함에 따라서 기존 측정방법이 어떻게 변하는가를 실시간으로 손쉽게 계산할 수 있다는 점이다.

21.3.2.2 라이브러리

라이브러리의 가장 큰 특징은 속도이다. 일단 라이브러리가 생성되고 나면, 최고의 스펙트럼을 검색하는 데에 1초 내외의 시간이 소요되기 때문에 분석은 측정시간 자체에 의해서만 제한된다. 경사각도 타원편광 분광(SE) 측정에 필요한 다중 프로세서 시스템을 위한 비용과 공간 요구조건을 피하기 위해서 라이브러리를 사용하기도 한다. 라이브러리의 가장 큰 제약은 개발 및 구현해야만 하는 체계의 경직성이다. 단순한 포토레지스트 격자구조에서조차도 생성해야만 하는 스펙트럼의 숫자는 매우 많다. 예를 들면 400nm의 목표 임계치수에 대해서 임계치수 변화폭은 350~800nm에 달한다. 1nm 분해능을 위해서는 450개의 스펙트럼이 생성되어야만 한다. 측벽각도의 변화도 60~95°까지를 포함해야 하며, 1°의 분해능을 가져야 한다(35개의 스펙트럼). 포토레지스트(150~500nm)와 크롬 산화물(150~300nm)의 두께정보도 포함되어야만 한다. 각각 350 및 150개의 스펙트럼이 필요하다. 이를 모두 합하면 8.3×10^8개의 스펙트럼이 소요된다. 여기에는 (라운딩이나 노치 등) 관찰된 스펙트럼을 완벽하게 특성화시키기 위해서 필요한 세밀한 프로파일 정보가 포함되어 있지 않기 때문에 이 가정은 과도하게 단순화된 것이다. 데이터베이스 생성은 사용 가능한 컴퓨터 장비에 고도로 의존적이지만, 전용 다중 프로세서 워크스테이션의 경우에는 6~12시간이 소요된다.

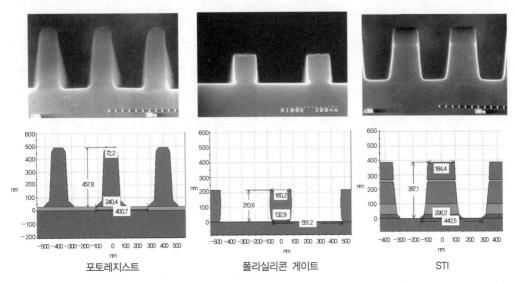

그림 21.8 광학임계치수(OCD) 계측을 사용해서 구한 프로파일과 X-SEM의 비교(NANOmetrics, Inc.)

21.4 응 용

생산 환경 하에서 임계치수를 측정하기 위해서 광학임계치수(OCD)를 사용하는 것은 비교적 새로운 시도이며, 마스크에 광학임계치수(OCD) 측정을 적용하는 것은 여전히 개발단계에 있다. 그런데 주사전자현미경(SEM) 기법을 사용해서 단면정보를 얻는 것은 매우 어려우며 파괴적이기 때문에 분광기법을 사용해서 프로파일 정보를 획득할 가능성이 큰 관심을 끌게 되었다. 광학임계치수(OCD) 측정은 전형적으로 두 개의 범주로 나뉜다. 현상 후 검사(ADI)는 격자구조가 포토레지스트 합성물인 경우에 수행하며 식각 후 검사(AEI)는 격자구조가 크롬, 크롬 수정 또는 수정인 경우에 수행한다. 다음 절에서는 이 격자구조에 대해 수직입사 타원편광 분광을 적용한 사례에 대해서 살펴보기로 한다. 웨이퍼 전역의 임계치수 계측에 광학임계치수(OCD)가 광범위하게 시험되었다. 그림 21.8에서는 계산된 프로파일과 X-선 주사전자현미경(X-SEM)으로 계측한 프로파일이 서로 완벽하게 일치하는 것을 보여주고 있다. 기초(포토레지스트), 노치(폴리실리콘 게이트 산화물 구조), 그리고 실리콘 고립틈새 등과 같은 세밀한 형상조차도 측정할 수 있다. 광학임계치수(OCD) 측정은 또한 임계치수-주사전자현미경(CD-SEM) 측정 결과와 매우 일치함을 보여준다. 전통적인 임계치수-주사전자현미경(CD-SEM) 계측의 반복도는 수 나노미터 수준이며, 광학임계치수(OCD) 측정의 반복도는 전형적으로 나노미터 이하이다. 임계치수-주사전자현미경(CD-SEM) 측정은 고도로 국지화되어 있는 반면에 광학식 방법은 훨씬 많은 수의 직선들을 평균화해준다. 전형적인 선폭편차에 대해서 고품질 상관관계 도표를 만들기 위해서는 격자표적에 대한 20회의 임계치수-주사전자현미경(CD-SEM) 계측의 평균화가 필요하다. 임계치수-주사전자현미경(CD-SEM)의 측정 결과와 광학임계치수(OCD) 상관관계 도표가 그림 21.9에 도시되어 있다. 이 사례에서는 네 개의 임계치수-주사전자현미경(CD-SEM) 측정이 평균화되었으며, 불확실도 판정에 사용되었다. 추가적인 상관관계연구에 대해서는 참고문헌 [7, 10]을 참조하기 바란다.

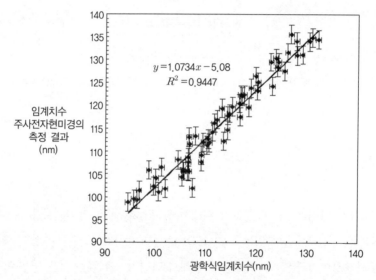

그림 21.9 임계치수-주사전자현미경(CD-SEM)의 측정 결과와 광학임계치수(OCD) 상관관계 도표. 임계치수-주사전자현미경(CD-SEM)의 반복도는 약 4nm 이하인 것으로 평가되었다. 광학임계치수 반복도는 약 1nm 이하이다. (CD-SEM data courtesy of ASML, OCD data NANOmetrics, Inc.)

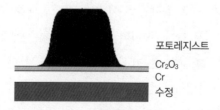

그림 21.10 광학임계치수(OCD) 분석을 위한 현상 후 검사(ADI) 구조

21.4.1 2진 마스크의 현상 후 검사

수직입사 타원편광 분광(SE)을 사용해서 포토레지스트 격자구조를 계측하면 마스크 묘화기의 성능을 신속하게 평가할 수 있다. 전형적인 현상 후 검사(ADI)용 포토레지스트 격자구조가 그림 21.10에 도시되어 있다. 격자구조는 수정 위의 크롬 산화물/크롬 막 위에 패턴이 입혀진 포토레지스트로 구성된다. 100nm 이하의 임계치수를 갖는 직선이 생성되는 웨이퍼 레벨에서의 임계치수 계측과는 달리, 마스크 레벨에서의 가장 작은 임계치수는 전형적으로 200nm이다. 웨이퍼 레벨에서 90~110nm 형상을 프린트하는 데에 초점이 맞춰져 있는 현재의 기술수준에서는 마스크레벨에서 400nm의 임계치수가 일반적이다. 현상 후 검사(ADI)용 포토레지스트 구조들은 마스크 묘화공정에 따라서 큰 편차를 가질 수 있다. 그림 21.11에서는 (a) 잘 분리된 격자구조와 (b) 포토레지스트 소재가 완벽하게 세척되지 않아서 격자구조가 잘 분리되지 않은 경우를 보여주고 있다. 두 스펙트럼의 비교를 통해서 격자구조에 따른 독특한 스펙트럼 변화를 보여주고 있다.

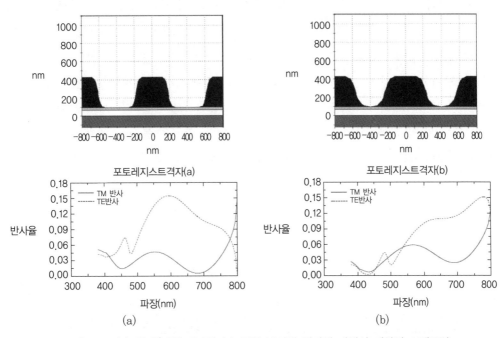

그림 21.11 (a) 잘 분리된 격자와 (b) 잘못 분리된 격자에 대해서 계산된 스펙트럼

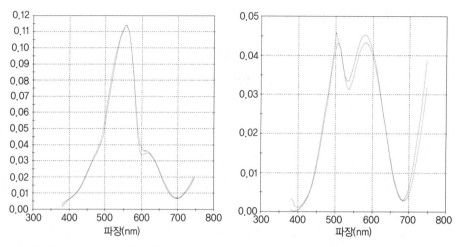

그림 21.12 횡방향 전기장(TE)과 횡방향 자기장(TM) 데이터에 대한 반사 스펙트럼의 실험과 모델링 결과. 격자 구조의 직선/간극 비율은 500nm/500nm이다.

전형적인 격자구조에 대한 실험적인 R_{TE}와 R_{TM} 데이터와 계산모델의 결과 사례들이 그림 21.12에 도시되어 있다. 스펙트럼이 서로 매우 일치하는 것은 모델의 정확도를 반증해주고 있다. 그에 따른 프로파일이 그림 21.13(a)에 도시되어 있다. 이 프로파일은 단면 X-선 주사전자현미경(X-SEM)을 사용하여 검증하였다. 많은 경우 수정된 사다리꼴을 기반으로 하는 모델은 실험데이터를 모델링하는 데에 충분하다. 실시간 회귀분석 과정에서 하부 임계치수(CD), 상부 임계치수(CD) 및 측벽각도 등이 구해진다. 크롬 위에 포토레지스트가 입혀진 $0.3\mu m$ 위치에 대한 사례가 그림 21.13(b)에 포함되어 있다. 순차적인 30회 측정을 통해서 구해진 평균에 대한 표준편차는 0.5nm 이하로, 이 계측의 반복도는 매우 훌륭하다.

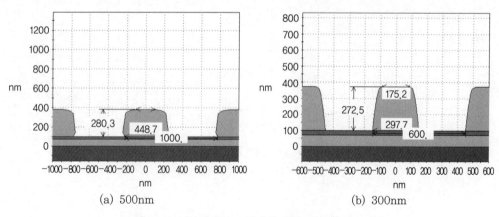

(a) 500nm   (b) 300nm

그림 21.13 포토레지스트 격자에 대한 계산된 프로파일

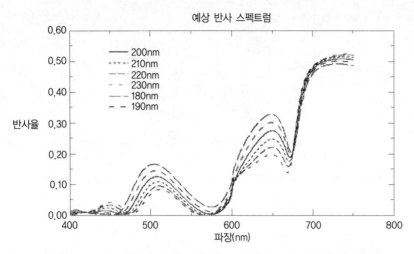

그림 21.14 선폭의 변화에 따른 반사율 스펙트럼(RTE) 변화의 계산결과

선폭 대 피치 비율이 1:2로 일정한 경우에 선폭의 변화에 따라 예상 스펙트럼의 변화를 도시하고 있는 그림 21.14에서 수직입사 타원편광 분광(SE)의 민감도를 도출할 수 있다. 명확한 스펙트럼 변화는 선폭의 변화가 어떻게 측정대상의 명확한 임계치수 값을 변화시키는가를 보여주고 있다.

21.4.2 식각 후 검사

현상 후 검사(ADI)를 통해 공정 엔지니어는 식각공정 이전에 패턴 공정을 평가할 수 있다. 식각 후 검사(AEI)를 통해서 공정 엔지니어는 장비의 성능을 평가할 기회를 갖는다. 포토마스크의 경우 식각 후 검사(AEI)는 전형적으로 하향식 임계치수–주사전자현미경(CD-SEM)에 의존하기 때문에 프로파일 정보가 미미하거나 얻을 수 없다. 이는 부분적으로는 단면을 얻기가 어렵기 때문이다. 과거에 식각공정이 포토마스크의 크롬층으로만 한정되어 있었던 경우에는 프로파일 정보가 중요하게 생각되지 않았었다. 그런데 웨이퍼 레벨에서 더 작은 형상을 만들려는 필요성이 위상천이 마스크를 개발하게 하였으며, 여기서는 수정 기층소재 역시 지정된 깊이로 식각되어야 한다. 생산 과정에서 정지층을 포함시킬 수 있는 웨이퍼 제조에서와는 달리 포토마스크의 식각공정은 시간에 의해서만 조절이 된다.

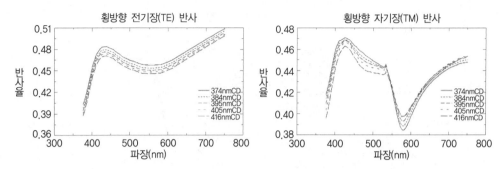

그림 21.15 크롬 격자의 선폭변화에 따른 반사 스펙트럼 계산결과(피치: 1600nm)

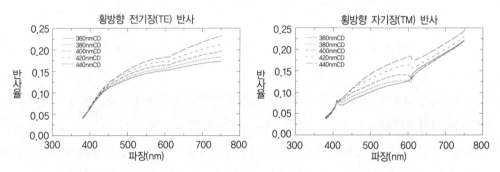

그림 21.16 크롬 격자의 선폭변화에 따른 반사 스펙트럼 계산결과(피치 800nm)

21.4.2.1 크롬 격자구조

광학임계치수(OCD)를 사용해서 크롬 격자구조를 분석하는 것은 이제야 걸음마 단계이다. 그런데 임계치수 변화에 따른 민감도를 관찰하기 위해서 수정 위에 입혀진 크롬 격자의 전형적인 구조를 시뮬레이션할 수 있다. 그림 21.15에서는 수정 기층소재 위의 크롬 격자에 대한 반사 스펙트럼의 계산결과를 보여주고 있다. 피치는 1600nm이며 임계치수의 변화에 따라서 횡방향 전기장(TE)과 횡방향 자기장(TM) 스펙트럼의 비율이 변한다. 시뮬레이션 결과 비교적 좁은 범위의 값들에 대해서 양호한 선폭변화 민감도를 나타냈다. 그림 21.16에서는 800nm 피치를 갖는 400nm 격자구조에 대한 유사한 시뮬레이션을 보여주고 있다. 다시 스펙트럼이 현저히 변한다. 그런데 이런 유형 시편의 반사율은 대부분의 파장에 대해서 20% 이하일 정도로 극도로 낮다.

21.4.2.2 수정 격자구조

크롬 격자구조는 꾸준히 임계치수-주사전자현미경(CD-SEM)을 사용해서 모니터링 하겠지만, 프로파일/깊이 정보를 제공하기 위한 광학임계치수(OCD) 기법의 능력은 기존의 임계치수-주사전자현미경(CD-SEM)으로는 정보를 얻을 수 없는 식각된 구조까지 적용영역이 확대될 것이다. 많은 측면에서 이 구조들은 웨이퍼 제조 시 볼 수 있는 절연체 식각단계에서 생성되는 것과 유사하다. 전통적인 타원편광 분광(SE)과 수직입사 타원편광 분광(SE)은 이중 다마스쿠스 공정에서 볼 수 있는 틈새구조의 프로파일을 구하는 데에 효과적이다[9, 10]. 수정 위의 식각된 수정 격자에 대한 시뮬레이션에 따르면 전체적인 반사율이 매우 낮다(그림 21.17). 그런데 스펙트럼의 변화가 임계치수의 함수라는 것이 명확하며, 스펙트럼에는 분석을 도와주는 다수의 날카로운 형태들이 나타난다.

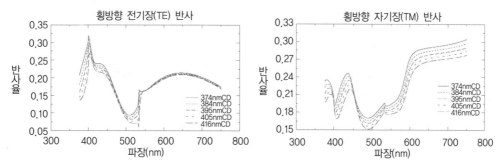

그림 21.17 선폭변화의 함수로 나타낸 수정 격자구조의 반사 스펙트럼 계산결과(피치: 1600nm)

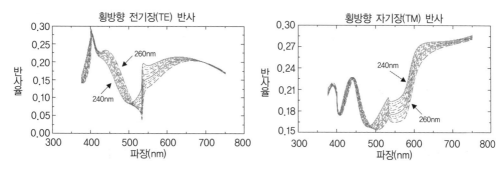

그림 21.18 식각깊이의 함수로 나타낸 수정 격자구조의 반사 스펙트럼 계산결과(선폭: 400nm, 피치: 1600nm)

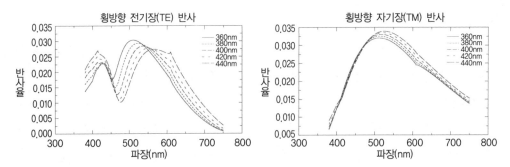

그림 21.19 선폭의 함수로 나타낸 수정 격자구조의 반사 스펙트럼 계산결과(피치: 800nm)

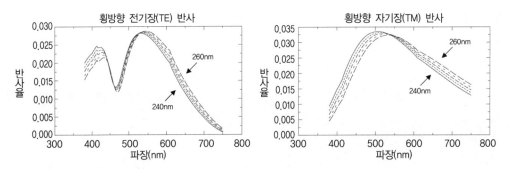

그림 21.20 식각깊이의 함수로 나타낸 수정 격자구조의 반사 스펙트럼 계산결과(선폭: 400nm, 피치: 800nm)

스펙트럼은 160nm 피치에 대해서 계산되었다. 게다가 수정 격자구조에 대해 식각깊이의 함수로 나타낸 스펙트럼 변화에서도 연속적인 변화가 나타난다(그림 21.18). 800nm의 피치를 갖는 400nm 직선의 스펙트럼 변화가 그림 21.19와 그림 21.20에 도시되어 있다.

예비조사에 따르면 크롬/수정 구조의 민감도와 식각된 수정구조의 분석이 진행 중에 있다. (NANOmetrics, Inc., International Communication, 2002).

21.4.2.3 교번식 시창 위상천이 마스크

식각된 수정구조의 개발은 100nm 이하의 장치를 생산하기 위해서 레티클을 기반의 분해능 강화기법을 사용하는 교번식 위상천이 마스크(Alt. PSM)의 개발을 초래하였다[11]. 이 마스크 는 리소그래피 노광장비의 조명파장보다 작은 형상을 프린트할 때에 발견되는 회절효과의 제 약을 극복하기 위한 해결방안들 중 하나이다.

교번식 위상천이 마스크와 기본 구조와 기존 2진 마스크의 분해능강화가 그림 21.21에 도시 되어 있다. 2진 마스크가 인접한 구조를 분해할 수 없는 이유는 인접광원들에 의한 빛의 건설적 간섭 때문이다. 식각된 수정 개구부는 식각되지 않은 개구부에 비해서 빛의 위상을 천이시킨다. 이 위상천이는 다음과 같이 주어진다.

$$\Delta\phi = 2\pi d(n-1)/\lambda$$

여기서 $\Delta\phi$는 위상천이, d는 식각된 틈새의 깊이, n은 조명파장 λ의 굴절률이다. 248nm 공정($n = 1.509$)의 경우 180° 위상천이를 위해서는 243.6nm의 식각깊이가 필요하다. 그런데 이 목표깊이가 달성되었다고 할지라도 구조에 의한 표면형태 효과에 의해서 빛이 산란되며 영상의 불균일이 초래된다. 최근 몇 편의 논문들을 통해서 가능한 대안이 제시되었다. 그들 중 두 가지가 그림 21.22에 도시되어 있다[12, 13].

전자기장(EMF) 시뮬레이션은 본질적인 영상 불균일의 보정능력을 보여주고 있으며, 제안된 식각구조들 각각은 표준 계측을 사용하기에는 많은 어려움을 가지고 있다. 임계치수-주사전자현미경(CD-SEM)에 즉각적으로 편향측정을 적용할 수 있지만, 단면영상으로부터 언더컷 정도만을 얻을 수 있을 뿐이다. 편향과 언더컷의 조합이 영상 불균일에 대해서 가장 효과적인 해결방안이다. 광학임계치수(OCD) 계측은 이 모든 매개변수들을 동시에 측정할 가능성을 가지고 있다. 모델링된 교번식 위상천이 마스크(그림 21.23)를 사용해서 계산된 편향, 언더컷, 그리고 깊이를 기반으로 하는 스펙트럼이 그림 21.24~26에 각각 도시되어 있다. 시뮬레이션된 구조는 70nm 두께의 크롬 흡수재와 250nm 깊이로 식각된 수정으로 이루어져 있다. 그림 21.24에서는 ±10nm 편향에 대해서 횡방향 전기장(TE)과 횡방향 자기장(TM)의 변화를 보여주고 있다. 횡방향 전기장(TE)과 횡방향 자기장(TM) 모두 스펙트럼이 부드럽게 변하고 있다. 이는 그림 21.25에서와 같이 흡수재의 언더컷에 기인한 반사 스펙트럼 변화와 대비된다. 여기서, 횡방향 자기장(TM)은 매우 심하게 변하는 반면에 횡방향 전기장(TM) 모드는 매우 안정되어 있다. 따라서 최소한의 매개변수 상관관계를 사용한 정확한 결합파장 분석(RCWA) 분석을 통해서 두 매개변수를 동시에 구할 수 있다. 계산된 횡방향 전기장(TE)과 횡방향 자기장(TM) 반사 스펙트럼의 변화는 매우 작다. 그런데 세 번째 각도측정이 가능하므로, 횡방향 전기장(TE)과 횡방향 자기장(TM) 모드들 사이의 위상 차이를 즉각적으로 산출할 수 있다. 타원편광 매개변수 Ψ 및 Δ의 변화를 모니터링하면 교번식 위상천이 마스크의 구조에 대한 완벽한 해석이 가능하다(그림 21.26).

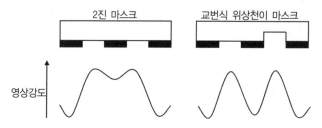

그림 21.21 교번식 위상천이 마스크를 사용한 레티클 기반의 분해능강화에서는 인접 개구부를 통해서 180°
위상 차이를 갖는 빛이 통과할 수 있다.

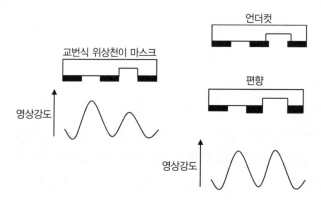

그림 21.22 틈새 구조의 영상 불균일과 가능한 수정방법

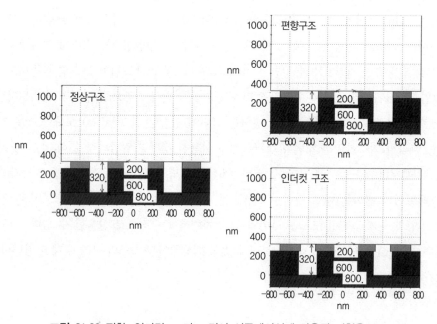

그림 21.23 편향, 언더컷, 그리고 깊이 시뮬레이션에 사용된 시험용 구조

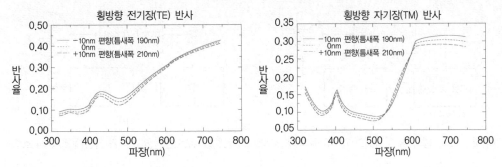

그림 21.24 반사 스펙트럼 계산결과에서는 식각편향 구조에 의한 변화를 보여준다.

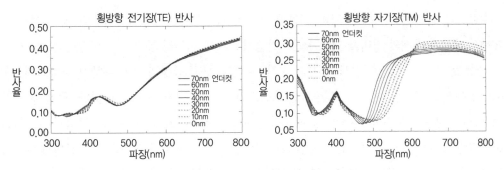

그림 21.25 반사 스펙트럼 계산결과에서는 크롬 흡수재의 언더컷에 의한 변화를 보여준다.

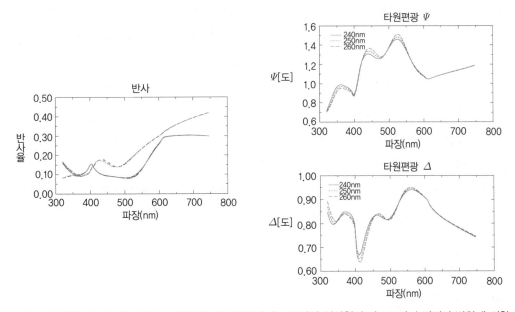

그림 21.26 반사 스펙트럼과 NISE 스펙트럼 계산결과에서는 교번식 위상천이 마스크의 수정깊이 변화에 의한 변화를 보여주고 있다.

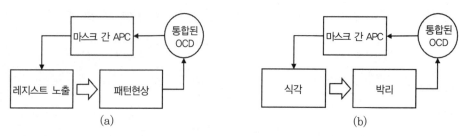

그림 21.27 (a) 현상 후 검사(ADI)와 (b) 식각 후 검사(AEI) 공정을 위한 간단한 진보된 공정제어(APC) 흐름도

21.4.2.4 진보된 공정제어

수율증대에 대한 지속적인 압박 때문에 *진보된 공정제어*(APC)가 계측장비 제조업체들에 대해서 새로운 센서와 장비를 개발하도록 만들었을 뿐만 아니라 통합을 위한 표준을 적용하도록 만들었다[14]. 현상 후 검사(ADI)와 식각 후 검사(AEI) 공정 모두에 대해서 광학임계치수(OCD) 기술을 구현할 수 있다. 일반적인 흐름도가 그림 21.27에 도시되어 있다. 현상 후 검사(ADI)의 경우 광학임계치수(OCD)를 사용하여 특정 표적을 사용해서 마스크 묘화기의 성능을 모니터링 및 피드백할 수 있다. 사용할 수 있는 입력에 따라서 다음 마스크를 위해서 마스크 묘화기를 조절하는 데에 측정 결과를 사용할 수 있다. 통합된 측정은 또한 측정이 지정된 영역을 벗어난 경우에 즉각적으로 오류제어를 수행할 수 있도록 해주어, 라인 외 분석을 기다리는 동안 다수의 마스크가 동일한 생산손실을 일으킬 가능성을 줄여준다. 광학임계치수(OCD) 측정에 필요한 시간은 최소화(4~10초)되어 있으며 특수한 시편준비가 필요치 않다. 이 작업은 포토리소그래피 공정제어의 웨이퍼 레벨에서 수행되는 현상 후 검사(ADI)와 유사하다[15].

식각 후 검사(AEI)의 경우 식각깊이의 조절은 진보된 위상천이 마스크의 경우에 결정적인 역할을 한다. 다시, 식각공정 직후에 마스크를 측정할 수 있는 능력은 즉각적인 피드백과 공정제어를 가능케 해준다. 비록 절연체 식각공정과 유사하지만, 절연체 식각공정에서 작업하는 엔지니어들은 필요하다면 그리 어렵지 않게 단면영상을 얻을 수 있다. 광학임계치수(OCD) 기술은 깊이정보를 얻기 위해서 다양한 형태의 표면 프로파일 측정에 의존해야만 하는 마스크 제조업체에게 유일한 가능성을 제시해줄 수 있다.

21.5 결 론

현재의 광학임계치수(OCD) 기술은 웨이퍼 전면의 임계치수 변화와 식각깊이를 측정하는 새로운 기반을 제공해주었다. 비록 주 용도가 IC 제조와 관련된 다수의 공정들에 집중되어 있지만, 동일한 이점이 마스크 제조에도 적용된다. 광학임계치수(OCD) 플랫폼은 비파괴 프로파일 측정을 위한 유일한 도구이며 마스크 제조업체들은 광학 스펙트럼을 사용하는 그들의 공정에 대해서 소중한 정보를 얻을 수 있다. 정확한 결합파장 분석(RCWA) 계산을 사용해서 취득한 정보는 상부와 하부의 임계치수 선폭뿐만 아니라 측벽각도, 기초 또는 언더컷과 같은 프로파일 정보를 구하는 데에 사용할 수 있다. 이 정보들을 비교적 손쉽게 구할 수 있으며, 공정 엔지니어들로 하여금 마스크 제조공정의 핵심 단계들을 세심하게 제어할 수 있는 능력을 부여해주므로, 마스크 전체에 대해서 뛰어난 임계치수 균일성을 제공해준다.

감사의 글
Dr. Edwin Boltich, Dr. Weidong Yang, Dr. Milad Tabet, Ms. Ebru Apak, Dr. Jiangtao Hu와 NANOmetrics 사 응용그룹의 도움이 되는 논의에 감사를 드리며, 특히 Mr. Nagesh Avadhany는 이 작업을 할 수 있도록 용기를 불어넣어준 점에 감사를 드린다. 또한 Applied Materials 사의 Dr. Turgut Sahin은 수정 격자구조의 식각 후 검사 (AEI)에 대해서 논의해준 점에 감사를 드린다.

□ 참고문헌 □

1. C. Raymond, M. Murnane, S. Prins, S.S.H. Naqvi, et al., Multiparameter grating metrology using optical scatterometry, *J. Vac. Sci. Technol. B.*, 15, 361-368 (1997).

2. Yiping Xu and Ibrahim Abdulhalim, Spectroscopic Scatterometer System, U.S. Patent #6,483,580: 2002.

3. Harland G. Tompkins and William A. McGahn, *Spectroscopic Ellipsometry and Reflectometry: A User's Guide,* John Wiley, New York, 1999, pp. 20-21.

4. Xinhui Niu, Nickhil Jakatdar, Junwei Bao, and Costas J. Spanos, Specular spectroscopic scatterometry, *IEEE Trans. Semicond. Manuf.,* 14, 97-111 (2001).

5. Hsu-Ting Huang, Wei Kong, and Fred Lewis Terry, Jr., Normal-incidence spectroscopic ellipsometry for critical dimension monitoring, *Appl. Phys. Lett.,* 78 3983-3985 (2001).

6. Yuya Toyoshima, Isao Kawata, Yasutsugu Usami, et al., Complementary use of scatterometry and SEM for photoresist profile and CD determination, *Proc. SPIE,* 4689, 196-205 (2002).

7. Weidong Yang, Roger Lowe-Webb, Rahul Korlahalli, et al., Line-profile and critical dimension measurements using a normal incidence optical metrology system, in: *Proc, IEEE/SEMI Adv. Semicond. Manuf. Conference,* 2002, 119-124.

8. M.G. Moharam, Drew A. Pommet, Eric B. Grann, and T.K. Gaylord, Stable implementation of the rigorous coupled-wave analysis for surface-relief gratings: enhanced transmittance matrix approach, *J. Opt. Soc. Am.* A., 12 (5), 1068-1076 (1995).

9. Vladimir A. Ukraintsev, Mak Kulkarni, Christopher Baum, et al., Spectral scatterometry for 2D trench metrology of low-K dual-damascene interconnect, *Proc. SPIE,* 4689, 189-195 (2002).

10. Ray Hoobler, Rahul Korlahalli, Deepak Shivadprassad, et al., Monitoring dielectric etch: application of optical critical dimension technology to dual damascene structures, in: *Advanced Process Control/Advanced Equipment Control Symposium XIV,* 2002.

11. P. Rhyins, M. Fritze, D. Chan, C. Carney, B.A. Blachowicz, M. Viera, and C. Mack, *Characterization of Quartz Etched PSM Masks for KrF Lithography at the 100nm Node,* 21st Annual BACUS Symp. Photomask Technology, 3-5 October 2001, SPIE, vol. 4562, pp. 486-495.

12. David J. Gerold, John S. Petersen, and Marc D. Levenson, Multiple pitch transmission and phase analysis of six types of strong phase-shifting masks, *Proc. SPIE,* 4346, 72 (2001).

13. Effects of altPSM Design on Image Imbalance for 65 nm, *http: //www.e-insite.net/semiconductor/ index.asp?layout =articlePrint &articleID =CA273367,* February 2003.

14. James Moyne and Joe White, Existing and envisioned control environment for semiconductor

manufacturing, in: James Moyne, Enrique del Castillo, and Arnon Max Hurwitz (eds.), *Run-to-Run Control in Semiconductor Manufacturing*, CRC Press, New York, 2001, pp. 115-124.

15. J.M. Holden, T. Gubiotti, W.A. McGaham, M.V. Dusa, and T. Kiers, Normal-incidence spectroscopic ellipsometry and polarized reflectometry for measurement and control of photoresist critical dimension [4689-133], *Proc. SPIE*, 4689, 1110-1121 (2002).

Michael T. Postek

22.1 서 언

임계치수(CD) 조절은 포토마스크에서 시작된다. 그러므로 포토마스크 계측은 현재 및 미래 세대의 반도체 디바이스 개발 및 제조를 가능케 해주는 핵심기능이다. 100, 65 및 45nm 또는 그 이하의 선폭과 높은 종횡비를 갖는 구조에 대해서도, 주사전자현미경(SEM)은 중요한 장비로 남아 있으며, 전 세계적으로 많은 단계의 반도체 제조에 광범위하게 사용되고 있다. 주사전자현미경은 광학식 현미경을 사용하는 현재의 기술로 구현할 수 있는 것보다 더 높은 분석과 검사 분해능을 갖고 있으며, 주사 프로브 기법에 비해서 생산성이 높다. 더욱이 주사전자현미경은 광범위한 분석 모드를 제공하는데, 이들 각각은 특정 시편, 디바이스 또는 회로의 물리, 화학 및 전기적 성질들에 대한 독특한 정보를 제공해준다[1]. 최근의 개발에 힘입어 과학자와 엔지니어들은 새롭고 매우 정확하며 빠른 주사전자현미경을 기반으로 하는 측정방법을 찾아내어 포토마스크의 연구와 생산에 실용화시키고 있다.

특히 주사전자현미경(SEM)과 관련되어 포토마스크의 치수측정은 집적회로나 웨이퍼 상의 레지스트 형상에 대한 계측처럼 빠르게 발전하지 못하고 있다. 이는 주로 다음과 같은 이유 때문이다.

1. 포토마스크가 아닌 웨이퍼 생산의 가치에 관심이 집중되어 있다.
2. 생산 과정에서 훨씬 적은 숫자의 포토마스크 계측과 검사장비만이 필요하다.
3. 포토마스크 계측기술은 웨이퍼 계측기술의 발전에 큰 영향을 받는다.
4. 리소그래피 공정의 광학식 스테퍼와 스캐너에서 4× 또는 5× 축사율을 사용하므로 명확한 기술적 이점이 있다.
5. 예전에는 실제의 3차원 마스크 구조를 고려할 필요가 거의 없었다[2].

포토마스크의 경우 등배율로 웨이퍼 치수를 계측하려고 할 때에 발생하던 대부분의 문제들이 4 또는 5배만큼 감소되므로, 일시적으로나마 이런 문제들을 피할 수 있다. 이런 상황은 100nm와 그 이하의 회로 세대에서 사용하는 광학근접보정과 위상천이 형상들의 도입과 더불어서 빠르게 변하고 있다. *국제 반도체 기술 로드맵*(ITRS) 2001년도 판에 따르면, 마스크 선폭 조절능력이 칩 제조업체의 요구조건을 따르지 못하고 있다[3]. 다행히도 포토마스크 계측은 일반적으로 웨이퍼 계측 분야 진보의 수혜를 직접적으로 받기 때문에 많은 문제들을 즉각적으로 해결할 수 있다.

표 22.1 과거와 현재의 주사전자현미경(SEM) 포토마스크 계측장비에 대한 특성비교[4]

특징	1985년 장비	현재장비
계측장비	수정된 실험용 SEM	수정된 전용 CD-SEM
렌즈기술	평면, 45° 또는 60° 핀 구멍 최종렌즈	필드확장 및 기타
자동화	없음	일반화
전자	아날로그/디지털	완전 디지털
영상 평균화	초보단계	세련되며 내장형
주사비율	저속주사	TV 수준
전자 광원	란타늄 헥사보라이드	필드 방사
선폭 측정	초보단계	모델 및 라이브러리 기반
생산성	나쁨(수동)	엄청난 개선
충전	문제	수용할 정도로 해결
시편 크기	마스크 조각/마스크 전체는 간신히	완전한 마스크
시편 오염	한계상황	개선
신호 대 노이즈 비(S/N)	나쁨	크게 개선
가격	$150K	$2.5M+

전자빔을 기반으로 하는 포토마스크 계측은 여러 해 전부터 존재했었지만, 포토마스크의 생산용 계측에는 광범위하게 적용되지 않았었기 때문에 산업적 연구와 개발과정에서 중요한 주제가 되지 못하여 왔다. 사실 주사전자현미경을 사용한 포토마스크 전용 계측장비는 현재 존재하지 않지만, 전부는 아니더라도 대부분의 마스크 검사에는 웨이퍼 계측장비를 수정하여 사용하고 있다. 1984년에 포스텍[4 ,5]은 포토마스크의 주사전자현미경(SEM) 계측과 관련된 초기 작업을 발표하였다. 그 시기에 모든 주사전자현미경 기반의 반도체 계측 방법들은 걸음마 단계였다. 이는 최근 들어 갱신[2]되었으며 표 22.1에서와 같이 일부 기초적인 비교가 수행되었다. 그러나 다음에서 논의하듯이 이런 형태의 치수계측을 위해서는 해결해야만 하는 특유의 문제들이 여전히 남아 있다.

포토마스크의 정밀도와 정확도를 구하기 위한 광학식 장비는 Dr. Diana Nyyssonen과 동료들의 작업(Nyyssonen과 Larrabeee, 1987 [6])을 통해서 국제표준국이 제정한 최초의 선폭표준이므로, 여전히 핵심적인 계측장비의 지위를 유지하고 있다. Dr. Diana Nyyssonen과 그녀의 동료들은 일련의 논문을 통해서 광학식 장비에서 일반적으로 사용되는, 측정하고자 하는 형상크기와 유사한 파장의 가시광선을 사용하면 심각한 계측 한계를 초래된다고 지적하였다. 그녀는 영상 내에서 회절의 영향에 대한 장비의 개선과 수학적 모델을 개선할 필요성과 치수를 측정할 형상의 테두리에 해당하는 영상을 찾아내는 의미 있는 기준의 개발에 대해서 논의하였다[7~9]. Nyyssonen은 교정과 NIST가 제정한 최초의 포토마스크 선폭표준에 사용하기 위해서 이런 과정과 모델을 개발하였다[10, 11]. 마이크로미터 이하의 크기에 대한 광학식 계측은 일반적으로 생각하는 것보다 훨씬 어려우며, 자주 간과나 무시되며 또는 실제적인 적용 시 많은 경우 부적절하게 취급되는 많은 인자들이 영향을 끼친다. 반도체 산업계가 지속적으로 100nm 이하로 이동함에 따라서 불확실도 저감에 대한 장래의 수요를 충족시키려면, 이런 자세도 변해야만 한다. Nyyssonen과 동료들에 의해서 개발된 원리는 차세대 포토마스크 표준과 함께 현재 사용되고 있다[12].

전자빔을 기반으로 하는 포토마스크 계측은 여러 해 전부터 있었지만, 광학식처럼 포토마스크 생산계측에 광범위하게 사용되지는 못하고 있다. 주사전자현미경(SEM) 계측과 관련된 주제들은 광학식 계측에서와 마찬가지로 복잡하며, Postek과 Vladár[13], Postek과 Larrabee[14], 그리고 Postek과 Joy[15] 등이 고찰하였다.

22.2 주사전자현미경(SEM) 기본구조

모든 주사전자현미경(SEM)들은 일반 실험용이던 또는 집적회로 구조의 검사와 치수계측을 위한 특화된 장비든 간에 그 기능은 본질적으로 서로 동일하다. 주사전자현미경(SEM)은 미세하게 초점이 맞춰진 전자빔이 내부에서 움직이거나 시편 표면 위의 점과 점 사이를 세밀하게 주사하는 작동방식에서 이름이 유래하였으며, 일반적으로 사각형 또는 직사각형 패턴을 래스터 패턴이라고 부른다(그림 22.1). 주요 빔 전자들은 전자 광원에서 방출되며 일반적으로 100V(0.1lV)에서 30,000V(30kV) 사이의 전압에 의해서 시편 쪽으로 가속된다. 반도체 생산용 웨이퍼의 경우 자동화된 임계치수 주사전자현미경(SEM)은 전형적으로 400~1000V 사이에서 작동한다. 심지어는 더 낮은 가속전압 방식도 개발 중에 있다(22.2.1과 22.4.1.2 참조). 전자빔은 칼럼 하부로 이동해 내려가면서 하나 또는 그 이상의 콘덴서 렌즈들에 의해서 전자광학적으로 축소된다. 이 축소에 의해서 수 마이크로미터 크기의 전자빔이 수 나노미터 크기로 수축된다. 용도, 축소범위, 필요한 분해능, 그리고 시편의 특성 등에 따라서 조작자는 적절한 가속전압과 콘덴서 렌즈의 축소율을 선정함으로써 영상을 최적화시킨다. 일반적으로 작동조건과 장비의 유형에 따라서 시편에 충돌할 때의 전자빔 직경은 수 나노미터에 달한다.

22.2.1 가속전압/랜딩에너지

현대적인 주사전자현미경(SEM) 설계가 변화함에 따라서 가속전압과 랜딩에너지라는 용어의 차이에 대한 정의가 필요하게 되었다. 궁극적으로 관심 있는 것은 시편과 충돌하는 전자의 에너지이다. 역사적으로는 가속전압은 랜딩에너지와 동일하지만 오늘날 두 용어 사이에 차이가 발생하였다. 이 단원에서는 별도로 구분하지 않는다면 이들을 동의어로 간주할 것이다. 주사전자현미경(SEM)이 실험용이건 임계치수 측정용이건 간에 필라멘트에서 방출된 전자들이 전자총의 필라멘트 영역과 양극 사이에 가해지는 전위 차이에 의해서 칼럼 아래쪽으로 유도된다. 양극은 접지전위를 유지한다. 이전의 장비에서는 전자총에서 가속전압이 변하였으며, 시편과 충돌하는 전자의 에너지는 본질적으로 (일부 전자총에 가해지는 편향전압을 차감한)가속전압과 동일하다. 10kV 가속전압에 의한 전자의 랜딩에너지는 10keV이다. 가속전압이 30kV에서 10kV를 거쳐서 1kV로 감소되면서 명도, 신호 대 노이즈 비, 그리고 여타 여러 인자값들의 저하를 감수하고 있다. 이 문제를 해결할 수 있는 방안들 중 하나는 전자총 영역과 칼럼의 상부 영역에서 높은 가속전압을 사용하며, 적절한 편향전위를 사용해서 최종렌즈나 시편 위치에서 필요한 수준으로 전자를 감속시키는 것이다. 예를 들면 4kV 에너지에 의해서 전자가 전자총 영역에서 운동을 시작하여 칼럼 내에서는 4keV를 유지하다가 시편에 가해지는 3kV의 편향전압에 의해서 1keV의 랜딩에너지로 시편에 도달하게 된다. 이런 경우 명도, 분해능 등은 개선되지만 전자의 랜딩에너지는 필라멘트에 가해지는 가속전압과는 다른 값을 갖게 된다.

현미경 칼럼 내의 스캐닝코일은 디지털 또는 아날로그 방식의 X 및 Y 주사 발생기의 제어를 통해서 전자빔을 래스터 패턴으로 정밀하게 편향시킨다. 음극선관 가시화장치가 구비되어 있다면, 이 편향은 가시화장치의 편향과 동기화되어 시편의 스캐닝에 의해서 생성된 신호를 모든 점마다 시각적으로 표시해준다. 각 점들은 합성을 통해서 영상을 형성한다. 광학식 현미경과는 달리, 칼럼 내부의 어느 위치에서도 시편의 영상이 생성되지 않는다. 디스플레이용 음극선관의 고정된 크기(또는 픽셀과 같은 여타의 교정성분−22.6.1.1 참조)에 비해서 래스터 패턴 내에서 주사된 영역이 작을수록 확대율이 높다. 다시 말해서 하나의 픽셀에 의해서 표시되는 영역이 작을수록 유효 확대율이 높다. 래스터 패턴(즉, 배율교정)이나 픽셀 크기에 대한 적절한 교정이 필수적이다[16]. 주사전자현미경(SEM)은 계측기 설계에 따라서 극도로 높은 배율과 분해능을 구현할 수 있다[17, 18]. 이에 비해서 많은 광학식 현미경들은 광원에 따라서 다르지만 최고 분해능이 산란에 의해서 $0.25\sim0.5\mu\mathrm{m}$으로 제한된다.

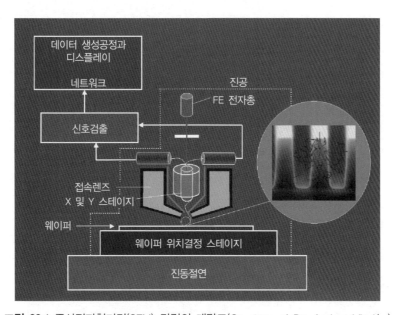

그림 22.1 주사전자현미경(SEM) 칼럼의 개략도(Courtesy of Dr. Andras Vladár.)

그림 22.1에서는 수직형 계측장비의 설계를 보여주고 있다. 이런 유형의 장비는 생산성의 측면에서 최적화되어 있으며, 전형적으로 포토마스크 검사 및 계측장비용으로 개조되어 있다. 경사 각도를 사용할 수 있는 여타의 계측기 설계(특히 실험실용과 결함관찰용 설계)를 통해서 측벽 구조, 단면정보, 그리고 X-선 포착의 최적화 등이 가능하다. 새로운 계측장비들 중 일부 역시 3차원 입체정보를 얻을 수 있는 능력을 가지고 있다.

광학식 현미경에 비해서 주사전자현미경이 가지고 있는 주요 특징들 중 하나는 시야심도가 깊다는 것으로, 적용된 주사전자현미경의 조건에 따라서는 광학식 현미경에 비해서 100~500 배나 더 깊다. 이런 특성은 고배율 하에서조차도 주사전자현미경은 비교적 거친 표면의 선명한 형상을 완벽하게 생성할 수 있다. 일반적으로 이것은 비교적 얇은 포토마스크 구조에서는 문제가 되지 않지만, 시야심도가 깊음에도 불구하고 일부 종횡비가 큰 반도체 구조물들은 이 장비가 제공해주는 시야심도보다 더 깊다. 이전 전형적으로 새로운 장비들을 필요로 하는 곳에서 일어난다. 일부 새로운 장비들에서 이런 문제를 해결하기 위해서 서로 다른 초점위치에 대한 영상을 취합한 다음 모든 영상들을 컴퓨터에서 합성하는 공초점형 영상화가 구현되었다. 주사전자현미경(SEM)도 역시 초점거리가 같다. 이 또한 정밀하게 초점을 맞추고 작업에 필요한 것보다 높은 배율로 난시교정을 시행할 수 있다. 그런 다음 장비의 선명도를 잃지 않으면서 배율을 낮출 수 있다.

전자는 공기 중에서 긴 거리를 이동할 수 없기 때문에 주사전자현미경의 올바른 조작을 위해서는 전자현미경 칼럼을 고진공으로 유지할 필요가 있다. 진공조건은 주사전자현미경에서 관찰할 수 있는 시편의 유형을 제한하게 된다. 평균자유거리(MFP) 또는 전자가 공기나 가스 분자와 충돌하기 전에 이동할 수 있는 평균거리가 주사전자현미경의 칼럼보다는 길어야만 한다. 그러므로 계측기 설계에 따라서는 특정한 계측기 설계에서 필요로 하는 진공도를 구현하기 위해서 이온펌프, 확산펌프 또는 터보분자펌프 등이 사용된다. 고압의 시편환경을 유지할 수 있는 설계방안이 실험용으로 사용되고 있지만, 포토마스크 계측에는 최근에 적용되기 시작하였다(22.8절 참조). 이런 유형의 장비는 오래지 않아 주사전자현미경을 사용한 포토마스크 계측에 더 많이 사용될 것이다.

22.3 주사전자현미경(SEM) 신호

강력한 전자빔과 고체의 상호작용은 시편 내의 유한한 상호작용 영역으로부터 생성되는 다양한 전위 신호를 만들어낸다[1]. 여기서 정의하는 신호란 주사전자현미경에서 수집, 활용, 측정 또는 표시가 가능한 어떤 것들을 말한다. 가장 일반적으로 사용되는 주사전자현미경 신호는 2차 전자와 후방산란전자(BSE) 신호이다. 이들 두 신호의 분포와 일반 강도가 그림 22.2에 도시되어 있다. 전자빔은 시편 속으로 진입하여 상호작용 영역을 형성하며, 여기서부터 신호가 발생한다. 상호작용 영역의 크기는 주 전자빔의 가속전압, 시편조성, 그리고 시편의 형상 등에 관련되어 있다(다음 절에서 논의할 예정). 상호작용 영역에서 생성되어 시편 표면을 떠나는 신호들을 수집, 표시 및 이용할 수 있도록 계측장비가 적절하게 구비되어 있다면 이를 영상화에 사용할 수 있다.

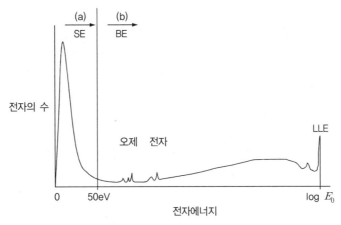

그림 22.2 전형적인 주사전자현미경(SEM) 신호유형의 분포와 강도곡선. 화살표는 (a) 50eV 이하의 타원편광분광(SE) 신호의 에너지 범위와 (b) 50eV 이상의 후방산란전자신호

22.3.1 전자범위

가속전압이 낮더라도 주 전자빔은 시편 속으로 일정 거리만큼 침투한다. 따라서 이 상호작용 체적을 이해하고 정의하는 것이 중요하다. 전자의 최대영역은 몇 가지 방법으로 근사화시킬 수 있다[19]. 불행히도 시편 내에서 (저가속 전압에 대한)전자빔의 상호작용에 대한 기본 물리학의 기초적인 이해가 부족하여, 주어진 시편 내에서 전자이동을 정확히 예측하는 방정식이 존재하지 않는다[20]. 과거 몇 년간 새로운 작업을 통해서 이런 상황이 크게 개선되었다. 만약 전자빔이 크롬을 관통하거나 내부로 침투하는 경우에 대해 이해하기 위해서는 시편 내로의 전자빔 침투에 대해 이해하는 것이 매우 중요하다. Kanaya와 Okayama[21]는 저가속 전압 하에서 더욱 정확하게 저원자량 요소에 대한 영역 근사화를 수행하기 위해서 현재 사용할 수

있는 방법을 발표하였다. 이를 몬테카를로 모델링(22.5절)과 결합시키면 전자빔과 시편의 상호작용에 대한 풍부한 정보를 얻을 수 있다. 포토레지스트 층 내에서 5keV 및 800ev에 대해서 계산된 전자의 궤적이 그림 22.3에 도시되어 있다. 전자의 영역은 소재가 연속층인 경우의 전자 궤적의 근사화된 경계를 보여주고 있다. 세 개의 직선으로 나타낸 것과 같은 다면체 구조의 경우 전자는 가속전압이 높은 경우에 비해서 훨씬 더 복잡한 경로를 따라간다. 전자들은 모든 방향으로 표면을 관통(하여 탈출하며, 다시 관통할 가능성을 갖고 있다)하므로 신호생성 과정에 대한 정확한 모델을 만들기가 훨씬 더 어렵다.

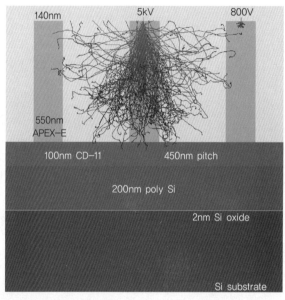

그림 22.3 5kV의 고가속 전압(좌)과 800V의 저가속 전압(우)을 사용한 몬테카를로 전자궤적 도표(Courtesy of Dr. Andeas Vladár)

22.3.2 2차 전자

임계치수 주사전자현미경(CD-SEM)에서 가장 자주 수집되는 정보는 2차 전자(SE)이다. 주사전자현미경에서 직접적으로 만들어지는 대부분의 형상들은 주로(하지만 항상은 아님) 2차 전자로 이루어져 있다(그림 22.4). 앞서 언급하였듯이 2차 전자들 중 일부는 시편 표면의 최초 수 나노미터 내에서 주 전자빔에 의해서 생성되며, 이들의 탈출 깊이는 가속전압과 시편의 원자번호에 의존한다. 전형적으로 이 깊이는 금속의 경우 2~10nm이며, 부도체는 5~50nm이다. 2차 전자는 또한 시편 표면을 떠나거나 또는 시편 챔버의 내부 벽과의 충돌에 의해 발생되기도 한다[22]. 특정 시편에서 방사되는 2차 전자의 수는 시편을 구성하는 소재의 2차 전자 계수와 표면 오염 등의 여타 인자들과 관련이 있다[23~37].

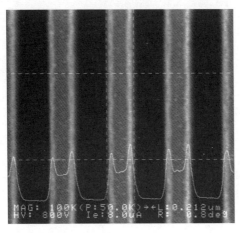

그림 22.4 포토레지스트의 2차 전자 영상

2차 전자들은 시편에서 생성되는 1~50eV 사이의 에너지를 갖는 전자들이라고 임의로 정의된다. 상대적인 포획이 간편하고, 이들의 신호가 포획할 수 있는 다른 어떤 유형의 전자들보다도 훨씬 강하기 때문에 저가속 전압 검사를 통해서 가장 일반적으로 이 2차 전자들을 검출한다. 그런데 2차 전자의 에너지가 낮기 때문에 이들은 시편의 매우 깊은 곳으로부터는 탈출할 수 없으며, 따라서 이들이 가지고 있는 정보들은 일반적으로 표면에 한정되는 것으로 생각된다. 결과적으로 2차 전자에 의해서 운반되는 정보는 계측에서 관심을 가지고 있는 고분해능 시편 정보를 가지고 있을 가능성이 있다.

불행히도 이런 상황의 현실성은 그리 간단하지만은 않다. 2차 전자들은 주 전자빔의 위치에서만 발생되지는 않는다. 영상화 메커니즘, 계측 및 검출기들의 성질들 모두가 관찰되는 2차 전자 영상에 직접적인 영향을 끼친다. 이는 일반적으로 주사전자현미경에 의해서 수집되는 2차 전자의 신호는 수많은 신호 메커니즘의 조합이라는 것을 의미하기 때문에 이것은 극히 중요한 관점이다. 원격 적으로 생성된 전자들(즉 50eV 이하의 에너지)이 주 전자빔의 상호작용에 의해서 생성된 것들보다 3승배만큼 더 많다는 것이 계산을 통해서 밝혀졌다[28]. 시편 내에서의 전자산란 때문에 2차 전자는 주 전자빔의 충돌위치가 아닌 위치에서 생성될 수도 있다[29~31].

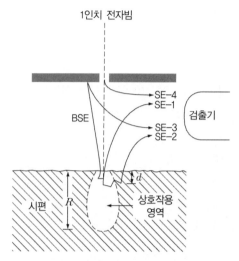

1인치 전자빔

SE-4
SE-1
SE-3
SE-2

BSE

검출기

d

R

시편

상호작용
영역

그림 22.5 전형적인 실험용 주사전자현미경에서 2차 전자가 유도되는 네 가지 경로에 대한 개념도

22.3.2.1 2차 전자(SE)❖ 신호성분

전자들이 만들어내는 2차 전자 영상이 생성될 수 있는 가능성을 갖는 위치들이 네 군데 있다
[22]. 2차 전자 신호는 전자빔이 시편 속으로 침투하면서 초기 상호작용에 의해서 생성되는
2차 전자(SE-1)뿐만 아니라 시편 표면을 떠나면서 탄성 및 비탄성적으로 산란되는 후방산란
전자의 탈출에 의해서도 2차 전자(SE-2)가 생성된다. 후방산란전자들은 시편상의 여타 구조
물들이나 또는 내부 계측요소들과 다중상호작용을 하면서 추가적으로 2차 전자(SE-3)들을
생성한다. 전자광학 칼럼 자체에서 발생되는 기생 2차 전자(SE-4) 역시 검출기로 유입된다(그
림 22.5). 만약 이들의 궤적이 전자 검출기의 포획을 위한 입체각 이내에 위치한다면 후방산란
전자도 역시 2차 전자 영상의 성분으로 포획된다.

Peters[30, 31]는 금 결정체로부터 2차 전자 신호의 성분들을 측정하였다. 그는 시편 관찰방
법에 따라서 전체적인 2차 전자 영상 중 SE-1에 의해서 유도되는 영상은 대략적으로 10%
내외인 반면에, SE-2 성분이 약 30%이며 SE-3 전자에 의한 영상이 대략 60%에 달한다는
것을 발견하였다. 표준 SE-검출기는 이렇게 다양하게 생성되는 전자들을 구분할 수 없으며,
따라서 포획 및 측정된 2차 전자 신호는 이런 모든 신호생성 메커니즘들이 합해진 것이다.
계측의 측면에서 이런 복합된 신호를 해석하기가 어렵기 때문에 해석오차가 유발될 수 있다.

❖ 2차 전자(Secondary Electron)의 약자 SE는 타원편광분광(Spectroscopic Ellipsometry)의 약자와 동일하므로 주
의가 필요하다. - 역자 주

이 오차들은 고도로 가변적이며 시편의 조성과 형상에 강하게 의존하며, (계측기 설계에 따라서는)검출기 포획용 필드 내에서의 변화(즉 스테이지 운동)에 의해서 유발되는 계측기의 내부 형상과 같은 여타의 물리적 인자들에 의해서 다소간 영향을 받는다. 더욱이 이 신호는 고도로 가변적이며 많은 경우 장비마다 다르기 때문에 모델링이 극도로 어렵다.

22.3.2.2 2차 전자의 포획

대부분의 주사전자현미경에서 2차 전자들은 일반적으로 Everhart와 Thornley[32]에 의해서 처음으로 설계된 E/T 검출기라고 알려진 신틸레이터형 검출기나 이 설계를 변형시킨 검출기를 사용하여 포획한다. 마이크로채널-평판 전자 검출기[33, 34]를 포함하는 여타의 검출기 유형들 역시 가능하다. 2차 전자 신호의 에너지가 낮기 때문에 국부적인 전자 또는 자기장이 전자경로를 쉽게 변화시킨다. 그러므로 이 검출기는 2차 전자를 흡인하기 위해서 양으로 편향된 컬렉터를 장착하고 있다. 2차 전자 검출기의 포획효율은 검출기의 위치, 전위, 그리고 시편 위치에서의 필드분포 등과 직접적으로 관련이 있다. 많은 계측기 설계에서 X-선 마이크로 분석 장비용 검출기를 장착하기 위해서 사용하는 방식인, 광축에서 약간각도가 어긋난 위치에 설치된 검출기는 형상 테두리의 방향에 따라서 검출결과의 비대칭성이 존재한다. 즉 수직의 좁은 구조물(예를 들면 레지스트 직선)의 경우 좌측과 우측 테두리가 서로 다르다. 이런 경우 대칭성 비디오 프로파일을 만들어낼 수 없다. 계측을 위해서는 비디오 프로파일의 대칭성이 매우 중요하다. 영상의 비대칭은 시편이나 검출기 또는 칼럼 등에 일종의 부정렬이 존재한다는 것을 의미한다. 더욱이 계측기의 전자회로 문제, 칼럼의 부정렬, 시편과 전자빔 사이의 상호작용, 시편의 비대칭성 또는 이런 모든 발생 가능한 문제들의 조합 등에 의해서도 비대칭이 발생되므로, 비디오 비대칭성이 검출기 위치에 의해서 유발된 것이라고 판단하기가 쉽지 않다.

22.3.3 후방산란전자(BSE)

후방산란전자(BSE)는 시편 원자들과 탄성 또는 비탄성 충돌을 일으킨 후에 50eV 이상의 에너지를 가지고 방출되는 전자들이다. 후방산란전자(BSE) 중 높은 비율의 전자들이 입사 빔 에너지와 유사한 에너지를 갖고 있다. 이는 30keV 주 전자빔이 24~30keV 에너지의 후방산란 전자(그리고 2차 전자)들을 생성할 수 있다는 것을 의미한다. 1keV 주 전자빔은 1keV에 근접한 후방산란전자를 생성할 수 있으며, 이를 포획 및 영상화시키거나 시편 및 시료챔버와 더 많은 상호작용을 일으킬 수 있다. 측정된 후방산란전자들은 시편, 검출기 형상, 그리고 시편의 화학적 조성 등에 따라서 변하지만 5kV 이상의 가속전압에 대해서는 상대적으로 무관하다. 이들의 에너지가 높기 때문에 후방산란전자들은 궤적의 방향성이 있으며 전자기장의 작용에 대해서는 쉽게 영향을 받지 않는다. ET 검출기에 충돌하는 후방산란전자의 시선이 2차 전자현미경 사진을 형성한다.

후방산란전자는 2차 전자에 비해서 상대적으로 높은 에너지를 갖고 있으며, 따라서 표면변화에 대해서 크게 영향을 받지 않는다. 따라서 시편 기울임과 포집기 편향을 사용한 포집 최적화를 통해서 코팅이 되어 있지 않은 시편을 관찰할 수 있다. 그런데 주의할 점은 비록 충전이 후방산란전자 영상화에서 관찰되지 않지만 다음 절에서 설명하는 것과 같이 없어지지는 않는다.

22.3.3.1 후방산란전자의 포획

후방산란전자(BSE)는 시편 표면의 모든 방향에서 방출되지만, 특정 영역에서 방출되는 전자의 숫자는 동일하지 않다. 후방산란전자는 에너지가 높기 때문에 직선의 궤적을 갖고 있다. 따라서 이들의 경로 상에 검출기를 배치해야 만이 이들을 검출할 수 있다. 이는 고체상태 다이오드 검출기[35], 마이크로채널-판형 전자 검출기[36~39] 또는 이런 목적으로 배치한 섬광판 검출기[40] 등을 사용해서 구현할 수 있다. 검출기의 크기와 위치는 영상에 영향을 끼치며, 따라서 그로부터 측정된 결과에도 영향을 끼친다. 그러므로 어떤 용도를 위해서 관찰된 후방산란 신호의 분석과 관찰시에는 검출기의 특성과 위치를 고려해야만 한다.

후방산란전자는 또한 에너지 필터링 검출기나 저손실 검출기 등을 사용해서 포획할 수 있다 [41, 42]. 에너지 필터링은 시편과의 상호작용이 작으며(저손실) 따라서 시편 속으로 침투 및 상호작용이 작고(즉, 작은 체적의 시편에 대해서) 그에 따라서 높은 분해능의 정보를 수반하는 경우의 전자들의 검출에 유리하다. 이런 유형의 검출기는 신호 대 노이즈 비율의 한계를 가지고 있음에도 불구하고, 저가속 전압에 대해서 성공적으로 사용되어 왔다. 에너지 필터링 검출기는 임계치수-주사전자현미경(CD-SEM) 내에서 측정된 신호의 생성을 이해하는 데에 도움을 준다. 이 검출기의 입력 매개변수들 중 대부분이 잘 알려져 있다. 그러므로 전자빔 상호작용 모델링의 사용이 더 편리해졌다. 이는 특히 임계치수 계측을 위한 정확한 표준의 개발에 도움이 된다. 주사전자현미경(SEM)에 여타 유형의 전자 검출기도 사용할 수 있으며, 이 검출기들에 대해서 Postek[43, 44]이 논의하였다. 독자들이 더 많은 정보를 얻기 원한다면 이 문헌을 읽기 바란다.

22.4 임계치수 주사전자현미경(CD-SEM) 계측

주사전자현미경에 대한 고찰[22]이 수행되었던 1987년에, 주로 사용되었던 전자 광원은 텅스텐과 6-붕소화물 란탄(LaB$_6$) 등을 사용하는 열전자 방출 형 음극이었다. 주사전자현미경 칼럼 역시 이 시절에는 훨씬 더 복잡했었다. 임계치수-주사전자현미경(CD-SEM) 계측은 걸음마단계였으며, 이 장비들은 본질적으로 실험실용 장비를 개조한 것이었다. 나중에 출간된 문헌들[43, 44]에서는 특히 필드 방사 음극과 새로 개선된 렌즈기술을 중심으로, 다양한 주사전자현미경 설계의 주요 변화와 개선들에 대해서 소개되어 있다. 이들 개선사항에 대한 세부적인 내용에 대해서는 이 문헌들을 참조하기 바란다.

22.4.1 비파괴 주사전자현미경(SEM) 검사와 계측

현재 대부분의 포토마스크 임계치수 계측은 비파괴적 주사전자현미경 환경 하에서 수행된다. 주사전자현미경 내에서의 비파괴 검사 과정에서 주사전자현미경 내로 삽입할 때에 시편을 변화시키기 않으며 주사전자현미경 검사 자체가 시편의 기능이나 사용에 영향을 끼치지 않는다. 주사전자현미경의 비파괴 작용에 사용된 기술이 실제로 사용된 것은 과거 십여 년간에 불과하다. 역사적으로 주사전자현미경은 최고의 신호 대 노이즈 비율과 영상 분해능을 얻기 위해서 비교적 높은(20~30kV) 가속전압을 사용하였다. 높은 가속전압 하에서 부도체 시편에서 전자를 방출하여 시편에서 생성되는 2차 전자 신호를 개선하기 위해서는 금이나 유사 소재로 코팅을 하여 접지와의 도전성을 확보해야 한다. 더욱이 초창기 장비들은 비교적 작은 시편만을 넣을 수 있었기 때문에 반도체 업계에서 전형적으로 사용하는 포토마스크나 웨이퍼와 같은 큰 시편들은 검사 전에 조각내야만 했었다. 정확한 공정 모니터링을 위해서는 각 프로세스 작업수행시마다 마스크나 다수의 비교적 고가인 웨이퍼들을 희생시켜야만 하기에 비용효율이 없었다. 웨이퍼와 마스크들이 더 크고 복잡해짐에 따라서 이는 더욱더 받아들이기 어렵게 되었다. 그러므로 최근 들어서 임계치수 검사와 계측을 위해 수행되었던 이러한 과정들이 배제되었다. 현대적인 반도체 디바이스 생산 공정 도중의 온라인 검사는, 코팅이 없는 완전한 원형에 대해서 주사전자현미경을 사용해서 시편을 관찰하는, 비파괴 방식으로 설계되었다. 이를 위해서는 저가속 성능 개선을 위한 필드 방사 광원 개발, 대용량 챔버, 렌즈설계 개선, 청결함 펌핑 시스템, 그리고 디지털 영상저장 등 주사전자현미경 설계에 대한 근본적인 재구성이 필요하다. 그러므로 반도체 업계가 주로 주사전자현미경의 현대적인 개선의 대부분을 이끌어왔다.

일반적으로 22.1절에서 논의되었던 수정된 웨이퍼 계측장비를 사용해서 포토마스크에 대한 측정 및 검사를 수행하였다. 임의적이거나 반복적인 포토마스크 내의 결함들은 수율저하의 원인이므로 검출해야만 한다. 결함들이 유리, 포토레지스트 또는 크롬에서 발생할 수도 있으며 핀 구멍, 브리지, 유리파손, 돌출, 솔벤트 반점, 함몰 또는 기하학적 현상의 손실 등이 발생하기도 한다. 현재 현장 수리공정이 적용되고 있다.

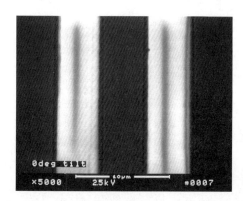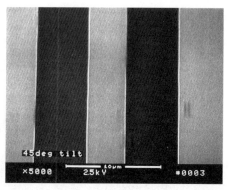

그림 22.6 (좌) 초기 란타늄 헥사보라이드 주사전자현미경(SEM) 내에서 전자빔에 수직방향으로 관찰한 포토마스크 상에서의 시편 충전 사례 (우) 초기 란타늄 헥사보라이드 주사전자현미경(SEM) 내에서 마스크를 45° 기울였을 때에 포토마스크 상에서 관찰되는 시편 충전 억제의 사례

22.4.1.1 시편 충전

시편 충전은 주사전자현미경(SEM)에서 정확한 포토마스크 계측의 가장 큰 장애요인이다. 국제 반도체 기술 로드맵(ITRS)에서는 주사전자현미경(SEM) 내에서의 충전은 계측의 어려운 도전과제들 중 하나라고 말하고 있다. 포스텍의 광범위한 연구에 따르면 충전은 포토마스크 계측에 심대한 손상을 입히는 것으로 밝혀졌다[4, 5]. 이 연구로부터 충전이 포토마스크 시편에 끼치는 영향에 대한 사례를 그림 22.6의 사진에서 보여주고 있다. 그림 22.6(좌)은 코팅되지 않은 이진 포토마스크를 0° 기울인 사례이며, 그림 22.6(우)은 동일한 시편을 45° 기울인 사례이다. 이 연구의 초기에 사용되었던 실험실용 주사전자현미경(SEM)에서 시편의 기울임은 2차 전자의 포획을 촉진시키므로, 충전효과를 최소화시켜준다. 그런데 대부분의 임계치수 주사전자현미경(CD-SEM)들은 전자빔에 대해서 수직 방향으로 포토마스크를 관찰하게 설계되어 있으며, 기울임이 불가능하다. 그러므로 충전은 실제적인 문제이다.

그림 22.7(좌)에서는 몇 가지 가속전압 하에서 전자빔에 수직으로 위치한 포토마스크의 경우와 그림 22.7(우)에서는 시편이 45° 경사지게 설치된 경우에 대해서 동일한 효과가 그래픽으

로 모사되어 있다. 직선 프로파일에 따르면 시편이 기울여짐에 따라서 낮은 가속전압 하에서 충전 효과는 최소화되거나 제거되며 경사각도가 커짐에 따라서 더 높은 수준의 가속전압을 사용할 수 있게 된다.

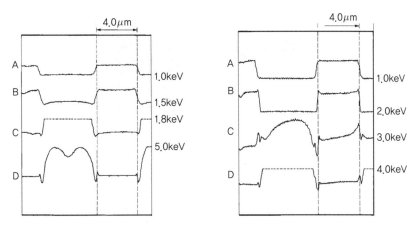

그림 22.7 (좌) 란타늄 헥사보라이드 주사전자현미경(SEM) 내에서 전자빔에 수직 방향으로 관찰된 포토마스크 시편상의 전하 전위 누적에 대한 도식적 표현. C의 점선은 시스템 측정영역을 넘어선 충전을 나타낸다. (우) 전자빔에 대해서 45° 기울여서 관찰한 포토마스크 시편상의 전하 전위 누적에 대한 도식적 표현. 좌측의 도표와 비교해보면 훨씬 낮은 가속전압 하에서 조절되지 않는 전하누적이 발생한다는 점에 주목한다. D의 점선은 시스템 측정영역을 넘어선 충전을 나타낸다.

1984년 논문에서 포스텍은 시편 충전효과는 랜딩에너지를 변화시키는 전자빔 감속을 유발할 뿐만 아니라 빔 자체를 편향시킬 수도 있다고 주장하였다. 만약 이 현상이 발생하면, 교정된 위치와 다른 곳에 전자빔이 랜딩하게 되며, 따라서 측정오차가 유발된다. 총체적인 시편 충전이 반사 현미경 효과를 초래할 수 있다. 이런 경우 전자빔이 시편챔버 전체에 스캐닝되며, 심지어는 최종렌즈 극편, 개구부, 그리고 여타의 계측요소들을 영상화시킨다. 빔을 몇 픽셀 정도 편향시키는 약한 충전은 거의 검출되지 않으므로 더 골치 아프다. 이 현상은 Davidson과 Sullivan의 모델링 연구에 의해서 밝혀졌다[45]. 일련의 몬테카를로 시뮬레이션을 통해서 관심 구조물 상에서의 다양한 전위누적 효과가 연구되었으며, 이를 통해서 빔이 수 나노미터 정도 편향될 수 있다는 것이 밝혀졌다. 따라서 심각한 비재현성 측정오차가 초래될 수 있다. 이런 문제들 때문에 국제 반도체 기술 로드맵(ITRS)에서는 대체경로들을 고려해야만 한다라고 단언하고 있다.

전형적으로 임계치수 주사전자현미경(CD-SEM)을 사용해서 전자빔 포토마스크 계측이 수행되므로 일반적으로 높은 가속전압(2kV 이상)을 사용할 수 없다. 또한 이 장비들은 높은 생산성을 위해서 최적화되어 있기 때문에 일반적으로 경사 스테이지가 장착되어 있지 않다. 그러므로 전하가 누적되는 것을 피하기 위해서 저가속 전압 또는 극저 가속전압 영상화를 사용한다. 어떤 면에서는 이 절충방안이 최고의 대안을 제시해주지 못할 수도 있다. 이 계측기들 중 하나에서 얻은 전형적인 영상이 그림 22.8에 도시되어 있다.

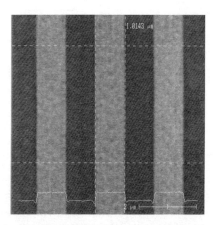

그림 22.8 포토마스크 검사용으로 개조된 필드 방사 임계치수 주사전자현미경(CD-SEM)으로 600V의 랜딩에너지를 사용하여 포착한 영상과 측정 결과

22.4.1.1.1 전하의 소거

주사전자현미경으로부터 의미 있는 데이터를 습득하기 위해서는 충전현상을 극복해야만 한다. 총체적인 충전은 즉각적으로 영상을 왜곡시키며, 약한 충전은 빔 랜딩을 편향시켜 측정오차를 유발한다. 여기에는 근본적으로 다음과 같이 포토마스크 상의 전하를 다루기 위한 네 가지 방안이 있다.

22.4.1.1.1.1 시편 코팅

충전을 극복하기 위한 전통적인 방법은 금과 같은 금속을 사용해서 시편을 도전성으로 코팅하는 것이다. 이 방법은 실험실에서 모든 유형의 절연체 시편들에 대해서 시행해왔던 전형적인 방법이다. 물론 이 방법은 시편에 대해 파괴적이지는 않지만 금이 실리콘 속으로 빠르게 확산되며, 제조공정 상에서 금을 사용하는 것은 수용하기 어렵기 때문에 문제 해결을 위한 바람직한 방안이 될 수 없다. 대비는 구조물 내의 미묘한 표면형상차이에 의해서 만들어지므로, 포토마스크의 측면에서는 코팅이 표면 전체를 덮기 때문에 대비를 파괴한다.

22.4.1.1.1.2 전하평형

전하를 중화시키는 가장 일반적인 방법은 입사되는 전자빔과 시편을 떠나가는 총 신호가 평형을 맞추도록 가속전압이나 랜딩에너지를 조절하는 것이다. 전하 평형은 전형적으로 경사 각도, 추출필드, 스캔속도, 그리고 최종렌즈의 구조 등과 같은 수많은 인자들의 최적화를 통해서 구현된다[그림 22.9(b)와 (d)]. 낮은 가속전압과 전하평형의 구현에 대해서는 22.4.1.2절에서 논의할 예정이다.

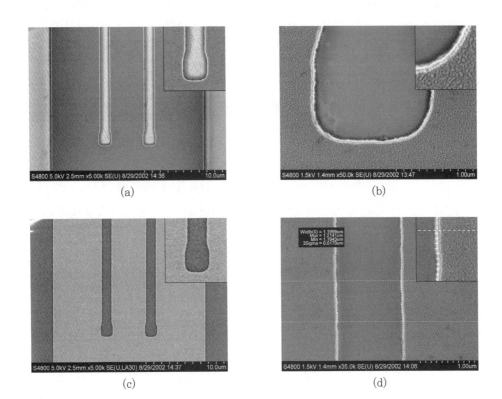

(a)   (b)

(c)   (d)

그림 22.9 200mm 직경의 시편까지 작업이 가능한 표준 실험용 고분해능 필드 방사 주사전자현미경에서 5kV 및 1.5kV를 사용한 포토마스크 검사. (a) 2차 전자 영상은 전하의 집적을 보여준다. (c) 에너지 필터링 된 영상은 시편 충전량의 감소를 보여준다. 저가속 전압을 사용한 (b) 및 (d)에서는 크롬의 고분해능 상세도와 선 테두리 조도(LER) 측정의 결과를 보여주고 있다. 삽입 그림은 선정된 영역에 대한 고배율 디지털 확대도이다. (Courtesy of Hitachi High Technology.)

22.4.1.1.1.3 후방산란된 전자의 영상화

영상에서 충전효과를 저감시키는 기법중 하나는 고에너지 후방산란전자(BSE)를 포집하는 것이다. 새로운 렌즈 내 계측장비에서는 2차 전자를 걸러내며, 후방산란전자(BSE)를 포획할 수 있다[그림 22.9(a)와 (c)]. 이것은 본질적으로 전하를 중성화시키지 않는다. 이것은 단지 전하가 극소화된 영상을 제공해줄 뿐이다. 전하가 계측에 끼치는 해로운 영향은 그대로 일어난다.

22.4.1.1.1.3.1 저손실 전자의 영상화

22.3.3에서 소개되었던 저손실 전자의 영상화는 후방산란전자(BSE) 영상화의 일부분으로, 시편과 최소한의 상호작용을 일으킨 저손실 전자들만을 포획하도록 에너지 필터링을 수행한다. 이 전자들은 표면 민감도가 크며, 겉보기 충전이 줄어든 것으로 밝혀졌다[46, 47]. 전반적인 시편 충전은 제거되지 않으며, 표면충전에 의한 빔 편향도 여전히 발생한다.

22.4.1.1.1.4 고압 현미경

현재까지 완전히 밝혀지지 않은 대안적인 계측기법으로는 고압 또는 대기압 현미경을 사용하는 것이다. 이 방법에서는 전하를 중화시키기 위해서 기체 환경을 사용한다. 다양한 기술적 이유 때문에 고압 현미경은 대부분 생체시편들에 대해서 사용되어 왔으며, 반도체 시편에는 적용되지 않았다. 비록 전하의 중화에는 바람직하게 작용할 수도 있겠지만, 최근까지도 이 방법이 포토마스크나 웨이퍼 계측에 심각하게 적용되어 본 적이 없다. 고압 현미경은 높은 가속도 전압과 다른 대비 메커니즘을 적용할 수 있다는 장점을 가지고 있다. 이는 반도체 분야에 이 기술을 새롭게 적용하는 것이지만 포토마스크의 검사, 영상화, 그리고 계측 등에 큰 가능성을 보여주고 있다. 이 방법에 대해서는 22.8절에서 상세히 논의한다.

22.4.1.2 저가속 전압

포토마스크의 생산과 제조에 저가속 전압(즉, 저 착지에너지)을 사용하는 것은 반도체 업계에서 지대한 관심을 기울이고 있는 분야이다[48~51]. 저가속 전압(200V에서 2.5kV 까지) 하에서는 포토마스크와 공정 중 웨이퍼를 비파괴적인 방법으로 검사할 수 있다.

주사전자현미경을 사용한 포토마스크의 온라인 검사는 웨이퍼에서와 같이 중요한 고려대상이 되지 못한다. 고에너지 전자가 시편과 상호작용을 하면 민감한 디바이스에 손상이 가해질 우려가 있다[52~54]. 포토마스크는 높은 가속전압 하에서 주사전자현미경을 사용해서 성공적으로 관찰이 수행되었지만, 시편 충전의 최소화가 아직도 문제로 남아 있다. 또한 포토마스크의 관점에서 살펴보면, 누적된 전하가 크롬의 전위를 상승시키며 손상을 입히거나 또는 오염을 누적시킴으로써 손상이 유발될 우려가 있으며, 이는 마스크의 광학적 특성을 변화시킬 수도 있다. 그런데 이 문제에 대해서는 더 현대적인 시험과 관찰이 수행되어야 한다. 저가속 전압 검사의 경우에도 역시 이런 문제에 대한 제거나 최소한 최소화가 필요하다. 저가속 전압 작동은 일반적으로 2.5keV 이하에서의 작동으로 정의된다. 일반적으로 0.2~1.2keV 범위 내에서 사용된다. 저가속 전압을 사용해서 주사전자현미경(SEM)을 작동시킴에 따른 추가적인 장점은 시편의 표면으로 침투하는 전자들이 작은 에너지를 갖고 있다는 점이다. 그러므로 이들은 시편 속으로 조금밖에 침투하지 못한다. 전자들은 또한 더 쉽게 탈출하여 포획될 수 있는 표면 근처에서 2차 전자를 생성하기에 더 높은 단면(확률)을 가지고 있다. 이 책에서는 시편을 파손시키지 않는 비파괴적 평가를 필요로 하므로, 전자빔에 의한 손상이 문제를 일으키지 않을 정도의 가속전압 하에서 계측장비가 관찰을 수행해야 한다. 포토마스크에 대한 고전압 검사와 계측에 대해서는 22.8절에서 논의하기로 한다.

낮은 가속전압 하에서의 작동을 위해서는 주 전자빔 가속전압을 필요 최소한의 값으로 유지하는 것이 필수적이다. 이 경우 이상적인 빔 에너지는 시편 표면상에서 거의 2차 전자 생성이 0이 되는, 2차 전자 방사 체적의 경우에 일반적으로 발생된다(22.4.1.2.1 참조). 이 이상적인 빔 에너지는 입사전류, 기층소재의 성질 또는 포토레지스트의 유형과 두께 등에 따라서 시편마다(그리고 각 위치마다) 서로 다른 값을 갖는다. 단지 100V의 가속전압 변화나 몇 도의 시편 경사만으로도 쓸모없는 충전 영상에서 유용한 시편영상으로 전환된다. 최근 들어 Hwu와 Joy가 몇몇 포토레지스트 내의 도전성에 대해서 연구하였으며[55], 이런 유형의 시편에 대한 변덕스러운 성질에 대해서 설명하였다.

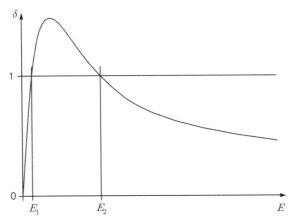

그림 22.10 비파괴 주사전자현미경 계측 및 검사를 위한 전형적인 총 전자 방사곡선. E_1과 E_2점은 시편 상에서 충전의 발생이 예상되는 위치를 나타낸다.

(a)   (b)

그림 22.11 (a) 코팅되지 않은 포토레지스트의 저가속 (b) 매우 낮은 랜딩전압을 사용해서 관찰한 포토마스크의 크롬 구조(Courtesy of Hitachi High Technology)

22.4.1.2.1 총 전자방사

단위 빔 전자 당 시편으로부터 방사된 총 전자(δ)의 거동이 그림 22.10에 도시되어 있다. 이 그래프에는 비파괴적 저가속 전압 작용이 극명하게 표현되어 있다. 여기서 설명되어 있는 원리는 그림 22.11에 도시되어 있는 것과 같은 절연시편의 성공적인 영상화에 결정적인 역할을 한다. 그림 22.10에서와 같이 총 방사곡선이 1을 가로지르는 점들(즉, E_1과 E_2)은 원리상, 시편에 총 전기충전이 0(즉, 방사된 전자 수는 입사전자수와 일치한다)인 위치이다. 전자빔 조사과정에서 포토레지스트나 수정과 같은 절연시편은 빔 전자를 포집하여 음전하를 생성한다. 이는 시편에 입사되는 주 전자빔 에너지의 감소를 초래할 우려가 있다. 만약 시편에 충돌하는 전자들의 주 전자빔 에너지가 2.4keV이며, 특정한 시편이 2keV에서 E_2점을 가지고 있다면, 유효 입사 에너지를 2keV로 감소시키며 수율을 1로 맞추기 위해서는 약 −0.4keV의 음전하를 발생시켜야 한다. 이런 충전은 전자빔에 유해한 영향을 끼치며 관찰된 영상 품질을 저하시킨다. 이 충전은 전자빔에 유해한 영향을 끼치며 관찰영상을 저하시킨다. 만약 주 전자빔 에너지가 E_1과 E_2 사이에서 선정된다면, 주 빔 속으로 입사된 것보다 더 많은 전자들이 방출되며 시편은 양으로 충전된다. 양의 충전은 단지 수 볼트에 불과한 것으로 생각되기 때문에 양의 충전은 음의 충전보다 덜 해롭다. 그런데 양의 충전은 저에너지 2차 전자의 연속방출에 대해서 차단막으로 작용한다. 2차 전자 탈출량의 저감은 표면전위를 제한하지만, 검출기에서는 이 전자들이 없어지기 때문에 신호가 저하된다. 작동점이 1과 교차하는 E_1과 E_2에 근접함에 따라서 충전효과가 감소한다. 관찰된 시편의 각 소재성분들은 각각의 방출된 총 전자/빔

에너지 곡선을 가지고 있으며, 따라서 시편 충전을 제거하기 위해서는 모든 소재들에 대해서 전압을 조절하기 위한 보상이 수행되어야만 한다. 대부분의 소재들에서 충전의 저감과 디바이스 손상 최소화를 위해서는 0.2~1.2keV 내외의 가속전압이면 충분하다. 시편 경사도 총 전자 방사에 영향을 끼치며, 경사의 증가는 E_2점을 높은 가속전압 영역으로 이동시킨다는 사실이 보고되었다[56, 57]. 검출된 전자는 주 전자들의 랜딩에너지에 의존할 뿐만 아니라 국지적인 전자기장에 강하게 영향을 받는 방출전자들의 수와 궤적에도 의존하기 때문에 이것은 매우 복잡한 신호형성 메커니즘이다.

22.4.2 선폭/임계치수 측정

제조된 집적회로의 성능이 설계된 사양과 일치하도록 만들기 위해서는 선폭과 여타 임계치수들을 정확하게 조절하여야만 한다. 이 조절은 포토마스크에서 시작된다. 그런데 VLSI와 ULSI의 전통적인 선폭 측정을 위한 광학적 방법들은 이들 마스크의 검사에 필요한 정확도와 정밀도를 얻기가 불가능한 영역까지 접근하고 있으며, 더 많은 숫자의 제조업체들이 주사전자현미경(SEM)으로 이동하고 있다. 현재의 포토마스크 제조방법들은 매우 짧은 파장에 레지스트를 노광하는 방법을 사용하고 있으므로, 제조된 구조의 시험과 측정을 위해서는 이와 유사한 짧은 파장의 광학과 고분해능을 사용해야 한다.

반도체 산업에서 중요하게 다루는 두 가지 측정량은 선폭과 피치 또는 변위이다[그림 22.12]. 선폭은 특정한 축방향으로의 개별적인 구조의 크기이며 피치 또는 변위는 인접한 두 개 또는 그 이상의 거의 동일한 구조물들 상의 동일한 위치 사이의 분리를 측정한 것이다[2, 4, 14, 58, 59].

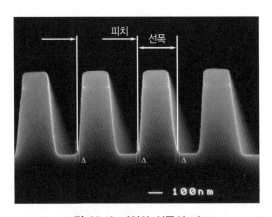

그림 22.12 피치와 선폭의 비교

광학식 현미경과는 달리 주사전자현미경의 확대범위는 4승 이상의 범위까지 연속적으로 조절할 수 있다. 모든 주사전자현미경 선폭 측정 시스템들은 이 배율의 정확도에 의존하며, 작업거리와 가속전압을 포함하는 수많은 내부 계측 작동인자들을 사용하여 계산한다. 비록 대부분의 용도에 적용할 수 있지만, 장기간 배율이 시간에 따라서 변화할 수도 있기 때문에 많은 전형적인 주사전자현미경들의 확대 정확도가 임계치수 측정 작업에 적합지 않을 수도 있다. 재현성 있는 임계선폭 측정을 위해서는 장기간 정밀도와 측정 정확도를 구현하기 위해서 배율 불안정성의 모든 원인들을 최소화시켜야만 한다. 영상형성과 선폭 측정의 여타 오차원인 들에 대해서 Jensen[58], Jensen과 Swyt[59], 그리고 포스텍[18] 등이 고찰을 수행하였으며, 주사전자현미경이 정확하고 재현성 있는 측정을 수행할 수 있도록 만들기 위해서는 사전에 보정과 모니터링이 수행되어야만 한다.

22.4.3 입자계측

입자의 계측과 특성화는 포토마스크 제조에 중요한 인자이다. 입자들은 모든 반도체 제조공 정에서 큰 문제이다[60, 61]. 입자들은 공정스텝과 장비뿐만 아니라 검사과정 자체에 의해서도 유발된다. 주사전자현미경(SEM)은 수많은 이동부분들을 가지고 있다. 이들 각각은 마모 메커 니즘에 의해서 입자를 생성할 수 있다. 마스크가 시스템에 투입 및 배출될 때에, 마스크 전송장 치들과의 접촉에 의해서 입자들이 생성될 수가 있다. 웨이퍼를 진공 속으로 투입 및 배출할 때에도 어느 정도의 와류가 유발되며, 입자의 유동을 유발하여 이들이 웨이퍼 표면에 안착될 가능성이 있다. 시편교환공정 과정에서의 온도와 압력변화가 수증기 응축, 물방울 형성, 그리 고 액상 화학반응 등을 초래하여 입자들이 형성될 수 있다. 특정 공정에 대해서 의미 있는 사양을 만들려면, 시편의 크기뿐만 아니라 입자의 크기도 고려해야만 한다. 장비의 민감한 부분에 내려앉는 충전된 입자들이 빠르게 주사전자현미경의 분해능을 상쇄시키기 때문에 특히 저가속 전압의 경우에, 계측장비의 성능에서 입자생성의 저감이 중요한 인자를 차지한다.

22.4.4 선 테두리 조도

임계치수 조절은 포토마스크에서 시작하며 선 테두리 조도(LER)는 직선에 대한 국부적인 거칠기의 척도로서 평균화시킬 수 없다. 마스크와 생산품 사이의 전달함수를 이해하기 위해서 는 마스크와 나중의 생산품 모두에 대해서 이 양을 측정해야만 한다. 국제 반도체 기술 로드맵 (ITRS)2001판에서는 선 테두리 조도 조절을 (웨이퍼 계측에 대한) 네 가지 기술 노드들과 동일한 거리에 대해서 평가된 국지적인 선폭편차(총 3σ, 두 테두리들에 대한 모든 주파수 성분들이 포함되어 있음)로 정의하고 있다. 거칠기의 측정에는 20%의 정밀도 공차비율이 필요하다. 포토마스크 계측에 대해서는 아무런 사양도 정의된 바가 없다. ITRS는 웨이퍼에 대해서 매우 정밀한 선 테두리 조도(LER)를 요구하고 있다. 현재까지는 요구되는 정밀도로 선 테두리 조도(LER)를 측정할 수 있는 해법이 알려져 있지 못하다.

선 테두리 조도(LER) 측정의 요구조건은 선폭 측정과는 다르며 훨씬 더 엄격하다. 선폭의 측정은 일반적인 형상과 직선의 폭에 대한 것이다. 선 테두리 조도(LER) 측정은 일반적인 형상과 폭에 대해서 약간의 차이가 존재한다. 선폭 측정은 (일반적으로) 소수의 평균화된 직선 스캔을 사용해서 빠르게 수행된다. 선 테두리 조도(LER) 측정은 다수의 개별적인 직선스캔을 필요로 한다. 선폭 측정에서는 직선 길이방향으로의 일정한 양의 평균화가 바람직한 반면에, 선 테두리 조도(LER) 측정의 경우 이는 선택사양이 아니다. 올바른 양과 올바른 종류의 정보를 수집하는 것은 두 경우 모두 필수적이지만, 영상을 기반으로 하는 선 테두리 조도(LER) 측정의 경우 요구조건들은 수용 가능한 생산성을 더욱 달성하기 어렵게 만든다.

조도 측정방법에는 몇 가지 서로 다른 방법들이 있다. 대부분의 새로운 임계치수 주사전자현미경(CD-SEM)들은 특정 유형을 채용하고 있으며, IC 제조업체들은 이미 특정한 방식의 조도 측정방법을 다양하게 갖추고 있다. 그럼에도 불구하고 정의의 통일이나 공통적인 측정과정, 그리고 세부적인 사항 등이 정해져 있지 않다. 그러므로 아주 다른 결과가 얻어질 수도 있다. 이 방법들은 여전히 선 테두리 조도(LER)의 세부사항으로는 고려되지 않는 선폭편차 측정의 하위 세트들이며 중요한 정보가 주목받지 못할 수도 있다.

22.4.5 자동화된 임계치수-주사전자현미경(CD-SEM)의 특성

Advanced Metrology Advisory Group(AMAG)은 국제 SEMATECH(ISMT) 컨소시엄 회원사들의 대표자들로 구성되어 있다. 국가 표준기술국(NIST), 그리고 ISMT 직원들이 진보된 임계치수 주사전자현미경 측정장비의 통일된 사양을 개발하기 위해서 참여하였다[62]. 처음에 이것은 웨이퍼 검사장비용으로 개발되었다. 그런데 이 분야 기술의 진보는 즉각적으로 포토마스크의 검사와 계측에 적용되었다. 그러므로 이 사양은 주사전자현미경 포토마스크 계측에도 직접적으로 적용된다. 어떤 단일 임계치수 측정장비(바로 주사전자현미경)나 기술도 가까운 미래에 180nm 이하급 측정기술을 위한 리소그래피와 식각 임계치수 측정/제어를 필요로 하는 장비들과 함께 공정 엔지니어에게 제공되지 못할 것으로 생각되기 때문에 이 사양이 필요할 것으로 판단된다. AMAG 계측전문가들이 공감하는 점은 다양한 성능영역에서 임계치수 주사전자현미경의 개선이 필요하다는 점이다. 이 사양은 개선에 대한 충고와 각각의 시험원칙 등과 함께, 중요 영역들 각각에 대해서 거론하고 있다. 장비가 개선됨에 따라서 사양도 역시 개선될 수 있도록, 이 사양은 살아있는 문서가 되도록 설계되었다. 이 문서에서 개선을 목표로 하는 중요 역역들은 다음과 같다.

22.4.5.1 계측의 재현성

지정된 기간 동안 주어진 측정을 반복할 수 있는 장비의 능력에 대한 확신은 반도체 생산에서 필수적이다. 재현성이라는 용어는 ISO 문서에서 일반 용어로 정의되어 있다[63]. 새로운 SEMI문서인 E89-0999는 이 정의를 확장시켰으며 정밀도 항목을 포함하고 있다[64]. 재현성의 다양한 성분들은 반도체 제조공정의 허용오차에 대한 해석과 비교에 유용하게 사용된다.

22.4.5.2 임계치수-주사전자현미경(CD-SEM)의 정확도

반도체 업계는 아직까지도 VLSI제조에서 사용되는 유형의 형상들에 적합한 추적 가능한 선폭 표준을 가지고 있지 못하다. 이 분야에 대한 집중적인 연구가 진행 중에 있으며, 이 단원의 후반부에서 이에 대해 다룰 예정이다. 정확도를 구현하기 위해서는 측정 시스템이 필요로 하는 중요한 원인들을 평가해야만 한다[65]. 현재 측정 가능한 실체들에는 빔 조향 정확도, 작업 알고리즘에 대한 선형성과 민감도 시험, 장비 선명도 분석, 그리고 겉보기 빔 폭(ABW) 등이 있다.

22.4.5.3 충전과 오염

오염과 충전은 주사전자현미경(SEM) 기반의 IC 계측분야에서 남아 있는 두 가지 중요한 문제들이다. 전자빔이 시편과 충돌하는 순간부터 충전이 발현되기 시작하는 반면에 오염은 점더 느리게 진행되는 경향이 있으며, 이들이 함께 작용하여 검출기에 도달하는 전자의 수, 궤적, 그리고 에너지를 변화시키고 정확한 측정을 어렵게 만든다. 오염과 충전을 별개로 측정하는 것은 매우 어렵다. 시편 충전을 다룰 수 있는 새로운 방법에 대해서는 22.8절에서 논의한다.

22.4.5.4 시스템 성능 매칭

시스템 매칭이란 다수의 기기들 상호 간의 측정 결과에 대한 것이다. 장비의 매칭은 전형적으로 동일한 하드웨어를 장착하여 동일한 모델 번호를 부여받은 모든 기기들에 적용된다. 제조업체들 사이와 서로 다른 모델들 사이의 매칭도 바람직하다고 생각하지만, 현재까지는 장비설계의 차이 때문에 이를 구현하기는 어려운 것으로 보인다. 매칭 오차는 재현성의 성분이며 ISO 용어에 따르면, 이것은 측정장비의 변화에 의해서 발생되는 측정의 불확실성이다. 180nm 세대의 임계치수 주사전자현미경(CD-SEM)에 사용되는 두 장비 사이의 평균 측정값에 대한 매칭의 사양목표는 <1.5nm이거나 또는 두 장비 이상의 경우에는 2.1nm이다.

22.4.5.5 패턴인식/스테이지 내비게이션 정확도

패턴인식 포착률은 패턴 크기와 형상특성, 층간 대비, 그리고 충전 등의 함수로 나타낼 수 있으며, 생산 층에서 평균 >97%의 값을 가져야만 한다. 오차는 패턴인식의 실패사례 분석에 사용할 수 있도록 유형별로 분류하여 기록할 필요가 있다. 국지 및 장거리 이동에 대한 스테이지의 정확도와 반복도는 $5\mu m$ 및 $100\mu m$, 그리고 웨이퍼를 가로지르면서 전체 범위에 에 대해서 각각 측정해야만 한다. 임계치수 주사전자현미경(CD-SEM)은 근접 패턴 인식 표적으로부터 $100\mu m$ 떨어진 곳의 형상을 측정할 수 있어야만 한다.

22.4.5.6 생산성

생산성은 반도체 계측의 중요한 조종자이다. 임계치수 주사전자현미경(CD-SEM)의 생산성에 대한 사양은 생산된 웨이퍼의 고속 분류 시험을 위해서 설계되었다. 생산성은 동일한 알고리즘과 주사전자현미경 조건 하에서 정밀도, 오염 및 충전, 선형성과 매칭 등의 시험이 수행되는 동일한 조건과 동일한 웨이퍼를 사용하여 평가되어야만 한다.

22.4.5.7 계측장비 출력

10nm와 그 이하에서의 임계치수 조절을 위해서는 세련된 엔지니어링과 주사전자현미경 자가진단이 필요하다. 계측 전문가들이 진보된 장비에서 필요로 하는 출력 값은 측정된 임계치수 출력값 자체와 더불어서 수없이 많다. 여기에는 직선주사 출력값 원 데이터, 총 전자 조사량, 신호 평활화 매개변수, 검출기 효율, 신호 대 노이즈 비율, 패턴 인식 오차 로그, 그리고 AMAG 문서에서 제시하고 있는 여타의 지침 등이 포함된다.

22.5 계측장비와 상호작용 모델링

주사과정에서 입사 전자빔이 유입되어 시편과 직접 상호작용을 일으킨다는 것은 잘 이해되고 있다(그림 22.3). 신호의 크기가 전자빔의 가속전압과 시편의 조성에 관련되어 있는 다양한 전위신호들이 상호작용 영역으로부터 생성된다. 이 상호작용의 세밀한 부분들에 대해서는 22.3절에서 논의되어 있다. 역사적, 현실적 이유에서 주사전자현미경 영상화에는 두 가지 주 신호들이 일반적으로 사용되며, 이들은 두 가지 주요 그룹들로 나누어진다. 후방산란 2차 전자(BSE)와 2차 전자(SE)이다. 투과된 전자들 역시 특수 마스크에 대한 특화된 계측에 사용되고 있다[66, 67]. 그런데 특히 저에너지 빔의 경우에 후방산란 2차 전자(BSE)와 2차 전자(SE) 사이를 식별하는 것은 극도로 어려운 일이다. 일반적으로 사용되는 여타의 신호들에는 X-선, 오제 전자, 투과전자, 음극선발광, 그리고 흡수된 전자 등을 포획하여 분석한다. 하지만 이 방법들에 대해서는 여기서 다루지 않으며, 참고문헌을 참조하기 바란다[68~70].

22.5.1 주사전자현미경 신호의 모델링

주사전자현미경의 출력값 해석은 단순한 것처럼 보인다. 하지만 전자와 고체 사이의 상호작용은 극도로 복잡한 주제이다. 각각의 전자들은 탈출하거나 에너지를 잃어버리기 전에 수천 번 산란을 일으키며, 초당 수십억 개 이상의 전자들이 시편과 충돌한다. 이 상호작용에 대한 수학적인 모델링을 시도하기 위해서는 통계학적인 방법이 적합한 수단이다. 현재로서 가장 적합한 방법은 소위 몬테카를로 시뮬레이션 기법이다. 이 기법에서는 상호작용을 모델링하고 시편과 기층소재 속에서의 개별 전자들의 궤적을 추적한다(그림 22.3). 서로 다른 다수의 산란 현상이 발생하며, 어떤 하나를 선정하는 데에 선험적인 이유가 없기 때문에 어떤 전자에 의해서 일어나는 상호작용의 순서를 선택하기 위해서 기회에 지배를 받는 임의적인 숫자의 알고리즘들이 사용된다(따라서 그 이름이 몬테카를로이다). 충분히 많은 숫자(보통 1000 이상)의 입사전자들에 대해서 이 과정을 되풀이하면 상호작용의 영향이 평균화되며, 따라서 고체 내에서 전자의 거동 방식에 대한 유용한 개념을 얻을 수 있다. 몬테카를로 코딩 기법은 이 신호의 생성을 이해하기 위해서 X-선에 처음으로 적용되었다. 오늘날 몬테카를로 기법은 주사전자현미경의 총체적인 신호생성 메커니즘의 모델링에 사용되고 있다.

몬테카를로 모델링 기법은 주사전자현미경 영상의 이해에 많은 도움을 주고 있다. 이 기법을 사용하면 전자들을 개별적으로 추적할 수 있다. 항상 모든 상황(위치, 에너지, 이동방향)들을 알 수 있다. 그러므로 시편의 형상, 검출기의 위치와 크기, 그리고 여타의 적절한 실험조건들을 고려할 수 있다. 이 몬테카를로 시뮬레이션을 위해서 필요한 컴퓨터는 중간 수준으로, 심지어는 현재의 고성능 데스크톱 개인용 컴퓨터로도 적절한 시간 내로 유용한 데이터를 산출할 수 있다. 가장 단순한 형태[71-77]에서 몬테카를로 시뮬레이션은 후방산란 2차 전자(BSE) 신호를 계산한다. 여기에서는 프로그램이 50eV 이상의 에너지를 갖는 전자들만을 추적 및 고려하므로 비교적 빠른 계산이 가능하다. 2차 전자뿐만 아니라 후방산란 2차 전자에 의한 신호생성은 입력 매개변수와 필요한 데이터의 세밀한 부분들에 따라서 더 많은 시간이 소요되므로, 이 계산은 시간소모가 더 크다.

전자의 에너지와 시편을 탈출할 때의 진행방향에 따라서 전자들을 더 세분하면, 검출기의 형상과 효율이 신호 프로파일에 끼치는 영향을 연구할 수 있다. 후방산란 2차 전자(BSE)에 대한 정보가 대부분의 실제조건 하에서 가치 있는 첫 번째 단계로 사용되는 반면에 주사전자현미경(SEM)을 사용한 영상화와 계측에서 가장 자주 사용되는 것은 2차 전자(SE)이며, 최근 들어서 이 모델에 대한 개선이 이루어졌다[73, 75]. 2차 전자 영상의 시뮬레이션은 훨씬 더 많은 숫자의 전자들을 계산 및 추적해야만 하므로 훨씬 더 어려운 문제이다. 가장 단순한 경우에는 이것이 가능하지만, 복잡한 형상의 시편이 사용된다면 이것은 더 어렵고 많은 시간이 소요되는 방법이다. 주어진 시편형상에 대한 신호 프로파일 모델링 가능성이 중요한 이유는 생성된 프로파일이 (빔 에너지, 프로브 직경, 사용할 신호의 선정 등)다양한 실험적 변수들이 끼치는 영향을 검사하는 정량적인 방법을 제공해주기 때문이다. 이는 또한 이 프로파일들을 다루는 방법을 평가해주며, 주어진 테두리 형상과 그에 따른 더 낮은 선폭계산을 위한 직선 테두리 검출 원칙을 결정해준다. 그런데 현재에는 더 효율적이며, 더 정확한 몬테카를로 기법을 사용할 수 있지만 여전히 개발과정에 있으며, 일부 제한을 가지고 있다.

22.5.1.1 정확한 주사전자현미경(SEM) 모델링

정확한 주사전자현미경(SEM) 계측을 위해서는 적절하고도 잘 시험된 컴퓨터 모델의 개발이 필요하다. 초기 몬테카를로 계측모델은 Drs. David Joy, Dale Newbury, 그리고 Robert Myklebust와 그 동료들의 선구적인 연구를 기반으로 하고 있다[78]. 더 최근 들어서는, 임계치수 계측을 목적으로 설계된 몬테카를로 컴퓨터 코드가 미국표준기술연구소(NIST)에 의해서 개발되었으며[73, 75] 지속적인 개발과 개선이 진행 중에 있다. 이 프로그램에서 주사전자현미경 내에서 측정된 후방산란 2차 전자(BSE)와 2차 전자(SE) 신호와 계산값 사의 비교를 통해서 패턴이 입혀진 실리콘 표적의 위치를 6nm 이하의 오차로 찾아낼 수 있다. 몬테카를로 컴퓨터 코드 시리즈인 MONSEL(2차 전자용 몬테카를로)은 물리학1법칙을 기반으로 하고 있다[73]. 이 코드는 주사전자현미경 내의 복잡한 표적으로부터 후방산란전자, 2차 전자, 그리고 투과된 전자신호들을 계산한다. 고분해능 주사전자현미경을 사용하여 실리콘 기층소재 위에 $1\mu m$ 스텝으로 이루어진 특수 제작된 표적에 대한 측정이 수행되었다[79]. 측정 데이터를 (주어진 표적 형상에 대해서 검출될 신호를 예상해주는)시뮬레이션 결과와 중첩시키면, 표적에 대해서 측정된 영상의 위치를 높은 정확도로 결정할 수 있다[80]. 이 작업을 통해서 이론적 모델과 조절된 실험 사이의 일치성을 확인할 수 있었다.

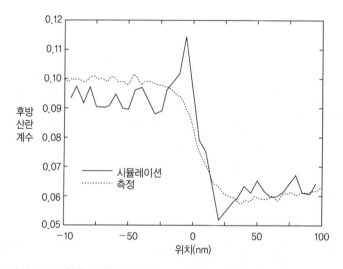

그림 22.13 중첩을 통한 몬테카를로 모델의 데이터와 실험 데이터의 비교

측정 및 시뮬레이션 데이터 사이의 비교 사례로, 그림 22.13에서는 1keV 전자빔 에너지에 대한 실리콘 표적 내의 스텝 테두리 근처에서 2차 전자 신호가 제시되어 있다[80]. 모델링된 테두리는 그림 내의 0점에서 시작하며 약 1° 정도의 벽 경사가 있기 때문에 17nm 만큼 튀어나와 있다. 실선은 테두리 근처에서의 시뮬레이션 결과로 점선으로 표시되어 있는 실험 결과와 형태상 잘 일치하고 있다. 시뮬레이션 없이는 테두리 위치를 정확히 결정할 수 없으며 경험치를 사용해야 한다. 결론지을 수 있는 사실은 신호가 증가하는 영역 내의 어딘가에 테두리가 존재한다는 것이다. 시뮬레이션을 통해서 테두리 위치를 <3nm 이내로 결정할 수 있으며, 모델링을 통해서 테두리 불확실도가 최소한 4배만큼 감소하였다. 2차원 표적에 대한 변종인 MONSEL-II라는 이름의 몬테카를로 코드를 통해서 그림 22.13의 결과가 만들어졌다. 이 코드

의 확장판인 MONSEL-III는 3차원 표적에 대한 계산을 위해서 작성되었다. 이 코드들 모두는 미국표준기술연구소(NIST)를 통해서 사용할 수 있다[81]. 현재까지는 이 모델이 포토마스크 계측에 광범위하게 사용되고 있지는 못하지만, 미국표준기술연구소(NIST)와 ISMT는 현재 이를 실현시키기 위해서 함께 노력하고 있다.

22.5.1.2 Metrologia/MONSEL 코드의 비교

미국표준기술연구소(NIST)의 MONSEL 모델링 코드는 주로 연구를 목적으로 하고 있으며, 연구자들을 위해서 설계되었다. Metrologia(SPECTEL Research)는 몬테카를로 컴퓨터 코드를 사용하는 상용 모델링 프로그램이다[82]. 미국표준기술연구소(NIST)와 Metrologia 개발자들 사이의 협력을 통해서 두 프로그램의 일치도를 검증하기 위한 시험과 비교가 수행되었다. 두 코드들을 사용해서 수많은 모델링 실험이 수행되었다. 두 코드의 작동과 결과들은 이제 서로 양립할 수 있으며, 일반적인 일치를 보이고 있다.

22.5.1.3 충전효과의 시뮬레이션

포토마스크는 일반적으로 고립된 크롬 구조물을 갖고 있는 절연체이다. 따라서 도전성 크롬 구조물은 접지되어 있지 않기 때문에 전하를 집적한다. 이런 절연성 시편에 양전하 또는 음전하가 집적되면 문제가 발생되므로 가능하다면 이를 피해야 한다. 충전은 전자빔과 그에 따른 측정에 영향을 끼칠 수 있다. 주사전자현미경(SEM) 내에서의 정확한 계측을 위해서는 정확한 충전 모델을 개발하거나 충전을 제거해야만 한다. Ko와 동료들[83-85]은 몬테카를로 모델링을 사용해서 충전의 영향을 정량적으로 연구하였다. 시편과 장비의 편차들이 충전을 재현하기 어렵게 만들며, 따라서 정량적인 방법의 연구를 위해서는 정확한 계측이 필요하다. Davidson과 Sullivan은 전하의 집적에 의한 전자빔의 편향에 대해서 연구하였으며[45] 예비 충전 모델이 개발되어 출간되었다. 유발된 국부 전기장에 대한 연구도 Grella 등에 의해서 수행되었다[86]. 충전문제에 대한 대안은 22.8절에서 논의되어 있다.

22.5.2 역(시뮬레이션) 모델링

정의된 구조에 대한 몬테카를로 모델링은 매우 가치 있는 계측도구이다. 모델로부터 유도된 이 데이터들을 사용하여 영상을 생성(역 모델링)하는 것도 마찬가지로 강력한 도구이다. 모든 측정 매개변수들이 완벽하게 알려져 있으므로 영상의 유사성도 가치가 있다. 이 영상은 시험계측 알고리즘과 비교측정장비에 사용될 수 있다. 그림 22.14에서는 거의 수직인 테두리를 갖고 있는 1μm 실리콘 직선의 직선스캔에 대한 몬테카를로 모델을 보여주고 있다. 여기서 픽셀 간극은 1.15nm이다. 미국표준기술연구소(NIST)의 MONSEL을 사용해서 이것을 모델링하였다. 일단 이 데이터가 얻어지고 나면, 빔 직경효과를 추가하기 위해서 다양한 빔 직경들이 합쳐진다. 다음 단계에서는 직선스캔을 그림 22.15에 도시된 것과 같이 주사전자현미경 영상과 유사하게 변환시킨다. 일단 노이즈와 문자식들이 더해지고 나면, 영상은 일반 주사전자현미경 영상과 유사하게 보인다. 시뮬레이션 된 그림 22.15를 그림 22.11(a)의 실제 영상과 비교해보기 바란다. 에뮬레이션 된 영상은 표준 영상 파일이며, 따라서 상용 측정 프로그램이나 여타 계측장비에 입력으로 사용할 수 있다. 이런 형태의 모델링은 겉보기 빔 폭(ABW) 알고리즘을 포함하여, 다양한 계측 알고리즘의 시험에 사용되어 왔다(5.3절 참조)

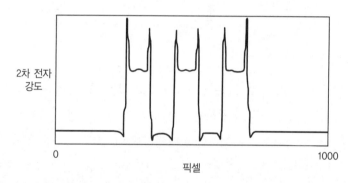

그림 22.14 포토레지스트에서 2차 전자의 직선주사에 대한 몬테카를로 모델

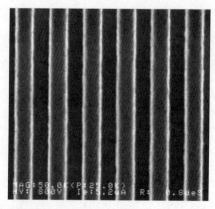

그림 22.15 그림 22.14와 동일한 데이터를 사용해서 시뮬레이션한 주사전자현미경 영상

22.5.3 2차 전자(SE) 계측과 후방산란 2차 전자(BSE) 계측의 비교

포토마스크는 금속구조이며, 따라서 효과적인 전자 수집을 위한 충분한 양의 2차 전자나 후방산란 2차 전자들이 생성된다. 2차 전자와 후방산란 2차 전자들 사이의 차이에 관한 세밀한 조사와 이해가 수행되어야만 한다. 현재 생산되는 대부분의 임계치수 주사전자현미경(CD-SEM)들은 작동모드에 의해서 더 큰 신호가 생성되므로 2차 전자 영상을 측정한다. 높은 신호강도는 생산성을 강화시켜준다. 과거에는 일부 장비들이 후방산란 2차 전자 영상을 기반으로 하는 측정을 사용했지만, 신호 대 노이즈 비율이 나빠서 측정이 느리게 진행되고 생산성이 감소되기 때문에 이 방법은 장점을 잃어버렸다. 후방산란 2차 전자 신호의 측정은 몇 가지 명확한 장점을 가지고 있다. 가장 큰 장점은 신호의 모델링에서 찾을 수 있다. 후방산란 2차 전자의 궤적은 비교적 잘 이해되어 있기 때문에 후방산란 2차 전자 영상을 모델링하는 것이 훨씬 더 쉽다. 저가속 전압 주사전자현미경에서 2차 전자와 후방산란 2차 전자 영상측정 사이에는 레지스트 직선의 폭에 명확한 차이가 존재한다는 것이 발견되었다[88]. 실험용과 생산용 측정장비에서도 마찬가지로 2차 전자와 후방산란 2차 전자 영상측정 사이에 차이가 있음이 관찰 및 발표되었다[88, 89]. 이 차이는 이전에 출간되었던 마이크로 채널 판형 전자 검출기를 사용한 유사 실험에서와 동일하게 나타난다[33, 34]. 그림 22.16(좌)은 2차 전자 영상이며 그림 22.16(우)은 후방산란 2차 전자 영상이다. 이 사례에서 두 가지 모드의 전자검출 사이에는 17nm의 측정값 차이가 존재한다. 심하게 기울여서 찍은(그러나 단면은 아닌) 2차 전자 영상 샘플에서 영상화된 영상의 벽이 기울어져 있음을 알 수 있다. 이를 통해서 영상화 모드들 사이의 일부 차이를 고려할 수 있다. 그런데 주사프로브현미경직선주사는 측정영역 내에서 더 수직인 벽 프로파일을 측정할 수 있다.

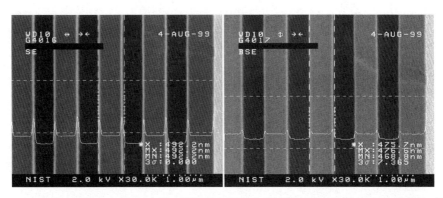

그림 22.16 코팅되지 않은 포토레지스트에 대한 2차 전자(SE) 및 후방산란 2차 전자(BSE) 영상의 비교. (좌) 2차 전자 영상을 사용한 폭 측정 결과는 492.2nm이다. (우) 후방산란 2차 전자 영상을 사용한 폭 측정 결과는 475.7nm를 나타낸다.

2차 전자 영상과 후방산란 2차 전자 영상 사이의 차이는 현재 사용할 수 있는 전자빔 상호작용 모델을 사용해서 설명할 수 없다. 시편에 의해서 생성된 충전효과를 배제시키기 위해서는 잘 특성화된 도전성 시편들이 필요하다. 이 실험에는 장비, 시편 그리고 조작자의 세 가지 요인들이 있다. 조작자에 따른 요인은 자동화를 통해서 제거할 수 있으며 시편문제는 적절한 시편의 선정을 통해서 배제할 수 있으므로, 장비의 영향에 대해서 고찰하기로 한다.

표 22.2 측정 알고리즘 간의 비교

알고리즘	간극 폭(nm)	선폭(nm)
피크	109.52	91.15
문턱값	91.65	110.6
회귀	75.63	125.9
S자형	92.95	110.52

22.5.4 모델링과 계측

포토마스크와 웨이퍼 모두를 위해서 반도체 산업은 매우 작은 3차원 형상에 대한 완전 자동화된 크기와 형상측정을 필요로 한다. 이 형상들은 현재 크기가 100nm에서 더 작아지고 있으며, 이들에 대한 측정은 원자수준의 정확도와 정밀도를 가지고 수초 내에 수행되어야만 한다. 한 가지 중요한 문제는 측정이 원시적인 테두리 기준(회귀 알고리즘, 임계값 통과 등)을 사용한다는 것이며, 추정과 믿음을 정당화시킬 필요가 없다. 표 22.2에서는 앞서 설명했던 몇 가지 알고리즘을 시뮬레이션 된 직선 영상에 적용한 결과를 보여주고 있다. 시뮬레이션 된 영상에 대한 모든 입력 매개변수들이 완벽하게 알려져 있으므로, 시뮬레이션 된 영상은 이 측정에서 극도로 가치가 있다. 따라서 피치, 선폭, 그리고 간극 등을 알 수 있다. 폭 측정에서의 유사한 차이가 주사전자현미경에 대한 실험실간 연구를 통해서 실험적으로 규명되었으며, 이 차이를 설명하기 위한 시도가 수행되었다. 강도 프로파일을 사용한 폭의 측정을 정확히 수행하기 위해서는 정확한 모델이 필요하다.

임계치수 주사전자현미경(CD-SEM)을 사용한 영상과 직선 주사는 일반적으로 사용되는 것들보다 훨씬 더 많은 정보를 포함하고 있다[92]. 가능한 경우들에 대한 모델링은 올바른 결론을 추출하는 데에 도움이 되며, 더 정확하고 전문화된 측정 알고리즘을 사용할 수 있도록 만들어준다.

22.5.5 리소그래피 공정 내에서 형상제어

리소그래피 공정은 포토마스크 형상들(크롬 직선, 투명한 간극 등)을 설계된 크기와 허용오차 내에서 어떤 이상적인 형태로 생성할 것으로 기대된다. 전체적인 목표는 설계 및 개발된 레지스트 형상들과 최종적으로 식각된 크롬 구조물 사이의 어떤 형태의 전달함수 또는 신뢰성 있는 연결고리를 찾아내는 것이다. 포토마스크 제조공정 내에서 크롬 형상들은 원하는 크기와 허용오차를 가지고 제조될 수 있도록 형상을 조절하기 위한 주의와 관심은 매우 중요하다.

22.5.6 모델 기반의 계측

모델 기반의 계측은 새로운 개념으로, 현재 개발 중인 수많은 영역들을 궁극적으로는 하나의 방법 속에 결합시키는 것이다. 이 개념의 주 적용분야는 웨이퍼 계측이었으며, 포토마스크 계측에는 최근에야 적용이 가능해졌다. 현재 생산 중인 임계치수 주사전자현미경 장비에 대한 모델 기반 계측의 초기 적용을 통해서 측정의 정밀도를 3배 개선시킬 수 있음이 밝혀졌다[91]. 모델 기반 계측의 주요 구성요소는 생산 시편에서 측정된 비디오 파형과 모델링된 파형 라이브러리의 데이터베이스이다[92~94]. 새로운 구조물에서 얻어진 파형은 라이브러리에 저장된 수많은 파형이나 주사선들과 비교된다. 그 결과는 극도로 정확하다. 직선의 폭뿐만 아니라 벽 각도의 상부 모서리 둥글림과 심지어는 레지스트 직선의 높이조차도 정확하게 검출된다. 그림 22.17 에서는 포토레지스트 직선의 단면과 계산된 직선의 형상을 중첩하여 보여주고 있다. 직선의 형상은 동일한 직선에 대한 위에서 아래로 내려다 본 임계치수 주사전자현미경(CD-SEM) 영상으로부터 계산되었다.

모델링된 구조물과 더불어서 주사전자현미경의 전자회로와 신호처리를 포함하는 신호경로의 모델링은 필수적인 연구영역으로 남아 있으며, 통합되고 정확한 모델의 성공적인 개발에 필수적이다. 미국표준기술연구소(NIST)의 Dr. Andras Vladár와 동료들은 최근 들어 임계치수 주사전자현미경 장비의 성능에 대해서 연구해왔으며, 모델링과 병행하여 사용하면 계측의 분해능을 여러 배 이상 향상시킬 수 있음을 규명하였다[91]. 모델 기반의 계측은 빠르게 발전하고 있으며 산업적인 임계치수 계측장비에 적용되고 있지만, 포토마스크 계측에는 아직도 완전하게 적용되고 있지는 못하다.

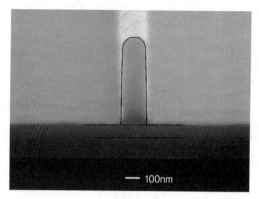

그림 22.17 위에서 아래로 내려다 본 영상과 모델링된 데이터로부터 계산된 포토레지스트 직선 구조물의 단면

22.5.7 임계치수(CD) 계측의 상호비교

앞서의 논의에 따르면, 주사전자현미경 영상으로부터 포토마스크 직선을 추출하기 위해서는 장비가 영상을 만들어내기 위해서 시편과 어떻게 상호작용을 하는가와 결과적인 겉보기 테두리 위치가 정량적으로 실제 값과 얼마나 다른가에 대한 가정이 필요하다. 이런 프로브-시편 간 상호작용을 정량적으로 이해하고 장비 거동에 대한 모델을 검증하기 위한 첫 번째 단계로서, Villarrubia 등[95]은 단결정 실리콘으로 제작된 고도로 이상화된 시편을 사용하였다[96]. 전기적인 임계치수(ECD) 측정을 사용하기 위해서 직선들은 하부 웨이퍼와 200nm 두께의 산화물로 절연되어 있다. 표 22.3에서는 주사전자현미경, 원자력 등의 현미경(AFM), 그리고 전기적인 임계치수(ECD) 측정 등의 세 가지 측정기법들에 대한 이 연구의 결과*를 요약하여 보여주고 있다. 미국표준기술연구소(NIST)와 ISO 지침에 의거하여 각 계측기법들 간의 불확실도 할당이 개발되었으며[97, 98], 여기에서는 측정의 불확실도에 영향을 끼치는 주요 인자들이 열거되어 있다. 이 인자들을 솔직한 방법으로 나열하는 것은 측정의 정확도 개선을 위한 기회를 포착하기 위한 가치 있는 방법이다. 주사전자현미경에서는 척도(즉, 배율) 성분이 불확실도의 절반을 차지하는 것으로 판단된다. 여기가 개선이 수행될 수 있는 분야이다. 이 연구는 테두리 결정능력과 그에 따른 의미 있는 선폭 측정의 신뢰성을 제공해준다. 산업계가 가장 관심을 가지고 있는 시편과 가능한 한 근접하게 근사화시킨 시편의 계측에 대한 우리의 이해를 지속적으로 시험하는 것은 중요하다.

---

* 표 22.3에 제시되어 있는 숫자들은 측정의 총 불확실도를 나타낸다. 이들 중 특정 성분(예를 들면 정밀도)은 무시할 수 있지만, 여타의 값들은 큰 불확실도를 갖고 있다. 이 숫자들이 어떻게 구해졌는가를 이해하기 위해서는 이 단원 전체를 살펴보기 바란다. - 저자 주

표 22.3 단결정 실리콘 시편에서의 선폭 결과

기법	폭(nm)	3σ 불확실도(nm)
주사전자현미경(SEM)	447	7
원자작용력현미경(AFM)	449	16
전기적인 임계치수 측정(ECD)	438	53

22.6 계측장비의 교정

측정의 정확도와 측정의 정밀도는 두 가지 별개의 개념이다[2, 99, 100]. 공정 엔지니어는 정확한 치수측정을 원하는 반면에 정확도는 미국표준기술연구소(NIST)에서 개발 및 인증된 표준을 사용해서 단순히 자신의 측정 시스템을 교정함으로써 누구나 접근할 수 있는, 배타적인 개념이다. 정확한 형상측정을 위해서는 측정될 형상의 좌측과 우측 테두리 모두의 위치를 정확히 측정할 필요가 있다. 앞서의 절들에서 논의했던 이유들 때문에 현재의 모든 측정기법들은 테두리 위치의 측정에 어려움을 가지고 있다. 선폭 또는 임계치수 측정은 좌측테두리에서 우측 테두리까지의 측정(또는 반전)이다. 그러므로 현미경 영상 내에서 절대 테두리 위치 오차의 크기가 ΔL이라면 선폭에는 $2\Delta L$의 누적오차가 발생한다. 테두리 위치를 높은 확실성을 가지고 알 수 있는 능력 없이는 실제적으로 유용한 측정 정확도를 요구할 수 없다. 정확한 주사전자현미경(SEM) 계측을 실현하기 위해서는 앞서 논의했던 적절한 모델을 개발, 검증 및 사용해야만 한다.

최근 들어 주사전자현미경(SEM) 포토마스크 계측을 위한 세 가지 서로 다른 표준에 대한 필요성이 제기되었다. 첫 번째 표준은 비파괴적 주사전자현미경(SEM) 계측장비의 확대비율을 정확하게 인증하기 위한 것이며, 두 번째 표준은 장비의 선명도를 결정하기 위한 것이고, 세 번째는 정확한 선폭 측정을 위한 표준이다.

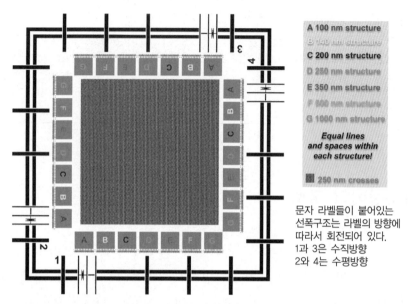

그림 22.18 원래의 RM8090으로부터 다시 설계된 저가속 전압 주사전자현미경 표준의 새로운 설계

22.6.1 확대비율 인증

주사전자현미경의 확대비율을 정확하게 교정하기 위해서 사용할 수 있는 인증된 유일한 확대비율 표준은 미국표준기술연구소(NIST)의 SRM484이다. SRM484는 니켈 층에 의해서 분리되어 있는 금으로 된 얇은 직선들로 구성된 공칭간극이 1~50μm인 일련의 피치 구조물이다[101]. 새로운 버전은 최소 피치가 0.5μm이다. 이 표준은 여전히 많은 주사전자현미경 응용사례에 매우 유용하게 사용된다. 1991~1992년 사이에 새로운 저가속 전압 주사전자현미경 확대비율 표준의 원형인 표준레퍼런스소재(SRM) 2090을 사용해서 실험실 간 연구가 수행되었다. 이 표준은 처음에는 레퍼런스소재(RM 8090)[104]의 원형으로서 제작[102, 103] 및 배포되었다. 이 레퍼런스소재(RM)의 재고는 재빨리 소진되었으며, 이 가공품의 2차 배치는 현재 제작 중에 있다. 이 레퍼런스소재 및 표준레퍼런스소재가 처음으로 배포된 이래로 현저한 설계상의 발전이 있었기 때문에 이것은 다른 번호를 부여받고 곧 배포될 것이다(그림 22.18)

22.6.1.1 확대비율의 정의와 교정

전형적인 주사전자현미경에서 확대비율은 본질적으로 시편 상에서 주사된 영역과 화면상에 디스플레이 된 전자빔 또는 픽셀과 같이 여타의 교정된 실체 사이의 비율로 정의된다. 화면에

표시된 기준길이 크기는 고정되어 있다. 그러므로 시편 상에서 주사된 영역의 크기를 변화시킴으로써 확대비율을 증가 또는 감소시킬 수 있다. 주사전자현미경 계측장비의 관점에서 현재의 목표는 이전에 정의되었던 확대비율을 교정할 필요가 있는 것이 아니고, 디지털 측정 시스템에서 X 및 Y 방향으로의 픽셀 크기를 교정하는 것이다. 영상화에 디지털 저장 시스템이 일반적으로 사용되고 있으므로, 확대비율 역시 교정되어야 한다. 유의할 점은 주사전자현미경 디스플레이 스크린의 종횡비 때문에 X 방향으로의 픽셀 숫자가 Y 방향으로의 숫자와는 다를 수 있지만, X 및 Y 방향으로의 픽셀 크기는 동일해야만 한다. X 및 Y 방향에 대해서 시편을 제대로 측정하기 위해서는 픽셀이 정사각형이어야만 하기 때문에 이것은 중요한 개념이다. 픽셀의 교정과 확대비율의 개념은 본질적으로 동일하며, 이들을 조절하기 위해서 피치 측정이 사용될 수 있다. 폭의 측정을 사용한 확대비율 교정 값의 조절은 (앞서 설명했었던)정확한 모델을 사용할 수 있을 때까지는 사용할 수 없다. 이는 폭의 측정이 특히 전자빔/시편 상호작용의 영향에 민감하기 때문이다. 이 인자는 무시하거나 교정해서 제거할 수 없다. 다행히도 SRM 484, RM 8090 또는 배포된 새로운 표준 등과 같은 피치 형 확대비율 교정시편을 사용하여 이 인자를 최소화시킬 수 있다(그림 22.18). 미국표준기술연구소(NIST)의 포토마스크 표준 (SRM474, SRM2059)도 배율교정에 사용할 수 있다. 그런데 (앞에서 설명했었던) 가공품의 충전문제를 극복해야만 한다. 여타의 상용 확대비율 교정 표준도 사용할 수 있다. 이 표준들 역시 피치 측정을 기반으로 해야만 한다. 앞서 설명했듯이, 피치는 시편의 한쪽 테두리에서부터 약간의 거리가 떨어져 있는 처음 것과 유사한 테두리까지의 거리이다. 거리를 인증해주는 피치표준을 사용해서 주사전자현미경의 배율교정 인증 값을 설정해야 한다. 이 조건 하에서 빔은 X 및 Y 방향으로 교정 필드를 주사한다. 이 필드의 폭은 측정 시스템을 구성하는 픽셀의 숫자에 의해서 분할되며, 따라서 측정 단위 또는 픽셀 크기가 정의된다. 사용할 수 있는 픽셀의 숫자가 커질수록(512, 1024, 2048 등), 측정용 자가 더 세밀해진다. 일정한 거리가 떨어져 있는 두 직선의 경우 첫 번째 직선의 앞쪽 테두리에서 두 번째 직선의 앞쪽 테두리까지의 측정된 거리를 피치라고 정의한다. 피치의 측정에 포함되는 많은 계통오차들이 측정되는 구조물의 두 앞쪽 테두리 모두에서 동일하게 나타난다. 그러므로 시편과 빔 사이의 상호작용의 영향을 포함하여 이 오차들은 상쇄된다. 그러므로 이런 형태의 측정을 자가 보상이라고 부른다. 성공적인 측정을 위한 이 방법의 주요 기준은 측정될 두 테두리 모두가 항상 유사해야만 한다는 것이다. 주사전자현미경의 픽셀/확대비율은 피치에 대해서 손쉽게 교정할 수 있다.

(앞서 설명했던)직선의 폭 측정은 복잡하여, (진동, 전자빔 상호작용 효과 등) 수많은 오차들이 더해진다. 그러므로 테두리에서 발생하는 오차들이 측정에 포함되며, 모델링을 통해서만 제거할 수 있다. 주사전자현미경의 확대비율의 경우에는 전자빔/시편 사이의 상호작용 영향이 서로 다르기 때문에 시편마다 이 오차가 변하므로, 폭의 측정을 사용해서 교정해서는 안 된다. 실제적으로 이런 유형의 측정을 사용해서는 비디오 영상에서 정확한 위치를 알 수 없으며, 더 중요한 점은 측정기 상태에 따라서 이 값이 변한다는 것이다. 포스텍 등은 실험실 간 연구를 통해서 폭 측정 시 공칭선폭이 참여기관들 사이에서 근본적으로 $0.2\mu m$만큼 변한다는 것을 밝혀냈다. 폭 측정을 기반으로 하는 교정을 위해서는 앞에서 설명한 것처럼 전자빔 모델의 개발이 필요하다. 이것이 미국표준기술연구소(NIST)의 주사전자현미경 계측 프로젝트의 궁극적인 목표이다. 이 프로젝트 내에서 계측 전문가의 개발을 통해서, X-선[68, 69]과 투사 전자빔 리소그래피 내에서 제한적인 각도의 산란[105, 106](SCALPEL) 등과 같은 특수한 시편에 대해서 성공적으로 주사전자현미경에서의 마스크 측정과 선폭 상관관계 연구를 수행하였다.

22.6.2 선폭의 표준

과거 몇 년간 반도체 웨이퍼 생산에 적합한 주사전자현미경 선폭 표준 문제에 직접적으로 관련이 있는 세 가지 주요 분야에서 큰 발전이 이루어졌다. 이와 동일한 원리의 적용을 통해서 포토마스크 선폭의 표준을 개발할 수 있었다. 이 수요를 충족시키기 위해서 현재 ISMT에서의 협동연구가 진행 중이다. 전자빔과 고체상태 사이의 상호작용에 대한 모델링의 근원적인 발전이 있었다. 모델링 영역에 대한 ISMT의 지원은 이런 진보에 결정적인 역할을 하였다. ISMT와 미국표준기술연구소(NIST)가 과거 수년간 SCANNING 국제미팅에서 열리는 몇 가지 전자빔/장비 상호작용에 대한 워크숍에 대한 공동지원을 통해서 최초로 전 세계의 모델 개발자들을 위한 포럼을 개최하였다. 이를 통해서 전자빔 상호작용 모델링 분야에서 중요하고도 더 빠른 진보를 이룰 수 있었다. 미국표준기술연구소(NIST)의 MONSEL 컴퓨터 코드는 크게 개선되었으며, 모델링에 대한 실험적 검증은 특정한 잘 정의된 구조물에 대해서 뛰어난 결과를 도출하게 되었다.

두 번째로, 모델의 신뢰성은 역시 ISMT에 의해서 육성된 미국표준기술연구소(NIST)와 SPECTEL 연구모델 비교를 통한 상용 코드 비교를 통해서 촉진되었다. 이 전향적인 프로젝트는 앞에서 설명했던 ISMT가 부분적으로 지원하고 있는 선폭보정 프로젝트의 세 번째 요소로서 육성되고 있다[96]. 처음에는 정밀하게 제작된 구조에 대해서 세 가지 계측방법들이 세심하게 적용되었으며, 더 중요한 점은 측정공정의 불확실도에 대해서 총체적으로 평가되었다는 점이다.

선폭 시험용 패턴의 프로토타입이 최근에 개발되었으며, AMAG 시험용 웨이퍼 세트에 설치되었다[107]. 웨이퍼 세트는 반도체 공정에 특화된 소재로 만들어져 있으며, 미국표준기술연구소(NIST)의 길이 스케일용 간섭계를 포함하여 다양한 계측기법을 사용해서 측정할 수 있도록 설계되어 있다[108]. AMAG 시험용 웨이퍼는 추적 가능한 집적회로 생산전용 선폭 표준을 위한 프로토타입으로 사용될 예정이다. 이와 유사한 계측원리를 사용해서 유사한 포토마스크 표준의 제정이 진행 중에 있다.

22.7 임계치수-주사전자현미경(CD-SEM) 계측장비의 성능

반도체 생산과 같은 산업적 용도에서 자동화된 주사전자현미경 계측장비의 사용자들은 장기간 동안 인위적인 간섭 없이 기능을 수행할 수 있으며, 수리나 여타의 관리가 필요할 때에, 간단한 기준(또는 지표)을 가지고 있는 장비를 갖기를 원했다. 장비가 만족스러운 성능수준으로 작동하고 있다는 것을 검증하기 위해서 자체진단 기능이 상용 계측장비에 장착되기 시작하는 단계이다. 그러므로 주기적인 성능시험 과정의 개발 필요성에 대한 인식이 마침내 실현되었다. 수많은 잠재 매개변수들을 모니터링할 수 있으며, 이들 중 일부는 Joy[109]와 Allgair 등[62]에 의해서 논의되었다. 향후 계측장비에 포함되어야 할 계측장비 성능에 대한 두 가지 방안이 제안되었다. 이들은 선명도에 대한 기준과 겉보기 빔 폭(ABW)에 대한 기준이다.

22.7.1 선명도의 개념

주사전자현미경은 포토마스크 의 검사와 계측에 사용될 뿐만 아니라 반도체 생산에도 사용된다. 이 장비들은 완전 자동화에 근접하고 있다. 일단 조작자가 더 이상 인위적으로 장비의 성능을 모니터링하지 않아도 되며, 다수의 장비들을 상호 교환적으로 사용할 수 있게 되려면 데이터와 계측의 엄밀성과 장비 매칭을 보장받기 위한 객관적인 자가진단 과정이 구현되어야만 한다. 선명도의 올바른 설정과 이 값에 대한 지식은 생산라인 장비에서 매우 중요하다. 적절한 시험용 표적에 대한 영상 선명도의 퇴화는 유지보수가 필요함을 알려주는 지표가 된다. Postek과 Vladár[110]는 이 선명도 원리를 기반으로 하는 공정을 최초로 발표하였으며, 나중에 사용자 친화형 자주식 분석 시스템으로 개선되었다[111, 112]. 이 개념은 이런 목적을 위한 시험용 표적에 대한 주사전자현미경 영상의 2차원 푸리에 변환에 대한 객관적 분석과 선명도를 평가하기 위한 적절한 분석 알고리즘을 기반으로 한다. 이 논문들의 핵심 개념은 자동화된 방법으로 계측장비에 대한 객관적 시험을 수행할 수 있으며, 제공된 해법은 문제의 해결방법들 중 하나라는 것이다. 세 번째 논문에서는 주사전자현미경 영상의 선명도를 측정하기 위해서 다변량 첨도라고 알려진 공공영역에서의 통계학적 기준을 제안하였다[113, 114]. 이 연구에서는 그 당시의 자동화된 임계치수 주사전자현미경에 대해서, 포토레지스트 직선들에 대한 일련의 선폭 측정을 사용해서 장비성능 모니터링의 필요성을 명확하게 입증하였다. 이 장비를 사용한 직선의 초기 측정 결과 평균 폭 측정값은 247.7nm(1σ 표준편차 값은 5.62nm)이었다. 연구된 조건 하에서 장비는 최고성능 이하에서 작동하며, 덜 선명한 영상을 생성하는 것으로 밝혀졌으며, 따라서 예상했던 것보다 넓은 값이 측정되었다. 장비의 성능을 검사하여 최종렌즈 개구부를 교체하고 전자광학 칼럼을 올바르게 조절한 다음에 개선이 되었다. 동일한 포토레지스트 직선을 다시 측정하였으며 동일한 시편에 대해서 폭이 238.1nm(1σ 표준편차 값은 4.37nm)인 것으로 측정되었다. 생산제품이 아닌 동일한 계측장비의 성능차이에 의해서 거의 10nm의 측정값 차이가 초래되었다. 이 때문에 불필요한 재작업을 수행할 수도 있기 때문에 이것은 생산 엔지니어에게 중요한 사실이다. 임계치수가 점점 더 작아지게 되면서 주사전자현미경의 올바른 세팅은 필수적이며, 주기적인 성능 모니터링은 매우 중요하게 되었다.

큰 형상에 대한 정보를 포함하는 비디오 신호의 주파수 변화는 낮으며, 고주파 성분들은 세밀한 형상 정보를 전달한다고 알려져 있다. 주사전자현미경(SEM) 영상이 주어진 배율 하에서 세밀한 형상을 가지고 있다면 더 많은 고주파 변동이 있을 것이고, 이를 더 선명하다고 말한다. 푸리에 변환을 기반으로 하는 과정을 통해서 주사전자현미경 영상에서의 이 변화에 대해서 분석할 수 있다. 푸리에 변환기법을 기반으로 하는 여타의 과정들에 대해서도 찾아볼 수 있다[115~117]. 주사전자현미경 영상이 2차원 데이터 행렬로 이루어져 있기 때문에 2차원 푸리에 변환은 2차원 주파수 분포를 만들어낸다. 선정된 주사전자현미경 영상에 대해서 계산된 주파수 스펙트럼을 기반으로 해서, 주사전자현미경 영상이 시각적으로 2차 영상에 비해서 더 선명한 경우에, 1차 영상의 높은 공간주파수 성분들이 1차 영상보다 크다는 것을 관찰할 수 있다. 미국표준기술연구소(NIST)와 SPECTEL Research가 공동으로 개발한 SEM Monitor 라는 소프트웨어 프로그램에는 이 현상이 포함되었다(그림 22.19). 중요한 점은 선명도를 분석하기 위해서 어떤 기법을 사용해서 주사전자현미경 영상을 분석했는가가 아니라 이를 분석할 수 있으며, 분석해야만 한다는 점이다. 현재 미국표준기술연구소(NIST)의 공용 프로그램을 사용할 수 있으며 또는 SPECTEL Research 사의 프로그램인 SEM Monitor를 상업적으로 사용할 수 있다. 일부 임계치수 주사전자현미경(CD-SEM) 제조업체들은 이미 최신의 임계치수 주사전자현미경 모델에 분석과정에 대한 개념을 장착하기 시작했다.

22.7.1.1 레퍼런스소재 RM8091

레퍼런스소재 RM 8091은 주사전자현미경(SEM)의 선명도를 시험하기에 적합한 시편들 중하나이다[118]. RM 8091은 반도체 제조용어에서 그래스(Grass)라고 부른다. 그래스는 반응성이온식각 과정에서 우선적 마스킹의 결과물로 얻어진다. 그래스는 첨단 집적회로 기술과 완벽하게 호환할 수 있다. 이 기준소재는 높은 가속전압이나 낮은 가속전압 모두에 사용할 수 있다 (그림 22.20). 현행 버전에서는 실험실용 또는 웨이퍼 검사용 주사전자현미경(SEM)에 투입하기 위해 (시편 고정용 돌기에 설치할 수 있는)절단된 사각형 표준시편을 사용할 수 있다. 칩 크기의 시편을 설치하기 위한 함몰영역을 갖추고 있는 200mm 또는 150mm 직경의 특수 웨이퍼도 사용이 가능하다. 이들은 여타의 웨이퍼들과 마찬가지로 손쉽게 로딩이 가능하다.

22.7.1.2 성능 모니터링

선명도 기법은 주 전자빔의 두 가지 기본 매개변수인 초점과 비점수차를 검사 및 최적화시킬 수 있다. 더욱이 이 방법은 주사전자현미경의 성능을 정량적이며 목표 값의 형태로 주기적으로 검사할 수 있다. 이 방법에 소요되는 시간이 짧기 때문에 새로운 측정 작업을 시작하기 전에 규칙적으로 이를 수행할 수 있다. 목표 값을 얻기 위해서는 주사전자현미경의 분해능에 대한 정량적인 데이터가 중요하며, 특히 고분해능 영상화 또는 정확한 선폭 계측이 중요하다. 주파수 도메인에서 영상을 분석해주는 푸리에 방법은 주어진 방향에 대해서 하나 또는 일부의 직선들이 아니라, 전체 영상을 구성하는 비디오 신호의 모든 변화들을 요약해준다. 이것이 민감도(신호 대 노이즈 비율)를 개선시켜주며, 초점과 비점수차 정보를 한 번에 제공해준다. 만약 이 기능과 여타의 영상처리 및 분석기능들이 연구 및 산업용 주사전자현미경의 내장형 기능으로 포함된다면 최고의 해법이 될 것이다.

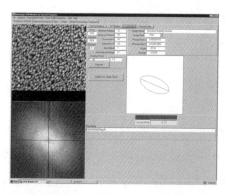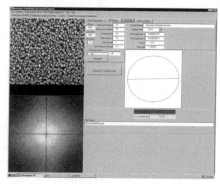

그림 22.19 RM8091에 대한 주사전자현미경 모니터링 분석의 비교. 좌측 영상은 비점수차의 정도를 보여주고 있으며 우측 영상에서는 잘 초점이 맞춰진 영상을 보여주고 있다.

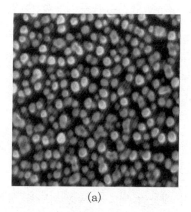

(a)   (b)

그림 22.20 식각된 그래스 (a) 반응성 이온식각 과정에서 우선적 마스킹의 결과물로 얻어진 실리콘 시편 그래스의 주사전자현미경 영상 (b) 원자작용력현미경(AFM) 영상은 그래스 시편의 3차원 구조를 설명해주고 있다(필드 폭=180nm).

22.7.2 임계치수-주사전자현미경(CD-SEM)에서의 겉보기 빔 폭 증가

미국표준기술연구소(NIST)의 선명도 방법과 더불어서 겉보기 빔 폭(ABW) 측정은 온라인 임계치수 주사전자현미경(CD-SEM) 측정장비의 주기적 성능검사를 위한 자기진단 과정의 또 다른 대안이 될 수 있다. 겉보기 빔 폭(ABW)은 전자빔이 시편의 테두리를 가로지르며 주사할 때의 겉보기 빔 크기를 결정하는 모든 인자들을 합한 정량적인 기준이다(그림 22.21). 겉보기 빔 폭(ABW)을 사용한 선명도의 측정은 비교 가능한 단일 수치를 제공해준다. Archie 등[119]은 이 개념을 검토하였으며, 실험과 몬테카를로 모델링을 사용해서 이 과정의 가치를 검증하였다.

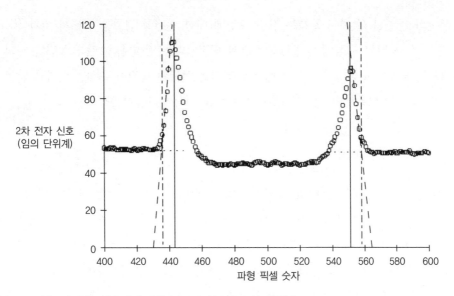

그림 22.21 좌측 및 우측 테두리에 대한 겉보기 빔 폭(ABW) 분석 [From C. Archie, J. Lowney, and M.T. Postek, Proc. SPIE, 3677, 669–686 (1999).] With permission.

생산 환경 하에서의 측정장비들의 경우에, 주어진 장비의 성능수준에 대해서 기대했던 것보다 겉보기 빔 폭(ABW)이 크게 나타난다는 것을 입증하였다. 주어진 조건 하에서 4nm의 분해능을 가지고 있는 측정장비가 생산 시편에 대해서 자주, 20nm 또는 그 이상의 빔 폭을 나타낸다는 것이 입증되었다. 전자빔 상호작용에 기인하여 보장된 분해능과 겉보기 빔 폭(ABW)이 동일하지 않을 수도 있지만, 5×(또는 그 이상) 차이를 관찰할 때보다는 훨씬 더 근접해야만 한다. 이 현상은 특정 유형의 장비나 제조업체에 국한되어서 나타나는 현상이 아니다. 이는 100nm 또는 그 이하의 계측에서 심각한 문제를 야기한다. AMAG에서 개발한 진보된 주사전자현미경 사양에서는 진보된 계측장비를 사용해서 겉보기 빔 폭(ABW)을 측정하도록 권장하고 있다. 겉보기 빔 직경의 증가는 빔 직경, 벽 각도, 시편 충전, 시편 가열, 진동 또는 영상포획공정 등을 포함하는 수많은 인자들의 함수이다. 겉보기 빔 폭(ABW) 상황에 대한 현재의 지식을 기반으로 하여 추론해보면, 시편 스캐닝 과정에서 시편의 충전이 전자빔에 명백한 영향을 끼치고 있을 가능성이 있다. 빔 스캔이 시편에 극심한 충전과 방전을 유발함에 따라서 전자빔이 편향될 가능성이 있다. 이에 따라서 영상이 시스템에 저장되면서 시편이 움직이는 것처럼 보이게 된다. 시편이 움직이는 것처럼 보이는 것을 영상 포획공정이 평균화시키며, 따라서 테두리가 확대되어 버린다. 또 다른 가능성은 환경적 영향인 진동이다. 진동은 측정값을 증가시킴으로써 영상에 유사한 해를 끼친다. 이는 완벽한 도전성 시편을 사용해서만이 시험할 수 있다.

이 문제와 관련된 한 가지 문제는 장비 교정에 대한 건전성 검증을 위해서 피치를 사용할 때에, 측정의 자체보상특성에 의해서 측정값이 보정된다는 점이다. 그런데 이런 유형의 측정에 수반되는 오차가 합해진다는 성질 때문에 뒤이은 선폭의 측정이 유해한 영향을 받을 수도 있다. 따라서 데이터로부터 잘못된 결론이 유도될 가능성이 존재한다.

22.7.3 오염 모니터링

주사전자현미경 내에서 시편의 표면에 오염물질이 퇴적되는 것은 일상적인 문제이다. RM2091의 표면조도가 낮기 때문에 이 표준이 시편의 오염물질 퇴적을 검증하는 데에 유용하게 사용된다. 이 표준은 오염의 영향을 받기 쉬우므로 장비를 항상 청결한 영역에서 작동시키며, 특정한 영역에 너무 오래 머물지 않도록 세심한 주의를 기울여야 한다. 이런 이유 때문에 RM8091은 또한 오염을 측정하기 위한 훌륭한 시편이다.

22.8 고압/환경 주사전자현미경(SEM)

주사전자현미경(SEM)의 새로운 설계는 전자 광원과 렌즈 설계에 국한되어 있지 않다. 진공의 관리에 대한 개념도 도출되었다. 모든 용도의 주사전자현미경들이 고진공 시편챔버를 필요로 하지 않으며, 많은 시편들이 시편 준비과정에서 손상을 입거나 변형된다. 반도체 계측과 포토마스크 검사 과정에서 발생하는 충전을 제거하거나 최소화시키기 위해서 주자전자현미경(SEM)의 가속전압을 낮추지 않으려면 대기압이나 고압 환경을 적용해야 한다[2, 120]. 이 적용사례에 대해서는 포스텍 등이 고찰을 수행했다[121]. 원래 주사전자현미경 개발 초기에 제안되었던 고압/대기압 주사전자현미경은 느린 속도로 개발이 진행되었으며 예전에는 데이터 습득이 불가능했던 생체, 식품, 그리고 화학 등의 분야에서 최근 들어 사용되기 시작하고 있다. 반도체 생산계측에 대기압 현미경을 사용하는 것은 기술적 결합과 고분해능, 대형 챔버와 연계된 신호 필드 방사기술, 대기압 현미경 기술로의 시편 반송능력 등의 구현 등이 필요하기 때문에 새로운 분야이다. 이런 전반적인 기술의 결합은 최근까지 가능하지 못하였다.

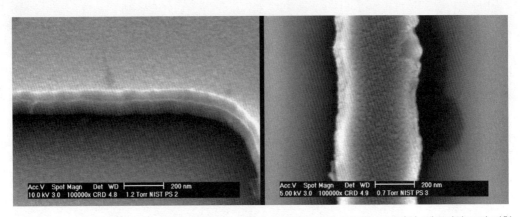

그림 22.22 고압 고분해능 주사전자현미경 영상: 선명하게 분리된 미세 구조물, 프로파일, 테두리와 표면 거칠기, 그리고 표면 오염(Courtesy of FEI Company)

　고압 주사전자현미경(SEM) 방법은 전하를 중화시키기 위해서 시편을 둘러싸고 있는 기체 환경을 사용한다. 전형적으로 포토마스크 검사에 사용되는 가스는 수증기(비록 여타의 가스도 사용할 수는 있지만)이다. 전형적인 주사전자현미경은 약 6.7×10^{-3}Pa(5×10^{-5}Torr) 내외의 챔버압력 하에서 작동한다. 고압 현미경 작업의 경우 챔버압력은 수증기 주입을 통해서 약 20~160Pa(대기압은 101,325Pa)의 영역까지 상승한다. 이 작동조건은 현재의 표준 주사전자현미경의 작동 매개변수들과 큰 차이를 갖는다. 고압 현미경은 높은 랜딩에너지 또는 가속전압, 특이한 대비 메커니즘, 그리고 전하 중화 등의 측면에서 장점과 적용 가능성을 가지고 있다[118]. 높은 랜딩에너지에 따라서 저가속 전압에 비해서 높은 분해능을 갖는 영상을 만들 수 있다. 하지만 빔 투과성이 증가한다. 이 방법에서는 전자빔 조사에 의한 전하의 집적을 줄이기 위해서 기체 환경을 사용한다. 비록 전하의 저감이 매우 바람직한 측면을 가지고 있지만[112, 123], 다양한 기술적 이유 때문에 최근까지는 이 방법이 반도체 검사나 측정에 심각하게 사용되지 못하였다[118,121]. 이 기술을 이 분야에 적용하는 것은 비교적 최근의 일이며, 아직도 많은 것들을 배워야만 한다. 하지만 이 기술은 무전하 작동모드 하에서 포토마스크의 검사, 영상화, 그리고 계측 등이 가능하므로 장래가 밝다. 보고된 바에 의하면 높은 가속전압 하에서조차도 시편 챔버에 20Pa(0.15Torr) 정도의 미량의 공기주입 만으로도 절연체 표면에서의 충전 전위를 10배 이상 낮출 수 있다[120]. 게다가 이 방법은 높은 정확도의 측정을 위해서 필요한 전하 모델의 필요성을 없애지는 못하더라도 최소화시킬 수 있는 방법을 제공해준다. 각각의 시편이나 장비, 그리고 작동모드들이 충전에 따라서 서로 다른 방식으로 반응하기 때문에 충전의 모델링은 극도로 어려운 일이다. 그러므로 이 방법은 만약 재현성 있는 방법으로 최적의 균형을 달성할 수 있다면, 커다란 잠재가능성을 가지고 있다. 이들 작동조건에 대한 최적화 방법을 이해하기 위해서 더 많은 연구가 진행 중에 있다. 이에 대한 더 많은 정보는 Danilatos[122, 123]와 포스텍 등[2]의 연구를 참조하기 바란다. 대기압 주사전자현미경은 반도체 구조물의 측정과 관련된 충전문제를 해결해줄 가능성이 있다(그림 22.22). 이 기술의 적용에는 일부 기술적 혼란이 존재한다. 현재 생산 환경 하에서는 임계치수 계측을 위한 저진공 주사전자현미경이 개발되지 못하였다. 그런데 이 방법은 장래의 가능성을 가지고 있다.

22.9 원격현장감 현미경

원격현장감 현미경은 과학자들이 현재 사용할 수 있는 원격통신기술이다[124]. 장거리란 상대적인 개념이다. 이는 국가 간이나 회사 내의 여러 장소들 간의 협동작업이 될 수도 있다. 원격현장감은 현재 전자현미경과 같은 (NIST에서 보유하고 있는 것과 같은)유일한 분석 장비를 인터넷 접속을 통해서 여러 위치에서 사용하기 위해서 사용되고 있다. 이를 통해서 많은 시간과 경비가 소요되는 여행을 하지 않고도 빠르고 효율적으로 장비를 공동사용하거나 유일한 장비에 접근할 수 있어서 회사에 엄청난 절감을 가져다 줄 가능성이 있다. 이는 또한 엔지니어가 클린룸에 들어가지 않고도 공정을 원격으로 모니터링 할 수 있으므로, 포토마스크나 웨이퍼 제조에 엄청난 가능성을 가져다준다. 산업 환경 하에서 원격현장감 현미경의 가치를 검증하기 위한 시험 장치를 개발하기 위해서 미국표준기술연구소(NIST), 텍사스 인스트루먼트, 그리고 Argonne National Laboratory 등이 공동으로 작업하고 있다. 이 시험 장치는 텍사스 인스트루먼트 사나, 미국표준기술연구소(NIST) 등과 같은 기관들 사이와 같이 제조장비가 분산되어 있는 조직들 간의 기술이전을 위한 경우에 이 기술이 가지고 있는 가치를 보여주고 있다[125].

22.10 결 론

계측은 미래세대 반도체 디바이스의 개발 및 제조를 위한 이론적 동력으로 남아 있을 것이다. 100nm보다 훨씬 작고 종횡비가 높은 구조물이 출현할 가능성 때문에 주사전자현미경(SEM)은 전 세계적으로 반도체 제조의 많은 단계들에서 광범위하게 사용되는 중요한 장비로 남아 있다. 주사전자현미경은 여전히 광학식 현미경을 사용한 현재의 기법에서 제공하는 것보다 높은 분해능, 국지분석, 그리고 검사능력과, 주사 프로브 기법보다 높은 생산성을 가지고 있다. 현재의 장비들은 리소그래피 공정에서 문제가 되는 포토마스크 특성에 맞춰서 정확도와 민감도를 개선해야만 한다. 이 장비를 사용하여 정확한 계측을 수행하기 위해서는 추적 가능한 표준을 개발 및 사용할 수 있어야 한다. 오늘날 길이의 SI 단위를 추적할 수 있는 확대비율(직선 스케일)교정용 가공품을 주사전자현미경에 사용할 수 있으며, 추적이 가능한 폭 표준이 가까운 미래에 출시될 것이다.

최초의 상용 주사전자현미경은 1960년대에 개발되었다. 이 장비는 다른 어떤 장비에서도 따를 수 없는 풍부한 정보를 제공해주기 때문에 많은 용도에 대해서 주 연구 장비로 자리 잡게 되었다. 1980년대 중 후반에 들어오면서 임계치수 계측장비로서 주사전자현미경이 반도체 제조환경에 도입되기 시작했으며, 이 장비는 최근 들어서 현저한 발전을 이루게 되었다. 이 장비는 현재 현대적인 제조의 견인차 역할을 수행하고 있다. 발전은 모델링과 같은 새로운 기술에 의해서 제공되는 개선에 그치지 않고 전자 광원까지도 개선될 가능성이 있다. 이 장비는 당분간 임계치수 측정용 핵심 장비로 사용될 것이다.

감사의 글

저자는 Trisha Rice, Ralph Knowles, Ed Griffith, 그리고 FEI Company에 근무하는 여러 분들에게 고압/대기압 현미경인 MDA600에 대한 많은 협조와 기술적 지원에 감사를 드린다. 그리고 Sarah White, Hideo Naito, Robert Gordon, 그리고 Hitachi High Technology에 근무하는 여러분들에게 고분해능 현미경인 새로운 S-4800의 자료협조에 감사를 드린다. Marylyn Bennett, Bill Banke (IBM), 그리고 Bhanwar Singh (AMD)에게는 포토마스크 자료지원에 감사를 드리며, Microelectronics Programs 사무국의 연구지원과 Dr. Robert Larrabee, Dr. Andras Vladár, 그리고 Mr. Samuel Jones에게는 기술적 조언, 협력, 그리고 이 단원에 사용된 사진들의 지원에 감사를 드린다.

□ 참고문헌 □

1. M.T. Postek, in: J. Orloff (ed.), *Handbook of Charged Particle Optics* (ed Jon Orloff), CRC Press, New York. 1997, pp. 363-399.

2. M.T. Postek, A.E. Vladár, and M.H. Bennett, *SPIE 22nd BACUS Symposium on Photomask Technology,* vol. 4489, 2002, pp. 293-308.

3. Semiconductor Industry Association, *International Technology Roadmap for Semiconductors,* 2001 edition, *http: //public.itrs.net.*

4. M.T. Postek, *Proc. SPIE,* 480, 109-118 (1984).

5. M.T. Postek (1997), *Scanning Electron Microscopy/Handbook of Charged Particle Optics* (ed Jon Orloff), CRC Press, New York. 1997, pp. 1065-1074.

6. D. Nyyssonen and R.D. Larrabee, *NBS J. Res.,* 92 (3), 187-204 (1987).

7. D. Nyyssonen, *Appl. Opt.,* 16, 2223-2230 (1977).

8. D. Nyyssonen, *Proc. SPIE,* 194, 34-44 (1979).

9. W.M. Bullis and D. Nyyssonen, in: N.G. Einspruch (ed.), *VLSI Electronics: Micro-structure Science,* vol. 3, Academic Press, New York, 1982, pp. 301-346 (Chapter 7).

10. D. Swyt, *Proc. SPIE,* 129, 98-105 (1978).

11. M.C. Croarkin and R.N. Varner, NIST Technical Note 1164, National Bureau of Standards, Gaithersburg, MD, 1982.

12. J. Potzick, J.M. Pedulla, and M. Stocker, *SPIE 22nd BACUS Symposium on Photomask Technology,* vol. 4489, 342-348 (2002).

13. M.T. Postek and A.E. Vladár, in: Alain Diebold (ed.), *Handbook of Silicon Semiconductor Metrology,* Marcel Dekker, New York, 2000, pp. 295-333 (Chapter 14).

14. M.T. Postek and R.D. Larrabee, in: S. Mahajan and L. Kimmerling (eds.), *Concise Encyclopedia of Semiconducting Materials and Related Technologies,* Pergamon Press, New York, 1992, pp. 176-184.

15. M.T. Postek and D.C. Joy, *NBS J. Res.,* 92 (3), 205-228 (1987).

16. M.T. Postek, A.E. Vladáá, S.N. Jones, and W.J. Keery, *NIST J. Res.,* 98 (4), 447-467 (1993).

17. M.T. Postek, in. K. Monahan (ed.), *SPIE Crit. Rev.,* 52, 46-90 (1994).

18. M.T. Postek, *NIST J. Res.,* 99 (5), 641-671 (1994).

19. S.G. Utterback, Non distructive Submicron dimensional metrology using the scanning electrone microscope. Review of progress in NDE, La Jolla, California, August 1986, pp. 1141-1151.

20. D.C. Joy, *Inst. Phys. Conf.,* Ser. No. 90, EMAG, 1987, pp. 175-180 (Chapter 7).

21. K. Kanaya and S. Okayama, *J. Phys.* D., 5, 43-58 (1972).

22. M.T. Postek and D.C. Joy, *NBS J. Res.,* 92 (3), 205-228 (1987).

23. L. Reimer, *Scanning Electron Microscopy/1979/II,* SEM, Inc., 1979, pp. 111-124.

24. L. Reimer, *Scanning,* 1, 3-16 (1977).

25. L. Reimer, Scanning Electron Microscopy 1982/SEM Inc/Chicago III, pp. 299-310.

26. L. Reimer, *Electron Beam Interactions with Solids,* 1984, 299-310.

27. L. Reimer, *Scanning Electron Microscopy. Physics of Image Formation and Microanalysis,* Springer Verlag, New York, 1985.

28. H. Seiler, *Z. Angew. Phys.,* 22 (3), 249-263 (1967).

29. H. Drescher, L. Reimer, and H. Seidel, *Z. F. Angew. Physik,* 29, 331-336 (1970).

30. K.-R. Peters, *Scanning Electron Microscopy/1982/IV,* SEM, Inc., 1982, pp. 1359-1372.

31. K.-R. Peters, *Scanning Electron Microscopy/1985/IV,* SEM, Inc., 1985, pp. 1519-1544.

32. T.E. Everhart and R.F.M. Thornley, *J. Sci. Instrum.,* 37, 246-248 (1960).

33. M.T. Postek, W.J. Keery, and N.V. Frederick, *Rev. Sci. Instrum.,* 61 (6), 1648-1657 (1990).

34. M.T. Postek, W.J. Keery, and N.V. Frederick, Development of a Low-Profile Microchannel-Plate Electron Detector System for SEM Imaging and Metrology. *Scanning,* 12, I-27-28 (1990).

35. S. Kimoto and H. Hashimoto, in: T.D. McKinley, K.F.J. Heinrich, and D.B. Wittry (eds.), *The Electron Microscope,* Proc. Symp., Washington, 1964, John Wiley, New York, 1966, 480-489.

36. M.T. Postek, W.J. Keery, and N.V. Frederick, Development of a Low-Profile Microchannel-Plate Electron Detector System for SEM Imaging and Metrology. *Scanning,* 12, I-27-28 (1990).

37. M.T. Postek, W.J. Keery, and N.V. Frederick, *EMSA Proceedings,* 1990, pp. 378-379.

38. P.E. Russell, *Electron Optical Systems,* SEM, Inc., 1990, pp. 197-200.

39. P.E. Russell and J.F. Mancuso, *J. Microsc.,* 140, (1985) 323-330.

40. V.N.E. Robinson, *J. Phys. E: Sci. Instrum.,* 7, 650-652 (1974).

41. O.C. Wells, *Appl. Phys. Lett.,* 19 (7), 232-235 (1979).

42. O.C. Wells, *Appl. Phys. Lett.,* 49 (13), 764-766 (1986).

43. M.T. Postek, *SPIE Crit. Rev.,* 52, 46-90 (1994).

44. M.T. Postek, *NIST J. Res.,* 99 (5), 641-671 (1994).

45. M.P. Davidson and N. Sullivan, *Proc. SPIE,* 3050, 226-242 (1997).

46. M.T. Postek, A.E. Vladár, O.C. Wells, and J.L. Lowney, *Scanning,* 23 (5), 298-304 (2001).

47. O.C. Wells, M. Mc-Glashan-Powell, A.E. Vladár, and M.T. Postek, *Scanning,* 23 (6), 366-371 (2001).

48. T Ahmed, S.-R. Chen, H.M. Naguib, T.A. Brunner, and S.M. Stuber, *Proc. SPIE,* 775, 80-88 (1987).

49. M.H. Bennett, *SPIE Crit. Rev.,* 52, 189-229 (1993).

50. M.H. Bennett and G.E. Fuller, *Microbeam Analysis,* 649-652 (1986).

51. F. Robb, *Proc. SPIE,* 775, 89-97 (1987).

52. P.K. Bhattacharya, S.K. Jones, and A. Reisman, *Proc. SPIE,* 1087, 9-16 (1989).

53. W.J. Keery, K.O. Leedy and K.F. Galloway, *Scanning Electron Microscopy/1976/IV,* IITRI Research Institute, 1976, pp. 507-514.

54. A. Reisman, C. Merz,, J. Maldonado, and W. Molzen, J. *Electrochem. Soc.,* 131, 1404-1409 (1984).

55. J.J. Hwu and D.C. Joy, *Scanning,* 21, 264-272 (1999).

56. M.T. Postek, *Scanning Electron Microscopy/1984/III,* IITRI, 1985, pp. 1065-1074.

57. M.T. Postek, *Review of Progress in NDE,* 6 (b), 1327-1338 (1987).

58. S. Jensen, *Microbeam Analysis,* San Francisco Press, San Francisco, CA, 1980, pp. 77-84.

59. S. Jensen and D. Swyt, *Scanning Electron Microscopy I,* 393-406 (1980).

60. M.H. Bennett and G.E. Fuller, *Microbeam Analysis,* 649-652 (1986).

61. M.H. Bennett, *SPIE Crit. Rev.,* 52, 189-229 (1993).

62. J. Allgair, C. Archie, G. Banke, H. Bogardus, J. Griffith, H. Marchman, M.T. Postek, L. Saraf, J. Schlessenger, B. Singh, N. Sullivan, L. Trimble, A.E. Vladár, and A. Yanof, *Proc. SPIE,* 3332, 138-150 (1998).

63. International Organization for Standardization 1993, International Vocabulary of Basic and General Terms in Metrology - ISO, Geneva, Switzerland, ISBN 92-67-01075-1, 1993, 60 pp.

64. SEMI, Document E89-0999 - Guide for Measurement System Capability Analysis, 1999.

65. W. Banke and C. Archie, *Proc. SPIE,* 3677, 291-308 (1999).

66. M.T. Postek, J.R. Lowney, A.E. Vladaá, W.J. Keery, E. Marx, and R.D. Larrabee, *NIST J. Res.,* 98 (4), 415-445 (1993).

67. M.T. Postek, J.R. Lowney, A.E. Vladaá, W.J. Keery, E. Marx, and R. Larrabee, Proc. SPIE, 1924, 435-449 (1993).

68. M.T. Postek, K. Howard, A. Johnson, K. Mc Michael, *Scanning Electron Microscopy - A Students Handbook,* Ladd Research Industries, Burlington, Vermont, 1980, 305 pp.

69. O.C. Wells, *Scanning Electron Microscopy,* McGraw Hill, New York, 1974, 421 pp.

70. J.I. Goldstein, D.E. Newbury, P. Echlin, D.C. Joy, C. Fiori, and E. Lifshin, *Scanning Electron Microscopy and X-ray Microanalysis,* Plenum Press, New York, 1981, 673 pp.

71. G.G. Hembree, S.W. Jensen, and J.F. Marchiando, *Microbeam Analysis,* San Francisco Press, San Francisco, CA, 1981, 123-126.

72. D.F. Kyser, in: J.J. Hren, J.I. Goldstein, and D.C. Joy, *Introduction to Analytical Electron microscopy, Plenum Press,* New York, 1979, pp. 199-221.

73. J.R. Lowney, *Scanning Microscopy,* 10 (3), 667-678 (1996).

74. J.R. Lowney, M.T. Postek, and A.E. Vladár, *Proc. SPIE,* 2196, 85-96 (1994).

75. E. Di Fabrizio, L. Grella, M. Gentill, M. Baciocchi, L. Mastrogiacomo, and R. Maggiora, *J. Vac. Sci. Technol. B.,* 13 (2), 321-326 (1995).

76. E. Di Fabrizio, I. Luciani, L. Grella, M. Gentilli, M. Baciocchi, M. Gentili, L. Mastrogiacomo, and R. Maggiora, *J. Vac. Sci. Technol. B.,* 10 (6), 2443-2447 (1995).

77. E. Di Fabrizio, L. Grella, M. Gentill, M. Baciocchi, L. Mastrogiacomo, and R. Maggiora, *J. Vac. Sci. Technol. B.,* 13 (2), 321-326 (1995).

78. D.C. Joy,. *Monte Carlo Modeling for Electron Microscopy and Microanalysis,* Oxford University Press, New York, 1995, 216 pp.

79. M.T. Postek, A.E. Vladár, G.W. Banke, and T.W. Reilly, in: Edgar Etz (ed.), MAS Proceedings, 1995, pp. 339-340.

80. J.R. Lowney, M.T. Postek, and A.E. Vladár, in: Edgar Etz (ed.), MAS Proceedings, 1995, pp. 343-344.

81. Contact Dr. Jeremiah R. Lowney at the National Institute of Standards and Technology.

82. M.P. Davidson, *Proc. SPIE,* 2439, 334-344 (1998).

83. Y.-U. Ko and M.-S. Chung, *Proc. SPIE,* 3677, 650-660 (1999).

84. Y.-U. Ko, S.W. Kim, and M.-S. Chung, *Scanning,* 20, 447-455 (1998).

85. Y.-U. Ko and M.-S. Chung, *Scanning,* 20, 549-555 (1998).

86. L. Grella, E. DiFabrizio, M. Gentili, M. Basiocchi, L. Mastrogiacomo, and R. Maggiora, *J. Vac. Sci. Technol. B.,* 12 (6), 3555-3560 (1994).

87. M.T. Postek, *Rev. Sci. Instrum.,* 61 (12), 3750-3754 (1990).

88. M.T. Postek, W.J. Keery, and R.D. Larrabee, *Scanning,* 10, 10-18 (1988).

89. N. Sullivan, Personal communication.

90. J. McIntosh, B. Kane, J. Bindell, and C. Vartuli, *Proc. SPIE,* 3332 (1999).

91. J.S. Villarrubia, A.E. Vladár, J.R. Lowney, and M.T. Postek, A scanning electron microscope analog of scatterometry. *Proc. SPIE,* 4689, 304-312 (2002).

92. M.P. Davidson and A.E. Vladár, *Proc. SPIE,* 3677, 640-649 (1999).

93. A.E. Vladaá and M.T. Postek, New way of handling dimensional measurement results for integrated circuit technology, *Proc. SPIE,* 5038 (2003) (in press).

94. J. Villarrubia, A.E. Vladaá, and M.T. Postek, simulation study of repeatability and bias in the CD-SEM.

Proceedings, *Proc. SPIE,* 5038 (2003) (in press).

95. J.S. Villarrubia, R. Dixson, S. Jones, J.R. Lowney, M.T. Postek, R.A. Allen, and M.W. Cresswell, *Proc. SPIE,* 3677 (1999) 587-598.

96. R.A. Allen, N. Ghoshtagore, M.W. Cresswell, L.W. Linholm, and J.J. Sniegowski, *Proc. SPIE,* 3332, 124-131 (1997).

97. B. Taylor and Kuyatt, NIST Technical Note 1297, 1994.

98. International Organization for Standardization 1997, Guide to the Expression of Uncertainty in Measurement (corrected and reprinted 1995), This document is also available as a U.S. National Standard NCSL Z540-2-1997.

99. R.D. Larrabee and M.T. Postek, *SPIE Crit. Rev.,* CR52, 2-25 (1993).

100. R.D. Larrabee and M.T. Postek,. Solid-State Elec. 36(5): 673-684, 1993.

101. J. Fu, T.V. Vorburger, and D.B. Ballard, *Proc. SPIE,* 2725, 608-614 (1998).

102. B.L. Newell, M.T. Postek, and J.P. van der Ziel, *J. Vac. Sci. Technol. B.,* 13 (6), 2671-2675 (1995).

103. B.L. Newell, M.T. Postek, and J.P. van der Ziel, *Proc. SPIE,* 2460, 143-149 (1995).

104. M.T. Postek and R. Gettings, Office of Standard Reference Materials Program NIST, 1995, 6 pp.

105. R.C. Farrow, M.T. Postek, W.J. Keery, S.N. Jones, J.R. Lowney, M. Blakey, L. Fetter, L.C. Hopkins, H.A. Huggins, J.A. Liddle, A.E. Novembre, and M. Peabody, *J. Vac. Sci. Technol. B.,* 15 (6), 2167-2172 (1997).

106. J.A. Liddle, M.I. Blakey, T. Saunders, R.C. Farrow, L.A. Fetter, C.S. Knurek, A.E. Novembre, M.L. Peabody, D.L. Windt, and M.T. Postek, *J. Vac. Sci. Technol. B.,* 15 (6), 2197-2203 (1997).

107. M.T. Postek, A.E. Vladár, and J. Villarrubia, Is a production critical scanning electron microscope linewidth standard possible? *Proc. SPIE* 3988: 42-56 (2000) (in press).

108. J.S. Beers and W.B. Penzes, *J. Res. Natl. Inst. Stand. Technol.,* 104, 225-252 (1999).

109. D.C. Joy, *Proc. SPIE,* 3332, 102-109 (1997).

110. M.T. Postek and A.E. Vladár, *Proc. SPIE,* 2725, 504-514 (1996).

111. M.T. Postek and A.E. Vladár, *Scanning,* 20, 1-9 (1998).

112. A.E. Vladár, M.T. Postek, and M.P. Davidson, *Scanning,* 20, 24-34 (1998).

113. N.-F. Zhang, M.T. Postek, and R.D. Larrabee, *Proc. SPIE,* 3050, 375-387 (1997).

114. N.-F. Zhang, M.T. Postek, and R.D. Larrabee, Image sharpness measurement in scanning electron microscopy. Part 3. Kurtosis, *Scanning* 21: 256-262 (1999).

115. K.H. Ong, J.C.H. Phang, J.T.L. Thong, *Scanning,* 19, 553-563 (1998).

116. K.H. Ong, J.C.H. Phang, J.T.L. Thong, *Scanning,* 20, 357-368 (1998).

117. H. Martin, P. Perret, C. Desplat, and P. Reisse, *Proc. SPIE,* 2439, 310-318 (1998).

118. M.T. Postek and A.E. Vladár, *Proc. SPIE,* 2000 (in press).

119. C. Archie, J. Lowney, and M.T. Postek, *Proc. SPIE,* 3677, 669-686 (1999).

120. D.C. Joy, *Proc. SPIE,* 4689, 1-10 (2002).

121. M.T. Postek, A.E. Vladár, T. Rice, and R. Knowles, Potentials for high pressure environmental SEM microscopy for photomask dimensional metrology. *Proc. SPIE,* 5038, 315-329 (2003) (in press).

122. G.D. Danilatos, *Adv. Electronics Electron Phys.,* 71, 109-250 (1998).

123. G.D. Danilatos, *Microsc. Res. Tech..* 25, 354-361 (1993).

124. M.T. Postek, M.H. Bennett, and N.J. Zaluzec, *Proc. SPIE,* 3677, 599-610 (1999).

125. NIST Telepresence videotape/CD is available through the Office of Public and Business Affairs, Gaithersburg, MD 20899.

SPM을 사용한 마스크의 기하학적 특성화

Sylvain Muckenhirn and A. Meyyappan

23.1 서 언

형사치수들이 작아지고 회로가 더욱 복잡해짐에 따라서 레티클 형상에 대한 포괄적인 측정의 수요가 증가하고 있다. 전사되는 영상의 품질을 예측 및 보장하기 위해서는 2진 마스크와 위상천이 마스크(PSM)의 3차원 특성화가 필요하다. 주사프로브현미경(SPM)은 이상적으로 이런 특성화에 적합하다. 이 방법은 직선과 틈새 에 대한 3차원 윤곽을 정량적으로 구해준다. 주사프로브현미경(SPM)은 마스크의 집적성을 보존해주는 비파괴적인 기법이다. 이 기법은 소재 본연의 특성(유리 위의 크롬, 전도체 또는 부도체 위의 레지스트) 차이에는 둔감하다. 가장 널리 알려져 있는 형태의 주사프로브현미경(SPM)은 주사터널현미경(STM)과 원자작용력현미경(AFM)이다. 주사터널현미경(STM)은 1982년 Bining과 Rohrer에 의해서 개발되었다 [1]. 이후 1986년에 Bining 등[2]은 주사터널현미경(STM)의 한계를 극복하기 위해서 도전성 소재만 영상화가 가능한, 원자작용력현미경(AFM)을 개발하였다. 이 단원에서는 프로브 현미경에 대한 포괄적인 논의를 수행하기 위해서 KLA-Tencor, FEI 사의 Stylus Nano Profilometer 뿐만 아니라 Veeco Instrument 사를 포함한 여러 제조업체들이 제작한 원자작용력현미경(AFM)들과 같은 계측장비들에서 소개할 예정이다. 비록 여타 장비들에 대한 사례도 많이 있지만, 이 단원에서 사용된 그림들은 대부분은 원자작용력현미경에 대한 것들이다.

　다음 절에서는 스캐닝 모드, 스캐닝 알고리즘, 탐침, 탐침–시편 상호작용뿐만 아니라 프로파일 각도, 폭, 측벽 거칠기, 직선 거칠기, 직선 테두리 거칠기와 선폭 균일성, 그리고 임계치수 계측 등과 같은 실제적 사례에 대해서도 다루고 있다. 또한 마스크 검사를 위한 주사프로브현미경(SPM)의 적합성을 검증하기 위한 시험계측의 사례도 제시되어 있다.

23.2 스캐닝 원리

　주사프로브현미경(SPM)은 소재의 표면성질을 연구하기 위해서 주로 사용된다[3, 4]. 우리의 경우 스캐닝대상 시편은 마스크이다. 모든 주사프로브현미경(SPM)은 프로브 탐침, 탐침의 수직위치를 정확히 검출하는 센서, 탐침의 수직위치를 정확히 제어하는 귀환시스템, 그리고 시편에 대해서 탐침을 래스터 패턴을 가지고 상대적으로 움직이도록 만들어주는 압전 스캐너 등을 가지고 있다. 컴퓨터 시스템이 스캐너를 구동시키고, 데이터를 측정하며, 이를 영상으로 변환시켜준다.

　탐침은 외팔보에 연결되어 있다. 광선, 전자 또는 전극들은 외팔보에 연결되어 탐침의 공간위치를 관찰한다. 탐침과 표면 사이의 인력 및 척력이 외팔보의 변형을 유발한다. 이 변형은 전압의 변화로 읽혀진다.

　탐침이 표면을 가로지르면 그림 23.1에서와 같은 영상이 생성된다.

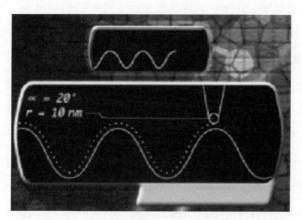

그림 23.1 탐침에 의해서 스캐닝된 표면(아래)과 결과적인 주사선(위)

23.2.1 스캐닝용 센서

주사프로브현미경(SPM)용 센서는 프로브 탐침의 위치를 검출하기 위해서 다양한 기술을 사용하며, 이들 중 대부분은 광학식이지만 주사터널현미경(STM), 정전용량, 스트레인 게이지, 그리고 여타의 기법들도 사용된다.

23.2.1.1 센서의 유형

프로브 탐침의 위치를 검출하기 위해서 가장 일반적으로 사용되는 방법은 광학식 센서를 사용하는 것이다. 가장 일반적인 방식에서는 레이저 빔이 외팔보 배면에서 위치 민감성 광 검출기 쪽으로 반사된다[5, 6]. 외팔보가 휘어지면 검출기 상에서 레이저 빔의 위치가 천이된다. 검출기는 빛의 변위를 1nm까지 정확히 검출할 수 있다. 레이저 빔이 이동하는 검출기와 외팔보 사이의 거리 때문에 기계적인 증폭도 사용된다. 따라서 시스템은 프로브 탐침의 나노미터 이하 움직임도 검출할 수 있다.

주사터널현미경(STM) 탐침에서 사용되는 헤테로다인 간섭계[7~9]나, 자기 변형에 따른 전기를 검출할 수 있도록 압전소자를 외팔보 소재로 만드는 등[10]과 같이 탐침의 움직임을 검출하는 또 다른 방법들이 있다. 또 다른 기법에서는 외팔보를 커패시터의 일부분으로 사용하며 정전용량의 변화는 탐침 위치변화의 척도가 된다[11].

23.2.2 스캐너의 교정(VLSI 표준을 사용한 X, Y, Z)

모든 주사프로브현미경(SPM)은 프로브 하부에서 스테이지의 위치를 이동시키기 위해서 압전 스캐너를 사용한다. 전자회로가 스캐너를 래스터 방식으로 구동시킨다. 이 스캐너들은 비선형성이나 히스테리시스와 같은 압전소재 고유의 특성을 가지고 있지만, 대부분의 제조업체들은 최적의 작동을 위해서 내장형 보정방법을 갖추고 있다[12, 13]. 스캐너 교정 과정의 교정과 검사를 위해서 사용할 수 있는 표준과 기준구조물이 있다.

VLSI와 여타의 표준들, 미국표준기술연구소와 여타의 업체들이 X, Y 및 Z 스캐너의 교정에 사용할 수 있는 다양한 표준과 기준시편들을 제조하고 있다. 장비 제조업체들 또한 이 표준들 중 일부를 제공해준다.

표면형상 표준들은 3차원 모두에 대해서 미국표준기술연구소(NIST) 인증을 받았다. 이 추적 가능한 표준들은 다양한 높이(18~180nm)와 다양한 피치(1.8~20μm)에 대해서 사용할 수 있다. 표면형상 기준은 $3\mu m$이나 $10\mu m$의 일정한 피치와 18~180nm의 다양한 공칭높이를 가지고 있다. 이 레퍼런스는 미국표준기술연구소(NIST)의 인증을 받지 못하였다. 스텝 높이의 표준은 25×25×3mm 크기의 수정으로 제작된 모제 상에 직접 에칭하여 제작하였다. 이 스텝 형상의 높이는 8mm에서 $1.8\mu m$까지 변하며 미국표준기술연구소의 인증을 받았다. 더욱이 미국표준기술연구소(NIST)와 더불어서 여타의 업체들도 표준을 제정하고 기준시편을 만들었다.

이 표준들은 장비의 스캐너를 교정할 때에 사용된다.

23.2.3 스캐닝 모드

사용된 센서에 무관하게, 주사프로브현미경(SPM) 공급업체들은 탐침과 기층 사이의 상호작용의 물리적 레벨을 나타내는 다양한 스캐닝 모드를 가지고 있다고 광고한다. 상호작용의 작용력은 그림 23.2에서와 같이 마이크로 뉴턴에서 피코 뉴턴의 규모를 갖는다. 스캐닝 모드들은 접촉 모드, 선택성 또는 간헐성 접촉 모드, 그리고 비접촉 모드 등이 있다.

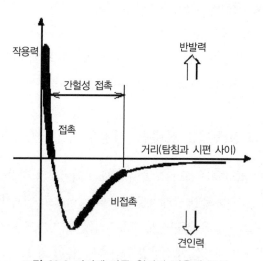

그림 23.2 거리에 따른 원자간 작용력 곡선

23.2.3.1 접촉 모드

접촉 모드에서 프로브와 시편 표면은 가볍게 접촉한다. 전형적인 과정은 그림 23.3에서와 같이 표면으로의 접근, 표면과의 접촉, 표면 스캐닝, 표면에서의 이탈 등으로 나타낼 수 있다. 상호작용의 작용력은 10^{-8}~10^{-6}N 의 범위를 갖는다[14].

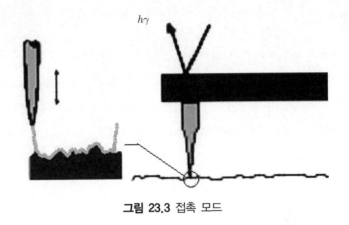

그림 23.3 접촉 모드

23.2.3.2 선택성 접촉(간헐성 접촉 또는 태핑 모드라고도 함)

일반적으로 태핑 모드라고 알려져 있는 선택성 또는 간헐성 접촉 모드에서 탐침은 시편의 표면과 간헐적으로 접촉한다. 전형적인 과정은 표면상으로의 접근, 표면과의 접촉, 고주파 미소진폭으로 선택성 접촉/후진, 표면으로부터 이탈 등으로 이루어진다. 이 과정은 그림 23.4(a)에 도시되어 있다. 상호 작용력은 $10^{-9} \sim 10^{-7}$N이다[15].

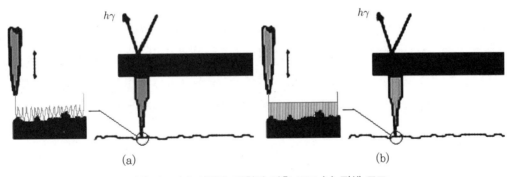

그림 23.4 (a) 선택적–간헐적 접촉 모드 (b) 픽셀 모드

23.2.3.3 픽셀 모드

간헐적 접촉 모드의 극단적인 변형중 하나는 선택성 접촉/후진이 큰 진폭과 작은 주파수에서 발생하는 픽셀 모드이며, 여기서는 탐침이 어떠한 변형도 없는 상태에서 표면과 접촉하며, 탐침이 표면에서 이탈하는 동안 픽셀 단위로 스캐닝이 수행된다[16,17]. 이것은 그림 23.4(b)에 도시되어 있으며 상호 작용력은 $10^{-7} \sim 10^{-6}$N이다.

23.2.3.4 비접촉 모드

비접촉 모드에서 프로브는 시편과 접촉하지는 않지만, 견인력을 일정한 수준으로 유지함으로써 시편과 미소한 거리를 유지한다. 전형적인 과정은 표면상으로의 접근, 표면 감지, 작은 수직 진폭을 가지고 정해진 비행높이에서 표면을 스캐닝, 표면으로부터 이탈 등으로 이루어진다(그림 23.5). 여기서 상호 작용력은 $10^{-12} \sim 10^{-10}$N이다[7].

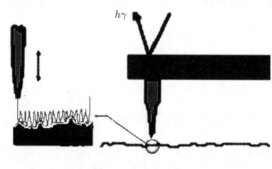

그림 23.5 비접촉 모드

23.2.4 스캐닝 알고리즘

작동모드와 더불어서, 영상화시킬 구조에 따라서 다양한 시편 스캐닝 알고리즘이 존재한다. 이들은 1차원 모드에서부터 적응성 모드와 2차원 모드까지 다양하다. 이 알고리즘들은 탐침이 상호작용을 일으키는 방식을 결정해주며, 따라서 영상화시킬 표면의 정보를 취득한다. 정상적으로는 XY 평면상에서 스캐닝방향이 X이며 XY 평면에 수직(Z)방향으로의 변화가 XYZ 도표로 제시된다.

23.2.4.1 1차원 스캐닝

1차원 스캔은 전형적으로 원추형 탐침을 사용해서 표면 조도나 스텝 높이(Z)를 알아내기 위한 목적으로 XY 격자 내에서 표면에 대한 데이터를 취득하기 위해서 사용된다. 측면방향(X 및 Y)으로의 스텝 증가량은 데이터를 수집하는 영역 전체에 걸쳐서 일정하게 유지한다. 이 과정이 그림 23.6에 도시되어 있다.

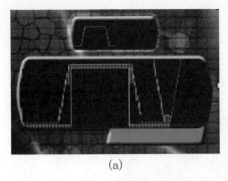
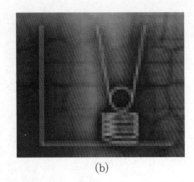

(a)　　　　　　　　　　　　　(b)

그림 23.6 (a) 주사선을 따라가며 동일한 X-스텝, 스캐닝방향으로는 증가 (b) 탐침과 시편 사이의 상호작용 위치

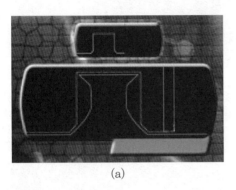
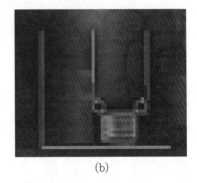

(a)　　　　　　　　　　　　　(b)

그림 23.7 (a) Z 변화에 대하여 조절된 X-스텝, 스캐닝방향으로는 증가 또는 정체 (b) 탐침과 시편 사이의 상호작용 위치

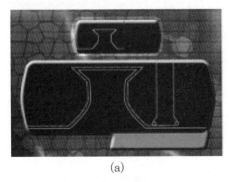
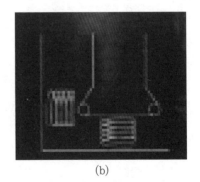

(a)　　　　　　　　　　　　　(b)

그림 23.8 (a) 스캐닝방향에 대한 합산, 널(null) 또는 감산을 통해 Z 변동에 대해 X 스텝을 조절한다. (b) 탐침과 시편 사이의 상호작용 위치들, (c) 스캐닝방향에 대한 합산, 널(null) 또는 감산을 통해 Z 변동에 대해 X 스텝을 조절한다(Xidex Corporation), (d) 탐침과 시편 사이의 상호작용 위치들(Xidex Corporation), (e, 좌측 상세도) 탐침과 시편 사이의 상호작용 위치(Xidex Corporation)

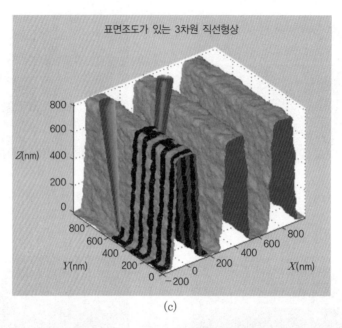

(c)

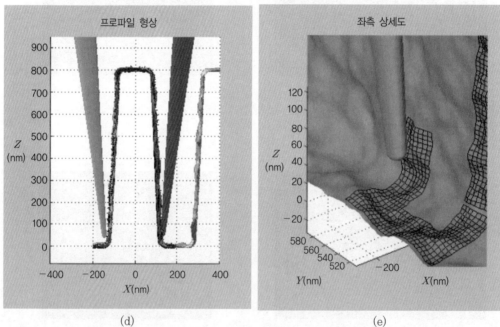

(d)   (e)

그림 23.8 (a) 스캐닝방향에 대한 합산, 널(null) 또는 감산을 통해 Z 변동에 대해 X 스텝을 조절한다. (b) 탐침과 시편 사이의 상호작용 위치들, (c) 스캐닝방향에 대한 합산, 널(null) 또는 감산을 통해 Z 변동에 대해 X 스텝을 조절한다(Xidex Corporation), (d) 탐침과 시편 사이의 상호작용 위치들(Xidex Corporation), (e, 좌측 상세도) 탐침과 시편 사이의 상호작용 위치(Xidex Corporation)(계속)

23.2.4.2 적응형 스캔

적응형 스캔은 전형적으로 측벽 근처의 정보가 중요한 경우에, 원통형 탐침을 사용해서 스텝 높이를 구할 때에 사용된다. 이 과정이 그림 23.7에 도시되어 있다.

23.2.4.3 2차원 스캔

2차원 스캔은 전형적으로 그림 23.8에 도시되어 있는 돌기형 탐침을 사용해서 폭(임계치수)과 측벽정보를 얻을 때에 사용된다. 이 방법은 스캔방향(X)뿐만 아니라 수직방향으로의 표면 감지에 사용된다.

23.3 탐 침

탐침은 다양한 방법으로 제조한다(MEMS 기술, 집속 이온빔 식각 등). 탐침은 단결정 실리콘, 이산화규소, 질화규소, 다이아몬드, 탄소 나노튜브, 그리고 여타 금속 등으로 만들 수 있다. 여기에 도체, 부도체, 금속, 다이아몬드 급 탄소, 등등을 코팅할 수 있다. 이들을 다양한 형상으로 만들 수 있다. 이런 탐침들 중 일부가 그림 23.9와 그림 23.10에 도시되어 있다. 전형적인 탐침과 외팔보 사양이 표 23.1에 제시되어 있다.

표 23.1 전형적인 탐침과 외팔보의 사양들

소재	단결정 실리콘
탐침높이	$>7\mu m$
꼭짓점 또는 모서리 반경	$<10nm$
외팔보 길이	$125\mu m$
외팔보 폴	$35\mu m$
외팔보 두께	$4\mu m$
외팔보 강성	$35N/m$
외팔보 공진 주파수	$347kHz$

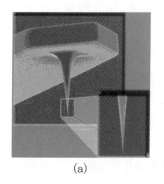 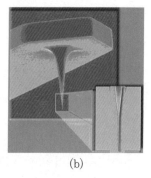 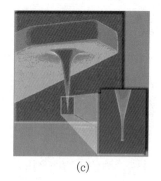

(a)   (b)   (c)

그림 23.9 원추형 탐침(Team Nanotec) (b) 실린더형 탐침(Team Nanotec) (c) 부츠형 탐침(Team Nanotec)

23.3.1 탐침–시편 상호작용

프로브 탐침이 시편 표면을 스캐닝하면 얻어진 영상은 탐침형상과 표면형상의 중첩된다. 주사프로브현미경(SPM)에 의해서 영상화된 특성에 도달하기 위해서는 프로브 탐침과 표면의 상호작용을 이해해야만 한다.

23.3.1.1 탐침반경과 원추 각도의 영향

23.3.1.1.1 원추형 탐침

그림 23.11(a)에 도시되어 있는 30nm 탐침반경을 갖는 프로브는 완만한 곡선표면을 세밀하게 재생시켜주지만, 그림 23.11(b)에서와 같이 세밀한 구조의 윤곽을 측정하기는 어렵다. 이를 위해서는 그림 23.11(c)에서와 같이 탐침반경이 10nm인 프로브를 사용하여야 한다.

탐침 원추각도가 60°인 프로브[그림 23.11(d)]는 곡면의 실제진폭을 재생시켜주지 못하는 반면에, 탐침 원추각도가 20°인 프로브[그림 23.11(e)]는 고도로 명확한 표면 영상을 구현한다. 탐침 원추각도가 20°인 프로브는 90° 각도의 측벽을 영상화시킬 수는 없다[그림 23.11(f)].

탐침형상과 주사 알고리즘의 다양한 조합에 따라서 잘못된 구조물 각도 측정 결과가 초래될 수 있음을 유의하여야 한다[그림 23.11(g), (h)]. 부츠형 탐침과 2차원 주사 알고리즘을 사용하여 돌출구조물에 대한 탐침의 돌출검사능력을 검증할 수 있다[그림 23.11(i)].

이런 사실들로부터 추론할 수 있는 사실은 스캔 영상 내 또는 영상간 분해능을 일정하게 유지하기 위해서는 탐침반경과 탐침 원추각도를 안정적으로 유지해야만 한다. 탐침의 수평단면과 주사 알고리즘 방향으로의 그 조합도 마찬가지로 측정의 조정성에 영향을 끼칠 수도 있다[그림 23.11(j)–(l)].

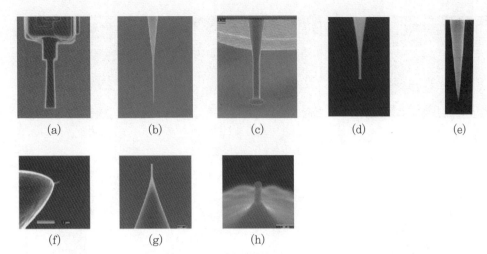

그림 23.10 (a) 80nm 폭의 실린더형 픽셀 모드 집속 이온빔(FIB), 다이아몬드 탐침(FEI Company), (b) <40nm 폭의 실린더형, 비접촉 모드, MEMS, 실리콘 탐침(Team Nanotec), (c) 1.5μm 폭의 대형 돌기, 실린더형 비접촉 모드 MEMS 실리콘/질화규소 탐침(Team Nanotec), (d) <50nm 폭의 부츠형 비접촉 모드 MEMS, 실리콘 탐침(Team Nanotec), (e) <10° 원추형 탐침, <10nm 꼭짓점 반경, 비접촉 모드 MEMS 실리콘 탐침(Team Nanotec), (f) 원자작용력현미경(AFM) 탐침위에 생장시킨 나노튜브(Xidex Corporation), (g) <100nm 폭의 원형탐침, 비접촉, MEMS 실리콘 탐침(Team Nanotec, Veeco Instruments), (h) <100nm 선폭의 원형 팁, 비접촉 모드, MEMS 실리콘 탐침(Team Nanotec, Veeco Instruments).

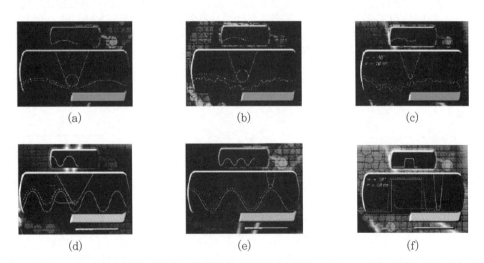

그림 23.11 (a) 30nm 반경 탐침을 사용해서 생성한 완만한 곡면의 영상, (b) 30nm 반경 탐침을 사용해서 생성한 거친 표면의 영상, (c) 10nm 반경 탐침을 사용해서 생성한 거친 표면의 영상, (d) 60° 각도의 원추형 탐침을 사용해서 생성한 완만한 곡면의 영상, (e) 20° 각도의 원추형 탐침을 사용해서 생성한 완만한 곡면의 영상, (f) 20° 각도의 원추형 탐침을 사용해서 생성한 90° 각도의 측벽 영상, (g) 평행측벽 탐침의 1차원 스캔 알고리즘을 사용해서 생성한 돌출구조물의 영상, (h) 평행측벽 탐침의 적응형 스캔 알고리즘을 사용해서 생성한 돌출구조물의 영상, (i) 부츠형 탐침의 2차원 스캔 알고리즘을 사용해서 생성한 돌출구조물의 영상, (j) 원형 탐침의 X 스캔방향을 사용한 직경측정, (k) 사각형 탐침의 X 스캔방향을 사용한 직경측정, (l) 사각형 탐침의 직경 스캔방향을 사용한 직경측정

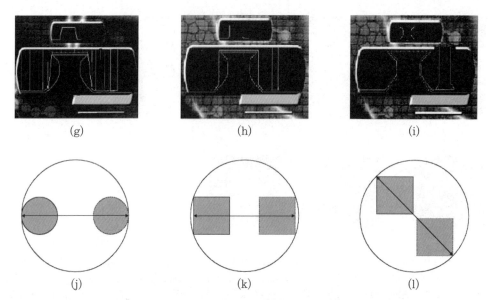

그림 23.11 (a) 30nm 반경 탐침을 사용해서 생성한 완만한 곡면의 영상, (b) 30nm 반경 탐침을 사용해서 생성한 거친 표면의 영상, (c) 10nm 반경 탐침을 사용해서 생성한 거친 표면의 영상, (d) 60° 각도의 원추형 탐침을 사용해서 생성한 완만한 곡면의 영상, (e) 20° 각도의 원추형 탐침을 사용해서 생성한 완만한 곡면의 영상, (f) 20° 각도의 원추형 탐침을 사용해서 생성한 90° 각도의 측벽 영상, (g) 평행측벽 탐침의 1차원 스캔 알고리즘을 사용해서 생성한 돌출구조물의 영상, (h) 평행측벽 탐침의 적응형 스캔 알고리즘을 사용해서 생성한 돌출구조물의 영상, (i) 부츠형 탐침의 2차원 스캔 알고리즘을 사용해서 생성한 돌출구조물의 영상, (j) 원형 탐침의 X 스캔방향을 사용한 직경측정, (k) 사각형 탐침의 X 스캔방향을 사용한 직경측정, (l) 사각형 탐침의 직경 스캔방향을 사용한 직경측정(계속)

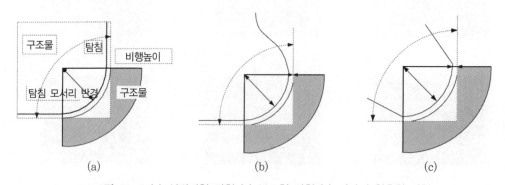

그림 23.12 (a) 실린더형 탐침 (b) 부츠형 탐침 (c) 경사진 원추형 탐침

23.3.1.1.2 실린더형 탐침, 부츠형 탐침, 경사진 원추형 탐침

경사진 원추형 탐침은 일반적으로 표면에 경사접근을 가능케 해주는 메커니즘을 갖춘 작은 각도의 원추형 탐침이 사용된다. 평행측벽 탐침은 최소한 측정할 구조물의 높이까지는 평행

측벽과 원형, 직사각형 또는 정사각형 단면을 갖고 있는 탐침으로 정의된다. 부츠형 탐침은 측정할 구조물의 높이 이내에서 탐침의 바닥 쪽에 돌출형 부분을 갖고 있는 탐침으로 정의된다. 모든 경우 유한한 탐침반경이 측정에 영향을 끼친다.

그림 23.12의 개략도에서는 이 탐침들의 반경이 측정에 끼치는 영향을 설명한다. 탐침 하부에는 불감영역이 있으며, 탐침곡률의 테두리 하부의 측정된 구조와 비행고도 등의 세부사항이 검출되지 않는다.

반도체 분야에서는 측정된 구조의 바닥 쪽 기저부에 의한 영향을 묘사할 때에, 측정 시 허용되는 불확실 영역의 대부분이 이 불감영역이라는 것을 이해하는 것이 중요하다. 이 기저부 불감응성은 또한 측정할 실제 구조물의 국지적인 경사에도 영향을 받는다.

대칭성의 결여(탐침 모서리의 좌우 반경이 서로 다른 탐침, 국지적인 좌우 기울기가 다른 구조물)가 결과 값에 영향을 끼친다는 점은 명확하다. 탐침의 완벽성은 표면으로의 접근, 주사, 그리고 후퇴 등의 모든 공정기간 동안 유지되어야만 한다. 이 전체적인 과정 중의 어떠한 변화도 재현성과 측정의 정확도 모두를 저하시킨다.

23.3.1.2 탐침형상의 영향

일반적인 탐침형상은 측정된 구조물의 표현에 영향을 끼친다. 보통 탐침형상의 소거는 어려우며 얼마나 정확하게 탐침형상을 특성화시켰는가에 의존한다. 하지만 계측의 목적에서는 탐침에 대한 고도의 형상 엄밀성을 필요로 하지 않는, 탐침 형상의 간단한 영향들도 있다는 점을 명심하여야 한다.

앞 절에서 정의된 것처럼 모서리 둥글림은 최종적인 계측결과에 영향을 끼친다. 구조물의 국지적인 경사를 측정할 수 있는 경우에, 탐침 모서리 반경이 끼치는 영향을 평가하여 근원적으로 보정할 수 있다. 하지만 구조물의 국지적인 경사도를 평가할 수 없는 경우에는(두 개의 미지 형상이 존재하는 구조물의 상부 모서리, 탐침 모서리와 구조물 모서리, 일련의 픽셀을 구하기 위한 결합, 그리고 모서리 반경이 불감영역을 만들어내는 구조물의 바닥), 이 영역에서의 측정 손실을 피하기 위해서 해석 알고리즘을 만드는 것이 현명하다(그림 23.13).

탐침 모서리 반경이나 구조물 모서리 반경의 증가에 따른 상부와 바닥의 계측 배제영역의 높이를 계산해 낼 수 있다. 두 경우 모두, 계측 배제영역의 최솟값은 탐침의 유효 모서리 반경이다. 실제적으로는 탐침의 모서리 반경과 구조물 모서리 반경 모두를 알 수 없으므로, 주사선에 대한 세심한 분석을 통해서, 주사선 둥글림 영역 외측에 상부와 하부 계측 배제영역을 설정할 수 있다.

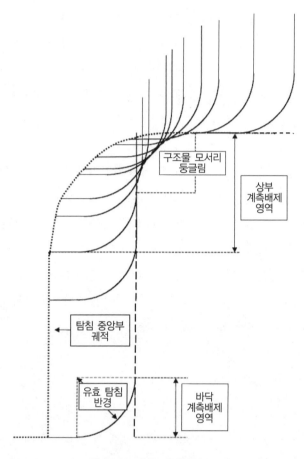

그림 23.13 계측 배제영역

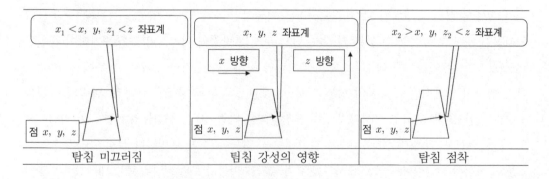

그림 23.14 기저부 형상에 따른 탐침강성의 영향. 탐침길이 방향으로의 어떤 높이에서도 탐침의 굽힘이 발생할 수 있다. (좌) 탐침 미끄러짐 (우) 탐침 점착

23.3.1.3 탐침강성의 영향

측면방향 탐침강성은 종종 간과되는 매개변수이다. 이 매개변수는 측정된 프로파일과 폭의 타당성에 중요한 영향을 끼친다. 원자작용력현미경(AFM)은 사실 외팔보 배면의 위치를 측정한다. 여기에 사용되는 가정은 외팔보 배면의 위치와 탐침의 공간상 위치 사이의 거리가 일정하다는 것이다. 만약 어떠한 이유(탐침마모, 모서리 둥글림)에서든지 이 거리가 변하게 되면, 발생된 문제를 보정하기 위한 재교정이 가능하다고 가정한다.

그런데 기계적인 이유 때문에 만약 탐침의 측면방향 강성이 센서 민감도 임계값에 의해서 유발되는 표면반력보다 작다면, 탐침 선단부와 외팔보 배면 사이의 공간위치 관계는 탄성적 방법에 의해서 변하게 된다. 이는 표면과의 조기접촉(견인력이 탐침을 표면 쪽으로 변형시켜서 점착유발)이나 센서의 임계 민감도에 도달하기 이전에 표면상에서 탐침의 미끄러짐 등과 더불어서 측정위치의 오차를 유발한다(그림 23.14)

23.3.2 탐침의 교정

23.3.2.1 교정구조

실리콘 나노 테두리(SNE), 실리콘 돌기(FSR), 수직 평행 구조물(VPS) 등과 같이 여러 가지 구조물들을 프로브 탐침을 교정하기 위해서 사용할 수 있다. 주사 프로브 계측에서 필요로 하는 엄격한 요구조건들을 충족시키기 위해서 여러 해 동안 이 구조물들에 대한 변형이 가해졌다. 주사프로브현미경(SPM)을 사용한 측정 매뉴얼에는 일반적으로 프로브 탐침 교정에 대한 정보가 포함되어 있다. 이후에는 프로브 탐침 고정방법에 대해서 논의한다.

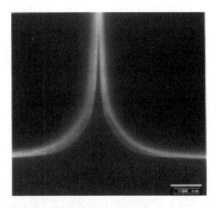

그림 23.15 개선된 실리콘 나노 테두리(SNE) (Team Nanotec)

23.3.2.1.1 실리콘 나노테두리를 사용한 탐침 폭 결정

다음의 과정은 실리콘 나노 테두리(SNE)를 사용한 탐침의 교정을 위해서 사용할 수 있다(그림 23.15). 이 내용은 사용자들로 하여금 탐침과 나노 테두리 사이의 상호작용을 이해시키고, 주사된 데이터로부터 탐침 폭의 계산을 돕기 위해서 작성되었다.

청결한 영역 내에서 나노 테두리를 스캔한다. 이때 구조물의 양쪽 면 모두를 스캔할 수 있도록 x 크기가 충분히 크게 영역을 설정하여야 한다. 주사선의 숫자는 측정의 통계학적 평균을 만들 수 있어야만 한다. 분석과정은 수작업이나 자동화를 통해서 수행할 수 있다. 따라서 나노 테두리 스캔 영상을 저장하는 것은 좋은 방안이다. 매개변수를 계산할 필요가 있다. 꼭대기부터의 거리를 측정해야 한다. 향후 참조하기 위해서 폭을 추출해야 한다. 이를 위해서 다음과 같은 계산방법을 사용할 수 있다.

그림 23.20에서는 나노 테두리를 가로지르는 단일스캔을 보여주고 있다. D는 나노 테두리의 상부에서 측정위치까지의 거리이다. L은 이 위치에서 스캐닝된 영상의 폭이다. W는 탐침 폭을 찾아내기 위해서 필요한 감산량의 절반이다. 이것은 그림에 표시되어 있다. W를 다음과 같이 나타낼 수 있다.

$$W = (D-r)\tan\theta + r$$

여기서 D는 80nm, $r = 7.5$nm(실리콘 나노 테두리의 반경), 그리고 θ는 좌측 및 우측 경사면으로부터 계산된 평균 경사각도 $(90^o - (\dot\theta\,\theta_2)/2)$이다. 예를 들면 만약 좌측 및 우측 경사각도가 모두 70°라면 그림 23.16에서 $\theta = 20^o$. $\theta = (\alpha + \beta)/2$이다.

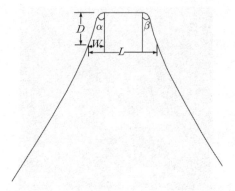

그림 23.16 나노테두리 상의 주사선. 탐침 폭은 $L-2W$이다(스캐닝된 선은 탐침 폭을 포함한다).

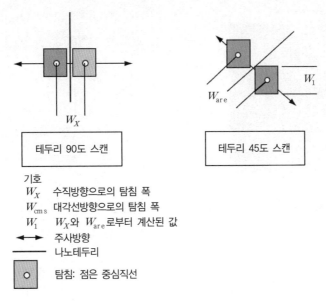

기호
W_X 수직방향으로의 탐침 폭
W_{cms} 대각선방향으로의 탐침 폭
W_1 W_X와 W_{are}로부터 계산된 값
⟵⟶   주사방향
——   나노테두리
▢   탐침: 점은 중심직선

그림 23.17 서로 다른 각도에서의 탐침 폭

W에 대한 계산을 통해서 유효 탐침 폭을 다음과 같이 결정할 수 있다.

$$\text{tip width} = L - 2W$$

이 값의 계산에 비행높이를 포함시키지 않았기 때문에 이 값은 실제 탐침 폭이 아니라 단지 유효 탐침 폭이다. 우리는 정밀도나 정확도를 구하기 위해서 유효 탐침 폭을 사용하는 데에 관심을 가지고 있다.

그런데 다양한 소재에 대해서 동일한 비행높이 하에서의 실리콘 나노 테두리(SNE) 반경에 대해서는 위에서 사용한 가정들을 기반으로 하여 정밀도에 도달할 수 있는 반면에, 테두리 반경정의에 사용된 7.5nm(TEM 평가)가 근사치이며, 소재 간 비행높이는 사용된 스캐닝 모드에 따라서 변하므로 사용된 정확도를 주장할 수 없다.

앞서 설명한 과정이 스캔방향에 대해서 탐침 폭의 특징을 묘사할 수 있는 반면에, 회전스캐닝방향 또는 45° 각도를 갖는 구조물은 탐침의 대각선 크기의 특징을 묘사할 수 있다(그림 23.17).

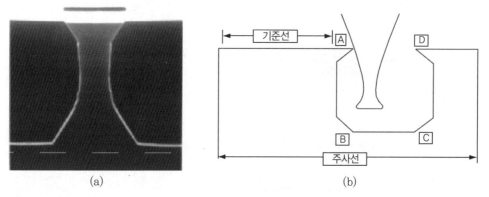

| (a) | (b) |

그림 23.18 (a) 실리콘 돌기(FSR) (Team Nanotec) (b) 실리콘 돌기(FSR)에서의 부츠형 탐침/구조물 관계

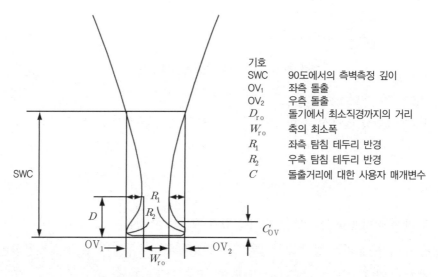

기호
SWC   90도에서의 측벽측정 깊이
OV_1 좌측 돌출
OV_2 우측 돌출
D_{ro} 돌기에서 최소직경까지의 거리
W_{ro} 축의 최소폭
R_1 좌측 탐침 테두리 반경
R_2 우측 탐침 테두리 반경
C 돌출거리에 대한 사용자 매개변수

그림 23.19 실리콘 돌기(FSR) 스캔으로부터 추출한 탐침형상 매개변수

23.3.2.1.2 실리콘 돌기(FSR)와 돌출

실리콘 돌기(FSR)는 일반적으로 탐침의 위쪽형상을 묘사하기 위해서 사용된다(그림 23.18). 실리콘 돌기(FSR)를 사용하여 구조물 측정을 검증하기에 유용한 더 많은 탐침형상 매개변수들을 구할 수 있다(그림 23.19).

실리콘 나노 테두리(SNE)과 실리콘돌기(FSR) 탐침교정의 결과를 결합시켜서 탐침을 재구성함으로써 세밀한 근사가 가능하다[19]. 탐침 모서리 반경에 대한 더 많은 평가를 위해서는 실리콘 돌기(FSR) 모서리 반경에 대해한 가정을 해야만 한다(그림 23.20).

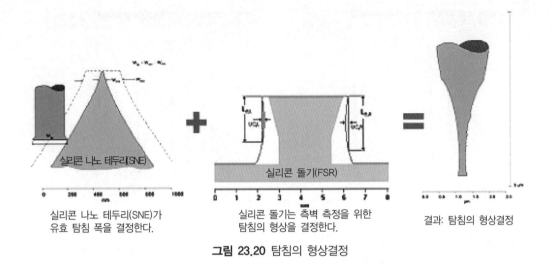

실리콘 나노 테두리(SNE)가
유효 탐침 폭을 결정한다.

실리콘 돌기는 측벽 측정을 위한
탐침의 형상을 결정한다.

결과: 탐침의 형상결정

그림 23.20 탐침의 형상결정

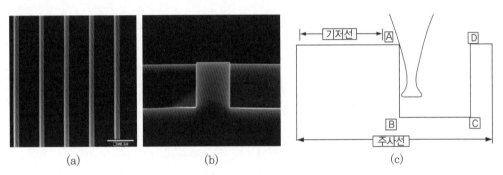

(a)   (b)   (c)

그림 23.21 (a) 100nm 폭의 수직 평행 구조물(VPS) (Team Nanotec) (b) 수직 평행성 단면(Team Nanotec)
(c) 수직 평행선에서의 부츠형 탐침/ 구조물 상관관계

23.3.2.1.3 수직 평행 구조물

탐침의 돌출 형상을 사용할 필요가 없는 분야의 생산목적을 위해서는 단순화된 탐침 특성화
가 사용될 수 있다. 수직 평행 구조물(VPS)(그림 23.21)은 선폭 균일성이 뛰어나고 측벽 및
직선 거칠기가 작기 때문에 정밀도가 높다. 이 구조는 또한 원추형 탐침의 측벽 각도를 측정할
때에 일상적으로 사용된다.

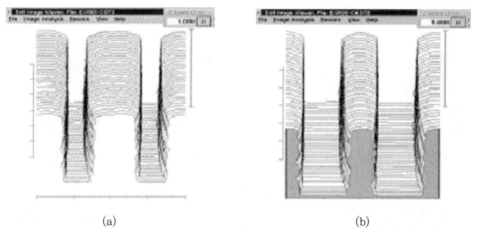

(a)   (b)

그림 23.22 (a) 폭 제거 이전의 기본영상(부츠형 탐침, 비접촉, 2차원 모드), (b) 탐침 폭 제거 이후의 최종영상
(부츠형 탐침, 비접촉, 2차원 모드)

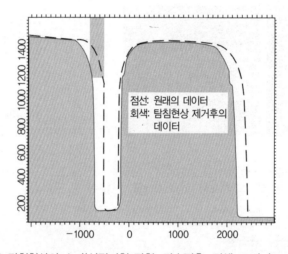

그림 23.23 탐침형상의 소거(실린더형 탐침, 단속접촉, 픽셀 모드) (FEI Company)

23.3.3 탐침형상의 소거 또는 탐침 분리

탐침 분리 또는 탐침형상 소거에는 다양한 알고리즘이 사용된다. 계측의 목적에서 주사방향
으로의 탐침 폭은 선폭 계산과정에서 손쉽게 차감(직선) 또는 합산(틈새)할 수 있으며, 조각처
럼 영상에서 제거할 수도 있다(그림 23.22). 일부 알고리즘들은 더 세련되며, 이들은 더 완벽
한 탐침형상 소거가 가능하다[20]. 이런 탐침형상 제거 기법들 중 하나가 그림 23.23에 도시되
어 있다.

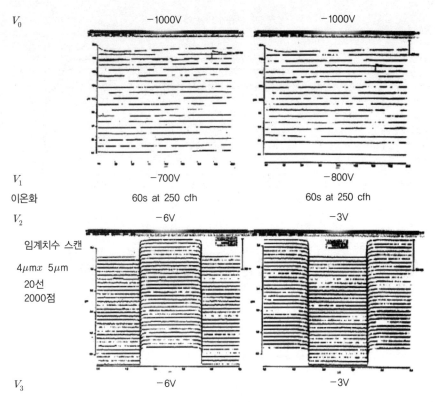

V_0 −1000V   −1000V

V_1 −700V   −800V

이온화   60s at 250 cfh   60s at 250 cfh

V_2 −6V   −3V

임계치수 스캔

$4\mu m \times 5\mu m$

20선

2000점

V_3 −6V   −3V

그림 23.24 상부 스캔은 탈이온화 전에 수행, 하부 스캔은 탈이온화 이후에 수행(부츠형 탐침, 비접촉, 2차원 알고리즘)

23.4 마스크

마스크 계측은 원자작용력현미경(AFM)의 다양한 한계를 보여준다. 공정에 의해서 유발되는 표면상의 전기적 충전(그림 23.24)뿐만 아니라 표면의 불충분한 세척/건조에 따른 모세관 작용력이 정상적인 상호 작용력에 필적한 경우를 발견하는 것은 드물지 않다. 마스크 기판온도 역시 측정기간 동안 안정적이어야 한다. 스캐닝 모드 및 방전기구의 선정과 세심한 공정을 통해서 이런 장애요인들을 극복할 수 있다.

높은 전압이 명백한 왜곡을 초래하지만 저전압 하에서도 여전히 측정의 신뢰성은 영향을 받는다(그림 23.25).

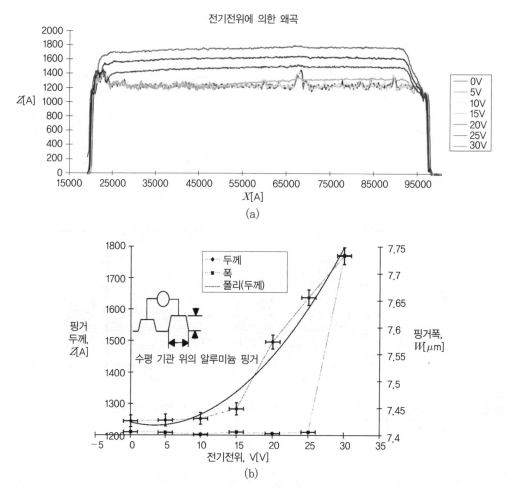

그림 23.25 (a) 잔류전압에 따른 프로파일(부츠형 탐침, 비접촉, 2차원 알고리즘), (b) 잔류전압에 따른 두께와 폭(부츠형 탐침, 비접촉, 2차원 알고리즘)

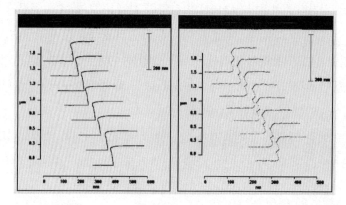

그림 23.26 마스크 크롬 프로파일의 건식 식각(좌)과 습식 식각(우) (부츠형 탐침, 비접촉, 2차원 알고리즘)

23.4.1 프로파일

측벽이 수직이며 매끈하지 않다면, 구조물의 프로파일(Υ 방향으로의 누적단면)을 측정하는 것은 어렵다는 것을 증명할 수 있다. 이 측정에는 두 가지 주 매개변수들이 영향을 끼친다. 탐침형상과 스캐닝 알고리즘이다. 현재까지는 단지 부츠형 탐침과 2차원 알고리즘만이 탐침형상 한계까지는 측벽의 신뢰성 있는 측정이 가능하다는 것이 증명되었다. 그런데 새로운 센서가 개발 중에 있으며, 이것은 표피를 조금 더 멀리 밀어낼 수 있다(두 개의 경사진 원추형 탐침을 사용하는 집게형 센서).

습식 식각용 마스크 프로파일은 대부분의 경우 상부의 CrO_2 비반사층과 벌크 Cr 층 사이의 서로 다른 식각율에 의해서 영향을 받는 반면에, 건식 식각 프로파일은 측정이 더 쉽다는 것이 증명되었다(그림 23.26).

광선의 기생적인 위상천이를 피하기 위해서는, 수직방향 투사에 대해서 (노출광선의 투과가 차단되도록)수정 벽의 가장 내측 위치를 금속 구조의 외측 유효 두께에 비해서 내측으로 움푹 들어가게 만들어야 한다. 그러므로 수정 식각 프로파일의 형상이 관심의 대상이 된다[21, 22](그림 23.27).

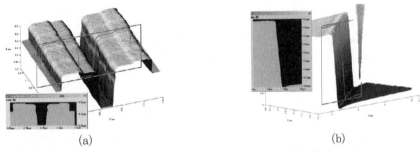

(a)   (b)

그림 23.27 (a) 수정 위상천이 틈새의 식각(부츠형 탐침, 비접촉, 2차원 알고리즘), (b) 수정 위상천이 틈새의 기저부 형상측정(경사진 원추형 탐침, 비접촉, 적응형 알고리즘)

   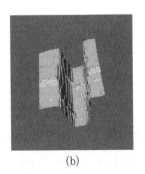

(a)   (b)

그림 23.28 (a) 수정 전(실린더형 탐침, 단속접촉 픽셀 모드, 1차원 알고리즘) (FEI Company), (b) 이온빔 수리 이후(실린더형 탐침, 단속접촉 픽셀 모드, 1차원 알고리즘) (FEI Company)

23.4.2 결 함

금속 또는 수정결함은 원자작용력현미경(AFM)을 사용하여 특징을 묘사할 수 있다. 흥미로운 적용사례로는 노과과정에서 국부적으로 광선의 위상을 변경시키는 수정 돌출부의 형태측정이 있다. 마스크 결함의 위치가 수리장비와 정확히 연계되어 있다면, 수리장비는 아무것도 볼 수 없을지라도 식각공정의 모니터링을 통해 결함의 수리가 가능하다(그림 23.28).

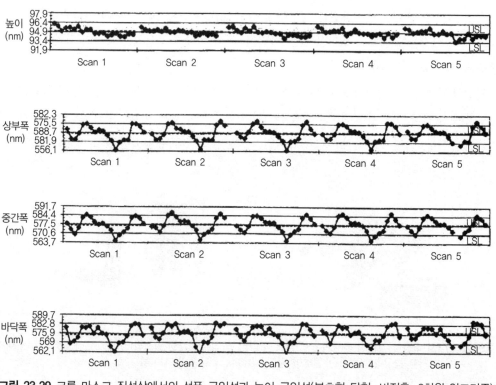

그림 23.29 크롬 마스크 직선상에서의 선폭 균일성과 높이 균일성(부츠형 탐침, 비접촉, 2차원 알고리즘)

23.4.3 선폭 균일성

구조물의 Y 방향을 따라서 다중 주사선에 대한 이산화 데이터 수집을 통해서, 원자작용력현미경을 사용하여 고분해능으로 선폭 균일성을 평가할 수 있다[23]. 다음 사례에서는 다섯 번의 연속스캔 결과를 보여주고 있다(5μm의 Y 크기를 따라가면서 구조물 상의 동일한 위치에서 20개의 주사선들에 대해서 수집되었다). 두께, 상부 폭, 중간 폭, 그리고 바닥 폭이 제시되어 있다. 도표의 바닥 선은 하한선(LSL)이다. 도표의 중간선은 상한선(USL)이다. 선폭의 편차가 상한선과 하한선의 차이보다 크다는 것을 명확하게 볼 수 있다(그림 23.29).

23.4.4 측벽 거칠기

위상천이 틈새의 바닥 거칠기가 마스크 소재의 투과율에 영향을 끼칠 가능성이 있으며, 측벽 거칠기가 어떠한 기생적 효과를 생성하지 못하도록 수정 식각공정을 조절하는 것도 중요하다. 제시된 사례(그림 23.30)에서는 다양한 수정 식각공정들이 다양한 측벽 거칠기를 만들어내는 것을 보여주고 있다[24].

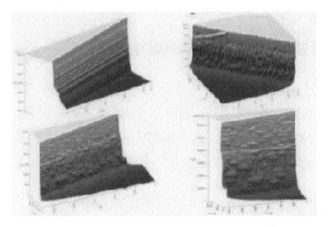

그림 23.30 측벽 거칠기 대비 수정 식각공정(부츠형 탐침, 비접촉, 2차원 알고리즘)

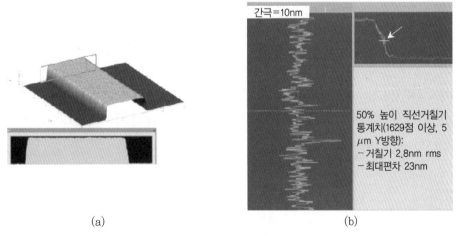

(a)　　　　　　　　　　　　　　　　　　(b)

그림 23.31 (a) 건식 식각된 크롬 마스크(부츠형 탐침, 비접촉, 2차원 알고리즘), (b) 구조물 좌측면의 직선 거칠기 분석

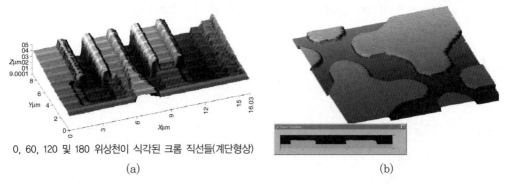

0, 60, 120 및 180 위상천이 식각된 크롬 직선들(계단형상)

(a)

(b)

그림 23.32 (a) 계단형상의 측정(부츠형 탐침, 비접촉, 2차원 알고리즘), (b) 광학근접보정(OPC) 형상의 측정
(부츠형 탐침, 비접촉, 2차원 알고리즘)

23.4.5 직선 거칠기, 직선 테두리 거칠기

구조물에 대한 폭의 편차를 측정하는 선폭 균일성과는 달리 직선의 거칠기에서는 구조물의
한쪽 면에 초점을 맞춘다. 직선 거칠기는 높이 임계값의 백분율로 정의된 수평방향 슬라이스
상에서 측벽의 위치 변화이다(그림 23.31). 이 백분율 값이 100%(구조물의 상부)이면 구해진
숫자를 직선 테두리 거칠기라고 부른다[24].

23.4.6 형상 분석

완전히 형상이 밝혀진 탐침과 포괄적인 탐침형상 소거 알고리즘을 통해서 형상 분석이 가능
하다(그림 23.32).

23.4.7 깊이, 스텝 높이

원자작용력현미경(AFM)은 깊이 모니터링에 극도로 유용한 것으로 증명되었다[25]. 이 장비
는 위상천이 마스크(PSM)의 계측에 중요한 역할을 한다. 3σ의 재현성 결과가 < 0.5nm라는
것이 보고되었다(그림 23.33).

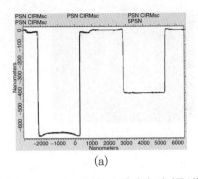
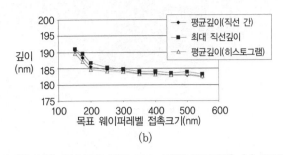

(a) (b)

그림 23.33 (a) 위상천이 영역의 깊이특성(실린더형 탐침, 단속접촉 픽셀 모드, 1차원 알고리즘), (b) 구조물
크기효과가 구조물의 최종 깊이에 끼치는 영향 분석(평행측벽 탐침, 비접촉, 적응형 알고리즘)

23.4.8 거칠기

원자작용력현미경은 표면계측을 위해서 선정된 장비이다. 원자작용력현미경 기술에 대한 최근의 개선을 통해서 더 낮은 측정 정확도와 수백분의 일 나노미터의 분해능을 구현할 수 있다. 새로운 원자작용력현미경들은 측면방향 분해능이 < 1nm이며, 바닥 노이즈는 < 0.05nm이다.

원자작용력현미경(AFM)은 수직높이(z)를 위치(z, y)의 함수로 측정한다. 스캔영역과 스캔당 샘플의 숫자에 따라서 분해능이 변할 수 있다. 원자력 현미경에 의해서 수집된 정보는 탐침형상에 의한 영향과 탐침에 의해서 유발된 시편의 변형, 그리고 계측장비의 드리프트 등으로 구성되는 전달함수에 의해서 수정된 실제 표면이다. 대기조건 하에서 원자작용력현미경(AFM) 측정을 통해서 실제 거칠기를 측정할 수 있음이 밝혀졌다. 원자작용력현미경으로부터 미소한 거칠기에 대해서 얻을 수 있는 매개변수들은 평균 거칠기(Ra), 평균 제곱근 거칠기(Rq), 그리고 산과 골 사이값(PV) 등이다. 이를 다음과 같이 정의할 수 있다.

$$Ra = (1/N^2 \sum\sum |z(x_i, y_j) - z_{av}|)$$
$$Rq = [(1/N^2 \sum\sum (z(x_i, y_j) - z_{av})^2)]^{1/2}$$
$$RV = \max|z(x_i, y_i)| - \min|z(x_i, y_i)|$$

이 측정값들은 표면의 높이에 대한 정보를 위치의 함수로 제공해주지만, 표면 전체에 대한 편차와 같은 전체적인 형태에 대해서는 제공하지 않는다. 이런 혼란을 없애기 위해서 파워 스펙트럼 밀도를 사용할 수도 있다. 이 매개변수는 거칠기가 단일 불균일이나 또는 공간 편차에 의한 것인가에 대한 혼란을 없애는 데에 필요한 스펙트럼 정보를 제공해준다(그림 23.34).

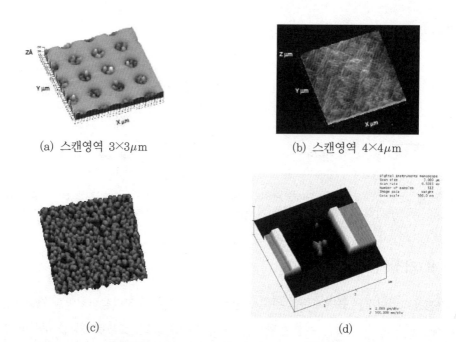

(a) 스캔영역 3×3μm   (b) 스캔영역 4×4μm

(c)   (d)

그림 23.34 (a) 텅스텐 플러그(원추형 탐침, 비접촉 모드, 1차원 알고리즘), (b) 적층형 실리콘(원추형 탐침, 태핑 모드, 1차원 알고리즘), (c) 반구형 실리콘 입자(원추형 탐침, 비접촉 모드, 1차원 알고리즘), (d) 위상 천이 마스크 상에서의 거칠기 측정(원추형 탐침, 태핑 모드, 1차원 알고리즘)(Veeco Instruments)

23.4.9 폭

원자작용력현미경(AFM)은 탐침 마모에 대한 조절이 가능한 경우에 형상의 물리적인 폭을 정밀하게 특정할 수 있다[19]. 탐침 폭의 세심한 교정을 통해서 정확도를 구현할 수 있다. 투과전자현미경(TEM)과의 상관관계는 1nm 이하인 것으로 밝혀졌다. 탐침 폭 오차는 다음과 같이 구해진다.

$$3\sigma_{\text{선단부 폭}} = 3 \times [\{(\sigma_{\text{교정구조}})^2 + (\sigma_{\text{정적인 폭}})^2\}/\text{주사선의 수}]^{1/2}$$

2차원 주사 알고리즘과 부츠형 탐침은 측벽 프로파일 편차와 X 스텝 크기 변화를 추종할 수 있는 능력을 갖추고 있기 때문에 폭을 나타내기에 최적인 것으로 밝혀졌다.

정적 정확도(y 범위가 0μm인 상태에서의 측정을 위해서 구조물에 대해서 50개의 주사선이 사용되었다)가 특성화되었다. 다양한 주사 매개변수들(클램프, X 스텝, Z/X 비율, 설정위치 등)의 조절을 통해서 장비/시편 결합에 의해서 유발되는 오차를 최소화시키는 최적의 조합을 결정할 수 있다.

정적 정밀도는 다음과 같이 계산할 수 있다.

$$3\sigma_{\text{정적인 폭}} = 3 \times [\{\sigma_{\text{상부}}^2 + \sigma_{\text{중앙}}^2 + \sigma_{\text{바닥}}^2\}/3]^{1/2}$$

$$3\sigma_{\text{정적 높이}} = 3 \times \sigma$$

$$3\sigma_{\text{정적 각도}} = 3 \times [\{\sigma_{\text{좌측}}^2 + \sigma_{\text{우측}}^2\}/2]^{1/2}$$

선폭 균일성의 특성화는 측정법의 설정에 유용하게 사용된다. 작은 y 스텝과 다수의 주사선(최소한 50개)을 사용한 형상주사를 통해서 형상 폭 균일성을 나타낼 수 있다. 형상 폭 균일성은, 앞서 결정했던 정적 정밀도를 고려한 형상 폭 균일성으로부터 통계학적 공식을 통해서 도출된다. 주사방향의 직각방향에 대해서 y 스텝이 탐침 크기보다 작기 때문에 형상 폭 균일성은 통계적 기반에서 특성화시킬 수 있다(Υ 크기). 이 Υ 크기는 동일하게 각도측정에 영향을 끼친다. $\sigma_{\text{cal. structure}}$의 결정에 동일한 과정이 사용될 수 있다. 이를 수행하기 위해서는 탐침 폭을 알 필요가 없다.

부츠형 탐침을 사용한 깊이 측정에서 형상 폭 균일성은 탐침 바닥의 평행육면체 형상이 표면을 매끄럽게 만드는 경향이 있기 때문에 형상 균일성에 대한 실제 영상을 제공해주지 않는다.

형상 폭 균일성은 다음과 같이 계산할 수 있다.

$$3\sigma_{\text{형상 폭}} = 3 \times [\{(\sigma_{\text{상부}}^2 + \sigma_{\text{중앙}}^2 + \sigma_{\text{하부}}^2)/3\} - \sigma_{\text{정적인 폭}}^2]^{1/2}$$

$$3\sigma_{\text{형상 높이}} = 3 \times [\sigma_{\text{높이}}^2 - \sigma_{\text{정적 높이}}^2]^{1/2}$$

$$3\sigma_{\text{형상 각도}} = 3 \times [\{\sigma_{\text{좌측}}^2 + \sigma_{\text{우측}}^2\}/2 - \sigma_{\text{정적 각도}}^2]^{1/2}$$

주사선의 숫자는 필요한 동적 정밀도와 형상 폭 균일성에 의해서 결정된다. 주사선의 숫자가 증가함에 따라서 형상 폭이 동적 정밀도에 기여하는 정도는 감소한다.

형상 폭 균일성에 끼치는 영향을 최소화시키기 위해서는 생산성과 정밀도 사이의 절충을 통해서 주사선의 숫자를 결정해야만 한다. 이 영향은 다음과 같이 계산할 수 있다.

$$3\sigma_{\text{정적측정오차}} = 3 \times [\{\sigma_{\text{형상 폭}}^2 + \sigma_{\text{정적인 폭}}^2\}/\text{주사선의 수}]^{1/2}$$

$3\sigma_{\text{정적측정오차}}$과 $3\sigma_{\text{선단부 폭}}$의 결합을 통해서 $3\sigma_{\text{동적측정정밀도}}$의 최솟값을 구할 수 있다.

$$3\sigma_{\text{동적측정정밀도}} = 3 \times [\sigma^2_{\text{선단부 폭}} + 3\sigma^2_{\text{정적측정오차}}]^{1/2}$$

전형적인 생산성 목표는 <1min/site이다. 전형적인 단기(100분 이내에 단일 마스크 상의 100 위치측정 시) 정밀도 목표는 3σ에 대해서 2nm 미만이다.

장기간 정밀도 목표는 100개의 측정위치에 대해서 계산한다. 단기간 시험방법은 5일 동안 아침에 (1번 탐침을 사용해서)한 번 측정한 다음 야간에 (2번 탐침을 사용해서)한 번 더 측정하는 것이다.

23.5 원자작용력현미경(AFM)의 선정과 시험방법

요약하면, 원자작용력현미경(AFM)은 용도에 따라서 선정해야 한다.

- 표면조도<$10\,\text{Å}$ rms: 태핑 모드, 원추형 탐침, 1차원 스캔 알고리즘
- 표면조도>$10\,\text{Å}$ rms: 비접촉 모드, 원추형 탐침, 1차원 스캔 알고리즘
- 스텝 높이: 비접촉 모드, 실린더형 탐침, 적응형 스캔 알고리즘 또는 단속접촉 픽셀 모드, 실린더형 탐침, 1차원 알고리즘
- 프로파일, 측벽 거칠기, 직선 거칠기, 직선 테두리 거칠기, 폭, 그리고 선폭 균일성: 비접촉 모드, 부츠형 탐침, 2차원 스캔 알고리즘

위의 리스트는 원자작용력현미경(AFM) 시스템에 대한 것이며, 이들의 성능에 대한 관심이 고조되면서 센서와 알고리즘이 빠르게 발전하고 있다. 적용분야가 무엇이던지 간에 탐침 마모를 나타낼 수 있는 시험방법이 설계되어야만 한다. 이 데이터들은 재교정주기 및 탐침 교체주기의 선정과 미지의 표류측정을 피하기 위해서 중요하다.

감사의 글
저자는 이 단원을 저술하면서 소중한 도움을 주신 분들께 감사를 드린다. Marty Klos (Rave LLC), Kelvin Walch (Ash semi-services), Mike Young (KLATencor), Vladimir Ukraintsiev (TI), Johann Greschner (Team Nanotec), Yves Martin(IBM), Troy Morrisson (FEI company), Paul Mac Clure (Xidex Corporation), Vladimir Mancevsky (Xidex Corporation), Kirk Miller (Veeco), Guy Vachet (CNET) Philippe Cochet (Zygo). 저자는 또한 다음 기관에도 감사를 드린다. FEI Company, Veeco Instruments, Zygo Corporation.

❑ 참고문헌 ❑

1. G. Binnig and H. Rohrer, Scanning tunneling microscopy, *Helv. Phys. Acta,* 55, 726 (1982).

2. G. Binnig, C.F. Quate, and Ch. Gerber, Atomic force microscope, *Phys. Rev. Lett.,* 56, 930 (1986).

3. C.F. Quate, The AFM as a tool for surface imaging, *Surf. Sci.,* 299/230, 980–995 (1994).

4. H.K. Wickramasinghe, Scanned probe microscopes, *Sci. Amer.* (October), 98–105 (1989).

5. G. Meyer and N.M. Amer, Novel optical approach to AFM, *Appl. Phys. Lett.,* 53, 1045 (1988).

6. S. Alexander, L. Hellemans, O. Marti, J. Schneir, V. Eling, P.K. Hansma, M. Longuire, and J. Gurly, *J. Appl. Phys.,* 65, 164 (1989).

7. Y. Martin, C.C. Williams, and H.K. Wickramasinghe, Atomic force microscope—-force mapping and profiling on a sub 100 A° scale, *J. Appl. Phys.,* 61, 4723 (1987).

8. D. Royer, E. Dieulesaint, and Y. Martin, Improved version of a polarized beam heterodyne interferometer, in: B.R. McAvoy (ed.), *Proc. IEEE Ultrasonics Symp.,* San Francisco, vol. 432, IEEE, New York, 1985.

9. G. Binnig, C.F. Quate, and Ch. Gerber, Atomic force microscope, *Phys. Rev. Lett.,* 56, 930 (1986).

10. M. Tortonese, R.C. Barrett, and C.F. Quate, *Appl. Phys. Lett.,* 62, 834 (1993).

11. T. Goddenhenrich, U. Lemke, U. Hartmann, and C. Heider, Force microscope with capacitance displacement detection, *J. Vac. Sci. Technol.,* A6, 383 (1988).

12. R.C. Barrettm and C.F. Quate, Optical scan-correction system applied to atomic force microscopy, *Rev. Sci. Instrum.,* 62, 1393 (1991).

13. J.E. Griffith, G.L. Miller, and C.A. Green, A scanning tunneling microscope with a capacitancebased position monitor, *J. Vac. Sci. Technol.,* B8, 2023–2027 (1990).

14. A.L. Weisenhorn, P.K. Hansma, T.R. Albrecht, and C.F. Quate, Forces in atomic force microscopy in air and water, *Appl. Phys. Lett.,* 54, 2651 (1989).

15. D. Vie, H.G. Hansma, C.B. Prater, J. Massie, L. Fukunaga, J. Gurley, and V. Elings, Tapping mode atomic force microscope in liquids, *Appl. Phys. Lett.,* 64, 1738 (1994).

16. A. Mathai and M. Oyumi, Profiling high-aspect ratio features for post-etch metrology, *Yield Management Solutions,* Autumn, 30 (1999).

17. Product information, www.feico.com.

18. G.S. Pingali and R. Jain, Surface recovery in scanning probe microscopy, *Proc. SPIE,* 1823, 151–162 (1992).

19. S. Muckenhirn and A. Meyyappan, Critical dimension atomic force microscope (CD-AFM)

measurement of masks, *Proc. SPIE,* 3332, 642–653 (1998).

20. J.S. Villarrubia, Algorithms for scanned probe microscope image simulation, surface reconstruction, and tip estimation, *J. Res. Natl. Inst. Stand. Technol.,* 102 (4), 425–453 (1997).

21. A. Meyyappan, M. Klos, and S. Muckenhirn, Foot (bottom corner) measurement of a structure with SPM, *Proc. SPIE,* 4344, 733–738 (2001).

22. S. Muckenhirn, A. Meyyappan, K. Walch, M.J. Maslow, G.N. Vandenberghe, and J. van Wingerden, SPM characterization of anomalies in phase-shift mask and their effect on wafer features, *Proc. SPIE,* 4344, 188–199 (2001).

23. A. Meyyappan and S. Muckenhirn, Photoresist focus exposure matrix (FEM) measurements using critical-dimension atomic force microscopy (CD AFM), *Proc. SPIE,* 3332, 631–641 (1998).

24. K. Walch, A. Meyyappan, S. Muckenhirn, and J. Margail, Measurement of sidewall, line, and line-edge roughness with scanning probe microscopy, *Proc. SPIE,* 4344, 726–732 (2001).

25. V.C. Jaiprakash, M.E. Lagus, A. Meyyappan, and S. Muckenhirn, High-aspect-ratio depth determination using non-destructive AFM, *Proc. SPIE,* 3677, 10–17 (1999).

제24장

영상배치의 계측

Michael T. Takac

서 언

이 단원은 마스크 산업에서 $x-y$ 영상배치 계측의 기본적인 역할에 대한 이해를 목적으로 하고 있다.

마스크 제조의 이상적인 목표는 오차 없이, 즉시, 저가로 어떤 형태의 설계라도 제작하는 것이다. 이런 이상적인 목표가 연구와 검증에 필요한 관찰 기능의 강화를 지원하도록 과학계의 혁신을 이끌고 있다. 1970년대에 들어서 마스크 업계의 회사 전용 마스크 장비에 $x-y$ 측정이 도입되었다. 1970년대 중반에 Pasadena(CA) 사의 Boller & Chivens는 마스크 상의 형상에 대한 x 및 y 좌표를 측정할 수 있는 선형 치수분석기(LDA)를 도입하였다. 이 시스템은 형상배치 측정을 위해서 스테이지의 x 및 y 축을 따라서 미세한 눈금이 매겨진 유리 자를 사용하였다. 이 시스템의 반복도는 마이크로미터의 범위였다. 1980년대에 니콘사는 일련의 $x-y$ 계측장비를 상업적으로 공급하였으며, 또한 1990년대에서 현재까지 일련의 제품들이 산업계를 지배하고 있다. 이 시기 동안 $x-y$ 계측은 3σ의 장기간 반복도에 대해서 1000.0nm에서 3.0nm까지 개선되었다.

마스크 업계는 투사나 접촉 프린트를 목적으로 기층소재 상에 형상을 전사하기 위해 패턴 발생기를 사용한다. 패턴 발생기는 마스크 평면 내에서 형상 배치를 위한 기준으로서 내부 좌표계 시스템에 의존한다. 앞서 언급했던 $x-y$ 계측장비도 역시 마스크 상의 형상배치 측정을 위해서 자체적인 내부 좌표계 시스템을 보유하고 있다. 좌표계 시스템의 매칭은 중요한 사안이다. 그런데 이것은 계측장비의 좌표계 시스템과 마스크 패턴 설계시 사용되었던 이론적 좌표계를 매칭시키는 일에 가려져 있다. 그러므로 $x-y$ 계측의 주 기능은 패턴 발생기를 이론적인 설계 좌표 시스템과 매칭시키기 위해서 추적경로로 이용하기 위한 촉매로서의 역할이다. 게다가 $x-y$ 계측은 웨이퍼 레벨에서 이와 유사한 역할을 수행한다.

가장 많이 사용되는 $x-y$ 계측의 두 번째 역할은 제품 배치와 장비 특성화이다.

다음 절에서는 $x-y$ 계측의 일반적인 개요와 설계 좌표계, 해석 및 샘플링 등에 대한 추적경로에 대해서 개략적으로 살펴보기로 한다.

24.1 $x-y$ 계측의 개괄

$x-y$ 계측의 발전은 스테이지의 x 및 y 방향에 대한 측정에 간섭 광선이 눈금자를 대체하도록 만들었다.

과거 3세기 동안 과학자들은 소재와 광선 사이와 광선 자체간의 상호작용에 대해서 연구해 왔다. 예를 들면 1879년에 알버트 아브라함 마이컬슨은 에테르 파동을 측정하기 위해서 빛의 상호작용을 사용하는 마이컬슨–모레이 실험이라고 알려져 있는 기념비적인 실험(그림 24.1)을 고안하였다[1]. 나중에 파브리와 페로는 1세기에 걸쳐서 수행된 관련 연구에 대한 기여를 통해서 오늘날 간섭계라고 알려진 완성품을 만들어냈다.

그림 24.1 마이컬슨–모레이의 실험

그림 24.2에서는 $x-y$ 계측 시스템에 사용되는 최신 간섭계의 개략도를 보여주고 있다[2]. 간섭계는 마스크 업계에서 사용되는 정밀 시스템에서 발견할 수 있다. 마스크 패턴 발생기와 $x-y$ 계측 모두에서 마스크를 정밀하게 위치시키기 위해서는 스테이지 간섭계에 의존해야만 한다.

간섭계의 성능과 더불어서 $x-y$ 계측기능에 똑같은 중요도를 갖는 것은 형상의 검출 및 분석 능력이다. $x-y$ 계측에 대한 최근의 개선에는 투과모드 마스크용 광학 헤드 투과광선 조명의 정밀도 및 용량 향상과 영상배치 도중에 선폭 동시 측정기능의 구현 등이 포함된다(그림 24.3).

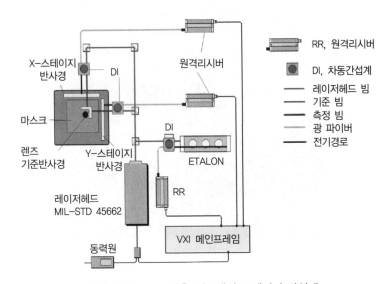

그림 24.2 $x-y$ 계측 시스템의 스테이지 간섭계

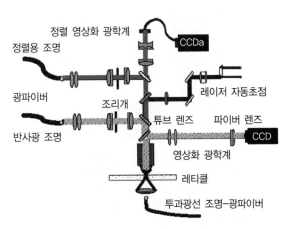

그림 24.3 반사 및 투과광선 조명을 공급하는 광학 헤드

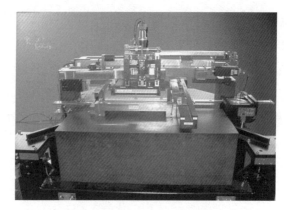

그림 24.4 스테이지 간섭계와 광학 헤드

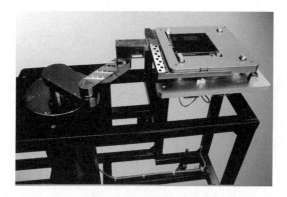

그림 24.5 마스크 취급 장치

그림 24.6 $x-y$ 계측 시스템

그림 24.4에서는 진동을 최소화시키기 위해서 진동절연 테이블 위에 장착된 스테이지 간섭계와 광학 헤드의 사진을 보여주고 있다.

그림 24.5에서는 마스크 판을 매거진에서 계측용 스테이지로 운반하기 위해서 사용되는 이송 시스템을 보여주고 있다. 이 이송 시스템은 마스크 판을 스테이지에 넣고 뺄 때에 환경변화를 최소화시킨다.

$x-y$ 계측장비는 그림 24.6에서 볼 수 있듯이 온도와 습도 변화를 최소화시킬 수 있도록 환경조절 챔버 속에 밀봉해놓는다. 또한 제어용 콘솔을 통해서 작업자는 시스템을 조작한다.

24.2 좌표계 시스템 추적경로

$x-y$ 계측기술은 나노기술의 첨단 분야이다. 이것은 그 자체가 일반적으로 이 기술을 최초로 습득하는 산업계의 빠른 변화에 발맞추려는 표준협회에 딜레마를 제공해준다. $x-y$ 계측에 대한 투자는 교정의 품질을 통해서 회수된다.

전통적으로 대부분의 계측장비 설치과정에는 시스템 교정을 위한 산업적 표준결함이 사용된다. 교정은 표준 척도에 대한 추적경로와 계측장비가 작동하도록 설계되어 있는 형상에 대한 추적경로를 확보할 수 있도록 보장해준다. 이상적인 표준결함에는 척도와 형상에 대한 추적경로 모두를 포함하고 있어야 한다. 이 절에서는 표준결함에 대한 교정 또는 설치과정에 대해서 개괄적으로 살펴보며 기하학적 추적경로에 대해서는 다루지 않을 예정이다.

윌슨 경[3]의 말을 인용하면: Erlangen 대학 취임사(1872)에서 Felix Klein[4]은 포괄적인 개념에서 형상이 의미하는 바에 대한 이해의 중요성에 관한 통합이론을 소개했다. 각각의 형상들은 일련의 운동들에 의해서 연결되거나, 공간 내에서 형상의 고유한 기하학적 성질을 잃어버리고, 공간에 대한 개별적인 매핑에 의해서 자체적으로 연결된다. 다시 말하면, 공간에 대한 개별적인 매핑에 의한 자체적인 그룹의 사양이 형상을 결정짓는다.

Felix Klein의 취임사는 Erlangen Program에 대한 설명이었다. 이를 토대로 하여, 물리적인 도구를 원하는 형상으로 매핑시키는 것을 주요 기능으로 하는 자체교정의 기초가 확립되었다. 정밀공학의 역사를 통해서 자체교정 방법은 다양하게 발전했으며, 이들 중 일부는 Evan 등[5]과 Raugh[6]의 연구에서 요약되어 있다.

마스크 업계의 $x-y$ 계측에서 목적으로 하는 형상은 카테시안 좌표계 매핑을 사용하는 유클리드(Euclid) 기하학을 기반으로 하고 있다. 유클리드 형상에서 자체교정은 일치의 개념에 의존한다. 한 형상 내의 임의의 두 점 사이의 거리가 다른 형상 내의 해당 위치들 사이의 거리와 일치하는 경우에 두 형상은 유클리드 공간 내에서 서로 일치한다. 일치하는 두 형상들 사이의 유사성은 두 세트의 점들 사이의 개별적인 매핑에 대한 사례이다. 유클리드 공간 동일성의 사례들은 회전, 이동, 그리고 반사 등이다. 모든 유클리드 동일성들은 유클리드 공간의 운동그룹 또는 *유클리드 그룹*이라고 부르는 그룹을 형성한다[3].

교정된 계측장비는 작업공간 내에서 입력과 출력 사이의 개별적인 매핑을 포함하는 단일한 전달함수를 갖는다고 하는 공리에는 유클리드 그룹에 포함되는 일련의 동일성 그룹이 포함된다고 말할 수 있다.

계측 작업공간 내에서 일련의 지정된 강체의 운동(회전, 이동 또는 반사)에 대해서 왕복원리를 적용하고, 물체운동 세트가 자체교정을 유지하는 한도 내에서 형상이 일치성에 접근하도록 하도록 전달함수를 수정한다.

스케일에 의해서 고정과 자체교정 사이에 미묘한 차이가 발생한다. 가공품 운동 세트 내에서 자체적인 일관성을 유지한다고 하여 스케일이 보장되는 것은 아니다. 스케일은 상대적인 항이며 형상에 의해서 보존되는 성질들만이 유지된다. 그러므로 자체교정 시스템을 위해서 스케일의 표준이 필요하다. 이런 노력의 결과로 형상에 대한 정확도가 계측 시스템의 반복도에 근접하며 스케일이 산업계에서 인정하는 정밀도에 접근하는 교정된 시스템이 만들어진다.

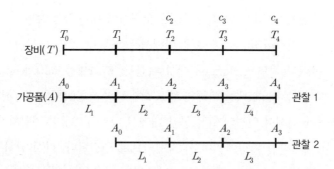

그림 24.7 교정되지 않는 장비(T) 위의 서로 다른 위치에서 측정된, 교정되지 않은 동일한 가공품(A)에 대한 관찰을 통한 일치성 비교

그림 24.7에서는 일치성을 구현하기 위해서 이행성을 사용한, 1차원 자체교정의 사례가 제시되어 있다[7].

이행성은 공리이다. 만약 어떤 초기 아이템이 두 번째와 동일하며, 두 번째는 세 번째와 동일하다면 첫 번째 역시 세 번째와 동일하다. 물체를 강체라고 가정하므로, 이행성을 사용해서 장비 T 상에서 관찰 1에 의한 길이 L_1이 관찰 2에서 측정된 길이 L_1과 같아야만 한다고 단언할 수 있다. 만약 이들 길이가 같지 않다면 차이값인 c_2를 기록해놓는다. 관찰 2에서의 L_1값에 c_2를 더하여 이 길이를 관찰 1에서의 길이 L_1과 같게 만든다. c_2는 T_1에서와 동일하게 측정하기 위해서 T_2에서의 장비 눈금을 수학적으로 변환시켜주는 교정 매핑 값이다. 이 과정은 길이 L_2에 c_2 값을 더한 다음에, 관찰 1과 관찰 2 사이에서의 길이 $L_2^{'}$에 대해서도 비교를 통해 차이 값 c_3를 저장하는 등등으로 계속해서 수행된다. 장비의 눈금(T_n)에 대해서 c_n 벡터를 더하여, 모든 장비 눈금들 사이의 거리를 첫 번째 두 눈금(T_0과 T_1 사이) 사이의 거리와 같게 수학적으로 만들어준다. 등간격 눈금에는 형상 보존 특성을 갖는 개별적 매핑이 사용되므로 자체교정이라 부른다. 자체교정은 물체의 실제 형상을 상대적인 척도와 방향을 사용해서 나타낸다.

그림 24.7에서는 교정되지 않은 물체가 이행성을 이용하여 물체의 형상 일치성을 얻기 위한 매개체가 된다. 반면에 모든 장비 눈금 쌍들은 초기 쌍(T_0과 T_1 사이)의 길이를 피동적으로 물려받는다. 초기 눈금 쌍은 직선 조각요소의 끝점간 거리로 이 조각이 모든 눈금 쌍들의 기준이 된다. 이런 조각을 그림 24.8에 도시된 것과 같은 2차원 격자로도 만들 수 있다.

그림 24.8 두 개의 서로 다른 피벗 점들에 대한 두 번의 90° 회전("X"로 표시됨)에 의해서 별개의 고정점 격자가 만들어진다.

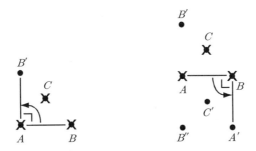

그림 24.9 격자 생성. 좌측 그림 A와 B 사이의 조각이 A에 대해서 90° 회전하여 B′점 생성. C 점에 대해서 180° 회전해도 B점으로부터 B′점이 생성된다. C는 두 개의 90° 운동을 합하여 만든 복합 피벗 위치 이다. B점에 대해서 90° 회전하면 우측 그림과 같은 점들(A′, B″, C′)이 생성된다. 두 가지 90° 회전 운동을 반복하면 그림 24.8의 격자가 생성된다.

그림 24.8에 도시되어 있는 두 개의 피벗 점(X)들은 조각의 끝점들을 나타낸다. 이 사례에서 피벗 점들은 물체에 대한 3방향 형상을 사용해서 만들어졌는데, 두 방향들은 첫 번째에 대해서 90° 각도로 회전해 있으며, 하나는 x방향으로 한 눈금만큼 이동해 있다[8]. 두 개의 피벗 점(그림 24.9의 A와 B)에서 출발하여, 두 개의 90°운동 사이를 오갈 때에 형성되는 격자를 관찰한다.

이 조각의 비유는 개념 확립의 도구이다. 그럼에도 불구하고 이 격자는 2차원 교정에 필요하다. 단일 피벗 점 회전을 기반으로 하는 자체교정 방법은 교정을 보증해주지 못한다. 단일 피벗 점은 필요한 격자를 보증해줄 수 없다.

$x-y$ 계측 시리즈는 복합보정이라고 부르는 자체교정 방법을 사용한다. 앞서의 격자에 대해 서로 다른 판 크기를 갖는 복합보정이 사용될 때에는, 전제조건이 유지된다[9]. 일련의 $x-y$ 계측을 수행하기 전에 단일 피벗 점을 회전시키는 장비의 반전법이 사용된다. 불행히도 이 방법들은 교정을 보증해주지 못한다.

복합보정과 함께 $x-y$ 계측을 위한 수많은 자체교정 방법[10, 11]이 있으며, 아마도 추가적으로도 개발이 수행되고 있을 것이다.

24.3 해 석

$x-y$ 계측을 통해 수집된 데이터 들은 각 계측의 공간위치를 기억하고 있다. 위치와 관련된 데이터를 보유하고 있다면, 위치에 내재되어 있는 유용한 정보들을 활용하는 일련의 해석을 수행할 수 있다. 다음 두 절들에서는 리소그래피 공간성분들에 대한 연구에 핵심 인자들로서, 위치를 사용하는 두 가지 해석 방법들을 소개하고 있다.

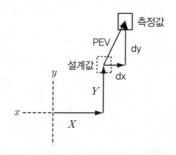

그림 24.10 위치오차 벡터(PEV)는 설계위치에 대한 측정형상의 상대적인 거리 벡터이다.

24.3.1 곡선회귀

$x-y$ 계측 데이터에 대한 회귀분석은 임의의 상관관계가 가지고 있을 수도 있는 공정제어에 대한 어떤 물리적인 의미를 공간적으로 연구하는 것이다. 그림 24.10에서는 원래 의도했던 설계위치에 대한 상대적인 영상배치를 나타내는 위치오차 벡터(PEV)의 형태로 $x-y$ 계측 데이터를 보여주고 있다.

2차원 위치오차 벡터(PEV) 필드를 멱급수의 형태로 나타내면:

$$\text{PEV} = c_0 f_0 + c_1 f_1 + \cdots + c_m f_m + \text{residue} \tag{24.1}$$

여기서 f는 선형독립 변수들이며 c는 계수이다. 계수들은 일반적으로 미지수이다. 최소자 승법[12]을 사용해서 데이터를 검증하기 위해서 필요한 계수들을 구할 수 있으며, 아마도 상호 의존성에 대해서 의미 있는 결론을 추출할 수도 있다. 계수들에 의해서 표시되지 않는 요소들은 일반적으로 유수(residue)로 분류한다.

식 (24.2)에서와 같이 2차원(X, Y)적으로 선형 독립적인 행렬로 f를 나타내어 식 (24.1)을 일반적인 형태로 재구성하면:

$$\text{PEV} = \sum_{i=0}^{n} \sum_{j=0}^{i} c_k X^{i,j} Y^j + \text{residue}, \quad \text{여기서} \ \ k = j + \sum_{m=0}^{i} m \tag{24.2}$$

식 (24.2)에서 n은 회귀차수를 나타내며, X와 Y는 형상의 설계, c'은 미지수이다. 식 (24.3a)와 (24.3b)는 위치오차 벡터(PEV)의 1차 dx와 dy 성분들을 나타내고 있다.

$$dx = a_0 + a_1 X + a_2 Y + \text{residue} \tag{24.3a}$$
$$dy = b_0 + b_1 X + b_2 Y + \text{residue} \tag{24.3b}$$

2차 항들의 예가 식 (24.4a)와 (24.4b)에 제시되어 있다.

$$dx = a_0 + a_1 X + a_2 Y + a_3 X^2 + a_4 XY + a_5 Y^2 + \text{residue} \tag{24.4a}$$
$$dy = b_0 + b_1 X + b_2 Y + b_3 X^2 + b_4 XY + b_5 Y^2 + \text{residue} \tag{24.4b}$$

d는 위치오차 벡터(PEV), f는 선형 독립적인 변수들의 행렬, 그리고 c는 미지수라고 한다면:

$$cf = d \tag{24.5}$$

이를 c에 대해서 풀면:

$$c = \left((f^{\mathrm{T}} f)^1 f^{\mathrm{T}} d \right)^{\mathrm{T}} \tag{24.6}$$

여기서 상첨자 T는 전치행렬을 의미한다. 또한 유수 벡터들의 평균제곱근(rms)을 계산한다. dx 방정식의 a_0에서 a_n까지와 dy 방정식의 b_0에서 b_n까지의 c에 대한 계수 값들이 그림 24.11에 도시되어 있는 것과 같은 물리적인 해석을 가능케 해주는 다음과 같은 공통적인 노광 형상을 만들어낸다.

그림 24.11에서는 식 (24.3a)와 (24.3b)의 1차 계수들이 만들어내는 형상을 나타내고 있다. *평행이동*은 이전의 좌표계와 평행한 좌표계로 필드가 이동한 경우의 거리 벡터이다. *크기변화*는 하나의 유닛과 다른 유닛들 사이의 비례계수이다. *전단*은 직각에 대해서 상대적인 비직교성 성분이다. *회전*은 피벗 점을 함께 사용하는 좌표계에 대한 필드의 각도변위이며, 그림 24.12에서는 일부 공통적인 고차형상들을 보여주고 있다. 그림 24.11과 그림 24.12는 식 (24.2)의 하위 세트들에 불과하다.

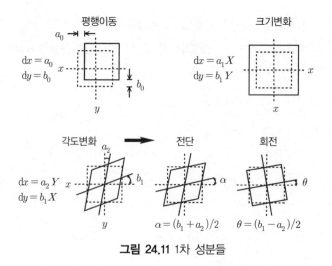

그림 24.11 1차 성분들

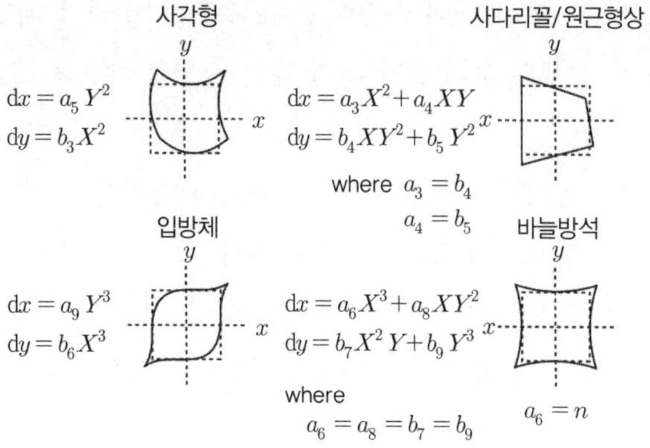

사각형

$$\mathrm{d}x = a_5 Y^2$$
$$\mathrm{d}y = b_3 X^2$$

사다리꼴/원근형상

$$\mathrm{d}x = a_3 X^2 + a_4 XY$$
$$\mathrm{d}y = b_4 XY^2 + b_5 Y^2$$

where $a_3 = b_4$
$a_4 = b_5$

입방체

$$\mathrm{d}x = a_9 Y^3$$
$$\mathrm{d}y = b_6 X^3$$

바늘방석

$$\mathrm{d}x = a_6 X^3 + a_8 XY^2$$
$$\mathrm{d}y = b_7 X^2 Y + b_9 Y^3$$

where
$a_6 = a_8 = b_7 = b_9$

$a_6 = n$

그림 24.12 2차 및 3차 성분들

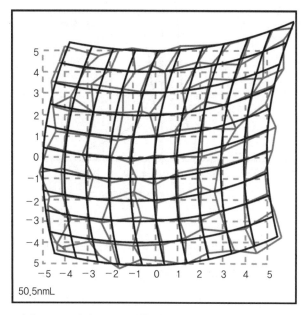

그림 24.13 회색으로 표시된 $x - y$ 계측 데이터 위에 겹쳐진 2차 회귀곡선(검은색)

그림 24.13에서는 $x - y$ 계측 데이터의 2차 회귀분석 사례를 밝은 회색 선으로 나타내고 있다. 그림 24.13에서 2차 근사와 실제 데이터 사이의 델타 값이 유수이다. 이 유수들은 회귀 계수들에 포함되지 않는 잔류성분들이다. 일반적으로 유수들은 정규 확률분포를 가지고 있다고 가정한다. 그런데 유수에 비정규 확률이 포함되어 있다면 경험적 확률[13]을 고려해야만 한다.

경험적 확률은 단순히 데이터 분포의 누적함수이다. 즉, 데이터 값이 최소인 점이 $r = 1$의 순위를 갖게 되며, 그다음으로 큰 데이터 값이 $r=2$ 등으로 순위가 매겨진다. 가장 큰 샘플 값이 n순위가 되며, n은 샘플의 수이고 각 관찰 값은 순위를 샘플의 크기로 나눈 값(r/n)이 된다.

마스크 노광 시 일반적으로 관찰되는 크기변화, 전단, 사다리꼴, 그리고 임의성분들을 포함하는 마스크 영상배치 데이터로부터 그림 24.14에 도시되어 있는 분포와 경험적 확률분포 곡선을 구하였다. 이 분포에서 3σ값은 25.4nm이다. 그런데 0.997의 경험적 확률은 30.0nm에서 발생한다. 이때 분포의 형태가 비정규적이라는 점에 유의하여야 한다.

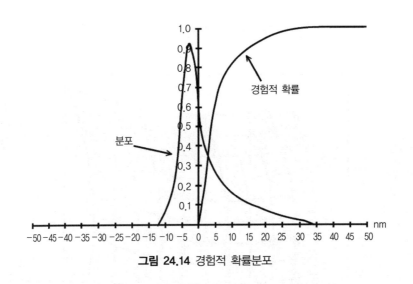

그림 24.14 경험적 확률분포

경험적 확률은 데이터의 매개변수 모델을 사용하기보다는 데이터로부터 계산하여 구한다. 리소그래피 데이터의 $n\sigma$ 값을 계산하기 위해서 정규모델을 사용하면 잘못된 결과를 얻을 우려가 있다. 정규모델은 독립적인 임의 데이터를 가정하고 있다. 노광 위치오차 벡터(PEV) 필드는 일반적으로 임의 오차와 더불어서 계통(임의적이지 않은) 오차데이터를 가지고 있다. 이 필드를 마치 임의적인 데이터만 가지고 있는 것처럼 취급하면 임의적이지 않은 데이터가 존재하는 경우에 부정확한 $n\sigma$ 값이 구해진다. 평균에 대한 0.997의 경험적 확률은 어떤 경우에는 3σ값과 유사하게 나타난다. 즉, 만약 데이터가 순수하게 임의 정규적이라면, 0.997의 경험적 확률은 3σ를 포함한다.

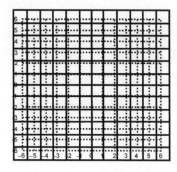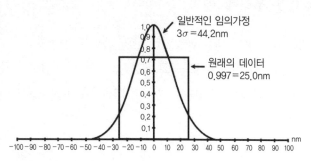

그림 24.15 임의 정규 확률 분포와 경험적 확률의 확대비교

그림 24.15에 도시되어 있는 사례는 확대성분(일반적인 노광성분)을 가지고 있는 위치오차 벡터(PEV)들의 모집단을 보여주고 있다.

그림 24.15에 도시되어 있는 확대 데이터에 대한 3σ 계산결과에 따르면, 3σ 값은 44.2nm이다. 3σ 값이 44.2nm라는 것은 모집단의 원래 데이터들이 그림 24.15에 도시되어 있는 정규분포를 따라간다는 것을 의미한다. 사각형 분포는 실제의 원 데이터를 나타내며 곡선에 따르면, 어느 하나의 데이터 점도 26.0nm를 넘어서지 않는다(25.0nm @ 0.997p < 44.2nm @3σ).

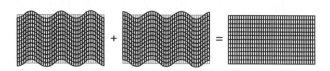

그림 24.16 반전된 파장들의 벡터 합산

임의 정규분포를 갖는 다중사상들이 평균제곱근(근) 계산에 합산된다. 그림 24.16에서 두 개의 파장 성분들은 각각 44.5nm의 3σ 값을 가지고 있다. 가정된 임의분포들을 합하면 3σ 값은 62.9nm가 된다. 하지만 실제 벡터 합산의 결과로 나타나는 분포는 0이 된다.

마스크 업계가 이상적인 목표에 접근해감에 따라서 통계학적인 가정에 의존하는 전통적인 관행을 재평가할 필요가 있다.

회귀분석은 노광의 계통적 성분들에 대한 연구에 소중한 도구이다. 그런데 고주파 이벤트들에 대한 평가 시 회귀분석의 한계가 나타난다. 다음 절에서는 주파수 영역에서의 $x - y$ 계측 데이터 분석에 대해서 살펴보기로 한다.

24.3.2 푸리에 변환

마스크 형상에 대한 균일한 이산화 측정을 통해서 $x - y$ 계측 데이터를 수집하는 방법은, 많은 연구 분야에서 분석도구로 사용될 수 있다. 이산화 푸리에 변환(DFT)[14]과 역푸리에 변환은 식 (24.7)에서 제시되어 있는 2차원 연속함수 $I(x,y)$의 푸리에 적분으로부터 유도된다.

$$F(u,v) = \int_{-\infty}^{\infty} \int_{-\infty}^{\infty} I(x,y) e^{-2\pi i(ux+vy)} dx dy \qquad (24.7)$$

그리고 이 식의 역변환은 식 (24.8)에 주어져 있다.

$$I(x,y) = \int_{-\infty}^{\infty} \int_{-\infty}^{\infty} F(u,v) e^{2\pi i(ux+vy)} du dv \qquad (24.8)$$

위 식은 연속함수 $I(x,y)$를 나타내기 위해서 잘 알려진 1차원 푸리에 변환 쌍을 2차원으로 확장시킨 것이다. 푸리에 변환은 리소그래피 시스템에서 발견되는 복잡해 보이는 많은 영상배치 형상들의 수학적 모델을 제공해준다. 이는 또한 데이터의 근원이나 특성에 대한 결론을 추출할 수 있는 정보를 제공해주므로, 주파수 성분 또는 스펙트럼을 사용하는 많은 연구 분야에서도 도움이 된다. 게다가 이 변환은 확정성을 가지고 있다. 즉, 회귀분석 계수에서 발견되는 정보는 손실되었을 가능성이 있는 반면에, 푸리에 계수 정보에는 손실이 없다. 다시 말해서 푸리에 해에는 유수가 없다.

위의 연속함수를 이산화 주파수 도메인으로 변환시키면 식 (24.9)에서 위치오차 벡터(PEV)의 $\mathrm{d}x$ 및 $\mathrm{d}y$ 성분들이 구해진다.

$$\mathrm{d}x(x,y) = \frac{1}{N} \sum_{u=0}^{N-1} \sum_{v=0}^{N-1} Fx(u,v) e^{\frac{2\pi i}{N}(ux+vy)}$$
$$\qquad (24.9)$$
$$\mathrm{d}y(x,y) = \frac{1}{N} \sum_{u=0}^{N-1} \sum_{v=0}^{N-1} Fy(u,v) e^{\frac{2\pi i}{N}(ux+vy)}$$

외곽에 고주파 성분이 위치하며, 평행이동 성분(주파수 0)이 중앙에 위치해 있는 주파수 평면상에서 $F(u, v)$는 눈금표시에 해당하는 어떤 u, v 위치에서의 푸리에 계수를 나타낸다.

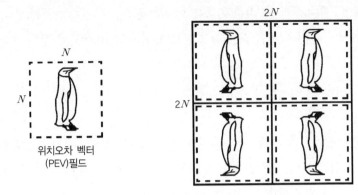

그림 24.17 비주기성 필드를 중앙에 대한 주기적 필드로 변환시킨다.

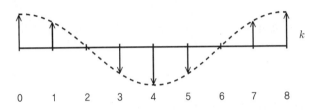

그림 24.18 사인함수 위치오차 벡터(PEV) 형상을 갖고 있는 단일 행

푸리에 변환 조건은 $I(x, y)$의 x 및 y 성분들이 음의 무한대에서 양의 무한대 까지 변화하는 경우이다. 위치오차 벡터(PEV) 필드는 연속조건을 만족시켜야만 하며, 그렇지 않은 경우에 불연속성에 의해서 격자 경계에서 바람직하지 않은 공간주파수가 생성된다. 유한한 필드 상에서 연속조건을 충족시키기 위해서는 식 (24.7)과 (24.8)이 실질적으로는 푸리에 변환의 일종인 코사인 변환이 된다. 그림 24.17에 도시되어 있는 것과 같이 공간 필드의 주기적 대칭 형태를 나타냄으로써 코사인 변환은 연속조건을 충족시킨다.

그림 24.17 좌측 영상의 점선으로 나타낸 영역은 $N×N$ 격자 상에서 최 외곽에 위치한 칼럼 열 세트를 나타낸다. 우측의 영상은 좌측 영상의 코사인 주기성을 갖고 있는 필드이다. 우측 영상의 검은 직선 경계는 점선으로부터 피치 절반의 거리에 위치한다. 이 거리는 주기적인 경계를 가로지르는 샘플링 간격 사이의 피치거리이다. $2N×2N$ 영상은 중심에 대해서 연속적으로 시계방향 또는 반시계방향으로 이동할 때에 주기성을 갖는다.

계측정보의 내용은 일련의 이산화 측정이 얼마나 정밀하게 원래 필드를 나타내는가를 결정하는 샘플링 간격(피치)의 함수이다. 다음에서는 주파수 도메인에 대한 위치오차 벡터(PEV)의 단일 열(k)에 대한 변환을 나타내고 있다. 다음의 y 형상(점선)들은 그림 24.18에서와 같이 일련의 이산화 dy 위치오차 벡터(PEV)들을 만들어낸다.

그림 24.18에서의 곡선은 *사인곡선*이라고 부르며, 식 (24.10)에서와 같이 표현된다.

$$dy(k) = A\cos(\omega k + \phi) \tag{24.10}$$

푸리에는 어떤 파형(우리 사례에서는 y방향 변위)이라도 무한급수의 사인함수들로 나타낼 수 있다고 주장하였다. 단일 칼럼을 따라가는 x 방향 변위에 대해서도 동일한 논리가 성립된다. 더욱이 이를 2차원 파형을 나타내는 모든 행과 열까지 확장시킬 수 있다.

식 (24.10)에서 변수 A는 *진폭* 또는 dy 벡터의 크기이며, ω는 *각속도*, 그리고 ϕ는 원점(k = 0)에 대한 시작위치이다. 시작점 ϕ는 또한 사인함수의 *위상*이라고도 알려져 있다.

$dy(k)$를 나타내기 위해서 식 (24.11)에서와 같이 오일러(Euler) 함수를 사용한다.

$$\begin{aligned} dy(k) &= Ae^{i(\omega k + \phi)} \\ &= A(\cos(\omega k + \phi) + i\sin(\omega k + \phi)) \\ &= a + ib \end{aligned} \tag{24.11}$$

여기서 a는 실수, ib는 허수이다.

식 (24.11)을 *페이서*라고 부르며, 이는 복소수 평면상에서 반경 A를 가지고 원운동을 하는 *점*으로 간주할 수가 있다. 이 사례에서 식 (24.10)은 반시계 방향으로 ω의 각속도로 회전하는 진폭이 A인 페이서의 실수부를 나타내고 있다. 그림 24.19에서와 같이 복소수 평면 주위를 이동하고 있는 점에서 투영된 페이서의 실수축 궤적이 0점에서 출발하여, 공간 평면상에 표시되어 있다.

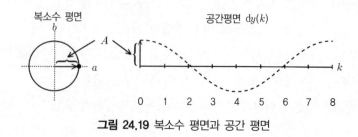

그림 24.19 복소수 평면과 공간 평면

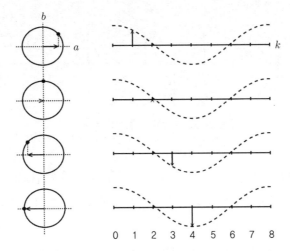

그림 24.20 복소수 평면의 실수축 상에서 dy 공간진폭의 추종

그림 24.19에서 복소수 평면은 공간평면 다음에 표시되어 있으며, $k = \phi = 0$으로 설정하여 페이서가 실수축 우측에서 출발하도록 만들었다. 그림 24.20에서 페이서는 공간평면 내에서 샘플링 되어 dy 위치오차 벡터(PEV)를 추종한다.

k가 1인 경우에는 1이라고 표시된 눈금위치에서 관찰된 위치오차 벡터(PEV)를 나타낼 수 있는 페이서 원 위의 위치로 이동하며, 실수축 상에 진폭을 투사한다. 페이서는 계속해서 원 주위를 이동하며 샘플 위치들을 추종한다.

다시 말해서 이 사례의 사인함수는 허수축 b를 따라가면서 진폭이 A인 사인 함수를 만들어 낼 수 있다. 동일한 dy 사인함수 형상은 코사인 함수에 비해서 우측이나 좌측으로 천이된 형태를 갖고 있게 된다. 실수와 허수성분들이 합해져서 서로 다른 파형 형상을 만들어낸다.

그림 24.20에서 페이서는 공간성분을 추종하고 있다. 바꿔 말하면 반전 페이서로 공간 위치 오차 벡터(PEV) 형상을 만들 수 있다. 그림 24.21에서는 각속도가 0일 때에, 반전 페이서가 평행이동 위치오차 벡터를 구성한다.

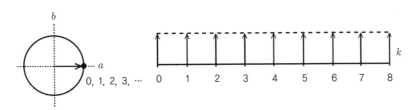

그림 24.21 평행이동의 투사

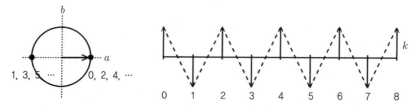

그림 24.22 지그재그 형상의 투시도

각속도가 0인 경우에 dy 위치오차 벡터(PEV)는 진폭 A 의 평행이동을 만들어낸다. 반면에 그림 24.22에서는 최대 각속도 π 에서 페이서에 의해서 만들어진 위치오차 벡터의 형상을 보여 주고 있다.

최대 속도는 스테이지 하위 시스템에서 자주 발견되는 것과 같은 지그재그 오차를 나타낸다. 최대 속도는 눈금표식들 사이의 피치 유닛에 의해서 제한된다. 즉, 가장 짧은 거리에 대해서 진폭 A 를 갖고 있는 위치오차 벡터의 최대 변화는 한 유닛의 피치 내에서 $+A$ 부터 $-A$ 까지로 제한된다. 이 최대속도는 식 (24.12)를 *나이퀴스트 주파수*라고 알려진 값과 같게 만들어준다[15].

$$주파수 = \omega / (2\pi T)\text{cycles/unit} \tag{24.12}$$

여기서 $|\omega| \le \pi$ 이며 이산화 샘플링에 의해서 표현되는 최고 주파수는 $1/2\,T\text{cycles/unit}$ 으로, 여기서 T 는 샘플 간격 또는 형상의 공간 피치거리에 해당하는 물리적 단위이다. 1920년대에 전신전송에 대해서 연구했던 해리 나이퀴스트를 기려서, 이 주파수 $1/2\,T\text{cycles/unit}$ 를 나이퀴스트 주파수라고 부른다.

눈금들 사이에서 더 높은 주파수를 구현하기 위해서는 더 많은 샘플 점들이 필요하다.

페이서 점들의 운동경로는 원형이기 때문에 속도는 단위당 라디안 값인 각속도로 나타낸다.

그림 24.23에서 속도계는 반시계방향으로 회전하는 페이서의 각속도를 양으로, 시계방향은 음으로 나타낸다. 속도범위는 0에서 $\pm\pi$ 까지이다.

속도계의 외주에는 k 행의 눈금표식과 동일한 숫자의 구획이 표시되어 있다. 그림 24.24에서와 같이 원은 π 에서 분할되어 직선으로 펼쳐졌다.

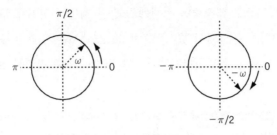

그림 24.23 페이서 각속도

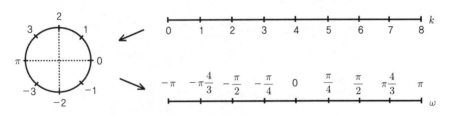

그림 24.24 각속도 표시에 대응하는 공간눈금 표식

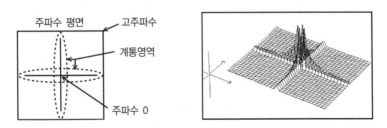

그림 24.25 주파수 도메인 내의 노광 계통영역

위의 시나리오를 모든 행과 열들에 대해서 적용하여 2차원 주파수 평면을 생성한다.

주파수 평면상의 각 눈금위치들은 각속도를 나타내며, 눈금에서의 계수 값들은 x 및 y축에 대한 식 (24.11)의 실수 및 허수성분의 공간크기(예를 들면 나노미터)이다. 식 (24.12)는 각속도를 주파수로 변환시켜준다.

이산화 푸리에 변환(DFT) 해석은 노광의 계통적 이벤트(LSE)들을 구분하는 데에 도움을 준다. 주파수 평면 내에서 노광의 계통적 이벤트(LES)들은 그림 24.25에서와 같이 일반적으로 중앙의 행과 열에 집중된다.

그런데 예외적으로 노광의 계통적 이벤트(LES)들이 주파수 평면 전체에 걸쳐서 패턴을 갖고 있을 수도 있다. 일반적으로 이 패턴들은 배경에 대한 상대적인 진폭에 의해서 손쉽게 인식된다. 임의 노이즈는 전형적으로 배경평면 전체에 노광의 계통적 이벤트(LES)들에 비해서 비교적 낮은 진폭으로 균일하게 분산되어 있다. 그림 24.25에서는 주파수 도메인 내에서의 공간 동력밀도 스펙트럼을 통해서 중앙 행과 열에서의 뚜렷한 계통필드를 보여주고 있다.

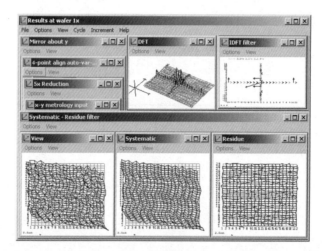

그림 24.26 임의사상으로부터 계통성분을 제거하기 위한 푸리에 필터

그림 24.26은 임의사상으로부터 계통성분을 제거하기 위한 필터로, 역푸리에 변환을 사용한 해석 예이다. 역이산화 푸리에 변환(IDFT) 필터창(우측상단 창)은 계통 윈도우을 구성하기 위해서 이산화 푸리에 변환 창으로부터 중앙의 행과 열에 대한 매개변수를 전달받아 작동한다. 유수는 관찰창과 계통 윈도우 사이의 차이값이다.

24.4 샘플링

이상적인 계측 시스템은 마스크 묘화에 소요되는 시간 중 짧은 시간 내에 모든 형상들을 마스크 전체의 영역 영상으로부터 추출해야만 한다. 아마도 미래의 핸드북에서는 이런 시스템에 대한 논의가 수행될 것으로 확신하지만 현재로는 샘플링은 주파수, 시간, 경제성, 그리고 목적 등의 함수이다.

*주파수*는 샘플 공간의 분해능으로, 공간주파수가 높아질수록 샘플의 수와 포함된 정보의 양이 많아진다.

*시간*은 측정 작업을 완료하는 데에 소요되는 시간이다. 공간주파수에 따라서 이 작업을 완수하는 데에 수일이 소요될 수도 있다. 오랜 작업 기간 동안 계측장비의 드리프트가 발생하는 경우에는 데이터 분석과정에서 측정된 기록 값들을 검사하여 드리프트에 대한 보상을 수행할 필요가 있다.

*경제성*은 샘플의 정보에 의해서 더해지는 가치이다.

*목적*은 주어진 작업에 대해서 샘플링 계획을 최적화시키기 위해 앞서 세 가지 항목들의 균형을 잡아준다.

$x-y$ 계측과 관련되어서 샘플링이라는 주제는 매우 광범위하므로, 이 책에서는 이 전략들에 대해서 초점을 맞춰서 살펴보기로 한다.

24.4.1 분 석

장비 분석이나 연구 작업을 위한 샘플링 전략은 보통, 다량의 데이터를 필요로 하며, 전형적으로 나이퀴스트 샘플링 원리를 따른다. 2차원 파형에 대한 데이터들을 다룰 때에는 장비의 리치 세트를 이용할 수도 있다(24.3.2절 참조). 어레이 내에서 균일하게 분포된 형상을 가지고 있는 마스크를 사용하는 메모리 기술의 경우 이 전략이 가장 적합하다.

24.4.2 배 치

배치는 샘플링의 고전적인 문제이다. 제조환경 하에서는 마스크 품질에 대한 이진수적인 결정이 수행되어야만 한다. 마스크 상의 형상들의 숫자는 기록영역의 크기를 최소 선폭으로 나눈 비율의 차수를 갖는다. 이 숫자는 가볍게 10^{10}을 넘어선다. 현재의 $x-y$ 계측 기술로는 이토록 많은 숫자의 형상들에 대해서 완벽한 확실성으로 이진수적인 결정을 내릴 수 없다. 다음 절들에서는 $x-y$ 계측을 위한 이진수적인 배치방법에 대해서 살펴보기로 한다.

측정된 형상들은 일반적으로 간접적인 계측용 표적이나 능동적인 디바이스 요소의 일부이다. 전형적인 샘플의 크기는 15에서 200개에 측정횟수를 더한 값이다. 평균, n-시그마, 최대 또는 범위 등으로 세팅되어 있는 한계값들을 조합하여 배치를 수행한다.

24.4.2.1 다중점 정렬

다중점 정렬은 평행이동 및 회전을 사용해서 측정된 데이터를 설계 격자에 맞추는 1차 회귀(24.3.1 참조)를 사용한다. 일부의 경우 스케일과 전단을 제외한다.

24.4.2.2 n-점 정렬

n-점 정렬은 설계격자에 대해서 상대적인 n-점들을 사용하여 평행이동과 회전을 제외한다는 점에서 다중점 정렬과 유사하다. n-점들은 일반적으로 마스크 패턴을 웨이퍼 상에 투사 프린트하는 과정에서 사용되는 스테퍼 정렬용 표적으로 사용된다.

24.4.2.3 계통적 산입

계통적 산입은 샘플링하지 않은 모수에 대한 영상배치거동을 예측하는 임의 가정과 계통적 이벤트를 연계시킴으로써, 앞서의 모든 정렬 전략들을 통합시킨 방법이다[16]. 샘플링 전략은 작업영역 외측의 표적을 배제하며 마스크의 작업영역 전체에 걸쳐서 균일해야만 한다. 계통적 계수들은 패턴 발생기 특성화 저장장치에서 로딩하거나, 주어진 분해능으로 계통필드를 나타내기 위해서 회귀분석을 사용하여 측정된 데이터들로부터 구할 수 있다.

24.4.2.4 적응성 계측

적응성 계측[17]은 이전의 샘플로부터 구한 데이터에 대한 함수를 샘플링 전략으로 사용하는 것이다. 그림 24.27의 사례에서 보듯이 마스크를 가로지르며 시행된 균일한 저주파 스캔을 첫 번째 사례로 보여주고 있다. 다음 반복 작업에서는 이전 샘플에서 가장 큰 벡터를 둘러싸고 있는 마스크 상의 영역을 더 높은 주파수로 샘플링한다. 나이퀴스트 주파수에 다다를 때까지 이 과정이 반복된다.

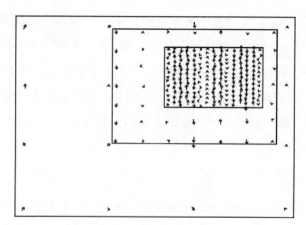

그림 24.27 적응성 계측은 이전의 저주파 샘플로부터 더 높은 주파수로 최대벡터에 대한 샘플을 추출한다.

24.4.2.5 용도에 따른 배치

이 전략은 용도에 따라서 마스크를 배치한다는 개념을 사용한다.

예를 들면 그림 24.28에서 5×배율의 마스크 B는 4×배율의 마스크 A와 정렬되며, 사용자는 이 중첩공정 제어를 통해서 네 개의 박스 간 중첩용 표적을 사용한다. 전제조건은 변수-배율 자동조절 하에서 동일한 네 개의 박스 간 표적을 사용해서 마스크 B를 마스크 A에 대해서 중첩시켜야 하며, 마스크 B를 마스크 A에 대해서 반복되는 모든 디바이스 요소들 내에서 임계 형상을 배치시켜서 결과를 웨이퍼의 등배율(1×) 수준에서 평가해야 한다. 주어진 값을 넘어서는 모든 디바이스중첩 벡터는 최후에 생산된 마스크 B에 대해서 불량으로 간주된다. 만약 마스크가 합격되면, 웨이퍼 중첩공정 제어를 위한 네 개의 박스 간 표적에 대해 상대적인 필드 평행이동과 회전 정보를 전송한다.

이 방식에서는 마스크 배치를 위해서 수많은 조합들을 사용하며, 전용 마스크 장비들에서만 지원이 된다.

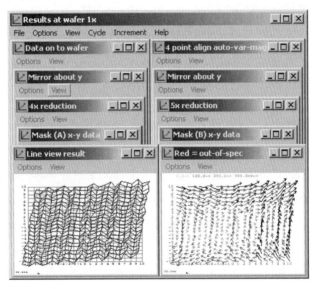

그림 24.28 마스크 A에 정렬된 마스크 B의 중첩을 적용한 사례의 함수로 나타낸 배치

□ 참고문헌 □

1. A.A. Michelson and E.W. Morley, On the relative motion of the earth and the luminiferous ether, *Am. J. Sci.,* 203 (November) (1887).

2. G. Schlueter, K.-D. Roeth, C. Blaesing-Banger, and M. Ferber, Next generation mask metrology tool, in: *Photomask and Next-Generation Lithography Mask Technology IX,* SPIE vol. 4754, 2002.

3. E.A. Lord and C.B. Wilson, *The Mathematical Description of Shape and Form,* Ellis Horwood Limited, Chichester, UK, 1984, pp. 13-37.

4. F. Klein, Vergleichende Betrachtungen uber neuere geometrische Forschungen, *Math. Annalen,* 43 (1903).

5. C.J. Evans, R.J. Hocken, and W. Tyler Estler, Self-calibration: reversal, redundancy, error separation, and absolute testing, *Annals CIRP,* 4 (5/2/1996) (1996).

6. M.R. Raugh Two-dimensional stage self-calibration: role of symmetry and invariant sets of points, *J. Vac. Sci. Technol. B.,* 15 (6; Nov./Dec.) (1997).

7. M.R. Raugh, *Self-consistency and Transitivity in Self-calibration Procedures,* Computer systems laboratory, Stanford University, 1991.

8. M.T. Takac, Jun Ye, M.R. Raugh, R. Fabin Pease, C. Neil Berglund, and G. Owen, Obtaining a physical two-dimensional Cartesian reference, *Am. Vac. Soc. B.,* 15 (6; Nov./Dec.) (1997).

9. M.T. Takac and J. Whittey, Stage Cartesian self-calibration: a second method, *SPIE BACUS,* 3546-3549 (1998).

10. M.R. Raugh, *Self-calibration of Interferometer Stages: Mathematical Techniques for Deriving Lattice Algorithms for Nanotechnology,* Stanford Library, ARITH-TR-02-01, March 2002.

11. Jun Ye, M.T. Takac, C. Neil Berglund, G. Owen, and R. Fabian Pease, An exact algorithm for selfcalibration of two-dimensional precision lithography stages, *Precision Eng.,* 20, 16-32 (1997).

12. N.R. Draper and H. Smith, *Applied Regression Analysis,* John Wiley & Sons, New York, QA278.2.D7, 1981, pp. 218-221.

13. J. Weintraub, Introduction to probability plotting, *Microelectronics Manufacturing Technol.,* April (1991).

14. M.D. Levine, *Vision in Man and Machine,* McGraw-Hill, New York, 1985, pp. 260-266.

15. H. Nyquist, Certain topics in telegraph transmission theory, *Trans.* AIEE, 47, 617-644 (1928).

16. T.R. Groves, Statistics of pattern placement errors in lithography, *Am. Vac. Soc. B.,* 9 (6; Nov./Dec.) (1991).

17. Weidong Wang, *Adaptive Metrology and Mask Inspection,* Stanford Electronics Laboratories, SRC Contract No. MC-515, December, 1997.

제25장

포토마스크용 광학박막의 계측

Ebru Apak

25.1 서 언

막 두께 측정의 가장 큰 동기는 패턴의 크기와 밀도에 무관하게 웨이퍼/마스크 사이의 평탄도를 구현하려는 마이크로 전자업계의 바램에서 출발한다. 또 다른 중요한 이유는 디바이스가 제대로 작동하게 만들려면, 막으로 이루어진 층들이 특정한 두께를 가져야만 하기 때문이다. 현재 타원편광 분광과 반사광 분광이 마스크 제조과정에서 박막 두께 계측에 주로 사용되는 두 가지 방법이다. 이 측정기법들은 사용자에게 막 두께뿐만 아니라 소재의 광학적 성질과 관계된 정보들을 제공해준다. 소재의 특성이 파악되고 나면, 두께와 지수 값들이 정확하게 구해진다. 탐침을 사용해서 시편의 표면을 긁는 외형분석기를 사용한 직접 측정과는 달리, 광학식 방법은 비파괴적인 장점을 가지고 있다. 검출기, 광원, 그리고 강력한 데스크톱 컴퓨터 등과 같은 기술적인 진보가 모두 광학측정의 개선과 더 빠른 계산결과 도출에 기여하고 있다. 이 단원에서는 타원편광 분광과 반사광 분광 기술을 사용하여 포토마스크의 막 두께를 측정하는 방법의 세부사항들에 대해서 살펴보기로 한다. 독자들은 우선 타원편광과 반사광에 대해서 개략적으로 살펴본 다음에 막 두께를 구하기 위해서 사용되는 광학모델에 대해서 고찰한다. 마지막으로 두 가지 포토마스크의 사례가 제시되어 있다.

25.2 광학적 기법

  타원편광 분광과 반사광 분광은 비파괴적이며 간접적인 측정방법을 사용하는 광학식 기법이다. 시편의 표면에 긁힘이나 손상을 입히지 않기 때문에 비파괴 적이라 부르며, 타원편광과 반사광이 두께와 광학적 성질들을 직접 측정하지는 않지만 진폭변화(Ψ), 위상천이(Δ), 그리고 반사율($\Re$) 등을 측정하며, 이론적인 모델로부터 이들을 사용하여 두께와 광학적 계수들을 추출한다. 표면 프로파일 검출(외형분석기)과 같은 기법에서는 선단부에 다이아몬드가 붙어있는 탐침을 사용하며, 탐침 아래에 위치한 시편의 코팅된 영역과 코팅이 없는 영역 사이를 오가면서 막 두께를 측정한다. 이 방법은 표면형상에 의한 탐침의 수직방향 운동을 기반으로 한다. 이는 표면을 긁거나 손상을 입힐 수 있다. 게다가 스테이지 이동에 의해서 유발되는 진동과 환경에 의한 여타의 노이즈들이 모두 측정의 경사오차에 누적된다. 이 오차들을 광학적 기법을 사용해서 제거한다.

  타원편광과 반사광 기법을 이해하기 위해서는 빛의 성질과 빛과 경계면 사이의 상호작용 등에 대해서 살펴볼 필요가 있다.

25.2.1 빛의 반사

  빛은 전자기 파장으로서 맥스웰 방정식으로 나타낼 수 있다. 전자기 이론에 대한 완벽한 설명은 이 단원의 범주를 넘어서는 일이다. 하지만 개략적인 사항들에 대해서 여기서 논의한다. 전자기 파장은 네 개의 필드벡터를 갖고 있다. 전기장벡터 E, 자기장 벡터 H, 전기-변위밀도 D, 그리고 자속밀도 B이다. 빛이 물질과 상호작용을 일으키는 과정에서 전자에는 광파의 자기장보다는 전기장에 의해서 훨씬 큰 힘이 가해지므로, 광선의 편극화 상태를 나타내기 위해서 전기장 벡터 E가 선정된다[1]. 자기장 및 전기장 벡터들은 수직방향으로 위치하고 있으며 서로 독립적이지 않으며, 둘 다 시간과 위치의 함수인 크기를 가지고 있다. 이들 두 필드벡터들과 전파방향은 직교한다. 전기장 벡터와 전파방향은 평면파로 정의하기에 충분하다. 3차원 공간에서 맥스웰 방정식을 사용해서 파동 방정식의 해를 유도하면 다음과 같다.

$$\overline{E}(\overline{r}, t) = \overline{E}_0 \exp\left(\frac{-\,\mathrm{j}\,2\pi\widetilde{N}}{\lambda}\overline{q}\,\cdot\,\overline{r}\right)\exp(-\,\mathrm{j}\,\omega t) \tag{25.1}$$

여기서 $\bar{E}_0$는 파동의 진폭, $\bar{r}$은 위치 벡터, $\bar{q}$는 전파방향으로의 단위 벡터, t는 시간, ω는 각속도, 그리고 $\tilde{N}$은 회절의 복소계수이다. 회절의 복소계수 $\tilde{N} = n + ik$로 정의되며, 여기서 n은 회절계수, k는 감광계수이다.

전자기장 이론에 대한 더 상세한 이해를 위해서는 전자기장 이론에 대한 개론서[2]를 살펴볼 것을 추천한다.

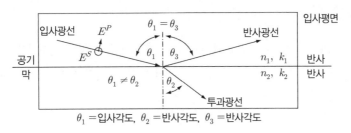

그림 25.1 단일 계면에서 빛의 전파

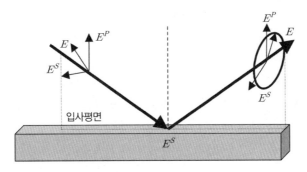

그림 25.2 입사평면에서 p 및 s 편극화 상태. 선형으로 편극화된 입사광선은 타원 형태로 편극화된 반사광선으로 전환된다.

25.2.1.1 광선과 단일간섭의 상호작용

그림 25.1에서는 스넬(Snell)의 법칙을 보여주고 있으며 일반형태는 다음과 같이 표시된다.

$$\tilde{N}_1 \sin\theta_1 = \tilde{N}_2 \sin\theta_2 \tag{25.2}$$

여기서 $\tilde{N}_1$과 $\tilde{N}_2$는 각각 대기와 막의 복소수 회절계수이다. 입사광선이 θ_1의 각도로 시편에 입사되며 θ_3의 각도로 표면에서 반사되는 동안, 일부는 θ_2의 각도로 계면을 투과한다. 전기장이 두 매질 내에서 맥스웰 방정식과 경계조건을 충족시키기 위해서는 입사, 투과 및 반사파동들이 모두 입사광선과 동일한 평면상에 위치해야 한다. 그림 25.2에서 두 직교 벡터를 사용해서 p 및 s 방향을 표시하고 있으며 편극화 상태를 나타내고 있다. p-방향은 입사평면과 동일한 반면에 s-방향은 입사광선과 직교한다. E^p와 E^s는 각각 입사광선에 평행 및 직교하는 전기장의 진폭을 나타낸다.

25.2.1.2 프레넬 방정식

프레넬 반사 계수(r)는 입사파동과 반사파동 사이의 진폭비율을 나타낸다. 이 매개변수는 계면에서 자기장 및 전기장의 접선성분에 불연속이 없다는 조건을 사용하여 맥스웰 방정식으로부터 유도된다[3].

$$r^p = \frac{E_r^p}{E_i^p} = \frac{\tilde{n}_2\cos\theta_1 - \tilde{n}_1\cos\theta_2}{\tilde{n}_2\cos\theta_1 + \tilde{n}_1\cos\theta_2} \tag{25.3}$$

$$r^s = \frac{E_r^s}{E_i^s} = \frac{\tilde{n}_1\cos\theta_1 - \tilde{n}_2\cos\theta_2}{\tilde{n}_1\cos\theta_1 + \tilde{n}_2\cos\theta_2} \tag{25.4}$$

E_r은 반사파의 진폭, E_i는 입사파의 진폭이며, p는 입사파 평면에 평행, 그리고 s는 직교하는 방향이다.

25.2.1.3 광선과 다중간섭의 상호작용

간섭현상은 두 개의 슬릿을 사용한 영(Young)의 실험으로 설명할 수 있다는 것을 상기하는 것이 도움이 된다. 이 실험에서 영은 광선이 두 개의 슬릿을 갖고 있는 얇은 시트를 통과하여 스크린에 조사되도록 만들어서 빛의 파동성질을 증명하였다. 각 슬릿에서 방사된 파동은 스크린 상에 밝은 반점과 어두운 영역을 형성하였다. 밝은 영역은 파동의 건설적 간섭에 해당되어 최댓값을 생성하는 반면에 어두운 영역은 파괴적 간섭을 통해서 최솟값을 생성한다. 만약 두 파동의 경로차이가 파장의 정수배라면 건설적 간섭이 발생하며, 정수배와 절반이라면 파괴적 간섭이 일어난다. 서로 다른 굴절계수를 갖는 다중층은 대기-막 계면과 막-기층소재 계면에서 반사되는 빛에 의해서 형성되는 건설적 및 파괴적 간섭에 따라서 간섭 패턴을 생성한다.

두 번째 계면이 존재하면 첫 번째 계면을 통과하여 두 번째 계면에 도달한 파동 중 일부가 표면에서 반사되며 나머지는 투과된다. 두 번째 계면에서 반사된 빛은 그림 25.3에서와 같이 첫 번째 계면 쪽으로 향하며 다시 반사 및 투과된다. 이 반사 및 투과현상은 지속되며 생성된 각각의 부분파동들은 이전의 파동과 위상계수 $e^{j2\beta}$ 만큼의 위상 차이가 발생한다. 다음은 다중 계면에 대한 프레넬 방정식이다[3].

$$r_{12}^{\mathrm{p}} = \frac{\widetilde{N}_2\cos\phi_1 - \widetilde{N}_1\cos\phi_2}{\widetilde{N}_2\cos\phi_1 + \widetilde{N}_1\cos\phi_2} \tag{25.5}$$

$$r_{23}^{\mathrm{s}} = \frac{\widetilde{N}_2\cos\phi_2 - \widetilde{N}_3\cos\phi_3}{\widetilde{N}_2\cos\phi_2 + \widetilde{N}_3\cos\phi_3} \tag{25.6}$$

$$r_{23}^{\mathrm{p}} = \frac{\widetilde{N}_3\cos\phi_2 - \widetilde{N}_2\cos\phi_3}{\widetilde{N}_3\cos\phi_2 + \widetilde{N}_2\cos\phi_3} \tag{25.7}$$

$$r_{12}^{\mathrm{s}} = \frac{\widetilde{N}_1\cos\phi_1 - \widetilde{N}_2\cos\phi_2}{\widetilde{N}_1\cos\phi_1 + \widetilde{N}_2\cos\phi_2} \tag{25.8}$$

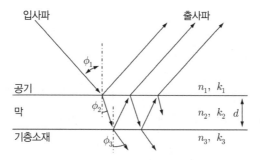

그림 25.3 서로 다른 매질을 통과하는 빛의 전파

추가된 반사 및 투과 파동들은 무한한 기하급수를 생성하며, 이들로부터 총 반사계수(R)가 구해진다. 총 반사계수는 p 및 s파 입사파동 진폭에 대한 총 반사파동 진폭의 비율로 정의된다.

$$R^{\mathrm{p}} = \frac{r_{12}^{\mathrm{p}} + r_{23}^{\mathrm{p}}\exp(-\mathrm{j}2\beta)}{1 + r_{12}^{\mathrm{p}}r_{23}^{\mathrm{p}}\exp(-\mathrm{j}2\beta)} \tag{25.9}$$

$$R^{\mathrm{s}} = \frac{r_{12}^{\mathrm{s}} + r_{23}^{\mathrm{s}}\exp(-\mathrm{j}2\beta)}{1 + r_{12}^{\mathrm{s}}r_{23}^{\mathrm{s}}\exp(-\mathrm{j}2\beta)} \tag{25.10}$$

여기서 β는 파동이 막의 상층부에서 바닥까지 이동하면서 발생되는 위상변화이며, d는 막 두께다.

$$\beta = 2\pi \left(\frac{d}{\lambda} \right) \tilde{n}_2 \cos\phi_2 \tag{25.11}$$

식 (25.5)-(25.11)은 막 두께 d를 계산하기 위해서 필요한 값 들을 포함하고 있다.

25.2.2 타원편광 분광(SE)

타원편광은 시편의 표면에서 반사된 빛의 편극화 상태 변화의 척도이다. 이 변화는 편극화 상태의 진폭과 위상의 변화에 관련된 측정량인 Ψ와 Δ에 대한 관찰을 통해서 측정된다. 두 측정량들은 타원계의 정확도와 민감도를 증가시켜주는 추가적인 정보를 제공해준다. p파 및 s파에 대한 프레넬 계수가 서로 다르므로, 이들 두 성분 사이에는 이미 위상천이가 존재하며, 반사 및 굴절에 따라서 이들 사이의 위상관계가 변하게 된다.

$$\Delta = \delta_{(E^{\mathrm{p}} - E^{\mathrm{s}})_{\mathrm{before}}} - \delta_{(E^{\mathrm{p}} - E^{\mathrm{s}})_{\mathrm{after}}} \tag{25.12}$$

여기서 δ는 p파 및 s파의 위상 차이이며, Δ는 반사에 의한 위상천이 값이다.

s파 및 p파 모두에서 진폭감소가 발생한다. $|R^{\mathrm{p}}|$와 $|R^{\mathrm{s}}|$는 진폭감소량을 나타낸다. 이들 두 양들 사이의 비율은 다음과 같이 정의된다.

$$\tan\psi = \frac{|R^{\mathrm{p}}|}{|R^{\mathrm{s}}|} \tag{25.13}$$

여기서 $\tan\psi$는 실수이다. 또한 총 반사율 계수의 복소수 비율은 다음과 같이 정의된다.

$$\rho = \frac{R^{\mathrm{p}}}{R^{\mathrm{s}}} \tag{25.14}$$

$$\rho = \tan\psi\, e^{\mathrm{j}\Delta} \tag{25.15}$$

식 (25.14)와 (25.15)로부터 타원편광의 기본 방정식이 구해진다.

$$\frac{R^p}{R^s} = \tan(\Psi)e^{i\Delta} \tag{25.16}$$

다중층을 갖고 있는 복잡한 막과 매우 얇은 박을 측정할 때에, 타원편광은 p파 및 s파의 위상과 진폭정보를 제공해주기 때문에 특성화를 위한 좋은 방안이다. 예를 들면 박막이 있는 경우에 시편 표면에서의 반사광 강도는 크게 변하지 않는 반면에 Δ값은 크게 변한다.

25.2.3 반사광 분광

반사율 측정은 작은 면적에 대해서 빠른 측정 결과를 제공해주며 35 Å 이상의 두께를 갖는 막에 대해서 잘 작용한다. 반사율은 입사광선의 강도에 대한 반사광선의 강도비율로 정의된다.

$$\Re = \frac{I_r}{I_i} \tag{25.17}$$

여기서 I_i는 입사광선의 강도, I_r은 반사광선의 강도이다.

반사계는 반사광선의 강도 I_r만을 측정한다. I_i를 구하기 위해서는 반사율 $\Re_0$값을 알고 있는 기준시편을 측정해야 한다. 그런 다음 반사계가 시편의 반사율을 다음과 같이 결정한다.

$$\Re = I_r \frac{\Re_0}{I_{r0}} \tag{25.18}$$

반사율 $\Re$은 I_{r0}와 $\Re_0$를 얼마나 정밀하게 구하는가에 의존한다. 적절하게, 그리고 정기적으로 반사계를 기준으로 사용하느냐는 매우 중요하다.

반사율 $\Re$이 총 반사계수 R의 크기의 제곱으로 정의되어 있으므로, 반사율의 기본 방정식은 다음과 같이 주어진다.

$$\Re = |R^p|^2 = |R^s|^2 \tag{25.19}$$

위의 방정식에 따르면 수직입사에 대해서는 측정된 p파와 s파 사이의 차이가 없다는 것을 알 수 있다[3].

25.3 소재의 광학적 성질들

적절한 특성화를 위해서는, 관심 스펙트럼 영역에 대해서 소재의 광학적 계수들을 구해야만 한다. 광학적 계수들은 주어진 주파수의 전자기장(광선)에 의한 가진에 대해서 소재가 어떻게 응답하는가를 결정해준다. 이들은 복소수 유전율 함수 $\tilde{\epsilon} = \epsilon_1 + \epsilon_2$나 복소수 굴절계수 $\tilde{N} = n + ik = \sqrt{\tilde{\epsilon}}$ 으로 표시된다. 굴절계수 n은 매질 내에서의 광속에 대한 자유공간에서의 광속의 비율이다. $n = c/v$. 감광계수 k는 소재 속을 이동하면서 얼마나 빨리 광선이 흡수되어 광 강도가 감소되는가를 나타낸다. 감광계수 k와 흡수계수 α 사이의 관계는 다음과 같다.

$$k = \alpha\lambda/4\pi \qquad (25.20)$$

흡수 매질 내에서 입사광선이 거리 z만큼 이동할 때 진폭은 다음 방정식에서와 같이 지수함수 적으로 감소한다.

$$I(z) = I_0 e^{-\alpha z} \qquad (25.21)$$

투과깊이 D_P라고 부르는 특정한 거리를 투과한 다음에 강도는 원래 값의 $1/e$만큼 감소한다. 투과깊이는 다음과 같이 주어진다.

$$D_P = \lambda/4\pi k \qquad (25.22)$$

예를 들면 6328Å 파장에 대해서 규소의 D_P는 대략 3.1mm이며, 알루미늄은 대략 73Å이다[3].

이름이 의미하는 것과는 달리, 광학적 계수들은 상수 값이 아니며 광 에너지나 파장의 함수로 변화한다. 이런 파장의 의존성을 산란이라고 부르며 소재들은 서로 다른 파장에 대해서 서로 다른 계수값을 갖는다. 다양한 산란 모델들이 개발되었으며, 정확한 결과를 얻기 위해서는 주어진 소재에 대해서 적절한 산란 모델을 사용해야만 한다.

광학적 계수들인 n과 k는 대역 간 및 대역 내 흡수와 같은, 빛과 소재 사이의 상호작용에 의해서 만들어진다[4]. 기저상태의 전자가 광량자를 흡수하여 고에너지 레벨로 점프할 때에 대역 간 흡수가 발생한다. 이런 형태의 광학흡수는 대부분의 반도체와 부도체에서 관찰되며 금속의 경우에도 강한 자유전자 흡수특성을 나타낸다. 또 다른 유형의 흡수인 대역 내 흡수는 전자가 광량자를 흡수하여 동일한 대역 내에서 다른 에너지 상태로 이동하는 것이다.

회절계수와 감광계수는 상호 독립적이지 않으며, Kramers-Kronig 관계식을 통해서 서로 연관된다. 이 방정식들은 Hilbert 변환을 통해서 복소수 유전율 함수나 굴절률 복소계수의 실수부를 허수부와 연관시킨다[5]. 만약 감광계수를 알고 있다면 Kramers-Kronig 관계식을 사용해서 굴절계수를 계산할 수 있다. 굴절계수가 강한 산란을 보이는 영역에서는 흡수율도 역시 강할 것으로 예상되며, 산란이 약한 영역에서는 흡수율도 역시 낮을 것이다. 일반적으로 진동자 모델은 Kramers-Kronig와 일치하는 반면에 코시(Cauchy) 방정식과 같은 경험적 모델은 그렇지 못하다.

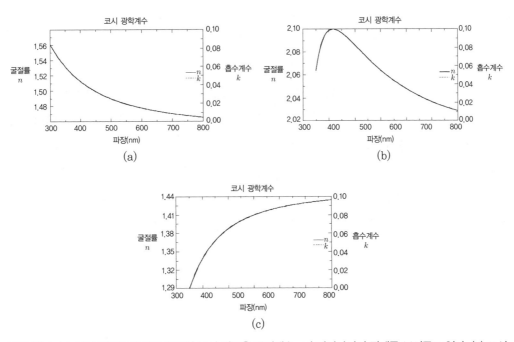

그림 25.4 (a) 코시 모델에 대해서 맞춰진 코시 거동은 굴절계수 n과 파장사이의 관계를 보여주고 있다. (b) 코시 모델에 대해서 맞춰진 코시 거동, 그러나 자외선(UV) 내에서 흡수 말단이 필요하다. (c) 코시거동이 없다.

25.3.1 광학적 모델

지속적으로 증가하는 소재의 유형에 대해서 다양한 산란 모델이 개발되었다. 가장 일반적으로 사용되는 모델은 코시 모델, 로렌츠(Lorentz) 진동자 모델, 그리고 Tauc- Lorentz 진동자 모델 등이다. 이들과 더불어서 많은 장비들과 소프트웨어 제조업체들은 전용 모델을 갖고 있다.

25.3.1.1 코시 모델

가시광선 영역 내에서 부도체와 같은 소재들은 흡수성이 없다, 즉 이들은 투명하다. 도전체들과는 달리, 부도체는 유발된 전류를 흘릴 수 없다. 따라서 파동이 소재 내를 통과하면서 광 손실이 매우 작다. 이 영역 내에서 소재는 투명하므로, 파장 길이가 증가함에 따라서 굴절계수가 감소하며 감광계수 k는 본질적으로 0이다. 가시광선 파장영역 내에서 부도체의 산란특성은 경험식인 코시 함수를 사용하여 다음과 같이 나타낼 수 있다.

$$n(\lambda) = A_n + \frac{B_n}{\lambda^2} + \frac{C_n}{\lambda^4} \qquad (25.23)$$

여기서 A_n, B_n, C_n은 코시 계수이다. 코시 관계식은 모든 파장 길이에 대해서 감광계수 k가 0이며 Kramers-Kronig 관계가 성립하지 않는다고 가정한다. 대역폭이 큰 소재의 경우 공진주파수 ω_0가 자외선(UV) 영역에 위치한다. 이 영역에서 이 소재들은 강한 흡수특성을 나타내며 파장 길이가 짧아짐에 따라서 굴절계수는 증가했다가 감소한다. 감광계수가 0이 아닌, 자외선(UV) 영역에서의 부도체 산란을 묘사하기에는 코시 모델만으로는 충분치 못하다. 식 (25.21)에서 나타내고 있는 것처럼 Urbach 흡수와 같은 흡수 말단을 코시 층 속에 모델링해 넣을 수 있다.

$$k(\lambda) = A_k \mathrm{e}^{B_k(1.24(1/\lambda - 1/C_k))} \qquad (25.24)$$

여기서 A_k는 흡수 진폭, B_k는 선폭증대, C_k는 측정된 데이터의 최저 파장에 고정되어 있는 흡수대역 테두리, 그리고 λ는 마이크로미터 단위의 광선 파장 길이이다.

그림 25.4(a)와 (b)에서는 코시 관계를 사용하여 물리적인 개연성을 갖고 있는 산란관계를

보여주고 있다. 그런데 그림 25.4(b)의 경우 회절계수 곡선의 피크가 관찰되는 자외선(UV) 내에서 흡수를 모델링해야 한다. 굴절계수 내에서의 피크는 다중위상 또는 입자 경계 등의 존재뿐만 아니라 빛을 흡수하는 도핑제 등의 존재에 의해서 발생할 수도 있다[5]. 코시 모델을 사용해서 부도체를 모델링할 때에 주의해야 하는 가장 중요한 점은 그림 25.4(c)에서처럼, 감광계수가 0일 때에 파장이 증가하여도 굴절계수가 절대로 증가하지 않아야 한다는 것이다.

25.3.1.2 로렌츠 진동자 모델

금속의 산란 거동은 흡수가 로렌츠 직선 형상을 갖고 있다고 가정하는 로렌츠 진동자 모델을 사용해서 나타낼 수 있다. 로렌츠 진동자 모델은 스프링에 부착되어 있는 질량이 움직이는 것과 동일한 거동을 한다. 이 모델은 전기장 하에서 전자의 운동이 핵에 의해서 구속되어 스프링에 부착된 질량에 힘이 가해졌을 때와 동일한 운동을 일으킨다는 가정을 기반으로 한다[4]. 질량이 조화진동 하는 경우 모델에는 질량의 가속항, 점성 감쇠항, 작용력, 그리고 공진 주파수 ω_0를 포함하고 있는, 후크(Hook)의 법칙에 의해서 작동하는 복원력의 항 등이 포함된다. 로렌츠 진동자 모델의 경우 전자는 입자로 간주되어 질량에 해당된다. 로렌츠 진동자 모델은 다음과 같이 식으로 나타낼 수 있다.

$$\tilde{\epsilon}(E) = [\tilde{N}(E)]^2 = \epsilon(\infty) + \sum_{i=1}^{n} \frac{A_i}{E_i^2 - E^2 - iB_iE} \tag{25.25}$$

여기서 $\epsilon(\infty)$는 광량자 에너지가 큰 경우의 유전율 함수의 실수 값이며, E는 전자전압으로 표시된 광량자 에너지, $\tilde{\epsilon}$은 광량자 에너지 E의 함수로 표시되어 있는 복소수 유전율 함수, $\tilde{N} = n + ik$는 광량자 에너지의 함수로 표시된 복소수 굴절률, (합산기호 내의)n은 진동자의 숫자, A_i는 i번째 진동자의 진폭, B_i는 i번째 진동자의 선폭증대, 그리고 E_i는 i번째 진동자의 중심에너지이다[4]. 전형적으로 금속은 2~7개의 진동자를 필요로 한다. 그림 25.5(a)와 (b)는 각각 단일 및 2중 진동자 로렌츠 모델을 사용해서 만들어진 것이다. 로렌츠 진동자 모델은 Kramers-Kronig 관계가 성립한다.

로렌츠 진동자 모델의 또 다른 형태는 Drude 모델로 여기서 전자는 핵에 의해서 구속되지 않고 자유롭다. 이 모델은 에너지가 0인 단일 진동자를 갖고 있으며 금속, 도전성 산화물, 그리고 도핑된 반도체 등에 유용하다[4].

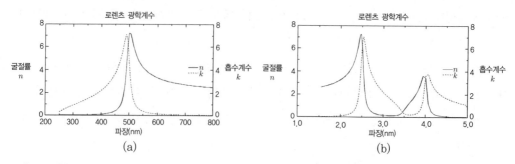

그림 25.5 (a) Kramers–Kronig 관계가 성립하는 단일 진동자 로렌츠 모델에 대한 파장에 따른 광학적 계수 n과 k의 변화 (b) Kramers–Kronig 관계가 성립하는 이중 진동자 로렌츠 모델에 대한 파장에 따른 광학적 계수 n과 k의 변화

25.3.1.3 여타의 모델들

가시광선 영역 내에서 Ulbach 흡수를 사용한 코시 관계를 사용해서 일부 반도체들을 모델링할 수 있다. 그런데 대부분의 경우 특히 UV에 대해서 반도체는 더 세련된 모델을 필요로 한다. 반도체에 사용되는 모델들 중 Kramers–Kronig 관계가 성립하는 모델이 J. A. Woolam Co. Inc.에 의해서 개발되었다. 이 모델은 서로 상관관계를 가지고 있어서 조절이 필요한 매개변수를 많이 사용하므로 기본적으로 경험이 있어야만 한다. 매개변수 모델은 로렌츠 진동자 모델의 더 세련된 형태로, 더 많은 숫자의 진동자를 사용해야 한다. 이 모델은 또한 반도체 이외에 질화물과 산질화물 등에도 사용이 가능하다.

앞서의 모델 이외에도 유효 매질 근사(EMA), 합금모델, 경사층 모델 등과 같이 훨씬 더 많은 종류의 모델들이 있다. 예를 들면 막 층의 광학적 상수들은 두 개의 이미 알고 있는 소재들의 광학적 상수들이 합쳐진 것일 수도 있다. 이런 경우 관심 있는 막의 광학적 상수를 나타내기 위해서 유효 매질 근사(EMA)가 사용된다. 이산화규소와 공동으로 정의할 수 있는 유리상 코팅과 산질화물의 경우 산화물과 질화물의 혼합체를 유효 매질 근사(EMA) 모델을 사용해서 모델링할 수 있다. 비정질 실리콘을 함유한 폴리실리콘 막의 경우에는 합금 모델을 사용할 수 있으며 결정도를 구할 수 있다. 합금 모델에서는 막의 다양한 조성을 나타내기 위해서 합금 비율 매개변수를 조절할 수 있다. 폴리실리콘 이외에도 $Al_xGa_1As_x$와 같은 삼중 화합물 반도체에도 이를 사용할 수 있다. 막의 위에서 아래로 가면서 광학적 상수들이 변하는 경사 막의 경우 경사모델을 사용할 수 있다. 경사모델은 막을 슬라이스라고도 알려진 등방성 층들로 나누고, 각 슬라이스들마다 광학적 상수들을 약간씩 변화시킨다.

25.4 포토마스크 박막의 모델링

대부분의 2진 포토마스크들은 공통적인 막 적층을 가지고 있다. 기층소재인 수정 위에 700~800Å 두께의 크롬과 200~300Å 두께의 크롬 산화물로 구성된다. 대부분의 박막 적용사례에서 최상위층은 포토레지스트이다. 레지스트 위와 아래에는 하부 비반사코팅(BARC), 비반사코팅(ARC) 등과 같이 더 많은 층들이 있을 수 있다(그림 25.6). 거의 대부분의 패턴이 없는 포토마스크에서 크롬 층은 기층소재로 간주하기에 충분할 정도로 두껍다. 633nm 파장에 대한 크롬의 침투깊이 D_P는 대략적으로 116Å으로, 이 두께에서 빛의 강도는 원래 값의 37%까지 감소한다. 투과깊이의 4배에 달하는 깊이에 이르면 빛의 강도는 이미 원래 값의 2%까지 감소한다. 그림 25.7(a)와 (b)에서는 100~800Å 두께로 유리 위에 입혀진 크롬의 계산된 Ψ와 Δ 값을 보여주고 있다. 두께가 500Å 이상까지 증가하면, 500Å과 800Å 막의 스펙트럼 변화가 거의 동일한 것을 알 수 있다. 대략적으로 800Å 이상의 두께에서 크롬은 불투명하다.

| 비반사코팅(ARC) |
| 레지스트 |
| 하부 비반사코팅(BARC) |
| Cr 산화물 |
| Cr |
| 수정 |

그림 25.6 포토마스크 샘플의 막 적층구조

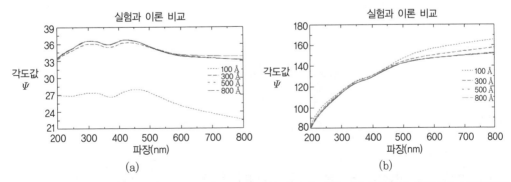

그림 25.7 (a) 유리 위에 코팅된 100~800Å 두께의 크롬 박막에 대한 파장대비 Ψ의 스펙트럼 시뮬레이션
(b) 유리 위에 코팅된 100~800Å 두께의 크롬 박막에 대한 파장대비 Δ의 스펙트럼 시뮬레이션

25.4.1 모델링 과정

이 단원에서 막 해석을 위해서 J.A. Woollan 사의 WVASE32 해석 소프트웨어를 사용하였다. 이 소프트웨어에 대한 더 상세한 정보는 회사의 웹 사이트인 www.jawoollam.com을 통해서 J.A. Woollam Co., Inc.과 접촉하기를 바란다. 모델링에 사용된 단계들은 그림 25.8의 흐름도에서 간편하게 살펴볼 수 있다. 두께 측정을 위한 계측장비의 경우 광학적 모델을 만들어야만 한다. 박막 분석의 첫 번째 단계는 시편으로부터 데이터를 수집하는 것으로, 보통 타원계를 사용한다. 그런데 반사계나 반사계와 타원계의 조합을 사용하는 것도 가능하다. 그런다음, 소재의 광학적 상수들과 두께가 변하는 경우에 대한 모델을 구성하여 계산된 데이터와 실험결과 사이의 맞춤을 시도한다. 마지막으로 정합도를 기준으로 하여 모델의 타당성을 검증한다. 이 절에서는 박막계측을 위한 견실한 광학적 모델을 만들기 위한 다양한 단계들에 대해서 상세히 설명한다.

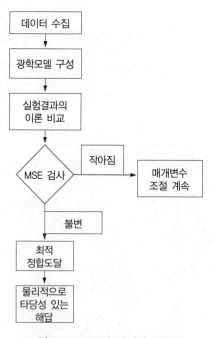

그림 25.8 모델링 과정의 흐름도

우선 막의 적절한 특성화를 위해서 타원편광이나 반사광과 같은 데이터 또는 파장의 함수인 조합된 스캔 등이 수집된다. 반사계나 타원계와 같은 광학적 장비들은 미지의 매개변수, 두께 및 광학적 상수들을 직접 측정하지 않으며, 오히려 반사된 빔 강도와 빛의 편극화 상태 등을 측정한다는 점을 기억하는 것이 중요하다. 이 말은 Ψ, Δ, 그리고 반사율 등이 측정량인 반면에 두께, 회절계수, 그리고 감광계수 등은 산출된 양이라는 것이다. 두께와 계수 값들을 측정하기 위한 도구로서, 수학적 모델이 측정장비의 소프트웨어로 포함되어야만 하며, 이를 통해서 미리 정의된 모델을 기반으로 하여 측정대상의 물리적인 성질들을 결정하기 위해서 스펙트럼 정보를 사용할 수 있다.

모델은 앞 절에서 설명했던 다양한 종류의 모델들을 사용하여 조작자가 구한 막 적층정보에 따라서 구성된다. 예를 들면 크롬 층은 로렌츠 진동자 모델을 사용하여 모델링하며, 포토레지스트 층은 코시 모델을 사용할 수 있다.

모델이 만들어지고 나면, 조작자는 시편에 대해서 타원편광 분광(SE)과/또는 반사광 분광(SR) 스펙트럼을 계산할 수 있다. 두께, 코시계수 등 각 층에 대해 사용된 다양한 모델들의 매개변수들을 변화시킴으로써 계산된 스펙트럼과 측정된 스펙트럼을 서로 정합시킬 수 있다. Levenberg–Marquardt 진동확대 회귀 알고리즘과 같은 비선형 회귀분석을 통해서 이 과정을 자동화시킬 수 있다.

정합의 품질에 대한 결론에 도달하기 위해서 평균제곱오차(MSE)라고 부르는 최댓값 가능성 평가도구가 사용된다. 평균제곱오차(MSE)는 생성된 데이터(모델링된 데이터)가 측정된 데이터(실험 데이터)와 얼마나 잘 정합되는가를 나타내는 척도이며, 다음의 방정식으로 주어진다[2].

$$정합값 = \text{MSE} = \frac{1}{N-M} \sum_{i=1}^{N} \left(\frac{y_i - y(x_i)}{\sigma_i} \right)^2 \tag{25.26}$$

여기서 N은 Ψ와 Δ 쌍의 숫자이며, M은 모델 내의 매개변수 수이고, 괄호 내의 항들은 계산값과 측정값 사이의 차이, 그리고 σ_i는 괄호 내 항들의 표준편차이다. 만약 모델링된 데이터와 측정된 데이터가 서로 잘 매칭된다면, 평균제곱오차(MSE)는 작은 값을 갖게 되며, 만약 평균제곱오차(MSE)값이 여전히 크다면, 매개변수 정합을 위한 조절과정이 계속되어야만 한다.

마지막 단계는 해석이 유일하며, 현실적인 최적의 해를 도출해주며, 정합 매개변수들이 강하게 상호 연관되어 있지 않다는 것을 입증하는 과정으로 이루어진다. 만약 매개변수 간 상호 연관성이 존재한다면, 정합 모델은 여전히 훌륭하지만 실제적으로는 모델이 잘못된 해를 적용하게 된다. 어떤 간접측정에서도 조작자는 항상 계산값이 물리적으로 타당한가를 판단해야한다. 이를 입증하기 위해서 그림 25.9(a), (b), 그리고 그림 25.10에서 다중층으로 이루어진

막 적층이 모델링되었다. 이 그림들에서 모델은 실험 데이터와 매우 일치한다. 그런데 막 층들의 광학적 상수들을 살펴보면 해가 현실적이지 못하다는 것을 발견할 수 있다. 코시 모델을 사용해서 그림 25.11에서와 같은 광학적 상수들이 얻어졌지만, 산란 형태가 코시 거동과 차이를 보인다. 또한 그림 25.12에서와 같이 감광계수의 급격한 감소에 따라서 이 막 층 내의 질화물 층이 비현실적인 광학적 상수를 나타낸다. 그림 25.13(a), (b), 그리고 그림 25.14에서는 앞서의 모델을 사용하여 모델링된 동일한 데이터를 보여주고 있다. 여기서도 앞서와 마찬가지로 정합상태가 훌륭하며, 따라서 모델의 정확도에 대해서는 아무런 징후가 보이지 않는다. 광학적 상수들을 살펴볼 때에만 코시 모델을 사용하여 모델링된 층이 그림 25.15에서와 같이 예상 산란 곡선을 나타내며, 또한 그림 25.16에서와 같이 질화층의 광학적 상수도 더 현실적이며, 매끄러운 산란을 보이고 있다는 것을 알 수 있다. 이와 같이 더 정확한 데이터 값들은 정합 매개변수들 사이의 상호 연관관계를 피함으로써, 즉 해석 과정에서 많은 매개변수를 포함시키지 않음으로써 얻을 수 있다. 따라서 모델의 타당성 검증을 위해서는 모델의 정합품질만으로 충분치 않으며, 모델이 현실적인 산란관계를 가지고 있는가를 확인하기 위해서 광학적 상수들도 평가해야만 한다.

모든 비선형 회귀에서와 마찬가지로 Levenberg-Marquardt 진동확대 회귀 알고리즘도 국부 최솟값에 빠지면 잘못된 해를 도출할 수 있다. 이를 방지하기 위해서 하나 또는 두 개의 매개변수에 대해서, 매개변수 공간 내에서 탐색 점들의 숫자가 지정되는 포괄적 정합(global fit)을 시행할 수 있다[4]. 포괄적 정합에서는 지정된 한계 내에서 평균제곱오차(MSE) 값이 가장 작은 위치를 찾아내기 위해서 등간격으로 추정값 반복계산을 수행하며, 포괄적 최솟값에 도달할 수도 있다.

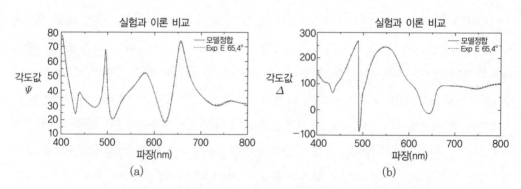

그림 25.9 (a) 타원편광 데이터에 대한 모델정합: 파장에 대한 Ψ값
(b) 타원편광 데이터에 대한 모델정합: 파장에 대한 Δ값

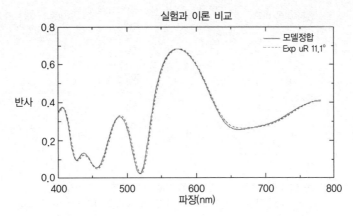

그림 25.10 반사계 데이터에 대한 모델정합: 파장에 따른 반사도

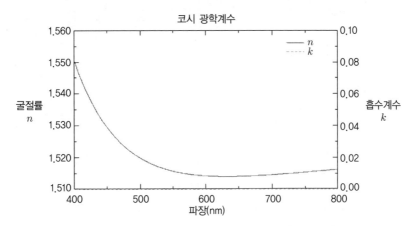

그림 25.11 앞서의 모델링에 의해서 구해진 비-코시 거동

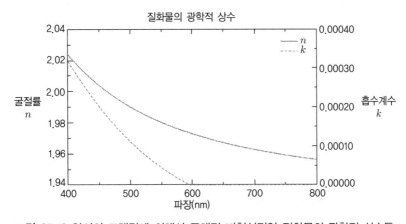

그림 25.12 앞서의 모델링에 의해서 구해진 비현실적인 질화물의 광학적 상수들

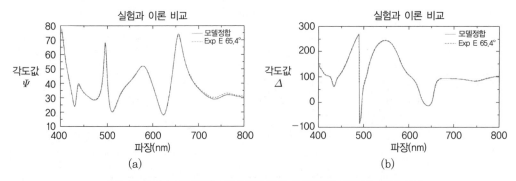

(a)　　　　　　　　　　　　　　　(b)

그림 25.13 (a) 타원편광 데이터에 대한 모델정합: 파장에 따른 Ψ값
(b) 타원편광 데이터에 대한 모델정합: 파장에 따른 Δ값

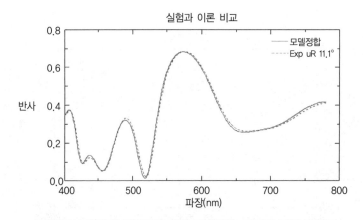

그림 25.14 반사계 데이터에 대한 모델정합: 파장에 따른 반사도

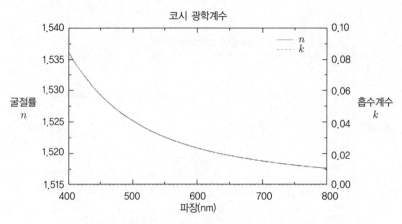

그림 25.15 앞서의 모델링에서 구해진 코시 거동

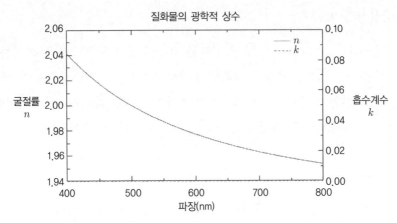

그림 25.16 앞서의 모델링에 의해서 구해진 질화물의 광학적 상수들

25.4.2 포토마스크 박막측정의 응용사례

훌륭한 리소그래피 성능을 구현하기 위해서는 막의 균일성이 매우 중요하다. 포토마스크의 막 두께 측정은 마스크 개발자로 하여금 마스크 전체의 막 두께, 즉 마스크의 균일성을 측정할 수 있도록 해준다. 균일한 마스크는 형상크기 조절성을 향상해준다. 즉 임계치수 편차를 줄여준다. 다음에서는 포토마스크 박막측정의 응용사례를 설명하고 있다. 시편에 적용되는 요구조건들은 막 층과 광학적 상수들을 특성화시키며 막 두께를 측정하는 것이다.

그림 25.17 Nanospec 8000 XSE

25.4.2.1 응용사례 1

첫 번째 응용사례는 포토레지스트/크롬 산화물/크롬/수정의 막 적층을 갖고 있는 전형적인 포토마스크 시편이다. 크롬은 1000Å 내외의 두께로, 막 적층의 기층소재로 간주할 수 있을 정도로 충분히 두껍다. 미지의 광학적 상수들을 사용한 측정은 데이터 수집, 데이터 모델링, 그리고 생산계측장비상에서의 측정과 같이 세 개의 부분들로 이루어진다.

25.4.2.1.1 데이터 수집

항상 그렇듯이 출발점은 시편으로부터의 데이터 수집으로, NANOmetrics 사의 장비인 Nanospec 8000XSE를 사용하여 단일위치 상에서 타원편광 분광과 반사광 분광이 결합된 스캔을 통해서 수행된다. Nanospec 8000 XSE는 그림 25.17에서와 같이 타원계와 반사계를 하나의 장비에서 합체시켜 놓았다. 타원계는 J.A. Woollam M-44 VIS 회전 분석식 타원계 (RAE)를 사용한다. M-44 타원계는 백색광을 사용하며, 430~750nm 사이의 44개의 파장을 측정하는 44개의 실리콘 검출기 상으로 산란된다. 타원계의 입사각도는 대략 65° 정도이다. 반사광 분광계는 수직입사광과 함께 할로겐 등과 자외선(UV) 듀테륨 등의 이중광원을 사용한다. 이 장비는 200~80nm 범위를 측정한다. 타원편광과 반사광이 결합된 스캐닝 방식은 광학적 상수들을 알 수 없는 다중막 적층에 대한 모델개발에 도움이 된다. 반사계 정보만으로는 모델 내에 매개변수 상관관계가 존재할 수 있기 때문에 상수 값들의 정확한 결정을 위해서는 충분치 못하다. 타원계 스캐닝을 통해서 얻은 양들, Ψ와 Δ에는 시편의 정보가 포함되어 있으며, 이는 미지의 광학적 상수들을 특성화시키는 데에 필수적이다. 식 (25.12)~(25.15)에서와 같이 Ψ에는 빛이 표면에서 반사된 이후의 진폭변화가 포함되어 있으며, Δ에는 위상천이 정보가 포함되어 있다.

2	레지스트	5144.4Å
1	Cr_2O_3	281.41Å
0	Cr	1mm

그림 25.18 응용사례 1에 대한 모델링 기준값

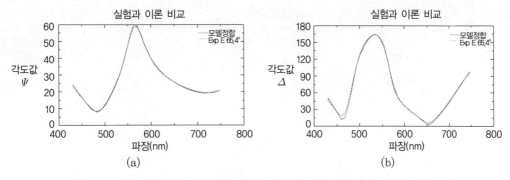

그림 25.19 (a) 타원편광 데이터에 대한 모델정합: 응용사례 1의 파장에 따른 Ψ값
(b) 타원편광 데이터에 대한 모델정합: 응용사례 1의 파장에 따른 Δ값

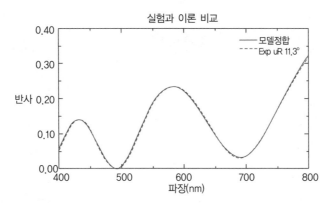

그림 25.20 반사계 데이터에 대한 모델정합: 응용사례 1의 파장에 따른 반사율

25.4.2.1.2 실험 데이터의 모델링

모델의 데이터가 수집되고 나면, 반사율과 타원편광 데이터가 동일한 광학모델에 대해서 동시에 정합시킨다. M-44 타원계의 파장대역과 가장 잘 맞추기 위해서 두 데이터 세트에 대해서 모델링된 파장범위는 400~800nm이다. 게다가 마스크 내에는 포토레지스트 층이 있기 때문에 자외선(UV) 내에서의 측정은 광 경로를 변화시킬 수도 있다. 레지스트 소재에 대해서는 코시 모델을, 크롬 산화층에 대해서는 진동자형 모델을, 그리고 크롬 층에 대해서는 로렌츠 진동자 모델을 사용하여 모델이 구성된다. 각 막층에 대해서 매개변수들을 조절한 다음에, 그림 25.18에서와 같이 포토레지스트와 크롬 산화물의 두께가 대략적으로 5100Å와 280Å인 것으로 측정되었다. 그림 25.19(a), (b) 그리고 그림 25.20에서는 타원계와 반사계의 측정 결과를 각각 앞서 생성된 모델과 정합시켜 놓았다. 모델과의 정합결과에서 볼 수 있듯이 실험과 모델링 결과는 서로 잘 일치한다.

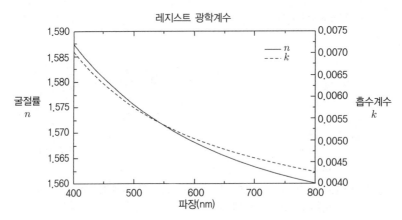

그림 25.21 응용사례 1에 사용된 레지스트 층의 광학적 상수들

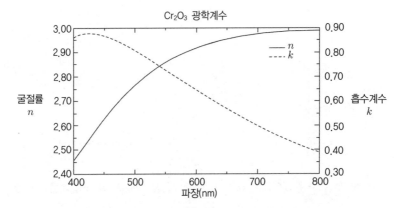

그림 25.22 응용사례 1에 사용된 크롬 산화물 층의 광학적 상수들

25.4.2.2 박막 층의 고찰

25.4.2.2.1 포토레지스트

포토레지스트의 공정조건은 광학적 상수들에 영향을 끼칠 수 있다. 그러므로 박막층의 두께를 측정하기 전에 각 포토마스크 막들의 성질에 대해서 살펴봐야 한다. 이런 특수한 사례에서는 포토레지스트의 산란거동을 나타내기 위해서 코시 모델이 사용된다. 식 (25.20)과 (25.21)에서 언급하였듯이, 이것은 경험식이다. A_n은 장파장에서의 상수이며, B_n은 곡률, 그리고 C_n은 짧은 파장에서의 스펙트럼을 조절한다[2]. 포토레지스트를 대표하는 초기값을 지정하기 전에 비선형 회귀분석을 통해서 A_n, B_n 및 C_n을 조절한다. 더 낮은 정합을 위해서 흡수 말단 역시 고려된다. 코시 모델의 사용에서 중요한 사항은 소재가 투명하거나 식 (25.21)의 Urbach

흡수를 사용하여 정확히 묘사할 수 있는 작은 흡수말단을 가지고 있어야만 한다. 따라서 사용된 파장범위 내에서 코시 모델은 이 포토레지스트 층의 광학적 상수들을 결정해줄 수 있다. 이 포토레지스트의 광학 상수들은 그림 25.21에 도시되어 있다.

25.4.2.2.2 크롬 산화물

이 층은 일반적으로 200~300Å 내외의 두께를 갖는 매우 얇은 층으로 이루어진다. 크롬 산화물 층을 모델링하기 위해서는 단일 진동자를 사용하는 진동자형 모델이 사용된다. 이 유형의 모델은 Kramers-Kronig 관계가 성립된다. 광학적 상수들은 그림 25.22에 도시되어 있다.

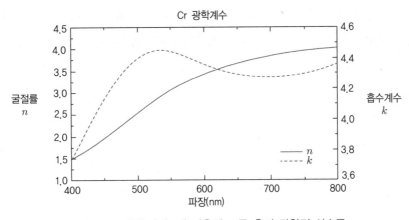

그림 25.23 응용사례 1에 사용된 크롬 층의 광학적 상수들

25.4.2.2.3 크롬

금속 막의 광학적 상수들은 증착조건에 매우 민감하다. 이미 출간된 금속 막에 대한 광학적 상수 값들(문헌상의 값들)은 양호한 모델정합과 정확한 두께 값을 생성시켜주지 못한다. 광학적 상수들을 정확하게 모델링하기 위해서 로렌츠 진동자 모델이 사용되었다. 이 모델은 일곱 개의 진동자로 구성되어 있으며 진동자의 진폭, 선폭증대, 그리고 에너지 매개변수 등이 조절되었다. 크롬의 광학적 상수들은 그림 25.23에 도시되어 있다.

25.4.2.3 응용사례 2

두 번째 응용사례에서는 더 복잡한 적층이 분석되었다. 포토마스크 막 적층은 상부 비반사층/레지스트/하부 비반사층/크롬 산화물/크롬/수정과 같이 구성되어 있다. 크롬은 대략적으로 1000Å 두께이며, 이는 막 적층의 기층으로 작용하기에 충분한 두께이다. 이 막 적층의 분석에는 앞에서와 동일한 단계가 적용된다.

25.4.2.3.1 데이터 수집

첫 번째 단계는 시편으로부터 데이터를 수집하는 것이다. 이것은 가변각도 타원편광 분광 VASE(J.A. Woollam Co.)을 사용한 타원편광 분광 스캔을 통해서 이루어진다. 가변각도 타원편광 분광(VASE) 측정은 넓은 파장대역에 대해서 다중 입사각도(AOI)에 대한 정보를 제공해주기 때문에 다중층 막 적층에 강하다. 이를 사용해서 모든 파장/각도 조합에 대해서 Ψ와 Δ값들을 수집한다. 이 경우 입사각도로는 65°, 70° 및 75°가 사용되며, 스캔범위는 300~800nm이다. 이 각도를 선정한 이유는 주로 대부분의 소재들이 65° 근처에서 가-부루스터 각도(PBA)를 가지고 있기 때문이다. 만일 가-부루스터 각도(PBA) 근처라면, 입사각도에 대해서 90° 근처에서의 Δ값이 얻어지며, 이 입사각도는 층 두께와 광학적 상수들에 대해서 가장 민감하다.

가변각도 타원편광 분광(VASE) 타원계는, 고정된 편광판을 사용하며, 단색화 장치가 시편 앞단에 위치하고, 빔 초퍼가 단색화 장치의 끝단에 설치되고, 고체상 검출기 등이 장착된 회전 분석 타원계(RAE)이다. 가변각도 타원편광 분광(VASE) 측정은 검출기로 입사되는 광선은 완벽하게 편극화되어 있으며 막들 사이의 계면은 평행하고 평평하며, 각도와 대역퍼짐이 없고, 균일한 막으로 구성되어 있는 이상적인 조건을 가정하고 있다. 이상적이지 않은 상황에서는 이 조건들을 비선형 회귀를 포함하는 모델 내의 정합 매개변수들로 정의할 수 있다[4].

25.4.2.3.2 실험 데이터의 모델링

데이터가 수집되고 나면 모델이 만들어진다. 모델은 레지스트 소재에 대한 코시 모델과 상부 비반사코팅(TARC), 하부 비반사코팅(BARC), 크롬 및 크롬 산화물 층을 특성화시키기 위한 진동자 모델로 이루어진다. 실험 데이터를 모델과 정합시키고 나면, 두께에 대해서 다음 값들이 얻어진다. 그림 25.24에서와 같이 500Å 두께의 상부 비반사코팅, 4700Å 두께의 레지스트 층, 800Å 두께의 하부 비반사코팅, 그리고 270Å 두께의 크롬 산화물 층 등이다. 그림 25.25(a)와 (b)의 가변각도에 대해서 얻은 스펙트럼은 모델과 데이터 간의 정합을 보여주고 있다. 생성된 데이터와 실험 데이터가 서로 매우 일치하고 있다.

4	상부 비반사코팅	507.16Å
3	레지스트	4699.3Å
2	하부 비반사코팅	789.53Å
1	Cr_2O_3	274.09Å
0	Cr	1mm

그림 25.24 응용사례 2에 대한 모델링 기준값

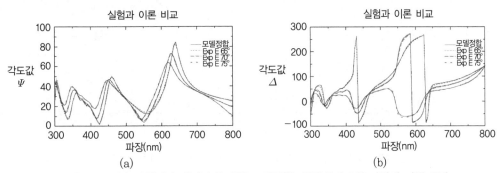

그림 25.25 (a) 타원편광 데이터에 대한 모델정합: 응용사례 2의 파장에 따른 Ψ값
(b) 타원편광 데이터에 대한 모델정합: 응용사례 2의 파장에 따른 Δ값

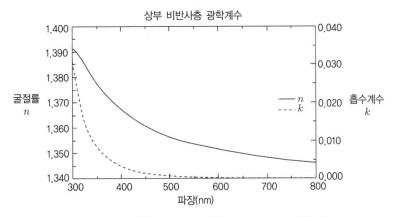

그림 25.26 응용사례 2의 상부 비반사코팅(TARC) 광학상수들

25.4.2.3.3 상부 비반사코팅

이 시편의 최상층은 633nm에 대해서 굴절률이 1.34 내외로 코팅이 된 투명 기층소재이다. 이 층은 레지스트 위에 스핀 코팅되어, 포토레지스트 내에서의 반사를 억제하는 상부 비반사코팅으로 작용하며, 따라서 영상 품질을 개선시켜주고 선폭편차를 줄여준다. 이 층을 모델링하기 위해서

오실로스코프형 모델이 사용된다. 만약 가시광선 파장대역만이 모델링된다면 코시층이 사용될 수 있겠지만, 흡수가 발생하는 400nm 이하에서의 광학 상수들을 더 잘 나타내기 위해서 그림 25.26에서와 같이 진동자형 모델이 사용되었다. 이 진동자형 모델은 Kramers-Kronig 관계가 성립된다.

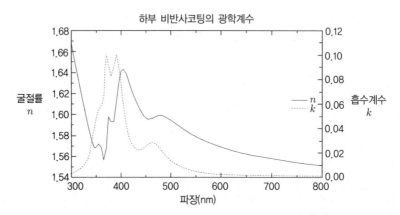

그림 25.27 응용사례 2의 하부 비반사층(BARC) 광학상수들

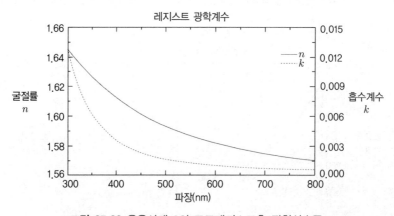

그림 25.28 응용사례 2의 포토레지스트층 광학상수들

25.4.2.3.4 하부 비반사코팅

하부 비반사코팅(BARC)을 사용하는 것은 많은 이점이 있다. 가장 중요한 것은 기층소재에서 레지스트 층으로 반사되는 빛을 막기 위해서 대부분의 빛을 흡수함으로써, 정재파를 최소화시키며 영상 대비를 개선시키고, 레지스트가 증착되기 전에 표면을 평탄화시켜준다. 하부 비반사코팅(BARC) 막의 경우 일곱 개의 진동자를 사용하는 로렌츠 진동자 모델이 사용되었다. 이 막의 산란특성은 매우 복잡한 것으로 밝혀졌으며, 그림 25.27에서는 특히 340~410nm에

대해서 매우 상세하게 제시되어 있다. 투명한 영역에 대해서만은 코시 모델을 사용하는 것만으로도 충분하다. 그런데 430nm 이하에서는 복잡한 산란특성을 나타낼 수 없다. 이 대역에서 소재는 급격한 흡수 피크를 나타낸다. 로렌츠 진동자모델 역시 Kramers-Kronig 관계가 성립된다. 두께와 더불어서 선폭확대, 진폭, 그리고 에너지 등과 같은 매개변수들이 해석에 포함되었으며, 정합 매개변수들 사이에 강한 상호 연관성을 피하기 위해서 주의하였다.

25.4.2.3.5 포토레지스트, 크롬 산화물, 크롬

이 층들은 앞서의 사례와 유사한 방법으로 모델링되었다. 레지스트에는 코시 모델이 사용되었으며, 크롬 산화물과 크롬 층에는 진동자형 모델이 사용되었다. 이 층들의 광학 상수들은 그림 25.28~25.30에서 확인할 수 있다.

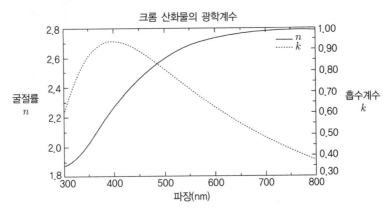

그림 25.29 응용사례 2의 크롬 산화물 층 광학상수들

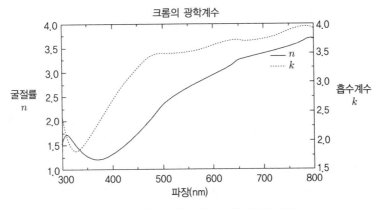

그림 25.30 응용사례 2의 크롬층 광학상수들

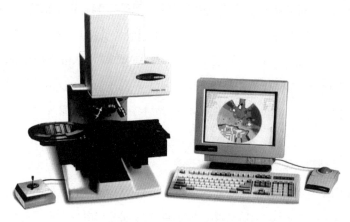

그림 25.31 Nanospec 6100

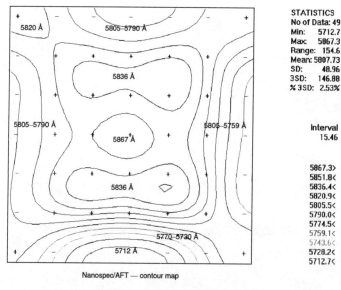

```
STATISTICS
No of Data: 49
Min:    5712.7
Max:    5867.3
Range:  154.6
Mean:  5807.73
SD:      48.96
3SD:    146.88
% 3SD:  2.53%


Interval
   15.46


5867.3>
5851.8<
5836.4<
5820.9<
5805.5<
5790.0<
5774.5<
5759.1<
5743.6<
5728.2<
5712.7<
```

Nanospec/AFT — contour map

그림 25.32 마스크 표면의 두께지도

25.4.2.4 측정 결과

시편의 특성화와 모델 개발이 완료되고 나면, 그림 25.31에 도시되어 있는 Nanospec 6100
을 사용해서 두 시편들을 측정하였다. Nanospec 6100은 선형 어레이 헤드와 수직 조명을 갖춘
비접촉 반사광 분광장비이다. 여기에는 할로겐 램프와 자외선(UV) 듀테륨 램프의 이중광원이
사용된다. 측정대역은 가시광선과 480~800nm 대역이 포함되어 있으며 4× 렌즈를 사용한다.
두 측정의 반복도는 표준편차 0.5Å 미만일 정도로 훌륭하다. 반복도는 광학 모델의 정확성과 견실성의 척도이다. 마스크의 막 균일성 검사를 위해서 마스크상의 49개 위치에 대한 측정이 시행된다. 그림 25.32에서와 같이 마스크의 테두리에 대한 측정값이 평균값에 비해서 작기 때문에 중앙부에 비해서 더 얇은 것으로 판명되었다.

25.5 결 론

타원편광과 반사광은 박막 측정에 주로 사용되는 두 가지의 비파괴 광학적 기법이다. 타원편광 측정은 전형적으로 새로운 소재의 분석과 복잡한 막 적층에 대한 광학적 모델 개발에 사용된다. 속도, 비용효율, 타원편광에 비해서 더 작은 형상을 측정할 수 있는 능력 등과 같은 반사계가 가지고 있는 장점들은 반사계를 가장 일반적인 생산용 계측장비로 자리 잡게 만들었다. 모든 시편들의 분석은 소재의 광학상수들인 n과 k를 구하는 것에서 시작하여 적합한 모델을 도출한다. 각각의 소재 유형들에 따라서 올바른 산란 모델을 사용하는 것은 정확한 광학상수들을 구하는 데에서 필수적이다. 크롬 위에 크롬 산화층과 그 위에 레지스트 층이 입혀진 포토마스크를 분석하는 사례에서 포토레지스트에는 코시 모델을 사용할 수 있으며, 크롬과 크롬 산화층에는 진동자 모델을 사용하였다. 만약 비반사코팅(ARC)과 같은 층들이 추가된다면, 적절한 산란 모델을 사용하여 이를 특성화시킬 필요가 있다. 중요한 고려사항은 실험 데이터와 일치하는 해를 찾아내는 것이다. 이 유일해는 실험 데이터와 가장 잘 정합되는 모델을 제시해주며 각 모델에 대해서 매개변수들을 맞춰준다. 이런 방법을 통해서 측정장비로부터 정확하고도 안정된 두께 값을 얻을 수 있다(그림 25.32).

감사의 글
NANOmetrics 사의 Application Group에 재직하고 있는 Ray Hoobler와 Milad Tabet의 인도와 지원에 감사를 표하는 바이다.

□ 참고문헌 □

1. R.M.A Azzam and N.M. Bashara, *Ellipsometry and Polarized Light,* Elsevier Science B.V., Amsterdam, 1987, pp. 1-7.

2. Max Born and Emil Wolf, *Principles of Optics,* 7th ed., Cambridge University Press, London, 1999, pp. 1-74.

3. H.G. Tompkins and W.A. McGahan, *Spectroscopic Ellipsometry and Reflectometry,* John Wiley & Sons, New York, 1999, pp. 10, 19-21, 93-95, 195, 212-224.

4. J.A. Woollam's Manual, *Guide to Using WVASE,* pp. 2.2-2.58, 7.17, 12.8-12.45.

5. J.H. Simmons and K.S. Potter, *Optical Materials,* Academic Press, New York, 2000, pp. 85-91.

제26장

포토마스크 기술

위상천이 마스크(PSM)용 위상측정장비

Hal Kusunose

26.1 서 언

노광파장을 줄이는 것은 리소그래피에서 세밀한 패턴을 만들기 위한 효과적인 방안이다. 그런데 경제적인 관점에서는 노광파장 변경을 지연시키고 기존의 리소그래피 장비들의 수명을 늘이는 것이 바람직하다. 위상천이 마스크(PSM)기술은 이런 목적을 위해서 이미 개발된 방법이다. 많은 종류의 위상천이 마스크들이 이미 개발되었다. 희석식 매립식 위상천이 마스크(EPSM)는 주로 구멍 패턴에 사용되며 교번식 위상천이 마스크(APSM) 또는 무크롬 마스크는 상호연결에 사용된다.

26.2 노광파장에서의 위상천이와 투과율 직접 측정

위상천이 마스크는 투과광선의 위상을 조절하는 유형의 마스크이다. 설계 값과 다른 위상천이를 일으키는 위상천이 마스크는 예상 분해능을 저하시킬 뿐만 아니라 초점이동, 패턴 크기의 편차 등과 같은 유해한 영향들을 초래한다. 위상천이 마스크의 제작과 위상천이의 검증을 위해

제26장 위상천이 마스크(PSM)용 위상측정장비 **717**

서는 위상천이 측정장비가 필요하며, 특히 매립식 위상천이 마스크(EPSM)의 경우에는 위상천이 값과 투과율을 동시에 조절해야 할 필요가 있기 때문에 이 장비는 높은 정밀도로 위상천이와 투과율을 측정할 수 있는 능력을 갖추는 것이 바람직하다. 매립식 위상천이 마스크(EPSM)에서 위상천이와 투과율은 근원적으로 천이기 층의 증착공정에 의존하므로, 마스크 모재 제조 업체들은 반드시 위상천이와 투과율을 측정할 수 있는 장비가 필요하다. 패턴 성형 및 세척과정에서 항상 광학적 성질들과 막 두께가 변화할 가능성이 있다. 따라서 마스크 숍에서도 위상천이와 투과율을 측정할 필요가 있다.

26.3 위상천이 측정

위상천이를 측정할 수 있는 방법은 두 가지가 있다. 하나는 웨이퍼 노광에 사용하는 것과 동일한 파장의 광선을 사용해서 위상천이와 투과율을 직접 측정하는 것이다. 또 다른 방안은 웨이퍼 노광에 사용하는 것과는 다른 파장의 광선을 사용해서 위상천이를 측정한 다음에 계산을 통해서 위상천이와 투과율을 측정하는 것이다. 매립식 위상천이 마스크(EPSM)의 경우 막의 구조가 균일하지 않으며, 내부구조가 매우 복잡하거나 또는 층을 엄밀하게 관찰하면 다중층이 존재하는 경우가 있다. 천이기 층뿐만 아니라 수정패턴 자체에 대한 약간의 식각을 통해서도 위상천이를 일으킬 수 있다. 이런 경우 측정 및 노광파장 하에서 천이소재의 굴절률을 사용하여 변환을 통해서 계산한 위상천이 값에는 오차가 생성될 가능성이 있다. 다른 파장의 광선에 의해서 얻어진 측정 결과는 노광파장에 의해서 얻어진 것과는 서로 다를 수 있다. 노광광선과 동일한 파장의 마스크 투과 광선을 사용하는 것이 이런 오차를 피하기 위해서는 매우 중요하다고 널리 인식되어 있다.

26.4 투과율 측정

투과율은 전통적으로 마스크 모재 생산 공정 내에서 분광계를 사용해서 측정된다. 이 측정 방법에서 기층소재와 막이 결합된 결과로 얻어지는 투과율은 공기 중에서의 투과율을 기준(공기 기준 투과율)으로 하여 계산된다. 반면에 투과율 값은 수정의 기준 투과율 값을 투명한 영역의 기준 투과율 값으로 하여 산출한 천이기 영역의 상대 투과율 값으로 정의된다. 노출광선의 강도가 조절되므로 웨이퍼 상의 레지스트 패턴에 대한 선폭 값은 리소그래피 공정에서의 설계 값이 된다. 이런 이유 때문에 매립식 위상천이 마스크(EPSM)에서 수정을 기준으로 하는 투과율에 대한 정의가 변경되는 사례가 증가하고 있다.

기층소재의 투과율이 일정하게 유지된다고 가정한다면, 공기기준에서 수정기준으로의 변환을 수행할 수 있다. 그런데 기층소재 상의 식각된 표면이 패턴 식각 과정에서 거칠어지게 되면 패턴이 입혀진 영역의 투과율이 실제적으로 저하되어서 웨이퍼 노광공정 도중에 오차가 발생할 수 있다. 이런 경우 패턴 열림 부분을 통과하여 투과된 광선 중 산란광의 비율이 증가하여 노광장비의 렌즈 동공을 통하여 투과되는 광선의 강도저하를 초래한다. 기층소재 식각을 통해서 천이기 패턴이 성형되는 교번식 위상천이 마스크(APSM)에서조차도 유효 천이기 투과율의 변화가 발생할 수 있음이 이런 종류의 현상을 통해서 시사되고 있다. 웨이퍼 노광장비에서와 동일한 개구수의 렌즈 동공을 갖는 측정장비를 사용해서 정확히 측정한 수정 기준을 사용해서 천이기 영역의 투과율을 측정할 필요가 있다.

26.5 MPM 시리즈

그림 26.1 MPM248 시스템의 형상

MPM 시리즈 장비들은 상업적으로 사용이 가능한 세계에서 유일한 측정장비이다. MPM 시리즈 장비는 웨이퍼 노광장비와 동일한 파장의 광선을 사용해서 위상천이 마스크의 위상천이와 투과율을 직접 측정할 수 있다. MPM100[1,3]은 436 및 365nm의 측정파장을 사용하며, MPM248[2]은 248nm를, 그리고 PMP193은 193nm의 파장을 사용하며 많은 마스크 모재 제조업체들과 마스크 제조업체들이 공정개발과 품질관리에 이들을 사용하고 있다. MPM 시리즈는 또한 마스크를 웨이퍼 제조에 사용하기 전의 입고검사를 위해서 사용되기도 한다. 그림 26.1에서는 MPM248 의 외관을 보여주고 있다.

위상천이 마스크(PSM)는 또한 F_2 리소그래피의 기반기술이며, MPM 시리즈의 가장 진보된 모델인 MPM157은 157nm를 측정파장으로 사용하며, 이제는 완성되어 상업적으로 판매되기 시작하였다. 복잡한 계산과정을 통해서 위상천이를 측정할 수 있는 장비들의 여타의 업체들에 의해서 공급되고 있다. 그런데 이런 장비들에 의한 위상천이 값의 정밀도는 아직 입증되지 못하였다. 따라서 이런 장비들은 MPM을 사용해서 교정해야만 하며, 따라서 이들을 품질보증용으로 사용하지 않는다. 이 분야에서 위상천이와 투과율 측정에서 MPM 시리즈 장비들은 이제 표준장비로 자리 잡게 되었다.

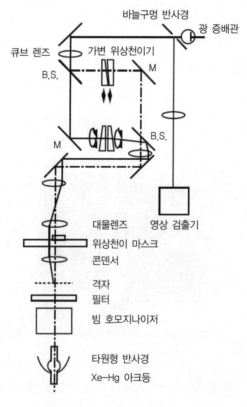

그림 26.2 간섭계 현미경 광학계

26.6 간섭계의 광학구조

MPM 시리즈의 모든 모델들은 대물렌즈 뒤에 위치하고 있는 콤팩트한 마하–젠더형 전단간섭계를 공통구조로 채용하고 있다. 그림 26.2에서는 MPM248의 광학계를 사례로 보여주고 있다. MPM100과 MPM248의 조명용 광원은 Hg–Xe 램프를 사용한다. MPM193에서는 듀테륨 램프가 사용된다. 측정할 마스크는 웨이퍼 노광에 사용된 것과 동일한 파장의 광원을 조명으로 사용하며 조명광원은 간섭 필터와 분광용 프리즘을 사용하여 방사 스펙트럼에서 빛을 선택하여 추출한다. 투과된 광선에 의한 마스크 패턴 영상은 대물렌즈에 의해서 확대되며 마하–젠더형 전단간섭계에 의해서 측면방향으로 천이된 후에, 바늘구멍과 카메라에 의해서 투사 및 중첩된다. 위상천이 측정의 경우 위상천이 패턴 영역과 천이되지 않은 패턴 영역으로부터의 영상들은 광 검출위치이기도 한 영상평면 상에서 서로 중첩된다. 이런 영상중첩에서 광 검출기에서의 광 강도는 천이기 패턴 영역을 통해 투과된 빛과 천이가 없는 패턴 영역을 통해서 투과된 빛 사이의 위상천이량의 합과 간섭계에 의한 근원적 위상천이량에 의해서 결정된다. 두 빔 사이의 간섭을 사용하는 계측기의 경우 간섭계 내에서 분할된 경로에서 광 경로의 요동은 계측 정밀도의 현저한 왜곡을 유발한다. 공기흐름의 교란과 온도 요동은 주로 정확도에 영향을 끼친다. MPM은 대물렌즈 뒤의 마하–젠더형 전단간섭계를 갖추고 있으며, 이 구조는 마스크 공통경로 근처에 광 경로를 형성한다. 그 결과 정밀도에 특히 민감한 분할경로는 간섭계 내부에서만 유지된다. 더욱이 간섭계 구조는 열팽창계수가 매우 작고 기계적 강성이 높은 SiC 세라믹으로 만들어지며 이를 통해서, 온도 요동과 기계적 진동 하에서도 매우 안정된 측정을 가능케 해주었다. MPM 시리즈의 모든 모델들은 단기간 측정에 대해서 $3\sigma = 0.5°$의 위상천이 측정 반복도를 보증한다. 그림 26.3에서는 램프가 켜진 이후에 대기온도 변화에 따른 간섭계 안정성을 보여주고 있다. 그림의 수평축은 경과시간이고 도표우측의 수직축은 대기온도, 좌측은 위상천이가 존재하지 않는 영역의 위상천이를 5회 측정한 다음 측정한 위상천이 값의 평균을 보여주고 있다. 이 측정 결과에 따르면 간섭계 안정성은 1°C 온도편차에 대해서 ±0.1° 이내로 간섭계 안정성이 유지되므로, 이 장비는 온도 변화에 대해서 매우 안정되어 있음을 알 수 있다.

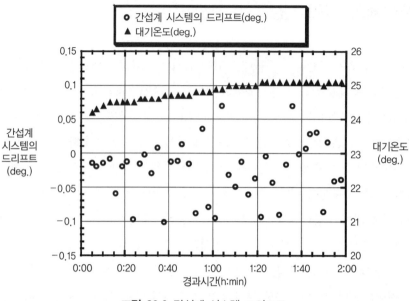

그림 26.3 간섭계 시스템 드리프트

26.7 간섭무늬 스캔

위상천이와 투과율 측정을 위한 기본 작동은 간섭계 내의 광학적 길이들 중 하나를 변조시키는 간섭무늬 스캔이라는 기법을 사용한다. MPM 시리즈가 채용하고 있는 특정한 간섭무늬 스캔방법은 간섭계 내에서 분할된 빔의 한쪽에 위치하고 있는 광학 쐐기(가변 위상천이기)가 광축에 수직한 방향으로 움직일 때에 간섭신호의 강도를 측정하는 것이다. 한쪽 빔의 광 경로는 간섭무늬에 의해서 변조된다. 그림 26.4에서는 매립식 위상천이 마스크(EPSM)상의 서로 다른 위치에 대해서 간섭무늬 스캔을 수행했을 때의 다양한 신호 파형 결과를 보여주고 있다. 위상천이 마스크 상의 위상천이 값을 측정하기 위해서 위상천이 패턴 영상위치를 통과한 광선과 위상천이 패턴이 없는 영상위치를 통과한 광선 사이의 위상 차이를 간섭무늬 스캔을 사용해서 일차적으로 구한다. 다음에는 간섭계 내부의 두 빔들의 광선경로 차이에 의해서 생성된 위상천이(고유위상)를 앞서 언급했던 위상천이 값으로부터 소거한다. 간섭계 내부에서 생성된 위상천이는 일반적으로 위상천이가 없는 마스크 영역에 대한 간섭무늬 스캔을 통해서 얻을 수 있다. 모든 계측 시마다 위상천이가 없는 마스크 영역에서의 간섭무늬 스캔을 필요로 하지는 않는다. MPM 시리즈에서 위상천이 측정과정은 간섭계 내부에서 발생하는 위상천이 소거방법을 채용하고 있다. 이를 위해서는 두 번의 위상천이 측정이 필요하다. 위상천이 패턴 영상을 좌측에, 그리고 위상천이가 없는 패턴을 우측에 놓고 중첩된 영상의 위상천이를 측정하여 얻을 수 있다. 결과적인 위상천이 차이는 실제 위상천이기에서 생성되는 것보다 두 배 큰 위상천이 차이를 나타내며, 따라서 MPM은 이를 2로 나누어서 정확한 위상천이 값을 구하게 된다. 그림 26.5에서는 이 방법을 보여주고 있다. 여기서 설명하고 있는 방법을 사용해서 얻은 위상천이 는 두 번의 측정에 대한 평균값에 해당하며 그에 따라서 장기간 안정성이 높아지게 된다. 각위 상천이나 투과율 측정에 소요되는 시간은 약 30초로, 일반적인 적용을 위해서 요구되는 측정 속도를 충족시키고 있다.

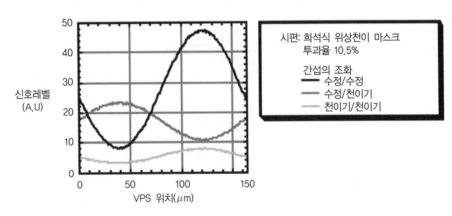

그림 26.4 간섭무늬 스캔 신호

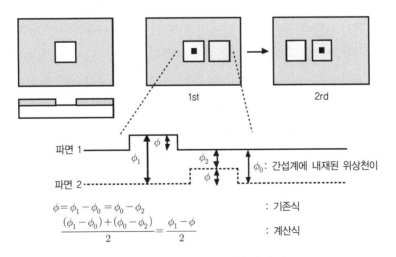

$$\phi = \phi_1 - \phi_0 = \phi_0 - \phi_2 \qquad : 기존식$$
$$\frac{(\phi_1 - \phi_0) + (\phi_0 - \phi_2)}{2} = \frac{\phi_1 - \phi}{2} \qquad : 계산식$$

그림 26.5 개선된 위상측정 순서

26.8 투과율 측정

수정을 기준으로 하는 투과율은 천이 영역을 투과한 광선과 천이 영역이 없는 영역을 투과한 광선 사이의 투과광선 비율로 정의된다. 일반적으로 광선이 작은 영역을 투과할 때에는 주변 패턴에 의해서 영향을 받는 경우가 많이 존재한다. 이런 현상을 Schwarzschild-Villiger 효과 [4]라고 부르며, 이 현상의 근원은 광학 시스템의 기생광선에 의한 것이다. 그림 26.6에서는 이런 현상의 사례를 보여주고 있다. MPM은 저간섭성 광원조사와 백색광선 간섭계를 결합시킴으로써 이 기생광선을 효과적으로 저감시킬 수 있었다[5]. 렌즈 표면에서 산란이나 반사되는 원치 않는 기생광선들은 정상적인 광선경로보다 긴 광선경로를 통과한다. 그 결과 정상적인 광선과 기생광선 사이의 광선경로길이 차이는 간섭길이보다 길어지며, 기생광선은 정상 광선에 비해서 간섭성을 잃어버린다. 이 상태에서 간섭무늬 스캔을 통해서 얻은 간섭신호 내에서 이 기생광선은 일정한 성분이 된다. 다시 말해서 MPM은 그림 26.4에서와 같이 천이기/천이기 (EPSM 층 영역)와 수정/수정(패턴 시창 영역) 모두에서 측정한 간섭신호의 두 신호진폭비율을 사용해서 투과율을 측정한다. 이 방법은 일시적인 낮은 간섭성을 이용하여 기생광선 효과를 제거한다. 단순히 광 강도를 비교하는 방법에 비해서 MPM은 패턴 테두리 근처에서의 투과율과 미소패턴의 투과율 측정이 가능하다. 그림 26.7에서는 투과율을 측정하는 세 가지 방법들을 보여주고 있다. 1) 투과광선의 밝기 단순비교 방법 2) 측면방향 천이 없이 간섭신호의 진폭을 비교하는 방법 3) 측면방향 천이를 사용한 간섭신호의 진폭 비교방법이다. 측정위치는 패턴 테두리에 근접하여 있다. 기생광선에 의한 영향을 받으면 패턴 테두리 근처에서의 측정값이 변하는 것을 그림에서 명확히 확인할 수 있다. 그런데 간섭계를 사용하며 추가적으로 영상을 측면방향으로 천이시키면 기생광선의 영향을 가장 효과적으로 제거할 수 있다. 이런 조명조건은 투과율 측정의 측면방향 분해능을 개선시켜준다. 광선은 측면방향으로 마스크에 조사되는 공간간섭성 광원의 광선성분들로 이루어지며, 전단간섭계에 의해서 수평방향으로 특정한 거리만큼 영상이 이동하면 간섭이 발생하도록 MPM 시리즈가 설계되어 있다. 이에 대한 대안적 방법으로는 조명영역을 충분히 작게 만듦으로서 간섭계를 사용하지 않고도 S-V 영향을 저감시킬 수 있다고 보고되었다. 그런데 초점오차에 의하여 검출되는 광선이 감소하여 투과율 측정 오차가 발생하며 이는 문제가 될 수 있다. MPM 시리즈는 입사광선이 마스크의 넓은 영역을 비추므로 초점오차의 영향에서 자유롭다. 이런 특징 때문에 MPM 시리즈의 모든 모델들은 $3\sigma = 0.2\%$ 의 투과율 측정 정확도를 보장한다.

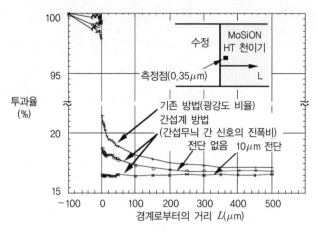

그림 26.6 경계 근처에서 시창과 희석된 위상천이기 패턴 사이의 투과율

26.9 위상천이 측정값의 패턴 크기에 대한 의존성

작은 패턴에 대한 위상천이 측정의 정확도는 초점오차에 의존한다. 그림 26.7에서는 초점높이와 위상천이 측정값 사이의 관계를 보여주고 있다. 뒤집어 말하면, 이 현상은 위상천이 마스크의 위상천이 값이 180°에서 벗어날 때에는 웨이퍼 노광공정에서 초점 오프셋이 발생한다는 증거이다. 패턴 크기가 측정대상의 분해능 한계에 근접할 때에 위상천이 측정값은 초점위치 편차에 따라서 변화한다. 따라서 웨이퍼 노광에 사용되는 실제 패턴의 위상천이를 측정할 때에는, 마스크와 대물렌즈 사이의 거리를 엄중히 관리해야만 한다. 이와 동시에 이런 작은 패턴의 위상천이 측정의 경우 고차 회절광선의 비율이 높기 때문에 측정 결과는 초점편차뿐만 아니라 렌즈의 광학수차에 의해서 직접적으로 영향을 받는다. 작은 패턴 내에서 0차 회절과 고차 회절광선 사이의 위상천이 값인 수차는 위상천이 패턴 자체의 위상천이를 중첩시킨다. 이 중첩을 분리하는 것은 불가능하다. 초점편차는 또한 일종의 파면수차로 간주할 수 있으며, 현실적으로 실제 노광 패턴 크기를 사용해서 패턴의 위상천이를 정확히 측정하는 것은 불가능하다. 하지만 그림 26.7에서 보는 것과 같이 비교적 큰 패턴 영역 내의 초점위치 근처에서는 위상천이 측정값이 초점높이에 의존하지 않는 영역이 존재한다. 이는, 이 영역을 사용한다면 초점에 의존하는 측정편차의 문제가 발생하지 않는다는 것을 의미한다. 이런 이유 때문에 이런 측정편차를 피하기에 충분한 크기인 약 $7.5\mu m$ 크기의 패턴 측정을 통해서 매립식 위상천이 마스크 (EPSM)의 위상천이 측정 결과를 보장받을 수 있다. 식각과정에서의 마이크로-로딩 효과에

의해서 노광 패턴과 관찰패턴 사이에 위상천이 차이가 발생할 수 있으며, 오차인자로 작용한다. 식각율의 차이를 정량적으로 알아내기 위해서 원자작용력현미경(AFM)을 사용하여 식각 깊이에 따른 패턴 크기의 의존성을 확인함으로써 식각공정을 최적화시킬 필요가 있으며, 관찰 패턴에 대한 목표 값 관리를 통해서 마이크로-로딩 효과를 보정할 수 있다.

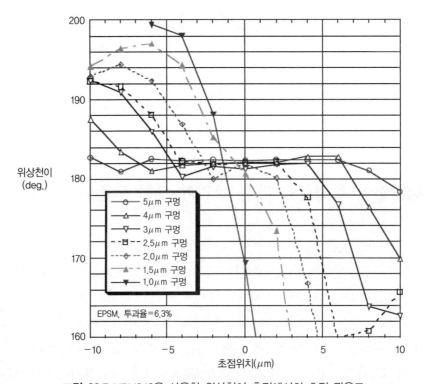

그림 26.7 MPM248을 사용한 위상천이 측정에서의 초점 관용도

26.10 자동조작 기능

MPM은 단순한 패턴 테두리에 대한 자동인식 기능을 사용하는 자동조작 기능을 탑재하고 있다. 이 기능을 통해서 마스크 전체 영역에 대한 위상천이 및 투과율의 연속 무인측정이 가능하다. 조작자의 측정과정 기억을 통해서 측정위치 학습이 가능하며, 결과적으로 기억된 데이터를 기반으로 하거나 데이터 파일로부터 측정위치를 입력받아서 측정이 수행된다.

26.11 장기간 안정성 문제

단순한 광학영상 관찰만을 지원해주는 광학식 현미경과는 달리, MPM과 같은 광학계측장비는 위상천이 및 투과율과 같은 수치 데이터로 측정값을 출력해주며, 광학 시스템의 오염은 직접적으로 판독할 수 있는 측정값의 변화로부터 알아낼 수 있다. 따라서 장비가 설치되어 있는 대기의 화학적 오염에 의한 영향을 매우 명확하게 문제나 장기간 측정 안정성에 관련된 사항으로 인식하여야만 한다. 특히 화학적 오염에 대한 대책이 없는 일반적인 클린룸에서 대기 중에 존재하는 실록산, Dioctylphthalate(DOP), 그리고 탄화수소 등의 화학물질들이 원자외선(DUV) 광선에 의해서 증착되므로 광학 시스템과 부품들의 잦은 세척이 필요해진다. 이를 피하기 위해서는 광학 시스템 주변을 화학적으로 청결하게 유지하는 것이 중요하며, 원자외선(DUV) 광선을 사용하는 MPM248과 MPM193과 같은 장비들을 활성탄소 필터를 사용하는 화학적으로 청결한 부스 내에 설치하는 것이 중요하다. 불행히도 이들 오염방지 설비의 효과는 충분치 못하며 레이저텍 사는 제한된 공간 내에서 최소한의 기체방출 특성을 갖는 기계적 부품과 화학 필터를 사용하는 기체방출 메커니즘의 개발을 진행 중에 있다. 간섭계 주변의 영역은 특히 오염에 민감하며, 단기간 측정 반복도를 높게 구현하기 위해서는 온도편차와 와류를 가능한 한 작게 관리해야만 한다. 현재의 목표는 일반적인 클린룸에 장비를 설치하여도 간섭계 영역의 세척이 필요 없도록 장비를 만드는 것이다.

26.12 요 약

이 단원에서는 MPM을 사용하여 위상천이와 투과율을 측정하는 원리에 대해서 보여주고 있다. 이 시스템에서는 일시적 저간섭 광선조명과 간섭계의 결합이나 주기 및 공간 간섭성 조명과 같은 많은 독특한 기술들을 채용하고 있다. 이들은 측면방향 분해능 개선과 측정의 정확도 개선에 효과적이다. MPM 시리즈 장비들은 포토리소그래피에서 일반적으로 사용되는 파장을 사용하며 위상천이 마스크의 요구조건을 충족시키는 데에 매우 중요한 역할을 수행한다.

❑ 참고문헌 ❑

1. H. Fujita, H. Sano, H. Kusunose, H. Takizawa, K. Miyazaki, N. Awamura, T. Ode, and D. Awamura, Performance of i-/g-line phase-shift measurement system MPM100, *Proc. SPIE*, 2793, 497–512 (1996).

2. H. Kusunose, N. Awamura, H. Takizawa, K. Miyazaki, T. Ode, and D. Awamura, Direct phaseshift measurement with transmitted deep-UV illumination, *Proc. SPIE*, 2793, 251–260 (1996).

3. H. Kusunose, A. Nakae, J. Miyazaki, N. Yoshioka, H. Morimoto, K. Murayama, and K. Tsukamoto, Phase measurement system with transmitted UV light for phase-shifting mask inspection, *Proc. SPIE*, 2254, 294–301 (1994).

4. K. Schwarzschild and W.Villiger, *Astroyhys. J.*, 23 (1906).

5. H. Takizawa, H. Kusunose, N. Awamura, T. Ode, and D. Awamura, Transmittance measurement with interferometer system, *Proc. SPIE*, 2793, 489–496 (1996).

포토마스크 기술

제27장

마스크 검사: 이론과 원리

Anja Rosenbusch and Shirley Hemar

27.1 서 언

포토리소그래피용 마스크는 VLSI 디바이스의 집적회로 패턴을 웨이퍼 위에 복제하기 위해서 사용되는 스텐실이나 템플리트이다. 마스크는 수정 기층소재 위에 입혀진 패턴이 있는 크롬막이나 더 진보된 경우에는 MoSi 또는 식각된 수정으로 만들어진 위상 마스크 등으로 이루어져 있다. 스텝과 스캔 리소그래피 장비(스테퍼)를 사용해서 레지스트 코팅 위에 4:1이나 5:1의 축사비율로 마스크 영상을 투사하여 반도체 웨이퍼에 원하는 패턴을 전사시킨 다음, 레지스트를 현상하여 만들어진 패턴을 사용해서 막을 처리한다.

하나의 마스크를 수백이나 심지어는 수천 개의 웨이퍼들을 생산하는 데에 사용할 수 있다(각 웨이퍼에는 수십에서 수백 개의 다이들이 있으며, 각 다이들은 완벽한 기능을 갖춘 디바이스가 되도록 처리한다). 그러므로 마스크 내의 검출되지 않은 오류나 결함은 수율의 심각한 손실을 초래할 수도 있다. 이런 손실을 최소화시키기 위해서 모든 레티클들은 생산에 사용되는 동안 여러 차례 품질관리를 위한 검사를 거친다. 현재 산업체에서는 세 가지 검사방법이 사용되고 있다. 다이와 데이터베이스 간 검사의 경우 마스크 영상을 설계 데이터와 비교한다. 다이 간 검사에서는 마스크 내에서 기본적으로 동일한 다이들을 서로 비교하는 것이다. 그리고 오염검사에서는 예를 들면 입자와 같은, 마스크의 패턴과 무관한 결함을 검사한다. 결함이 발견되면 (가능하다면)마스크를 수리하거나 또는 세척한 다음 다시 검사한다. 기존의 마스크 검사 시스템들은 60nm 정도로 작은 크기의 결함을 검출하기 위해서 짧은 파장과 고배율 광학계를 사용한다.

27.2 새로운 도전: 파장이하 리소그래피와 결함 프린트 가능성

설계원칙들이 축소됨에 따라서 설계자들은 193nm 조명을 사용하여 회절한계 이하에서 작업하여, 65nm(또는 심지어 더 작은)만큼이나 작은 형상을 프린트하기 위해서 파장이하 리소그래피로 선회해야만 한다. 이 영역에서는 분해능강화기법(RET)을 사용하지 않고는 광학계가 신뢰성 있게 원하는 패턴을 재현할 수 없다. 분해능강화기법(RET)에는 예를 들면 대비를 강화시키기 위해서 파장이하 크기의 프린트되지 않는 형상을 추가하는 광학근접보정(OPC)과 인접형상에서 투과된 빛의 위상이 반전되어 대비를 증가시키고 분해능을 강화시키는 위상천이 마스크(PSM) 등이 포함된다. 고품질 분해능강화기법(RET) 마스크의 제조는 점점 더 어려워지고 있다. 이 때문에 65nm 기술 노드에서는 마스크 제조가 가장 큰 어려움들 중 하나로 자리 잡게 되었다.

마스크 제작에서 모호한 질문 중 하나는 마스크가 패턴이나 기층과 관련되어 비정상이라고 부를 때 이것이 실제 결함이냐 하는 점이다. 비용에 대한 부담과 마스크 수리가 손상의 위험을 안고 있다는 사실 때문에 모든 비정상을 결함으로 분류하지는 않는다. 현재의 경향은 결함이 웨이퍼 상에서 끼치는 영향에 대한 예측을 근거로 하여 결함을 분류한다. 특정한 사양(일반적으로 6~10%) 이상으로 임계치수(CD) 편차가 유발되는 프린트 형상을 결함으로 분류한다.

파장이하 결함의 실제 프린트가능성은 복잡한 문제이다. 어떤 것들은 전혀 프린트되지 않아 수율에 아무런 영향을 끼치지 않는 반면에, 다른 것들은 큰 패턴 오차를 유발하여 디바이스에 치명적인 영향을 끼친다. 마스크 결함과 프린트된 결함 사이의 상대적인 치수 척도를 마스크 오차 강화인자(MEEF)라고 부르며 다음과 같이 계산한다.

$$\text{MEEF} = \frac{\Delta CD_{\text{wafer}} \times 4}{\Delta CD_{\text{reticle}}}$$

여기서 계수 4는 스테퍼의 4:1 축사율을 나타내며, ΔCD는 예를 들면 직선의 폭이나 접촉점의 직경과 같은 임계치수의 변화를 나타낸다. 마스크 오차 강화인자(MEEF) 패턴 밀도가 높은

(>1) 경우 레티클의 중요한 형상위의 작은 결함이 웨이퍼에 전사되면서 확대되어 프린트 결함을 유발할 수도 있다. 이런 결함의 검출은 무결함 마스크를 보증하기 위해서는 필수적이다.

그림 27.1 결함과 이들이 웨이퍼 상의 실제 결과물에 끼친 영향: 최종 웨이퍼 결과물은 결함의 유형과 결함위치 주변의 형상밀도 에 의존한다. 좌측 절반에 위치한 세 개의 그림에서는 국부적인 결함에 의한 결과를 보여주고 있다. 이 결함은 단지 결함이 접촉하고 있는 위치에만 영향을 끼친다. 우측 절반에 위치한 세 개의 그림에서는 마스크 오차 강화인자(MEEF)값이 높은 영역을 나타내고 있다. 여기서 고립된 핀 구멍이 두 개의 인접한 접촉점에 브리지를 형성한다.

그림 27.1에서는 두 가지 서로 다른 시나리오를 보여주고 있다. 첫 번째 사례는 그림 27.1의 좌측 세 개의 그림들로 이루어져 있다. 이 그림들은 결함성 접촉점을 나타내고 있다. 세 개의 그림들 중 좌측의 CAD 설계에서 볼 수 있듯이 접촉점의 모서리에 결함이 위치한다. 마스크 영상(가운데 그림)에서 우측하단 모서리에 결함이 뚜렷이 현상된다. 웨이퍼 CD SEM 영상(우측그림)은 모서리 결함의 영향을 보여주고 있다. 여기서 접촉점 자체는 우측 하단에서 약간 왜곡되어 있을 뿐이다. 결함 옆에 위치한 접촉점은 전혀 영향을 받지 않거나 약간의 영향을 받았을 뿐이다. 우측 세 그림들에서는 서로 인접한 두 개의 접촉점들 사이에 고립된 핀 구멍이 존재하는 접촉점 어레이를 보여주고 있다. 핀 구멍 결함에 의해서 두 접촉점들 사이에 브리지가 형성된 것을 웨이퍼 결과물(세 개 중 우측그림)에서 확인할 수 있다. 이 핀 구멍에 의한 영향은 심각하다. 이 웨이퍼/다이를 폐기할 수도 있다.

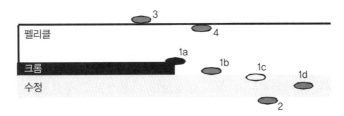

그림 27.2 마스크의 네 개의 서로 다른 표면상에 위치하는 결함들. 결함유형 1(1, b, c 및 d)은 노광 시 초점상에 위치하므로 매우 치명적이다. 이 결함들은 거의 웨이퍼 상에 프린트된다. 결함유형 2는 유리의 배면에 위치하는 결함이며 펠리클 상의 결함인 결함유형 3과 4는 거의 프린트되지 않는다.

27.3 마스크 결함의 유형

결함은 패턴 영역, 마스크 배면, 펠리클의 전면과 배면 등 마스크상의 서로 다른 네 개의 표면에서 발견할 수 있다. 마스크 표면상의 결함은 스테퍼 노광과정에서 초점이 맞춰지며, 거의 대부분 웨이퍼 위로 전사되기 때문에 마스크 제조업체와 마스크 사용자들이 가장 관심을 갖는 결함은 패턴 표면상의 결함이다. 그림 27.2에서는 서로 다른 네 개의 표면상에 위치한 결함들의 사례를 보여주고 있다. 결함유형 1a는 패턴 표면상의 크롬결함이다. 결함유형 1b는 마스크의 수정표면상의 결함이다. 입자나 추가적인 크롬이 이 부류에 속한다. 결함유형 1c는 수정표면의 투과율 결함으로, 서로 다른 수정 두께나 세척액과 같은 잔류용제에 의해서 유발된다. 결함유형 2는 수정의 배면에 위치한 결함을 나타낸다. 이런 유형의 결함은 웨이퍼상의 프린트 결과에 영향을 끼치지 않으므로, 이에 대한 사양은 일반적으로 좀 느슨하다. 결함유형 3은 펠리클의 전면 결함을 나타낸다. 펠리클 배면의 결함은 결함유형 4로 표시된다. 펠리클은 리소그래피 노광과정에서 초점이 맞춰지지 않기 때문에 결함유형 3과 4에 대한 요구조건들은 덜 적극적이다. 따라서 이들 표면상의 결함들은 웨이퍼 결과물에 영향을 끼치지 않는다. 그럼에도 불구하고 펠리클 배면상의 입자들은 마스크 수명기간 동안 패턴 위로 떨어질 우려가 있기 때문에 이들의 검출은 여전히 중요하다.

마스크 결함들은 일반적으로 두 개의 서로 다른 부류로 나뉜다. 경질결함과 연질결함이다. 세척공정을 통해서 제거할 수 없는 결함을 경질결함이라고 부른다. 크롬, 위상천이 또는 흡수재 내에 추가되거나 손실된 형상들이 이 부류에 속한다. 핀 점뿐만 아니라 핀 구멍들도 마찬가지로 경질결함이라고 부른다. 세척공정을 통해서 제거할 수 있는 결함은 연질결함이라고 부른다. 입자, 녹, 결정체와 같은 오염물질, 그리고 잔류물질 등이 연질결함이다.

27.3.1 경질결함의 유형

그림 27.3에서는 가장 일반적인 경질결함은 (1) 크롬 돌출 (2) 투명한 함몰, 그리고 (3, 4) 모서리 결함 등이다. 추가되거나 손실된 형상들도 마찬가지로 경질결함이라고 부른다.

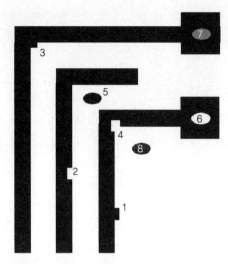

그림 27.3 2진 마스크에서 발생하는 전형적인 경질결함들. 결함의 유형들은 (1) 테두리상의 크롬 돌기 (2)테두리 투명 함몰 (3) 모서리 크롬돌기 (4) 모서리 투명함몰 (5) 크롬 반점 (6) 투명반점 (7, 8) 반투명 반점 핀 구멍과 핀 점들

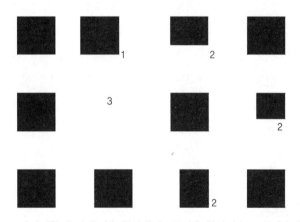

그림 27.4 경질결함의 사례: (1) 형상배치오류 (2) 형상치수 오류 (3) 형상 손실

핀 점(5), 긁힘과 기포 등과 같은 마스크의 투명한 수정영역 내의 결함들도 마찬가지로 경질결함으로 분류된다. 핀 구멍(6)과 같은 마스크의 불투명 영역 내의 결함도 이 부류의 결함에 속한다. 그와 더불어 마스크의 투과율과 관련된 결함들이 있다. 불투명한 영역(7) 내에서의 투과율 결함이나 투명한 영역(8) 내에서의 반투명 결함 등도 경질결함으로 취급한다.

이런 유형의 결함들과 더불어서 형상크기의 오류나 잘못된 배치 등도 경질결함이라고 부른다. 그림 27.4에서는 더 많은 사례들을 보여주고 있다. (1) 형상의 잘못된 배치는 마스크의 원 데이터 준비과정에서의 오류뿐만 아니라 마스크 묘화기에 의해서 유발될 수도 있다. (2) 형상이 x 및 y 방향에 대해서 치수오차를 가질 수도 있다. (3) 추가 및 손실된 형상들을 경질결함으로 분류한다.

또 다른 유형의 경질결함은 마스크 전체에 대한 글로벌 임계치수/또는 품질변화 등이 있다. 테두리 거칠기는 하나의 사례일 뿐만 아니라, 가열이나 식각효과에 의해서 광범위한 임계치수 균일성을 변화시킨다. 일반적으로 이 변화는 마스크 전체에 걸쳐서 점차적으로 발생하기 때문에 현재의 마스크 검사기술로는 이를 검출하기가 어렵다.

27.3.2 서로 다른 유형의 위상천이 마스크(PSM) 결함

위상천이 마스크(PSM)에는 앞 절에서 논의했던 일반적인 경질결함이 발생된다. 게다가 이 유형의 마스크는 위상 특유의 결함에 의해서 영향을 받는다. 그림 27.5에서는 매립된 희석식 위상천이 마스크(EPSM) 내에서 발생하는 일반적인 위상천이 결함들 중 일부를 보여주고 있다. 마스크에는 위상소재가 추가(1형과 2형)되거나 위상소재가 손실(3형)될 수가 있다. 매립된 희석식 위상천이 마스크에서 흡수재 소재는 투과성이 거의 없다. 따라서 천이기 결함은 투과성을 갖는다. 다시 말해서 이들의 리소그래피 거동은 기존의 불투명 결함과는 서로 다르다. 마스크 검사 시스템은 서로 다른 불량판정 메커니즘과 이런 결함들에 대한 사양들을 지원해야만 하기 때문에 마스크 검사 시스템에는 추가적인 어려움이 발생하게 된다.

또 다른 유형의 마스크는 교번식 위상천이 마스크이다. 교번식 위상천이 마스크(APSM)에서는 희석식 위상천이 마스크 생성에 관련된 제조공정에 기인하여 추가적인 유형의 결함이 발생된다. 희석식 위상천이 마스크에서 예를 들면 추가적인 식각 스텝에 의해서 천이기 영역이 생성된다. 그림 27.6에서와 같이 이 단계에서 결함이 생성될 수가 있다. 결함유형 1은 위상영역 내에 부분 천이기가 추가된 것이다. 이 결함은 마스크의 위상거동을 변화시킬 수도 있다. 유형 2는 완전한 천이기가 추가된 것이다. 따라서 마스크는 (천이기가 벗는 영역과 있는 영역의 간섭에 의해서 생성된)목표 임계치수를 보증하지 못한다. 유형 3과 4는 더 일반적인 경우이다. 추가적인 흡수재가 천이기가 있거나 없는 영역에 위치한다. 이런 유형의 마스크에 대한 검사는 마스크 검사에서 여전히 가장 어려운 사안이다. 위상오차는 스테퍼의 노광파장에서만 관찰할 수 있다. 검사파장이 스테퍼 노광파장과는 다를 수 있기 때문에 검사 시스템은 위상결함을 검출하지 못할 수도 있다.

그림 27.5 내장형 희석식 위상천이 마스크(EAPSM) 상에서 위상천이 마스크 결함 유형: (1) 부분적으로 추가된 천이기 소재 (2) 추가된 천이기 (3) 손실된 천이기 소재

그림 27.6 희석식 위상천이 마스크(APSM)상에서의 위상천이 마스크 결함유형들: (1) 부분 천이기 추가 (2) 완전한 천이기 추가 (3, 4) 크롬 추가

연도	2003	2004	2005	2006	2007	2008
최소 결함크기(nm)	80	72	64	56	52	45.6

그림 27.7 ITRS 2003에서 정의된 최소 결함크기 원리

27.3.3 최소 결함 요구조건

반도체 리소그래피의 세대마다 최소 게이트 폭을 기반으로 하여 최소 결함크기가 정의되어 왔다. 이들에 대해서는 ITRS 로드맵에 나열되어 있다. 그림 27.7에서는 최근의 반도체 국제기술 로드맵(ITRS) 2003에서 정의된 최소 결함의 요구조건을 도시하고 있다. 게다가 프린트 가능성을 기반으로 하는 결함검출 원칙에 의해서 최소 결함크기 원칙이 점점 더 확장되고 있다. 결함들은 영역 영상이나 웨이퍼 결과물 내에서 임계치수 변화에 끼치는 영향을 기반으로 분류된다.

27.4 결함의 검사

이 절에서는 마스크 검사의 기본 원리에 대해서 설명한다. 마스크 제조업체들은 무결함 마스크를 공급해야만 한다. 따라서 마스크는 사용자에 의해서 정의된 최소 결함원리를 충족시켜야만 한다. 우발적인 검사 시스템의 결함에 대비하기 위한 안전여유를 확보하기 위해서 일반적으로는 실제 요구조건보다 높은 민감도로 설정하여 마스크 검사를 수행한다.

27.4.1 마스크 검사의 기본 원리

마스크의 완벽성을 검증하기 위해서 마스크 검사가 설계된다. 이것은 보험정책과 비교할 수 있다. 이것은 마스크가 결함에 대한 사용자 요구조건을 충족시킬 수 있어야만 한다. 간단히 말해서, 마스크 검사는 마스크 레이아웃에서 정의된 것처럼 마스크를 통해서 빛이 투과될 수 있도록 보장해주는 것이다. 이를 보장해주는 데에는 두 가지 방법들이 있다.

첫 번째 방법은 프린트된 마스크 형상을 실제 설계와 비교하는 것이다. 이 방법을 다이와 데이터베이스 간 검사라고 부른다. 마스크 설계 레이아웃을 실제 마스크(크롬) 형상으로 전사하는 마스크 제작공정이 아무런 오류가 없다고 가정한다면, 다이와 데이터베이스 간 검사는 데이터베이스와 마스크 자체 사이의 모든 차이를 검출한다. 만약 어떤 차이가 주어진 결함원칙을 위반한다면 이를 결함으로 분류하게 된다. 검사과정에서 차이점이 검출되었으나 결함원칙을 위반하지 않았다면 일반적으로 이들을 불용체라고 부른다. 마스크 검사 시스템의 시스템 요구조건들 중 하나는 이런 불용체들의 숫자를 가능한 한 작게 유지하는 것이다(일반적으로 20개 정도). 그렇지 않다면 결함 검토에 너무 많은 시간이 소요된다.

그림 27.8에서는 게이트 형상에 대한 다이와 데이터베이스 간 비교 사례를 보여주고 있다. 좌측은 데이터베이스 영상이다. 이 형상은 직선 테두리와 날카로운 모서리로 잘 정의되어 있다. 우측의 영상은 실제 마스크 형상의 이진화된 영상을 보여주고 있다. 다이와 베이스 간 검사의 난점은 실제 마스크 결함을 테두리 거칠기(식각단계) 또는 마스크 제조과정에서 발생하는 모서리 라운딩(마스크 묘화기)과 같은 계통오차들로부터 구분해내는 것이다.

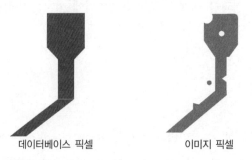

데이터베이스 픽셀　　　　　　　이미지 픽셀

그림 27.8 다이와 데이터베이스 간 검사는 실제 마스크 상의 형상을 데이터베이스와 비교한다. 이 검사방법은 모든 유형의 마스크에 적용할 수 있다.

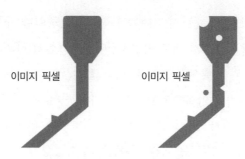

그림 27.9 다이 간 검사는 다중다이 레티클을 비교한다. 하나의 마스크 위의 서로 다른 다이들 사이의 차이를 검출한다. 형상 하단에 나타난 작은 돌출과 같은 형상의 계통오차는 다이 간 검사를 통해서 검출되지 않는다.

만약 마스크에 하나 이상의 다이가 있다면 다이 간 검사라고 알려진 두 번째 방법을 적용할 수 있다. 이 방법은 마스크의 모든 다이들이 유사하다고 가정한다. 모든 다이들 사이의 다이 간 검사는 각 다이들 사이의 차이점을 구별해준다. 이 방법의 단점은 추가적인 형상이나 그림 27.9에서와 같은 작은 돌출 등과 같이 모든 다이들에서 발생되는 계통오차를 구분할 수 없다는 점이다.

마스크 검사는 마스크 제조공정 내에서 한 번 이상 사용된다. 일반적으로 마스크 검사(다이와 데이터베이스 간)는 모든 마스크 수리위치들을 구분하기 위해서 마스크 식각단계 이후에 수행된다. 세척 및 펠리클 설치 이후에 사용자에게 납품하기 위해 마스크를 평가하기 위해서 또 다른 표준검사가 수행된다. 마스크 검사가 비교적 빈번하게 사용되므로 장비선정에서 가장 중요한 관점들 중 하나는 효율성이다.

시스템의 효율은 검출 민감도, 포획률, 검출오류 비율, 검사 생산성, 그리고 공급된 장비의 범용성 등에 기반을 두고 있다. 가중 중요한 인자들 중 하나는 알고리즘 효율성과 차이(결함)검출이 기반으로 하는 품질이다. 이 알고리즘의 설계는 검사파장, 영상포획 메커니즘, 픽셀크기와 데이터 전송, 그리고 (다이와 데이터베이스 간) 변환비율 등과 같이 다양한 시스템 의존성 원칙들을 기반으로 한다. 게다가 마스크 반사율 및 투과율과 같은 마스크에 관련된 인자들, (특히 다이와 데이터베이스 간)균일성과 선형성 등의 마스크 품질에 관련된 사항들, 테두리 거칠기, 패턴 엄밀성 등을 고려해야 한다. 광학근접보정(OPC)이나 위상천이 마스크(PSM)와 같은 분해능강화기법(RET)의 도입은 마스크 검사의 복잡성을 엄청나게 증가시켰다. 분해능 이하 형상은 결함이나 불용체와 동일한 강도범위 내에 있으므로 이 형상들의 취급은 마스크 검사를 복잡하게 만들었다.

검사효율의 또 다른 관점은 비용이다. 검사비용은 많은 인자들을 기반으로 하고 있다. 가장 중요한 사항들은 데이터 변환과 준비시간(데이터 형상의 급증이나 다중층 공정 등에 기인하여 광학근접보정과 위상천이 마스크가 더욱 어려워진다), 필요한 검사의 숫자, 각 검사 소요시간 (생산성), 결함검토, 분류와 정리시간 등이다. 마스크 검사시간은 주로 사용된 픽셀크기에 의해서 결정된다. 픽셀 크기가 작아질수록 데이터 준비와 변환시간이 길어진다. 기존의 마스크 검사 시스템에서 더 낮은 검사 민감도를 구현하기 위해서는 더 작은 픽셀크기가 필요하다. 픽셀 크기가 작아질수록 불용체(또는 검출오류)발생의 가능성 역시 높아진다. 불용체 결함은 마스크 결함조건에서 정의된 요건 이하인 마스크 내에서의 차이점이다. 불용체 비율이 높아지면 특히 검토와 분류시간이 증대되어 검사비용이 영향을 받는다.

사용자에게 무결함 마스크가 납품되는 것을 보장하는 것 이외에도 마스크 검사는 마스크 숍 자체의 공정관리 도구로서의 역할을 수행한다. 마스크 영상화를 사용하는 기존의 마스크 검사방법에 의해서 검출될 수 있는 식각 거칠기나 입자수의 증가 등에 의해서 마스크 공정 문제가 명확해진다.

27.4.2 영역 영상 대비 마스크 영상

마스크 영역 영상은 스테퍼 조명광원과 투사 광학계에 의해서 생성된 웨이퍼 평면상에서 빛의 강도분포이다. 영역 영상이 현상된 포토레지스트의 최종 패턴을 예측시켜주지는 않지만, 이는 신뢰성 있게 분해능강화기법(RET) 및 마스크 오차 강화인자(MEEF) 등을 포함하는 모든 광 물리 현상을 재현시켜준다. 그러므로 영역 영상화 검사기법은 마스크에는 존재하지만 최종 결과에는 아무런 영향을 끼치지 않는 결함은 무시하며 실제로 프린트될 결함들을 조작자에게 경고해준다.

돌출, 함몰, 그리고 근접 핀 구멍 및 핀 점 등과 같은 많은 레티클 결함들은 웨이퍼 상에서 임계치수 편차를 초래하며 임계치수 불균일에 기여한다. 그림 27.10에서는 교번식 위상천이 마스크 내의 두 직선 사이의 돌출결함 사례를 보여주고 있다. 웨이퍼 상에서 이 결함은 직선의 임계치수 편차를 생성하며, 돌출 자체는 전혀 프린트되지 않는다. 그림 27.11에서는 접촉구멍 모서리에서의 투명함몰의 사례를 보여주고 있다. 다시 한 번 결함은 웨이퍼 상에서 임계치수 편차뿐만 아니라 접촉구멍 내의 형상 비대칭을 유발하지만, 결함 자체는 분리되거나 프린트되지 않는다.

그림 27.10 선과 간극 결함. 좌측에서 우측으로: 레티클 상의 결함(SEM영상), 레티클의 영역 영상, 마지막 사진은 웨이퍼 상에 프린트된 영상(SEM 영상). 영역 영상에서 예측한 것과 마찬가지로 두 직선 사이의 위상 돌출은 직선 내에서 임계치수 편차를 유발한다.

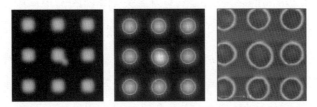

그림 27.11 접촉결함. 좌측에서 우측으로: 레티클상의 결함(고배율 광학영상), 레티클의 영역 영상, 마지막으로 웨이퍼 상에 프린트된 영상(SEM 영상). 영역 영상에서 예측한 것과 마찬가지로 접촉 모서리에서의 투명한 함몰은 웨이퍼 상의 접촉위치에서 임계치수 편차와 비대칭을 유발한다.

레티클 영상   영역 영상

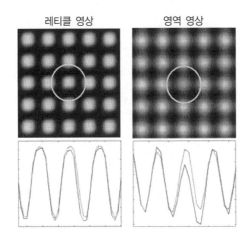

그림 27.12 테두리 침투결함(접촉위치의 바닥 테두리), 마스크 오차 강화계수(MEEF)>1. 좌측 사진은 레티클 상의 결함에 대한 광학영상이며 우측 사진은 동일한 결함의 영역 영상이다. 도표에서는 결함 영역의 수직 프로파일 단면을 보여주는데, 기준값을 점선으로 표시하며 결함을 실선으로 표시하고 있다. 레티클 내에서 결함성 접촉의 임계치수 편차는 12%인 것으로 평가되는 반면에 영역 영상에서의 임계치수 편차는 33%이므로 마스크 오차 강화계수(MEEF)는 2.75에 달한다.

그림 27.12에서는 희석식 위상천이 마스크 내의 접촉구멍에 대한 레티클과 영역 영상 비교를 통해서 실제 마스크 오차 강화계수(MEEF)에 대해서 설명하고 있다. 접촉점의 하부 테두리

에서 자주 발생하는 어두운 색상 침투 결함을 기존의 방법으로는 거의 발견할 수 없다. 그런데 이 오차는 영상단면을 사용하여 평가한 임계치수 편차에서는 명확하게 나타나게 되어 레티클 영상에서 12%였던 임계치수 편차가 영역 영상에서 33%의 임계치수 편차로 측정되며, 마스크 오차 강화계수(MEEF)는 2.75에 달한다. 레티클로부터 측정된 웨이퍼 상에서의 실제 임계치수 편차는 35%로 영역 영상 측정 결과와 일치한다.

이 사례들을 통해서 영역 영상이 레티클 상에서의 결함영상에 비해서 전사된 패턴을 훨씬 더 잘 나타내고 있음을 명확히 설명하고 있으므로, 마스크의 영역 영상이 확대된 마스크 영상에 비해서 마스크 품질에 대해서 더 유용한 정보를 제공해주고 있음을 알려준다.

이런 모든 일들은 마스크 결함감지에 대한 현재의 방법들이 가지고 있는, 검사 시스템에 의해서 발견된 결함들과 사용자가 관심을 갖는 결함들 사이의 차이가 존재한다는, 근원적인 문제에 기인한다. 분해능강화기법(RET)을 사용하는 진보된 레티클은 영역 영상의 품질을 강화하고 프린트 가능한 형상크기를 축소시키기 위해서 광 물리학적 효과를 사용한다. 특히 조밀한 패턴 내에서 파장이하 크기의 형상은 높은 마스크 오차 강화계수(MEEF)값을 초래한다. 스테퍼에서 사용하는 파장과 광 경로의 물리적 특성을 재현하여 사용치 않는 검사 시스템은 검사과정에서 이러한 영향들을 고려하지 못할 가능성이 있다.

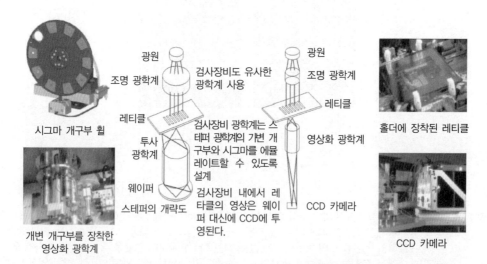

그림 27.13 스테퍼 광학경로와 제안된 영역 영상을 기반으로 하는 검사 시스템의 개략적인 비교. 검사 시스템은 스테퍼가 전형적으로 사용하는 것과 유사한 조명광원인, 동일한 파장의 엑시머 펄스 레이저를 사용한다. 검사 시스템의 광학계는 개구수(NA) 변화와 시그마 설정 등을 포함하여 스테퍼의 광 경로를 에뮬레이션하도록 설계되어 있다. 스테퍼와 검사 시스템 사이의 가장 큰 차이점은 스테퍼 내에서 레티클 영상이 축소되며 레지스트가 코팅된 웨이퍼 위에서 영상화되는 반면에, 검사 시스템 내에서는 레티클 영상이 확대되며 CCD 카메라 상에서 영상화된다는 점이다.

27.4.3 영역 영상 기반의 마스크 검사

그림 27.13에서는 스테퍼에서의 광학 경로를 제안된 영역 영상 기반의 검사 시스템과 개략적으로 비교하여 보여주고 있다.

영역 영상 기반의 마스크 검사 시스템은 영역 영상 평면 내에서 결함을 검출하기 위해서 레티클에 대한 영역 영상을 검사한다. 이 장비는 스테퍼 광학계를 에뮬레이션 하면서도 결함검출을 위해서 고배율로 레티클의 국소영역을 관찰한다.

검사장비는 스테퍼의 개구수와 조명 세팅(σ값)으로 설정할 수 있으며, 다양한 비축조명(예를 들면 환형, 4중극) 방법들도 적용할 수 있다. 사용된 조명은 엑시머 펄스 레이저로서, 스테퍼에서 사용되는 것과 동일한 파장 및 동일한 기술을 적용하고 있다. 이를 통해서 위상천이나 광학근접보정(OPC) 등과 같은 모든 파장관련 현상들을 근원적으로 고려할 수 있다. 검사 개념은 고전적인 다이 간 검사 모델로서 결함 관찰을 위해서 레티클의 동일한 다이들을 서로 비교한다. 이 검사과정은 명확하다.

- 레이저 광선은 레티클을 통과하면서 광학계에 의해서 레티클의 영역 영상을 생성하며 스테퍼 광학계를 에뮬레이션해준다(하드웨어).
- 2차원 CCD 카메라가 두 개의 비교 다이들에 대한 영역 영상을 포착한다.
- 두 영상 사이의 불일치를 검출하는 알고리즘을 탑재한 영상처리 모듈로 영상들을 송출한다.

동일한 파장 하에서 영역 영상을 사용하여 검사가 수행되므로 광학근접보정(OPC), 마스크 오차 강화계수(MEEF), (희석식 또는 교번식)위상천이 마스크(PSM) 등에 따른 문제들을 별다른 노력 없이 고려할 수 있다. 단일 스텝을 통해서 레티클을 검사 및 평가할 수 있다. 영역 영상은 나중에 레지스트 모델 시뮬레이션과 공정 창 분석 등과 같은 평가단계에서도 사용할 수 있다.

감사의 글

저자는 SEMATECH과 Taiwan Semiconductor Manufacturing Company, Ltd.에 이 단원에 사용된 마스크와 웨이퍼 영상을 제공해준 데에 대해서 감사를 드린다.

제28장

포토마스크 기술

마스크 검사장비: Lasertec MD2500

Makoto Yonezawa and Takayoshi Matsuyama

28.1 서 언

스테퍼를 사용해서 회로 패턴을 웨이퍼 상에 전사하는 반도체 제조의 노광공정에서 포토마스크/레티클이 사용된다. 포토마스크/레티클은 무결함 품질과 빠른 납기가 보장될 것이 요구된다. 이런 요구조건을 충족시키기 위해서 레이저텍(Lasertec) 사는 새로운 포토마스크/레티클 검사 시스템 시리즈들 중에서 사장 새로운 모델인 MD2500을 개발하였다. 이 단원에서는 이 새로운 시스템의 개요와 특징에 대해서 다루기로 한다.

28.2 개발배경

마스크는 반도체 제조공정의 진보에 발맞춰서 고품질 무결함 상태로 신속한 납기를 지원해야 한다. 결과적으로 마스크 결함검사 시스템은 높은 결함감지 능력과 더불어서 마스크 제조의 생산성 증대와 납기시간 감소를 위해서 충분히 빠른 성능을 필요로 한다. 게다가 최근의 반도체에 대한 세밀한 설계원칙은 복잡한 마스크 구조와 더 높은 수준의 요구조건들을 초래하였다.

그 결과 패턴 결함검사에 대한 요구조건들은 해가 지날수록 점점 더 가혹해지게 되었다. 패턴 결함감지 민감도의 개선을 위한 방안으로서, 더 짧은 파장의 검사광원 채용을 포함하여 일부 수정과 개발이 진행 중에 있다. 또한 수율개선을 위해서 이전에는 시행하지 않았었던 현상 이후의 레지스트 패턴 검사의 중요성이 더욱 증가하였다.

마스크 제조의 생산성과 납기에 영향을 끼치는 여타의 인자들이 존재한다. 여기에는 시스템 작동비율과 마스크 제조공정에서 외부로부터 유입된 입자들에 의한 마스크 오염이 포함된다. 새로운 MD2500 시스템의 개발과정에서 이런 인자들을 고려하여 레이저텍 사는 성공적으로 검사 시스템의 고도로 안정된 작동성과 최상급 청결도를 구현하였다.

게다가 마스크 결함검사 시스템의 다양한 요구조건들을 충족시키기 위해서 레이저텍 사는 MD 시리즈 모델의 지속적인 개발을 통해서 누적된 기술적 경험을 사용해서 광학계 설계, 스테이지 제어 메커니즘, 그리고 마스크 전송 시스템을 크게 개선하였다.

28.3 시스템 개요와 특징

MD2500은 레이저텍 사의 포토마스크/레티클 검사 시스템인 MD 시리즈의 최신 모델이다. 그림 28.1에서는 MD2500의 외관을 보여주고 있다.

이 새로운 시스템은 100nm 노드 장치용 포토마스크/레티클에 적용하는 것을 목적으로 하고 있다. 이 시스템은 0.20μm의 결함감지 민감도(현상 후 검사)와 18분의 검사시간(100mm×100mm당)을 갖고 있으며, 이는 기존의 레이저텍 시스템(100분)에 비해서 1/5의 시간에 불과하다. MD2500은 두 가지 결함검사방법을 제공한다. (1) 인접한 칩과의 비교를 수행하는 다이 간 검사와 (2) 동일한 형상과 동일한 크기의 인접 패턴(셀)과의 셀 간(셀 천이)검사[1]. 이 모델의 사양은 표 28.1에 제시되어 있다.

광학계는 패턴 표면상의 입자 검사와 레지스트 패턴의 현상 후 검사(ADI)가 가능하며 이를 통해서 마스크 제조의 품질과 수율개선이 이루어진다. 또한 광학계는 직선 공초점 영상화 구조로 구성되어, 민감도를 증가시켜 줄 뿐만 아니라 동시에 레지스트의 현저한 손상감소를 초래한다.

시스템은 1등급의 청결도를 만족시키는 청결한 유닛을 사용한다. 또한 자동 로딩장치를 사용한 마스크 전송 시스템은 1등급의 청결도를 갖춘 다관절 로봇을 사용하므로, 검사과정에서 입자들에 의해서 마스크가 오염되는 것을 방지할 수 있다. 표준 사양으로 장착되는 자동 로딩 장치는 스테퍼용 마스크 케이스들뿐만 아니라 표준 기계식 인터페이스(SMIF) 용기들도 유연

그림 28.1 마스크 검사 시스템 MD2500의 외관

표 28.1 마스크 검사 시스템 MD2500의 기계적 사양들

항목	사양
민감도	$0.20\mu m$(ADI)
최소 패턴 크기	$0.375\mu m$
영상 분해능(픽셀 크기)	$0.125\times0.250\mu m$
스캐닝 시간	18분(자동 로딩장치 작동시간 제외) 100mm×100mm(6인치 단일 마스크)
검사방법	다이 간/셀 간(셀 천이)/마스크 간
마스크 유형	이진/교번식PSM/희석식PSM(반투명, 3색)/레지스트
렌즈 분리	$31.0\sim304.8mm$
대물렌즈 작업거리	7mm
매크로 시야	지원
$X-Y$ 스테이지 스트로크	$314.8(X)\times314.8(Y)mm$
스테이지 정확도	$\pm0.50\mu m$
자동로딩	탑재(내장)
카세트 유형	SMIF/캐논/니콘/수동 로딩테이블 중 2개
청결도	Class 1
바닥면적	$(W)4000\times(D)3600\times(H)2400mm$(유지보수 영역포함)

하게 지지하기 위해서 다관절 로봇을 사용한다. 그림 28.2에서는 MD2500에 설치되는 전송 메커니즘을 보여주고 있는데 좌측에는 수동식 전송장치가 그리고 우측에는 표준 기계식 인터페이스(SMIF) 용기가 장착되어 있다.

28.4 적 용

이 시스템은 세 가지 유형의 검사를 지원한다. 레지스트 패턴검사(현상 후 검사), 레지스트 박리 전 식각 패턴 검사(식각 후 검사), 그리고 레지스트 박리 후 완성된 마스크 검사이다. 따라서 단일 MD2500은 각 마스크의 제조공정에서 패턴 결함검사를 지원할 수 있다.

현상 후 검사(ADI)가 식각 전에 레지스트 패턴조건의 검사를 지원해주기 때문에 마스크 패턴 내의 치명적인 결함을 조기에 발견할 수 있다. 현상 후 검사(ADI)는 특히 식각 후와 이어진 레지스트 박리 후의 패턴 검사 시 발견되지 않는 품질과 수율에 영향을 끼치는 인자들의 구분에 효과적이다. 이런 관점에서 현상 후 검사(ADI)는 마스크 품질개선에 중요한 역할을 한다.

28.5 기 술

28.5.1 광학계

MD2500 광학계는 직선 공초점 영상화를 사용하므로, 더 높은 분해능을 갖는 영상을 만들 수 있다. 이런 특징들이 마스크 검사를 위한 높은 시스템 민감도를 제공해준다.

반사 검사용 광원은 488nm 파장의 아르곤이온 레이저이다. 반사광은 마스크상의 레지스트 패턴 검사과정에서 레지스트에 가해지는 손상을 최소화시키는 파장을 최소화시킬 수 있는 파장을 사용해야만 한다. 이와 동시에 파장은 미소한 결함을 검출할 수 있을 정도로 짧아야 한다. 그 결과 488nm 파장이 현재로서는 최적의 반사광인 것으로 간주되며, 이 파장 값들은 레이저텍 사의 모재 검사 시스템(MAGICS 시리즈)에서의 경험으로부터 도출된 것이다. 반사광선은 음향광학편이기(AOD)와 회절격자에 의해서 4000개의 빔으로 분할되어 고속 다중 빔 공초점 광학계를 구성한다(그림 28.2). 이런 광학계를 사용해서 레이저텍 사의 기존 시스템(MD2100)에 비해서 마스크상의 단위면적당 발열량을 감소시키고 레지스트의 손상을 현저히(약 30%) 저감시켰다.

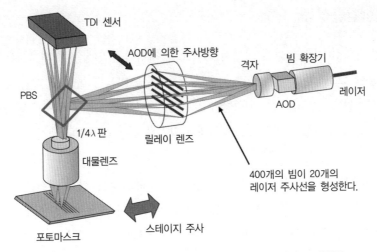

TDI 센서

AOD에 의한 주사방향

격자

빔 확장기

PBS

레이저

AOD

1/4λ 판

릴레이 렌즈

대물렌즈

400개의 빔이 20개의
레이저 주사선을 형성한다.

포토마스크

스테이지 주사

그림 28.2 직선 공초점 영상화를 위한 신속한 레이저 주사방법

광 감지기는 자외선 파장영역에서 최적화된 민감도 스펙트럼을 갖고 있는 레이저텍 사의 오리지널 시간지연 및 통합(TDI) 영상센서를 장착하고 있어서, 시스템이 더 높은 민감도를 구현할 수 있다. 픽셀 크기는 마스크 상에서의 크기로 환산하면 $0.125 \times 0.250 \mu m$이다. 고분해능과 높은 신호/노이즈 비율 하에서 마스크 패턴영상을 구할 수 있는, 직선 공초점 영상화를 수행하기 위해서 시간지연 및 통합(TDI) 영상센서와 이동용 스테이지가 사용되며, MD2500의 높은 결함검출 민감도가 구현된다.

28.5.2 스테이지 시스템

검사 스테이지는 리니어 모터에 의해서 구동되는 공기베어링 슬라이더로 구성되어 있다. 고정도 위치제어를 실현하기 위해서는 검사용 스테이지가 레이저 간섭계에 의해서 제어되어야만 한다. 이런 특징들 덕분에 검사 시스템은 전체적으로 $\pm 0.5 \mu m$ 이하의 위치 정밀도를 구현하게 되었다. 스테이지 스트로크는 $314.8 \times 314.8 mm$이다.

검사용 스테이지는 능동형 공기 방진 플랫폼 위에 설치된다. 이 플랫폼은 검사 시스템이 설치되어 있는 위치에서의 바닥 진동을 흡수하는 기능을 수행할 뿐만 아니라, 검사용 자동 로딩장치나 이동용 스테이지에서 발생하는 진동도 흡수하여 높은 민감도를 구현할 수 있도록 도와준다.

28.5.3 결함검출성능

MD2500은 자외선(UV) 광선에 대해서 민감도가 최적화된 영상 센서와 직선 공초점 영상 광학계를 사용함으로써 높은 분해능과 높은 신호/노이즈 비율로 마스크 패턴 영상을 포착한다. 그 결과 시스템은 $0.2\mu m$ 크기의 결함을 감지할 수 있을 정도로 시스템의 민감도가 개선되었다. 또한 시스템은 $0.375\mu m$ 정도로 작은 패턴 크기를 갖는 마스크를 검사할 수 있는 능력을 갖추고 있다.

셀 천이 검사방법의 경우 동일한 형상과 동일한 크기를 갖는 인접 패턴들을 단일 스크린 상에서 하나의 대물렌즈를 사용하여 검사함으로써, 비교검사 과정에서의 신호 노이즈를 최소화시킨다. 그 결과 셀 천이 결함검사방법은 다이 간 검사방법에 비해서 더 높은 결함감지 능력을 갖추고 있다[1]. 셀 천이 검사방법은 반복패턴을 갖고 있는 마스크의 경우에 매우 효과적인 방법이다.

28.5.4 검사시간

MD2500은 100×100mm 영역에 대한 스캔을 18분 이내로 완료하며 이는 기존 시스템(100분)의 1/5에 불과하다. 이토록 짧은 검사시간은 새롭게 적용된 광학계, 높은 정확도로 매끄럽게 움직이는 스테이지, 그리고 기본의 결함검출 회로에 비해서 10배 증가된 검출속도를 갖는 결함검출 회로와 고속 병렬 신호처리방법 덕분이다. 그 결과 이 시스템은 마스크 전송시간을 포함하여 시간당 3장의 마스크를 검사할 수 있는 능력을 갖추고 있다.

지금까지는 사용자들이 검사시간에 대해서는 전혀 만족하고 있지 않았었다. MD2500의 개발과정에서 레이저텍 사는 검사시간이 결함검사 능력만큼이나 중요하다는 점을 인식하였으며, 18분에 이를 정도로 극도로 빠른 검사시간을 구현하였다.

28.5.5 편이성

이 결함검사 시스템은 마스크 전체의 관찰을 위해서 저배율 매크로 시야 기능을 갖추고 있으므로, 조작자는 마스크에 초점이 맞춰진 대물렌즈를 통하여 손쉽게 현재의 관찰위치를 찾아낼 수 있으며, 스테이지 상의 마스크를 원하는 위치로 손쉽게 이동시킬 수 있다. 이 매크로 시야 기능은 검사조건(검사영역) 설정과정의 조작효율과 결함의 관찰과 확인을 위한 작업성을 향상시켜주었다.

레이저텍 MD 시리즈 시스템은 우측 및 좌측 대물렌즈를 통해서 포착된 패턴영상을 일정하게 보여주는 능력을 갖추고 있다. 마스크의 밝은 영역에서 반사되는 영상을 내부적으로 하나의 대물렌즈에 대해서는 적색으로, 또 다른 렌즈에 대해서는 녹색으로 각각 지정하여 영상의 색을 나타낸다. 우측 및 좌측렌즈 영상의 중첩과정에서 아무런 결함이 없는 밝은 영역은 황색으로 표시되며, 결함이 있는 밝은 영역은 적색이나 녹색으로 표시된다. 중첩된 영상에서 이런 색상 편차를 통해서 조작자는 손쉽게 결함을 검출할 수 있다. 정상적으로는 패턴이 750배로 확대되어 스크린에 표시되며 최대 6배, 즉 확대율을 4500배까지 높일 수 있다.

28.5.6 자동 로딩장치

자동 로딩장치의 전송 시스템은 1등급의 청결도를 갖춘 6축 다관절 로봇을 사용하므로 검사시 입자 오염을 방지할 수 있으며, 다양한 마스크 케이스와 마스크들의 회전과 같은 유연한 취급을 가능케 해준다.

사용할 수 있는 마스크 케이스들은 표준 기계식 인터페이스(SMIF) 용기, 스테퍼 케이스(니콘/캐논), 그리고 수동 전송 스테이지 등이다. 사용자는 시스템에 마운팅을 위해서 이들 중 두 가지를 선택할 수 있다.

옵션 사양으로 공급되는 일반적인 자동 로딩장치의 경우 마스크의 회전과 반전을 위해서는 해당 운동에 대해서 별개의 로봇을 사용해야만 하기 때문에 관리에 어려움이 발생한다. 그런데 MD2500은 모든 유형의 작동을 수행하기 위해서 다관절 로봇을 사용하기 때문에 마스크 관리가 더 쉬워지며, 수리와 조절시간이 짧아진다. 이와 동시에 로봇에 의한 취급시간이 절감되어 외부물질이나 입자들에 의해서 마스크가 오염될 위험성이 저감된다. 다양한 연동 센서들과 결합되어 MD2500은 신뢰성 높은 마스크 취급을 가능케 하였다.

28.5.7 청정 유닛

검사 시스템의 주 유닛과 자동 로딩장치는 1등급 수준의 청정도를 갖춘 챔버 속에 설치된다. 챔버 내부에서 공기흐름의 속도는 최대 0.35m/s까지 조절이 가능하며, 충분한 양압과 환기체적이 확보되어 있다. 이 청정 유닛에는 또한 화학필터도 장착되어 있다.

28.6 신뢰성

시스템의 가동시간은 생산성과 마스크 제조의 납기에 큰 영향을 끼치기 때문에 문제 발생이나 여타의 원인에 의한 시스템 휴지시간을 최소화시켜야만 한다. 신뢰성 있는 시스템 작동은 시스템 성능만큼이나 중요하다. MD2500은 평균 무고장시간(MTBF)이 1500시간 또는 그 이상에 달하며, 정규 휴지시간은 월간 4시간 이하이다. 이러한 특성들은 MD2500이 고도로 안정되고 고도로 신뢰성 있는 검사 시스템임을 의미한다.

28.7 안전성

안전성의 측면에서 MD2500은 SEMI S2-0200, SEMI S8-0701, 그리고 CE 마크를 인증받았다. 청정 유닛 내에 검사 시스템의 주 유닛과 함께 청결한 로봇이 설치되어 있기 때문에 조작자는 안전한 환경 하에 머물면서도 시스템은 청결한 조건 속에서 마스크를 전송할 수 있다.

28.8 결 론

높은 민감도와 높은 정확도에 덧붙여서 사용자의 검사 시스템에 대한 요구조건들에는 검사시간의 단축과 더 다양한 검사기능 등이 있다. 마스크가 더 세밀해짐에 따라서 첨단 마스크를 지원하기 위해서는 더 진보된 기술이 필요해진다. 사용자 요구를 충족시키기 위해서 레이저텍사는 유연한 응답성과 같은 차세대 검사 시스템에 대한 사용자 요구에 부응하며, 시스템의 기본적인 성능을 개선하면서도 더 높은 조작성, 더 높은 신뢰성, 그리고 더 강건한 안전성을 목표로 하여 지속적인 연구와 개발을 수행할 것을 약속한다.

□ 참고문헌 □

1. Y. Morikawa, et al., Performance of cell-shift defect inspection technique, *Photomask and X-ray Mask Technology IV,* 1997, p. 404.

마스크 영상 평가 장비

Axel Zibold

29.1 서 언

더 많은 디바이스들을 더 작은 영역에 패턴화함에 따라서 집적회로(IC)의 밀도가 증가한 결과로 반도체 산업은 빠르게 발전하였다. 이런 경향은 모든 제조단계에 영향을 끼치고 있으며, 다양한 템플리트 또는 포토마스크를 사용하여 실리콘 칩의 각 층들을 제조하는 마이크로리소그래피의 앞길에 큰 도전이 놓여있다. 포토마스크는 내구성이 있는 고정밀 기판으로 집적회로 각 층의 미세한 영상을 포함하고 있다. 과거에는 포토마스크를 단순히 유리 기층소재 위에 입혀진 크롬에 이진수 형태로 패턴을 만들었다. 웨이퍼 스테퍼와 스캐너 등의 노광장비들은 다양한 포토마스크 또는 레티클의 2차원 패턴을, 패턴 전사라고 알려진 여러 공정단계를 거쳐서 층층마다 구조물을 생성하기 위해서 웨이퍼에 스핀코팅한, 광민감성 레지스트 위에 반복적으로 전사하는 데 결정적인 역할을 한다. 전형적으로 4:1의 축소를 통해서 웨이퍼 상의 패턴은 마스크에 비해서 크기가 축소된다. 웨이퍼에 프린트되어야만 하는 포토마스크 영상은 영역영상이라고 부른다. 기술이 진보함에 따라서 웨이퍼의 레지스트 위에 더욱더 작은 크기의 영역영상이 프린트되어야만 한다. 우리가 당면하고 있는 차세대 기술 노드에서 조밀한 선과 간극들 또는 접촉구멍들은 꾸준히 축소될 것이다.

표 29.1 형상크기에 영향을 끼치는 인자들[13]

$CD = k_1\lambda/NA$	CD: 프린트되어야 하는 가장 작은 형상크기 λ: 노광장비의 파장	NA: 노광장비의 개구수 k_1: 공정에 관계된 인자

노광장비 내에서 광학요소로서 포토마스크는 포토레지스트 상에서의 형상 프린트 특성에 결정적인 역할을 한다. 한쪽 측면에서는 구현할 수 있는 가장 작은 형상크기는 노광장비의 성능에 의해서 구현된다(표 29.1). 노광파장이 작아질수록 그리고 노광장비 광학계의 웨이퍼 측 개구수(NA)가 커질수록 더 작은 크기의 형상이 얻어진다. 이 때문에 파장대역이 가시광선에서 i-라인(365nm), 248nm 또는 193nm로 더 짧은 파장을 사용하며 개구수는 0.85까지 증가하였다. 157nm와 극자외선(EUV, 13.4nm) 또는 차세대 리소그래피(NGL)에서의 전자영상과 같이 광학식 리소그래피에서 훨씬 더 축소될 것이 예상된다. 반면에 마스크 강화기법이 $k_1 < 1$의 영역으로 이끌어 형상크기를 그 어느 때보다도 작게 만들 것이라는 점이 점점 더 명확해졌다. 형상크기가 노광파장보다 짧아지는 이정표가 1994년에 일어났다[1]. 이 이후에는 주어진 어떤 파장 하에서도 마스크가 더 작은 선폭을 가능케 하는 핵심적인 역할을 할 것으로 기대되었다. 이 시기에 레티클 강화기법 역시 중요한 역할을 수행하기 시작했다. 레티클은 단순히 패턴의 복제를 수행할 뿐만 아니라 노광장비 전체의 셋업 내에서 중요한 광학요소라는 점이 명확해졌다.

29.1.1 레티클 강화기법

레티클 강화기법은 광학계의 회절한계를 극복하는 데 도움이 되었다. 그러므로 주어진 어떤 파장과 노광장비의 개구수(NA)에 대해서도 더 작은 형상크기를 얻을 수 있다. 전체적인 프린팅 공정과 결합할 수 있는 다양한 기법들이 개발되었다. 환형과 쌍극에서 사극까지 서로 다른 종류의 비축조명이 사용된다. 추가적으로 보조형상과 같은 분해능 이하 형상들이 레티클에 추가되었다. 주 형상에 대한 이런 조절을 광학근접보정(OPC)이라고 부르며, 이것 없이는 지정된 허용오차보다 크게 프린트될, 직선이나 접촉점의 보정에 도움을 준다. 예를 들면 직선 끝단의 단축현상이나 모서리 둥글림을 보정을 위해 해머머리 형상이 사용되는 반면에, 세리프와 같은 여타의 광학근접보정 형상들이 각진 형상과 같은 접촉구멍의 프린트에 도움을 준다.

광학계의 회절한계를 극복하고 더 작은 형상크기를 프린트할 수 있도록 해주는 방법에는 위상천이 마스크(PSM)가 있다. 이 포토마스크 또는 레티클은 빛의 진폭과 위상 모두에 영향을 끼친다. 가장 일반적인 것은 희석식 위상천이 마스크(att.PSM)로 아무런 구조물이 없는 투명한 영역과 부분적인 투과도를 갖는 영역들이 서로 인접하여 배치된다. 이는 약한 천이기라고 알려져 있다. 반대로 우리는 다른 형태의 위상천이 기법을 가지고 있다. 또 하나의 중요한 방법은 소위 강한 천이기로, 영역 내에서 0°와 180° 중 하나의 위상천이를 일으킨다. 무크롬 위상 리소그래피(CPL)와 같은 여타의 천이기법들 역시 곧 개발될 것이다. 일반적으로 노광장비 내에서 위상천이 마스크의 사용은 프린트 특성에 영향을 끼치며 더 작은 형상을 프린트할 수 있도록 만들어준다. 게다가 위상천이 마스크의 사용은 또한 노광장비 내에서 조명조건을 바꾼다. 작은 크기의 형상을 프린트하기 위해 필요한 조명을 얻기 위해서는 빛의 간섭성(σ)을 크게 낮춰야만 한다.

비축조명을 사용하는 경우 프린트 공정과 마스크에 대한 요구조건들은 훨씬 더 복잡해지며, 위상천이 기법과 광학근접보정은 모두 노광장비를 더 짧은 파장으로 변경할 필요 없이, 가장 작은 형상크기를 얻기 위해서 사용된다.

29.1.2 마스크 품질보증을 위한 장래의 수요

마스크 설계의 복잡성이 커질수록 마스크 평가가 훨씬 더 중요해진다는 점은 명확하다. 웨이퍼 상에서 반복결함이 없도록 보장하기 위해서는 무결점 마스크를 프린트 공정에서 사용해야만 한다. 그러므로 주요 마스크 형상들, 결함 및 수리 등과 같은 프린트 특성들에 대해서 이해해야만 한다. 실제 웨이퍼 프린트 없이 마스크의 프린트 특성을 결정하는 빠른 방법과 후속적인 웨이퍼 주사전자현미경(SEM) 계측이 생산의 즉응성을 빠르게 만들고, 비용을 줄이며, 수율을 높이기 위해서 필요하다. 2진 마스크, 광학근접보정(OPC), 위상천이 마스크(PSM), 그리고 서로 다른 조명조건 등, 매우 다양한 유형의 기술들이 있기 때문에 컴퓨터 프로그램과 수학적 알고리즘을 광범위하게 사용할 필요가 없는 시스템이 필요하다. 이에 대해서 노광장비에 의해서 레지스트 층 위에 생성되는 영상을 광학적으로 에뮬레이트 해주는 해결방법이 IBM과 자이스(Carl Zeiss)에 의해서 창안되었으며, 영역 영상 계측 시스템 또는 AIMS™이라고 알려져 있다[2~6](표 29.2). 실제 마스크의 노광과 초점깊이 특성들에 대한 빠른 평가를 레지스트 실증 이전에 시행할 수 있다[2, 4]. 광학적 시뮬레이션 또는 더 정확하게 에뮬레이션은 결함의 원인과 패턴에 대한 상호작용을 알 수 없는 실제의 결함에 대해서 특히 강력하다. 임계층의 지배력이 증가하는 위상천이 마스크의 경우 초점깊이 에뮬레이션은 신뢰성 있는 마스크 평가 결과를 얻기 위해서는 필수적이다.

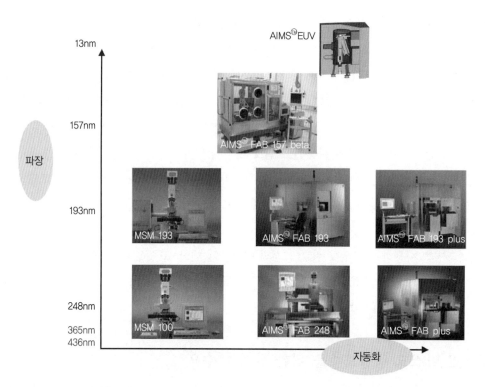

그림 29.1 자이스 AIMS® 장비는 고도로 자동화되어 있으며, 짧은 파장을 사용하는 엔지니어링 장비인 MSM100(좌측하단)에서 시작해서, 공구 세팅이 자동화된 AIMS® FAB, 마스크 취급이 자동화되고 표준 기계식 인터페이스(SMIF)가 통합된 AIMS® FAB Plus(우측하단) 등이 있다. AIMS®EUV는 기획 중이며 초기설계가 도시되어 있다.

그림 29.1에서는 자이스 사의 AIMS® 장비가 더 높은 자동화와 더 짧은 파장으로 발전하는 과정을 보여주고 있다. BACUS 2002 컨퍼런스에서 157nm 알파장비로 측정한 최초의 프린트 결과가 발표되었다[7]. 진공자외선(VUV) 스펙트럼의 파장 때문에 광학계뿐만 아니라 빔 경로 전체에 대한 배기를 위해 많은 노력이 필요했다[8~10]. 현재 157nm를 대체하며, 극자외선 (EUV) 쪽으로 다가갈 것으로 예상되는 액침형 리소그래피에 영역 영상 계측을 도입하기 위한 새로운 개발이 시작되었다. 차세대 리소그래피 해법들 중 하나로 극자외선을 소개하면서 이 파장에서 작동하는 영역 영상화 시스템에 대해서도 논의하였다. 극자외선(EUV) 영상화는 투과 방식에서 초진공 반사광학계로의 패러다임 변화를 수반하며, 현재까지 연구되어 온 수많은 해 결방안들에 대한 소개에서 알 수 있듯이 이런 시스템의 개발에는 커다란 위험이 존재한다[11].

표 29.2 노광장비 에뮬레이션의 특징, (*) 248nm 및 193nm용 자이스 AIMS$^{®}$ FAB 시스템

	노광장비	AIMS$^{®}$
파장	λ	λ
빛의 간섭정도	σ	σ
조명의 유형	On−axis/off−axis	On−axis/off−axis
광학계	M: 1 축소	150× 확대(*)
개구수	NA	$NA_{AIMS} = NA/M * 150$
전형적인 관찰 필드	25mm×25mm	$20\mu m × 20\mu m$에서$60\mu m × 60\mu m$까지

29.2 영역 영상 측정기법

영역 영상 계측 시스템의 광학적 기본요소는 조명 유닛과 영상화 유닛이다. 전자는 조명의 형태를 구현하고 광선의 간섭 정도를 세팅, 즉 시그마(σ) 값을 조절하기 위해 교체와 조절이 가능한 부품들을 갖추고 있다. 영상화 파트는 개구수(NA)의 스테퍼 등가 세팅을 실현하기 위한 교체가 가능한 핀 구멍을 갖추고 있다. 두 경우 모두 σ와 개구수(NA)는 넓은 조절범위를 갖고 있어야만 하며, 한 번의 최소한의 노력만으로 동일한 시스템에 대해서 서로 다른 노광세팅을 조절할 수 있어야 한다. 전형적인 값들은 파장에 무관하게 $0.25 < \sigma < 1$이며, $0.3 < NA < 0.9$이다[12]. 그림 29.2에서는 248nm 및 365nm 노광장비 에뮬레이션용 자이스 AIMS$^{®}$ FAB 시스템의 개략적인 빔 경로를 보여주고 있다. 광학 설치는 자이스 마이크로리소그래퍼 시뮬레이션 현미경(MSM)을 기반으로 하는 광학계의 고도로 세련된 부산물이다[2]. 248nm 및 더 긴 파장에 대해서 조명으로는 Xe−Hg 아크 광원과 과도한 적외선(IR) 방사를 열 흡수장치로 버리기 위한 냉각반사경 및 컬렉터가 사용된다. 조명 유닛의 주요소들은 파장 필터, 감쇠 필터, 시그마 조리개 다이아프램, 광학 줌 시스템, 시야 조리개, 그리고 콘덴서 렌즈 등이다. 파장 필터들을 사용하여 조명용 248, 365 또는 436nm 파장을 추출할 수 있다. 대역통과는 전형적으로 10nm의 반치전폭(FWHF) 값을 갖는다. 줌 시스템을 사용해서 구경조리개를 교체할 필요 없이 넓은 범위에 대한 빛의 간섭성 조절을 수행할 수 있다. 콘덴서 렌즈는 마스크 상의 좁은 관심영역으로 조명을 집중시켜준다. 영상화 유닛은 측정 대상체, 튜브 렌즈, 확대 후 광학계, 영상측 조리개 다이아프램, 그리고 베르트랑 렌즈 등으로 구성된다. 자외선(UV)−광민감성 CCD 카메라를 사용해서 영상을 포획하며, 카메라의 냉각을 통해서 낮은 노이즈 대 신호 비율을 얻을 수 있다. 픽셀당 12비트의 강도 분해능으로 구현한 4096개의 회색조 레벨은 충분한 강도구분을

가능케 해준다. 노광장비에서는 영상축소가 수행되는 반면에, AIMS[Ⓣ] FAB 시스템에서는 마스크 평면과 CCD 카메라 영상평면 사이에서 총 150×의 확대가 수행된다. 전형적으로 관심 대상체의 영상포획은 $60\mu m \times 60\mu m$ 이하(표준은 $20\mu m \times 20\mu m$)의 관찰 필드에 대해서 수행된다. 마스크는 서로 다른 크기와 두께의 마스크를 취급할 수 있는 스테이지 상에 위치한다. 광축과 평행하게 움직이며 다양한 초점 레벨로 이동할 수 있는 터릿 위에 측정 대상체가 장착된다. 측정 대상체와의 작업거리를 길게 선정하면 펠리클이 장착된 마스크의 검사가 가능해진다. 개괄적으로 살펴봐야 할 여타의 영상화 능력에는 반사광 조명과 저배율투과광선 등이 있다. 관심 영역으로의 이동을 인도하기 위해서는 넓은 영역의 필드를 영상화시킬 수 있어야 한다.

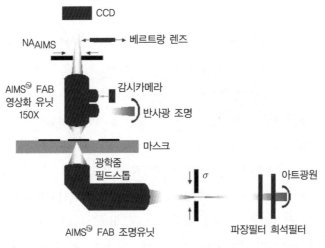

그림 29.2 자이스 AIMS[Ⓣ] FAB 플랫폼의 개략도

스테퍼 에뮬레이션을 실현하기 위해서는 영상 측 조리개와 시그마 조리개 다이아프램이동일 평면에 위치해야 한다. 베르트랑 렌즈가 빔 경로 속으로 삽입되면, 두 조리개 다이아프램들은 동시에 초점이 맞춰진 상태에서 영상화시킬 수 있으며 빠르게 관찰할 수 있다. AIMS[Ⓣ] FAB에서 최고수준 측정렌즈의 전형적인 값은 10×/0.23이다. 이 특수한 경우에 대물렌즈의 개구수 NA=0.23은 노광장비 렌즈의 최댓값을 결정하며 에뮬레이션이 가능하다. 4× 마스크의 경우 이 값은 $NA_{max}=0.23 \times 4=0.92$이다. σ값은 영상화 측 조리개에 대한 조명 측 조리개의 비율에 의해서 결정된다. 선정된 개구수(NA)값에 따라서 선정된 σ값을 구현하기 위해서 줌은 특정한 위치로 이동한다. 해당 요소들의 정렬은 자동적으로 수행된다. 몇 년 전부터 작은 형상크기에 대한 프린트 성능을 향상시키기 위해서 노광장비에서 비축조명 기법을 사용하는

것이 일반화되었다. 이런 비축조명 패턴 역시 AIMS® 장비에 내장되어 있다. 진정으로 모든 유형의 적합한 형상을 갖는 조리개를 시그마 조리개 위치에 삽입할 수 있으며, 자동적으로 선택된다. 그림 29.3에서는 AIMS® 장비에서 얻어진 전형적인 비축조명 패턴을 보여주고 있다.

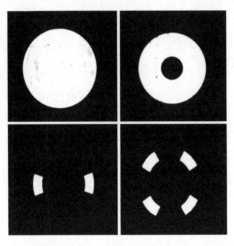

그림 29.3 빔 쪽으로 베르트랑 렌즈가 이동하면서 관찰할 수 있는 서로 다른 유형의 조명 조리개 σ. 시계방향으로 동공의 광축상 조명, 환형 2:3 동공, 퀘이서 동공, 그리고 Disar 동공의 영상

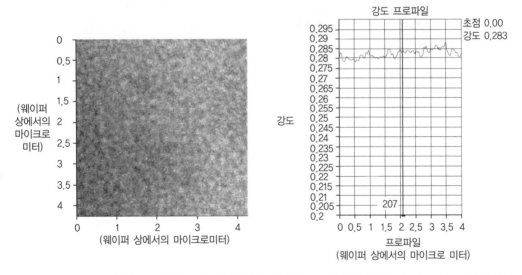

그림 29.4 마스크의 투명한 영역에서 포착한 정규화되지 않은 기준영상(좌)과 필드 균일성을 설명하기 위한 프로파일 도표(우)

193nm 및 157nm처럼 더 짧은 파장을 갖는 시스템의 경우 파장에 대해서 특화된 엑시머 레이저와 빔 균질화장치가 조명으로 사용된다.193nm 파장의 대역통과 값은 1nm 미만이며, 157nm의 경우에는 10pm이다(FWHM). 그러므로 레이저 빔 내에서의 반점을 줄이고 아크 광원을 사용하는 더 파장이 긴 시스템에서와 유사한 조명의 균일성을 얻기 위해서는 빔 균질화장치가 필요하다. 레이저는 완전히 통합되어 있으며 영상포착 도중에만 빛이 방출된다. 레이저 기반의 시스템에서 완전한 빔 경로는 밀폐되어 있으며, 해당 AIMS® 장비는 1급 레이저 안전 시스템에 해당된다.

모든 자이스 AIMS® 장비는 동일한 소프트웨어 플랫폼을 사용하며, 동일한 방식으로 작동한다. 전형적으로 단일영상 포착 시간은 마스크 패턴의 투과율과 광원의 수명이나 엑시머 레이저의 환기조건 등에 따라서 100ms에서 1초 사이가 소요된다. 그러므로 관통초점 영역 영상의 적층을 수 초 이내에 획득할 수 있다.

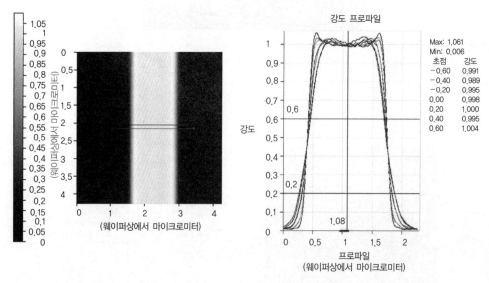

그림 29.5 마스크 상의 5μm 선폭(λ=193nm, NA=0.68, σ=0.6, M=4)에 대해 정규화된 영상과 프로파일 도표

29.3 영역 영상의 분석

AIMS® 장비에서 획득한 영역 영상은 단일영상 또는 영상 적층을 제공하는 관통초점 시리즈

(TFS)의 형태로 기록된다. 관통초점 시리즈(TFS)를 얻기 위한 일반적인 방법은 등간격 초점간격에 대한 홀수개(일반적으로 7개)의 영상을 획득하여, 최고초점 위치의 영상 하나와 초점심도 영역을 포함하는 등가 초점 내 영상과 등가 초점 외 영상을 선정한다. 실제로 사용하는 기준영상은 투명한 마스크 영역에서 측정한다. 측정된 모든 영상들은 이 기준영상에 대해서 정규화된다[4]. 정규화를 통해서 필드 불균일성이나 영상 획득시간 등과 같은 시스템 의존 특성들이 제거되며, 주어진 스테퍼 세팅에 따른 마스크 성질들에 대한 정량적 분석이 가능해진다. 그림 29.4에서는 정규화에 사용되는 투명영상의 사례를 보여주고 있다. 선정된 프로파일 선도는 광학 시스템의 정렬에 의해 주어진 필드 분포를 보여주고 있으며, 수치 값들은 두 직선 사이의 수직선에 대해서 평균화되었다. 이 값들은 CCD 카메라의 픽셀 강도 값을 최대 강도 값인 4096으로 나눈 값으로, 이는 가용 회색레벨 값이다. 그림 29.5에서는 마스크상의 $5\mu m$ 폭을 갖는 고립된 직선에 대한 영역 영상을 보여주고 있다. 마스크 형상에 대한 영상은 동일한 마스크의 투명영역에서 얻은 기준값을 사용해서 정규화시킨다. 프로파일 도표에 제시된 강도 값은 임의 단위계를 사용하며, 측정위치가 간섭을 일으키며 교란효과를 초래하는 테두리나 여타 형상들에서 멀리 떨어져 있는 경우에 대해서 마스크 상의 투명한 영역에 대한 투과율을 기준으로 한다. 가장 강하게 조절된 프로파일 곡선이 최적 초점 값을 나타낸다. 간섭에 의하여 최적 초점에서 테두리의 영향이 강하게 나타나며 1보다 큰 강도 값이 얻어진다. 밝은 직선의 중앙에서의 강도가 1이다. 여타의 프로파일 곡선들은 초점 외 평면 및 초점 내 평면을 기준으로 한다. 이 도표에 따르면 AIMS™ 장비에서는 웨이퍼 레벨에서 $0.2\mu m$의 스텝 크기가 사용된다. 관통 초점 시리즈(TFS)에 의해서 노광장비의 총 초점범위를 $1.2\mu m$으로 만들 수 있다. 이는 마스크 레벨에서의 스텝 크기 $0.2\mu m \times 4^2 = 3.2\mu m$에 해당하며 AIMS™ 장비에서 사용되는 실제 스텝 크기이다.

자이스 AIMS™ 장비들 중, MSM 시리즈와 AIMS™ FAB 시리즈 모두에서는 관통초점 계측을 통한 영역 영상의 적층이 후속 영상분석의 입력으로 사용된다. 서로 다른 다양한 영상정보들을 추출하기 위해서 알고리즘과 디스플레이 방법이 사용된다. 이를 통해서 레지스트 상의 웨이퍼 프린트를 수행하지 않고서도 노광장비에 대한 등가 광학세팅 하에서 신속한 마스크 또는 레티클 평가가 가능해진다.

그림 29.6에서는 $1.1\mu m$ 1:1 피치를 갖는 조밀한 직선과 간극에 대한 필드 영상과 마스크 결함의 프린트 가능성에 대한 소중한 정보를 제공해주는 다양한 표준 도표들이 도시되어 있다 [2, 4]. 일곱 개의 영상과 더불어서 관통초점 시리즈(TFS)가 사용된다. 영역 영상은 최적 초점 계측 결과를 보여주고 있다(상단 좌측). 투명 기준영상을 사용해서 모든 영상들이 정규화된다.

등고선 도표(하단 우측)를 사용해서 레지스트 거동을 신속하게 예측할 수 있다. 간단한 문턱값 모델에서 예상된 레지스트 선폭은 레지스트 성질들에 따른다고 가정하며 노광 조사량은 문턱값으로 선정하며, 이 경우 선정된 문턱값은 0.41이다. 강도 프로파일 도표(상단 중앙)에서는 밝은 형상의 피크 강도의 평가와 상호 비교를 보여주고 있다. 커서는 추가적인 평가를 위해 선정된 하나의 형상을 나타내고 있다. 선폭 대비 문턱값 도표에서는 서로 다른 초점 층들에 대해 선정된 문턱값에 따라 예상되는 선폭을 분석할 수 있는 자료를 제공해주고 있다. 예상 선폭이 초점위치에 의존하지 않는 피벗 점을 명확하게 구분할 수 있다. 우리의 경우 이 문턱값은 0.41이며 웨이퍼 레벨에서 127nm의 선폭이 프린트될 것으로 예측된다. 추가적인 분석을 통해서, 노광높이에 대한 정보를 소위 Bossung 곡선을 사용해서 나타낼 수 있다(하단 좌측)[13]. 도표 내의 각 곡선들은 고정된 문턱값에서 초점의 함수로 선폭을 나타내어 보여주고 있다. 이는 고정된 조사량 하에서 선폭 대비 초점의 경우와 유사한 형태를 갖는다. 노광-초점 이탈(ED) 도표(하단 중앙)에서는 이를 일반화시켜서 보여주고 있다. 이 도표에서는 지정된 노출 허용오차에 대한 최대 허용 초점 편차를 보여주고 있다. 마스크 형상은 ±10%의 형상크기 허용오차 하에서 120nm 선폭을 인쇄할 수 있다. 사각형 상자는 초점과 조사량을 동시에 변화시킬 수 있음을 보여주고 있다. 노광 조사량 허용오차를 10%로 설정한 경우 웨이퍼 레벨에서의 허용 초점편차는 $0.25\mu\text{m}$이다.

29.4 AIMS®의 전형적인 적용

29.4.1 결함분석

마스크는 수백, 수천의 집적회로들을 웨이퍼 위에 프린트하기 위한 템플리트로 사용된다. 마스크 상에 결함이 발생되면, 노광 시마다 매번 반복적으로 프린트되어 현저한 수율감소를 초래한다. 그러므로 웨이퍼 제조업체에 제품을 납품하는 마스크 공급자들은 프린트 공정에서 마스크에 결함이 발생하지 않도록 보증하여야 한다. 결함은 다이 간 또는 다이와 데이터베이스 간 비교모드로 작동하는 검사 시스템을 사용해서 구분할 수 있다. 마스크상의 전형적인 결함은 크롬 브리지와 같은 잔류 크롬구조물이나 핀 구멍과 같은 크롬 손실 등이 있다. 그런데 유리나 수정의 손상, 수정 돌기, 반투명 막 등과 같이 덜 치명적인 투과율 손실과 그에 따른 임계치수 오차를 유발하는 또 다른 종류의 결함도 있다[14].

결함의 심각성에 대한 빠른 정량적 검사는 앞서 설명했었던 등고선 도표나 논문[15] 등을 통해서 살펴볼 수 있다. 그런데 결함의 프린트 가능성 또는 수리에 대한 대부분의 적절한 판단은 투과율(정규화된 강도) 손실이나 임계치수 오차 등을 기반으로 한다[16, 17]. 이들은 다음과 같이 정의된다.

$$투과율손실 = 100\% \times |(T_{reference}(\%) - T_{defect}(\%))/T_{reference}(\%)|$$

$$CD\ 오차 = 100\% \times |(CD_{reference}(\%) - CD_{defect}(\%))/CD_{reference}(\%)|$$

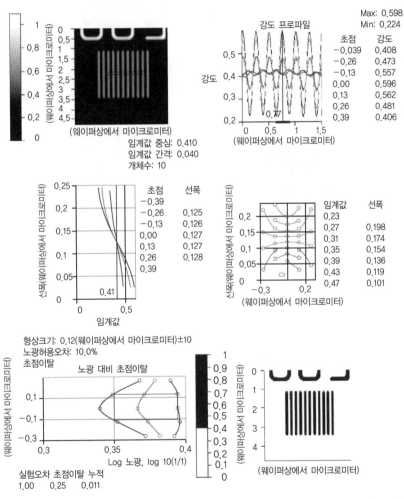

그림 29.6 마스크 레벨에서 1:1 비율의 1μm 선폭을 갖는 조밀한 직선과 간극. 스테퍼와 동일한 세팅 값은 λ=193nm, NA=0.7, σ=0.6, 그리고 M=4이다.

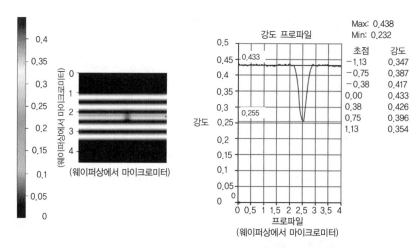

그림 29.7 수평방향 절단면에 대한 프로파일 도표의 결함분석

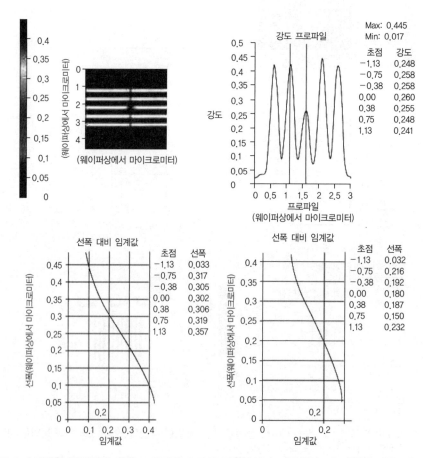

그림 29.8 수직방향 절단면에 대한 프로파일 도표의 결함분석과 기준형상 및 결함에 대한 임계치수 평가

그림 29.7에서는 유리상 크롬의 직선과 간극 사례를 보여주고 있으며, 중앙선은 크롬 브리지 결함을 나타낸다. 프로파일 도표가 선정되었으며, 데이터 창에는 단지 최적 초점곡선만이 도시되어 있다. 수평 방향 절단면에 대한 영상분석에 따르면 약 41%의 투과율 손실이 발생하였다. 그림 29.8에서는 그림 29.7에서와 동일한 측정 결과를 보여주고 있다. 이 경우 수직방향 절단면은 투과율 손실을 구하기 위해서 사용되었다. 인접 위치의 최대 강도 값을 기준값으로 사용해서 41%의 상댓값이 산출되었다. 전형적으로 몇 개의 피크 값들을 평균화시켜서 기준값으로 사용한다. 이와 같이 심한 투과율 손실은 매우 명확한 결함의 지표이며 수리가 필요하다.

결함의 심각성을 판정하는 또 다른 방법은 임계치수 오차이다. 리소그래피 문턱값 모델이 더 현실성 있는 시나리오이기 때문에 많은 경우 피크 강도보다 선호된다. 이 경우 데이터 평가를 위한 문턱값을 결정하기 위해서 조작자들은 기준형상을 사용한다. 그림 29.8의 강도 대비 프로파일 도표에서는 좌측 수직선을 사용해서 기준 피크 값을 표시하고 있다. 문턱값을 구하기 위해서 표적 웨이퍼 임계치수 값을 사용할 수 있다. 이 문턱값은 임계치수 값 비교를 수행하기 전까지는 기준 및 결함 모두에 대해서 고정된다. 주어진 사례의 경우 웨이퍼 레벨에서 300nm 가 목표 값으로 선정되었으며, 이 경우 문턱값은 0.2이다. 문턱값이 0.2인 경우 189nm의 결함이 프린트되었으며 이는 37%의 임계치수 오차에 해당된다. 또다시 이는 주어진 노광장비 세팅 하에서 프린트된 결함에 대한 명확한 지표이다.

투과율 손실과 임계치수 오차유형의 분석은 국부적인 위상결함, 수정결함 등뿐만 아니라 크롬 손실결함 및 여타의 결함에도 적합하다.

29.4.2 사전수리와 사후수리의 요건

마스크 제조공정에서 마스크들 중 일부는 수리가 필요하며, 그렇지 않다면 무결함 마스크 공급을 보증할 수 없다. 사용할 수 있는 서로 다른 수리기법들에는 레이저, 집속 이온빔 또는 마이크로머시닝 기법 등이 있다. 형상치수의 감소와 위상천이를 포함하는, 더 복잡한 레티클 강화기법은 마스크 수리를 더 중요하게 만들었으며, 이들의 수리에 심각한 문제를 야기시켰다. 위험을 최소화시키고 가장 적합한 수리기법을 선정하기 위해서는 특정 결함의 심각성에 대한 더 세밀한 특성화가 필요하다. 더 많은 수리비용과 시간을 필요로 하는 수리방법을 제외시켜야만 한다. 그림 29.9에서는 부분적으로 수리된 위상결함의 사례와 등고선 지도를 사용한 프린트 가능성에 대한 신속한 시각적 평가의 사례를 보여주고 있다.

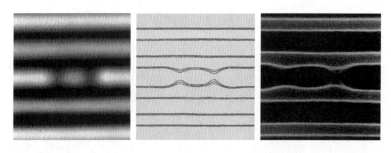

그림 29.9 웨이퍼 상에 프린트된 형상의 영역 영상(좌), 등고선 도표(중앙), 주사전자현미경(SEM) 영상(우). 가운데 그림에서 부분적으로 수리된 위상결함을 발견할 수 있다. 등고선 도표에서는 수리 후의 프린트 가능성에 대한 신속한 시각적 평가가 가능하다.

마스크에 대한 충분한 품질보증을 위해서는 확고한 원칙이 발견되어야만 한다. 이는 결함과 수리를 포함하는 프린트 가능성에 대한 정확한 지식을 통해서만 얻을 수 있다. 이것이 AIMS$^\circledR$ 기술을 마스크 제조공정에 적용하는 근본적인 이유이다[16, 18]. 노광조건 하에서의 화학선 에뮬레이션은 수리된 영역에 대한 프린트 가능성 검사를 위한 명확한 판정방법을 제시해준다. 모든 유형의 2진 마스크, 조밀한 패턴, 광학근접보정(OPC) 강화형상, 그리고 나중에 웨이퍼 제조에 사용될 정확한 노광조건 하에서의 위상효과 등에 대해서 에뮬레이션을 수행할 수 있다. 개별적인 AIMS$^\circledR$ 장비의 광범위한 영상화 측 개구수와 (σ 형)조명 세팅 기능은 최종 사용자의 다양한 웨이퍼 제조에 따른 서로 다른 요구조건들을 수용하기 위해 조절이 가능하다.

그림 29.10에서는 마스크 숍에서 일반화된 개략적인 공정 흐름을 도시하고 있다. AIMS$^\circledR$의 주 용도는 수리 과정에 사용하는 것이다. 결함검사 시스템을 통과하면서 시스템의 민감도를 기반으로 마스크 결함을 검출한다. 결함의 리스트를 만들고 결함 유형을 분류한다. 그런데 일단 검사 시스템에서 검출 및 분류된다고 하여도 조작자는 여전히 결함의 프린트 가능성과 의미에 대한 이해가 필요하다. AIMS$^\circledR$는 소프트웨어 인터페이스를 통해서 검사 시스템과 결합될 수 있다. 그리고 결함 리스트, 정렬마크, 그리고 마스크 좌표계 등이 전송된다. 일부 마스크 숍에서는 추가적인 마스크 평가 장비들이 클러스터 형태로 서로 연결된다[19, 20]. 따라서 마스크를 AIMS$^\circledR$ 장비에 로딩한 다음, 유닛이 웨이퍼 제조에 사용될 마스크의 노광조건으로 설정된 상태에서 이 정보를 기반으로 하여 모든 결함들을 다시 찾아갈 수 있다. 결함에 대한 관통초점 측정 결과를 기반으로 하여, 조작자는 결함의 프린트 가능성 여부 판정과 수리의 필요성 여부에 대한 결정을 수행할 수 있다. 비화학선 결함관찰만이 수행된 경우 불필요하며 많은 비용이 소요되는 판단착오가 초래될 가능성이 있다. 우리는 단지 프린트될 결함들만 수리할 필요가 있다. AIMS$^\circledR$ 계측을 기반으로 하면, 프린트되지 않는 결함을 갖고 있는 마스크들은

곧장 세척 및 후속공정으로 투입할 수 있다. 결함이 프린트될 것이라고 작업자가 판단한 경우 마스크를 불합격처리하거나 수리시킬 수 있다. 마스크를 수리한 다음에 작업자는 수리가 성공적인가를 판정한다. 여기서 다시 수리된 영역의 프린트 가능성이 원칙으로 적용된다. 결함 수리 이후에, 마스크는 AIMS® 장비에 로딩되며 수리 전과 정확히 동일한 조건 하에서 다시 검사된다. 이런 품질보장을 통해서만이 확신을 갖고 마스크를 공정 속으로 통과시킬 수 있다. 이런 프린트 가능성 검사 때문에 마스크 수리는 여러 번 시행되며, 마스크는 AIMS®와 수리장비 사이를 오가게 된다. 이런 방법을 통해서 웨이퍼 레벨에서의 프린트 가능성이 필요로 하는 요건을 초과하는 결함의 과도수리가 수행되지 않도록 보장하며, 따라서 수리작업의 위험성을 줄일 수 있다. 오늘날 대부분의 메이저 급 마스크 숍들에서는 서로 다른 노광 파장들과 다양한 기술 노드들에 대한 수리 주기의 종결과 단축 기준이 잘 수립되어 있다.

그림 29.10 마스크 제조공정의 개략적인 흐름도. 공정 내에서 AIMS® 장비가 일반적으로 사용되고 있음을 알 수 있다. AIMS®이 연결될 수 있는 검사 시스템이 제공하는 정보에 의해서 결함과 수리 위치를 찾아낼 수 있다.

성공적인 수리에 대한 전형적인 기준은 투과율 손실이 5% 미만인 범위로서, 이는 수리공정의 불완전성에 대한 허용오차를 나타낸다[21~23]. 성공적인 수리를 판정하기 위해서 임계치수(CD) 오차를 사용하는 방법도 실질적으로는 동일한 방식으로 수행된다. 성공적인 수리를 검증해주는 전형적인 값은 기술 노드가 감소함에 따라서 ±10% 범위에서 ±5%로 변화하였다[17]. 만약 앞서 논의되었던 것처럼 리소그래피 공정에 대해서 정규화된 강도 프로파일이 비교된다면, 정말로 작은 결함이나 수리의 프린트가능성에 대한 판정 기준으로 사용하기에는 임계치수 오차가 더 적절한 기법임이라는 점이 자명하다. 입사광선의 최대 피크 강도가 아니라 문턱값에서 피크 폭이 형상크기를 결정하는 더 근접한 근사방법이다.

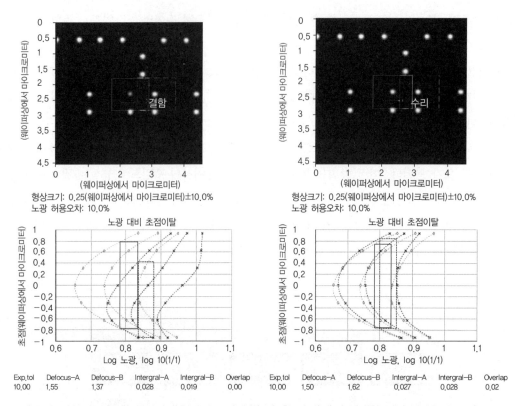

Exp.tol	Defocus-A	Defocus-B	Intergral-A	Intergral-B	Overlap
10.00	1.55	1.37	0.028	0.019	0.00

Exp.tol	Defocus-A	Defocus-B	Intergral-A	Intergral-B	Overlap
10.00	1.50	1.62	0.027	0.028	0.02

그림 29.11 결함과 인접한 정상적인 형상의 초점이탈(ED) 창 비교(좌)와 동일한 인접 정상형상에 비해 수리 동일한 결함의 수리 후 모습(중앙). 초점이탈(ED) 창 내의 두 점선 상자들은 수리 전과 후의 변화를 보여주고 있다. 위상천이 마스크에 대한 측정은 $\lambda = 248nm$, NA=0.57, $\sigma = 0.385$, 그리고 $M=4$ 를 사용하였다.

사전수리 및 사후수리 증착의 많은 경우 영역 영상의 최고 초점곡선만을 평가하는 것만으로도 충분하다. 광학근접보정(OPC)을 갖춘 위상천이 마스크(PSM)의 수리 검사의 경우 더 적절한 방법은 수리된 패턴의 노광-초점이탈(ED) 윈도우를 기준 패턴의 노광-초점이탈(ED) 윈도우와 비교하는 것이다[17]. 그림 29.11의 좌측에서는 기준 패턴의 노광-초점이탈(ED) 윈도우(우측 상자의 접촉구멍)와 결함(좌측 상자의 접촉구멍)을 비교하여 보여주고 있다. 웨이퍼 레벨에서 250nm의 형상크기에 대해서 $\lambda = 248nm$, NA=0.57, $\sigma = 0.385$, $M=4$의 조건 하에서 에뮬레이션된 희석식 위상천이 마스크에 대해서 측정이 수행되었다.

그림 29.11의 우측에서는 결함이 수리되어 있다. 노광-초점이탈(ED) 도표에서 기준 패턴은 실선으로 나타내었으며, 결함/수리 패턴은 점선으로 나타내었다. 결함수리 전에는 중첩되지 않았던 공정창과 기준패턴이 수리 후에는 공정창이 이동하여 서로 중첩되고 있음을 발견할 수 있다.

과거 수년간 스테퍼를 사용한 실제 웨이퍼 프린트와의 수많은 비교과정을 포함하여, AIMS^{TM} 시스템을 사용하여 수리와 248nm 및 193nm 리소그래피 마스크 기술이 성공적으로 검증되었다. 더 상세한 논의에 대해서는 참고문헌을 소개하고자 한다－불투명 크롬 마스크 결함[22, 24], MoSi 희석식 위상천이 마스크에 대한 불투명 결함수리[16, 18, 25-28], 희석식 위상천이 마스크의 투명 결함[16, 26, 27], 희석식 및 교번식 위상천이 마스크상의 수정 돌기 결함[21, 25, 29, 30], 수정 틈새 결함[22], 그리고 적극적인 광학근접보정과 매립식 위상천이 마스크 (EPSM) 접촉[31] 등이다.

29.4.3 위상 지표로서의 AIMS^{TM}

위상천이 마스크의 위상결함은 노광장비의 세팅에 따라서 마스크 형상 프린트 성질에 영향을 끼친다. 결함은 교번식이나 희석식 위상천이 마스크 모두에 대해서 발생하며 이들은 수리하기가 어렵다. 프린트하는 형상의 임계치수는 이런 위상오차들에 의해서 심하게 영향을 받는다. 서로 다른 위상 영역 사이의 광학적 불균형은 영역 영상의 왜곡을 유발하며 마스크 사양을 저하시킨다.

위상천이 마스크 제조의 최적화를 위해서는 위상각도의 조절이 필요하다. AIMS^{TM}을 사용해서 위상 값을 직접 복구할 수는 없다. 그런데 AIMS^{TM}을 위상 표시기로 사용할 수는 있다[32]. 관통초점 측정을 통해서 서로 다른 위상각도들이 초점 내 및 초점 외 측정에 대해서 서로 다른 초점이탈 거동을 보인다는 것이 밝혀졌다. 선폭 거동으로부터 초점이탈의 함수로 위상 값을 추출하기 위해서 교번식 위상천이 마스크[2, 32-35]와 희석식 위상천이 마스크[2]에 대해서 다양한 시도가 수행되었다. Bossung 도표 곡선의 왜곡은 위상오차의 영향을 명확히 나타내고 있다. 이 연구는 여타의 측정장비들과 실제 웨이퍼 프린트를 통해서 검증되었다[32, 33-36].

그림 29.12에서는 직선과 간극 패턴에 나타난 위상결함의 사례를 보여주고 있다. 좌측 상단에서는 주사전자현미경(SEM) 영상을, 우측 상단에서는 AIMS^{TM} 248nm 장비를 사용해서 포착한 최적초점 상태에서의 영역 영상을 보여주고 있다. 화살표는 Bossung 곡선을 취득한 위치를 나타낸다. 결함이 없는 훌륭한 영역에서는 대칭형태의 곡선이 나타나며(좌측), 결함이 포함된 영역의 Bossung 곡선은 기울어진 형태로, 추가적인 위상평가에 이를 사용할 수 있다[37]. 무결함 영역은 평평한 곡선을 나타내며, 여기서 선폭은 초점이탈에 무관하며, 이것은 등초점 위치에 해당된다. 이런 등초점 위치는 위상결함에서 더 이상 발견할 수 없다. Bossung 곡선의 기울기가 강해질수록 더 큰 위상오차가 발생한다[35].

29.4.4 영역 영상 기반의 공정 최적화

결함 및 수리 분석과 더불어서, AIMS® 장비에서 취득한 영역 영상은 특정한 노광장비 세팅에 대한 마스크 형상의 프린트 가능성 분석에 사용될 수 있다. 예를 들면 영역 영상으로부터 특정한 노드에 대해서 프린트할 가장 작은 형상크기에 매우 근접한 마스크 형상의 대비를 추출할 수 있다. 그림 29.13에서는 반투명 위상천이 마스크의 280nm 직선과 간극 마스크 패턴에 대한 영역 영상을 보여주고 있다. 등고선 도표에 따르면 매우 훌륭한 형상 균일성을 보여준다. 영상 품질에 대한 일회측정의 대비는 아래 식과 같이 최대강도(Int_{max})와 최소강도(Int_{min})를 평균하여 구할 수 있다.

$$대비 = Int_{max} - Int_{min}/(Int_{max} + Int_{min})$$

그리고 결과 값은 0.5이다.

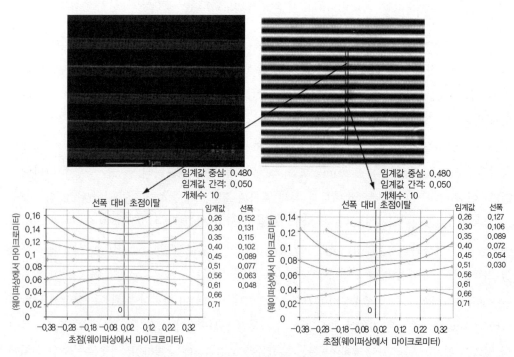

그림 29.12 결함 영역과 무결함 영역에 대한 주사전자현미경(SEM) 영상, 영역 영상, 그리고 Bossung 곡선 위상결함은 Bossung 곡선의 경사를 유발한다. 측정조건은 λ =193nm, NA=0.7, σ =0.3, 그리고 M =40다.

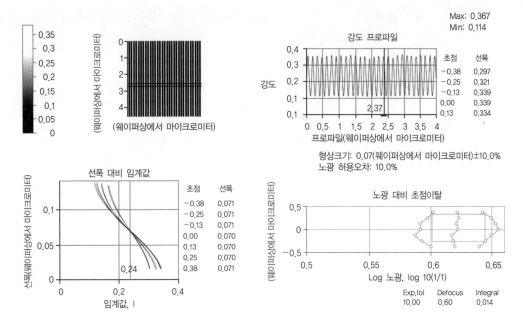

그림 29.13 마스크 레벨에서 280nm 1:1 비율의 조밀한 직선과 간극. 스테퍼와 동일한 세팅값은 λ=193nm, NA=0.8, σ=0.9, 비축 Disar 69%, 그리고 M=40이다. 선정된 피크의 선폭은 웨이퍼 레벨에서 70nm로 프린트된다. 70nm±10%와 10%의 노광 허용오차에 대해서 0.6μm의 초점이탈 범위가 검증되었다.

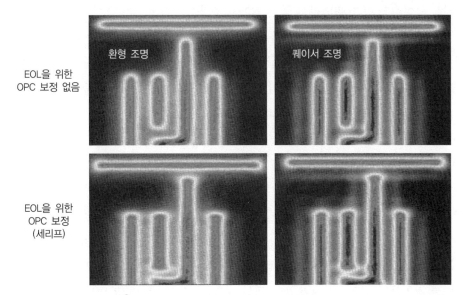

그림 29.14 0.7NA를 갖는 AIMS$^{\circledR}$ 영역 영상의 직선끝단. 직선은 130nm이며 간극은 260nm이다. 마스크는 18% 희석된 위상천이 마스크로, λ=248nm($\sigma_{outer}/\sigma_{inner}=0.85/0.55$) 그리고 M=40이다[38,39].

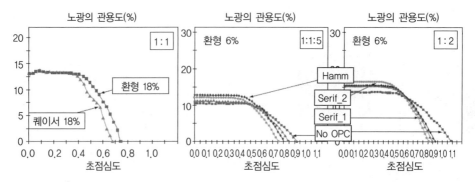

그림 29.15 AIMS® 248nm 장비의 영역 영상에서 추출한 노광관용도. 동일한 마스크(18% 희석된 위상천이 마스크), 직선과 간극 피치가 1:1.5 및 1:2인 경우에 대해 동일한 개구수(NA)에 대해서 서로 다른 조명 유형뿐만 아니라, 동일한 조명유형과 동일한 마스크(6% 희석식 위상천이 마스크)에 대해서 서로 다른 광학근접보정에 대해서 노광관용도 간의 차이를 관찰할 수 있다[38, 39].

이 외에도 영역 영상 측정기법은 마스크 유형과 분해능강화기법의 영향과 상호작용을 연구하기 위해서 사용할 수 있다. 환형 또는 퀘이서와 같은 서로 다른 비축조명을 광학근접보정이 수행된 마스크와 수행되지 않은 마스크 형상에 대해서 시험할 수 있다. 그림 29.14에서는 18% 희석된 MoSi 위상천이 마스크를 AIMS®으로 포착한 영역 영상을 비교하여 보여주고 있다. 환형이거나 퀘이서($\sigma_{outer}/\sigma_{inner} = 0.85/0.55$) 조명에 대해서 광학근접보정을 시행한 영상과 시행하지 않은 영상을 보여주고 있다[38]. 예를 들면 퀘이서 조명이 더 높은 대비를 생성하며 형상의 형태, 크기 및 영상대비 등에서 명확한 차이를 나타내고 있다. 모든 유형의 형상들에 적용할 수 있는 척도는 노광관용도로서, 이를 사용하여 광학식 리소그래피에서 초점이탈 허용오차를 결정할 수 있다[13]. 노광관용도는 프린트된 패턴이 사양에 미달하기 직전의 최대 노광편차량에 해당된다. 영역 영상 계측에서 이 값은 자이스 AIMS® 소프트웨어를 사용해서 구한 관통초점 영상의 분석 도표로부터 추출할 수 있다. 그림 29.14에 도시된 영역 영상의 관통초점 시리즈(TFS)로부터 노광관용도가 추출되며 다양한 결과들이 그림 29.15에 도시되어 있다. 동일한 마스크(18% 희석된 위상천이 마스크)와 동일한 개구수(NA=0.7, 좌측)에 대해서 서로 다른 유형의 조명을 사용한 경우에서 노광관용도의 차이를 확인할 수 있다. 환형 조명은 더 큰 초점 관용도를 제공해준다. 직선과 간극 피치가 1:1.5, 1:2이며 동일한 조명에 대한 서로 다른 광학근접보정(OPC), 동일한 개구수(NA=0.63), 그리고 동일한 마스크(6% 희석된 위상천이 마스크)에 대해서도 노광관용도의 차이를 확인할 수 있다. 작지만 서로 다른 광학근접보정 방식뿐만 아니라, 광학근접보정을 사용치 않는 경우에도 노광과 초점 관용도에 큰 영향을 끼친다[38, 39]. 앞서 연구의 경향은 실제 웨이퍼 프린트 결과와 매우 일치하며[38-40], 따라서 AIMS® 기법을 중간 또는 적극적인 광학근접보정(OPC)의 결정에 사용할 수 있다고 확신을 갖고 말할 수 있다.

최근 들어서 k_1 값이 작은 리소그래피의 경우 프린트된 패턴과 완벽하게 다르게 보이는 패턴 형태를 갖는 위상천이 마스크 레이아웃이 Han에 의해서 제시되었다[41]. 어렵게 결정된 마스크 레이아웃의 등고선은 웨이퍼 레벨 등고선으로 전사된다. 마스크 상에서 사각형 등고선은 웨이퍼 상에서 모서리가 둥글려진 형상으로 프린트되며, 마스크 상에서 강한 근접보정이 수행된 타원형 구멍은 웨이퍼 레벨에서 전혀 다르게 보이는 셀로 프린트된다. 이런 경우 AIMS™ 기법이 웨이퍼 레벨에서의 등고선 예측과 원하는 웨이퍼 프린트 및 리소그래피 공정에 대한 검증에서 최고의 방안으로 추천된다. 이 AIMS™은 이런 유형의 마스크 형상들에 대한 개발공정에도 사용할 수 있다.

29.4.5 극자외선 분야의 새로운 적용

AIMS™의 응용에 대한 지금까지의 모든 논의는 365nm에서 최소 157nm의 파장대역을 갖고 있는 패턴이 입혀진 마스크 또는 패턴이 입혀진 마스크의 결함과 수리에 대해서 다루었다. 업계가 극자외선(EUV) 영역으로 선회하고 있음에 주목하여, 마스크 모재와 패턴이 입혀진 마스크 모두에 대한 연구목적의 극자외선(13.4nm) 파장을 사용하는 AIMS™ 장비가 고려되고 있다[11]. 극자외선 마스크 모재는 기층소재뿐만 아니라 그 위에 입혀진 다중층으로 이루어진다. 하부에 매립되어 있는 기층 결함은 위상결함으로 발현되며 수율감소를 초래할 수 있다. 극자외선 파장에 대한 화학선 방식의 AIMS™ 측정만이 웨이퍼 레벨에서의 프린트 가능성 평가를 통해서 이런 모재결함의 심각성을 판단하는 데에 도움을 줄 수 있다.

29.4.6 IC 제조 분야에서의 AIMS™

설계원칙이 100nm 이하이며 k_1 인자 값이 작은, 더 작은 노드가 리소그래피에서 사용되면서 레티클 상의 더 작은 결함들이 심각한 문제를 야기하게 되었다. 그리고 웨이퍼 제조공정에서 더 작은 결함들의 숫자가 증가할 것으로 예측된다[42]. 마스크 상의 결함들은 입자, 결정생장, 정전기 손상, 짧은 노광파장과 높은 에너지에 의한 조사 손상 등이 있으며, 이들은 리피터에서 결정적인 수율저하를 초래할 수도 있다. 결함 숫자의 증가와 마스크의 복잡성이 심해짐에 따라서 이런 결함들에 대한 이해가 마스크 숍으로의 마스크 반송, 웨이퍼 프린트에 아무런 영향이 없거나, 심지어는 임계치수 허용오차 이내에서 사용할 수 있는가를 결정하는 데에 도움을 준다. 이런 결함들 중 대부분은 빛을 완벽하게 가리지 않으며 위상결함처럼 작용한다. 실제 웨이퍼를 프린트하지 않고 결함판정을 수행하는 신속한 방법은 AIMS™으로, 여기서는 동일한 노광장비 조건 하에서 화학선 측정을 통해서 프린트 가능성을 결정할 수 있다.

후속단계에서 마스크 숍과 웨이퍼 제조업체들 모두가 AIMS® 에뮬레이션 결과들을 공유한다면 더 높은 결함수리 효율을 얻을 수 있다[17].

진행 중인 레티클 평가과정에서 AIMS®은 레티클의 수명기간 내내 형상들의 웨이퍼 프린트 가능성을 관찰할 수 있다. 예를 들면 결함의 성장을 프린트 가능성의 측면에서 평가 및 분류할 수 있다. AIMS® 장비에 의한 조기 경보는 각각의 다이마다 결함의 웨이퍼 프린트가 반복되어 현저한 수율저하가 발생하는 것을 방지할 수 있다.

AIMS®은 선 끝단, 근접성, 노광-초점이탈(ED) 윈도우의 중첩, 분해능강화형상 등과 같은 중요한 문제에 의한 프린트 가능성 평가에 매우 강력한 도구이며, 집적회로 설계와 광학식 리소그래피에서 광학근접보정 방식 및 노광장비 세팅의 결정 사이의 폐루프를 단축시킬 수 있다[38, 39]. 조명형태의 변화에 대한 유연성과 빛의 간섭 정도, 개구수와 신속한 관통초점 영상의 포착은 고도로 효율적인 공정개발을 가능케 해주며, 제조공정에서 실제로 웨이퍼를 프린트할 필요성을 현저하게 줄여준다.

29.5 요 약

AIMS® 기술은 파장, 웨이퍼 측 개구수, 빛의 간섭정도(σ), 그리고 마스크 축소율 등을 조절하여 노광장비의 광학적 에뮬레이션을 가능하게 해준다. 실제 웨이퍼에 대한 프린트를 수행하지 않고도 웨이퍼 레벨에서의 프린트 가능성을 신속하게 판단할 수 있다. 2진 마스크, 광학근접보정, 그리고 위상천이 마스크 등과 같이 서로 다른 유형의 마스크들에 대해서, 프린트 공정에서 형상의 복잡성이나 상호작용에 영향을 받지 않고서 결함, 수리 및 치명적인 형상들을 평가할 수 있다. AIMS®은 수리 전후의 결함을 평가할 수 있다. 더욱이 마스크 개발과 생산의 최적화를 위한 광학근접보정과 조명조건뿐만 아니라 위상의 영향 등도 이해할 수 있다.

이 기술은 리소그래피 공정의 능력을 평가하는 매우 훌륭한 방법이며 주로 k_1값이 작은 리소그래피와 관련된 많은 문제들을 예측하는 데에 사용될 수 있다.

감사의 글
작년에 AIMS® 기술과 관련되어 도움이 되는 논의에 참여해준 Carl Zeiss 사의 많은 동료들, 특히 Wolfgang Harnisch, Thomas Engel, Peter Schaeffer, Yuji Kobiyama, 그리고 Andrew Ridley 등에게 감사를 드린다. 이 장과 관련해서 Metron의 Mark Joyner에게 특별한 감사를 드린다. 데이터 수집과 관련해서는 Infineon의 Wolfgang Dettmann, Photronics의 Clare Wakefield, 그리고 ASML의 Mircea Dusa 등에게 감사를 드린다.

□ 참고문헌 □

1. H.J. Levinson, *Principle of Lithography,* SPIE, 2001, p. 257.

2. R.A. Budd, D.B. Dove, J.L. Staples, R.M. Martino, R.A. Furguson, and J.T. Weed, Development and application of a new tool for lithographic mask evaluation, the stepper equivalent aerial image measurement system, AIMS, *IBM J. Res. Develop.,* 41 (1997).

3. AIMSy, TM is a trademark of Carl Zeiss.

4. R.A. Budd, J. Staples, and D.B. Dove, A new tool for phase shift mask evaluation, the stepper equivalent aerial image measurement system AIMS, *Proc. SPIE,* 2087 (1993).

5. R.A. Budd, D.B. Dove, J.L. Staples, H. Nasse, and W. Ulrich, A new mask evaluation tool, the microlithography simulation microscope aerial image measurement system, *Proc. SPIE,* 2197 (1994).

6. R. Martino, R. Furguson, R. Budd, J. Staples, L. Liebmann, A. Molless, D. Dove, and J. Weed, Application of the aerial image measurement system AIMS to the analysis of binary mask imaging and resolution enhancement techniques, *Proc. SPIE,* 2197 (1994).

7. K. Eisner, P. Kuschnerus, J.P. Urbach, C. Schilz, T. Engel, A. Zibold, T. Yasui, and I. Higashikawa, Aerial image measurement system for 157nm lithography, *Proc. SPIE,* 4889 (2002).

8. P. Kuschnerus, T. Engel, W. Harnisch, C. Hertfelder, A. Zibold, J.-P. Urbach, C. Schilz, and K. Eisner, Performance of the aerial image measurement system for 157nm lithography, in: *Proc. 19th EMC Conference,* 2003.

9. P. Kuschnerus, T. Engel, A. Zibold, C. Hertfelder, T. Yasui, I. Higashikawa, C.M. Schilz, and A. Semmler, Actinic aerial image measurement tool for 157nm lithography, *Proc. SPIE,* 5130 (2003).

10. T. Yasui, I. Higashikawa, P. Kuschnerus, T. Engel, A. Zibold, Y. Kobiyama, J.P. Urbach, C. Schilz, and A. Semmler, Actinic aerial image measurement tool for 157nm mask qualification, *Proc. SPIE,* 5130 (2003).

11. A. Barty, J.S. Taylor, R. Hudyma, E. Spiller, D.W.Sweeney, G. Shelden, and J.P. Urbach, Aerial image microscopes for the inspection of defects in EUV masks, *Proc. SPIE,* 4889 (2002).

12. Typical values obtained on a Carl Zeiss AIMS$^{®}$ fab based system. Stepsize is quasi-continuous $\Delta = 0.01$.

13. A.K.-K. Wong, *Resolution Enhancement Techniques in Optical Lithography,* SPIE Press, vol. TT47, 1999.

14. N. Kachwala and K. Eisner, Defect inspection and repair reticle (DIRRT) design for the 100nmand sub-100nm technology nodes, in: *Proceedings of 18th EMC Conference,* 2002.

15. A.C. Rudack, L.Levit, and A. Williams, Mask damage by electrostatic discharge: a reticle printability

evaluation, *Proc. SPIE,* 4691 (2002).

16. F. Gans, J. Marion, S. Kolpoth, and R. Pforr, Printability and repair techniques for DUV photomasks, *Proc. SPIE,* 3236 (1997).

17. W. Chou, T. Chen, W. Tseng, P. Huang, C.C. Tseng, M. Chung, D. Wang, and N. Huang, Characterization of repair to KrF 300mm wafer printability for 0.13um design rule with attenuated phase shifting mask, *Proc. SPIE,* 4889 (2002).

18. S. Kubo, K. Hiruta, H. Morimoto, A. Yasaka, R. Hagiwara, T. Adachi, Y. Morikawa, K. Iwase, and N. Hayashi, Advanced FIB mask repair technology for ArF lithography (2), *Proc. SPIE,* 3873 (2000).

19. K. Peter, Quality assessment of advanced photomasks using the Q-CAP cluster tool, in: *Proceedings of the 17th EMC Conference,* 2000.

20. D. Bald, S. Munir, B. Lieberman, W. Howard, and C. Mack, PRIMADONNA: a system for automated defect disposition of production masks using wafer lithography simulation, *Proc. SPIE,* 4889 (2002).

21. C. Friedrich, M. Verbeek, L. Mader, C. Crell, R. Pforr, and U.A. Griesinger, Defect printability and repair of alternating phase shift masks, *Proc. SPIE,* 3236 (1997).

22. M. Schmidt, P. Flangigan, and D. Thibault, Photomask repair using an advanced laser based repair system (MARS2), *Proc. SPIE,* 4889 (2002).

23. S. Fan, M. Hsu, A. Tseng, J.F. Chen, D. Van Den Broeke, H. Lei, S. Hsu, and X. Shi, Phase defect repair for the chromeless phase lithography (CPL) mask, *Proc. SPIE,* 4889 (2002).

24. J.C. Morgan, Focused ion beam mask repair, *Solid State Technol.,* March (1998).

25. D.C. Ferranti, J.C. Morgan, and B. Thompson, Advances in focused ion beam repair of opaque defects, *Proc. SPIE,* 2194 (1997).

26. R. Hagiwara et al., Advanced FIB mask repair technology for 100 nm/ArF lithography, *Proc. SPIE,* 4889 (2002).

27. H.W.P. Koops, K. Edinger, J. Bihr, V. Boegli, and J. Greiser, Electron beam mask repair with induced reactions, in: *Proceedings of the 19th EMC Conference,* 2003.

28. H. Kobayashi, M. Ushida, and K. Ueno, Photomask blanks quality and functionality improvement challenges for the 130nm node and beyond, in: *Proceedings of the 17th EMC Conference,* 2000.

29. B. LoBianco, R. White, and T. Nawrocki, Use of nanomachining for 100nm mask repair, *Proc. SPIE,* 4889 (2002).

30. B. LoBianco, R. White, and T. Nawrocki, Use of nanomachining for 100nm mask repair, in: *Proceedings of the 19th EMC Conference,* 2003.

31. Y. Borodovsky, R. Schenker, G. Allen, E. Teijnil, D. Hwang, F.C. Lo, V. Singh, R. Gleason, J.

Brandenburg, and R. Bigwood, Lithography strategic for 65nm node, *Proc. SPIE,* 4754 (2002).

32. U.A. Griesinger, L. Mader, A. Semmler, W. Dettmann, C. Noelscher, and R. Pforr, Balancing of alternating phase shifting masks for practical application: modelling and experimental verification, *Proc. SPIE,* 4186 (2000).

33. Y. Morikawa, Y. Totsu, M. Nashiguchi, M. Hoga, N. Hoyashi, L. Pang, and G.T. Luk-Pat, Study of defect printability analysis on alternating phase shifting masks for 193nm lithography, *Proc. SPIE,* 4889 (2002).

34. U.A. Griesinger, R. Pforr, J. Knobloch, and C. Friedrich, Transmission and balancing of alternating phase shifting masks (5)—-theoretical and experimental results, *Proc. SPIE,* 3873 (1999).

35. U.A. Griesinger, W. Dettmann, M. Hennig, J. Heumann, R. Ko¨hle, R. Ludwig, M. Verbeek, and M. Zarrabian, Alternating phase shifting masks: phase determination and impact of quartz defects —- theoretical and experimental result, *Proc. SPIE,* 4754 (2002).

36. N. Ishiwata, T. Kobayashi, T. Yamamoto, H. Hasegawa, and S. Asai, Fabrication process of alternating phase shift mask for practical use, *Proc. SPIE,* 4066 (2000).

37. R. Ko¨hle, W. Dettmann, and M. Verbeek, Fourier analysis of AIMS images for mask characterization, *Proc. SPIE,* 5130 (2003).

38. M. Dusa, J. van Praagh, A. Ridley, and B. So, Study of mask aerial images to predict CD proximity and line-end shortening of resist patterns, *Proc. SPIE,* 4764 (2002).

39. M. Dusa, J. van Praagh, and A. Ridley, A method for evaluating RETs for advanced masks, *Solid State Technol.,* October (2001).

40. V. Philipsen and R. Jonckheere, A printability study for phase shift masks at 193nm lithography, in: *Proceedings of 19th EMC Conference,* 2003.

41. W.-S. Han, Lithography technology trend for DRAM devicdes, *Proc. SPIE,* 4754 (2002).

42. V. Philipsen, R. Jonckhere, S. Kohlpoth, C. Friedrich, and A. Torres, Printability of hard and soft defects in 193nm lithography, *Proc. SPIE,* 4764 (2002).

제30장

마스크 수리

Randal Lee

30.1 결함과 마스크 수리

　포토마스크 레티클의 목적은 스테퍼 광학계 속에서 웨이퍼 위에 노출되었을 때에 웨이퍼 표면위의 포토레지스트에 올바른 치수로 원하는 패턴을 신뢰성 있게 재생하는 것이다. 마스크 결함은 노광 과정에서 회절, 굴절 또는 광자 흡수 등을 통해서 전사되는 패턴에 오차를 유발한다. 과거에 전체필드 얼라이너용 1× 포토마스크는 얼마간의 치명적 결함을 갖고 있으며, 그중 수리가 불가능한 결함은 그 다이의 손실을 초래하였다. 오늘날 이런 점들을 고려할 필요는 없을 것처럼 보이지만, 층의 숫자가 줄어들고 일반적으로 (더 작은 웨이퍼상의)더 작은 다이 크기는 여전히 허용할 만한 웨이퍼 수율을 제공해준다. 그런데 웨이퍼 스테퍼가 발전함에 따라서 노광당 1~10개의 다이를 사용하는 레티클이 일반화되었다. 레티클은 완벽해야만 한다. 허용할 수 없는 수율저하를 막기 위해서 어떠한 결함도 수리되어야만 한다. (발견된 모든 결함들이 프린트되는가는 또 다른 문제이며[1] 여기서는 다루지 않는다. 이 장에서는 경질결함의 수리에 대해서만 소개한다.)

　마스크 수리는 포토마스크 제조업체의 계획에 따른 수율과 성능을 개선해준다. 이윤과 고객 기반 모두를 유지하기 위해서는 이들 두 기준 모두가 중요하다. 이 장에서는 우선 결함의 유형을 살펴본다. 수리공정은 특정한 유형의 결함에 맞춰져 있으며 독자들은 용어체계를 이해해야만 한다. 하위 시스템은 모든 수리장비들에서 일상화되어 있으며, 핵심 수리기술들은 그다음으로 설명 및 비교되어 있다. 마지막으로 새로운 리소그래피 기술들과 이들의 마스크 문제에 대해서 간략하게 살펴보기로 한다.

30.2 결함의 유형

마스크 검사과정에서 조작자는 결함을 서로 다른 유형들로 분류한다. 마스크를 다음 제조단계로 경로를 배정하는 것은 발견된 결함의 숫자와 유형에 의존한다.

기층소재 상의 있어야 할 위치가 아닌 곳에 존재하는 어떠한 소재들도 불투명 결함을 형성할 가능성이 있다. 불투명 결함은 마스크를 통과하는 빛을 차단한다. 흡수재가 있어야 할 위치에 존재하지 않는 경우를 투명 결함이라고 한다. 투명 결함은 마스크를 관통하여 웨이퍼 위로 빛을 통과시켜서 잘못된 위치의 포토레지스트를 노광시킨다(그림 30.1).

연질결함은 일반적으로 기층소재나 흡수재 소재 이외에 존재하는 모든 결함으로 정의된다. 연질결함에는 다양한 유형이 존재한다. 주변 환경에서 유입된 입자나 공정장비, 박리공정에서 남겨지는 포토레지스트 잔류물, 습식 공정에서 불완전한 제거로 인한 잔류 화학물질 등이다. 연질결함은 펠리클을 장착한 마스크에서조차도 프레임과 마스크 테두리에서 방출된 입자들 또는 마스크 표면상의 펠리클 접착제에서 방출된 휘발성 화합물의 분해 등으로 인하여 발생할 수 있다[2]. 마스크 제조업체들은 전용 세척장비와 공정을 사용해서 연질결함을 제거한다. 이 문제는 본질적으로 수리공정이 아니기 때문에 여기서 다루지 않는다. (그런데 마스크 제조업체들은 세척 이후에 잔류하는 입자들을 마스크에서 긁어내는 대신에 수리를 시도한다.)

교번식 개구부 위상천이 마스크(AAPSM)는 경질천이 마스크라고도 알려져 있다. 이 개념은 용융수정 기층의 특정 영역을 식각하며, 경로길이 차이에 의해서 유발되는 위상 차이가 웨이퍼 표면상에서 입사광선의 파괴성 간섭을 생성한다. 이 천이기의 위치와 크기를 세심하게 조절하면 테두리에서의 대비가 개선되며, 따라서 주어진 스테퍼 상에서 빛의 파장 길이보다 작은 형상을 영상화시킬 수 있다[3]. 기층소재의 형상을 올바르게 배치 및 식각함으로써 흡수재 없이 불투명 형상을 마스크 상에 완벽하게 영상화시킬 수 있다(무크롬 위상천이 마스크 또는 CPSM). 웨이퍼 상에서 영상 오차를 유발하는 교번식 개구부 위상천이 마스크(AAPSM) 기층소재상의 어떠한 표면높이 편차도 경질 천이기 결함이다. 수정 돌기는 원하는 표면높이 위로 돌출된 부분이다. 수정 함몰은 표면 아래로 패인 구덩이이다(그림 30.2). 이들 모두 웨이퍼에서 영역 영상 오차를 유발할 수 있으므로 발견되면 이를 수정해야만 한다.

또 다른 유형의 전형적인 결함은 치명적인 것으로 기판 긁힘(전면 또는 배면)이나 유리결함이다. 이들은 일반적으로 기판의 즉각적인 긁힘을 초래한다.

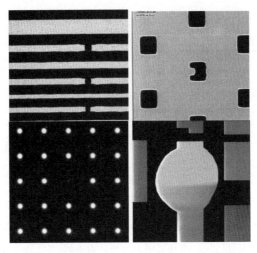

그림 30.1 서로 다른 유형의 마스크 결함들. 상부 좌측부터 시계방향으로: 계획된 크롬 브리지 결함, 접촉 테두리 결함, 접촉점 크기미달, 치명적 얼룩 결함(Courtesy FEI Company)

그림 30.2 계획된 AAPSM 수정결함과 수리 후의 SEM 영상(Courtesy RAVE LLC)

30.3 결함의 분류

테두리나 형상이 정위치에서 벗어난 것이 테두리결함 또는 부착 결함이다. 이들은 일반적으로 크기가 작다. 크기가 수 마이크로미터 이상이거나 형상에 배해서 크다면 이것은 얼룩 결함이 된다. 이들은 직선이나 곡선 테두리에 발생한다. 두 흡수재 형상들 사이의 투명한 영역을 이어주는 불투명 결함을 브리지 결함이라고 부른다. 이런 결함들의 수리에서는 불투명 결함의 경우 흡수재를 선 테두리까지 잘라 내거나(제거) 또는 흡수재가 없어진 곳에 수리용 소재를 채워 넣어(삽입) 테두리를 보정한다.

30.4 수리의 요건

수리를 위해서는 일반적으로 다음 3단계 중 하나 또는 두 가지를 필요로 한다. 마스크 전체를 다시 검사하기 위해서 결함검사장비에 대한 재검사 수행, 수리위치의 테두리 형상이나 배치 형상 측정, 그리고 정규화된 피크 강도와 특화된 장비상의 수리위치에 대한 관통초점 측정 등과 같은 투과율 계측 수행이다. 기판의 재검사는 정량화 수리의 가장 일반적인 형태이다. 대부분의 마스크 숍들은 최고의 민감도와 노광장비와는 다른 파장을 사용해서 첨단 마스크를 검사하기 때문에 이들이 비록 실제로는 프린트되지 않는다고 하더라도 수리된 영역을 결함으로 발견 및 분류할 수 있다. 투과식 계측장비는 수리 결과가 프린트되지 않는다는 것을 마스크 사용자에게 증명해줄 수 있으며, 따라서 이런 비싼 마스크의 정량화 수리에 자주 사용된다.

30.5 수리장비의 공유성

마스크 수리 시스템은 스테이지, 결함 내비게이션 소프트웨어, 관찰용 광학계, 그리고 수리를 수행할 방법 등의 네 가지의 공통된 특징을 공유한다.

매우 다양한 유형의 스테이지를 사용할 수 있지만 동일한 요구조건을 공유한다. 스테이지는 운동 중에 레티클을 정위치에서 미끄러짐 없이 고정하고 있어야만 한다. 이들은 (마스크 정렬 이후에) 관찰영역 내에 결함 영역을 위치시키기에 충분할 정도로 정밀해야만 한다. 그리고 이들은 수리과정 동안 결함 영역 내에서 드리프트가 작거나 전혀 없는 안정 상태를 유지해야 한다. 오늘날 많은 스테이지들에서 레이저 간섭계는 안정성과 정확도를 구현하는 데에 도움이 된다. 최근 수리장비들 중 대부분은 1등급 수준의 청결도를 갖춰야만 하며, 최근의 고품질 마스크 숍에서는 단일 레티클 표준 기계식 인터페이스(SMIF) 용기 운반용 전공정 로봇을 갖추고 있다.

결함 수리장비는 결함위치까지의 이동이 가능해야만 한다. 모든 수리장비들은 기판에 대한 검사파일을 다운로드받기 위해서 그래픽 유저 인터페이스(GUI) 소프트웨어를 갖추고 있으며, 이들 중 대부분은 마스크 수리 엔지니어나 조작자가 결함을 선정할 수 있도록 결함분류법을 사용하여 이들을 분류할 수 있다. 그러므로 그래픽 유저 인터페이스(GUI)는 올바른 검사파일의 다운로드(수동 입력 또는 표준 기계식 인터페이스(SMIF) 용기 상의 바코드리더나 RFID 태그를 사용한 기판 인식), 검사파일을 장비에서 사용하는 내부 포맷으로 변환, (표준형태 또는 특수기판)마스크 상의 정렬위치로 이동, 결함 개수와 유형 표시, 그리고 선정된 결함위치로 이동 등을 수행한다.

일단 장비가 예상 결함위치로 이동하면 광학계가 관찰 필드 내에서 결함을 찾아내기 위해서 영역 영상을 생성한다. 광학계는 표준 광선 현미경 기술이나 주사전자빔이나 집속 이온빔(FIB)과 같은 하전입자 기술을 기반으로 한다. 어떤 기술을 사용하던 간에 수리할 결함을 관찰하기에 충분한 분해능을 갖춰야만 한다. 현재 많은 장비들이 기준위치 잡기를 위해 검사장비로부터 경영정보시스템(MIS) 데이터베이스에 저장된 결함위치의 영상파일을 전송받으며, 이는 가장 작은 크기의 결함을 찾아낼 때 큰 도움이 된다.

수리에 영향 끼치는 방법들이 마스크 수리장비 기술의 능력을 차별화해준다. 다음 절에서는 이러한 기술들에 대해서 살펴본다.

30.6 레이저 결함수리

마스크 제조업체들은 1970년대부터 불투명 결함을 수리하기 위해서 레이저 수리장비를 사용해왔다. 이들은 매우 신뢰성이 높으며 사용하기 편리하고 생산성이 높다[4]. 이런 특징들이 오랜 기간 동안 이들이 널리 사용될 수 있었으며 세계 모든 마스크 숍의 장비 리스트에 이들이 올라있다.

30.6.1 작동원리

레이저는 연속적이거나 펄스 형태로 간섭광선 빔을 방사한다. 마스크 수리 시스템은 펄스 레이저를 사용한다. 이 광 펄스의 에너지 동력은 작지만 이들의 순간출력은 꽤 높은 편이다. 펄스 지속시간은 나노, 피코 및 펨토초의 범위를 차지하고 있다. 레이저 광선의 파장은 표적 소재가 흡수할 수 있는 범위여야 한다.

나노초 및 피코초 레이저의 경우 레이저 펄스 에너지에 의해서 흡수재가 가열, 용융 및 기화된다. 이 과정은 마이크로 스케일 상에서 매우 격렬하게 일어난다. 크롬이 표면에서 본질적으로 폭파된다. 용융된 비산물들은 인접한 위치에 증착되어 더 많은 결함을 생성할 수 있으며, 기층소재 표면 자체도 손상을 입어서 광 투과율이 저하되거나 위상 결함을 생성할 우려가 있다[5](그림 30.3). 표적위치에서 인접 영역으로의 열 확산은 수리의 공간 분해능을 약 0.5μm으로 제한한다.

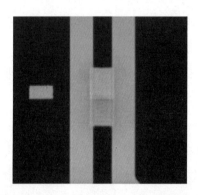

그림 30.3 크롬 파편과 기층소재 손상을 입힌 레이저를 이용한 흡수재 수리의 광학영상(Courtesy SPIE)

대부분의 레이저 수리 시스템들은 영상화된 조리개 장비의 형태를 갖는다. 레이저는 광학체인 내에서 전동식 조리개 조립체에 빛을 조사한다. 불투명한 결함을 제거하기 위해서 이 조리개 마스크 수준까지 축소되어 영상화된다. 이 장비는 조작자를 위해서 레이저 수리 박스의 크기와 기층소재 상에서의 위치에 대한 시각적인 정보를 제공해준다. 사용자는 결함에 조사되는 영역을 국부화시키기 위해서 조리개의 크기와 형상을 조절할 수 있다. 결함은 레이저 펄스 촉발에 의해서 공격을 받는다. 비산이나 수정 손상을 줄이거나 제거하기 위해서는 레이저 동력을 세밀하게 조절해야만 한다.

펨토 초 레이저는 흡수재 제거에 다른 메커니즘을 사용한다[6]. 광 펄스는 원자가 전자의 대부분을 반결합 상태까지 직접 가진 시켜서 전자가 그들의 에너지를 양성자에 전달(가열)하기 전에 증기상태로 변화시켜버린다. 표적물질은 인접 흡수재에 열 영향을 끼치지 않고 고체에서 증기로 직접 변화된다. 따라서 기층소재의 손상은 최소화된다. 열 효과가 없고, 수리의 공간 분해능은 표면상에서 레이저 반점의 크기에 전적으로 의존한다. 영상화 조리개 사용하는 펨토 초 레이저 장비의 수리 품질은 나노 및 피코 초 레이저에 비해서 좋지만, 조리개에서 레이저 광선의 회절 때문에 여전히 제한적으로 사용된다. 새롭게 소개된 장비에서는 결함 제거와 형상 재건을 위해서 가우시안 형태의 스캐닝 방식 레이저 빔을 사용한다[7](그림 30.4).

결함 영역 내의 모든 흡수재들이 제거될 때까지 (스테이지가 이동하고 있는 상태에서)반복되는 레이저 펄스들이 매 펄스마다 크롬의 체적을 제거한다. 기층소재에 대한 크롬의 선택성은 매우 높기 때문에 심한 퇴화 없이 기층소재에 반복적으로 주사할 수 있다. 비록 테두리는 더 큰 수리장비에서처럼 매끈하지는 않지만 이 장비를 사용해서 80nm 선폭의 직선까지도 파낼 수 있다(그림 30.5).

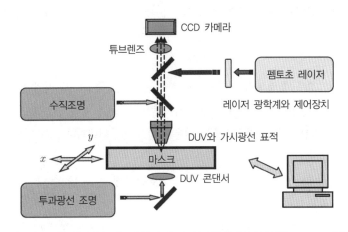

그림 30.4 새로운 펨토 초 레이저 수리 시스템의 블록선도(Courtesy SPIE)

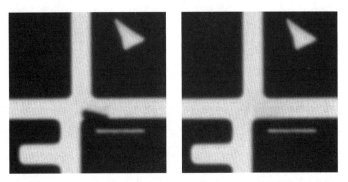

그림 30.5 펨토 초 레이저 장비를 사용한 레이저 수리의 전후의 투과광선 형상. 결함은 대략 250nm 높이다. 결함 아래의 좁은 수평선과 삼각형 역시 레이저 수리장비를 사용해서 성형하였다(Courtesy SPIE).

어떤 장비들은 투명한 위치에 레이저 증착이 가능하다. 국부적으로 표면상에 기체가 흡수된다. 레이저에너지는 기층소재와 가스를 가열하며, 가스를 재결합시켜서 조사된 표면상에 막을 생성시킨다. 막의 품질, 크기 및 배치문제 때문에 레이저 투명 수리는 시장에서 널리 사용되지 못하고 있다.

장점

- 불투명 결함수리는 매우 빠르며, 생산성이 높다.
- 대기압 하에서 작동한다.
- 역사적으로 높은 신뢰성을 갖는다.
- 배우기 쉽고 조작이 간편하다.
- (대물렌즈의 작업거리가 길게 제작된 경우에는)펠리클을 마스크에 설치한 이후에도 레이저 장비로 불투명 결함을 수리할 수 있다.

단점

- 레이저 장비의 경우 투명부위 수리는 견실하지 못하며, 증명되지 않았다.
- 최소한 대부분의 영상화된 조리개를 사용하는 레이저 수리장비의 경우에, 용융과 제거 과정에서 크롬의 비산과 금속 재증착이 더 많은 결함을 만들어내거나 소득 없는 수리가 되고 만다.
- 기층소재의 손상역시 문제가 된다.(이는 앞서 설명했던 펨토 초 레이저에서는 문제가 되지 않는다.)
- 광선 광학계는 작은 결함의 영상화나 최소 크기 형상의 재생 등에서 하전입자 시스템의 월등한 분해능을 근본적으로 따라잡을 수 없다.

30.7 집속 이온빔 마스크 수리

1980년대 초반에 회사들은 마스크 수리용 집속 이온빔 시스템(FIB)을 처음으로 개발하였으며, 이것은 지금까지도 마스크 숍을 안정적으로 유지시켜준 또 하나의 견인차였다. 비록 레이저 장비만큼 널리 펴져 있지는 않지만, 모든 고품질 상용 마스크 숍과 자체 전용 숍에는 집속 이온빔 마스크 수리장비가 구비되어 있다. 이들은 결함 영상화와 수리에서 레이저 장비보다 뛰어난 공간 분해능을 가지고 있다. 빔의 래스터 패턴화 능력과 결합되어 마스크 숍에서 얼룩 결함을 수리할 수 있다. 비록 연구자들이 많은 유형의 광원(규소, 가스필드 이온광원, 인듐 등)들을 개발했지만, 이 절에서는 갈륨 광원을 사용하는 가장 일반적인 유형의 집속 이온빔 (FIB) 수리장비에 국한하여 살펴보기로 한다.

30.7.1 작동원리

집속 갈륨 이온빔이 결과적인 영상형성과 기층소재 표면에서의 작업을 위한 프로브로 사용된다. 광원과 칼럼이 함께 집속 갈륨 이온빔을 형성하며 고진공 환경 하에서 작동한다.

액체금속 이온광원(LMIS)들 중 한 가지 유형은 전형적으로 텅스텐을 사용하여 뾰족하고 열처리 된 금속 바늘 위에 액상 갈륨을 코팅하여 제작한다. 전자회로가 광원을 재액화시키기 위해서 광원 바늘을 가열하거나 (만약 필요하다면)적절한 광원의 작용을 방해하는 표면 오염물질을 태워버리는 방법을 제공해준다. 매우 높은 전자장이 광원 선단부 근처에 형성된다. 이 필드가 실제적으로 정전기력과 표면장력 사이의 평형이 형성되도록 액상 갈륨을 선단부로부터 잡아당겨서 결과적으로 테일러(Taylor) 원추라고 부르는 기하학적 형상을 만든다. 필드 강도가 증가할수록 갈륨 원자가 이온화되면서 테일러 원추의 선단부를 잡아당긴다. 선단부로부터의 총 이온 흐름(추출전류)은 빔 안정화를 위한 피드백 루프를 사용해서 엄격하게 조절한다. 광원 조립체는 전형적으로 20~30kV 내외의 가속전압으로 작동하며, 따라서 갈륨 이온들은 칼럼의 집속 광학계 속으로 가속되어 내려간다. 상부 리저버에서 바늘 표면으로 액체 금속이 흘러내려오면서 선단부에서 이온화되어 칼럼을 따라서 내려가는 갈륨을 보충해준다.

집속용 칼럼 내의 정전기 렌즈들은 이온빔을 수집 및 집속시켜서 표면상에서 점으로 만들어준다. 조리개가 빔 전류와 반점 크기를 결정해준다. 일반적으로 스트립상의 다중조리개들은 그 위치에서 영상화와 마스크 수리를 위한 사용자 선택성 빔을 제공해준다. 팔중전극 또는 쌍극이 기층소재 표면에서 빔의 무비점수차 보정과 빔 스캔을 수행하며, 빔이 스캔되지 않을 때나 스캔과정에서 기층소재의 손상을 방지하기 위해서 고속 블랭킹 판이 측면에서 빔을 굴절시킨다(그림 30.6).

빔 프로파일은 칼럼수차 때문에 빔 꼬리가 확장된 가우시안 형태이다. 갈륨 이온은 비교적 무겁다. 이것이 표적 표면을 타격하면 국부적으로 스퍼터링이 일어난다. 이온에 의해서 확산된 에너지는 표적 표면에서 20nm 위쪽에서 2차 원자, 이온 및 전자들을 방출한다. 2차 입자들의 숫자와 유형은 입사되는 이온 에너지와 표적 소재의 스퍼터 수율, 결정의 배향, 국부적인 형상, 그리고 국지적인 전압조건 등에 의존한다. 이온 자체는 기층소재 속으로 침투한다. 마스크 내에서 투명한 영역 내로 침투한 갈륨 이온들은 광량자를 흡수하여 투과율을 감소시킨다[8].(이를 갈륨 착색이라고 부른다.) 삽입 조사량이 많을수록 투과율이 낮아진다. 갈륨은 또한 조사파장이 짧아질수록 더 강한 흡수력을 갖는다.

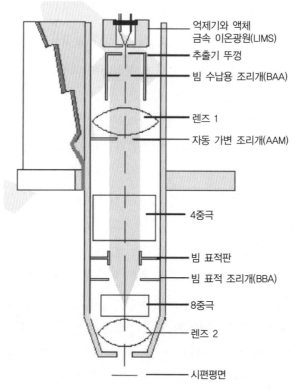

억제기와 액체
금속 이온광원(LIMS)

추출기 뚜껑

빔 수납용 조리개(BAA)

렌즈 1

자동 가변 조리개(AAM)

4중극

빔 표적판

빔 표적 조리개(BBA)

8중극

렌즈 2

시편평면

그림 30.6 집속 이온빔 칼럼의 개략도(Courtesy FEI Company)

스캐닝전자회로는 어디서 빔이 픽셀과 충돌하며, 얼마나 오래 머물고, 다음 픽셀까지 얼마나 멀리 이동해야 하는가를 정밀하게 제어한다. 다양한 검출기가 사용된다. 마이크로채널 판, Everhart-Thornley, 2차 이온질량 스펙트로미터(SIMS) 등등이다. 검출기 편향전압은 분석이나 영상 생성을 위한 2차 전자나 이온들이 수집되었는가를 알려준다. 영상생성 작업에 이온빔 주사와 스퍼터된 부산물들의 검색이 수반되므로, 과도한 손상과 갈륨 착색을 피하기 위해서 낮은 이온조사량 하에서 영상을 얻어야만 한다.

삽입된 이온은 또 다른 문제를 야기한다. 이들은 크며 비교적 정지된 양전하이므로 기층소재 표면에서 매우 높은 양의 전기장을 형성할 수 있다. 양전하는 검출기에서 신호감소에 따른 2차 전자 탈출을 방해하며, 심지어는 마스크 표면에서 파괴적인 정전기 방전(ESD) 현상을 유발할 수도 있다. 집속 이온빔 시스템에서 전하를 조절하는 가장 일반적인 방법은 이온 빔 입사위치의 표적 표면에 저에너지 전자를 산포하는 것이다. 이 전자들은 삽입된 이온들과 재결합을 하거나 여타의 방식으로 표면 전기장을 억제하거나 저감시켜준다.

이온 빔이 주사되는 국부 영역에 특정한 가스를 주입하면 화학적 효과뿐만 아니라 물리적 효과도 발생한다. 표면에 흡착된 가스 분자들은 침투한 이온의 에너지로부터 해리된다(충돌 종속모델). 일부의 경우 표면에 물질이 증착된다. 전구 가스로부터 텅스텐, 탄소, 백금 및 금 박막이 이런 방식으로 증착되었다. 이 증착은 결코 순수하지 않다. 갈륨과 전구가스의 성분들이 존재한다. 그런데 이 증착은 매우 거칠고 불투명한 것으로 밝혀졌다. 집속 이온빔을 사용한 투명 결함 수리에서는 탄소를 증착 막으로 선정하여 사용한다. 여타의 가스들, 표적 소재와 해리된 가스들은 휘발성 부산물을 생성하며, 이들은 진공시스템에 의해서 펌핑 되어 나간다 (가스보조 식각). 이 방법에서는 국부적인 재증착이 줄거나 제거되며, 스퍼터 수율이 개선된다. (이를 주변 소재들에 비해서 표적 소재에 대한 식각 선택도가 뛰어난, 일종의 국부적인 반응성 이온식각으로 간주할 수 있다.) 식각 수율이 높으므로 불투명 결함을 투명하게 만들기 위해서 필요한 갈륨 조사량이 줄어들고, 따라서 갈륨 착색이 줄어들어 투과율이 향상된다.

집속 이온빔 장비는 일반적으로 제거 및 선택도를 높이기 위한 가스주입 하에서 막을 스퍼터링으로 제거하여 불투명 결함을 수리한다[9]. 매립식(또는 희석식) 위상천이 마스크(EPSM)용 MoSiON 막[10]은 전형적인 공정가스에 대해서 매우 높은 (10~20배) 식각 강화특성과 기층소재에 대한 높은 선택성을 보이며, 수리된 위치 하부의 기층소재에 거의 손상을 입히지 않는데[11]. 그런데 기층소재 상에서 크롬의 결정을 형성하며 휘발성 크롬 화합물이 매우 드물기 때문에 제거가 매우 어렵다. 식각 강화는 최대한이 2×에서 5× 범위이다. 따라서 물리적 스퍼터링이 크롬 제거에 주성분이다. 스퍼터링 비율은 날카로운 형태의 테두리에서 증가한다. 이것이 의미하는 바는 크롬 제거과정에서 결함 주변에서 기층소재의 손상이 증가한다는 것이며, 이를 강바닥 현상이라 부른다. 집속 이온빔을 사용한 불투명 수리과정에서 수정 손상의 조절은 성공의 핵심요인이다(그림 30.7). 앞서 언급하였듯이 국부 영역에서 스퍼터된 소재의 재증착 역시 최소화시켜야만 한다.

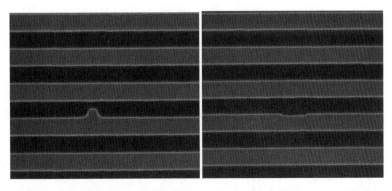

그림 30.7 집속 이온빔(FIB) 크롬 수리 전후의 집속 이온빔 영상(Courtesy FEI Company)

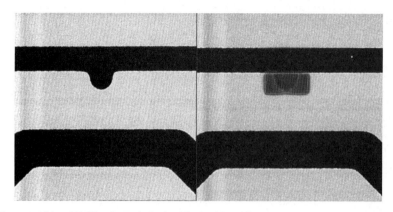

그림 30.8 집속 이온빔(FIB) 투명 수리 전후의 집속 이온빔 영상(Courtesy FEI Company)

집속 이온빔 장비를 사용해서 투명한 결함을 수리하기 위해서 탄소막이 오랜 기간 동안 사용되어 왔다. 이 막은 모든 세척공정에 대해서 뛰어난 불투명성과 거칠기를 갖고 있으며, 집속 이온빔은 2진 마스크의 투명 결함 수리에 선호되는 방법이다(그림 30.8). 이 막들은 매립식 위상천이 마스크(EPSM)의 MoSiON 막과 동일한 굴절률을 갖고 있지 않다. 사용자가 EPSM 막의 위상이나 투과를 매칭시킬 수 있지만 둘을 동시에 수행할 수는 없다. 대부분의 사용자들은 투과율 매칭을 선택한다.

얼룩 결함은 집속 이온빔 장비를 사용해서 수리할 수 있다. 소프트웨어는 비트맵 수리 지도를 생성하기 위해서 결함 영상과 양호한 마스크 영역의 비디오 영상을 중첩한다. 작업자는 수리 지도를 결함에 중첩시킨 다음 수리를 시작한다. 이 치명적인 결함들을 수리하기 위해서 수리영역에 국한하여 빔 래스터 스캔을 시행한다. 이는 패턴 복사 수리라고 알려져 있다.

빔의 가우시안 형태와 빔 꼬리 때문에 불투명 및 투명 수리의 측벽 프로파일은 수직이 아니다. 불투명 결함수리 위치에서 갈륨 착색과 수정 손상은 투과율을 저하시킨다. 수리된 브리지 결함은 인접한 직선과 테두리가 완벽하게 정렬되며, 투명영역 중앙에서 양호한 투과율을 나타내지만 측벽 프로파일, 착색 및 수정 손상 등의 영향에 의해서 영역 영상 계측에 실패한다. 집속 이온빔 장비들은 더 많은 빛이 투명한 영역으로 투과될 수 있도록 테두리를 약간 크롬 쪽으로 이동시키는 편향기능을 갖추고 있다. 이 기능은 AIMS 계측을 통과시킬 수 있게 해주지만, 정상적인 결함검사 단계에서 테두리 결함으로 인식될 정도로 이 편향이 크지 않아야만 한다.

집속 이온빔(FIB) 장비 제조업체들은 무크롬 위상천이 마스크(CPSM)와 교번식 개구부 위상천이 마스크(APSM)의 수리방법을 연구하고 있다. 수정 돌기 수리의 경우 가변 조사량 가공과 결합된 높이지도는 훌륭한 결과를 보여주고 있다[12~14](그림 30.9) 연구자들은 또한 수정 함몰 수리를 위하여 집속 이온빔 유전체 증착 방안을 연구하고 있다[15].

장점

- 뛰어난 MoSiON 불투명 결함 제거특성
- 뛰어난 2진 마스크 투명수리공정
- 영상화 및 수리에서 양호한 공간분해능
- 테두리와 패턴의 복사수리에 대한 양호한 배치사양

단점

- 영상화 및 수리과정에서 갈륨 착색에 의하여 조사영역의 투과율 감소
- 투명수리용 탄소막으로 매립식 위상천이 마스크(EPSM)의 투과율을 맞출 수 있으나 위상 은 맞추기 어려움
- 레이저 장비에 비하여 생산성 저하
- 스퍼터링 공정에 의한 기층 손상
- 기층 충전이 전체적인 수리품질에 영향을 끼치므로 이에 대한 완화기술 필요

그림 30.9 좌에서 우로: 교번식 개구부 위상천이 마스크(AAPSM) 수정결함의 집속 이온빔 영상과 수리 전후의 표면 프로파일 스캔영상(Courtesy FEI Company)

30.8 원자작용력현미경(AFM) 나노머시닝 마스크 수리

원자작용력현미경(AFM)은 1990년대에 소재 및 반도체 연구 분야의 많은 영역에서 널리 사용되게 되었다. 간단한 작동원리는 날카로운 탐침이 지정된 주파수로 진동하도록 만든 것이다. 이 탐침이 표면으로 접근한다. 탐침이 표면에 접근함에 따라서 원자의 상호 작용력에 의해

서 진동주파수가 변한다. 표면을 스캔하는 동안 귀환 루프를 통해서 탐침 조립체를 조금씩 오르내림으로서 탐침이 일정한 주파수로 진동하도록 만든다. 탐침의 상부면에서 반사되는 레이저 간섭계 신호를 사용해서 주사과정에서 탐침의 수직방향 높이를 측정하며, 이 정보들로부터 소프트웨어 분석을 통해서 표면의 3차원 영상을 생성한다. 원자작용력현미경(AFM) 제작업체들과 연구자들은 특정한 용도에 대해서 많은 유형의 탐침형상과 소재들을 개발했다(그림 30.10). 일부 장비와 용도의 경우 측정을 위해서 탐침이 실제로 표면에 접촉한다(비진동 모드). 이 장비로는 임계치수와 측벽의 요각과 프로파일 등을 측정할 수 있다.

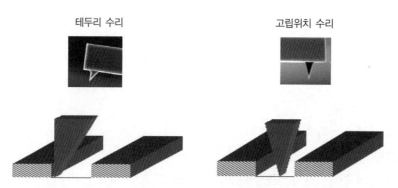

그림 30.10 나노머시닝 마스크용으로 사용되는 특수한 원자작용력현미경(AFM) 탐침과 적용방법(Courtesy RAVE, LLC)

그림 30.11 원자작용력현미경 나노머시닝을 사용해서 수정결함을 수리한 전후 영상에 대한 주사전자현미경 (SEM) 및 영역 영상 계측결과(Courtesy RAVE, LLC)

30.8.1 작동원리

마스크 수리에서 원자작용력현미경(AFM)은 제어되면서 직접 표면과 접촉하는 탐침을 사용해서 결함을 측정하고 이를 제거한다[16, 17]. 특수한 탐침 설계를 통해서 표면 상층부터 가공해 내려가거나 또는 결함의 측면부터 가공하며 들어간다. 이 장비는 매우 작은 크기의 크롬과 MoSiON 불투명 결함을 영상화 및 제거할 수 있다. 흡수재 내에서 잃어버린 투명한 형상을 재건할 수 있다[18] 이 장비는 또한 교번식 위상천이 마스크(APSM)상의 수정결함과 돌기를 수리하기 위해서 사용되고 있다(그림 30.2와 그림 30.11). 마스크를 청결하게 유지하기 위해서 작업영역 위로 극저온 이산화탄소를 분출시켜서 생성된 파편들을 제거한다. 현재 문헌상으로는 이 장비를 사용하여 투명수리가 실현되었다.

장점
- 가장 작은 불투명 결함을 관찰하며 수리 가능
- 교번식 위상천이 마스크(APSM)의 수정돌기 수리
- 뛰어난 테두리 배치
- 수리공정 도중에 피드백을 통해서 기층소재 손상 최소화
- 소재유형에 무관

단점
- 특히 대형 결함에 대해서 낮은 생산성
- 마멸성 마모와 파손에 따른 잦은 탐침교체
- 첨가방식 수리공정이 없음

30.9 전자빔 마스크 수리

연구자들은 40년 이상 주사전자현미경을 사용해왔다. 전자 광원과 광학계에 대한 지속적인 개선을 통해서 이 장비는 영상 분해능과 요소 분석에서 최고의 수준에 도달하게 되었다. 성공적인 집속 이온빔 공정 가스공정은 최근 들어 e-빔 장비의 가스 화학 작업에서 유사한 관심을 촉발시켰다. 개념적 실험을 통해서 전자빔이 일부 기본적인 마스크 수리작업을 수행할 수 있음이 증명되었으며, 마스크 수리분야의 연구 장비 시장에서는 이제 개발 장비들을 이제 사용할

수 있다. 최소한 3개 회사들이 e-빔 마스크 수리용 제품의 출시가 예정되어 있다고 발표하였다.

30.9.1 작동원리

전자빔은 영상을 생성하고 기층소재 표면상에서 작업을 수행하는 프로브를 갖추고 있다. 빔 생성은 집속 이온빔 광학계와는 다르지만, 빔 성형과 주사방법은 집속 이온빔에서와 유사하다.

전자 광원의 가장 일반적인 두 가지 유형은 필라멘트 가열과 필드 방사 광원이다. 필라멘트 가열방식은 뜨거운 (일반적으로 텅스텐)표면으로부터 전자를 끓여서 방출한다. 필드 방사 광원은 이미터 표면에서 전자들이 더 쉽게 빠져나갈 수 있도록 고준위 전기장과 저준위 작업대를 사용한다. 두 가지 유형 모두 광원에서 방출된 전자들은 수집되어 칼럼을 거쳐 표적으로 가속된다. 칼럼을 따라서 전자들이 광원에서 기판으로 가속되면서 전자기 또는 정전기 렌즈들이 빔을 원하는 형상 및 크기로 집속시켜준다. 스폿 전류는 일반적으로 빔 경로상의 조리개에 의해서 정의된다. 편향코일 또는 판들이 기판평면상에서 빔을 이동시켜준다. 빔 귀선소거 하위 시스템은 칼럼 내에서 귀선소거용 조리개 쪽으로 빔 경로를 이동시킴으로써 기층소재 표면에서 효과적으로 빔을 끌(그리고 켤) 수 있다.

마스크 수리용 표준 전자빔은 가우시안 프로파일을 가지고 있다. 표면과 충돌한 전자는 기층소재 내측으로 삽입되거나, 도전성 경로를 통해서 방출되거나 또는 후방산란을 통해서 탈출한다(본질적으로는 원자핵을 튕겨내고 기층소재 표면에 잔류한다). 침투한 전자의 모멘텀 전달에 의한 에너지 역시 기층소재로부터 탈출하는 2차 전자들을 생성한다. 2차 전자와 후방산란전자들은 비록 서로 다른 대비 메커니즘을 가지고 있지만, 모두 함께 포획하거나 또는 개별적으로 포획하여 영상 생성에 사용할 수 있다. 용융수정 기판 내에 삽입된 전자들이나 고립된 흡수재 섬에 포획된 전자들은 (투명한 필드 대비에서처럼)빠르게 높은 전하를 형성하여 전자빔을 의도한 위치에서 벗어나게 만들 수 있다. 충전은 또한 2차 전자와 후방산란전자의 궤적과 포획에 영향을 끼쳐서 영상 품질의 저하를 초래한다. 가변압력 주사전자현미경(SEM)에서 사용되는 ESEM® 검출기와 같은 충전을 완화시키는 방법들을 영상화 및 분석 장비에서 상업적으로 사용할 수 있지만, 아직 아무도 마스크 수리장비에 적용하지는 못하고 있다. 표적 표면으로부터 흡수된 진공챔버 내의 자유탄화수소를 주사 빔이 분해하여 부수적인 탄소 증착이나 탄화수소 분해를 초래한다[19, 20](그림 30.12). 이 막은 빛을 흡수하므로 마스크 수리장비에서 이를 최소화시키거나 제거해야만 한다. 콜드트랩이나 ESEM® 검출기 등은 이 문제의 해결에 도움을 준다.

그림 30.12 중앙 사각형은 고배율 주사전자현미경(SEM) 영상화에 따른 탄화수소 오염이다. 상부 좌측과 우측의 어두운 영역은 집속 이온빔 영상화에 따른 경계표시이다(Courtesy SPIE).

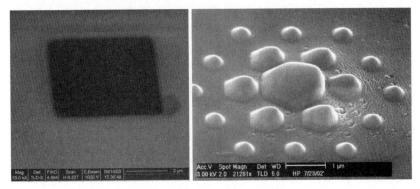

그림 30.13 e-빔 가스 화학 작업 유형들의 주사전자현미경(SEM) 영상. MoSi 매립식 위상천이 마스크(EPSM) 흡수재 식각은 좌측, 그리고 백금 금속 증착은 우측이다(Courtesy FEI Company).

많은 회사들이 능동적으로 마스크 수리를 포함한 다양한 용도의 e-빔 화학연구를 수행하고 있다[21]. 비록 개별적인 전자에 의한 가스로의 에너지 전달은 전체 평균값보다 훨씬 낮지만, 진공챔버 속으로 주입되어 기층소재 표면에서 흡수되는 가스들은 전자빔과의 충돌에 의해서 분해된다. 여기에서는 (집속 이온빔 수리장비에서의) 스퍼터링과 같은 물리적인 일이 기층 표면에서 일어나지 않기 때문에 표면 반응은 분해된 가스 성분과 표적소재 사이의 거의 순수한 화학작용이 된다(그림 30.13). 이런 이유 때문에 집속 이온빔에서 사용되었던 모든 화학작용들이 e-빔에서 작용하지는 않는다. 또한 후방산란전자들과 가우시안 프로파일의 꼬리에서 방출되는 전자들이 주사영역 외측에서 불의의 증착이나 식각을 유발할 수도 있다(때로는 과도분무라고 부른다).

일부 회사들은 e-빔 마스크 수리용 연구 장비를 공급한다[22]. 연구자들은 질화탄탈룸 (TaN)과 규화몰리브덴(MoSiON) 흡수재에 대한 e-빔 식각과 투명 수리용 금속 증착에 대한 기초연구를 수행하고 있다. 증착물들이 세척 사이클에서의 화학적 공격에 저항성이 있음이 규명되었지만, 기계적 세척공정으로부터의 물리적 거칢에 대한 검증과 반사율과 관련된 모든 문제에 대한 검사 등이 필요하다. 현재까지 구현된 식각율은 마스크 생산에 적용하기에는 너무 느리기 때문에 e-빔 장비에서 크롬 식각은 아직 판단이 어렵다. 업체들은 장래에 상업적 수리장비 출시를 약속하고 있으며 연구는 빠르게 진척되고 있다.

장점
- 결함위치로의 이동과 수리 세팅을 위한 무손상 영상화
- 작은 결함위치로의 이동을 위한 매우 높은 분해능
- 순수한 화학적 반응에 기인한 가스 공정에 대한 높은 선택도

단점
- 집속 이온빔 수리장비보다 가스공정에 대한 낮은 생산성
- 주사된 표면에서의 탄화수소 분해나 착색
- 삽입된 전자에 의한 충전효과
- 상용제품이나 인증된 장비가 없음

30.10 차세대 리소그래피 마스크 수리문제

광학식 포토마스크가 현재 시장의 99% 이상을 차지하고 있다. 전문가들은 광학식 마스크가 언젠가는 한계에 도달하게 되며, 이는 아마도 32nm 노드일 것이라는 점에 동의하지만, 아무도 확신을 갖지는 못한다. 여러 기술들이 차세대 리소그래피(NGL)의 타이틀을 따내기 위해서 경쟁하고 있다. 여기서는 이 후보기술들 모두에 대해서 살펴보거나 이들의 상대적인 장점들을 논의하지 않는다. 두 가지 유형의 마스크에 국한하여 마스크 구조와 앞으로의 마스크 수리 구현방안에 대해서 간략하게 논의한다.

30.10.1 스텐실 마스크

전자투사 리소그래피와 이온투사 리소그래피 모두 패턴을 레지스트에 노광시키기 위해서 스텐실 마스크를 사용한다[23]. 스텐실 마스크 기층소재는 일반적으로 수 마이크로미터 두께의 실리콘, 질화규소 또는 여타의 소재들로 만들어진 얇은 멤브레인이다. 마스크 묘화기는 기층소재 상의 포토레지스트 내에 패턴을 노광시켜주며, 현상단계 이후에는 기층소재를 관통하여 패턴을 완전히 식각한다(따라서 스텐실이라고 부른다). 스테퍼 내에서 웨이퍼 노광 시 기층소재와 충돌하는 전자나 이온들은 흡수되거나 광 경로를 따라서 반사되며, 식각된 영역을 통과한 성분들은 하부의 웨이퍼 상에 집속되어 포토레지스트 위에 패턴을 노광시킨다.

이 마스크는 매우 깨지기 쉬우므로 특별한 취급이 필요하다. 흡수재는 수 마이크로미터 두께에 불과하기 때문에 수리과정에서 측벽의 각도는 90°에 근접하여야만 한다. 투명 결함(흡수재 부재) 수리는 기존의 흡수재 측벽에 덧붙이며, 높은 측면방향 분해능을 갖는 간극에 대한 브리지는 의도하는 입자들을 흡수하기에 충분한 두께를 가져야 하지만, 아직은 세척공정에 견딜 정도로 충분히 강하지 못하다. 논의된 모든 수리장비들은 이런 많은 요구조건들을 수용하기 어렵다. 현재까지의 연구는 불투명 결함 수리에 대해서 희망적인 결과를 보여주고 있다.

30.10.2 극자외선 리소그래피 마스크

극자외선 기술은 독창적이어서 마스크를 포함한 모든 광학계들이 반사요소들로 구성된다. 마스크 기층소재가 노광 과정에서 가열되므로 열팽창계수가 극도로 낮은 소재들이 패턴의 공간 통합성을 유지시켜주며, 산업계에서는 6인치×0.250인치 크기를 표준 크기로 선정하였기 때문에 동일한 기반의 마스크 제조장비들을 제작에 사용할 수 있다. 5Å 이하 두께의 몰리브덴(Mo)과 실리콘(Si)층을 교대로 40층을 적층하여 수직방향에 대해 대략 6°의 각도로 입사된 13.4nm 파장의 극자외선(EUV) 광량자 중 2/3를 반사시킨다[24, 25]. Mo와 Si 산화물 모두 반사경의 반사율을 저하시키므로, 덮개층이 이를 방지해주어야 한다. 질화 탄탈륨(TaN)은 흡수재 소재의 후보들 중 하나로, 덮개층 상부에 패턴화된다[26].

흡수재나 다중층 반사경에 결함이 발생할 수 있다. 표면이나 반사경 적층 하부에 매장된 반사경 결함들을 수리하기 위한 연구가 계속되고 있다[27]. 위상오차를 최소화시키기 위해서 매장된 결함 위의 반사층을 가열 및 붕괴시키는 수리 개념의 증명을 위해서 e-빔을 사용한다. 반사경 표면결함의 경우 표면의 진폭결함을 스퍼터로 제거하기 위해서 매우 낮은 에너지의 광대역 집속 이온빔에 연구를 집중하고 있다. 비록 노광된 다중층의 산화를 방지하기 위해서 분화구 위에 덮개층을 증착해야 하지만, 반사경에 생성된 비교적 크고 얕은 분화구는 반사율에 최소한의 영향을 끼친다.

흡수재 결함은 그 자체만의 문제를 가지고 있다. 이 기층소재에 대한 마스크 수리는 뛰어난 분해능을 갖고 불투명 결함을 깨끗하게 제거해야만 하며, 그 아래의 반사경에는 아무런 손상도 입히지 않아야 한다. 성공적인 수리장비들은 매우 높은 분해능과 높은 종횡 비율의 수리능력을 갖춰야만 한다. 상용 집속 이온빔 수리장비들은 비록 낮은 빔 에너지가 적절히 두꺼운 덮개층과 결합되어 이 문제를 극복할 수는 있겠지만, 갈륨이온 증착이 하부 다중층 반사경과 혼합되는 문제를 가지고 있다[28]. 이 새로운 기술은 높은 분해능을 가지고 있으며, 손상이 없고 TaN 식각을 위한 가스 공정이 입증되었기 때문에 e-빔 마스크 수리연구는 매우 전망이 밝다.

마스크 수리를 위해 미래에 선택될 기술은 리소그래피와 마찬가지로 아직 알 수 없다. 마스크 수리는 지금이나 앞으로도 모든 마스크 제조에서 핵심적인 부분이다. 최근에 새로 진입한 기계식 및 e-빔 마스크 수리 장비들은 이 분야 연구에 활기를 넣어주었으며, 모든 기술들이 장래에 놀랍고도 중요한 발견을 이뤄낼 가능성을 가지고 있다.

□ 참고문헌 □

1. J.N. Wiley and J.A. Reynolds, Device yield and reliability by specification of mask defects, *Solid State Technol.*, July (1993).

2. K. Bhattacharyya, W.W. Volk [KLA-Tencor Corp. (USA)], B.J. Grenon [Grenon Consulting Inc. (USA)], D. Brown, and J. Ayala [IBM Microelectronics Div. (USA)], Investigation of reticle defect formation at DUV lithography, *Proc. SPIE*, 4889, 478–487 (2002).

3. M.D. Levenson, N.S. Viswanathan, and R.A. Simpson, Improving resolution in photolithography with a phase shifting mask, *IEEE Trans. Elec. Dev.*, ED-29, 1828–1836 (1982).

4. Y. Yoshino, Y. Morishige, S. Watanabe, Y. Kyusho, A. Ueda, T. Haneda, and M. Oomiya [NEC Corp. (Japan)], High accuracy laser mask repair system LM700A, *Proc. SPIE*, 4186, 663–669 (2000).

5. P. Yan, Q. Qian, J. McCall, J. Langston, Y. Ger, J. Cho, and B. Hainsey, Effect of laser mask repair induced residue and quartz damage in sub-half micron DUV wafer process, *Proc. SPIE*, 2621, 158 (1995).

6. A. Wagner, R.A. Haight, and P. Longo [IBM Thomas J. Watson Research Center (USA)], MARS2: an advanced femtosecond laser mask repair tool, *Proc. SPIE*, 4889, 457–468 (2002).

7. M.R. Schmidt, P. Flanigan, and D. Thibault [IBM Microelectronics Div. (USA)], Photomask repair using an advanced laser-based repair system (MARS2), *Proc. SPIE*, 4889, 1023–1032 (2002).

8. J. Morgan and T.B. Morrison, *Solid State Technol.*, 43 (7), 195–201.

9. R. Hagiwara, A. Yasaka, K. Aita, O. Takaoka, Y. Koyama, T. Kozakai, T. Doi, M. Muramatsu, K. Suzuki, Y. Sugiyama, H. Sawaragi, M. Okabe, S. Shinohara, M. Hasuada, T. Adachi [Seiko Instruments, Inc. (Japan)], Y. Morikawa, M. Nishiguchi, Y. Sato, N. Hayashi [DaiNippon Printing Co., Ltd. (Japan)], T. Ozawa, Y. Tanaka, and N. Yoshioka [Semiconductor Leading Edge Technologies, Inc. (Japan)], Advanced FIB mask repair technology for 100 nm/ArF lithography, *Proc. SPIE*, 4889, 1056–1064 (2002).

10. B.J. Lin, The attenuated phase shift mask, *Solid State Technol.*, January, 43–47 (1992).

11. C. Marotta, J. Lessing, J. Marshman [FEI Company (USA)], and M. Ramstein [Infineon Technologies AG (Germany)], Repair and imaging of 193nm MoSiON phase shift photomasks, *SPIE* 4562, 1161–1171 (2002).

12. D. Kakuta, I. Kagami, T. Komizo, and H. Ohnuma [Sony Electronics, Inc. (Japan)], Quantitative evaluation of focused ion beam repair for quartz bump defect of alternating phase-shift masks, *Proc. SPIE*, 4562, 753–761 (2001).

13. J.X. Chen, J. Riddick, M. Lamantia, A. Zerrade, R.K. Henderson, G.P. Hughes [Dupont Photomasks, Inc. (USA)], C.E. Tabery, K.A. Phan, C.A. Spence [Advanced Micro Devices, Inc. (USA)], A.A. Winder,

B.A. Stanton, E.A. De.arosa [Micron Technology, Inc. (USA)], J.G. Maltabes, C.E. Philbin, L.C. Litt [Motorola (USA)], A. Vacca, and S. Pomeroy [KLA-Tencor Corp. (USA)], ArF (193 nm) alternating aperture PSM quartz defect repair and printability for 100nm node, *Proc. SPIE,* 4562, 786‒797 (2001).

14. S. Fan [Toppan Chunghwa Electronics Co., Ltd. (Taiwan)], M. Hsu [ASML MaskTools, Inc. (USA)], A. Tseng [Toppan Chunghwa Electronics Co., Ltd. (Taiwan)], J.F. Chen, D.J. Van Den Broeke [ASML MaskTools, Inc. (USA)], H. Lei [United Microelectronic Corp. (Taiwan)], S. Hsu, and X. Shi [ASML MaskTools, Inc. (USA)], Phase defect repair for the chromeless phase lithography (CPL) mask, *Proc. SPIE,* 4889, 221‒231 (2002).

15. H.D. Wanzenboeck [Vienna Univ. Technology (Austria)], M. Verbeek, W. Maurer [Infineon Technologies AG (Germany)], and E. Bertagnolli [Vienna Univ. Technology (Austria)], FIBbased local deposition of dielectrics for phase-shift mask modification, *Proc. SPIE,* 4186, 148‒157 (2000).

16. M.R. Laurance [RAVE LLC (USA)], Subtractive defect repair via nanomachining, *Proc. SPIE,* 4186, 670‒673 (2000).

17. B. LoBianco, R. White, and T. Nawrocki [RAVE, LLC (USA)], Use of nanomachining for 100nm mask repair, *Proc. SPIE,* 4889, 909‒921 (2002).

18. D. Brinkley [Intel Corp. (USA)], R. Bozak, B. Chiu [RAVE LLC (USA)], C. Ly, V. Tolani [Intel Corp. (USA)], and R. White [RAVE LLC (USA)], Investigation of nanomachining as a technique for geometry reconstruction, *Proc. SPIE,* 4889, 232‒240 (2002).

19. B.S. Kasprowicz [Photronics, Inc. (USA)], M. Ananth, and C.-Y. Wang [KLA-Tencor Corp. (USA)], Investigating inspectability and printability of contamination deposited during SEM analysis, *Proc. SPIE,* 4186, 654‒662 (2000).

20. C.M. Schilz [Infineon Technologies AG (Germany)], K. Eisner, S. Hien [International SEMATECH (USA)], T. Schleussner, R. Ludwig, and A. Semmler [Infineon Technologies AG (Germany)], Influence of e-beam-induced contamination on the printability of resist structures at 157nm exposure, *Proc. SPIE,* 4562, 297‒306 (2001).

21. V.A. Boegli, H.W.P. Koops, M. Budach, K. Edinger, O. Hoinkis, B. Weyrauch, R. Becker, R. Schmidt, A. Kaya, A. Reinhardt, S. Bra¨uer [NaWoTec GmbH (USA)], H. Honold, J. Bihr, J. Greiser, and M. Eisenmann [LEO Elektronenmikroskopie GmbH (Germany)], Electron beaminduced processes and their applicability to mask repair, *Proc. SPIE,* 4889, 283‒292 (2002).

22. H.W. Koops, K. Edinger, V. Boegli [NaWoTec GmbH (Germany)], J. Bihr, and J. Greiser [LEO Elektronenmikroskopie GmbH (Germany)], Electron beam mask repair with induced reactions, in: *19th European Mask Conference on Mask Technology for Integrated Circuits and Micro-Components,*

2003.

23. K. Suzuki, T. Fujiwara, K. Hada, N. Hirayanagi, S. Kawata, K. Morita, K. Okamoto, T. Okino, S. Shimizu, T. Yahiro, and H. Yamamoto [Nikon Corporation (Japan)], Nikon EB Stepper: the latest development status, *Proc. SPIE,* 4343, 10 (2001).

24. S.D. Hector, EUVL masks: requirements and potential solutions, emerging lithographic technologies VI, *Proc. SPIE,* 4688, 134–149 (2002).

25. SEMI International Standard P38, Specification for absorbing film stacks and multilayers on extreme ultraviolet lithography mask blanks, Semiconductor Equipment and Materials International, San Jose, CA, USA.

26. P.Y. Yan, G. Zhang, A. Ma, and T. Liang [Intel Corporation (USA)], TaN and Cr EUV mask fabrication and characterization, *Proc. SPIE,* 4343, 42 (2002).

27. Y. Deng [Univ. California/Berkeley (USA)], B. LaFontaine [Advanced Micro Devices Corp. (USA)], and A.R. Neureuther [Univ. California/Berkeley (USA)], Performance of repaired defects and attPSM in EUV multilayer masks, *Proc. SPIE,* 4889, 418–425 (2002).

28. Ted Liang, Alan Stivers, Richard Livengood, Pei-Yang Yan, Guojing Zhang, Fu-Chang Lo, Progress in extreme ultraviolet mask repair using a focused ion beam, *J. Vac. Sci. Technol. B.,* 18 (6), 3216–3220 (2000).

PHOTOMASK
TECHNOLOGY

제7편

모델링과 시뮬레이션

제31장

모델링과 시뮬레이션

포토마스크 기술

Andread Erdmann

모델링과 시뮬레이션은 리소그래피 공정에 대한 이해와 최적화, 그리고 새로운 공정기술의 개발에서 필수적인 도구가 되었다. 설계된 포토마스크가 만든 영상을 평가하고 개구수(NA), 부분 간섭성 σ, 그리고 초점이탈 등과 같은 광학적 인자들과 파장 수차 등이 투사 스테퍼나 스캐너의 영상화 성능에 끼치는 영향을 평가하기 위해서 영역 영상 시뮬레이션이 사용된다. 포토레지스트 두께, 노광 후 베이킹(PEB) 온도, 그리고 포토레지스트의 개발특성 등이 총 공정성능에 끼치는 영향을 살펴보기 위해서 여타의 시뮬레이션 기법들이 사용된다. 리소그래피 시뮬레이션은 또한 새로운 엔지니어, 과학자 및 관리자들에게 효과적인 교육용 도구로도 사용된다.

최근까지는 대부분의 시뮬레이션 도구들이 마스크를 설계로부터 직접 만들어진 투과율이 T인 무한히 얇은 물체로 간주해왔다. 2진 마스크의 경우 불투명한 크롬 형상은 투과율 $T \approx 0$인 반면에 투명한 영역에서의 $T = 1$이라고 간주한다. 무한히 얇은 마스크에 대한 가정을 보통 키르히호프(Kirchhoff) 접근법이라고 부른다. 불행히도 광학근접보정(OPC), 위상천이 마스크(PSM), 그리고 극자외선(EUV) 리소그래피용 마스크 등과 같은 다양한 진보된 마스크의 경우에는 키르히호프 접근법이 부정확해진다. 이 장에서는 현대적인 마스크 기술을 위한 진보된 마스크 모델링 방법에 대해서 소개한다. 다양한 유형의 마스크로부터 회절된 빛을 정확하게 표현하기 위해서 정확한 전자기장(EMF) 시뮬레이션이 사용된다. 마스크 형상과 토폴로지가 영상과 전체 공정성능에 끼치는 영향을 분석하기 위해서 진보된 모델링 기법이 사용될 수도 있다. 몇 가지 중요한 마스크 표면형태와 관련된 영상화 결함들에 대해서 상세히 논의할 예정이다.

일반적인 시뮬레이션 틀 속에서 진보된 마스크 모델링 접근법의 중요성을 이해하기 위해서 이 장에서는 리소그래피 시뮬레이션에 사용되는 가장 중요한 모델과 기법들에 대해서 간략하게 살펴보기로 한다. 마스크로부터 빛의 회절에 대한 정확한 전자기장(EMF) 시뮬레이션에 대해서는 31.2절에서 소개한다. 상업적으로 사용이 가능한 대부분의 시뮬레이션 프로그램들은 시간영역 유한차분(FDTD) 알고리즘을 기반으로 하고 있다. 몇 가지 사례를 통해서 시간영역 유한차분(FDTD)의 작용과 리소그래피 시뮬레이터와의 통합에 대해서 설명한다. 31.2절은 진보된 마스크 모델링의 효율을 향상시키기 위한 필드/도메인 분할기법과 여타의 접근방법들에 대한 논의를 끝으로 절을 마무리 한다. 31.3절에서는 크기오차, 광학근접보정의 적용, 강도 불균일, 배치 오차, 그리고 비대칭 공정 윈도우(PW) 등과 같은 마스크 형상과 관련된 영상화 결함들에 대해서 논의한다. 특히 극자외선 마스크에서의 영상화 결함에 대해서 세밀하게 다룬다. 여기에는 광학식 마스크의 크롬과 위상결함, 그리고 극자외선(EUV) 마스크 모재의 결함 등이 포함된다.

31.1 리소그래피 시뮬레이션의 개요

이 절의 목적은 독자들에게 리소그래피 시뮬레이션의 일반적인 배경과 이후의 절들에서 설명할 마스크에 관련된 모델링 문제들을 일반적인 시뮬레이션 틀 속에서 이해시키는 것이다. 일반적으로 광학식 또는 극자외선(EUV) 리소그래피용 시뮬레이터들은 실리콘 웨이퍼 상의 포토레지스트 속으로의 마스크 투사, 투사된 빛과 포토레지스트 사이의 상호작용, 그리고 노광 후 베이킹(PEB) 및 현상과정에서의 물리적/화학적 공정 등으로 구성된다. 리소그래피 시뮬레이션에 사용되는 물리적/화학적인 모델들과 수치 알고리즘에 대한 심도깊은 논의에 대해서는 참고문헌[1-4]을 참고하기를 바란다.

구체적으로 이 절에서는 투사 시스템의 영상평면에서의 강도분포를 계산하기 위한 기본 개념에 대해서 소개할 예정이다. 그에 따른 영역 영상은 공정 성능에 대한 최초의 평가에 사용할 수 있다. 영상을 웨이퍼 적층의 상층부에 위치한 포토레지스트에 투사한 결과로 나타나는 일부 특성들에 대해서도 논의한다. 이 절의 두 번째 부분은 서로 다른 공정단계를 거치면서 일어나는 포토레지스트의 화학적/물리적 변형에 대해서 간략하게 살펴본다. 마지막으로 리소그래피 시뮬레이터의 일반적인 구조에 대해서도 소개할 예정이다.

31.1.1 공간영상 및 레지스트 영상의 생성

영역에 따라서 투과율 T가 가감되는 마스크를 사용한 영상의 투사는 반도체 제조공정에서 가장 중요한 단계들 중 하나이다. 리소그래프용 투사 스테퍼/스캐너의 원리가 그림 31.1에 스케치되어 있다. 영상화 시스템은 조명용 광학계(광원, 콘덴서)과 투사 광학계(투사렌즈, 조리개) 등으로 구성된다. 콘덴서 시스템은 마스크 조명의 균일성을 확보하기 위해서 설계된다. 투사 시스템은 마스크를 웨이퍼 표면에 인접한 영상평면에 영상화해준다. 투사 렌즈는 특정한 각도 영역의 빛들만을 투과시키며, 이는 마스크에 의해서 회절되고, 이 빛의 사인 값은 투사 시스템의 개구수(NA)에 의해서 제한된다.

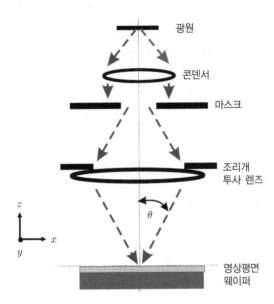

그림 31.1 리소그래피용 스테퍼나 스캐너에서 사용되는 광학식 투사 시스템의 원리도

소위 영역 영상이라고 부르는 투사된 빛의 강도를 계산하기 위해서는 몇 가지 가정이 필요하다.

- x와 y를 사용하여 마스크 평면의 위치를 카테시안 좌표계로 나타낼 때, 마스크는 복소수 투과율 $T(x,y)$ 값들을 갖는 무한히 얇은 물체로 간주한다. T 값은 마스크 설계로부터 직접 추출한다. 다시 말해서 2진 마스크의 경우 T의 절댓값은 크롬에 덮인 영역에서는 0에 근접하며 투명한 영역에서는 $T=1$이다. 이 가정을 키르히호프 접근법이라고 부른다. 31.2절에서는 마스크를 나타내기 위한 더 정확한 모델에 대해서 소개할 예정이다.

- 투사 렌즈는 복소값 구경 함수 $P(\theta_x, \theta_y)$로 특성화시킬 수 있다. P는 투사렌즈를 통한 평면파의 전파를 나타낸다. 평면파의 방향은 시스템의 광축에 대한 각도 θ_x 및 θ_y로 지정된다. P의 크기는 개구수가 NA인 투사렌즈의 외부에서는 0이다. $(\sin^2\theta_x + \sin^2\theta_y) >$ NA^{2}인 경우 $P(\theta_x, \theta_y) = 0$. 개구수 내측의 모든 평면파 성분들인 $(\sin^2\theta_x + \sin^2\theta_y) <$ NA^{2}가 아무런 진폭이나 위상왜곡 없이 전달된다면$(P=1)$, 이를 회절이 제한된 영상화라고 부른다. 부정렬, 설계, 그리고 제작상의 결함 등에 의해서 투사렌즈 내에서 평면파의 위상지연 ϕ가 초래되며, 이는 전파각도 θ_x 및 θ_y에 의존한다. $P = \exp[-\mathrm{i}\,\phi(\theta_x,\theta_y)]$. 설명된 위상효과는 투사 시스템의 파장 수차에 해당한다. 이 파장수차는 초점 천이, 배치오차, 그리고 여타의 영상화 결함들을 초래한다. 게다가 동변조와 구경투과의 잔류편차는 각도 θ_x 및 θ_y에 따른 크기 P의 의존성을 초래한다.

- 표준 리소그래피 투사 시스템에서 광원은 상호 간섭성이 없는 빛을 발산하는 단일 점광원으로 간주할 수 있다. 콘덴서 렌즈는 단일 점광원 o에서 θ_x^o, θ_y^o 방향으로 평면파 빛을 전달한다. 마스크에 조사된 빛의 방향은 콘덴서의 개구수 NA$_c$에 의해서 제한된다. $(\sin^2\theta_x^o + \sin^2\theta_y^o) <$ NA$_c^2$. 콘덴서와 투사렌즈 사이의 개구수 비율을 사용하여 시스템의 부분 간섭성 계수 σ를 정의한다. $\sigma =$ NA$_c$/NA. 설명된 광원의 개념은 환형 또는 다극성 조명과 같은 더욱 진보된 조명방식에도 적용할 수 있다.

추가적으로 영상형성에서 편광의 영향이 무시할 정도라고 가정하면, 투과율이 $T(x,y)$인 마스크의 영역 영상 $I(x,y)$는 다음 공식으로부터 구할 수 있다.

$$
\begin{aligned}
s(f_x, f_y) &= F[T(x, y)] \\
a(x, y, q_x, q_y) &= F^{-1}[P(f_x, f_y) \cdot s(f_x - q_x, f_y - q_y)] \\
I(x, y) &= \iint_{source} a(x, y, q_x, q_y) \cdot a^*(x, y, q_x, q_y) \cdot \mathrm{d}q_x \mathrm{d}q_y
\end{aligned}
\tag{31.1}
$$

첫 번째 방정식은 복소수 투과율 $T(x,y)$를 갖는 마스크로부터 투과된 단색광(파장 λ) 평면파의 회절을 나타낸다. 회절 스펙트럼 s는 마스크 원시야에 위치한 조리개에서 빛의 각도분포를 나타낸다. 회절된 빛의 방향은 회절각도 θ_x 및 θ_y나 또는 공간주파수 $f_x = \sin\theta_x/\lambda$와 $f_y = \sin\theta_y/\lambda$에 의존한다. 두 번째 방정식은 평면파$(q_x = \sin\theta_x^o/\lambda,\ q_y = \sin\theta_y^o/\lambda$ 방향)를 마스크에 조사하여 얻은 영상평면 내에서의 복소수 필드 진폭이다. F와 F^{-1}은 각각 2차원 푸리에변환과 역푸리에 변환을 나타낸다. P는 투사 시스템의 구경 함수로 투사 렌즈의 개구수

분리된다. 이들은 각각 횡방향 전기장(TE)−편극화(E_y, H_x, H_z)와 횡방향 자기장(TM)−편극화 (H_y, E_x, E_z)이다. ❖

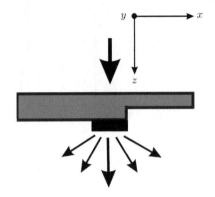

그림 31.6 고립된 위상 테두리에서 빛의 산란에 대한 개략도: 흑색은 크롬, 회색은 유리를 나타낸다.

묘사된 형상과 관용적 명칭에 대해서, 횡방향 전기장(TE)−편극화가 된 전자기장 성분에 대한 방정식을 유도하기 위해서 식 (31.5)를 사용할 수 있다.

$$\frac{\partial H_x}{\partial t} = \frac{1}{\mu_0}\left(\frac{\partial E_y}{\partial z}\right)$$

$$\frac{\partial H_z}{\partial t} = -\frac{1}{\mu_0}\left(\frac{\partial E_y}{\partial x}\right) \qquad (31.6)$$

$$\frac{\partial E_y}{\partial t} = \frac{1}{\epsilon_0\epsilon}\left(\frac{\partial H_x}{\partial z} - \frac{\partial H_z}{\partial x} - \rho \cdot E_y\right)$$

그림 31.7에서는 식 (31.6)의 수치적분을 위해 사용된 엇갈림격자(staggered grid)를 보여 주고 있다. 엇갈림격자의 구조는 앞서 설명한 미분방정식의 대칭성을 따른다. 공간미분의 방향성에 따라서 장 요소 E_y는 장 요소 H_x의 위/아래와 장 요소 H_z의 좌/우에 대해서 지정된다. 여타의 장 요소들에 대해서도 이와 유사한 관계가 성립된다. 상부에서 선택된 격자와 그에 대한 시간차분을 사용하면, 식 (31.6)을 다음과 같이 나타낼 수 있다.

---

* 사용된 명칭은 대부분의 리소그래피 관련 문헌들에서 사용하는 관용적 명칭이다. 그런데 전자기학 분야에서는 다른 명칭을 관용적으로 사용한다. − 저자 주

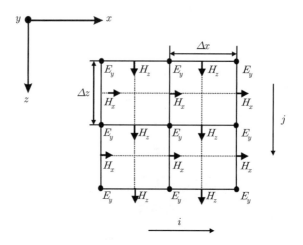

그림 31.7 횡방향 전기장(TE) 방정식[식 (31.6)]의 수치적분을 위한 전기 빛 자기장 벡터 성분들의 위치

$$H_x\big|_{i,j}^{n+\frac{1}{2}} = H_x\big|_{i,j}^{n-\frac{1}{2}} + \frac{\Delta t}{\mu_0 \Delta x}\left(E_y\big|_{i,j+1}^{n} - E_y\big|_{i,j}^{n}\right)$$

$$H_z\big|_{i,j}^{n+\frac{1}{2}} = H_z\big|_{i,j}^{n-\frac{1}{2}} + \frac{\Delta t}{\mu_0 \Delta x}\left(E_y\big|_{i,j}^{n} - E_y\big|_{i+1,j}^{n}\right) \tag{31.7}$$

$$E_y\big|_{i,j}^{n+1} = C_a\big|_{i,j} \cdot E_y\big|_{i,j}^{n} + C_b\big|_{i,j}\left(H_x\big|_{i,j}^{n+\frac{1}{2}} - H_x\big|_{i,j-1}^{n+\frac{1}{2}} - H_z\big|_{i,j}^{n+\frac{1}{2}}\right)$$

여기서 Δx와 Δt는 각각 공간과 시간의 차분 스텝이다. 결과에 대한 논의를 단순화시키기 위해서 x 및 y에 대해 동일한 공간 차분인 $\Delta z = \Delta x$를 가정하였다. 계수 $C_a|i,j$와 $C_b|i,j$는 장 요소 E_y 격자 내의 위치 i, j에서의 소재성분에 의존한다.

$$C_a|i,j = \left(1 - \frac{\rho_{i,j}\Delta t}{2\epsilon_0\epsilon_{i,j}}\right) \cdot \left(1 + \frac{\rho_{i,j}\Delta t}{2\epsilon_0\epsilon_{i,j}}\right)^{-1}$$

$$C_b|i,j = \left(\frac{\Delta t}{2\epsilon_0\epsilon_{i,j}}\right) \cdot \left(1 + \frac{\rho_{i,j}\Delta t}{2\epsilon_0\epsilon_{i,j}}\right)^{-1} \tag{31.8}$$

식 (31.7)에 따르면, 전자기장 성분들은 공간뿐 아니라 시간에 대해서도 시차를 갖고 있다. 자기장 성분들은 전기장 성분들 사이의 절반 시간 차이에 대해서 샘플이 추출되며, 전기장 성분들도 이와 마찬가지이다. 식 (31.7)과 (31.8)에서는 y에 독립적인 형상 내측의 횡방향 전기장(TE)-편극화 장 요소들에 대한 새로운 방정식들을 보여주고 있다. 횡방향 자기장(TM)-편극화의 경우와 여섯 개의 장 성분들이 연계된 일반적인 경우에 대해서도 이와 유사한 방정식을 유도할 수 있다.

시간영역 유한차분(FDTD)을 사용한 전자기장 계산의 첫 번째 사례를 살펴보기 전에, 알고리즘에 대해 다음과 같은 추가적인 설명이 필요하다.

31.2.3.2.1 정확도와 안정성 조건

공간 Δx와 시간 Δt에 대해 임의로 차분화된 상태로 식 (31.7)과 (31.8)이 주어져 있다. 시간영역 유한차분(FDTD)을 사용하여 구한 수치해의 정확도는 공간 차분값 Δx의 지배를 받는다. 때로는 굴절률이 n인 광학소재 내에서의 파장 길이 당 메시의 숫자를 $N - \lambda/(n \cdot \Delta x)$로 지정하는 것이 편리하다. 대략적으로 2% 이상의 상대적 정확도를 얻기 위해서는 최대 굴절률 n을 갖는 소재 내에서 파장 당 $N > 15$개의 메시가 필요하다[36]. 앞서 설명한 유한차분 방법은 방정식 내에서 시간 차분화 간격의 크기를 $\Delta t < \Delta x/c$로 제한하며, 여기서 c는 진공 중에서 빛의 속도이다. 표준 시간영역 유한차분(FDTD) 프로그램은 수치 해석의 특정한 정확도를 우현하기 위해서 Δx 공간의 차분에 대한 명확한 방안을 제시하고 있다. 시간단계 Δt의 크기는 자동적으로 결정된다.

31.2.3.2.2 경계조건

식 (31.7)에서는 엇갈림 격자 내에서의 새로운 방정식을 보여주고 있다. 여기서 전자기장 성분의 값들은 인접한 모든 메시 점들에 대해서 지정되어야만 한다. 제한된 계산범위의 경계에 위치한 필드요소들에 대해서는 이를 수행할 수 없다. 경계상의 메시 점들은 계산 영역의 경계상에서 전자기장의 거동을 결정해주는 특정한 방정식들이 필요하다. 다음과 같은 조건들을 선택할 수 있다.

- *반사 경계조건(RBC)*: 수학적으로 가장 단순한 경계조건은 완전 전도성 전기(또는)자기 벽이다. 이런 유형의 경계조건은 계산 영역 밖의 모든 전기 (또는 자기)장 성분들을 영으로 설정하여 구현할 수 있다. 이런 유형의 경계에 입사되는 전자기장은 단순히 반사된다. 반사된 장의 위상은 완전 전도성 전기 또는 자기 벽이 구현되었는가에 의존한다. 비록 이런 유형의 경계조건을 적용하기는 쉽지만 물리적인 현실을 반영하는 것은 아니다. 그러므로 반사경계조건(RBC)은 일부 특수한 형상에 대한 소프트웨어 시험에만 국한하여 사용된다.

- *주기성 경계조건(PBC)*: 이 경우 경계에서의 전기(또는 자기)장 성분들은 계산 영역 양측의 자기(또는 전기)장을 사용해서 계산된다. 그림 31.8(a)에서는 주기성 경계조건(PBC)을 실제로 적용한 사례를 보여주고 있다. 좌측 경계와 부딪치는 가우시안 형태의 전자기 펄스는 계산 영역의 우측에 나타난다. 이런 유형의 경계조건들은 조밀한 선이나 공간과 같은 주기적 구조를 모델링할 때에 특히 유용하다.
- *투명 경계조건(TBC)*: 시간영역 유한차분(FDTD) 알고리즘에 대한 Yee의 최초의 논문이 출간된 이래 계산 영역의 경계와 부딪친 장이 이 경계에 아무런 반사도 남기지 않고 통과해버리는 경계조건을 만들어내기 위한 많은 시도가 있었다. 사실 이런 경계조건은 마스크 모델링 시에도 필요하다. 회절된 빛은 어떠한 실질적 배면반사도 없이 투사 시스템의 입사공 방향으로 계산 영역을 통과한다. 투명 경계조건의 기본 개념은 계산 영역의 주변을 빛을 흡수하는 소재로 둘러싸는 것이다. 불행히도 빛을 흡수하는 표준소재들은 빛을 반사하기도 한다. 그러므로 투명 경계조건의 구현은 항상 나가는 빛의 흡수와 잔류 반사 사이의 절충을 필요로 한다. 현재까지 출간된 최고의 투명 경계조건(TBC)은 Berenger의 완벽히 매칭된 층(PML)이다[49]. 이것은 전파된 빛을 흡수하지만 반사하지는 않는 인공적으로 만들어진 층이다. 그림 31.8(b)에서는 가우시안 형태의 전자기 펄스가 Berenger의 완벽하게 매칭된 층(PML)을 통과하여 전파되는 모습을 보여주고 있다. 계산 영역의 경계로부터의 잔류 반사량은 70dB 이하이다.

마스크에서 회절되어 나오는 빛의 다양한 전자기장 시뮬레이션을 위한 표준 시간영역 유한차분(FDTD) 프로그램들은 마스크 바로 위와 아래에서 투명 경계조건(TBC)을 채용하고 있다. 대부분의 경우 마스크 평면에 수직인 경계에서는 주기성 경계조건(PBC)이 지정된다. 특정한 마스크 대칭성과 같이 특수한 경우에는 반사경 경계조건과 같은 특수한 경계조건이 사용된다.

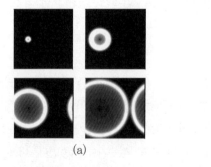
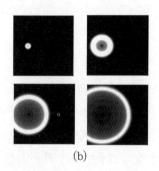

(a)   (b)

그림 31.8 진공 중에서 가우시안 펄스 전파에 대한 시간영역 유한차분(FDTD) 시뮬레이션: 네 개의 사진들은 위 좌측부터 차례로 시간에 따른 펄스의 전파를 보여주고 있다. (a) 주기성 경계조건(PBC) (b) Berenger의 완벽하게 매칭된 층(PML)을 사용한 흡수 경계조건

31.2.3.2.3 장의 개념

차분방정식[식 (31.7)]은 계산 영역 내의 전자기장의 시간에 따른 변화를 구해준다. 이 계산 영역 내에서 전자기장을 가진시키기 위해서는 입사파에 대한 적절한 공식을 도출해야만 한다. 입사파장과 장 전파 사이의 상호작용을 피하기 위해서는 세심한 주의가 필요하다. 예를 들면 특정한 메시 위치에 입사파장의 필드 값을 대입하여 차분방정식을 덮어씌우는 방식으로 입사파장을 공식에 대입하는 경질광원의 경우 이 광원으로부터 전파된 파장의 반사를 초래하게 된다. 이런 문제를 피하기 위해서 Taflov[35]는 전체/산란 장 공식을 도입하였다. 이 개념에서 계산 영역 내의 전체 전기장 $\vec{E}_{tot}$ 및 자기장 $\vec{H}_{tot}$ 은 다음과 같이 분해된다.

$$\vec{E}_{tot} = \vec{E}_{inc} + \vec{E}_{scat}$$
$$\vec{H}_{tot} = \vec{H}_{inc} + \vec{H}_{scat}$$

$$(31.9)$$

여기서 $\vec{E}_{inc}$와 $\vec{H}_{inc}$는 입사파장의 알고 있는 필드 값이다. 이들은 진공 내에 존재하거나 또는 계산 영역 내에 다른 물질들이 존재하지 않는다면 입사영역 내의 소재 내에 존재하는 필드 값이다. $\vec{E}_{scat}$와 $\vec{H}_{scat}$는 처음부터 알고 있는 산란장에 대한 값이다. 이들은 계산 영역 내의 다른 물질들과 입사파의 상호작용에 의해서 생성되는 장이다. 시간영역 유한차분(FDTD) 알고리즘은 입사, 산란 및 이 모든 장 성분들에 대해서 적용할 수 있다. 일반적으로 입사파장은 임의의 형태를 가질 수 있다. 포토마스크에서 빛의 산란을 시뮬레이션하기 위해서 일반적으로 콘덴서 시스템에서 방출되는 평면파를 가정한다. 전체/산란 장 공식에서 계산 영역은 각 영역의 장을 연결해주는 비물리적 가상표면에 의해서 분할된 두 개의 구획으로 구분된다.

31.2.3.2.4 흡수소재의 소재특성/수치 안정성 사양들

식 (31.7)과 (31.8)에 따르면 시뮬레이션 영역 내에서 소재의 광학적 성질들은 각각 전기 유전율 ϵ과 전도성 ρ_c으로 나타내어진다. 이와는 반대로 리소그래피 관계자들은 소재 성질을 복소수 굴절계수 $\tilde{n} = n - j \cdot \kappa$로 나타낸다. 크기의 상관관계는 다음 식으로 주어진다.

$$\epsilon = n^2 - \kappa^2$$
$$\rho_c = 4\pi c_0 \epsilon_0 \cdot n \frac{\kappa}{\lambda}$$

$$(31.10)$$

여기서 c_0는 진공 중에서 빛의 속도이다. 흡수상수 α는 굴절계수 κ의 허수부와 다음과 같은 관계를 갖는다.

$$\alpha = 4 \cdot \pi \cdot \frac{\kappa}{\lambda} \tag{31.11}$$

일반적으로 마스크 시뮬레이션을 위한 시간영역 유한차분(FDTD) 프로그램의 사용자들은 n과 κ값만을 지정한다. 보통 이 값들은 데이터베이스에서 추출할 수 있다. 참고문헌 [50, 51]의 웹 페이지에는 광학 및 극자외선 스펙트럼 영역에 대한 흥미로운 대안들이 제시되어 있다. 정확한 전자기장 시뮬레이션 프로그램의 사용자들은 또한 광학 매개변수들이 증착조건에 심하게 의존한다는 점에 유의해야 한다.

광학식 마스크 상의 크롬 흡수재는 얇은 접착층, 벌크 크롬, 그리고 크롬 표면으로부터의 반사를 저감시키기 위한 크롬 산화물 층으로 이루어진다. 산화물의 농도는 증착공정 과정에서 지속적으로 증가한다. 그러므로 크롬 층에서 크롬 산화물 층으로의 전환은 다소간의 등방성을 갖는다. 다행히도 크롬과 크롬 산화물 사이의 전환의 세밀한 부분들이 리소그래피 성능에는 중요하지 않다. 특히 희석식 위상천이 마스크(PSM)의 경우 마스크 숍에서 제시한 투과율과 매개변수들 사이의 합일성을 검사하는 것은 매우 중요하다.

소재특성에 대한 마지막이나 매우 중요한 문제는 식 (31.7)에서 제시되어 있는 시간영역 유한차분(FDTD) 방법의 수치 안정성과 관련되어 있다. 이 방법은 양의 유전율 $\epsilon_{i,j}$에 대해서만 안정적이다. 다시 말해서 표준 시간영역 유한차분(FDTD) 공식은 강한 흡수성($\kappa > n$)을 갖는 소재에 대해서는 성립하지 않는다. Luebbers 등[52]은 흡수소재에 대한 특수한 개선방안을 도입하였다. Luebbers 방법은 거의 모든 소재들에 대해서 안정적이다. 불행히도 이 방법은 세 개의 추가적인 필드 값들을 도입해야 한다. 그러므로 계산 영역 내에서 강한 흡수성을 갖는 소재들은 더 많은 메모리와 계산시간을 필요로 한다. 그 대신에 복소수 필드값/경계조건들을 사용하는 일련의 원 방정식을 사용할 수도 있다. 이 경우 안정성 원칙은 더 작은 Δx를 필요로 하지만 메모리 수요는 증가하지 않는다[53].

31.2.3.2.5 정상상태 필드의 추출

차분방정식 [식 (31.7)]의 시간에 따른 전자기장 실수부의 전파특성을 계산하기 위해서 사용된다. 인접한 장에서 이 복소 진폭을 추출하기 위해서는 추가적으로 다음과 같은 두 가지 요건이 필요하다.

- *수렴성의 조절*: 일반적으로 시간영역 유한차분(FDTD)의 시간스텝 알고리즘 초반에는 계산 영역 내 모든 위치에서의 필드값은 영으로 초기화된다. 입사파장이 시뮬레이션 영역 전체로 전파되기 위해서는 특정 시간이 소요된다. 이 시간 또는 필요한 시간스텝은 시뮬레이션 영역 내 소재의 광학적 특성과 기하학적 구조에 의존한다. 시뮬레이션 영역 내에서의 굴절률이 큰(또는 빛의 속도가 낮은) 소재와 다중반사를 통한 특정한 공진형상 등은 표준 소재/형상보다 많은 숫자의 시간스텝을 필요로 한다. 시간영역 유한차분(FDTD) 알고리즘의 수렴성은 이전 시간스텝에서의 필드값과의 비교나 경험에 의존한 특정한 원칙 등을 사용해서 조절할 수 있다. 현재의 필드값을 이전 시간스텝에서의 필드값과 비교하여야 하지만, 이를 위해서는 추가적인 메모리가 필요하다. 서로 다른 시간스텝에 대해서 필드값들 사이의 차이에 적절한 가중치를 부여하는 것이 훨씬 쉽다. 더욱이 원시야에서는 결코 발현되지 않는 이버네센트 모드(evanescent mode)가 근접장의 수렴성에 큰 영향을 끼칠 수도 있다. 시뮬레이션 영역을 관통하여 파장을 5회 전파하는 것과 같은 원칙에 의거한 수렴원리를 사용하는 것이 더 쉽다. 그런데 이들은 항상 특정한 마스크 구조 내에서 공진과 강하게 연관된 특정한 효과를 검출하지 못할 위험성을 항상 안고 있다.
- *진폭과 위상의 추출*: 해당 장 성분의 실수부의 일시적인 거동으로부터 전자기장의 진폭과 위상을 추출하기 위해서는, 특정 주파수 $\omega - 2 \cdot \pi \cdot c_0 / (n \cdot \lambda)$에 대해서 정현적인, 필드의 시간 의존성에 대한 경험적 지식을 사용한다.

다음으로 설명하려는 모델링 방법은 교번식 위상천이 마스크(PSM)의 고립된 위상 테두리에서 회절되는 빛에 대한 정확한 시뮬레이션을 위해서 사용된다. 마스크의 형상은 그림 31.9(a)에 도시되어 있다. 그림 31.9(b)-(e)에서는 계산 영역 내에서 전자기장의 전파를 보여주고 있다. 소수의 시간스텝이 경과한 이후[그림 31.9(b)]에 입사된 필드는 조사된 z축 바로 아래($-0.09\mu m$)의 작은 영역에 국한되어 나타난다. 이 위치는 전체 필드와 산란된 필드 영역 사이의 경계에 해당된다. 이 위치의 상부에서 산란된 필드의 강도 $\vec{E}_{scat}$는 영이다. 이 위치 아래에서 전체 필드의 강도 $\vec{E}_{tot}$는 평면파의 전파를 나타낸다. 특정한 숫자의 시간스텝 이후에 입사파는 크롬 흡수재의 경계에 도달하게 된다. 크롬은 입사광선을 반사시키며 전형적인 정재파 간섭 패턴이 나타난다[그림 31.9(c)]. 그림 31.9(d)에서는 마스크의 식각되지 않은 영역에서 필드의 전파 지연현상을 보여주고 있다. 그림 31.9(e)에서는 시간영역 유한차분(FDTD) 알고리즘이 수렴되었을 때에 위상 테두리 인접영역에서 빛의 강도를 보여주고 있다. 그림 31.9(f)에서 전자기장의 E_y 성분의 위상을 볼 수 있다. 그림에서는 테두리의 좌측과 우측으로 투과된 필드 사이의 180° 위상천이를 보여주고 있다.

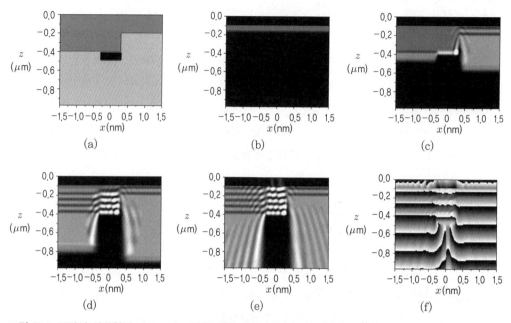

그림 31.9 교번식 위상천이 마스크의 고립된 위상 테두리에서의 빛의 산란에 대한 시간영역 유한차분(FDTD) 시뮬레이션: λ=193nm, TE-편극화, 크롬 폭=4×150nm, 모든 치수들은 마스크 스케일에 맞춤. (a) 형상: 흑색-크롬, 암회색-유리, 연회색-공기, (b)-(e) 각각 30, 120, 190 및 400 시간스텝 이후에 산란된 빛의 강도, (f) 400 시간스텝 이후 산란된 빛의 위상각

31.2.4 표준 리소그래피 시뮬레이션과의 연계와 성능고찰

앞 절에서는 마스크 인근에서 강도와 위상에 대한 정확한 전자기장(EMF) 시뮬레이션의 결과를 보여주고 있다. 이 절에서는 전자기장 시뮬레이션의 결과가 어떻게 영역 영상 시뮬레이션 및 여타의 포토리소그래피 시뮬레이터들과 결합되는가에 대해서 논의한다. 기본과정이 그림 31.10에 설명되어 있다. 여기에서는 고전적인 키르히호프 시뮬레이션과 정확한 시뮬레이션을 비교해 보여주고 있다. 첫 번째로 정확한 전자기장 시뮬레이션의 결과로 구해진 마스크의 진폭과 위상 투과율 값을 사용해서 등가 마스크를 구성하기 위해서 마스크 바로 아래에서의 전자기장이 사용된다. 그림 31.10(a)에서는 고전적인 키르히호프 형 마스크의 투과율 값을 정확히 시뮬레이션 된 마스크와 비교하여 보여주고 있다. 마스크 테두리에서 산란된 빛은 투과율 곡선을 형성하며, 이는 키르히호프 방법에서 예측한 것보다 훨씬 더 복잡하다. 그런데 유의할 점은 투과율 곡선의 진동이 매우 높은 공간주파수를 갖고 있다는 것이다. 그러므로 이들은 영상투사 시스템으로 전달되지 않는다. 회절 스펙트럼, 영역 영상, 그리고 현상 후의 레지스트 프로파일 등을 계산하기 위해서 등가 마스크가 사용된다. 서로 다른 시뮬레이션 방법들[그림 31.10(b)-(d)]에

의해서 구해진 결과들 사이의 차이는 비교적 작다. 가장 지배적인 영향은 거의 영역 영상과 레지스트 프로파일의 일정한 오프셋양이다. 키르히호프 방법은 마스크 테두리에서 빛의 회절을 무시하며, 레지스트를 노광시키는 빛의 양을 과대평가한다.

그림 13.10에서의 시뮬레이션들은 표준2진 마스크에 대해서 수행되었다. 정확한 시뮬레이션은 약간 넓은 선폭을 예측한다. 조사량을 약간만 낮추면 키르히호프 방법도 동일한 결과가 얻어진다. 표준2진 마스크에 대한 키르히호프 방법과 정확한 시뮬레이션 결과를 일치시키기 위한 조사량의 척도계수는 1.0에 근접하며 형상크기에는 거의 무관하다. 이것이 키르히호프 방법이 왜 2진 마스크에 대해서 유효한 방법으로 취급되는가에 대한 주요 이유이다. 이 장의 31.3절에서는 키르히호프 방법과 정확한 시뮬레이션의 결과를 일치시키기 위해서 조사량 척도값만으로는 충분치 못한 몇 가지 사례들을 살펴보기로 한다.

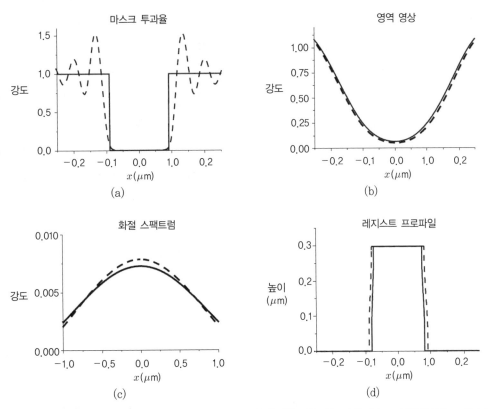

그림 31.10 2진 마스크 λ=248nm, NA=0.6, σ=0.3, 4배 축사를 사용하는 2진 마스크 상에서 180nm의 고립된 선에 대한 키르히호프 방법과 정확한 시뮬레이션의 결과비교: 레지스트는 300nm 두께의 UV6. 모든 치수들은 웨이퍼 척도로 제시되어 있다.

그림 31.10의 단순화된 모델은 표준 리소그래피 시뮬레이션 방법과 정확한 전자기장 시뮬레이션의 결합에서 고려해야만 하는 일부 중요한 세부사항들을 무시한다. 하나의 단 전기장 성분 E_y만 존재하는 횡방향 전기장(TE) 편극화를 사용하는 2차원 형상에 대해서 등가 마스크를 만들 수 있다. 그러나 횡방향 자기장(TM) 편극화와 3차원 형상의 경우에는 어떨까? 일반적인 경우에는 세 개의 전기장 성분들이 존재한다. 영상화 문제의 수학적 공식화 과정에서 마스크에서 회절되어 나오는 빛의 벡터성질들을 고려해야만 한다. 그러므로 31.1.1절에서 소개되었던 스칼라 회절 스펙트럼을 벡터 산란계수로 치환시켜야만 한다. 이 과정에 대한 상세한 내용은 Pistor의 박사논문[37]을 참조하기 바란다.

또 다른 중요한 문제는 조명 시스템에 대한 시뮬레이션과 관련이 있다. 지금까지는 수직으로 입사되는 평면파에 대해서만 마스크로부터의 회절을 계산하였다. 실제 시스템의 경우 마스크는 특정한 범위의 입사각도 이내에서 조명 시스템의 공간 간섭 매개변수 σ에 의해서 정의된 평면파 스펙트럼이 조사된다. 표준 리소그래피 시뮬레이션에서 입사각이 수직이 아닌 경우의 회절 스펙트럼은 수직 입사각도에 대해서 구해진 회절 스펙트럼을 천이시켜서 구한다. 많은 실제적인 경우 회절 스펙트럼에 대한 이런 천이 불변성은 정밀하게 시뮬레이션 된 회절 스펙트럼에도 적용할 수 있다. 이런 경우를 소위 홉킨스 방법이라고 부른다. 몇몇 문헌들에 따르면 홉킨스 방법은 표준 2진 마스크 및 위상천이 마스크와 5× 또는 4× 축소 투사 시스템에 대한 전형적인 세팅에 대해서도 유효하다[54, 55]. 그런데 마스크 검사기법과 극단적인 비축 조명 기법에 대한 모델링을 위한 정확한 전자기장 시뮬레이션을 사용하려는 경우 최소한 몇 개의 대표적인 입사각도에서의 회절 스펙트럼에 대한 개별적인 시뮬레이션을 필요로 한다. 이런 다양한 입사각도에 대한 회절 스펙트럼의 재계산은 많은 시간이 소요되므로 중요한 사안에 대해서만 적용해야 한다는 점에 유의하여야 한다. 홉킨스 방법을 사용하지 않고 정확한 영상을 모델링하는 것도 전자기장 리소그래피의 정확한 시뮬레이션을 위해서 필요하다[56].

정확한 전자기장 시뮬레이션의 성능은 구현한 알고리즘과 차분화, 그리고 시간영역 유한차분(FDTD) 코드의 수렴성 등에 심하게 의존한다. 시간영역 유한차분(FDTD) 시간스텝의 시작단계에서 필드 성분들에 대한 적절한 초기화를 통해서 알고리즘의 수렴성을 크게 개선시킬 수 있다. 표준 PC에 대한 2차원 형상(선/간극)의 영역 영상에 대한 정확한 전자기장 시뮬레이션은 수 초가 소요되며 64MB 미만의 메모리가 필요하다. 3차원 문제의 계산시간은 수십 분이나 수 시간이 소요된다. 3차원 계산에는 최소한 512MB의 메모리가 필요하다.

사용하는 방법의 계산 성능이나 사용자 친화성과는 별개로 정확도는 정확한 전자기장 시뮬레이션을 적용하는 데에서 또 다른 매우 중요한 문제이다. 실험결과는 종종 너무도 노이즈가 많거나 심지어는 사용이 불가능하다. 공간영상 측정 시스템(AIMS)으로부터 실험결과를 비교하는 것은 매우 중요하다. 공간영상 측정 시스템(AIMS) 데이터의 분석을 위한 특수한 변환 알고리즘을 통해서 공간영상 측정 시스템(AIMS)의 조명과 수차를 구할 수 있다[57]. 여타의 전자기장 시뮬레이션 방법을 사용해서 구한 결과들과의 비교는 시간영역 유한차분(FDTD) 시뮬레이션의 정확도 평가에서 매우 중요하다. 여기에는 특수한 경우[58]에 대한 해석적 해와의 비교와 특정한 형상[59]에만 적용이 가능한 특수한 방법과의 비교 등이 포함되어 있다.

31.2.5 필드 분해기법과 여타 보강방법들

과거에 비해서 계산 성능의 지속적인 발전과 시간영역 유한차분(FDTD) 알고리즘의 현격한 진보에도 불구하고, 완벽한 3차원 문제에 대한 시뮬레이션은 여전히 많은 시간과 큰 메모리를 필요로 하고 있다. 전자기 시뮬레이션의 적용은 작은 마스크 영역에 국한되고 있다. 최근 들어서 Adam과 Neureuther[60, 61]는 대형 마스크 영역에 대한 엄밀한 전자기장 시뮬레이션을 위해서 도메인/필드 분해기법(DDT)을 적용할 것을 제안하였다. 이 방법의 개념은 완전한 3차원 문제를 다수의 2차원 문제로 잘게 나누는 것이다.

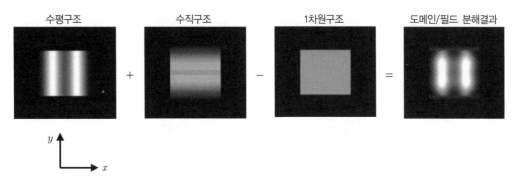

그림 31.11 2진 마스크(λ=248nm)상의 150nm 크기의 접촉구멍을 통과하여 투과된 빛에 대한 정확한 시뮬레이션을 위한 도메인 필드 기법의 개략도

그림 31.11에서는 2진 마스크의 접촉구멍에서 회절되어 나오는 빛에 대한 시뮬레이션을 위해서 도메인/필드 분해기법(DDT)을 적용한 사례를 보여주고 있다. 우선 마스크의 유전율 값이 수평방향(x-축)으로만 변한다는 가정 하에서 투과된 근접 필드가 계산된다. 그에 따라서 투과된 근접 필드의 강도는 그림 31.11의 좌측에 도시되어 있다. 크롬 흡수재의 상부 및 하부는 거의 아무런 빛도 투과시키지 않는다. 마스크의 중앙부분에서는 공간의 강도 패턴을 얻을 수

있다. 다음으로, x축에 대해서 일정한 유전율 성질을 갖는 수직구조에 대한 2차원 시뮬레이션이 수행된다. 결과적인 근접 필드에서의 강도는 그림 31.11의 좌측에서 두 번째에 도시되어 있다. 아무런 강도도 마스크의 좌측과 우측을 투과하지 못한다. 마스크의 중앙부분에서는 슬릿의 근접 필드가 구해져 있다. 슬릿의 방위가 바뀌었기 때문에 편광에 의해서 생성된 근접장은 수평구조에서 구해진 것과는 서로 다르다. 마지막으로 마스크의 투과율은 무한히 얇은 마스크라는 가정 하에서 계산되었다(그림 31.11의 우측에서 두 번째). 접촉구멍 내측에서의 투과율은 1에 근접하는 반면에, 크롬에 덮인 영역의 투과율은 거의 0이다. 3차원 마스크의 투과율은 수평 및 수직방향 구조들의 복소수 투과율 값들과 얇은 마스크의 투과율을 중첩하여 구한다. 결과적으로 마스크 근접 필드 내에서 투과된 빛의 강도는 그림 31.11의 우측에 도시되어 있다.

비록 완전한 3차원 시뮬레이션과 필드/도메인 분해기법(DDT)을 사용해서 구한 근접 필드들 사이에는 여전히 약간의 차이가 존재하지만, 영역영상에서는 이 차이가 거의 사라진다. 그 이유는 투사 시스템의 개구수에 의한 근접 필드의 공간주파수 필터링 때문이다. 도메인/필드 분해기법은 3차원의 정확한 전자기장 시뮬레이션에서 필요로 하는 계산시간과 메모리 수요를 최소한 100배 이상 줄여준다. 도메인/필드 분해의 적용사례들 중 일부를 다음 절에서 살펴보기로 한다.

특정한 경우 주어진 공간 차분화에 대한 시간영역 유한차분(FDTD) 계산의 정확도는 소위 소재 특성 평균화기법에 의해서 크게 개선된다[35, 62]. 이 기법은 형상의 수치 표현성을 개선하기 위해서 소재의 경계 위치에 추가적으로 소재를 덧붙인다. 웨이블렛 기반의 알고리즘을 적용함으로써 굵은 그리드를 사용하는 시간영역 유한차분(FDTD)의 정확도가 현저하게 향상된다[63, 64].

31.3 다른 유형의 마스크에 대한 시뮬레이션 적용

광학식 리소그래피를 한계영역까지 밀어붙이기 위해서 광학식 분해능강화기법이 사용된다[65]. 분해능강화의 대부분은 광학근접보정(OPC)이나 위상천이 마스크(PSM)와 같은 더욱 복잡한 마스크 패턴을 도입한다. 마스크 형상이 더 작아지고 두꺼워질수록 포토마스크에 의한 빛의 회절에 대한 정확한 전자기장 해석의 중요성이 증가된다. 더 작고 두꺼운 마스크 형상을 사용하려는 경향은 모든 마스크와 관련된 분해능강화기법에 적용되고 있음은 명확하다. 광학근접보정(OPC)에서 사용되는 분해능 이하 보조형상의 크기는 빛의 파장 λ와 비교할 정도의 크기를 갖는다. 교번식 위상천이 마스크에서 식각된 형상의 깊이도 λ와 비교할 정도의 크기이다. 마지막으로 극자외선 마스크 내에서 흡수층의 두께는 노광파장에 비해서 수 배 정도 더 두껍다. 이 절에서는 정확한 전자기장 시뮬레이션을 통해서만 이해가 가능한 서로 다른 리소그래피 기술들의 영상화 효과에 대해서 살펴보기로 한다.

31.3.1 2진 마스크

4× 및 5× 축소 투사 시스템에서 사용되는 표준2진 마스크의 경우 마스크 상에서의 형상은 노출파장 λ에 비해서 더 크다. 80nm 정도인 크롬 흡수층의 두께는 λ에 비해서 더 작다. 31.2.4절에서 설명했듯이 유리상 크롬 마스크에서의 회절에 대한 정확한 전자기장 해석은 단지 영역 영상의 작은 척도변화만을 만들어낸다. 이런 척도변화는 형상크기와 광학적 설치에는 거의 무관하다. 횡방향 전기장(TE) 및 횡방향 자기장(TM) 편극화 광원에 대한 마스크 투과율을 동일하다고 가정하는 키르히호프 방법과는 달리, 정확한 전자기장 시뮬레이션은 특정 편극화의 의존성을 예측해준다. 일반적으로 횡방향 자기장(TM) 편극화는 더 높은 투과율과 낮은 부엽을 형성한다. 5× 축소 투사 시스템의 경우 최대 3%의 마스크 투과율 값 차이가 관찰되었다[66]. 이런 편극화 효과는 작은 접촉구멍의 영역 영상 내에서 편심을 생성할 수 있다[67].

그런데 새로운 리소그래피 기법이 적용될 때마다 이런 정의들에 대해서 다시 살펴보아야만 한다. 157nm 기술용 마스크에서 흡수층의 두께는 193nm 및 248nm 기술에서 적용되었던 것들과 거의 동일할 것이다. 노광파장에 비해서 흡수층 두께의 상대적인 증가는 정확한 전자기장 효과에 대해서 더 높은 민감도를 요구하게 될 것이다[68]. 최근 들어 Pierrat와 Wong[69]은 2진 마스크에서조차도 마스크의 극복적인 형상의 영향이 마스크 오차 강화인자(MEEF)에 큰 부분을 차지할 수 있다고 보고하였다.

이진 광학식 마스크에서 정확한 전자기장이 끼치는 가장 큰 영향은 분해능 이하 광학근접보정 형상을 사용하는 경우에 관찰된다[70]. 그림 31.12에서는 50nm의 분해능 이하 보조형상이 각각 명시야 및 암시야 마스크에 사용되었을 때에 150nm 형상의 영상에 대한 키르히호프 방법과 정확한 시뮬레이션의 결과들을 비교하여 보여주고 있다. ArF 스테퍼의 광학적 세팅은 그림 설명에 제시되어 있다. 두 경우 모두 서로 다른 시뮬레이션 방법에 의해서 구해진 영역 영상은 최대 강도에 대해서 정규화되어 있다. 명시야 및 암시야 마스크 모두에 대해서 키르히호프 및 정확한 전자기장 시뮬레이션이 주 형상에 대해서 동일한 특징을 예측하였다. 그런데 부엽에 대해 세밀하게 관찰해보면 중요한 차이가 발견된다.

명시야 마스크에 대한 검은 보조형상이 예상보다 더 강하게 프린트된다는 것을 정확한 전자기장 시뮬레이션이 예측하였다. 키르히호프 방법을 사용한 시뮬레이션은 이 보조형상의 프린트 특성을 과소평가 하였다. 반면에 특정한 영향을 나타내기 위한 보조형상의 경우 보조형상의 크기가 키르히호프 방법에 의해서 제시된 것보다 더 작아도 된다. 특히 확대된 보조형상을 배치할 충분한 공간이 없는 경우에는 논의된 영향들이 설계상의 중요한 의미를 갖게 된다.

세리프와 같은 여타 유형의 분해능 이하 형상들에서도 유사한 영향이 관찰된다. 키르히호프 방법은 분해능 이하 형상들의 영향은 그들의 크기와 면적, 그리고 주 형상으로부터의 거리 등에 대해서 다소간 척도를 변화시킬 것을 제안하고 있다. 반면에 정확한 전자기장 시뮬레이션 은 이런 분해능 이하 형상의 근접 필드 내에서 더 복잡한 진폭 및 위상 투과율 효과를 나타낸다. 파면변형의 결과로 인하여 크기, 배치 및 초점관통 영상화 특성 등에 특정한 영향을 끼친다. 정확한 전지기장 시뮬레이션은 이들 영상화 효과와 이들이 공격적인 광학근접보정 기술의 현 실적인 실현에 끼치는 영향을 탐구하는 데에 도움이 될 것이다.

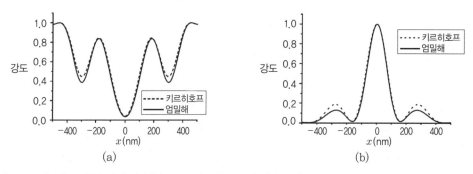

그림 31.12 시뮬레이션 된 영역 영상 (a) 50nm의 검은 보조형상을 갖춘 150nm 고립직선 (b) 50nm 투명 보조형 상을 갖춘 150nm 고립 간극: λ=193nm, NA=0.75, 환형 조명, 0.5/0.75, 4× 축소. 모든 치수들은 웨이퍼 척도로 제시되어 있다.

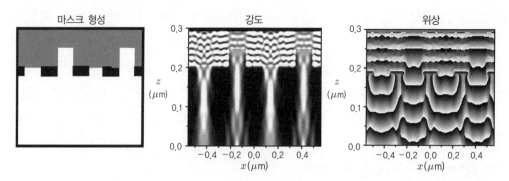

그림 31.13 교번식 위상천이 마스크에서 140nm 크기의 조밀한 직선과 간극에서 산란된 빛에 대한 정확한 시뮬 레이션: λ=248nm, TE-편극화, 4× 축소, 마스크 형상: 회색-유리 기판, 흑색-크롬, 백색-공기. 모든 치수들은 웨이퍼 척도에 대해서 제시되어 있다.

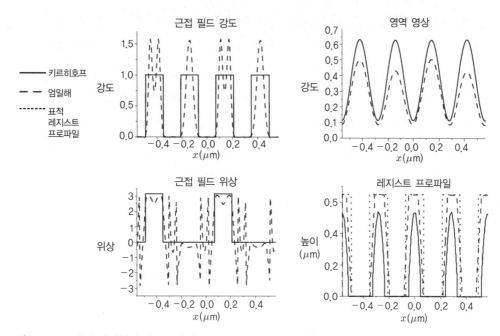

그림 31.14 교번식 위상천이 마스크에서 140nm 크기의 조밀한 선과 간극에 대한 근접 필드 위상 및 강도, 영역 영상, 그리고 레지스트 프로파일에 대한 정확한 시뮬레이션과 키르히호프 시뮬레이션: NA＝ 0.6, σ=0.4, 레지스트 내측으로 0.3μm 초점이탈, 레 지스트: 0.65μm UV6, 여타의 모든 시뮬레이 션 매개변수들은 그림 31.13에 제시되어 있다. 모든 치수들은 웨이퍼 척도에 대해서 제시되어 있다.

31.3.2 위상천이 마스크

교번식 위상천이 마스크의 식각 깊이는 노광 파장의 길이와 비교할 정도의 크기이다. 진보된 위상천이 마스크에서 영상화의 세밀한 부분을 이해하는 데에 무한히 얇은 마스크를 가정하는 것은 적절치 못하다는 것이 명백하다. 이는 위상천이 마스크의 영상화 성능을 시뮬레이션하기 위해서 정확한 전자기장 시뮬레이션을 사용한 Wong과 Neureuther[42]에 의해서 최초로 지적되었다.

그림 31.13과 31.14에서는 각각 교번식 위상천이 마스크 상의 조밀한 직선과 간극에 대해서 키르히호프 방법과 정확한 전자기장 시뮬레이션의 결과를 비교하여 보여주고 있다. 형상과 정확히 계산된 전자기장은 그림 31.13에 도시되어 있다. 키르히호프 방법과 정확한 방법에 의해서 예측된 마스크 투과율, 영역 영상, 그리고 레지스트 프로파일 등이 그림 31.14에서 비교되어 있다. 키르히호프 방법은 마스크 내의 서로 다른 부분에서 균일한 투과율을 갖는 것으로 마스크를 특성화시킨다. 0° 및 180°의 서로 다른 위상 값들이 1의 균일한 투과율을 갖는 투명한 형상들에 할당된다. 완벽한 직선과 간극 패턴에 의해서 마스크가 영상화된다.

마스크의 천이된 영역($\phi - 0^o$)과 천이되지 않은 영역($\phi = 180^o$)에 의한 피크 강도들은 동일한 높이를 갖는다. 결과적인 레지스트 프로파일은 표적에 대해서 대칭형상을 갖는다.

정확한 전자기장 시뮬레이션에서는 기하학적 형상이나 마스크 형태에 대한 완벽한 정보가 고려된다. 그림 31.13에서는 마스크 근처 필드의 강도와 위상을 보여주고 있다. 입사광선과 크롬 흡수재 배면에서 반사된 빛 사이의 간섭에 의해서, 강도분포 상부에 명확한 정재파가 생성된다. 식각되지 않은 영역과 식각된 시창 아래 영역으로 투과된 빛의 형상은 유사하지만 동일하지는 않다. 이와 유사한 결과가 투과된 빛의 위상에 대해서도 성립한다. 일차근사의 경우 두 가지 유형의 시창을 통과하여 투과된 빛은 180° 천이된다. 그런데 그림 31.14에서 근접 필드에 대해 세밀하게 살펴보면, 특히 마스크의 수직 테두리 근처에서의 필드값에 미묘한 차이가 발견된다. 서로 다른 시뮬레이션 방법에 의해서 구해진 영역 영상과 레지스트 프로파일을 비교해보면 키르히호프 방법이 마스크와 투사 시스템을 통과한 빛의 투과율을 각각 과대평가한다는 것을 알 수 있다. 키르히호프 방법에 의해서 구해진 영역 영상의 피크 강도는 정확한 방법을 사용해서 구한 것보다 훨씬 높다. 이는 개발 이후에 더 작은 레지스트 직선이 만들어지는 결과를 초래한다. 더욱이 정확한 전자기장 시뮬레이션을 사용하여 도출한 영상화 결과는 명확한 영상화 인공물을 보여주고 있다. 식각되지 않은 형상 하부에서의 강도 피크는 식각된 형상 하부에서의 값보다 더 크다. 정확하게 시뮬레이션 된 레지스트 프로파일에서 볼 수 있듯이 강도 불균형은 배치오차를 초래한다. 이론적인 예측 직후에 실험을 통해서 이런 영향을 관찰할 수 있었다[71, 72].

수많은 논문들을 통해서 앞서 설명한 강도 불균형 효과의 원인과 의존성에 대해 논의하였다. Ferguson 등[73]은 이런 피크 강도의 불균형을 유리 테두리에 의한 유효 투과율과 위상오차의 탓으로 생각하였다. Wong과 Neureuther[43]은 이런 불균형이 마스크 하부에서 빛의 0차 회절이 제거되지 못한 결과라고 지적하였다. Adam과 Neureuther[60], 그리고 나중에 Cheng 등[74]은 강도 불균형을 식각된 형상의 바닥에서 열린 형상 쪽을 향하여 산란된 빛의 관점에서 설명하였다. 빛의 편극화와 적절한 비축조명은 설명한 불균일 효과에 부차적인 영향을 끼칠 뿐이다. 그런데 불균일의 강한 초점 의존성이 관찰되었다. 정확한 전자기장 시뮬레이션을 통해서 위상천이나 식각된 열림 창의 심한 초점 비대칭성이 예측되었다[66].

강도 불균형을 줄이기 위해서 여러 가지 마스크 설계 방법들이 시도되었다. 가장 명확한 대책은 식각된 열림 창의 크기를 조절하는 것이다. 비록 이런 크기조절을 통해서 불균형이 줄어들지만 필요로 하는 관통초점 성능을 제공해주지는 못한다[58]. 새로운 밸런싱 방법을 고안하기 위해서 사전식각 및 수정 하부식각[58, 75] 또는 SCAA 개념[76] 등과 같이 정확한 전자기장 시뮬레이션을 위한 광범위한 연구가 수행되었다. 형상과 그에 따른 시뮬레이션 결과가 그림 31.15에 도시되어 있다. 위상천이 마스크 위의 모든 투명 영역에 대한 사전식각을 통해서 표준 마스크에서 관찰되었던 뚜렷한 불균형이 줄어든다. 사전식각의 깊이는 그림 31.15에 도시된 시뮬레이션의 경우에는 최적화되지 않았다. 그러므로 영역 영상 내에서 잔류 불균형을 관찰할 수 있다. SCAA 마스크는 잔류 불균형에 대한 또 다른 흥미로운 가능성을 보여주고 있다. 식각된 유리 위에 크롬을 증착하면 유리 테두리에서 발생하는 빛의 산란에 의한 영향을 줄여서 거의 완벽한 균형을 맞춰준다. 강도 불균형 효과를 저감하기 위한 마스크 형상 매개변수들의 최적화를 위해서 항상 영역 영상 전체에 대한 시뮬레이션이 필요한 것은 아니라는 점을 인식하는 것이 중요하다. 참고문헌 [77]에서 설명하고 있듯이, 교번식 위상천이 마스크에 의해서 발생하는 회절 스펙트럼의 분석의 사례는 수치해석의 노력을 훨씬 줄이면서도 동일한 목표를 달성하는 데에 도움이 된다.

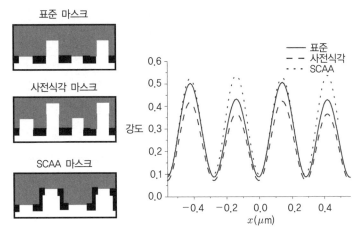

그림 31.15 교번식 위상천이 마스크 내에서 강도 불균형 효과를 줄이기 위한 교번식 마스크 형상과 시뮬레이션된 영역 영상들. 모든 매개변수들은 그림 31.14에 제시되어 있다.

이 절에서 위상천이 마스크의 영상화 효과에 대한 지금까지의 논의는 교번식 위상천이 마스크의 조밀한 직선/간극에 대한 것으로 한정되어 있었다. 최근 들어서 여타의 중요한 마스크 형태에 의해서 유발되는 영상화 결함이 관찰되었다. 이미 말했듯이 형상크기와 파장 사이의 비율이 감소함에 따라서 마스크 표면형태에 의한 영향이 증가한다. k_1값이 작은 형상의 프린트 시 공정의 선형성에 정확한 회절효과가 심각한 영향을 끼친다는 것이 예측되었다. 이런 경향을 마스크 오차 강화계수(MEEF)의 강한 민감도라고 바꾸어 말할 수도 있다[69].

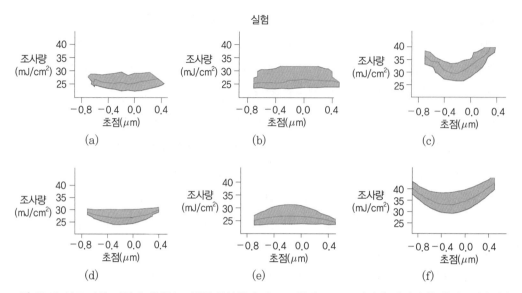

그림 31.16 서로 다른 피치에 대해서 교번식 위상천이 마스크 상의 130nm 직선에 대해서 측정[위쪽: (a), (c) 및 (e)] 및 시뮬레이션[아래쪽: (b), (d) 및 (f)]된 공정 윈도우(PW)들: (a), (b) 280nm; (c), (d) 320nm; (e), (f) 780nm, 비편극화 광원, 사전식각 없는 마스크, 스캐너: λ=193nm, 4×, NA=0.63; σ=0.3; 레지스트: 395nm PAR810, BARC: 89nm AR25; 기층소재: Si

교번식 위상천이 마스크의 두꺼운 형상에 의해서 회절되는 빛은 영상화 성능에 영향을 끼치는 파장수차들 중 하나와 매우 유사한 형태의 위상 효과를 초래한다[77]. 예를 들면 고립된 직선의 공정 윈도우(PW)는 뚜렷한 기울기를 나타낼 수 있다. 미리 기울어진 공정 윈도우(PW)들은 구면수차의 지표로 간주된다. 그런데 완벽한 무수차 렌즈에서조차도 마스크 형태에 의해서 유발되는 위상효과에 의해 기울어진 공정 윈도우(PW)가 생성된다. 이런 현상은 시뮬레이션과 실험 결과 모두에서 관찰된다(그림 31.16 참조).

최근 들어서 수차 모니터링을 위해서 위상천이 마스크를 사용하는 몇 가지 방안들이 제안되었다[78, Nakao, Robins]. 마스크 형태에 의해서 유발되는 위상효과가 제안된 기법의 성능에 끼치는 영향을 고찰하기 위해서 정확한 전자기장 시뮬레이션을 사용할 수 있다. 예를 들면 위상차 반전을 사용한 수차 모니터링[78]은 구면수차 측정 결과에 대한 부정확한 해석을 초래할 수도 있음이 규명되었다[77].

희석식 위상천이 마스크는 그 두께가 얇기 때문에 교번식이나 무크롬 위상천이 마스크에 비해서 마스크 형태에 덜 민감하다. 그럼에도 불구하고 부엽 프린트성과 선형성 등과 같은 문제에 대해서는 정확한 전자기장 시뮬레이션을 통해서 세심하게 평가해야만 한다.

31.3.3 극자외선(EUV) 마스크

극자외선 리소그래피용 마스크들은 기존의 광학식 리소그래피에서 사용되었던 마스크들과는 근본적으로 다르다(그림 31.17, 표 31.1 참조). 극자외선 마스크는 반사를 사용한다. 마스크 기층소재의 상부에 몰리브덴과 실리콘(MoSi) 다중층 시스템을 사용해서 마스크 모재의 높은 반사율을 구현한다. 다중층 상부에 위치한 Cr 또는 TaN 흡수층의 두께는 50~100nm 사이로 사용하는 파장 $\lambda \approx 13.4$nm에 비해서 더 크다. 더욱이 극자외선 마스크들에는 비축조명을 사용한다. 이런 극자외선 마스크의 특수성들이 리소그래피 공정 성능에 수많은 결과들을 초래한다. 예측이 가능한 공정 시뮬레이션은 이런 결과들을 고찰하며, 잠재하는 문제들을 구별하고, 적절한 기술적 해법을 찾는 데에 큰 도움이 된다.

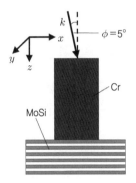

그림 31.17 극자외선 마스크의 기본 형상: 암회색–Cr 흡수재, 연회색/백색–MoSi 다중층(개략도). 화살표는 입사광선을 의미한다. 시뮬레이션을 위한 마스크 매개변수들: MoSi 다중층–실리콘(두께 4.0nm)과 몰리브덴(두께 2.9nm) 이중층, Si 최상층, $n_{si} = 0.999931 - 0.00182109j$, $n_{Mo} = 0.922737 - 0.0062202j$, Cr 흡수재 높이=80nm, $n_{Cr} = 0.933328 - 0.0381982j$. 마스크 기층소재(그림에는 표시되지 않았음): Si

표 31.1 광학식 마스크(2진 마스크 및 위상천이 마스크)와 극자외선 마스크의 비교

	광학식 마스크	극자외선 마스크
작동모드	유리 기층, 투과방식	다중층 기판, 반사방식
형상두께	$0.25 \sim 0.5\lambda$(이진), $1.0 \sim 1.5\lambda$(PSM)	$6 \sim 8\lambda$
조명	축 중심에 위치	축 중심과 어긋남

그런데 극자외선 마스크에 대한 시뮬레이션은 매우 어렵다. 극자외선 마스크의 특수한 성질들을 고려할 때, 극자외선 마스크에 대한 공정성능의 특수성을 고찰하기 위해서 무한히 얇은 마스크에 대한 전통적인 가정(키르히호프 방법)을 사용할 수 없음은 명백하다. 흡수재 두께/작

동 파장의 비율이 크며 마스크에 비축 조명을 사용하므로 마스크에서 회절되어 나오는 빛을 시뮬레이션하기 위해서는 정확한 전자기장 해석도구가 필요하다. 광학식 리소그래피에서 두 꺼운 위상천이 마스크의 시뮬레이션을 위한 표준 방법인 시간영역 유한차분(FDTD)법이 2차원 (선/간극) 및 3차원(접촉, 지주 등) 극자외선 마스크의 시뮬레이션에 사용되었다[79~81]. 마스크에 사용되는 파장은 짧고 두께는 두껍기 때문에 완벽한 3차원 시뮬레이션을 위해서는 수십 시간과 수 GB 메모리가 필요하다.

몇몇 연구자들은 극자외선 마스크의 모델링을 위해서 정확한 결합파장 분석(RCWA)[26], 차분법[28], 그리고 도파로 방법(WGM)[32] 등과 같은 여타의 정확한 전자기장 시뮬레이션 방법들을 적용하였다. 이러한 대안적 방법들은 미소 피치를 갖는 직선/간극과 같은 2차원 형상에 대해서 매우 훌륭한 성능을 나타낸다. 일부 방법들은 접촉구멍과 같은 3차원 형사의 시뮬레이션 까지 확장되었다.

31.3.3.1 극자외선(EUV) 마스크에 대한 효과적인 모델링

특정한 상황에서 극자외선 마스크의 모델링 효율이 크게 향상된다. 여기에는 평행하고 균일한 층들로 구성된 무결점 다중층 마스크 모재와 모든 마스크 테두리들이 직교 격자를 따라서 배치되는 맨해튼형 형상들의 모델링 등이 포함된다. 이런 가정들을 사용하는 모델링 방법들이 다음에 소개되어 있다.

시뮬레이션의 관점에서 극자외선 마스크는 두 개의 근본적으로 서로 다른 부분들로 구성된다. 마스크 기층소재를 포함하여 평행한 다중층으로 이루어진 무결점 균일적층 내에서 빛의 전파를 전달행렬과 같은 해석적인 방법으로 표현할 수 있다. 두꺼운 흡수재로부터 회절된 빛에 대한 모델링은 정확한 전자기장 시뮬레이션의 적용을 필요로 한다. 그림 31.18에서는 극자외선 마스크의 모델링을 위해서 해석적인 전달행렬과 정확한 전자기장 시뮬레이션을 결합하는, 일반적인 시뮬레이션 방법을 설명하고 있다[82]. 이 방법은 Pistor 등이 제안한 푸리에 경계조건과 유사하다[80].

우선 흡수재에 의해서 회절된 입사광선은 시간영역 유한차분(FDTD)법을 사용해서 계산한다. Berenger[49]가 제안한 것처럼 흡수재 바로 아래에 완벽하게 매칭된 층(PML)이 사용되었다. 이 완벽하게 매칭된 층(PML)은 경계면에서 되반사 없이 회절된 모든 빛들이 시뮬레이션 영역을 떠나도록 보장해준다. 그림 31.18(a)와 (b)에서는 마스크 근처에서 그에 따른 빛의 강도와 위상을 보여주고 있다. 입사된 횡방향 전기장(TE) 편극화 광선의 방향은 그림 31.17에서 화살표로 표시되어 있다. z-축과 입사광선의 파장 벡터 사이의 각도 ϕ는 5°이다. 그림

31.18(a)의 흑색과 회색영역 상층부 사이의 날카로운 경계는 입사광선이 시뮬레이션 영역으로 진입하는 것을 나타낸다. 입사각도가 경사져 있기 때문에 흡수재 바닥 좌측에서의 강도 피크는 우측보다 약간 높다. 크롬 굴절률의 실수부는 진공에서보다 작은 값을 갖는다. 이는 크롬 내부에서 빛의 위상속도가 시뮬레이션 영역의 여타 부분들에 비해서 빠르기 때문이다. 이 영향을 그림 31.18(b)에서 관찰할 수 있다.

다음으로 흡수층 바로 아래나 균일한 다중 적층의 최상부에서 회절된 빛은 평면파로 분해된다. 해석적인 전달행렬식을 사용해서 다중층 적층에서 나오는 평면파의 반사도를 계산한다. 시간영역 유한차분(FDTD)을 위해서 반사된 평면파들은 시뮬레이션 영역 내에서 다시 결합된다. 아래쪽으로 회절되어 전파되는 입사광선과 회절되어 위쪽으로 전파되는 반사광선이 중첩되어 마스크 주변에서 전자기장 분포를 만들어낸다. 이 필드의 강도와 위상이 그림 31.18(c) 및 (d)에 도시되어 있다. 그림 31.18(c)의 강도 영상은 입사광선과 반사광선 사이의 간섭에 의해 발생된 명확한 정재파 패턴을 보여주고 있다. 그림 31.18(a)와는 반대로 그림 31.18(c)에서는 시뮬레이션 영역 최상부에서의 강도가 영이 아니라는 것을 보여주고 있다. 이는 투사광학계 쪽으로 진행하는 극자외선 마스크의 반사광선이다.

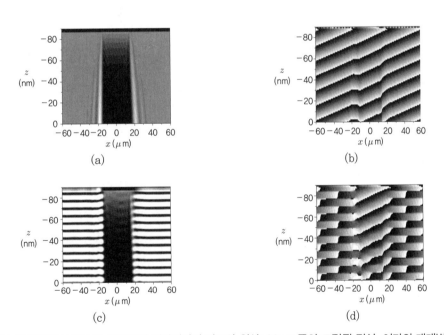

그림 31.18 극자외선 마스크 근처에서 전자기장의 강도와 위상: 30nm 폭의 고립된 직선, 여타의 매개변수들은 그림 31.17에서 지정되어 있다. $\lambda = 13.4$nm, 상부 좌측으로부터 $\phi = 5°$ 입사광, 횡방향 전기장(TE) 편극화, (a)와 (b)는 입사광선만의 강도와 위상, (c) 및 (d) 입사광선+다중 적층으로부터의 반사광선의 강도, 흑색-저강도, 백색-고강도, x-치수들은 웨이퍼 척도에 대해서 제시되어 있다(4× 시스템).

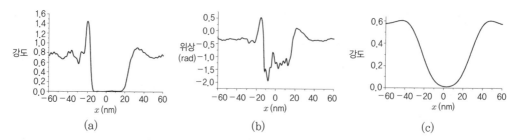

(a)   (b)   (c)

그림 31.19 극자외선 마스크의 흡수재 바로 위의 반사 근접 필드에서의 강도 (a)와 위상 (b). 그림 31.18과는 반대로 비축조명의 위상 기울기는 그림 31.19(b)에서 보정되어 있다. 영역 영상 (c)는 최적 초점, NA=0.25, σ=0.5, 축소배율: 4×, 여타의 모든 매개변수들은 그림 31.18에 제시되어 있다. x-치수들은 웨이퍼 척도에 대해서 제시되어 있다(4× 시스템).

뒤에서 영상계산에 사용할 입력조건으로 사용할 등가의 얇은 마스크를 구성하기 위해서 흡수층 바로 위에서의 전자기장의 진폭과 위상이 사용되었다(31.2.4절 참조). 그림 31.19(a)에서는 근접 필드에서 반사된 빛의 강도를 보여주고 있다. 비축조명 때문에 흡수재 좌측의 뚜렷한 피크와 우측의 강도감소가 관찰된다. 또한 그림 31.19(b)에서처럼 흡수재 테두리 근처의 근접 필드에서 강한 위상편차가 발생한다는 점에 유의하여야 한다. 물체 스펙트럼이나 수차와 유사한 효과의 위상변형이라고 간주할 수 있는 이 위상편차는 극자외선 마스크에 관련된 영상화 결함의 주요 원인이다. λ=13.4nm, NA=0.25, σ=0.5인 4× 축사 스테퍼에 대해서 시뮬레이션 된 30nm 직선의 영역 영상이 그림 31.19(c)에 도시되어 있다. 이 영역 영상의 비대칭성과 배치오차에 유의하여야 한다.

극자외선 마스크 시뮬레이션을 흡수재 부분의 정확한 전자기장 해석과 다중층 적층의 해석적 모델링으로 분할했음에도 불구하고, 접촉구멍이나 지주와 같은 완전한 3차원 형상에 대한 시뮬레이션은 여전히 매우 어렵다. 이는 광학식 마스크와 극자외선 마스크에 대한 정확한 전자기장 시뮬레이션에 필요한 메모리양의 비교를 통해서도 알 수 있다. 위상천이 마스크의 전형적인 접촉구멍은 높이가 1λ이며 측면방향으로는 $4\lambda \times 4\lambda$이다. 이를 위해서는 약 5MB의 메모리가 필요하다. 반면에 극자외선 마스크의 높이는 대략 6~8λ이며 측면방향으로는 $30\lambda \times 30\lambda$로 약 2GB의 메모리가 필요하다. 그러므로 시간영역 유한차분(FDTD)을 사용해서 극자외선 마스크에 대해 완벽하게 정확한 전자기장 해석을 수행하는 것은 현재의 표준 개인용 컴퓨터를 사용해서는 거의 불가능하다. ❖

그런데 도메인/필드 분해기법을 사용하면 더 큰 극자외선 마스크 영역에 대해서도 표준형 컴퓨터를 사용할 수 있다[82]. 31.2.5절에서 논의되었던 이런 기법들의 일반적인 개념과 더불

❖ 2016년 현재로는 개인용 컴퓨터에서 해석이 가능하다. - 역자 주

어서 극자외선 마스크에 대한 도메인/필드 분해기법(DDM)을 적용하기 위해서는 비축조명의 체계적인 취급과 더불어서, 정확한 전자기장 시뮬레이션과 다중층 적층에 대한 해석적인 취급의 조합이 필요하다. 완벽한 3차원 전자기장 시뮬레이션과 도메인/필드 분해기법을 사용한 시뮬레이션의 비교를 통해서 분해기법의 매우 뛰어난 성능을 확인할 수 있다. 도메인/필드 분해기법은 배치오차나 초점이동과 같은 극자외선 마스크와 관련된 영상결함을 매우 훌륭한 정확도(< 0.2nm)로 시뮬레이션 해준다. 도메인/필드 분해기법과 완벽한 3차원 전자기장 시뮬레이션으로 계산한 절대적인 형상크기 사이에는 여전히 어떤 오프셋이 존재한다. 그럼에도 불구하고 도메인/필드 분해기법은 투명한 형상과 불투명한 형상 사이의 영상화 편향이나, 비축조명에 따른 형상크기의 배향의 의존성 등과 같은 경향들을 예측해준다. 30nm 접촉구멍에 대한 시뮬레이션의 경우 도메인/필드 분해기법은 계산시간을 200배, 메모리 용량은 250배 절감시켜준다. 계산 성능의 향상은 시뮬레이션 영역의 크기에 의존한다. 시뮬레이션 영역이 클수록 더 많은 절감이 가능하다.

31.3.3.2 극자외선(EUV) 마스크에서 마스크에 의해서 유발된 영상결함

극자외선 마스크에 대해 최초로 정밀한 전자기장 시뮬레이션이 수행된 이래로 몇 가지 극자외선 만의 영상결함들의 발생이 관찰되었다. Bollepalli 등[83]은 비축조명이 영상 비대칭성에 기인한 영상편향과 형상변위를 유발함을 규명하였다. 반사형 다중층 마스크 모재에서 발생되는 특정 부분의 음영그늘은 마스크의 기울어진 조명에 대한 형상의 배향에 강하게 의존한다. 이 현상은 배향에 의존적인 형상들의 배치나 축척에 전사된다. 전형적인 마스크와 광학 시스템 매개변수에 대해서, 2~5nm 크기의 배향에 의존적인 배치오차가 관찰되었다[56]. 이런 배치오차들은 흡수재 높이가 높을수록 그리고 입사각도가 더 기울어질수록 더 뚜렷해진다. 조명의 배향에 따른 전형적인 임계치수나 형상크기 편차의 경우에도 유사한 경향이 관찰된다. 극자외선 마스크 설계에서 앞서 설명된 배치 및 축척 효과들 중 대부분을 고려할 수 있다. 예를 들면 Otaki[56]는 수 밀리 라디안 크기의 평행도 오차를 전사하는 초점에 의존적인 배치오차를 관찰하였다.

가장 두드러진 극자외선 마스크에 관련된 영상화 결함은 서로 다른 유형의 형상들에 대한 공정 윈도우(PW)의 비교를 통해서 관찰할 수 있다. 그림 31.20에서는 $\lambda = 13.4$nm, $NA = 0.25$, 그리고 $\sigma = 0.5$를 사용하여 영상화시킨 전형적인 30nm 형상의 영역 영상을 기반으로 한 공정 윈도우(PW)들을 비교하여 보여주고 있다. 서로 다른 유형의 형상들에 대한 서로 다른 초점/문턱값 강도 크기변화에 유의해야 한다. 고립된 직선과 고립된 간극의 공정 윈도우(PW)들이 현저하게 기울어져 있다. 이런 영향은 Krautschik 등에 의해서 최초로 관찰되었다[84].

31.3.2절에서 논의되었듯이 이렇게 기울어진 공정 윈도우(PW)들은 마스크에 의해서 유발된 위상효과와 유사한 위상효과의 척도이다. 이런 위상효과들은 극자외선 다중층 적층으로부터 반사된 빛의 위상의 각도의존성[85]과 마스크 테두리에서의 회절에 의해 반사된 빛의 위상 변형에 따른 결과이다. Yan[86]은 Bossung 곡선의 비대칭성을 마스크 테두리에서의 위상오차와 연관시켰다. 그림 31.20에서 관찰할 수 있는 또 다른 중요한 효과는 특정한 유형의 형상에서 발생되는 공칭 초점위치에 대한 최적의 초점위치의 현저한 천이가 발생한다는 것이다. 일반적으로 이 천이는 고립된 어두운 형상에서 가장 크게 발생한다. 이 천이현상은 조밀한 형상의 경우에 실제적으로 소거된다. 밝은 형상의 경우에는 반대방향에서 작은 초점 천이가 나타난다. 설명되어 있는 고립된 접촉과 지주들에 대한 초점 천이가 사용할 수 있는 초점 변화 영역의 대부분을 차지할 수도 있다. 이 현상에 대한 더 상세한 내용은 참고문헌 [82]를 참조하기 바란다. 파장이 더 짧아짐에 따라서 광학적으로 거친 표면에서 산란되는 빛이 극자외선 리소그래피에서 또 다른 어려움으로 작용한다. 이런 산란현상은 광학 시스템의 모든 부분들에서 발생한다. 투사 시스템 내에서 산란된 빛은 밝은 형상들 주변에 장거리 섬광을 만든다. 그러므로 영역 영상 내에서 관찰되는 평균 섬광량은 프린트될 형상 주변에 위치한 밝은 형상들의 밀도에 의존한다. Krautschik 등[87]은 이런 현상의 모델링을 위해서 동력스펙트럼 밀도 개념을 적용하였다. Deng 등[88]은 다중층 마스크 거칠기가 극자외선 리소그래피에 끼치는 영향을 고찰하기 위해서 다른 시뮬레이션 방법을 사용하였다.

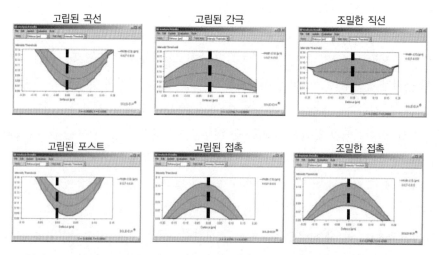

그림 31.20 형상크기가 30nm 인 서로 다른 유형의 형상들에 대한 영역 영상 기반의 공정 윈도우의 시뮬레이션 값들. 마스크 매개변수들은 그림 31.17에 제시되어 있으며 조명조건은 다음과 같다. λ=13.4nm, 입사 광선은 좌측으로 φ=5° 기울어짐, 횡방향 전기장(TE) 편극화. 투사 시스템은 다음과 같다. NA=0.25, σ=0.5, 4× 축소. 두꺼운 점선은 초점이탈이 없는 공칭위치를 나타낸다.

극자외선 마스크에 의해서 유발되는 영상결함의 복잡성을 초래하는 원인과 문제점들을 이해하기 위해서는 광범위한 시뮬레이션 연구가 필요하다. 다중층 적층의 복소수 반사율의 각도 의존성과 흡수재 테두리에서의 빛의 회절이 반사된 인접 필드의 위상변형을 초래한다. 대칭 변형을 비대칭적 Bossung 곡선과 초점 천이를 초래하는 반면에 반대칭 위상변형은 평행도 오차를 초래한다. 마스크에 의해서 유발되는 영상화 결함의 관점에서 역기술과 같은 교번식 위상천이 마스크 성능에 대한 개념은 아직 평가되어 있지 못하다.

31.4 마스크 결함에 대한 시뮬레이션

더 짧은 파장, 진보된 비축조명방식, 그리고 더 높은 개구수 등을 사용한 리소그래피 투사 시스템의 분해 성능의 개선은 작은 마스크 결함에 대한 리소그래피 공정의 민감도를 증가시켜 버렸다. 입자들이 직접 패턴이 입혀진 마스크 구조에 증착되는 것을 줄이기 위해서 펠리클이 사용된다. 전형적인 펠리클 지지구조는 6~8mm 내외이다. 그러므로 펠리클 위에 위치한 결함성 입자들은 빛의 원시야에 위치하게 되므로 마스크상의 형상으로부터 회절되어 버린다. Flamholz[89]는 펠리클 결함을 동공 필터링 효과로 간주할 것을 제안하였다. 이 단원의 나머지 부분들에서는 마스크 패턴과 접해있는 결함들에 대해서 초점을 맞출 예정이다.

마스크 결함들은 마스크 제조공정상의 다양한 단계에서 발생된다. 특정한 유형의 결함들은 사용할 수 있는 검사장비들로는 찾아내기 어렵다. 마스크 제조와 검사는 매우 값비싼 작업이다. 결함 프린트 가능성에 대한 예측성 시뮬레이션은 마스크 생산성 평가와 차세대 마스크 사양 결정에 도움이 된다.

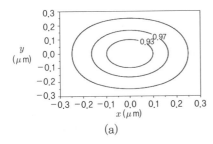
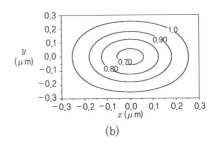

(a)　　　　(b)

그림 31.21 고립된 크롬 결함의 영역곡선 영상에 대해서 시뮬레이션 된 강도 등고선: (a) 50nm×50nm, (b) 100nm×100nm, 그리고 크롬 결함은 180nm 폭의 고립된 직선의 중심에서 100nm 떨어져 있다. (c) 무결함, (d) 50nm×50nm 결함, (b) 100nm×100nm결함, λ=248nm, 4×축소, NA=0.6, σ= 0.4. 모든 시뮬레이션들은 키르히호프 방법을 사용하여 수행되었다.

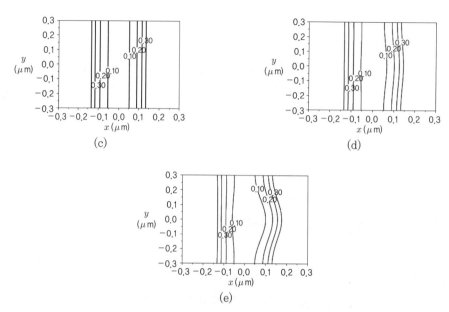

그림 31.21 고립된 크롬 결함의 영역곡선 영상에 대해서 시뮬레이션 된 강도 등고선: (a) 50nm×50nm, (b) 100nm×100nm, 그리고 크롬 결함은 180nm 폭의 고립된 직선의 중심에서 100nm 떨어져 있다. (c) 무결함, (d) 50nm×50nm 결함, (b) 100nm×100nm결함, λ=248nm, 4×축소, NA=0.6, σ= 0.4. 모든 시뮬레이션들은 키르히호프 방법을 사용하여 수행되었다.(계속)

31.4.1 표준결함 프린트성에 대한 고찰

광학식 마스크 상에서 대부분의 결함들은 크롬에 의한 결함이다. 전통적으로 프린트 가능성과 결함수리에 대한 결정은 치수원칙을 기반으로 수행된다. 파장이하 기술 노드의 경우 광학적으로 설계된 형상의 위치와 더불어서, 결함의 프린트 성질에 대한 정보를 포함하는 방향으로 점차적인 변화가 있다[90]. 영역/레지스트 영상 내에서 결함의 발현성의 관점에서 프린트 가능성뿐만 아니라 프린트된 형상의 임계치수에 끼치는 영향도 문제가 된다.

프린트된 고립된 직선상의 서로 다른 위치에 놓인 크롬 결함이 끼치는 영향을 도시하고 있는 그림 31.21에 따르면 앞서의 설명이 명확해진다. 그림의 상부에서는 투명한 마스크 영역 내에 위치한 고립된 사각형 크롬 결함에 대하여 시뮬레이션 된 영역 영상의 강도 등고선을 보여주고 있다. 100nm×100nm 결함은 개방된 프레임 강도의 약 70%까지 강도를 저하시킨다. 표준 공정의 문턱 강도는 20%에서 30% 사이이다. 그러므로 이 결함은 프린트되지 않는다. 그림 31.21의 아랫줄에서는 동일한 결함이 180nm 포의 고립된 직선에 인접하여 위치한 경우에 끼치는 영향을 보여주고 있다. 비록 작은(50nm×50nm) 결함이지만 결함 영역에 인접한 고립된 직선의 등고선을 20% 및 30% 천이시킨다. 이런 천이현상은 100nm×100nm 결함의 경우에 매우 현저하게 나타나며 직선에 대해서 허용할 수 없는 임계치수 편차를 초래한다. Driessen 등[90]은 193nm 리소그래피에서 다양한 결함거리에 따른 임계치수 편차를 구하기 위해서 광범위한 시뮬레이션을 수행하였다.

크롬결함과는 별개로 위상결함도 존재한다. 이런 결함은 위상천이 마스크에서뿐만 아니라 표준2진 마스크(폴리머 잔류물, 화학적 오염 등)에서조차도 발견된다. 위상현상의 프린팅은 초점 세팅에 강하게 의존한다[91]. 서로 다른 초점위치상에 분해능 이하 보조형상을 갖추고 있는 고립된 직선에 위상결함이 끼치는 영향이 그림 31.22에 시뮬레이션 되어 있다. 180° 결함에 대한 임계치수 대비 초점이탈 곡선은 결함이 없는 임계치수 대비 결함곡선에 대해서 천이되어 있다. 생산된 선폭에 결함이 끼치는 영향은 거의 초점이탈 값에 무관하다. 반면에 90° 결함은 음의 초점이탈 값보다 양의 초점이탈 값에 대해서 훨씬 강한 영향을 끼친다.

앞서 설명하였듯이 많은 결함위치들과 초점이탈 세팅에 대해서 리소그래피 시뮬레이션을 사용한 프린트 가능성 연구가 수행되어야만 한다. Socha와 Neureuther[92]는 이와 같은 광범위한 시뮬레이션에 필요한 계산시간을 줄이기 위해서 섭동 모델을 제안하였다. 이 방법의 기본 아이디어는 무결함 구조들과 결함들의 영상 계산을 분할하고 이들을 나중에 중첩시키는 것이다. 상호 밀착성의 이론에 따른 형상과 결함 사이의 교차 항들에 대한 모델링에 각별한 주의를 기울여야 한다.

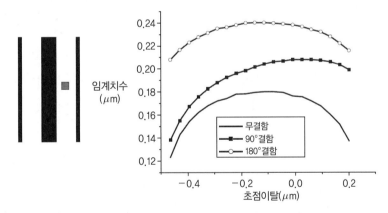

그림 31.22 결함에 의해서 영향을 받은 임계치수(CD)의 Bossung 곡선에 대한 시뮬레이션 결과: (좌측은 마스크 형상) 선폭 180nm 보조형상 40nm, 위상결함 80nm×80nm(투과율 90%), (우)시뮬레이션 된 임계치수 대비 초점, $\lambda = 248$nm, 4× 축소, NA=0.6, σ=0.4, 조사량=23.9mJ/cm², 레지스트: 300nm 두께의 UV6. 키르히호프 방법을 사용해서 모든 시뮬레이션이 수행되었다.

31.4.2 광학식 마스크 결함에 대한 정확한 전자기장(EMF) 시뮬레이션

앞 절에서는 결함은 무한히 얇은 물체로 간주하였다. 결함들은 일반적으로 마스크 상에 가장 작은 형상들이다. 그러므로 결함의 프린트 가능성에 대한 매우 정교한 모델링에 키르히호프 방법을 적용하기 위해서는 각별한 주의가 필요하다. 일반적으로 31.3.1절에서 논의했던 광학근 접보정(OPC)에서의 분해능 이하 보조형상에 대한 모델링의 경우가 크롬 결함에 대한 시뮬레이 션에 적용될 수 있다. 키르히호프 방법은 크롬 반점의 프린트 가능성을 과소평가한다. 크롬 흡수재 내의 핀 구멍의 경우는 또 다른 문제이다. 키르히호프 방법은 이 핀 구멍을 통과하는 빛을 과대평가한다. 더욱이 핀 구멍 테두리에서의 회절은 투과된 빛의 위상에 어떤 변화를 초래 한다. 위상결함과 비슷하게 이런 결함의 프린트 가능성에 대해서 집중적으로 연구해야만 한다.

교번식 및 무크롬 위상천이 마스크 상의 위상결함에 대한 현실성 있는 시뮬레이션에도 마찬 가지로 정확한 전자기장 시뮬레이션이 필요하다. 가장 유명한 사례로는 360° 위상결함이 있 다. 키르히호프의 가정에 따르면 이런 결함은 공정에 아무런 영향도 끼치지 않는다. Wong과 Neureuther[67]는 정확한 전자기장 시뮬레이션을 통해서 이런 결함이 결함 영역의 영역 영상 강도 저하를 유발한다는 것을 밝혀냈다. 이 시뮬레이션에 사용된 특수한 세팅에 대해서 강도 저하는 프린트되기에는 너무도 작은 값이었다. 그런데 다른 NA/σ 세팅에 대해서는 이 계산을 다시 수행해야만 한다.

그림 31.23에서는 교번식 위상천이 마스크의 결함 프린트 가능성에 대한 또 다른 정확한 전자기장 시뮬레이션을 보여주고 있다[45]. 위상천이 마스크의 명목상 식각된 영역 내의 수정 돌기와 교번식 위상천이 마스크의 명목상 식각되지 않은 영역 내의 식각된 결함 모두가 180°의 위상결함을 생성한다. 키르히호프 방법은 두 가지 유형의 결함 모두에 대해서 동일한 결과를 도출한다. 그림 31.23의 가운데 줄에서는 정확한 전자기장 시뮬레이션을 사용해서 구한 투과 된 빛의 근접 필드를 보여주고 있다. 파이버 선단부에서와 유사하게 돌기결함은 결함 영역 내에서 빛을 집중시킨다. 반면에 식각결함의 경우에는 빛을 산란시켜버린다. 이 결과들이 최 종적인 레지스트 성능에 끼치는 영향은 그림 31.23이 우측에서 볼 수 있다. 돌출 결함은 근접 필드에 매우 작은 고강도 반점을 생성한다. 이 작은 반점에 대한 푸리에 변환을 통해서 매우 광범위한 회절 스펙트럼이 구해진다. 결함에서 방출되는 대부분의 빛은 투사 시스템의 조리개 를 통해서 전달되지 않는다. 그 결과 결함 영역에서 현저한 강도저하가 일어나면서 인접한 레지스트 직선들과 브리지를 생성한다. 식각결함으로부터 산란된 빛은 더 작은 회절 스펙트럼 을 갖는 더 큰 밝은 물체를 생성한다. 결함으로부터 더 많은 빛이 영상평면에 도달한다. 이

경우에는 브리지가 생성되지 않는다. 요약하면 180° 위상결합에 대한 정확한 전자기장 시뮬레이션에 따르면 돌출 결함이 식각 결함에 비해서 더 위험하다는 것을 예측하였다. 이 시뮬레이션 결과는 실험 데이터를 통해서 검증되었다[45, 93].

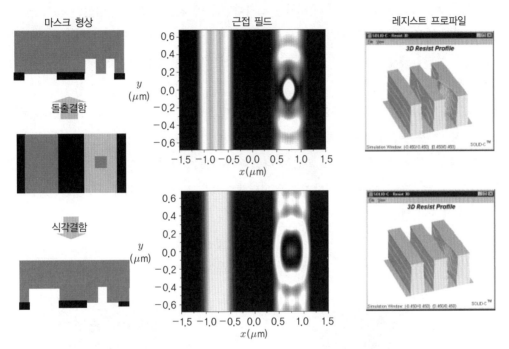

그림 31.23 교번식 위상천이 마스크상의 돌기와 식각결함의 프린트 가능성에 대한 시뮬레이션: (좌) 150nm의 조밀한 선과 간극을 갖는 마스크 형상, 결함크기 60nm×60nm(웨이퍼 측 사양), (중앙) 5× 마스크 바로 아래에서의 근접 필드 시뮬레이션, λ=248nm, TE 편극화, (우) 투사 영상화 이후의 레지스트 프로파일, NA=0.63, σ=0.3, 레지스트 UV6(두께 420nm). 정확한 방법을 사용해서 모든 시뮬레이션이 수행되었다.

Lam 등[94]은 위상천이 마스크 결함 프린트가능성에 대한 더 효과적인 정확한 전자기장 시뮬레이션을 수행하기 위해서 도메인/필드 분해기법(DDT)을 적용하였다. 이 시뮬레이션은 Socha와 Neureuther[92]의 섭동방법과 유사하게, 무결함 마스크에 대한 시뮬레이션과 결함에 대한 시뮬레이션을 분리하여 수행하였다. 도메인/필드 분해기법을 사용한 결함 시뮬레이션과 완전한 3차원 전자기장 시뮬레이션의 비교에 따르면, 2λ 이상(마스크 척도)의 형상에 대해서는 도메인/필드 분해기법이 훌륭한 정확도를 나타낸다. 더 작은 형상들에 대한 시뮬레이션과 1× 마스크 검사 시스템 내에서의 비축조명에 대한 정확한 시뮬레이션 등은 더 많은 연구가 필요하다.

31.4.3 극자외선(EUV) 다중층 결함

극자외선 마스크의 다중층 영역 내의 결함은 수리가 어렵기 때문에 각별히 주의를 기울여야 한다. 극자외선 마스크의 다중층 코팅 내에서 입자에 의해 생성된 결함의 물리적 구조는 복잡할 수 있다. 마스크 기층소재 상에 존재하는 입자나 함몰에 의해 발현된 결함들이 특히 중요하다[95]. 이런 결함들을 모델링하기 위해서 다양한 방법들이 제안되었지만, 이 방법들의 정확도와 성능은 여전히 충분치 못하다. 그러므로 극자외선 다중층 결함의 모델링은 현재 중요한 연구주제이다.

무결함 다중층에서 사용했던 해석적인 전달행렬 방법(31.3.3.A절 참조)을 그대로 적용해서 결함이 있는 다중층에서 반사된 빛을 나타낼 수는 없다. Gullikson 등[95]은 다중층 최상부의 형상을 사용해서 단일반사표면으로 복잡한 다중층 구조를 나타낼 것을 제안하였다. 이 단일표면 근사(SSA)는 다중층 반사의 위상편차를 설명해주지만, 다중층 구조의 국부적인 편차에 기인한 반사율 편차를 무시한다.

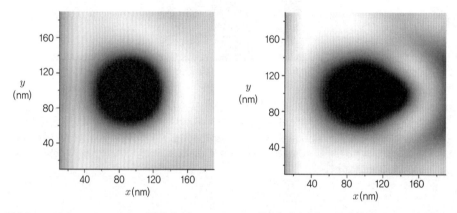

그림 31.24 x=100nm, y=100nm 위치에 50nm×50nm 크롬 반점이 있는 극자외선 마스크의 영역 영상에 대한 정확한 3차원 시뮬레이션: (좌)결함 없음, (우)x=150nm, y=100nm에 결함 존재. 스테퍼 매개변수 1, λ=13.4nm, 우측으로부터 θ=5°에서 조명. NA=0.2, σ=0.5, 공칭 최적 초점

최근 들어서 Evanschitzky 등[96]은 다중층 적층을 균일한 다중층으로 이루어진 조각들로 분해할 것을 제안하였다(프레넬 방법). 이 조각으로부터 반사된 빛은 전달함수를 사용해서 계산한다. 결함을 함유한 완전한 다중층 적층의 반사율은 개별 조각들의 결과들로 이루어진다. 마지막으로 이 방법은 흡수재 영역 내에서 빛의 전파에 대한 시간영역 유한차분(FDTD) 시뮬레이션과 결합된다. 그림 31.24에서는 결함이 있는 반점과 없는 반점의 영역 영상을 비교하여

보여주고 있다. 정확한 결합파장 분석(RCWA)을 사용하여 결함이 있는 다중층에 대한 프레넬 방법과 정확한 시뮬레이션에 대한 비교를 통해서 프레넬 방법의 뛰어난 성능을 검증하였다. 그런데 특정한 결함형상에 대해서는 여전히 약간의 차이가 관찰된다.

Pistor 등[62]과 Pistor와 Neureuther[97]는 다중층 적층 전체에 대하여 시간영역 유한차분(FDTD)을 적용하여 결함이 있는 다중층에서 분사되는 빛을 모델링하였다. 다중층 시스템의 심한 공진구조로 인하여 전파되는 빛의 위상에 대해서 매우 정확한 모델링이 필요하다. 필요한 정확도를 구현하기 위해서 시간영역 유한차분(FDTD) 알고리즘 내에서 매우 세밀한 메시를 사용해야만 한다. 이는 거의 비현실적인 메모리와 계산시간을 필요로 한다. 소재 평균화기법을 통해서 이런 문제를 어느 정도 완화시킬 수 있지만, 결과의 정확도가 문제로 남아 있게 된다.

최근 들어서 정확한 결합파장 분석(RCWA)[26, 98]과 도파로 방법(WGM)[32] 등과 같은 대안들이 결함을 포함한 다중층 적층의 모델링에 적용되었다(그림 31.25 참조). 가장 정확하고 가장 효과적인 모델링 방법을 찾아내기 위해서는 이들과 여타의 방법들에 대한 광범위한 비교가 수행되어야만 한다.

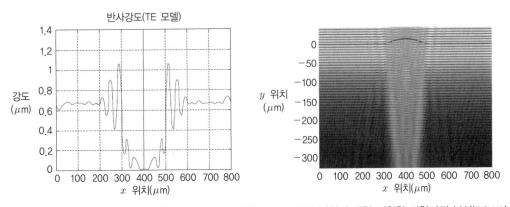

그림 31.25 등각으로 증착된 다중층에 의해서 덮여 있는 30nm 원형 결함에 대한 정확한 결합파장 분석(RCWA) 시뮬레이션 결과(참고문헌 [98]): (하부) 다중층 시스템 내측의 강도 (상부) 다중층 바로 위의 근접 필드에서의 강도

31.5 요 약

리소그래피 시뮬레이션은 리소그래피 공정 내에서 마스크 성능의 시뮬레이션에 매우 유용한 것으로 밝혀졌다. 광학근접보정(OPC), 위상천이 마스크(PSM), 그리고 극자외선(EUV) 마

스크 등과 같은 진보된 마스크 기술은, 이들 마스크에서 회절되어 나오는 빛을 나타내기 위해서 정확한 전자기장(EMF) 시뮬레이션을 사용할 필요가 있다. 시간영역 유한차분(FDTD) 방법은 이 과정에서 가장 일반적으로 사용되는 방법이다. 전자기장 시뮬레이션 방법의 성능을 크게 개선하기 위해서 도메인 분해기법을 사용할 수 있다.

2진 마스크 상에서 분해능 이하 보조형상의 성능과 크롬 결함들이 끼치는 영향을 더 정확하게 예측하기 위해서 정확한 전자기장 시뮬레이션이 사용된다. 교번식 및 무크롬 위상천이 마스크에서 회절되어 나오는 빛은 무한히 얇은 마스크에 대한 표준 가정을 사용해서는 이해할 수 없는 강도 불균형, 배치오차, 그리고 기울어진 공정 윈도우(PW) 등과 같은 영상화 결함을 초래하는 위상효과를 생성한다. 극자외선 마스크에 대해서도 동일한 논리가 적용된다.

앞으로 더 효과적이고 더 빠른 시뮬레이션 방법이 마스크 설계에서 리소그래피 시뮬레이션의 활용도를 증가시켜 줄 것이다. 시뮬레이션 결과의 예측성을 증가시키기 위해서는 더욱 강력한 계측과 시뮬레이션 사이의 연관이 필요하다. 여기에는 마스크 소재, 측정 및 실제 마스크 형상의 사양에 대한 광학적 특성화를 비롯하여 실제 조명의 형상, 섬광, 투사 시스템의 편극화 성질, 그리고 예측 가능한 레지스트 모델과 모델 매개변수 등과 같은 광학 시스템 매개변수들이 포함된다.

감사의 글
저자는 Fraunhofer Institute IISB의 Peter Evanschitzky, IBM Fishkill의 Ron Gordon, CNRS LTM의 Patrick Schiavone, 그리고 University of Hong Kong의 Alfred Wong의 조언에 감사를 드린다.

□ 참고문헌 □

1. A. Erdmann and W. Henke, Simulation of optical lithography in optics and optoelectronics theory, devices and applications, *Proc. SPIE,* 3729, 480 (1999).

2. H.J. Levinson, *Principles of Lithography,* vol. PM97, SPIE Press, 2001.

3. C.A. Mack, in: J.R. Sheats and B.W. Smith (eds.), *Optical Lithography Modeling, Microlithography, Science and Technology,* Marcel Dekker, New York, 1998.

4. A.R. Neureuther and C.A. Mack, Optical lithography modeling, in: P. Rai-Choudhury (ed.), *Handbook of Microlithography, Micromachining and Microfabrication, vol. I: Microlithography,* SPIE Press, PM39, 1997.

5. D.G. Flagello and T.D. Milster, High numerical aperture effects in photoresist, *Appl. Opt.,* 36, 8944 (1997).

6. M. Mansuripur, Distribution of light at and near the focus of high numerical aperture objectives, *J. Opt. Soc. Am.,* A3, 2086 (1986).

7. R. Schlief, A. Liebchen, and J.F. Chen, Hopkins vs. Abbe, a lithography simulation matching study, *Proc. SPIE,* 4691, 1106 (2002).

8. Y.C. Pati and T. Kailath, Phase-shifting masks for optical microlithography: automated design and mask requirements, *J. Opt. Soc. Am.,* A11, 2438 (1994).

9. N. Cobb and A. Zakhor, Fast sparse aerial image calculation for OPC, *Proc. SPIE,* 2621, 534 (1995).

10. P. Tat and A.K. Wong, Quantification of image quality, *Proc. SPIE,* 4691, 169 (2002).

11. D.A. Bernard, Simulation of focus effects in photolithography, *IEEE Trans. Semicond. Manufact.,* 1, 85 (1988).

12. M.V. Klein and T.E. Furtak, *Optics,* John Wiley & Sons, New York, 1986.

13. M.S. Yeung, Modeling high numerical aperture lithography, *Proc. SPIE,* 922, 149 (1988).

14. A. Erdmann and W. Henke, Simulation of light propagation in optical linear and nonlinear layers by finite difference beam propagation and other methods, *J. Vac. Sci. Technol.,* 14, 3743 (1996).

15. A. Erdmann, C.K. Kalus, T. Schmo¨ller, Y. Klyonova, T. Sato, A. Endo, T. Shibata, and Y. Kobayashi, Rigorous simulation of exposure over nonplanar wafers, *Proc. SPIE,* 5040, 101 (2003).

16. A. Erdmann, W. Henke, S. Robertson, E. Richter, B. Tollku¨hn, and W. Hoppe, Comparison of simulation approaches for chemically amplified resists, *Proc. SPIE,* 4404, 99 (2001).

17. S. Robertson, C. Mack, and M. Maslow, Towards a universal resist dissolution model for lithography simulation, *Proc. SPIE,* 4404, 111 (2001).

18. C.A. Mack, Enhanced lumped parameter model for photolithography, *Proc. SPIE*, 2197, 501 (1994).

19. T.A. Brunner and R.A. Ferguson, Approximate models for resist processing effects, *Proc. SPIE*, 2726, 198 (1996).

20. D. Fuard, M. Besacier, and P. Schiavone, Assesment of different simplified resist models, *Proc. SPIE*, 4691, 1266 (2002).

21. D. van Steenwickel and J.H. Lammers, Enhanced processing: sub-50nm features with 0.8 micron DOF using a binary reticle, *Proc. SPIE*, 5039 (2003) (in print).

22. B.J. Lin, The exposure-defocus forest, *Jpn. J. Appl. Phys.*, 33, 6756 (1994).

23. A.K. Wong, R.A. Ferguson, and S.M. Mansfield, The mask error factor in optical lithopgraphy, *IEEE Trans. Semicond. Manuf.*, 13, 235 (2000).

24. D.C. Cole, E. Barouch, E.W. Conrad, and M. Yeung, Using advanced simulation to aid microlithography development, *Proc. IEEE*, 89, 1194 (2001).

25. M.G. Moharam and T.K. Gaylord, Rigorous coupled-wave analysis of planar grating diffraction, *J. Opt. Soc. Am.*, 71, 811 (1981).

26. P. Schiavone, G. Granet, and J.Y. Robic, Rigorous electromagnetic simulation of EUV-mask defects: influence of the absorber properties, *Microelectronic Eng.*, 57–58, 497 (2001).

27. H. Kirchhauer and S. Selberherr, Three-dimensional photolithography simulator including rigorous non-planar exposure simulation for off axis illumination, *Proc. SPIE*, 3334, 764 (1998).

28. C. Krautschik, M. Ito, I. Nishiyama, and T. Mori, Quantifying EUV imaging tolerances for the 70, 50, and 35nm nodes through rigorous aerial image simulations, *Proc. SPIE*, 4343, 524 (2001).

29. D. Nyyssonen, The theory of optical edge detection and imaging of thick layers, *J. Opt. Soc. Am.*, 72, 1425 (1982).

30. C.M. Yuan, Calculation of one-dimensional lithographic aerial images using the vector theory, IEEE Trans. Electron Devices, 40, 1604 (1993).

31. K. Lucas, H. Tanabe, and A.J. Strojwas, Efficient and rigorous three-dimensional model for optical lithography simulation, *J. Opt. Soc. Am.*, A13, 2187 (1996).

32. Z. Zhu, K. Lucas, J.L. Cobb, S.D. Hector, and A.J. Strojwas, Rigorous EUV-mask simulator using 2D and 3D waveguide methods, *Proc. SPIE*, 5037 (2003) (in print).

33. G.L. Wojcik, J. Mould, R. Ferguson, R. Martino, and K.K. Low, Some image modeling issues for i-line, 5phase shifting masks, *Proc. SPIE*, 2197, 455 (1994).

34. www.fdtd.org, www.borg.umn.edu/toyfdtd.

35. A. Taflove, *Computational Electrodynamics: The Finite-Difference Time-Domain Method*, Artech

House, Boston, 1995.

36. A.K. Wong, Rigorous Three-Dimensional Time-Domain Finite-Difference Electromagnetic Simulation, Ph.D. thesis, University of California at Berkley, 1994.

37. T.V. Pistor, Electromagnetic Simulation and Modeling with Applications in Lithography, Ph.D. thesis, University of California at Berkley, 2001.

38. K. Adam, Domain decomposition methods for electromagnetic simulation of scattering from three-dimensional structures with applications in lithography, Ph.D. thesis, University of California at Berkeley, 2001.

39. K.S. Yee, Numerical solution of initial boundary value problems involving Maxwell"s equations in isotroptic media, *IEEE Trans. Antennas Propagation,* 14, 302 (1966).

40. G.L. Wojcik, D.K. Vaughan, and L. Galbraith, Calculation of light scatter from structures on silicon surfaces, *Proc. SPIE,* 774, 21 (1987).

41. www.eecs.berkeley.edu/neureuth

42. A.K. Wong and A.R. Neureuther, Edge effects in phase shifting masks for $0.25\,\mu$m lithography, *Proc. SPIE,* 1809, 222 (1992).

43. A.K. Wong and A.R. Neureuther, Mask topography effects in projection printing of phaseshifting masks, *IEEE Trans. Electron Devices,* 41, 895 (1994).

44. R. Gordon and C.A. Mack, Lithography simulation employing rigorous solutions to Maxwell's equations, *Proc. SPIE,* 3334, 176 (1998).

45. A. Erdmann and C.H. Friedrich, Rigorous diffraction analysis for future mask technology, *Proc. SPIE,* 4000, 684 (2000).

46. www.sigma-c.com.

47. www.panoramictech.com.

48. www.kla-tencor.com/products/promax_2d/promax_2d.html.

49. J.P. Berenger, A perfectly matched layer for the absorption of electromagnetic waves, *J. Computational Phys.,* 14, 185–200 (1994).

50. www.rit.edu/635dept5.

51. www-cxro.lbl.gov/optical_constants.

52. R. Luebbers, F. Hunsberger, K.S. Kunz, R.B. Standler, and M. Schneider, A frequency dependent finite-difference time-domain formulation for dispersive materials, *IEEE Trans. Electromagnetic Compatibility,* 32, 222 (1990).

53. R. Gordon, Personal communication.

54. T.V. Pistor, A.R. Neureuther, and R.J. Socha, Modeling oblique incidence effects in photomasks, *Proc. SPIE,* 4000, 228 (2000).

55. A. Erdmann and N. Kachwala, Enhancements in rigorous simulation of light diffraction from phase shift masks, *Proc. SPIE,* 4691, 1156 (2002).

56. K. Otaki, Asymmetric properties of the aerial image in extreme ultraviolet lithography, *Jpn. J. Appl. Phys.,* 39, 6819 (2000).

57. R. Gordon, D.G. Flagello, and M. McCallum, Deducing aerial image behavior from AIMS data, *Proc. SPIE,* 4000, 734 (2000).

58. C. Friedrich, L. Mader, A. Erdmann, S. List, R. Gordon, C. Kalus, U. Griesinger, R. Pforr, J. Mathuni, G. Ruhl, and W. Maurer, Optimising edge topography of alternating phase shift masks using rigorous mask modelling, *Proc SPIE,* 4000, 1323 (2000).

59. B.H. Kleemann, J. Bischoff, and A.K. Wong, Alternate rigorous method for photolithographic simulation based on profile sampling, *Proc. SPIE,* 2726, 334 (1996).

60. K. Adam and A.R. Neureuther, Simplified models for edge transitions in rigorous mask modeling, *Proc. SPIE,* 4346, 331 (2001).

61. K. Adam and A.R. Neureuther, Domain decomposition methods for the rapid electromagnetic simulation of photomask scattering, *J. Microlithography, Microfabrication, Microsystems,* 1, 253 (2002).

62. T.V. Pistor, Y. Deng, and A.R. Neureuther, Extreme ultraviolett mask defect simulation: low profile defects, *J. Vac. Sci. Technol. B.,* 18, 2926 (2000).

63. A. Taflove, *Advances in Computational Electrodynamics: The Finite-Difference Time-Domain Method,* Artech House, Boston, 1998.

64. M.S. Yeung, Fast rigorous three-dimensional mask diffraction simulation using Battle-Lemarie wavelet-based multiresolution time-domain method, *Proc. SPIE,* 5040 (2003) (in print).

65. A.K. Wong, *Resolution Enhancement Techniques in Optical Lithography, Tutorial Texts in Optical Engineering,* TT47, SPIE Press, 2001.

66. A.K. Wong and A.R. Neureuther, Polarization effects in mask transmission, *Proc. SPIE,* 1674, 193 (1992).

67. A.K. Wong and A.R. Neureuther, Examination of polarization and edge effects in photolithographic masks using three-dimensional rigorous simulation, *Proc. SPIE,* 2197, 521 (1994).

68. M.S. Yeung and E. Barouch, Limitation of the Kirchhoff boundary conditions for aerial image simulation in 157-nm optical lithography, *IEEE Electron Device Lett.,* 21, 385 (2000).

69. C. Pierrat and A.K. Wong, The MEF revisited: low k1 effects versus mask topography effects, *Proc.*

SPIE, 5040 (2003) (in print).

70. A. Erdmann and R. Gordon, *Mask topography Effects in Reticle Enhancement Technologies and Next-Generation Lithography*, SPIE Short Course SC482.

71. R. Kostelak, C. Pierrat, J. Garofalo, and S. Vaidya, Exposure characteristics of alternate aperture phase-shifting masks fabricated using a subtractive process, *J. Vac. Sci. Technol. B.*, 10, 3055 (1992).

72. C. Pierrat, A.K. Wong, and S. Vaidya, Phase-shifting mask topography effects on lithographic image quality, *Proc. SPIE*, 1927, 28 (1993).

73. R. Ferguson, R. Martino, R. Budd, G. Hughes, J. Skinner, J. Stables, C. Ausschnitt, and J. Weed, Etched-quartz fabrication issues for a 0.25 mm phase-shifted DRAM application, *J. Vac. Sci. Technol. B.*, 11, 2645 (1993).

74. M. Cheng, B. Ho, and D. Guenther, The impact of mask topography and resist effects on optical proximity correction in advanced alternating phase shift process, *Proc. SPIE*, 5040 (2003) (in print).

75. R. Gordon, C.A. Mack, and J.S. Petersen, Design and analysis of manufacturable alternating phase-shifting masks, *Proc. SPIE*, 3546, 606 (1998).

76. M. Levenson, T. Ebihara, and M. Yamachika, SCAA mask exposures and Phase Phirst Design for 110nm and below, *Proc. SPIE*, 4346, 817 (2001).

77. A. Erdmann, Topography effects and wave aberrations in advanced PSM-technology, *Proc. SPIE*, 4346, 345 (2001).

78. P. Dirksen, C. Juffermans, A. Engelen, P. de Bisschop, and H. Muellerke, Impact of high order aberrations on the performance of the aberration monitor, *Proc. SPIE*, 4000, 9 (2000).

79. K.B. Nguyen, A.K. Wong, A.R. Neureuther, and D.T. Attwood, Effects of absorber topography and multilayer coating defects on reflective masks for soft x-ray/EUV projection lithography, *Proc. SPIE*, 1924, 418 (1993).

80. T.V. Pistor, K. Adam, and A. Neureuther, Rigorous simulation of mask corner effects in extreme ultraviolet lithography, *J. Vac. Sci. Technol. B.*, 16, 3449 (1998).

81. R. Gordon and C.A. Mack, Mask topography simulation for EUV-lithography, *Proc. SPIE*, 3676, 283 (1999)

82. A. Erdmann, C.K. Kalus, T. Schmo¨ller, and A. Wolter, Efficient simulation of light diffraction from 3-dimensional EUV-masks using field decomposition techniques , *Proc. SPIE*, 5037, 482 (2003).

83. B.S. Bollepalli, M. Khan, and F. Cerrina, Imaging properties of the extreme ultraviolet mask, *J. Vac. Sci. Technol. B.*, 16, 3444 (1998).

84. C. Krautschik, M. Ito, I. Nishiyama, and K. Otaki, The impact of EUV mask phase response on the

asymmetry of Bossung curves as predicted by rigorous EUV mask simulations, *Proc. SPIE*, 4343, 392 (2001).

85. C. Liang, M.R. Descour, J.M. Sasian, and S.A. Lerner, Multilayer-coating-induced aberrations in extreme-ultraviolet lithography optics, *Appl. Opt.*, 40, 129 (2001).

86. P.Y. Yan, Understanding Bossung curve asymmetry and focus shift effect in EUV lithography, *Proc. SPIE*, 4562, 279 (2001).

87. C. Krautschik, M. Ito, I. Nishiyama, and S. Okaszaki, Impact of EUV light scatter on CD control as a result of mask density changes, *Proc. SPIE*, 4688, 289 (2003).

88. Y. Deng, T. Pistor, and A.R. Neureuther, Effects of multilayer mask roughness on extreme ultraviolet lithography, *J. Vac. Sci. Technol. B.*, 20, 344 (2002).

89. A. Flamholz, An analysis of pellicle parameters for step-and-repeat projection, *Proc. SPIE*, 470, 138 (1984).

90. F. Driessen, P. van Aldrichem, V. Philipsen, R. Jockheere, H.Y. Liu, and L. Karklin, Aerial image simulations of soft and phase defects in 193nm lithography for 100nm node, *Proc. SPIE*, 4691, 1180 (2002).

91. H. Watanabe, E. Suguira, T. Imoriya, and M. Inoue, Detection and printability of shifter defects in phase shifting masks II: defocus characteristics, *Jpn. J. Appl. Phys.*, 31B, 4155 (1992).

92. R. Socha and A. Neureuther, The role of illumination and thin film layers on the printability of defects, *Proc. SPIE*, 2440, 532 (1995).

93. J. Kim, W.P. Mo, R. Gordon, and A. Williams, Alternating PSM defect printability for 100nm KrF lithography, *Proc. SPIE*, 3998, 308 (2000).

94. M. Lam, K. Adam, and A. Neureuther, Demain decomposition methods for simulation of printing and inspection of phase defects, *Proc. SPIE*, 5040, 1492 (2003).

95. E.M. Gullikson, C. Cerjan, D.G. Srearns, P.B. Mirkarimi, and D.W. Sweeney, Practical approach for modeling extreme ultraviolet lithography mask defects, *J. Vac. Sci. Technol.*, B20, 81 (2002).

96. P. Evanschitzky, A. Erdmann, M. Besacier, and P. Schiavone, Simulation of extreme ultraviolet masks with defective multilayers, *Proc. SPIE*, 5130, 1035 (2003).

97. D. Pistor and A. Neureuther, Extreme ultraviolet mask defect simulation, *J. Vac. Sci. Technol. B.*, 17, 3019 (1999).

98. P. Schiavone and R. Payerne, Rigorous simulation of line-defects in EUV masks, *Microprocess and Nanotechnology*, Matsue, 2001.

AAPSM	Alternating aperture phase shift masks	교번식 개구부 위상천이 마스크
ABW	apparent beam-width	겉보기 빔 폭
ADI	after development inspection	현상 후 검사
AEI	after etch inspection	식각 후 검사
AFM	atomic force microscope	원자작용력현미경
AIMS	aerial image measurement system	공간영상 측정 시스템
AMAG	Advanced Metrology Advisory Group	
AOD	acousto-optical deflector	음향광학 편이기
AOI	angle of incidence	입사각도
APC	advanced process control	진보된 공정제어
APM	ammonium hydroxide hydrogen peroxide mixture	
APSM	alternating phase-shift mask	교번식 위상천이 마스크
APSM	attenuating phase shift mask	희석식 위상천이 마스크
AR	anti reflection	비반사
ARC	antireflection coating	비반사코팅
ASB	arbitrarily shaped beam	임의형상 빔
BARC	bottom anti-reflective coating	하부 비반사코팅
BEOL	back end of line	후공정
BIM	binery intensity mask	이진강도 마스크
BOX	buried oxide layer	매입산화층
BSE	backscattered electrons	후방산란전자
CAD	computer aided design	컴퓨터 원용설계
CAR	chemically amplified resist	화학 증폭형 레지스트
CAVS	clean and vacuum system	청정 진공 시스템
CCD	charge coupled device	전하결합소자
CD	critical dimension	임계치수
CMOS	Complementary metal-oxide-semiconductor	상보성 금속 산화막 반도체
COG	chrome on glass	유리상 크롬
CORE	custom optical reticle engraver	커스텀 광학 레티클 조각기
COSMOS	COmplementary Stencil Mask On Strut-supports	지주에 지지되는 보상 스텐실 마스크
CP	character projection	문자투사

CPL	chromeless phase lithography	무크롬 위상 리소그래피
CPSM	chromeless phase shift mask	무크롬 위상천이 마스크
CTE	coefficient of thermal expansion	열팽창계수
CVD	chemical vapor deposition	화학기상증착
CW	continuous wave	연속파장
DAC	digital to analog converters	디지털-아날로그 변환기
DDM	domain/field decomposition methods	도메인/필드 분해방법
DEAL	Digital electrostatically focused e-beam array lithography	정전기적으로 집속된 디지털 e-빔 리소그래피
DFT	discrete Fourier transformation	이산화 푸리에 변환
DIM	differential method	차분법
DIO3	DI water/ozone solution	
DiVa	Distributed variable shaped beams	분산형 가변형삼 빔
DLC	diamond-like-carbon	다이아몬드형 탄소
DLP	Digital Light Processors	디지털 광처리장치
DMD	digital micromirror device	디지털 마이크로 반사경
DNQ	diazonaphthoquinone	다이아조나프타퀴논
DOE	diffractive optical elements	회절 광학 요소
DOF	depth of focus	초점심도
DRC	design rule check	설계규칙검사
DUV	deep ultraviolet	원자외선
EAPSM	embedded attenuated phase shift masks	내장형 희석식 위상천이 마스크
EBIC	e-beam induced conductivity	e-빔에 의해서 유발되는 전도도
EBL	electron beam lithography	전자빔 리소그래피
EBPC	e-beam proximity correction	e-빔 근접보정
ECD	electrical critical dimension	전기적인 임계치수
ECR	electron cyclotron resonance	전자 사이클론 공진
EMA	effective medium approximation	유효 매질 근사
EMF	Electromagnetic field	전자기장
EO	electron optics	전자광학
EPL	electron projection lithography	전자투사리소그래피
EPSM	embedded phase-shift mask	매립식 위상천이 마스크
ESCAP	environmentally stable chemically amplified photoresist	환경적으로 안정된 화학 증폭형 포토레지스트
ESD	electrostatic discharge	정전기 방전
ESD	electrostatic discharge	정전기 방전
ESE	electrostatic step exposure	정전식 스텝 노광
ETS	engineering test stand	기술시험장치

EUV	extreme ultra violet		극자외선
FDTD	finite-difference time-domain		시간영역 유한차분
FEC	fogging effect correction		포깅효과 보정
FEM	finite element method		유한요소법
FEOL	front end of line		전공정
FIB	focused ion beam		집속 이온빔
FSR	flared silicon ridge		실리콘 돌기
FWHM	full-wave-half-maximum		반치전폭
GAE	gas-assisted etching		가스보조 식각
GAE	gas-assisted etching		가스보조 식각
GDS2	graphic system design II		
GUI	graphic user interface		그래픽 유저 인터페이스
HSFR	high spatial frequency roughness		높은 공간주파수 조도
HSQ	Hydrogen silsesquioxane		수소실세스퀴옥산
HT	halftone		반투명
IBF	ion-beam figuring		이온빔성형
ICP	inductive coupled plasma		유도결합 플라스마
IP	image placement		영상배치
IPD	in-plane-distortion		평면 내 왜곡
IPDS	ion projection direct structuring		이온투사 직접 구조화
IPL	ion projection lithography		이온투사 리소그래피
ISMT	International SEMATECH		
ITRS	International Technology Roadmap for Semiconductors		반도체 분야 국제기술 로드맵
LDA	linear-dimensional analyzer		선형 치수 분석기
LEEPL	Low-energy electron beam projection lithography		저에너지 전자빔 투사 리소그래피
LER	line edge roughness		선 테두리 조도
LMIS	liquid metal ion source		액체금속 이온광원
LPG	laser pattern generator		레이저 패턴 발생기
LSB	least significant bit		최하위비트
LSE	lithographic systematic events		노광의 계통적 이벤트
LSI	large scale interted circuit		대규모 집적회로
LTE	low thermal expansion		저열팽창계수
LTEM	low thermal expansion material		저열팽창계수 소재
MAPPER	multiaperture pixel-by-pixel enhancement of resolution		다중공동 픽셀 단위 분해능강화
MDP	mask data preparation		마스크 데이터 준비
MEBES	Manufacturing Electron Beam Exposure System		전자빔 가공방식 노광기
MEEF	mask error enhancement factor		마스크 오차 강화계수

MEF	mask error factor	마스크 오차계수
MEMS	micro-electromechanical systems	마이크로 가공기술
MERIE	magnetic enhanced reactive ion etching	자기력 강화 반응성 이온식각
MFP	mean free path	평균자유거리
MIS	management information system	경영정보 시스템
ML	multilayer	다중층
MRF	magneto rheological finishing	자기유변 다듬질
MSE	mean-squared error	평균제곱오차
MSFR	mid-spatial frequency roughness	중앙-공간주파수 조도
MTBF	mean time between failure	평균 무고장시간
NA	numerical aperture	개구수
NCA	Nonchemically amplified	비화학 증폭
NGL	next generation lithography	차세대 리소그래피
NIST	National Institute of Standards and Technology	미국표준기술연구소
OASIS	Open Artwork System Interchange Standard	개방 아트워크 시스템 호환표준
OCD	optical critical dimension	광학식 임계치수
OPC	optical proximity correction	광학근접보정
OPD	out-plane-distortion	평면 외 왜곡
OPE	optical proximity effects	광학근사효과
PAB	postapplication baked	처리 후 가열
PAC	photoactive compound	광반응성 화합물
PAG	photoacid generator	광산 발생제
PAT	previous analysis of distortion and transformation	왜곡과 변형에 대한 사전해석기법
PBA	pseudo-Brewster angle	가-부루스터 각도
PBC	periodic boundary condition	주기성 경계조건
PBS	poly(butene-1-sulfone)	폴리(부텐-1-술폰기)
PCO	phase edge, chromium, and off-axis illumination	위상테두리, 크롬 및 비축조명
PEB	postexposure baked	노광 후 가열
PEB	post-exposure bake	노광 후 베이킹
PEC	proximity effect correction	근접효과 보정
PECVD	Plasma-enhanced chemical vapor deposition	플라스마 화학기상증착
PEL	proximity electron lithography	근접전자 리소그래피
PEV	positional error vec	위치오차 벡터
PML	perfectly matched layers	완벽하게 매칭된 층
PMMA	Poly(methyl methacrylate)	폴리메타크릴산메틸
PMPS	poly(2-methyl-1-pentene)	폴리2메틸1펜텐
PSE	product-specific emulation	제품기반 에뮬레이션
PSF	point spread function	점 분산함수

PSL	polystyrene latex	폴리스틸렌 라텍스
PSM	phase shifr mask	위상천이 마스크
PW	process window	공정 윈도우
PXL	proximity X-ray lithography	근접 X-선 리소그래피
RAE	rotating analyzer ellipsometer	회전 분석식 타원계
RBC	reflecting boundary condition	반사경계조건
RCWA	rigorous coupled-wave analysis	정확한 결합파장 분석
RET	resolution enhancement techniques	분해능강화기법
RFID	radio frequency identification	
RIE	reactive ion etching	반응성 이온식각
RMS	root mean square	평균제곱근
RTE	reflectance spectrum	반사율 스펙트럼
RTP	rapid thermal process	쾌속 열처리 공정
SAN	storage area network	저장영역 네트워크
SCAA	Sidewall Chrome Alternating Aperture	
SDFA	scaled defocus approach	초점이탈 스케일 방법
SE	spectroscopic ellipsometry	타원편광 분광
SE	secondary electron	2차 전자
SEBS	styrene-ethylene/butylene-styrene	
SEM	scanning electrom microscope	주사전자현미경
SF	sub field	서브필드
SIM	scanning ion microscope	주사이온현미경
SIMS	secondary ion mass spectrometers	2차 이온질량 스펙트로미터
SIS	polystyrene-polyisoprene-polystyrene	
SLM	spatial light modulator	패턴 발생기기
SMIF	standard mechanical interface	표준 기계식 인터페이스
SNE	silicon nano edge	실리콘 나노 테두리
SNS	sulfone/novolak system	술폰기/노볼락 시스템
SoC	system-on-chip	시스템 온 칩
SOI	silicon-on-insulator	절연층 위에 실리콘이 입혀진
SOM	sulfuric acid and ozone	
SPM	sulfuric acid/hydrogen peroxide mixture	황산/과산화수소 혼합물
SPM	scanning probe microscope	주사프로브현미경
SR	synchrotron radiation	싱크로트론 방사
SRAF	sub-resolution assist features	분해능 이하 보조형상
SSA	single surface approximation	단일표면 근사
STM	scanning tunneling microscopy	주사터널현미경
TARC	top anti-reflective coating	상부 비반사코팅

TBC	transparent boundary condition	투명 경계조건
TCC	transmission cross-correlation	투과율 상호상관
TDI	time delayed integration	시간지연 통합
TE	thermionic emission	열이온관 방사
TE	transverse electric	횡방향 전기장
TEM	transmission electron microscope	투과전자현미경
TFE	thermal field emission	열 필드 방사
TFS	through focus series	관통초점 시리즈
TFT	thin film transistor	박막 트랜지스터
TFTC	thin film thermocouple	박막열전대
THE	high thermal expansion	고열팽창계수
TM	transverse magnetic	횡방향 자기장
TMAH	tetramethyl ammonium hydroxide	테트라메틸암모늄
TTL	transistor-transistor logic	트랜지스터간 로직
ULE	ultra low expansion	초저팽창
ULSI	ultra large scale integration	
UTM	ultrathin membrane	초박형 맴브레인
UV	ultraviolet	자외선
VASE	variable angle spectroscopic ellipsometry	가변각도 타원편광 분광
VLSI	very large scale integration	
VPS	vertical parallel structure	수직 평행 구조물
VSB	variable shape beam	가변형상빔
VUV	vacuum ultraviolet	진공자외선
WGM	waveguide method	도파로 방법

찾아보기

편저자 및 역자 소개

편저자 소개

Syed Rizvi

- 학사: Panta Univ.(India)
- 석사: Northeastern Univ.(Boston, USA)
- Texas Instruments, MOSTEK 등 근무
- 계측 및 마이크로리소그래피 분야 다수 논문 발표
- 현재 Nanotechnology Education Consulting Services 사 운영

역자 소개

장인배

- 서울대학교 기계설계학과 학사, 석사, 박사
- 현 강원대학교 메카트로닉스공학과 교수

저서 및 역서

『표준기계설계학』(동명사, 2010)

『전기전자 회로실험』(동명사, 2011)

『고성능 메카트로닉스의 설계』(동명사, 2015)

포토마스크 기술

초판인쇄 2016년 02월 16일
초판발행 2016년 02월 23일

편 저 자 Syed Rizvi
역   자 장인배
펴 낸 이 김성배
펴 낸 곳 도서출판 씨아이알

책임편집 박영지, 김동희
디 자 인 송성용, 윤미경
제작책임 이헌상

등록번호 제2-3285호
등 록 일 2001년 3월 19일
주   소 (04626) 서울특별시 중구 필동로8길 43(예장동 1-151)
전화번호 02-2275-8603(대표)
팩스번호 02-2275-8604
홈페이지 www.circom.co.kr

I S B N 979-11-5610-196-3 (93550)
정   가 45,000원